KB160549

일반기계기사 필기
과년도
문제풀이

예문사

저자 약력

3역학 전문가
국내최초 SI 단위 교재 집필
기계공학석사
다솔유캠퍼스 기계분야 전문 강사

주요 저서

기계설계 「예문사」
기계설계·제도 「예문사」
기계설계·제도_최초 SI 단위 적용 「예문
기계설계 필답형 실기 「예문사」
박성일 마스터의 기계 3역학 「예문사」

자격 사항

일반기계기사
건설기계기사
품질경영기사
품질경영산업기사
식스시그마그린벨트

대표 강좌

기계 3역학
기계설계 필답형

원리와 이해를 바탕으로 한
성공하는 공부습관

《일반기계기사 과년도 문제풀이》는 《일반기계기사 필기 단기완성》 본서의 기본이론과 수식을
문제에 그대로 적용하여 수험생들이 문제를 해석할 수 있는 능력을 갖출 수 있도록 구성하였습니다.
문제를 해석해가는 과정을 수험자의 입장에서 상세히 기술하였으므로
하나씩 꼼꼼하게 풀어가다 보면 빠른 이해에 따른 성취감 또한 맛볼 수 있을 것입니다.
더불어 유튜브에 올려져 있는 기출문제 풀이를 병행하면서 수식을 적용해 나가면
문제풀이 시간과 정확도를 높일 수 있습니다.
문제를 풀면서 이해가 안 되는 부분이 있다면
'일반기계기사 – 박성일마스터' 단톡방을 적극 활용하여 자격증 취득에 도움을 받을 수 있으며
단톡방의 공유된 정보로 자격증을 취득한 선배들과 공사나 기업에 다니는 선배들의
자격증과 취업에 관한 노하우도 얻으실 수 있습니다.
끝으로 기계공학은 원리와 이해를 바탕으로 공부가 이루어져야 합니다.
문제만 풀어서 자격증을 취득하면 취업관문인 전공면접에서 많은 어려움을 겪게 됩니다.
수험생들께서는 정규수업을 통해 꼭 전공을 마스터하여 기계공학 분야에서 여러분의 큰 꿈을 이루시길 바랍니다.

박 성 일

CONTENTS

2015년 과년도 문제풀이

2015년 3월 8일 시행	2
2015년 5월 31일 시행	29
2015년 9월 19일 시행	59

2016년 과년도 문제풀이

2016년 3월 6일 시행	90
2016년 5월 8일 시행	120
2016년 10월 1일 시행	148

2017년 과년도 문제풀이

2017년 3월 5일 시행	178
2017년 5월 7일 시행	209
2017년 9월 23일 시행	239

2018년 과년도 문제풀이

2018년 3월 4일 시행	270
2018년 4월 28일 시행	300
2018년 9월 15일 시행	330

일반기계기사 필기 과년도 문제풀이

2019년 과년도 문제풀이

2019년 3월 3일 시행   364
2019년 4월 27일 시행   394
2019년 9월 21일 시행   423

2020년 과년도 문제풀이

2020년 6월 21일 시행   454
2020년 8월 23일 시행   484
2020년 9월 27일 시행   511

2021년 과년도 문제풀이

2021년 3월 7일 시행   540

01

2015년 과년도 문제풀이

2015. 3. 8 시행

2015. 5. 31 시행

2015. 9. 19 시행

1과목 재료역학

01 균일 분포하중(q)을 받는 보가 그림과 같이 지지 되어 있을 때, 전단력 선도는?(단, A지점은 핀, B지점은 롤러로 지지되어 있다.)

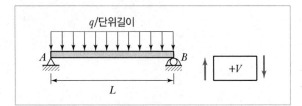

① $\frac{1}{2}qL$

② $\frac{1}{2}qL$

③ $\frac{1}{8}qL^2$

④ $-q$

해설 ⊕

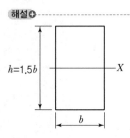

$$\sum M_{B지점} = 0 : R_A \cdot l - ql\frac{l}{2} = 0$$

$$\therefore R_A = \frac{q \cdot l}{2}$$

$$\sum F_y = 0 : R_A - ql + R_B = 0 \text{에서 } R_B = \frac{q \cdot l}{2}$$

$$\frac{dV}{dx} = -w \text{에서} \Rightarrow \frac{dV}{dx} = -q$$

전단력 선도의 기울기는 $-q$이고 R_A와 $-R_B$의 등분포하중 이 상수이므로 1차(직선)로 연결하면 S.F.D가 된다.

02 높이 h, 폭 b인 직사각형 단면을 가진 보 A와 높이 b, 폭 h인 직사각형 단면을 가진 보 B의 단면 2차 모멘트 의 비는?(단, $h = 1.5b$)

① $1.5 : 1$ ② $2.25 : 1$

③ $3.375 : 1$ ④ $5.06 : 1$

해설 ⊕

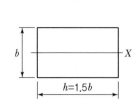

도심축 X에 대한 단면 2차 모멘트이므로

$$I_X = \frac{bh^3}{12} \qquad\qquad I_X = \frac{hb^3}{12}$$

$$= \frac{b(1.5b)^3}{12} \qquad = \frac{1.5b \times b^3}{12}$$

$$= \frac{1.5^3 b^4}{12} \qquad\quad = \frac{1.5b^4}{12}$$

$$\therefore \quad 1.5^2 \qquad : \qquad 1$$

03 안지름 1m, 두께 5mm의 구형 압력 용기에 길이 15mm 스트레인 게이지를 그림과 같이 부착하고, 압력을 가하였더니 게이지의 길이가 0.009mm만큼 증가했을 때, 내압 p의 값은?(단, $E = 200$GPa, $\nu = 0.3$)

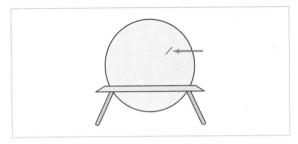

① 3.43MPa ② 6.43MPa
③ 13.4MPa ④ 16.4MPa

해설⊕

2축 응력상태의 변형에서 x축을 종으로
($\varepsilon' = \mu\varepsilon$을 적용 → 횡방향이 줄어든다.)

$$\varepsilon_x = \frac{\sigma_x}{E} - \mu\frac{\sigma_y}{E}$$

(여기서, $\sigma_x = \sigma_y = \sigma$, 포아송 비 $\mu = \nu$)

$$= \frac{\sigma}{E}(1 - \mu) = \frac{\sigma}{E}(1 - \nu) = \frac{\lambda}{l}$$

원주응력 $\sigma \cdot \pi dt = p \cdot \frac{\pi}{4}d^2$에서 $\sigma = \frac{p \cdot d}{4t}$ 를 대입하면

$$\frac{p \cdot d}{4tE}(1 - \nu) = \frac{\lambda}{l}$$

$$\therefore p = \frac{4tE\lambda}{dl(1-\nu)} = \frac{4 \times 5 \times 200 \times 10^3(\text{MPa}) \times 0.009}{1,000 \times 15 \times (1 - 0.3)}$$

$$= 3.43\text{MPa}$$

04 비틀림 모멘트를 T, 극관성 모멘트를 I_P, 축의 길이를 L, 전단 탄성계수를 G라 할 때, 단위 길이당 비틀림각은?

① $\dfrac{TG}{I_P}$　　　② $\dfrac{T}{GI_P}$

③ $\dfrac{L^2}{I_P}$　　　④ $\dfrac{T}{I_P}$

해설⊕

축 길이가 L일 때 비틀림각 $\theta = \dfrac{T \cdot L}{G \cdot I_p}$

$$\therefore \frac{\theta}{L} = \frac{\dfrac{T \cdot L}{GI_p}}{L} = \frac{T}{G \cdot I_p}$$

05 그림과 같이 자유단에 $M = 40$N·m의 모멘트를 받는 외팔보의 최대 처짐량은?(단, 탄성계수 $E = 200$GPa, 단면 2차 모멘트 $I = 50$cm^4)

① 0.08cm ② 0.16cm
③ 8.00cm ④ 10.67cm

해설⊕

외팔보의 자유단에 우력 M_o(굽힘모멘트)가 작용할 때

최대처짐 $\delta_{\max} = \dfrac{M_o \cdot l^2}{2EI}$

$$= \frac{40\text{N} \cdot \text{m} \times (2\text{m})^2}{2 \times 200 \times 10^9\text{Pa} \times 50\text{cm}^4 \times \left(\dfrac{1\text{m}}{100\text{cm}}\right)^4}$$

$$= 0.0008\text{m} = 0.08\text{cm}$$

06 그림과 같은 보에서 발생하는 최대 굽힘모멘트는?

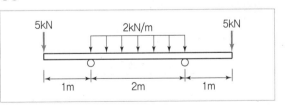

① 2kN·m ② 5kN·m
③ 7kN·m ④ 10kN·m

정답 03 ① 04 ② 05 ① 06 ②

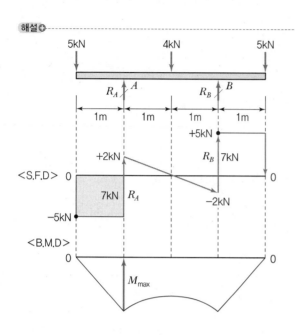

해설 ⊕

$$\sum M_{B지점} = 0 : -5 \times 3 + R_A \times 2 - 4 \times 1 + 5 \times 1 = 0$$

$$\therefore R_A = \frac{14}{2} = 7\text{kN}$$

$$\sum F_y = 0 : -5 + 7 - 4 + R_B - 5 = 0$$

$$\therefore R_B = 7\text{kN}$$

S.F.D와 B.M.D를 그려서 $M_{\max}$를 구해보면

$x = 1$m인 지점에서 $M_{\max} = 5\text{kN} \times 1\text{m} = 5\text{kN} \cdot \text{m}$

(x는 0부터 1m까지의 S.F.D 면적(색칠한 사각형)과 같다)

07 그림과 같이 전 길이에 걸쳐 균일 분포하중 w를 받는 보에서 최대처짐 $\delta_{\max}$를 나타내는 식은?(단, 보의 굽힘강성 EI는 일정하다.)

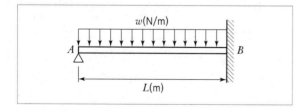

① $\dfrac{wL^4}{64EI}$ ② $\dfrac{wL^4}{128.5EI}$

③ $\dfrac{wL^4}{184.6EI}$ ④ $\dfrac{wL^4}{192EI}$

해설 ⊕

$$\delta_{\max} = \frac{wL^4}{184.6EI}$$

→ 처짐각이 0인 지점에서 최대처짐이 발생한다.

08 2축 응력에 대한 모어(Mohr)원의 설명으로 틀린 것은?

① 원의 중심은 원점의 상하 어디라도 놓일 수 있다.
② 원의 중심은 원점 좌우의 응력축상에 어디라도 놓일 수 있다.
③ 이 원에서 임의의 경사면상의 응력에 관한 가능한 모든 지식을 얻을 수 있다.
④ 공액응력 σ_n과 $\sigma_n{'}$의 합은 주어진 두 응력의 합 $\sigma_x + \sigma_y$와 같다.

해설 ⊕

모어의 응력원에서 2축 응력의 값 σ_x, σ_y는 x축 위에 존재한다(원의 중심은 x축을 벗어날 수 없다).

09 안지름이 80mm, 바깥지름이 90mm이고 길이가 3m인 좌굴 하중을 받는 파이프 압축 부재의 세장비는 얼마 정도인가?

① 100 ② 103
③ 110 ④ 113

해설 ⊕

세장비 $\lambda = \dfrac{l}{K} = \dfrac{l}{\sqrt{\dfrac{I}{A}}} = \dfrac{3{,}000\text{mm}}{30.1\text{mm}} = 99.7$

여기서,

$$A = \frac{\pi}{4}\left(d_2{}^2 - d_1{}^2\right) = \frac{\pi}{4}\left(90^2 - 80^2\right) = 1,335.2\,\text{mm}^2$$

$$I = \frac{\pi}{64}\left(d_2{}^4 - d_1{}^4\right) = \frac{\pi}{64}\left(90^4 - 80^4\right) = 1,210,004.0\,\text{mm}^4$$

$$K = \sqrt{\frac{I}{A}} = 30.1\,\text{mm}$$

10 주철제 환봉이 축방향 압축응력 40MPa과 모든 반경방향으로 압축응력 10MPa를 받는다. 탄성계수 E = 100GPa, 포아송 비 ν = 0.25, 환봉의 직경 d = 120mm, 길이 L = 200mm일 때, 실린더 체적의 변화량 ΔV는 몇 mm³인가?

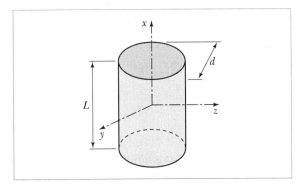

① −121   ② −254
③ −428   ④ −679

해설⊕

$\varepsilon_V = \dfrac{\Delta V}{V}$ 에서 $\Delta V = V \cdot \varepsilon_V = A \cdot L\left(\varepsilon_x + \varepsilon_y + \varepsilon_z\right)$

$\varepsilon_x = \dfrac{\sigma_x}{E} - \mu\left(\dfrac{\sigma_y}{E} + \dfrac{\sigma_z}{E}\right)$

여기서, x방향이 늘면 y, z방향은 줄어드는 개념 적용

$\quad = \dfrac{1}{E}\left(\sigma_x - \mu(\sigma_y + \sigma_z)\right)$

$\quad = \dfrac{1}{100 \times 10^3\,\text{MPa}}(-40 - 0.25(-10 - 10))$

$\quad = -0.00035$

$\varepsilon_y = \dfrac{\sigma_y}{E} - \mu\left(\dfrac{\sigma_x}{E} + \dfrac{\sigma_z}{E}\right)$

$\quad = \dfrac{1}{E}\left(\sigma_y - \mu(\sigma_x + \sigma_z)\right)$

$\quad = \dfrac{1}{100 \times 10^3\,\text{MPa}}(-10 - 0.25(-40 - 10))$

$\quad = 0.000025 \quad (\varepsilon_z\text{도 동일})$

$\therefore \Delta V = \dfrac{\pi}{4} \times 120^2 \times 200 \times (-0.00035 + 2 \times 0.000025)$

$\quad = -678.6\,\text{mm}^3$

11 최대 굽힘모멘트 8kN·m를 받는 원형단면의 굽힘응력을 60MPa로 하려면 지름을 약 몇 cm로 해야 하는가?

① 1.11   ② 11.1
③ 3.01   ④ 30.1

해설⊕

$$M_{\max} = \sigma_b \cdot Z = \sigma_b \cdot \frac{\pi d^3}{32}$$

$\therefore\ d = \sqrt[3]{\dfrac{32M}{\pi\sigma_b}}$

$\quad = \sqrt[3]{\dfrac{32 \times 8 \times 10^3}{\pi \times 60 \times 10^6}}$

$\quad = 0.1107\,\text{m} = 11.07\,\text{cm}$

12 지름 10mm 스프링강으로 만든 코일스프링에 2kN의 하중을 작용시켜 전단 응력이 250MPa을 초과하지 않도록 하려면 코일의 지름을 어느 정도로 하면 되는가?

① 4cm   ② 5cm
③ 6cm   ④ 7cm

해설⊕

소선의 지름 d, D는 코일지름

$$T = \tau \cdot Z_p = W \cdot \frac{D}{2}$$

$$= \tau \cdot \frac{\pi d^3}{16} = W \cdot \frac{D}{2} \text{에서}$$

$$\tau = \frac{8WD}{\pi d^3} \leq 250 \times 10^6 \,\mathrm{Pa}$$

$$\therefore \ D \leq \frac{\tau \cdot \pi d^3}{8W}$$

$$\leq \frac{250 \times 10^6 \times \pi \times (0.01)^3}{8 \times 2 \times 10^3}$$

$$\leq 0.049\mathrm{m}$$

$D \leq 4.9\mathrm{cm} \ \rightarrow \ $ 보기에서 $D = 4\mathrm{cm}$ 적합

13 다음 그림 중 봉 속에 저장된 탄성에너지가 가장 큰 것은?(단, $E = 2E_1$ 이다.)

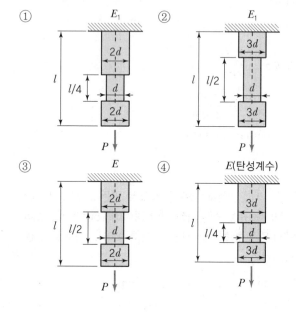

해설⊕

$$U = \frac{1}{2}p \cdot \lambda = \frac{p^2 \cdot l}{2AE}$$

하나의 봉에 2개 단면이므로, 탄성에너지$= U_1 + U_2$

① $\dfrac{p^2 \cdot \left(\frac{3}{4}l\right)}{2 \times \frac{\pi}{4}(2d)^2 \cdot \frac{E}{2}} + \dfrac{p^2\left(\frac{l}{4}\right)}{2 \times \frac{\pi}{4}d^2 \cdot \frac{E}{2}} = \dfrac{7}{4}\dfrac{p^2 \cdot l}{\pi d^2 E}$

② $\dfrac{p^2 \cdot \left(\frac{l}{2}\right)}{2 \times \frac{\pi}{4}(3d)^2 \cdot \frac{E}{2}} + \dfrac{p^2 \cdot \left(\frac{l}{2}\right)}{2 \times \frac{\pi}{4}(d)^2 \cdot \frac{E}{2}} = \dfrac{11}{2}\dfrac{p^2 \cdot l}{\pi d^2 E}$

③ $\dfrac{p^2\left(\frac{l}{2}\right)}{2 \times \frac{\pi}{4}(2d)^2 E} + \dfrac{p^2 \cdot \left(\frac{l}{2}\right)}{2 \times \frac{\pi}{4}d^2 E} = \dfrac{5}{4}\dfrac{p^2 \cdot l}{\pi d^2 E}$

④ $\dfrac{p^2\left(\frac{3}{4}l\right)}{2 \times \frac{\pi}{4}(3d)^2 E} + \dfrac{p^2\left(\frac{l}{4}\right)}{2 \times \frac{\pi}{4}d^2 E} = \dfrac{2}{3}\dfrac{p^2 \cdot l}{\pi d^2 E}$

14 지름이 25mm이고 길이가 6m인 강봉의 양쪽 단에 100kN의 인장력이 작용하여 6mm가 늘어났다. 이때의 응력과 변형률은?(단, 재료는 선형 탄성 거동을 한다.)

① 203.7MPa, 0.01 ② 203.7kPa, 0.01

③ 203.7MPa, 0.001 ④ 203.7kPa, 0.001

해설⊕

$$\sigma = \frac{P}{A} = \frac{P}{\frac{\pi}{4}d^2} = \frac{4P}{\pi d^2} = \frac{4 \times 100 \times 10^3 \mathrm{N}}{\pi \times 0.025^2 \mathrm{m}^2}$$

$$= 203.72 \times 10^6 \mathrm{Pa}$$

$$= 203.72\mathrm{MPa}$$

$$\varepsilon = \frac{\lambda}{l} = \frac{6\mathrm{mm}}{6 \times 10^3 \mathrm{mm}} = 0.001$$

2015

15 그림과 같은 트러스에서 부재 *AB*가 받고 있는 힘의 크기는 약 몇 N 정도인가?

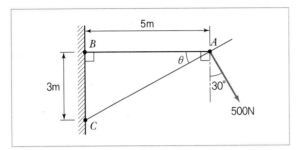

① 781

② 894

③ 972

④ 1,081

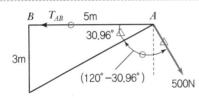

$$\tan\theta = \frac{3}{5} \rightarrow \theta = \tan^{-1}\frac{3}{5} = 30.96°$$

3력 부재이므로 라미의 정리를 적용

$$\frac{\triangle}{\sin\triangle} = \frac{\bigcirc}{\sin\bigcirc}$$

$$\rightarrow \frac{500\text{N}}{\sin(30.96°)} = \frac{T_{AB}}{\sin(120° - 30.96°)}$$

$$\therefore \ T_{AB} = 500 \times \frac{\sin(120° - 30.96°)}{\sin(30.96°)}$$

$$= 971.8\text{N}$$

16 그림과 같이 두께가 20mm, 외경이 200mm인 원관을 고정벽으로부터 수평으로 4m만큼 돌출시켜 물을 방출한다. 원관 내에 물이 가득 차서 방출될 때 자유단의 처짐은 몇 mm인가?(단, 원관 재료의 탄성계수 *E*=200GPa, 비중은 7.80이고 물의 밀도는 1,000kg/m³이다.)

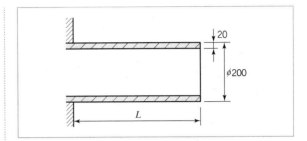

① 9.66

② 7.66

③ 5.66

④ 3.66

$$\delta = \frac{wl^4}{8EI}$$

$$= \frac{1,061.56(\text{N/m})\times 4^4(\text{m}^4)}{8\times 200\times 10^9(\text{N/m}^2)\times\frac{\pi}{64}(0.2^4 - 0.16^4)(\text{m}^4)}$$

$$= 0.00366\text{m} = 3.66\text{mm}$$

돌출된 부분의 전하중

$$W = \gamma_s \cdot A_s \cdot L + \gamma_w A_w L \ (\text{원관무게}+\text{물의 무게})$$

양변을 *L*로 나누면

$$w = \frac{W}{L} = \gamma_s A_s + \gamma_w A_w \ (\text{등분포하중})$$

$$= S_s \gamma_w A_s + \gamma_w A_w$$

$$= 7.8\times 9,800(\text{N/m}^3)\times\frac{\pi}{4}(0.2^2 - 0.16^2)\text{m}^2 +$$

$$9,800(\text{N/m}^3)\times\frac{\pi}{4}(0.16)^2$$

$$= 1,061.56\text{N/m}$$

17 포아송의 비 0.3, 길이 3m인 원형단면의 막대에 축방향의 하중이 가해진다. 이 막대의 표면에 원주방향으로 부착된 스트레인 게이지가 −1.5×10⁻⁴의 변형률을 나타낼 때, 이 막대의 길이 변화로 옳은 것은?

① 0.135mm 압축

② 0.135mm 인장

③ 1.5mm 압축

④ 1.5mm 인장

해설 ⊕

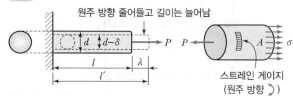

포아송의 비 $\mu = \dfrac{\varepsilon'}{\varepsilon}$ 에서

$$\varepsilon = \frac{\varepsilon'}{\mu} = \frac{1.5 \times 10^{-4}}{0.3} = 0.0005$$

$\varepsilon = \dfrac{\lambda}{l}$ 이므로 $\lambda = \varepsilon \cdot l = 0.0005 \times 3{,}000 = 1.5\,\mathrm{mm}\,(인장)$

18 탄성(Elasticity)에 대한 설명으로 옳은 것은?

① 물체의 변형률을 표시하는 것

② 물체에 작용하는 외력의 크기

③ 물체에 영구변형을 일어나게 하는 성질

④ 물체에 가해진 외력이 제거되는 동시에 원형으로 되돌 아가려는 성질

해설 ⊕

- 탄성(Elasticity) : 탄성한도 내에서는 물체에 외력을 가한 후 제거하면 원형으로 되돌아가려는 성질
- 소성(Plasticity) : 물체에 외력을 가한 후 제거하면 물체에 영구변형이 남는 성질

19 직경이 d이고 길이가 L인 균일한 단면을 가진 직선축이 전체 길이에 걸쳐 토크 t_0가 작용할 때, 최대 전단응력은?

① $\dfrac{2t_0 L}{\pi d^3}$

② $\dfrac{4t_0 L}{\pi d^3}$

③ $\dfrac{16t_0 L}{\pi d^3}$

④ $\dfrac{32t_0 L}{\pi d^3}$

해설 ⊕

$$T = \tau \cdot Z_p = \tau \cdot \frac{\pi}{16}d^3, \quad T = t_0 \cdot L$$

(여기서, t_0 : 단위길이당 토크값)

$$\therefore \ \tau = \frac{16t_0 \cdot L}{\pi d^3}$$

20 길이가 L인 균일단면 막대기에 굽힘모멘트 M이 그림과 같이 작용하고 있을 때, 막대에 저장된 탄성변형에너지는?(단, 막대기의 굽힘강성 EI는 일정하고, 단면적은 A이다.)

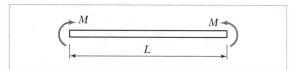

① $\dfrac{M^2 L}{2AE^2}$

② $\dfrac{L^3}{4EI}$

③ $\dfrac{M^2 L}{2AE}$

④ $\dfrac{M^2 L}{2EI}$

해설 ⊕

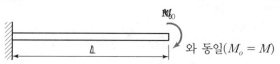

와 동일$(M_o = M)$

탄성변형에너지 $U = \dfrac{1}{2}M\theta = \dfrac{1}{2}M\left(\dfrac{M \cdot L}{EI}\right) = \dfrac{M^2 \cdot L}{2EI}$

$\theta = \dfrac{M \cdot L}{EI}$ (외팔보에서 우력에 의한 처짐각)

21 냉동 효과가 70kW인 카르노 냉동기의 방열기 온도가 20℃, 흡열기 온도가 −10℃이다. 이 냉동기를 운전하는 데 필요한 이론 동력(일률)은?

① 약 6.02kW

② 약 6.98kW

③ 약 7.98kW

④ 약 8.99kW

해설⊕

$$T_H = 20 + 273 = 293\text{K}$$
$$T_L = -10 + 273 = 263\text{K}$$

$\left.\vphantom{\begin{matrix}a\\b\end{matrix}}\right\}$ 역카르노 냉동사이클은 온도만의 함수이므로

$$\varepsilon_R = \frac{Q_L}{W_C} = \frac{T_L}{T_H - T_L}$$

$$\therefore W_C = Q_L\left(\frac{T_H - T_L}{T_L}\right)$$

$$= 70 \times \left(\frac{293 - 263}{263}\right)$$

$$= 7.984\text{kW}$$

22 저온 열원의 온도가 T_L, 고온 열원의 온도가 T_H 인 두 열원 사이에서 작동하는 이상적인 냉동사이클의 성능계수를 향상시키는 방법으로 옳은 것은?

① T_L을 올리고 $(T_H - T_L)$을 올린다.

② T_L을 올리고 $(T_H - T_L)$을 줄인다.

③ T_L을 내리고 $(T_H - T_L)$을 올린다.

④ T_L을 내리고 $(T_H - T_L)$을 줄인다.

해설⊕

역카르노사이클이므로 성능계수 $\varepsilon_R = \dfrac{T_L \rightarrow \text{크게}}{T_H - T_L \rightarrow \text{작게}}$

23 대기압하에서 물의 어는점과 끓는점 사이에서 작동하는 카르노사이클(Carnot cycle) 열기관의 열효율은 약 몇 %인가?

① 2.7

② 10.5

③ 13.2

④ 26.8

해설⊕

• 물의 어는점 0℃ → $T_L = 0℃ + 273 = 273\text{K}$

• 물의 끓는점 100℃ → $T_H = 100℃ + 273 = 373\text{K}$

$$\eta = 1 - \frac{T_L}{T_H} = 1 - \frac{273}{373} = 0.2681 = 26.81\%$$

24 과열기가 있는 랭킨사이클에 이상적인 재열사이클을 적용할 경우에 대한 설명으로 틀린 것은?

① 이상 재열사이클의 열효율이 더 높다.

② 이상 재열사이클의 경우 터빈 출구 건도가 증가한다.

③ 이상 재열사이클의 기기 비용이 더 많이 요구된다.

④ 이상 재열사이클의 경우 터빈 입구 온도를 더 높일 수 있다.

해설⊕

재열사이클의 터빈 입구 온도는 랭킨사이클과 동일하거나 매우 근접하지만 약간 낮은 온도를 갖는다.

25 20℃의 공기(기체상수 $R = 0.287\text{kJ/kg·K}$, 정압비열 $C_P = 1.004\text{kJ/kg·K}$) 3kg이 압력 0.1MPa에서 등압 팽창하여 부피가 두 배로 되었다. 이 과정에서 공급된 열량은 대략 얼마인가?

① 약 252kJ

② 약 883kJ

③ 약 441kJ

④ 약 1,765kJ

해설⊕

정압과정 $p = c$ 이므로 $\dfrac{V}{T} = c$ 에서 $\dfrac{V_1}{T_1} = \dfrac{V_2}{T_2}$

$$\therefore \ T_2 = T_1 \left(\frac{V_2}{V_1} \right) = (20 + 273) \times 2 = 586\text{K}$$

$$\delta q = dh - vdp \ (\because \ d_p = 0) \ \rightarrow \ {}_1 q_2 = \int_1^2 C_p dT$$

$${}_1 Q_2 = m \cdot {}_1 q_2$$

(여기서, m : 질량(kg), ${}_1 q_2$: 비열전달량(kJ/kg))

$$= m C_p (T_2 - T_1)$$
$$= 3 \times 1.004 (586 - 293)$$
$$= 882.52\text{kJ}$$

---

26 단열된 용기 안에 두 개의 구리 블록이 있다. 블록 A는 10kg, 온도 300K이고, 블록 B는 10kg, 900K이다. 구리의 비열은 0.4kJ/kg · K일 때, 두 블록을 접촉시켜 열교환이 가능하게 하고 장시간 놓아두어 최종 상태에서 두 구리 블록의 온도가 같아졌다. 이 과정 동안 시스템의 엔트로피 증가량(kJ/K)은?

① 1.15   ② 2.04
③ 2.77   ④ 4.82

해설⊕

${}_1 Q_2 = m C (T_2 - T_1)$ 에서

블록 B가 방출한 열량=블록 A가 흡수한 열량

$$- m_B C_B (T_m - T_B) = m_A C_A (T_m - T_A)$$
$$m_B C_B (T_B - T_m) = m_A C_A (T_m - T_A)$$

질량과 비열이 동일하므로

$$T_B - T_m = T_m - T_A$$
$$2 T_m = T_A + T_B$$
$$\therefore \ T_m = \frac{T_A + T_B}{2} = 600\text{K} \ (평형온도)$$

고체에 열이 전달될 때 고체(계) 내부의 압력과 체적은 변하지 않으므로(비압축성)

$$dV = dv = dp = 0$$
$$\delta q = du + Pdv^{\cancel{0}} = dh - vd\cancel{P}^{\,0} \ \rightarrow \ \delta q = du = dh$$
$$C_p = C_v = C$$
$$dS = \frac{\delta q}{T} = \frac{du}{T} = \frac{dh}{T} = \frac{C}{T} dT$$
$$S_2 - S_1 = C \ln \frac{T_2}{T_1}$$
$$\Delta S = m (S_2 - S_1) = m C \ln \frac{T_2}{T_1}$$
$$\Delta S_A = m C \ln \frac{T_m}{T_A} = 10 \times 0.4 \times \ln \frac{600}{300} = 2.77\text{kJ/K}$$

(흡열(+), 엔트로피 증가)

$$\Delta S_B = m C \ln \frac{T_m}{T_B} = 10 \times 0.4 \times \ln \frac{600}{900} = -1.62\text{kJ/K}$$

(방열(−), 엔트로피 감소)

$$\therefore \ \Delta S = \Delta S_A + \Delta S_B = 2.77 + (-)1.62 = 1.15\text{kJ/K}$$

---

27 오토사이클에 관한 설명 중 틀린 것은?

① 압축비가 커지면 열효율이 증가한다.
② 열효율이 디젤사이클보다 좋다.
③ 불꽃점화기관의 이상사이클이다.
④ 열의 공급(연소)이 일정한 체적하에 일어난다.

해설⊕

• 압축비를 동일하게 하면 $\eta_o > \eta_D$ 이지만 최고압력을 같게 하면 $\eta_D > \eta_o$ 가 된다.
• 가솔린 기관인 오토사이클의 열효율은 압축비만의 함수인데, 압축비를 정해진 값 이상으로 만들 수 없다. 이유는 연료인 가솔린은 압축비를 높이면 자연발화하기 때문이며, 디젤기관은 압축착화기관이므로 압축비를 더 크게 하여 오토사이클 보다 열효율을 높일 수 있다.

28 어떤 이상기체 1kg이 압력 100kPa, 온도 30℃의 상태에서 체적 0.8m³을 점유한다면 기체상수는 몇 kJ/kg·K인가?

① 0.251　　　　　② 0.264
③ 0.275　　　　　④ 0.293

해설⊕

$PV = mRT$에서

$$R = \frac{P \cdot V}{mT} = \frac{100 \times 0.8}{1 \times (30 + 273)} = 0.264$$

29 카르노사이클에 대한 설명으로 옳은 것은?

① 이상적인 2개의 등온과정과 이상적인 2개의 정압과정으로 이루어진다.
② 이상적인 2개의 정압과정과 이상적인 2개의 단열과정으로 이루어진다.
③ 이상적인 2개의 정압과정과 이상적인 2개의 정적과정으로 이루어진다.
④ 이상적인 2개의 등온과정과 이상적인 2개의 단열과정으로 이루어진다.

해설⊕

카르노사이클

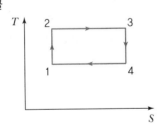

30 최고온도 1,300K와 최저온도 300K 사이에서 작동하는 공기표준 Brayton 사이클의 열효율은 약 얼마인가?(단, 압력비는 9, 공기의 비열비는 1.4이다.)

① 30%　　　　　② 36%
③ 42%　　　　　④ 47%

해설⊕

$$\eta = 1 - \left(\frac{1}{\gamma}\right)^{\frac{k-1}{k}} = 1 - \left(\frac{1}{9}\right)^{\frac{0.4}{1.4}} = 0.466 = 46.6\%$$

31 한 사이클 동안 열역학계로 전달되는 모든 에너지의 합은?

① 0이다.
② 내부에너지 변화량과 같다.
③ 내부에너지 및 일량의 합과 같다.
④ 내부에너지 및 전달열량의 합과 같다.

해설⊕

열역학 제1법칙 : $\oint \delta Q = \oint \delta W$

$dE = \delta Q - \delta W$

$\therefore \oint (\delta Q - \delta W) = 0$

32 전동기에 브레이크를 설치하여 출력 시험을 하는 경우, 축 출력 10kW의 상태에서 1시간 운전을 하고, 이때 마찰열을 20℃의 주위에 전할 때 주위의 엔트로피는 어느 정도 증가하는가?

① 123kJ/K　　　　② 133kJ/K
③ 143kJ/K　　　　④ 153kJ/K

해설⊕

$$dS = \frac{\delta Q}{T}$$

10kW로 1시간 운전해서 소비되는 에너지 = 10kWh

$$S_2 - S_1 = \frac{_1Q_2}{T} = \frac{10(\text{kJ/s}) \times 1\text{h} \times \frac{3,600\text{s}}{1\text{h}}}{(20 + 273)\text{K}}$$

$$= 122.87\text{kJ/K}$$

33 밀폐계에서 기체의 압력이 500kPa로 일정하게 유지되면서 체적이 0.2m³에서 0.7m³로 팽창하였다. 이 과정 동안에 내부에너지의 증가가 60kJ이라면 계가 한 일은?

① 450kJ

② 350kJ

③ 250kJ

④ 150kJ

해설⊕

밀폐계의 일 → 절대일 $\delta W = P dV$

$_1W_2 = \int_1^2 P dV$ 정압과정이므로

$= P \int_1^2 dV$

$= P(V_2 - V_1)$

$= 500 \times (0.7 - 0.2) = 250 \text{kJ}$

34 성능계수(COP)가 0.8인 냉동기로서 7,200kJ/h로 냉동하려면, 이에 필요한 동력은?

① 약 0.9kW

② 약 1.6kW

③ 약 2.0kW

④ 약 2.5kW

해설⊕

$\varepsilon_R = \dfrac{Q_L}{W_C}$ 에서

$W_C = \dfrac{Q_L}{\varepsilon_R} = \dfrac{7,200 \dfrac{\text{kJ}}{\text{h}} \times \dfrac{1\text{h}}{3,600\text{s}}}{0.8} = 2.5\text{kW}$

35 대기압하에서 물질의 질량이 같을 때 엔탈피의 변화가 가장 큰 경우는?

① 100℃ 물이 100℃ 수증기로 변화

② 100℃ 공기가 200℃ 공기로 변화

③ 90℃ 물이 91℃ 물로 변화

④ 80℃ 공기가 82℃ 공기로 변화

해설⊕

엔탈피 변화가 가장 큰 경우는 물질이 상변화(액체 → 기체) 할 때이다. 그 이유는 상변화 할 때 드는 잠열이 현열보다 훨씬 크기 때문이다.

36 증기압축 냉동기에는 다양한 냉매가 사용된다. 이러한 냉매의 특징에 대한 설명으로 틀린 것은?

① 냉매는 냉동기의 성능에 영향을 미친다.

② 냉매는 무독성, 안정성, 저가격 등의 조건을 갖추어야 한다.

③ 우수한 냉매로 알려져 널리 사용되던 염화불화 탄화수소(CFC) 냉매는 오존층을 파괴한다는 사실이 밝혀진 이후 사용이 제한되고 있다.

④ 현재 CFC 냉매 대신에 R-12(CCl_2F_2)가 냉매로 사용되고 있다.

해설⊕

R-12(CFC-12 : 프레온 냉매)에 사용된 염소원자는 오존층을 파괴해 지금은 대체냉매 R-134a로 사용되고 있다. 또한 R-410a, R-404a, R22 등도 사용되고 있다.

37 난방용 열펌프가 저온 물체에서 1,500kJ/h의 열을 흡수하여 고온 물체에 2,100kJ/h로 방출한다. 이 열펌프의 성능계수는?

① 2.0

② 2.5

③ 3.0

④ 3.5

해설⊕

고온을 유지하는 것이 목적인 열펌프의 성능계수

$\varepsilon_H = \dfrac{Q_H}{Q_H - Q_L} = \dfrac{2,100}{2,100 - 1,500} = 3.5$

38 밀폐 시스템의 가역 정압 변화에 관한 다음 사항 중 옳은 것은?(단, U : 내부에너지, Q : 전달열, H : 엔탈피, V : 체적, W : 일이다.)

① $dU = \delta Q$ ② $dH = \delta Q$
③ $dV = \delta Q$ ④ $dW = \delta Q$

해설⊕
$\delta Q = dH - VdP$
$\therefore \delta Q = dH$ ($\because P = C$이므로 $dP = 0$)

39 물질의 양을 1/2로 줄이면 강도성(강성적) 상태량의 값은?

① 1/2로 줄어든다. ② 1/4로 줄어든다.
③ 변화가 없다. ④ 2배로 늘어난다.

해설⊕
강도성 상태량은 물질의 양과 무관하다.

40 온도 T_1의 고온열원으로부터 온도 T_2의 저온열원으로 열량 Q가 전달될 때 두 열원의 총 엔트로피 변화량을 옳게 표현한 것은?

① $-\dfrac{Q}{T_1} + \dfrac{Q}{T_2}$ ② $\dfrac{Q}{T_1} - \dfrac{Q}{T_2}$
③ $\dfrac{Q(T_1+T_2)}{T_1 \cdot T_2}$ ④ $\dfrac{T_1-T_2}{Q(T_1 \cdot T_2)}$

해설⊕
$dS = \dfrac{\delta Q}{T}$ 에서
$\Delta S_1 = \dfrac{Q}{T_1}$ (엔트로피 감소량 → 방열)
$\Delta S_2 = \dfrac{Q}{T_2}$ (엔트로피 증가량 → 흡열)
$\therefore \Delta S = \Delta S_2 - \Delta S_1 = \dfrac{Q}{T_2} - \dfrac{Q}{T_1}$

3과목 기계유체역학

41 파이프 내에 점성유체가 흐른다. 다음 중 파이프 내의 압력 분포를 지배하는 힘은?

① 관성력과 중력 ② 관성력과 표면장력
③ 관성력과 탄성력 ④ 관성력과 점성력

해설⊕
파이프 내의 압력 분포는 레이놀즈수(관성력/점성력)에 의해 좌우된다.

42 역학적 상사성(相似性)이 성립하기 위해 프루드(Froude)수를 같게 해야 되는 흐름은?

① 점성 계수가 큰 유체의 흐름
② 표면 장력이 문제가 되는 흐름
③ 자유표면을 가지는 유체의 흐름
④ 압축성을 고려해야 되는 유체의 흐름

해설⊕
프루드수 $Fr = \dfrac{V}{\sqrt{Lg}}$ 로 자유표면을 갖는 유동의 중요한 무차원수

43 비중이 0.8인 오일을 직경이 10cm인 수평원관을 통하여 1km 떨어진 곳까지 수송하려고 한다. 유량이 0.02m³/s, 동점성계수가 2×10^{-4}m²/s라면 관 1km에서의 손실수두는 약 얼마인가?

① 33.2m ② 332m
③ 16.6m ④ 166m

해설⊕
수평원관에서 유량식 → 하이겐포아젤 방정식
$Q = \dfrac{\Delta p \pi d^4}{128\mu l}$ 에서

정답 38 ② 39 ③ 40 ① 41 ④ 42 ③ 43 ④

$$\Delta p = \frac{128 \mu l Q}{\pi d^4} = \gamma \cdot h_l$$

$$\therefore \text{손실수두 } h_l = \frac{128 \mu l Q}{\gamma \cdot \pi d^4} = \frac{128 \mu l Q}{\rho \cdot g \pi d^4} = \frac{128 \nu l Q}{g \pi d^4}$$

$$= \frac{128 \times 2 \times 10^{-4} \times 1,000 \times 0.02}{9.8 \times \pi \times 0.1^4}$$

$$= 166.3 \text{m}$$

44 지름 20cm인 구 주위의 밀도가 1,000kg/m³, 점성계수는 1.8×10^{-3}Pa · s인 물이 2m/s의 속도로 흐르고 있다. 항력계수가 0.2인 경우 구에 작용하는 항력은 약 몇 N인가?

① 12.6　　　　　　② 200

③ 0.2　　　　　　④ 25.12

해설◆

$$D = C_D \frac{\rho V^2}{2} A$$

$$= 0.2 \times \frac{1,000 \times 2^2}{2} \times \frac{\pi \times 0.2^2}{4}$$

$$= 12.57 \text{N}$$

45 산 정상에서의 기압은 93.8kPa이고, 온도는 11℃이다. 이때 공기의 밀도는 약 몇 kg/m³인가?(단, 공기의 기체상수는 287J/kg · ℃이다.)

① 0.00012　　　　② 1.15

③ 29.7　　　　　　④ 1150

해설◆

$$Pv = RT \left(v = \frac{1}{\rho} \right)$$

$$\frac{P}{\rho} = RT$$

$$\therefore \rho = \frac{P}{RT} = \frac{93.8 \times 10^3}{287 \times (11 + 273)}$$

$$= 1.15 \text{kg/m}^3$$

46 다음 중 유동장에 입자가 포함되어 있어야 유속을 측정할 수 있는 것은?

① 열선속도계

② 정압피토관

③ 프로펠러 속도계

④ 레이저 도플러 속도계

해설◆

레이저 도플러 속도계

빛의 도플러 효과를 사용한 유속계로 이동하는 입자에 레이저광을 조사하면 광은 산란하고 산란광은 물체의 속도에 비례하는 주파수 변화를 일으키게 된다.

47 비중이 0.8인 기름이 지름 80mm인 곧은 원관 속을 90L/min으로 흐른다. 이때의 레이놀즈수는 약 얼마인가?(단, 이 기름의 점성계수는 5×10^{-4}kg/(s · m)이다.)

① 38,200　　　　　② 19,100

③ 3,820　　　　　　④ 1,910

해설◆

비중 $S = \dfrac{\rho}{\rho_w}$에서 $\rho = S \rho_w = 0.8 \times 1,000 = 800 \text{kg/m}^3$

$$Q = \frac{90L \times \dfrac{10^{-3} \text{m}^3}{1L}}{\min \times \dfrac{60s}{1\min}} = 0.0015 \text{m}^3/\text{s}$$

$Q = A \cdot V$에서

$$V = \frac{Q}{A} = \frac{Q}{\dfrac{\pi}{4} d^2} = \frac{4Q}{\pi d^2} = \frac{4 \times 0.0015}{\pi \times (0.08)^2} = 0.2985 \text{m/s}$$

$$\therefore Re = \frac{\rho \cdot V d}{\mu} = \frac{800 \times 0.2985 \times 0.08}{5 \times 10^{-4}} = 38,208.0$$

48 그림과 같은 노즐에서 나오는 유량이 0.078m³/s 일 때 수위(H)는 얼마인가?(단, 노즐 출구의 안지름은 0.1m이다.)

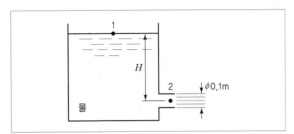

① 5m ② 10m
③ 0.5m ④ 1m

해설⊕

$$V = \frac{Q}{A} = \frac{4Q}{\pi d^2} = \frac{4 \times 0.078}{\pi \times 0.1^2} = 9.93 \text{m/s}$$

분출속도 $V = \sqrt{2gH}$ 에서 $H = \dfrac{V^2}{2g} = \dfrac{9.93^2}{2 \times 9.8} = 5.03\text{m}$

49 정지상태의 거대한 두 평판 사이로 유체가 흐르고 있다. 이때 유체의 속도분포(u)가 $u = V\left[1 - \left(\dfrac{y}{h}\right)^2\right]$ 일 때, 벽면전단응력은 약 몇 N/m²인가?(단, 유체의 점성 계수는 4N · s/m²이며, 평균속도 V는 0.5m/s, 유로 중심으로부터 벽면까지의 거리 h는 0.01m이며, 속도 분포는 유체 중심으로부터의 거리(y)의 함수이다.)

① 200 ② 300
③ 400 ④ 500

해설⊕

y에 대해 미분하면 $\dfrac{du}{dy} = -\dfrac{V}{h^2} \cdot 2y$

벽면의 전단응력이므로 $y = h$이므로

$$\frac{du}{dy} = -\frac{V}{h^2} \cdot 2h = -\frac{2V}{h} \cdots ⓐ$$

뉴턴의 점성법칙

$\tau = -\mu \cdot \dfrac{du}{dy}$ (u의 방향과 반대(−)) ← ⓐ 대입

$= -\mu \cdot -\dfrac{2V}{h} = \mu \cdot \dfrac{2V}{h}$

$= 4\dfrac{\text{N} \cdot \text{s}}{\text{m}^2} \cdot \dfrac{2 \times 0.5\dfrac{\text{m}}{\text{s}}}{0.01\text{m}}$

$= 400\text{N/m}^2$

50 검사체적에 대한 설명으로 옳은 것은?
① 검사체적은 항상 직육면체로 이루어진다.
② 검사체적은 공간상에서 등속 이동하도록 설정해도 무 방하다.
③ 검사체적 내의 질량은 변화하지 않는다.
④ 검사체적을 통해서 유체가 흐를 수 없다.

해설⊕

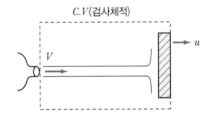

이동하는 평판(날개)에 분류가 날아들 때의 해석처럼 등속도 로 이동하는 검사체적을 설정할 수 있다.

51 다음 중 기체상수가 가장 큰 기체는?
① 산소 ② 수소
③ 질소 ④ 공기

해설⊕

$$R = \frac{\overline{R}}{M} = \frac{8.314}{M(\text{분자량})}\text{kJ/kg} \cdot \text{K}$$

• 분자량 M이 작을수록 기체상수는 크다.
• 분자량
(산소 O_2 : 32, 수소 H_2 : 2, 질소 N_2 : 28, 공기 : 28.97)

정답 48 ① 49 ③ 50 ② 51 ②

52 그림과 같이 큰 댐 아래에 터빈이 설치되어 있을 때, 마찰손실 등을 무시한 최대 발생 가능한 터빈의 동력은 약 얼마인가?(단, 터빈 출구관의 안지름은 1m이고, 수면과 터빈 출구관 중심까지의 높이차는 20m이며, 출구속도는 10m/s이고, 출구압력은 대기압이다.)

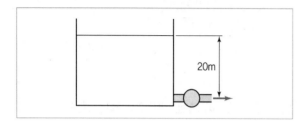

① 1,150kW
② 1,930kW
③ 1,540kW
④ 2,310kW

해설⊕

동력 $= F \cdot V = P \cdot A \cdot V = \gamma \cdot H \cdot A \cdot V \rightarrow \gamma H_T Q$

베르누이 방정식에서

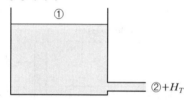

①$=$②$+H_T$ (H_T : 터빈수두)

$$\frac{p_1}{\gamma} + \frac{V_1^2}{2g} + z_1 = \frac{p_2}{\gamma} + \frac{V_2^2}{2g} + z_2 + H_T$$

(여기서, $p_1 \approx p_2 \approx p_0$, $V_2 \gg V_1$ 적용)

$$H_T = (z_1 - z_2) - \frac{V_2^2}{2g}$$

$$= 20 - \frac{10^2}{2 \times 9.8} = 14.9\text{m}$$

∴ 동력 $H_{\text{kW}} = \gamma H_T Q = 9,800 \times 14.9 \times \frac{\pi}{4} \times 1^2 \times 10$

$$= 1,146.84 \times 10^3 \text{W}$$

$$= 1,146.84 \text{kW}$$

53 경계층 내의 무차원 속도분포가 경계층 끝에서 속도 구배가 없는 2차원 함수로 주어졌을 때 경계층의 배제두께(δ_t)와 경계층 두께(δ)의 관계로 올바른 것은?

① $\delta_t = \delta$
② $\delta_t = \frac{\delta}{2}$
③ $\delta_t = \frac{\delta}{3}$
④ $\delta_t = \frac{\delta}{4}$

해설⊕

배제두께(Displacement thickness : δ_t : δ^*)는 경계층 내에 있는 질량유량 결핍과 같은 양을 주도록 마찰이 없는 유동에서 고체 표면이 배제되어야 하는 거리이다.

• 속도분포가 1차 함수면 $\frac{\delta_t}{\delta} = \frac{1}{2}$

• 속도분포가 2차 함수면 $\frac{\delta_t}{\delta} = \frac{1}{3}$

• 속도분포가 3차 함수면 $\frac{\delta_t}{\delta} = \frac{3}{8}$

54 2차원 직각좌표계(x, y)에서 속도장이 다음과 같은 유동이 있다. 유동장 내의 점 (L, L)에서의 유속의 크기는?(단, $\vec{i}$, $\vec{j}$는 각각 x, y 방향의 단위벡터를 나타낸다.)

$$\vec{V}(x, y) = \frac{U}{L}(-x\vec{i} + y\vec{j})$$

① 0
② U
③ $2U$
④ $\sqrt{2}\,U$

해설⊕

$$\vec{V}(L, L) = \frac{U}{L}(-L_i + L_j) \rightarrow \frac{U}{L}\sqrt{2} \cdot L = \sqrt{2}\,U$$

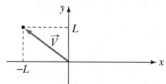

(그림에서 $|\vec{V}| = \sqrt{(-L)^2 + L^2} = \sqrt{2} \cdot L$이므로)

55 그림과 같은 수문에서 멈춤장치 A가 받는 힘은 약 몇 kN인가?(단, 수문의 폭은 3m이고, 수은의 비중은 13.6이다.)

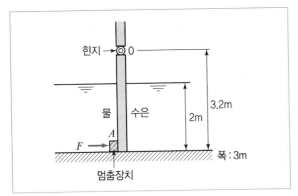

① 37

② 510

③ 586

④ 879

해설 ⊕

전압력 $= \gamma \bar{h} A$, $\bar{h} = 1\mathrm{m}$, $A = 3\mathrm{m} \times 2\mathrm{m}$

• 물의 전압력

$$F_w = \gamma_w \bar{h} A = 9{,}800 \frac{\mathrm{N}}{\mathrm{m}^3} \times 1\mathrm{m} \times 6\mathrm{m}^2$$

$$= 58{,}800\mathrm{N} = 58.8\mathrm{kN}$$

• 수은의 전압력

$$F_H = \gamma_{수은} \bar{h} A = S_{수은} \gamma_w \bar{h} \cdot A$$

$$= 13.6 \times 9{,}800 \frac{\mathrm{N}}{\mathrm{m}^3} \times 1\mathrm{m} \times 6\mathrm{m}^2$$

$$= 799{,}680\mathrm{N}$$

$$= 799.7\mathrm{kN}$$

• 자유표면으로부터 전압력 중심까지의 거리

$$y_c = \bar{h} + \frac{I_X}{A\bar{h}}$$

$$= 1\mathrm{m} + \frac{\dfrac{3 \times 2^3}{12}}{6 \times 1}$$

$$= 1.33\mathrm{m}$$

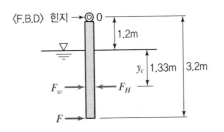

$$\sum M_{힌지 0} = 0 :$$

$$(F_H - F_w)(1.2 + 1.33) - F \times 3.2 = 0$$

$$\therefore \ F = \frac{(799.7 - 58.8) \times 2.53}{3.2} = 585.7\mathrm{kN}$$

56 용기에 너비 4m, 깊이 2m인 물이 채워져 있다. 이 용기가 수직 상방향으로 9.8m/s² 으로 가속될 때, B 점과 A점의 압력차 $P_B - P_A$는 몇 kPa인가?

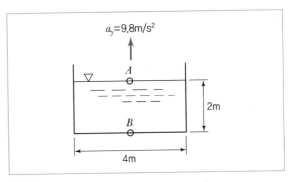

① 9.8

② 19.6

③ 39.2

④ 78.4

해설 ⊕

↑ y방향으로 움직이므로(강체운동하는 유체) 뉴턴의 제2법칙 적용

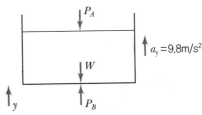

$$\sum F_y = ma_y :$$

$$(P_B - P_A)A - W = ma_y$$

$$(P_B - P_A)A = W + ma_y$$

$$= mg + ma_y$$

$$= m(g + g)$$

$$= 2mg$$

$$\therefore P_B - P_A = \frac{2mg}{A} \quad (\because m = \rho V = \rho \cdot Ah)$$

$$= \frac{2\rho A h g}{A} = 2\rho h g$$

$$= 2 \times 1{,}000\frac{\text{kg}}{\text{m}^3} \times 2\text{m} \times 9.8\frac{\text{m}}{\text{s}^2}$$

$$= 39{,}200\,\text{N/m}^2\,(\text{Pa}) = 39.2\text{kPa}$$

57 프로펠러 이전 유속을 U_0, 이후 유속을 U_2라 할 때 프로펠러의 추진력 F는 얼마인가?(단, 유체의 밀도와 유량 및 비중량을 ρ, Q, γ라 한다.)

① $F = \rho Q(U_2 - U_0)$ ② $F = \rho Q(U_0 - U_2)$

③ $F = \gamma Q(U_2 - U_0)$ ④ $F = \gamma Q(U_0 - U_2)$

해설

$U_0 = V_1$, $U_2 = V_4$이므로

$$F = \rho Q(V_4 - V_1)$$

$$= \rho Q(U_2 - U_0)$$

58 2차원 비압축성 정상류에서 x, y의 속도 성분이 각각 $u = 4y$, $v = 6x$로 표시될 때, 유선의 방정식은 어떤 형태를 나타내는가?

① 직선 ② 포물선

③ 타원 ④ 쌍곡선

해설

유선의 방정식 $\dfrac{u}{dx} = \dfrac{v}{dy}$에서

$$\frac{4y}{dx} = \frac{6x}{dy}$$

$$6x\,dx - 4y\,dy = 0 \quad (\text{양변 적분})$$

$$3x^2 - 2y^2 = c \quad (\div c)$$

$$\therefore \frac{x^2}{\frac{c}{3}} - \frac{y^2}{\frac{c}{2}} = 1 \text{ 꼴이므로 쌍곡선 형태이다.}$$

$$\left(\frac{x^2}{a^2} - \frac{y^2}{b^2} = 1 \text{ 형태}\right)$$

59 반지름 3cm, 길이 15m, 관마찰계수 0.025인 수평원관 속을 물이 난류로 흐를 때 관 출구와 입구의 압력차가 9,810Pa이면 유량은?

① $5.0\text{m}^3/\text{s}$ ② 5.0L/s

③ $5.0\text{cm}^3/\text{s}$ ④ 0.5L/s

해설

$d = 6$cm, 곧고 긴 관에서의 손실수두(달시 $-$ 비스바하 방정식)

$$h_l = f \cdot \frac{L}{d} \cdot \frac{V^2}{2g}$$

압력강하량 $\Delta p = \gamma \cdot h_l = \gamma \cdot f \cdot \dfrac{L}{d} \cdot \dfrac{V^2}{2g}$에서

$$\therefore V = \sqrt{\frac{2dg\Delta p}{\gamma \cdot f \cdot L}}$$

$$= \frac{\sqrt{2 \times 0.06 \times 9.8 \times 9{,}810}}{9{,}800 \times 0.025 \times 15}$$

$$= 1.77\text{m/s}$$

유량 $Q = AV = \dfrac{\pi d^2}{4} \times V = \dfrac{\pi \times 0.06^2}{4} \times 1.77$

$$= 0.005\text{m}^3/\text{s}$$

$$0.005 \times \frac{\text{m}^3 \times \left(\dfrac{1\text{L}}{10^{-3}\text{m}^3}\right)}{\text{s}} = 5\text{L/s}$$

60 다음 중 점성계수 μ의 차원으로 옳은 것은?(단, M : 질량, L : 길이, T : 시간이다.)

① $ML^{-1}T^{-2}$

② $ML^{-2}T^{-2}$

③ $ML^{-1}T^{-1}$

④ $ML^{-2}T$

해설⊕

점성계수 $\mu \rightarrow 1\text{poise} = \dfrac{1\text{g}}{\text{cm}\cdot\text{s}} = \dfrac{M}{LT} \rightarrow ML^{-1}T^{-1}$

4과목 | **기계재료 및 유압기기**

61 탄소강에 함유된 인(P)의 영향을 바르게 설명한 것은?

① 강도와 경도를 감소시킨다.

② 결정립을 미세화시킨다.

③ 연신율을 증가시킨다.

④ 상온 취성의 원인이 된다.

해설⊕

인(P)

• 제선, 제강 중에 원료, 연료, 내화 재료 등을 통하여 강 중에 함유된다.

• 특수한 경우를 제외하고 0.05% 이하로 제한하며, 공구강 의 경우 0.025% 이하까지 허용된다.

• 인장 강도, 경도를 증가시키지만, 연신율과 내충격성을 감소시킨다.

• 상온에서 결정립을 거칠게 하며, 편석이 발생(담금질 균열 의 원인)된다. → 상온취성 원인

• 주물의 기포를 줄이는 작용을 한다.

62 심랭(Sub-zero)처리 목적에 대한 설명으로 옳은 것은?

① 자경강에 인성을 부여하기 위함

② 급열·급랭 시 온도 이력현상을 관찰하기 위함

③ 황은 담금질하여 베이나이트 조직을 얻기 위함

④ 담금질 후 시효변형을 방지하기 위해 잔류 오스테나이트를 마텐자이트 조직으로 얻기 위함

해설⊕

심랭처리(Sub-zero)

상온으로 담금질된 강을 다시 0℃ 이하의 온도로 냉각하는 열처리 방식이다.

• 목적 : 잔류 오스테나이트를 마텐자이트로 변태시키기 위한 열처리

• 효과 : 담금질 균열 방지, 치수변화 방지, 경도 향상(게이지강)

63 합금과 특성의 관계가 옳은 것은?

① 규소강 : 초내열성

② 스텔라이트(Stellite) : 자성

③ 모넬금속(Monel Metal) : 내식용

④ 엘린바(Fe-Ni-Cr) : 내화학성

해설⊕

① 규소강 : 변압기 철심 재료

② 스텔라이트 : 주조용 공구강

③ 모넬금속 : Ni(60% 이상)+Cu 합금(내열성, 내식성, 연신 율이 크다.)

④ 엘린바 : 불변강

64 일정 중량의 추를 일정 높이에서 떨어뜨려 그 반 발하는 높이로 경도를 나타내는 방법은?

① 브리넬 경도시험

② 로크웰 경도시험

③ 비커즈 경도시험

④ 쇼어 경도시험

65 표준형 고속도 공구강의 주성분으로 옳은 것은?

① 18% W, 4% Cr, 1% V, 0.8~0.9% C

② 18% C, 4% Mo, 1% V, 0.8~0.9% Cu

③ 18% W, 4% V, 1% Ni, 0.8~0.9% C

④ 18% C, 4% Mo, 1% Cr, 0.8~0.9% Mg

66 다음 중 ESD(Extra Super Duralumin) 합금계는?

① Al－Cu－Zn－Ni－Mg－Co

② Al－Cu－Zn－Ti－Mn－Co

③ Al－Cu－Zn－Si－Mn－Cr

④ Al－Cu－Zn－Mg－Mn－Cr

해설◆

초초두랄루민(extra super duralumin)

Al－Cu(1.6%)－Zn(5.6%)－Mg(2.5%)－ Mn(0.2%)－ Cr(0.3%)계 합금 : 인장강도 54kg/mm^2 이상

67 금형재료로서 경도와 내마모성이 우수하고 대량 생산에 적합한 소결합금은?

① 주철   ② 초경합금

③ Y합금강   ④ 탄소공구강

해설◆

초경합금

탄화물 분말(WC, TiC, TaC)을 비교적 인성이 있는 Co, Ni 을 결합제로 하여 소결시킨다.

68 조선 압연판으로 쓰이는 것으로 편석과 불순물이 적은 균질의 강은?

① 림드강   ② 킬드강

③ 캡트강   ④ 세미킬드강

해설◆

킬드강은 완전탈산강으로 편석과 불순물이 거의 없는 강이다.

69 Fe－C 상태도에서 온도가 가장 낮은 것은?

① 공석점   ② 포정점

③ 공정점   ④ 순철의 자기변태점

해설◆

① 공석점 : 723℃   ② 포정점 : 1,500℃

③ 공정점 : 1,130℃   ④ 순철의 자기변태 : 768℃

70 특수강에서 합금원소의 영향에 대한 설명으로 옳은 것은?

① Ni은 결정입자의 조절

② Si는 인성 증가, 저온 충격 저항 증가

③ V, Ti는 전자기적 특성, 내열성 우수

④ Mn, W은 고온에 있어서의 경도와 인장강도 증가

해설◆

원소	원소의 특성
Ni	강인성↑, 내식성↑, 담금질성↑, 저온취성 방지, 고가
Mn	강인성↑, 내식성↑, 내마멸성↑, 적열취성↓, 절삭성↑
Cr	강인성↑, 내식성↑, 내마멸성↑, 내열성↑
W	강인성↑, 내식성↑, 내마멸성↑, 내열성↑, 고온강도·경도↑, 탄화물로 석출
Mo	텅스텐과 흡사하고 효과는 2배, 질량효과↓, 담금질성↑, 뜨임취성 방지, 고가
V	몰리브덴과 비슷, 경화성 월등, 크롬－텅스텐과 같이 사용
Ti	내식성↑, 탄화물 생성
Co	고온 경도와 인장강도 증가
Si	• 적은 양 : 경도와 인장강도 증가 • 많은 양 : 내식성과 내열성 증가, 전자기적 성질 개선
Cu	대기 중 내산화성↑, 석출경화 발생이 용이
Al	결정립의 미세화로 인성 향상, 표면경화강에 많이 사용, 미량 첨가하여 내후성강에 효과적

정답   65 ①   66 ④   67 ②   68 ②   69 ①   70 ④

71 다음 중 펌프에서 토출된 유량의 맥동을 흡수하고, 토출된 압유를 축적하여 간헐적으로 요구되는 부하에 대해서 압유를 방출하여 펌프를 소경량화할 수 있는 기기는?

① 필터 ② 스트레이너
③ 오일 냉각기 ④ 어큐뮬레이터

해설⊕
축압기(어큐뮬레이터)의 용도
• 유압 에너지의 축적
• 2차 회로의 보상
• 압력 보상(카운터 밸런스)
• 맥동 제어(노이즈 댐퍼)
• 충격 완충(오일 해머)
• 액체 수송(트랜스퍼베리어)
• 고장, 정전 등의 긴급 유압원

72 펌프의 토출 압력 3.92MPa, 실제 토출 유량은 50L/min이다. 이때 펌프의 회전수는 1,000rpm, 소비동력이 3.68kW라고 하면 펌프의 전효율은 얼마인가?

① 80.4% ② 84.7%
③ 88.8% ④ 92.2%

해설⊕

$$H_P = pQ = \frac{3.92 \times 10^6}{1,000} \times \frac{50 \times 10^{-3}}{60} = 3.267[\text{kW}]$$

$$\eta = \frac{H_P}{H_S} = \frac{3.267}{3.68} \times 100 = 88.78\%$$

73 배관용 플랜지 등과 같이 정지 부분의 밀봉에 사용되는 실(Seal)의 총칭으로 정지용 실이라고도 하는 것은?

① 초크(Choke) ② 개스킷(Gasket)
③ 패킹(Packing) ④ 슬리브(Sleeve)

74 액추에이터에 관한 설명으로 가장 적합한 것은?

① 공기 베어링의 일종이다.
② 전기에너지를 유체에너지로 변환시키는 기기이다.
③ 압력에너지를 속도에너지로 변환시키는 기기이다.
④ 유체에너지를 이용하여 기계적인 일을 하는 기기이다.

해설⊕
액추에이터
유압에너지 → 기계에너지(직선, 회전운동)로 변환하는 장치

75 점성계수(Coefficient of viscosity)는 기름의 중요 성질이다. 점성이 지나치게 클 경우 유압기기에 나타나는 현상이 아닌 것은?

① 유동저항이 지나치게 커진다.
② 마찰에 의한 동력손실이 증대된다.
③ 부품 사이에 윤활작용을 하지 못한다.
④ 밸브나 파이프를 통과할 때 압력손실이 커진다.

해설⊕
점도가 높은 경우 유압기기에 미치는 영향
• 내부마찰의 증대와 온도 상승(캐비테이션 발생)
• 장치의 파이프 저항에 의한 압력 증대(기계효율 저하)
• 동력전달 효율 감소
• 작동유의 응답성 감소

76 길이가 단면 치수에 비해서 비교적 짧은 죔구(Restriction)는?

① 초크(Choke) ② 오리피스(Orifice)
③ 벤트 관로(Vent line) ④ 휨 관로(Flexible line)

해설⊕
① 초크(Choke) : 면적을 감소시킨 통로로서, 그 길이가 단면 치수에 비해 비교적 긴 경우에 흐름 조임. 이 경우 압력강하는 유체 점도에 따라 영향을 크게 받는다.

정답 71 ④ 72 ③ 73 ② 74 ④ 75 ③ 76 ②

② 오리피스(Orifice) : 면적을 감소시킨 통로로서 그 길이가 단면 치수에 비해 비교적 짧은 경우에 흐름 조임. 이 경우 압력 강하는 유체 점도에 따라 크게 영향을 받지 않는다.
③ 벤트 관로(Vent line) : 대기로 언제나 개방되어 있는 관로
④ 휨 관로(Flexible line) : 굽힘이 쉬워 금속배관 설치가 어려운 곳에 사용한다.

77 유압모터의 종류가 아닌 것은?

① 나사 모터
② 베인 모터
③ 기어 모터
④ 회전피스톤 모터

해설⊕

유압모터의 종류
베인모터, 기어모터, 회전피스톤 모터

78 피스톤 부하가 급격히 제거되었을 때 피스톤이 급진하는 것을 방지하는 등의 속도제어회로로 가장 적합한 것은?

① 증압 회로
② 시퀀스 회로
③ 언로드 회로
④ 카운터 밸런스 회로

해설⊕

카운터 밸런스 회로
• 피스톤 부하가 급격히 제거되었을 때 피스톤이 급진하는 것을 방지
• 작업이 완료되어 부하가 0이 될 때, 실린더가 자중으로 낙하하는 것을 방지

79 다음 중 상시 개방형 밸브는?

① 감압밸브
② 언로드 밸브
③ 릴리프 밸브
④ 시퀀스 밸브

해설⊕

밸브의 종류
㉠ 상시 개방형 밸브
  • 감압밸브 : 정상운전 시에는 열려 있다가 출구 측 압력이 설정압보다 높을 시 밸브가 닫혀 압력을 낮춰준다.
㉡ 상시 밀폐형 밸브
  • 언로드 밸브 : 실린더 작동 시에는 닫혀 있다가 작동 완료 후 밸브에 압력이 높아지면 밸브가 열려 작동유를 탱크로 보낸다.
  • 릴리프 밸브 : 관로압이 설정압보다 높을 시 릴리프 밸브가 열려 작동유를 탱크로 보내 줌으로써 압력을 낮춰준다.
  • 시퀀스 밸브 : 순차밸브로써 1번 실린더가 전진완료 시점까지 닫혀 있다가 전진 완료 후 밸브가 열려 2번 실린더 쪽으로 작동유를 보내준다.

80 유압장치에서 실시하는 플러싱에 대한 설명으로 옳지 않은 것은?

① 플러싱하는 방법은 플러싱 오일을 사용하는 방법과 산 세정법 등이 있다.
② 플러싱은 유압 시스템의 배관 계통과 시스템 구성에 사용되는 유압 기기의 이물질을 제거하는 작업이다.
③ 플러싱 작업을 할 때 플러싱유의 온도는 일반적인 유압시스템의 유압유 온도보다 낮은 20~30℃ 정도로 한다.
④ 플러싱 작업은 유압기계를 처음 설치하였을 때, 유압 작동유를 교환할 때, 오랫동안 사용하지 않던 설비의 운전을 다시 시작할 때, 부품의 분해 및 청소 후 재조립하였을 때 실시한다.

해설⊕

플러싱유의 온도는 유압시스템의 유압유보다 20~30℃ 높게 하여 플러싱을 진행한다.

정답 77 ① 78 ④ 79 ① 80 ③

5과목 기계제작법 및 기계동력학

81 주조의 탕구계 시스템에서 라이저(Riser)의 역할로서 틀린 것은?

① 수축으로 인한 쇳물 부족을 보충한다.
② 주형 내의 가스, 기포 등을 밖으로 배출한다.
③ 주형 내의 쇳물에 압력을 가해 조직을 치밀화한다.
④ 주물의 냉각도에 따른 균열이 발생되는 것을 방지한다.

해설⊕

압탕(Riser, 덧쇳물)
• 주형 내의 쇳물에 정압을 가하여 조직이 치밀해진다.
• 금속의 응고 때 수축을 보상하기 위해 용탕을 보충한다.
• 주형 내의 용재 및 불순물을 밀어낸다.
• 주형 내의 가스를 방출하여 기포결함을 방지한다.
• 용융금속의 주입량을 측정할 수 있다.

82 Taylor의 공구 수명에 관한 실험식에서 세라믹 공구를 사용하고자 할 때 적합한 절삭속도(m/min)는 약 얼마인가?(단, $VT^n = C$에서 $n=0.5$, $C=200$이고 공구수명은 40분이다.)

① 31.6
② 32.6
③ 33.6
④ 35.6

해설⊕

공구 수명식(Tayler' Equation)
$$VT^n = C$$
여기서, V : 절삭속도(m/min)
T : 공구수명(min)
n : 지수
C : 상수
$$V = \frac{C}{T^n} = \frac{200}{40^{0.5}} = 31.623 \text{m/min}$$

83 강관을 길이방향으로 이음매 용접하는데, 가장 적합한 용접은?

① 심 용접
② 점 용접
③ 프로젝션 용접
④ 업셋 맞대기용접

해설⊕

용접의 종류
㉠ 심용접(Seam Welding)
• 점용접이 반복되어 연속된 선모양의 접합부를 생성하며, 용접 가능한 판두께는 점용접보다 얇다.
• 수밀, 기밀, 유밀을 요하는 곳에 적용한다.
㉡ 점용접(Spot Welding)
• 자동차 등 대량생산에 의한 박판의 용접에 적용한다.
• 모재의 가열이 짧아 열영향부가 작다.
㉢ 프로젝션 용접(Projection Welding)
• 점용접과 동일하나 작은 돌기를 만들어 용접한다.
• 많은 개소를 동시에 용접 가능하기 때문에 능률이 좋다.
㉣ 업셋 용접(Upset Welding)
• 저항용접 중 가장 먼저 개발된 것으로 널리 사용되고 있는 용접법이다.
• 접촉된 두 면에 전류를 흘려 접촉저항에 의해 가열되고 축방향으로 큰 힘을 가하여 용접시공한다.
• 환봉, 각봉, 관, 판 등의 제작에 사용한다.

84 특수가공 중에서 초경합금, 유리 등을 가공하는 방법은?

① 래핑
② 전해 가공
③ 액체 호닝
④ 초음파 가공

해설⊕

① 래핑(Lapping)
• 일반적으로 가공물과 랩(정반) 사이에 미세한 분말 상태의 랩제를 넣고, 가공물에 압력을 가하면서 상대운동을 시키면 표면 거칠기가 매우 우수한 가공 면을 얻을 수 있다.

- 래핑은 블록 게이지, 한계 게이지, 플러그 게이지 등의 측정기의 측정면과 정밀기계부품, 광학 렌즈 등의 다듬질용으로 쓰인다.
② 전해 가공(Electro-chemical machining) : 전기분해의 원리를 이용한 것으로 공구를 음극, 공작물을 양극에 연결하고, 전해액을 분출시키면서 전기를 통하면 양극에서 용해 용출 현상이 일어나 가공이 된다.
③ 액체 호닝(Liquid honing) : 연마제를 가공액과 혼합한 다음 압축공기와 함께 노즐로 고속 분사시켜 일감의 표면을 깨끗이 다듬는 가공법이다.
④ 초음파가공 : 초음파 진동을 에너지원으로 하여 진동하는 공구(Horn)와 공작물 사이에 연삭 입자를 공급하여 공작물을 정밀하게 다듬는다.
  - 방전가공과는 달리 도체가 아닌 부도체도 가공이 가능하다.
  - 가공액으로 물이나 경유 등을 사용하므로 경제적이고 취급하기도 쉽다.
  - 주로 소성변형이 없이 파괴되는 유리, 수정, 반도체, 자기, 세라믹, 카본 등을 정밀하게 가공하는 데 사용한다.

85 아래 도면과 같은 테이퍼를 가공할 때의 심압대의 편위거리[mm]는?

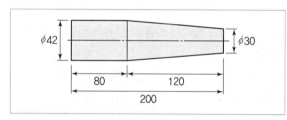

① 6
② 10
③ 12
④ 20

해설⊕

$$X = \frac{(D-d)L}{2l} = \frac{(42-30) \times 200}{2 \times 120} = 10[\text{mm}]$$

86 두께가 다른 여러 장의 강재 박판(薄板)을 겹쳐서 부채살 모양으로 모은 것이며 물체 사이에 삽입하여 측정하는 기구는?

① 와이어 게이지
② 롤러 게이지
③ 틈새 게이지
④ 드릴 게이지

해설⊕

- 와이어 게이지 : 각종 선재의 지름이나 판재의 두께 측정
- 틈새 게이지 : 미소한 틈새 측정
- 드릴 게이지 : 드릴의 지름측정

87 단조의 기본 작업 방법에 해당하지 않는 것은?

① 늘리기(Drawing)
② 업세팅(Up-setting)
③ 굽히기(Bending)
④ 스피닝(Spinning)

해설⊕

단조방법에 따른 분류
- 자유단조 : 업세팅, 단짓기, 늘이기, 굽히기, 구멍 뚫기, 자르기 등
- 형단조

스피닝(Spinning)
특수 성형가공의 하나로 선반의 주축과 같은 회전축에 다이를 고정하고 그 다이에 소재를 심압대로 눌러 소재를 다이와 함께 회전시키면서 스피닝 스틱(Spinning stick)이나 롤러(Roller)로 소재를 다이에 밀어붙여 다이와 같은 형상의 제품으로 성형하는 가공법을 말한다.

88 두께 4[mm]인 탄소강판에 지름 1,000[mm]의 펀칭을 할 때 소요되는 동력[kW]은 약 얼마인가?(단, 소재의 전단저항은 245.25[MPa], 프레스 슬라이드의 평균속도는 5[m/min], 프레스의 기계효율(η)은 65%이다.)

① 146
② 280
③ 396
④ 538

③ 크로마이징(Chromizing)

④ 금속용사법(Metal Spraying)

해설⊕

금속 침투법의 침투제에 따른 분류

종류	침투제	장점
세라다이징 (Sheradizing)	Zn	대기 중 부식 방지
칼로라이징 (Calorizing)	Al	고온 산화 방지
크로마이징 (Chromizing)	Cr	내식성, 내산성, 내마모성 증가
실리코나이징 (Silliconizing)	Si	내산성 증가
보로나이징 (Boronizing)	B	고경도 (HV 1,300~1,400)

해설⊕

전단응력 $\tau = \dfrac{P}{A}$

$P = \tau A = \tau \pi dt$

$\quad = 245.25 \times 10^6 [\text{Pa}] \times \pi \times 1 [\text{m}] \times 4 \times 10^{-3} [\text{m}]$

$\quad = 3,081.9 \times 10^3 [\text{N}] = 3,081.9 [\text{kN}]$

따라서, 동력 $H = \dfrac{PV}{\eta} = \dfrac{3,081.9 \times \dfrac{5}{60}}{0.65} = 395.12 [\text{kW}]$

89 방전가공에 대한 설명으로 틀린 것은?

① 경도가 높은 재료는 가공이 곤란하다.

② 가공 전극은 동, 흑연 등이 쓰인다.

③ 가공정도는 전극의 정밀도에 따라 영향을 받는다.

④ 가공물과 전극사이에 발생하는 아크(Arc) 열을 이용한다.

해설⊕

방전가공의 특징

장점	단점
• 예리한 에지(edge) 가공 가능(정밀 가공 가능) • 재료의 경도와 인성에 관계없이 전기도체면 가공이 쉽다. • 비접촉성으로 기계적인 힘이 가해지지 않는다. • 가공성이 높고 설계의 유연성이 크다. • 가공표면의 열변질층이 적고, 내마멸성, 내부식성이 높은 표면을 얻을 수 있다.	• 가공상 전극소재에 제한이 있다.(공작물이 전도체이어야 한다). • 가공속도가 느리다. • 전극가공 공정이 필요하다.

90 Al을 강의 표면에 침투시켜 내스케일성을 증가시키는 금속 침투 방법은?

① 파커라이징(Parkerizing)

② 칼로라이징(Calorizing)

91 그림과 같은 용수철-질량계의 고유진동수는 약 몇 Hz인가?(단, $m = 5$kg, $k_1 = 15$N/m, $k_2 = 8$N/m이다.)

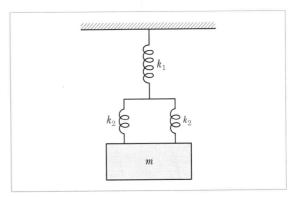

① 0.1Hz

② 0.2Hz

③ 0.3Hz

④ 0.4Hz

해설⊕

ⅰ) 질량을 매달고 있는 아랫부분인 K_2, 병렬조합에 의한 등가 스프링 상수 K_3

$\quad K_3 \delta_2 = K_2 \delta_2 + K_2 \delta_2$ (여기서, δ_2 동일)

$\quad \therefore K_3 = 2K_2$

ii) 직렬조합 K_1과 K_3의 등가 스프링 상수 K_e

$$\delta_e = \delta_1 + \delta_3$$

$$\frac{W}{K_e} = \frac{W}{K_1} + \frac{W}{K_3} \quad (\because \; W \; \text{동일})$$

$$\therefore \; \frac{1}{K_e} = \frac{1}{K_1} + \frac{1}{2K_2}$$

$$= \frac{1}{15} + \frac{1}{2 \times 8}$$

$$\therefore \; K_e = 7.74\,\text{N/m}$$

iii) 고유진동수

$$f = \frac{\omega_n}{2\pi} = \frac{1}{2\pi}\sqrt{\frac{k_e}{m}} = \frac{1}{2\pi}\sqrt{\frac{7.74}{5}} = 0.198\,\text{Hz}$$

92 타격연습용 투구기가 지상 1.5m 높이에서 수평으로 공을 발사한다. 공이 수평거리 16m를 날아가 땅에 떨어진다면, 공의 발사속도의 크기는 약 몇 m/s인가?

① 11 ② 16
③ 21 ④ 29

해설⊕

i) 속도

x축 방향 : $V_x = V_{0x}$ (x방향 속도 일정)

y축 방향 : $a_y = -g$

$$a_y = \frac{dV_y}{dt}$$

$$\Rightarrow dV_y = a_y\,dt$$

$$\Rightarrow \int_{V_{0y}}^{V_y} dV_y = \int_0^t a_y\,dt = \int_0^t -g\,dt$$

$$\Rightarrow V_y - V_{0y} = -g\,t$$

$$\therefore \; V_y = V_{0y} - g\,t = -g\,t$$

($\because \; V_{0y} = 0$: 수평 방향으로 발사)

ii) 위치

$$V_y = \frac{dy}{dt} \Rightarrow dy = V_y dt \Rightarrow \int_{y_0}^y dy = \int_0^t (-g\,t)\,dt$$

$$\Rightarrow y - y_0 = -\frac{1}{2}g\,t^2$$

$$\therefore \; y = y_0 - \frac{1}{2}g\,t^2$$

(땅에 떨어지므로 $y = 0$, $y_0 = 1.5\,\text{m}$에서)

$$0 = 1.5 - 9.8 \times \frac{t^2}{2}$$

$$\therefore \; t = \sqrt{\frac{2 \times 1.5}{9.8}} = 0.55\,s$$

iii) 공의 발사속도를 구하기 위해 x방향(수평 방향)으로 날아간 거리를 이용하면

$$x = x_0 + V_x t = x_0 + V_{0x}\,t$$

$$16 = 0 + V_{0x} \times 0.55$$

$$\therefore \; V_{0x} = 29.09\,\text{m/s}$$

93 그림에서 질량 100kg의 물체 A와 수평면 사이의 마찰계수는 0.30이며 물체 B의 질량은 30kg이다. 힘 P_y의 크기는 시간(t[s])의 함수이며 P_y[N] $= 15t^2$이다. t는 0s에서 물체 A가 오른쪽으로 2.0m/s로 운동을 시작한다면 t가 5s일 때 이 물체의 속도는 약 몇 m/s인가?

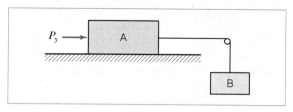

① 6.81 ② 6.92
③ 7.31 ④ 7.54

해설⊕

자유물체도 : F.B.D

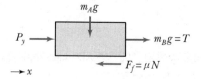

i) $\sum F_x = ma_x$에서

$$P_y + m_B g - \mu N = (m_A + m_B)a_x$$

여기서, $N = m_A g$

$15t^2 + m_B g - \mu m_A g = (m_A + m_B)a_x$

$\therefore a_x = \dfrac{15t^2 + m_B g - \mu m_A g}{m_A + m_B}$

$\qquad = \dfrac{15t^2 + 30 \times 9.8 - 0.3 \times 100 \times 9.8}{100 + 30}$

$\qquad = \dfrac{15}{130}t^2$

ii) $a_x = f(t)$의 함수이므로 $a_x = \dfrac{dV_x}{dt}$에서

$\Rightarrow dV_x = a_x\,dt$

$\Rightarrow \displaystyle\int_{V_{0x}}^{V_x} dV_x = \int_0^t a_x\,dt = \int_0^5 \dfrac{15}{130}t^2\,dt$

적분하면

$\Rightarrow V_x - V_{0x} = \dfrac{15}{130}\left[\dfrac{t^3}{3}\right]_0^5$

여기서, $V_{0x} = 2\,\mathrm{m/s}$

$\therefore V_x = 2 + \dfrac{15}{130} \times \dfrac{5^3}{3} = 6.808\,\mathrm{m/s}$

94 $x = Ae^{j\omega t}$인 조화운동의 가속도 진폭의 크기는?

① $\omega^2 A$ 　　　② ωA

③ ωA^2 　　　④ $\omega^2 A^2$

해설 ⊕

$x = Ae^{j\omega t}$

$\dot{x} = V = j\omega Ae^{j\omega t}$

$\ddot{x} = a = (j\omega)^2 Ae^{j\omega t} = \omega^2 Ae^{j\omega t} = Xe^{j\omega t} \leftarrow X:\text{진폭}$

95 인장코일 스프링에서 100N의 힘으로 10cm 늘어나는 스프링을 평형 상태에서 5cm만큼 늘어나게 하려면 몇 J의 일이 필요한가?

① 10 　　　② 5

③ 2.5 　　　④ 1.25

해설 ⊕

$F = Kx$에서 $K = \dfrac{F}{x} = \dfrac{100\,\mathrm{N}}{10\,\mathrm{cm}} = 10\,\mathrm{N/cm}$

5cm 늘리는 데 필요한 일에너지 = 스프링의 탄성에너지 V_e

$V_e = \dfrac{1}{2}Kx^2 = \dfrac{1}{2} \times 10 \times 5^2 = 125\,\mathrm{N \cdot cm}$

$\qquad = 125\,\mathrm{N} \times \dfrac{1}{100}\,\mathrm{m} = 1.25\,\mathrm{N \cdot m} = 1.25\,\mathrm{J}$

96 반경이 R인 바퀴가 미끄러지지 않고 구른다. O점의 속도(V_O)에 대한 A점의 속도(V_A)의 비는 얼마인가?

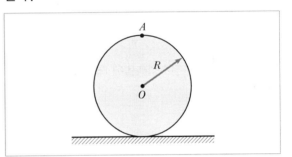

① $V_A/V_O = 1$ 　　　② $V_A/V_O = \sqrt{2}$

③ $V_A/V_O = 2$ 　　　④ $V_A/V_O = 4$

해설 ⊕

$\dfrac{V_A}{V_O} = \dfrac{R_A \omega}{R_O \omega} = \dfrac{2R_O}{R_O} = 2$

97 반경이 r인 원을 따라서 각속도 ω, 각가속도 α로 회전할 때 법선방향 가속도의 크기는?

① $r\alpha$ 　　　② $r\omega$

③ $r\omega^2$ 　　　④ $r\alpha^2$

해설 ⊕

구심가속도(법선가속도 : a_n)

$a_n = \dfrac{V^2}{r} = \dfrac{(r\omega)^2}{r} = r\omega^2$

98 질량 관성모멘트가 7.036kg · m²인 플라이휠이 3,600rpm으로 회전할 때, 이 휠이 갖는 운동에너지는 약 몇 kJ인가?

① 300　　　　　　② 400

③ 500　　　　　　④ 600

해설 ⊕

$$\omega = \frac{2\pi N}{60} = \frac{2\pi \times 3,600}{60} = 120\pi$$

$$T = \frac{1}{2}J_G\omega^2 = \frac{1}{2} \times 7.036 \times (120\pi)^2$$

$$= 499,986.3\text{N·m}(\text{J})$$

$$= 499.9\text{kJ}$$

99 두 질점의 완전소성충돌에 대한 설명 중 틀린 것은?

① 반발계수가 0이다.

② 두 질점의 전체에너지가 보존된다.

③ 두 질점의 전체운동량이 보존된다.

④ 충돌 후, 두 질점의 속도는 서로 같다.

해설 ⊕

소성충돌은 비탄성충돌로 충돌 후 두 질점이 일체가 되어 에너지 손실이 최대가 된다(전체에너지가 보존되지 않는다). 에너지 손실은 재료의 국부적인 비탄성변형에 의한 열의 발생, 물체 안에서 탄성응력파괴의 생성과 소멸, 소리에너지 발생 등에 의해 일어난다.

100 회전속도가 2,000rpm인 원심 팬이 있다. 방진고무로 탄성지지시켜 진동 전달률을 0.3으로 하고자 할 때, 정적수축량은 약 몇 mm인가?(단, 방진고무의 감쇠계수는 0으로 가정한다.)

① 0.71　　　　　　② 0.97

③ 1.41　　　　　　④ 2.20

해설 ⊕

진동절연을 시키기 위해서는 가진 진동수가 시스템의 고유진동수의 $\sqrt{2}$ 배 이상 되어야 하며, 감쇠비 ζ가 작고 진동수비 $\gamma > 1$인 경우

전달률 $TR = \dfrac{1}{\gamma^2 - 1} = \dfrac{1}{\left(\dfrac{\omega}{\omega_n}\right)^2 - 1}$이다.

$$\omega = \frac{2\pi N}{60} = \frac{2\pi \times 2,000}{60} = 209.44$$

$TR = 0.3$이므로

$\gamma^2 = 1 + \dfrac{1}{TR}$에서 진동수비 $\gamma = \sqrt{1 + \dfrac{1}{0.3}} = 2.08$

$\gamma = \dfrac{\omega}{\omega_n}$에서 $\omega_n = \dfrac{\omega}{\gamma} = \dfrac{209.44}{2.08} = 100.65$

$$\omega_n = \sqrt{\frac{K}{m}} = \sqrt{\frac{g}{\delta_{st}}}$$

$$\therefore \delta_{st} = \frac{g}{\omega_n^2} = \frac{9.8}{100.65^2} = 0.000967\text{m} = 0.97\,\text{mm}$$

정답　**98** ③　**99** ②　**100** ②

2015년 5월 31일 시행

재료역학

01 그림과 같이 단순보의 지점 B에 M_0의 모멘트가 작용할 때 최대 굽힘 모멘트가 발생되는 A단에서부터 거리 x는?

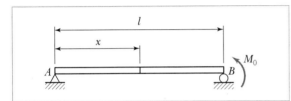

① $x = \dfrac{l}{5}$ ② $x = l$

③ $x = \dfrac{l}{2}$ ④ $x = \dfrac{3}{4}l$

해설⊕

우력은 수직거리만의 함수이므로 $\cup M_0$를 수직거리 l을 갖는 두 힘으로 나누면

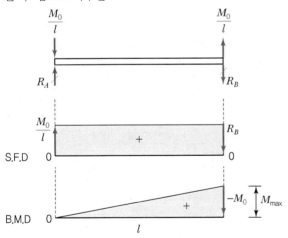

→ $x = l$일 때 굽힘모멘트가 최대이다.

02 그림과 같은 단면에서 가로방향 중립축에 대한 단면 2차 모멘트는?

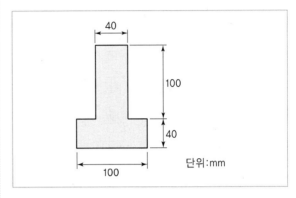

단위:mm

① $10.67 \times 10^6 \text{mm}^4$

② $13.67 \times 10^6 \text{mm}^4$

③ $20.67 \times 10^6 \text{mm}^4$

④ $23.67 \times 10^6 \text{mm}^4$

해설⊕

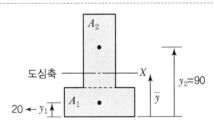

도심을 구하기 위해

$A\bar{y} = A_1 y_1 + A_2 y_2$

여기서, $A = A_1 + A_2$

$\therefore \bar{y} = \dfrac{A_1 y_1 + A_2 y_2}{A_1 + A_2}$

$= \dfrac{100 \times 40 \times 20 + 40 \times 100 \times (40 + 50)}{100 \times 40 + 40 \times 100}$

$= 55 \text{mm}$

중심축에 대한 단면 2차 모멘트는

i) 도심축 X에 대한 A_1 면적의 단면 2차 모멘트를 평행축 정리에 의해 구하면

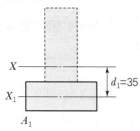

$$I_{A1} = I_{X1} + A_1 \cdot d_1^2$$
$$= \frac{100 \times 40^3}{12} + 100 \times 40 \times 35^2 = 5,433,333.33$$

ii) 도심축 X에 대한 A_2 면적의 단면 2차 모멘트를 평행축 정리에 의해 구하면

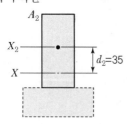

$$I_{A2} = I_{X2} + A_2 \cdot d_2^2$$
$$= \frac{40 \times 100^3}{12} + 400 \times 100 \times 35^2 = 8,233,333.33$$
$$\therefore I_X = I_{A1} + I_{A2} = 13.67 \times 10^6 \text{mm}^4$$

03 왼쪽이 고정단인 길이 l의 외팔보가 w의 균일분포하중을 받을 때, 굽힘모멘트선도(B.M.D)의 모양은?

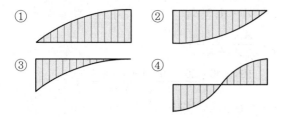

해설⊕

등분포하중을 받는 외팔보에서

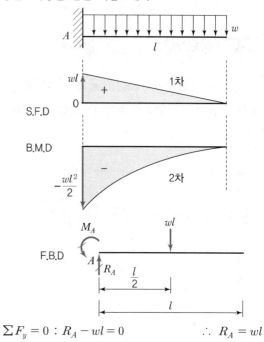

$$\sum F_y = 0 : R_A - wl = 0 \qquad \therefore R_A = wl$$

$$\sum M_{A\text{지점}} = 0 : -M_A + wl \times \frac{l}{2} = 0 \qquad \therefore M_A = \frac{wl^2}{2}$$

04 그림과 같은 트러스가 점 B에서 그림과 같은 방향으로 5kN의 힘을 받을 때 트러스에 저장되는 탄성에너지는 몇 kJ인가?(단, 트러스의 단면적은 1.2cm², 탄성계수는 10^6Pa이다.)

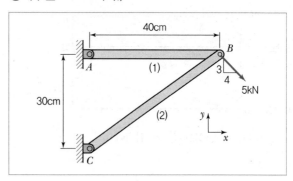

① 52.1   ② 106.7
③ 159.0   ④ 267.7

해설⊕

\<F.B.D\>

$$\tan\alpha = \frac{4}{3} \rightarrow \alpha = 53.13^\circ$$

$$\tan\theta_1 = \frac{30}{40} \rightarrow \theta_1 = \tan^{-1}\frac{30}{40} = 36.87^\circ$$

$$\theta_2 = 90^\circ + \alpha - \theta_1 \text{에서} \quad \theta_2 = 106.26^\circ$$

$$\therefore \theta_3 = 216.87^\circ$$

라미의 정리에 의해 $\dfrac{T_{AB}}{\sin\theta_2} = \dfrac{5\text{kN}}{\sin\theta_1} = \dfrac{T_{BC}}{\sin\theta_3}$ 에서

$$T_{AB} = \frac{5}{\sin 36.87^\circ} \times \sin 106.26^\circ = 8\text{kN}$$

$$T_{BC} = \frac{5}{\sin 36.87^\circ} \times \sin 216.87^\circ = -5\text{kN}$$

탄성에너지 $U = \dfrac{1}{2}p \cdot \lambda = \dfrac{p^2 \cdot l}{2AE}$ 에서 2부재에 저장되므로 $U = U_{AB} + U_{BC}$

$$\therefore U = \frac{T_{AB}^2 \cdot l_{AB}}{2AE} + \frac{T_{BC}^2 \cdot l_{BC}}{2AE}$$

$$= \frac{1}{2AE}\left(T_{AB}^2 \cdot l_{AB} + T_{BC}^2 \cdot l_{BC}\right)$$

$$= \frac{8^2 \times 0.4 + (-5)^2 \times 0.5}{2 \times 1.2 \times 10^{-4} \times 10^6 \times 10^{-3}}$$

$$= 158.75\text{kJ}$$

05 두께 8mm의 강판으로 만든 안지름 40cm의 얇은 원통에 1MPa의 내압이 작용할 때 강판에 발생하는 후프 응력(원주 응력)은 몇 MPa인가?

① 25   ② 37.5
③ 12.5   ④ 50

해설⊕

$$\sigma_h = \frac{p \cdot d}{2t} = \frac{1 \times 10^6 \times 0.4}{2 \times 0.008}$$

$$= 25 \times 10^6 \text{Pa} = 25\text{MPa}$$

06 지름 3mm의 철사로 평균지름 75mm의 압축코일 스프링을 만들고 하중 10N에 대하여 3cm의 처짐량을 생기게 하려면 감은 회수(n)는 대략 얼마로 해야 하는가?(단, 전단 탄성계수 $G = 88$GPa이다.)

① $n = 8.9$ ② $n = 8.5$
③ $n = 5.2$ ④ $n = 6.3$

해설⊕

$$\delta = \frac{8Wd^3 \cdot n}{Gd^4} \text{에서}$$

$$n = \frac{Gd^4\delta}{8Wd^3} = \frac{88 \times 10^9 \times 0.003^4 \times 0.03}{8 \times 10 \times 0.075^3} = 6.34$$

07 $\sigma_x = 400$MPa, $\sigma_y = 300$MPa, $\tau_{xy} = 200$MPa가 작용하는 재료 내에 발생하는 최대 주응력의 크기는?

① 206MPa   ② 556MPa
③ 350MPa   ④ 753MPa

정답   **05** ①   **06** ④   **07** ②

해설⊕

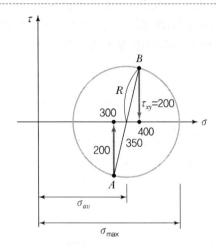

σ축에 $\sigma_x = 400$점과 $\sigma_y = 300$점을 잡은 다음, 그 점에서 τ축으로 $\tau_{xy} = 200$을 한 쌍으로 잡아 만족하는 점 A, B를 찍고, A, B점을 연결하는 선분을 지름으로 하여 원을 그린다. → 모어의 응력원

$$\sigma_{av} = \frac{\sigma_x + \sigma_y}{2} = \frac{400 + 300}{2} = 350$$

$$R = \sqrt{(400 - 350)^2 + 200^2} = 206.16 \,(응력원에서)$$

$$\sigma_{\max} = \sigma_{av} + R = 350 + 206.16 = 556.16 \mathrm{MPa}$$

[다른 풀이]

물론 공식 $\sigma_{\max} = \dfrac{\sigma_x + \sigma_y}{2} + \sqrt{\left(\dfrac{\sigma_x - \sigma_y}{2}\right)^2 + \tau^2}$ 로

구해도 된다.

• 수치값을 줄 때는 응력원을 그리면 쉽게 바로 구할 수 있다.(좌표값들만 보면)

08 원형 막대의 비틀림을 이용한 토션바(Torsion Bar) 스프링에서 길이와 지름을 모두 10%씩 증가시킨다면 토션바의 비틀림 스프링상수$\left(\dfrac{비틀림\ 토크}{비틀림\ 각도}\right)$는 몇 배로 되겠는가?

① 1.1^{-2}배   ② 1.1^2배

③ 1.1^3배   ④ 1.1^4배

해설⊕

$$\frac{T}{\theta} = \frac{T}{\dfrac{T \cdot l}{G \cdot I_p}} = \frac{G \cdot I_p}{l} = \frac{G\pi d^4}{32l}$$

여기서, $\dfrac{d^4}{l}$에 비례하므로

$$\therefore \ \frac{(1.1d)^4}{1.1l} = 1.1^3$$

09 단면이 가로 100mm, 세로 150mm인 사각단면 보가 그림과 같이 하중(P)을 받고 있다. 전단응력에 의한 설계에서 P는 각각 100kN씩 작용할 때 안전계수를 2로 설계하였다고 하면, 이 재료의 허용전단응력은 약 몇 MPa인가?

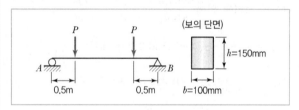

① 10   ② 15

③ 18   ④ 20

해설⊕

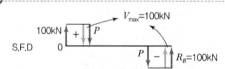

$$\tau_{\max} = \frac{3}{2}\tau_{av} = \frac{3}{2}\frac{V_{\max}}{A}$$

(보 속의 전단응력은 보의 평균 전단응력의 1.5배)

$$= \frac{3 \times 100 \times 10^3}{2 \times 0.1 \times 0.15} = 10 \times 10^6 \mathrm{Pa} = 10 \mathrm{MPa}$$

$$\therefore \ \tau_a = s \times \tau_{\max} = 2 \times 10 = 20 \mathrm{MPa}$$

2015

10 재료가 전단 변형을 일으켰을 때, 이 재료의 단위 체적당 저장된 탄성에너지는?(단, τ는 전단응력, G는 전단 탄성계수이다.)

① $\dfrac{\tau^2}{2G}$

② $\dfrac{\tau}{2G}$

③ $\dfrac{\tau^4}{2G}$

④ $\dfrac{\tau^2}{4G}$

해설⊕

$$u = \frac{U}{V} = \frac{\frac{1}{2}p \cdot \lambda_s}{V} = \frac{\frac{1}{2}\tau \cdot A\lambda_s}{V}$$

여기서, 전단변형률 $\gamma = \dfrac{\lambda_s}{l}$, $\tau = G\gamma$

$$= \frac{\frac{1}{2}G \cdot \gamma A \cdot \gamma l}{V}$$

$$= \frac{1}{2}G\gamma^2 = \frac{G^2\gamma^2}{2G} = \frac{\tau^2}{2G} \quad (\because V = A \cdot l)$$

11 강체로 된 봉 CD가 그림과 같이 같은 단면적과 재료가 같은 케이블 ㉠, ㉡과 C점에서 힌지로 지지되어 있다. 힘 P에 의해 케이블 ㉠에 발생하는 응력(σ)은 어떻게 표현되는가?(단, A는 케이블의 단면적이며 자중은 무시하고, a는 각 지점 간의 거리이고 케이블 ㉠, ㉡의 길이 l은 같다.)

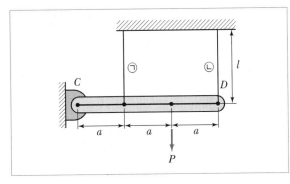

① $\dfrac{2P}{3A}$

② $\dfrac{P}{3A}$

③ $\dfrac{4P}{5A}$

④ $\dfrac{P}{5A}$

해설⊕

$\sum M_{C지점} = 0 :$

i) $-R_㉠ a + P\,2a - R_㉡ 3a = 0$

　양변을 a로 나누면

　$-R_㉠ + 2P - 3R_㉡ = 0$

　$2P = R_㉠ + 3R_㉡$ ⋯ ⓐ

ii) P를 잡아당기면 $\lambda_㉠$과 $\lambda_㉡$은 선형적으로 비례하므로

　$a : \lambda_㉠ = 3a : \lambda_㉡$

　$a : \dfrac{R_㉠ \cdot l}{AE} = 3a : \dfrac{R_㉡ \cdot l}{AE}$

　$a : R_㉠ = 3a : R_㉡$

　$R_㉡ a = R_㉠ 3a$

　$R_㉡ = 3R_㉠$ ⋯ ⓑ

ⓑ를 ⓐ에 대입하면

$2P = R_㉠ + 9R_㉠$

$2P = 10R_㉠$

$\therefore P = 5R_㉠$

$\therefore \sigma_㉠ = \dfrac{R_㉠}{A} = \dfrac{P}{5A}$

정답 **10** ① **11** ④

12 길이가 2m인 환봉에 인장하중을 가하여 변화된 길이가 0.14cm일 때 변형률은?

① 70×10^{-6} ② 700×10^{-6}

③ 70×10^{-3} ④ 700×10^{-3}

해설 ⊕

$$\varepsilon = \frac{\lambda}{l} = \frac{0.14}{2,000} = 7 \times 10^{-4} = 700 \times 10^{-6}$$

13 바깥지름 50cm, 안지름 40cm의 중공원통에 500kN의 압축하중이 작용했을 때 발생하는 압축응력은 약 몇 MPa인가?

① 5.6 ② 7.1

③ 8.4 ④ 10.8

해설 ⊕

$$\sigma = \frac{P}{A} = \frac{P}{\frac{\pi}{4}\left(d_2{}^2 - d_1{}^2\right)} = \frac{500 \times 10^3}{\frac{\pi}{4}\left(0.5^2 - 0.4^2\right)}$$

$$= 7.07 \times 10^6 \text{Pa} = 7.07 \text{MPa}$$

14 길이가 l(m)이고, 일단 고정에 타단 지지인 그림과 같은 보에 자중에 의한 분포하중 w(N/m)가 보의 전체에 가해질 때 점 B에서의 반력의 크기는?

① $\dfrac{wl}{4}$ ② $\dfrac{3}{8}wl$

③ $\dfrac{5}{16}wl$ ④ $\dfrac{7}{16}wl$

해설 ⊕

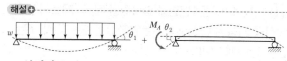

→ 부정정보

처짐각 $\theta_1 = \theta_2$는 같다.

$$\frac{wl^3}{24EI} = \frac{M_A \cdot l}{3EI}$$

$$\therefore M_A = \frac{wl^2}{8}$$

(처짐을 고려해 부정정 요소인 M_A를 해결 → 정정보)

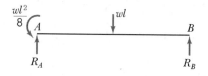

$$\sum M_{A\text{지점}} = 0 : -\frac{wl^2}{8} + wl \cdot \frac{l}{2} - R_B \cdot l = 0$$

$$\therefore R_B = \frac{\frac{wl^2}{2} - \frac{wl^2}{8}}{l} = \frac{3}{8}wl$$

15 그림과 같은 외팔보가 집중 하중 P를 받고 있을 때, 자유단에서의 처짐 δ_A는?(단, 보의 굽힘 강성 EI는 일정하고, 자중은 무시한다.)

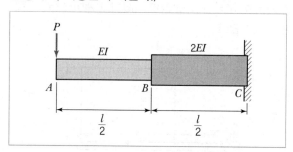

① $\dfrac{5Pl^3}{16EI}$ ② $\dfrac{7Pl^3}{16EI}$

③ $\dfrac{9Pl^3}{16EI}$ ④ $\dfrac{3Pl^3}{16EI}$

해설 ⊕

i) 보 AB 부분의 처짐량 $\delta_{AB} = \dfrac{P\left(\dfrac{l}{2}\right)^3}{3EI} = \dfrac{P \cdot l^3}{24EI}$

ii) B점으로 하중을 옮기면

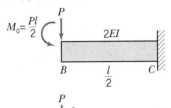

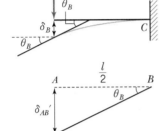

휨강성이 $2EI$이고 집중하중과 우력에 의한 B점에서의
처짐량

$$\delta_B = \dfrac{P\left(\dfrac{l}{2}\right)^3}{3(2EI)} + \dfrac{M_o\left(\dfrac{l}{2}\right)^2}{2(2EI)} = \dfrac{Pl^3}{48EI} + \dfrac{\dfrac{Pl}{2} \cdot \dfrac{l^2}{4}}{4EI}$$

$$= \dfrac{Pl^3}{48EI} + \dfrac{Pl^3}{32EI} = \dfrac{5Pl^3}{96EI}$$

집중하중과 우력에 의한 보 BC의 B에서 처짐각 θ_B

$$\theta_B = \dfrac{P\left(\dfrac{l}{2}\right)^2}{2(2EI)} + \dfrac{\dfrac{P \cdot l}{2}\left(\dfrac{l}{2}\right)}{2EI} = \dfrac{3}{16}Pl^2$$

처짐각 θ_B에 의한 보 AB의 처짐량

$$\theta_B = \dfrac{\delta_{AB}{}'}{\dfrac{l}{2}} \text{에서}$$

$$\delta_{AB}{}' = \theta_B \cdot \dfrac{l}{2} = \dfrac{3}{16}Pl^2 \times \dfrac{l}{2} = \dfrac{3}{32}Pl^3$$

iii) 보 전체 처짐량

$$\delta = \delta_{AB} + \delta_B + \delta_{AB}{}'$$

$$= \dfrac{Pl^3}{24EI} + \dfrac{5Pl^3}{96EI} + \dfrac{3Pl^3}{32} = \dfrac{18Pl^3}{96EI} = \dfrac{3Pl^3}{16EI}$$

16 무게가 각각 300N, 100N인 물체 A, B가 경사면
위에 놓여 있다. 물체 B와 경사면과는 마찰이 없다고
할 때 미끄러지지 않을 물체 A와 경사면과의 최소 마찰
계수는 얼마인가?

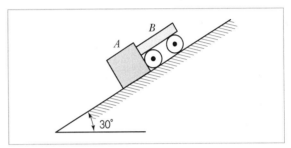

① 0.19   ② 0.58
③ 0.77   ④ 0.94

해설 ⊕

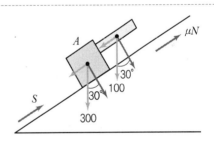

$$\sum F_s = 0 : -300\sin 30° - 100\sin 30° + \mu N = 0$$

여기서, $N = 300\cos 30°$

A부분만 마찰 — 마찰력은 수직력만의 함수이므로

$$\therefore \mu = \dfrac{400\sin 30°}{N} = \dfrac{400\sin 30°}{300\cos 30°} = 0.77$$

17 그림과 같은 가는 곡선보가 1/4 원 형태로 있다. 이 보의 B단에 M_0의 모멘트를 받을 때 자유단의 기울기는?(단, 보의 굽힘 감성 EI는 일정하고, 자중은 무시한다.)

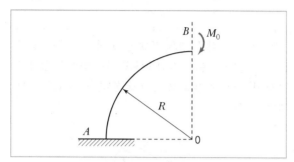

① $\dfrac{\pi M_0 R}{2EI}$ ② $\dfrac{\pi M_0}{2EI}$

③ $\dfrac{M_0 R}{2EI}\left(\dfrac{\pi}{2}+1\right)$ ④ $\dfrac{\pi M_0 R^2}{4EI}$

해설 ⊕

$EIy'' = M_x$

$y'' = \dfrac{M_x}{EI}$ 를 적분하면

$y' = \displaystyle\int \dfrac{1}{EI} M_x\,dx \;\to\;$ 곡선보에 적용

$\theta = \displaystyle\int \dfrac{1}{EI} M_0\,ds = \int_0^{\frac{\pi}{2}} \dfrac{1}{EI} M_0 R\,d\theta$

적분변수 $d\theta$이므로 0부터 $\dfrac{\pi}{2}$까지 적분

$= \dfrac{M_0 \cdot R}{EI}[\theta]_0^{\frac{\pi}{2}} = \dfrac{\pi M_0 \cdot R}{2EI}$

18 그림과 같은 직사각형 단면의 단순보 AB에 하중이 작용할 때, A단에서 20cm 떨어진 곳의 굽힘응력은 몇 MPa인가?(단, 보의 폭은 6cm이고, 높이는 12cm이다.)

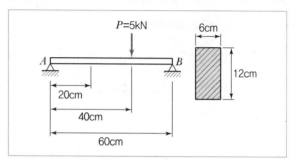

① 2.3 ② 1.9
③ 3.7 ④ 2.9

해설 ⊕

$R_A = \dfrac{P \times 20}{l} = \dfrac{5 \times 10^3 \times 20}{60} = 1{,}666.67\text{N}$

$x = 20$cm 인 지점에서의 모멘트를 M_x라 하면

$\sigma_b = \dfrac{M}{Z} = \dfrac{M_x}{Z} = \dfrac{M_x}{\dfrac{bh^2}{6}} = \dfrac{6M_x}{bh^2} = \dfrac{6 \times 333.34}{0.06 \times (0.12)^2}$

$= 2.31 \times 10^6 \text{N/m}^2 = 2.31\text{MPa}$

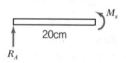

여기서, $\sum M_{x=20\text{지점}} = 0 : R_A \times 0.2 - M_x = 0$

$\therefore M_x = 333.34\text{N} \cdot \text{m}$

19 그림과 같은 계단 단면의 중실 원형축의 양단을 고정하고 계단 단면부에 비틀림 모멘트 T가 작용할 경우 지름 D_1과 D_2의 축에 작용하는 비틀림 모멘트의 비 T_1/T_2은?(단, $D_1 = 8$cm, $D_2 = 4$cm, $l_1 = 40$cm, $l_2 = 10$cm이다.)

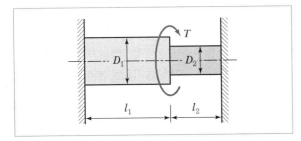

① 2
② 4
③ 8
④ 16

해설 ◐

봉의 비틀림 각은 동일하다.

$\theta_1 = \theta_2$에서 $\dfrac{T_1 l_1}{GI_{p1}} = \dfrac{T_2 l_2}{GI_{p2}}$

$\therefore \dfrac{T_1}{T_2} = \dfrac{GI_{p1} l_2}{GI_{p2} l_1} = \dfrac{D_1^4 \cdot l_2}{D_2^4 \cdot l_1} = \dfrac{8^4 \times 10}{4^4 \times 40} = 4$

20 양단이 힌지인 기둥의 길이가 2m이고, 단면이 직사각형(30mm×20mm)인 압축 부재의 좌굴하중을 오일러 공식으로 구하면 몇 kN인가?(단, 부재의 탄성계수는 200GPa이다.)

① 9.9kN
② 11.1kN
③ 19.7kN
④ 22.2kN

해설 ◐

$P_{cr} = n\pi^2 \dfrac{EI}{l^2}$ (양단힌지일 때 단말계수 $n=1$)

$= 1 \times \pi^2 \times \dfrac{200 \times 10^9 \times \dfrac{0.03 \times 0.02^3}{12}}{2^2}$

$= 9{,}869.6\text{N} = 9.87\text{kN}$

2과목 **기계열역학**

21 이상기체의 등온과정에 관한 설명 중 옳은 것은?

① 엔트로피 변화가 없다.
② 엔탈피 변화가 없다.
③ 열이동이 없다.
④ 일이 없다.

해설 ◐

$dh = C_p d\cancel{T}^{\,0} \rightarrow dh = 0 \rightarrow h = c$

(이상기체의 엔탈피는 온도만의 함수)

22 실린더에 밀폐된 8kg의 공기가 그림과 같이 $P_1 = 800$kPa, 체적 $V_1 = 0.27$m³에서 $P_2 = 350$kPa, 체적 $V_2 = 0.80$m³으로 직선 변화하였다. 이 과정에서 공기가 한 일은 약 몇 kJ인가?

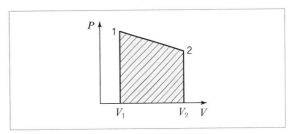

① 254
② 305
③ 382
④ 390

해설 ◐

밀폐계의 일 = 절대일 = $\delta W = PdV$(V축에 투사한 면적)

→ 사다리꼴 면적

$_1W_2 = \dfrac{1}{2}(P_1 + P_2)(V_2 - V_1)$

$= \dfrac{1}{2}(800 + 350)(0.8 - 0.27) = 304.75\text{kJ}$

23 용기에 부착된 압력계에 읽힌 계기압력이 150 kPa이고 국소대기압이 100kPa일 때 용기 안의 절대압력은?

① 250kPa   ② 150kPa

③ 100kPa   ④ 50kPa

해설⊕

절대압 P_{abs} =국소대기압＋계기압＝ $100 + 150 = 250\,\mathrm{kPa}$

24 해수면 아래 20m에 있는 수중다이버에게 작용하는 절대압력은 약 얼마인가?(단, 대기압은 101kPa이고, 해수의 비중은 1.03이다.)

① 101kPa   ② 202kPa

③ 303kPa   ④ 504kPa

해설⊕

$\gamma_w = 1,000\,\mathrm{kgf/m^3} = 9,800\,\mathrm{N/m^3}$

$\quad = 9.8\,\mathrm{kN/m^3}$(물의 비중량)

P_{abs} ＝국소대기압＋ $\gamma_{해수}\,h$ (계기압)

$\quad = P_o + S_{해수}\,\gamma_w h$

$\quad = 101(\mathrm{kPa}) + 1.03 \times 9.8(\mathrm{kN/m^3}) \times 20(\mathrm{m})$

$\quad = 302.88\,\mathrm{kPa}$

25 상태와 상태량과의 관계에 대한 설명 중 틀린 것은?

① 순수물질 단순 압축성 시스템의 상태는 2개의 독립적 강도성 상태량에 의해 완전하게 결정된다.

② 상변화를 포함하는 물과 수증기의 상태는 압력과 온도에 의해 완전하게 결정된다.

③ 상변화를 포함하는 물과 수증기의 상태는 온도와 비체적에 의해 완전하게 결정된다.

④ 상변화를 포함하는 물과 수증기의 상태는 압력과 비체적에 의해 완전하게 결정된다.

해설⊕

① 압력과 비체적($\delta w = Pdv$)에 의해 결정된다.

② 물의 습증기에서 상변화과정은 등온이면서 정압과정이므로 이 두 값만을 가지고 습증기의 정확한 상태를 결정할 수 없다.

26 압축기 입구 온도가 −10℃, 압축기 출구 온도가 100℃, 팽창기 입구 온도가 5℃, 팽창기 출구 온도가 −75℃로 작동되는 공기 냉동기의 성능계수는?(단, 공기의 C_p는 1.0035kJ/kg · ℃로서 일정하다.)

① 0.56   ② 2.17

③ 2.34   ④ 3.17

해설⊕

공기 냉동기의 표준 사이클인 역브레이턴 사이클에서 성적계수

$$\varepsilon_R = \frac{q_L}{q_H - q_L}$$

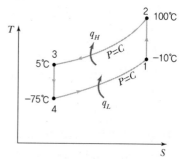

$\delta q = dh - vd\cancel{P}^{0}$

$C_p dT$와 $T-S$선도에서 $C_p(T_H - T_L)$ 적용

ⅰ) 방열량 $q_H = C_p(T_2 - T_3)$

ⅱ) 흡열량 $q_L = C_p(T_1 - T_4)$

$$\therefore \varepsilon_R = \frac{C_p(T_1 - T_4)}{C_p(T_2 - T_3) - C_p(T_1 - T_4)}$$

$$= \frac{T_1 - T_4}{(T_2 - T_3) - (T_1 - T_4)}$$

$$= \frac{(-10 - (-75))}{(100 - 5) - (-10 - (-75))} = 2.167$$

27 자연계의 비가역 변화와 관련 있는 법칙은?

① 제0법칙 　　　　② 제1법칙

③ 제2법칙 　　　　④ 제3법칙

해설⊕

열역학 제2법칙 : 자연의 방향성과 비가역성을 설명

28 공기 2kg이 300K, 600kPa 상태에서 500K, 400kPa 상태로 가열된다. 이 과정 동안의 엔트로피 변화량은 약 얼마인가?(단, 공기의 정적비열과 정압비열은 각각 0.717kJ/kg · K과 1.004kJ/kg · K로 일정하다.)

① 0.73kJ/K 　　　　② 1.83kJ/K

③ 1.02kJ/K 　　　　④ 1.26kJ/K

해설⊕

공기 $R = 0.287$kJ/kg · K, $ds = \dfrac{\delta q}{T}$, $pv = RT$

$\delta q = dh - vdp \rightarrow Tds = \delta q$에 대입

$\qquad Tds = dh - vdp$

$\qquad Tds = C_p dT - \dfrac{RT}{p}dp$(양변 ÷ T)

$\qquad ds = C_p \dfrac{1}{T}dT - \dfrac{R}{p}dp$

$\therefore s_2 - s_1 = \displaystyle\int_1^2 C_p \frac{1}{T}dT - R\int_1^2 \frac{1}{p}dp$

$\qquad\qquad = C_p \ln\dfrac{T_2}{T_1} - R\ln\dfrac{p_2}{p_1}$

$S_2 - S_1 = \Delta S = m(s_2 - s_1)$

(여기서, m : 질량(kg)

$\qquad (s_2 - s_1)$: 비엔트로피 증가량

$\qquad\qquad\qquad$ (kJ/kg · K))

$\qquad = m\left(C_p \ln\dfrac{T_2}{T_1} - R\ln\dfrac{p_2}{p_1}\right)$

$\qquad = 2\left(1.004\ln\left(\dfrac{500}{300}\right) - 0.287 \times \ln\left(\dfrac{400}{600}\right)\right)$

$\qquad = 1.258$kJ/K

29 기본 Rankine 사이클의 터빈 출구 엔탈피 $h_{te} = $ 1,200kJ/kg, 응축기 방열량 $q_L = $ 1,000kJ/kg, 펌프 출구 엔탈피 $h_{pe} = $ 210kJ/kg, 보일러 가열량 $q_H = $ 1,210kJ/kg이다. 이 사이클의 출력 일은?

① 210kJ/kg 　　　　② 220kJ/kg

③ 230kJ/kg 　　　　④ 420kJ/kg

해설⊕

$w_{network} = w_{참일}$

$\qquad\quad = q_H - q_L = q_B - q_C$

$\qquad\quad = 1,210 - 1,000 = 210$kJ/kg

$\qquad$ (여기서, q_B : 보일러 가열량, q_C : 응축기 방열량)

30 오토사이클(Otto Cycle)의 압축비 $\varepsilon = 8$이라고 하면 이론 열효율은 약 몇 %인가?(단, $k = 1.40$이다.)

① 36.8% 　　　　② 46.7%

③ 56.5% 　　　　④ 66.6%

해설⊕

$\eta_o = 1 - \left(\dfrac{1}{\varepsilon}\right)^{k-1} = 1 - \left(\dfrac{1}{8}\right)^{1.4-1} = 0.5647 = 56.47\%$

31 역카르노사이클로 작동하는 증기압축 냉동사이클에서 고열원의 절대온도를 T_H, 저열원의 절대온도를 T_L이라 할 때, $\dfrac{T_H}{T_L} = 1.6$이다. 이 냉동사이클이 저열원으로부터 2.0kW의 열을 흡수한다면 소요 동력은?

① 0.7kW 　　　　② 1.2kW

③ 2.3kW 　　　　④ 3.9kW

해설⊕

$\varepsilon_R = \dfrac{\dot{Q}_L}{\dot{W}_C} = \dfrac{T_L}{T_H - T_L}$

(역카르노사이클 → 온도만의 함수)

$$\dot{W}_C = \frac{\dot{Q}_L(T_H - T_L)}{T_L}$$
$$= \dot{Q}_L\left(\frac{1.6\,T_L - T_L}{T_L}\right)$$
$$= 2 \times (1.6 - 1) = 1.2\text{kW}$$

32 펌프를 사용하여 150kPa, 26℃의 물을 가역 단열과정으로 650kPa로 올리려고 한다. 26℃의 포화액의 비체적이 0.001m³/kg이면 펌프일은?

① 0.4kJ/kg   ② 0.5kJ/kg

③ 0.6kJ/kg   ④ 0.7kJ/kg

해설⊕

펌프일 → 개방계의 일 → 공업일

$\delta w_t = -vdp$

(계가 일을 받으므로(−))

$\delta w_p = (-) - vdp = vdp$

$$w_p = \int_1^2 vdp = v(p_2 - p_1) = 0.001(650 - 150)$$
$$= 0.5\text{kJ/kg}$$

33 출력이 50kW인 동력 기관이 한 시간에 13kg의 연료를 소모한다. 연료의 발열량이 45,000kJ/kg이라면, 이 기관의 열효율은 약 얼마인가?

① 25%   ② 28%

③ 31%   ④ 36%

해설⊕

$$\eta = \frac{\text{output}}{\text{input}} = \frac{50\text{kW}}{H_l(\text{kJ/kg}) \times f_b(\text{kg/h})}$$

여기서, $\dfrac{\text{kWh}}{\text{kJ}} \times \dfrac{3,600\text{kJ}}{1\text{kWh}}$ (단위환산)

$$= \frac{50 \times 3,600}{4,5000 \times 13} = 0.3077 = 30.77\%$$

34 배기체적이 1,200cc, 간극체적이 200cc인 가솔린 기관의 압축비는 얼마인가?

① 5   ② 6

③ 7   ④ 8

해설⊕

배기체적은 행정체적(V_s)이므로

$$\varepsilon = \frac{V_t}{V_c} = \frac{V_c + V_s}{V_c} = \frac{200 + 1,200}{200} = 7$$

35 분자량이 30인 C₂H₆(에탄)의 기체상수는 몇 kJ/kg · K인가?

① 0.277   ② 2.013

③ 19.33   ④ 265.43

해설⊕

$$R = \frac{\overline{R}}{M} = \frac{8.314}{30} = 0.277$$

36 절대 온도가 0에 접근할수록 순수 물질의 엔트로피는 0에 접근한다는 절대 엔트로피 값의 기준을 규정한 법칙은?

① 열역학 제0법칙이다.

② 열역학 제1법칙이다.

③ 열역학 제2법칙이다.

④ 열역학 제3법칙이다.

해설⊕

열역학 제3법칙은 "절대온도 0K에 이르게 할 수 없다"는 법칙이다.

정답   32 ②   33 ③   34 ③   35 ①   36 ④

37 어떤 냉장고에서 엔탈피 17kJ/kg의 냉매가 질량 유량 80kg/hr로 증발기에 들어가 엔탈피 36kJ/kg가 되어 나온다. 이 냉장고의 냉동능력은?

① 1,220kJ/hr   ② 1,800kJ/hr

③ 1,520kJ/hr   ④ 2,000kJ/hr

해설⊕

냉동능력은 증발기에서 냉매가 시간당 흡수한 열량이므로 $p-h$ 선도에서

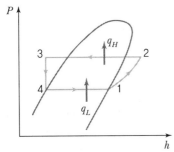

$$\dot{Q}_L(\text{kJ/h}) = \dot{m}q_L$$
$$= \dot{m}(\text{kg/h}) \times (h_1 - h_4)(\text{kJ/kg})$$
$$= 80 \times (36-17) = 1,520\text{kJ/h}$$

38 대기압하에서 물을 20℃에서 90℃로 가열하는 동안의 엔트로피 변화량은 약 얼마인가?(단, 물의 비열은 4.184kJ/kg · K로 일정하다.)

① 0.8kJ/kg · K   ② 0.9kJ/kg · K

③ 1.0kJ/kg · K   ④ 1.2kJ/kg · K

해설⊕

열전달과정에서 액체와 고체는 비압축성이므로 압력과 체적이 변하지 않는다.

$$\delta q = dh - v d\cancel{P}^0 = du + P d\cancel{v}^0$$

$$dh = du = C dT$$

$$(\because \ C_v = C_p = C \rightarrow \text{고체와 액체에서 비열은 일정})$$

∴ 엔트로피 변화 $ds = \dfrac{\delta q}{T} = \dfrac{dh}{T} = \dfrac{du}{T} = C \cdot \dfrac{1}{T} dT$

$$s_2 - s_1 = C\ln\frac{T_2}{T_1}$$
$$= 4,184 \times \ln\left(\frac{363}{293}\right)$$
$$= 0.896\text{kJ/kg·K}$$

39 클라우지우스(Clausius) 부등식을 표현한 것으로 옳은 것은?(단, T는 절대 온도, Q는 열량을 표시한다.)

① $\oint \dfrac{\delta Q}{T} \geq 0$ ② $\oint \dfrac{\delta Q}{T} \leq 0$

③ $\oint \delta Q \geq 0$ ④ $\oint \delta Q \leq 0$

해설⊕

가역일 때 $\oint \dfrac{\delta Q}{T} = 0$

비가역일 때 $\oint \dfrac{\delta Q}{T} < 0$

40 두께 1cm, 면적 0.5m²인 석고판의 뒤에 가열판이 부착되어 1,000W의 열을 전달한다. 가열판의 뒤는 완전히 단열되어 열은 앞면으로만 전달된다. 석고판 앞면의 온도는 100℃이다. 석고의 열전도율이 $k = 0.79$W/m · K일 때, 가열판에 접하는 석고면의 온도는 약 몇 ℃인가?

① 110   ② 125

③ 150   ④ 212

해설⊕

$$\delta Q = (-)\lambda A\left(\frac{dT}{dx}\right) \ ((-)\text{방열})$$

(여기서, δQ : 전도에 의한 열전도율(kW)

λ : 열전도계수(kW/m · K)

A : 열전달면적

$\dfrac{dT}{dx}$: 벽체로 통한 온도기울기(K/m))

$$\therefore \ {}_1Q_2 = -\lambda \cdot A \cdot \frac{(T_2 - T_1)}{x}$$

$$T_1 = \frac{{}_1Q_2 \cdot x}{\lambda A} + T_2$$

$$= \frac{1{,}000(\text{W}) \times 0.01(\text{m})}{0.79(\text{W/m} \cdot \text{℃}) \times 0.5(\text{m}^2)} + 100 = 125.3\text{℃}$$

3과목 **기계유체역학**

41 정상, 균일유동장 속에 유동 방향과 평행하게 놓여진 평판 위에 발생하는 층류 경계층의 두께 δ는 x를 평판 선단으로부터의 거리라 할 때, 비례값은?

① x^1 ② $x^{\frac{1}{2}}$

③ $x^{\frac{1}{3}}$ ④ $x^{\frac{1}{4}}$

해설⊕

$$\frac{\delta}{x} = \frac{5.48}{\sqrt{Rex}} \ \text{에서} \ \ \delta = \frac{5.48x}{\sqrt{\dfrac{\rho Vx}{\mu}}} = \frac{5.48}{\sqrt{\dfrac{\rho V}{\mu}}} x^{\frac{1}{2}}$$

42 다음 중 유체에 대한 일반적인 설명으로 틀린 것은?

① 점성은 유체의 운동을 방해하는 저항의 척도로서 유속에 비례한다.
② 비점성유체 내에서는 전단응력이 작용하지 않는다.
③ 정지유체 내에서는 전단응력이 작용하지 않는다.
④ 점성이 클수록 전단응력이 크다.

해설⊕

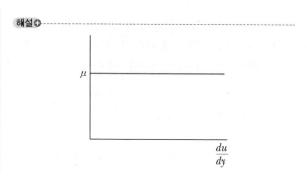

$$\tau = \mu \cdot \frac{u}{h}$$

점성계수 μ값은 속도기울기와 무관하므로 유속에 상관없이 일정하다.

43 안지름 0.1m인 파이프 내를 평균 유속 5m/s로 어떤 액체가 흐르고 있다. 길이 100m 사이의 손실수두는 약 몇 m인가?(단, 관 내의 흐름으로 레이놀즈수는 1,000이다.)

① 81.6   ② 50

③ 40   ④ 16.32

해설⊕

$Re < 2{,}100$ 이하이므로 층류이다.

층류의 관마찰계수 $f = \dfrac{64}{Re} = \dfrac{64}{1{,}000} = 0.064$

$$h_l = f \cdot \frac{L}{d} \cdot \frac{V^2}{2g} = 0.064 \times \frac{100}{0.1} \times \frac{5^2}{2 \times 9.8} = 81.63\text{m}$$

44 중력과 관성력의 비로 정의되는 무차원수는?
(단, ρ : 밀도, V : 속도, l : 특성 길이, μ : 점성계수, P : 압력, g : 중력가속도, c : 소리의 속도)

① $\dfrac{\rho Vl}{\mu}$ ② $\dfrac{V}{\sqrt{gl}}$

③ $\dfrac{P}{\rho V^2}$ ④ $\dfrac{V}{c}$

정답   **41** ②   **42** ①   **43** ①   **44** ②

해설⊕

중력과 관성력의 무차원수는 프루드수이다.

$$Fr = \frac{V}{\sqrt{Lg}}$$

45 다음 중 체적 탄성계수와 차원이 같은 것은?

① 힘   ② 체적

③ 속도   ④ 전단응력

해설⊕

$\sigma = K \cdot \varepsilon_V$에서 ε_V(체적변화율)는 무차원이므로 체적탄성계수는 응력의 차원과 같다.

($K = \dfrac{1}{\beta}$로 해석해도 동일하다.)

46 압력구배가 영인 평판 위의 경계층 유동과 관련된 설명 중 틀린 것은?

① 표면조도가 천이에 영향을 미친다.

② 경계층 외부유동에서의 교란정도가 천이에 영향을 미친다.

③ 층류에서 난류로의 천이는 거리를 기준으로 하는 Reynolds수의 영향을 받는다.

④ 난류의 속도 분포는 층류보다 덜 평평하고 층류경계층보다 다소 얇은 경계층을 형성한다.

해설⊕

경계층은 평판의 선단으로부터 거리 x가 커짐에 따라 층류 → 천이 → 난류로 흐르며 경계층두께는 x가 큰 난류영역으로 갈수록 두꺼워진다.

47 한 변이 1m인 정육면체 나무토막의 아랫면에 1,080N의 납을 매달아 물속에 넣었을 때, 물 위로 떠오르는 나무토막의 높이는 몇 cm인가?(단, 나무토막의 비중은 0.45, 납의 비중은 11이고, 나무토막의 밑면은 수평을 유지한다.

① 55   ② 48

③ 45   ④ 42

해설⊕

'물 밖의 무게=부력'일 때 물속에서 평형을 유지

V_h(나무가 잠긴 체적)$= A \cdot h = 1\text{m}^2 \times h$

나무 비중량 γ_t, 나무 체적 $V_t = 1\text{m}^3$, 납의 비중량 γ_l,

납의 체적 $V_l = \dfrac{1,080}{\gamma_l} = \dfrac{1,080}{S_l \times \gamma_w} = \dfrac{1,080}{11 \times 9,800} = 0.01\text{m}^3$

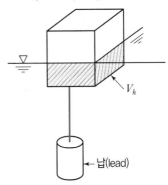

나무 무게+납의 무게=부력(두 물체가 배제한 유체의 무게)

$\gamma_t V_t + \gamma_l V_l = \gamma_w (V_h + V_l)$

$S_t \gamma_w V_t + S_l \cdot \gamma_w V_t = \gamma_w (V_h + V_l)$

양변을 γ_w로 나누면

$S_t V_t + S_l V_l = (V_h + V_l)$

$V_h = S_t V_t + S_l V_l - V_l = S_t V_t + V_l (S_l - 1)$

$\quad = 0.45 \times 1 + 0.01(11 - 1)$

$\quad = 0.55\text{m}^3 = A \cdot h = 1\text{m}^2 \cdot h$

∴ 잠긴 깊이 $h = 0.55\text{m}$

물 밖에 떠 있는 나무토막의 높이$= 1\text{m} - 0.55\text{m}$

$\qquad\qquad\qquad\qquad\qquad = 0.45\text{m} = 45\text{cm}$

48 유선(Streamline)에 관한 설명으로 틀린 것은?

① 유선으로 만들어지는 관을 유관(Streamtube)이라 부르며, 두께가 없는 관벽을 형성한다.

② 유선 위에 있는 유체의 속도 벡터는 유선의 접선방향이다.

③ 비정상 유동에서 속도는 유선에 따라 시간적으로 변화할 수 있으나, 유선 자체는 움직일 수 없다.

④ 정상유동일 때 유선은 유체의 입자가 움직이는 궤적이다.

해설⊕

비정상유동은 $\frac{\partial F}{\partial t} \neq 0$이므로 시간에 따라 유체 특성이 일정하지 않으므로 유선도 일정하지 않아 유선도 움직일 수 있다.(유선이 시간에 따라 바뀐다.)

49 속도 15m/s로 항해하는 길이 80m의 화물선의 조파 저항에 관한 성능을 조사하기 위하여 수조에서 길이 3.2m인 모형 배로 실험을 할 때 필요한 모형 배의 속도는 몇 m/s인가?

① 9.0 ② 3.0 ③ 0.33 ④ 0.11

해설⊕

배는 자유표면 위를 움직이므로 모형과 실형 사이의 프루드 수를 같게 하여 실험한다.

$Fr)_m = Fr)_p$

$\left.\frac{V}{\sqrt{Lg}}\right)_m = \left.\frac{V}{\sqrt{Lg}}\right)_p$

여기서, $g_m = g_p$이므로

$\frac{V_m}{\sqrt{L_m}} = \frac{V_p}{\sqrt{L_p}}$

$\therefore V_m = \sqrt{\frac{L_m}{L_p}} \cdot V_p = \sqrt{\frac{3.2}{80}} \times 15 = 3\text{m/s}$

50 길이 20m의 매끈한 원관에 비중 0.8의 유체가 평균속도 0.3m/s로 흐를 때, 압력손실은 약 얼마인가?(단, 원관의 안지름은 50mm, 점성계수는 $8 \times 10^{-3}\text{Pa} \cdot \text{s}$이다.)

① 614Pa ② 734Pa ③ 1,235Pa ④ 1,440Pa

해설⊕

하이겐포아젤 방정식에서

$Q = \frac{\Delta p \pi d^4}{128\mu l}$, $Q = A \cdot V$

$\Delta p = \frac{128\mu l Q}{\pi d^4}$

$= \frac{128 \times 8 \times 10^{-3} \times 20 \times \frac{\pi}{4} \times 0.05^2 \times 0.3}{\pi \times 0.05^4}$

$= 614.4\text{Pa}$

51 관로 내 물(밀도 1,000kg/m³)이 30m/s로 흐르고 있으며 그 지점의 정압이 100kPa일 때, 정체압은 몇 kPa인가?

① 0.45 ② 100 ③ 450 ④ 550

해설⊕

정체압(p_2)은 정압+동압

$\frac{p_1}{\gamma} + \frac{V_1^2}{2g} = \frac{p_2}{\gamma} + \frac{V_2^2}{2g}$ $(\because V_2 = 0)$

$\frac{p_2}{\gamma} = \frac{p_1}{\gamma} + \frac{V_1^2}{2g}$

양변에 γ를 곱하면

$p_2 = p_1 + \frac{\rho V_1^2}{2}$

$= 100 + \frac{1,000\frac{\text{kg}}{\text{m}^3} \times 30^2\frac{\text{m}^2}{\text{s}^2}}{2} \times \frac{1\text{kPa}}{1,000\frac{\text{N}}{\text{m}^2}} = 550\text{kPa}$

52 원관에서 난류로 흐르는 어떤 유체의 속도가 2배가 되었을 때, 마찰계수가 $\dfrac{1}{\sqrt{2}}$ 배로 줄었다. 이때 압력손실은 몇 배인가?

① $2^{\frac{1}{2}}$ 배   ② $2^{\frac{3}{2}}$ 배

③ 2배   ④ 4배

해설⊕

달시─비스바하 방정식에서 손실수두 $h_l = f \cdot \dfrac{L}{d} \cdot \dfrac{V^2}{2g}$

처음 압력손실 $\Delta p_1 = \gamma \cdot h_l = \gamma \cdot f \cdot \dfrac{L}{d} \dfrac{V^2}{2g}$

변화 후 압력손실 $\Delta p_2 = \gamma \cdot \dfrac{f}{\sqrt{2}} \cdot \dfrac{L}{d} \cdot \dfrac{(2V)^2}{2g}$

$\qquad = \dfrac{4}{\sqrt{2}} \gamma \cdot f \cdot \dfrac{L}{d} \cdot \dfrac{V^2}{2g}$

$\qquad = 2^{2-\frac{1}{2}} \Delta p_1 = 2^{\frac{3}{2}} \Delta p_1$

53 아래 그림과 같이 직경이 2m, 길이가 1m인 관에 비중량 9,800N/m³인 물이 반 차 있다. 이 관의 아래쪽 사분면 AB 부분에 작용하는 정수력의 크기는?

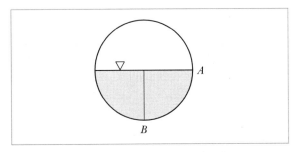

① 4,900N   ② 7,700N

③ 9,120N   ④ 12,600N

해설⊕

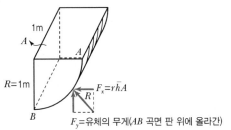

$F_x = r\bar{h}A$

$F_y = $ 유체의 무게(AB 곡면 판 위에 올라간)

$F_x = \gamma \cdot \dfrac{R}{2} A = \gamma \cdot \dfrac{R}{2} \times 1\text{m}^2 = 9,800 \times \dfrac{1}{2} = 4,900\text{N}$

여기서, A : 투사면적(1m×1m)

$F_y = \gamma_w \cdot V = \gamma_w \cdot \dfrac{\pi R^2}{4} \times 1\text{m} = 9,800 \times \dfrac{\pi \times 1^2 \times 1}{4}$

$\qquad\qquad = 7,696.9\text{N}$

$\therefore R = \sqrt{F_x{}^2 + F_y{}^2} = 9,124\text{N}$

54 항력에 관한 일반적인 설명 중 틀린 것은?

① 난류는 항상 항력을 증가시킨다.

② 거친 표면은 항력을 감소시킬 수 있다.

③ 항력은 압력과 마찰력에 의해서 발생한다.

④ 레이놀즈수가 아주 작은 유동에서 구의 항력은 유체의 점성계수에 비례한다.

해설⊕

골프공 표면의 오돌토돌 딤플자국은 공표면에 난류를 발생시키며 박리를 늦춰 압력항력을 줄여 골프공을 더 멀리 날아가게 한다. 테니스공 표면의 보풀도 이런 역할을 하며 테니스공의 보풀을 제거하면 날아가는 거리는 대략 $\dfrac{1}{2}$로 줄어든다.

55 다음 중 질량 보존을 표현한 것으로 가장 거리가 먼 것은?(단, ρ는 유체의 밀도, A는 관의 단면적, V는 유체의 속도이다.)

① $\rho A V = 0$ ② $\rho A V =$ 일정

③ $d(\rho A V) = 0$ ④ $\dfrac{d\rho}{\rho} + \dfrac{dA}{A} + \dfrac{dV}{V} = 0$

해설 ◆
연속방정식 : 질량 보존의 법칙($m = c$)을 유체에 적용하여 얻어낸 방정식
$\rho A V = c \rightarrow$ 비압축성($\rho = c$)이면 $Q = A \cdot V$이다.

56 유속 3m/s로 흐르는 물속에 흐름방향의 직각으로 피토관을 세웠을 때, 유속에 의해 올라가는 수주의 높이는 약 몇 m인가?

① 0.46 ② 0.92

③ 4.6 ④ 9.2

해설 ◆
$V = \sqrt{2g\Delta h}$ 에서

$\Delta h = \dfrac{V^2}{2g} = \dfrac{3^2}{2 \times 9.8} = 0.459\text{m}$

57 기압이 200kPa 일때, 20℃에서의 공기의 밀도는 약 몇 kg/m³인가?(단, 이상기체이며, 공기의 기체상수 $R = 287$J/kg·K이다.)

① 1.2 ② 2.38

③ 1.0 ④ 999

해설 ◆
$Pv = RT (\leftarrow v = \dfrac{1}{\rho})$

$\dfrac{P}{\rho} = RT$

$\therefore \rho = \dfrac{P}{RT} = \dfrac{200 \times 10^3}{287 \times (20 + 273)} = 2.38\text{kg/m}^3$

58 그림과 같이 경사관 마노미터의 직경 $D = 10d$이고 경사관은 수평면에 대해 θ만큼 기울어져 있으며 대기 중에 노출되어 있다. 대기압보다 Δp의 큰 압력이 작용할 때, L과 Δp의 관계로 옳은 것은?(단, 점선은 압력이 가해지기 전 액체의 높이이고, 액체의 밀도는 ρ, $\theta = 30°$이다.)

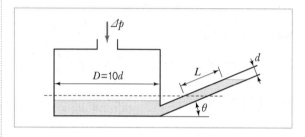

① $L = \dfrac{201}{2} \dfrac{\Delta p}{\rho g}$ ② $L = \dfrac{100}{51} \dfrac{\Delta p}{\rho g}$

③ $L = \dfrac{51}{100} \dfrac{\Delta p}{\rho g}$ ④ $L = \dfrac{2}{201} \dfrac{\Delta p}{\rho g}$

해설 ◆
압력에 의해 마노미터에서 유체가 내려간 체적 = 경사관에서 유체가 올라간 체적

$\Delta P - \gamma h = \gamma \cdot L \sin\theta \rightarrow \Delta P = \gamma(h + L\sin\theta)$

$\Delta P = \gamma \left(\dfrac{L}{100} + L\sin\theta \right)$

$\quad = \gamma L \left(\dfrac{1}{100} + \sin 30° \right)$

$\therefore L = \dfrac{\Delta P}{\gamma \left(\dfrac{1}{100} + \dfrac{1}{2} \right)} = \dfrac{\Delta P}{\gamma \left(\dfrac{51}{100} \right)}$

$\quad = \dfrac{100}{51} \dfrac{\Delta P}{\gamma}$

$\quad = \dfrac{100}{51} \dfrac{\Delta P}{\rho \cdot g}$

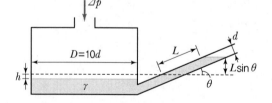

$$\frac{\pi D^2}{4} \cdot h = \frac{\pi}{4} d^2 L$$

$$\frac{\pi (10d)^2}{4} \cdot h = \frac{\pi}{4} d^2 \cdot L$$

$$\therefore \ h = \frac{L}{100}$$

59 비점성, 비압축성 유체가 그림과 같이 작은 구멍을 향해 쐐기모양의 벽면 사이를 흐른다. 이 유동을 근사적으로 표현하는 무차원 속도 퍼텐셜이 $\phi = -2\ln r$로 주어질 때, $r = 1$인 지점에서의 유속 V는 몇 m/s인가? (단, $\vec{V} \equiv \nabla \phi = grad\phi$로 정의한다.)

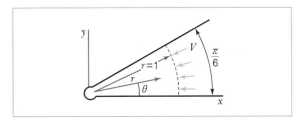

① 0   ② 1

③ 2   ④ π

해설⊕

$\vec{V} \equiv \nabla \phi = \dfrac{\partial \phi}{\partial r} = \dfrac{\partial (-2\ln r)}{\partial r} = -2 \times \dfrac{1}{r} \bigg)_{r=1}$ 에서

$V = -2\,\mathrm{m/s}$

60 그림과 같은 노즐을 통하여 유량 Q만큼의 유체가 대기로 분출될 때, 노즐에 미치는 유체의 힘 F는?(단, A_1, A_2는 노즐의 단면 1, 2에서의 단면적이고 ρ는 유체의 밀도이다.)

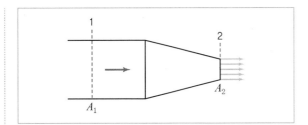

① $F = \dfrac{\rho A_2 Q^2}{2} \left(\dfrac{A_2 - A_1}{A_1 A_2} \right)^2$

② $F = \dfrac{\rho A_2 Q^2}{2} \left(\dfrac{A_1 + A_2}{A_1 A_2} \right)^2$

③ $F = \dfrac{\rho A_1 Q^2}{2} \left(\dfrac{A_1 + A_2}{A_1 A_2} \right)^2$

④ $F = \dfrac{\rho A_1 Q^2}{2} \left(\dfrac{A_1 - A_2}{A_1 A_2} \right)^2$

해설⊕

노즐에 미치는 유체의 힘 $F = f_x$

검사면에 작용하는 힘들의 합=검사체적 안의 운동량 변화량

$Q = A_1 V_1 = A_2 V_2 \ \rightarrow \ V_1 = \dfrac{Q}{A_1}, \ V_2 = \dfrac{Q}{A_2} \cdots$ ⓐ

$p_1 A_1 - p_2 A_2 - f_x = \rho Q(V_{2x} - V_{1x}) = \rho Q(V_2 - V_1)$

ⅰ) 유량이 나가는 검사면 2에는 작용하는 힘이 없으므로

$\quad p_2 A_2 = 0$

$\quad \therefore \ f_x = p_1 A_1 - \rho Q(V_2 - V_1) \ \leftarrow$ ⓐ 대입

$\qquad = p_1 A_1 - \rho Q \left(\dfrac{Q}{A_2} - \dfrac{Q}{A_1} \right)$

$\qquad = p_1 A_1 - \rho Q^2 \left(\dfrac{1}{A_2} - \dfrac{1}{A_1} \right) \cdots$ ⓑ

ii) 1단면과 2단면에 베르누이 방정식 적용(위치에너지 동일)

$$\frac{p_1}{\gamma} + \frac{V_1^2}{2g} = \frac{p_2}{\gamma} + \frac{V_2^2}{2g} \quad (\because z_1 = z_2, \ p_2 = p_0 = 0)$$

$$\frac{p_1}{\gamma} = \frac{V_2^2}{2g} - \frac{V_1^2}{2g}$$

양변에 γ를 곱하면

$$p_1 = \frac{\rho}{2}(V_2^2 - V_1^2) = \frac{\rho}{2}\left\{ \left(\frac{Q}{A_2}\right)^2 - \left(\frac{Q}{A_1}\right)^2 \right\}$$

$$= \frac{\rho Q^2}{2}\left\{ \left(\frac{1}{A_2}\right)^2 - \left(\frac{1}{A_1}\right)^2 \right\} \cdots ©$$

iii) ©를 ⓑ에 대입하면

$$f_x = \frac{\rho A_1 Q^2}{2}\left\{ \left(\frac{1}{A_2}\right)^2 - \left(\frac{1}{A_1}\right)^2 \right\} - \rho Q^2\left(\frac{1}{A_2} - \frac{1}{A_1}\right)$$

$$= \frac{\rho A_1 Q^2}{2}\left\{ \left(\frac{1}{A_2}\right)^2 - \left(\frac{1}{A_1}\right)^2 \right\} - \frac{\rho A_1 Q^2}{2}\left\{ \frac{2}{A_1}\left(\frac{1}{A_2} - \frac{1}{A_1}\right) \right\}$$

$$= \frac{\rho A_1 Q^2}{2}\left\{ \left(\frac{1}{A_2}\right)^2 - \left(\frac{1}{A_1}\right)^2 - \frac{2}{A_1 A_2} + \frac{2}{A_1^2} \right\}$$

$$= \frac{\rho A_1 Q^2}{2}\left\{ \left(\frac{1}{A_2}\right)^2 - \frac{2}{A_1 A_2} + \left(\frac{1}{A_1}\right)^2 \right\}$$

$$= \frac{\rho A_1 Q^2}{2}\left(\frac{1}{A_2} - \frac{1}{A_1} \right)^2$$

$$\therefore f_x = \frac{\rho A_1 Q^2}{2}\left(\frac{A_1 - A_2}{A_1 A_2} \right)^2$$

※ 노즐 각을 주면 노즐 벽에 미치는 전체 힘 $R\cos\theta = f_x$에 서 R값을 구할 수 있다.

4과목 **기계재료 및 유압기기**

61 배빗메탈이라고도 하는 베어링용 합금인 화이트 메탈의 주요성분으로 옳은 것은?

① Pb – W – Sn
② Fe – Sn – Cu
③ Sn – Sb – Cu
④ Zn – Sn – Cr

해설⊕

화이트 메탈

Sn–Sb–Pb–Cu계 합금으로 백색이며 용융점이 낮고 강도 가 약하다. 베어링용 다이케스팅용 재료로 사용된다.

62 고속도강의 특징을 설명한 것 중 틀린 것은?

① 열처리에 의하여 경화하는 성질이 있다.
② 내마모성이 크다.
③ 마텐자이트(Martensite)가 안정되어, 600℃까지는 고속으로 절삭이 가능하다.
④ 고Mn강, 칠드주철, 경질유리 등의 절삭에 적합하다.

해설⊕

고속도강의 특징

• 표준고속도강 : W(18%)–Cr(4%)–V(1%)–C(0.8%)
• 사용온도–600℃까지 경도를 유지한다.
• 고온경도가 높고 내마모성이 우수하다.
• 절삭속도는 탄소강의 2배 이상으로 고속도강이라 명명되 었다.

63 충격에는 약하나 압축강도는 크므로 공작기계 의 베드, 프레임, 기계 구조물의 몸체 등에 가장 적합한 재질은?

① 합금공구강
② 탄소강
③ 고속도강
④ 주철

해설⊕

주철의 용도

충격에는 약하나 압축강도는 크고, 감쇠능이 뛰어나 공작기 계의 베드, 프레임, 기계 구조물의 몸체 등에 사용된다.

---

64 탄소강을 경화 열처리할 때 균열을 일으키지 않게 하는 가장 안전한 방법은?

① M_s점까지는 급랭하고 M_s, M_f 사이는 서랭한다.
② M_f점 이하까지 급랭한 후 저온도로 뜨임한다.
③ M_s점까지 서랭하여 내외부가 동일온도가 된 후 급랭한다.
④ M_s, M_f 사이의 온도까지 서랭한 후 급랭한다.

해설⊕

담금질 균열 방지대책
• M_s점까지는 급랭하고 위험구역인 $M_s \sim M_f$ 사이는 서랭한다.
• M_s : 마텐자이트 변태 시작점, M_f : 마텐자이트 변태 종료점

65 오일리스 베어링과 관계가 없는 것은?

① 구리와 납의 합금이다.
② 기름보급이 곤란한 곳에 적당하다.
③ 너무 큰 하중이나 고속회전부에는 부적당하다.
④ 구리, 주석, 흑연의 분말을 혼합 성형한 것이다.

해설⊕

함유 베어링(Oilless bearing)
• 구조상 급유가 불가능한 분야 및 급유 시 위험한 분야에 사용한다.
• 급유로 인해 제품이 오염되거나 불량이 발생되는 분야에 사용한다.
• 무급유 사용 시 고속 사용 불가, 저속 사용을 원칙으로 한다.
• 저온 및 고온 사용이 가능하다.
• 오일 윤활이 효과 없는 고하중의 저속운동, 충격하중, 불연속적 정지다발운동에 이상적이다.
• 100% 무급유 사용이 가능하다.
• Cu–Sn–흑연 가루를 소결하여 제작한다.

66 백주철을 열처리로에서 가열한 후 탈탄시켜, 인성을 증가시킨 주철은?

① 가단주철
② 회주철
③ 보통주철
④ 구상흑연주철

해설⊕

가단주철
• 주철의 취성을 개량하기 위해서 백주철을 고온도로 장시간 풀림(Anealing)해서 시멘타이트를 분해 또는 감소시켜 인성과 연성을 증가시킨 주철이다.
• 가공성이 좋고, 강도와 인성이 요구되는 부품재료에 사용되며, 대량생산품에 많이 사용된다.

67 탄소강에 함유되어 있는 원소 중 많이 함유되면 적열취성의 원인이 되는 것은?

① 인
② 규소
③ 구리
④ 황

해설⊕

적열취성
900℃ 이상에서 황(S)이나 산소가 철과 화합하여 산화철이나 황화철(FeS)을 만든다. 황화철이 포함된 강은 고온에서 여린 성질을 나타내는데 이것을 적열취성이라 한다. Mn을 첨가 하면 MnS을 형성하여 적열취성을 방지하는 효과를 얻을 수 있다.

68 쾌삭강(Free Cutting Steel)에 절삭속도를 크게 하기 위하여 첨가하는 주된 원소는?

① Ni
② Mn
③ W
④ S

해설⊕

황 쾌삭강

• 강에 가장 유해한 원소인 S도 Mn, Mo, Zr과 같은 원소와 공존하면 그들의 황화물을 만들어 강의 인성을 해치지 않는다.

• S을 0.16% 정도 첨가시키면 MnS과 MoS_2을 생성하고, 이들은 특수한 윤활성을 갖고 있기 때문에 절삭성이 매우 좋고, 수명도 길다.

69 특수강인 Elinvar의 성질은 어느 것인가?

① 열팽창계수가 크다.

② 온도에 따른 탄성률의 변화가 적다.

③ 소결합금이다.

④ 전기전도도가 아주 좋다.

해설⊕

엘인바(Elinvar)

• Fe-Ni 36%-Cr 12% 합금

• 명칭=탄성(Elasticity)+불변(Invariable)

• 인바에 크롬을 첨가하면 실온에서 탄성계수가 불변하고, 선팽창률도 거의 없다.

• 시계태엽, 정밀저울의 소재로 사용된다.

70 철강재료의 열처리에서 많이 이용되는 S곡선이란 어떤 것을 의미하는가?

① T.T.L 곡선   ② S.C.C 곡선

③ T.T.T 곡선   ④ S.T.S 곡선

해설⊕

S곡선은 항온변태곡선으로 3요소는 시간, 온도, 변태이다. (Time-Temperature-Transformation)

71 그림과 같은 유압 잭에서 지름이 $D_2 = 2D_1$일 때, 누르는 힘 F_1와 F_2의 관계를 나타낸 식으로 옳은 것은?

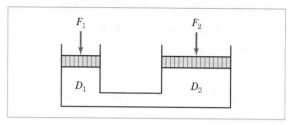

① $F_2 = F_1$ ② $F_2 = 2F_1$

③ $F_2 = 4F_1$ ④ $F_2 = 8F_1$

해설⊕

$$P = \frac{F_1}{A_1} = \frac{F_2}{A_2}$$

$A_1 = \frac{\pi}{4}D_1^2$, $A_2 = \frac{\pi}{4}D_2^2$이므로

$$\therefore F_2 = \frac{D_2^2}{D_1^2}F_1 = 4F_1$$

72 다음 중 작동유의 방청제로서 가장 적당한 것은?

① 실리콘유   ② 이온화합물

③ 에나멜화합물   ④ 유기산 에스테르

해설⊕

• 방청제 : 유기산 에스테르, 지방산염, 유기인화합물

• 소포제 : 실리콘유

2015

73 그림과 같은 회로도는 크기가 같은 실린더로 동조하는 회로이다. 이 동조회로의 명칭으로 가장 적합한 것은?

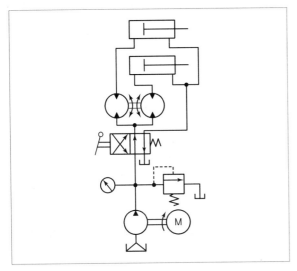

① 래크와 피니언을 사용한 동조회로
② 2개의 유압모터를 사용한 동조회로
③ 2개의 릴리프 밸브를 사용한 동조회로
④ 2개의 유량제어 밸브를 사용한 동조회로

74 펌프의 무부하 운전에 대한 장점이 아닌 것은?

① 작업시간 단축
② 구동동력 경감
③ 유압유의 열화 방지
④ 고장방지 및 펌프의 수명 연장

해설⊕
무부하운전은 작업시간과 무관하다.

75 그림과 같은 압력제어 밸브의 기호가 의미하는 것은?

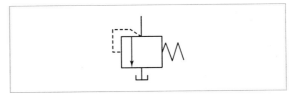

① 정압 밸브
② 2-way 감압 밸브
③ 릴리프 밸브
④ 3-way 감압 밸브

해설⊕

76 유압펌프에 있어서 체적효율이 90%이고 기계효율이 80%일 때 유압펌프의 전효율은?

① 23.7%
② 72%
③ 88.8%
④ 90%

해설⊕
$\eta_t = \eta_v \times \eta_m = 0.9 \times 0.8 = 0.72$

77 베인모터의 장점에 관한 설명으로 옳지 않은 것은?

① 베어링 하중이 작다.
② 정·역회전이 가능하다.
③ 토크 변동이 비교적 작다.
④ 기동 시나 저속 운전 시 효율이 높다.

해설⊕
베인모터의 특징
• 공급압력이 일정할 때 출력토크가 일정하다.
• 역전, 무단변속, 가혹한 운전이 가능하다.
• 구조가 간단하고 보수가 용이하다.
• 저속 운전 시 효율이 나쁘고, 토크의 변동이 증대된다.
• 베인을 캠링에 항상 밀착시키기 위해 로킹암 또는 코일스프링을 사용한다.

78 램이 수직으로 설치된 유압 프레스에서 램의 자중에 의한 하강을 막기 위해 배압을 주고자 설치하는 밸브로 적절한 것은?

① 로터리 베인 밸브　　② 파일럿 체크 밸브
③ 블리드 오프 밸브　　④ 카운터 밸런스 밸브

해설⊕

카운터 밸런스 회로
• 피스톤 부하가 급격히 제거되었을 때 피스톤이 급진하는 것을 방지한다.
• 작업이 완료되어 부하가 0이 될 때, 실린더가 자중으로 낙하하는 것을 방지한다.

79 유압기기와 관련된 유체의 동역학에 관한 설명으로 옳은 것은?

① 유체의 속도는 단면적이 큰 곳에서는 빠르다.
② 유속이 작고 가는 관을 통과할 때 난류가 발생한다.
③ 유속이 크고 굵은 관을 통과할 때 층류가 발생한다.
④ 점성이 없는 비압축성의 액체가 수평관을 흐를 때, 압력수두와 위치수두 및 속도수두의 합은 일정하다.

해설⊕

① 유체의 속도는 단면적이 큰 곳에서는 느리다.
② 유속이 느리고 가는 관을 통과할 때 층류가 발생한다.
③ 유속이 빠르고 굵은 관을 통과할 때 난류가 발생한다.

80 유압 배관 중 석유계 작동유에 대하여 산화작용을 조장하는 촉매역할을 하기 때문에 내부에 카드뮴 또는 니켈을 도금하여 사용하여야 하는 것은?

① 동관　　　　　　② PPC관
③ 엑셀관　　　　　④ 고무관

해설⊕

동관 내부에 카드뮴 또는 니켈을 도금하여 배관의 부식을 방지한다.

5과목　기계제작법 및 기계동력학

81 조립형 프레임이 주조 프레임과 비교할 때 장점이 아닌 것은?

① 무게가 1/4 정도 감소된다.
② 파손된 프레임의 수리가 비교적 용이하다.
③ 기계가공이나 설계 후 오차 수정이 용이하다.
④ 프레임이 복잡하거나 무게가 비교적 큰 경우에 적합하다.

해설⊕

주조 프레임은 모양이 복잡하며 중량이 많을 때 사용한다.

82 고상용접(Solid-State Welding) 형식이 아닌 것은?

① 롤 용접　　　　　② 고온압접
③ 압출용접　　　　　④ 전자빔 용접

해설⊕

고상 용접
2개의 깨끗하고 매끈한 금속 면을 원자와 원자의 인력이 작용할 수 있는 거리에 접근 시키고 기계적으로 밀착하면 용접이 된다.
• 롤 용접 : 이어 붙일 금속을 노(爐)로 가열한 뒤 롤로 눌러서 단접하는 방법
• 냉간압접 : 외부에서 기계적인 힘을 가하여 접합하는 방법
• 열간압접 : 접합부를 가열하고 압력 또는 충격을 가하여 접합하는 방법
• 마찰용접 : 접촉면의 기계적 마찰로 가열된 것을 압력을 가하여 접합하는 방법
• 폭발용접 : 두 소재를 일정한 각도로 고정한 다음, 폭약을 폭발시켜 맞붙게 하는 방법으로 알루미늄, 구리, 타이타늄 따위를 붙이는 데 쓴다.
• 초음파용접 : 접합면을 가압하고 고주파 진동에너지를 그 부분에 가하여 용접하는 방법

• 확산용접 : 진공 속에 오랫동안 두 소재를 맞대고 약간의 압력을 주면서 가열하면, 확산 현상이 일어나 두 소재가 들러붙는다. 특수 합금이나 특수 강철의 용접에 많이 쓰고도자기 같은 비금속 재료의 용접에도 널리 쓴다.

83 판재의 두께 6mm, 원통의 바깥지름 500mm인 원통의 마름질한 판뜨기의 길이는 몇 mm인가?

① 1,532   ② 1,542
③ 1,552   ④ 1,562

해설 ⊕

$L = \pi D = \pi \times (500 - 6) = 1,551.9$

84 금속표면에 크롬을 고온에서 확산 침투시키는 것을 크로마이징(Cromizing)이라 한다. 이는 주로 어떤 성질을 향상시키기 위함인가?

① 인성   ② 내식성
③ 전연성   ④ 내충격성

해설 ⊕

금속 침투법의 침투제에 따른 분류

종류	침투제	장점
세라다이징 (Sheradizing)	Zn	대기 중 부식 방지
칼로라이징 (Calorizing)	Al	고온 산화 방지
크로마이징 (Chromizing)	Cr	내식성, 내산성, 내마모성 증가
실리코나이징 (Silliconizing)	Si	내산성 증가
보로나이징 (Boronizing)	B	고경도 (HV 1,300~1,400)

85 단조를 위한 재료의 가열법 중 틀린 것은?

① 너무 과열되지 않게 한다.
② 될수록 급격히 가열하여야 한다.
③ 너무 장시간 가열하지 않도록 한다.
④ 재료의 내외부를 균일하게 가열한다.

해설 ⊕

열간단조 시 온도
• 일반적으로 온도가 높을수록 단조하기가 용이하다.
• 최고 가열온도는 용용되기 시작하는 온도보다도 대략 100℃ 정도 낮은 온도가 좋다.
• 단조 종료온도는 재결정 온도가 바람직하다.
• 재질이 변하기 쉬우므로 너무 고온으로 장시간 가열하지 말아야 한다.
• 변형될 염려가 있으므로 균일하게 가열한다.

86 주조에서 열점(Hot Spot)의 정의로 옳은 것은?

① 유로의 확대부
② 응고가 가장 더딘 부분
③ 유로 단면적이 가장 좁은 부분
④ 주조 시 가장 고온이 되는 부분

해설 ⊕

열점은 열이 모여 있는 위치로 응고가 가장 느리게 일어난다.

87 방전가공에서 가장 기본적인 회로는?

① RC회로   ② 고전압법 회로
③ 트랜지스터 회로   ④ 임펄스 발전기회로

해설⊕

방전회로 : RC회로(콘덴서 방전회로)

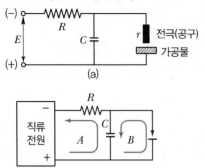

88 슈퍼 피니싱에 관한 내용으로 틀린 것은?

① 숫돌 길이는 일감 길이와 같은 것을 일반적으로 사용한다.

② 숫돌의 폭은 일감의 지름과 같은 정도의 것이 일반적으로 쓰인다.

③ 원통의 외면, 내면, 평면을 다듬을 수 있으므로 많은 기계 부품의 정밀 다듬질에 응용된다.

④ 접촉면적이 넓으므로 연삭작업에서 나타난 이송선, 숫돌이 떨림으로 나타난 자리는 완전히 없앨 수 없다.

해설⊕

슈퍼피니싱

• 미세하고 연한 숫돌을 가공표면에 가압하고, 공작물에 회전 이송운동, 숫돌에 진동을 주어 0.5mm 이하의 경면(鏡面) 다듬질에 사용한다.

• 정밀롤러, 저널, 베어링의 궤도, 게이지, 공작기계의 고급 축, 자동차, 항공기 엔진부품, 대형 내연기관의 크랭크축 등의 가공에 사용한다.

• 특징 : 가공면이 매끈하고 방향성이 없으며, 가공에 의한 표면의 변질부가 극히 적다.

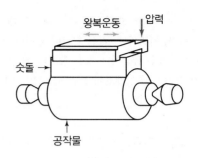

89 밀링작업에서 분할대를 사용하여 원주를 $7\frac{1}{2}°$씩 등분하는 방법으로 옳은 것은?

① 18구멍짜리에서 15구멍씩 돌린다.

② 15구멍짜리에서 18구멍씩 돌린다.

③ 36구멍짜리에서 15구멍씩 돌린다.

④ 36구멍짜리에서 18구멍씩 돌린다.

해설⊕

분할크랭크의 회전수 $n = \dfrac{A°}{9°}$

여기서, $A°$: 분할하고자 하는 각도

$n = \dfrac{A°}{9°} = \dfrac{7\frac{1}{2}}{9} = \dfrac{15}{18}$ → 핸들을 돌리는 구멍 수
→ 분할상판의 구멍수

90 측정기의 구조상에서 일어나는 오차로서 눈금 또는 피치의 불균일이나 마찰, 측정압 등의 변화 등에 의해 발생하는 오차는?

① 개인 오차 ② 기기 오차

③ 우연 오차 ④ 불합리 오차

해설⊕

• 기기오차 : 기기오차는 측정기의 구조, 측정압력, 측정온도, 측정기의 마모 등에 따른 오차로서 아무리 정밀한 측정기라도 다소의 기기오차는 있으며 다음 식에 의하여 구해진 값을 보정하여 사용한다.

보정값 = 측정값 - 기기오차

- 개인오차 : 측정하는 사람의 습관, 부주의, 숙련도에 따라 발생하는 오차이다. 숙련되면 어느 정도는 오차를 줄일 수 있다.
- 우연오차(외부조건에 의한 오차) : 측정온도나 채광의 변화가 영향을 미쳐 발생하는 오차이다.

91 직선운동을 하고 있는 한 질점의 위치가 $S = 2t^3 - 24t + 6$으로 주어졌다. 이때 $t = 0$의 초기상태로부터 126m/s의 속도가 될 때까지의 걸린 시간은 얼마인가? (단, S는 임의의 고정으로부터의 거리이고 단위는 m이며, 시간의 단위는 초(sec)이다.)

① 2초　　　　② 4초
③ 5초　　　　④ 6초

해설⊕ - - - - - - - - - - - - -

위치 $S = f(t)$가 시간의 함수이므로 t에 대해 미분하면

속도 $V = \dfrac{dS}{dt} = 6t^2 - 24 = 126$

$\therefore t = \sqrt{\dfrac{126 + 24}{6}} = 5$초

92 직경 600mm인 플라이휠이 z축을 중심으로 회전하고 있다. 플라이휠의 원주상의 점 P의 가속도가 그림과 같은 위치에서 "$a = -1.8i - 4.8j$"라면 이 순간 플라이휠의 각가속도 α는 얼마인가?(단, i, j는 각각 x, y 방향의 단위벡터이다.)

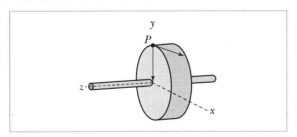

① 3rad/s²　　　　② 4rad/s²
③ 5rad/s²　　　　④ 6rad/s²

해설⊕ - - - - - - - - - - - - -

가속도 a가 직각 벡터성분으로 주어졌으므로 원주상의 점 P의 접선은 x방향(i)이므로 접선가속도 $a_t = 1.8\text{m/s}^2$이며, 법선가속도 y방향(j) $a_n = 4.8\text{m/s}^2$이다.

$\therefore a_t = \alpha r$에서 각가속도 $\alpha = \dfrac{a_t}{r} = \dfrac{1.8}{0.3} = 6\,\text{rad/s}^2$

93 진자형 충격시험장치에 외부 작용력 P가 작용할 때, 물체의 회전축에 있는 베어링에 반작용력이 작용하지 않기 위한 점 A는?

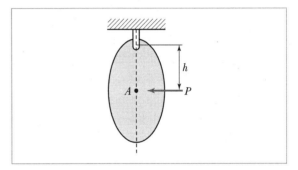

① 회전반경(Radius of Gyration)
② 질량중심(Center of Mass)
③ 질량관성모멘트(Mass Moment of Inertia)
④ 충격중심(Center of Percussion)

해설⊕ - - - - - - - - - - - - -

충격중심(Center of Percussion)은 진동중심과 동일하며, 진동중심은 진자의 한 점으로 진자의 질량이 그 점에 모여있다고 가정했을 때 진동수와 원래 진자의 진동수가 같아지는 점이다. 이 진자는 중력의 영향으로 주기운동을 하는데, 그 주기가 그림처럼 모든 질량이 A점에 모여있는 경우와 같을 때, 이 점 A를 진동중심이라고 한다. 예를 들면, 충격중심은 테니스와 같이 라켓을 사용하는 스포츠의 스위트 스폿(sweet spot)과 관련이 있다. 공이 라켓의 스위트 스폿에 맞는 경우 손목이 받는 충격이 최소가 되는데, 그 이유는 충격 순간 움직이지 않는 충격중심의 성질 때문이다. 충격중심일 때 베어링의 반작용력이 0이 된다.

정답　91 ③　92 ④　93 ④

94 다음 그림과 같은 두 개의 질량이 스프링에 연결되어 있다. 이 시스템의 고유진동수는?

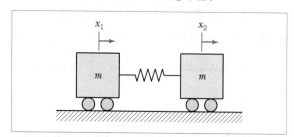

① 0, $\sqrt{\dfrac{k}{m}}$ ② $\sqrt{\dfrac{k}{m}}$, $\sqrt{\dfrac{2k}{m}}$

③ 0, $\sqrt{\dfrac{2k}{m}}$ ④ $\sqrt{\dfrac{k}{m}}$, $\sqrt{\dfrac{3k}{m}}$

해설⊕

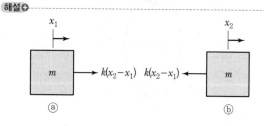

자유물체도에서 x_2만큼 늘어나면 x_1만큼 줄어들므로 질량 스프링계의 상대변위는 $(x_2 - x_1)$

ⅰ) 그림 ⓐ에 $\sum F_x = ma_x = m\ddot{x}$를 적용하면

$k(x_2 - x_1) = kx = m\ddot{x_1}$

여기서, $(x_2 - x_1) = x$

$m\ddot{x_1} - kx = 0 \cdots$ ⓒ

ⅱ) 그림 ⓑ에서 $-k(x_2 - x_1) = -kx = m\ddot{x_2}$

$m\ddot{x_2} + kx = 0 \cdots$ ⓓ

ⅲ) ⓒ = ⓓ

$m\ddot{x_1} - kx = m\ddot{x_2} + kx$

$m(\ddot{x_2} - \ddot{x_1}) + 2kx = 0$

양변을 m으로 나누면

$\ddot{x} + \dfrac{2k}{m}x = 0$

$\therefore \omega_n^2 = \dfrac{2k}{m} \rightarrow$ 고유각진동수 $\omega_n = \sqrt{\dfrac{2k}{m}}$

※ 고유진동수 $f = \dfrac{\omega_n}{2\pi} = \dfrac{1}{2\pi}\sqrt{\dfrac{2k}{m}}$

95 질량 2,000kg의 자동차가 평평한 길을 시속 90km/h로 달리다 급제동을 걸었다. 바퀴와 노면 사이의 동마찰계수가 0.45일 때, 자동차의 정지거리는 몇 m인가?

① 60   ② 71

③ 81   ④ 86

해설⊕

일-에너지 방정식에 상태 1에서 2로 움직이는 동안 질점에 작용하는 모든 힘이 행한 전체 일의 양은 질점의 운동에너지 변화와 같다는 에너지 보존의 법칙을 적용하면

ⅰ) 운동에너지 : $T = \dfrac{1}{2}mV^2$

ⅱ) 동마찰일 : $U_{1 \rightarrow 2} = \mu Wr$

ⅲ) $T = U_{1 \rightarrow 2}$에서 $\dfrac{1}{2}mV^2 = \mu Wr = \mu mgr$

$\therefore r = \dfrac{V^2}{2\mu g} = \dfrac{\left(\dfrac{90 \times 10^3}{3,600}(\text{m/s})\right)^2}{2 \times 0.45 \times 9.8(\text{m/s}^2)} = 70.86\,\text{m}$

96 1 자유도 진동계에서 다음 수식 중 옳은 것은?

① $\omega = 2\pi f$ ② $c_{cr} = \sqrt{2mk}$

③ $\omega_n = \dfrac{k}{m}$ ④ $T = \omega f$

해설⊕

① 고유진동수 $f = \dfrac{\omega}{2\pi}$이므로 $\omega = 2\pi f$

② 임계감쇠 $c_{cr} = 2\sqrt{mk}$

정답   **94** ③   **95** ②   **96** ①

③ 고유각진동수 $\omega_n = \sqrt{\dfrac{k}{m}}$

④ 주기 $T = \dfrac{1}{f} = \dfrac{2\pi}{\omega}$

97 질량이 m인 쇠공을 높이 A에서 떨어뜨린다. 쇠공과 바닥 사이의 반발계수 e가 "0"이라면 충돌 후 쇠공이 튀어 오르는 높이 B는?

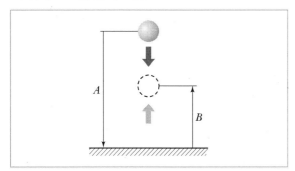

① $B = 0$　　　　② $B < A$

③ $B = A$　　　　④ $B > A$

해설⊕

반발계수 $e = 0$에서 $e = \dfrac{\text{분리상대속도}}{\text{접근상대속도}}$

→ 분자인 분리상대속도가 0이므로 튀어 오르지 않는다.

98 진폭 2mm, 진동수 250Hz로 진동하고 있는 물체의 최대 속도는 몇 m/s인가?

① 1.57　　　　② 3.14

③ 4.71　　　　④ 6.28

해설⊕

$f = 250\text{Hz} = 250\,\text{s}^{-1}$

$f = \dfrac{\omega}{2\pi}$ 에서

$\omega = 2\pi f = 2\pi \times 250 = 500\pi\,\text{rad/s}$

위아래로 진동한다면

변위 $x(t) = X\sin\omega t$

속도 $V = \dot{x}(t) = \omega X\cos\omega t$

→ 최대속도 $V_{\max} = \omega X = 500\pi \times 0.002 = 3.14\,\text{m/s}$

※ 좌우로 진동한다면 변위 $x(t) = X\cos\omega t$로 해석해도 속도의 최댓값이 ωX가 나와 동일하다. $\because \cos\omega t$, $\sin\omega t$는 최댓값이 1이므로

99 질량과 탄성스프링으로 이루어진 시스템이 그림과 같이 자유낙하하고 평면에 도달한 후 스프링의 반력에 의해 다시 튀어 오른다. 질량 m의 속도가 최대가 될 때, 탄성스프링의 변형량(x)은?(단, 탄성스프링의 질량은 무시하며, 스프링상수는 k, 스프링의 바닥은 지면과 분리되지 않는다.)

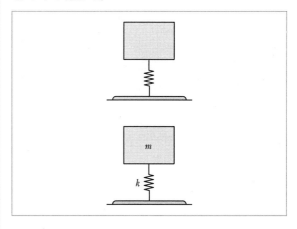

① 0　　　　② $\dfrac{mg}{2k}$

③ $\dfrac{mg}{k}$　　　　④ $\dfrac{2mg}{k}$

정답　97 ①　98 ②　99 ③

해설⊕

스프링 바닥이 지면에 닿을 때 m의 속도가 최대이므로(가속도 $a = \ddot{x} = 0$)

$\downarrow x : \sum F_x = ma = m\ddot{x}$

$\sum F_x = mg - kx = 0 \rightarrow \therefore x = \dfrac{mg}{k}$

100 자동차 운전자가 정지된 차의 속도를 42km/h로 증가시켰다. 그 후 다른 차를 추월하기 위해 속도를 84km/h로 높였다. 그렇다면 42km/h에서 84km/h의 속도로 증가시킬 때 필요한 에너지는 처음 정지해 있던 차의 속도를 42km/h로 증가하는 데 필요한 에너지의 몇 배인가?(단, 마찰로 인한 모든 에너지 손실은 무시한다.)

① 1배   ② 2배
③ 3배   ④ 4배

해설⊕

$T_1 : 0 \rightarrow 42$km/h로 증가하는 데 필요한 운동에너지

$T_2 : 42 \rightarrow 84$km/h로 증가하는 데 필요한 운동에너지

$\dfrac{T_2}{T_1} = \dfrac{\dfrac{m(V_2{}^2 - V_1{}^2)}{2}}{\dfrac{m(V_2{}^2 - 0^2)}{2}} = \dfrac{(84^2 - 42^2)}{42^2} = 3$

1과목 **재료역학**

01 균일 분포하중 $w = 200N/m$가 작용하는 단순지지보의 최대 굽힘응력은 몇 MPa인가?(단, 보의 길이는 2m이고, 폭×높이=3cm×4cm인 사각형 단면이다.)

① 12.5 　　　　② 25.0

③ 14.9 　　　　④ 17.0

해설

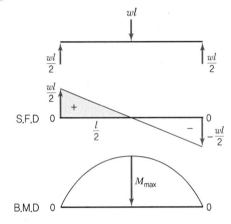

M_{max}는 보의 중앙 $x = \dfrac{l}{2}$에서 발생하고

M_{max} 값은 0부터 $\dfrac{l}{2}$까지의 S.F.D 면적과 같으므로

$$M_{max} = \frac{1}{2} \times \frac{wl}{2} \times \frac{l}{2} = \frac{wl^2}{8}$$

$$\therefore \; \sigma_b = \frac{M_{max}}{Z} = \frac{\dfrac{w}{8}l^2}{\dfrac{bh^2}{6}}$$

$$= \frac{3wl^2}{4bh^2} = \frac{3 \times 200 \times 2^2}{4 \times 0.03 \times 0.04^2}$$

$$= 12.5 \times 10^6 Pa = 12.5 MPa$$

02 보에 작용하는 수직전단력을 V, 단면 2차 모멘트를 I, 단면 1차 모멘트를 Q, 단면폭을 b라고 할 때 단면에 작용하는 전단응력(τ)의 크기는?(단, 단면은 직사각형이다.)

① $\tau = \dfrac{VQ}{Ib}$ 　　　　② $\tau = \dfrac{IV}{Qb}$

③ $\tau = \dfrac{Ib}{QV}$ 　　　　④ $\tau = \dfrac{Qb}{IV}$

해설

$$\tau = \frac{VQ}{Ib}$$

(여기서, Q : 보의 중립축 아래 반단면의 단면 1차 모멘트)

03 원형 단면축이 비틀림을 받을 때, 그 속에 저장되어 있는 탄성 변형에너지 U는 얼마인가?(단, T : 토크, L : 길이, G : 가로탄성계수, I_P : 극관성모멘트, I : 관성모멘트, E : 세로탄성계수)

① $U = \dfrac{T^2 L}{2GI}$ 　　　　② $U = \dfrac{T^2 L}{2EI}$

③ $U = \dfrac{T^2 L}{2EI_P}$ 　　　　④ $U = \dfrac{T^2 L}{2GI_P}$

해설

$$U = \frac{1}{2} T \cdot \theta = \frac{T^2 \cdot l}{2GI_P}$$

$$(\because \; \theta = \frac{T \cdot l}{GI_P})$$

04 단면적이 30cm², 길이가 30cm인 강봉이 축방향으로 압축력 $P=21$kN을 받고 있을 때, 그 봉 속에 저장되는 변형에너지의 값은 약 몇 N·m인가?(단, 강봉의 세로탄성계수는 210GPa이다.)

① 0.085
② 0.105
③ 0.135
④ 0.195

해설➕

$$U = \frac{1}{2}P \cdot \lambda = \frac{P^2 \cdot l}{2AE} = \frac{(21 \times 10^3)^2 \times 0.3}{2 \times 30 \times 10^{-4} \times 210 \times 10^9}$$
$$= 0.105\text{N·m}$$

05 지름 2cm, 길이 20cm인 연강봉이 인장하중을 받을 때 길이는 0.016cm만큼 늘어나고 지름은 0.0004cm만큼 줄었다. 이 연강봉의 포아송 비는?

① 0.25
② 0.3
③ 0.33
④ 4

해설➕

$$\mu = \frac{\varepsilon'}{\varepsilon} = \frac{\dfrac{\delta}{d}}{\dfrac{\lambda}{l}} = \frac{l \cdot \delta}{d\lambda} = \frac{20 \times 0.0004}{2 \times 0.016} = 0.25$$

06 원통형 코일 스프링에서 코일 반지름을 R, 소선의 지름을 d, 전단탄성계수를 G라고 하면 코일 스프링 한 권에 대해서 하중 P가 작용할 때 비틀림 각도 ϕ를 나타내는 식은?

① $\dfrac{32PR}{Gd^2}$
② $\dfrac{32PR^2}{Gd^2}$
③ $\dfrac{64PR}{Gd^4}$
④ $\dfrac{64PR^2}{Gd^4}$

해설➕

스프링 처짐량 $\delta = \dfrac{8WD^3 n}{Gd^4}$

여기서, $W = P$, $D = 2R$, $n = 1$이므로

$$\phi = \frac{\delta}{R} = \frac{\dfrac{8P(2R)^3 \times 1}{Gd^4}}{R} = \frac{64PR^3}{Gd^4 R}$$

$$\therefore \ \phi = \frac{64PR^2}{Gd^4}$$

07 직사각형 $[b \times h]$ 단면을 가진 보의 곡률 $\left(\dfrac{1}{\rho}\right)$에 관한 설명으로 옳은 것은?

① 폭(b)의 2승에 반비례한다.
② 폭(b)의 3승에 반비례한다.
③ 높이(h)의 2승에 반비례한다.
④ 높이(h)의 3승에 반비례한다.

해설➕

$$\frac{1}{\rho} = \frac{M}{EI} = \frac{M}{E \cdot \dfrac{bh^3}{12}}$$

08 그림과 같은 분포하중을 받는 단순보의 $m-n$ 단면에 생기는 전단력의 크기는 얼마인가?(단, $q = 300$N/m이다.)

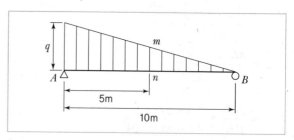

① 300N
② 250N
③ 167N
④ 125N

해설 ❶

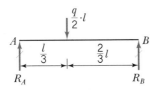

$$\sum M_{A지점} = 0 : \frac{q \cdot l}{2} \times \frac{l}{3} - R_B \cdot l = 0$$

$$\therefore R_B = \frac{q \cdot l}{6} = \frac{300 \times 10}{6} = 500\text{N}$$

아래의 그림 A지점 기준과 B지점 기준에서 구한 $m-n$ 단면의 전단력이 동일하므로

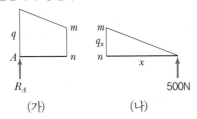

(가)   (나)

(나)의 그림을 확대해 자유물체도를 그리면

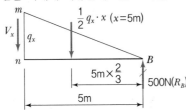

$$x : q_x = l : q \quad \therefore q_x = \frac{qx}{l} = \frac{300 \times 5}{10} = 150\text{N}$$

$$\uparrow \sum F_y = 0 : -V_x - \frac{1}{2} \times 150 \times 5 + 500 = 0$$

$$\therefore V_x = 500 - \frac{1}{2} \times 150 \times 5 = 125\text{N}$$

09 폭이 2cm이고 높이가 3cm인 직사각형 단면을 가진 길이 50cm의 외팔보의 고정단에서 40cm 되는 곳에 800N의 집중 하중을 작용시킬 때 자유단의 처짐은 약 몇 cm인가?(단, 외팔보의 세로탄성계수는 210GPa이다.)

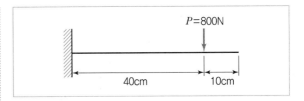

① 0.074   ② 0.25
③ 1.48   ④ 12.52

해설 ❶

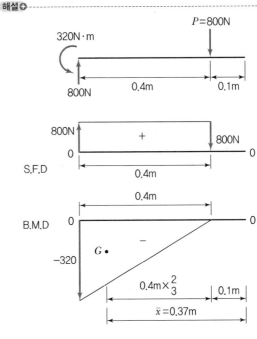

B.M.D의 면적 $A_M = \frac{1}{2} \times 0.4 \times 320 = 64$

면적모멘트법에 의해

$$\delta = \frac{A_M}{EI} \cdot \bar{x} \text{(여기서, } \bar{x} : \text{B.M.D 도심까지의 거리)}$$

$$= \frac{64 \times 0.37}{210 \times 10^9 \times \frac{0.02 \times 0.03^3}{12}}$$

$$= 0.0025\text{m} = 0.25\text{cm}$$

10 그림과 같이 축방향으로 인장하중을 받고 있는 원형 단면봉에서 θ의 각도를 가진 경사단면에 전단응력(τ)과 수직응력(σ)이 작용하고 있다. 이때 전단응력 τ가 수직응력 σ의 $\frac{1}{2}$이 되는 경사단면의 경사각(θ)은?

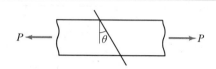

① $\theta = \tan^{-1}\left(\frac{1}{2}\right)$ ② $\theta = \tan^{-1}(1)$

③ $\theta = \tan^{-1}(2)$ ④ $\theta = \tan^{-1}(4)$

해설⊕

1축 응력 $\sigma_x = \dfrac{P}{A}$

모어의 응력원에서

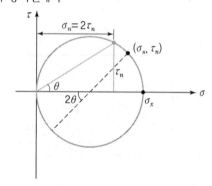

$\tan\theta = \dfrac{\tau_n}{\sigma_n} = \dfrac{1}{2} \rightarrow \theta = \tan^{-1}\left(\dfrac{1}{2}\right)$

11 지름이 d인 연강환봉에 인장하중 P가 주어졌다면 지름 감소량(δ)은?(단, 재료의 탄성계수는 E, 포아송비는 ν이다.)

① $\delta = \dfrac{P\nu}{\pi Ed}$ ② $\delta = \dfrac{P\nu}{2\pi Ed}$

③ $\delta = \dfrac{P\nu}{4\pi Ed}$ ④ $\delta = \dfrac{4P\nu}{\pi Ed}$

해설⊕

$\mu = \dfrac{\varepsilon'}{\varepsilon}, \ \varepsilon' = \dfrac{\delta}{d} = \mu\varepsilon = \mu\dfrac{\sigma}{E} = \mu \cdot \dfrac{P}{AE}$

$\therefore \ \delta = \mu \cdot \dfrac{P \cdot d}{AE} = \dfrac{\mu P \cdot d}{\frac{\pi}{4}d^2 \cdot E} = \dfrac{4\mu P}{\pi dE}$ (여기서, $\mu = \nu$)

12 지름 10mm인 환봉에 1kN의 전단력이 작용할 때 이 환봉에 걸리는 전단응력은 약 몇 MPa인가?

① 6.36   ② 12.73

③ 24.56   ④ 32.22

해설⊕

$\tau = \dfrac{F}{A} = \dfrac{F}{\frac{\pi}{4}d^2} = \dfrac{4F}{\pi d^2} = \dfrac{4 \times 1 \times 10^3}{\pi \times 0.01^2}$

$= 12.73 \times 10^6 \text{Pa} = 12.73\text{MPa}$

13 그림과 같은 보에 $C \sim D$까지 균일분포하중 w가 작용하고 있을 때, A점에서의 반력 R_A 및 B점에서의 반력 R_B는?

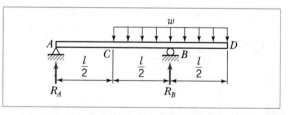

① $R_A = \dfrac{wl}{2}, \ R_B = \dfrac{wl}{2}$ ② $R_A = \dfrac{wl}{4}, \ R_B = \dfrac{3wl}{4}$

③ $R_A = 0, \ R_B = wl$ ④ $R_A = -\dfrac{wl}{4}, \ R_B = \dfrac{5wl}{4}$

해설 ⊕

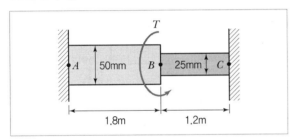

R_A R_B
$R_A=0$ $R_B=wl$

전 하중의 세기는 분포하중의 면적(wl)과 같고 그 면적의 도심에 작용하는 집중력으로 간주하고 해석한다.

14 그림과 같이 지름이 다른 두 부분으로 된 원형 축에 비틀림 토크(T) 680N · m가 B점에 작용할 때, 최대 전단응력은 얼마인가?(단, 전단탄성계수 $G=$ 80GPa이다.)

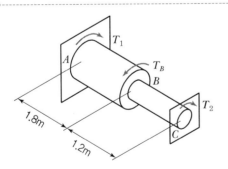

① 19.0MPa   ② 38.1MPa
③ 50.6MPa   ④ 25.3MPa

해설 ⊕

봉의 양단이 고정되어 부정정 비틀림부재이며 그림에서

$T_1 + T_2 = T \cdots$ ⓐ

T_1에 의한 B에서의 비틀림각 θ_1과 T_2에 의한 B에서의

비틀림각 θ_2는 동일하다.

$$\theta_1 = \theta_2 \rightarrow \frac{T_1 l_1}{GI_{p1}} = \frac{T_2 l_2}{GI_{p2}} \rightarrow T_1 = \frac{I_{p1}}{I_{p2}} \frac{l_2}{l_1} T_2 \cdots ⓑ$$

ⓑ를 ⓐ에 대입하면 $T_2 \cdot \dfrac{I_{p1} l_2}{I_{p2} l_1} + T_2 = T$

$$\therefore T_2 = \frac{T}{1 + \dfrac{I_{p1} \cdot l_2}{I_{p2} \cdot l_1}} = \frac{680}{1 + \dfrac{d_1^{\,4} \times 1.2}{d_2^{\,4} \times 1.8}}$$

$$= \frac{680}{1 + \dfrac{0.05^4 \times 1.2}{0.025^4 \times 1.8}} = 58.29 \text{N} \cdot \text{m}$$

$\therefore T_1 = T - T_2 = 680 - 58.29 = 621.71 \text{N} \cdot \text{m}$

• 1단면에 발생하는 전단응력

$$\tau_1 = \frac{T_1}{Z_{p1}} = \frac{621.71}{\dfrac{\pi}{16} \times 0.05^3}$$

$$= 25.33 \times 10^6 \text{Pa} = 25.33 \text{MPa}(최대)$$

• 2단면에 발생하는 전단응력

$$\tau_2 = \frac{T_2}{Z_{p2}} = \frac{58.29}{\dfrac{\pi}{16} \times 0.025^3} = 19 \times 10^6 \text{Pa} = 19 \text{MPa}$$

15 보에서 원형과 정사각형의 단면적이 같을 때, 단면계수의 비 Z_1 / Z_2는 약 얼마인가?(단, 여기에서 Z_1은 원형 단면의 단면계수, Z_2는 정사각형 단면의 단면계수이다.)

① 0.531   ② 0.846
③ 1.258   ④ 1.182

해설 ⊕

$\dfrac{\pi d^2}{4} = a^2$에서 $a = \dfrac{\sqrt{\pi}}{2}d$

$$\frac{Z_1}{Z_2} = \frac{\dfrac{\pi}{32} d^3}{\dfrac{bh^2}{6}} = \frac{\dfrac{\pi}{32} d^3}{\dfrac{a \cdot a^2}{6}} = \frac{\dfrac{\pi}{32} d^3}{\dfrac{a}{6} \cdot a^2} = \frac{\dfrac{\pi}{32} d^3}{\dfrac{a}{6} \cdot \dfrac{\pi d^2}{4}} = \frac{3d}{4a}$$

$$= \frac{3d}{4 \times \dfrac{\sqrt{\pi}}{2}d} = \frac{3}{2\sqrt{\pi}} = 0.846$$

16 그림과 같은 외팔보가 균일분포하중 w를 받고 있을 때 자유단의 처짐 δ는 얼마인가?(단, 보의 굽힘 강성 EI는 일정하고, 자중은 무시한다.)

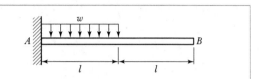

① $\dfrac{3}{24EI}wl^4$ ② $\dfrac{5}{24EI}wl^4$

③ $\dfrac{7}{24EI}wl^4$ ④ $\dfrac{9}{24EI}wl^4$

해설⊕

면적모멘트법에 의한 자유단의 처짐량 δ

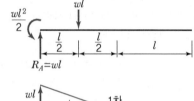

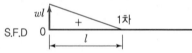

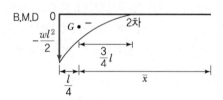

B.M.D 그림에서 $\overline{x} = l + \dfrac{3}{4}l = \dfrac{7}{4}l$

B.M.D의 면적 $A_M = \dfrac{1}{3} \times l \times \dfrac{wl^2}{2} = \dfrac{wl^3}{6}$

$\therefore \delta = \dfrac{A_M}{EI} \cdot \overline{x} = \dfrac{\dfrac{wl^3}{6}}{EI} \times \dfrac{7}{4}l = \dfrac{7wl^4}{24EI}$

17 반원 부재에 그림과 같이 $0.5R$ 지점에 하중 P가 작용할 때 지지점 B에서의 반력은?

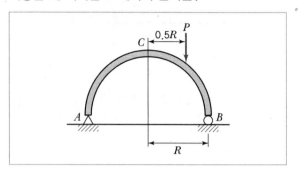

① $\dfrac{P}{4}$ ② $\dfrac{P}{2}$

③ $\dfrac{3P}{4}$ ④ P

해설⊕

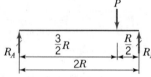

$\sum M_{A \text{지점}} = 0 : P \times \dfrac{3}{2}R - R_B \cdot 2R = 0$

$\therefore R_B = \dfrac{P \times \dfrac{3}{2}R}{2R} = \dfrac{3}{4}P$

18 그림과 같이 지름과 재질이 다른 3개의 원통을 끼워 조합된 구조물을 만들어 강판 사이에 P의 압축하중을 작용시키면 그림의 재료에 발생되는 응력(σ_1)은? (단, E_1, E_2, E_3와 A_1, A_2, A_3는 각각 ㉠, ㉡, ㉢의 세로탄성계수와 단면적이다.)

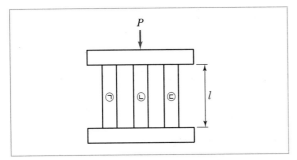

① $\sigma_1 = \dfrac{PA_1}{A_1E_1 + A_2E_2 + A_3E_3}$

② $\sigma_1 = \dfrac{Pl}{A_1E_1 + A_2E_2 + A_3E_3}$

③ $\sigma_1 = \dfrac{PE_1}{A_1E_1 + A_2E_2 + A_3E_3}$

④ $\sigma_1 = \dfrac{PE_2}{A_1E_2 + A_2E_3 + A_3E_1}$

해설⊕

부재의 병렬조합이므로

$P = \sigma_1A_1 + \sigma_2A_2 + \sigma_3A_3 \cdots$ ⓐ

$\lambda_1 = \lambda_2 = \lambda_3$(압축량 동일)

$\dfrac{\sigma_1}{E_1}l_1 = \dfrac{\sigma_2}{E_2}l_2 = \dfrac{\sigma_3}{E_3}l_3$ ($\because l_1 = l_2 = l_3$)

$\therefore \dfrac{\sigma_1}{E_1} = \dfrac{\sigma_2}{E_2} = \dfrac{\sigma_3}{E_3}$

여기서, $\sigma_2 = \dfrac{E_2}{E_1}\sigma_1$, $\sigma_3 = \dfrac{E_3}{E_1}\sigma_1 \cdots$ ⓑ

ⓑ를 ⓐ에 대입하면

$P = \sigma_1A_1 + \dfrac{E_2}{E_1}\sigma_1A_2 + \dfrac{E_3}{E_1}\sigma_1A_3$

양변에 E_1를 곱하면

$PE_1 = \sigma_1A_1E_1 + \sigma_1E_2A_2 + \sigma_1E_3A_3$

$\quad = \sigma_1(A_1E_1 + A_2E_2 + A_3E_3)$

$\therefore \sigma_1 = \dfrac{PE_1}{A_1E_1 + A_2E_2 + A_3E_3}$

19 그림과 같은 균일단면을 갖는 부정정보가 단순지지단에서 모멘트 M_0를 받는다. 단순지지지단에서의 반력 R_A는?(단, 굽힘강성 EI는 일정하고, 자중은 무시한다.)

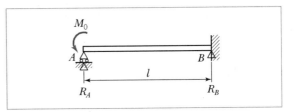

① $\dfrac{3M_0}{4l}$ ② $\dfrac{3M_0}{2l}$

③ $\dfrac{2M_0}{3l}$ ④ $\dfrac{4M_0}{3l}$

해설⊕

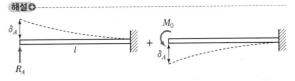

처짐을 고려해 미지반력 요소를 해결한다.
A점에서 처짐량이 "0"이므로

$\dfrac{R_A \cdot l^3}{3EI} = \dfrac{M_0 l^2}{2EI}$

$\therefore R_A = \dfrac{3M_0}{2l}$

20 사각단면의 폭이 10cm이고 높이가 8cm이며, 길이가 2m인 장주의 양 끝이 회전형으로 고정되어 있다. 이 장주의 좌굴하중은 약 몇 kN인가?(단, 장주의 세로탄성계수는 10GPa이다.)

① 67.45　　　　② 106.28
③ 186.88　　　　④ 257.64

해설◆

$P_{cr} = n\pi^2 \cdot \dfrac{EI}{l^2}$ (여기서, 양단힌지 $n=1$)

$$= \dfrac{1 \times \pi^2 \times 10 \times 10^9 \times \dfrac{0.1 \times 0.08^3}{12}}{2^2}$$

$$= 105,275.78\text{N} = 105.28\text{kN}$$

2과목　기계열역학

21 이상기체의 엔탈피가 변하지 않는 과정은?

① 가역단열과정　　　② 비가역단열과정
③ 교축과정　　　　　④ 정적과정

해설◆

$$q_{c.v} + h_i + \dfrac{V_i^2}{2} + gZ_i = h_e + \dfrac{V_e^2}{2} + gZ_e + w_{c.v}$$

냉동기에서 팽창밸브(교축밸브)의 교축과정에서는 열전달량과 출력일이 없으며 위치와 속도에너지가 동일하여 $h_i = h_e$가 된다.(교축과정은 속도변화 없이 압력을 저하시키는 과정이다.)

---

22 튼튼한 용기 안에 100kPa, 30℃의 공기가 5kg 들어 있다. 이 공기를 가열하여 온도를 150℃로 높였다. 이 과정 동안에 공기에 가해 준 열량을 구하면?(단, 공기의 정적비열 및 정압비열은 각각 0.717kJ/kg·K와 1.004kJ/kg·K이다.)

① 86.0kJ　　　　② 120.5kJ
③ 430.2kJ　　　　④ 602.4kJ

해설◆

정해진 용기 안이므로 정적과정 $V = C$

$\delta q = du + Pdv^{\,0} = C_v dT$

$_1q_2 = C_v(T_2 - T_1)$

$_1Q_2 = m \cdot {}_1q_2 = m C_v(T_2 - T_1)$
　　　$= 5 \times 0.717(150 - 30) = 430.2\text{kJ}$

· 온도차는 절대온도 값으로 계산하지 않아도 된다.

---

23 시스템의 경계 안에 비가역성이 존재하지 않는 내적 가역과정을 온도 – 엔트로피 선도 상에 표시하였을 때, 이 과정 아래의 면적은 무엇을 나타내는가?

① 일량　　　　　② 내부에너지 변화량
③ 열전달량　　　④ 엔탈피 변화량

해설◆

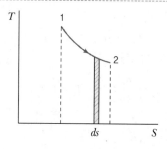

$\delta Q = T \cdot ds \rightarrow T-S$선도에서 S축의 투사면적은 열량을 나타낸다.

24 고온 측이 20℃, 저온 측이 −15℃인 Carnot 열펌프의 성능계수$(COP)_h$를 구하면?

① 8.38 ② 7.38
③ 6.58 ④ 4.28

해설⊕

카르노사이클은 온도만의 함수

$T_H = 20 + 273 = 293\text{K}$, $T_L = -15 + 273 = 258\text{K}$

$(COP)_h = \dfrac{T_H}{T_H - T_L} = \dfrac{293}{293 - 258} = 8.37$

25 정압비열이 0.931kJ/kg · K이고, 정적비열이 0.666kJ/kg · K인 이상기체를 압력 400kPa, 온도 20℃로서 0.25kg을 담은 용기의 체적은 약 몇 m³인가?

① 0.0213 ② 0.0265
③ 0.0381 ④ 0.0485

해설⊕

$R = C_p - V_v = 0.931 - 0.666 = 0.265$

$PV = mRT$에서

$V = \dfrac{mRT}{P} = \dfrac{0.25 \times 0.265 \times (20 + 273)}{400} = 0.0485\text{m}^3$

26 열역학 제2법칙에 대한 설명 중 틀린 것은?

① 효율이 100%인 열기관은 얻을 수 없다.
② 제2종 영구기관은 작동 물질의 종류에 따라 가능하다.
③ 열은 스스로 저온의 물질에서 고온의 물질로 이동하지 않는다.
④ 열기관에서 작동 물질이 일을 하게 하려면 그보다 더 저온인 물질이 필요하다.

해설⊕

열역학 제2법칙을 위배하는 기관은 제2종 영구기관으로 열효율 100%인 제2종 영구기관은 만들 수 없다.

27 분자량이 28.5인 이상기체가 압력 200kPa, 온도 100℃ 상태에 있을 때 비체적은?(단, 일반기체상수 = 8.314kJ/kmol · K이다.)

① 0.146kg/m³ ② 0.545kg/m³
③ 0.146m³/kg ④ 0.545m³/kg

해설⊕

$R = \dfrac{\overline{R}}{M} = \dfrac{8.314}{28.5} = 0.2917\,\text{kJ/kg} \cdot \text{K}$

$Pv = RT$에서

비체적 $v = \dfrac{RT}{P} = \dfrac{0.2917 \times (100 + 273)}{200} = 0.544\,\text{m}^3/\text{kg}$

28 −10℃와 30℃ 사이에서 작동되는 냉동기의 최대 성능계수로 적합한 것은?

① 8.8 ② 6.6
③ 3.3 ④ 2.8

해설⊕

역카르노사이클은 온도만의 함수이므로

$T_H = 30 + 273 = 303\text{K}$, $T_L = -10 + 273 = 263\text{K}$

성능계수 $\varepsilon_R = \dfrac{T_L}{T_H - T_L} = \dfrac{263}{303 - 263} = 6.575$

29 어느 이상기체 1kg을 일정 체적하에 20℃로부터 100℃로 가열하는 데 836kJ의 열량이 소요되었다. 이 가스의 분자량이 2라고 한다면 정압비열은?

① 약 2.09kJ/kg · ℃ ② 약 6.27kJ/kg · ℃
③ 약 10.5kJ/kg · ℃ ④ 약 14.6kJ/kg · ℃

해설⊕

일정체적 = 정적과정

$V = C$에서

$\delta Q = dU + Pd\cancel{V}^0 = mC_v dT$

$_1Q_2 = mC_v(T_2 - T_1)$

• 정적비열

$$C_v = \frac{{}_1Q_2}{m(T_2 - T_1)} = \frac{836}{1 \times (100 - 20)} = 10.45 \text{kJ/kg} \cdot \text{℃}$$

$C_p - V_v = R$과 $MR = \overline{R}$에서

• 정압비열

$$C_p = \frac{\overline{R}}{M} + C_v = \frac{8.314}{2} + 10.45 = 14.6 \text{kJ/kg} \cdot \text{℃}$$

30 이상기체의 등온과정에서 압력이 증가하면 엔탈피는?

① 증가 또는 감소　　　② 증가
③ 불변　　　　　　　　④ 감소

해설⊕

이상기체 등온과정의 엔탈피식

$$dh = C_p d\!\!\!/T^{\,0} \;\rightarrow\; dh = 0 \;\rightarrow\; h = C$$

31 피스톤 – 실린더 장치 안에 300kPa, 100℃의 이산화탄소 2kg이 들어 있다. 이 가스를 $PV^{1.2} = $ constant 인 관계를 만족하도록 피스톤 위에 추를 더해가며 온도가 200℃가 될 때까지 압축하였다. 이 과정 동안의 열전달량은 약 몇 kJ인가?(단, 이산화탄소의 정적비열(C_V) =0.653kJ/kg · K이고, 정압비열(C_P)=0.842kJ/kg · K 이며, 각각 일정하다.)

① − 189　　　　　　② − 58
③ − 20　　　　　　④ 130

해설⊕

$$k = \frac{C_p}{C_v} = \frac{0.842}{0.653} = 1.289$$

폴리트로픽 과정의 열전달량

$\delta Q = m C_n dT$ (여기서, C_n : 폴리트로픽 비열)

$$\begin{aligned}{}_1Q_2 &= m \times \frac{n-k}{n-1} C_v(T_2 - T_1)\\&= 2 \times \frac{1.2 - 1.289}{1.2 - 1} \times 0.653 \times (200 - 100)\\&= -58.12 \text{kJ}\end{aligned}$$

32 증기터빈으로 질량 유량 1kg/s, 엔탈피 $h_1 = $ 3,500kJ/kg의 수증기가 들어온다. 중간 단에서 $h_2 = $ 3,100kJ/kg의 수증기가 추출되며 나머지는 계속 팽창하여 $h_3 = $ 2,500kJ/kg 상태로 출구에서 나온다면, 중간 단에서 추출되는 수증기의 질량 유량은?(단, 열손실은 없으며, 위치에너지 및 운동에너지의 변화가 없고, 총 터빈 출력은 900kW이다.)

① 0.167kg/s　　　　② 0.323kg/s
③ 0.714kg/s　　　　④ 0.886kg/s

해설⊕

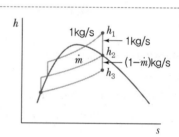

위의 재생사이클 $h-s$ 선도에서 터빈의 출력동력은 1kg/s 를 가지고 $(h_1 - h_2)$만큼 팽창시키고 $\dot{m}$의 증기를 뺀 다음, $(1\text{kg/s} - \dot{m})$의 질량유량을 가지고 $(h_2 - h_3)$만큼 팽창시킨 일의 양과 같으므로

$$\dot{W}_{c.v} = 1(\text{kg/s})(h_1 - h_2)(\text{kJ/kg}) + (1 - \dot{m})(\text{kg/s})$$
$$(h_2 - h_3)(\text{kJ/kg})$$

$900 \text{kW} = (3,500 - 3,100)\text{kW} + (1 - \dot{m})(3,100 - 2,500)\text{kW}$

$500 \text{kW} = (1 - \dot{m})600 \text{kW}$

$\therefore \; \dot{m} = 0.167 \text{kg/s}$

33 밀폐용기에 비내부에너지가 200kJ/kg인 기체 0.5kg이 있다. 이 기체를 용량이 500W인 전기가열기로 2분 동안 가열한다면 최종상태에서 기체의 내부에너지는?(단, 열량은 기체로만 전달된다고 한다.)

① 20kJ　　　　　　② 100kJ

③ 120kJ　　　　　　④ 160kJ

해설⊕

정적과정인 밀폐용기이므로

$\delta q = du + P\cancel{dv}^{0} \rightarrow {}_1 q_2 = u_2 - u_1$

${}_1 Q_2 = U_2 - U_1$ (여기서, $U_1 = m u_1$)

$\therefore U_2 = U_1 + 0.5(\text{kJ/s}) \times 120s = m_1 u_1 + 60\text{kJ}$
$= 0.5\text{kg} \times 200\text{kJ/kg} + 60\text{kJ} = 160\text{kJ}$

34 클라우시우스(Clausius)의 부등식이 옳은 것은?(단, T는 절대온도, Q는 열량을 표시한다.)

① $\oint \delta Q \le 0$　　　　② $\oint \delta Q \ge 0$

③ $\oint \dfrac{\delta Q}{T} \le 0$　　　④ $\oint \dfrac{\delta Q}{T} \ge 0$

해설⊕

$\oint \dfrac{\delta Q}{T} \le 0 (\oint : \text{사이클 적분})$

$\oint \dfrac{\delta Q}{T} = 0(\text{가역}), \quad \oint \dfrac{\delta Q}{T} < 0(\text{비가역})$

35 실제 가스터빈 사이클에서 최고온도가 630℃이고, 터빈효율이 80%이다. 손실 없이 단열팽창한다고 가정했을 때의 온도가 290℃라면 실제 터빈 출구에서의 온도는?(단, 가스의 비열은 일정하다고 가정한다.)

① 348℃　　　　　　② 358℃

③ 368℃　　　　　　④ 378℃

해설⊕

$\delta \cancel{q}^{0} = dh - vdp$

$w_T = vdp = dh = C_p dT \rightarrow {}_1 w_{T2} = \int_1^2 C_p dT$

터빈효율 $\eta_T = \dfrac{\text{실제일}}{\text{이론일}} = \dfrac{C_p(T_2 - T_1')}{C_p(T_2 - T_1)} = \dfrac{T_2 - T_1'}{T_2 - T_1}$

$0.8 = \dfrac{60 - T_1'}{630 - 290}$

$\therefore T_1' = 630 - 0.8 \times 340 = 358℃$

36 기체의 초기 압력이 20kPa, 초기 체적이 0.1m³인 상태에서부터 "$PV = $일정"인 과정으로 체적이 0.3m³로 변했을 때의 일량은 약 얼마인가?

① 2,200J　　　　　　② 4,000J

③ 2,200kJ　　　　　　④ 4,000kJ

해설⊕

$PV = C$이면 등온과정이므로 $\delta W = PdV$

${}_1 W_2 = \int_1^2 PdV \left(\leftarrow P = \dfrac{C}{V}\right)$

$= \int_1^2 \dfrac{C}{V} dV$

$= C \int_1^2 \dfrac{1}{V} dV$

$= C \ln \dfrac{V_2}{V_1}$ (여기서, $C = P_1 V_1 = P_2 V_2$)

$\therefore {}_1 W_2 = P_1 V_1 \ln \dfrac{V_2}{V_1}$

$= 20 \times 0.1 \times \ln\left(\dfrac{0.3}{0.1}\right)$

$= 2.197\text{kJ} = 2197\text{J}$

37 이상기체의 폴리트로프(Polytrope) 변화에 대한 식이 $PV^n = C$라고 할 때 다음의 변화에 대하여 표현이 틀린 것은?

① $n = 0$일 때는 정압변화를 한다.

② $n = 1$일 때는 등온변화를 한다.

③ $n = \infty$일 때는 정적변화를 한다.

④ $n = k$일 때는 등온 및 정압변화를 한다.(단, $k = $비열비이다.)

해설⊕

폴리트로픽 지수 n이 k이면 단열(등엔트로피) 과정이다.

38 절대온도가 T_1, T_2인 두 물체 사이에 열량 Q가 전달될 때 이 두 물체가 이루는 계의 엔트로피 변화는? (단, $T_1 > T_2$이다.)

① $\dfrac{T_1 - T_2}{QT_1}$

② $\dfrac{T_1 - T_2}{QT_2}$

③ $\dfrac{Q}{T_1} - \dfrac{Q}{T_2}$

④ $\dfrac{Q}{T_2} - \dfrac{Q}{T_1}$

해설⊕

T_1 : 고열원, T_2 : 저열원

$dS = \dfrac{\delta Q}{T}$에서

$\Delta S_1 = \dfrac{Q}{T_1}$(엔트로피 감소량 → 방열)

$\Delta S_2 = \dfrac{Q}{T_2}$(엔트로피 증가량 → 흡열)

$\Delta S = \Delta S_2 - \Delta S_1 = \dfrac{Q}{T_2} - \dfrac{Q}{T_1}$

39 밀폐 단열된 방에 다음 두 경우에 대하여 가정용 냉장고를 가동시키고 방 안의 평균온도를 관찰한 결과 가장 합당한 것은?

> a) 냉장고의 문을 열었을 경우
> b) 냉장고의 문을 닫았을 경우

① a), b) 경우 모두 방 안의 평균온도는 하강한다.

② a), b) 경우 모두 방 안의 평균온도는 상승한다.

③ a), b)의 경우 모두 방 안의 평균온도는 변하지 않는다.

④ a)의 경우는 방 안의 평균온도는 변하지 않고, b)의 경우는 상승한다.

해설⊕

• 문의 개폐에 상관없이 실제 냉장고는 비가역 사이클이므로 엔트로피가 증가되어 밀폐 단열된 방의 온도는 상승한다. ($dS = \dfrac{\delta Q}{T}$)

• 응축기의 방열량은 증발기의 흡수열량보다 더 크다.(비가역)

40 이상 냉동기의 작동을 위해 두 열원이 있다. 고열원이 100℃이고, 저열원이 50℃이라면 성능계수는?

① 1.00

② 2.00

③ 4.25

④ 6.46

해설⊕

$T_H = 100℃ + 273 = 373\text{K}$, $T_L = 50 + 273 = 323\text{K}$

역카르노사이클에서 성능계수

$\varepsilon_R = \dfrac{T_L}{T_H - T_L} = \dfrac{323}{373 - 323} = 6.46$

3과목 기계유체역학

41 다음 ΔP, L, Q, ρ 변수들을 이용하여 만든 무차원수로 옳은 것은?(단, ΔP : 압력차, ρ : 밀도, L : 길이, Q : 유량)

① $\dfrac{\rho \cdot Q}{\Delta P \cdot L^2}$ ② $\dfrac{\rho \cdot L}{\Delta P \cdot Q^2}$

③ $\dfrac{\Delta P \cdot L \cdot Q}{\rho}$ ④ $\dfrac{Q}{L^2}\sqrt{\dfrac{\rho}{\Delta P}}$

해설⊕

모든 차원의 지수합은 "0"이다.

$Q : \mathrm{m^3/s} \to L^3 T^{-1}$

$(\Delta P)^x : \mathrm{N/m^2} \to \mathrm{kg \cdot m/s^2/m^2} \to \mathrm{kg/m \cdot s}$
$\to (ML^{-1}T^{-2})^x$

$(\rho)^y : \mathrm{kg/m^3} \to (ML^{-3})^y$

$(L)^z : \mathrm{m} \to (L)^z$

M차원 : $x + y = 0$(4개의 물리량에서 M에 관한 지수승들의 합은 "0"이다.)

L차원 : $3 - x - 3y + z = 0$

T차원 : $-1 - 2x = 0 \to x = -\dfrac{1}{2}$

M차원의 $x + y = 0$에서 $y = \dfrac{1}{2}$

L차원에 x, y값 대입 $3 + \dfrac{1}{2} - \dfrac{3}{2} + z = 0 \to z = -2$

무차원수 $\pi = Q^1 (\Delta P)^{-\frac{1}{2}} \cdot \rho^{\frac{1}{2}} \cdot L^{-2}$
$= \dfrac{Q\sqrt{\rho}}{\sqrt{\Delta P} \cdot L^2} = \dfrac{Q}{L^2}\sqrt{\dfrac{\rho}{\Delta P}}$

42 수력 기울기선과 에너지 기울기선에 관한 설명 중 틀린 것은?

① 수력 기울기선의 변화는 총 에너지의 변화를 나타낸다.

② 수력 기울기선은 에너지 기울기선의 크기보다 작거나 같다.

③ 정압은 수력 기울기선과 에너지 기울기선에 모두 영향을 미친다.

④ 관의 진행방향으로 유속이 일정한 경우 부차적 손실에 의한 수력 기울기선과 에너지 기울기선의 변화는 같다.

해설⊕

수력 기울기(구배)선은 에너지 기울기선보다 항상 속도수두 $\left(\dfrac{V^2}{2g}\right)$만큼 아래에 있다.

43 물의 높이 8cm와 비중 2.94인 액주계 유체의 높이 6cm를 합한 압력은 수은주(비중 13.6) 높이의 약 몇 cm에 상당하는가?

① 1.03 ② 1.89

③ 2.24 ④ 3.06

해설⊕

$P = \gamma \cdot h$, $S_x = \dfrac{\gamma_x}{\gamma_w}$, 비중이 2.9인 유체높이 h_a,

수은주 높이 h_{Hg} 적용

$\gamma_w \cdot h_w + 2.94\gamma_w \cdot h_a = 13.6\gamma_w \cdot h_{\mathrm{Hg}}$

$\gamma_w \times 8 + 2.94\gamma_w \times 6 = 13.6\gamma_w \cdot h_{\mathrm{Hg}}$

양변을 γ_w로 나누면

$8 + 2.94 \times 6 = 13.6 \times h_{\mathrm{Hg}}$

$\therefore h_{\mathrm{Hg}} = 1.89\mathrm{cm}$

44 한 변이 30cm인 윗면이 개방된 정육면체 용기에 물을 가득 채우고 일정 가속도($9.8m/s^2$)로 수평으로 끌 때 용기 밑면의 좌측 끝단(A 부분)에서의 게이지 압력은?

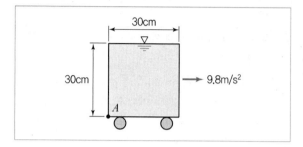

① $1,470N/m^2$
② $2,079N/m^2$
③ $2,940N/m^2$
④ $4,158N/m^2$

해설⊕

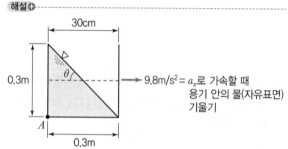

$9.8m/s^2 = a_x$ 로 가속할 때 용기안의 물(자유표면) 기울기

$\tan\theta = \dfrac{a_x}{g} = \dfrac{g}{g} = 1$

$\theta = 45°$

A점의 압력 $P = \gamma_w h_A$

$\qquad = 9,800N/m^3 \times 0.3m$

$\qquad = 2,940N/m^2$

45 지름 5cm인 원관 내 완전발달 층류유동에서 벽면에 걸리는 전단응력이 4Pa이라면 중심축과 거리가 1cm인 곳에서의 전단응력은 몇 Pa인가?

① 0.8
② 1
③ 1.6
④ 2

해설⊕

원관에서 점성에 의한 전단응력 $\tau = -\mu \cdot \dfrac{du}{dr}$ ··· ⓐ

$u = -\dfrac{1}{4\mu}\dfrac{dp}{dl}\left(r_0{}^2 - r^2\right)$

r에 대해 미분하면

$\dfrac{du}{dr} = -\dfrac{1}{4\mu}\dfrac{dp}{dl}(-2r) = \dfrac{r}{2\mu}\dfrac{dp}{dl}$ ··· ⓑ

ⓑ를 ⓐ에 대입하면 $\tau = -\mu \cdot \dfrac{r}{2\mu}\dfrac{dp}{dl} = -\dfrac{r}{2}\dfrac{dp}{dl}$

$r = r_0 = \dfrac{d}{2}$ 일 때 $\tau_{\max} = 4Pa$이므로

$4 = -\dfrac{0.05}{4} \times \dfrac{dp}{dl}$ $\therefore \dfrac{dp}{dl} = 320$

층류유동일 때 임의의 반경 r에서 전단응력

$\tau_r = -\dfrac{r}{2}\dfrac{dp}{dl}$

$r = 0.01m$에서 전단응력 $\tau = -\dfrac{0.01}{2} \times 320 = -1.6Pa$

((−)부호값은 압력 강하량)

46 익폭 10m, 익현의 길이 1.8m인 날개로 된 비행기가 112m/s의 속도로 날고 있다. 익현의 받음각이 1°, 양력계수 0.326, 항력계수 0.0761일 때 비행에 필요한 동력은 약 몇 kW인가?(단, 공기의 밀도는 $1.2173kg/m^3$이다.)

① 1,172
② 1,343
③ 1,570
④ 6,730

해설⊕

$D = C_D \cdot \dfrac{\rho V^2}{2} \cdot A$

$\quad = 0.0761 \times \dfrac{1.2173 \times 112^2}{2} \times 10 \times 1.8 = 10,458.3N$

$H_{kW} = \dfrac{D \cdot V}{1,000} = \dfrac{10,458.3 \times 112}{1,000} = 1,171.3kW$

47 어뢰의 성능을 시험하기 위해 모형을 만들어서 수조 안에서 24.4m/s의 속도로 끌면서 실험하고 있다. 원형(Prototype)의 속도가 6.1m/s라면 모형과 원형의 크기 비는 얼마인가?

① 1 : 2   ② 1 : 4

③ 1 : 8   ④ 1 : 10

해설✚

원관유동, 잠수함유동 등은 모형과 실형 사이에 레이놀즈수가 동일해야 한다.

$Re)_m = Re)_p$

$$\frac{\rho V d}{\mu}\bigg)_m = \frac{\rho V d}{\mu}\bigg)_p$$

여기서, $\mu_m = \mu_p$, $\rho_m = \rho_p$이므로

$V_m d_m = V_p d_p$

$\therefore d_m : d_p = V_p : V_m$

$\qquad\qquad = 6.1 : 24.4 = 1 : 4$

48 그림과 같은 원통 주위에 퍼텐셜 유동이 있다. 원통 표면상에서 상류 유속과 동일한 유속이 나타나는 위치(θ)는?

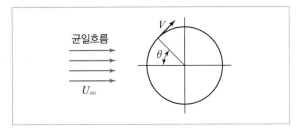

① 0°   ② 30°

③ 45°   ④ 90°

해설✚

원주 표면의 접선속도

$V^2 = 4 U_\infty^2 \sin^2\theta$ (여기서, U_∞ : 자유유동속도)

$V = U_\infty$일 때 원통표면상에서 상류유속과 동일한 유속이 나타나므로

$U_\infty^2 = 4 U_\infty^2 \sin^2\theta$

$\sin^2\theta = \frac{1}{4}$

$\sin\theta = \frac{1}{2}$

$\therefore \theta = 30°$

49 비중이 0.65인 물체를 물에 띄우면 전체 체적의 몇 %가 물속에 잠기는가?

① 12   ② 35

③ 42   ④ 65

해설✚

물체의 비중량 γ_b, 물체 체적 V_b, 잠긴 체적 V_x

물 밖에서 물체 무게＝부력 ← 물속에서 잠긴 채로 평형 유지

$\gamma_b \cdot V_b = \gamma_w V_x$

$S_b \gamma_w V_b = \gamma_w \cdot V_x$

양변을 γ_w로 나누면 $S_b V_b = V_x$

$\therefore 0.65 V_b = V_x$이므로 65%가 물속에 잠긴다.

50 선운동량의 차원으로 옳은 것은?(단, M : 질량, L : 길이 T : 시간이다.)

① MLT ② $ML^{-1}T$

③ MLT^{-1} ④ MLT^{-2}

해설✚

선운동량＝운동량(mV)이므로

kg · m/s → MLT^{-1} 차원

51 그림과 같이 노즐이 달린 수평관에서 압력계 읽음이 0.49MPa이었다. 이 관의 안지름이 6cm이고 관의 끝에 달린 노즐의 출구 지름이 2cm라면 노즐 출구에서 물의 분출속도는 약 몇 m/s인가?(단, 노즐에서의 손실은 무시하고, 관 마찰계수는 0.025로 한다.)

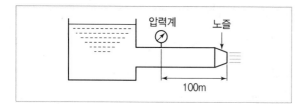

① 16.8 　　　　② 20.4

③ 25.5 　　　　④ 28.4

해설⊕

압력계에서 속도를 V_1, 노즐의 분출속도를 V_2라 하면

$$Q = A_1 V_1 = A_2 V_2 \rightarrow \frac{\pi \times 6^2}{4} \cdot V_1 = \frac{\pi \times 2^2}{4} \cdot V_2$$

$$\rightarrow V_1 = \frac{1}{9} V_2 \cdots \text{ⓐ}$$

베르누이 방정식을 적용하면(손실을 고려)

$$\frac{p_1}{\gamma} + \frac{V_1^2}{2g} + z_1 = \frac{p_2}{\gamma} + \frac{V_2^2}{2g} + z_2 + h_l$$

$z_1 = z_2$, $p_2 = p_0 = 0$(무시)이므로

$$h_l = \frac{p_1}{\gamma} + \frac{V_1^2 - V_2^2}{2g}$$

$$= \frac{p_1}{\gamma} + \frac{1}{2g}\left(\left(\frac{1}{9}V_2\right)^2 - V_2^2\right)$$

$$= \frac{p_1}{\gamma} - \frac{40 V_2^2}{81g} \cdots \text{ⓑ}$$

ⓑ는 달시-바이스바하 방정식(곧고 긴 관에서 손실수두)의 값과 같아야 한다.

$$h_l = f \cdot \frac{L}{d} \cdot \frac{V_1^2}{2g} = 0.025 \times \frac{100}{0.06} \times \frac{\left(\frac{1}{9}V_2\right)^2}{2 \times 9.8}$$

$$= 0.0266 V_2^2 \cdots \text{ⓒ}$$

ⓑ=ⓒ에서

$$\frac{p_1}{\gamma} - \frac{40 V_2^2}{81g} = 0.0266 V_2^2$$

$$\frac{0.49 \times 10^6}{9,800} = \left(0.0266 + \frac{40}{81 \times 9.8}\right) V_2^2$$

$$V_2^2 = 649.43$$

$$\therefore V_2 = 25.48 \text{m/s}$$

52 비중 0.8의 알코올이 든 U자관 압력계가 있다. 이 압력계의 한끝은 피토관의 전압부에 다른 끝은 정압부에 연결하여 피토관으로 기류의 속도를 재려고 한다. U자관의 읽음의 차가 78.8mm, 대기압력이 1.0266×10^5Pa abs, 온도가 21℃일 때 기류의 속도는?(단, 기체상수 $R = 287$N · m/kg · K이다.)

① 38.8m/s 　　　② 27.5m/s

③ 43.5m/s 　　　④ 31.8m/s

해설⊕

$$pv = RT \rightarrow \frac{p}{\rho} = RT$$

$$\rho = \frac{p}{RT} = \frac{1.0266 \times 10^5}{287 \times (21 + 273)} = 1.217 \text{kg/m}^3$$

비중량이 다른 유체가 들어있을 때 유체의 속도

$$V = \sqrt{2g\Delta h\left(\frac{\rho_o}{\rho} - 1\right)} \text{ (여기서, } \rho_o = s_o \cdot \rho_w)$$

$$= \sqrt{2 \times 9.8 \times 0.0788 \times \left(\frac{0.8 \times 1,000}{1.217} - 1\right)}$$

$$= 31.84 \text{m/s}$$

53 다음 중 질량보존의 법칙과 가장 관련이 깊은 방정식은 어느 것인가?

① 연속 방정식 　　② 상태 방정식

③ 운동량 방정식 　④ 에너지 방정식

해설⊕

질량보존의 법칙을 유체에 적용하여 얻어낸 방정식은 연속 방정식이다.

54 안지름이 50mm인 180° 곡관(Bend)을 통하여 물이 5m/s의 속도와 0의 계기압력으로 흐르고 있다. 물이 곡관에 작용하는 힘은 약 몇 N인가?

① 0　　　　　　　② 24.5

③ 49.1　　　　　④ 98.2

해설✚

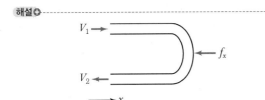

$V_1 = V_2$이며　V_2 흐름방향은 $(-)$

검사면에 작용하는 힘들의 합은 검사체적속의 운동량 변화량과 같다.

$-f_x = \rho Q(V_{2x} - V_{1x})$

$V_{2x} = -V_1$,　$V_{1x} = V_1$

$-f_x = \rho Q(-V_1 - V_1)$

$f_x = \rho Q 2V_1$ (여기서,　$Q = AV_1$)

$\quad = 2\rho A V_1^2 = 2 \times 1,000 \times \dfrac{\pi}{4} \times 0.05^2 \times 5^2 = 98.17\text{N}$

55 평판을 지나는 경계층 유동에서 속도 분포를 경계층 내에서는 $u = U\dfrac{y}{\delta}$, 경계층 밖에서는 $u = U$로 가정할 때, 경계층 운동량 두께(Boundary Layer Momentum Thickness)는 경계층 두께 δ의 몇 배인가? (단, U = 자유흐름 속도, y = 평판으로부터의 수직거리)

① 1/6　　　　　② 1/3

③ 1/2　　　　　④ 7/6

해설✚

$u = U \cdot \dfrac{y}{\delta}$에서　$\dfrac{u}{U} = \dfrac{y}{\delta}$ ⋯ ⓐ

운동량 두께 δ_m

$\delta_m = \displaystyle\int_0^\delta \dfrac{u}{U}\left(1 - \dfrac{u}{U}\right)dy$ ← (ⓐ 대입)

$\quad = \displaystyle\int_0^\delta \dfrac{y}{\delta}\left(1 - \dfrac{y}{\delta}\right)dy = \int_0^\delta \dfrac{y}{\delta}dy - \int_0^\delta \dfrac{y^2}{\delta^2}dy$

$\quad = \dfrac{1}{\delta}\left[\dfrac{y^2}{2}\right]_0^\delta - \dfrac{1}{\delta^2}\left[\dfrac{y^3}{3}\right]_0^\delta = \dfrac{1}{\delta} \times \dfrac{\delta^2}{2} - \dfrac{1}{\delta^2} \times \dfrac{\delta^3}{3}$

$\quad = \dfrac{\delta}{2} - \dfrac{\delta}{3} = \dfrac{\delta}{6}$

56 $\dfrac{P}{\gamma} + \dfrac{v^2}{2g} + z = \text{const}$로 표시되는 Bernoulli의 방정식에서 우변의 상수값에 대한 설명으로 가장 옳은 것은?

① 지면의 동일한 높이에서는 같은 값을 가진다.

② 유체 흐름의 단면상의 모든 점에서 같은 값을 가진다.

③ 유체 내의 모든 점에서 같은 값을 가진다.

④ 동일 유선에 대해서는 같은 값을 가진다.

해설✚

오일러 운동방정식의 기본은 유선상의 유체입자에 $F = ma$를 적용하여 얻어낸 방정식 → 적분 → 베르누이 방정식(에너지방정식)이다.

57 다음 중 유선(Stream Line)에 대한 설명으로 옳은 것은?

① 유체의 흐름에 있어서 속도 벡터에 대하여 수직한 방향을 갖는 선이다.

② 유체의 흐름에 있어서 유동단면의 중심을 연결한 선이다.

③ 유체의 흐름에 있어서 모든 점에서 접선방향이 속도 벡터의 방향을 갖는 연속적인 선이다.

④ 비정상류 흐름에서만 유동의 특성을 보여주는 선이다.

정답　54 ④　55 ①　56 ④　57 ③

해설⊕

유선(Stream Line)
유체 흐름선상의 접선벡터와 속도벡터가 일치하는 선

58 간격이 10mm인 평행 평판 사이에 점성계수가 14.2poise인 기름이 가득 차 있다. 아래쪽 판을 고정하고 위의 평판을 2.5m/s인 속도로 움직일 때, 평판 면에 발생되는 전단응력은?

① 316N/cm²   ② 316N/m²

③ 355N/m²   ④ 355N/cm²

해설⊕

$$1\text{poise} = \frac{1\text{g}}{\text{cm} \cdot \text{s}} \times \frac{1\text{dyne} \cdot \text{s}^2}{\text{g} \cdot \text{cm}} = 1\text{dyne} \cdot \text{s}/\text{cm}^2$$

$\mu = 14.2\text{poise}$이므로

$$14.2 \times \frac{\text{dyne} \cdot \text{s} \times \dfrac{1\text{N}}{10^5\text{dyne}}}{\text{cm}^2 \times \left(\dfrac{\text{m}}{100\text{cm}}\right)^2} = 14.2 \times \frac{1}{10}\,\text{N} \cdot \text{s}/\text{m}^2$$

$$\therefore \tau = \mu \cdot \frac{du}{dy} = 14.2 \times \frac{1}{10} \times \frac{2.5}{0.01}$$
$$= 355\text{N}/\text{m}^2$$

59 2m×2m×2m의 정육면체로 된 탱크 안에 비중이 0.8인 기름이 가득 차 있고, 위 뚜껑이 없을 때 탱크의 옆 한 면에 작용하는 전체 압력에 의한 힘은 약 몇 kN인가?

① 1.6   ② 15.7

③ 31.4   ④ 62.8

해설⊕

전압력
$$F = \gamma \overline{h} A = S\gamma_w \overline{h} \cdot A = 0.8 \times 9,800\text{N}/\text{m}^3 \times 1\text{m} \times 4\text{m}^2$$
$$= 31,360\text{N} = 31.36\text{kN}$$

60 파이프 내 유동에 대한 설명 중 틀린 것은?

① 층류인 경우 파이프 내에 주입된 염료는 관을 따라 하나의 선을 이룬다.

② 레이놀즈수가 특정 범위를 넘어가면 유체 내의 불규칙한 혼합이 증가한다.

③ 입구 길이란 파이프 입구부터 완전 발달된 유동이 시작하는 위치까지의 거리이다.

④ 유동이 완전 발달되면 속도분포는 반지름 방향으로 균일(Uniform)하다.

해설⊕

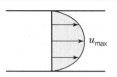

파이프에서 속도벡터가 완전히 발달하면 그림처럼 포물선 형태이며 관 중심에서 최대 속도가 나온다.

4과목   **기계재료 및 유압기기**

61 다음 중 강의 상온취성을 일으키는 원소는?

① P   ② Si

③ S   ④ Cu

해설⊕

상온취성
인(P)은 강의 결정입자를 조대화시켜서 강을 여리게 만들며, 특히 상온 또는 그 이하의 저온에서 뚜렷해진다. 인(P)은 상온취성 또는 냉간취성의 원인이 된다.

62 고속도강에 대한 설명으로 틀린 것은?

① 고온 및 마모저항이 크고 보통강에 비하여 고온에서 3
  ~4배의 강도를 갖는다.

② 600℃ 이상에서도 경도 저하 없이 고속절삭이 가능하
  며 고온경도가 크다.

③ 18-4-1형을 주조한 것은 오스테나이트와 마텐자이
  트 기지에 망상을 한 오스테나이트와 복합탄화물의 혼
  합조직이다.

④ 열전달이 좋아 담금질을 위한 예열이 필요 없이 가열
  을 하여도 좋다.

해설⊕

고속도강의 특징

㉠ 표준고속도강 : W(18%)-Cr(4%)-V(1%)-C(0.8%)
  • 열처리 : 800~900℃ 예열 → 1,250~1,300℃ 담금질
    → 300℃ 공랭 → 500~580℃ 뜨임
  • 250~300℃에서 팽창률이 크고, 2차 경화로 강인한 솔
    바이트 조직을 형성한다.

㉡ 사용온도~600℃까지 경도를 유지한다.

㉢ 고온경도가 높고 내마모성이 우수하다.

㉣ 절삭속도는 탄소강의 2배 이상으로 고속도강이라 명명되
  었다.

63 담금질한 강의 여린 성질을 개선하는 데 쓰이는 열처리법은?

① 뜨임처리　　　　② 불림처리

③ 풀림처리　　　　④ 침탄처리

해설⊕

뜨임(Tempering)

• 강을 담금질 후 취성을 없애기 위해서는 A_1변태점 이하의
  온도에서 뜨임처리를 해야 한다.

• 금속의 내부응력을 제거하고 인성을 개선하기 위한 열처리
  방법

64 합금주철에서 특수합금 원소의 영향을 설명한 것으로 틀린 것은?

① Ni은 흑연화를 방지한다.

② Ti은 강한 탈산제이다.

③ V은 강한 흑연화 방지 원소이다.

④ Cr은 흑연화를 방지하고 탄화물을 안정화한다.

해설⊕

합금주철에서 합금원소의 영향

• Al : 강력한 흑연화 원소의 하나로 Al_2O_3을 만들어 고온
  산화 저항성을 향상시키고, 10% 이상 되면 내열성을 증대
  시킨다.

• Si : 흑연 발생을 촉진시키고, 응고 수축이 적어 주조성이
  좋아진다.

• Ni : 흑연화를 촉진하며, 내열, 내산화성이 증가한다. 내
  알칼리성을 갖게 하며, 내마모성도 좋아진다.

• Ti : 강탈산제이고, 흑연화를 촉진시키고, 흑연을 미세화
  시켜 강도를 높인다.

• Mo : 강도, 경도, 내마모성을 증가시키며 0.25~1.25%
  정도 첨가한다. 두꺼운 주물의 조직을 균일하게 한다.

• Cr : Cr은 2~1.5% 첨가하면, 흑연화를 방지하고 탄화물
  을 안정화시킨다. 내식성, 내열성을 증대시키고 내부식성
  이 좋아진다.

• Cu : 보통 0.25~2.5% 첨가하면 경도가 증가하고 내마모
  성이 개선되며, 내식성이 좋아진다.

• V : 흑연을 방지하고 펄라이트를 미세화시킨다.

65 구상흑연주철에서 흑연을 구상으로 만드는 데 사용하는 원소는?

① Cu　　　　② Mg

③ Ni　　　　④ Ti

해설⊕

구상흑연주철의 합금원소는 세륨(Ce), 마그네슘(Mg), 칼슘
(Ca)이다.

66 고체 내에서 온도변화에 따라 일어나는 동소변태는?

① 첨가원소가 일정량을 초과할 때 일어나는 변태
② 단일한 고상에서 2개의 고상이 석출되는 변태
③ 단일한 액상에서 2개의 고상이 석출되는 변태
④ 한 결정구조가 다른 결정구조로 변하는 변태

해설⊕

같은 원소이지만 고체상태 내에서 결정격자의 변화가 생기는 것

67 오스테나이트형 스테인리스강의 대표적인 강종은?

① S80
② V2B
③ 18−8형
④ 17−10P

해설⊕

오스테나이트계 스테인리스강 : Cr 18%−Ni 8%

68 탄소강의 기계적 성질에 대한 설명으로 틀린 것은?

① 아공석강의 인장강도, 항복점은 탄소 함유량의 증가에 따라 증가한다.
② 인장강도는 공석강이 최고이고, 연신율 및 단면수축률은 탄소량과 더불어 감소한다.
③ 온도가 증가함에 따라 인장강도, 경도, 항복점은 항상 저하한다.
④ 재료의 온도가 300℃ 부근으로 되면 충격치는 최소치를 나타낸다.

해설⊕

탄소강의 기계적 성질
• 표준상태에서 탄소(C)가 많을수록 강도나 경도가 증가하지만, 인성 및 충격값은 감소된다.
• 인장강도는 공석조직 부근에서 최대가 되고, 과공석조직에서는 망상의 초석 시멘타이트가 생기면서부터 변형이 잘되

지 않으며, 경도는 증가하나 강도는 급격히 감소한다.
• 탄소(C)가 많을수록 가공변형은 어렵게 되고, 냉간가공은 되지 않는다.
• 인장 강도는 200~300℃ 부근까지는 온도가 올라감에 따라 증가하여 상온보다 강해지며, 최댓값을 나타낸 다음 그 이상의 온도에서 급히 감소한다.
• 연신은 200~300℃에서 최젓값을 나타내고, 온도가 상승함에 따라 증가하여 600~700℃에서 최댓값을 나타낸 다음 급속히 감소한다.

69 다음 중 가공성이 가장 우수한 결정격자는?

① 면심입방격자
② 체심입방격자
③ 정방격자
④ 조밀육방격자

해설⊕

구분	체심입방격자 (BCC)	면심입방격자 (FCC)	조밀육방격자 (HCP)
격자 구조			
성질	용융점이 비교적 높고, 전연성이 떨어진다.	전연성은 좋으나, 강도가 충분하지 않다.	전연성이 떨어지고, 강도가 충분하지 않다.
원자수	2	4	2
충전율	68%	74%	74%
경도	낮음	⟷	높음
결정 격자 사이 공간	넓음	⟷	좁음
원소	α−Fe, W, Cr, Mo, V, Ta 등	γ−Fe, Al, Pb, Cu, Au, Ni, Pt, Ag, Pd 등	Fe_3C, Mg, Cd, Co, Ti, Be, Zn 등

정답 66 ④ 67 ③ 68 ③ 69 ①

70 고강도 합금으로 항공기용 재료에 사용되는 것은?

① 베릴륨 동
② 알루미늄 청동
③ Naval Brass
④ Extra Super Duralumin(ESD)

해설⊕

초초두랄루민(extra super duralumin)
Al−Cu(1.6%)−Zn(5.6%)−Mg(2.5%)− Mn(0.2%)−Cr(0.3%)계 합금 : 인장강도 54kg/mm^2 이상

71 피스톤 펌프의 일반적인 특징에 관한 설명으로 옳은 것은?

① 누설이 많아 체적효율이 나쁜 편이다.
② 부품 수가 적고 구조가 간단한 편이다.
③ 가변 용량형 펌프로 제작이 불가능하다.
④ 피스톤의 배열에 따라 사축식과 사판식으로 나눈다.

해설⊕

피스톤 펌프의 특징
• 고속운전이 가능하여 비교적 소형으로도 고압(210~600 kgf/cm^2), 고성능을 얻을 수 있다.
• 여러 개의 피스톤으로 고속 운전하므로 송출압의 맥동이 매우 작고 진동도 적다.
• 누설이 적어 고효율을 낼 수 있고, 수명이 길고 소음이 적다.
• 구조가 복잡하고 제작단가가 비싸다.
• 피스톤의 배열에 따라 액시얼 피스톤 펌프(사축식과 사판식)와 레이디얼 피스톤 펌프로 나눈다.

72 유압 펌프에서 토출되는 최대 유량이 100L/min일 때 펌프 흡입 측의 배관 안지름으로 가장 적합한 것은?(단, 펌프 흡입 측 유속은 0.6m/s이다.)

① 60mm   ② 65mm
③ 73mm   ④ 84mm

해설⊕

$$Q = AV = \frac{\pi}{4}d^2 V$$

$$\therefore d = \sqrt{\frac{4Q}{\pi V}} = \sqrt{\frac{4 \times 100}{60 \times 1,000 \times \pi \times 0.6}} \times 1,000$$

$$= 59.47\,[\text{mm}]$$

73 다음 중 유압기기의 장점이 아닌 것은?

① 정확한 위치 제어가 가능하다.
② 온도 변화에 대해 안정적이다.
③ 유압에너지원을 축적할 수 있다.
④ 힘과 속도를 무단으로 조절할 수 있다.

해설⊕

유압기기는 유압유의 온도 변화에 따라 점도가 변하여 액추에이터의 출력이나 속도가 변화하기 쉽다.

74 그림과 같은 무부하 회로의 명칭은 무엇인가?

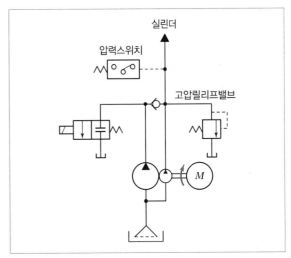

① 전환밸브에 의한 무부하 회로
② 파일럿 조작 릴리프 밸브에 의한 무부하 회로
③ 압력 스위치와 솔레노이드 밸브에 의한 무부하 회로
④ 압력 보상 가변 용량형 펌프에 의한 무부하 회로

정답 70 ④ 71 ④ 72 ① 73 ② 74 ③

실린더 작동 완료 후 배관의 압력이 상승하면 압력스위치가
솔레노이드 밸브에 신호를 보내 무부하 운전을 하게 하는 회로

75 주로 펌프의 흡입구에 설치되어 유압작동유의 이 물질을 제거하는 용도로 사용하는 기기는?

① 배플(Baffle)
② 블래더(Bladder)
③ 스트레이너(Strainer)
④ 드레인 플러그(Drain Plug)

스트레이너
유압펌프 흡입 쪽에 부착되어 기름탱크에서 펌프 및 회로에
불순물이 유입되지 않도록 여과작용을 하는 장치이다.

76 크래킹 압력(Cracking Pressure)에 관한 설명으로 가장 적합한 것은?

① 파일럿 관로에 작용시키는 압력
② 압력 제어 밸브 등에서 조절되는 압력
③ 체크 밸브, 릴리프 밸브 등에서 압력이 상승하고 밸브가 열리기 시작하여 어느 일정한 흐름의 양이 인정되는 압력
④ 체크 밸브, 릴리프 밸브 등의 입구 쪽 압력이 강하고, 밸브가 닫히기 시작하여 밸브의 누설량이 어느 규정의 양까지 감소했을 때의 압력

③은 크래킹 압력, ④는 리시트 압력에 대한 설명이다.

77 기어 펌프나 피스톤 펌프와 비교하여 베인 펌프의 특징을 설명한 것으로 옳지 않은 것은?

① 토출 압력의 맥동이 적다.
② 일반적으로 저속으로 사용하는 경우가 많다.

③ 베인의 마모로 인한 압력 저하가 적어 수명이 길다.
④ 카트리지 방식으로 인하여 호환성이 양호하고 보수가 용이하다.

베인 펌프의 특징
• 적당한 입력포트, 캠링을 사용하므로 송출압력에 맥동이 작다.
• 펌프의 구동동력에 비하여 형상이 소형이다.
• 베인의 선단이 마모되어도 압력저하가 일어나지 않는다.
• 비교적 고장이 적고 보수가 용이하다.
• 가변 토출량형으로 제작이 가능하다.
• 급속시동이 가능하다.

78 그림의 유압회로는 시퀀스 밸브를 이용한 시퀀스 회로이다. 그림의 상태에서 2위치 4포트 밸브를 조작하여 두 실린더를 작동시킨 후 2위치 4포트 밸브를 반대방향으로 조작하여 두 실린더를 다시 작동시켰을 때 두 실린더의 작동순서(ⓐ~ⓓ)로 올바른 것은?(단, ⓐ, ⓑ는 A 실린더의 운동방향이고, ⓒ, ⓓ는 B 실린더의 운동방향이다.)

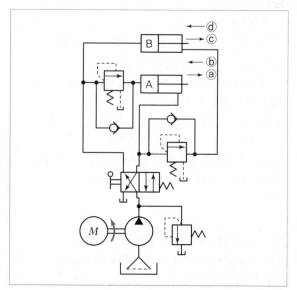

① ⓐ → ⓓ → ⓑ → ⓒ
② ⓒ → ⓐ → ⓑ → ⓓ
③ ⓓ → ⓑ → ⓒ → ⓐ
④ ⓓ → ⓐ → ⓒ → ⓑ

해설 ◑

B 실린더 전진(ⓒ) → 왼쪽 시퀀스 밸브 on → 실린더 A 전진(ⓐ) → 2위치 4포트 밸브를 반대방향으로 조작 → 실린더 A 후진(ⓑ) → 오른쪽 시퀀스 밸브 on → 실린더 B 후진(ⓓ)

5과목 | 기계제작법 및 기계동력학

81 큐폴라(Cupola)의 유효높이에 대한 설명으로 옳은 것은?

① 유효높이는 송풍구에서 장입구까지의 높이이다.
② 유효높이는 출탕구에서 송풍구까지의 높이이다.
③ 출탕구에서 굴뚝 끝까지의 높이를 직경으로 나눈 값이다.
④ 열효율이 높아지므로, 유효높이는 가급적 낮추는 것이 바람직하다.

79 작동 순서의 규제를 위해 사용되는 밸브는?

① 안전 밸브
② 릴리프 밸브
③ 감압 밸브
④ 시퀀스 밸브

해설 ◑

시퀀스 밸브의 용도

2개 이상의 유압 실린더를 사용하는 유압회로에서 미리 정해놓은 순서에 따라 실린더를 작동시킨다.

82 스핀들과 앤빌의 측정면이 뾰족한 마이크로미터로서 드릴의 웨브(Web), 나사의 골지름 측정에 주로 사용되는 마이크로미터는?

① 깊이 마이크로미터
② 내측 마이크로미터
③ 포인트 마이크로미터
④ V – 앤빌 마이크로미터

80 밸브의 전환 도중에서 과도적으로 생긴 밸브 포트 간의 흐름을 의미하는 유압 용어는?

① 인터플로(Interflow)
② 자유 흐름(Free Flow)
③ 제어 흐름(Controlled Flow)
④ 아음속 흐름(Subsonic Flow)

해설 ◑

② 자유 흐름(Free Flow) : 제어되지 않은 흐름
③ 제어 흐름(Controlled Flow) : 제어된 흐름
④ 아음속 흐름(Subsonic Flow) : 임계압력비 이상에서의 흐름

83 피복 아크 용접봉의 피복제(Flux)의 역할로 틀린 것은?

① 아크를 안정시킨다.
② 모재 표면의 산화물을 제거한다.
③ 용착금속의 탈산 정련작용을 한다.
④ 용착금속의 냉각속도를 빠르게 한다.

해설 ◑

피복제의 역할

• 피복제는 고온에서 분해되어 가스를 방출하여 아크 기둥과 용융지를 보호해 용착금속의 산화 및 질화가 일어나지 않도록 보호해 준다.
• 피복제의 용융은 슬래그가 형성되고 탈산작용을 하며 용착금속의 급랭을 방지하는 역할을 한다.

84 가스침탄법에서 침탄층의 깊이를 증가시킬 수 있는 첨가원소는?

① Si ② Mn
③ Al ④ N

해설⊕

질화층 생성에 적당한 첨가원소의 영향
• Cr, Mn : 경도 및 깊이가 증가
• Mo : 경도증가 및 취화방지
• Al : 경도증가

85 두께 2mm, 지름이 30mm인 구멍을 탄소강판에 펀칭할 때, 프레스의 슬라이드 평균속도 4m/min, 기계효율 $\eta = 70\%$이면 소요동력(PS)은 약 얼마인가?(단, 강판의 전단 저항은 25kgf/mm², 보정계수는 1로 한다.)

① 3.2 ② 6.0
③ 8.2 ④ 10.6

해설⊕

총소요동력(H_t) = 전단하중(P) × 전단속도(V)

전단하중(P) = $\dfrac{\text{전단강도}(\tau) \times \text{단면적}(A)}{\text{효율}(\eta)}$

$H_t = PV = \dfrac{\tau \times A}{\eta} \times V = \dfrac{25 \times \pi \times 30 \times 2}{0.7} \times \dfrac{4}{60}$

$\quad = 448.799 \mathrm{kg_f \cdot m/s}$

$H_t = 448.799 \mathrm{kg_f \cdot m/s} \times \dfrac{1\mathrm{PS}}{75\mathrm{kg_f \cdot m/s}} = 5.984\mathrm{PS}$

86 주형 내에 코어가 설치되어 있는 경우 주형에 필요한 압상력(F)을 구하는 식으로 옳은 것은?(단, 투영면적은 S, 주입금속의 비중량은 P, 주물의 윗면에서 주입구 면까지의 높이는 H, 코어의 체적은 V이다.)

① $F = \left(S \cdot P \cdot H + \dfrac{1}{2} V \cdot P\right)$

② $F = \left(S \cdot P \cdot H - \dfrac{1}{2} V \cdot P\right)$

③ $F = \left(S \cdot P \cdot H + \dfrac{3}{4} V \cdot P\right)$

④ $F = \left(S \cdot P \cdot H - \dfrac{3}{4} V \cdot P\right)$

해설⊕

주형 내에 코어가 있을 경우 코어의 부력은 $\dfrac{3}{4}VP$로 계산한다.

$F = SPH + \dfrac{3}{4}VP - G$

(여기서, S : 주물을 위에서 본 면적[m²]
　　　　H : 주물의 윗면에서 주입구 표면까지의 높이[m]
　　　　P : 주입 금속의 비중량[kgf/m³]
　　　　V : 코어의 체적[m³]
　　　　G : 윗덮개 상자무게[kgf])

87 절삭가공할 때 유동형 칩이 발생하는 조건으로 틀린 것은?

① 절삭깊이가 적을 때
② 절삭속도가 느릴 때
③ 바이트 인선의 경사각이 클 때
④ 연성의 재료(구리, 알루미늄 등)를 가공할 때

해설⊕

유동형 칩(Flow Type Chip)
재료 내의 소성변형이 연속해서 일어나 균일한 두께의 칩이 흐르는 것처럼 연속하여 나오는 것
• 신축성이 크고 소성 변형하기 쉬운 재료(연강, 동, 알루미늄 등)
• 바이트의 경사각이 클 때
• 절삭속도가 클 때
• 절삭량이 적을 때

88 전해연마의 특징에 대한 설명으로 틀린 것은?

① 가공 변질층이 없다.

② 내부식성이 좋아진다.

③ 가공면에 방향성이 생긴다.

④ 복잡한 형상을 가진 공작물의 연마도 가능하다.

해설➕

전해연마의 특징

- 절삭가공에서 나타나는 힘과 열에 따른 변형이 없다.
- 조직의 변화가 없다.
- 연질금속, 아연, 구리, 알루미늄, 몰리브덴, 니켈 등 형상이 복잡한 공작물과 얇은 재료의 연마도 가능하다.
- 가공한 면은 방향성이 없어 거울과 같이 매끄럽다.
- 내마멸성과 내부식성이 높다.
- 연마량이 적어서 깊은 홈이 제거되지 않는다.
- 주름과 같이 불순물이 많은 것은 광택을 낼 수 없다.
- 가공 모서리가 둥글게 된다.

89 소성가공에 속하지 않는 것은?

① 압연가공　　　　② 인발가공

③ 단조가공　　　　④ 선반가공

해설➕

소성가공의 종류에는 단조, 압연, 인발, 압출, 전조, 프레스가공, 제관 등이 있다.

90 CNC 공작기계에서 서보기구의 형식 중 모터에 내장된 타코 제너레이터에서 속도를 검출하고 엔코더에서 위치를 검출하여 피드백하는 제어방식은?

① 개방회로 방식　　　② 폐쇄회로 방식

③ 반 폐쇄회로 방식　　④ 하이브리드 방식

해설➕

서보의 종류

㉠ 개방회로(Open Loop) 방식

- 시스템의 정밀도는 피드백이 없으므로 모터 성능에 의해 좌우된다.
- 테이블은 스테핑 모터(Stepping Motor)에 의해 이송된다.
- 정밀도가 낮아서 NC에는 거의 사용하지 않는다.

㉡ 반 폐쇄회로 방식

- 속도정보는 서보 모터에 내장된 타코 제너레이터에서 검출되어 제어된다.
- 위치정보는 볼 스크루나 서보 모터의 회전 각도를 측정해 간접적으로 정확한 공구 위치를 추정하고 보정해주는 간접 피드백 시스템 제어 방식이다.
- 서보 모터가 기어를 통하지 않고 볼 스크루에 직접 연결될 경우, 신뢰할 수 있는 수준의 정밀도를 얻을 수 있고 비교적 가격도 저렴하므로 일반적인 NC 공작 기계에는 대부분 이 방식이 적용된다.

㉢ 폐쇄회로 방식(Closed Loop System)

- 속도정보는 서보 모터에 내장된 타코 제너레이터에서 검출되어 제어된다.
- 위치정보는 최종 제어 대상인 테이블에 리니어 스케일(Linear Scale ; 직선자)을 부착하여 테이블의 직선 방향 위치를 검출하여 제어된다.
- 가공물이 고중량이고, 고정밀도가 필요한 대형기계에 주로 사용된다.

㉣ 하이브리드 서보 방식(Hybrid Loop System)

- 속도정보는 서보 모터에 내장된 타코 제너레이터에서 검출되어 제어된다.
- 위치정보는 만약 반 폐쇄회로 방식으로 움직인 결과에 오차가 있으면 그 오차를 폐쇄회로 방식으로 검출하여 보정을 행하는 방식이다.
- 작업조건이 좋지 않은 기계에서 고정밀도를 요구하는 경우에 사용된다.
- 위치정보의 정밀도를 높이기 위해서 리니어 스케일 대신 고가인 광학 스케일을 사용하는 경우도 있다.

91

1자유도계에서 질량을 m, 감쇠계수를 c, 스프링 상수를 k라 할 때, 임펄스 응답이 그림과 같기 위한 조건은?

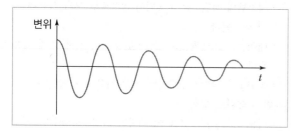

① $c > 2\sqrt{mk}$ ② $c > 2mk$

③ $c < 4mk$ ④ $c < 2\sqrt{mk}$

해설⊕

천천히 감쇠되어 진동이 가능한 상태이므로
부족감쇠 $C < C_C$, 즉 $C < 2\sqrt{mk}$ 조건이다.

92

100kg의 균일한 원통(반지름 2m)이 그림과 같이 수평면 위를 미끄럼 없이 구른다. 이 원통에 연결된 스프링의 탄성계수는 300N/m, 초기 변위 $x(0) = 0$m이며, 초기 속도 $\dot{x}(0) = 2$m/s일 때 변위 $x(t)$를 시간의 함수로 옳게 표현한 것은?(단, 스프링은 시작점에서는 늘어나지 않은 상태로 있다고 가정한다.)

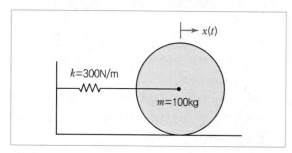

① $1.15\cos(\sqrt{3}\,t)$ ② $1.15\sin(\sqrt{3}\,t)$

③ $3.46\cos(\sqrt{2}\,t)$ ④ $3.46\sin(\sqrt{2}\,t)$

해설⊕

변위 $x(t) = X\sin \omega_n t$

속도 $V = \dot{x}(t) = \omega_n X\cos \omega_n t$

여기서, $\omega_n = \sqrt{\dfrac{k}{m}} = \sqrt{\dfrac{300}{100}} = \sqrt{3}$

초기조건 $t = 0$에서 $\dot{x}(0) = V_0 = 2\,\mathrm{m/s}$이므로

$\omega_n X\cos 0° = 2$

$X = \dfrac{2}{\omega_n} = \dfrac{2}{\sqrt{3}} = 1.15$

$\therefore \; x(t) = X\sin \omega_n t = 1.15\sin(\sqrt{3}\,t)$

93

다음 중 감쇠 형태의 종류가 아닌 것은?

① Hysteretic Damping

② Coulomb Damping

③ Viscous Damping

④ Critical Damping

해설⊕

- 감쇠의 종류에는 점성감쇠(Viscous Damping), 쿨롱 감쇠(Coulomb Damping), 고체감쇠(Hysteretic Damping)가 있다.
- 임계감쇠(Critical Damping) : 감쇠형태가 아닌 감쇠운동의 범주이며, 진동여부를 결정하는 경계치(부족감쇠, 임계감쇠, 과도감쇠를 결정하는 값)

94

12,000N의 차량이 20m/s의 속도로 평지를 달리고 있다. 자동차의 제동력이 6,000N이라고 할 때, 정지하는 데 소요되는 시간은?

① 4.1초   ② 6.8초

③ 8.2초   ④ 10.5초

해설◐

선형충격량(impulse)은 선형운동량(mV) 변화량과 같다.

$Fdt = mdV$에서

$$Ft = mV = \frac{W}{g}V$$

$$\therefore t = \frac{WV}{Fg} = \frac{12,000 \times 20}{6,000 \times 9.8} = 4.08\text{초}$$

95 전동기를 이용하여 무게 9,800N의 물체를 속도 0.3m/s로 끌어올리려 한다. 장치의 기계적 효율을 80%로 하면 최소 몇 kW의 동력이 필요한가?

① 3.2   ② 3.7

③ 4.9   ④ 6.2

해설◐

이론동력 $H_{th} = FV$와 $\eta = \dfrac{H_{th}}{H_s}$에서

실제운전동력

$$H_s = \frac{H_{th}}{\eta} = \frac{FV}{\eta} = \frac{9,800 \times 0.3}{0.8} = 3,675\text{W} = 3.68\text{kW}$$

96 길이 l의 가는 막대가 O점에 고정되어 회전한다. 수평위치에서 막대를 놓아 수직위치에 왔을 때, 막대의 각속도는 얼마인가?(단, g는 중력가속도이다.)

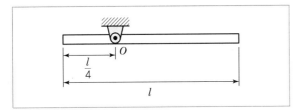

① $\sqrt{\dfrac{7l}{24g}}$ ② $\sqrt{\dfrac{24g}{7l}}$

③ $\sqrt{\dfrac{9l}{32g}}$ ④ $\sqrt{\dfrac{32g}{9l}}$

해설◐

위치에너지와 회전 운동에너지는 같다.

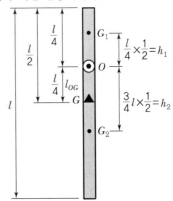

i) 위치에너지 : 수직으로 세웠을 때 O점 위로 G_1과 G_2의 위치에너지

$$\Delta V_g = mg(h_2 - h_1)$$
$$= mg\left(\frac{3}{4}l \times \frac{1}{2} - \frac{1}{4}l \times \frac{1}{2}\right) = mg\frac{l}{4}$$

ii) 회전운동에너지 $T = \dfrac{1}{2}J_0\omega^2$

여기서, 평행축정리를 이용하면

$$J_0 = J_G + ml_{OG}^2 = \frac{ml^2}{12} + m\left(\frac{l}{4}\right)^2 = \frac{7ml^2}{48}$$

$$\therefore T = \frac{1}{2} \times \frac{7}{48}ml^2 \times \omega^2 = \frac{7}{96}ml^2\omega^2$$

iii) $\Delta V_g = T$ 이므로

$$\frac{1}{4}mgl = \frac{7}{96}ml^2\omega^2$$

$$\therefore \omega = \sqrt{\frac{24g}{7l}}$$

97 자동차 A는 시속 60km로 달리고 있으며, 자동차 B는 A의 바로 앞에서 같은 방향으로 시속 80km로 달리고 있다. 자동차 A에 타고 있는 사람이 본 자동차 B의 속도는?

① 20km/h   ② 60km/h

③ −20km/h   ④ −60km/h

해설⊕

A에서 바라본 B의 속도

$$V_{B/A} = V_B - V_A = 80 - 60 = 20 \text{km/h}$$

98 고정축에 대하여 등속회전운동을 하는 강체 내부에 두 점 A, B가 있다. 축으로부터 점 A까지의 거리는 축으로부터 점 B까지 거리의 3배이다. 점 A의 선속도는 점 B의 선속도의 몇 배인가?

① 같다   ② 1/3배

③ 3배   ④ 9배

해설⊕

선속도는 원주속도(원주에 접선방향)이므로

$V = r\omega$ 에서

$$\frac{V_A}{V_B} = \frac{r_A \omega}{r_B \omega} = 3$$

99 스프링 정수가 2.4N/cm인 스프링 4개가 병렬로 어떤 물체를 지지하고 있다. 스프링의 변위가 1cm라면 지지된 물체의 무게는 몇 N인가?

① 7.6   ② 9.6

③ 18.2   ④ 20.4

해설⊕

동일한 4개의 스프링으로 지지하고 처짐량(δ)이 동일하므로

$$W = W_1 + W_2 + W_3 + W_4$$

$$k_e \delta = k\delta + k\delta + k\delta + k\delta$$

(여기서, k : 스프링 상수 k

k_e : 병렬조합 등가스프링상수 k_e)

$$\therefore \ k_e = 4k$$

$$W = k_e \delta = 4k\delta = 4 \times 2.4 \times 1 = 9.6 \text{N}$$

100 무게 10kN의 해머(Hammer)를 10m의 높이에서 자유 낙하시켜서 무게 300N의 말뚝을 50cm 박았다. 충돌한 직후에 해머와 말뚝은 일체가 된다고 볼 때 충돌 직후의 속도는 몇 m/s인가?

① 50.4   ② 20.4

③ 13.6   ④ 6.7

해설⊕

해머의 질량 m_1, 말뚝의 질량 m_2, 해머의 속도 V_1, 말뚝의 속도 V_2일 때

ⅰ) 해머의 질량 $m_1 = \dfrac{W_1}{g} = \dfrac{10 \times 10^3}{9.8} = 1,020.4 \text{kg}$,

말뚝의 질량 $m_2 = \dfrac{W_2}{g} = \dfrac{300}{9.8} = 30.6 \text{kg}$

ⅱ) 해머의 낙하속도($V_g = T$)

$m_1 g h = \dfrac{1}{2} m_1 V_1^2$ 에서

충돌 시 속도

$V_1 = \sqrt{2gh} = \sqrt{2 \times 9.8 \times 10} = 14 \text{m/s}$

ⅲ) 선형운동량 보존의 법칙에 의해

$m_1 V_1 + m_2 V_2 = m_1 V_1' + m_2 V_2'$

말뚝의 충돌 시 처음속도는

$V_2 = 0$, $V_1' = V_2' = V'$이므로

$m_1 V_1 = (m_1 + m_2) V'$

$V' = \dfrac{m_1 V_1}{m_1 + m_2} = \dfrac{1,020.4 \times 14}{1,020.4 + 30.6} = 13.59 \text{m/s}$

02

2016년 과년도 문제풀이

2016. 3. 6 시행

2016. 5. 8 시행

2016. 10. 1 시행

1과목 재료역학

01 그림과 같은 외팔보가 하중을 받고 있다. 고정단에 발생하는 최대 굽힘모멘트는 몇 N·m인가?

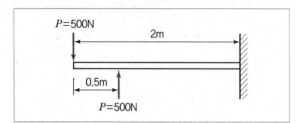

① 250
② 500
③ 750
④ 1,000

해설⊕

⟨F.B.D⟩

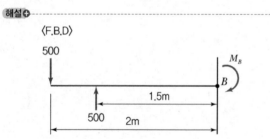

$$\sum M_{B지점} = 0 : -500 \times 2 + 500 \times 1.5 + M_B = 0$$

$$\therefore M_B = 250 \text{N} \cdot \text{m}$$

02 그림과 같은 블록의 한쪽 모서리에 수직력 10kN이 가해질 경우, 그림에서 위치한 A점에서의 수직응력 분포는 약 몇 kPa인가?

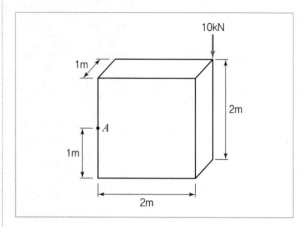

① 25
② 30
③ 35
④ 40

해설⊕

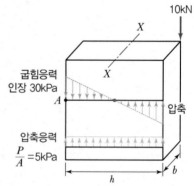

$$\frac{P}{A} < \frac{M}{Z} \text{ 이므로 } A \text{부분은 인장된다.}$$

$$\sigma_A = \frac{M}{Z} - \frac{P}{A} = \frac{P \times h}{\frac{bh^2}{6}} - \frac{P}{bh}$$

$$= \frac{10 \times 2}{\frac{1 \times 2^2}{6}} - \frac{10}{1 \times 2} = 25 \text{kPa}$$

03 다음과 같은 평면응력상태에서 최대 전단응력은 약 몇 MPa인가?

- x방향 인장응력 : 175MPa
- y방향 인장응력 : 35MPa
- xy방향 전단응력 : 60MPa

① 38   ② 53

③ 92   ④ 108

해설 ●

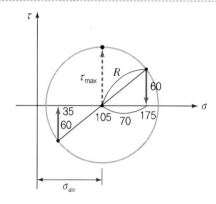

모어의 응력원에서

$$\sigma_{av} = \frac{175 + 35}{2} = 105$$

R의 밑변은 $175 - 105 = 70$

$\tau_{max} = R$이므로

$$R = \sqrt{70^2 + 60^2} = 92.2\text{MPa}$$

04 양단이 고정된 축을 그림과 같이 $m-n$ 단면에서 T만큼 비틀면 고정단 AB에서 생기는 저항 비틀림 모멘트의 비 T_A / T_B는?

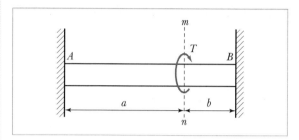

① $\dfrac{b^2}{a^2}$ ② $\dfrac{b}{a}$

③ $\dfrac{a}{b}$ ④ $\dfrac{a^2}{b^2}$

해설 ●

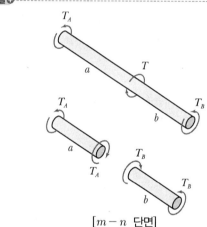

[$m-n$ 단면]

$T_A = T_1$, $T_B = T_2$, $T_1 + T_2 = T$

T_1에 의한 $\theta_1 = \dfrac{T_1 a}{GI_{p1}}$

T_2에 의한 $\theta_2 = \dfrac{T_2 b}{GI_{p2}}$

$m-n$ 단면에서 $\theta_1 = \theta_2 \rightarrow \dfrac{T_1 a}{GI_{p1}} = \dfrac{T_2 b}{GI_{p2}}$ ($\because G$ 동일)

하나의 동일축이므로 $I_{p1} = I_{p2}$이다.

$$\therefore \frac{T_A}{T_B} = \frac{T_1}{T_2} = \frac{b}{a}$$

05 그림과 같은 장주(Long Column)에 하중 P_{cr}을 가했더니 오른쪽 그림과 같이 좌굴이 일어났다. 이때 오일러 좌굴응력 σ_{cr}은?(단, 세로탄성계수 E, 기둥 단면의 회전반경(Radius of Gyration)은 r, 길이는 L이다.)

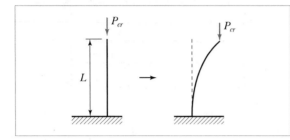

① $\dfrac{\pi^2 E r^2}{4L^2}$

② $\dfrac{\pi^2 E r^2}{L^2}$

③ $\dfrac{\pi E r^2}{4L^2}$

④ $\dfrac{\pi E r^2}{L^2}$

해설⊕

$$\sigma_{cr} = \frac{P_{cr}}{A} = \frac{n\pi^2 \cdot \dfrac{EI}{l^2}}{A}$$

(여기서, 단말계수 $n = \dfrac{1}{4}$, 회전반경 $r = K = \sqrt{\dfrac{I}{A}}$)

$$= \frac{\dfrac{1}{4}\pi^2 \cdot E r^2}{l^2} = \frac{\pi^2 \cdot E r^2}{4l^2}$$

06 단면의 치수가 $b \times h = 6\text{cm} \times 3\text{cm}$인 강철보가 그림과 같이 하중을 받고 있다. 보에 작용하는 최대 굽힘응력은 약 몇 N/cm²인가?

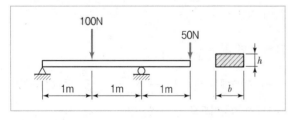

① 278

② 556

③ 1,111

④ 2,222

해설⊕

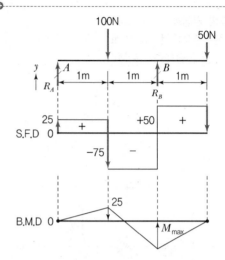

$$\sum M_{B지점} = 0 : R_A \times 2 - 100 \times 1 + 50 \times 1 = 0$$

$$\therefore R_A = 25\text{N}$$

$$\sum F_y = 0 : -150 + R_A + R_B = 0$$

$$\therefore R_B = 125\text{N}$$

B.M.D에서 $x = 2\text{m}$인 B지점에서 굽힘모멘트가 최대이므로 M_{max}는 $x = 0$부터 $x = 2$까지의 S.F.D의 면적

$M_{max} = 25 \times 1 - 75 \times 1 = -50\text{N} \cdot \text{m} \rightarrow (-)$값은 모멘트 값이 밑으로 내려가 있다는 것을 의미하며, 다른 풀이에서 보면 B지점 $M_B = (+)50\text{N} \cdot \text{m}$로 올라와서 B.M.D가 "0" 이 됨을 알 수 있다.

$$\sigma_{max} = \frac{M_{max}}{Z} = \frac{M_{max}}{\dfrac{bh^2}{6}}$$

$$= \frac{50}{\dfrac{0.06 \times 0.03^2}{6}}$$

$$= 5.56 \times 10^6 \text{N/m}^2$$

$$= 5.56 \times 10^6 \frac{\text{N}}{\text{m}^2 \times \left(\dfrac{100\text{cm}}{1\text{m}}\right)^2} = 556\text{N/cm}^2$$

<다른 풀이>

B.M.D에서 B지점이 굽힘모멘트가 최대이므로 B점에서 모멘트는 자유물체도로부터

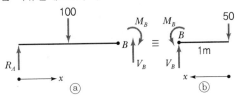

ⓐ와 ⓑ에서 구한 값이 동일하므로 ⓑ에서 M_B를 구하면

$$\sum M_{B지점} = 0 : -M_B + 50 \times 1 = 0$$

$$\therefore M_B = 50\,\text{N} \cdot \text{m}$$

07 지름 d인 원형 단면으로부터 절취하여 단면 2차 모멘트 I가 가장 크도록 사각형 단면[폭(b)×높이(h)]을 만들 때 단면 2차 모멘트를 사각형 폭(b)에 관한 식으로 옳게 나타낸 것은?

① $\dfrac{\sqrt{3}}{4}b^4$

② $\dfrac{\sqrt{3}}{4}b^3$

③ $\dfrac{4}{\sqrt{3}}b^3$

④ $\dfrac{4}{\sqrt{3}}b^4$

해설⊕

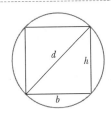

$b^2 + h^2 = d^2 \cdots$ ⓐ

$b = \sqrt{d^2 - h^2} = (d^2 - h^2)^{\frac{1}{2}}$

$I = \dfrac{bh^3}{12} = \dfrac{h^3}{12}(d^2 - h^2)^{\frac{1}{2}}$

양변을 h에 대해 미분하면

$\dfrac{dI}{dh} = \dfrac{3h^2}{12}(d^2 - h^2)^{\frac{1}{2}} + \dfrac{h^3}{12} \times \dfrac{1}{2}(d^2 - h^2)^{-\frac{1}{2}} \times (-2h)$

$I' = \dfrac{dI}{dh} = 0$일 때 최대이므로

$\dfrac{h^2}{4}(d^2 - h^2)^{\frac{1}{2}} = \dfrac{h^4}{12}(d^2 - h^2)^{-\frac{1}{2}}$

$d^2 - h^2 = \dfrac{h^4}{12} \times \dfrac{4}{h^2}$

$d^2 - h^2 = \dfrac{h^2}{3}$

$\therefore d^2 = \dfrac{4}{3}h^2 \cdots$ ⓑ

ⓑ를 ⓐ에 대입하면

$b^2 + h^2 = \dfrac{4}{3}h^2$

$b^2 = \dfrac{h^2}{3} \rightarrow \therefore h = \sqrt{3}\,b$

$\therefore I = \dfrac{bh^3}{12} = \dfrac{b(\sqrt{3}\,b)^3}{12} = \dfrac{3\sqrt{3}}{12}b^4 = \dfrac{\sqrt{3}}{4}b^4$

08 그림과 같이 최대 q_0인 삼각형 분포하중을 받는 버팀 외팔보에서 B지점의 반력 R_B를 구하면?

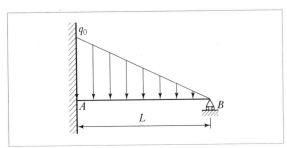

① $\dfrac{q_0 L}{4}$

② $\dfrac{q_0 L}{6}$

③ $\dfrac{q_0 L}{8}$

④ $\dfrac{q_0 L}{10}$

해설✚

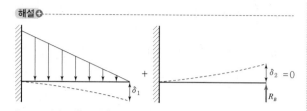

면적모멘트법에 의한 처짐량(δ_1)

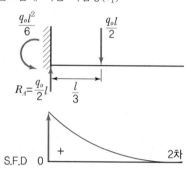

S.F.D

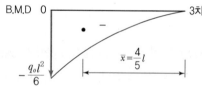

B.M.D

(차수에 따른 B.M.D 면적을 구할 수 있어야 한다.)

B.M.D의 면적 $A_M = \dfrac{\dfrac{q_0 l^2}{6} \cdot l}{4} = \dfrac{q_0 l^3}{24}$

$\delta_1 = \dfrac{A_M}{EI} \cdot \bar{x} = \dfrac{\dfrac{q_0 l^3}{24}}{EI} \times \dfrac{4}{5}l = \dfrac{q_0 l^4}{30EI}$

$\delta_1 = \delta_2$이므로 $\dfrac{q_0 l^4}{30EI} = \dfrac{R_B l^3}{3EI}$ $\therefore R_B = \dfrac{q_0 \cdot l}{10}$

09 그림과 같이 강봉에서 A, B가 고정되어 있고 25℃에서 내부응력은 0인 상태이다. 온도가 −40℃로 내려갔을 때 AC 부분에서 발생하는 응력은 약 몇 MPa인가? (단, 그림에서 A_1은 AC 부분에서의 단면적이고, A_2는 BC 부분에서의 단면적이다. 그리고 강봉의 탄성계수는 200GPa이고, 열팽창계수는 12×10^{-6}/℃이다.)

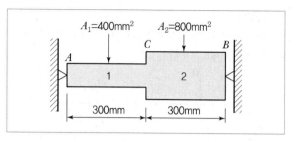

① 416   ② 350   ③ 208   ④ 154

해설✚

냉각될 때 강봉이 줄어들어야 하는데 A, B에 고정되어 있으므로 강봉에는 인장응력이 발생하게 된다. 1단면에 발생하는 응력을 σ_1, 2단면에 발생하는 응력을 σ_2라 하면

인장력 $P = \sigma_1 A_1 = \sigma_2 A_2$ ⋯ ⓐ

인장응력에 의한 팽창량

$\lambda = \lambda_1 + \lambda_2 = \dfrac{\sigma_1}{E_1}l_1 + \dfrac{\sigma_2}{E_2}l_2$ ⋯ ⓑ

열 변형에 의한 수축량

$\lambda = \alpha_1 \Delta t l_1 + \alpha_2 \Delta t l_2$ (여기서, $\alpha_1 = \alpha_2$ 동일재료)

$\lambda = \alpha \Delta t (l_1 + l_2)$ ⋯ ⓒ

ⓑ＝ⓒ에서 $\dfrac{\sigma_1}{E_1}l_1 + \dfrac{\sigma_2}{E_2}l_2 = \alpha \Delta t (l_1 + l_2)$ ⋯ ⓓ

ⓓ에 ⓐ의 변형식 $\sigma_2 = \sigma_1 \cdot \dfrac{A_1}{A_2}$을 대입하면

$\dfrac{\sigma_1}{E_1}l_1 + \dfrac{\sigma_1}{E_2}\dfrac{A_1}{A_2}l_2 = \alpha \Delta t (l_1 + l_2)$

$\sigma_1\left(\dfrac{l_1}{E_1} + \dfrac{l_2}{E_2} \cdot \dfrac{A_1}{A_2}\right) = \alpha \Delta t (l_1 + l_2)$

$E_1 = E_2 = E$이고, 양변에 E를 곱하면

$\sigma_1\left(l_1 + l_2 \cdot \dfrac{A_1}{A_2}\right) = \alpha \Delta t (l_1 + l_2)E$

$\therefore \sigma_1 = \dfrac{\alpha \Delta t (l_1 + l_2)E}{l_1 + l_2 \cdot \dfrac{A_1}{A_2}}$

$= \dfrac{12 \times 10^{-6} \times 65(0.3 + 0.3) \times 200 \times 10^9}{0.3 + 0.3 \times \dfrac{400}{800}}$

$= 208 \times 10^6 \mathrm{Pa} = 208\mathrm{MPa}$

10 직사각형 단면(폭×높이)이 4cm×8cm이고 길이 1m의 외팔보의 전 길이에 6kN/m의 등분포하중이 작용할 때 보의 최대 처짐각은?(단, 탄성계수 $E=210$ GPa이고, 보의 자중은 무시한다.)

① 0.0028rad   ② 0.0028°

③ 0.0008rad   ④ 0.0008°

해설⊕

$$\theta = \frac{wl^3}{6EI} = \frac{6\times 10^3 \times 1^3}{6\times 210 \times 10^9 \times \dfrac{0.04 \times 0.08^3}{12}}$$

$$= 0.0028\text{rad}$$

11 보의 길이 l에 등분포하중 w를 받는 직사각형 단순보의 최대 처짐량에 대하여 옳게 설명한 것은?(단, 보의 자중은 무시한다.)

① 보의 폭에 정비례한다.

② l의 3승에 정비례한다.

③ 보의 높이의 2승에 반비례한다.

④ 세로탄성계수에 반비례한다.

해설⊕

$$\delta = \frac{5wl^4}{384EI} = \frac{5wl^4}{384E \times \dfrac{bh^3}{12}} = \frac{5\times 12wl^4}{384Ebh^3}$$

12 재료시험에서 연강재료의 세로탄성계수가 210 GPa로 나타났을 때 포아송 비(ν)가 0.303이면 이 재료의 전단탄성계수 G는 몇 GPa인가?

① 8.05   ② 10.51

③ 35.21   ④ 80.58

해설⊕

$$E = 2G(1+\mu) = 3K(1-2\mu)$$

$$\therefore G = \frac{E}{2(1+\mu)} = \frac{210}{2\times(1+0.303)} = 80.58\text{GPa}$$

13 그림과 같은 원형 단면봉에 하중 P가 작용할 때 이 봉의 신장량은?(단, 봉의 단면적은 A, 길이는 L, 세로탄성계수는 E이고, 자중 W를 고려해야 한다.)

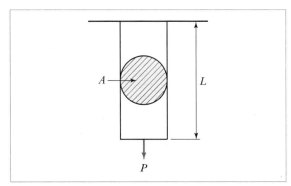

① $\dfrac{PL}{AE} + \dfrac{WL}{2AE}$ ② $\dfrac{2PL}{AE} + \dfrac{2WL}{AE}$

③ $\dfrac{PL}{2AE} + \dfrac{WL}{AE}$ ④ $\dfrac{PL}{AE} + \dfrac{WL}{AE}$

해설⊕

- 자중에 의한 신장량

$$\lambda_1 = \frac{\gamma \cdot l^2}{2E} \text{에서 분모, 분자에 } \frac{A}{A} \text{를 곱하면}$$

$$\lambda_1 = \frac{\gamma \cdot A \cdot l \cdot l}{2AE} = \frac{W \cdot l}{2AE}$$

$$(\because W = \gamma \cdot V = \gamma \cdot A \cdot l)$$

- 하중에 의한 신장량

$$\lambda_2 = \frac{P \cdot l}{AE}$$

$$\therefore \text{전체 신장량 } \lambda = \lambda_1 + \lambda_2 = \frac{W \cdot l}{2AE} + \frac{P \cdot l}{AE}$$

14 힘에 의한 재료의 변형이 그 힘의 제거(除去)와 동시에 원형(原型)으로 복귀하는 재료의 성질은?

① 소성(Plasticity) ② 탄성(Elasticity)
③ 연성(Ductility)   ④ 취성(Brittleness)

해설⊕
외부의 힘에 의해 변형된 물체가 이 힘이 제거되었을 때 원래의 상태로 되돌아가려고 하는 성질을 탄성이라 한다.

15 반지름이 r인 원형 단면의 단순보에 전단력 F가 가해졌다면, 이때 단순보에 발생하는 최대 전단응력은?

① $\dfrac{2F}{3\pi r^2}$ ② $\dfrac{3F}{2\pi r^2}$

③ $\dfrac{4F}{3\pi r^2}$ ④ $\dfrac{5f}{3\pi r^2}$

해설⊕
원형 단면에서 보속의 최대 전단응력

$$\tau_{\max} = \frac{4}{3}\tau_{av} = \frac{4}{3}\frac{F}{A} = \frac{4}{3}\frac{F}{\pi r^2}$$

16 길이가 3.14m인 원형 단면의 축 지름이 40mm일 때 이 축이 비틀림 모멘트 100N·m를 받는다면 비틀림 각은?(단, 전단 탄성계수는 80GPa이다.)

① 0.156°   ② 0.251°
③ 0.895°   ④ 0.625°

해설⊕
$$\theta = \frac{T \cdot l}{GI_p} = \frac{100 \times 3.14}{80 \times 10^9 \times \dfrac{\pi \times 0.04^4}{32}} = 0.0156\text{rad}$$

$$0.0156\text{rad} \times \frac{180°}{\pi\,\text{rad}} = 0.894°$$

17 그림과 같은 일단 고정 타단 지지 보에 등분포하중 w가 작용하고 있다. 이 경우 반력 R_A와 R_B는?(단, 보의 굽힘강성 EI는 일정하다.)

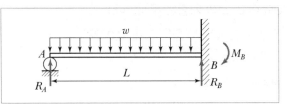

① $R_A = \dfrac{4}{7}wL,\ R_B = \dfrac{3}{7}wL$

② $R_A = \dfrac{3}{7}wL,\ R_B = \dfrac{4}{7}wL$

③ $R_A = \dfrac{5}{8}wL,\ R_B = \dfrac{3}{8}wL$

④ $R_A = \dfrac{3}{8}wL,\ R_B = \dfrac{5}{8}wL$

해설⊕
처짐을 고려하여 부정정 요소를 해결한다.

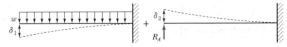

$$\delta_1 = \delta_2$$

$$\frac{wl^4}{8EI} = \frac{R_A \cdot l^3}{3EI}$$

$$\therefore R_A = \frac{3}{8}wl,\ R_B = \frac{5}{8}wl$$

18 다음 중 수직응력(Normal Stress)을 발생시키지 않는 것은?

① 인장력   ② 압축력
③ 비틀림 모멘트   ④ 굽힘 모멘트

해설⊕
비틀림 모멘트(토크)는 축에 전단응력을 발생시킨다.

정답 14 ② 15 ③ 16 ③ 17 ④ 18 ③

19 바깥지름이 46mm인 속이 빈 축이 120kW의 동력을 전달하는데 이때의 각속도는 40rev/s이다. 이 축의 허용 비틀림 응력이 80MPa일 때, 안지름은 약 몇 mm 이하이어야 하는가?

① 29.8
② 41.8
③ 36.8
④ 48.8

해설⊕

각속도 $\omega = 40\text{rev/s}$ → 초당 40회전, 1회전(rev)은 2π(rad)이므로 각속도 $\omega = 40 \times 2\pi\text{rad/s}$

$$T = \frac{H}{\omega} = \frac{120 \times 10^3}{2\pi \times 40} = 477.46\text{N} \cdot \text{m}$$

$$T = \tau \cdot Z_p = \tau \cdot \frac{I_p}{e}$$

$$= \tau \cdot \frac{\frac{\pi}{32}\left(d_2{}^4 - d_1{}^4\right)}{\frac{d_2}{2}} = \tau \cdot \frac{\pi\left(d_2{}^4 - d_1{}^4\right)}{16d_2}$$

$$\therefore d_1 = \sqrt[4]{d_2{}^4 - \frac{16d_2 T}{\pi\tau}}$$

$$= \sqrt[4]{0.046^4 - \frac{16 \times 0.046 \times 477.46}{\pi \times 80 \times 10^6}}$$

$$= 0.04189\text{m} = 41.89\text{mm}$$

20 그림과 같은 트러스 구조물의 AC, BC 부재가 핀 C에서 수직하중 $P = 1,000\text{N}$의 하중을 받고 있을 때 AC 부재의 인장력은 약 몇 N인가?

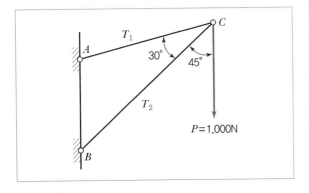

① 141
② 707
③ 1,414
④ 1,732

해설⊕

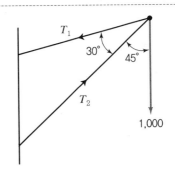

3력 부재이므로 라미의 정리에 의해

$$\frac{T_1}{\sin45°} = \frac{1,000}{\sin30°}$$

$$\therefore T_1 = 1,000 \times \frac{\sin45°}{\sin30°} = 1,414.21\text{N}$$

2과목 | **기계열역학**

21 랭킨 사이클의 열효율 증대방법에 해당하지 않는 것은?

① 복수기(응축기) 압력 저하
② 보일러 압력 증가
③ 터빈의 질량유량 증가
④ 보일러에서 증기를 고온으로 과열

해설⊕

랭킨 사이클의 열효율 증대방법은 동작물질의 양(질량)과는 무관하다.

22 실린더 내부에 기체가 채워져 있고 실린더에는 피스톤이 끼워져 있다. 초기 압력 50kPa, 초기 체적 0.05m³인 기체를 버너로 $PV^{1.4} = constant$가 되도록 가열하여 기체 체적이 0.2m³가 되었다면, 이 과정 동안 시스템이 한 일은?

① 1.33kJ   ② 2.66kJ

③ 3.99kJ   ④ 5.32kJ

해설⊕

$k = 1.4$, $PV^k = C$인 단열과정이므로

$\left(\dfrac{P_2}{P_1}\right)^{\frac{k-1}{k}} = \left(\dfrac{V_1}{V_2}\right)^{k-1}$ 에서 $\dfrac{P_2}{P_1} = \left(\dfrac{V_1}{V_2}\right)^k$

$\therefore P_2 = P_1\left(\dfrac{V_1}{V_2}\right)^k = 50 \times \left(\dfrac{0.05}{0.2}\right)^{1.4} = 7.18\text{kPa}$

밀폐계의 일이므로

절대일 $\delta W = PdV$

$PV^k = C \rightarrow P = CV^{-k}$이므로

$_1W_2 = \displaystyle\int_1^2 CV^{-k}dV$

$\quad = \dfrac{C}{-k+1}\left[V_2^{-k+1} - V_1^{-k+1}\right]_1^2$

$\qquad$ (여기서, $C = P_1V_1^k = P_2V_2^k$)

$\quad = \dfrac{-1}{k-1}\left(P_2V_2^k \cdot V_2^{-k+1} - P_1V_1^k \cdot V_1^{-k+1}\right)$

$\quad = \dfrac{1}{k-1}\left(P_1V_1 - P_2V_2\right)$

$\quad = \dfrac{1}{1.4-1}(50 \times 0.05 - 7.18 \times 0.2)$

$\quad = 2.66\text{kJ}$

〈다른 풀이〉

$\delta Q = dU + PdV$

단열이므로 $\delta Q = 0$

$\therefore PdV = -dU = -mdu = -mC_vdT$

$_1W_2 = \displaystyle\int_1^2 -mC_vdT$

$\quad = -mC_v(T_2 - T_1)$

$\quad = mC_v(T_1 - T_2)$

$\quad = m \cdot \dfrac{R}{k-1}(T_1 - T_2) \quad (\because PV = mRT \text{ 적용})$

$\quad = \dfrac{1}{k-1}(P_1V_1 - P_2V_2)$

23 증기 압축 냉동기에서 냉매가 순환되는 경로를 올바르게 나타낸 것은?

① 증발기 → 팽창밸브 → 응축기 → 압축기

② 증발기 → 압축기 → 응축기 → 팽창밸브

③ 팽창밸브 → 압축기 → 응축기 → 증발기

④ 응축기 → 증발기 → 압축기 → 팽창밸브

해설⊕

압축기(단열압축) → 응축기(정압방열) → 팽창밸브(등엔탈피, 교축과정) → 증발기(정압흡열)

24 준평형 정적 과정을 거치는 시스템에 대한 열전달량은?(단, 운동에너지와 위치에너지의 변화는 무시한다.)

① 0이다.

② 이루어진 일량과 같다.

③ 엔탈피 변화량과 같다.

④ 내부에너지 변화량과 같다.

해설⊕

$\delta q = du + pdv$

$v = c$, $dv = 0$이므로

$\therefore {}_1q_2 = u_2 - u_1$

25 4kg의 공기가 들어 있는 A(체적 0.5m^3)와 진공 용기 B(체적 0.3m^3) 사이를 밸브로 연결하였다. 이 밸브를 열어서 공기가 자유팽창하여 평형에 도달했을 경우 엔트로피 증가량은 약 몇 kJ/K인가?(단, 온도 변화는 없으며 공기의 기체상수는 0.287kJ/kg·K이다.)

① 0.54   ② 0.49

③ 0.42   ④ 0.37

해설❶

$$ds = \frac{\delta q}{T} = \frac{du + pdv}{T} = \frac{C_v \cancel{dT}^0 + pdv}{T}$$

$pv = RT$를 적용하면, $ds = \dfrac{R}{v}dv$

$$\therefore s_2 - s_1 = \int_1^2 \frac{R}{v}dv = R\ln\frac{v_2}{v_1} \text{(비엔트로피 증가량)}$$

엔트로피 증가량

$$S_2 - S_1 = \Delta S = m(s_2 - s_1) = mR\ln\frac{V_2}{V_1}$$
$$= 4 \times 0.287 \times \ln\frac{0.8}{0.5} = 0.539 \text{kJ/K}$$

26 기체가 열량 80kJ을 흡수하여 외부에 대하여 20kJ의 일을 하였다면 내부에너지 변화는 몇 kJ인가?

① 20   ② 60

③ 80   ④ 100

해설❶

$_1Q_2 = U_2 - U_1 + {}_1W_2$

$\therefore U_2 - U_1 = {}_1Q_2 - {}_1W_2 = 80 - 20 = 60$kJ

27 다음 중 폐쇄계의 정의를 올바르게 설명한 것은?

① 동작물질 및 일과 열이 그 경계를 통과하지 아니하는 특정 공간

② 동작물질은 계의 경계를 통과할 수 없으나 열과 일은 경계를 통과할 수 있는 특정 공간

③ 동작물질은 계의 경계를 통과할 수 있으나 열과 일은 경계를 통과할 수 없는 특정 공간

④ 동작물질 및 일과 열이 모두 그 경계를 통과할 수 있는 특정 공간

해설❶

폐쇄계는 밀폐계이므로 동작물질은 계의 경계를 통과할 수 없으나 열과 일은 계의 경계를 통해 전달할 수 있다.(검사체 적에서 들어가고 나가는 질량유량이 없다.)

28 체적이 0.01m^{3}인 밀폐용기에 대기압의 포화혼합물이 들어 있다. 용기 체적의 반은 포화액체, 나머지 반은 포화증기가 차지하고 있다면, 포화혼합물 전체의 질량과 건도는?(단, 대기압에서 포화액체와 포화 증기의 비체적은 각각 0.001044m^3/kg, 1.6729m^3/kg이다.)

① 전체 질량 : 0.0119kg, 건도 : 0.50

② 전체 질량 : 0.0119kg, 건도 : 0.00062

③ 전체 질량 : 4.972kg, 건도 : 0.50

④ 전체 질량 : 4.792kg, 건도 : 0.00062

해설❶

비체적 $v = \dfrac{V}{m}$(단위 질량당 체적)에서

포화액의 체적 $V_f = \dfrac{0.01}{2} = 0.005 \text{m}^3$

포화액의 질량 $m_f = \dfrac{V_f}{v_f} = \dfrac{0.005}{0.001044} = 4.789 \text{kg}$

포화증기의 질량 $m_g = \dfrac{V_g}{v_g} = \dfrac{0.005}{1.6729} = 0.0029 \text{kg}$

전체 질량 $m = m_f + m_g = 4.7919 \text{kg}$

건도 $x = \dfrac{m_g}{m} = \dfrac{0.0029}{4.7919} = 0.00061$

정답   **25** ①   **26** ②   **27** ②   **28** ④

29 여름철 외기의 온도가 30℃일 때 김치 냉장고의 내부를 5℃로 유지하기 위해 3kW의 열을 제거해야 한다. 필요한 최소 동력은 약 몇 kW인가?(단, 이 냉장고는 카르노 냉동기이다.)

① 0.27   ② 0.54

③ 1.54   ④ 2.73

해설 ⊕

$T_H = 30 + 273 = 303K$, $T_L = 5 + 273 = 278K$

$$\varepsilon_R = \frac{T_L}{T_H - T_L} = \frac{278}{303 - 278} = 11.12$$

$$\varepsilon_R = \frac{\text{output}}{\text{input}} = \frac{\dot{Q}_L}{\dot{W}_C} \text{에서}$$

$$\dot{W}_C = \frac{\dot{Q}_L}{\varepsilon_R} = \frac{3\text{kW}}{11.12} = 0.27\text{kW}$$

30 질량이 m이고, 비체적인 v인 구(Sphere)의 반지름이 R이면, 질량이 $4m$이고, 비체적이 $2v$인 구의 반지름은?

① $2R$ ② $\sqrt{2}\,R$

③ $\sqrt[3]{2}\,R$ ④ $\sqrt[3]{4}\,R$

해설 ⊕

$$v = \frac{V}{m} = \frac{\frac{4}{3}\pi R^3}{m}, \; 2v = \frac{\frac{4}{3}\pi R'^3}{4m} \rightarrow v = \frac{\frac{4}{3}\pi R'^3}{8m}$$

$$\therefore \; \frac{\frac{4}{3}\pi R^3}{m} = \frac{\frac{4}{3}\pi R'^3}{8m} \text{이므로}$$

$$R = \frac{R'}{2} \text{에서} \; R' = 2R$$

31 온도 600℃의 구리 7kg을 8kg의 물속에 넣어 열적 평형을 이룬 후 구리와 물의 온도가 64.2℃가 되었다면 물의 처음 온도는 약 몇 ℃인가?(단, 이 과정 중 열손실은 없고, 구리의 비열은 0.386kJ/kg · K이며, 물의 비열은 4.184kJ/kg · K이다.)

① 6℃   ② 15℃

③ 21℃   ④ 84℃

해설 ⊕

열량 $_1Q_2 = mc(T_2 - T_1)$에서

구리가 방출(−)한 열량＝물이 흡수(+)한 열량

$-m_구 c_구 (64.2 - 600) = m_물 c_물 (64.2 - T_1)$

$m_구 c_구 (600 - 64.2) = m_물 c_물 (64.2 - T_1)$

$$\therefore \; T_1 = 64.2 - \frac{m_구 c_구 (600 - 64.2)}{m_물 c_물}$$

$$= 64.2 - \frac{7 \times 0.386(600 - 64.2)}{8 \times 4.184}$$

$$= 20.95℃$$

32 계가 비가역 사이클을 이룰 때 클라우지우스(Clausius)의 적분을 옳게 나타낸 것은?(단, T는 온도, Q는 열량이다.)

① $\oint \dfrac{\delta Q}{T} < 0$ ② $\oint \dfrac{\delta Q}{T} > 0$

③ $\oint \dfrac{\delta Q}{T} \geq 0$ ④ $\oint \dfrac{\delta Q}{T} \leq 0$

해설 ⊕

$\oint \dfrac{\delta Q}{T} < 0$: 비가역, $\oint \dfrac{\delta Q}{T} = 0$: 가역

33 비열비가 1.29, 분자량이 44인 이상기체의 정압 비열은 약 몇 kJ/kg·K인가?(단, 일반기체상수는 8.314kJ/kg·K이다.)

① 0.51   ② 0.69

③ 0.84   ④ 0.91

해설⊕

$MR = \overline{R}$에서

기체상수 $R = \dfrac{\overline{R}}{M} = \dfrac{8.314}{44} = 0.189$kJ/kg·K

$k = \dfrac{C_p}{C_v}$와 $C_p - C_v = R$에서

$C_p = \dfrac{kR}{k-1} = \dfrac{1.29 \times 0.189}{1.29 - 1} = 0.84$kJ/kg·K

34 물 2kg을 20℃에서 60℃가 될 때까지 가열할 경우 엔트로피 변화량은 약 몇 kJ/K인가?(단, 물의 비열은 4.184kJ/K이고, 온도 변화과정에서 체적은 거의 변화가 없다고 가정한다.)

① 0.78   ② 1.07

③ 1.45   ④ 1.96

해설⊕

정적과정($V = C$)에서

$ds = \dfrac{\delta q}{T} = \dfrac{du + pd\!\!\!/v^{\,0}}{T}$

$s_2 - s_1 = \displaystyle\int_1^2 \dfrac{C_v}{T} dT = C_v \ln \dfrac{T_2}{T_1}$

$\therefore S_2 - S_1 = m(s_2 - s_1)$

$\qquad = m C_v \ln \dfrac{T_2}{T_1}$

$\qquad = 2 \times 4.184 \times \ln\left(\dfrac{60+273}{20+273}\right) = 1.07$kJ/K

35 한 시간에 3,600kg의 석탄을 소비하여 6,050kW를 발생하는 증기터빈을 사용하는 화력발전소가 있다면, 이 발전소의 열효율은 약 몇 %인가?(단, 석탄의 발열량은 29,900kJ/kg이다.)

① 약 20%   ② 약 30%

③ 약 40%   ④ 약 50%

해설⊕

$\eta_{th} = \dfrac{\text{출력(kW)}}{\text{발열량(kJ/kg)} \times \text{연료소비율(kg/h)}}$

$\qquad = \dfrac{6,050(\text{kWh})}{29,900 \times 3,600(\text{kJ})} \times \dfrac{3,600(\text{kJ})}{1(\text{kWh})}$

$\qquad = 0.2023 = 20.23\%$

36 밀폐 시스템이 압력 $P_1 = 200$kPa, 체적 $V_1 = 0.1$m³인 상태에서 $P_2 = 100$kPa, $V_2 = 0.3$m³인 상태까지 가역팽창되었다. 이 과정이 $P - V$ 선도에서 직선으로 표시된다면 이 과정 동안 시스템이 한 일은 약 몇 kJ인가?

① 10   ② 20

③ 30   ④ 45

해설⊕

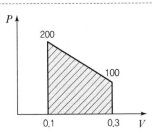

밀폐계의 일(절대일)

$\delta W = PdV$

$_1W_2 = \displaystyle\int_1^2 PdV$ (V축에 투사면적)

사다리꼴 면적이므로

$_1W_2 = \dfrac{1}{2}(200 + 100) \times 0.2 = 30$kJ

37 2개의 정적 과정과 2개의 등온과정으로 구성된 동력 사이클은?

① 브레이턴(Brayton) 사이클

② 에릭슨(Ericsson) 사이클

③ 스털링(Stirling) 사이클

④ 오토(Otto) 사이클

해설⊕

스털링 사이클

등온방열 → 정적가열 → 등온팽창 → 정적방열

38 고온 400℃, 저온 50℃의 온도 범위에서 작동하는 Carnot 사이클 열기관의 열효율을 구하면 몇 %인가?

① 37

② 42

③ 47

④ 52

해설⊕

$$\eta = 1 - \frac{T_L}{T_H} = 1 - \frac{50 + 273}{400 + 273} = 0.52 = 52\%$$

39 내부에너지가 40kJ, 절대압력이 200kPa, 체적이 0.1m³, 절대온도가 300K인 계의 엔탈피는 약 몇 kJ인가?

① 42

② 60

③ 80

④ 240

해설⊕

$$H = U + PV = 40 + 200 \times 0.1 = 60kJ$$

40 랭킨 사이클을 구성하는 요소는 펌프, 보일러, 터빈, 응축기로 구성된다. 각 구성 요소가 수행하는 열역학적 변화 과정으로 틀린 것은?

① 펌프 : 단열 압축

② 보일러 : 정압 가열

③ 터빈 : 단열 팽창

④ 응축기 : 정적 냉각

해설⊕

• 응축기 : 정압, 등온 방열

• 터빈에서 나온 습증기가 물로 변화하는 과정 → 상변화하는 과정은 정압이면서 등온과정

3과목 **기계유체역학**

41 그림과 같이 수평 원관 속에서 완전히 발달된 층류 유동이라고 할 때 유량 Q의 식으로 옳은 것은?(단 μ는 점성계수, Q는 유량, P_1과 P_2는 1과 2지점에서의 압력을 나타낸다.)

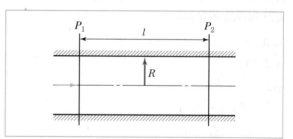

① $Q = \dfrac{\pi R^4}{8\mu l}(P_1 - P_2)$

② $Q = \dfrac{\pi R^3}{6\mu l}(P_1 - P_2)$

③ $Q = \dfrac{8\pi R^4}{\mu l}(P_1 - P_2)$

④ $Q = \dfrac{6\pi R^2}{\mu l}(P_1 - P_2)$

해설⊕

하이겐포아젤 방정식($D = 2R$)

$$Q = \frac{\Delta p \pi d^4}{128\mu l} = \frac{\Delta p \pi R^4}{8\mu l} = \frac{(p_1 - p_2)\pi R^4}{8\mu l}$$

42 다음 중 동점성계수(Coefficient of Kinematic Viscosity)의 단위는?

① $N \cdot m/s^2$ ② $kg/(m \cdot s)$

③ m^2/s ④ m/s^2

해설 ➕

점성계수 $1poise = 1g/cm \cdot s$

동점성계수 $\nu = \dfrac{\mu}{\rho} = \dfrac{\dfrac{1g}{cm \cdot s}}{\dfrac{g}{cm^3}} = cm^2/s$

$\qquad (L^2 T^{-1}$ 차원$) \rightarrow$ MKS 단위계 적용

43 그림과 같이 속도 3m/s로 운동하는 평판에 속도 10m/s인 물 분류가 직각으로 충돌하고 있다. 분류의 단면적이 0.01m²이라고 하면 평판이 받는 힘은 몇 N이 되겠는가?

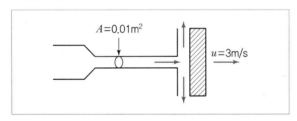

① 295   ② 490

③ 980   ④ 16,900

해설 ➕

검사면에 작용하는 힘들의 합은 검사체적 안의 운동량($\dot{m} V$) 변화량과 같다.

$-F_x = \rho Q(V_{2x} - V_{1x})$

여기서, Q : 실제 평판에 부딪히는 유량

$\qquad Q = A(V - u)$

$\qquad V_{2x} = 0$

$\qquad V_{1x} = V_{물/평}$ (평판에서 바라본 물의 속도)

$\qquad\quad = V_물 - V_평 = V - u$

$-F_x = \rho Q(-(V - u))$

$\therefore \ F_x = \rho Q(V - u) = \rho A(V - u)^2$

$\qquad = 1,000 \times 0.01 \times (10 - 3)^2$

$\qquad = 490N$

44 그림에서 $h = 100cm$이다. 액체의 비중이 1.50일 때 A점의 계기압력은 몇 kPa인가?

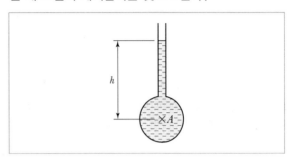

① 9.8   ② 14.7

③ 9,800   ④ 14,700

해설 ➕

$P_A = \gamma \cdot h = S \cdot \gamma_w \cdot h$

$\qquad = 1.5 \times 9,800 \times 1$

$\qquad = 14,700N/m^2 = 14.7kPa$

45 물제트가 연직하 방향으로 떨어지고 있다. 높이 12m 지점에서의 제트 지름은 5cm, 속도는 24m/s였다. 높이 4.5m 지점에서의 물제트의 속도는 약 몇 m/s인가?(단, 손실수두는 무시한다.)

① 53.9   ② 42.7

③ 35.4   ④ 26.9

해설⊕

베르누이 방정식을 적용하면(12m의 에너지와 4.5m의 에너지는 같다.)

$$\frac{p_1}{\gamma} + \frac{V_1^2}{2g} + z_1 = \frac{p_2}{\gamma} + \frac{V_2^2}{2g} + z_2$$

$p_1 = p_2 = p_0$이므로

$$\frac{24^2}{2 \times 9.8} + 12 = \frac{V_2^2}{2 \times 9.8} + 4.5$$

$$\therefore\ V_2 = \sqrt{2 \times 9.8 \times \left(\frac{24^2}{2 \times 9.8} + (12 - 4.5)\right)}$$
$$= 26.89 \text{m/s}$$

46 Navier-Stokes 방정식을 이용하여 정상, 2차원, 비압축성 속도장 $V = axi - ayj$에서 압력을 x, y의 방정식으로 옳게 나타낸 것은?(단, a는 상수이고, 원점에서의 압력은 0이다.)

① $P = -\frac{\rho a^2}{2}(x^2 + y^2)$ ② $P = -\frac{\rho a}{2}(x^2 + y^2)$

③ $P = \frac{\rho a^2}{2}(x^2 + y^2)$ ④ $P = \frac{\rho a}{2}(x^2 + y^2)$

해설⊕

점성계수가 일정한 비압축성 유동에 대한 Navier-Stokes 방정식은 아래와 같다.

x방향 : $\rho\left(\dfrac{\partial u}{\partial t} + u\dfrac{\partial u}{\partial x} + v\dfrac{\partial u}{\partial y} + w\dfrac{\partial u}{\partial z}\right)$
$$= \rho g_x - \frac{\partial p}{\partial x} + \mu\left(\frac{\partial^2 u}{\partial x^2} + \frac{\partial^2 u}{\partial y^2} + \frac{\partial^2 u}{\partial z^2}\right)$$

y방향 : $\rho\left(\dfrac{\partial v}{\partial t} + u\dfrac{\partial v}{\partial x} + v\dfrac{\partial v}{\partial y} + w\dfrac{\partial v}{\partial z}\right)$
$$= \rho g_y - \frac{\partial p}{\partial y} + \mu\left(\frac{\partial^2 v}{\partial x^2} + \frac{\partial^2 v}{\partial y^2} + \frac{\partial^2 v}{\partial z^2}\right)$$

z방향 : $\rho\left(\dfrac{\partial w}{\partial t} + u\dfrac{\partial w}{\partial x} + v\dfrac{\partial w}{\partial y} + w\dfrac{\partial w}{\partial z}\right)$
$$= \rho g_z - \frac{\partial p}{\partial z} + \mu\left(\frac{\partial^2 w}{\partial x^2} + \frac{\partial^2 w}{\partial y^2} + \frac{\partial^2 w}{\partial z^2}\right)$$

2차원 속도장 $V = ui + vj$이므로 $u = ax$, $v = -ay$

$$\frac{\partial u}{\partial x} = a,\ \ \frac{\partial^2 u}{\partial x^2} = 0,\ \ \frac{\partial u}{\partial y} = 0$$

$$\frac{\partial v}{\partial y} = -a,\ \ \frac{\partial^2 v}{\partial y^2} = 0,\ \ \frac{\partial v}{\partial x} = 0$$

정상유동이므로 $\dfrac{\partial u}{\partial t} = \dfrac{\partial v}{\partial t} = 0$

$g_x = g_y = 0$을 x, y 방향에 대입한다. (z방향 값들은 의미 없으므로 "0")

2차원 유동

x방향 : $\rho(0 + u \cdot a + 0 + 0) = 0 - \dfrac{\partial p}{\partial x} + \mu(0 + 0 + 0)$
$$\therefore\ \frac{\partial p}{\partial x} = -\rho a u = -\rho a a x = -\rho a^2 x$$

y방향 : $\rho(0 + 0 + v(-a) + 0) = 0 - \dfrac{\partial p}{\partial y} + \mu(0 + 0 + 0)$
$$\therefore\ \frac{\partial p}{\partial y} = \rho a v = \rho a(-ay) = -\rho a^2 y$$

$\dfrac{\partial p}{\partial x} = -\rho a^2 x$ → 압력이 x만의 함수로 기술 $\dfrac{dp}{dx} = -\rho a^2 x$

적분하면 $p_x = -\rho a^2 \cdot \dfrac{x^2}{2}$

$\dfrac{\partial p}{\partial y} = -\rho a^2 y$ → 압력이 y만의 함수로 기술 $\dfrac{dp}{dy} = -\rho a^2 y$

적분하면 $p_y = -\rho a^2 \dfrac{y^2}{2}$

$$\therefore\ p = p_x + p_y = (-)\rho a^2 \cdot \frac{x^2}{2} + (-)\rho a^2 \frac{y^2}{2}$$
$$= -\frac{\rho a^2}{2}(x^2 + y^2)$$

47 30m의 폭을 가진 개수로(Open Channel)에 20cm의 수심과 5m/s의 유속으로 물이 흐르고 있다. 이 흐름의 Froude 수는 얼마인가?

① 0.57 ② 1.57
③ 2.57 ④ 3.57

해설⊕

$$Fr = \frac{V}{\sqrt{Lg}}$$

$$= \frac{V}{\sqrt{hg}} \quad (\because L : \text{특성길이-이 문제에서는 깊이})$$

$$= \frac{5}{\sqrt{0.2 \times 9.8}} = 3.57$$

48 수평으로 놓인 지름 10cm, 길이 200m인 파이프에 완전히 열린 글로브 밸브가 설치되어 있고, 흐르는 물의 평균속도는 2m/s이다. 파이프의 관 마찰계수가 0.02이고, 전체 수두 손실이 10m이면, 글로브 밸브의 손실계수는?

① 0.4 ② 1.8
③ 5.8 ④ 9.0

해설⊕

전체 수두손실은 긴관에서 손실수두와 글로브 밸브에 의한 부차적 손실수두의 합이다.

$$\Delta H_l = h_l + K \cdot \frac{V^2}{2g}$$

$$= f \cdot \frac{L}{d} \cdot \frac{V^2}{2g} + K \cdot \frac{V^2}{2g}$$

부차적 손실계수

$$K = \frac{2g}{V^2}\left(\Delta H_l - f \cdot \frac{L}{d} \cdot \frac{V^2}{2g}\right)$$

$$= \frac{2g}{V^2} \times \Delta H_l - f \cdot \frac{L}{d}$$

$$= \frac{2 \times 9.8}{2^2} \times 10 - 0.02 \times \frac{200}{0.1}$$

$$= 9$$

49 물이 흐르는 관의 중심에 피토관을 삽입하여 압력을 측정하였다. 전압력은 20mAq, 정압은 5mAq일 때 관 중심에서 물의 유속은 몇 약 m/s인가?

① 10.7 ② 17.2
③ 5.4 ④ 8.6

해설⊕

전압력은 정체압력＝정압＋동압
전압력수두＝정압수두＋동압수두

$$20 = 5 + \frac{V^2}{2g}$$

$$V = \sqrt{2g \times (20 - 5)}$$

$$= \sqrt{2 \times 9.8 \times 15} = 17.5 \text{m/s}$$

50 그림과 같은 통에 물이 가득 차 있고 이것이 공중에서 자유낙하할 때, A점의 압력과 B점의 압력은?

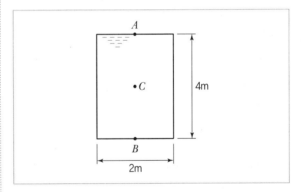

① A점의 압력은 B점의 압력의 1/2이다.
② A점의 압력은 B점의 압력의 1/4이다.
③ A점의 압력은 B점의 압력의 2배이다.
④ A점의 압력은 B점의 압력과 같다.

해설 ➕

y방향으로 자유낙하하므로(강체운동하는 유체)

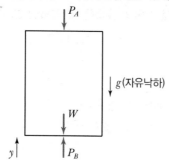

$$\sum F_y = ma_y, \quad A : \text{용기바닥면적}$$

$$(P_B - P_A)A - W = m(-g)$$

$$(P_B - P_A)A = W - mg = 0 \quad (\because W = mg)$$

∴ A점과 B점의 압력차는 없다.

51 어떤 액체가 800kPa의 압력을 받아 체적이 0.05% 감소한다면, 이 액체의 체적탄성계수는 얼마인가?

① 1,265 kPa
② 1.6×10^4 kPa
③ 1.6×10^6 kPa
④ 2.2×10^6 kPa

해설 ➕

체적탄성계수

$$K = \frac{1}{\beta(\text{압축률})} = \frac{1}{-\dfrac{dV}{V}}{dP}$$

$$= \frac{\Delta P}{-\dfrac{\Delta V}{V}} \quad ((-)\text{는 체적감소를 의미})$$

$$= \frac{\Delta P}{\varepsilon_V} = \frac{800}{\dfrac{0.05}{100}} = 1.6 \times 10^6 \text{kPa}$$

52 골프공(지름 $D = 4$cm, 무게 $W = 0.4$N)이 50m/s의 속도로 날아가고 있을 때, 골프공이 받는 항력은 골프공 무게의 몇 배인가?(단, 골프공의 항력계수 $C_D = 0.24$이고, 공기의 밀도는 1.2kg/m^{3}이다.)

① 4.52배
② 1.7배
③ 1.13배
④ 0.452배

해설 ➕

$$D = C_D \cdot \frac{\rho A V^2}{2}$$

$$= 0.24 \times \frac{1.2 \times \dfrac{\pi}{4} \times 0.04^2 \times 50^2}{2}$$

$$= 0.452\text{N}$$

$$\therefore \frac{D}{W} = \frac{0.452}{0.4} = 1.13$$

53 그림과 같이 비점성, 비압축성 유체가 쐐기 모양의 벽면 사이를 흘러 작은 구멍을 통해 나간다. 이 유동을 극좌표계(r, θ)에서 근사적으로 표현한 속도퍼텐셜은 $\phi = 3\ln r$일 때 원호 $r = 2(0 \leq \theta \leq \pi/2)$를 통과하는 단위 길이당 체적유량은 얼마인가?

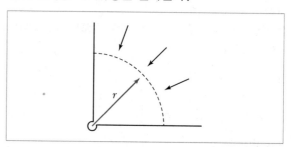

① $\dfrac{\pi}{4}$
② $\dfrac{3}{4}\pi$
③ π
④ $\dfrac{3}{2}\pi$

해설⊕

주어진 속도 퍼텐셜 ϕ를 편미분하면

$$V \equiv \nabla\phi = \frac{\partial\phi}{\partial r} = 3 \times \frac{1}{r} \leftarrow r = 2에서 속도 \ V = \frac{3}{2}\text{m/s}$$

단위 길이당 체적유량

$$\frac{Q}{길이} = 호의 길이(l) \times V = r \cdot \theta \cdot V$$

$$= 2 \times \frac{\pi}{2} \times \frac{3}{2} = \frac{3}{2}\pi \ \text{m}^3/\text{s/m}$$

54 다음 중 수력기울기선(Hydraulic Grade Line)은 에너지구배선(Energy Grade Line)에서 어떤 것을 뺀 값인가?

① 위치 수두 값

② 속도 수두 값

③ 압력 수두 값

④ 위치 수두와 압력 수두를 합한 값

해설⊕

에너지구배선＝수력기울기선＋속도수두

55 반지름 R인 원형 수문이 수직으로 설치되어 있다. 수면으로부터 수문에 작용하는 물에 의한 전압력의 작용점까지의 수직거리는?(단, 수문의 최상단은 수면과 동일 위치에 있으며 h는 수면으로부터 원판의 중심(도심)까지의 수직거리이다.)

① $h + \dfrac{R^2}{16h}$

② $h + \dfrac{R^2}{8h}$

③ $h + \dfrac{R^2}{4h}$

④ $h + \dfrac{R^2}{2h}$

해설⊕

전압력 중심 $y_p = \overline{h} + \dfrac{I_X}{A\overline{h}}$ (여기서, $\overline{h} = h$)

$$= h + \frac{\dfrac{\pi(2R)^4}{64}}{\pi R^2 \cdot h} = h + \frac{R^2}{4h}$$

56 안지름 D_1, D_2의 관이 직렬로 연결되어 있다. 비압축성 유체가 관 내부를 흐를 때 지름이 D_1인 관과 D_2인 관에서의 평균유속이 각각 V_1, V_2이면 D_1/D_2은?

① $\dfrac{V_1}{V_2}$

② $\sqrt{\dfrac{V_1}{V_2}}$

③ $\dfrac{V_2}{V_1}$

④ $\sqrt{\dfrac{V_2}{V_1}}$

해설⊕

비압축성 유체의 연속방정식 $Q = A \cdot V$에서

$$A_1 V_1 = A_2 V_2$$

$$\frac{\pi D_1^{\ 2}}{4} \times V_1 = \frac{\pi D_2^{\ 2}}{4} \times V_2$$

$$\therefore \ \frac{D_1}{D_2} = \sqrt{\frac{V_2}{V_1}}$$

57 1/10 크기의 모형 잠수함을 해수에서 실험한다. 실제 잠수함을 2m/s로 운전하려면 모형 잠수함은 약 몇 m/s의 속도로 실험하여야 하는가?

① 20

② 5

③ 0.2

④ 0.5

해설⊕

$\text{model}(m)$: 모형, $\text{prototype}(p)$: 실형(원형)

잠수함 유동의 중요한 무차원수는 레이놀즈수이므로 모형과 실형의 레이놀즈수를 같게 하여 실험한다.

$$Re)_m = Re)_p$$

$$\frac{\rho V d}{\mu}\bigg)_m = \frac{\rho V d}{\mu}\bigg)_p$$

$\mu_m = \mu_p$, $\rho_m = \rho_p$이므로

$$V_m d_m = V_p d_p$$

$$\therefore \ V_m = \frac{d_p}{d_m} V_p = 10 \times 2 = 20\text{m/s}$$

정답 54 ② 55 ③ 56 ④ 57 ①

58 비중 0.9, 점성계수 $5 \times 10^{-3} N \cdot s/m^2$의 기름이 안지름 15cm의 원형관 속을 0.6m/s의 속도로 흐를 경우 레이놀즈수는 약 얼마인가?

① 16,200
② 2,755
③ 1,651
④ 3,120

해설 ⊕

$$Re = \frac{\rho \cdot V \cdot d}{\mu} = \frac{s \cdot \rho_w \cdot V \cdot d}{\mu}$$
$$= \frac{0.9 \times 1,000 \times 0.6 \times 0.15}{5 \times 10^{-3}} = 16,200$$

59 점성계수는 0.3poise, 동점성계수는 2stokes인 유체의 비중은?

① 6.7
② 1.5
③ 0.67
④ 0.15

해설 ⊕

동점성계수 $\nu = \dfrac{\mu}{\rho}$ 에서

$$\rho = \frac{\mu}{\nu} = \frac{0.3 \dfrac{g}{cm \cdot s}}{2 \dfrac{cm^2}{s}} = 0.15 g/cm^3$$

$$s = \frac{\rho}{\rho_w} = \frac{0.15 g/cm^3}{1 g/cm^3} = 0.15$$

60 평판에서 층류 경계층의 두께는 다음 중 어느 값에 비례하는가?(단, 여기서 x는 평판의 선단으로부터의 거리이다.)

① $x^{-\frac{1}{2}}$
② $x^{\frac{1}{4}}$
③ $x^{\frac{1}{7}}$
④ $x^{\frac{1}{2}}$

해설 ⊕

$$\frac{\delta}{x} = \frac{5.48}{\sqrt{Re_x}}$$

여기서, Re_x : 평판의 선단으로부터 x만큼 떨어진 위치의 레이놀즈수

$$\delta = \frac{5.48 x}{\sqrt{\dfrac{\rho V x}{\mu}}} = \frac{5.48}{\sqrt{\dfrac{\rho V}{\mu}}} \cdot x^{\frac{1}{2}}$$

4과목 **기계재료 및 유압기기**

61 금속재료에서 단위격자 소속 원자수가 2이고, 충전율이 68%인 결정구조는?

① 단순입방격자
② 면심입방격자
③ 체심입방격자
④ 조밀육방격자

해설 ⊕

구분	체심입방격자 (BCC)	면심입방격자 (FCC)	조밀육방격자 (HCP)
격자 구조			
성질	용융점이 비교적 높고, 전연성이 떨어진다.	전연성은 좋으나, 강도가 충분하지 않다.	전연성이 떨어지고, 강도가 충분하지 않다.
원자수	2	4	2
충전율	68%	74%	74%
경도	낮음	↔	높음
결정격자 사이 공간	넓음	↔	좁음
원소	α−Fe, W, Cr, Mo, V, Ta 등	γ−Fe, Al, Pb, Cu, Au, Ni, Pt, Ag, Pd 등	Fe_3C, Mg, Cd, Co, Ti, Be, Zn 등

62 오스테나이트형 스테인리스강의 예민화(Sensitize)를 방지하기 위하여 Ti, Nb 등의 원소를 함유시키는 이유는?

① 입계부식을 촉진한다.
② 강 중의 질소(N)와 질화물을 만들어 안정화시킨다.
③ 탄화물을 형성하여 크롬 탄화물의 생성을 억제한다.
④ 강 중의 산소(O)와 산화물을 형성하여 예민화를 방지한다.

해설⊕
오스테나이트형 스테인리스강의 입계균열의 방지책
• 탄소량을 낮게 하면(<0.03%C) 탄화물(Cr_4C)의 형성을 억제한다.
• Ti, Nb, Ta 등의 원소를 첨가해서 Cr_4C 대신에 TiC, NbC, TaC 등을 만들어서 Cr의 감소를 막는다.

63 주철에 대한 설명으로 틀린 것은?

① 흑연이 많을 경우에는 그 파단면이 회색을 띤다.
② C와 P의 양이 적고 냉각이 빠를수록 흑연화하기 쉽다.
③ 주철 중 전 탄소량은 유리탄소와 화합탄소를 합한 것이다.
④ C와 Si의 함량에 따른 주철의 조직관계를 마우러 조직도라 한다.

해설⊕
• 흑연은 규소(Si)가 많거나, 망간(Mn)이 적을 때 서랭하면 생긴다.
• 주철에서 인(P)은 쇳물의 유동성을 좋게 하고, 많으면 조직을 단단하고 여리게 만든다.

64 그림은 3성분계를 표시하는 다이어그램이다. X 합금에 속하는 B의 성분은?

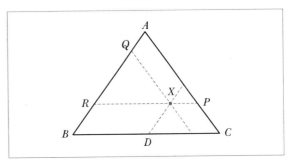

① $\overline{XD}$ ② $\overline{XR}$
③ $\overline{XQ}$ ④ $\overline{XP}$

해설⊕
3원계 합금의 농도 표시법에는 Gibb's 삼각법, Roozebum의 삼각법이 있다.
그림은 Roozebum의 삼각법을 나타낸 것으로 △ABC는 정삼각형이다.
$\overline{AB}//\overline{XD}$, $\overline{BC}//\overline{XP}$, $\overline{CA}//\overline{XQ}$
$\overline{XD} + \overline{XP} + \overline{XQ} = \overline{AB} = \overline{BC} = \overline{CA}$

• A 금속의 농도 : $\dfrac{\overline{XD}}{\overline{AB}} \times 100(\%)$

• B 금속의 농도 : $\dfrac{\overline{XP}}{\overline{BC}} \times 100(\%)$

• C 금속의 농도 : $\dfrac{\overline{XQ}}{\overline{CA}} \times 100(\%)$

65 순철의 변태점이 아닌 것은?

① A_1 ② A_2
③ A_3 ④ A_4

해설⊕
순철에는 A_1 변태점이 없다. A_1 변태점은 강에만 있다.

66 재료의 연성을 알기 위해 구리판, 알루미늄판 및 그 밖의 연성판재를 가압 형성하여 변형능력을 시험하는 것은?

① 굽힘 시험
② 압축 시험
③ 비틀림 시험
④ 에릭센 시험

해설⊕

에릭센 시험은 금속박판 재료의 연성을 평가 또는 비교하기 위해 널리 사용되는 시험이다.

67 Y합금의 주성분으로 옳은 것은?

① Al+Cu+Ni+Mg
② Al+Cu+Mn+Mg
③ Al+Cu+Sn+Zn
④ Al+Cu+Si+Mg

해설⊕

Y합금 : AC5계 합금
• Al-Cu-Ni-Mg계 합금으로 내열성이 우수하고 고온강도 가 높아 공랭실린더 헤드 및 피스톤 등에 이용된다.
• 주조성이 나쁘고 열팽창률이 크기 때문에 Al-Si계로 대체 되고 있는 추세이다.
• 시효경화성이 있다.

68 가공 열처리 방법에 해당되는 것은?

① 마퀜칭(Marquenching)
② 오스포밍(Ausforming)
③ 마템퍼링(Martempering)
④ 오스템퍼링(Austempering)

해설⊕

오스포밍(Ausforming)
• 목적 : 소재를 소성가공하여 마텐자이트를 얻음으로써 기 존의 담금질-템퍼링 한 경우보다 강도가 높다.
• 열처리 : 오스테나이트를 급랭하여 마텐자이트 시작온도 바로 위에서 성형가공 후 서랭한다. 이후 인성을 부여하기 위해 뜨임을 실시한다.

69 니켈-크롬 합금강에서 뜨임 메짐을 방지하는 원소는?

① Cu
② Mo
③ Ti
④ Zr

해설⊕

니켈-크롬-몰리브덴강
Fe-C(0.32~0.4%)-Ni(1~3.5%)-Cr(0.5~1%)-Mo(0.3%)
구조용 Ni-Cr강에 0.3% 정도의 Mo을 첨가함으로써
• 강인성을 증가
• 담금질 시 질량 효과를 감소
• 뜨임저항을 방지

70 다음 중 비중이 작아 항공기 부품이나 전자 및 전기용 제품의 케이스 용도로 사용되고 있는 합금 재료는?

① Ni 합금
② Cu 합금
③ Pb 합금
④ Mg 합금

해설⊕

마그네슘의 성질
• 원자번호 12, 원자량 24.31의 은백색을 띠며, 자원이 풍부 한 금속이다.
• 비중 1.74로 실용금속 중 가장 가볍고, 비강도가 높다.
• 용융점은 650℃로 낮고, 조밀육방격자(HCP)이며, 탄성률 은 64.5GPa이다.
• 알칼리성이나 불화물 환경에서는 안정하나 다른 환경에서 는 내식성이 나쁘다.
• 다이캐스팅 등의 주조성이 우수하고, 박판 주조가 가능하다.
• 수지에 비해 전자파 실드성이 좋으며, 열전도성이 우수하 여 열방산이 된다.

정답 66 ④ 67 ① 68 ② 69 ② 70 ④

71 유압 필터를 설치하는 방법은 크게 복귀라인에 설치하는 방법, 흡입라인에 설치하는 방법, 압력 라인에 설치하는 방법, 바이패스 필터를 설치하는 방법으로 구분할 수 있는데, 다음 회로는 어디에 속하는가?

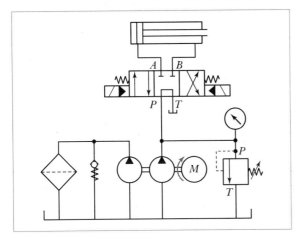

① 복귀라인에 설치하는 방법
② 흡입라인에 설치하는 방법
③ 압력 라인에 설치하는 방법
④ 바이패스 필터를 설치하는 방법

해설 ⊕
그림은 유압펌프를 사용하여 작동유를 필터로 순환시켜 작동유의 불순물을 제거하는 회로이다.

72 다음 중 펌프 작동 중에 유면을 적절하게 유지하고, 발생하는 열을 방산하여 장치의 가열을 방지하며, 오일 중의 공기나 이물질을 분리시킬 수 있는 기능을 갖춰야 하는 것은?

① 오일 필터   ② 오일 제너레이터
③ 오일 미스트   ④ 오일 탱크

해설 ⊕
유압유 탱크의 구비조건
• 탱크는 먼지, 수분 등의 이물질이 들어가지 않도록 밀폐형으로 하고 통기구(Air Bleeder)를 설치하여 탱크 내의 압력

은 대기압을 유지하도록 한다.
• 탱크의 용적은 충분히 여유 있는 크기로 하여야 한다. 일반적으로 탱크 내의 유량은 유압펌프 송출량의 약 3배로 한다. 유면의 높이는 2/3 이상이어야 한다.
• 탱크 내에는 격판(Baffle Plate)을 설치하여 흡입 측과 귀환 측을 구분하며 기름은 격판을 돌아 흐르면서 불순물을 침전시키고, 기포의 방출, 작동유의 냉각, 먼지의 일부 침전을 할 수 있는 구조이어야 한다.
• 흡입구와 귀환구 사이의 거리는 가능한 한 멀게 하여 귀환유가 바로 유압펌프로 흡입되지 않도록 한다.
• 펌프 흡입구에는 기름 여과기(Strainer)를 설치하여 이물질을 제거한다.
• 통기구(Air Bleeder)에는 공기 여과기를 설치하여 이물질이 혼입되지 않도록 한다(대기압 유지).
• 유온과 유량을 확인할 수 있도록 유면계와 유온계를 설치하여야 한다.

73 그림과 같은 유압회로의 명칭으로 옳은 것은?

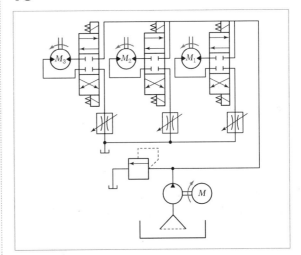

① 유압모터 병렬배치 미터인 회로
② 유압모터 병렬배치 미터아웃 회로
③ 유압모터 직렬배치 미터인 회로
④ 유압모터 직렬배치 미터아웃 회로

그림은 유압모터를 병렬로 연결한 회로로서, 모터의 출구 쪽 관로에 유량제어밸브를 직렬로 부착하여 모터에서 배출되는 유량을 제어하여 속도를 제어하는 회로이다.

74
그림의 유압 회로는 펌프 출구 직후에 릴리프밸브를 설치한 회로로서 안전 측면을 고려하여 제작된 회로이다. 이 회로의 명칭으로 옳은 것은?

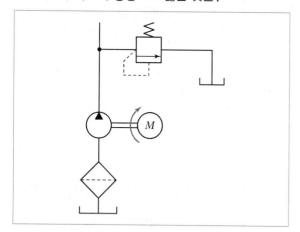

① 압력 설정 회로 　　　② 카운터 밸런스 회로
③ 시퀀스 회로 　　　　④ 감압 회로

해설✚
그림의 회로에 배치된 압력 제어밸브는 릴리프 밸브이다.

75
유압실린더로 작동되는 리프터에 작용하는 하중이 15,000N이고 유압의 압력이 7.5MPa일 때 이 실린더 내부의 유체가 하중을 받는 단면적은 약 몇 cm²인가?

① 5 　　　　　　　　② 20
③ 500 　　　　　　　④ 2,000

해설✚

$F = P \cdot A$

$A = \dfrac{F}{P} = \dfrac{15,000}{7.5} = 2,000\,\mathrm{mm}^2 = 20\mathrm{cm}^2$

76
방향제어 밸브 기호 중 다음과 같은 설명에 해당하는 기호는?

> 1. 3/2 − way 밸브이다.
> 2. 정상상태에서 P는 외부와 차단된 상태이다.

①   　　②

③   　　④

해설✚
① 2/1−way 밸브이고, 정상상태에서는 P는 A와 연결
② 3/2−way 밸브이고, 정상상태에서는 P는 외부와 차단, T는 A와 연결
③ 3/2−way 밸브이고, 정상상태에서는 P는 A와 연결, T는 외부와 차단
④ 4/4−way 밸브이고, 정상상태에서는 P는 B와 연결, T는 A와 연결

77
그림과 같은 유압기호의 설명으로 틀린 것은?

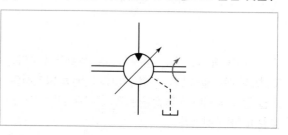

① 유압 펌프를 의미한다.　　② 1방향 유동을 나타낸다.
③ 가변 용량형 구조이다.　　④ 외부 드레인을 가졌다.

해설✚
유압모터, 1방향 유동, 1방향 회전형, 가변용량형 구조, 외부 드레인

---

78 유압작동유에서 공기의 혼입(용해)에 관한 설명으로 옳지 않은 것은?

① 공기 혼입 시 스펀지 현상이 발생할 수 있다.
② 공기 혼입 시 펌프의 캐비테이션 현상을 일으킬 수 있다.
③ 압력이 증가함에 따라 공기가 용해되는 양도 증가한다.
④ 온도가 증가함에 따라 공기가 용해되는 양도 증가한다.

해설⊕
작동유 내에 공기가 미치는 영향
• 실린더의 운전불량(압축성 증대, 숨돌리기 현상 발생)
• 작동유의 열화 촉진
• 윤활성 저하
• 공동현상(cavitation) 발생
• 공기의 용해량은 압력증가와 온도저하에 따라 증가

79 주로 시스템의 작동이 정부하일 때 사용되며, 실린더에 공급되는 입구 측 유량을 조절하여 실린더의 속도를 제어하는 회로는?

① 로크 회로
② 무부하 회로
③ 미터인 회로
④ 미터아웃 회로

해설⊕
실린더에 공급되는 유량을 조절하여 실린더의 속도를 제어하는 회로
• 미터인 방식 : 실린더의 입구 쪽 관로에서 유량을 교축시켜 작동속도를 조절하는 방식
• 미터아웃 방식 : 실린더의 출구 쪽 관로에서 유량을 교축시켜 작동속도를 조절하는 방식
• 블리드오프 방식 : 실린더로 흐르는 유량의 일부를 탱크로 분기함으로써 작동 속도를 조절하는 방식

80 유압 및 공기압 용어에서 스텝 모양 입력신호의 지령에 따르는 모터로 정의되는 것은?

① 오버 센터 모터
② 다공정 모터
③ 유압 스테핑 모터
④ 베인 모터

해설⊕
① 오버 센터 모터 : 흐름의 방향을 바꾸지 않고 회전방향을 역전할 수 있는 유압모터
② 다공정 모터 : 출력축 1회전 중에 모터 작용 요소가 복수 회 왕복하는 유압모터
④ 베인 모터 : 케이싱(캠링)에 접하고 있는 베인을 로터 내에 가지고, 베인 사이에 유입한 유체에 의하여 로터가 회전하는 형식의 유압모터

5과목 **기계제작법 및 기계동력학**

81 와이어 방전 가공액 비저항값에 대한 설명으로 틀린 것은?

① 비저항값이 낮을 때에는 수돗물을 첨가한다.
② 일반적으로 방전가공에서는 $10{\sim}100\text{k}\Omega \cdot \text{cm}$의 비저항값을 설정한다.
③ 비저항값이 높을 때에는 가공액을 이온교환장치로 통과시켜 이온을 제거한다.
④ 비저항값이 과다하게 높을 때에는 방전간격이 넓어져서 방전효율이 저하된다.

해설⊕
와이어 방전 가공액
㉠ 가공액의 작용
  • 극간을 절연 회복시킨다.
  • 방전가공 부위를 냉각시킨다.
  • 발전폭압을 발생시킨다.
  • 가공 chip을 배출시킨다.
  • 이온 교환수지를 이용하여 수중의 이온을 제거한다.
㉡ 가공액의 물을 사용했을 때 장점
  • 취급이 용이하고 화재의 위험이 없다.
  • 공작물과 와이어 전극을 빨리 냉각시킨다.
  • 전극에 강제 진동에 발생하더라도 극간 접촉이 일어나지 않게 도와준다.
  • 가공 시 발생되는 불순물의 배제가 양호하다.

ⓒ 가공액의 비저항 값

• 가공액의 비저항 값이 가공성능에 큰 영향을 미친다.
• 비저항값이 너무 낮으면 방전에 사용되는 전류가 감소하여 반대로 빠지는 전류가 증가하여 가공속도를 감소시킨다.
• 비저항 값이 너무 높으면 방전간격이 좁아지고 방전효율이 저하된다.

82 플러그 게이지에 대한 설명으로 옳은 것은?

① 진원도도 검사할 수 있다.
② 통과 측이 통과되지 않을 경우는 기준 구멍보다 큰 구멍이다.
③ 플러그 게이지는 치수공차의 합격 유·무만을 검사할 수 있다.
④ 정지 측이 통과할 때에는 기준 구멍보다 작고, 통과 측보다 마멸이 심하다.

해설⊕

한계 게이지 = 플러그 게이지 = 고노게이지(Go No Gauge)
• 설계자가 허용하는 제품의 최대 허용한계치수와 최소 허용한계치수를 측정하는 데 사용되는 게이지
• 최대 허용치수와 최소 허용치수를 각각 통과 측과 정지 측으로 하므로 매우 능률적으로 측정할 수 있고 측정된 제품의 호환성을 갖게 할 수 있는 측정기이다.

83 공작물의 길이가 600mm, 지름이 25mm인 강재를 아래의 조건으로 선반 가공할 때 소요되는 가공시간(t)은 약 몇 분인가?(단, 1회 가공이다.)

• 절삭속도 : 180m/min
• 절삭깊이 : 2.5mm
• 이송속도 : 0.24mm/rev

① 1.1　　　　② 2.1
③ 3.1　　　　④ 4.1

해설⊕

절삭속도　$V = \dfrac{\pi d n}{1,000}$ [m/min]

∴ 주축의 회전수　$n = \dfrac{1,000\,V}{\pi d}$ [rpm]

가공시간　$T = \dfrac{L}{fn} = \dfrac{L}{f}\dfrac{\pi d}{1,000\,V}$ [min]

$$= \frac{600 \times \pi \times 25}{180 \times 1,000 \times 0.24} = 1.09\,[\text{min}]$$

84 절삭유가 갖추어야 할 조건으로 틀린 내용은?

① 마찰계수가 적고 인화점, 발화점이 높을 것
② 냉각성이 우수하고 윤활성, 유동성이 좋을 것
③ 장시간 사용해도 변질되지 않고 인체에 무해할 것
④ 절삭유의 표면장력이 크고 칩의 생성부에는 침투되지 않을 것

해설⊕

절삭유의 구비조건
• 마찰계수가 적고 인화점, 발화점이 높을 것
• 냉각성이 우수하고 윤활성, 유동성이 좋을 것
• 장시간 사용해도 변질되지 않고 인체에 무해할 것
• 사용 중 칩으로부터 분리, 회수가 용이할 것
• 방청작용을 할 것

85 전기 저항 용접 중 맞대기 용접의 종류가 아닌 것은?

① 업셋 용접　　　　② 퍼커션 용접
③ 플래시 용접　　　　④ 프로젝션 용접

정답　82 ③　83 ①　84 ④　85 ④

해설⊕

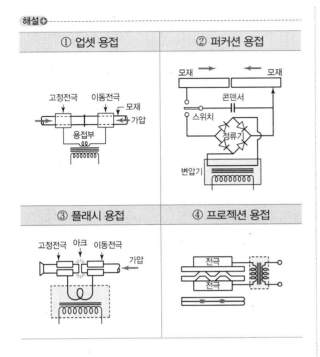

① 업셋 용접	② 퍼커션 용접
고정전극 이동전극 모재 가압 용접부	모재 → ← 모재 콘덴서 스위치 정류기 변압기
③ 플래시 용접	④ 프로젝션 용접
고정전극 아크 이동전극 가압	전극 전극

86 압출 가공(Extrusion)에 관한 일반적인 설명으로 틀린 것은?

① 직접 압출보다 간접 압출에서 마찰력이 적다.

② 직접 압출보다 간접 압출에서 소요동력이 적게 든다.

③ 압출 방식으로는 직접(전방) 압출과 간접(후방) 압출 등이 있다.

④ 직접 압출이 간접 압출보다 압출 종료 시 컨테이너에 남는 소재량이 적다.

해설⊕

압출 가공에서 압출 종료 시 컨테이너에 남는 소재량이 적은 방법은 간접(후방) 압출이다.

87 질화법에 관한 설명 중 틀린 것은?

① 경화층은 비교적 얇고, 경도는 침탄한 것보다 크다.

② 질화법은 재료 중심까지 경화하는 데 그 목적이 있다.

③ 질화법의 기본적인 화학반응식은 $2NH_3 \rightarrow 2N + 3H_2$ 이다.

④ 질화법의 효과를 높이기 위해 첨가되는 원소는 Al, Cr, Mo 등이 있다.

해설⊕

질화법은 표면경화법의 종류이다.

88 주물사로 사용되는 모래에 수지, 시멘트, 석고 등의 점결제를 사용하며, 경화시간을 단축하기 위하여 경화촉진제를 사용하여 조형하는 주형법은?

① 원심주형법   ② 셀몰드 주형법

③ 자경성 주형법   ④ 인베스트먼트 주형법

해설⊕

모래형 주조(주형재료에 의한 분류)

• 생형 : 수분을 5~10% 함유하고 있는 주물사로 만든 주형

• 건조형 : 생사를 건조시킨 것으로서 압력을 받는 중형 및 대형 주물에 사용된다.

• 표면건조형(자경성형) : 표면사에 속경성 점결제를 배합하여 조형한 후 표면만을 버너, 토치램프 등으로 건조시킴으로써 건조형보다 건조시간이 1/10이고, 5톤 또는 그 이상의 주물제작에 사용된다.

• 탄산주형법(CO_2 주형법) : 주물사에 특수 규산소다(물유리 : SiO_2, Na_2O와 물의 혼합물)을 혼합하고 이것을 사형 주형법과 같은 방법으로 조형한 후 여기에 CO_2 가스를 주형 내에 불어넣어 경화시켜 주형을 제작한다.

89 다음 중 다이아몬드, 수정 등 보석류 가공에 가장 적합한 가공법은?

① 방전 가공　　　　② 전해 가공
③ 초음파 가공　　　④ 슈퍼 피니싱 가공

해설⊕

초음파 가공

㉠ 초음파 진동을 에너지원으로 하여 진동하는 공구(horn) 와 공작물 사이에 연삭 입자를 공급하여 공작물을 정밀하 게 다듬는다.

㉡ 초음파 가공의 장점
• 방전가공과는 달리 도체가 아닌 부도체도 가공이 가능 하다.
• 가공액으로 물이나 경유 등을 사용하므로 경제적이고 취급하기도 쉽다.
• 주로 소성변형이 없이 파괴되는 유리, 수정, 반도체, 자기, 세라믹, 카본 등을 정밀하게 가공하는 데 사용 한다.

90 유압프레스에서 램의 유효단면적이 50cm², 유효단면적에 작용하는 최고 유압이 40kgf/cm²일 때 유압프레스의 용량(ton)은?

① 1　　　　② 1.5
③ 2　　　　④ 2.5

해설⊕

유압 프레스의 용량

$$W = \frac{P \cdot A}{1,000} = \frac{40 \times 50}{1,000} = 2\text{ton}$$

91 반경이 r인 실린더가 위치 1의 정지상태에서 경사를 따라 높이 h만큼 굴러 내려갔을 때, 실린더 중심의 속도는?(단, g는 중력가속도이며, 미끄러짐은 없다고 가정한다.)

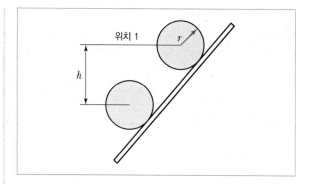

① $0.707\sqrt{2gh}$　　　② $0.816\sqrt{2gh}$
③ $0.845\sqrt{2gh}$　　　④ $\sqrt{2gh}$

해설⊕

실린더의 도심에 대한 질량관성모멘트 $J_G = \frac{1}{2}mr^2$

i) 경사면의 운동에너지(T)
　운동에너지(T_1) + 회전운동에너지(T_2)

$$T = T_1 + T_2$$
$$= \frac{1}{2}mV^2 + \frac{1}{2}J_G \cdot \omega^2$$
$$= \frac{1}{2}mV^2 + \frac{1}{2}\left(\frac{1}{2}mr^2\right)\omega^2$$
$$= \frac{1}{2}mV^2 + \frac{1}{4}m(r\omega)^2$$
$$= \frac{1}{2}mV^2 + \frac{1}{4}mV^2$$
$$\therefore T = \frac{3}{4}mV^2$$

ii) 중력퍼텐셜 에너지
$$V_g = mgh$$

iii) 에너지 보존의 법칙에 의해

$$T = V_g \text{이므로 } \frac{3}{4}mV^2 = mgh \rightarrow V^2 = \frac{4}{3}gh$$
$$\therefore V = \sqrt{\frac{2}{3} \times 2gh} = 0.816\sqrt{2gh}$$

92 다음 1 자유도 진동계의 고유 각진동수는?(단, 3개의 스프링에 대한 스프링 상수는 k이며 물체의 질량은 m이다.)

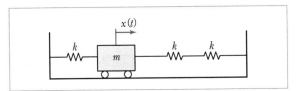

① $\sqrt{\dfrac{2m}{3k}}$

② $\sqrt{\dfrac{3k}{2m}}$

③ $\sqrt{\dfrac{2k}{3m}}$

④ $\sqrt{\dfrac{3m}{2k}}$

해설⊕

$\omega_n = \sqrt{\dfrac{K_e}{m}}$ 이므로 직렬과 병렬에 의한 등가 스프링 상수 K_e를 구하면

ⅰ) 우측 직렬 조합에 의한 등가 스프링 상수 K_1

$\delta_1 = \delta + \delta \rightarrow \dfrac{1}{K_1} = \dfrac{1}{K} + \dfrac{1}{K} = \dfrac{2}{K} \rightarrow K_1 = \dfrac{K}{2}$

ⅱ) K_1과 K의 병렬조합에 의한 전체 등가스프링 상수 K_e
(K가 늘어난 만큼 K_1(우측)은 줄어든다. → 변위량 δ 동일)

$K_e = K + K_1 = K + \dfrac{K}{2} = \dfrac{3}{2}K$

$\therefore \ \omega_n = \sqrt{\dfrac{K_e}{m}} = \sqrt{\dfrac{\frac{3}{2}K}{m}} = \sqrt{\dfrac{3K}{2m}}$

93 두 질점이 충돌할 때 반발계수가 1인 경우에 대한 설명 중 옳은 것은?

① 두 질점의 상대적 접근속도와 이탈속도의 크기는 다르다.

② 두 질점의 운동량의 합은 증가한다.

③ 두 질점의 운동에너지의 합은 보존한다.

④ 충돌 후에 열에너지나 탄성파 발생 등에 의한 에너지 소실이 발생한다.

해설⊕

반발계수 $e = 1$일 때 완전 탄성충돌로 에너지 소실이 발생하지 않으며 충돌 전후의 선형운동량은 같다.

94 질량이 12kg, 스프링 상수가 150N/m, 감쇠비가 0.033인 진동계를 자유진동시키면 5회 진동 후 진폭은 최초 진폭의 몇 %인가?

① 15%

② 25%

③ 35%

④ 45%

해설⊕

감쇠비 ζ와 대수감소율 δ에서

$\delta = \dfrac{2\pi\zeta}{\sqrt{1-\zeta^2}}$

$\delta = \dfrac{1}{n}\ln\dfrac{X_0}{X_n} \rightarrow \ln\dfrac{X_0}{X_n} = n\delta \rightarrow \dfrac{X_0}{X_n} = e^{n\delta}$

$\dfrac{X_0}{X_5} = e^{5 \times 0.2075} = 2.822$

$\therefore \ \dfrac{X_5}{X_0} = \dfrac{1}{2.822} = 0.354 = 35.4\%$

95 등가속도 운동에 관한 설명으로 옳은 것은?

① 속도는 시간에 대하여 선형적으로 증가하거나 감소한다.

② 변위는 시간에 대하여 선형적으로 증가하거나 감소한다.

③ 속도는 시간의 제곱에 비례하여 증가하거나 감소한다.

④ 변위는 속도의 세제곱에 비례하여 증가하거나 감소한다.

해설⊕

가속도가 일정한 운동이므로($a = a_c$로 일정)

$V = V_0 + a_c t$ (1차 함수)

$S = S_0 + V_0 t + \dfrac{1}{2}a_c t^2$

$V^2 = V_0^2 + 2a_c(S - S_0)$

96 질점의 단순조화진동을 $y = C\cos(\omega_n t - \phi)$라 할 때 이 진동의 주기는?

① $\dfrac{\pi}{\omega_n}$

② $\dfrac{2\pi}{\omega_n}$

③ $\dfrac{\omega_n}{2\pi}$

④ $2\pi\omega_n$

해설 ⊕

주기 $T = \dfrac{2\pi}{\omega_n}$

97 질량이 10t인 항공기가 활주로에서 착륙을 시작할 때 속도는 100m/s이다. 착륙부터 정지 시까지 항공기는 $\sum F_x = -1{,}000v_x\,\text{N}$($v_x$는 비행기 속도[m/s])의 힘을 받으며 $+x$ 방향의 직선운동을 한다. 착륙부터 정지 시까지 항공기가 활주한 거리는?

① 500m

② 750m

③ 900m

④ 1,000m

해설 ⊕

선형충격량과 운동량(G)의 변화량은 같다.

$\sum F \cdot dt = dG = d(mV)$

착륙부터 정지까지의 시간을 t라 하고, 양변을 적분하면

i) $\sum F_x \cdot t = m(V_2 - V_1)$ (여기서, $V_2 = 0$(정지))

$\qquad = -mV_1 = -10 \times 10^3 \times 100(\text{kg} \cdot \text{m/s})$

$\qquad = -10^6 \;\cdots\; ⓐ$

ii) $\sum F_x = -1{,}000V_x = -1{,}000\dfrac{dx}{dt}$

$\quad \sum F_x \cdot dt = -1{,}000dx$

$\quad 0 \to t,\; 0 \to x$ 적분하면

$\quad \sum F_x \cdot t = -1{,}000x \;\cdots\; ⓑ$

iii) ⓐ=ⓑ이므로 $-10^6 = -1{,}000x$

$\quad \therefore\; x = 1{,}000\text{m}$

98 3kg의 컬러 박스 C가 고정된 막대 A, B에 초기에 정지해 있다가 그림과 같이 변동하는 힘 Q에 의해 움직인다. 막대 AB와 컬러 박스 C 사이의 마찰계수가 0.3일 때 시각 $t=1$초일 경우 컬러 박스의 속도는?

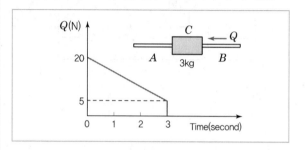

① 2.89m/s

② 5.25m/s

③ 7.26m/s

④ 9.32m/s

해설 ⊕

$(+) \leftarrow x$ 가정, $\sum F_x = ma_x$에서 $t = 0$일 때

$Q = 20\text{N}$으로 움직이며 변동하는 Q의 기울기는 그래프에서

$\dfrac{\Delta y}{\Delta x} = \dfrac{5 - 20}{3 - 0} = -5\text{N/s}$이고,

y절편은 20에서 $Q = 20 - 5t$(Q는 시간의 1차 함수),

마찰력 $F_f = \mu W = \mu mg$를 적용하면

$\sum F_x = 20 - 5t - \mu mg = ma_x$

$a_x = \dfrac{20 - 5t - \mu mg}{m}$

$\quad = \dfrac{20 - 5t - 0.3 \times 3 \times 9.8}{3} = 3.73 - \dfrac{5}{3}t$

$a_x = \dfrac{dV_x}{dt}$이므로 적분하면

속도 $V_x = 3.73t - \dfrac{5}{6}t^2$

$\therefore\; t = 1$초에서 속도 $V = 3.73 \times 1 - \dfrac{5}{6} \times 1 = 2.89\text{m/s}$

99 질량이 m인 기계가 강성계수 $k/2$인 2개의 스프링에 의해 바닥에 지지되어 있다. 바닥이 $y = 6\sin\sqrt{\dfrac{4k}{m}}\,t$(mm)로 진동하고 있다면 기계의 진폭은 얼마인가?(단, t는 시간이다.)

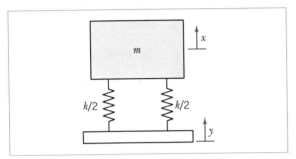

① 1mm

② 2mm

③ 3mm

④ 6mm

해설 ⊕

지반가진에 의한 비감쇠 강제진동으로

지반가진 변위량 $x_1 = b\sin\omega t = 6\sin\sqrt{\dfrac{4k}{m}}\cdot t$에서

$b = 6$, $\omega = \sqrt{\dfrac{4k}{m}}$ 이므로

ⅰ) 진동수비

$$\gamma = \frac{\omega}{\omega_n} = \frac{\sqrt{\dfrac{4k}{m}}}{\sqrt{\dfrac{k}{m}}} = 2$$

ⅱ) 정상상태 진폭

$$X = \frac{b}{1-\gamma^2} = \frac{6}{1-2^2} = -2\text{mm(절댓값)}$$

100 평면에서 강체가 그림과 같이 오른쪽에서 왼쪽으로 운동하였을 때 이 운동의 명칭으로 가장 옳은 것은?

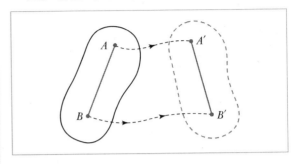

① 직선병진운동

② 곡선병진운동

③ 고정축회전운동

④ 일반평면운동

해설 ⊕

2차원의 평면운동으로 병진운동과 회전운동이 동시에 일어난다.

2016년 5월 8일 시행

1과목 재료역학

01 그림과 같이 균일분포하중 W를 받는 보에서 굽힘 모멘트 선도는?

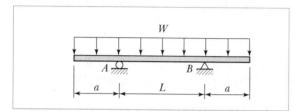

①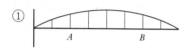

②

③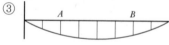

④

해설⊕

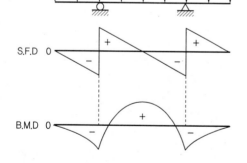

02 일단 고정 타단 롤러 지지된 부정정보의 중앙에 집중하중 P를 받고 있을 때, 롤러 지지점의 반력은 얼마인가?

① $\dfrac{3}{16}P$　　　　② $\dfrac{5}{16}P$

③ $\dfrac{7}{16}P$　　　　④ $\dfrac{9}{16}P$

해설⊕

처짐(각, 량)을 고려해 부정정 미지요소 해결 → 정정화

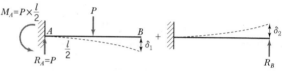

$$A_M = \frac{1}{2} \times \frac{Pl}{2} \times \frac{l}{2} = \frac{Pl^2}{8}$$

$$\delta_1 = \frac{A_M}{EI} \cdot \overline{x} = \frac{Pl^2}{8EI} \times \frac{5}{6}l$$

$$\therefore \delta_1 = \frac{5Pl^3}{48EI}$$

$$\delta_2 = \frac{R_B \cdot l^3}{3EI}, \quad \delta_1 = \delta_2 \text{이므로}$$

$$\frac{5Pl^3}{48EI} = \frac{R_B \cdot l^3}{3EI}$$

$$\therefore R_B = \frac{5}{16}P$$

03 지름이 d인 짧은 환봉의 축 중심으로부터 a만큼 떨어진 지점에 편심압축하중 P가 작용할 때 단면상에서 인장응력이 일어나지 않는 a 범위는?

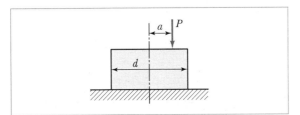

① $\dfrac{d}{8}$ 이내

② $\dfrac{d}{6}$ 이내

③ $\dfrac{d}{4}$ 이내

④ $\dfrac{d}{2}$ 이내

해설⊕

거리가 핵심반경 a일 때 압축응력과 굽힘응력이 동일하므로 핵심반경 이내일 때는 압축응력이 굽힘응력보다 크므로 단면에는 인장응력이 발생하지 않는다.

$$a = \frac{K^2}{y} = \frac{\dfrac{I}{A}}{\dfrac{d}{2}} = \frac{\dfrac{\dfrac{\pi}{64}d^4}{\dfrac{\pi}{4}d^2}}{\dfrac{d}{2}} = \frac{\dfrac{d^2}{16}}{\dfrac{d}{2}} = \frac{d}{8}$$

$\therefore$ $\dfrac{d}{8}$ 이내에 있으면 굽힘응력에 의한 인장응력이 발생하지 않는다.

04 바깥지름 30cm, 안지름 10cm인 중공 원형 단면의 단면계수는 약 몇 cm³인가?

① 2,618

② 3,927

③ 6,584

④ 1,309

해설⊕

$$x = \frac{d_1}{d_2}$$

$$Z = \frac{I}{e} = \frac{\dfrac{\pi}{64}\left(d_2{}^4 - d_1{}^4\right)}{\dfrac{d_2}{2}} = \frac{\dfrac{\pi}{64}d_2{}^4\left(1 - x^4\right)}{\dfrac{d_2}{2}}$$

$$= \frac{\pi d_2{}^3}{32}\left(1 - x^4\right) = \frac{\pi \times 30^3}{32}\left(1 - \left(\frac{10}{30}\right)^4\right)$$

$$= 2,618.0\,\text{cm}^3$$

05 그림과 같이 하중을 받는 보에서 전단력의 최댓값은 약 몇 kN인가?

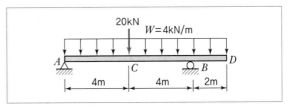

① 11kN

② 25kN

③ 27kN

④ 35kN

해설⊕

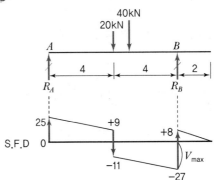

$\sum M_{B지점} = 0 : R_A \times 8 - 20 \times 4 - 40 \times 3 = 0$

$\therefore R_A = 25\text{kN}$

$\therefore R_B = 35\text{kN}$

S.F.D에서 $V_{\max} = 27\text{kN}$

06 그림과 같은 일단 고정 타단 롤러로 지지된 등분포하중을 받는 부정정보의 B단에서 반력은 얼마인가?

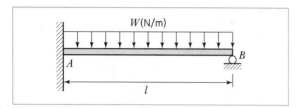

① $\dfrac{Wl}{3}$

② $\dfrac{5}{8}Wl$

③ $\dfrac{2}{3}Wl$

④ $\dfrac{3}{8}Wl$

해설⊕

B 지점에서 처짐량은 "0"이다.

처짐(각, 량)을 고려해 부정정 미지반력요소 해결 → 정정화

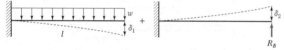

$$\delta_1 = \frac{wl^4}{8EI} = \delta_2 = \frac{R_B \cdot l^3}{3EI} \quad \therefore \; R_B = \frac{3}{8}wl$$

07 그림과 같이 단붙이 원형축(Stepped Circular Shaft)의 풀리에 토크가 작용하여 평형상태에 있다. 이 축에 발생하는 최대 전단응력은 몇 MPa인가?

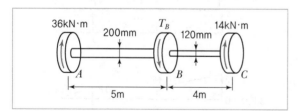

① 18.2

② 22.9

③ 41.3

④ 147.4

해설⊕

$$T_B = T_A + T_C$$

$$T = \tau \cdot Z_p = \tau \cdot \frac{\pi}{16}d^3 \text{에서}$$

$$\tau_A = \frac{16\,T_A}{\pi d^3} = \frac{16 \times 36 \times 10^3}{\pi \times 0.2^3}$$

$$= 22.92 \times 10^6 \,\mathrm{Pa} = 22.92\,\mathrm{MPa}$$

$$\tau_C = \frac{16\,T_C}{\pi d^3} = \frac{16 \times 14 \times 10^3}{\pi \times 0.12^3}$$

$$= 41.26 \times 10^6 \,\mathrm{Pa} = 41.26\,\mathrm{MPa}$$

08 그림의 구조물이 수직하중 $2P$를 받을 때 구조물 속에 저장되는 탄성변형에너지는?(단, 단면적 A, 탄성계수 E는 모두 같다.)

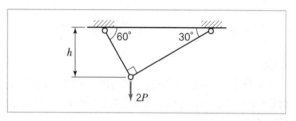

① $\dfrac{P^2h}{4AE}(1+\sqrt{3})$

② $\dfrac{P^2h}{2AE}(1+\sqrt{3})$

③ $\dfrac{P^2h}{AE}(1+\sqrt{3})$

④ $\dfrac{2P^2h}{AE}(1+\sqrt{3})$

해설⊕

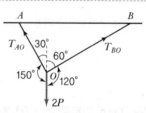

라미의 정리에 의해

$$\frac{2P}{\sin 90°} = \frac{T_{AO}}{\sin 120°} = \frac{T_{BO}}{\sin 150°}$$

$$\therefore \; T_{AO} = 2P\sin 120° = 2P\sin(180° - 60°)$$

$$= 2P\sin 60°$$

$$= 2P \times \frac{\sqrt{3}}{2} = \sqrt{3}\,P$$

$$\therefore \ T_{BO} = 2P\sin150° = 2P\sin(180° - 30°)$$
$$= 2P\sin30°$$
$$= 2P \times \frac{1}{2} = P$$

그림에서 h가 주어졌으므로

$$l_{AO} = \frac{h}{\cos30°} = \frac{2h}{\sqrt{3}}$$

$$l_{BO} = \frac{h}{\cos60°} = 2h$$

$U = \frac{P\lambda}{2} = \frac{P^2 \cdot l}{2AE}$ 이므로 $U = U_{AO} + U_{BO}$

$$U = \frac{(T_{AO})^2 l_{AO}}{2AE} + \frac{(T_{BO})^2 l_{BO}}{2AE}$$

$$= \frac{(\sqrt{3}\,P)^2 \cdot 2h}{2AE\sqrt{3}} + \frac{(P)^2 \cdot 2h}{2AE} = \frac{\sqrt{3}\,P^2 h}{AE} + \frac{P^2 h}{AE}$$

$$= \frac{P^2 h}{AE}(1 + \sqrt{3})$$

09 지름이 동일한 봉에 그림과 같이 하중이 작용할 때 단면에 발생하는 축하중 선도를 도시하였다. 단면 C에 작용하는 하중(F)은 얼마인가?

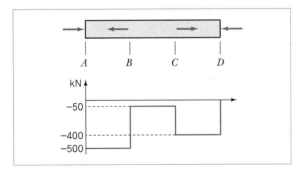

① 150
② 250
③ 350
④ 450

해설⊕

축하중 선도를 보면 오른쪽 방향의 힘이 ($-$)이므로
$F_A = -500$, $F_B = +450$(왼쪽), $F_C = -350$(오른쪽),
$F_D = +400$(왼쪽)

10 강재의 인장시험 후 얻어진 응력-변형률 선도로부터 구할 수 없는 것은?

① 안전계수
② 탄성계수
③ 인장강도
④ 비례한도

해설⊕

안전계수(율)는 강재의 실제 사용환경과 설계자의 의도에 따라 달라지므로 응력-변형률 선도에서 구할 수 없다.

11 두께 1.0mm의 강판에 한 변의 길이가 25mm인 정사각형 구멍을 펀칭하려고 한다. 이 강판의 전단 파괴 응력이 250MPa일 때 필요한 압축력은 몇 kN인가?

① 6.25
② 12.5
③ 25.0
④ 156.2

해설⊕

압축력 $F_C = \tau \cdot A_\tau$
$$= 250 \times 10^6 \times (0.025 \times 0.001) \times 4$$
$$= 25{,}000\text{N} = 25\text{kN}$$

12 정육면체 형상의 짧은 기둥에 그림과 같이 측면에 홈이 파여 있다. 도심에 작용하는 하중 P로 인하여 단면 $m-n$에 발생하는 최대 압축응력은 홈이 없을 때 압축응력의 몇 배인가?

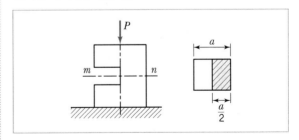

① 2
② 4
③ 8
④ 12

해설 ⊕

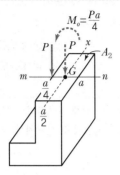

i) 홈이 없을 때 압축응력은 $\sigma_c = \dfrac{P}{A} = \dfrac{P}{a^2}$

ii) 홈이 있을 때 압축응력은

$$\sigma_{c홈} = \frac{P}{A_홈} + \frac{M_0}{Z}$$

$$= \frac{P}{a \times \dfrac{a}{2}} + \frac{\dfrac{P}{4}a}{\dfrac{a}{6}\left(\dfrac{a}{2}\right)^2} = \frac{2P}{a^2} + \frac{6P}{a^2} = \frac{8P}{a^2}$$

$$\therefore \ \sigma_{c홈} = 8\sigma_c$$

13 길이가 L이고 지름이 d_0인 원통형의 나사를 끼워 넣을 때 나사의 단위 길이당 t_0의 토크가 필요하다. 나사 재질의 전단탄성계수가 G일 때 나사 끝단의 비틀림 회전량(rad)은 얼마인가?

① $\dfrac{16t_0L^2}{\pi d_0^{\,4}G}$ ② $\dfrac{32t_0L^2}{\pi d_0^{\,4}G}$

③ $\dfrac{t_0L^2}{16\pi d_0^{\,4}G}$ ④ $\dfrac{t_0L^2}{32\pi d_0^{\,4}G}$

해설 ⊕

$T = t_0 \cdot L$이므로

$$\theta = \frac{T \cdot L}{GI_p} = \frac{t_0 \cdot L \cdot L}{GI_p} = \frac{t_0 L^2}{G \times \dfrac{\pi}{32}d_0^{\,4}} = \frac{32t_0L^2}{G\pi d_0^{\,4}}$$

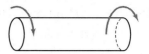

전체의 비틀림각이 θ이므로

나사 양쪽 끝단의 비틀림각은 $\dfrac{\theta}{2}$이다.

$$\therefore \ \frac{\theta}{2} = \frac{16t_0l^2}{G\pi d_0^{\,4}}$$

14 그림과 같이 순수 전단을 받는 요소에서 발생하는 전단응력 $\tau = 70\text{MPa}$, 재료의 세로탄성계수는 200GPa, 포아송의 비는 0.25일 때 전단 변형률은 약 몇 rad인가?

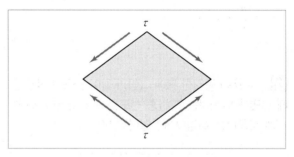

① 8.75×10^{-4} ② 8.75×10^{-3}

③ 4.38×10^{-4} ④ 4.38×10^{-3}

해설 ⊕

$E = 2G(1 + \mu)$에서

$$G = \frac{E}{2(1 + \mu)} = \frac{200}{2 \times (1 + 0.25)} = 80\text{GPa}$$

$\tau = G \cdot \gamma$에서

$$\gamma = \frac{\tau}{G} = \frac{70 \times 10^6}{80 \times 10^9} = 8.75 \times 10^{-4}$$

정답 13 ① 14 ①

124 일반기계기사 필기 과년도 문제풀이

15 그림과 같은 단순 지지보의 중앙에 집중하중 P 가 작용할 때 단면이 (가)일 경우의 처짐 y_1은 단면이 (나)일 경우의 처짐 y_2의 몇 배인가?(단, 보의 전체 길이 및 보의 굽힘 강성은 일정하며 자중은 무시한다.)

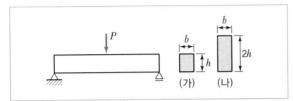

① 4
② 8
③ 16
④ 32

해설⊕

$$y_1 = \frac{Pl^3}{48EI_1}, \quad y_2 = \frac{Pl^3}{48EI_2} \text{에서}$$

$$\frac{y_1}{y_2} = \frac{I_2}{I_1} = \frac{\dfrac{b(2h)^3}{12}}{\dfrac{bh^3}{12}} = 8$$

16 지름 35cm의 차축이 0.2°만큼 비틀렸다. 이때 최대 전단응력이 49MPa이고, 재료의 전단탄성계수가 80GPa이라고 하면 이 차축의 길이는 약 몇 m인가?

① 2.0
② 2.5
③ 1.5
④ 1.0

해설⊕

$$T = \tau \cdot Z_p = \tau \cdot \frac{I_p}{e} \quad (\text{여기서, } e = \frac{d}{2})$$

$$\theta = 0.2° \times \frac{\pi(\text{rad})}{180°} = \frac{T \cdot l}{GI_p} \text{에서}$$

$$l = \frac{0.2\pi \times GI_p}{180 \times T} = \frac{0.2\pi \times GI_p}{180 \times \tau \times \dfrac{I_p}{e}}$$

$$\therefore l = \frac{0.2\pi \times G \times e}{180 \times \tau} = \frac{0.2\pi \times 80 \times 10^9 \times \left(\dfrac{0.35}{2}\right)}{180 \times 40 \times 10^6}$$

$$= 0.9973\text{m} = 1.0\text{m}$$

17 그림과 같이 벽돌을 쌓아 올릴 때 최하단 벽돌의 안전계수를 20으로 하면 벽돌의 높이 h를 얼마만큼 높이 쌓을 수 있는가?(단, 벽돌의 비중량은 16kN/m³, 파괴 압축응력을 11MPa로 한다.)

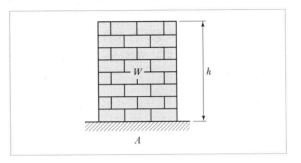

① 34.3m
② 25.5m
③ 45.0m
④ 23.8m

해설⊕

$$\sigma = \frac{W}{A} = \frac{\gamma \cdot A \cdot h}{A} = \gamma h = \frac{\sigma_{\text{파괴}}}{S} \text{에서}$$

$$h = \frac{\sigma_{\text{파괴}}}{\gamma \cdot S} = \frac{11 \times 10^6}{16 \times 10^3 \times 20} = 34.375\text{m}$$

18 평면 응력상태에서 σ_x와 σ_y만이 작용하는 2축응력에서 모어원의 반지름이 되는 것은?(단, $\sigma_x > \sigma_y$이다.)

① $(\sigma_x + \sigma_y)$
② $(\sigma_x - \sigma_y)$
③ $\frac{1}{2}(\sigma_x + \sigma_y)$
④ $\frac{1}{2}(\sigma_x - \sigma_y)$

해설⊕

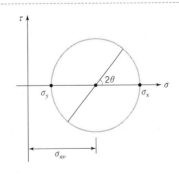

정답 **15** ② **16** ④ **17** ① **18** ④

$$\sigma_{av} = \frac{\sigma_x + \sigma_y}{2}$$

$$R = \sigma_{av} - \sigma_y = \frac{\sigma_x + \sigma_y}{2} - \frac{2\sigma_y}{2} = \frac{\sigma_x - \sigma_y}{2}$$

19 전단력 10kN이 작용하는 지름 10cm인 원형 단면의 보에서 그 중립축 위에 발생하는 최대 전단응력은 약 몇 MPa인가?

① 1.3 ② 1.7
③ 130 ④ 170

해설◐

원형 단면에서 보 속의 전단응력
$$\tau = \frac{4}{3}\tau_{av} = \frac{4}{3}\frac{V}{A} = \frac{4 \times 10 \times 10^3}{3 \times \frac{\pi \times 0.1^2}{4}}$$
$$= 1.698 \times 10^6 \mathrm{Pa} = 1.698 \mathrm{MPa}$$

20 지름 100mm의 양단 지지보의 중앙에 2kN의 집중하중이 작용할 때 보 속의 최대 굽힘응력이 16MPa일 경우 보의 길이는 약 몇 m인가?

① 1.51 ② 3.14
③ 4.22 ④ 5.86

해설◐

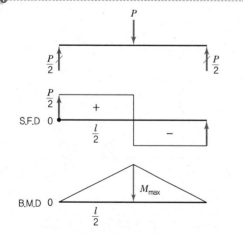

$x = \dfrac{l}{2}$ 에서

$$M_{\max} = \frac{P}{2} \times \frac{l}{2} = \frac{P \cdot l}{4} \quad (0부터 \ \frac{l}{2} 까지 \ \mathrm{S.F.D} \ 면적)$$

$$\sigma_b = \frac{M_{\max}}{Z} = \frac{\dfrac{P \cdot l}{4}}{\dfrac{\pi}{32}d^3} = \frac{8P \cdot l}{\pi d^3}$$

$$\therefore \ l = \frac{\pi d^3 \sigma_b}{8P} = \frac{\pi \times 0.1^3 \times 16 \times 10^6}{8 \times 2 \times 10^3} = 3.14\mathrm{m}$$

2과목 **기계열역학**

21 질량 1kg의 공기가 밀폐계에서 압력과 체적이 100kPa, 1m³이었는데 폴리트로픽 과정($PV^n = $일정)을 거쳐 체적이 0.5m³이 되었다. 최종 온도(T_2)와 내부에너지의 변화량(ΔU)은 각각 얼마인가?(단, 공기의 기체상수는 287J/kg · K, 정적비열은 718J/kg · K, 정압비열은 1,005J/kg · K, 폴리트로프 지수는 1.30이다.)

① $T_2 = 459.7$K, $\Delta U = 111.3$kJ

② $T_2 = 459.7$K, $\Delta U = 79.9$kJ

③ $T_2 = 428.9$K, $\Delta U = 80.5$kJ

④ $T_2 = 428.9$K, $\Delta U = 57.8$kJ

해설◐

$$T_1 = \frac{P_1 V_1}{mR} = \frac{100 \times 10^3 \times 1}{1 \times 287} = 348.43\mathrm{K}$$

폴리트로픽 과정에서 온도, 체적 간의 관계식은

$$\frac{T_2}{T_1} = \left(\frac{V_1}{V_2}\right)^{n-1}$$

$$T_2 = T_1 \left(\frac{V_1}{V_2}\right)^{n-1} = 348.43 \left(\frac{1}{0.5}\right)^{1.3-1} = 428.97\mathrm{K}$$

$$du = C_v dT$$
$$U_2 - U_1 = \Delta U = m(u_2 - u_1) = m C_v (T_2 - T_1)$$
$$= 1 \times 718 \times (428.97 - 348.43))$$
$$= 57,827.72J \approx 57.8277kJ$$

22 카르노 열기관 사이클 A는 0℃와 100℃ 사이에서 작동되며 카르노 열기관 사이클 B는 100℃와 200℃ 사이에서 작동된다. 사이클 A의 효율(η_A)과 사이클 B의 효율(η_B)을 각각 구하면?

① $\eta_A = 26.80\%$, $\eta_B = 50.00\%$

② $\eta_A = 26.80\%$, $\eta_B = 21.14\%$

③ $\eta_A = 38.75\%$, $\eta_B = 50.00\%$

④ $\eta_A = 38.75\%$, $\eta_B = 21.14\%$

해설 ⊕

$\eta_{ca} = 1 - \dfrac{T_L}{T_H}$ 에서

$\eta_A = 1 - \dfrac{0+273}{100+273} = 0.268 = 26.8\%$

$\eta_B = 1 - \dfrac{100+273}{200+273} = 0.211 = 21.1\%$

23 대기압 100kPa에서 용기에 가득 채운 프로판을 일정한 온도에서 진공펌프를 사용하여 2kPa까지 배기하였다. 용기 내에 남은 프로판의 중량은 처음 중량의 몇 % 정도 되는가?

① 20% ② 2%

③ 50% ④ 5%

해설 ⊕

$V = C$, $PV = GRT$ 에서 $G = \dfrac{PV}{RT}$

→ 중량은 압력에 비례하며 중량비는 압력비와 같다.

$\dfrac{G_2}{G_1} = \dfrac{P_2}{P_1} = \dfrac{2}{100} = 0.02 = 2\%$

24 이상기체에서 엔탈피 h와 내부에너지 u, 엔트로피 s 사이에 성립하는 식으로 옳은 것은?(단, T는 온도, v는 체적, P는 압력이다.)

① $Tds = dh + vdP$ ② $Tds = dh - vdP$

③ $Tds = du - Pdv$ ④ $Tds = dh + d(Pv)$

해설 ⊕

$\delta q = du + pdv = dh - vdp$

$ds = \dfrac{\delta q}{T}$ 에서 $\delta q = Tds$

$\therefore Tds = du + pdv = dh - vdp$

25 온도 T_2인 저온체에서 열량 Q_A를 흡수해서 온도가 T_1인 고온체로 열량 Q_R을 방출할 때 냉동기의 성능계수(Coefficient of Performance)는?

① $\dfrac{Q_R - Q_A}{Q_A}$ ② $\dfrac{Q_R}{Q_A}$

③ $\dfrac{Q_A}{Q_R - Q_A}$ ④ $\dfrac{Q_A}{Q_R}$

해설 ⊕

$\varepsilon_R = \dfrac{Q_A}{W_C} = \dfrac{Q_A}{Q_R - Q_A}$

26 비열비가 k인 이상기체로 이루어진 시스템이 정압과정으로 부피가 2배로 팽창할 때 시스템이 한 일이 W, 시스템이 전달한 열이 Q일 때, $\dfrac{W}{Q}$는 얼마인가? (단, 비열은 일정하다.)

① k ② $\dfrac{1}{k}$

③ $\dfrac{k}{k-1}$ ④ $\dfrac{k-1}{k}$

$pv = RT$, $m = c$, $p = c$이므로

$\dfrac{V}{T} = C$에서 $\dfrac{V_1}{T_1} = \dfrac{V_2}{T_2}$

$\therefore \dfrac{T_2}{T_1} = \dfrac{V_2}{V_1} = 2 \rightarrow T_2 = 2T_1$

일량 $\delta w = pdv$ (여기서, $p = c$)

$_1w_2 = p\displaystyle\int_1^2 dv = p(v_2 - v_1)$

$\quad = R(T_2 - T_1) = R(2T_1 - T_1) = RT_1$

열량 $\delta q = dh - vdp$ (여기서, $p = c \rightarrow dp = 0$)

$_1q_2 = C_p dT = \dfrac{kR}{k-1}(T_2 - T_1)$

$\quad = \dfrac{kR}{k-1}(2T_1 - T_1) = \dfrac{kR}{k-1}T_1$

$\therefore \dfrac{_1w_2}{_1q_2} = \dfrac{RT_1}{\dfrac{kR}{k-1}T_1} = \dfrac{k-1}{k}$

27 냉동기 냉매의 일반적인 구비조건으로서 적합하지 않은 사항은?

① 임계온도가 높고, 응고온도가 낮을 것
② 증발열이 적고, 증기의 비체적이 클 것
③ 증기 및 액체의 점성이 작을 것
④ 부식성이 없고, 안정성이 있을 것

냉매의 구비조건
• 온도가 낮아도 대기압 이상의 압력에서 증발할 것
• 응축압력이 낮을 것
• 증발잠열이 크고(증발기에서 많은 열량 흡수), 액체 비열이 적을 것
• 부식성이 없으며, 안정성이 유지될 것
• 점성이 적고 전열작용이 양호하며, 표면장력이 작을 것
• 응고온도가 낮을 것

28 공기 1kg을 정적과정으로 40℃에서 120℃까지 가열하고, 다음에 정압과정으로 120℃에서 220℃까지 가열한다면 전체 가열에 필요한 열량은 약 얼마인가?(단, 정압비열은 1.00kJ/kg · K, 정적비열은 0.71 kJ/kg · K이다.)

① 127.8kJ/kg
② 141.5kJ/kg
③ 156.8kJ/kg
④ 185.2kJ/kg

$v = c$일 때 $\delta q = du + pdv$ (정적과정 $dv = 0$)

$_1q_2 = \displaystyle\int_1^2 C_v dT$

$\quad = C_v(T_2 - T_1)$

$\quad = 0.71 \times (120 - 40)$

$\quad = 56.8\text{kJ/kg}$

$p = c$일 때 $\delta q = dh - vdp$ (정압과정 $dp = 0$)

$_1q_2 = \displaystyle\int_1^2 C_p(T_2 - T_1)$

$\quad = C_p(T_2 - T_1)$

$\quad = 1 \times (220 - 120)$

$\quad = 100\text{kJ/kg}$

$\therefore q_v + q_p = 56.8 + 100 = 156.8\text{kJ/kg}$

29 열역학적 상태량은 일반적으로 강도성 상태량과 용량성 상태량으로 분류할 수 있다. 강도성 상태량에 속하지 않는 것은?

① 압력
② 온도
③ 밀도
④ 체적

체적은 반으로 나누면 $\dfrac{1}{2}$로 줄어들므로 종량성 상태량이다.

30 그림과 같이 중간에 격벽이 설치된 계에서 A에 이상기체가 충만되어 있고, B는 진공이며, A와 B의 체적은 같다. A와 B 사이의 격벽을 제거하면 A의 기체는 단열비가역 자유팽창을 하여 어느 시간 후에 평형에 도달한다. 이 경우 엔트로피 변화 Δs는?(단, C_v는 정적비열, C_p는 정압비열, R은 기체상수이다.)

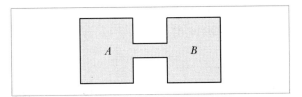

① $\Delta s = C_v \times \ln 2$ ② $\Delta s = C_p \times \ln 2$

③ $\Delta s = 0$ ④ $\Delta s = R \times \ln 2$

해설⊕

온도 변화가 없으므로 등온과정, $pv = RT$를 적용하면

$$ds = \frac{\delta q}{T} = \frac{d\!\!\!/u + pdv}{T} = \frac{p}{T}dv = \frac{R}{v}dv$$

$$s_2 - s_1 = R[\ln v]_1^2 = R(\ln v_2 - \ln v_1) = R\ln\frac{v_2}{v_1}$$

$$= R\ln\frac{2v_1}{v_1} \quad (\because v_2 = 2v_1)$$

$$= R\ln 2$$

31 수소(H_2)를 이상기체로 생각하였을 때, 절대압력 1MPa, 온도 100℃에서의 비체적은 약 몇 m^3/kg인가? (단, 일반기체상수는 8.3145kJ/kmol · K이다.)

① 0.781   ② 1.26

③ 1.55   ④ 3.46

해설⊕

$pv = RT$와 $MR = \overline{R}$에서

$$v = \frac{RT}{p} = \frac{8.3145\,T}{Mp} \quad (\text{여기서, 수소의 } M = 2)$$

$$= \frac{8.3145 \times (100 + 273)}{2 \times 1 \times 10^3} = 1.55\,m^3/kg$$

32 그림과 같은 Rankine 사이클의 열효율은 약 몇 %인가?(단, $h_1 = 191.8kJ/kg$, $h_2 = 193.98kJ/kg$, $h_3 = 2,799.5kJ/kg$, $h_4 = 2,007.5kJ/kg$이다.)

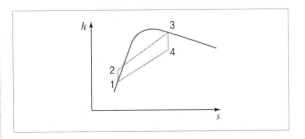

① 30.3%   ② 39.7%

③ 46.9%   ④ 54.1%

해설⊕

$$\eta = \frac{w_T - w_P}{q_b} = \frac{(h_3 - h_4) - (h_2 - h_1)}{h_3 - h_2}$$

$$= \frac{(2,799.5 - 2,007.5) - (193.98 - 191.8)}{2,799.5 - 193.98}$$

$$= 0.3031 = 30.31\%$$

33 20℃의 공기 5kg의 정압과정을 거쳐 체적이 2배가 되었다. 공급한 열량은 약 몇 kJ인가?(단, 정압비열은 1kJ/kg · K이다.)

① 1,465   ② 2,198

③ 2,931   ④ 4,397

해설⊕

$p = c$인 정압과정이므로

$$\frac{V}{T} = c, \quad \frac{V_1}{T_1} = \frac{V_2}{T_2} \rightarrow T_2 = T_1 \cdot \frac{V_2}{V_1}$$

$$\therefore T_2 = T_1\left(\frac{V_2}{V_1}\right) = (20 + 273)\left(\frac{2V_1}{V_1}\right) = 586K$$

$p = c$에서 $\delta q = dh - vdp \ (\because dp = 0)$

$$_1q_2 = \int_1^2 C_p dT = C_p(T_2 - T_1)$$

$$\therefore {}_1Q_2 = m \times {}_1q_2 = mC_p(T_2 - T_1)$$

$$= 5 \times 1 \times (586 - 293) = 1,465kJ$$

2016

34 밀도 $1,000kg/m^3$인 물이 단면적 $0.01m^2$인 관 속을 2m/s의 속도로 흐를 때, 질량유량은?

① 20kg/s   ② 2.0kg/s

③ 50kg/s   ④ 5.0kg/s

해설⊕

$\dot{m} = \rho \cdot A \cdot V = 1,000 \times 0.01 \times 2 = 20kg/s$

35 온도가 150℃인 공기 3kg이 정압 냉각되어 엔트로피가 1.063kJ/K만큼 감소되었다. 이때 방출된 열량은 약 몇 kJ인가?(단, 공기의 정압비열은 1.01kJ/kg·K이다.)

① 27   ② 379

③ 538   ④ 715

해설⊕

$p = c, \quad \delta q = dh - vdp$

$$ds = \frac{\delta q}{T} = \frac{C_p dT}{T}$$

$$s_2 - s_1 = C_p \int_1^2 \frac{1}{T} dT = C_p \ln \frac{T_2}{T_1}$$

$S_2 - S_1 = m(s_2 - s_1) = m\Delta s = -1.063 \ (감소량)$

$\rightarrow mC_p \ln \frac{T_2}{T_1} = -1.063$

$$\ln \frac{T_2}{T_1} = \frac{-1.063}{mC_p}$$

$\therefore \ T_2 = T_1 \cdot e^{\left(\frac{-1.063}{mC_p}\right)} = (150 + 273)e^{\left(\frac{-1.063}{3 \times 1.01}\right)}$

$\qquad\qquad = 297.84K$

방출된 열량 $_1Q_2 = mC_p(T_2 - T_1)$

$\qquad\qquad = 3 \times 1.01 \times (297.84 - (150 + 273))$

$\qquad\qquad = -379.23kJ$

→ 방열량이므로 열부호(−)를 붙이면 379.23kJ이 방출한 열량이 된다.

36 밀폐계의 가역 정적변화에서 다음 중 옳은 것은?(단, U : 내부에너지, Q : 전달된 열, H : 엔탈피, V : 체적, W : 일이다.)

① $dU = \delta Q$ ② $dH = \delta Q$

③ $dV = \delta Q$ ④ $dW = \delta Q$

해설⊕

$\delta Q = dU + PdV$

$\delta Q = dU \ (\because \ dV = 0)$

37 과열증기를 냉각시켰더니 포화영역 안으로 들어와서 비체적이 $0.2327m^3/kg$이 되었다. 이때의 포화액과 포화증기의 비체적이 각각 $1.079 \times 10^{-3}m^3/kg$, $0.5243m^3/kg$이라면 건도는?

① 0.964   ② 0.772

③ 0.653   ④ 0.443

해설⊕

건도가 x인 습증기의 비체적

$v_x = v_f + xv_{fg} = v_f + x(v_g - v_f)$

$\therefore \ x = \dfrac{v_x - v_f}{v_g - v_f} = \dfrac{0.2327 - 1.079 \times 10^{-3}}{0.5243 - 1.079 \times 10^{-3}} = 0.4427$

38 오토 사이클의 압축비가 6인 경우 이론 열효율은 약 몇 %인가?(단, 비열비 = 1.40이다.)

① 51   ② 54

③ 59   ④ 62

해설⊕

$\eta = 1 - \left(\dfrac{1}{\varepsilon}\right)^{k-1} = 1 - \left(\dfrac{1}{6}\right)^{1.4-1} = 0.512 = 51.2\%$

39 30℃, 100kPa의 물을 800kPa까지 압축한다. 물의 비체적이 0.001m³/kg로 일정하다고 할 때, 단위질량당 소요된 일(공업일)은?

① 167J/kg ② 602J/kg
③ 700J/kg ④ 1,400J/kg

해설⊕

공업일 $\delta w_t = -vdp$ (계가 일을 받으므로 일부호(−))

∴ $\delta w_t = (-) - vdp = vdp$ (여기서, $v = c$)

$$_1w_{t2} = v\int_1^2 dp = v(p_2 - p_1)$$
$$= 0.001 \times (800 - 100)$$
$$= 0.7\text{kJ/kg} = 700\text{J/kg}$$

40 냉동실에서의 흡수 열량이 5 냉동톤(RT)인 냉동기의 성능계수(COP)가 2, 냉동기를 구동하는 가솔린 엔진의 열효율이 20%, 가솔린의 발열량이 43,000kJ/kg일 경우, 냉동기 구동에 소요되는 가솔린의 소비율은 약 몇 kg/h인가?(단, 1 냉동톤(RT)은 약 3.86kW이다.)

① 1.28kg/h ② 2.54kg/h
③ 4.04kg/h ④ 4.85kg/h

해설⊕

$$\varepsilon_R = 2 = \frac{Q_L}{Q_H - Q_L}$$

$$Q_H = Q_L + \frac{Q_L}{\varepsilon_R} = Q_L\left(1 + \frac{1}{\varepsilon_R}\right) = 5 \times \left(1 + \frac{1}{2}\right) = 7.5\text{RT}$$

$$\therefore Q_H = 7.5\text{RT} \times \frac{3.86\text{kW}}{1\text{RT}} = 28.95\text{kW}$$

$$\eta_{th} = \frac{w_{net}}{H_l \times f_b} = \frac{Q_H - Q_L}{H_l \times f_b}, \ 1\text{kWh} = 3,600\text{kJ에서}$$

연료소비율 $f_b = \dfrac{(Q_H - Q_L) \times 3,600}{H_l \times \eta_{th}}$

$$= \frac{(28.95 - 5 \times 3.86) \times 3,600}{43,000 \times 0.2}$$

$$= 4.04\text{kg/h}$$

3과목 **기계유체역학**

41 무차원수인 스트라홀 수(Strouhal number)와 가장 관계가 먼 항목은?

① 점도 ② 속도
③ 길이 ④ 진동흐름의 주파수

해설⊕

Strouhal 수는 St로 표시하며 주파수와 대표길이에 비례하고 흐름의 속도에는 반비례한다.(진동흐름을 설명하는 무차원수)

$$St = \frac{n \cdot D}{U}$$

여기서, n : 관찰한 현상의 주파수
D : 특성길이(와류의 경우는 실린더 직경)
U : 유체의 속도

42 수면의 높이 차이가 H인 두 저수지 사이에 지름 d, 길이 l인 관로가 연결되어 있을 때 관로에서의 평균유속(V)을 나타내는 식은?(단, f는 관마찰계수이고, g는 중력가속도이며, K_1, K_2는 관 입구와 출구에서 부차적 손실계수이다.)

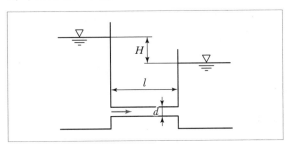

① $V = \sqrt{\dfrac{2gdH}{K_1 + fl + K_2}}$ ② $V = \sqrt{\dfrac{2gH}{K_1 + f + K_2}}$

③ $V = \sqrt{\dfrac{2gH}{K_1 + \dfrac{f}{l} + K_2}}$ ④ $V = \sqrt{\dfrac{2gH}{K_1 + f\dfrac{l}{d} + K_2}}$

해설⊕

손실을 고려한 베르누이 방정식을 적용하면 ①=②+H_l이고, 그림에서 H_l은 두 저수지의 위치에너지 차이이므로 $H_l = H$이다. 전체 손실수두도 H_l은 돌연축소관에서의 손실(h_1)과 곧고 긴 연결관에서 손실수두(h_2), 그리고 돌연확대관에서의 손실수두(h_3)의 합과 같다.

$$H_l = h_1 + h_2 + h_3$$

여기서, $h_1 = K_1 \cdot \dfrac{V^2}{2g}$

$$h_2 = f \cdot \dfrac{L}{d} \cdot \dfrac{V^2}{2g}$$

$$h_3 = K_2 \cdot \dfrac{V^2}{2g}$$

$$H = \left(K_1 + f \cdot \dfrac{L}{d} + K_2\right)\dfrac{V^2}{2g}$$

$$\therefore\ V = \sqrt{\dfrac{2gH}{K_1 + f \cdot \dfrac{L}{d} + K_2}}$$

43 다음 〈보기〉 중 무차원수를 모두 고른 것은?

〈보기〉
a. Reynolds 수 b. 관마찰계수
c. 상대조도 d. 일반기체상수

① a, c ② a, b
③ a, b, c ④ b, c, d

해설⊕

$a : Re = \dfrac{\rho Vd}{\mu} \rightarrow$ 무차원

$b : f = \dfrac{64}{Re} \rightarrow$ 무차원

$c :$ 상대조도 $\dfrac{e}{d} \rightarrow$ 무차원

$d :$ 일반기체상수(표준기체상수) $\overline{R} \rightarrow PV = n\overline{R}T$

$\therefore\ \overline{R} = \dfrac{P \cdot V}{nT}$ (kJ/kmol · K)

44 정지된 액체 속에 잠겨있는 평면이 받는 압력에 의해 발생하는 합력에 대한 설명으로 옳은 것은?

① 크기가 액체의 비중량에 반비례한다.
② 크기는 도심에서의 압력에 면적을 곱한 것과 같다.
③ 작용점은 평면의 도심과 일치한다.
④ 수직평면의 경우 작용점이 도심보다 위쪽에 있다.

해설⊕

• 전압력 $F = \gamma \overline{h} A$

• 작용하는 위치는 전압력 중심 $y_p = \overline{y} + \dfrac{I_X}{A\overline{y}}$ 로 도심 $\overline{y}$ 보다 $\dfrac{I_X}{A\overline{y}}$ 만큼 아래에 있다.

• $\gamma \overline{h}$는 도심깊이에서의 압력($p = \gamma h$)

45 평판으로부터의 거리를 y라고 할 때 평판에 평행한 방향의 속도 분포($u(y)$)가 아래와 같은 식으로 주어지는 유동장이 있다. 여기에서 U와 L은 각각 유동장의 특성속도와 특성길이를 나타낸다. 유동장에서는 속도 $u(y)$만 있고, 유체는 점성계수가 μ인 뉴턴 유체일 때 $y = L/8$에서의 전단응력은?

$$u(y) = U\left(\dfrac{y}{L}\right)^{\frac{2}{3}}$$

① $\dfrac{2\mu U}{3L}$ ② $\dfrac{4\mu U}{3L}$

③ $\dfrac{8\mu U}{3L}$ ④ $\dfrac{16\mu U}{3L}$

해설⊕

뉴턴 유체는 뉴턴의 점성법칙을 만족하므로

$\tau = \mu \cdot \dfrac{du}{dy} \cdots$ ⓐ

$u(y) = U\left(\dfrac{y}{L}\right)^{\frac{2}{3}}$

정답 43 ③ 44 ② 45 ②

$$u' = \frac{du}{dy} = \frac{\frac{2}{3}U \cdot y^{-\frac{1}{3}}}{L^{\frac{2}{3}}} = \frac{2}{3}\frac{U}{L^{\frac{2}{3}} \cdot y^{\frac{1}{3}}} \quad \cdots \ ⓑ$$

ⓑ를 ⓐ에 대입하면

$$\tau = \mu \cdot \frac{2U}{3L^{\frac{2}{3}}y^{\frac{1}{3}}}$$

$y = \dfrac{L}{8}$ 에서의 전단응력이므로

$$\tau)_{\frac{L}{8}} = \mu \cdot \frac{2U}{3L^{\frac{2}{3}} \times \left(\frac{L}{8}\right)^{\frac{1}{3}}} = \mu\frac{2 \times U \times 2}{3 \cdot L^{\frac{2}{3}} \cdot L^{\frac{1}{3}}}$$

$$\therefore \ \tau = \frac{4\mu U}{3L}$$

46 다음 중 단위계(System of Unit)가 다른 것은?

① 항력(Drag)
② 응력(Stress)
③ 압력(Pressure)
④ 단위 면적당 작용하는 힘

해설⊕ -

항력 D → 힘 → F차원

응력 = 압력 = 단위 면적당 힘

→ N/m^2 → 힘/면적 → FL^{-2}차원

47 지름비가 1 : 2 : 3인 모세관의 상승높이 비는 얼마인가?(단, 다른 조건은 모두 동일하다고 가정한다.)

① 1 : 2 : 3
② 1 : 4 : 9
③ 3 : 2 : 1
④ 6 : 3 : 2

해설⊕ -

$h = \dfrac{4\sigma\cos\theta}{\gamma d}$ → 모세관의 직경이 커질수록 관과 유체 사이의 부착력이 작아져 상승높이는 낮아진다. (d에 반비례)

지름비에 반비례하므로 $\dfrac{1}{1} : \dfrac{1}{2} : \dfrac{1}{3} = 6 : 3 : 2$

48 다음 중 유량을 측정하기 위한 장치가 아닌 것은?

① 위어(Weir)
② 오리피스(Orifice)
③ 피에조미터(Piezo Meter)
④ 벤투리미터(Venturi Meter)

해설⊕ -

피에조미터는 정압측정장치이다.

49 국소대기압이 710mmHg일 때, 절대압력 50kPa은 게이지 압력으로 약 얼마인가?

① 44.7Pa 진공
② 44.7Pa
③ 44.7kPa 진공
④ 44.7kPa

해설⊕ -

절대압력 = 국소대기압 + 게이지압

$$P_{abs} = P_o + P_g$$

$$P_o = 710mmHg \times \frac{1.01325bar}{760mmHg} \times \frac{10^5 Pa}{1bar}$$

$$= 94,658.9Pa = 94.66kPa$$

$$\therefore \ P_g = P_{abs} - P_o = 50 - 94.66 = -44.66kPa(진공압)$$

50 지름은 200mm에서 지름 100mm로 단면적이 변하는 원형관 내의 유체 흐름이 있다. 단면적 변화에 따라 유체 밀도가 변경 전 밀도의 106%로 커졌다면, 단면적이 변한 후의 유체 속도는 약 몇 m/s인가?(단, 지름 200mm에서 유체의 밀도는 800kg/m³, 평균 속도는 20m/s이다.)

① 52
② 66
③ 75
④ 89

정답 46 ① 47 ④ 48 ③ 49 ③ 50 ③

$\rho_1 A_1 V_1 = \rho_2 A_2 V_2$

$(\dot{m}_i = \dot{m}_e$: 압축성 유체에서 질량유량 일정

$\rightarrow$ 여기서, $\rho_1 = \rho$, $\rho_2 = 1.06\rho$)

$\therefore V_2 = \dfrac{\rho_1 A_1 V_1}{\rho_2 A_2} = \dfrac{\rho \cdot \frac{\pi}{4} \times 0.2^2 \times 20}{1.06 \times \rho \times \frac{\pi \times 0.1^2}{4}}$

$\qquad = \dfrac{0.2^2 \times 20}{1.06 \times 0.1^2} = 75.47 \text{m/s}$

51

지름이 0.01m인 관 내로 점성계수 0.005N · s/m², 밀도 800kg/m³인 유체가 1m/s의 속도로 흐를 때 이 유동의 특성은?

① 층류 유동
② 난류 유동
③ 천이 유동
④ 위 조건으로는 알 수 없다.

$Re = \dfrac{\rho \cdot Vd}{\mu} = \dfrac{800 \times 1 \times 0.001}{0.005} = 1,600 < 2,100$이므로 층류이다.

52

스프링 상수가 10N/cm인 4개의 스프링으로 평판 A를 벽 B에 그림과 같이 장착하였다. 유량 0.01m³/s, 속도 10m/s인 물 제트가 평판 A의 중앙에 직각으로 충돌할 때, 평판과 벽 사이에서 줄어드는 거리는 약 몇 cm인가?

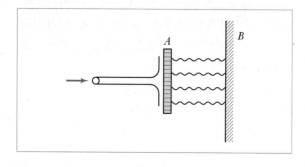

① 2.5
② 1.25
③ 10.0
④ 5.0

평판 A에 작용하는 힘 F

$-F = \rho Q(V_{2x} - V_{1x})$ (여기서, $V_{2x} = 0$, $V_{1x} = V$)

$-F = \rho Q(-V)$

$\therefore F = \rho Q V = 1,000 \times 0.01 \times 10 = 100 \text{N}$

4개의 스프링(병렬조합)으로 100N을 나누어 받으므로

$W = W_1 + W_2 + W_3 + W_4$

$K\delta = K_1 \delta_1 + K_2 \delta_2 + K_3 \delta_3 + K_4 \delta_4$

(수축량 동일, 즉 $\delta_1 = \delta_2 = \delta_3 = \delta_4$)

병렬조합에서 등가스프링상수

$K = K_1 + K_2 + K_3 + K_4 = 4K_1$ ($\because$ 동일한 스프링)

$\quad = 4 \times 10 = 40 \text{N/cm}$

$F = K \cdot \delta$에서 $\delta = \dfrac{F}{K} = \dfrac{100}{40} = 2.5 \text{cm}$

53

2차원 속도장이 $\vec{V} = y^2 \hat{i} - xy \hat{j}$로 주어질 때 (1, 2) 위치에서의 가속도의 크기는 약 얼마인가?

① 4
② 6
③ 8
④ 10

$\vec{V} = ui + vj$, $u = y^2$, $v = -xy$

본질미분 $\equiv a = \dfrac{D\vec{V}}{Dt} = u \cdot \dfrac{\partial \vec{V}}{\partial x} + v \cdot \dfrac{\partial \vec{V}}{\partial y} + \dfrac{\partial \vec{V}}{\partial t}$

$\qquad = y^2 \cdot (-yj) - xy(2yi - xj) + 0$

$\qquad = -y^3 j - xy(2yi - xj)$

$\therefore \dfrac{D\vec{V}}{Dt}\bigg|_{(1,2)} = -8j - 2(4i - j)$ ($\leftarrow x = 1$, $y = 2$ 대입)

$\qquad = -8j - 8i + 2j = -8i - 6j$

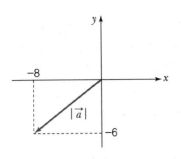

$$\therefore \ |\vec{a}| = \sqrt{(-8)^2 + (-6)^2} = 10\text{m/s}^2$$

54 낙차가 100m이고 유량이 500m³/s인 수력발전소에서 얻을 수 있는 최대 발전용량은?

① 50kW
② 50MW
③ 490kW
④ 490MW

해설◎

$$H_{\text{kW}} = \frac{\gamma HQ}{1,000} = \frac{9,800 \times 100 \times 500}{1,000}$$
$$= 490,000\text{kW} = 490\text{MW}$$

55 노즐을 통하여 풍량 $Q = 0.8\text{m}^3/\text{s}$일 때 마노미터 수두 높이차 h는 약 몇 m인가?(단, 공기의 밀도는 1.2kg/m³이며 물의 밀도는 1,000kg/m³이며, 노즐유량계의 송출계수는 1로 가정한다.)

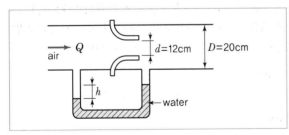

① 0.13
② 0.27
③ 0.48
④ 0.62

해설◎

$$V_2 = \frac{Q}{A_2} = \frac{0.8}{\frac{\pi}{4} \times 0.12^2} = 70.74, \ \gamma_{\text{공기}} = \gamma_a$$

$$\frac{P_1}{\gamma_a} + \frac{V_1^2}{2g} = \frac{P_2}{\gamma_a} + \frac{V_2^2}{2g}$$

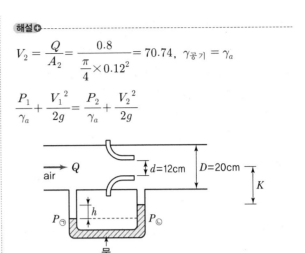

$$\frac{P_1 - P_2}{\gamma_a} = \frac{V_2^2}{2g}\left\{1 - \left(\frac{V_1}{V_2}\right)^2\right\} = \frac{V_2^2}{2g}\left\{1 - \left(\frac{A_2}{A_1}\right)^2\right\}$$
$$= \frac{V_2^2}{2g}\left\{1 - \left(\frac{d_2}{d_1}\right)^4\right\} \ \cdots \ ⓐ$$

$$P_{\text{㉠}} = P_{\text{㉡}}$$
$$P_{\text{㉠}} = P_1 + \gamma_a(K+h), \ P_{\text{㉡}} = P_2 + \gamma_a K + \gamma_w h$$
$$\therefore \ P_1 + \gamma_a(K+h) = P_2 + \gamma_a K + \gamma_w h$$
$$P_1 - P_2 = (\gamma_w - \gamma_a)h \ \text{를 ⓐ에 대입하면}$$

$$\frac{(\gamma_w - \gamma_a)h}{\gamma_a} = \frac{V_2^2}{2g}\left\{1 - \left(\frac{d_2}{d_1}\right)^4\right\}$$

$$\therefore \ h = \frac{\frac{V_2^2}{2g}\left\{1 - \left(\frac{d_2}{d_1}\right)^4\right\}}{\left(\frac{\rho_w}{\rho_a} - 1\right)} = \frac{\frac{70.74^2}{2 \times 9.8}\left(1 - \left(\frac{12}{20}\right)^4\right)}{\left(\frac{1,000}{1.2} - 1\right)}$$

$$= 0.27\text{m}$$

56 Blasius의 해석결과에 따라 평판 주위의 유동에 있어서 경계층 두께에 관한 설명으로 틀린 것은?

① 유체속도가 빠를수록 경계층 두께는 작아진다.
② 밀도가 클수록 경계층 두께는 작아진다.
③ 평판길이가 길수록 평판 끝단부의 경계층 두께는 커진다.
④ 점성이 클수록 경계층 두께는 작아진다.

해설●

$$\frac{\delta}{x} = \frac{5.48}{\sqrt{Re_x}} = \frac{5.48}{\sqrt{\dfrac{\rho V x}{\mu}}}$$

경계층은 평판의 선단으로부터 점성의 영향이 미치는 얇은 층으로 점성이 클수록 경계층 두께는 증가한다.

57 퍼텐셜 함수가 $K\theta$인 선와류 유동이 있다. 중심에서 반지름 1m인 원주를 따라 계산한 순환(Circulation)은?(단, $\vec{V} = \nabla\phi = \dfrac{\partial\phi}{\partial r}\hat{i}_r + \dfrac{1}{r}\dfrac{\partial\phi}{\partial\theta}\hat{i}_\theta$이다.)

① 0   ② K
③ πK ④ $2\pi K$

해설●

퍼텐셜 함수 $\phi = K\theta$, $\vec{V} = V_r\hat{i}_r + V_\theta \cdot \hat{i}_\theta$, $V_r = \dfrac{\partial\phi}{\partial r} = 0$

$$V_\theta = \frac{1}{r}\frac{\partial\phi}{\partial\theta} = \frac{1}{r}\frac{\partial(K\theta)}{\partial\theta} = \frac{K}{r}$$

폐곡면(S상)에서 그 면의 법선방향의 와도의 총합은 폐곡선 C를 따르는 반시계 방향으로 일주한 선적분의 합이다.

순환(Γ) $= \displaystyle\oint_c \vec{V} \cdot \vec{ds} = \int_0^{2\pi} V_\theta ds$

$$\Gamma = \int_0^{2\pi} \frac{K}{r} r d\theta = \int_0^{2\pi} K d\theta$$
$$= K[\theta]_0^{2\pi} = K(2\pi - 0) = 2\pi K$$

58 수면에 떠 있는 배의 저항문제에 있어서 모형과 원형 사이에 역학적 상사(相似)를 이루려면 다음 중 어느 것이 중요한 요소가 되는가?

① Reynolds number, Mach number
② Reynolds number, Froude number
③ Weber number, Euler number
④ Mach number, Weber number

해설●

자유표면 위를 움직이는 배의 실험에서 중요한 무차원수는 Fr(프루드수)이다.

59 지름 D인 파이프 내에 점성 μ인 유체가 층류로 흐르고 있다. 파이프 길이가 L일 때, 유량과 압력 손실 Δp의 관계로 옳은 것은?

① $Q = \dfrac{\pi\Delta p D^2}{128\mu L}$ ② $Q = \dfrac{\pi\Delta p D^2}{256\mu L}$
③ $Q = \dfrac{\pi\Delta p D^4}{128\mu L}$ ④ $Q = \dfrac{\pi\Delta p D^4}{256\mu L}$

해설●

하이겐포아젤 방정식 $Q = \dfrac{\Delta p \pi d^4}{128\mu l}$

60 조종사가 2,000m의 상공에서 일정 속도로 낙하산으로 강하하고 있다. 조종사의 무게가 1,000N, 낙하산 지름이 7m, 항력계수가 1.3일 때 낙하속도는 약 몇 m/s인가?(단, 공기 밀도는 1kg/m³이다.)

① 5.0   ② 6.3
③ 7.5   ④ 8.2

해설●

$D = W$이므로

$$D = C_D \cdot \frac{\rho A V^2}{2} = C_D \cdot \frac{\rho V^2}{2} \cdot \frac{\pi}{4} d^2 \text{에서}$$

$$V = \sqrt{\frac{8D}{C_D \cdot \rho\pi d^2}} = \sqrt{\frac{8 \times 1,000}{1.3 \times 1 \times \pi \times 7^2}} = 6.32\text{m/s}$$

정답   56 ④   57 ④   58 ②   59 ③   60 ②

4과목 **기계재료 및 유압기기**

61 대표적인 주조경질 합금으로 코발트를 주성분으로 한 Co- Cr–W–C계 합금은?

① 라우탈(Lautal) ② 실루민(Silumin)
③ 세라믹(Ceramic) ④ 스텔라이트(Stellite)

해설⊕
주조경질합금(상품명－스텔라이트(Stellite))
• W(10~17%)－Co(40~50%)－Cr(15~33%)－C(2~4%)－Fe(5%)의 합금
• 비철합금 공구 재료이며 경도가 높아 담금질할 필요 없이 주조한 그대로 연삭하여 사용한다.

62 두랄루민의 합금 조성으로 옳은 것은?

① Al－Cu－Zn－Pb ② Al－Cu－Mg－Mn
③ Al－Zn－Si－Sn ④ Al－Zn－Ni－Mn

해설⊕
두랄루민
• Al－Cu(4%)－Mg(0.5%)－Mn(0.5%)계 합금
• 700~800℃에서 생긴 주조 결정조직을 430~470℃에서 열간가공 하고 500~510℃에서 용체화(담금질)하여 시효 경화시키면 기계적 성질이 향상된다.

63 강의 열처리 방법 중 표면경화법에 해당하는 것은?

① 마퀜칭 ② 오스포밍
③ 침탄질화법 ④ 오스템퍼링

해설⊕
표면경화법
재료의 표면만을 단단하게 만드는 열처리 방법이다.
• 화학적 방법 : 침탄법, 질화법, 침탄질화법
• 물리적 방법 : 화염경화법, 고주파경화법

• 금속침투법 : 세라다이징(Zn), 칼로라이징(Ca), 크로마이징(Cr), 실리코나이징(Si), 보로나이징(B)
• 기타 : 숏피닝, 하드페이싱

64 고속도공구강(SKH2)의 표준조성에 해당되지 않는 것은?

① W ② V
③ Al ④ Cr

해설⊕
고속도강(SKH)
• W(18%)－Cr(4%)－V(1%)－C(0.8%)의 합금
• 금속재료를 빠른 속도로 절삭하는 공구에 사용되는 특수강
• 사용온도 : 600℃까지 경도 유지
• 절삭속도는 탄소강의 2배 이상으로 고속도강이라 명명되었다.

65 다음 중 비중이 가장 큰 금속은?

① Fe ② Al
③ Pb ④ Cu

해설⊕
① Fe : 7.8 ② Al : 2.7
③ Pb : 11.36 ④ Cu : 8.96

66 서브제로(Sub-Zero) 처리에 관한 설명으로 틀린 것은?

① 마모성 및 피로성이 향상된다.
② 잔류 오스테나이트를 마텐자이트화한다.
③ 담금질을 한 강의 조직이 안정화된다.
④ 시효 변화가 적으며 부품의 치수 및 형상이 안정된다.

2016

정답 61 ④ 62 ② 63 ③ 64 ③ 65 ③ 66 ①

해설⊕

심랭처리(Sub-zero)

- 상온으로 담금질된 강을 다시 0℃ 이하의 온도로 냉각하는 열처리
- 잔류 오스테나이트를 마텐자이트로 변태시키기 위한 열처리
- 담금질 균열 방지, 치수변화 방지, 경도 향상(게이지강) 효과가 있다.

67 고망간강에 관한 설명으로 틀린 것은?

① 오스테나이트 조직을 갖는다.
② 광석·암석의 파쇄기의 부품 등에 사용된다.
③ 열처리에 수인법(Water Toughening)이 이용된다.
④ 열전도성이 좋고 팽창계수가 작아 열변형을 일으키지 않는다.

해설⊕

고망간강(Hadfield강)

- Fe-C(1~1.2%)-Mn(11~13%)의 합금
- Austenite 조직으로 가공경화속도가 아주 크다.
- 상자성체이며, 내충격성이 대단히 우수하여 내마모재로 사용된다.
- 각종 산업기계용, 기차레일의 교차점에 사용된다.
- 수인법 : 고망간강이나 18-8스테인리스강 등과 같이 첨가원소가 다량인 것은 변태온도가 더욱 저하되어 있으므로 서랭시켜도 그 조직이 오스테나이트로 된다. 이러한 것들은 1,000℃에서 수중에 급랭시켜서 완전한 오스테나이트로 만드는 것이 오히려 연하고 인성이 증가되어 가공하기가 용이하다.

68 강의 5대 원소만을 나열한 것은?

① Fe, C, Ni, Si, Au   ② Ag, C, Si, Co, P
③ C, Si, Mn, P, S   ④ Ni, C, Si, Cu, S

69 C와 Si의 함량에 따른 주철의 조직을 나타낸 조직분포도는?

① Gueiner, Kligenstein 조직도
② 마우러(Maurer) 조직도
③ Fe-C 복평형 상태도
④ Guilet 조직도

해설⊕

마우러 조직도(Maurer's Diagram)

- 마우러(Maurer)는 지름 75mm의 원봉을 1,250℃의 건조형틀에 주입하여 냉각속도에 따른 조직의 변화를 표시한 조직도를 발표하였다.
- 주철의 조직을 지배하는 요소인 C와 Si의 함유량 및 냉각속도에 따른 주철의 조직관계를 나타내는 조직도

70 과공석강의 탄소함유량(%)으로 옳은 것은?

① 약 0.01~0.02%
② 약 0.02~0.80%
③ 약 0.80~2.0%
④ 약 2.0~4.3%

해설⊕

강의 분류

- 공석강 : 철의 탄소함유량이 0.77% C일 때, A_1 변태온도 이하에서 조직은 펄라이트
- 아공석강 : 철의 탄소함유량이 0.025~0.77% C일 때, A_1 변태온도 이하에서 조직은 페라이트+펄라이트
- 과공석강 : 철의 탄소함유량이 0.77~2.11% C일 때, A_1 변태온도 이하에서 조직은 펄라이트+시멘타이트

71 그림과 같이 P_3의 압력은 실린더에 작용하는 부하의 크기 혹은 방향에 따라 달라질 수 있다. 그러나 중앙의 "A"에 특정 밸브를 연결하면 P_3의 압력 변화에 대하여 밸브 내부에서 P_2의 압력을 변화시켜 ΔP를 항상 일정하게 유지시킬 수 있는데 "A"에 들어갈 수 있는 밸브는 무엇인가?

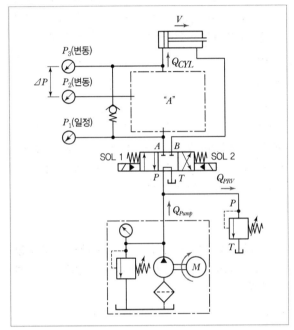

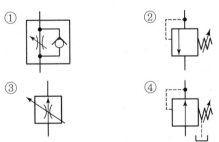

압력 보상형 유량제어밸브

• 스로틀밸브나 스로틀체크밸브는 액추에이터가 받는 부하에 변화가 일어나면, 밸브의 입구 쪽과 출구 쪽에 압력차가 생겨서 일정한 유체 흐름 속도를 얻을 수 없다.

• 압력보상형 유량제어밸브는 압력보상 피스톤이 작동함으로써, 액추에이터 부하의 변화에 의해 생긴 압력차를 보상하여 밸브의 입구 쪽과 출구 쪽 압력차를 일정하게 유지하여 액추에이터의 속도를 조절해 준다.

• 압력보상형 유량제어밸브는 입구와 출구의 방향표시가 반드시 필요하다.

72 유량제어 밸브를 실린더 출구 측에 설치한 회로로서 실린더에서 유출되는 유량을 제어하여 피스톤 속도를 제어하는 회로는?

① 미터인 회로 ② 카운터 밸런스 회로
③ 미터아웃 회로 ④ 블리드오프 회로

실린더에 공급되는 유량을 조절하여 실린더의 속도를 제어하는 회로

• 미터인 방식 : 실린더의 입구 쪽 관로에서 유량을 교축시켜 작동속도를 조절하는 방식

• 미터아웃 방식 : 실린더의 출구 쪽 관로에서 유량을 교축시켜 작동속도를 조절하는 방식

• 블리드오프 방식 : 실린더로 흐르는 유량의 일부를 탱크로 분기함으로써 작동 속도를 조절하는 방식

73 그림과 같은 방향 제어 밸브의 명칭으로 옳은 것은?

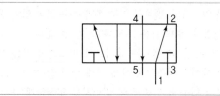

① 4 ports–4 control position valve

② 5 ports–4 control position valve

③ 4 ports–2 control position valve

④ 5 ports–2 control position valve

해설⊕

• ports : 밸브에 접속되는 주관로의 수

• position : 작동유의 흐름 방향을 바꿀 수 있는 위치의 수 (네모칸의 수)

74 다음 유압작동유 중 난연성 작동유에 해당하지 않는 것은?

① 물–글리콜형 작동유

② 인산 에스테르형 작동유

③ 수중 유형 유화유

④ R&O형 작동유

해설⊕

• 합성작동유 : 인산 에스테르계, 지방산 에스테르계, 연소화 탄화수소계

• 수성계 작동유 : 물–글리콜계, 유중수적형 유화액(W/O형 에멀전), 수중유적형 유화액(O/W형 에멀전)

75 유입관로의 유량이 25L/min일 때 내경이 10.9 mm라면 관 내 유속은 약 몇 m/s인가?

① 4.47

② 14.62

③ 6.32

④ 10.27

해설⊕

$$Q = AV$$

$$V = \frac{Q}{A} = \frac{4Q}{\pi D^2} = \frac{4 \times 25 \times 10^{-3}}{60 \times \pi \times 0.0109^2} = 4.465 \, \text{m/s}$$

76 일반적으로 저점도유를 사용하며 유압시스템의 온도도 60~80℃ 정도로 높은 상태에서 운전하여 유압시스템 구성기기의 이물질을 제거하는 작업은?

① 엠보싱

② 블랭킹

③ 플러싱

④ 커미싱

해설⊕

플러싱

유압회로 내의 이물질을 제거하거나 작동유 교환 시 오래된 오일과 슬러지를 용해하여 오염물의 전량을 회로 밖으로 배출시켜서 회로를 깨끗하게 하는 작업이다.

77 실린더 안을 왕복운동하면서, 유체의 압력과 힘의 주고 받음을 하기 위한 지름에 비하여 길이가 긴 기계 부품은?

① Spool

② Land

③ Port

④ Plunger

해설⊕

① Spool : 원통형 미끄럼 면에 접촉되어 이동하면서 유로를 개폐하는 부품

② Land : 스풀밸브에서 스풀의 이동 미끄럼면

③ Port : 작동 유체 통로의 열린 부분

78 한쪽 방향으로의 흐름은 자유로우나 역방향의 흐름을 허용하지 않는 밸브는?

① 셔틀 밸브

② 체크 밸브

③ 스로틀 밸브

④ 릴리프 밸브

정답 **73** ④ **74** ④ **75** ① **76** ③ **77** ④ **78** ②

해설⊕

① 셔틀 밸브 : 한 개의 출구와 2개 이상의 입구를 갖고 출구가 최고 압력 측 입구를 선택하는 기능을 가진 밸브

③ 스로틀 밸브 : 통로의 단면적을 바꾸는 데 따른 스로틀 작용에 의해 감압이나 유량을 조절하는 밸브

④ 릴리프 밸브 : 과도한 압력으로부터 시스템을 보호하는 안전밸브

79 유압회로에서 감속회로를 구성할 때 사용되는 밸브로 가장 적합한 것은?

① 디셀러레이션 밸브   ② 시퀀스 밸브

③ 저압우선형 셔틀 밸브   ④ 파일럿 조작형 체크 밸브

해설⊕

디셀러레이션 밸브(감속밸브)

적당한 캠기구로 스풀을 이동시켜 유량의 증감(속도를 증감) 또는 개폐작용을 하는 밸브로서 상시 개방형과 상시 폐쇄형이 있다.

80 그림과 같은 유압 회로도에서 릴리프 밸브는?

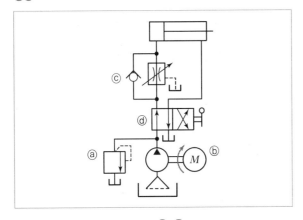

① ⓐ   ② ⓑ

③ ⓒ   ④ ⓓ

해설⊕

ⓐ 릴리프 밸브

ⓑ 전동기

ⓒ 1방향 교축 밸브(미터인 회로 구성에 중요한 부속)

ⓓ 방향제어 밸브(2위치 4포트 4방향)

5과목 **기계제작법 및 기계동력학**

81 x방향에 대한 운동방정식이 다음과 같이 나타날 때 이 진동계에서의 감쇠 고유진동수(Damped Natural Frequency)는 약 몇 rad/s인가?

$$2\ddot{x} + 3\dot{x} + 8x = 0$$

① 2.75   ② 1.35

③ 2.25   ④ 1.85

해설⊕

운동방정식 $2\ddot{x} + 3\dot{x} + 8x = m\ddot{x} + c\dot{x} + kx = 0$의 수식이므로

$m = 2$, $c = 3$, $k = 8$에서

$$\omega_n = \sqrt{\frac{k}{m}} = \sqrt{\frac{8}{2}} = 2$$

감쇠비 $\zeta = \dfrac{c}{c_c} = \dfrac{c}{2\sqrt{mk}} = \dfrac{c}{2m\omega_n} = \dfrac{3}{2 \times 2 \times 2} = \dfrac{3}{8}$

∴ 감쇠고유진동수

$$\omega_d = \omega_n \sqrt{1 - \zeta^2} = 2\sqrt{1 - \left(\frac{3}{8}\right)^2} = 1.85\,\text{rad/s}$$

82 감쇠비(ζ)가 일정할 때 전달률을 1보다 작게 하려면 진동수비는 얼마의 크기를 가지고 있어야 하는가?

① 1보다 작아야 한다.

② 1보다 커야 한다.

③ $\sqrt{2}$ 보다 작아야 한다.

④ $\sqrt{2}$ 보다 커야 한다.

전달률 $TR < 1$의 경우, 진동수비 $\gamma > \sqrt{2}$ 보다 커야 진동 절연이 된다.

83 그림과 같이 길이가 서로 같고 평행인 두 개의 부재에 매달려 운동하는 평판의 운동의 형태는?

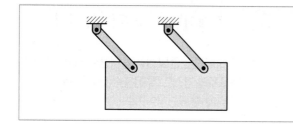

① 병진운동
② 고정축에 대한 회전운동
③ 고정점에 대한 회전운동
④ 일반적인 평면운동(회전운동 및 병진운동이 아닌 평면 운동)

병진운동은 직선 병진운동과 곡선 병진운동으로 나누는데, 곡선 병진운동은 모든 점이 지정된 곡선을 따라 이동하며 물체 내를 이은 어떠한 선분도 회전하지 않는다.

84 질량 10kg인 상자가 정지한 상태에서 경사면을 따라 A지점에서 B지점까지 미끄러져 내려왔다. 이 상자의 B지점에서의 속도는 약 몇 m/s인가?(단, 상자와 경사면 사이의 동마찰계수(μ_k)는 0.30이다.)

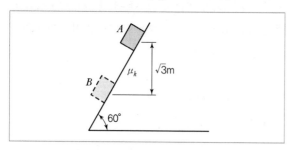

① 5.3
② 3.9
③ 7.2
④ 4.6

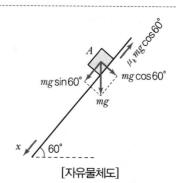

[자유물체도]

ⅰ) A에서 B까지 미끄러진 거리 r

$r\sin 60° = \sqrt{3}$

$\therefore r = \dfrac{\sqrt{3}}{\sin 60°} = 2\,\mathrm{m}$

ⅱ) x방향으로 미끄러진 거리 r에 의한 일에너지와 운동에너지는 같으므로

$$\sum F_x \cdot r = \frac{1}{2}m\left(V_B{}^2 - V_A{}^2\right)$$

자유물체도에서

$$\sum F_x = mg\sin 60° - \mu_k mg\cos 60°, \quad V_A = 0$$

$$\therefore \left(mg\sin 60° - \mu_k mg\cos 60°\right)r = \frac{1}{2}mV_B{}^2$$

$$V_B = \sqrt{2gr(\sin 60° - \mu_k\cos 60°)}$$
$$= \sqrt{2 \times 9.8 \times 2 \times (\sin 60° - 0.3\cos 60°)}$$
$$= 5.3\,\mathrm{m/s}$$

85 질량이 100kg이고 반지름이 1m인 구의 중심에 420N의 힘이 그림과 같이 작용하여 수평면 위에서 미끄러짐 없이 구르고 있다. 바퀴의 각가속도는 몇 rad/s^2 인가?

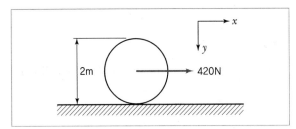

① 2.2   ② 2.8

③ 3   ④ 3.2

해설⊕

구와 수평면의 접촉점을 O라 하면, 회전운동에 대한 모멘트 대수합은

$$\sum M_O = J_O \alpha$$

여기서, α : 각가속도

$$M_O = F \cdot r$$

$$J_O = J_G + ml^2 \ (\because \ l = r)$$
$$= \frac{2}{5}mr^2 + mr^2 = \frac{7}{5}mr^2$$

수식에 적용하면

$$420\text{N} \times 1\text{m} = \frac{7}{5}(100 \times 1^2)\alpha \quad \therefore \ \alpha = 3\text{rad/s}^2$$

86 주기운동의 변위 $x(t)$가 $x(t) = A\sin\omega t$로 주어졌을 때 가속도의 최댓값은 얼마인가?

① A ② ωA

③ $\omega^2 A$ ④ $\omega^3 A$

해설⊕

변위 : $x(t) = A\sin\omega t$

속도 : $\dot{x}(t) = \omega A\cos\omega t$

가속도 : $\ddot{x}(t) = -\omega^2 A\sin\omega t$

최대 가속도는 최대 진폭 $|-\omega^2 A| = \omega^2 A$

87 36km/h의 속력으로 달리던 자동차 A가, 정지하고 있던 자동차 B와 충돌하였다. 충돌 후 자동차 B는 2m만큼 미끄러진 후 정지하였다. 두 자동차 사이의 반발계수 e는 약 얼마인가?(단, 자동차 A, B의 질량은 동일하며 타이어와 노면의 동마찰계수는 0.8이다.)

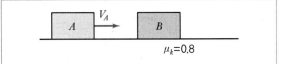

① 0.06   ② 0.08

③ 0.10   ④ 0.12

해설⊕

$$e = \frac{분리상대속도}{접근상대속도} = \frac{V_{B/A}'}{V_{A/B}} = \frac{V_B' - V_A'}{V_A - V_B}$$

ⅰ) 충돌 전의 A, B의 속도

$$V_A = \frac{36 \times 10^3}{3,600} = 10\text{m/s}, \ V_B = 0$$

ⅱ) 선운동량 보존의 법칙을 적용하면

$$m_A V_A + m_B V_B = m_A V_A' + m_B V_B'$$

$m_A = m_B = $ 일정(동일)하므로

$$V_A + V_B = V_A' + V_B'$$

$$\therefore \ V_A = V_A' + V_B' \ \cdots \ ⓐ$$

ⅲ) 충돌 후 B의 마찰일에 의한 에너지와 운동에너지는 같으므로

$$\mu_k \cdot W \cdot r = \mu_k \cdot mgr = \frac{1}{2}m(V_B')^2$$

$$\therefore \ V_B' = \sqrt{2\mu_k \cdot g \cdot r}$$
$$= \sqrt{2 \times 0.8 \times 9.8 \times 2} = 5.6\text{m/s} \ \cdots \ ⓑ$$

ⅳ) ⓑ를 ⓐ에 대입하면

$$V_A' = V_A - V_B' = 10 - 5.6 = 4.4\text{m/s}$$

$$\therefore \ e = \frac{5.6 - 4.4}{10 - 0} = 0.12$$

정답   85 ②   86 ③   87 ④

88 기중기 줄에 200N과 160N의 일정한 힘이 작용하고 있다. 처음 물체의 속도는 밑으로 2m/s였는데, 5초 후에 물체 속도의 크기는 약 몇 m/s인가?

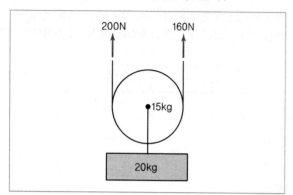

① 0.18m/s
② 0.28m/s
③ 0.38m/s
④ 0.48m/s

해설⊕

↑(+)로 가정, 뉴턴의 제2법칙 $\sum F = ma$를 적용하면
장력−무게=ma이므로
$(200+160) - (15+20) \times 9.8 = (15+20)a$
$\therefore\ a = 0.48 \text{m/s}^2$
$a = \dfrac{dV}{dt}$에서 $dV = adt$
적분하면 $V - V_0 = at$
$\therefore\ V = V_0 + at$ (여기서, $t = 5$초)
$\quad\quad = -2 + 0.48 \times 5 = 0.4 \text{m/s}$

89 스프링으로 지지되어 있는 질량의 정적 처짐이 0.5cm일 때 이 진동계의 고유진동수는 몇 Hz인가?

① 3.53
② 7.05
③ 14.09
④ 21.15

해설⊕

$\omega_n = \sqrt{\dfrac{k}{m}} = \sqrt{\dfrac{g}{\delta_{st}}} = \sqrt{\dfrac{9.8}{0.005}} = 44.27$

$f_n = \dfrac{\omega_n}{2\pi} = \dfrac{44.27}{2\pi} = 7.046 \text{Hz}$

90 어떤 사람이 정지상태에서 출발하여 직선방향으로 등가속도 운동을 하여 5초 만에 10m/s의 속도가 되었다. 출발하여 5초 동안 이동한 거리는 몇 m인가?

① 5
② 10
③ 25
④ 50

해설⊕

ⅰ) $a = \dfrac{dV}{dt}$에서 $dV = a_c dt$ ($a = a_c$로 일정)를 적분하면
$\quad V - V_0 = a_c t \ \rightarrow\ V = V_0 + a_c t$
$\quad \left(a_c = \dfrac{V}{t} = \dfrac{10}{5} = 2\text{m/s}^2 \right)$

ⅱ) $V = \dfrac{dS}{dt}$에서 $dS = Vdt = (V_0 + a_c t)dt$를 적분하면
$\quad S - S_0 = V_0 t + \dfrac{1}{2} a_c t^2$ (여기서, $S_0 = 0,\ V_0 = 0$)
$\quad \therefore\ S = \dfrac{1}{2} a_c t^2 = \dfrac{1}{2} \times 2 \times 5^2 = 25\text{m}$

91 다음 중 열처리(담금질)에서의 냉각능력이 가장 우수한 냉각제는?

① 비눗물
② 글리세린
③ 18℃의 물
④ 10% NaCl액

해설⊕

담금질 냉각제에 따른 냉각속도
소금물>물>비눗물>기름>공기>노(내부)

92 경화된 작은 철구(鐵球)를 피가공물에 고압으로 분사하여 표면의 경도를 증가시켜 기계적 성질, 특히 피로강도를 향상시키는 가공법은?

① 버핑
② 버니싱
③ 숏 피닝
④ 슈퍼 피니싱

해설⊕

① 버핑 : 천, 가죽, 벨트 등으로 만들어진 연마제를 고정시킨 다음, 고속 회전하여 연마하는 가공법

정답　88 ③　89 ②　90 ③　91 ④　92 ③

② 버니싱

- 볼 버니싱 : 필요한 형상을 한 공구로 공작물의 표면을 누르며 이동시켜, 표면에 소성 변형을 일으키게 하여 매끈하고 정도가 높은 면을 얻는 가공법
- 롤러 버니싱 : 경화된 롤러를 회전하는 공작물에 압착하고 롤러에 이송 운동을 주며, 공작물 표면에 탄성 한도를 초과 압연하여 요철을 감소시켜 다듬질 면을 얻는 가공법

④ 슈퍼 피니싱 : 미세하고 연한 숫돌을 가공표면에 가압하고, 공작물에 회전 이송운동, 숫돌에 진동을 주어 0.5mm 이하의 경면(鏡面) 다듬질에 사용

93 허용동력이 3.6kW인 선반의 출력을 최대한으로 이용하기 위하여 취할 수 있는 허용최대 절삭면적은 몇 mm²인가?(단, 경제적 절삭속도는 120m/min을 사용하며, 피삭재의 비절삭 저항이 45kgf/mm², 선반의 기계 효율이 0.800이다.)

① 3.26 　　　　② 6.26

③ 9.26 　　　　④ 12.26

해설 ⊕

$$H = \frac{FV}{\eta} = \frac{\tau A V}{\eta} [\text{kW}]$$

(여기서, F : 주분력(N), V : 절삭속도(m/sec), η : 효율)

$$\therefore A = \frac{H\eta}{\tau V} [\text{m}^2]$$

$$\tau = 45\text{kgf}/\text{mm}^2 = 45 \times 9.81 = 441.45 [\text{N}/\text{mm}^2]$$

$$V = 120\text{m}/\text{min} = \frac{120 \times 1{,}000}{60} = 2{,}000 [\text{mm}/\text{s}]$$

$$H = 3.6\text{kW} = 3{,}600\text{W} = 3{,}600\text{N} \cdot \text{m/s}$$
$$= 3.6 \times 10^6 [\text{N} \cdot \text{mm/s}]$$

$$A = \frac{3.6 \times 10^6 \times 0.8}{441.45 \times 2{,}000} = 3.264 [\text{mm}^2]$$

94 용제와 와이어가 분리되어 공급되고 아크가 용제 속에서 발생되므로 불가시 아크 용접이라고 불리는 용접법은?

① 피복 아크 용접

② 탄산가스 아크 용접

③ 가스텅스텐 아크 용접

④ 서브머지드 아크 용접

해설 ⊕

① 피복 아크 용접
- 피복 아크 용접봉과 피용접물의 사이에 아크를 발생시켜 그 아크열을 이용하여 용접한다.
- 용접봉이 전극과 용가재 역할을 한다.

② 탄산가스 아크 용접
- 전극으로 용접 와이어를 사용하여 모재와의 사이에서 Arc를 발생시킨다.
- 용접봉이 전극과 용가재 역할을 한다.
- 보호가스로 CO_2 가스를 사용한다.

③ 가스텅스텐 아크 용접
- 모재와 텅스텐 전극 사이에서 아크를 발생시켜 용접한다.
- 알곤 가스를 보호가스로 사용한다.
- 용가재를 첨가하여 용접한다.
- 전극(텅스텐)이 소모되지 않는다.

④ 서브머지드 아크 용접(잠호용접)
- 용접선의 전방에 분말로 된 용제(flux)를 미리 살포한다.
- 용제(flux) 속에서 아크를 발생시켜 용접한다.
- 용제(flux)는 아크 및 용융금속을 덮어 대기의 침입을 차단함과 동시에 용융금속과 반응하고, 용융금속이 응고할 때에는 비드의 형상을 조정한다.

95 주조에서 주물의 중심부까지의 응고시간(t), 주물의 체적(V), 표면적(S)과의 관계로 옳은 것은?(단, K는 주형상수이다.)

① $t = K\dfrac{V}{S}$

② $t = K\left(\dfrac{V}{S}\right)^2$

③ $t = K\sqrt{\dfrac{V}{S}}$

④ $t = K\left(\dfrac{V}{S}\right)^3$

해설⊕

중심부까지 응고시간(t_f)

$$t_f = k\left(\frac{V}{S}\right)^2 [\sec]$$

여기서, k : 용융금속과 모양에 따른 상수

V : 주물의 체적$[cm^3]$

S : 주물의 표면적$[cm^2]$

96 CNC 공작기계의 이동량을 전기적인 신호로 표시하는 회전 피드백 장치는?

① 리졸버

② 볼 스크루

③ 리밋 스위치

④ 초음파 센서

해설⊕

① 리졸버 : 모터 축의 회전 각도와 속도를 전기적 신호로 변화하여 회전 변위량을 측정

② 볼 스크루 : 회전 운동을 선형 운동으로(또는 반대로) 전환하는 조립체이다.

③ 리밋 스위치 : 기계 장치의 이동을 제어하고 보호하는 데 사용되는 기계식 스위치

④ 초음파 센서 : 센서와 측정 물체 사이를 통과하는 데 소요되는 시간으로 거리 또는 위치 값을 계산한다.

97 소성가공에 포함되지 않는 가공법은?

① 널링가공

② 보링가공

③ 압출가공

④ 전조가공

해설⊕

• 소성가공의 종류에는 단조, 압연, 인발, 압출, 전조, 프레스가공, 제관 등이 있다.

• 보링가공은 뚫린 구멍에서 구멍을 넓히는 절삭가공이다.

98 절삭가공 시 절삭유(Cutting Fluid)의 역할로 틀린 것은?

① 공구와 칩의 친화력을 돕는다.

② 공구나 공작물의 냉각을 돕는다.

③ 공작물의 표면조도 향상을 돕는다.

④ 공작물과 공구의 마찰감소를 돕는다.

해설⊕

절삭유의 역할은 냉각작용, 윤활작용, 세정작용, 방청작용 등이 있다.

99 판 두께 5mm인 연강 판에 직경 10mm의 구멍을 프레스로 블랭킹하려고 할 때, 총 소요동력(P_t)은 약 몇 kW인가?(단, 프레스의 평균속도는 7m/min, 재료의 전단강도는 $300 \, N/mm^2$, 기계의 효율은 80%이다.)

① 5.5

② 6.9

③ 26.9

④ 68.7

해설⊕

총 소요동력(P_t) = 전단하중(P) × 전단속도(V)

전단하중(P) = $\dfrac{\text{전단강도}(\tau) \times \text{단면적}(A)}{\text{효율}(\eta)}$

$$P_t = PV = \frac{\tau \times A}{\eta} \times V = \frac{300 \times \pi \times 10 \times 5}{0.8} \times \frac{7}{60}$$

$$= 6,872.23\text{N} \cdot \text{m/s} = 6,872.23\text{W} = 6.87\text{kW}$$

정답 **95** ② **96** ① **97** ② **98** ① **99** ②

100 래핑 다듬질에 대한 특징 중 틀린 것은?

① 내식성이 증가된다.

② 마멸성이 증가된다.

③ 윤활성이 좋게 된다.

④ 마찰계수가 적어진다.

해설⊕
래핑 다듬질의 특징
• 가공면이 매끈한 거울면을 얻을 수 있다.
• 정밀도가 높은 제품을 가공할 수 있다.
• 가공면은 윤활성 및 내마모성이 좋다.
• 가공이 간단하고 대량생산이 가능하다.
• 평면도, 진원도, 직선도 등의 이상적인 기하학적 형상을 얻을 수 있다.

01

5cm×4cm 블록이 x축을 따라 0.05cm만큼 인장되었다. y방향으로 수축되는 변형률(ε_y)은?(단, 포아송 비(ν)는 0.3이다.)

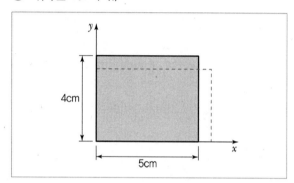

① 0.00015

② 0.0015

③ 0.003

④ 0.03

포아송 비 $\mu = \nu = \dfrac{\varepsilon'}{\varepsilon} = \dfrac{\varepsilon_y}{\varepsilon_x}$ 에서

$\varepsilon_y = \mu\varepsilon_x = \mu \cdot \dfrac{\lambda}{l} = 0.3 \times \dfrac{0.05}{5} = 0.003$

02

그림과 같이 지름 d인 강철봉이 안지름 d, 바깥지름 D인 동관에 끼워져서 두 강체 평판 사이에서 압축되고 있다. 강철봉 및 동관에 생기는 응력을 각각 σ_s, σ_c라고 하면 응력의 비(σ_s/σ_c)의 값은?(단, 강철(E_s) 및 동(E_c)의 탄성계수는 각각 $E_s = 200$GPa, $E_c = 120$GPa이다.)

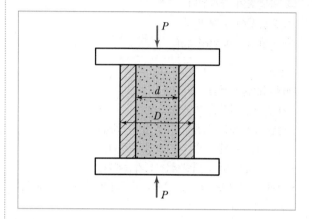

① $\dfrac{3}{5}$

② $\dfrac{4}{5}$

③ $\dfrac{5}{4}$

④ $\dfrac{5}{3}$

병렬조합의 응력해석에서

$P = \sigma_1 A_1 + \sigma_2 A_2$, $\lambda_1 = \lambda_2 = \dfrac{\sigma_1}{E_1} = \dfrac{\sigma_2}{E_2}$ 이므로

조합하면 $\sigma_s = \dfrac{PE_s}{A_s E_s + A_c E_c}$, $\sigma_c = \dfrac{PE_c}{A_s E_s + A_c E_c}$

$\therefore \dfrac{\sigma_s}{\sigma_c} = \dfrac{E_s}{E_c} = \dfrac{200}{120} = \dfrac{5}{3}$

03

동일 재료로 만든 길이 L, 지름 D인 축 A와 길이 $2L$, 지름 $2D$인 축 B를 동일 각도만큼 비트는 데 필요한 비틀림 모멘트의 비 T_A/T_B의 값은 얼마인가?

① $\dfrac{1}{4}$

② $\dfrac{1}{8}$

③ $\dfrac{1}{16}$

④ $\dfrac{1}{32}$

$$M_{max} = P \cdot l = 94.25 \times 1 = 94.25 \text{N} \cdot \text{m}$$

$$\sigma_b = \frac{M_{max}}{Z} = \frac{M_{max}}{\dfrac{\pi d^3}{32}} = \frac{32 M_{max}}{\pi d^3}$$

$$= \frac{32 \times 94.25}{\pi \times (0.02)^3} = 120 \times 10^6 \text{Pa} = 120 \text{MPa}$$

해설✚

$\theta_A = \theta_B$에서

$$\frac{T_A \cdot L}{GI_{pA}} = \frac{T_B \cdot 2L}{GI_{pB}}$$

$$\therefore \frac{T_A}{T_B} = \frac{2I_{pA}}{I_{pB}} = \frac{2 \times \dfrac{\pi D^4}{32}}{\dfrac{\pi (2D)^4}{32}} = \frac{2}{16} = \frac{1}{8}$$

04 지름 d인 원형 단면 기둥에 대하여 오일러 좌굴식의 회전반경은 얼마인가?

① $\dfrac{d}{2}$ ② $\dfrac{d}{3}$

③ $\dfrac{d}{4}$ ④ $\dfrac{d}{6}$

해설✚

회전반경 $K = \sqrt{\dfrac{I}{A}} = \sqrt{\dfrac{\dfrac{\pi d^4}{64}}{\dfrac{\pi d^2}{4}}} = \dfrac{d}{4}$

05 지름이 2cm, 길이 1m의 원형 단면 외팔보의 자유단에 집중하중이 작용할 때, 최대 처짐량이 2cm가 되었다면, 최대 굽힘응력은 약 몇 MPa인가?(단, 보의 세로탄성계수는 200GPa이다.)

① 80   ② 120

③ 180   ④ 220

해설✚

처짐량 $\delta = \dfrac{Pl^3}{3EI}$에서

$$P = \frac{3EI\delta}{l^3} = \frac{3 \times 200 \times 10^9 \times \dfrac{\pi}{64} \times 0.02^4 \times 0.02}{1^3}$$

$$\therefore P = 94.25 \text{N}$$

06 지름 d인 원형 단면보에 가해지는 전단력을 V라 할 때 단면의 중립축에서 일어나는 최대 전단응력은?

① $\dfrac{3}{2} \dfrac{V}{\pi d^2}$ ② $\dfrac{4}{3} \dfrac{V}{\pi d^2}$

③ $\dfrac{5}{3} \dfrac{V}{\pi d^2}$ ④ $\dfrac{16}{3} \dfrac{V}{\pi d^2}$

해설✚

$$\tau = \frac{4}{3}\tau_{av} = \frac{4}{3}\frac{V}{A} = \frac{4V}{3 \times \dfrac{\pi}{4}d^2} = \frac{16}{3}\frac{V}{\pi d^2}$$

07 오일러 공식이 세장비 $\dfrac{l}{k} > 100$에 대해 성립한다고 할 때, 양단에 힌지인 원형 단면 기둥에서 오일러 공식이 성립하기 위한 길이 l과 지름 d와의 관계가 옳은 것은?

① $l > 4d$ ② $l > 25d$

③ $l > 50d$ ④ $l > 100d$

해설✚

세장비

$$\lambda = \frac{l}{K} = \frac{l}{\sqrt{\dfrac{I}{A}}} = \frac{l}{\sqrt{\dfrac{\dfrac{\pi}{64}d^4}{\dfrac{\pi}{4}d^2}}} = \frac{l}{\sqrt{\dfrac{d^2}{16}}} = \frac{4l}{d} > 100$$

$$\therefore l > 25d$$

08 2축 응력 상태의 재료 내에서 서로 직각방향으로 400MPa의 인장응력과 300MPa의 압축응력이 작용할 때 재료 내에 생기는 최대 수직응력은 몇 MPa인가?

① 500
② 300
③ 400
④ 350

해설⊕

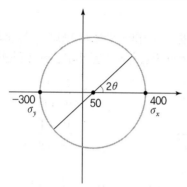

모어의 응력원에서 $\theta = 0°$일 때, 최대 주응력이므로
$\sigma_{\max} = \sigma_x = 400\text{MPa}$

09 그림과 같은 벨트 구조물에서 하중 W가 작용할 때 P값은?(단, 벨트는 하중 W의 위치를 기준으로 좌우 대칭이며 $0° < \alpha < 180°$이다.)

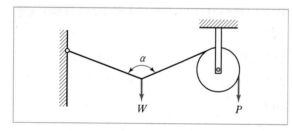

① $P = \dfrac{2W}{\cos\dfrac{\alpha}{2}}$
② $P = \dfrac{W}{\cos\dfrac{\alpha}{2}}$

③ $P = \dfrac{W}{2\cos\alpha}$
④ $P = \dfrac{W}{2\cos\dfrac{\alpha}{2}}$

해설⊕

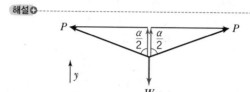

$\sum F_y = 0 : P\cos\dfrac{\alpha}{2} + P\cos\dfrac{\alpha}{2} - W = 0$

$2P\cos\dfrac{\alpha}{2} = W$

$\therefore P = \dfrac{W}{2\cos\dfrac{\alpha}{2}}$

10 그림과 같이 분포하중이 작용할 때 최대 굽힘모멘트가 일어나는 곳은 보의 좌측으로부터 얼마나 떨어진 곳에 위치하는가?

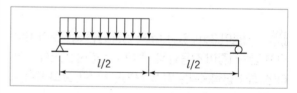

① $\dfrac{1}{4}l$
② $\dfrac{3}{8}l$

③ $\dfrac{5}{12}l$
④ $\dfrac{7}{16}l$

해설

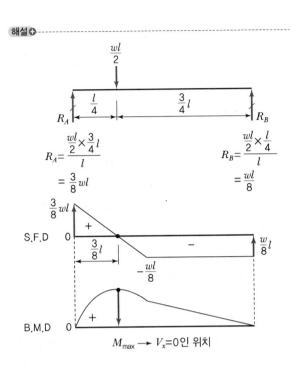

전단력이 "0"인 위치의 자유물체도를 그리면

$$\sum F_y = 0 : \frac{3}{8}wl - wx + V_x = 0 \ (\because \ V_x = 0이므로)$$

$$\frac{3wl}{8} = w \cdot x$$

$$\therefore \ x = \frac{3}{8}l$$

11 그림과 같이 길이와 재질이 같은 두 개의 외팔보가 자유단에 각각 집중하중 P를 받고 있다. 첫째 보(1)의 단면 치수는 $b \times h$이고, 둘째 보(2)의 단면치수는 $b \times 2h$라면, 보(1)의 최대 처짐 δ_1과 보(2)의 최대 처짐 δ_2의 비(δ_1/δ_2)는 얼마인가?

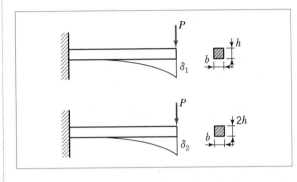

① $\frac{1}{8}$ ② $\frac{1}{4}$

③ 4   ④ 8

해설

$\delta = \dfrac{Pl^3}{3EI}$ 에서 두 보의 P, l, E는 동일하므로 처짐량 비는 단면 2차 모멘트의 비이다.

$$\frac{\delta_1}{\delta_2} = \frac{\dfrac{Pl^3}{3EI_1}}{\dfrac{Pl^3}{3EI_2}} = \frac{I_2}{I_1} = \frac{\dfrac{b(2h)^3}{12}}{\dfrac{bh^3}{12}} = 8$$

12 어떤 직육면체에서 x방향으로 40MPa의 압축응력이 작용하고 y방향과 z방향으로 각각 10MPa씩 압축응력이 작용한다. 이 재료의 세로탄성계수는 100GPa, 포아송 비는 0.25, x방향 길이는 200mm일 때 x방향 길이의 변화량은?

① -0.07mm   ② 0.07mm

③ -0.085mm   ④ 0.085mm

해설 ◐

인장 +, 압축 −

$$\varepsilon_x = -\frac{\sigma_x}{E} + \mu\left(\frac{\sigma_y}{E} + \frac{\sigma_z}{E}\right) \cdots \text{ⓐ}$$

$$\varepsilon_x = \frac{\lambda_x}{l_x} \text{에서}$$

$$\lambda_x = \varepsilon_x \cdot l_x \ (\leftarrow \text{ⓐ 대입})$$

$$= \frac{l_x}{E}\{-\sigma_x + \mu(\sigma_y + \sigma_z)\}$$

$$= \frac{0.2}{100 \times 10^9}\{-40 \times 10^6 + 0.25 \times (10 \times 10^6 \times 2)\}$$

$$(\because \sigma_y = \sigma_z)$$

$$= -0.07 \times 10^{-3}\text{m} = -0.07\text{mm}$$

13 길이 L인 봉 AB가 그 양단에 고정된 두 개의 연직 강선에 의하여 그림과 같이 수평으로 매달려 있다. 봉 AB의 자중은 무시하고, 봉이 수평을 유지하기 위한 연직하중 P의 작용점까지의 거리 x는?(단, 강선들은 단면적은 같지만 A단의 강선은 탄성계수 E_1, 길이 l_1이고, B단의 강선은 탄성계수 E_2, 길이 l_2이다.)

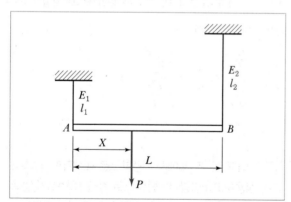

① $x = \dfrac{E_1 l_2 L}{E_1 l_2 + E_2 l_1}$ ② $x = \dfrac{2E_1 l_2 L}{E_1 l_2 + E_2 l_1}$

③ $x = \dfrac{2E_2 l_1 L}{E_1 l_2 + E_2 l_1}$ ④ $x = \dfrac{E_2 l_1 L}{E_1 l_2 + E_2 l_1}$

해설 ◐

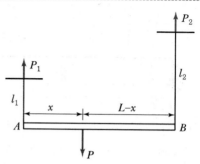

i) 봉 AB가 수평을 유지해야 하므로 A와 B에서 늘어난 길이

$$\lambda_1 = \lambda_2$$

$$\frac{P_1 l_1}{A_1 E_1} = \frac{P_2 l_2}{A_2 E_2} \ (\text{여기서, } A_1 = A_2)$$

$$\therefore \frac{P_2}{P_1} = \frac{l_1 E_2}{l_2 E_1} \cdots \text{ⓐ}$$

ii) P가 작용하는 x지점에서의 모멘트 합은 "0"이므로

$$P_1 x - P_2(L-x) = 0$$

$$\therefore \frac{P_2}{P_1} = \frac{x}{L-x} \cdots \text{ⓑ}$$

ⓐ=ⓑ에서 $\dfrac{l_1 E_2}{l_2 E_1} = \dfrac{x}{L-x}$

$$l_1 E_2(L-x) = l_2 E_1 x$$

$$(l_2 E_1 + l_1 E_2)x = l_1 E_2 L$$

$$\therefore x = \frac{l_1 E_2 L}{l_2 E_1 + l_1 E_2}$$

14 지름 4cm의 원형 알루미늄 봉을 비틀림 재료시험기에 걸어 표면의 45° 나선에 부착한 스트레인게이지로 변형도를 측정하였더니 토크 120N · m일 때 변형률 $\varepsilon = 150 \times 10^{-6}$을 얻었다. 이 재료의 전단탄성계수는?

① 31.8GPa ② 38.4GPa

③ 43.1GPa ④ 51.2GPa

해설⊙

순수전단상태에서 45° 방향의 수직변형률

$$\varepsilon_{\max} = \frac{\gamma}{2}$$

전단변형률 $\gamma = 2\varepsilon_{\max} = 300 \times 10^{-6}$

$T = \tau Z_p$ 에서

$$\tau = \frac{T}{Z_p} = \frac{T}{\frac{\pi d^3}{16}} = \frac{120}{\frac{\pi \times 0.04^3}{16}} = 9.55\text{MPa}$$

$\tau = G\gamma$ 에서

$$G = \frac{\tau}{\gamma} = \frac{9.55\text{MPa}}{300 \times 10^{-6}} = 31,833\text{MPa} = 31.83\text{GPa}$$

15 그림과 같이 4kN/cm의 균일분포하중을 받는 일단 고정 타단 지지보에서 B점에서의 모멘트 M_B는 약 몇 kN·m인가?(단, 균일단면보이며, 굽힘강성(EI)은 일정하다.)

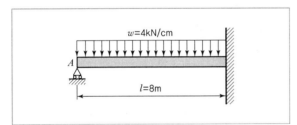

① 800   ② 2,000

③ 3,200   ④ 4,000

해설⊙

$w = 4\text{kN/cm} = 400\text{kN/m}$

처짐을 고려하여 부정정 요소를 해결하면

$$\frac{wl^4}{8EI} = \frac{R_A \cdot l^3}{3EI}$$

$$\therefore R_A = \frac{3}{8}wl = \frac{3}{8} \times 400 \times 8 = 1,200\text{kN}$$

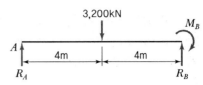

$$\sum M_{B\text{지점}} = 0 : R_A \times 8 - 3,200 \times 4 + M_B = 0$$

$$\therefore M_B = 3,200 \times 4 - 1,200 \times 8 = 3,200\text{kN·m}$$

16 회전수 120rpm과 35kW를 전달할 수 있는 원형단면축의 길이가 2m이고, 지름이 6cm일 때 축단(軸端)의 비틀림 각도는 약 몇 rad인가?(단, 이 재료의 가로탄성계수는 83GPa이다.)

① 0.019   ② 0.036

③ 0.053   ④ 0.078

해설⊙

$$T = \frac{H}{w} = \frac{H}{\frac{2\pi N}{60}} = \frac{60 \times 35 \times 10^3}{2\pi \times 120} = 2,785.21\text{N·m}$$

$$\theta = \frac{T \cdot l}{GI_p} = \frac{2,785.21 \times 2}{83 \times 10^9 \times \frac{\pi \times 0.06^4}{32}} = 0.0527\text{rad}$$

17 균일분포하중을 받고 있는 길이가 L인 단순보의 처짐량을 δ로 제한한다면 균일분포하중의 크기는 어떻게 표현되겠는가?(단, 보의 단면은 폭이 b이고 높이가 h인 직사각형이고 탄성계수는 E이다.)

① $\dfrac{32Ebh^3\delta}{5L^4}$ ② $\dfrac{32Ebh^3\delta}{7L^4}$

③ $\dfrac{16Ebh^3\delta}{5L^4}$ ④ $\dfrac{16Ebh^3\delta}{7L^4}$

해설⊙

$$\delta = \frac{5wl^4}{384EI} = \frac{5wl^4}{384E \times \frac{bh^3}{12}} \qquad \therefore w = \frac{32Ebh^3\delta}{5l^4}$$

18 단면적이 A, 탄성계수가 E, 길이가 L인 막대에 길이방향의 인장하중을 가하여 그 길이가 δ만큼 늘어났다면, 이때 저장된 탄성변형에너지는?

① $\dfrac{AE\delta^2}{L}$ ② $\dfrac{AE\delta^2}{2L}$

③ $\dfrac{EL^3\delta^2}{A}$ ④ $\dfrac{EL^3\delta^2}{2A}$

해설◐

$$u = \frac{1}{2}P \cdot \delta \left(\leftarrow \delta = \frac{P \cdot L}{AE}\right)$$

$$= \frac{P^2 \cdot L}{2AE}$$

$$= \frac{P^2 L \cdot AEL}{2AE \cdot AEL}$$

$$= \frac{(PL)^2 AE}{2(AE)^2 L} = \frac{\delta^2 \cdot AE}{2L}$$

19 지름이 1.2m, 두께가 10mm인 구형 압력용기가 있다. 용기 재질의 허용인장응력이 42MPa일 때 안전하게 사용할 수 있는 최대 내압은 약 몇 MPa인가?

① 1.1 ② 1.4

③ 1.7 ④ 2.1

해설◐

$$\sigma = \frac{P \cdot d}{4t} \text{에서}$$

$$P = \frac{4t\sigma}{d} = \frac{4 \times 0.01 \times 42 \times 10^6}{1.2}$$

$$= 1.4 \times 10^6 \text{Pa}$$

$$= 1.4\text{MPa}$$

20 그림과 같은 단순보의 중앙점(C)에서 굽힘모멘트는?

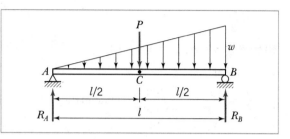

① $\dfrac{Pl}{2} + \dfrac{wl^2}{8}$ ② $\dfrac{Pl}{4} + \dfrac{wl^2}{16}$

③ $\dfrac{Pl}{2} + \dfrac{wl^2}{48}$ ④ $\dfrac{Pl}{4} + \dfrac{5wl^2}{48}$

해설◐

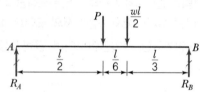

$$\sum M_{B지점} = 0 \text{에서}$$

$$R_A \cdot l - P \cdot \frac{l}{2} - \frac{wl}{2} \cdot \frac{l}{3} = 0$$

$$\therefore R_A = \frac{P}{2} + \frac{wl}{6}$$

중앙점 $x = \dfrac{l}{2}$에서의 자유물체도를 그리면

$$x : w_x = l : w \text{에서} \quad w_x = \frac{wx}{l} = \frac{w}{2} \left(\because x = \frac{l}{2}\right)$$

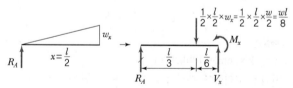

$$\sum M_{x = \frac{l}{2}지점} = 0 : R_A \times \frac{l}{2} - \frac{wl}{8} \times \frac{l}{6} - M_x = 0$$

$$\therefore M_x = \left(\frac{P}{2} + \frac{wl}{6}\right)\frac{l}{2} - \frac{wl^2}{48}$$

$$= \frac{Pl}{4} + \frac{wl^2}{12} - \frac{wl^2}{48} = \frac{Pl}{4} + \frac{3wl^2}{48} = \frac{Pl}{4} + \frac{wl^2}{16}$$

2과목 기계열역학

21 압력(P)과 부피(V)의 관계가 "PV^k = 일정하다"라고 할 때 절대일(W_{12})과 공업일(W_t)의 관계로 옳은 것은?

① $W_t = k\,W_{12}$

② $W_t = \dfrac{1}{k}\,W_{12}$

③ $W_t = (k-1)\,W_{12}$

④ $W_t = \dfrac{1}{(k-1)}\,W_{12}$

해설⊕

단열과정이므로

$\delta q^{\,0} = du + pdv = dh - vdp$

절대일 $_1w_2 \rightarrow 0 = du + pdv \rightarrow pdv = -du = -C_v dT$

공업일 $_1w_{2t} \rightarrow 0 = dh - vdp$

$\qquad\qquad \rightarrow -vdp = -dh = -C_p dT = -kC_v dT$

$\therefore\ _1W_{t2} = k\,_1W_2 \rightarrow W_t = k\,W_{12}$

22 분자량이 29이고, 정압비열이 1,005J/(kg · K)인 이상기체의 정적비열은 약 몇 J/(kg · K)인가?(단, 일반기체상수는 8,314.5J/(kmol · K)이다.)

① 976

② 287

③ 718

④ 546

해설⊕

$C_p - C_v = R = \dfrac{\overline{R}}{M}$에서

$C_v = C_p - \dfrac{\overline{R}}{M} = 1,005 - \dfrac{8,314.5}{29} = 718.3\text{J/kg}\cdot\text{K}$

23 다음 중 비체적의 단위는?

① kg/m³

② m³/kg

③ m³/(kg · s)

④ m³/(kg · s²)

해설⊕

$v = \dfrac{V}{m} \rightarrow \text{m}^3/\text{kg}$

24 성능계수가 3.2인 냉동기가 시간당 20MJ의 열을 흡수한다. 이 냉동기를 작동하기 위한 동력은 몇 kW인가?

① 2.25

② 1.74

③ 2.85

④ 1.45

해설⊕

시간당 증발기가 흡수한 열량 $\dot{Q}_L = 20 \times 10^6\,\text{J/h}$

$\varepsilon_R = \dfrac{\dot{Q}_L}{\dot{W}_C}$에서

$\dot{W}_C = \dfrac{\dot{Q}_L}{\varepsilon_R} = \dfrac{20 \times 10^3\,\dfrac{\text{kJ}}{\text{h}} \times \dfrac{1\text{h}}{3,600\text{s}}}{3.2} = 1.74\text{kW}$

25 폴리트로픽 변화의 관계식 "PV^n = 일정"에 있어서 n이 무한대로 되면 어느 과정이 되는가?

① 정압과정

② 등온과정

③ 정적과정

④ 단열과정

해설⊕

$PV^\infty = C$

양변에 $\dfrac{1}{\infty}$승을 취하면 $P^{\frac{1}{\infty}}\,V = C^{\frac{1}{\infty}}$

$\therefore\ V = C$

26 실린더 내의 공기가 100kPa, 20℃ 상태에서 300kPa이 될 때까지 가역단열과정으로 압축된다. 이 과정에서 실린더 내의 계에서 엔트로피의 변화는?(단, 공기의 비열비 $k = 1.4$이다.)

① -1.35kJ/(kg · K)

② 0kJ/(kg · K)

③ 1.35kJ/(kg · K)

④ 13.5kJ/(kg · K)

해설⊕

단열과정 $\delta q = 0$에서

엔트로피 변화량 $ds = \dfrac{\delta q}{T} \rightarrow ds = 0\ (s = c)$

정답 21 ① 22 ③ 23 ② 24 ② 25 ③ 26 ②

27 5kg의 산소가 정압하에서 체적이 0.2m³에서 0.6m³로 증가했다. 산소를 이상기체로 보고 정압비열 $C_p = 0.92$kJ/(kg · K)로 하여 엔트로피의 변화를 구하였을 때 그 값은 약 얼마인가?

① 1.857kJ/K   ② 2.746kJ/K
③ 5.054kJ/K   ④ 6.507kJ/K

해설⊕

$p = c$이므로 $\dfrac{V}{T} = c \rightarrow \dfrac{V_1}{T_1} = \dfrac{V_2}{T_2} \rightarrow \dfrac{T_2}{T_1} = \dfrac{V_2}{V_1}$

$ds = \dfrac{\delta q}{T} = \dfrac{dh - v dp^{\,0}}{T} = \dfrac{C_p}{T} dT$

$\therefore \; s_2 - s_1 = C_p \ln \dfrac{T_2}{T_1}$

$S_2 - S_1 = m(s_2 - s_1)$

$\quad = m C_p \ln \dfrac{T_2}{T_1}$

$\quad = m C_p \ln \dfrac{V_2}{V_1}$

$\quad = 5 \times 0.92 \times \ln \dfrac{0.6}{0.2}$

$\quad = 5.0536 \text{kJ/K}$

28 이상적인 증기 압축 냉동 사이클의 과정은?

① 정적방열과정 → 등엔트로피 압축과정 → 정적증발과정 → 등엔탈피 팽창과정
② 정압방열과정 → 등엔트로피 압축과정 → 정압증발과정 → 등엔탈피 팽창과정
③ 정적증발과정 → 등엔트로피 압축과정 → 정적방열과정 → 등엔탈피 팽창과정
④ 정압증발과정 → 등엔트로피 압축과정 → 정압방열과정 → 등엔탈피 팽창과정

해설⊕

압축기(단열과정) → 응축기(정압방열과정) → 팽창밸브(교축밸브–등엔탈피과정) → 증발기(정압흡열과정)

29 고열원의 온도가 157℃이고, 저열원의 온도가 27℃인 카르노 냉동기의 성적계수는 약 얼마인가?

① 1.5   ② 1.8
③ 2.3   ④ 3.2

해설⊕

$T_H = 157 + 273 = 430 \text{K}$

$T_L = 27 + 273 = 300 \text{K}$

$\varepsilon_R = \dfrac{T_L}{T_H - T_L} = \dfrac{300}{430 - 300} = 2.31$

30 0.6MPa, 200℃의 수증기가 50m/s의 속도로 단열 노즐로 유입되어 0.15MPa, 건도 0.99인 상태로 팽창하였다. 증기의 유출속도는?(단, 노즐 입구에서 엔탈피는 2,850kJ/kg, 출구에서 포화액의 엔탈피는 467kJ/kg, 증발 잠열은 2,227kJ/kg이다.)

① 약 600m/s   ② 약 700m/s
③ 약 800m/s   ④ 약 900m/s

해설⊕

건도가 x인 노즐 출구 엔탈피 $h_e = h_x$

$h_{fg} = $ 증발잠열 $= h_g - h_f$

$h_e = h_f + x h_{fg} = 467 + 0.99 \times 2,227$

$\qquad = 2,671.73 \text{kJ/kg}$

$q_{c.v} + h_i + \dfrac{V_i^{\,2}}{2} + gZ_i = h_e + \dfrac{V_e^{\,2}}{2} + gZ_e + w_{cv}$

$q_{cv} = 0$(단열), $w_{cv} = 0$(일 못함), $qZ_i = gZ_e$이므로

$\dfrac{V_e^{\,2}}{2} = h_i - h_e + \dfrac{V_i^{\,2}}{2}$

$\therefore \; V_e = \sqrt{2(h_i - h_e) + V_i^{\,2}}$

$\quad = \sqrt{2 \times (2,850 - 2,671.73) \times 10^3 + 50^2}$

$\quad = 599.2 \text{m/s}$

31 물질의 양에 따라 변화하는 종량적 상태량(Extensive Property)은?

① 밀도　　　　　　② 체적
③ 온도　　　　　　④ 압력

해설⊕
반으로 나누었을 때 값이 변하면 종량성 상태량이고, 변하지 않으면 강도성 상태량이다.

32 열역학적 관점에서 일과 열에 관한 설명 중 틀린 것은?

① 일과 열은 온도와 같은 열역학적 상태량이 아니다.
② 일의 단위는 J(Joule)이다.
③ 일의 크기는 힘과 그 힘이 작용하여 이동한 거리를 곱한 값이다.
④ 일과 열은 점함수(Point Function)이다.

해설⊕
일과 열은 경로에 따라 그 값이 변하는 경로함수(path function)이다.

33 그림과 같은 이상적인 Rankine Cycle에서 각각의 엔탈피는 $h_1 = 168$kJ/kg, $h_2 = 173$kJ/kg, $h_3 = 3,195$kJ/kg, $h_4 = 2,071$kJ/kg일 때, 이 사이클의 열효율은 약 얼마인가?

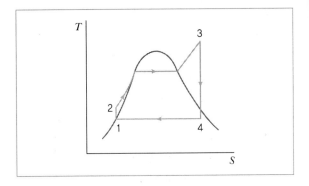

① 30%　　　　　　② 34%
③ 37%　　　　　　④ 43%

해설⊕

$$\eta = \frac{w_T(터빈) - w_P(펌프)}{q_B(보일러)}$$
$$= \frac{(h_3 - h_4) - (h_2 - h_1)}{h_3 - h_2}$$
$$= \frac{(3,195 - 2,071) - (173 - 168)}{3,195 - 173}$$
$$= 0.3703 = 37.03\%$$

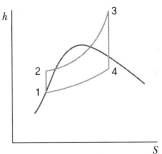

34 다음에 제시된 에너지 값 중 가장 크기가 작은 것은?

① 400N · cm　　　　② 4cal
③ 40J　　　　　　④ 4,000Pa · m³

해설⊕

① 400N · cm = 4N · m = 4J

② $4\text{cal} = 4\text{cal} \times \dfrac{4.2\text{J}}{1\text{cal}} = 16.8\text{J}$

③ 40J

④ $4,000\text{Pa} \cdot \text{m}^3 = 4,000\dfrac{\text{N}}{\text{m}^2} \times \text{m}^3 = 4,000\text{N} \cdot \text{m}$
$$= 4,000\text{J}$$

35 공기 표준 Brayton 사이클 기관에서 최고 압력이 500kPa, 최저압력은 100kPa이다. 비열비(k)가 1.4일 때, 이 사이클의 열효율은?

① 약 3.9%   ② 약 18.9%
③ 약 36.9%   ④ 약 26.9%

해설⊕

$$\eta = 1 - \left(\frac{1}{\gamma}\right)^{\frac{k-1}{k}} \quad (\text{여기서}, \ \gamma = \frac{p_2}{p_1})$$

$$= 1 - \left(\frac{100}{500}\right)^{\frac{0.4}{1.4}} = 0.3686 = 36.86\%$$

36 피스톤–실린더 장치에 들어있는 100kPa, 26.85℃의 공기가 600kPa까지 가역단열과정으로 압축된다. 비열비 $k = 1.4$로 일정하다면 이 과정 동안에 공기가 받은 일은 약 얼마인가?(단, 공기의 기체상수는 0.287kJ/(kg · K)이다.)

① 263kJ/kg   ② 171kJ/kg
③ 144kJ/kg   ④ 116kJ/kg

해설⊕

단열과정이므로 $\dfrac{T_2}{T_1} = \left(\dfrac{P_2}{P_1}\right)^{\frac{k-1}{k}}$ 에서

$$T_2 = (26.85 + 273) \times \left(\frac{600}{100}\right)^{\frac{0.4}{1.4}} = 500.3\text{K}$$

밀폐계의 일(절대일)

$$\delta \cancel{q}^{0} = du + pdv$$

$$pdv = -du = \delta w$$

$$_1 w_2 = \int_1^2 - C_v dT = (-) \int_1^2 - C_v dT \ (\because \ \text{일부호}(-))$$

$$= C_v (T_2 - T_1) = \frac{R}{k-1}(T_2 - T_1)$$

$$= \frac{0.287}{1.4 - 1}(500.3 - (26.85 + 273))$$

$$= 143.82\text{kJ/kg}$$

37 1kg의 기체가 압력 50kPa, 체적 2.5m³의 상태에서 압력 1.2MPa, 체적 0.2m³의 상태로 변하였다. 엔탈피의 변화량은 약 몇 kJ인가?(단, 내부에너지의 변화는 없다.)

① 365   ② 206
③ 155   ④ 115

해설⊕

$$h = u + pv$$

$$u = 0\text{이므로} \ h = pv = RT$$

$$h_2 - h_1 = R(T_2 - T_1) = RT_2 - RT_1 = \frac{P_2 V_2}{m_2} - \frac{P_1 V_1}{m_1}$$

$$m_1 = m_2 = m\text{이고}, \ \text{양변에} \ m\text{을 곱하면}$$

$$H_2 - H_1 = m(h_2 - h_1) = P_2 V_2 - P_1 V_1$$

$$= 1.2 \times 10^3 (\text{kPa}) \times 0.2(\text{m}^3) - 50(\text{kPa}) \times 2.5(\text{m}^3)$$

$$= 115\text{kJ}$$

38 공기 1kg을 $t_1 = 10℃$, $P_1 = 0.1\text{MPa}$, $V_1 = 0.8\text{m}^3$ 상태에서 단열과정으로 $t_2 = 167℃$, $P_2 = 0.7\text{MPa}$까지 압축시킬 때 압축에 필요한 일량은 약 얼마인가?(단, 공기의 정압비열과 정적비열은 각각 1.0035kJ/(kg · K), 0.7165kJ/(kg · K)이고, t는 온도, P는 압력, V는 체적을 나타낸다.)

① 112.5 J   ② 112.5kJ
③ 157.5 J   ④ 157.5kJ

해설⊕

단열과정이므로 $\delta \cancel{q}^{0} = du + pdv$에서

$$\delta w = pdv = -du \ (\text{일부호}(-) \ \text{적용})$$

$$= (-) - du$$

$$= C_v dT$$

$$_1 w_2 = C_v (T_2 - T_1)$$

$$_1 W_2 = m \cdot {_1 w_2} = m C_v (T_2 - T_1)$$

$$= 1 \times 0.7165 \times (167 - 10)$$

$$= 112.49\text{kJ}$$

39 온도가 300K이고, 체적이 1m³, 압력이 10^5N/m² 인 이상기체가 일정한 온도에서 3×10^4J의 일을 하였다. 계의 엔트로피 변화량은?

① 0.1J/K
② 0.5J/K
③ 50J/K
④ 100J/K

해설⊕

$m = c$, $T = c$이므로

$$dS = \frac{\delta Q}{T} = \frac{d\cancel{U}^0 + PdV}{T}$$

$$TdS = PdV = \delta W$$

$$T(S_2 - S_1) = {}_1W_2$$

$$\therefore S_2 - S_1 = \frac{{}_1W_2}{T} = \frac{3 \times 10^4}{300} = 100\text{J/K}$$

40 어느 이상기체 2kg이 압력 200kPa, 온도 30℃의 상태에서 체적 0.8m³를 차지한다. 이 기체의 기체상수는 약 몇 kJ/(kg · K)인가?

① 0.264
② 0.528
③ 2.67
④ 3.53

해설⊕

$PV = mRT$에서

$$R = \frac{P \cdot V}{mT} = \frac{200 \times 0.8}{2 \times (30 + 273)}$$

$$= 0.264\text{kJ/kg} \cdot \text{K}$$

3과목 **기계유체역학**

41 잠수함의 거동을 조사하기 위해 바닷물 속에서 모형으로 실험을 하고자 한다. 잠수함의 실형과 모형의 크기 비율은 7 : 1이며, 실제 잠수함이 8m/s로 운전한다면 모형의 속도는 약 몇 m/s인가?

① 28
② 56
③ 87
④ 132

해설⊕

잠수함 유동에서는 모형과 실형의 레이놀즈수를 같게 해서 실험한다.

상사비 $\lambda = \dfrac{1}{7} = \dfrac{m}{p}$

$$Re)_m = Re)_p$$

$$\frac{\rho Vd}{\mu}\bigg)_m = \frac{\rho Vd}{\mu}\bigg)_p$$

$\rho_m = \rho_p$, $\mu_m = \mu_p$이므로

$$V_m d_m = V_p d_p$$

$$\therefore V_m = V_p \frac{d_p}{d_m} = V_p \cdot \frac{1}{\lambda} = 8 \times 7 = 56\text{m/s}$$

42 그림과 같이 45° 꺾어진 관에 물이 평균속도 5m/s로 흐른다. 유체의 분출에 의해 지지점 A가 받는 모멘트는 약 몇 N · m인가?(단, 출구 단면적은 10^{-3}m² 이다.)

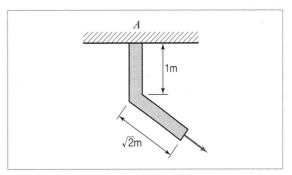

① 3.5　　　　　　　　② 5

③ 12.5　　　　　　　④ 17.7

해설⊕

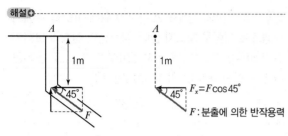

$F = \rho Q V = \rho A V^2 = 1,000 \times 10^{-3} \times 5^2 = 25\text{N}$

$M_A = F_x \times 1\text{m} = F\cos 45° \times 1$

$\qquad\qquad = 25\cos 45° \times 1 = 17.68\text{N} \cdot \text{m}$

43 주 날개의 평면도 면적이 21.6m^2이고 무게가 20kN인 경비행기의 이륙속도는 약 몇 km/h 이상이어야 하는가?(단, 공기의 밀도는 1.2kg/m^3, 주 날개의 양력계수는 1.20이고, 항력은 무시한다.)

① 41　　　　　　　　② 91

③ 129　　　　　　　④ 141

해설⊕

양력 $L = C_L \cdot \dfrac{\rho A V^2}{2}$

$\therefore V = \sqrt{\dfrac{2L}{C_L \cdot \rho \cdot A}} = \sqrt{\dfrac{2 \times 20 \times 10^3}{1.2 \times 1.2 \times 21.6}}$

$\qquad = 35.86\dfrac{\text{m}}{\text{s}} \times \dfrac{1\text{km}}{1,000\text{m}} \times \dfrac{3,600\text{s}}{1\text{h}}$

$\qquad = 129\text{km/h}$

44 물이 흐르는 어떤 관에서 압력이 120kPa, 속도가 4m/s일 때, 에너지선(Energy Line)과 수력기울기선(Hydraulic Grade Line)의 차이는 약 몇 cm인가?

① 41　　　　　　　　② 65

③ 71　　　　　　　　④ 82

해설⊕

에너지선은 수력기울기선보다 항상 $\dfrac{V^2}{2g}$ 만큼 위에 있다.

$\dfrac{V^2}{2g} = \dfrac{4^2}{2 \times 9.8} = 0.816\text{m} = 81.6\text{cm}$

45 뉴턴의 점성법칙은 어떤 변수(물리량)들의 관계를 나타낸 것인가?

① 압력, 속도, 점성계수

② 압력, 속도기울기, 동점성계수

③ 전단응력, 속도기울기, 점성계수

④ 전단응력, 속도, 동점성계수

해설⊕

$\tau = \mu \cdot \dfrac{du}{dy} = \dfrac{F}{A}$

46 관로 내에 흐르는 완전발달 층류유동에서 유속을 $\dfrac{1}{2}$로 줄이면 관로 내 마찰손실수두는 어떻게 되는가?

① $\dfrac{1}{4}$로 줄어든다.　　　② $\dfrac{1}{2}$로 줄어든다.

③ 변하지 않는다.　　　④ 2배로 늘어난다.

해설⊕

달시－비스바하 방정식에서

$h_l = f \cdot \dfrac{L}{d} \cdot \dfrac{V^2}{2g} = \dfrac{64}{Re} \cdot \dfrac{L}{d} \cdot \dfrac{V^2}{2g}$

$\qquad\qquad = \dfrac{64\mu}{\rho V d} \cdot \dfrac{L}{d} \cdot \dfrac{V^2}{2g}$

$\therefore h_l = \dfrac{32\mu L V}{\rho d^2 \cdot g}$

V에 $\dfrac{V}{2}$를 넣으면 손실수두는 $\dfrac{1}{2}$로 줄어든다.

47 유체 내에 수직으로 잠겨있는 원형판에 작용하는 정수역학적 힘의 작용점에 관한 설명으로 옳은 것은?

① 원형판의 도심에 위치한다.

② 원형판의 도심 위쪽에 위치한다.

③ 원형판의 도심 아래쪽에 위치한다.

④ 원형판의 최하단에 위치한다.

해설⊕

전압력 중심 $y_p = \bar{y} + \dfrac{I_X}{A\bar{y}}$

∴ 도심 $\bar{y}$ 보다 $\dfrac{I_X}{A\bar{y}}$ 만큼 아래에 있다.

48 동점성 계수가 $15.68 \times 10^{-6} \mathrm{m^2/s}$인 공기가 평판 위를 길이 방향으로 0.5m/s의 속도로 흐르고 있다. 선단으로부터 10cm 되는 곳의 경계층 두께의 2배가 되는 경계층의 두께를 가지는 곳은 선단으로부터 몇 cm 되는 곳인가?

① 14.14　　　　　② 20

③ 40　　　　　④ 80

해설⊕

흐름의 상태를 알기 위해 레이놀즈수를 구하면

$Re = \dfrac{\rho \cdot Vx}{\mu} = \dfrac{Vx}{\nu} = \dfrac{0.5 \times 0.1}{15.68 \times 10^{-6}} = 3,188.78$

$Re < 5 \times 10^5$ 이므로 층류이다.

경계층에서 $\dfrac{\delta}{x} = \dfrac{5.48}{\sqrt{Re_x}}$ 이므로

층류의 경계층 두께 $\delta = \dfrac{5.48}{\sqrt{\dfrac{\rho \cdot V}{\mu}}} x^{\frac{1}{2}} \rightarrow \delta \propto x^{\frac{1}{2}}$ 에 비례

→ 경계층 두께 2배 $\dfrac{\delta_2}{\delta_1} = \sqrt{\dfrac{x_2}{x_1}} = 2$

∴ $\dfrac{x_2}{x_1} = \left(\dfrac{\delta_2}{\delta_1}\right)^2 = 2^2 = 4 \rightarrow x_2 = 4x_1 = 4 \times 10 = 40 \mathrm{cm}$

49 비중 8.16의 금속을 비중 13.6의 수은에 담근다면 수은 속에 잠기는 금속의 체적은 전체 체적의 약 몇 %인가?

① 40%　　　　　② 50%

③ 60%　　　　　④ 70%

해설⊕

금속비중량 γ_s, 금속체적 V_s, 수은비중량 γ_{Hg}, 잠긴 체적 V_x

수은 밖에서의 금속무게＝부력

$\gamma_s V_s = \gamma_{Hg} \cdot V_x$

$S_s \gamma_w V_s = S_{Hg} \cdot \gamma_w \cdot V_x$

∴ $\dfrac{V_x}{V_s} = \dfrac{S_s}{S_{Hg}} = \dfrac{8.16}{13.6} = 0.6 = 60\%$

50 그림과 같이 비중 0.85인 기름이 흐르고 있는 개수로에 피토관을 설치하였다. $\Delta h = 30$mm, $h = 100$mm 일 때 기름의 유속은 약 몇 m/s인가?

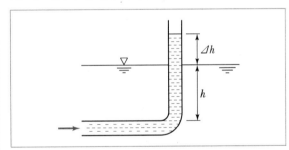

① 0.767　　　　　② 0.976

③ 6.25　　　　　④ 1.59

해설⊕

$V = \sqrt{2g\Delta h} = \sqrt{2 \times 9.8 \times 0.03} = 0.767 \mathrm{m/s}$

51
안지름 0.25m, 길이 100m인 매끄러운 수평 강관으로 비중 0.8, 점성계수 0.1Pa · s인 기름을 수송한다. 유량이 100l/s일 때의 관 마찰손실수두는 유량이 50l/s일 때의 몇 배 정도가 되는가?(단, 층류의 관 마찰계수는 64/Re이고, 난류일 때의 관 마찰계수는 0.3164 $Re^{-1/4}$이며, 임계레이놀즈수는 2,300이다.)

① 1.55   ② 2.12

③ 4.13   ④ 5.04

해설⊕

$50l/s = 50 \times 10^{-3} \text{m}^3/\text{s} = 0.05 \text{m}^3/\text{s}$

$$V_1 = \frac{0.05}{A} = \frac{0.05}{\frac{\pi}{4} \times 0.25^2} = 1.018 \text{m/s}$$

$100l/s = 100 \times 10^{-3} \text{m}^3/\text{s} = 0.1 \text{m}^3/\text{s}$

$$V_2 = \frac{0.1}{A} = \frac{0.1}{\frac{\pi}{4} \times 0.25^2} = 2.04 \text{m/s}$$

$0.1 \text{Pa} \cdot \text{s} = 0.1 \dfrac{\text{N}}{\text{m}^2} \text{s} \times \dfrac{\text{kg} \cdot \text{m}}{\text{N} \cdot \text{s}^2} = 0.1 \text{kg/m} \cdot \text{s}$

ⅰ) $50l/s$ 유량일 때

흐름유형

$$Re = \frac{\rho \cdot V_1 d}{\mu} = \frac{s\rho_w V_1 d}{\mu}$$

$$= \frac{0.8 \times 1,000 \times 1.018 \times 0.25}{0.1}$$

$$= 2,036 < 2,300 (층류)$$

손실수두

$$h_{l1} = f \cdot \frac{L}{d} \cdot \frac{V^2}{2g} = \frac{64}{Re} \cdot \frac{L}{d} \cdot \frac{V^2}{2g}$$

$$= \frac{64}{2,036} \times \frac{100}{0.25} \times \frac{1.018^2}{2 \times 9.8} = 0.6648 \text{m}$$

ⅱ) $100l/s$ 유량일 때

흐름유형

$$Re = \frac{\rho \cdot V_2 \cdot d}{\mu} = \frac{s\rho_w V_2 d}{\mu}$$

$$= \frac{0.8 \times 1,000 \times 2.04 \times 0.25}{0.1}$$

$$= 4,080 > 2,300 (난류)$$

손실수두

$$h_{l2} = f \cdot \frac{L}{d} \cdot \frac{V^2}{2g} = 0.3164 \times Re^{-\frac{1}{4}} \times \frac{L}{d} \cdot \frac{V^2}{2g}$$

$$= 0.3164 \times (4,080)^{-\frac{1}{4}} \times \frac{100}{0.25} \times \frac{2.04^2}{2 \times 9.8}$$

$$= 3.3623 \text{m}$$

$$\therefore \frac{h_{l2}}{h_{l1}} = \frac{3.3623}{0.6648} = 5.06$$

52
일률(Power)을 기본 차원인 M(질량), L(길이), T(시간)로 나타내면?

① $L^2 T^{-2}$ ② $MT^{-2}L^{-1}$

③ $ML^2 T^{-2}$ ④ $ML^2 T^{-3}$

해설⊕

일률의 단위는 동력이므로 $H = F \cdot V \rightarrow \text{N} \cdot \text{m/s}$

$$\frac{\text{N} \cdot \text{m}}{\text{s}} \times \frac{\text{kg} \cdot \text{m}}{\text{N} \cdot \text{s}^2} = \text{kg} \cdot \text{m}^2/\text{s}^3 \rightarrow ML^2 T^{-3} 차원$$

53
그림과 같이 U자관 액주계가 x방향으로 등가속 운동하는 경우 x방향 가속도 a_x는 약 몇 m/s²인가?(단, 수은의 비중은 13.6이다.)

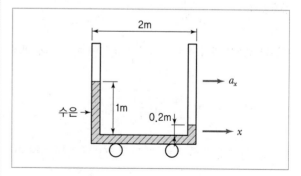

① 0.4

② 0.98

③ 3.92

④ 4.9

해설 ⊕

x방향으로 a_x만큼 가속하면 유체의 왼쪽 부분은 올라가고 오른쪽 부분은 내려가는 강체 운동하는 유체로, 액주계 수은주 양쪽 윗부분을 연결하면

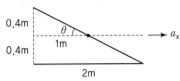

$$\tan\theta = \frac{a_x}{g} = \frac{0.4\text{m}}{1\text{m}} = 0.4$$

$$\therefore a_x = g \times 0.4 = 9.8 \times 0.4 = 3.92\text{m/s}$$

54 지름이 2cm인 관에 밀도 1,000kg/m³, 점성계수 0.4N·s/m²인 기름이 수평면과 일정한 각도로 기울어진 관에서 아래로 흐르고 있다. 초기 유량 측정위치의 유량이 1×10^{-5}m³/s이었고, 초기 측정위치에서 10m 떨어진 곳에서의 유량도 동일하다고 하면, 이 관은 수평면에 대해 약 몇 도(°) 기울어져 있는가?(단, 관 내 흐름은 완전발달 층류유동이다.)

① 6°

② 8°

③ 10°

④ 12°

해설 ⊕

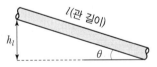

층류에서 압력강하량은 하이겐포아젤 방정식에서

$$Q = \frac{\Delta p \pi d^4}{128\mu l}$$

$$\Delta p = \frac{128\mu l Q}{\pi d^4} \cdots \text{ⓐ}$$

압력강하량 $\Delta p = \gamma \cdot h_l = \gamma \cdot l \sin\theta \cdots$ ⓑ

(그림에서 손실수두가 높이로 나타나므로)

ⓐ=ⓑ에서

$$\frac{128\mu l Q}{\pi d^4} = \gamma \cdot l \sin\theta$$

$$\sin\theta = \frac{128\mu Q}{\gamma \cdot \pi d^4} = \frac{128 \times 0.4 \times 1 \times 10^{-5}}{9,800 \times \pi \times 0.02^4} = 0.1039$$

$$\therefore \theta = \sin^{-1}(0.1039) = 5.96°$$

55 원관(Pipe) 내에 유체가 완전 발달한 층류 유동일 때 유체 유동에 관계한 가장 중요한 힘은 다음 중 어느 것인가?

① 관성력과 점성력

② 압력과 관성력

③ 중력과 압력

④ 표면장력과 점성력

해설 ⊕

원관 유동에서 중요한 무차원수는 레이놀즈수이다.

$$Re = \frac{\rho V d}{\mu} = \frac{\rho V L}{\mu} = \frac{\rho V^2 L^2}{\mu V L} \begin{array}{l} \rightarrow \text{관성력} \\ \rightarrow \text{점성력} \end{array}$$

56 다음과 같은 수평으로 놓인 노즐이 있다. 노즐의 입구는 면적이 0.1m²이고 출구의 면적은 0.02m²이다. 정상, 비압축성이며 점성의 영향이 없다면 출구의 속도가 50m/s일 때 입구와 출구의 압력차 $(P_1 - P_2)$는 약 몇 kPa인가?(단, 이 공기의 밀도는 1.23kg/m³이다.)

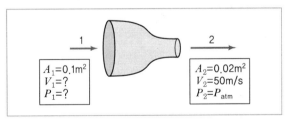

① 1.48

② 14.8

③ 2.96

④ 29.6

해설 ⊕

$Q = AV$에서 $A_1V_1 = A_2V_2$

$\therefore V_1 = \dfrac{A_2V_2}{A_1} = \dfrac{0.02 \times 50}{0.1} = 10\text{m/s}$

주어진 그림의 1과 2에 베르누이 방정식을 적용하면

$\dfrac{P_1}{\gamma} + \dfrac{V_1^2}{2g} = \dfrac{P_2}{\gamma} + \dfrac{V_2^2}{2g}$ (위치에너지 동일)

$\dfrac{P_1 - P_2}{\gamma} = \dfrac{V_2^2}{2g} - \dfrac{V_1^2}{2g}$

$\therefore P_1 - P_2 = \gamma\left(\dfrac{V_2^2}{2g} - \dfrac{V_1^2}{2g}\right)$

$\qquad = \rho\left(\dfrac{V_2^2}{2} - \dfrac{V_1^2}{2}\right)$

$\qquad = 1.23 \times \left(\dfrac{50^2}{2} - \dfrac{10^2}{2}\right)$

$\qquad = 1{,}476\text{Pa} = 1.476\text{kPa}$

57 절대압력 700kPa의 공기를 담고 있고 체적은 0.1m³, 온도는 20℃인 탱크가 있다. 순간적으로 공기는 밸브를 통해 바깥으로 단면적 75mm²를 통해 방출되기 시작한다. 이 공기의 유속은 310m/s이고, 밀도는 6kg/m³이며 탱크 내의 모든 물성치는 균일한 분포를 갖는다고 가정한다. 방출하기 시작하는 시각에 탱크 내 밀도의 시간에 따른 변화율은 몇 kg/(m³ · s)인가?

① -12.338 　　　② -2.582

③ -20.381 　　　④ -1.395

해설 ⊕

$Q = A \cdot V = 75\text{mm}^2 \times \left(\dfrac{1\text{m}}{1{,}000\text{mm}}\right)^2 \times 310$

$\qquad = 0.023\text{m}^3/\text{s}$

$\dfrac{d\rho}{dt} = \dfrac{\dfrac{질량}{체적}}{시간} = \dfrac{질량}{체적 \cdot 시간} = \dfrac{질량/시간(\text{kg/s})}{체적(\text{m}^3)}$

$\qquad = \dfrac{\dot{m}}{V} = \dfrac{\rho A \vec{V}}{V} = \dfrac{\rho Q}{V}$

$\qquad = \dfrac{6 \times 0.0023}{0.1}$

$\qquad = 1.38$ ((−)는 방출되므로 밀도가 낮아짐을 의미)

58 비점성, 비압축성 유체의 균일한 유동장에 유동 방향과 직각으로 정지된 원형 실린더가 놓여있다고 할 때, 실린더에 작용하는 힘에 관하여 설명한 것으로 옳은 것은?

① 항력과 양력이 모두 영(0)이다.
② 항력은 영(0)이고 양력은 영(0)이 아니다.
③ 양력은 영(0)이고 항력은 영(0)이 아니다.
④ 항력과 양력 모두 영(0)이 아니다.

해설 ⊕

비점성, 비압축성 유체는 이상유체이므로 마찰이 없어 항력과 양력 모두 "0"이다.

59 다음 중 2차원 비압축성 유동의 연속방정식을 만족하지 않는 속도 벡터는?

① $V = (16y - 12x)i + (12y - 9x)j$
② $V = -5xi + 5yj$
③ $V = (2x^2 + y^2)i + (-4xy)j$
④ $V = (4xy + y)i + (6xy + 3x)j$

해설 ⊕

비압축성이므로 $\nabla \cdot \vec{V} = 0$에서

$\left(\dfrac{\partial}{\partial x}i + \dfrac{\partial}{\partial y}j + \dfrac{\partial}{\partial z}k\right) \cdot (ui + vj + wk) = 0$

2차원 유동이므로 x, y만 의미를 갖는다.

연속방정식 $\dfrac{\partial u}{\partial x} + \dfrac{\partial v}{\partial y} = 0$을 만족해야 하므로

$\vec{V} = ui + vj$에서

① $\dfrac{\partial u}{\partial x} = -12$, $\dfrac{\partial v}{\partial y} = 12$

② $\dfrac{\partial u}{\partial x} = -5$, $\dfrac{\partial v}{\partial y} = 5$

③ $\dfrac{\partial u}{\partial x} = 4x,\ \dfrac{\partial v}{\partial y} = -\,4x$

④ $\dfrac{\partial u}{\partial x} = 4y,\ \dfrac{\partial v}{\partial y} = 6x$ → "0" 안 됨

60 그림과 같은 밀폐된 탱크 안에 각각 비중이 0.7, 1.0인 액체가 채워져 있다. 여기서 각도 θ가 20°로 기울어진 경사관에서 3m 길이까지 비중 1.0인 액체가 채워져 있을 때 점 A의 압력과 점 B의 압력 차이는 약 몇 kPa인가?

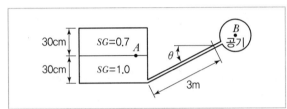

① 0.8   ② 2.7

③ 5.8   ④ 7.1

해설⊕

아래 유체는 비중이 1이므로 물이다.

경사관이 이어진 바닥면에 작용하는 압력은 동일하며 압력은 수직깊이만의 함수이므로

$P_A + \gamma_w \times 0.3\text{m} = P_B + \gamma_w \cdot h = P_B + \gamma_w 3\sin\theta$

∴ $P_A - P_B = \gamma_w(3\sin20° - 0.3)$

$= 9{,}800(3\sin20° - 0.3)$

$= 7{,}115.39\text{Pa} = 7.12\text{kPa}$

4과목 기계재료 및 유압기기

61 탄소를 제품에 침투시키기 위해 목탄을 부품과 함께 침탄상자 속에 넣고 900~950℃의 온도 범위로 가열로 속에서 가열 유지시키는 처리법은?

① 질화법

② 가스 침탄법

③ 시멘테이션에 의한 경화법

④ 고주파 유도 가열 경화법

해설⊕

침탄법

종류	원료	방법
고체침탄법	목탄, 골탄, 코크스 + 침탄촉진제	저탄소강을 가열하여 탄소 침투
액체침탄법	시안화나트륨(NaCN)	C와 N가 동시에 침입 확산, 청화법, 침탄질화법, 시안화법
가스침탄법	천연가스, 프로판가스, 부탄가스, 메탄가스	가스를 변성로에서 변성 후 침탄

62 베이나이트(Bainite) 조직을 얻기 위한 항온열처리 조작으로 가장 적합한 것은?

① 마퀜칭   ② 소성가공

③ 노멀라이징   ④ 오스템퍼링

해설⊕

오스템퍼링

- 목적 : 뜨임 작업이 필요 없으며, 인성이 풍부하고 담금질 균열이나 변형이 적고 연신성과 단면 수축, 충격치 등이 향상된 재료를 얻게 된다.
- 열처리 방법 : 오스테나이트에서 베이나이트로 완전한 항온변태가 일어날 때까지 특정 온도로 유지 후 공기 중에서 냉각시켜, 베이나이트 조직을 얻는다.

63 면심입방격자(FCC) 금속의 원자수는?

① 2 ② 4
③ 6 ④ 8

해설 ⊕

구분	체심입방격자 (BCC)	면심입방격자 (FCC)	조밀육방격자 (HCP)
격자 구조			
성질	용융점이 비교적 높고, 전연성이 떨어진다.	전연성은 좋으나, 강도가 충분하지 않다.	전연성이 떨어지고, 강도가 충분하지 않다.
원자수	2	4	2
충전율	68%	74%	74%
경도	낮음	↔	높음
결정 격자 사이 공간	넓음	↔	좁음
원소	α-Fe, W, Cr, Mo, V, Ta 등	γ-Fe, Al, Pb, Cu, Au, Ni, Pt, Ag, Pd 등	Fe₃C, Mg, Cd, Co, Ti, Be, Zn 등

64 철과 아연을 접촉시켜 가열하면 양자의 친화력에 의하여 원자 간의 상호 확산이 일어나서 합금화하므로 내식성이 좋은 표면을 얻는 방법은?

① 칼로라이징 ② 크로마이징
③ 세라다이징 ④ 트루스타이트

해설 ⊕

종류	침투제	장점
세라다이징 (Sheradizing)	Zn	대기 중 부식 방지
칼로라이징 (Calorizing)	Al	고온 산화 방지
크로마이징 (Chromizing)	Cr	내식성, 내산성, 내마모성 증가
실리코나이징 (Silliconizing)	Si	내산성 증가
보로나이징 (Boronizing)	B	고경도 (HV 1,300~1,400)

65 담금질 조직 중 가장 경도가 높은 것은?

① 펄라이트 ② 마텐자이트
③ 소르바이트 ④ 트루스타이트

해설 ⊕

ⓒementite > ⓜartensite > ⓣroostite > ⓢorbite > ⓟearlite > ⓐuatenite

66 다음 중 금속의 변태점 측정방법이 아닌 것은?

① 열분석법 ② 자기분석법
③ 전기저항법 ④ 정점분석법

해설 ⊕

변태점 측정법

열분석법, 열팽창법, 전기저항법, 자기반응법

67 Al에 10~13% Si를 함유한 합금은?

① 실루민 ② 리우탈
③ 두랄루민 ④ 하이드로날륨

해설 ❶

실루민(sillumin, 알펙스라고도 함) : AC3A

- Al-Si계 합금의 공정조직으로 주조성은 좋으나 절삭성은 좋지 않고 약하다.
- 개량처리 : 실루민은 모래형을 사용하여 주조할 때 냉각속도가 느리면 Si의 결정이 크게 발달하여 기계적 성질이 좋지 않게 된다. 이에 대한 대책으로 주조할 때 0.05~0.1%의 금속나트륨을 첨가하고 잘 교반하여 주입하면 Si가 미세한 공정으로 되어 기계적 성질이 개선되는데, 이와 같은 것을 개량처리라 하고 Na으로 처리한 것을 개량합금이라 한다.
- 개량처리 효과를 얻기 위한 방법 : 금속나트륨(Na), 플루오르화나트륨(NaF), 수산화나트륨(NaOH), 알칼리염류 등을 첨가한다.

68 다음 중 Ni-Fe계 합금이 아닌 것은?

① 인바   ② 톰백
③ 엘린바   ④ 플래티나이트

해설 ❶

톰백(Tombac)

- 8~20% Zn을 함유한 α황동
- 빛깔이 금에 가깝고 연성이 크므로 금박, 금분, 불상, 화폐 제조 등에 사용

69 탄소강에서 인(P)으로 인하여 발생하는 취성은?

① 고온취성   ② 불림취성
③ 상온취성   ④ 뜨임취성

해설 ❶

상온취성

인(P)은 강의 결정입자를 조대화시켜서 강을 여리게 만들며, 특히 상온 또는 그 이하의 저온에서 뚜렷해진다. 인(P)은 상온취성 또는 냉간취성의 원인이 된다.

70 구리합금 중에서 가장 높은 경도와 강도를 가지며, 피로한도가 우수하여 고급 스프링 등에 쓰이는 것은?

① Cu-Be 합금   ② Cu-Cd 합금
③ Cu-Si 합금   ④ Cu-Ag 합금

해설 ❶

베릴륨 청동

- 구리 합금 중에서 가장 높은 강도와 경도를 가진다.
- 경도가 커서 가공하기 곤란한 것이 결점이나 강도, 내마멸성, 내피로성, 전도열이 좋아 베어링, 기어, 고급 스프링, 공업용 전극에 사용된다.
- 실용되는 합금으로는 고강도 베릴륨 청동(Be(1.6~2.0%)+Co(0.25~0.35%))과 고전도성 베릴륨 청동(Be(0.25~0.6%)+Co(1.4~2.6%))이 있다.

71 유압회로에서 캐비테이션이 발생하지 않도록 하기 위한 방지대책으로 가장 적합한 것은?

① 흡입관에 급속 차단장치를 설치한다.
② 흡입 유체의 유온을 높게 하여 흡입한다.
③ 과부하 시는 패킹부에서 공기가 흡입되도록 한다.
④ 흡입관 내의 평균유속이 3.5m/s 이하가 되도록 한다.

해설 ❶

Cavitation 발생 방지대책

- 흡입관 내의 유속이 3.5m/s 이하가 되도록 한다.
- 펌프의 설치 높이를 낮춘다.
- 흡입 측의 압력손실을 적게 한다.
- 펌프의 회전수를 낮추어 흡입속도를 낮춘다.
- 유압펌프의 흡입구와 흡입관의 직경을 같게 한다.
- 흡입관의 스트레이너 등에 이물질을 제거한다.

72 유압작동유의 점도가 너무 높은 경우 발생되는 현상으로 거리가 먼 것은?

① 내부마찰이 증가하고 온도가 상승한다.
② 마찰손실에 의한 펌프동력 소모가 크다.
③ 마찰부분의 마모가 증대된다.
④ 유동저항이 증대하여 압력손실이 증가된다.

해설 ➕
점도가 낮으면 마찰부분의 마모가 증대된다.

점도가 너무 높은 경우 나타나는 현상
• 내부마찰의 증대와 온도 상승(캐비테이션 발생)
• 장치의 파이프 저항에 의한 압력 증대(기계효율 저하)
• 동력전달 효율 감소
• 작동유의 응답성 감소

73 속도제어회로방식 중 미터인 회로와 미터아웃 회로를 비교하는 설명으로 틀린 것은?

① 미터인 회로는 피스톤 측에만 압력이 형성되나 미터아웃 회로는 피스톤 측과 피스톤 로드 측 모두 압력이 형성된다.
② 미터인 회로는 단면적이 넓은 부분을 제어하므로 상대적으로 속도조절에 유리하나, 미터아웃 회로는 단면적이 좁은 부분을 제어하므로 상대적으로 불리하다.
③ 미터인 회로는 인장력이 작용할 때 속도조절이 불가능하나, 미터아웃 회로는 부하의 방향에 관계없이 속도조절이 가능하다.
④ 미터인 회로는 탱크로 드레인되는 유압작동유에 주로 열이 발생하나, 미터아웃 회로는 실린더로 공급되는 유압작동유에 주로 열이 발생한다.

해설 ➕
④ 미터아웃 회로는 탱크로 드레인되는 유압작동유에 주로 열이 발생하나, 미터인 회로는 실린더로 공급되는 유압작동유에 주로 열이 발생한다.

74 다음 중 유량제어밸브에 속하는 것은?

① 릴리프 밸브　　　② 시퀀스 밸브
③ 교축 밸브　　　　④ 체크 밸브

해설 ➕
• 압력제어 밸브 : 릴리프 밸브, 시퀀스 밸브
• 방향제어 밸브 : 체크 밸브

75 다음과 같은 특징을 가진 유압유는?

> • 난연성 작동유에 속함
> • 내마모성이 우수하여 저압에서 고압까지 각종 유압 펌프에 사용됨
> • 점도지수가 낮고 비중이 커서 저온에서 펌프 시동 시 캐비테이션이 발생하기 쉬움

① 인산에스테르형 작동유
② 수중 유형 유화유
③ 순광유
④ 유중 수형 유화유

해설 ➕
합성형 작동유-난연성 작동유
• 화학적으로 합성된 작동유로서, 석유계에 비하여 유동성, 난연성이 좋으며, 고온·고압에서의 안정성 등이 뛰어난 반면에 값이 비싸다.
• 인산에스테르, 염화수소, 탄화수소 등이 있다.
• 항공기용, 정밀제어장치용으로 사용된다.

76 다음 표기와 같은 유압기호가 나타내는 것은?

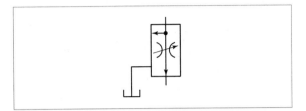

① 가변 교축 밸브
② 무부하 릴리프 밸브
③ 직렬형 유량조정 밸브
④ 바이패스형 유량조정 밸브

77 채터링(Chattering) 현상에 대한 설명으로 틀린 것은?

① 일종의 자려진동 현상이다.
② 소음을 수반한다.
③ 압력이 감소하는 현상이다.
④ 릴리프 밸브 등에서 발생한다.

해설⊕

채터링(Chattering) 현상
밸브 개폐 시 압력차에 의해 급격하게 밸브시트가 상하로 진동하여 소음이 발생하고 밸브의 수명이 짧아지는 일종의 자력진동 현상

78 베인 펌프의 1회전당 유량이 40cc일 때, 1분당 이론 토출유량이 25L이면 회전수는 약 몇 rpm인가? (단, 내부누설량과 흡입저항은 무시한다.)

① 62
② 625
③ 125
④ 745

해설⊕

$$Q = qN$$

$$N = \frac{Q}{q} = \frac{25 \times 1,000}{40} = 625 \, \text{rpm}$$

79 유압 모터에서 1회전당 배출유량이 60cm³/rev이고 유압유의 공급압력이 7MPa일 때 이론 토크는 약 몇 N·m인가?

① 668.8
② 66.8
③ 1,137.5
④ 113.8

해설⊕

$$T = \frac{pq}{2\pi} = \frac{7 \times 10^6 \times 60 \times 10^{-6}}{2 \times \pi} = 66.85 \, \text{N} \cdot \text{m}$$

80 유압유의 여과방식 중 유압펌프에서 나온 유압유의 일부만을 여과하고 나머지는 그대로 탱크로 가도록 하는 형식은?

① 바이패스 필터(By-pass Filter)
② 전류식 필터(Full-flow Filter)
③ 션트식 필터(Shunt Flow Filter)
④ 원심식 필터(Centrifugal Filter)

해설⊕

바이패스 필터(By-pass Filter)
전 유량을 여과할 필요가 없는 경우에는 펌프 토출량의 10% 정도를 흡수형 필터로 항시 여과하는 방법이 사용되며, 이 연결 위치는 압력관로의 어느 곳이나 가능하며 비교적 작은 필터로도 충분하다.

5과목 기계제작법 및 기계동력학

81 고유진동수가 1Hz인 진동측정기를 사용하여 2.2Hz의 진동을 측정하려고 한다. 측정기에 의해 기록된 진폭이 0.05cm라면 실제 진폭은 약 몇 cm인가?(단, 감쇠는 무시한다.)

① 0.01cm
② 0.02cm
③ 0.03cm
④ 0.04cm

해설⊕

※ 실제로 있을 수 없는 진동해석 문제로 간주되어 풀이가 없습니다.

82 20Mg의 철도차량이 0.5m/s의 속력으로 직선운동하여 정지되어 있는 30Mg의 화물차량과 결합한다. 결합하는 과정에서 차량에 공급되는 동력은 없으며 브레이크도 풀려 있다. 결합 직후의 속력은 약 몇 m/s인가?

① 0.25
② 0.20
③ 0.15
④ 0.10

해설⊕

선운동량 보존의 법칙에서
$$m_1 V_1 + m_2 V_2 = m_1 V_1' + m_2 V_2'$$
여기서 $V_1' = V_2' = V'$, $V_2 = 0$
정리하면 $m_1 V_1 = (m_1 + m_2) V'$
$$\therefore V' = \frac{m_1 V_1}{m_1 + m_2} = \frac{20 \times 0.5}{20 + 30} = 0.2 \text{m/s}$$

83 질량 관성모멘트가 20kg · m²인 플라이 휠(Fly Wheel)을 정지 상태로부터 10초 후 3,600rpm으로 회전시키기 위해 일정한 비율로 가속하였다. 이때 필요한 토크는 약 몇 N · m인가?

① 654
② 754
③ 854
④ 954

해설⊕

$T = J_0 \cdot \alpha$에서 $J_0 = 20$(질량관성모멘트)

각가속도 $\alpha = \dfrac{\omega}{t} = \dfrac{\frac{2\pi N}{60}}{t} = \dfrac{\frac{2\pi \times 3,600}{60}}{10} = 37.7 \text{rad/s}^2$

$\therefore T = 20 \times 37.7 = 754 \text{N} \cdot \text{m}$

84 고유진동수 f(Hz), 고유 원진동수 ω(rad/s), 고유주기 T(s) 사이의 관계를 바르게 나타낸 식은?

① $T = \dfrac{\omega}{2\pi}$
② $T\omega = f$
③ $Tf = 1$
④ $f\omega = 2\pi$

해설⊕

주기 $T = \dfrac{2\pi}{\omega}$

$f = \dfrac{1}{T} \rightarrow Tf = 1$

85 그림과 같이 질량 100kg의 상자를 동마찰계수가 $\mu_1 = 0.2$인 길이 2.0m의 바닥 a와 동마찰계수가 $\mu_2 = 0.3$인 길이 2.5m의 바닥 b를 지나 A지점에서 C지점까지 밀려고 한다. 사람이 하여야 할 일은 약 몇 J인가?

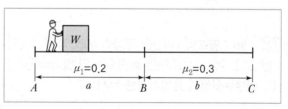

① 1,128J
② 2,256J
③ 3,760J
④ 5,640J

해설⊕

마찰일에너지

$U = U_{A \to B} + U_{B \to C}$

$\quad = \mu_1 Wa + \mu_2 Wb = \mu_1 mga + \mu_2 mgb$

$\quad = 0.2 \times 100 \times 9.8 \times 2 + 0.3 \times 100 \times 9.8 \times 2.5$

$\quad = 1,127\text{J}$

86 1자유도 질량 – 스프링계에서 초기조건으로 변위 x_0가 주어진 상태에서 가만히 놓아 진동이 일어난다면 진동변위를 나타내는 식은?(단, ω_n은 계의 고유진동수이고, t는 시간이다.)

① $x_0 \cos \omega_n t$
② $x_0 \sin \omega_n t$
③ $x_0 \cos^2 \omega_n t$
④ $x_0 \sin^2 \omega_n t$

해설⊕

→ x방향이므로 진동변위 $x(t) = x_0 \cos \omega_n t$

87 그림과 같이 바퀴가 가로방향(x축 방향)으로 미끄러지지 않고 굴러가고 있을 때 A점의 속력과 그 방향은?(단, 바퀴 중심점의 속도는 V이다.)

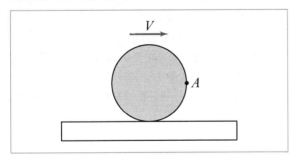

① 속력 : V, 방향 : x축 방향
② 속력 : V, 방향 : $-y$축 방향
③ 속력 : $\sqrt{2} \, V$, 방향 : $-y$축 방향
④ 속력 : $\sqrt{2} \, V$, 방향 : x축 방향에서 아래로 $45°$ 방향

해설⊕

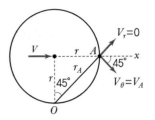

$V = r\omega$이고 운동은 O점을 기준으로 이루어지므로 접촉점 O에서 A점까지 거리 $r_A = \sqrt{r^2 + r^2} = \sqrt{2} \, r$

$\theta = 45°$, $V_A = V_\theta = r_A \cdot \omega = \sqrt{2} \, r\omega = \sqrt{2} \, V$

x축 방향에서 아래로 $45°$ 방향이다.

88 질량이 70kg인 군인이 고공에서 낙하산을 펼치고 10m/s의 초기 속도로 낙하하였다. 공기의 저항이 350N일 때 20m 낙하한 후의 속도는 약 몇 m/s인가?

① 16.4m/s
② 17.1m/s
③ 18.9m/s
④ 20.0m/s

해설⊕

공기저항에 의한 일에너지는 운동에너지 변화량과 같으므로

$F \cdot r = \dfrac{1}{2} m \left(V_2^2 - V_1^2 \right)$

$V_2 = \sqrt{V_1^2 + \dfrac{2Fr}{m}} = \sqrt{10^2 + \dfrac{2 \times 350 \times 20}{70}}$

$\qquad = 17.32\text{m/s}$

89 정지된 물에서 0.5m/s의 속도를 낼 수 있는 뱃사공이 있다. 이 뱃사공이 0.1m/s로 흐르는 강물을 거슬러 400m를 올라가는 데 걸리는 시간은?

① 10분
② 13분 20초
③ 16분 40초
④ 22분 13초

해설⊕

배가 강물을 거슬러 올라가는 속도

$V_{배/강물} = V_배 - V_{강물} = 0.5 - 0.1 = 0.4 \text{m/s}$

$0.4(\text{m/s}) \times t(\text{s}) = 400\text{m}$

$\therefore \ t = \dfrac{400}{0.4} = 1,000\text{s} = 16분 \ 40초$

---

90 질량, 스프링, 댐퍼로 구성된 단순화된 1자유도 감쇠계에서 다음 중 그 값만으로 직접 감쇠비(Damped Ratio)를 구할 수 있는 것은?

① 대수 감소율(Logarithmic Decrement)
② 감쇠 고유 진동수(Damped Natural Frequency)
③ 스프링 상수(Spring Coefficient)
④ 주기(Period)

해설⊕

감쇠비가 ζ일 때

대수감소율 $\delta = \dfrac{2\pi\zeta}{\sqrt{1-\zeta^2}}$

---

91 오토콜리메이터의 부속품이 아닌 것은?

① 평면경　　　　　② 콜리 프리즘
③ 펜타 프리즘　　　④ 폴리곤 프리즘

해설⊕

오토콜리메이터는 시준기(collimator)와 망원경(telescope)을 조합한 것으로서 미소 각도를 측정하는 광학적 측정기이다. 오토콜리메이터의 주요 부속품에는 평면경, 펜타 프리즘, 폴리곤 프리즘, 반사경대, 지지대, 조정기, 변압기 등이 있다.

92 이미 가공되어 있는 구멍에 다소 큰 강철 볼을 압입하여 통과시켜서 가공물의 표면을 소성 변형시켜 정밀도가 높은 면을 얻는 가공법은?

① 버핑(Buffing)
② 버니싱(Burnishing)
③ 숏 피닝(Shot Peening)
④ 배럴 다듬질(Barrel Finishing)

해설⊕

① 버핑(Buffing)
천, 가죽, 벨트 등으로 만들어진 연마제를 고정시킨 다음, 고속 회전하여 연마하는 가공법이다.

② 버니싱(Burnishing)
- 볼 버니싱 : 필요한 형상을 한 공구로 공작물의 표면을 누르며 이동시켜, 표면에 소성 변형을 일으키게 하여 매끈하고 정도가 높은 면을 얻는 가공법이다.
- 롤러 버니싱 : 경화된 롤러를 회전하는 공작물에 압착하고 롤러에 이송 운동을 주며, 공작물 표면에 탄성 한도를 초과 압연하여 요철을 감소시켜 다듬질 면을 얻는 가공법이다.

③ 숏피닝(Shot Peening)
경화된 철의 작은 볼을 공작물의 표면에 분사하여 그 표면을 매끈하게 하는 동시에 공작물의 피로강도나 기계적 성질을 향상시키는 방법이다.

④ 배럴 가공(Barrel Finishing)
회전하는 상자에 공작물과 숫돌 입자, 공작액, 콤파운드 등을 함께 넣어 공작물이 입자와 충돌하는 동안에 그 표면의 요철을 제거하며, 매끈한 가공면을 얻는 다듬질 방법이다.

---

93 공작물을 양극으로 하고 전기저항이 적은 Cu, Zn 을 음극으로 하여 전해액 속에 넣고 전기를 통하면, 가공물 표면이 전기에 의한 화학적 작용으로 매끈하게 가공되는 가공법은?

① 전해연마　　　　② 전해연삭
③ 워터젯 가공　　　④ 초음파 가공

해설◑
① 전해연마(Celectrolytic Polishing) : 연마하려는 공작물을 양극으로 하여 과염소산, 인산, 황산, 질산 등의 전해액 속에 매달아 두고 1A/cm² 정도의 직류전류를 통전하여 전기 화학적으로 공작물의 미소돌기를 용출시켜 광택면을 얻는다.
② 전해연삭(Electrolytic Grinding) : 숫돌 입자와 공작물이 접촉하여 가공하는 연삭작용과 전해작용으로 가공한다.
③ 워터젯 가공(Water Jet Cutting) : 초고압(200~400MPa 이상)으로 응축된 물 또는 연마 혼합물을 오리피스/노즐을 통해 소재 표면에 분사하여 원하는 형상으로 절단하여 가공한다.
④ 초음파 가공 : 초음파 진동을 에너지원으로 하여 진동하는 공구(horn)와 공작물 사이에 연삭 입자를 공급하여 공작물을 정밀하게 다듬는다.

94 다음 빈칸에 들어갈 숫자가 옳게 짝지어진 것은?

지름 100mm의 소재를 드로잉하여 지름 60mm의 원통을 가공할 때 드로잉률은 (A)이다. 또한, 이 60mm의 용기를 재드로잉률 0.8로 드로잉을 하면 용기의 지름은 (B)mm가 된다.

① A : 0.36, B : 48　　② A : 0.36, B : 75
③ A : 0.6, B : 48　　④ A : 0.6, B : 75

해설◑
$$A : A = \frac{d_1}{d_0} = \frac{60}{100} = 0.6$$
$$B : 0.8 = \frac{B}{60}, \ B = 48$$

95 호브 절삭날의 나사를 여러 줄로 한 것으로 거친 절삭에 주로 쓰이는 호브는?

① 다줄 호브　　　　② 단체 호브
③ 조립 호브　　　　④ 초경 호브

해설◑
호브
래크를 파서 나선 모양으로 감고, 스파이럴에 직각이 되도록 축방향으로 여러 개의 홈을 파서 절삭날을 형성하게 한 것을 말한다.
• 다줄 호브 : 여러 줄의 절삭날을 가지는 호브로서 황삭용이나 semi-finishing에 사용한다.
• 초경 호브 : 보통 기어는 열처리 전에 가공을 하지만 열처리 이후에 가공하는 호브를 Skiving Hob라고 한다. 열처리 이후 자동차용 소재는 HRC52~58이기 때문에 매우 경도가 높다. 이때 가공할 수 있는 호브가 초경재질의 호브이다.

96 다이에 아연, 납, 주석 등의 연질금속을 넣고 제품 형상의 펀치로 타격을 가하여 길이가 짧은 치약튜브, 약품튜브 등을 제작하는 압출 방법은?

① 간접 압출　　　　② 열간 압출
③ 직접 압출　　　　④ 충격 압출

해설◑
충격압출(Impact Extrusion)
• 상온가공으로 작업하고 크랭크 프레스가 보통 사용되며 단시간 내에 압출이 완료된다.
• 다이에 소재를 넣고 펀치(punch)를 타입하면, 펀치의 외축을 감싸면서 금속재가 성형된다.

• 냉간에서 프레스로 경도가 낮은 재료를 압출하는 방법으로 치약튜브, 약품튜브 등을 제작하는 데 사용된다.

97 용접을 기계적인 접합방법과 비교할 때 우수한 점이 아닌 것은?

① 기밀, 수밀, 유밀성이 우수하다.
② 공정 수가 감소되고 작업시간이 단축된다.
③ 열에 의한 변질이 없으며 품질검사가 쉽다.
④ 재료가 절약되므로 공작물의 중량을 가볍게 할 수 있다.

해설⊕
㉠ 용접의 장점
  • 자재를 절약할 수 있다.
  • 작업 공정수를 줄일 수 있다.
  • 수밀, 기밀을 유지할 수 있다.
  • 접합시간을 단축할 수 있다.
  • 두께의 제한이 비교적 적다.
㉡ 용접의 단점
  • 용접이음에 대한 특별한 지식이 필요하다.
  • 모재의 재질이 용접열의 영향을 많이 받는다.
  • 품질검사의 어려움이 있다.
  • 용접 후 잔류응력과 변형이 발생한다.
  • 분해, 조립이 곤란하다.

98 제작 개수가 적고, 큰 주물품을 만들 때 재료와 제작비를 절약하기 위해 골격만 목재로 만들고 골격 사이를 점토로 메워 만든 모형은?

① 현형   ② 골격형
③ 긁기형   ④ 코어형

해설⊕
① 현형(Solid Pattern) : 제품과 대략 동일한 형상으로 된 것에 가공여유, 수축여유를 가산한 목형이다.

② 골격 목형 : 목재비를 절감하기 위해 골격 부분은 목재로 하고 나머지 부분은 점토로 채운 것으로서 정밀 제작은 곤란하며 주로 대형 파이프나 대형 주조품에 적합하다.
③ 고르개 목형(긁기형) : 주조형상의 단면이 좁고 길이가 긴 경우, 굽은 파이프 제작 시 적합하다.
④ 코어 목형(Core Box) : 가마솥 등 속이 빈 중공 주물 제작 시 적합하다.

99 절삭가공 시 발생하는 절삭온도의 측정방법이 아닌 것은?

① 부식을 이용하는 방법
② 복사고온계를 이용하는 방법
③ 열전대(Thermocouple)에 의한 방법
④ 칼로리미터(Calorimeter)에 의한 방법

해설⊕
절삭온도를 측정하는 방법
• 칩의 색깔로 판정하는 방법
• 시온도료(Thermo Colour Paint)에 의한 방법
• 열량계(Calorimeter)에 의한 방법
• 열전대(Thermo Couple)에 의한 방법

100 나사측정방법 중 삼침법(Three Wire Method)에 대한 설명으로 옳은 것은?

① 나사의 길이를 측정하는 법
② 나사의 골지름을 측정하는 법
③ 나사의 바깥지름을 측정하는 법
④ 나사의 유효지름을 측정하는 법

해설⊕
삼침법
나사의 골에 적당한 굵기의 침을 3개 끼워서 침의 외측거리 M을 외측 마이크로미터로 측정하여 수나사의 유효지름을 계산한다.

03

2017년 과년도 문제풀이

2017. 3.　5　시행

2017. 5.　7　시행

2017. 9. 23　시행

1과목 재료역학

01 단면 2차 모멘트가 251cm⁴인 I형강 보가 있다. 이 단면의 높이가 20cm라면, 굽힘모멘트 $M = 2,510$ N·m를 받을 때 최대 굽힘응력은 몇 MPa인가?

① 100   ② 50

③ 20   ④ 5

해설 ⊕

단면의 높이 $h = 20cm$ 이므로
도심으로부터 최외단까지의 거리
$e = 10cm = 0.1m$

$$\sigma_b = \frac{M}{Z} = \frac{M}{\frac{I}{e}} = \frac{Me}{I} = \frac{2,510 \times 0.1 (\text{N} \cdot \text{m} \cdot \text{m})}{251 \times 10^{-8} (\text{m}^4)}$$

$$= 100 \times 10^6 \text{Pa} = 100 \text{MPa}$$

02 그림과 같은 구조물에서 AB 부재에 미치는 힘은 몇 kN인가?

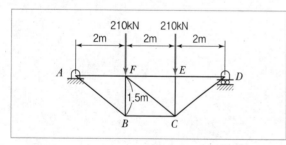

① 450   ② 350

③ 250   ④ 150

해설 ⊕

그림에서

$$\sum M_{A\text{지점}} = 0 : R_A \times 6 - 210 \times 4 - 210 \times 2 = 0$$

$$\therefore R_A = \frac{210 \times 2 + 210 \times 4}{6} = 210 \text{kN}$$

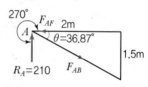

<F.B.D>

$$\tan\theta = \frac{1.5}{2} \rightarrow \theta = \tan^{-1}\left(\frac{1.5}{2}\right) = 36.87°$$

〈F.B.D〉를 보면
A점에서 3력 부재이므로 라미의 정리에 의해

$$\frac{R_A}{\sin 36.87°} = \frac{F_{AB}}{\sin 270°}$$

$$F_{AB} = \frac{210 \times \sin 270°}{\sin 36.87°} = -350 \text{kN}$$

(A점으로 오는 $+R_A$와 A점으로부터 멀어지는 $-F_{AB}$의 개념)

03 다음 그림과 같은 외팔보에 하중 P_1, P_2가 작용될 때 최대 굽힘모멘트의 크기는?

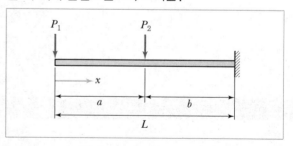

① $P_1 \cdot a + P_2 \cdot b$ ② $P_1 \cdot b + P_2 \cdot a$

③ $(P_1 + P_2) \cdot L$ ④ $P_1 \cdot L + P_2 \cdot b$

정답 01 ① 02 ② 03 ④

해설 ⊕

벽면 B에 작용하는 모멘트가 최대 굽힘모멘트

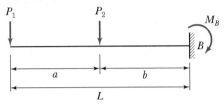

$\Sigma M_{B지점} = 0 : -P_1 L - P_2 b + M_B = 0$

$\therefore M_B = P_2 b + P_1 L$

04 열응력에 대한 다음 설명 중 틀린 것은?

① 재료의 선팽창 계수와 관계있다.

② 세로 탄성계수와 관계있다.

③ 재료의 비중과 관계있다.

④ 온도차와 관계있다.

해설 ⊕

$\sigma = E \cdot \varepsilon, \ \varepsilon = \alpha \cdot \Delta t$에서

$\sigma = E \cdot \alpha \cdot \Delta t$

05 중공 원형 축에 비틀림 모멘트 T=100N·m 가 작용할 때, 안지름이 20mm, 바깥지름이 25mm라 면 최대 전단응력은 약 몇 MPa인가?

① 42.2

② 55.2

③ 77.2

④ 91.2

해설 ⊕

$x = \dfrac{d_1}{d_2}$: 내외경 비

$\tau = \dfrac{T}{Z_p} = \dfrac{T}{\dfrac{\pi d_2^{\,3}}{16}\left(1 - x^4\right)} = \dfrac{100}{\dfrac{\pi}{16} \times 0.025^3 \times \left(1 - \left(\dfrac{20}{25}\right)^4\right)}$

$\qquad\qquad = 55.21 \times 10^6 \, \mathrm{Pa}$

$\qquad\qquad = 55.21 \mathrm{MPa}$

06 그림과 같이 원형 단면의 원주에 접하는 $X-X$ 축에 관한 단면 2차 모멘트는?

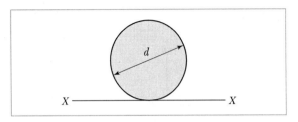

① $\dfrac{\pi d^4}{32}$

② $\dfrac{\pi d^4}{64}$

③ $\dfrac{3\pi d^4}{64}$

④ $\dfrac{5\pi d^4}{64}$

해설 ⊕

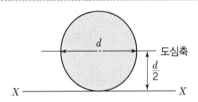

$I_X = I_{도심} + A\left(\dfrac{d}{2}\right)^2$

$\quad = \dfrac{\pi d^4}{64} + \dfrac{\pi}{4}d^2 \times \dfrac{d^2}{4}$

$\quad = \dfrac{\pi d^4}{64} + \dfrac{\pi d^4}{16}$

$\quad = \dfrac{5\pi d^4}{64}$

07 다음과 같은 평면응력 상태에서 X축으로부터 반시계 방향으로 30° 회전된 X'축상의 수직응력($\sigma_{x'}$)은 약 몇 MPa인가?

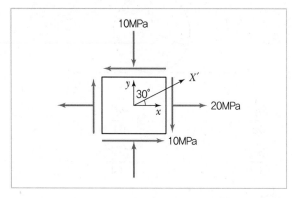

① $\sigma_{x'} = 3.84$

② $\sigma_{x'} = -3.84$

③ $\sigma_{x'} = 17.99$

④ $\sigma_{x'} = -17.99$

해설 ●

평면응력 상태의 모어의 응력원

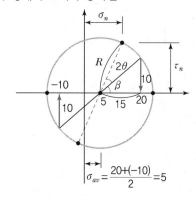

모어의 응력원에서(응력원을 그리면 더 쉽다.)

$$\sigma_n = \sigma_{x}' = \sigma_{av} + R\cos(\beta + 2\theta)$$

여기서, $\sigma_{av} = \dfrac{\sigma_x + \sigma_y}{2} = \dfrac{20 + (-10)}{2} = 5$

$$\beta = \tan^{-1}\left(\frac{10}{15}\right) = 33.69°$$

$R\cos\beta = 15$에서 $R = \dfrac{15}{\cos 33.69°} = 18.03\,\text{MPa}$

$\therefore \ \sigma_n)_{\theta = 30°} = 5 + 18.03\cos(33.69° + 2 \times 30°)$

$$= 3.84\,\text{MPa}$$

※ τ_n을 구하는 경우에는 $\tau_n = R\sin(\beta + 2\theta)$로 구한다.

〈다른 풀이〉

$\sigma_x' = \sigma_n)_{\theta = 30°}$

$$= \frac{\sigma_x + \sigma_y}{2} + \frac{\sigma_x - \sigma_y}{2}\cos 2\theta - \tau_{xy}\sin 2\theta$$

$$= \frac{20 + (-10)}{2} + \frac{20 - (-10)}{2}\cos 60° - 10\sin 60°$$

$$= 3.84\,\text{MPa}$$

08 직경 20mm인 구리합금 봉에 30kN의 축 방향 인장하중이 작용할 때 체적 변형률은 대략 얼마인가? (단, 탄성계수 $E = 100\text{GPa}$, 포아송비 $\mu = 0.3$)

① 0.38

② 0.038

③ 0.0038

④ 0.00038

해설 ●

$\varepsilon_v = \varepsilon(1 - 2\mu) = \dfrac{\sigma}{E}(1 - 2\mu) = \dfrac{P}{EA}(1 - 2\mu)$

$$= \frac{30 \times 10^3}{100 \times 10^9 \times \dfrac{\pi \times 0.02^2}{4}} \times (1 - 2 \times 0.3)$$

$$= 0.00038$$

09 그림과 같이 하중 P가 작용할 때 스프링의 변위 δ는?(단, 스프링 상수는 k이다.)

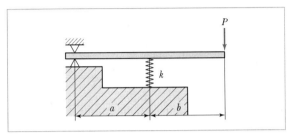

① $\delta = \dfrac{(a+b)}{bk} P$ ② $\delta = \dfrac{(a+b)}{ak} P$

③ $\delta = \dfrac{ak}{(a+b)} P$ ④ $\delta = \dfrac{bk}{(a+b)} P$

해설⊕

<F.B.D>

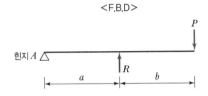

$\sum M_{A지점} = 0 : -Ra + P(a+b) = 0$

$\therefore R = \dfrac{P(a+b)}{a}$

스프링에서 $W = k\delta = R$이므로

$\delta = \dfrac{R}{k} = \dfrac{P(a+b)}{ak}$

10 그림과 같은 하중을 받고 있는 수직 봉의 자중을 고려한 총 신장량은?(단, 하중 $= P$, 막대 단면적 $= A$, 비중량 $= \gamma$, 탄성계수 $= E$이다.)

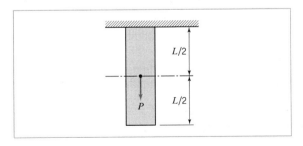

① $\dfrac{L}{E}\left(\gamma L + \dfrac{P}{A}\right)$ ② $\dfrac{L}{2E}\left(\gamma L + \dfrac{P}{A}\right)$

③ $\dfrac{L^2}{2E}\left(\gamma L + \dfrac{P}{A}\right)$ ④ $\dfrac{L^2}{E}\left(\gamma L + \dfrac{P}{A}\right)$

해설⊕

전체 신장량 λ는 하중에 의한 신장량+자중에 의한 신장량이므로

$$\lambda = \frac{P \cdot \left(\dfrac{L}{2}\right)}{AE} + \frac{\gamma \cdot L^2}{2E} = \frac{L}{2E}\left(\frac{P}{A} + \gamma \cdot L\right)$$

11 다음 그림과 같은 양단 고정보 AB에 집중하중 $P = 14\text{kN}$이 작용할 때 B점의 반력 R_B[kN]는?

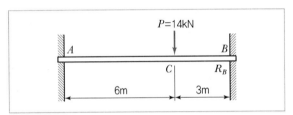

① $R_B = 8.06$ ② $R_B = 9.25$

③ $R_B = 10.37$ ④ $R_B = 11.08$

해설⊕

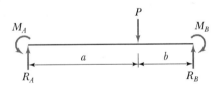

$R_B = \dfrac{Pa^2}{l^3}(l + 2b) = \dfrac{14 \times 6^2}{9^3}(9 + 2 \times 3)$

$\qquad = 10.38\text{kN}$

※ $R_A = \dfrac{Pb^2}{l^3}(l + 2a)$

12 다음 중 좌굴(Buckling) 현상에 대한 설명으로 가장 알맞은 것은?

① 보에 휨하중이 작용할 때 굽어지는 현상
② 트러스의 부재에 전단하중이 작용할 때 굽어지는 현상
③ 단주에 축방향의 인장하중을 받을 때 기둥이 굽어지는 현상
④ 장주에 축방향의 압축하중을 받을 때 기둥이 굽어지는 현상

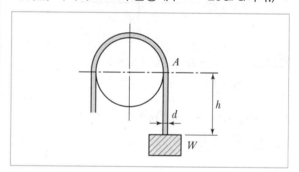

$$U = \int_0^l \frac{M_x^2}{2EI}\,dx = \int_0^l \frac{(Px)^2}{2EI}\,dx$$

$$= \frac{P^2}{2EI}\left[\frac{x^3}{3}\right]_0^l = \frac{P^2}{2EI}\cdot\frac{l^3}{3} = \frac{P^2\cdot l^3}{6EI}$$

$$= \frac{P^2\cdot l^3}{6E\times\frac{\pi d^4}{64}} = \frac{32P^2\cdot l^3}{3E\pi d^4}$$

13 두께 10mm의 강관을 사용하여 직경 2.5m의 원통형 압력용기를 제작하였다. 용기에 작용하는 최대 내부 압력이 1,200kPa일 때 원주 응력(후프 응력)은 몇 MPa인가?

① 50   ② 100   ③ 150   ④ 200

해설 ⊕

후프 응력 $\sigma_h = \dfrac{Pd}{2t} = \dfrac{1,200\times10^3\times2.5}{2\times0.01}$

$\qquad\qquad = 150\times10^6\text{Pa} = 150\text{MPa}$

14 길이가 l이고 원형 단면의 직경이 d인 외팔보의 자유단에 하중 P가 가해진다면, 이 외팔보의 전체 탄성에너지는?(단, 재료의 탄성계수는 E이다.)

① $U = \dfrac{3P^2l^3}{64\pi Ed^4}$ ② $U = \dfrac{62P^2l^3}{9\pi Ed^4}$

③ $U = \dfrac{32P^2l^3}{3\pi Ed^4}$ ④ $U = \dfrac{64P^2l^3}{3\pi Ed^4}$

해설 ⊕

$U = \dfrac{1}{2}M\theta = \dfrac{1}{2}M\times\dfrac{l}{\rho} = \dfrac{1}{2}M\times l\times\dfrac{M}{EI} = \dfrac{M^2\cdot l}{2EI}$

외팔보에서 보의 길이에 따라 M값이 변하므로

$dU = \dfrac{M_x^2}{2EI}\,dx$를 적용하면,

15 직경 20mm인 와이어 로프에 매달린 1,000N의 중량물(W)이 낙하하고 있을 때, A점에서 갑자기 정지시키면 와이어 로프에 생기는 최대 응력은 약 몇 GPa인가?(단, 와이어 로프의 탄성계수 $E = 20$GPa이다.)

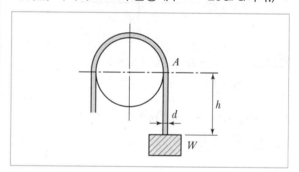

① 0.93   ② 1.13   ③ 1.72   ④ 1.93

해설 ⊕

충격응력 σ, 정응력 σ_0

$\sigma = \sigma_0\left(1 + \sqrt{1 + \dfrac{2h}{\lambda_0}}\right) = \sigma_0\left(1 + \sqrt{1 + \dfrac{2h}{\dfrac{Wh}{AE}}}\right)$

$\quad = \sigma_0\left(1 + \sqrt{1 + \dfrac{2AE}{W}}\right)$

$\quad = \dfrac{1,000}{\dfrac{\pi\times0.02^2}{4}}\times\left(1 + \sqrt{1 + \dfrac{2\times\pi\times0.02^2\times20\times10^9}{1,000\times4}}\right)$

$\quad = 0.36\text{GPa}$

16 전단 탄성계수가 80GPa인 강봉(Steel Bar)에 전단응력이 1kPa로 발생했다면 이 부재에 발생한 전단변형률은?

① 12.5×10^{-3} ② 12.5×10^{-6}

③ 12.5×10^{-9} ④ 12.5×10^{-12}

해설⊕

$\tau = G \cdot \gamma$에서 $\gamma = \dfrac{\tau}{G} = \dfrac{1 \times 10^3}{80 \times 10^9} = 12.5 \times 10^{-9}$

17 단순지지보의 중앙에 집중하중(P)이 작용한다. 점 C에서의 기울기를 $\dfrac{M}{EI}$ 선도를 이용하여 구하면? (단, E= 재료의 종탄성계수, I= 단면 2차 모멘트)

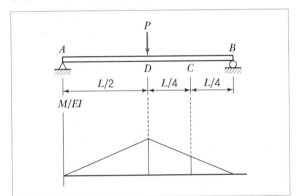

① $\dfrac{1}{64}\dfrac{PL^2}{EI}$ ② $\dfrac{1}{32}\dfrac{PL^2}{EI}$

③ $\dfrac{3}{64}\dfrac{PL^2}{EI}$ ④ $\dfrac{1}{16}\dfrac{PL^2}{EI}$

해설⊕

면적모멘트법에서 $\theta = \dfrac{A_M}{EI}$

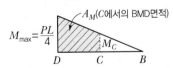

C에서의 〈F.B.D〉

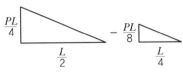

$\sum M_{C지점} = 0 : M_C - \dfrac{P}{2} \times \dfrac{L}{4} = 0$

$\therefore M_C = \dfrac{P \cdot L}{8}$

빗금친 면적은

$\therefore \theta_C = \dfrac{1}{EI}\left(\dfrac{1}{2} \times \dfrac{L}{2} \times \dfrac{PL}{4} - \dfrac{1}{2} \times \dfrac{L}{4} \times \dfrac{PL}{8}\right)$

$= \dfrac{1}{EI}\left(\dfrac{PL^2}{16} - \dfrac{PL^2}{64}\right)$

$= \dfrac{1}{EI} \times \dfrac{3}{64}P \cdot L^2$

18 그림과 같은 단순보에서 보 중앙의 처짐으로 옳은 것은?(단, 보의 굽힘 강성 EI는 일정하고, M_0는 모멘트, l은 보의 길이이다.)

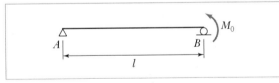

① $\dfrac{M_0 l^2}{16EI}$ ② $\dfrac{M_0 l^2}{48EI}$

③ $\dfrac{M_0 l^2}{120EI}$ ④ $\dfrac{5M_0 l^2}{384EI}$

해설⊕

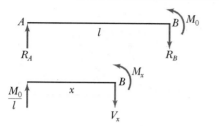

$$\sum M_{A지점} = 0 : R_A \cdot l - M_0 = 0$$

$$\therefore R_A = \frac{M_0}{l}, \ R_B = \frac{M_0}{l}$$

$$\sum M_{x지점} = 0 : \frac{M_0}{l}x - M_x = 0$$

$$\therefore M_x = \frac{M_0}{l} \cdot x$$

처짐미분방정식에 의해

$$EIy'' = M_x = \frac{M_0}{l}x$$

적분하면

$$EIy' = \frac{M_0}{l} \cdot \frac{x^2}{2} + C_1$$

$$EIy = \frac{M_0}{l}\frac{x^3}{6} + C_1 x + C_2$$

B/C(경계조건) $x = 0$과 l에서 $y = 0(\delta = 0)$

$$x = 0 \rightarrow \therefore C_2 = 0$$

$$x = l \rightarrow EIy = \frac{M_0}{l} \cdot \frac{l^3}{6} + C_1 l + C_2$$

$$\therefore C_1 = -\frac{M_0 l}{6}$$

$$\therefore EIy' = \frac{M_0}{l}\frac{x^2}{2} - \frac{M_0 l}{6}$$

$$\therefore EIy = \frac{M_0}{l}\frac{x^3}{6} - \frac{M_0 l}{6}x$$

$$EIy)_{x=\frac{l}{2}} = \frac{M_0}{l}\frac{\left(\frac{l}{2}\right)^3}{6} - \frac{M_0 l}{6} \cdot \frac{l}{2}$$

$$= \frac{M_0 l^2}{48} - \frac{M_0 l^2}{12} = -\frac{M_0 l^2}{16}$$

$$\therefore y = \delta = -\frac{M_0 l^2}{16 EI}$$

19 그림과 같이 등분포하중이 작용하는 보에서 최대 전단력의 크기는 몇 kN인가?

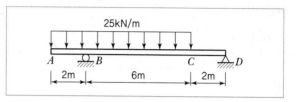

① 50　　② 100　　③ 150　　④ 200

해설⊕

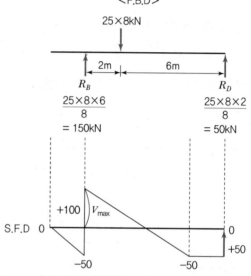

S.F.D에서 최대 전단력($V_{\max}$)은 100kN이다.

20 동일한 길이와 재질로 만들어진 두 개의 원형 단면 축이 있다. 각각의 지름이 d_1, d_2일 때 각 축에 저장되는 변형에너지 u_1, u_2의 비는?(단, 두 축은 모두 비틀림 모멘트 T를 받고 있다.)

① $\dfrac{u_1}{u_2} = \left(\dfrac{d_2}{d_1}\right)^4$　　　② $\dfrac{u_2}{u_1} = \left(\dfrac{d_2}{d_1}\right)^3$

③ $\dfrac{u_1}{u_2} = \left(\dfrac{d_2}{d_1}\right)^3$　　　④ $\dfrac{u_2}{u_1} = \left(\dfrac{d_2}{d_1}\right)^4$

정답　**19** ②　**20** ①

해설 ⊕

$U = \dfrac{1}{2} T \cdot \theta = \dfrac{T^2 \cdot l}{2GI_p}$ 에서

$\dfrac{u_1}{u_2} = \dfrac{\dfrac{T^2 \cdot l}{2GI_{p1}}}{\dfrac{T^2 \cdot l}{2GI_{p2}}} = \dfrac{I_{p2}}{I_{p1}} = \dfrac{\dfrac{\pi d_2{}^4}{32}}{\dfrac{\pi d_1{}^4}{32}} = \left(\dfrac{d_2}{d_1}\right)^4$

2과목 기계열역학

21 4kg의 공기가 들어 있는 체적 0.4m³의 용기(A)와 체적이 0.2m³인 진공의 용기(B)를 밸브로 연결하였다. 두 용기의 온도가 같을 때 밸브를 열어 용기 A와 B의 압력이 평형에 도달했을 경우, 이 계의 엔트로피 증가량은 약 몇 J/K인가?(단, 공기의 기체상수는 0.287kJ/(kg · K)이다.)

① 712.8   ② 595.7
③ 465.5   ④ 348.2

해설 ⊕

$T = C$인 등온과정이므로($dU = 0$)

$dS = \dfrac{\delta Q}{T} = \dfrac{d\overset{0}{U} + PdV}{T} = \dfrac{P}{T}dV$

이상기체이므로 $PV = mRT$ 적용

$\dfrac{P}{T} = m \cdot \dfrac{R}{V}$

$\therefore\ dS = m \cdot \dfrac{R}{V}dV$

$S_2 - S_1 = mR\ln\dfrac{V_2}{V_1}$

$\qquad = 4 \times 287 \times \ln\left(\dfrac{0.4 + 0.2}{0.4}\right)$

$\qquad = 465.47\text{J/K}$

〈다른 풀이〉

$T = C(dT = 0)$인 과정 → $du = C_v dT$ → $du = 0$

$ds = \dfrac{\delta q}{T} = \dfrac{du + Pdv}{T} = \dfrac{P}{T}dv\ (pv = RT\ \text{적용})$

$\qquad\qquad\qquad\quad = \dfrac{R}{v}dv$

비엔트로피 변화량 $\displaystyle\int_1^2 ds = R\int_1^2 \dfrac{1}{v}dv = R\ln\dfrac{v_2}{v_1}$

$\qquad\qquad = 287 \times \ln\left(\dfrac{\dfrac{0.6}{4}}{\dfrac{0.4}{4}}\right)$

$\therefore\ s_2 - s_1 = 116.37\text{J/kg} \cdot \text{K}$

엔트로피 변화량 $S_2 - S_1 = m(s_2 - s_1)$

$\qquad\qquad = 4\text{kg} \times 116.37\text{J/kg} \cdot \text{K}$

$\qquad\qquad = 465.47\text{J/K}$

22 이상적인 증기 – 압축 냉동사이클에서 엔트로피가 감소하는 과정은?

① 증발과정   ② 압축과정
③ 팽창과정   ④ 응축과정

해설 ⊕

응축과정에서 냉매가 열을 방출하므로 엔트로피가 감소한다.

23 다음 냉동 사이클에서 열역학 제1법칙과 제2법칙을 모두 만족하는 Q_1, Q_2, W는?

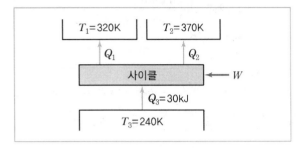

① $Q_1 = 20\text{kJ}$, $Q_2 = 20\text{kJ}$, $W = 20\text{kJ}$

② $Q_1 = 20\text{kJ}$, $Q_2 = 30\text{kJ}$, $W = 20\text{kJ}$

③ $Q_1 = 20\text{kJ}$, $Q_2 = 20\text{kJ}$, $W = 10\text{kJ}$

④ $Q_1 = 20\text{kJ}$, $Q_2 = 15\text{kJ}$, $W = 5\text{kJ}$

해설 ⊕

시스템에서 열역학 제1법칙은 에너지 보존의 법칙이므로 입력(input)=출력(output)이다. 그러므로
$Q_3 + W = Q_1 + Q_2$를 만족해야 하며 열역학 제2법칙의 비가역 양은 엔트로피 증가로 나타나므로

$dS = \dfrac{\delta Q}{T}$ 에서

처음 상태인 저열원에서 엔트로피양

$\Delta S_3 = \dfrac{Q_3}{T_3} = \dfrac{30}{240} = 0.125\,\text{kJ/K}$

나중 상태인 고열원에서 엔트로피양 ΔS_2, ΔS_1

$\Delta S_2 = \dfrac{Q_2}{T_2} = \dfrac{30}{370} = 0.081\,\text{kJ/K}$

$\Delta S_1 = \dfrac{Q_1}{T_1} = \dfrac{20}{320} = 0.063\,\text{kJ/K}$

처음 상태에서 나중 상태로의 엔트로피양은
$0.125 < (0.081 + 0.063)$ 증가하므로 ②는 열역학 제2법칙을 만족한다.

24 증기 터빈의 입구 조건은 3MPa, 350℃이고 출구의 압력은 30kPa이다. 이때 정상 등엔트로피 과정으로 가정할 경우, 유체의 단위 질량당 터빈에서 발생되는 출력은 약 몇 kJ/kg인가?(단, 표에서 h는 단위질량당 엔탈피, s는 단위질량당 엔트로피이다.)

구분	h(kJ/kg)	s(kJ/(kg · K))
터빈 입구	3,115.3	6.7428

구분	엔트로피(kJ/(kg · K))		
	포화액 s_f	증발 s_{fg}	포화증기 s_g
터빈 출구	0.9439	6.8247	7.7686

구분	엔탈피(kJ/(kg · K))		
	포화액 h_f	증발 h_{fg}	포화증기 h_g
터빈 출구	289.2	2,336.1	2,625.3

① 679.2   ② 490.3

③ 841.1   ④ 970.4

해설 ⊕

개방계의 열역학 제1법칙에서
$q_{c.v}^{\;0} + h_i = h_e + w_{c.v}$ (터빈 : 단열팽창)
$w_{c.v} = w_T = h_i - h_e$
$\qquad = 3{,}115.3 - h_{출구}$
여기서, $h_{출구} = h_{습증기} = h_x$
$\qquad$ (건도가 x인 습증기의 엔탈피)
h_x 해석을 위해 터빈은 단열과정, 즉 등엔트로피 과정이므로
$S_i = S_e = S_x = 6.7428$
$S_x = S_f + x S_{fg}$
$\therefore$ 건도 $x = \dfrac{S_x - S_f}{S_{fg}} = \dfrac{6.7428 - 0.9439}{6.8247} = 0.8497$
$h_x = h_{출구} = h_f + x h_{fg}$
$\qquad = 289.2 + 0.8497 \times 2{,}336.1$
$\qquad = 2{,}274.18$
$\therefore w_T = 3{,}115.3 - 2{,}274.18 = 841.12\,\text{kJ/kg}$

정답   **23** ②   **24** ③

25 폴리트로픽 과정 $PV^n = C$에서 지수 $n = \infty$인 경우는 어떤 과정인가?

① 등온과정　　　　　② 정적과정
③ 정압과정　　　　　④ 단열과정

해설⊕

$PV^\infty = C$ 양변에 $\dfrac{1}{\infty}$ 승을 취하면

$$\left(PV^\infty\right)^{\frac{1}{\infty}} = C^{\frac{1}{\infty}}$$

$$P^{\frac{1}{\infty}} V = C^\circ \ \left(\because P^{\frac{1}{\infty}} = P^\circ = 1\right)$$

$$\therefore \ V = C$$

26 300L 체적의 진공인 탱크가 25℃, 6MPa의 공기를 공급하는 관에 연결된다. 밸브를 열어 탱크 안의 공기 압력이 5MPa이 될 때까지 공기를 채우고 밸브를 닫았다. 이 과정이 단열이고 운동에너지와 위치에너지의 변화는 무시해도 좋을 경우 탱크 안의 공기의 온도는 약 몇 ℃가 되는가?(단, 공기의 비열비는 1.40이다.)

① 1.5℃　　　　　② 25.0℃
③ 84.4℃　　　　　④ 144.3℃

해설⊕

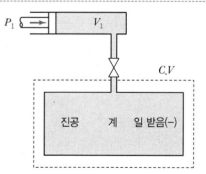

진공인 탱크가 공급관에 연결된 것과 그림에서 피스톤이 진공 탱크에 유입되는 수증기를 밀어 넣는 것과 같은 개념으로 생각해서 문제를 해석하는 게 쉽다. → 들어가고 나가는 질량유량이 없어 검사질량(일정질량)의 경계가 움직이며 검사질

량인 수증기에 일을 가한다.

처음에 계가 일을 받으므로 $(-)_1W_2 = P_1V_1 = mP_1v_1$

$_1Q_2 = U_2 - U_1 + {}_1W_2$에서 단열이므로

$$0 = U_2 - U_1 - P_1V_1$$

비내부에너지와 비체적을 적용하면

$$0 = m(u_2 - u_1) - mP_1v_1$$
$$= mu_2 - m(u_1 + P_1v_1) \ (\because \ h = u + Pv)$$
$$= mu_2 - mh_1$$

$$\therefore \ u_2 = h_1$$

$$u_2 = u_1 + P_1v_1$$

$$u_2 - u_1 = P_1v_1 = RT_1$$

$Pv = RT$와 $du = C_v dT$를 적용하면

$$C_v(T_2 - T_1) = RT_1$$

$$\frac{R}{k-1}(T_2 - T_1) = RT_1$$

$$T_2 - T_1 = (k-1)T_1$$

$$\therefore \ T_2 = kT_1$$
$$= 1.4 \times (25 + 273) = 417.2\text{K}$$
$$\to 417.2 - 273 = 144.2℃$$

27 분자량이 M이고 질량이 $2V$인 이상기체 A가 압력 P, 온도 T(절대온도)일 때 부피가 V이다. 동일한 질량의 다른 이상기체 B가 압력 $2P$, 온도 $2T$(절대온도)일 때 부피가 $2V$이면 이 기체의 분자량은 얼마인가?

① $0.5M$　　　　　② M
③ $2M$　　　　　④ $4M$

해설⊕

이상기체 상태방정식 $PV = mRT$에서

$$R = \frac{PV}{mT} = \frac{\overline{R}}{M} \quad \therefore \ M = \frac{mT\overline{R}}{PV}$$

$$M_A = \frac{mT\overline{R}}{PV} = \frac{2VT\overline{R}}{PV}$$

$$M_B = \frac{mT\overline{R}}{PV} = \frac{2V \cdot 2T\overline{R}}{2P \cdot 2V} = \frac{VT\overline{R}}{PV} = \frac{1}{2}M_A$$

28 열역학 제1법칙에 관한 설명으로 거리가 먼 것은?

① 열역학적 계에 대한 에너지 보존의 법칙을 나타낸다.

② 외부에 어떠한 영향을 남기지 않고 계가 열원으로부터 받은 열을 모두 일로 바꾸는 것은 불가능하다.

③ 열은 에너지의 한 형태로서 일을 열로 변환하거나 열을 일로 변환하는 것이 가능하다.

④ 열을 일로 변환하거나 일을 열로 변환할 때, 에너지의 총량은 변하지 않고 일정하다.

해설➕
외부에 어떠한 영향을 남기는 것은 비가역량이므로 열역학 제2법칙에 해당한다.

29 압력 5kPa, 체적이 0.3m³인 기체가 일정한 압력 하에서 압축되어 0.2m³로 되었을 때 이 기체가 한 일은?(단, +는 외부로 기체가 일을 한 경우이고, −는 기체가 외부로부터 일을 받은 경우이다.)

① −1,000J ② 1,000J
③ −500J   ④ 500J

해설➕
밀폐계의 일이므로 절대일 $\delta W = PdV$에서
$$_1W_2 = \int_1^2 PdV = P(V_2 - V_1) = 5 \times 10^3 \times (0.2 - 0.3)$$
$$= -500\text{N} \cdot \text{m} = -500\text{J}$$

30 온도 300K, 압력 100kPa 상태의 공기 0.2kg이 완전히 단열된 강체 용기 안에 있다. 패들(Paddle)에 의하여 외부로부터 공기에 5kJ의 일이 행해질 때 최종 온도는 약 몇 K인가?(단, 공기의 정압비열과 정적비열은 각각 1.0035kJ/(kg · K), 0.7165kJ/(kg · K)이다.)

① 315 ② 275
③ 335 ④ 255

해설➕

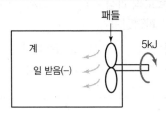

$$\delta Q - \delta W = dU$$
$$_1Q_2 = U_2 - U_1 + {}_1W_2$$

단열이므로 $_1Q_2 = 0$ (계에서 전 내부에너지의 변화량과 외부에서 해준 일의 양은 같다.)

$$\therefore \ U_2 - U_1 = -{}_1W_2$$
$$U_2 - U_1 = (-) - {}_1W_2 \ (일부호(-) \ 적용)$$

$dU = mC_v dT$를 적용하면
$$mC_v(T_2 - T_1) = {}_1W_2$$
$$\therefore \ T_2 = T_1 + \frac{{}_1W_2}{mC_v}$$
$$= 300 + \frac{5}{0.2 \times 0.7165}$$
$$= 334.89\text{K}$$

31 오토 사이클로 작동되는 기관에서 실린더의 간극 체적이 행정 체적의 15%라고 하면 이론 열효율은 약 얼마인가?(단, 비열비 $k = 1.4$이다.)

① 45.2% ② 50.6%
③ 55.7% ④ 61.4%

해설➕
$$\varepsilon = \frac{V_t}{V_c} = \frac{V_c + V_s}{V_c} = 1 + \frac{V_s}{V_c} = 1 + \frac{V_s}{0.15 V_s} = 7.67$$
$$\eta_0 = 1 - \left(\frac{1}{\varepsilon}\right)^{k-1} = 1 - \left(\frac{1}{7.67}\right)^{1.4-1}$$
$$= 0.557 = 55.7\%$$

정답 **28** ② **29** ③ **30** ③ **31** ③

32 14.33W의 전등을 매일 7시간 사용하는 집이 있다. 1개월(30일) 동안 약 몇 kJ의 에너지를 사용하는가?

① 10,830 ② 15,020
③ 17,420 ④ 22,840

해설 ⊕

$1\text{kW} = 1,000\text{W} = 1,000\text{J/s}$

$1\text{kWh} = 1,000\text{J/s} \times 3,600\text{s} = 3,600 \times 10^3\text{J} = 3,600\text{kJ}$

$14.33\text{W} = 0.01433\text{kW}$

$\dfrac{0.01433\text{kW} \times 7\text{hr}}{1일} \times 30일 = 3.0093\text{kWh}$

$\therefore 3.0093\text{kWh} \times \dfrac{3,600\text{kJ}}{1\text{kWh}} = 10,833.48\text{kJ}$

33 10℃에서 160℃까지 공기의 평균 정적비열은 0.7315kJ/(kg · K)이다. 이 온도 변화에서 공기 1kg의 내부에너지 변화는 약 몇 kJ인가?

① 101.1kJ ② 109.7kJ
③ 120.6kJ ④ 131.7kJ

해설 ⊕

$du = C_v dT$

$u_2 - u_1 = C_v(T_2 - T_1)$
$\qquad\quad = 0.7315(160 - 10)$
$\qquad\quad = 109.73\text{kJ/kg}$

$U_2 - U_1 = m(u_2 - u_1) = 1\text{kg} \times 109.73\text{kJ/kg}$
$\qquad\qquad\quad = 109.73\text{kJ}$

34 물 1kg이 포화온도 120℃에서 증발할 때, 증발잠열은 2,203kJ이다. 증발하는 동안 물의 엔트로피 증가량은 약 몇 kJ/K인가?

① 4.3 ② 5.6
③ 6.5 ④ 7.4

해설 ⊕

$\delta S = \dfrac{\delta Q}{T}$ 에서

$S_2 - S_1 = \Delta S = \dfrac{{}_1Q_2}{T} = \dfrac{2,203\text{kJ}}{(120 + 273)\text{K}} = 5.61\text{kJ/K}$

35 Rankine 사이클에 대한 설명으로 틀린 것은?

① 응축기에서의 열방출 온도가 낮을수록 열효율이 좋다.
② 증기의 최고온도는 터빈 재료의 내열 특성에 의하여 제한된다.
③ 팽창일에 비하여 압축일이 적은 편이다.
④ 터빈 출구에서 건도가 낮을수록 효율이 좋아진다.

해설 ⊕

터빈 출구에서 건도가 낮을수록 효율이 낮아지며 습분이 증가하여 터빈 부식을 증가시킨다.

36 단열된 가스터빈의 입구 측에서 가스가 압력 2MPa, 온도 1,200K로 유입되어 출구 측에서 압력 100kPa, 온도 600K로 유출된다. 5MW의 출력을 얻기 위한 가스의 질량유량은 약 몇 kg/s인가?(단, 터빈의 효율은 100%이고, 가스의 정압비열은 1.12kJ/(kg · K) 이다.)

① 6.44 ② 7.44
③ 8.44 ④ 9.44

해설 ⊕

단열팽창하는 공업일이 터빈일이므로

$\delta \cancel{q}^{\,0} = dh - vdp$

$0 = dh - vdp$

여기서 $w_T = -vdp = -dh$

$\therefore {}_1w_{T2} = \int -C_p dT$
$\qquad\quad = -C_p(T_2 - T_1)$
$\qquad\quad = C_p(T_1 - T_2)(\text{kJ/kg})$

출력은 동력이므로 $\dot{W}_T = \dot{m} w_T \left(\dfrac{\mathrm{kg}}{\mathrm{s}} \cdot \dfrac{\mathrm{kJ}}{\mathrm{kg}} = \dfrac{\mathrm{kJ}}{\mathrm{s}} = \mathrm{kW} \right)$

$$\therefore \dot{m} = \frac{\dot{W}_T}{w_T} = \frac{5 \times 10^3 \mathrm{kW}}{C_p(T_1 - T_2)} = \frac{5 \times 10^3}{1.12 \times (1,200 - 600)}$$
$$= 7.44 \mathrm{kg/s}$$

37 다음에 열거한 시스템의 상태량 중 종량적 상태량인 것은?

① 엔탈피   ② 온도

③ 압력   ④ 비체적

해설◐

반으로 나누면 상태량이 변하는 값은 엔탈피이다. 다른 값들은 반으로 나누어도 값이 변하지 않아 강도성 상태량이다.

38 다음 압력값 중에서 표준대기압(1atm)과 차이가 가장 큰 압력은?

① 1MPa   ② 100kPa

③ 1bar   ④ 100hPa

해설◐

① $1\mathrm{MPa} = 1,000\mathrm{kPa}$

② $100\mathrm{kPa}$

③ $1\mathrm{bar} = 10^5\mathrm{Pa} = 100\mathrm{kPa}$

④ $100\mathrm{hPa} = 100 \times 10^2 \mathrm{Pa} = 10\mathrm{kPa}$

※ $1\mathrm{atm} = 1,013.25\mathrm{mbar} = 1.01325\mathrm{bar}$
$\qquad = 101,325\mathrm{Pa} = 101.32\mathrm{kPa}$

39 1kg의 공기가 100℃를 유지하면서 등온팽창하여 외부에 100kJ의 일을 하였다. 이때 엔트로피의 변화량은 약 몇 kJ/(kg · K)인가?

① 0.268   ② 0.373

③ 1.00   ④ 1.54

해설◐

$$ds = \frac{\delta q}{T} = \frac{du + pdv}{T}$$

여기서, 등온팽창 $du = C_v d\cancel{T}^{\,0}$

$$\delta w = pdv \rightarrow {}_1w_2 = \frac{100\mathrm{kJ}}{1\mathrm{kg}} = 100\mathrm{kJ/kg}$$

$$s_2 - s_1 = \frac{{}_1q_2}{T} = \frac{{}_1w_2}{T} = \frac{100\mathrm{kJ/kg}}{(100 + 273)\mathrm{K}}$$
$$= 0.268\mathrm{kJ/kg} \cdot \mathrm{K}$$

40 피스톤-실린더 시스템에 100kPa의 압력을 갖는 1kg의 공기가 들어 있다. 초기 체적은 0.5m³이고, 이 시스템에 온도가 일정한 상태에서 열을 가하여 부피가 1.0m³로 되었다. 이 과정 중 전달된 에너지는 약 몇 kJ인가?

① 30.7   ② 34.7

③ 44.8   ④ 50.0

해설◐

$$\delta Q = dU + PdV$$

등온에서 $dU = C_v d\cancel{T}^{\,0} = 0$이므로

$$\therefore {}_1Q_2 = \int_1^2 PdV$$
$$\left(여기서, \ PV = C(등온과정) \ \therefore \ P = \frac{C}{V} \right)$$
$$= \int_1^2 \frac{C}{V} dV$$
$$= C[\ln V]_1^2$$
$$= P_1 V_1 (\ln V_2 - \ln V_1)$$
$$= P_1 V_1 \ln \frac{V_2}{V_1}$$
$$= 100 \times 0.5 \times \ln \left(\frac{1.0}{0.5} \right)$$
$$= 34.66 \mathrm{kJ}$$

3과목 기계유체역학

41 체적 $2 \times 10^{-3} \text{m}^3$의 돌이 물속에서 무게가 40N이었다면 공기 중에서의 무게는 약 몇 N인가?

① 2
② 19.6
③ 42
④ 59.6

해설 ⊕

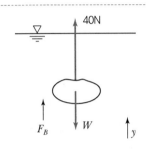

$$F_B(\text{부력}) = \gamma_w \cdot V_\text{돌}$$
$$= 9,800 \times 2 \times 10^{-3}$$
$$= 19.6 \text{N}$$
$$\sum F_y = 0 : 40 + 19.6 - W = 0$$
$$\therefore \text{돌의 무게 } W = 59.6 \text{N}$$

42 안지름 35cm의 원관으로 수평거리 2,000m 떨어진 곳에 물을 수송하려고 한다. 24시간 동안 15,000m³을 보내는 데 필요한 압력은 약 몇 kPa인가?(단, 관마찰계수는 0.032이고, 유속은 일정하게 송출한다고 가정한다.)

① 296
② 423
③ 537
④ 351

해설 ⊕

$$\text{체적유량 } Q = \frac{15,000 \text{m}^3}{24\text{h}} \times \frac{1\text{h}}{3,600\text{s}}$$
$$= 0.174 \text{m}^3/\text{s}$$

$Q = A \cdot V$에서
$$V = \frac{Q}{A} = \frac{0.174}{\frac{\pi}{4} \times 0.35^2} = 1.81 \text{m/s}$$

$$\therefore h_l = f \cdot \frac{L}{d} \cdot \frac{V^2}{2g}$$
$$= 0.032 \times \frac{2,000}{0.35} \times \frac{1.81^2}{2 \times 9.8} = 30.56 \text{m}$$

$$\Delta P = \gamma \cdot h_l = 9,800 \left(\frac{\text{N}}{\text{m}^3}\right) \times 30.56 (\text{m})$$
$$= 299,488 \text{Pa} = 299.5 \text{kPa}$$

43 지름 5cm의 구가 공기 중에서 매초 40m의 속도로 날아갈 때 항력은 약 몇 N인가?(단, 공기의 밀도는 1.23kg/m³이고, 항력계수는 0.6이다.)

① 1.16
② 3.22
③ 6.35
④ 9.23

해설 ⊕

$$D = C_D \cdot \frac{\rho A V^2}{2}$$
$$= 0.6 \times \frac{1.23 \times \frac{\pi}{4} \times 0.05^2 \times 40^2}{2}$$
$$= 1.159 \text{N}$$

44 경계층 밖에서 퍼텐셜 흐름의 속도가 10m/s일 때, 경계층의 두께는 속도가 얼마일 때의 값으로 잡아야 하는가?(단, 일반적으로 정의하는 경계층 두께를 기준으로 삼는다.)

① 10m/s
② 7.9m/s
③ 8.9m/s
④ 9.9m/s

해설 ⊕

경계층 내의 최대속도는 자유유동속도의 99%이므로
$$U_{max} = 0.99 \times U_\infty = 0.99 \times 10 = 9.9 \text{m/s}$$

45 지름이 0.1mm이고 비중이 7인 작은 입자가 비중이 0.8인 기름 속에서 0.01m/s의 일정한 속도로 낙하하고 있다. 이때 기름의 점성계수는 약 몇 kg/(m · s)인가?(단, 이 입자는 기름 속에서 Stokes 법칙을 만족한다고 가정한다.)

① 0.003379

② 0.009542

③ 0.02486

④ 0.1237

해설⊕

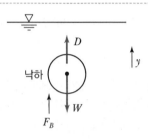

$$\sum F_y = 0 : D + F_B - W = 0 \ (여기서, \ F_B = \gamma_{oil} V_{입자})$$

$$3\pi\mu Vd + \gamma_{oil} \cdot \frac{4}{3}\pi r^3 - \gamma_{입자} \cdot \frac{4}{3}\pi r^3 = 0$$

$$3\pi\mu Vd + S_{oil} \cdot \gamma_w \cdot \frac{4}{3}\pi\left(\frac{d}{2}\right)^3 - S_{입자}\gamma_w \cdot \frac{4}{3}\pi \times \left(\frac{d}{2}\right)^3 = 0$$

$$3\pi\mu Vd + S_{oil} \cdot \gamma_w \cdot \frac{\pi}{6}d^3 - S_{입자}\gamma_w \cdot \frac{\pi}{6}d^3 = 0$$

$$\therefore \ \mu = \frac{\gamma_w \frac{\pi}{6}d^2(S_{입자} - S_{oil})}{3\pi V}$$

$$= \frac{9,800 \times \frac{\pi}{6} \times (0.0001)^2 \times (7 - 0.8)}{3\pi \times 0.01}$$

$$= 0.003376$$

46 유체의 정의를 가장 올바르게 나타낸 것은?

① 아무리 작은 전단응력에도 저항할 수 없어 연속적으로 변형하는 물질

② 탄성계수가 0을 초과하는 물질

③ 수직응력을 가해도 물체가 변하지 않는 물질

④ 전단응력이 가해질 때 일정한 양의 변형이 유지되는 물질

47 새로 개발한 스포츠카의 공기역학적 항력을 기온 25℃(밀도는 1.184kg/m³, 점성계수는 1.849×10⁻⁵ kg/(m · s)), 100km/h 속력에서 예측하고자 한다. 1/3 축척 모형을 사용하여 기온이 5℃(밀도는 1.269kg/m³, 점성계수는 1.754×10⁻⁵kg/(m · s))인 풍동에서 항력을 측정할 때 모형과 원형 사이의 상사를 유지하기 위해 풍동 내 공기의 유속은 약 몇 km/h가 되어야 하는가?

① 153

② 266

③ 442

④ 549

해설⊕

풍동실험에서는 원관유동처럼 모형과 실형 사이에 레이놀즈수를 같게 하여 실험한다.

$$Re)_m = Re)_p$$

$$\frac{\rho Vd}{\mu}\bigg)_m = \frac{\rho Vd}{\mu}\bigg)_p$$

$$\frac{\rho_m V_m d_m}{\mu_m} = \frac{\rho_p V_p d_p}{\mu_p}$$

$$\therefore \ V_m = \frac{\rho_p \cdot V_p \cdot d_p \cdot \mu_m}{\mu_p \cdot \rho_m \cdot d_m} \ \left(여기서, \ \frac{d_m}{d_p} = \frac{1}{3}\right)$$

$$= \frac{1.184 \times 100 \times 3 \times 1.754 \times 10^{-5}}{1.849 \times 10^{-5} \times 1.269}$$

$$= 264.16km/h$$

48 다음 무차원수 중 역학적 상사(Inertia Force) 개념이 포함되어 있지 않은 것은?

① Froude Number ② Reynolds Number

③ Mach Number ④ Fourier Number

해설⊕

푸리에 수는 일시적인 열전도를 특징짓는 무차원수이다.

49 그림과 같은 (1)~(4)의 용기에 동일한 액체가 동일한 높이로 채워져 있다. 각 용기의 밑바닥에서 측정한 압력에 관한 설명으로 옳은 것은?(단, 가로 방향 길이는 모두 다르고, 세로 방향 길이는 모두 동일하다.)

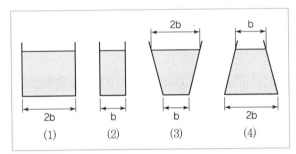

① (2)의 경우가 가장 낮다. ② 모두 동일하다.
③ (3)의 경우가 가장 높다. ④ (4)의 경우가 가장 낮다.

해설⊕

압력은 수직깊이만의 함수이다.($P = \gamma \cdot h$) 따라서, 주어진 용기의 수직깊이가 모두 같으므로 압력은 동일하다.

50 안지름이 20mm인 수평으로 놓인 곧은 파이프 속에 점성계수 0.4N · s/m², 밀도 900kg/m³인 기름이 유량 2×10⁻⁵m³/s로 흐르고 있을 때, 파이프 내의 10m 떨어진 두 지점 간의 압력강하는 약 몇 kPa인가?

① 10.2 ② 20.4
③ 30.6 ④ 40.8

해설⊕

하이겐-포아젤 방정식에서

$$Q = \frac{\Delta P \pi d^4}{128 \mu l}$$

$$\therefore \Delta P = \frac{128 \mu l Q}{\pi d^4} = \frac{128 \times 0.4 \times 10 \times 2 \times 10^{-5}}{\pi \times 0.02^4}$$

$$= 20,371.83 \text{Pa} = 20.4 \text{kPa}$$

51 원관 내의 완전 발달된 층류 유동에서 유체의 최대 속도(V_c)와 평균 속도(V)의 관계는?

① $V_c = 1.5V$ ② $V_c = 2V$

③ $V_c = 4V$ ④ $V_c = 8V$

해설⊕

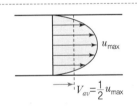

52 지름의 비가 1 : 2인 2개의 모세관을 물속에 수직으로 세울 때, 모세관 현상으로 물이 관 속으로 올라가는 높이의 비는?

① 1 : 4 ② 1 : 2
③ 2 : 1 ④ 4 : 1

해설⊕

$d_1 : d_2 = 1 : 2$

$\therefore d_2 = 2d_1$

$h = \frac{4\sigma \cos\theta}{\gamma d}$ 에서 $h_1 = \frac{4\sigma \cos\theta}{\gamma d_1}$

$h_2 = \frac{4\sigma \cos\theta}{\gamma d_2} = \frac{4\sigma \cos\theta}{\gamma 2d_1} = \frac{h_1}{2}$

$\therefore h_1 = 2h_2 \rightarrow h_1 : h_2 = 2 : 1$

53 비압축성 유동에 대한 Navier-Stokes 방정식에서 나타나지 않는 힘은?

① 체적력(중력) ② 압력
③ 점성력 ④ 표면장력

해설 ⊕

뉴턴유체($\mu = c$)이고 비압축성 유체의 일반적인 유동을 기술하며 연속방정식과 함께 u, v, w 및 P를 구하기 위한 4개의 편미분 방정식을 Navier-Stokes 방정식이라 하며 x방향만 예를 들어 써 보면

$$\rho\left(\frac{\partial u}{\partial t} + u\frac{\partial u}{\partial x} + v\frac{\partial u}{\partial y} + w\frac{\partial u}{\partial z}\right)$$
$$= \rho g_x - \frac{\partial p}{\partial x} + \mu\left(\frac{\partial^2 u}{\partial x^2} + \frac{\partial^2 u}{\partial y^2} + \frac{\partial^2 u}{\partial z^2}\right)$$

항들을 살펴보면, 중력(ρg_x), 압력$\left(\dfrac{\partial p}{\partial x}\right)$, 점성력($\mu$)이 연관되어 있다.

54 다음과 같은 비회전 속도장의 속도 퍼텐셜을 옳게 나타낸 것은?(단, 속도 퍼텐셜 ϕ는 $\vec{V} = \nabla\phi = grad\,\phi$로 정의되며, a와 C는 상수이다.)

$$u = a(x^2 - y^2), \quad v = -2axy$$

① $\phi = \dfrac{ax^4}{4} - axy^2 + C$ ② $\phi = \dfrac{ax^3}{3} - \dfrac{axy^2}{2} + C$

③ $\phi = \dfrac{ax^4}{4} - \dfrac{axy^2}{2} + C$ ④ $\phi = \dfrac{ax^3}{3} - axy^2 + C$

해설 ⊕

$$V = ui + vj = \frac{\partial \phi}{\partial x}i + \frac{\partial \phi}{\partial y}j$$

속도 퍼텐셜 ϕ를 x에 대해 편미분한 $\dfrac{\partial \phi}{\partial x}$값이 $a(x^2 - y^2)$이므로 적분하면

$$\phi = \int a(x^2 - y^2)dx$$
$$= \frac{ax^3}{3} - ay^2 x + C = \frac{ax^3}{3} - axy^2 + C$$

ϕ를 y에 대해 편미분한 $\dfrac{\partial \phi}{\partial y}$값이 $-2axy$이므로 적분하면

$$\phi = \int -2axy\,dy$$
$$= -2ax \cdot \frac{y^2}{2} + C = -axy^2 + C$$

따라서 위 두 식이 조합되어 있는 $\phi = \dfrac{a}{3}x^3 - axy^2 + C$

〈다른 풀이〉

보기 ①, ②, ③, ④를 편미분해서 $\dfrac{\partial \phi}{\partial x} = u$, $\dfrac{\partial \phi}{\partial y} = v$가 되는 값을 찾아도 된다.

55 지면에서 계기압력이 200kPa인 급수관에 연결된 호스를 통하여 임의의 각도로 물이 분사될 때, 물이 최대로 멀리 도달할 수 있는 수평거리는 약 몇 m인가?(단, 공기저항은 무시하고, 발사점과 도달점의 고도는 같다.)

① 20.4 ② 40.8
③ 61.2 ④ 81.6

해설 ⊕

• 물 분출속도 $V = \sqrt{2g\Delta h} = \sqrt{2g\dfrac{p}{\gamma}}$

$$= \sqrt{2 \times 9.8 \times \frac{200 \times 10^3}{9,800}}$$
$$= 20\,\text{m/s}$$

• 가속도 $\dfrac{dV}{dt} = a \rightarrow dV = adt$를 적분하면

$$\int_{V_0}^{V} dV = \int_0^t adt \ (a는 일정)$$
$$V - V_0 = at$$
$$\therefore V = V_0 + at \cdots ⓐ$$

정답 53 ④ 54 ④ 55 ②

• 속도 $V = \dfrac{ds}{dt}$ → 위치 $ds = Vdt$를 적분하면

$$\int_{s_0}^{s} ds = \int_{0}^{t} (V_0 + at)dt \quad (\leftarrow \text{ⓐ 대입})$$

$$S - S_0 = V_0 t + \frac{1}{2} at^2$$

$$\therefore \ S = S_0 + V_0 t + \frac{1}{2} at^2 \ \cdots \ ⓑ$$

최대로 멀리 도달하려면 분출각도를 $45°$로 해야 한다.

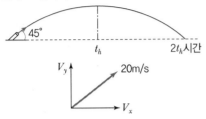

$V_{x0} = 20\cos45° = 14.14\text{m/s}$

$V_{y0} = 20\sin45° = 14.14\text{m/s}$

$V_y = V_{y0} + at$

　　(여기서, $a = -g$, $V_y = 0$일 때 최대높이

　　→ 도달시간 t_h)

$0 = 14.14 - 9.8 t_h \quad \therefore \ t_h = 1.44$초

땅에 도달할 때까지 걸리는 시간은 → $2 \times t_h = 2.88$초

ⓑ식을 x방향에 적용하면

$$S_x = S_0 + V_{x0} \cdot t + \frac{1}{2} a_{x0} t^2$$

　　(여기서, 발사점 $S_0 = 0$, $a_{x0} = 0$, $t = 2.88$초)

　　$= 0 + 14.14 \times 2.88 = 40.72\text{m}$

56 안지름이 10cm인 원관 속을 0.0314m³/s의 물이 흐를 때 관 속의 평균 유속은 약 몇 m/s인가?

① 1.0　　　　　　② 2.0

③ 4.0　　　　　　④ 8.0

해설⊕ -----

$Q = A \cdot V$에서

$$V = \frac{Q}{\dfrac{\pi}{4} d^2} = \frac{4 \times 0.0314}{\pi \times 0.1^2} = 4\text{m/s}$$

57 그림과 같이 속도 V인 유체가 속도 U로 움직이는 곡면에 부딪혀 $90°$의 각도로 유동방향이 바뀐다. 다음 중 유체가 곡면에 가하는 힘의 수평방향 성분 크기가 가장 큰 것은?(단, 유체의 유동단면적은 일정하다.)

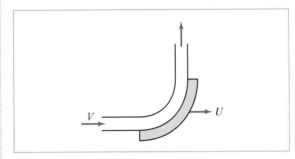

① $V = 10\text{m/s}$, $U = 5\text{m/s}$

② $V = 20\text{m/s}$, $U = 15\text{m/s}$

③ $V = 10\text{m/s}$, $U = 4\text{m/s}$

④ $V = 25\text{m/s}$, $U = 20\text{m/s}$

해설⊕ -----

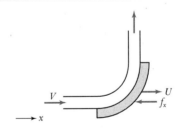

검사면에 작용하는 힘은 검사체적 안의 운동량 변화량과 같다.

$$-f_x = \rho Q (V_{2x} - V_{1x})$$

여기서, $V_{2x} = 0$

　　　　$V_{1x} = (V - u)$: 이동날개에서 바라본 물의 속도

　　　　$Q = A(V - u)$: 날개에 부딪히는 실제유량

$$\therefore \; -f_x = \rho Q(-(V-u))$$

$$f_x = \rho A(V-u)^2$$

$(V-u)^2$이 가장 커야 하므로 $(10-4)^2$인 ③이 정답이다.

58 뉴턴 유체(Newtonian Fluid)에 대한 설명으로 가장 옳은 것은?

① 유체 유동에서 마찰 전단응력이 속도구배에 비례하는 유체이다.
② 유체 유동에서 마찰 전단응력이 속도구배에 반비례하는 유체이다.
③ 유체 유동에서 마찰 전단응력이 일정한 유체이다.
④ 유체 유동에서 마찰 전단응력이 존재하지 않는 유체이다.

해설 ⊕

뉴턴의 점성법칙 $\tau = \mu \dfrac{du}{dy}$ 를 만족하는 유체가 뉴턴유체이다.

59 입구 단면적이 20cm²이고 출구 단면적이 10cm²인 노즐에서 물의 입구 속도가 1m/s일 때, 입구와 출구의 압력 차이 $P_{입구} - P_{출구}$는 약 몇 kPa인가?(단, 노즐은 수평으로 놓여 있고 손실은 무시할 수 있다.)

① −1.5　　　　② 1.5
③ −2.0　　　　④ 2.0

해설 ⊕

$Q = AV$에서 $A_1 V_1 = A_2 V_2$

$$V_2 = \frac{A_1}{A_2} V_1 = \frac{20}{10} \times 1 = 2\text{m/s}$$

$$\frac{P_1}{\gamma} + \frac{V_1^2}{2g} = \frac{P_2}{\gamma} + \frac{V_2^2}{2g}$$

$$\frac{P_1 - P_2}{\gamma} = \frac{V_2^2 - V_1^2}{2g}$$

$$\therefore \; P_1 - P_2 = \frac{\rho(V_2^2 - V_1^2)}{2} = \frac{1,000 \times (2^2 - 1^2)}{2}$$

$$= 1,500\text{Pa} = 1.5\text{kPa}$$

60 공기 중에서 질량이 166kg인 통나무가 물에 떠 있다. 통나무에 납을 매달아 통나무가 완전히 물속에 잠기게 하고자 하는 데 필요한 납(비중 : 11.3)의 최소질량이 34kg이라면 통나무의 비중은 얼마인가?

① 0.600　　　　② 0.670
③ 0.817　　　　④ 0.843

해설 ⊕

• 나무 무게 $W_t = m_t \cdot g = 166 \times 9.8 = 1,626.8\text{N}$
• 납의 무게 $W_l = m_l \cdot g = 34 \times 9.8 = 333.2\text{N}$

$W_t + W_l = 1,960\text{N}$, $W_l = \gamma_l \cdot V_l = \rho_l \cdot g V_l$에서

납체적 $V_l = \dfrac{W_l}{\rho_l \cdot g} = \dfrac{W_l}{s_l \cdot \rho_w \cdot g}$

$$= \frac{333.2}{11.3 \times 1,000 \times 9.8} = 0.003\text{m}^3$$

부력은 두 물체(통나무와 납)가 배제한 유체의 무게와 같다.

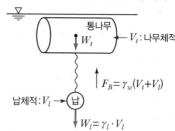

물 밖에서의 통나무와 납의 무게는 물속에서의 부력과 같아야 잠긴 채로 평형을 유지한다.

$$\therefore \; \sum F_y = 0 : F_B - W_t - W_l = 0$$

$$F_B = W_t + W_l = 1,960\text{N}$$

$$\gamma_w(V_t + V_l) = 1,960$$

$$\therefore \; V_t = \frac{1,960}{\gamma_w} - V_l = \frac{1,960}{9,800} - 0.003 = 0.197\text{m}^3$$

나무 비중량 $\gamma_t = \dfrac{W_t}{V_t} = 8,257.87$

$$\therefore \; S_t = \frac{\gamma_t}{\gamma_w} = \frac{8,257.87}{9,800} = 0.843$$

4과목 **기계재료 및 유압기기**

61 마그네슘(Mg)의 특징을 설명한 것 중 틀린 것은?

① 감쇠능이 주철보다 크다.

② 소성가공성이 높아 상온변형이 쉽다.

③ 마그네슘(Mg)의 비중은 약 1.74이다.

④ 비강도가 커서 휴대용 기기 등에 사용된다.

해설⊕

마그네슘의 성질

• 원자번호 12, 원자량 24.31의 은백색을 띠며, 자원이 풍부한 금속이다.

• 비중 1.74로 실용금속 중 가장 가볍고, 비강도가 높다.

• 용융점은 용융점 650℃로 낮고, 조밀육방격자(HCP)이고, 탄성률은 64.5GPa이다.

• 알칼리성이나 불화물 환경에서는 안정하나 다른 환경에서는 내식성이 나쁘다.

• 다이캐스팅 등의 주조성이 우수하고, 박판 주조가 가능하다.

• 마그네슘(Mg)은 조밀육방격자이므로 소성가공성이 낮아 상온변형이 어렵다.

• 전자차폐성과 감쇠능이 우수하다.

62 자기변태의 설명으로 옳은 것은?

① 상은 변하지 않고 자기적 성질만 변한다.

② Fe−C 상태도에서 자기변태점은 A_3, A_4이다.

③ 한 원소로 이루어진 물질에서 결정 구조가 바뀌는 것이다.

④ 원자 내부의 변화로 자기적 성질이 비연속적으로 변화한다.

해설⊕

자기변태(Magnetic transformation)

Fe, Ni, Co 등과 같은 강자성체인 금속을 어느 일정한 온도 이상으로 가열할 때, 금속의 결정구조는 변화하지 않고 강자성체에서 상자성체로 자성의 변화만을 갖는 변태

63 A_1 변태점 이하에서 인성을 부여하기 위하여 실시하는 가장 적합한 열처리는?

① 뜨임   ② 풀림

③ 담금질   ④ 노멀라이징

해설⊕

뜨임(Tempering)의 목적

• 강을 담금질 후 취성을 없애기 위해서는 A_1변태점 이하의 온도에서 뜨임처리를 해야 한다.

• 금속의 내부응력을 제거하고 인성을 개선하기 위한 열처리 방법

64 다음 중 비파괴 시험방법이 아닌 것은?

① 충격 시험법   ② 자기 탐상 시험법

③ 방사선 비파괴 시험법   ④ 초음파 탐상 시험법

해설⊕

비파괴 검사

자분탐상검사(MT), 침투탐상검사(PT), 초음파탐상검사(UT), 방사선투과검사(RT), 와전류탐상검사(ECT)

65 공정주철(Eutectic Cast Iron)의 탄소 함량은 약 몇 %인가?

① 4.3%   ② 0.80~2.0%

③ 0.025~0.80%   ④ 0.025% 이하

해설⊕

• 아공석강 : 0.02~0.77%C

• 공석강 : 0.77%C

• 과공석강 : 0.77~2.14%C

• 아공정주철 : 2.14~4.3%C

• 공정주철 : 4.3%C

• 과공정주철 : 4.3~6.67%C

정답   61 ②   62 ①   63 ①   64 ①   65 ①

66 플라스틱을 결정성 플라스틱과 비결정성 플라스틱으로 나눌 때, 결정성 플라스틱의 특성에 대한 설명 중 틀린 것은?

① 수지가 불투명하다.
② 배향(Orientation)의 특성이 작다.
③ 굽힘, 휨, 뒤틀림 등의 변형이 크다.
④ 수지 용융 시 많은 열량이 필요하다.

해설⊕

결정성 수지와 비결정성 수지 차이점

결정성 플라스틱	비결정성 플라스틱
• 수지가 불투명하다.	• 수지가 투명하다.
• 온도상승 – 비결정화 – 용융 상태	• 온도상승 – 용융상태
• 수지용융 시 많은 열량이 필요하다.	• 수지용융 시 적은 열량이 필요하다.
• 가소화 능력이 큰 성형기가 필요하다.	• 성형기의 가소화 능력이 작아도 된다.
• 냉각 시 발열이 크므로 금형 냉각시간이 길다.	• 금형 냉각시간이 짧다.
• 성형 수축률이 크다. (1.2~2.5%)	• 성형 수축률이 작다. (0.4~1.2%)
• 배향의 특성이 크다.	• 배향의 특성이 작다.
• 굽힘, 휨, 뒤틀림 등의 변형이 크다.	• 굽힘, 휨 뒤틀림 등의 변형이 작다.
• 강도가 크다.	• 강도가 작다.
• 제품의 치수정밀도가 높지 못하다.	• 치수정밀도가 높은 제품을 얻을 수 있다.
• 특별한 용융온도가 고화온도를 갖는다.	• 특별한 용융온도를 갖지 않는다.
• PE, PP, PET, POM, PA 등에 이용	• PVC, PS, ABS, PMMA, PC, PPE 등에 이용

67 같은 조건하에서 금속의 냉각 속도가 빠르면 조직은 어떻게 변화하는가?

① 결정 입자가 미세해진다.
② 금속의 조직이 조대해진다.
③ 소수의 핵이 성장해서 응고된다.
④ 냉각 속도와 금속의 조직과는 관계가 없다.

해설⊕

• 급랭 : 결정입자 미세(핵발생 감소), 경도가 커짐
• 서랭 : 결정입자 조대(핵발생 증가), 전연성이 커짐

68 Al – Cu – Si계 합금의 명칭은?

① 실루민　　　　　　② 라우탈
③ Y합금　　　　　　④ 두랄루민

해설⊕

라우탈(lautal)

• Al–Cu–Si계 합금으로 Al에 Si를 넣어 주조성을 개선하고, Cu를 넣어 절삭성을 향상시킨 것이다.
• 시효경화되며, 주조균열이 적어 두께가 얇은 주물의 주조와 금형주조에 적합하다.
• 주로 자동화 및 선박용 피스톤, 분배관 밸브 등의 재료로 쓰인다.

69 고속도강(SKH51)을 퀜칭, 템퍼링하여 HRC 64 이상으로 하려면 퀜칭 온도(Quenching Temperature)는 약 몇 ℃인가?

① 720℃　　　　　　② 910℃
③ 1,220℃　　　　　④ 1,580℃

해설⊕

고속도강

㉠ 표준고속도강 : W(18%)–Cr(4%)–V(1%)–C(0.8%)
　• 열처리 : 800~900℃ 예열 → 1,250~1,300℃ 담금질 → 300℃ 공랭 → 500~580℃ 뜨임
　• 250~300℃에서 팽창률이 크고, 2차 경화로 강인한 솔바이트 조직을 형성한다.
㉡ 사용온도 : 600℃까지 경도 유지
㉢ 고온경도가 높고 내마모성이 우수하다.
㉣ 절삭속도는 탄소강의 2배 이상으로 고속도강이라 명명되었다.

70 탄소강이 950℃ 전후의 고온에서 적열메짐(Red Brittleness)을 일으키는 원인이 되는 것은?

① Si   ② P
③ Cu   ④ S

해설⊕
적열취성

강이 900℃ 이상에서 황(S)이나 산소가 철과 화합하여 산화철이나 황화철(FeS)을 만든다. 황화철이 포함된 강은 고온에 있어서 여린 성질을 나타내는데 이것을 적열취성이라 한다. Mn을 첨가하면 MnS을 형성하여 이 취성을 방지하는 효과를 얻을 수 있다.

71 유압실린더에서 유압유 출구 측에 유량제어 밸브를 직렬로 설치하여 제어하는 속도제어 회로의 명칭은?

① 미터인 회로   ② 미터아웃 회로
③ 블리드온 회로   ④ 블리드오프 회로

해설⊕
실린더에 공급되는 유량을 조절하여 실린더의 속도를 제어하는 회로
• 미터인 방식 : 실린더의 입구 쪽 관로에서 유량을 교축시켜 작동속도를 조절하는 방식
• 미터아웃 방식 : 실린더의 출구 쪽 관로에서 유량을 교축시켜 작동속도를 조절하는 방식
• 블리드오프 방식 : 실린더로 흐르는 유량의 일부를 탱크로 분기함으로써 작동 속도를 조절하는 방식

72 유압 프레스의 작동원리는 다음 중 어느 이론에 바탕을 둔 것인가?

① 파스칼의 원리   ② 보일의 법칙
③ 토리첼리의 원리   ④ 아르키메데스의 원리

해설⊕
파스칼의 원리
밀폐용기 내에 가해진 압력은 모든 방향으로 같은 압력이 전달된다.

73 유압 용어를 설명한 것으로 올바른 것은?

① 서지압력 : 계통 내 흐름의 과도적인 변동으로 인해 발생하는 압력
② 오리피스 : 길이가 단면 치수에 비해서 비교적 긴 쬠구
③ 초크 : 길이가 단면 치수에 비해서 비교적 짧은 쬠구
④ 크래킹 압력 : 체크 밸브, 릴리프 밸브 등의 입구 쪽 압력이 강하하고, 밸브가 닫히기 시작하여 밸브의 누설량이 규정량까지 감소했을 때의 압력

해설⊕
② 오리피스 : 길이가 단면 치수에 비해서 비교적 짧은 쬠구
③ 초크 : 길이가 단면 치수에 비해서 비교적 긴 쬠구
④ 크래킹 압력 : 체크 밸브 또는 릴리프 밸브 등에서 압력이 상승하여 밸브가 열리기 시작하고, 어떤 일정한 흐름의 양이 확인되는 압력

74 그림과 같은 실린더에서 A측에서 3MPa의 압력으로 기름을 보낼 때 B측 출구를 막으면 B측에 발생하는 압력 P_B는 몇 MPa인가?(단, 실린더 안지름은 50mm, 로드 지름은 25mm이며, 로드에는 부하가 없는 것으로 가정한다.)

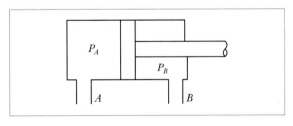

① 1.5   ② 3.0
③ 4.0   ④ 6.0

해설 ⊕

$$P_A A_A = P_B A_B$$

$$P_B = \frac{P_A \cdot A_A}{A_B} = P_A \times \frac{D^2}{(D^2 - d^2)} = \frac{3 \times 50^2}{(50^2 - 25^2)} = 4$$

75 다음 중 점성계수의 차원으로 옳은 것은?(단, M 은 질량, L은 길이, T는 시간이다.)

① $ML^{-2}T^{-1}$ ② $ML^{-1}T^{-1}$
③ MLT^{-2} ④ $ML^{-2}T^{-2}$

해설 ⊕

$$\mu = N \cdot s/m^2 = kg \cdot m/s^2 \cdot s/m^2 = kg/(m \cdot s)$$
$$= [ML^{-1}T^{-1}]$$

76 그림에서 표기하고 있는 밸브의 명칭은?

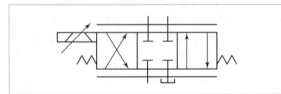

① 셔틀 밸브 ② 파일럿 밸브
③ 서보 밸브 ④ 교축전환 밸브

77 오일 탱크의 구비 조건에 관한 설명으로 옳지 않은 것은?

① 오일 탱크의 바닥면은 바닥에서 일정 간격 이상을 유지하는 것이 바람직하다.
② 오일 탱크는 스트레이너의 삽입이나 분리를 용이하게 할 수 있는 출입구를 만든다.

③ 오일 탱크 내에 방해판은 오일의 순환거리를 짧게 하고 기포의 방출이나 오일의 냉각을 보존한다.
④ 오일 탱크의 용량은 장치의 운전중지 중 장치 내의 작동유가 복귀하여도 지장이 없을 만큼의 크기를 가져야 한다.

해설 ⊕

유압유 탱크의 구비조건
• 탱크는 먼지, 수분 등의 이물질이 들어가지 않도록 밀폐형으로 하고 통기구(Air Bleeder)를 설치하여 탱크 내의 압력은 대기압을 유지하도록 한다.
• 탱크의 용적은 충분히 여유 있는 크기로 하여야 한다. 일반적으로 탱크 내의 유량은 유압펌프 송출량의 약 3배로 한다. 유면의 높이는 2/3 이상이어야 한다.
• 탱크 내에는 격판(Baffle Plate)을 설치하여 흡입 측과 귀환 측을 구분하며 기름은 격판을 돌아 흐르면서 불순물을 침전시키고, 기포의 방출, 작동유의 냉각, 먼지의 일부 침전을 할 수 있는 구조이어야 한다.
• 흡입구와 귀환구 사이의 거리는 가능한 한 멀게 하여 귀환유가 바로 유압펌프로 흡입되지 않도록 한다.
• 펌프 흡입구에는 기름 여과기(Strainer)를 설치하여 이물질을 제거한다.
• 통기구(Air Bleeder)에는 공기 여과기를 설치하여 이물질이 혼입되지 않도록 한다(대기압 유지).
• 유온과 유량을 확인할 수 있도록 유면계와 유온계를 설치하여야 한다.

78 다음 필터 중 유압유에 혼입된 자성 고형물을 여과하는 데 가장 적합한 것은?

① 표면식 필터 ② 적층식 필터
③ 다공체식 필터 ④ 자기식 필터

해설 ⊕

① 표면식 필터 : 필터 재료가 주름이 잡힌 모양으로 형성되어 있어서 여과면적이 넓으며 소형이고 청정이 간단하다. 과다한 유량이나 맥동에도 강하며 소형으로 주로 바이패스 회로에 장착한다.

② 적층식 필터 : 얇은 여과면이 여러 겹으로 겹쳐 있는 형이며 다량의 불순물을 여과할 수 있고 저가이며 압력손실이 적다.

③ 다공질 필터 : 표면적이 크고 고체의 내부에 미소 세공이 많은 필터

79 가변용량형 베인 펌프에 대한 일반적인 설명으로 틀린 것은?

① 로터와 링 사이의 편심량을 조절하여 토출량을 변화시킨다.

② 유압회로에 의하여 필요한 만큼의 유량을 토출할 수 있다.

③ 토출량 변화를 통하여 온도 상승을 억제시킬 수 있다.

④ 펌프의 수명이 길고 소음이 적은 편이다.

해설 ⊕

가변용량형 베인 펌프

• 로터와 링의 편심량을 바꿈으로써 토출량을 변화시킬 수 있다.

• 압력상승에 따라 자동적으로 토출량이 감소된다.

• 토출량과 압력은 펌프의 정격범위 내에서 목적에 따라 무단계로 제어가 가능하다.

• 릴리프 유량을 조절하여 오일의 온도상승을 방지하여 소비전력을 절감할 수 있다.

• 펌프 자체의 수명이 짧고 소음이 많다.

80 방향전환 밸브에 있어서 밸브와 주 관로를 접속시키는 구멍을 무엇이라 하는가?

① Port   ② Way

③ Spool   ④ Position

해설 ⊕

① 포트(Port) : 밸브에 접속된 주 관로

② 방향(Way) : 작동유의 흐름 방향

③ 스풀(Spool) : 원통형 미끄럼 면에 접촉되어 이동하면서 유로를 개폐하는 부품

④ 위치수(Posotion) : 작동유 흐름을 바꿀 수 있는 위치의 수(유압 기호에서 네모 칸의 수)

5과목   **기계제작법 및 기계동력학**

81 무게가 5.3kN인 자동차가 시속 80km로 달릴 때 선형운동량의 크기는 약 몇 N · s인가?

① 4,240   ② 8,480

③ 12,010   ④ 16,020

해설 ⊕

선형운동량

$$mV = \frac{WV}{g} = \frac{5.3 \times 10^3}{9.8} \times \frac{80 \times 10^3}{3,600} = 12,018.14 \text{N} \cdot \text{s}$$

82 질량과 탄성스프링으로 이루어진 시스템이 그림과 같이 높이 h에서 자유낙하를 하였다. 그 후 스프링의 반력에 의해 다시 튀어 오른다고 할 때 탄성스프링의 최대 변형량(x_{max})은?(단, 탄성스프링 및 밑판의 질량은 무시하고 스프링 상수는 k, 질량은 m, 중력가속도는 g이다. 또한 다음 그림은 스프링의 변형이 없는 상태를 나타낸다.)

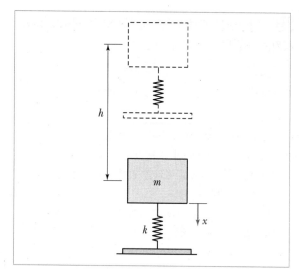

① $\sqrt{2gh}$

② $\sqrt{\dfrac{2mgh}{k}}$

③ $\dfrac{mg + \sqrt{(mg)^2 + 2kmgh}}{k}$

④ $\dfrac{mg + \sqrt{(mg)^2 + kmgh}}{k}$

해설⊕

i) 바닥에 닿았을 때 스프링 힘이 하는 일은 최대 변형량이 x_{max} 이므로

$$U_{1 \to 2} = \frac{1}{2} k x_{max}^{2}$$

ii) h만큼 자유낙하한 다음, 스프링 처짐이 x_{max} 만큼 일어 나므로 전체높이는 $(h + x_{max})$ 이고,

위치에너지 $V_g = W(h + x_{max})$

iii) $U_{1 \to 2} = V_g$ 에서

$$\frac{1}{2} k x_{max}^{2} = W(h + x_{max}) = mg(h + x_{max})$$

$$\frac{1}{2} k x_{max}^{2} - mg x_{max} - mgh = 0$$

양변에 2를 곱하면

$$k x_{max}^{2} - 2mg x_{max} - 2mgh = 0$$

2차 방정식이므로 근의 공식(짝수공식, $2b' = -2mg \to$ $b' = -mg$)을 이용해 x_{max} 를 구하면

근의 공식 : $\dfrac{-b' \pm \sqrt{b'^2 - ac}}{a}$

$$x_{max} = \frac{-(-mg) \pm \sqrt{(-mg)^2 - k(-2mgh)}}{k}$$

$$= \frac{mg \pm \sqrt{(mg)^2 + 2kmgh}}{k}$$

$$\therefore \ x_{max} = \frac{mg + \sqrt{(mg)^2 + 2kmgh}}{k}$$

(근호 앞 부호(+))

83

회전하는 막대의 홈을 따라 움직이는 미끄럼 블록 P의 운동을 r과 θ로 나타낼 수 있다. 현재 위치에서 $r = 300$mm, $\dot{r} = 40$mm/s (일정), $\dot{\theta} = 0.1$rad/s, $\ddot{\theta} = -0.04$rad/s^{2}이다. 미끄럼 블록 P의 가속도는 약 몇 m/s^{2}인가?

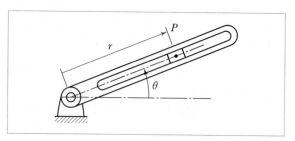

① 0.01

② 0.001

③ 0.002

④ 0.005

해설⊕

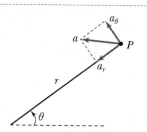

극좌표(r, θ)를 적용하면

i) r방향 성분가속도

$a_r = \ddot{r} - r\dot{\theta}^2$

여기서, $\ddot{r} = (\dot{r})' = (40)' = 0$(상수미분)

$r = 0.3\text{m}, \dot{\theta} = 0.1$

$\therefore a_r = 0 - 0.3 \times (0.1)^2 = -0.003\text{m/s}^2$

ii) θ방향 성분가속도

$\dot{r} = 40\text{mm/s} = 0.04\text{m/s}$

$a_\theta = r\ddot{\theta} + 2\dot{r}\dot{\theta}$

$\quad = 0.3 \times (-0.04) + 2 \times 0.04 \times 0.1$

$\quad = -0.004\text{m/s}^2$

iii) 가속도 $a = \sqrt{a_r^2 + a_\theta^2}$

$\qquad = \sqrt{(0.003)^2 + (0.004)^2} = 0.005\text{m/s}^2$

84 같은 차종인 자동차 B, C가 브레이크가 풀린 채 정지하고 있다. 이때 같은 차종의 자동차 A가 1.5m/s의 속력으로 B와 충돌하면, 이후 B와 C가 다시 충돌하게 되어 결국 3대의 자동차가 연쇄 충돌하게 된다. 이때, B와 C가 충돌한 직후 자동차 C의 속도는 약 몇 m/s인가?(단, 모든 자동차 간 반발계수는 $e = 0.75$이다.)

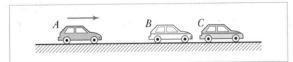

① 0.16   ② 0.39   ③ 1.15   ④ 1.31

해설 ⊕

i) A, B 간의 반발계수

$e = \dfrac{\text{분리상대속도}}{\text{접근상대속도}} = \dfrac{V_B' - V_A'}{V_A - V_B} = \dfrac{V_B' - V_A'}{1.5 - 0}$

$\quad = 0.75$

$V_A' = V_B' - 0.75 \times 1.5 = V_B' - 1.125 \cdots$ ⓐ

ii) A와 B의 선형운동량 보존법칙

$m_A V_A + m_B V_B = m_A V_A' + m_B V_B'$

여기서, $m_A = m_B = m$, $V_B = 0$

ⓐ를 대입하고 양변을 m으로 나누면

$V_A = V_B' - 1.125 + V_B' \rightarrow 2V_B' - 1.125 = V_A$

$\rightarrow V_B' = \dfrac{1}{2}(V_A + 1.125)$

$\therefore V_B' = \dfrac{1}{2}(1.5 + 1.125) = 1.31\text{m/s} \cdots$ ⓑ

iii) B, C 간의 반발계수 $e = \dfrac{V_C' - V_B''}{V_B' - V_C} = 0.75$에서

$V_C = 0$이므로

$V_B'' = V_C' - 0.75 V_B' \cdots$ ⓒ

iv) B와 C의 선형운동량 보존법칙

$m_B V_B' + m_C V_C = m_B V_B'' + m_C V_C'$

여기서, $m_B = m_C = m$, $V_C = 0$

ⓒ를 대입하고 양변을 m으로 나누면

$V_B' = V_B'' + V_C' = V_C' - 0.75 V_B' + V_C'$

$\rightarrow 2V_C' = 1.75 V_B'$ (← ⓑ 대입)

$\therefore V_C' = \dfrac{1.75}{2} \times 1.31 = 1.15\text{m/s}$

85 1자유도 진동시스템의 운동방정식은 $m\ddot{x} + c\dot{x} + kx = 0$으로 나타내고 고유 진동수가 ω_n일 때 임계감쇠계수로 옳은 것은?(단, m은 질량, c는 감쇠계수, k는 스프링상수를 나타낸다.)

① $2\sqrt{mk}$

② $\sqrt{\dfrac{\omega_n}{2k}}$

③ $\sqrt{2m\omega_n}$

④ $\sqrt{\dfrac{2k}{\omega_n}}$

해설 ⊕

$m\ddot{x} + c\dot{x} + kx = 0$의 특성방정식 $ms^2 + cs + k = 0$의 근의 공식 중 판별식 $\sqrt{b^2 - 4ac} = \sqrt{c^2 - 4mk} = 0$일 때 임계감쇠계수이므로 $C_c^2 = 4mk$

$\therefore$ 임계감쇠계수 $C_c = 2\sqrt{mk}$

86 질량이 m, 길이가 L인 균일하고 가는 막대 AB가 A점을 중심으로 회전한다. $\theta = 60°$에서 정지 상태인 막대를 놓는 순간 막대 AB의 각가속도(α)는?(단, g는 중력가속도이다.)

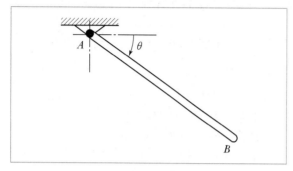

① $\alpha = \dfrac{3}{2}\dfrac{g}{L}$ ② $\alpha = \dfrac{3}{4}\dfrac{g}{L}$

③ $\alpha = \dfrac{3}{2}\dfrac{g}{L^2}$ ④ $\alpha = \dfrac{3}{4}\dfrac{g}{L^2}$

해설⊕

A점의 모멘트 대수합은 $\sum M_A = J_A \cdot \alpha$

여기서, $J_A = J_G + m\left(\dfrac{L}{2}\right)^2 = \dfrac{mL^2}{12} + m \cdot \dfrac{L^2}{4} = \dfrac{mL^2}{3}$

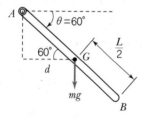

〈자유물체도〉

$\sum M_A = mgd = mg\dfrac{L}{2}\cos\theta = \dfrac{mL^2}{3} \cdot \alpha$

$\therefore \alpha = \dfrac{3mgL\cos\theta}{2mL^2} = \dfrac{3g \times \cos 60°}{2L} = \dfrac{3g \times \dfrac{1}{2}}{2L} = \dfrac{3g}{4L}$

87 작은 공이 그림과 같이 수평면에 비스듬히 충돌한 후 튕겨 나갔을 경우에 대한 설명으로 틀린 것은?(단, 공과 수평면 사이의 마찰, 그리고 공의 회전은 무시하며 반발계수는 1이다.)

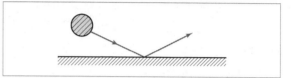

① 충돌 직전과 직후, 공의 운동량은 같다.
② 충돌 직전과 직후, 공의 운동에너지는 보존된다.
③ 충돌 과정에서 공이 받은 충격량과 수평면이 받은 충격량의 크기는 같다.
④ 공의 운동 방향이 수평면과 이루는 각의 크기는 충돌 직전과 직후가 같다.

해설⊕

반발계수 $e = 1$은 변형하는 능력과 복원하는 능력이 같은 에너지 손실이 없는 완전탄성충돌이므로 충돌 전후의 선형운동량은 같다.

88 질량 20kg의 기계가 스프링상수 10kN/m인 스프링 위에 지지되어 있다. 100N의 조화 가진력이 기계에 작용할 때 공진 진폭은 약 몇 cm인가?(단, 감쇠계수는 6kN · s/m이다.)

① 0.75 ② 7.5
③ 0.0075 ④ 0.075

해설⊕

ⅰ) 고유각진동수 $\omega_n = \sqrt{\dfrac{k}{m}} = \sqrt{\dfrac{10 \times 10^3}{20}}$

$= 22.36\text{rad/s}$

$\omega_n{}^2 = \dfrac{k}{m}$

$\therefore k = m\omega_n{}^2 \cdots$ ⓐ

정답 **86** ② **87** ① **88** ④

ii) 진폭 $X = \dfrac{F_0}{\sqrt{(k-m\omega^2)^2+(c\omega)^2}}$ 에서

진동수비 $\gamma = 1$일 때, 즉 $\omega = \omega_n$일 때 공진이 발생하므로

공진진폭 $X = \dfrac{F_0}{\sqrt{(k-m\omega_n^2)^2+(c\omega_n)^2}}$

ⓐ에서 $k = m\omega_n^2$이므로

$X = \dfrac{F_0(조화\ 가진력)}{\sqrt{0+(c\omega_n)^2}} = \dfrac{100}{\sqrt{(6\times10^3\times22.36)^2}}$

$= 0.000745\text{m}$

$= 0.0745\text{cm}$

---

89 원판 A와 B는 중심점이 각각 고정되어 있고, 고정점을 중심으로 회전운동을 한다. 원판 A가 정지하고 있다가 일정한 각가속도 $\alpha_A = 2\text{rad/s}^2$으로 회전한다. 이 과정에서 원판 A는 원판 B와 접촉하고 있으며, 두 원판 사이에 미끄럼은 없다고 가정한다. 원판 A가 10회전하고 난 직후 원판 B의 각속도는 약 몇 rad/s인가? (단, 원판 A의 반지름은 20cm, 원판 B의 반지름은 15cm이다.)

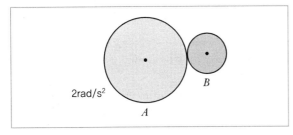

① 15.9

② 21.1

③ 31.4

④ 62.8

a_t:접선가속도

i) $a_t = r\alpha$이며 접촉점의 접선가속도는 동일하므로

$r_A \cdot \alpha_A = r_B \cdot \alpha_B$에서

원판 B의 각가속도

$\alpha_B = \dfrac{r_A}{r_B}\alpha_A = \dfrac{20}{15}\times2 = 2.67\text{rad/s}^2$

ii) α_B를 가지고 B의 각속도는

$\dfrac{d\omega}{dt} = \alpha \rightarrow d\omega = \alpha dt$에서 $\omega_B = \omega_{0B}+\alpha_B t$

t는 원판 A가 10회전할 때까지의 시간이므로

$\theta = \theta_0 + \omega_{0A}t + \dfrac{1}{2}\alpha_A \cdot t^2$

(초기 각 $\theta_0 = 0$, 초기 각속도 $\omega_{0A} = 0$, $\theta = 2\pi\times10$회전)

$\therefore 2\pi\times10 = \dfrac{1}{2}\times2\times t^2 \rightarrow t = 7.93\text{s}$

B의 각속도 $\omega_B = \omega_{0B}+\alpha_B \cdot t$ (여기서, $\omega_{0B} = 0$)

$= 2.67\times7.93$

$= 21.17\text{rad/s}$

---

90 스프링으로 지지되어 있는 어떤 물체가 매분 60회 반복하면서 상하로 진동한다. 만약 조화운동으로 움직인다면, 이 진동수를 rad/s 단위와 Hz로 옳게 나타낸 것은?

① 6.28rad/s, 0.5Hz

② 6.28rad/s, 1Hz

③ 12.56rad/s, 0.5Hz

④ 12.56rad/s, 1Hz

• 진동수 $f = \dfrac{1}{T} = \dfrac{60\text{cycle}}{60\text{s}} = 1\text{cycle/s} = 1\text{Hz}$

• 고유각진동수 $\omega_n = 2\pi f = 2\pi\times1 = 6.28\text{rad/s}$

---

91 버니싱 가공에 관한 설명으로 틀린 것은?

① 주철만을 가공할 수 있다.

② 작은 지름의 구멍을 매끈하게 마무리할 수 있다.

③ 드릴, 리머 등 전단계의 기계가공에서 생긴 스크래치 등을 제거하는 작업이다.

④ 공작물 지름보다 약간 더 큰 지름의 볼(Ball)을 압입 통과시켜 구멍내면을 가공한다.

해설⊕

㉠ 볼 버니싱
- 필요한 형상을 한 공구로 공작물의 표면을 누르며 이동시켜, 표면에 소성 변형을 일으키게 하여 매끈하고 정도가 높은 면을 얻는 가공법이다.
- 주로 구멍 내면의 다듬질에 사용되며, 연성, 전성이 큰 재료에 사용된다.
- 연질재에 대하여서는 강구, 강재에 대하여서는 초경합금의 구를 사용한다.

㉡ 롤러 버니싱
- 경화된 롤러를 회전하는 공작물에 압착하고 롤러에 이송 운동을 주며, 공작물 표면에 탄성 한도를 초과 압연하여 요철을 감소시켜 다듬질 면을 얻는 것이다.
- 롤러의 직경 및 둥글기 반경이 클 때는 표면과의 접촉면적이 커져 충분히 소성 변형을 하기 힘들며, 작을 경우에는 표면 변형이 너무 커져 이송에 의한 요철이 남는다.

92 용접 시 발생하는 불량(결함)에 해당하지 않는 것은?

① 오버랩
② 언더컷
③ 용입불량
④ 콤퍼지션

해설⊕

용접결함의 종류

균열, 용접 변형 및 잔류응력, 언더컷(Under cut), 오버랩(Overlap), 용입 불량, 융합 불량, 기공(Blow hole), 스패터(Spatter), 은점 등이 있다.

93 단조에 관한 설명 중 틀린 것은?

① 열간단조에는 콜드 헤딩, 코이닝, 스웨이징이 있다.

② 자유 단조는 엔빌 위에 단조물을 고정하고 해머로 타격하여 필요한 형상으로 가공한다.

③ 형단조는 제품의 형상을 조형한 한 쌍의 다이 사이에 가열한 소재를 넣고 타격이나 높은 압력을 가하여 제품을 성형한다.

④ 업셋단조는 가열된 재료를 수평틀에 고정하고 한쪽 끝을 돌출시키고 돌출부를 축 방향으로 압축하여 성형한다.

해설⊕

- 열간단조 : 해머단조, 프레스단조, 업셋단조, 압연단조
- 냉간단조 : 콜드 헤딩, 코이닝, 스웨이징

94 공작물의 길이가 340mm이고, 행정여유가 25mm, 절삭 평균속도가 15m/min일 때 세이퍼의 1분간 바이트 왕복 횟수는 약 얼마인가?(단, 바이트 1왕복 시간에 대한 절삭 행정시간의 비는 3/5이다.)

① 20회
② 25회
③ 30회
④ 35회

해설⊕

$$V = \frac{N \cdot l}{1,000a}$$

여기서, V : 절삭속도(m/min)

N : 1분간의 램(바이트)의 왕복횟수 (stroke/min)

l : 행정길이(mm)

a : 귀환속도비(보통 $a = 3/5 \sim 2/3$)

$$N = \frac{1,000a\,V}{l} = \frac{1,000 \times \frac{3}{5} \times 15}{340 + 25}$$

$$= 24.66(\text{stroke/min})$$

95 방전가공의 특징으로 틀린 것은?

① 전극이 필요하다.
② 가공 부분에 변질 층이 남는다.
③ 전극 및 가공물에 큰 힘이 가해진다.
④ 통전되는 가공물은 경도와 관계없이 가공이 가능하다.

해설⊕

방전가공의 특징

㉠ 장점
  • 예리한 edge 가공이 가능(정밀가공이 가능하다.)
  • 재료의 경도와 인성에 관계없이 전기도체면 가공이 쉽다.
  • 비접촉성으로 기계적인 힘이 가해지지 않는다.
  • 가공성이 높고 설계의 유연성이 크다.
  • 가공표면의 열변질층이 적고, 내마멸성, 내부식성이 높은 표면을 얻을 수 있다.

㉡ 단점
  • 가공상 전극소재에 제한이 있다.(공작물이 전도체이어야 한다.)
  • 가공속도가 느리다.
  • 전극가공 공정이 필요하다.

96 얇은 판재로 된 목형은 변형되기 쉽고 주물의 두께가 균일하지 않으면 용융금속이 냉각 응고 시에 내부응력에 의해 변형 및 균열이 발생할 수 있으므로, 이를 방지하기 위한 목적으로 쓰고 사용한 후에 제거하는 것은?

① 구배
② 덧붙임
③ 수축 여유
④ 코어 프린트

해설⊕

• 목형구배(기울기) : 목형을 주형에서 빼낼 때 주형이 파손되는 것을 방지하기 위하여 목형의 측면을 경사지게 제작한다.
• 덧붙임 : 두께가 균일하지 않고 형상이 복잡한 부분은 냉각이 되면 내부응력이 발생되어 파손 및 변형이 되기 쉬우므로 덧붙임으로 보강하고 주형을 제거한 다음 이것을 잘라낸다.

• 수축여유 : 응고과정에서 주물 수축이 발생할 수 있으므로 수축량만큼 원형을 크게 만들어야 한다.
• 코어 프린트 : 코어의 일부분으로서 코어를 주형에 고정시키기 위한 연장부이며, 주형 내에서 코어의 위치를 고정시켜 주입 시 용탕의 흐름이나 부력에 의해 코어가 움직이거나 떠오르는 것을 방지한다.

97 밀링머신에서 직경 100mm, 날수 8인 평면커터로 절삭속도 30m/min, 절삭깊이 4mm, 이송속도 240m/min에서 절삭할 때 칩의 평균두께 t_m(mm)는?

① 0.0584
② 0.0596
③ 0.0625
④ 0.0734

해설⊕

• 절삭속도

$$v = \frac{\pi d n}{1,000}$$

  여기서, v : 절삭속도(m/min)
  d : 밀링커터의 지름(mm)
  n : 커터의 회전수(rpm)

$$n = \frac{1,000\,v}{\pi d} = \frac{1,000 \times 30}{\pi \times 100} = 95.493\,(\text{rpm})$$

• 분당 테이블 이송속도

$$f = f_z \times z \times n\,(\text{mm/min})$$

  여기서, f : 테이블 이송속도(mm/min)
  f_z : 밀링커터의 날 1개당 이송(mm)
  z : 밀링커터의 날수
  n : 밀링커터의 회전수(rpm)

$$f_z = \frac{f}{z \times n} = \frac{240}{8 \times 95.493} = 0.314\,(\text{mm})$$

• 칩의 평균두께

$$t_m = f_z \times \sqrt{\frac{t}{d}} = 0.314 \times \sqrt{\frac{4}{100}} = 0.0628\,(\text{mm})$$

98 인발가공 시 다이의 압력과 마찰력을 감소시키고 표면을 매끈하게 하기 위해 사용하는 윤활제가 아닌 것은?

① 비누
② 석회
③ 흑연
④ 사염화탄소

해설⊕

마찰력 감소, 다이의 마모 감소, 냉각 효과를 주기 위해 석회, 그리스, 비누, 흑연 등의 윤활제를 사용하며 경질 금속은 Pb, Zn을 도금하여 사용한다.

99 빌트 업 에지(Built up Edge)의 크기를 좌우하는 인자에 관한 설명으로 틀린 것은?

① 절삭속도 : 고속으로 절삭할수록 빌트 업 에지는 감소된다.
② 칩 두께 : 칩 두께를 감소시키면 빌트 업 에지의 발생이 감소한다.
③ 윗면 경사각 : 공구의 윗면 경사각이 클수록 빌트 업 에지는 커진다.
④ 칩의 흐름에 대한 저항 : 칩의 흐름에 대한 저항이 클수록 빌트 업 에지는 커진다.

해설⊕

㉠ 구성인선(Built Up Edge) : 절삭된 칩의 일부가 바이트 끝에 부착되어 절삭날과 같은 작용을 하면서 절삭을 하는 것
㉡ 구성인선 방지법
 • 절삭깊이를 얕게 하고, 윗면 경사각을 크게 한다.
 • 절삭속도를 빠르게 한다.
 • 날 끝에 경질 크롬도금 등을 하여 윗면 경사각을 매끄럽게 한다.
 • 윤활성이 좋은 절삭유를 사용한다.
 • 절삭공구의 인선을 예리하게 한다.

100 담금질한 강을 상온 이하의 적합한 온도로 냉각시켜 잔류 오스테나이트를 마텐자이트 조직으로 변화시키는 것을 목적으로 하는 열처리 방법은?

① 심랭 처리
② 가공 경화법 처리
③ 가스 침탄법 처리
④ 석출 경화법 처리

해설⊕

심랭처리(sub zero)
상온으로 담금질된 강을 다시 0℃ 이하의 온도로 냉각하는 열처리 방법
 • 목적 : 잔류 오스테나이트를 마텐자이트로 변태시키기 위한 열처리
 • 효과 : 담금질 균열 방지, 치수변화 방지, 경도 향상(⑩ 게이지강)

정답 98 ④ 99 ③ 100 ①

2017

1과목 재료역학

01 공칭응력(Nominal Stress : σ_n)과 진응력(True Stress : σ_t) 사이의 관계식으로 옳은 것은?(단, ε_n은 공칭변형률(Nominal Strain), ε_t는 진변형률(True Strain)이다.)

① $\sigma_t = \sigma_n(1+\varepsilon_t)$ ② $\sigma_t = \sigma_n(1+\varepsilon_n)$

③ $\sigma_t = \ln(1+\sigma_n)$ ④ $\sigma_t = \ln(\sigma_n+\varepsilon_n)$

해설⊕

$\sigma = \dfrac{P}{A}$ 에서 A(처음 단면적으로 일정) : 공칭응력

A(하중에 의해 변해가는 단면적으로 계산) : 진응력

시편의 처음길이 : l_1, 하중을 받은 후 늘어난 길이 : l_2

공칭변형률 $\varepsilon_n = \dfrac{\lambda}{l_1}$ (여기서, $\lambda = l_2 - l_1$)

$\varepsilon_t = \displaystyle\int_{l_1}^{l_2} \dfrac{dl}{l} = [\ln l]_{l_1}^{l_2} = \ln l_2 - \ln l_1 = \ln\left(\dfrac{l_2}{l_1}\right)$

$\quad = \ln\left(\dfrac{l_1 + \lambda}{l_1}\right) = \ln(1+\varepsilon_n)$

$A_1 l_1 = A_2 l_2$ (처음 체적=늘어난 후의 체적)

$\sigma_t = \dfrac{P}{A_2} = \dfrac{P l_2}{A_1 l_1} = \sigma_n \cdot \dfrac{l_2}{l_1} = \sigma_n\left(\dfrac{l_1 + \lambda}{l_1}\right) = \sigma_n(1+\varepsilon_n)$

02 그림과 같이 전체 길이가 $3L$인 외팔보에 하중 P가 B점과 C점에 작용할 때 자유단 B에서의 처짐량은?(단, 보의 굽힘강성 EI는 일정하고, 자중은 무시한다.)

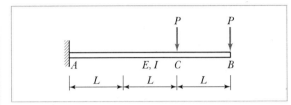

① $\dfrac{35PL^3}{3EI}$ ② $\dfrac{37PL^3}{3EI}$

③ $\dfrac{41PL^3}{3EI}$ ④ $\dfrac{44PL^3}{3EI}$

해설⊕

ⅰ) $2l$에 작용하는 P에 의한 외팔보 자유단의 처짐량 δ_1

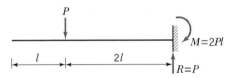

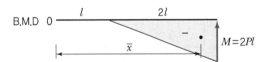

면적모멘트법에서

$\delta_1 = \dfrac{A_M}{EI}\bar{x}$

$A_M = \dfrac{1}{2} \times 2l \times 2Pl = 2Pl^2$

$\bar{x} = \left(l + 2l \times \dfrac{2}{3}\right) = \dfrac{7}{3}l$

$\therefore \delta_1 = \dfrac{2Pl^2}{EI} \times \dfrac{7}{3}l = \dfrac{14Pl^3}{3EI}$

ii) 자유단($3l$)에 작용하는 P에 의한 처짐량 δ_2

$$\delta_2 = \frac{P(3l)^3}{3EI} = \frac{27Pl^3}{3EI}$$

iii) 자유단에서 처짐량

$$\delta = \delta_1 + \delta_2 = \frac{14Pl^3}{3EI} + \frac{27Pl^3}{3EI} = \frac{41Pl^3}{3EI}$$

03 그림과 같은 단순보에서 전단력이 0이 되는 위치는 A지점에서 몇 m 거리에 있는가?

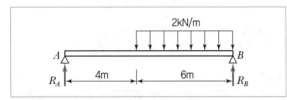

① 4.8   ② 5.8
③ 6.8   ④ 7.8

해설✚

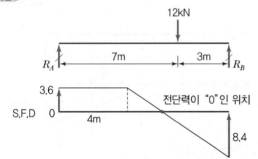

$$R_A = \frac{12\text{kN} \times 3\text{m}}{10\text{m}} = 3.6\text{kN}$$

$$R_B = \frac{12\text{kN} \times 7\text{m}}{10\text{m}} = 8.4\text{kN}$$

S.F.D에서 전단력이 "0"이 되는 위치는 등분포구간이므로

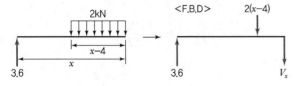

$$\sum F_y = 0 :$$

$$3.6 - 2(x-4) - V_x = 0 \ (\because \ V_x = 0)$$

$$3.6 = 2(x-4)$$

$$2x - 8 = 3.6$$

$$\therefore \ x = 5.8\text{m}$$

04 직경 d, 길이 l인 봉의 양단을 고정하고 단면 $m-n$의 위치에 비틀림모멘트 T를 작용시킬 때 봉의 A부분에 작용하는 비틀림모멘트는?

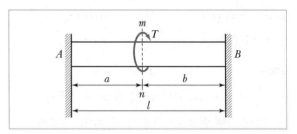

① $T_A = \dfrac{a}{l+a} T$ ② $T_A = \dfrac{a}{a+b} T$

③ $T_A = \dfrac{b}{a+b} T$ ④ $T_A = \dfrac{a}{l+b} T$

해설✚

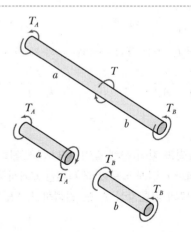

$$T = T_A + T_B \cdots \text{ⓐ}$$

T_A에 의한 비틀림각 $\theta_A = \dfrac{T_A \cdot a}{GI_{pA}}$

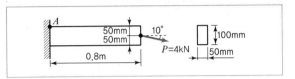

T_B에 의한 비틀림각 $\theta_B = \dfrac{T_B \cdot b}{GI_{pB}}$

$\theta_A = \theta_B$에서 $\dfrac{T_A \cdot a}{GI_{pA}} = \dfrac{T_B \cdot b}{GI_{pB}}$

G가 동일하고 $I_{pA} = I_{pB}$이므로

$T_B = \dfrac{a}{b} T_A \cdots ⓑ$

ⓑ를 ⓐ에 대입하면

$T = T_A + \dfrac{a}{b} T_A$

$= T_A \left(1 + \dfrac{a}{b} \right)$

$= T_A \left(\dfrac{b+a}{b} \right)$

$\therefore\ T_A = \dfrac{T \cdot b}{a+b}$

05 오일러의 좌굴 응력에 대한 설명으로 틀린 것은?

① 단면 회전반경의 제곱에 비례한다.

② 길이의 제곱에 반비례한다.

③ 세장비의 제곱에 비례한다.

④ 탄성계수에 비례한다.

해설◆

• 좌굴하중 $P_{cr} = n\pi^2 \dfrac{EI}{l^2}$

• 좌굴응력 $\sigma_{cr} = \dfrac{P_{cr}}{A} = \dfrac{n\pi^2 \cdot EI}{l^2 \cdot A}$

(여기서, 세장비 $\lambda = \dfrac{l}{K}$, $K^2 = \dfrac{I}{A}$)

$= \dfrac{n\pi^2 \cdot EK^2}{l^2}$

$= \dfrac{n\pi^2 E}{\lambda^2}$

06 그림과 같은 직사각형 단면의 보에 $P = 4\text{kN}$의 하중이 10° 경사진 방향으로 작용한다. A점에서의 길이 방향의 수직응력을 구하면 약 몇 MPa인가?

① 3.89
② 5.67
③ 0.79
④ 7.46

해설◆

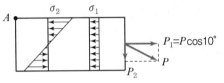

• P의 분력 P_1에 의한 인장응력 σ_1

$\sigma_1 = \dfrac{P_1}{A} = \dfrac{4 \times 10^3 \times \cos 10°}{0.05 \times 0.1}$

$= 0.788 \times 10^6 \text{Pa} = 0.788 \text{MPa}$

• P의 분력 P_2에 의한 굽힘응력 σ_b

$\sigma_b = \sigma_2 = \dfrac{M}{Z} = \dfrac{P_2 \times 0.8\text{m}}{\dfrac{bh^2}{6}} = \dfrac{4 \times 10^3 \sin 10° \times 0.8}{\dfrac{0.05 \times 0.1^2}{6}}$

$= 6.67 \times 10^6 \text{Pa} = 6.67 \text{MPa}$

• A점의 수직응력 σ

$\therefore\ \sigma = \sigma_1 + \sigma_2 = 0.788 + 6.67 = 7.458 \text{MPa}$

07 세로탄성계수가 210GPa인 재료에 200MPa의 인장응력을 가했을 때 재료 내부에 저장되는 단위 체적당 탄성변형에너지는 약 몇 N · m/m³인가?

① 95,238
② 95,238
③ 18,538
④ 185,380

해설⊕

$$U = \frac{1}{2} P \cdot \lambda = \frac{1}{2} \frac{P^2 \cdot l}{AE} = \frac{1}{2} \frac{P^2 \cdot lA}{A^2 E} = \frac{1}{2} \frac{\sigma^2 \cdot Al}{E}$$

체적 $V = A \cdot l$로 양변을 나누면

단위 체적당 에너지 $u = \dfrac{U}{V} = \dfrac{1}{2} \dfrac{\sigma^2}{E}$

$$= \frac{1}{2} \times \frac{(200 \times 10^6)^2}{2 \times 210 \times 10^9}$$

$$= 95{,}238 \mathrm{N} \cdot \mathrm{m/m^3}$$

08 그림과 같이 강선이 천장에 매달려 100kN의 무게를 지탱하고 있을 때, AC강선이 받고 있는 힘은 약 몇 kN인가?

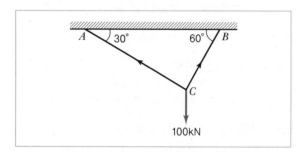

① 30   ② 40

③ 50   ④ 60

해설⊕

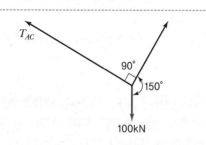

라미의 정리에 의해

$$\frac{100\mathrm{kN}}{\sin 90°} = \frac{T_{AC}}{\sin 150°}$$

$$\therefore \ T_{AC} = 100 \times \frac{\sin 150°}{\sin 90°} = 50\mathrm{kN}$$

09 길이 15m, 봉의 지름 10mm인 강봉에 $P = 8$kN을 작용시킬 때 이 봉의 길이방향 변형량은 약 몇 cm인가?(단, 이 재료의 세로탄성계수는 210GPa이다.)

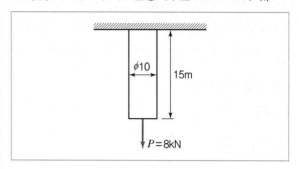

① 0.52   ② 0.64

③ 0.73   ④ 0.85

해설⊕

$$\lambda = \frac{P \cdot l}{AE} = \frac{8 \times 10^3 \times 15}{\dfrac{\pi}{4} \times 0.01^2 \times 210 \times 10^9}$$

$$= 0.00728\mathrm{m} = 0.728\mathrm{cm}$$

10 그림과 같은 단순보(단면 8cm×6cm)에 작용하는 최대 전단응력은 몇 kPa인가?

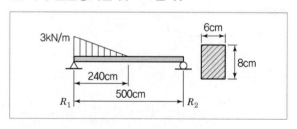

① 315   ② 630

③ 945   ④ 1,260

해설❸

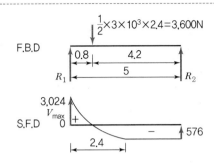

$$R_1 = \frac{3,600 \times 4.2}{5} = 3,024\text{N}$$

$$R_2 = 576\text{N}$$

보 속의 전단응력 $\tau = 1.5\tau_{av}$

$$= 1.5 \frac{V_{\max}}{A}$$

$$= 1.5 \times \frac{3,024}{0.06 \times 0.08}$$

$$= 945,000\text{Pa} = 945\text{kPa}$$

11 다음 막대의 z 방향으로 80kN의 인장력이 작용할 때 x 방향의 변형량은 몇 μm인가?(단, 탄성계수 E =200GPa, 포아송 비 μ=0.32, 막대 크기 x=100mm, y=50mm, z=1.5m이다.)

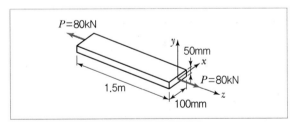

① 2.56
② 25.6
③ −2.56
④ −25.6

해설❸

$$\varepsilon_x = \frac{\lambda_x}{l_x} \text{에서} \ \lambda_x = \varepsilon_x l_x$$

$$\varepsilon_x = \frac{\sigma_x}{E} - \mu\left(\frac{\sigma_y}{E} + \frac{\sigma_z}{E}\right)$$

$$\sigma_x = 0, \ \sigma_y = 0, \ \sigma_z = \frac{P}{A} \text{이므로}$$

$$\varepsilon_x = -\mu\left(\frac{\sigma_z}{E}\right) = -0.32 \times \left(\frac{\frac{80 \times 10^3}{0.1 \times 0.05}}{200 \times 10^9}\right)$$

$$= -25.6 \times 10^{-6}$$

$$\therefore \ \lambda_x = -25.6 \times 10^{-6} \times 0.1\text{m}$$

$$= -2.56 \times 10^{-6}\text{m}$$

$$= -2.56\mu\text{m}$$

12 두께 1cm, 지름 25cm의 원통형 보일러에 내압이 작용하고 있을 때, 면 내 최대 전단응력이 −62.5 MPa이었다면 내압 P는 몇 MPa인가?

① 5
② 10
③ 15
④ 20

해설❸

원통형 압력용기인 보일러에서

원주방향응력 $\sigma_h = \dfrac{Pd}{2t}$, 축방향응력 $\sigma_s = \dfrac{Pd}{4t}$ 일 때

2축 응력상태이므로 모어의 응력원을 그리면

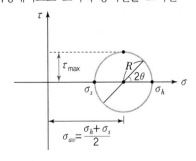

면 내 최대 전단응력

$$\tau_{\max} = R = \sigma_h - \sigma_{av} = \sigma_h - \frac{\sigma_h + \sigma_s}{2}$$

$$= \frac{\sigma_h - \sigma_s}{2} = \frac{1}{2}\left(\frac{Pd}{2t} - \frac{Pd}{4t}\right)$$

$$= \frac{P \cdot d}{8t}$$

$$\therefore P = \frac{8t\tau}{d} = \frac{8 \times 0.01 \times 62.5 \times 10^6}{0.25}$$

$$= 20 \times 10^6 \mathrm{Pa} = 20\mathrm{MPa}$$

13 그림과 같은 일단고정 타단지지보의 중앙에 $P = 4{,}800\mathrm{N}$의 하중이 작용하면 지지점의 반력(R_B)은 약 몇 kN인가?

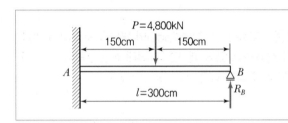

① 3.2   ② 2.6

③ 1.5   ④ 1.2

해설 ⊕

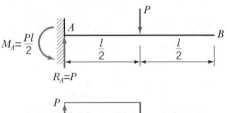

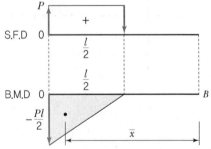

i) 외팔보 중앙에 P가 작용할 때 자유단에서 처짐량 δ_1

$$\delta_1 = \frac{A_M}{EI} \cdot \bar{x}$$

$$= \frac{\frac{1}{2} \times \frac{l}{2} \times \frac{Pl}{2}}{EI} \times \left(\frac{l}{2} + \frac{l}{2} \times \frac{2}{3}\right)$$

$$= \frac{Pl^2}{8EI}\left(\frac{l}{2} + \frac{l}{3}\right)$$

$$= \frac{5Pl^3}{48EI}$$

ii) R_B에 의한 처짐량 δ_2

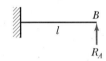

$$\delta_2 = \frac{R_B l^3}{3EI}$$

iii) B지점의 처짐량은 "0"이므로

$$\delta_1 = \delta_2$$

$$\frac{5Pl^3}{48} = \frac{R_B l^3}{3EI}$$

$$\therefore R_B = \frac{5}{16}P = \frac{5}{16} \times 4{,}800$$

$$= 1{,}500\mathrm{N} = 1.5\mathrm{kN}$$

14 동일한 전단력이 작용할 때 원형 단면 보의 지름을 d에서 $3d$로 하면 최대 전단응력의 크기는?(단, $\tau_{\max}$는 지름이 d일 때의 최대 전단응력이다.)

① $9\tau_{\max}$ ② $3\tau_{\max}$

③ $\frac{1}{3}\tau_{\max}$ ④ $\frac{1}{9}\tau_{\max}$

해설 ⊕

• 보 속의 최대 전단응력

$$\tau_{\max} = \frac{4}{3}\tau_{av} = \frac{4}{3}\frac{V}{A}$$

• 지름이 d일 때 최대 전단응력

$$\tau_{\max} = \frac{4}{3}\frac{V}{\frac{\pi}{4}d^2} = \frac{4}{3}\frac{4V}{\pi d^2}$$

• 지름이 $3d$일 때 최대 전단응력

$$\tau_{3dmax} = \frac{4}{3}\frac{V}{\frac{\pi}{4}(3d)^2} = \frac{4}{3}\frac{4V}{9\pi d^2} = \frac{1}{9}\tau_{\max}$$

15 그림과 같이 단순화한 길이 1m의 차축 중심에 집중하중 100kN이 작용하고, 100rpm으로 400kW의 동력을 전달할 때 필요한 차축의 지름은 최소 몇 cm인가?(단, 축의 허용 굽힘응력은 85MPa로 한다.)

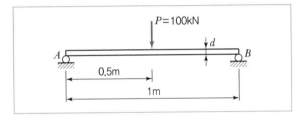

① 4.1
② 8.1
③ 12.3
④ 16.3

해설⊕

차축은 굽힘과 비틀림을 동시에 받으므로 상당굽힘모멘트(최대주응력설)로 해석해야 한다.

$$M_{\max} = \frac{P \cdot l}{4} = \frac{100 \times 10^3 \times 1}{4}$$
$$= 25{,}000\text{N} \cdot \text{m} = 25\text{kN} \cdot \text{m}$$

$$T = \frac{H}{w} = \frac{400 \times 10^3}{\frac{2\pi \times 100}{60}} = 38{,}197.2\text{N} \cdot \text{m} = 38.2\text{kN} \cdot \text{m}$$

$$M_e = \frac{1}{2}\left(M + \sqrt{M^2 + T^2}\right) = \frac{1}{2}\left(25 + \sqrt{25^2 + 38.2^2}\right)$$
$$= 35.33\text{kN} \cdot \text{m}$$

$$M_e = \sigma_b \cdot Z = \sigma_b \cdot \frac{\pi d^3}{32}$$

$$\therefore \ d = \sqrt[3]{\frac{32M_e}{\pi\sigma_b}} = \sqrt[3]{\frac{32 \times 35.33}{\pi \times 85 \times 10^3}}$$
$$= 0.1618\text{m} = 16.2\text{cm}$$

16 그림과 같이 한 변의 길이가 d인 정사각형 단면의 $Z-Z$ 축에 관한 단면계수는?

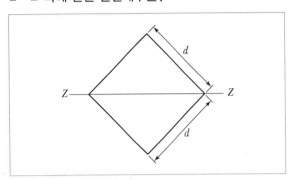

① $\dfrac{\sqrt{2}}{6}d^3$
② $\dfrac{\sqrt{2}}{12}d^3$
③ $\dfrac{d^3}{24}$
④ $\dfrac{\sqrt{2}}{24}d^3$

해설⊕

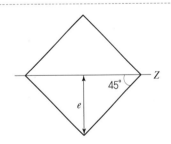

e : 도심으로부터 최외단까지의 거리

$$I_z = \frac{d^4}{12}$$

$$Z = \frac{I_z}{e} = \frac{\frac{d^4}{12}}{d\sin 45°} = \frac{d^4}{12d \times \frac{\sqrt{2}}{2}} = \frac{d^3}{6\sqrt{2}}$$
$$= \frac{\sqrt{2}}{12}d^3$$

17 그림과 같은 부정정보의 전 길이에 균일 분포하중이 작용할 때 전단력이 0이 되고 최대 굽힘모멘트가 작용하는 단면은 B단에서 얼마나 떨어져 있는가?

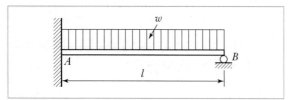

① $\dfrac{2}{3}l$

② $\dfrac{3}{8}l$

③ $\dfrac{5}{8}l$

④ $\dfrac{3}{4}l$

해설 ⊕

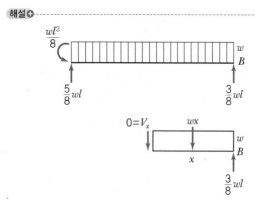

$$\sum F_y = 0 : \frac{3}{8}wl - wx - V_x = 0 \;(V_x = 0\text{인 위치이므로})$$

$$\frac{3}{8}wl = wx$$

$$\therefore \; x = \frac{3}{8}l$$

※ 기본 풀이는 2015년 5월 31일 시행 14번을 참조하세요.

18 J를 극단면 2차 모멘트, G를 전단탄성계수, l을 축의 길이, T를 비틀림모멘트라 할 때 비틀림각을 나타내는 식은?

① $\dfrac{l}{GT}$

② $\dfrac{TJ}{Gl}$

③ $\dfrac{Jl}{GT}$

④ $\dfrac{Tl}{GJ}$

해설 ⊕

$$\theta = \frac{T \cdot l}{GI_p} \;(\text{여기서, } I_p = J)$$

$$= \frac{T \cdot l}{GJ}$$

19 그림과 같은 직사각형 단면을 갖는 단순지지보에 3kN/m의 균일 분포하중과 축방향으로 50kN의 인장력이 작용할 때 단면에 발생하는 최대 인장응력은 약 몇 MPa인가?

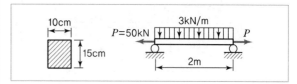

① 0.67

② 3.33

③ 4

④ 7.33

해설 ⊕

i) 축방향하중 50kN에 의한 인장응력

$$\sigma_1 = \frac{P}{A} = \frac{50 \times 10^3}{0.1 \times 0.15} = 3.33 \times 10^6 \mathrm{Pa} = 3.33\mathrm{MPa}$$

ii) 최대 굽힘모멘트에 의한 인장응력(보의 중앙에서 굽힘모멘트 최대)

〈F.B.D〉

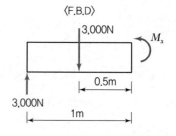

$$\sum M_{x=1\mathrm{m}} = 0 : 3,000 \times 1 - 3,000 \times 0.5 - M_x = 0$$

$$\therefore \; M_x = 1,500\mathrm{N} \cdot \mathrm{m}$$

$$\sigma_2 = \sigma_b = \frac{M_{\max}}{Z} = \frac{1,500}{\frac{0.1 \times 0.15^2}{6}}$$

$$= 4 \times 10^6 \text{Pa} = 4\text{MPa}$$

iii) 최대 인장응력은 $\sigma_1 + \sigma_2 = 7.33\text{MPa}$

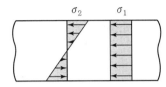

20 정사각형의 단면을 가진 기둥에 $P = 80\text{kN}$의 압축하중이 작용할 때 6MPa의 압축응력이 발생하였다면 단면 한 변의 길이는 몇 cm인가?

① 11.5 ② 15.4
③ 20.1 ④ 23.1

해설

$\sigma_c \cdot A = \sigma_c \cdot a^2 = P$

$$\therefore a = \sqrt{\frac{P}{\sigma_c}} = \sqrt{\frac{80 \times 10^3}{6 \times 10^6}} = 0.115\text{m} = 11.5\text{cm}$$

2과목 **기계열역학**

21 출력 10,000kW의 터빈 플랜트의 시간당 연료소비량이 5,000kg/h이다. 이 플랜트의 열효율은 약 몇 %인가?(단, 연료의 발열량은 33,440kJ/kg이다.)

① 25.4% ② 21.5%
③ 10.9% ④ 40.8%

해설

열효율$= \dfrac{\text{output}}{\text{input}}$

$= \dfrac{\text{출력(kW)}}{\text{연료의 발열량(kJ/kg)} \times \text{연료소비율(kg/h)}}$

$\rightarrow \dfrac{\text{kWh}}{\text{kJ}} \times \dfrac{3,600\text{kJ}}{1\text{kWh}}$ (단위환산)

$$\therefore \eta = \frac{10,000 \times 3,600}{33,440 \times 5,000} = 0.215 = 21.5\%$$

22 역 Carnot Cycle로 300K와 240K 사이에서 작동하고 있는 냉동기가 있다. 이 냉동기의 성능계수는?

① 3 ② 4
③ 5 ④ 6

해설

$$\varepsilon_R = \frac{T_L}{T_H - T_L} = \frac{240}{300 - 240} = 4$$

23 보일러 입구의 압력이 9,800kN/m²이고, 응축기의 압력이 4,900N/m²일 때 펌프가 수행한 일은 약 몇 kJ/kg인가?(단, 물의 비체적은 0.001m³/kg이다.)

① 9.79 ② 15.17
③ 87.25 ④ 180.52

해설

보일러 입구=펌프 출구(p_2), 응축기 압력=펌프 입구(p_1)
펌프일은 개방계의 일이므로
공업일 $\delta w_p = (-) - v\,dp$ (계가 일을 받으므로 일부호($-$))

$$\therefore w_p = \int_1^2 v\,dp = v(p_2 - p_1)$$

$$= 0.001\,(\text{m}^3/\text{kg}) \times (9,800 - 4.9)\,(\text{kN/m}^2)$$

$$= 9.795\text{kJ/kg}$$

〈다른 풀이〉

개방계의 열역학 제1법칙 $\cancel{q_{cv}}^{0} + h_i = h_e + w_{cv}$ (단열펌프)
$w_{cv} = w_p = h_i - h_e < 0$ (계가 일을 받으므로 일부호($-$))
$\qquad = -(h_i - h_e) = h_e - h_i > 0$
$\cancel{\delta q}^{0} = dh - v\,dp \rightarrow \therefore dh = v\,dp$
$$h_2 - h_1 = \int_1^2 v\,dp = v(p_2 - p_1)$$

---

24 다음 온도에 관한 설명 중 틀린 것은?

① 온도는 뜨겁거나 차가운 정도를 나타낸다.

② 열역학 제0법칙은 온도 측정과 관계된 법칙이다.

③ 섭씨온도는 표준 기압하에서 물의 어는점과 끓는점을 각각 0과 100으로 부여한 온도 척도이다.

④ 화씨 온도 F와 절대온도 K 사이에는 K=F+273.15 의 관계가 성립한다.

해설⊕

$K = ℃ + 273.15$

25 10kg의 증기가 온도 50℃, 압력 38kPa, 체적 7.5m³일 때 총 내부에너지는 6,700kJ이다. 이와 같은 상태의 증기가 가지고 있는 엔탈피는 약 몇 kJ인가?

① 606   ② 1,794

③ 3,305   ④ 6,985

해설⊕

엔탈피는 질량이 있는 유체가 유동할 때 검사면을 통과하는 에너지이며, 증기가 가지고 있는 전체 엔탈피는 총 내부에너지와 잠재된 일에너지(PV)의 합과 같다.

$$H = U + PV$$
$$= 6,700(\text{kJ}) + 38(\text{kPa}) \times 7.5(\text{m}^3)$$
$$= 6,985 \text{kJ}$$

26 밀폐계에서 기체의 압력이 100kPa으로 일정하게 유지되면서 체적이 1m³에서 2m³로 증가되었을 때 옳은 설명은?

① 밀폐계의 에너지 변화는 없다.

② 외부로 행한 일은 100kJ이다.

③ 기체가 이상기체라면 온도가 일정하다.

④ 기체가 받은 열은 100kJ이다.

해설⊕

밀폐계의 일＝절대일

$\delta W = PdV$ (계가 일을 하므로 일부호(+))

$$_1W_2 = \int_1^2 PdV \text{ (여기서, } P = C)$$
$$= P(V_2 - V_1)$$
$$= 100(\text{kPa}) \times (2-1)\text{m}^3$$
$$= 100 \text{kJ}$$

27 열역학 제2법칙과 관련된 설명으로 옳지 않은 것은?

① 열효율이 100%인 열기관은 없다.

② 저온 물체에서 고온 물체로 열은 자연적으로 전달되지 않는다.

③ 폐쇄계와 그 주변계가 열교환이 일어날 경우 폐쇄계와 주변계 각각의 엔트로피는 모두 상승한다.

④ 동일한 온도 범위에서 작동되는 가역 열기관은 비가역 열기관보다 열효율이 높다.

해설⊕

폐쇄계와 주변계의 열교환이 일어나면 열을 흡수하는 계의 엔트로피는 증가하고 열을 방출하는 계의 엔트로피는 감소한다.

28 오토(Otto) 사이클에 관한 일반적인 설명 중 틀린 것은?

① 불꽃 점화 기관의 공기 표준 사이클이다.

② 연소과정을 정적가열과정으로 간주한다.

③ 압축비가 클수록 효율이 높다.

④ 효율은 작업기체의 종류와 무관하다.

해설⊕

실제 오토 사이클은 동작물질(작업기체)인 가솔린의 종류에 따라 발열열량과 방출열량이 변화한다.(예 옥탄가가 높은 가솔린의 사용이 오토 사이클 기관의 효율을 높인다.)

29 다음 중 정확하게 표기된 SI 기본단위(7가지)의 개수가 가장 많은 것은?(단, SI 유도단위 및 그 외 단위는 제외한다.)

① A, cd, ℃, kg, m, mol, N, s

② cd, J, K, kg, m, mol, Pa, s

③ A, J, ℃, kg, km, mol, s, W

④ K, kg, km, mol, N, Pa, s, W

해설⊕

SI 기본단위

cd(칸델라 : 광도), J(줄), K(캘빈), m(길이), mol(몰), Pa(파스칼), s(시간), A(암페어 : 전류)

※ ℃와 km는 SI 기본단위가 아니다.

30 8℃의 이상기체를 가역단열 압축하여 그 체적을 1/5로 하였을 때 기체의 온도는 약 몇 ℃인가?(단, 이 기체의 비열비는 1.40이다.)

① −125℃

② 294℃

③ 222℃

④ 262℃

해설⊕

단열과정의 온도, 압력, 체적 간의 관계식

$\dfrac{T_2}{T_1} = \left(\dfrac{P_2}{P_1}\right)^{\frac{k-1}{k}} = \left(\dfrac{v_1}{v_2}\right)^{k-1}$ 에서

$T_2 = T_1 \left(\dfrac{V_1}{V_2}\right)^{k-1}$

$= (8+273) \cdot \left(\dfrac{V_1}{\frac{1}{5}V_1}\right)^{1.4-1}$

$= (8+273) \times 5^{0.4} = 534.93\text{K}$

$\rightarrow 534.93 - 273 = 261.9℃$

31 그림의 랭킨 사이클(온도(T)−엔트로피(s) 선도)에서 각각의 지점에서 엔탈피는 표와 같을 때 이 사이클의 효율은 약 몇 %인가?

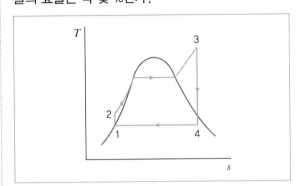

구분	엔탈피(kJ/kg)	구분	엔탈피(kJ/kg)
1지점	185	3지점	3,100
2지점	210	4지점	2,100

① 33.7%

② 28.4%

③ 25.2%

④ 22.9%

해설⊕

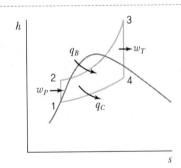

$h-s$ 선도에서

$\eta = \dfrac{w_{net}}{q_B} = \dfrac{w_T - w_P}{q_B}$

$= \dfrac{(h_3 - h_4) - (h_2 - h_1)}{h_3 - h_2}$

$= \dfrac{(3,100 - 2,100) - (210 - 185)}{3,100 - 210}$

$= 0.3374 = 33.74\%$

32 압력이 10^6N/m^2, 체적이 1m^3인 공기가 압력이 일정한 상태에서 400kJ의 일을 하였다. 변화 후의 체적은 약 몇 m^3인가?

① 1.4 ② 1.0
③ 0.6 ④ 0.4

해설⊕

$\delta W = PdV$ (절대일)

$_1W_2 = \int_1^2 PdV$ (여기서, $P = C$)

$\quad = P(V_2 - V_1)$

$\therefore V_2 = V_1 + \dfrac{_1W_2}{P}$

$\quad = 1 + \dfrac{400 \times 10^3(\text{N} \cdot \text{m})}{10^6(\text{N/m}^2)}$

$\quad = 1.4\text{m}^3$

33 온도 15℃, 압력 100kPa 상태의 체적이 일정한 용기 안에 어떤 이상기체 5kg이 들어 있다. 이 기체가 50℃가 될 때까지 가열되는 동안의 엔트로피 증가량은 약 몇 kJ/K인가?(단, 이 기체의 정압비열과 정적비열은 각각 1.001kJ/(kg · K), 0.7171kJ/(kg · K)이다.)

① 0.411 ② 0.486
③ 0.575 ④ 0.732

해설⊕

일정한 용기＝정적과정

비엔트로피 $ds = \dfrac{\delta q}{T} = \dfrac{du + pdv^{\nearrow 0}}{T}$

$s_2 - s_1 = \int_1^2 \dfrac{C_v}{T} dT = C_v \ln \dfrac{T_2}{T_1}$

$\quad = 0.7171 \times \ln \left(\dfrac{50 + 273}{15 + 273} \right)$

$\quad = 0.0822\text{kJ/kg} \cdot \text{K}$

$\therefore S_2 - S_1 = m(s_2 - s_1) = 5 \times 0.0822 = 0.411\text{kJ/K}$

34 저열원 20℃와 고열원 700℃ 사이에서 작동하는 카르노 열기관의 열효율은 약 몇 %인가?

① 30.1% ② 69.9%
③ 52.9% ④ 74.1%

해설⊕

카르노 사이클의 효율은 온도만의 함수이므로

$\eta = \dfrac{T_H - T_L}{T_H} = 1 - \dfrac{T_L}{T_H} = 1 - \dfrac{(20 + 273)}{(700 + 273)}$

$\quad = 0.6988 = 69.88\%$

35 열교환기를 흐름 배열(Flow Arrangement)에 따라 분류할 때 그림과 같은 형식은?

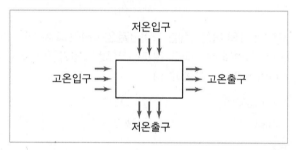

① 평행류 ② 대향류
③ 병행류 ④ 직교류

해설⊕

• 평행류 : 서로 같은 방향 $\begin{pmatrix} 고 \to 저 \\ 고 \to 저 \end{pmatrix}$

• 대향류 : 서로 다른 방향 $\begin{pmatrix} 고 \to 저 \\ 고 \leftarrow 저 \end{pmatrix}$

36 어느 증기터빈에 0.4kg/s로 증기가 공급되어 260kW의 출력을 낸다. 입구의 증기 엔탈피 및 속도는 각각 3,000kJ/kg, 720m/s, 출구의 증기 엔탈피 및 속도는 각각 2,500kJ/kg, 120m/s이면, 이 터빈의 열손실은 약 몇 kW가 되는가?

① 15.9   ② 40.8
③ 20.0   ④ 104

해설⊕

개방계의 열역학 제1법칙

$$\dot{Q}_{cv} + \sum \dot{m}_i \left(h_i + \frac{V_i^2}{2} + gz_i \right)$$
$$= \frac{dE_{cv}}{dt} + \sum \dot{m}_e \left(h_e + \frac{V_e^2}{2} + gz_e \right) + \dot{W}_{cv}$$

SSSF상태이므로 $\dfrac{dE_{cv}}{dt} = 0$

입출구 1개 $\sum \dot{m}_i = \sum \dot{m}_e = \dot{m}$ (질량유량 동일)

입출구 위치에너지 $gz_i = gz_e$로 해석한다.

이상적인 터빈은 단열팽창과정인데 이 문제에서 터빈은 열손실 $\dot{Q}_{cv}$이 발생하므로 $\dot{Q}_{cv}$(kJ/s=kW)를 구하면 된다.

$$\dot{Q}_{cv} = \dot{m}(h_e - h_i) + \frac{\dot{m}}{2}\left(V_e^2 - V_i^2 \right) + \dot{W}_{cv}$$

$$= 0.4 \frac{\text{kg}}{\text{s}}(2,500 - 3,000)\frac{\text{kJ}}{\text{kg}}$$

$$+ \frac{0.4}{2}\frac{\text{kg}}{\text{s}}(120^2 - 720^2)\frac{\text{m}^2}{\text{s}^2} \times \left(\frac{1\text{kJ}}{1,000\text{J}} \right) + 260\text{kW}$$

$$= -40.8\text{kW} \ (\text{열손실이므로 } (-)\text{부호가 나온다.})$$

37 100kPa, 25℃ 상태의 공기가 있다. 이 공기의 엔탈피가 298.615kJ/kg이라면 내부에너지는 약 몇 kJ/kg인가?(단, 공기는 분자량 28.97인 이상기체로 가정한다.)

① 213.05kJ/kg   ② 241.07kJ/kg
③ 298.15kJ/kg   ④ 383.72kJ/kg

해설⊕

비내부에너지 u(kJ/kg)를 구하므로 $H = U + PV$

양변을 m으로 나누면

$h = u + Pv$ (비엔탈피 kJ/kg)

$u = h - Pv = h - RT$

$\quad\quad\quad (Pv = RT$ 적용, 공기의 $R = 287$J/kg · K)

$\quad\quad\quad = 298.615 - 287(\text{J/kg} \cdot \text{K}) \times (25 + 273)\text{K}$

$\quad\quad\quad\quad \times \dfrac{1\text{kJ}}{1,000\text{J}}$

$\quad\quad\quad = 213.09\text{kJ/kg}$

38 그림과 같이 상태 1, 2 사이에서 계가 1 → A → 2 → B → 1과 같은 사이클을 이루고 있을 때, 열역학 제1법칙에 가장 적합한 표현은?(단, 여기서 Q는 열량, W는 계가 하는 일, U는 내부에너지를 나타낸다.)

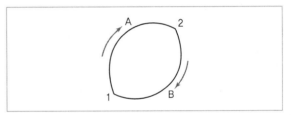

① $dU = \delta Q + \delta W$ ② $\Delta U = Q - W$
③ $\oint \delta Q = \oint \delta W$ ④ $\oint \delta Q = \oint \delta U$

해설⊕

에너지 보존의 법칙이 성립하므로 사이클 변화 동안의 총 열량의 합은 사이클 변화 동안의 일량의 합과 같다.

39 압력이 일정할 때 공기 5kg을 0℃에서 100℃까지 가열하는 데 필요한 열량은 약 몇 kJ인가?(단, 비열(C_p)은 온도 T(℃)에 관한 함수로 C_p(kJ/(kg · ℃)) = 1.01+0.000079× T이다.)

① 365   ② 436
③ 480   ④ 507

해설⊕

$p = c$이므로 $\delta q = dh - vdp^{\,0}$

$\therefore \delta q = dh \rightarrow dh = C_p dT$ 적용

$_1q_2 = \displaystyle\int_1^2 C_p dT$ (C_p가 온도 $T℃$ 의 함수로 주어져 있으므로)

$\quad = \displaystyle\int_1^2 (1.01 + 79 \times 10^{-6}\,T) dT$

$\quad = [1.01\,T]_1^2 + 79 \times 10^{-6} \left[\dfrac{T^2}{2}\right]_1^2$

$\quad = 1.01(T_2 - T_1) + 79 \times 10^{-6} \times \dfrac{1}{2}(T_2{}^2 - T_1{}^2)$

$\quad = 1.01(100 - 0) + 79 \times 10^{-6} \times \dfrac{1}{2}(100^2 - 0^2)$

$\quad = 101.395 \mathrm{kJ/kg}$

전열량 $_1Q_2 = m\,_1q_2$

$\qquad\quad = 5\mathrm{kg} \times 101.395\,(\mathrm{kJ/kg})$

$\qquad\quad = 506.98 \mathrm{kJ}$

40 다음 중 비가역 과정으로 볼 수 없는 것은?

① 마찰 현상
② 낮은 압력으로의 자유 팽창
③ 등온 열전달
④ 상이한 조성물질의 혼합

해설⊕

온도 변화가 없는 등온 열전달은 준평형과정으로, 가역과정으로 볼 수 있다.

---

41 압력 용기에 장착된 게이지 압력계의 눈금이 400kPa을 나타내고 있다. 이때 실험실에 놓인 수은 기압계에서 수은의 높이가 750mm이었다면 압력 용기의 절대압력은 약 몇 kPa인가?(단, 수은의 비중은 13.6이다.)

① 300
② 500
③ 410
④ 620

해설⊕

절대압력＝국소대기압＋게이지압

P_{abs}

$= 750 \mathrm{mmHg} \times \dfrac{1.01325 \mathrm{bar}}{760 \mathrm{mmHg}} \times \dfrac{10^5 \mathrm{Pa}}{1 \mathrm{bar}} \times \dfrac{1 \mathrm{kPa}}{10^3 \mathrm{Pa}} + 400$

$= 500 \mathrm{kPa}$

42 점성계수의 차원으로 옳은 것은?(단, F는 힘, L 은 길이, T는 시간의 차원이다.)

① FLT^{-2}
② $FL^2 T$
③ $FL^{-1}T^{-1}$
④ $FL^{-2}T$

해설⊕

$1\mathrm{poise} = \dfrac{1\mathrm{g}}{\mathrm{cm \cdot s}} \times \dfrac{1\mathrm{dyne}}{1\mathrm{g} \times \dfrac{\mathrm{cm}}{\mathrm{s}^2}} = 1\dfrac{\mathrm{dyne \cdot s}}{\mathrm{cm}^2}$

$\rightarrow FTL^{-2}$ 차원

43 정상 2차원 속도장 $\vec{V} = 2x\vec{i} - 2y\vec{j}$ 내의 한 점 $(2, 3)$에서 유선의 기울기 $\dfrac{dy}{dx}$는?

① $\dfrac{-3}{2}$
② $\dfrac{-2}{3}$
③ $\dfrac{2}{3}$
④ $\dfrac{3}{2}$

해설⊕

$\vec{V} = ui + vj$ 이므로 $u = 2x$, $v = -2y$

유선의 방정식 $\dfrac{u}{dx} = \dfrac{v}{dy}$

∴ 유선의 기울기 $\dfrac{dy}{dx} = \dfrac{v}{u} = \dfrac{-2y}{2x}$

→ (2, 3)에서의 기울기이므로

$\dfrac{dy}{dx} = \dfrac{-2 \times 3}{2 \times 2} = -\dfrac{3}{2}$

44 스프링클러의 중심축을 통해 공급되는 유량은 총 3L/s이고 네 개의 회전이 가능한 관을 통해 유출된다. 출구 부분은 접선 방향과 30°의 경사를 이루고 있고 회전 반지름은 0.3m이며 각 출구 지름은 1.5cm로 동일하다. 작동 과정에서 스프링클러의 회전에 대한 저항토크가 없을 때 회전 각속도는 약 몇 rad/s인가?(단, 회전축상의 마찰은 무시한다.)

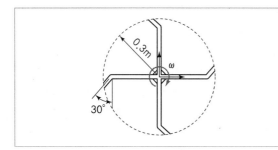

① 1.225　　　　② 42.4
③ 4.24　　　　④ 12.25

해설⊕

$Q = A \cdot V = 3\text{L/s} = 3 \times 10^{-3}\,\text{m}^3/\text{s}$

스프링클러가 4개이므로 스프링클러 1개의 유량은

$Q_1 = \dfrac{3}{4} \times 10^{-3}\,\text{m}^3/\text{s} = 0.75 \times 10^{-3}\,\text{m}^3/\text{s}$

스프링클러 분출속도

$V = \dfrac{Q_1}{A} = \dfrac{0.75 \times 10^{-3}}{\dfrac{\pi}{4} \times 0.015^2} = 4.24\,\text{m/s}$

원주속도 V_t는 반경에 수직인 성분이므로

$V_t = V\cos 30° = 4.24 \times \cos 30°$

$V_t = r \cdot \omega$ 에서

$\omega = \dfrac{V_t}{r} = \dfrac{4.24 \times \cos 30°}{0.3} = 12.24\,\text{rad/s}$

45 평판 위의 경계층 내에서의 속도분포(u)가 $\dfrac{u}{U} = \left(\dfrac{y}{\delta}\right)^{\frac{1}{7}}$ 일 때 경계층 배제두께(Boundary Layer Displacement Thickness)는 얼마인가?(단, y는 평판에서 수직인 방향으로의 거리이며, U는 자유유동의 속도, δ는 경계층의 두께이다.)

① $\dfrac{\delta}{8}$　　　　　　② $\dfrac{\delta}{7}$

③ $\dfrac{6}{7}\delta$　　　　　　④ $\dfrac{7}{8}\delta$

해설⊕

배제두께 $\delta^* = \displaystyle\int_0^\delta \left(1 - \dfrac{u}{U}\right) dy$

$\quad = \displaystyle\int_0^\delta \left(1 - \left(\dfrac{y}{\delta}\right)^{\frac{1}{7}}\right) dy$

$\quad = [y]_0^\delta - \dfrac{1}{\delta^{\frac{1}{7}}}\left[\dfrac{1}{1+\frac{1}{7}}y^{\frac{1}{7}+1}\right]_0^\delta$

$\quad = \delta - \dfrac{1}{\delta^{\frac{1}{7}}}\left(\dfrac{7}{8}\delta^{\frac{8}{7}}\right)$

$\quad = \delta - \dfrac{7}{8} \cdot \delta^{\frac{8}{7}-\frac{1}{7}}$

$\quad = \delta - \dfrac{7}{8}\delta = \dfrac{\delta}{8}$

46 5℃의 물(밀도 1,000kg/m³, 점성계수 1.5× 10^{-3}kg/(m · s))이 안지름 3mm, 길이 9m인 수평 파이프 내부를 평균속도 0.9m/s로 흐르게 하는 데 필요한 동력은 약 몇 W인가?

① 0.14 ② 0.28
③ 0.42 ④ 0.58

해설⊕

$$Re = \frac{\rho Vd}{\mu} = \frac{1,000 \times 0.9 \times 0.003}{1.5 \times 10^{-3}}$$
$$= 1,800 < 2,100 \,(층류)$$

층류에서 관마찰계수 $f = \dfrac{64}{Re} = \dfrac{64}{1,800} = 0.036$

$$h_l = f \cdot \frac{L}{d} \cdot \frac{V^2}{2g}$$

$$= 0.036 \times \frac{9}{0.003} \times \frac{0.9^2}{2 \times 9.8} = 4.46$$

∴ 필요한 동력 $H = \gamma h_l \cdot Q$

$$= 9,800 \times 4.46 \times \frac{\pi \times 0.003^2}{4} \times 0.9$$

$$= 0.278W$$

(손실수두에 의한 동력보다 더 작게 동력을 파이프 입구에 가하면 9m 길이를 0.9m/s로 흘러가지 못한다.)

47 2m/s의 속도로 물이 흐를 때 피토관 수두 높이 h는?

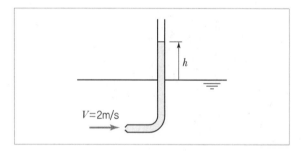

① 0.053m ② 0.102m
③ 0.204m ④ 0.412m

해설⊕

$V = \sqrt{2g\Delta h}$ 에서

$$h = \Delta h = \frac{V^2}{2g} = \frac{2^2}{2 \times 9.8} = 0.204\text{m}$$

48 동점성계수가 0.1×10^{-5}m²/s인 유체가 안지름 10cm인 원관 내에 1m/s로 흐르고 있다. 관마찰계수가 0.022이며 관의 길이가 200m일 때의 손실수두는 약 몇 m인가?(단, 유체의 비중량은 9,800N/m³이다.)

① 22.2 ② 11.0
③ 6.58 ④ 2.24

해설⊕

$$h_l = f \cdot \frac{L}{d} \cdot \frac{V^2}{2g} = 0.022 \times \frac{200}{0.1} \times \frac{1^2}{2 \times 9.8} = 2.24\text{m}$$

49 그림과 같이 반지름 R인 원추와 평판으로 구성된 점도측정기(Cone And Plate Viscometer)를 사용하여 액체시료의 점성계수를 측정하는 장치가 있다. 위쪽의 원추는 아래쪽 원판과의 각도를 0.5° 미만으로 유지하고 일정한 각속도 ω로 회전하고 있으며 갭 사이를 채운 유체의 점도는 위 평판을 정상적으로 돌리는 데 필요한 토크를 측정하여 계산한다. 여기서 갭 사이의 속도 분포가 반지름 방향 길이에 선형적일 때, 원추의 밑면에 작용하는 전단응력의 크기에 관한 설명으로 옳은 것은?

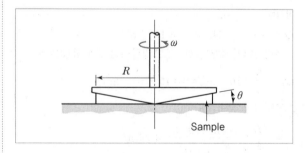

① 전단응력의 크기는 반지름 방향 길이에 관계없이 일정하다.

② 전단응력의 크기는 반지름 방향 길이에 비례하여 증가한다.

③ 전단응력의 크기는 반지름 방향 길이의 제곱에 비례하여 증가한다.

④ 전단응력의 크기는 반지름 방향 길이의 1/2승에 비례하여 증가한다.

해설⊕

뉴턴의 점성법칙

$$\tau = \mu \cdot \frac{du}{dy} \rightarrow \mu \cdot \frac{dR \cdot \omega}{dy} \ (\because \text{회전하므로 원주속도})$$

각속도 $\omega =$ 일정, 반지름 R이 커질수록 전단응력은 커지는 반면, 원판의 반경이 커질수록 유체깊이가 깊어져 전단응력이 작아지므로

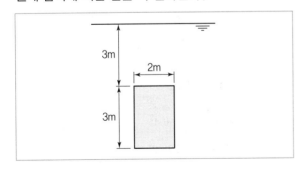

$\frac{dR}{dy}$ 개념 적용

임의의 반경 R에서의 전단응력은 일정하다.
(속도분포가 반지름 방향 길이에 선형적(직선)이므로 그림처럼 기울기가 일정하게 된다.)

50 그림과 같이 폭이 2m, 길이가 3m인 평판이 물속에 수직으로 잠겨있다. 이 평판의 한쪽 면에 작용하는 전체 압력에 의한 힘은 약 얼마인가?

① 88kN ② 176kN ③ 265kN ④ 353kN

해설⊕

평판 도심까지 깊이 $\overline{h} = (3+1.5)\text{m}$

전압력 $F = \gamma\overline{h} \cdot A = 9,800 \times (3+1.5) \times (2 \times 3)$
$= 264,600\text{N} = 264.6\text{kN}$

51 다음 중 2차원 비압축성 유동이 가능한 유동은 어떤 것인가?(단, u는 x방향 속도 성분이고, v는 y방향 속도 성분이다.)

① $u = x^2 - y^2, \ v = -2xy$

② $u = 2x^2 - y^2, \ v = 4xy$

③ $u = x^2 + y^2, \ v = 3x^2 - 2y^2$

④ $u = 2x + 3xy, \ v = -4xy + 3y$

해설⊕

2차원 비압축성 유체에 대한 연속방정식은

$\nabla \cdot \overrightarrow{V} = 0$에서 2차원이므로 $\dfrac{\partial u}{\partial x} + \dfrac{\partial v}{\partial y} = 0$

(SSSF 상태는 기본 가정)

① $\dfrac{\partial u}{\partial x} = 2x, \ \dfrac{\partial v}{\partial y} = -2x \rightarrow \dfrac{\partial u}{\partial x} + \dfrac{\partial v}{\partial y} = 2x - 2x = 0$

② $\dfrac{\partial u}{\partial x} = 4x, \ \dfrac{\partial v}{\partial y} = 4x$

③ $\dfrac{\partial u}{\partial x} = 2x, \ \dfrac{\partial v}{\partial y} = -4y$

④ $\dfrac{\partial u}{\partial x} = 2 + 3y, \ \dfrac{\partial v}{\partial y} = -4x + 3$

52 다음 변수 중에서 무차원수는 어느 것인가?

① 가속도   ② 동점성계수

③ 비중   ④ 비중량

해설⊕

① m/s^2

② m^2/s

③ 비중 $s = \dfrac{\rho}{\rho_w} = \dfrac{\gamma}{\gamma_w}$ 이므로 무차원

④ N/m^3

53 밀도가 ρ인 액체와 접촉하고 있는 기체 사이의 표면장력이 σ라고 할 때 그림과 같은 지름 d의 원통 모세관에서 액주의 높이 h를 구하는 식은?(단, g는 중력가속도이다.)

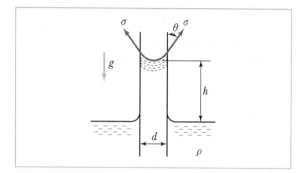

① $\dfrac{\sigma\sin\theta}{\rho gd}$
② $\dfrac{\sigma\cos\theta}{\rho gd}$

③ $\dfrac{4\sigma\sin\theta}{\rho gd}$
④ $\dfrac{4\sigma\cos\theta}{\rho gd}$

해설⊕

$$h = \frac{4\sigma\cos\theta}{\gamma d} = \frac{4\sigma\cos\theta}{\rho \cdot gd}$$

54 유량 측정장치 중 관의 단면에 축소 부분이 있어서 유체를 그 단면에서 가속시킴으로써 생기는 압력강하를 이용하여 측정하는 것이 있다. 다음 중 이러한 방식을 사용한 측정 장치가 아닌 것은?

① 노즐
② 오리피스
③ 로터미터
④ 벤투리미터

해설⊕

테이퍼 관 속에 부표를 띄우고 측정유체를 아래에서 위로 흘려보낼 때 유량의 증감에 따라 부표가 상하로 움직여 생기는 가변면적으로 유량을 구하는 장치가 로터미터이다.

55 그림과 같은 수압기에서 피스톤의 지름이 $d_1 = 300mm$, 이것과 연결된 램(Ram)의 지름이 $d_2 = 200mm$이다. 압력 P_1이 1MPa의 압력을 피스톤에 작용시킬 때 주 램의 지름이 $d_3 = 400mm$이면 주 램에서 발생하는 힘(W)은 약 몇 kN인가?

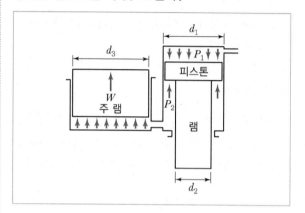

① 226
② 284
③ 334
④ 438

해설⊕

비압축성 유체에서 압력은 동일한 세기로 전달된다는 파스칼의 원리를 적용하면 P_2의 압력으로 주 램을 들어 올린다. 그림에서 $W = P_2A_3$이며, $P_1A_1 = P_2A_2$이므로

$$P_2 = \frac{A_1}{A_2}P_1 = \frac{\frac{\pi}{4}d_1{}^2}{\frac{\pi}{4}\left(d_1{}^2 - d_2{}^2\right)} \times P_1$$

$$= \frac{d_1{}^2}{\left(d_1{}^2 - d_2{}^2\right)} \times P_1$$

$$= \frac{0.3^2}{\left(0.3^2 - 0.2^2\right)} \times 1 \times 10^6 = 1.8 \times 10^6 \mathrm{Pa}$$

$$\therefore W = 1.8 \times 10^6 \times \frac{\pi}{4}d_3{}^2$$

$$= 1.8 \times 10^6 \times \frac{\pi}{4} \times 0.4^2$$

$$= 226,194.7\mathrm{N} = 226.2\mathrm{kN}$$

56 높이 1.5m의 자동차가 108km/h의 속도로 주행할 때의 공기흐름 상태를 높이 1m의 모형을 사용해서 풍동 실험하여 알아보고자 한다. 여기서 상사법칙을 만족시키기 위한 풍동의 공기 속도는 약 몇 m/s인가?(단, 그 외 조건은 동일하다고 가정한다.)

① 20   ② 30
③ 45   ④ 67

해설✚

$$Re)_m = Re)_p$$

$$\left(\frac{\rho Vd}{\mu}\right)_m = \left(\frac{\rho Vd}{\mu}\right)_p$$

$\rho_m = \rho_p$, $\mu_m = \mu_p$ 이므로

$$V_m d_m = V_p d_p$$

$$V_m = V_p \cdot \frac{d_p}{d_m}$$

$$\left(\text{여기서, } \frac{d_p}{d_m} = \frac{1}{\dfrac{d_m}{d_p}} = \frac{1}{\lambda} \text{(상사비 : } \lambda)\right)$$

$$= 108 \times \frac{1.5}{1} = 162 \text{km/h}$$

$$\frac{162\text{km} \times \dfrac{1,000\text{m}}{1\text{km}}}{\text{h} \times \dfrac{3,600\text{s}}{1\text{h}}} = 45\text{m/s}$$

57 무게가 1,000N인 물체를 지름 5m인 낙하산에 매달아 낙하할 때 종속도는 몇 m/s가 되는가?(단, 낙하산의 항력계수는 0.8, 공기의 밀도는 1.2kg/m³이다.)

① 5.3   ② 10.3
③ 18.3   ④ 32.2

해설✚

무게＝항력＋부력

$$W = D + F_B$$

F_B는 물체와 낙하산을 배제한 공기의 무게인 부력으로서 매우 작으므로 무시하고 해석하면

$$W = D = C_D \cdot \frac{\rho A V^2}{2}$$

$$\therefore \ V = \sqrt{\frac{2W}{C_D \cdot \rho \cdot A}} = \sqrt{\frac{2 \times 1,000}{0.8 \times 1.2 \times \dfrac{\pi}{4} \times 5^2}}$$

$$= 10.3\text{m/s}$$

58 유효 낙차가 100m인 댐의 유량이 10m³/s일 때 효율 90%인 수력터빈의 출력은 약 몇 MW인가?

① 8.83   ② 9.81
③ 10.9   ④ 12.4

해설✚

터빈효율 $\eta_T = \dfrac{\text{실제동력}}{\text{이론동력}}$

$\therefore$ 실제출력동력 $= \eta_T \times \gamma \times H_T \times Q$

$$= 0.9 \times 9,800 \times 100 \times 10$$

$$= 8.82 \times 10^6 \text{W}$$

$$= 8.82 \text{MW}$$

59 안지름 10cm인 파이프에 물이 평균속도 1.5cm/s로 흐를 때(경우 ⓐ)와 비중이 0.60이고 점성계수가 물의 1/5인 유체 A가 물과 같은 평균속도로 동일한 관에 흐를 때(경우 ⓑ) 중 파이프 중심에서 최고속도는 어느 경우가 더 빠른가?(단, 물의 점성계수는 0.001kg/(m · s)이다.)

① 경우 ⓐ
② 경우 ⓑ
③ 두 경우 모두 최고속도가 같다.
④ 어느 경우가 더 빠른지 알 수 없다.

해설✚

• ⓐ의 레이놀즈수

$$Re = \frac{\rho_w \cdot Vd}{\mu} \quad \text{(여기서, } V = 0.015\text{m/s)}$$

$$= \frac{1,000 \times 0.015 \times 0.1}{0.001} = 1,500 < 2,100 \ \text{(층류)}$$

- ⓑ의 레이놀즈수

$$Re = \frac{\rho \cdot Vd}{\mu} = \frac{s\rho_w Vd}{\mu}$$

$$= \frac{0.6 \times 1,000 \times 0.015 \times 0.1}{\frac{1}{5} \times 0.001}$$

$$= 4,500 > 2,100 \ (난류)$$

∴ 관 중심에서 최고속도는 층류 ⓐ일 때 더 빠르다.

60 나란히 놓인 두 개의 무한한 평판 사이의 층류 유동에서 속도 분포는 포물선 형태를 보인다. 이때 유동의 평균속도(V_{av})와 중심에서의 최대속도($V_{\max}$)의 관계는?

① $V_{av} = \dfrac{1}{2}V_{\max}$　　② $V_{av} = \dfrac{2}{3}V_{\max}$

③ $V_{av} = \dfrac{3}{4}V_{\max}$　　④ $V_{av} = \dfrac{\pi}{4}V_{\max}$

해설⊕

평판 사이의 간격이 a일 때

$$V_{av} = -\frac{1}{12\mu}\left(\frac{\partial p}{\partial x}\right)a^2$$

$$V_{\max} = -\frac{1}{8\mu}\left(\frac{\partial p}{\partial x}\right)a^2 = \frac{3}{2}V_{av}$$

$$\therefore \ V_{av} = \frac{2}{3}V_{\max}$$

4과목 **기계재료 및 유압기기**

61 황동 가공재 특히 관, 봉 등에서 잔류응력에 기인하여 균열이 발생하는 현상은?

① 자연균열　　　　② 시효경화
③ 탈아연부식　　　④ 저온풀림경화

해설⊕

자연균열(Season Cracking)
- 황동이 공기 중의 암모니아, 기타의 염류에 의해 입간부식을 일으켜 상온가공에 의한 내부응력 때문에 생긴다.
- 방지법 : 표면 도장 및 아연도금 처리, 저온 풀림(180~260℃, 20~30분간)

62 순철(α–Fe)의 자기변태 온도는 약 몇 ℃인가?

① 210℃　　② 768℃　　③ 910℃　　④ 1,410℃

해설⊕

순철의 변태 온도
㉠ 자기변태(A_2) : 768℃, 퀴리점
㉡ 동소변태
  - A_3 변태 : 910℃, α철(BCC) → γ철(FCC)
  - A_4 변태 : 1,400℃, γ철(FCC) → δ철(BCC)

63 스테인리스강을 조직에 따라 분류한 것 중 틀린 것은?

① 페라이트계　　　② 마텐자이트계
③ 시멘타이트계　　④ 오스테나이트계

해설⊕

① 페라이트계 : Cr계 스테인리스강
② 마텐자이트계 : Cr계 스테인리스강
④ 오스테나이트계 : Cr-Ni계 스테인리스강

64 경도가 매우 큰 담금질한 강에 적당한 강인성을 부여할 목적으로 A_1 변태점 이하의 일정온도로 가열 조작하는 열처리법은?

① 퀜칭(Quenching)
② 템퍼링(Tempering)
③ 노멀라이징(Normalizing)
④ 마퀜칭(Marquenching)

정답 60 ② 61 ① 62 ② 63 ③ 64 ②

뜨임(Tempering)의 목적
• 강을 담금질 후 취성을 없애기 위해서는 A_1 변태점 이하의 온도에서 뜨임처리를 해야 한다.
• 금속의 내부응력을 제거하고 인성을 개선하기 위한 열처리 방법이다.

65 고속도 공구강재를 나타내는 한국산업표준 기호로 옳은 것은?

① SM20C   ② STC
③ STD   ④ SKH

① SM20C : 기계구조용 탄소강(평균 탄소함유량 0.20%)
② STC : 탄소공구강
③ STD : 냉간합금공구강
④ SKH : 고속도강

66 빗금으로 표시한 입방격자면의 밀러지수는?

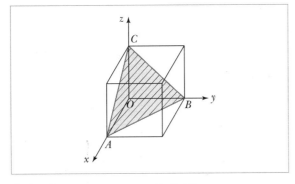

① (100)   ② (010)
③ (110)   ④ (111)

밀러지수 : 좌표값 역수의 최소정수비
좌표값은 $(1, 1, 1)$

67 피아노선재의 조직으로 가장 적당한 것은?

① 페라이트(Ferrite)
② 소르바이트(Sorbite)
③ 오스테나이트(Austenite)
④ 마텐자이트(Martensite)

파텐팅(Patenting)
㉠ 목적 : 주로 선재에 인장강도를 부여하기 위해 인발(냉간가공) 전에 실시함(강선 제조, 와이어, 피아노선재, 저울의 스프링)
㉡ 방법 : 시간 담금질을 응용한 방법으로서 고탄소강의 경우에 900~950℃의 오스테나이트 조직으로 만든 후 400 ~550℃의 염욕 속에 넣어 급랭한 후 항온을 유지하여 소르바이트(미세 펄라이트)를 얻는 열처리

68 마텐자이트(Martensite) 변태의 특징에 대한 설명으로 틀린 것은?

① 마텐자이트는 고용체의 단일상이다.
② 마텐자이트 변태는 확산 변태이다.
③ 마텐자이트 변태는 협동적 원자운동에 의한 변태이다.
④ 마텐자이트의 결정 내에는 격자결함이 존재한다.

마텐자이트(Martensite) 변태
• 오스테나이트화된 철–탄소합금이 비교적 낮은 온도에서 급랭될 때 형성된다.
• 마텐자이트는 무확산 변태로부터 만들어진 비평형 상태의 단일구조이다.
• 시간에 무관한 무확산 변태이다.(침상이나 판상의 외관을 가짐)
• 마텐자이트 시작점은 수평직선으로 나타나 있는데, 이것은 마텐자이트 변태가 시간에 무관함을 보여주는 것이고 오직 합금의 급랭온도만의 함수이다.

69 Fe–C 평형상태도에서 나타나는 철강의 기본조직이 아닌 것은?

① 페라이트　　② 펄라이트
③ 시멘타이트　　④ 마텐자이트

해설⊕
철강의 기본조직
페라이트, 오스테나이트, 펄라이트, 시멘타이트, 레데뷰라이트

70 6 : 4 황동에 Pb을 약 1.5~3.0% 첨가한 합금으로 정밀가공을 필요로 하는 부품 등에 사용되는 합금은?

① 쾌삭황동　　② 강력황동
③ 델타메탈　　④ 애드미럴티 황동

해설⊕
① 쾌삭황동(납황동) : 6-4 황동에 Pb을 약 1.5~3.0% 첨가, 절삭성↑
② 강력황동 : 6-4 황동에 Mn, Fe, Ni, Sn 첨가
③ 델타메탈(철황동) : 6-4 황동에 철을 1~2% 정도 첨가
④ 애드미럴티 황동 : 7-3 황동+1% Sn, 전연성이 좋아 증발기, 열교환기 등의 관에 사용

71 다음 중 일반적으로 가변용량형 펌프로 사용할 수 없는 것은?

① 내접 기어 펌프
② 축류형 피스톤 펌프
③ 반경류형 피스톤 펌프
④ 압력 불평형형 베인 펌프

해설⊕
• 정용량형 펌프 : 기어 펌프(나사 펌프), 베인 펌프, 피스톤 펌프
• 가변용량형 펌프 : 베인 펌프, 피스톤 펌프

72 그림과 같이 액추에이터의 공급 쪽 관로 내의 흐름을 제어함으로써 속도를 제어하는 회로는?

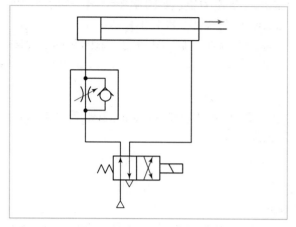

① 시퀀스 회로　　② 체크백 회로
③ 미터인 회로　　④ 미터아웃 회로

해설⊕
미터인 회로
피스톤 입구 쪽 관로에 1방향 교축밸브를 사용하여 작동유량을 조절함으로써 피스톤의 전진속도를 조절하는 회로

73 다음 중 드레인 배출기 붙이 필터를 나타내는 공유압 기호는?

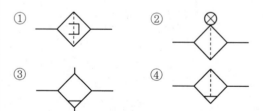

해설⊕
① 자석붙이 필터
② 눈막힘 표시기 붙이 필터
③ 기름 분무 분리기(수동 드레인)
④ 드레인 배출기 붙이필터(수동 드레인)

정답　　**69** ④　**70** ①　**71** ①　**72** ③　**73** ④

74 그림의 유압 회로도에서 ㉠의 밸브 명칭으로 옳은 것은?

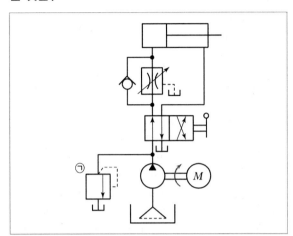

① 스톱 밸브
② 릴리프 밸브
③ 무부하 밸브
④ 카운터 밸런스 밸브

75 그림과 같은 유압기호의 조작방식에 대한 설명으로 옳지 않은 것은?

① 2방향 조작이다.
② 파일럿 조작이다.
③ 솔레노이드 조작이다.
④ 복동으로 조작할 수 있다.

해설 ✚
전기조작 직선형 복동 솔레노이드

76 기름의 압축률이 6.8×10^{-5} cm²/kg$_f$일 때 압력을 0에서 100kg$_f$/cm²까지 압축하면 체적은 몇 % 감소하는가?

① 0.48
② 0.68
③ 0.89
④ 1.46

해설 ✚

$$K = \frac{\Delta P}{-\dfrac{\Delta V}{V}} = \frac{1}{\beta}$$

$$\varepsilon_v = \beta \times \Delta P = 6.8 \times 10^{-5} \times 100 = 6.8 \times 10^{-3} = 0.68\%$$

77 관(튜브)의 끝을 넓히지 않고 관과 슬리브의 먹힘 또는 마찰에 의하여 관을 유지하는 관 이음쇠는?

① 스위블 이음쇠
② 플랜지 관 이음쇠
③ 플레어드 관 이음쇠
④ 플레어리스 관 이음쇠

해설 ✚
② 플랜지 관 이음쇠 : 관단을 플랜지에 끼워 용접하고 두 개의 플랜지를 볼트로 결합한 것으로 고압, 저압, 대관경의 관로용이며, 분해, 보수가 용이하다.
③ 플레어드 관 이음쇠 : 관의 선단부를 원추형의 punch로 나팔형으로 넓혀 원추면에 슬리브와 너트에 의하여 체결, 유밀성이 높고, 동관, 알루미늄관에 적합하다.
④ 플레어리스 관 이음쇠 : 슬리브를 끼운 관을 본체에 밀어 넣고, 너트를 죄어가면 끝부분 외주가 테이퍼 면에 압착되어 관의 외주에 먹혀 들어가 관 이음쇠를 고정한다.

78 4포트 3위치 방향밸브에서 일명 센터 바이패스형이라고도 하며, 중립위치에서 A, B 포트가 모두 닫히면 실린더는 임의의 위치에서 고정되고, 또 P 포트와 T 포트가 서로 통하게 되므로 펌프를 무부하시킬 수 있는 형식은?

① 탠덤 센터형
② 오픈 센터형
③ 클로즈드 센터형
④ 펌프 클로즈드 센터형

해설◆

3위치 4방향 밸브의 중립위치 형식

구분	예	특징
오픈 센터형 (open center type)	$A\ B$ $P\ T$	• 중립위치에서 모든 포트가 서로 통하게 되어 있어 펌프 송출유는 탱크로 귀환되어 무부하 운전이 된다. • 전환 시 충격이 적고 전환성능이 좋으나 실린더를 확실하게 정지시킬 수 없다.
세미 오픈 센터형 (semi open center type)	$A\ B$ $P\ T$	• 오픈 센터형 밸브 전환 시 충격을 완충시킬 목적으로 스풀랜드(spool land)에 테이퍼를 붙여 포트 사이를 교축시킨 밸브이다. • 대용량의 경우에 완충용으로 사용한다.
클로즈드 센터형 (closed center type	$A\ B$ $P\ T$	• 중립위치에서 모든 포트를 막은 형식으로 이 밸브를 사용하면 실린더를 임의의 위치에서 고정시킬 수 있다. • 밸브의 전환을 급격하게 작동하면 서지압(surge pressure)이 발생하므로 주의를 요한다.
펌프 클로즈드 센터형 (pump closed center type)	$A\ B$ $P\ T$	• 중립에서 P포트가 막히고 다른 포트들은 서로 통하게끔 되어 있는 밸브이다. • 3위치 파일럿 조작밸브의 파일럿 밸브로 많이 쓰인다.
탠덤 센터형 (tandem center type)	$A\ B$ $P\ T$	• 센터 바이패스형(center bypass type)이라고도 한다. • 중립위치에서 A, B 포트가 모두 닫히면 실린더는 임의의 위치에서 고정되며, P포트와 T포트가 서로 통하게 되므로 펌프를 무부하시킬 수 있다.

79 공기압 장치와 비교하여 유압장치의 일반적인 특징에 대한 설명 중 틀린 것은?

① 인화에 따른 폭발의 위험이 적다.
② 작은 장치로 큰 힘을 얻을 수 있다.
③ 입력에 대한 출력의 응답이 빠르다.
④ 방청과 윤활이 자동적으로 이루어진다.

해설◆

구분	유압	공기압
압축성	비압축성	압축성
압력	고압 발생이 용이	저압
조작력	매우 크다 (수백 kN)	크다 (수 kN)
조작속도	빠르다(1m/s)	매우 빠르다(10m/s)
응답속도	빠르다	늦다
정밀제어	쉽다	어렵다
응답성	양호	불량
부하에 따른 특성변화	조금 있다	매우 크다
구조	복잡	간단
복귀관로	필요	불필요
인화성(위험성)	있다	없다

80 비중량(Specific Weight)의 MLT계 차원은? (단, M : 질량, L : 길이, T : 시간)

① $ML^{-1}T^{-1}$ ② ML^2T^{-3}
③ $ML^{-2}T^{-2}$ ④ ML^2T^{-2}

해설◆

$$비중량 = \frac{중량}{부피} \rightarrow \frac{N}{m^3} = \frac{kg \cdot m}{s^2 m^3} = \frac{kg}{s^2 m^2}\ [ML^{-2}T^{-2}]$$

정답   **79** ①   **80** ③

5과목 **기계제작법 및 기계동력학**

81 x방향에 대한 비감쇠 자유진동식은 다음과 같이 나타난다. 여기서 시간(t)$=0$일 때의 변위를 x_0, 속도를 v_0라 하면 이 진동의 진폭을 옳게 나타낸 것은?(단, m은 질량, k는 스프링 상수이다.)

$$m\ddot{x} + kx = 0$$

① $\sqrt{\dfrac{m}{k}x_0^2 + v_0^2}$ ② $\sqrt{\dfrac{k}{m}x_0^2 + v_0^2}$

③ $\sqrt{x_0^2 + \dfrac{m}{k}v_0^2}$ ④ $\sqrt{x_0^2 + \dfrac{k}{m}v_0^2}$

해설⊕

변위 $x(t) = A_1\cos\omega_n t + A_2\sin\omega_n t$

i) 초기조건 $t = 0$에서의 변위 $x(t) \rightarrow x_0$이므로

$x(0) = A_1\cos 0° + A_2 \times 0 = A_1$

$\therefore A_1 = x_0$

ii) $\dot{x}(t) = \dfrac{dx(t)}{dt} = v_0$이므로

$x(t)$를 미분하면

$\dot{x}(t) = A_1(-)\sin\omega_n t \cdot \omega_n + A_2\cos\omega_n t \cdot \omega_n$

$\dot{x}(0) = -A_1\omega_n\sin 0° + A_2\omega_n\cos 0° = A_2\omega_n = v_0$

$\therefore A_2 = \dfrac{v_0}{\omega_n}$

iii) 변위 $x(t) = x_0\cos\omega_n t + \dfrac{v_0}{\omega_n}\sin\omega_n t$

여기에서, 진폭 X는 같은 진동수를 가진 2개의 조화운동합성과 같으므로

$X = \sqrt{A_1^2 + A_2^2} = \sqrt{x_0^2 + \left(\dfrac{v_0}{\omega_n}\right)^2}$

여기서, $\omega_n = \sqrt{\dfrac{k}{m}}$

$\therefore X = \sqrt{x_0^2 + \dfrac{m}{k}v_0^2}$

82 ω인 진동수를 가진 기저 진동에 대한 전달률(TR ; Transmissibility)을 1 미만으로 하기 위한 조건으로 가장 옳은 것은?(단, 진동계의 고유진동수는 ω_n이다.)

① $\dfrac{\omega}{\omega_n} < 2$ ② $\dfrac{\omega}{\omega_n} > \sqrt{2}$

③ $\dfrac{\omega}{\omega_n} > 2$ ④ $\dfrac{\omega}{\omega_n} < \sqrt{2}$

해설⊕

TR<1일 때 진동수비 $\gamma\left(= \dfrac{\omega}{\omega_n}\right)$는 $\sqrt{2}$ 보다 커야 한다.

(진동절연)

83 그림과 같은 1자유도 진동 시스템에서 임계 감쇠 계수는 약 몇 N · s/m인가?

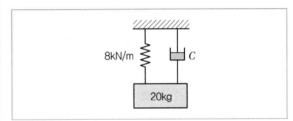

① 80   ② 400

③ 800   ④ 2,000

해설⊕

$C_c = 2\sqrt{mk} = 2\sqrt{20 \times 8 \times 10^3} = 800\text{N} \cdot \text{s/m}$

84 물방울이 떨어지기 시작하여 3초 후의 속도는 약 몇 m/s인가?(단, 공기의 저항은 무시하고, 초기속도는 0으로 한다.)

① 29.4   ② 19.6

③ 9.8   ④ 3

해설⊕ -

$\downarrow (+), \ a = \dfrac{dV}{dt} = + g$ 이므로

$dV = gdt$ 적분하면

$V - V_0 = gt$

$\therefore \ V = V_0 + gt \ (V_0 = 0)$

$\qquad = 9.8 \times 3 = 29.4 \text{m/s}$

85 그림과 같이 질량이 m이고 길이가 L인 균일한 막대에 대하여 A점을 기준으로 한 질량 관성 모멘트를 나타내는 식은?

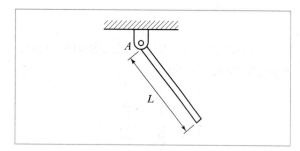

① mL^2 ② $\dfrac{1}{3}mL^2$

③ $\dfrac{1}{4}mL^2$ ④ $\dfrac{1}{12}mL^2$

해설⊕ -

J_A와 J_G 간의 거리 $l = \dfrac{L}{2}$, 평행축정리에 의해

$J_A = J_G + m\left(\dfrac{L}{2}\right)^2$

$\quad = \dfrac{mL^2}{12} + \dfrac{mL^2}{4}$

$\quad = \dfrac{mL^2}{3}$

86 질량이 m인 공이 그림과 같이 속력이 v, 각도가 α로 질량이 큰 금속판에 사출되었다. 만일 공과 금속판 사이의 반발계수가 0.80이고, 공과 금속판 사이의 마찰이 무시된다면 입사각 α와 출사각 β의 관계는?

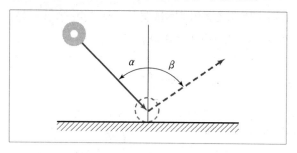

① α에 관계없이 $\beta = 0$ ② $\alpha > \beta$

③ $\alpha = \beta$ ④ $\alpha < \beta$

해설⊕ -

반발계수가 1보다 작으면 입사각보다 출사각이 더 커진다.

87 10°의 기울기를 가진 경사면에 놓인 질량 100kg인 물체에 수평방향의 힘 500N을 가하여 경사면 위로 물체를 밀어올린다. 경사면의 마찰계수가 0.2라면 경사면 방향으로 2m를 움직인 위치에서 물체의 속도는 약 얼마인가?

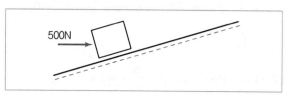

① 1.1m/s ② 2.1m/s
③ 3.1m/s ④ 4.1m/s

해설⊕ -

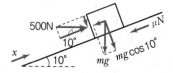

경사면 방향을 x 라 하면

i) $\sum F_x = 500\cos 10° - mg\sin 10° - \mu N$

여기서, $N = N_1$(500N에 의한 경사면 수직력)

$+ N_2$(무게에 의한 경사면 수직력)

$= 500\sin 10° + mg\cos 10°$

$\therefore \sum F_x = 500\cos 10° - 100 \times 9.8 \times \sin 10°$

$- 0.2(500\sin 10° + 100 \times 9.8 \times \cos 10°)$

$= 111.84N$

ii) 운동에너지 $\frac{1}{2}mV^2$

iii) x방향으로 $2m$만큼 움직인 일에너지 양 $U_{1 \to 2}$는 운동에너지 양과 같으므로

$\sum F_x \times 2m = \frac{1}{2}mV^2$

$111.84 \times 2 = \frac{1}{2} \times 100 \times V^2$

$\therefore V = 2.12 \text{m/s}$

88 길이가 1m이고 질량이 5kg인 균일한 막대가 그림과 같이 지지되어 있다. A점은 힌지로 되어 있어 B점에 연결된 줄이 갑자기 끊어졌을 때 막대는 자유로이 회전한다. 여기서 막대가 수직 위치에 도달한 순간 각속도는 약 몇 rad/s인가?

① 2.62   ② 3.43

③ 3.91   ④ 5.42

해설⊕

i) 수직위치에서 질량중심인 막대 가운데의 중력위치에너지

$V_g = mg\frac{l}{2} = mg(0.5)$

ii) 회전운동에너지

$T_2 = \frac{1}{2}J_A \cdot \omega^2 = \frac{1}{2}\left(J_G + m\left(\frac{l}{2}\right)^2\right)\omega^2$

$= \frac{1}{2}\left(\frac{ml^2}{12} + m \cdot \frac{l^2}{4}\right)\omega^2$

$= \frac{1}{2} \times \frac{ml^2}{3}\omega^2 = \frac{ml^2}{6}\omega^2$

iii) $V_g = T_2$이므로 $mg \times \frac{l}{2} = \frac{ml^2}{6}\omega^2$

$\therefore \omega = \sqrt{\frac{3g}{l}} = \sqrt{\frac{3 \times 9.8}{1}} = 5.42 \text{rad/s}$

89 북극과 남극이 일직선으로 관통된 구멍을 통하여, 북극에서 지구 내부를 향하여 초기속도 $v_0 = 10\text{m/s}$로 한 질점을 던졌다. 그 질점이 A점($S = R/2$)을 통과할 때의 속력은 약 얼마인가?(단, 지구 내부는 균일한 물질로 채워져 있으며, 중력가속도는 O점에서 0이고, O점으로부터의 위치 S에 비례한다고 가정한다. 그리고 지표면에서 중력가속도는 9.8m/s², 지구 반지름은 $R = 6,371$km이다.)

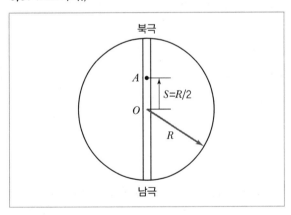

① 6.84km/s   ② 7.90km/s

③ 8.44km/s   ④ 9.81km/s

해설⊕

중심(O)으로부터 거리가 R인 북극에서의 중력가속도는 9.8m/s^2,

A 지점 $\left(\dfrac{R}{2}\right)$ 에서의 지구중력가속도는 g' 일 때

중력가속도는 위치 S에 비례하므로

$$R : 9.8 = \frac{R}{2} : g'$$

$$\therefore \ g' = 4.9\,\text{m/s}^2$$

북극과 A점 사이의 평균중력가속도

$$g_m = \frac{g + g'}{2} = \frac{9.8 + 4.9}{2} = 7.35\,\text{m/s}^2$$

$$V_A^{\ 2} - V_0^{\ 2} = 2a(s - s_0) \ \ (\text{여기서, } s_0 = 0 \text{이므로})$$

$$V_A^{\ 2} = V_0^{\ 2} + 2as = V_0^{\ 2} + 2g_m s$$

$$\therefore \ V_A = \sqrt{V_0^{\ 2} + 2g_m s}$$

$$= \sqrt{10^2 + 2 \times 7.35 \times \frac{6{,}371 \times 10^3}{2}}$$

$$= 6{,}843\,\text{m/s} = 6.84\,\text{km/s}$$

90 스프링으로 지지되어 있는 어느 물체가 매분 120회를 진동할 때 진동수는 약 몇 rad/s인가?

① 3.14　　　　　② 6.28

③ 9.42　　　　　④ 12.57

해설⊕

- 진동수 $f = \dfrac{1}{T} = \dfrac{120\text{cycle}}{1\text{분}} = \dfrac{120\text{cycle}}{60\text{s}} = 2\text{cycle/s}$
- 고유각진동수 $\omega_n = 2\pi f = 2\pi \times 2 = 12.57\,\text{rad/s}$

91 선반에서 절삭비(Cutting Ratio, γ)의 표현식으로 옳은 것은?(단, ϕ는 전단각, α는 공구 윗면 경사각이다.)

① $\gamma = \dfrac{\cos(\phi - \alpha)}{\sin\phi}$　　② $\gamma = \dfrac{\sin(\phi - \alpha)}{\cos\phi}$

③ $\gamma = \dfrac{\cos\phi}{\sin(\phi - \alpha)}$　　④ $\gamma = \dfrac{\sin\phi}{\cos(\phi - \alpha)}$

해설⊕

$$\text{절삭비}(\gamma_c) = \frac{\text{절삭깊이}(t_o)}{\text{칩의 두께}(t_c)} = \frac{\sin\phi}{\cos(\phi - \alpha)}$$

92 지름 100mm, 판의 두께 3mm, 전단저항 45kg$_\text{f}$/mm²인 SM40C 강판을 전단할 때 전단하중은 약 몇 kgf인가?

① 42,410　　　　② 53,240

③ 67,420　　　　④ 70,680

해설⊕

$$\tau = \frac{P}{A}$$

$$P = \tau A = \tau \cdot \pi \cdot D \cdot t = 45 \times \pi \times 100 \times 3$$

$$= 42{,}412\,\text{kgf}$$

93 피복 아크용접에서 피복제의 주된 역할이 아닌 것은?

① 용착효율을 높인다.

② 아크를 안정하게 한다.

③ 질화를 촉진한다.

④ 스패터를 적게 발생시킨다.

해설⊕

- 피복제는 고온에서 분해되어 가스를 방출하여 아크 기둥과 용융지를 보호해 용착금속의 산화 및 질화가 일어나지 않도록 보호해 준다.
- 피복제의 용융은 슬래그가 형성되고 탈산작용을 하며 용착금속의 급랭을 방지하는 역할을 한다.

94 4개의 조가 각각 단독으로 이동하여 불규칙한 공작물의 고정에 적합하고 편심가공이 가능한 선반척은?

① 연동척　　　　② 유압척

③ 단동척　　　　④ 콜릿척

해설 ➕
• 연동척(universal chuck) : 스크롤(scroll) 척, 3개의 조(jaw)가 동시 이동, 정밀도 저하, 규칙적인 외경재료 가공 용이, 편심가공 불가능
• 단동척(independent chuck) : 각각의 조(jaw)가 독립 이동, 외경이 불규칙한 재료 가공 용이, 편심가공 및 중절삭에 적합
• 마그네틱척(magnetic chuck) : 전자척, 자기척(내부에 전자석 설치), 직류전기 이용, 탈자기 장치 필수, 강력 절삭은 부적당
• 콜릿척(collet chuck) : 터릿 · 자동 · 탁상 선반에 사용, 중심이 정확, 가는 지름, 원형 · 각봉 재료, 스핀들에 슬리브(sleeve) 끼운 후 사용
• 복동척 : 단동척과 연동척의 양쪽 기능을 겸비한 척, 4개의 조가 90° 배열로 설치
• 유압척 또는 공기척 : 공기압 또는 유압을 이용하여 일감을 고정, 균등한 힘으로 일감을 고정, 운전 중에도 작업이 가능, 조의 개폐가 신속

95 표면경화법에서 금속침투법 중 아연을 침투시키는 것은?

① 칼로라이징   ② 세라다이징
③ 크로마이징   ④ 실리코나이징

해설 ➕
금속침투법의 침투제에 따른 분류

종류	침투제	장점
세라다이징 (Sheradizing)	Zn	대기 중 부식 방지
칼로라이징 (Calorizing)	Al	고온 산화 방지
크로마이징 (Chromizing)	Cr	내식성, 내산성, 내마모성 증가
실리코나이징 (Silliconizing)	Si	내산성 증가
보로나이징 (Boronizing)	B	고경도 (HV 1,300~1,400)

96 초음파 가공의 특징으로 틀린 것은?

① 부도체도 가공이 가능하다.
② 납, 구리, 연강의 가공이 쉽다.
③ 복잡한 형상도 쉽게 가공한다.
④ 공작물에 가공 변형이 남지 않는다.

해설 ➕
초음파 가공의 특징
㉠ 장점
 • 방전 가공과는 달리 도체가 아닌 부도체도 가공이 가능하다.
 • 가공액으로 물이나 경유 등을 사용하므로 경제적이고 취급하기도 쉽다.
 • 주로 소성변형이 없이 파괴되는 유리, 수정, 반도체, 자기, 세라믹, 카본 등을 정밀하게 가공하는 데 사용한다.
㉡ 단점
 • 속도가 느리고, 공구의 마멸이 크다.
 • 가공할 수 있는 면적이나 길이의 제한을 받는다.
 • 납, 구리, 연강과 같은 연질재료는 가공이 불가하다.

97 와이어 컷(Wire Cut) 방전가공의 특징으로 틀린 것은?

① 표면거칠기가 양호하다.
② 담금질강과 초경합금의 가공이 가능하다.
③ 복잡한 형상의 가공물을 높은 정밀도로 가공할 수 있다.
④ 가공물의 형상이 복잡함에 따라 가공속도가 변한다.

해설 ➕
와이어 컷(WEDM)의 특징
• 강한 장력을 준 와이어와 가공물 사이에 방전을 일으켜 가공한다.
• 컴퓨터 수치제어(CNC)가 필수적이며 가공 정밀도가 요구된다.
• 일반 공작기계로 가공이 불가능한 미세가공, 복잡한 형상가공, 열처리되었거나 일반 절삭가공이 어려운 고경도 재료를 가공한다.
• 고정밀을 필요로 하는 금형을 가공한다.

98 프레스 가공에서 전단가공의 종류가 아닌 것은?

① 셰이빙   ② 블랭킹

③ 트리밍   ④ 스웨이징

해설⊕

- 전단 가공의 종류 : 블랭킹(blanking), 펀칭(punching), 전단(shearing), 분단(parting), 노칭(notching), 트리밍(trimming), 셰이빙(shaving), 슬로팅(slotting), 슬리팅(slitting), 퍼포레이팅(perforating), 브로우칭(broaching) 등이 있다.
- 냉간 단조가공의 종류 : 콜드헤딩(cold heading), 스웨이징(swaging), 코닝(corning) 등이 있다.

99 용탕의 충전 시에 모래의 팽창력에 의해 주형이 팽창하여 발생하는 것으로, 주물 표면에 생기는 불규칙한 형상의 크고 작은 돌기 모양을 하는 주물 결함은?

① 스캡   ② 탕경

③ 블로홀   ④ 수축공

해설⊕

주물의 결함

② 탕경 : 금형 내에서 용탕온도가 내려가 충분히 융합하지 않고, 융합 경계에 도랑을 남긴 채 응고한 상태

③ 기공(blow hole) : 주조 시 용탕 속에 용해된 가스 또는 주형으로부터 침입한 가스가 응고 시 주물 내부에 그대로 잔존하여 형성됨

④ 수축공 : 응고수축으로 인해 주물 표면이 움푹 파이거나 내부에 빈 공간이 생기는 결함

100 테르밋 용접(Thermit Welding)의 일반적인 특징으로 틀린 것은?

① 전력 소모가 크다.

② 용접시간이 비교적 짧다.

③ 용접작업 후의 변형이 작다.

④ 용접 작업장소의 이동이 쉽다.

해설⊕

㉠ 테르밋 용접

미세한 알루미늄 분말과 산화철 분말의 테르밋 반응에 의해 생성된 화학반응열을 이용하여 용접한다.

㉡ 테르밋 용접의 특징

- 작업이 단순하고, 기술습득이 용이하다.
- 설비가 단순하고, 이동성이 좋다.
- 전기가 불필요하다.
- 용접시간이 짧고, 변형이 적다.
- 홈가공이 불필요하다.

정답   98 ④   99 ①   100 ①

1과목 **재료역학**

01 T형 단면을 갖는 외팔보에 5kN · m의 굽힘모멘트가 작용하고 있다. 이 보의 탄성선에 대한 곡률 반지름은 몇 m인가?(단, 탄성계수 $E=150$Gpa, 중립축에 대한 2차 모멘트 $I=868\times10^{-9}\mathrm{m^4}$이다.)

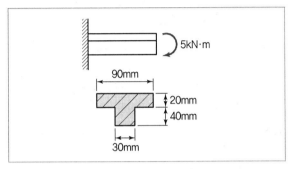

① 26.04
② 36.04
③ 46.04
④ 56.04

해설

$\dfrac{1}{\rho}=\dfrac{M}{EI}$에서

$\rho=\dfrac{EI}{M}=\dfrac{150\times10^9\times868\times10^{-9}}{5\times10^3}$

$=26.04\mathrm{m}$

02 그림과 같이 두 가지 재료로 된 봉이 하중 P를 받으면서 강체로 된 보를 수평으로 유지시키고 있다. 강봉에 작용하는 응력이 150MPa일 때 Al 봉에 작용하는 응력은 몇 MPa인가?(단, 강과 Al의 탄성계수의 비는 $E_s/E_a=3$이다.)

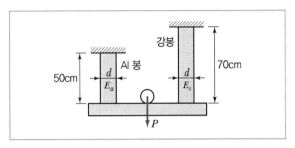

① 70
② 270
③ 550
④ 875

해설

병렬조합이므로 Al 봉이 늘어난 길이와 강봉이 늘어난 길이는 같다.

$\lambda=\dfrac{\sigma_s\cdot l_s}{E_s}=\dfrac{\sigma_a\cdot l_a}{E_a}$에서

$\sigma_a=\sigma_s\times\dfrac{l_sE_a}{l_aE_s}=150\times\dfrac{70\times1}{50\times3}$

$=70\mathrm{MPa}$

03 두께 10mm인 강판으로 직경 2.5m의 원통형 압력용기를 제작하였다. 최대 내부압력이 1,200kPa일 때 축방향 응력은 몇 MPa인가?

① 75
② 100
③ 125
④ 150

해설

$\sigma_s=\dfrac{P\cdot d}{4t}=\dfrac{1,200\times10^3\times2.5}{4\times0.01}$

$=75\times10^6\mathrm{Pa}$

$=75\mathrm{MPa}$

정답 **01** ① **02** ① **03** ①

04 그림과 같은 단순지지보에서 반력 R_A는 몇 kN 인가?

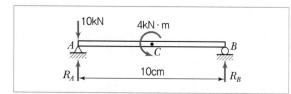

① 8　　　　　　② 8.4
③ 10　　　　　　④ 10.4

해설❶

$\sum M_{B지점} = 0$에서

$R_A \cdot 10 - 10 \times 10 - 4 = 0$

$\therefore \ R_A = 10.4\text{kN}$

05 그림에서 블록 A를 이동시키는 데 필요한 힘 P 는 몇 N 이상인가?(단, 블록과 접촉면의 마찰계수 $\mu = 0.4$이다.)

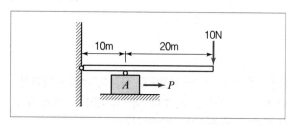

① 4　　　　　　② 8
③ 10　　　　　　④ 12

해설❶

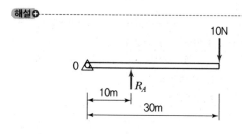

$\sum M_{0지점} = 0$에서

$-R_A \times 10 + 10 \times 30 = 0$

$\therefore \ R_A = 30\text{N}$

P가 마찰력 $F_f = \mu N = \mu R_A = 0.4 \times 30 = 12\text{N}$보다 커야 블록 A를 이동할 수 있다.

06 길이가 L이고 직경이 d인 강봉을 벽 사이에 고정 하고 온도를 ΔT만큼 상승시켰다. 이때 벽에 작용하는 힘은 어떻게 표현되는가?(단, 강봉의 탄성계수는 E이 고, 선팽창계수는 α이다.)

① $\dfrac{\pi E \alpha \Delta T d^2 L}{16}$ 　　　　② $\dfrac{\pi E \alpha \Delta T d^2}{2}$

③ $\dfrac{\pi E \alpha \Delta T d^2 L}{8}$ 　　　　④ $\dfrac{\pi E \alpha \Delta T d^2}{4}$

해설❶

열응력에 의해 벽을 미는 힘

$F = \sigma \cdot A = E \cdot \varepsilon A$

$\qquad = E \cdot \alpha \Delta t \cdot \dfrac{\pi}{4} d^2$

07 최대 굽힘모멘트 $M = 8\text{kN} \cdot \text{m}$를 받는 단면의 굽힘 응력을 60MPa로 하려면 정사각 단면에서 한 변의 길이는 약 몇 cm인가?

① 8.2　　　　　② 9.3
③ 10.1　　　　　④ 12.0

해설❶

한 변의 길이를 a라 하면

$M = \sigma_b \cdot z = \sigma_b \cdot \dfrac{a^3}{6}$

$\therefore \ a = \sqrt[3]{\dfrac{6M}{\sigma_b}} = \sqrt[3]{\dfrac{6 \times 8 \times 10^3}{60 \times 10^6}}$

$\qquad = 0.0928\text{m} = 9.28\text{cm}$

08 원형 단면의 단순보가 그림과 같이 등분포하중 50N/m를 받고 허용굽힘응력이 400MPa일 때 단면의 지름은 최소 약 몇 mm가 되어야 하는가?

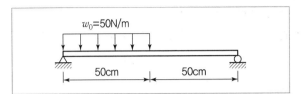

① 4.1
② 4.3
③ 4.5
④ 4.7

해설 ➕

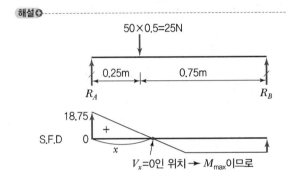

$$R_A = \frac{25 \times 0.75}{1} = 18.75\text{N}$$

$$\therefore \ R_B = 25 - 18.75 = 6.25\text{N}$$

x 위치의 자유물체도를 그리면

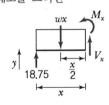

$$\sum F_y = 0 : 18.75 - wx + V_x = 0 \ (여기서, \ V_x = 0)$$

$$\therefore \ x = \frac{18.75}{w} = \frac{18.75}{50} = 0.375\text{m}$$

$x = 0.375$m에서의 모멘트 값 M_x는

$$\sum M_{x지점} = 0 : 18.75 \times x - wx \cdot \frac{x}{2} - M_x = 0$$

$$18.75 \times 0.375 - 50 \times 0.375 \times \frac{0.375}{2} - M_x = 0$$

$$\therefore \ M_x = M_{\max} = 3.516\text{N} \cdot \text{m}$$

끝으로 $M = \sigma_b \cdot z = \sigma_b \cdot \frac{\pi d^3}{32}$ 에서

$$d = \sqrt[3]{\frac{32 M_{\max}}{\pi \sigma_b}} = \sqrt[3]{\frac{32 \times 3.516}{\pi \times 400 \times 10^6}}$$

$$= 0.00447\text{m} = 4.47\text{mm}$$

09 탄성(Elasticity)에 대한 설명으로 옳은 것은?

① 물체의 변형률을 표시하는 것
② 물체에 작용하는 외력의 크기
③ 물체에 영구변형을 일어나게 하는 성질
④ 물체에 가해진 외력이 제거되는 동시에 원형으로 되돌아가려는 성질

10 그림과 같이 20cm×10cm의 단면적을 갖고 양단이 회전단으로 된 부재가 중심축 방향으로 압축력 P가 작용하고 있을 때 장주의 길이가 2m라면 세장비는?

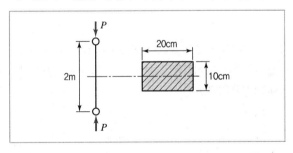

① 89
② 69
③ 49
④ 29

해설 ➕

$K^2 \cdot A = I$에서

$$K = \sqrt{\frac{I}{A}} = \sqrt{\frac{\frac{bh^3}{12}}{bh}} = \sqrt{\frac{h^2}{12}} = \sqrt{\frac{0.1^2}{12}} = 0.0289\text{m}$$

세장비 $\lambda = \frac{l}{K} = \frac{2}{0.0289} = 69.2$

11 직경이 2cm인 원통형 막대에 2kN의 인장하중이 작용하여 균일하게 신장되었을 때, 변형 후 직경의 감소량은 약 몇 mm인가?(단, 탄성계수는 30GPa이고, 포아송 비는 0.3이다.)

① 0.0128   ② 0.00128
③ 0.064   ④ 0.0064

해설⊕

$$\mu = \frac{\varepsilon'}{\varepsilon} = \frac{\dfrac{\delta}{d}}{\dfrac{\lambda}{l}} = \frac{l\delta}{d\lambda} \ \text{에서}$$

$$\delta = \frac{\mu d \lambda}{l} = \frac{\mu \cdot d}{l} \cdot \frac{P \cdot l}{AE} \quad \left(\because \lambda = \frac{P \cdot l}{AE} \right)$$

$$= \frac{\mu d P}{AE} = \frac{\mu d P}{\dfrac{\pi}{4}d^2 E} = \frac{4\mu P}{\pi d E}$$

$$= \frac{4 \times 0.3 \times 2 \times 10^3}{\pi \times 0.02 \times 30 \times 10^9}$$

$$= 1.27 \times 10^{-6} \text{m}$$

$$= 1.27 \times 10^{-3} \text{mm}$$

12 길이가 L인 외팔보의 자유단에 집중하중 P가 작용할 때 최대 처짐량은?(단, E는 탄성계수, I는 단면 2차 모멘트이다.)

① $\dfrac{PL^3}{8EI}$ ② $\dfrac{PL^3}{4EI}$

③ $\dfrac{PL^3}{3EI}$ ④ $\dfrac{PL^3}{2EI}$

해설⊕

$$\delta = \frac{PL^3}{3EI}$$

13 바깥지름이 46mm인 중공축이 120kW의 동력을 전달하는데 이때의 각속도는 40rev/s이다. 이 축의 허용비틀림 응력이 $\tau_a = 80\text{MPa}$일 때, 최대 안지름은 약 몇 mm인가?

① 35.9   ② 41.9
③ 45.9   ④ 51.9

해설⊕

$1\text{rev} = 2\pi(\text{rad})$

$\omega = 40\text{rev/s} = 40 \times 2\pi \text{rad/s}$

전달 토크 $T = \dfrac{H}{\omega} = \dfrac{120 \times 10^3}{40 \times 2\pi} = 477.46\text{N} \cdot \text{m}$

내외경 비 $x = \dfrac{d_1}{d_2}$

$$T = \tau \cdot Z_p = \tau \cdot \frac{I_p}{e} = \tau \cdot \frac{\dfrac{\pi}{32}\left(d_2{}^4 - d_1{}^4\right)}{\dfrac{d_2}{2}}$$

$$= \tau \cdot \frac{\pi d_2{}^3}{16}\left(1 - x^4\right)$$

$$\therefore \ \left(1 - x^4\right) = \frac{16T}{\pi \tau d_2{}^3}$$

$$x = \sqrt[4]{1 - \frac{16T}{\pi \tau d_2{}^3}}$$

$$= \sqrt[4]{1 - \frac{16 \times 477.46}{\pi \times 80 \times 10^6 \times 0.046^3}}$$

$$= 0.91$$

$\therefore \ \dfrac{d_1}{d_2} = 0.91$ 에서 $d_1 = 0.91 \times 46 = 41.86\text{mm}$

정답   **11** ②   **12** ③   **13** ②

14 그림과 같은 두 평면응력 상태의 합에서 최대 전단응력은?

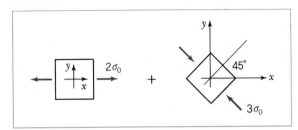

① $\dfrac{\sqrt{3}}{2}\sigma_0$ ② $\dfrac{\sqrt{6}}{2}\sigma_0$

③ $\dfrac{\sqrt{13}}{2}\sigma_0$ ④ $\dfrac{\sqrt{16}}{2}\sigma_0$

해설 ⊕

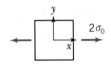

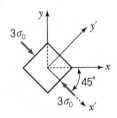

두 번째 그림 x', y' 축에 작용하는 값을 x, y 축에 작용하는 값으로 변환하면

$$\sigma_x = \frac{\sigma_x' + \sigma_y'}{2} + \frac{\sigma_x' - \sigma_y'}{2}\cos 2\theta + \tau_{xy}'\sin 2\theta \cdots ⓐ$$

$$\sigma_y = \frac{\sigma_x' + \sigma_y'}{2} - \frac{\sigma_x' - \sigma_y'}{2}\cos 2\theta - \tau_{xy}'\sin 2\theta \cdots ⓑ$$

$$\tau_{xy} = -\frac{\sigma_x' - \sigma_y'}{2}\sin 2\theta + \tau_{xy}'\cos 2\theta \qquad \cdots ⓒ$$

$\theta = +45°$ 회전

$\sigma_x' = -3\sigma_0$(압축)

$\sigma_y' = 0$

$\tau_{xy}' = 0$을 식 ⓐ, ⓑ, ⓒ에 적용하면

ⓐ $\rightarrow \sigma_x = \dfrac{-3\sigma_0 + 0}{2} + \dfrac{-3\sigma_0 - 0}{2}\cos 90° + 0 \times \sin 90°$

$\qquad = -\dfrac{3}{2}\sigma_0 = -1.5\sigma_0$

ⓑ $\rightarrow \sigma_y = \dfrac{-3\sigma_0 + 0}{2} - \dfrac{-3\sigma_0 - 0}{2}\cos 90° - 0 \times \sin 90°$

$\qquad = -\dfrac{3}{2}\sigma_0 = -1.5\sigma_0$

ⓒ $\rightarrow \tau_{xy} = -\dfrac{-3\sigma_0 - 0}{2}\sin 90° + 0 \times \cos 90°$

$\qquad = \dfrac{3}{2}\sigma_0 = 1.5\sigma_0$

x, y 축에 대해 구한 값을 첫 번째 그림의 값 ($\sigma_x = 2\sigma_0$, $\sigma_y = 0$, $\tau_{xy} = 0$)과 더하면

$\sigma_x = -1.5\sigma_0 + 2\sigma_0 = 0.5\sigma_0$,

$\sigma_y = -1.5\sigma_0 + 0 = -1.5\sigma_0$

$\tau_{xy} = 1.5\sigma_0 + 0 = 1.5\sigma_0$

이 조건에서 응력원을 그리면 최대 전단응력은 반지름 R이 되므로

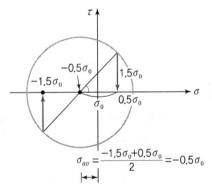

$$\sigma_{av} = \frac{-1.5\sigma_0 + 0.5\sigma_0}{2} = -0.5\sigma_0$$

응력원에서

$$\tau_{\max} = R = \sqrt{\sigma_0{}^2 + (1.5\sigma_0)^2}$$

$$= \sqrt{\sigma_0{}^2 + \frac{9}{4}\sigma_0{}^2}$$

$$= \sqrt{\frac{13}{4}\sigma_0{}^2}$$

$$= \frac{\sqrt{13}}{2}\sigma_0$$

15 다음 그림과 같은 사각 단면의 상승모멘트 (Product of Inertia) I_{xy}는 얼마인가?

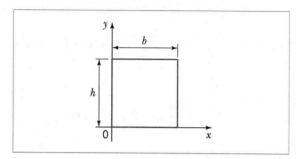

① $\dfrac{b^2h^2}{4}$ 　　② $\dfrac{b^2h^2}{3}$

③ $\dfrac{b^2h^3}{4}$ 　　④ $\dfrac{bh^3}{3}$

해설 ⊕

$$I_{xy} = \int_A xy\, dA = A\,\overline{x}\,\overline{y}$$
$$= bh\frac{b}{2} \cdot \frac{h}{2}$$
$$= \frac{b^2h^2}{4}$$

16 지름 50mm인 중실축 ABC가 A에서 모터에 의해 구동된다. 모터는 600rpm으로 50kW의 동력을 전달한다. 기계를 구동하기 위해서 기어 B는 35kW, 기어 C는 15kW를 필요로 한다. 축 ABC에 발생하는 최대 전단응력은 몇 MPa인가?

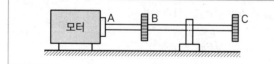

① 9.73   　　② 22.7

③ 32.4   　　④ 64.8

해설 ⊕

동일한 축에서 큰 동력을 전달하기 위해서는 큰 토크가 필요하며 가장 큰 토크가 걸리는 구동축 A 부분에서 최대 전단응력이 발생한다.

$$T = \frac{H}{\omega} = \frac{50 \times 10^3}{\dfrac{2\pi \times 600}{60}} = 795.77 \text{N} \cdot \text{m}$$

$$T = \tau \cdot Z_p = \tau \cdot \frac{\pi d^3}{16} \text{에서}$$

$$\tau = \frac{16\,T}{\pi d^3} = \frac{16 \times 795.77}{\pi \times 0.05^3} = 32.42 \times 10^6 \text{Pa} = 32.42 \text{MPa}$$

17 그림과 같은 반지름 a인 원형 단면축에 비틀림 모멘트 T가 작용한다. 단면의 임의의 위치 $r(0 < r < a)$ 에서 발생하는 전단응력은 얼마인가? (단, $I_o = I_x + I_y$ 이고, I는 단면 2차 모멘트이다.)

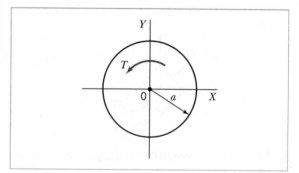

① 0   　　② $\dfrac{T}{I_o}r$

③ $\dfrac{T}{I_x}r$ 　　④ $\dfrac{T}{I_y}r$

해설 ⊕

$I_0 = I_x + I_y$ 이므로 I_p와 같다.

$$Z_p = \frac{I_p}{e} = \frac{I_0}{a} = \frac{I_0}{r}$$

$$T = \tau \cdot Z_p \text{에서 } \tau = \frac{T}{Z_p} = \frac{T}{\dfrac{I_0}{r}} = \frac{T \cdot r}{I_0}$$

18 길이가 L인 균일단면 막대기에 굽힘모멘트 M이 그림과 같이 작용하고 있을 때, 막대에 저장된 탄성변형에너지는?(단, 막대기의 굽힘강성 EI는 일정하고, 단면적은 A이다.)

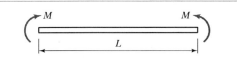

① $\dfrac{M^2 L}{2AE^2}$

② $\dfrac{L^3}{4AI}$

③ $\dfrac{M^2 L}{2AE}$

④ $\dfrac{M^2 L}{2EI}$

해설 ◑

$U = \dfrac{1}{2} M\theta$

여기서, $\dfrac{1}{\rho} = \dfrac{M}{EI}$, $\rho\theta = L$에서 $\dfrac{1}{\rho} = \dfrac{\theta}{L} = \dfrac{M}{EI}$

$\therefore \theta = \dfrac{M \cdot L}{EI}$

$\therefore U = \dfrac{1}{2} \times M \times \dfrac{M \cdot L}{EI}$

$\quad = \dfrac{M^2 \cdot L}{2EI}$

19 길이가 l인 양단 고정보의 중앙점에 집중하중 P가 작용할 때 모멘트가 0이 되는 지점에서의 처짐량은 얼마인가?(단, 보의 굽힘강성 EI는 일정하다.)

① $\dfrac{Pl^3}{384EI}$

② $\dfrac{Pl^3}{192EI}$

③ $\dfrac{Pl^3}{96EI}$

④ $\dfrac{Pl^3}{48EI}$

해설 ◑

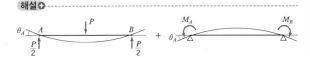

$\theta_A = \dfrac{Pl^2}{16EI}$ (집중하중 P에 의한 처짐각)

$\theta_A = \dfrac{M_A \cdot l}{3EI} + \dfrac{M_B \cdot l}{6EI}$ (우력에 의한 처짐각)

$\quad = \dfrac{M_A \cdot l}{2EI}$ ($\because M_A = M_B$이므로)

처짐각은 동일하므로 $\dfrac{Pl^2}{16EI} = \dfrac{M_A l}{2EI}$

$\therefore M_A = \dfrac{Pl}{8}$

$0 < x < \dfrac{l}{2}$에서의 부정정보의 자유물체도를 그리면

$\sum M_{x지점} = 0 : -\dfrac{Pl}{8} + \dfrac{P}{2}x + M_x = 0$

$\therefore M_x = \dfrac{Pl}{8} - \dfrac{P}{2}x$

굽힘모멘트 M_x가 "0"이 되는 지점을 구하면

$0 = \dfrac{Pl}{8} - \dfrac{P}{2}x \quad \therefore x = \dfrac{l}{4}$

$x = \dfrac{l}{4}$에서 처짐량을 구하기 위해

$x = 0$과 $x = \dfrac{l}{2}$ 사이에서는 작용하중이 없으므로

미분방정식(처짐곡선의 4계 미분방정식)

$EIy''' = 0$에서 적분하면

$EIy''' = C_1 \rightarrow V$ $\qquad\qquad$ ⋯ ⓐ

$EIy'' = C_1 x + C_2 \rightarrow M$ $\qquad$ ⋯ ⓑ

$EIy' = C_1 \dfrac{x^2}{2} + C_2 x + C_3 \rightarrow \theta$ $\quad$ ⋯ ⓒ

$EIy = \dfrac{C_1 x^3}{6} + \dfrac{C_2}{2}x^2 + C_3 x + C_4 \rightarrow \delta$ $\quad$ ⋯ ⓓ

• 경계조건(B/C) 제일 좌측부(A)의 전단력은 ⓐ에서

$C_1 = -\dfrac{P}{2}$ ((−)부호 : P의 방향과 반대)

• $x = 0$인 지점에서 굽힘모멘트는 $-M_A$, ⓑ에서

$$EIy'' = -\left(-\frac{Pl}{8}\right) = C_1 \times 0 + C_2$$

$$\therefore C_2 = \frac{Pl}{8}$$

- $x = 0$에서 처짐각 $\theta(y')$는 0이므로
  ⓒ에서 $C_3 = 0$

위의 값들을 적용해 ⓒ 미분방정식을 완성하면

$$EIy' = -\frac{P}{2}\frac{x^2}{2} + \frac{P \cdot l}{8} \cdot x$$

- 처짐량 $\delta(y)$는 $x = 0$과 l에서 0이므로
  ⓓ에서 $x = 0$이면 $C_4 = 0$
  ⓓ에 계수를 넣어 정리하면

$$EIy = -\frac{P}{2}\frac{x^3}{6} + \frac{Pl}{8}\frac{x^2}{2}$$

$$= -\frac{Px^3}{12} + \frac{Pl}{16}x^2$$

$$= \frac{Px^2}{48}(3l - 4x)$$

$$\therefore y = \frac{Px^2}{48EI}(3l - 4x) \quad \left(0 \le x \le \frac{l}{2}\right)$$

$$\therefore x = \frac{l}{4}$$에서 처짐량은

$$y)_{x=\frac{l}{4}} = \frac{P\left(\frac{l}{4}\right)^2}{48EI}\left(3l - 4 \times \frac{l}{4}\right)$$

$$= \frac{P \times \frac{l^2}{16}}{48EI} \times 2l$$

$$= \frac{Pl^3}{384EI}$$

20 바깥지름 50cm, 안지름 40cm의 중공원통에 500kN의 압축하중이 작용했을 때 발생하는 압축응력은 약 몇 MPa인가?

① 5.6   ② 7.1
③ 8.4   ④ 10.8

해설 ⊕

$$\sigma = \frac{P}{A} = \frac{P}{\frac{\pi}{4}\left(d_2^2 - d_1^2\right)} = \frac{4 \times 500 \times 10^3}{\pi\left(0.5^2 - 0.4^2\right)}$$

$$= 7.07 \times 10^6 \, \text{Pa}$$

$$= 7.07 \, \text{MPa}$$

2과목 **기계열역학**

21 어떤 냉매를 사용하는 냉동기의 압력－엔탈피 선도($P-h$ 선도)가 다음과 같다. 여기서 각각의 엔탈피는 $h_1 = 1,638\text{kJ/kg}$, $h_2 = 1,983\text{kJ/kg}$, $h_3 = h_4 = 559\text{kJ/kg}$일 때 성적계수는 약 얼마인가?(단, h_1, h_2, h_3, h_4는 각각 $P-h$ 선도의 1, 2, 3, 4에서의 엔탈피를 나타낸다.)

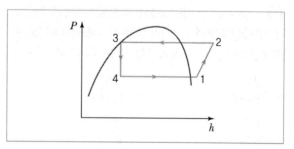

① 1.5   ② 3.1
③ 5.2   ④ 7.9

해설✚

$$\varepsilon_R = \frac{q_L(증발기 열량)}{w_C(압축기)} = \frac{h_1 - h_4}{h_2 - h_1}$$

$$= \frac{1,638 - 559}{1,983 - 1,638} = 3.13$$

22 냉매의 요구조건으로 옳은 것은?

① 비체적이 커야 한다.
② 증발압력이 대기압보다 낮아야 한다.
③ 응고점이 높아야 한다.
④ 증발열이 커야 한다.

해설✚

냉매의 요구조건
• 냉매의 비체적이 작을 것
• 증발압력은 대기압보다 높을 것
• 냉매의 증발잠열이 클 것
• 응축압력이 적당히 낮을 것
• 임계온도가 충분히 높을 것
• 전기 절연성이 좋을 것

23 상온(25℃)의 실내에 있는 수은 기압계에서 수은 주의 높이가 730mm라면, 이때 기압은 약 몇 kPa인가? (단, 25℃ 기준, 수은 밀도는 13,534kg/m³이다.)

① 91.4
② 96.9
③ 99.8
④ 104.2

해설✚

$$P = \gamma \cdot h = \rho \cdot gh$$
$$= 13,534 \times 9.8 \times 0.73$$
$$= 96,822\text{Pa} = 96.82\text{kPa}$$

24 다음 중 등엔트로피(Entropy) 과정에 해당하는 것은?

① 가역단열과정
② polytropic 과정
③ Joule - Thomson 교축과정
④ 등온팽창과정

해설✚

$$ds = \frac{\cancel{\delta q}^{\,0}}{T} \text{ (단열과정)}$$

$$ds = 0$$
$$\therefore \ s = c$$

25 온도 5℃와 35℃ 사이에서 역카르노 사이클로 운전하는 냉동기의 최대 성적계수는 약 얼마인가?

① 12.3
② 5.3
③ 7.3
④ 9.3

해설✚

$$\varepsilon_R = \frac{T_L}{T_H - T_L} = \frac{5 + 273}{(35 + 273) - (5 + 273)} = 9.27$$

26 1MPa의 일정한 압력(이때의 포화온도는 180℃) 하에서 물이 포화액에서 포화증기로 상변화를 하는 경우 포화액의 비체적과 엔탈피는 각각 0.00113m³/kg, 763kJ/kg이고, 포화증기의 비체적과 엔탈피는 각각 0.1944m³/kg, 2,778kJ/kg이다. 이때 증발에 따른 내부에너지 변화(u_{fg})와 엔트로피 변화(s_{fg})는 약 얼마인가?

① $u_{fg} = 1,822\text{kJ/kg}, \ s_{fg} = 3.704\text{kJ/(kg} \cdot \text{K)}$
② $u_{fg} = 2,002\text{kJ/kg}, \ s_{fg} = 3.704\text{kJ/(kg} \cdot \text{K)}$
③ $u_{fg} = 1,822\text{kJ/kg}, \ s_{fg} = 4.447\text{kJ/(kg} \cdot \text{K)}$
④ $u_{fg} = 2,002\text{kJ/kg}, \ s_{fg} = 4.447\text{kJ/(kg} \cdot \text{K)}$

2017

정답 22 ④ 23 ② 24 ① 25 ④ 26 ③

포화액에서 포화증기로 상변화하는 과정은 정압과정이면서 등온과정

i) $p = c$, $dp = 0$

$$\delta q = dh - v\cancel{dp}^{\,0} = du + pdv$$

$$\therefore dh = du + pdv$$

$$h_2 - h_1 = u_2 - u_1 + \int_1^2 pdv$$

$$= u_2 - u_1 + p(v_2 - v_1)에서$$

여기서, 포화액의 비엔탈피 $h_f = h_1$,

포화증기의 비엔탈피 $h_g = h_2$

포화액의 비내부에너지 $u_f = u_1$,

포화증기의 비내부에너지 $u_g = u_2$를 적용

$$\therefore u_2 - u_1 = u_g - u_f = u_{fg}$$

$$= h_g - h_f - p(v_g - v_f)$$

$$= (2,778 - 763) - 1 \times 10^3 \text{kPa}$$

$$\times (0.1944 - 0.00113) \text{m}^3/\text{kg}$$

$$= 1,821.9 \text{kJ/kg}$$

ii) $ds = \dfrac{\delta q}{T}$, $_1 q_2 = h_2 - h_1$

$$s_2 - s_1 = s_g - s_f = s_{fg} = \frac{h_2 - h_1}{T} = \frac{h_{fg}}{T}$$

$$= \frac{2,778 - 763}{180 + 273}$$

$$= 4.448 \text{kJ/kg} \cdot \text{K}$$

27 포화증기를 단열상태에서 압축시킬 때 일어나는 일반적인 현상 중 옳은 것은?

① 과열증기가 된다.　　② 온도가 떨어진다.

③ 포화수가 된다.　　④ 습증기가 된다.

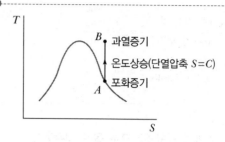

28 자동차 엔진을 수리한 후 실린더 블록과 헤드 사이에 수리 전과 비교하여 더 두꺼운 개스킷을 넣었다면 압축비와 열효율은 어떻게 되겠는가?

① 압축비는 감소하고, 열효율도 감소한다.

② 압축비는 감소하고, 열효율은 증가한다.

③ 압축비는 증가하고, 열효율은 감소한다.

④ 압축비는 증가하고, 열효율도 증가한다.

실린더 헤드 개스킷(cylinder head gasket)이 두꺼워지면 연소실 체적(V_c)이 커져 압축비가 작아진다. 따라서 엔진의 열효율도 감소한다.

29 밀폐된 실린더 내의 기체를 피스톤으로 압축하는 동안 300kJ의 열이 방출되었다. 압축일의 양이 400kJ 이라면 내부에너지 변화량은 약 몇 kJ인가?

① 100　　　　　　② 300

③ 400　　　　　　④ 700

$_1 Q_2 = U_2 - U_1 + {}_1 W_2$에서

열부호(방출(−)), 일부호(일 받음(−))

$-300 \text{kJ} = \Delta U - 400 \text{kJ}$

$\therefore \Delta U = 100 \text{kJ}$

30 두께가 4cm인 무한히 넓은 금속 평판에서 가열면의 온도를 200℃, 냉각면의 온도를 50℃로 유지하였을 때 금속판을 통한 정상상태의 열유속이 300kW/m² 이면 금속판의 열전도율(Thermal Conductivity)은 약 몇 W/(m · K)인가?(단, 금속판에서의 열전달은 Fourier법칙을 따른다고 가정한다.)

① 20　　　　　　　② 40
③ 60　　　　　　　④ 80

해설⊕

Fourier법칙 : 한 방향으로의 전도에 의한 열전달속도는 열흐름에 수직인 면적과 그 방향의 온도기울기의 곱에 비례한다.

$\dfrac{Q(열)}{A}$: 열유속

$\dfrac{Q}{A} = (-)\lambda \cdot \dfrac{dT}{dx}$

$(300 \times 10^3 \text{W/m}^2) = -\lambda \dfrac{(50 - 200)}{0.04}$

∴ 열전도율 $\lambda = 80 \text{W/m} \cdot \text{K}$

여기서, $Q = -\lambda A \left(\dfrac{dT}{dx} \right)$ (방열$(-)$)

　　　　Q : 전도에 의한 열전달률(kW)

　　　　λ : 열전도율(계수)(kW/m · K)

　　　　A : 열전달면적(m²)

　　　　$\dfrac{dT}{dx}$: 벽체로 통한 온도기울기(K/m)

　　　　dx : 두께

　　　　dT : 온도차

31 가스 터빈 엔진의 열효율에 대한 다음 설명 중 잘못된 것은?

① 압축기 전후의 압력비가 증가할수록 열효율이 증가한다.

② 터빈 입구의 온도가 높을수록 열효율은 증가하나 고온에 견딜 수 있는 터빈 블레이드 개발이 요구된다.

③ 터빈 일에 대한 압축기 일의 비를 Back Work Ratio라고 하며, 이 비가 클수록 열효율이 높아진다.

④ 가스 터빈 엔진은 증기 터빈 원동소와 결합된 복합시스템을 구성하여 열효율을 높일 수 있다.

해설⊕

압축기일이 증가하면 열효율은 감소한다.(실제 출력일 감소)

32 다음 장치들에 대한 열역학적 관점의 설명으로 옳은 것은?

① 노즐은 유체를 서서히 낮은 압력으로 팽창하여 속도를 감속시키는 기구이다.

② 디퓨저는 저속의 유체를 가속하는 기구이며 그 결과 유체의 압력이 증가한다.

③ 터빈은 작동유체의 압력을 이용하여 열을 생성하는 회전식 기계이다.

④ 압축기의 목적은 외부에서 유입된 동력을 이용하여 유체의 압력을 높이는 것이다.

해설⊕

① 노즐 : 속도를 증가시키는 기구(운동에너지를 증가시킴)

② 디퓨저 : 유체의 속도를 감속하여 유체의 압력을 증가시키는 기구

③ 터빈 : 일을 만들어 내는 회전식 기계(축일을 만드는 장치)

33 물의 증발열은 101.325kPa에서 2,257kJ/kg이고, 이때 비체적은 0.00104m³/kg에서 1.67m³/kg으로 변화한다. 이 증발 과정에 있어서 내부에너지의 변화량(kJ/kg)은?

① 237.5　　　　　② 2,375
③ 208.8　　　　　④ 2,088

해설⊕

$\delta q = du + pdv$ 에서 $du = \delta q - pdv$

∴ $u_2 - u_1 = {}_1 q_2 - \displaystyle\int_1^2 pdv$ (증발과정은 정압 · 등온과정)

　　　　　$= {}_1 q_2 - p(v_2 - v_1)$

$$= 2,257 \frac{\text{kJ}}{\text{kg}} - 101.325 \frac{\text{kN}}{\text{m}^2}$$

$$\times (1.67 - 0.00104) \frac{\text{m}^3}{\text{kg}}$$

$$= 2,087.89 \text{kJ/kg}$$

34 100℃와 50℃ 사이에서 작동되는 가역 열기관의 최대 열효율은 약 얼마인가?

① 55.0%   ② 16.7%

③ 13.4%   ④ 8.3%

해설⊕

열기관의 이상 사이클은 카르노 사이클이므로 카르노 사이클의 효율을 구한다.

$$\eta = 1 - \frac{T_L}{T_H} = 1 - \frac{50 + 273}{100 + 273} = 0.134 = 13.4\%$$

35 20℃, 400kPa의 공기가 들어 있는 1m^3의 용기와 30℃, 150kPa의 공기 5kg이 들어 있는 용기가 밸브로 연결되어 있다. 밸브가 열려서 전체 공기가 섞인 후 25℃의 주위와 열적 평형을 이룰 때 공기의 압력은 약 몇 kPa인가?(단, 공기의 기체상수는 0.287kJ/(kg·K)이다.)

① 110   ② 214

③ 319   ④ 417

해설⊕

이상기체 상태방정식 $PV = mRT$에서

$$m_1 = \frac{P_1 V_1}{R T_1} = \frac{400 \times 1}{0.287 \times (20 + 273)} = 4.757 \text{kg}$$

$$V_2 = \frac{m_2 R T_2}{P_2} = \frac{5 \times 0.287 \times (30 + 273)}{150} = 2.9 \text{m}^3$$

혼합 후 압력

$$P = \frac{mRT}{V} \quad (\text{여기서, } V : \text{전 체적, } m : \text{전 질량})$$

$$= \frac{(4.757 + 5) \times 0.287 \times (25 + 273)}{(1 + 2.9)}$$

$$= 213.97 \text{kPa}$$

36 압력 1N/cm^2, 체적 0.5m^3인 기체 1kg을 가역과정으로 압축하여 압력이 2N/cm^2, 체적이 0.3m^3로 변화되었다. 이 과정이 압력-체적(P-V) 선도에서 선형적으로 변화되었다면 이때 외부로부터 받은 일은 약 몇 N·m인가?

① 2,000   ② 3,000

③ 4,000   ④ 5,000

해설⊕

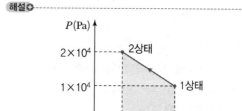

밀폐계의 일 = 절대일

$\delta W = P dV$에서

$$_1 W_2 = \int_1^2 P dV$$

V축 투사면적(사다리꼴 면적)

$$\frac{1}{2} \times (1 \times 10^4 + 2 \times 10^4) \times (0.5 - 0.3) = 3,000 \text{N·m}$$

37 섭씨온도 −40℃를 화씨온도(℉)로 환산하면 약 얼마인가?

① −16℉ 　　　② −24℉

③ −32℉ 　　　④ −40℉

해설⊕

$$°F = \frac{9}{5}°C + 32 = \frac{9}{5}(-40) + 32 = -40°F$$

38 고열원과 저열원 사이에서 작동하는 카르노 사이클 열기관이 있다. 이 열기관에서 60kJ의 일을 얻기 위하여 100kJ의 열을 공급하고 있다. 저열원의 온도가 15℃라고 하면 고열원의 온도는?

① 128℃ 　　　② 288℃

③ 447℃ 　　　④ 720℃

해설⊕

$$\eta_c = \frac{W(\text{일})}{Q_H(\text{공급})} = \frac{T_H - T_L}{T_H} = 1 - \frac{T_L}{T_H}$$

$$\frac{60kJ}{100kJ} = 1 - \frac{15 + 273}{T_H}$$

$$\therefore T_H = \frac{288}{1 - 0.6} = 720K$$

$$\rightarrow 720 - 273 = 447℃$$

39 227℃의 증기가 500kJ/kg의 열을 받으면서 가역 등온 팽창한다. 이때 증기의 엔트로피 변화는 약 몇 kJ/(kg · K)인가?

① 1.0 　② 1.5 　③ 2.5 　④ 2.8

해설⊕

$$\delta q = Tds$$

$$_1q_2 = \int_1^2 Tds \quad (\text{여기서}, \ T = c)$$

$$= T(s_2 - s_1) = T\Delta s$$

$$\therefore \Delta s = \frac{_1q_2}{T} = \frac{500}{227 + 273} = 1$$

40 최고온도 1,300K와 최저온도 300K 사이에서 작동하는 공기표준 Brayton 사이클의 열효율은 약 얼마인가?(단, 압력비는 9, 공기의 비열비는 1.4이다.)

① 30% 　　　② 36%

③ 42% 　　　④ 47%

해설⊕

$$\eta = 1 - \left(\frac{1}{\gamma}\right)^{\frac{k-1}{k}} = 1 - \left(\frac{1}{9}\right)^{\frac{0.4}{1.4}} = 0.466 = 46.6\%$$

(브레이턴 사이클의 열효율은 압력상승비만의 함수이다.)

3과목 **기계유체역학**

41 정상, 비압축성 상태의 2차원 속도장이 (x, y) 좌표계에서 다음과 같이 주어졌을 때 유선의 방정식으로 옳은 것은?(단, u와 v는 각각 x, y 방향의 속도성분이고, C는 상수이다.)

$$u = -2x, \ v = 2y$$

① $x^2y = C$ 　　　② $xy^2 = C$

③ $xy = C$ 　　　④ $\dfrac{x}{y} = C$

해설⊕

유선의 방정식 $\dfrac{u}{dx} = \dfrac{v}{dy}$ 에서

$$\frac{-2x}{dx} = \frac{2y}{dy}$$

양변에 역수를 취하면

$$-\frac{1}{2}\frac{1}{x}dx = \frac{1}{2}\frac{1}{y}dy$$

양변을 적분하면

$$-\frac{1}{2}\ln x = \frac{1}{2}\ln y$$

정답　37 ④　38 ③　39 ①　40 ④　41 ③

$$\frac{1}{2}(\ln x + \ln y) = 0$$

$$\frac{1}{2}\ln xy = 0$$

$$\ln(xy)^{\frac{1}{2}} = 0$$

$$(xy)^{\frac{1}{2}} = e^0 = 1$$

$$\sqrt{xy} = c$$

양변을 제곱하면

$$xy = c^2 = c$$

42 어떤 물체의 속도가 초기 속도의 2배가 되었을 때 항력계수가 초기 항력계수의 $\frac{1}{2}$로 줄었다. 초기에 물체가 받는 저항력이 D라고 할 때 변화된 저항력은 얼마가 되는가?

① $\frac{1}{2}D$ ② $\sqrt{2}\,D$

③ $2D$ ④ $4D$

해설⊕

$$D_1 = C_D \cdot \frac{\rho A V^2}{2} = D$$

$$D_2 = \frac{C_D}{2} \cdot \frac{\rho A}{2}(2V)^2 = C_D \cdot \rho A V^2 = 2D_1 = 2D$$

43 그림과 같이 지름이 D인 물방울을 지름 d인 N개의 작은 물방울로 나누려고 할 때 요구되는 에너지양은?(단, $D \gg d$이고, 물방울의 표면장력은 σ이다.)

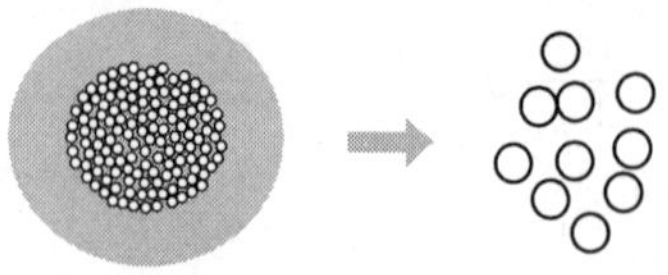

① $4\pi D^2\left(\dfrac{D}{d}-1\right)\sigma$ ② $2\pi D^2\left(\dfrac{D}{d}-1\right)\sigma$

③ $\pi D^2\left(\dfrac{D}{d}-1\right)\sigma$ ④ $2\pi D^2\left[\left(\dfrac{D}{d}\right)^2-1\right]\sigma$

해설⊕

표면장력 σ는 선분포의 힘

$$\frac{\text{일에너지}}{\text{단위 면적}} = \sigma, \quad \sigma \times \text{길이} = \text{힘}$$

• 지름이 D인 물방울의 에너지

$$E_D = (\sigma \times \pi D) \times D = \pi D^2 \sigma$$

• 지름이 d인 물방울의 에너지

$$E_d = E_D \times \frac{D'}{d} = \pi D^2 \sigma\left(\frac{D}{d}-1\right)$$

44 평판 위에서 이상적인 층류 경계층 유동을 해석하고자 할 때 다음 중 옳은 설명을 모두 고른 것은?

> ㉠ 속도가 커질수록 경계층 두께는 커진다.
> ㉡ 경계층 밖의 외부유동은 비점성유동으로 취급할 수 있다.
> ㉢ 동일한 속도 및 밀도일 때 점성계수가 커질수록 경계층 두께는 커진다.

① ㉡   ② ㉠, ㉡

③ ㉠, ㉢   ④ ㉡, ㉢

해설⊕

층류 경계층 두께 $\delta = \dfrac{5.48x}{\sqrt{Re_x}} = \dfrac{5.48x}{\sqrt{\dfrac{\rho Vx}{\mu}}} = \dfrac{5.48}{\sqrt{\dfrac{\rho V}{\mu}}}x^{\frac{1}{2}}$

㉠ 속도가 커질수록 경계층 두께 δ는 얇아진다.

㉡ 경계층 밖은 점성의 영향이 미치지 않는 퍼텐셜 유동으로 비점성유동으로 취급한다.

45 그림과 같은 원통형 축 틈새에 점성계수가 0.51 Pa·s인 윤활유가 채워져 있을 때, 축을 1,800rpm으로 회전시키기 위해서 필요한 동력은 약 몇 W인가?(단, 틈새에서의 유동은 Couette 유동이라고 간주한다.)

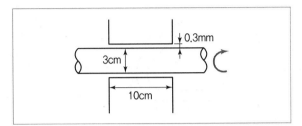

① 45.3

② 128

③ 4,807

④ 13,610

해설⊕

원주속도 $V = u = \dfrac{\pi dN}{60,000} = \dfrac{\pi \times 30 \times 1,800}{60,000}$

$= 2.83 \text{m/s}$

$F = \tau \cdot A = \mu \cdot \dfrac{u}{h} \cdot A = \mu \cdot \dfrac{u}{h} \pi dl$

$= 0.51 \times \dfrac{2.83}{0.0003} \times \pi \times 0.03 \times 0.1$

$= 45.34 \text{N}$

$\therefore H = FV = 45.34 \times 2.83 = 128.3 \text{W}$

46 대기압을 측정하는 기압계에서 수은을 사용하는 가장 큰 이유는?

① 수은의 점성계수가 작기 때문에

② 수은의 동점성계수가 크기 때문에

③ 수은의 비중량이 작기 때문에

④ 수은의 비중이 크기 때문에

해설⊕

수은은 금속으로 비중이 크고 응고점이 낮아 기압계에 적합하다.

47 다음 중 유체 속도를 측정할 수 있는 장치로 볼 수 없는 것은?

① Pitot-static tube

② Laser Doppler Velocimetry

③ Hot Wire

④ Piezometer

해설⊕

피에조미터 : 정압측정

48 자동차의 브레이크 시스템의 유압장치에 설치된 피스톤과 실린더 사이의 환형 틈새를 통한 누설유동은 두 개의 무한 평판 사이의 비압축성, 뉴턴 유체의 층류유동으로 가정할 수 있다. 실린더 내 피스톤의 고압 측과 저압 측의 압력차를 2배로 늘렸을 때, 작동유체의 누설유량은 몇 배가 될 것인가?

① 2배

② 4배

③ 8배

④ 16배

해설⊕

무한 평판에서의 유량

$Q = \dfrac{a^3 \cdot \Delta p}{12\mu}$ (여기서, a : 평판거리)

$Q \propto \Delta p$이므로 Δp를 두 배로 올리면 유량도 2배가 된다.

49 안지름 20cm의 원통형 용기의 축을 수직으로 놓고 물을 넣어 축을 중심으로 300rpm의 회전수로 용기를 회전시키면 수면의 최고점과 최저점의 높이 차(H)는 약 몇 cm인가?

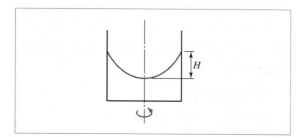

① 40.3cm
② 50.3cm
③ 60.3cm
④ 70.3cm

해설⊕

$h = \dfrac{V^2}{2g}$ (여기서, $V = r\omega$: 원주속도)

$= \dfrac{1}{2 \times 9.8}\left(\dfrac{\pi \times 200 \times 300}{60,000}\right)^2$ ($\because$ d는 mm 단위 적용)

$= 0.5036\text{m} = 50.36\text{cm}$

50 부차적 손실계수가 4.5인 밸브를 관마찰계수가 0.020이고, 지름이 5cm인 관으로 환산한다면 관의 상당 길이는 약 몇 m인가?

① 9.34
② 11.25
③ 15.37
④ 19.11

해설⊕

부차적 손실계수와 같은 손실수두를 갖는 관의 길이이므로

$K \cdot \dfrac{V^2}{2g} = f \cdot \dfrac{l_e}{d} \cdot \dfrac{V^2}{2}$ 에서

$l_e = \dfrac{K \cdot d}{f} = \dfrac{4.5 \times 0.05}{0.02} = 11.25\text{m}$

51 그림과 같이 유량 $Q = 0.03\text{m}^3/\text{s}$의 물 분류가 $V = 40\text{m/s}$의 속도로 곡면판에 충돌하고 있다. 판은 고정되어 있고 휘어진 각도가 135°일 때 분류로부터 판이 받는 총 힘의 크기는 약 몇 N인가?

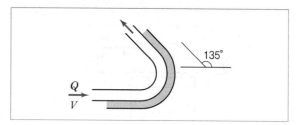

① 2,049
② 2,217
③ 2,638
④ 2,898

해설⊕

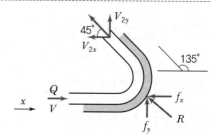

x방향 : $-f_x = \rho Q(V_{2x} - V_{1x})$

여기서, $V_{2x} = -V\cos 45°$, $V_{1x} = V$

$-f_x = \rho Q(-V\cos 45° - V)$

$f_x = \rho Q V(1 + \cos 45°)$

$= 1,000 \times 0.03 \times 40 \times (1 + \cos 45°)$

$= 2,048.53\text{N}$

y방향 : $f_y = \rho Q(V_{2y} - V_{1y})$

여기서, $V_{2y} = V\sin 45°$, $V_{1y} = 0$

$f_y = \rho Q(V\sin 45°)$

$= 1,000 \times 0.03 \times 40 \times \sin 45°$

$= 848.53\text{N}$

$\therefore R = \sqrt{f_x^2 + f_y^2} = \sqrt{2048.53^2 + 848.53^2}$

$= 2,217.31\text{N}$

52 단면적이 10cm²인 관에, 매분 6kg의 질량유량으로 비중 0.8인 액체가 흐르고 있을 때 액체의 평균속도는 약 몇 m/s인가?

① 0.075

② 0.125

③ 6.66

④ 7.50

해설 ⊕

질량유량이 주어져 있으므로

$\dot{m} = 6\text{kg/min} = 0.1\text{kg/s}$

$\dot{m} = \rho \cdot A \cdot V$

$V = \dfrac{\dot{m}}{\rho A} = \dfrac{\dot{m}}{s\rho_w \cdot A} = \dfrac{0.1}{0.8 \times 1{,}000 \times 10 \times \left(\dfrac{1\text{m}}{100\text{cm}}\right)^2}$

$\qquad = 0.125\text{m/s}$

53 액체 속에 잠긴 경사면에 작용되는 힘의 크기는?(단, 면적을 A, 액체의 비중량을 γ, 면의 도심까지의 깊이를 h_c라 한다.)

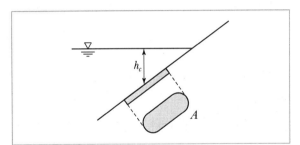

① $\dfrac{1}{3}\gamma h_c A$

② $\dfrac{1}{2}\gamma h_c A$

③ $\gamma h_c A$

④ $2\gamma h_c A$

해설 ⊕

전압력 $F = \gamma \bar{h} A = \gamma h_c A$

54 물이 5m/s로 흐르는 관에서 에너지선(EL)과 수력기울기선(HGL)의 높이 차이는 약 몇 m인가?

① 1.27

② 2.24

③ 3.82

④ 6.45

해설 ⊕

속도수두만큼 차이가 나므로

$\dfrac{V^2}{2g} = \dfrac{5^2}{2 \times 9.8} = 1.276\text{m}$

55 그림과 같은 물탱크에 Q의 유량으로 물이 공급되고 있다. 물탱크의 측면에 설치한 지름 10cm의 파이프를 통해 물이 배출될 때, 배출구로부터의 수위 h를 3m로 일정하게 유지하려면 유량 Q는 약 몇 m³/s이어야 하는가?(단, 물탱크의 지름은 3m이다.)

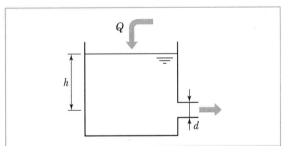

① 0.03

② 0.04

③ 0.05

④ 0.06

해설 ⊕

물의 유속은 오리피스의 분출속도와 같으므로

분출속도 $V = \sqrt{2gh} = \sqrt{2 \times 9.8 \times 3} = 7.67\text{m/s}$

분출유량 $Q = A \cdot V = \dfrac{\pi}{4} \times 0.1^2 \times 7.67$

$\qquad\qquad\qquad = 0.06\text{m}^3/\text{s}$

정답 **52** ② **53** ③ **54** ① **55** ④

56 관마찰계수가 거의 상대조도(Relative Roughness)에만 의존하는 경우는?

① 완전난류유동 ② 완전층류유동

③ 임계유동 ④ 천이유동

해설⊕

층류에서 관마찰계수는 레이놀즈수만의 함수이며, 난류에서 관마찰계수는 레이놀즈수와 상대조도의 함수이다.

57 속도성분이 $u = 2x$, $v = -2y$인 2차원 유동의 속도 퍼텐셜 함수 ϕ로 옳은 것은?(단, 속도 퍼텐셜 ϕ는 $\vec{V} = \nabla\phi$로 정의된다.)

① $2x - 2y$ ② $x^3 - y^3$

③ $-2xy$ ④ $x^2 - y^2$

해설⊕

$\vec{V} = \nabla\phi$이므로 $u = \dfrac{\partial\phi}{\partial x}$, $v = \dfrac{\partial\phi}{\partial y}$

$\therefore u = \dfrac{\partial(x^2 - y^2)}{\partial x} = 2x$

$\therefore v = \dfrac{\partial(x^2 - y^2)}{\partial y} = -2y$

58 다음 중 체적탄성계수와 차원이 같은 것은?

① 체적 ② 힘

③ 압력 ④ 레이놀즈(Reynolds)수

해설⊕

$\sigma = K \cdot \varepsilon_V$에서 체적변형률 ε_V는 무차원이므로 체적탄성계수 K는 응력(압력) 차원과 같다.

59 레이놀즈수가 매우 작은 느린 유동(Creeping Flow)에서 물체의 항력 F는 속도 V, 크기 D, 그리고 유체의 점성계수 μ에 의존한다. 이와 관계하여 유도되는 무차원수는?

① $\dfrac{F}{\mu VD}$ ② $\dfrac{VD}{F\mu}$

③ $\dfrac{FD}{\mu V}$ ④ $\dfrac{F}{\mu DV^2}$

해설⊕

Re수가 매우 작은 느린 흐름이므로 스토크스 법칙이 적용된다.

$F = 3\pi\mu Vd$

$\dfrac{F}{\mu Vd}$는 무차원수

60 실제 잠수함 크기의 1/25인 모형 잠수함을 해수에서 실험하고자 한다. 만일 실형 잠수함을 5m/s로 운전하고자 할 때 모형 잠수함의 속도는 몇 m/s로 실험해야 하는가?

① 0.2 ② 3.3

③ 50 ④ 125

해설⊕

잠수함 유동에서 중요한 무차원수는 Re수. 상사비 $\lambda = \dfrac{1}{25}$

$Re)_m = Re)_p$

$\dfrac{\rho Vd}{\mu}\bigg)_m = \dfrac{\rho Vd}{\mu}\bigg)_p$ (여기서, $\rho_m = \rho_p$, $\mu_m = \mu_p$)

$V_m d_m = V_p d_p$

$V_m = V_p \cdot \dfrac{d_p}{d_m}$

$\qquad = \dfrac{1}{\lambda} \times V_p$ $\left(\because \dfrac{d_p}{d_m} = \dfrac{1}{\lambda}\right)$

$\qquad = 25 \times 5 = 125\text{m/s}$

정답 56 ① 57 ④ 58 ③ 59 ① 60 ④

4과목 기계재료 및 유압기기

61 철강을 부식시키기 위한 부식제로 옳은 것은?

① 왕수

② 질산 용액

③ 나이탈 용액

④ 염화제2철 용액

해설 ⊕

현미경 조직 시험의 부식제

재료	부식제	재료	부식제
철강	질산알콜 용액, 피크린산알콜 용액	Pb합금	질산 용액
구리, 황동, 청동	염화제2철 용액	Zn합금	염산 용액
Ni 및 그 합금	질산, 초산 용액	Al 및 그 합금	수산화나트륨액
Sn 합금	질산 용액 및 나이탈	Au, Pt 등 귀금속	불화수소산, 소금물

62 배빗메탈이라고도 하는 베어링용 합금인 화이트 메탈의 주요성분으로 옳은 것은?

① Pb − W − Sn

② Fe − Sn − Al

③ Sn − Sb − Cu

④ Zn − Sn − Cr

해설 ⊕

화이트 메탈(White Metal, 배빗메탈)

Sn-Sb-Pb-Cu계 합금이다. 백색이며 용융점이 낮고 강도가 약하다. 베어링용, 다이캐스팅용 재료로 사용한다.

63 전기 전도율이 높은 것에서 낮은 순으로 나열된 것은?

① Al > Au > Cu > Ag

② Au > Cu > Ag > Al

③ Cu > Au > Al > Ag

④ Ag > Cu > Au > Al

해설 ⊕

전기 전도율(mhos/m)

Ag(은) > Cu(구리) > Au(금) > Al(알루미늄) > Mg(마그네슘) > Zn(아연) > Ni(니켈) > Fe(철) > Pb(납) > Sb(안티몬)

64 게이지용 강이 갖추어야 할 조건으로 틀린 것은?

① HRC55 이상의 경도를 가져야 한다.

② 담금질에 의한 변형 및 균열이 적어야 한다.

③ 오랜 시간 경과하여도 치수의 변화가 적어야 한다.

④ 열팽창계수는 구리와 유사하며 취성이 커야 한다.

해설 ⊕

게이지강에 필요한 성질

• 내마모성이 크고, 경도가 높을 것(HRC55 이상)

• 담금질에 의한 변형 및 담금질 균열이 적을 것

• 오랜 시간 경과하여도 치수의 변화가 적을 것

• 열팽창계수는 강과 유사하며, 내식성이 좋을 것

65 심랭처리를 하는 주요 목적으로 옳은 것은?

① 오스테나이트 조직을 유지시키기 위해

② 시멘타이트 변태를 촉진시키기 위해

③ 베이나이트 변태를 진행시키기 위해

④ 마텐자이트 변태를 완전히 진행시키기 위해

해설 ⊕

심랭처리(sub zero) : 상온으로 담금질된 강을 다시 0℃ 이하의 온도로 냉각하는 열처리

• 목적 : 잔류 오스테나이트를 마텐자이트로 변태시키기 위한 열처리

• 효과 : 담금질 균열 방지, 치수변화 방지, 경도 향상(예 게이지강)

66 구상 흑연주철의 구상화 첨가제로 주로 사용되는 것은?

① Mg, Ca
② Ni, Co
③ Cr, Pb
④ Mn, Mo

해설⊕

주철을 구상화하기 위하여 P와 S 양은 적게 하고, Mg, Ca, Ce 등을 첨가한다.

67 Ni-Fe 합금으로 불변강이라 불리는 것이 아닌 것은?

① 인바
② 엘린바
③ 콘스탄탄
④ 플래티나이트

해설⊕

• 불변강 : 인바, 초인바, 엘린바, 코엘린바, 플래티나이트
• 콘스탄탄은 Cu-45% Ni 합금으로 표준저항선으로 사용된다.

68 열경화성 수지에 해당하는 것은?

① ABS 수지
② 폴리스티렌 수지
③ 폴리에틸렌 수지
④ 에폭시 수지

해설⊕

• 열가소성 수지 : 폴리에틸렌(PE) 수지, 폴리프로필렌 수지, 폴리염화비닐 수지, 폴리스티렌, ABS 수지, 아크릴 수지 등
• 열경화성 수지 : 페놀 수지, 요소 수지, 에폭시 수지, 멜라민 수지, 규소 수지, 불포화 폴리에스테르 수지, 폴리우레탄 수지 등

69 마템퍼링(Martempering)에 대한 설명으로 옳은 것은?

① 조직은 완전한 펄라이트가 된다.
② 조직은 베이나이트와 마텐자이트가 된다.

③ M_s점 직상의 온도까지 급랭한 후 그 온도에서 변태를 완료시키는 것이다.
④ M_f점 이하의 온도까지 급랭한 후 그 온도에서 변태를 완료시키는 것이다.

해설⊕

마템퍼링
• 균열 발생이 적고, 충격인성이 크고, 경도가 증가
• M_s점과 M_f점 사이에서 항온을 유지하여 베이나이트와 마텐자이트의 혼합조직을 석출하는 열처리 방법이다.
• 오랜 시간 항온을 유지해야 하는 결점이 있다.

70 α-Fe과 Fe_3C의 층상조직은?

① 펄라이트
② 시멘타이트
③ 오스테나이트
④ 레데뷰라이트

해설⊕

펄라이트
726℃에서 오스테나이트가 페라이트와 시멘타이트(고용체와 Fe_3C)의 공석강으로 변태한 것으로, 탄소함유량은 0.77%이고, 자성이 있다.

71 압력제어밸브에서 어느 최소 유량에서 어느 최대 유량까지의 사이에 증대하는 압력을 무엇이라 하는가?

① 오버라이드 압력
② 전량 압력
③ 정격 압력
④ 서지 압력

해설⊕

② 전량 압력(full flow pressure) : 밸브가 완전 오픈되었을 때 허용최대유량이 흐를 때의 압력
③ 정격 압력 : 정해진 조건하에서 성능을 보증할 수 있고, 또 설계 및 사용상의 기준이 되는 압력
④ 서지 압력 : 과도적(순간적)으로 상승한 압력의 최댓값

72 그림과 같은 유압 기호의 명칭은?

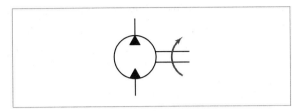

① 공기압 모터
② 요동형 액추에이터
③ 정용량형 펌프 · 모터
④ 가변용량형 펌프 · 모터

해설⊕

구분	방향제어밸브	압력제어밸브	유량제어밸브
기능	유체의 흐름방향 전환 및 흐름단속	회로 내의 압력크기 조절	유체의 유량을 제어
종류	• 체크 밸브 • 셔틀 밸브 • 2방향, 3방향, 4방향 밸브 • 매뉴얼 밸브 • 솔레노이드 오퍼레이트 밸브 • 파일럿 오퍼레이트 밸브 • 디셀러레이션 밸브	• 안전(릴리프) 밸브 • 감압(리듀싱) 밸브 • 순차동작(시퀀스) 밸브 • 무부하(언로딩) 밸브 • 카운터밸런스 밸브 • 압력(프레셔) 스위치 • 유체 퓨즈	• 오리피스 • 압력보상형 유량제어 밸브 • 온도보상형 유량제어 밸브 • 미터링 밸브 • 교축 밸브

73 그림과 같은 실린더를 사용하여 $F = 3\text{kN}$의 힘을 발생시키는 데 최소한 몇 MPa의 유압이 필요한가?(단, 실린더의 내경은 45mm이다.)

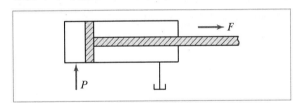

① 1.89
② 2.14
③ 3.88
④ 4.14

해설⊕

$$P = \frac{F}{A} = \frac{4 \times 3,000}{\pi \times 0.045^2} = 1,886,280\text{Pa} = 1.89\text{MPa}$$

74 다음 중 압력 제어 밸브들로만 구성되어 있는 것은?

① 릴리프 밸브, 무부하 밸브, 스로틀 밸브
② 무부하 밸브, 체크 밸브, 감압 밸브
③ 셔틀 밸브, 릴리프 밸브, 시퀀스 밸브
④ 카운터 밸런스 밸브, 시퀀스 밸브, 릴리프 밸브

75 유압 펌프의 토출 압력이 6MPa, 토출 유량이 40cm³/min일 때 소요 동력은 몇 W인가?

① 240
② 4
③ 0.24
④ 0.4

해설⊕

$$L_W = pQ = 6 \times 10^6 \times \frac{40 \times 10^{-6}}{60} = 4\text{W}$$

76 축압기 특성에 대한 설명으로 옳지 않은 것은?

① 중추형 축압기 안에 유압유 압력은 항상 일정하다.
② 스프링 내장형 축압기인 경우 일반적으로 소형이며 가격이 저렴하다.
③ 피스톤형 가스 충진 축압기의 경우 사용 온도 범위가 블래더형에 비하여 넓다.
④ 다이어프램 축압기의 경우 일반적으로 대형이다.

해설⊕

축압기의 종류에 따른 특성
• 스프링 가압형 축압기 : 저압용, 소형으로 저가이다.
• 중추형 축압기 : 대용량, 대형이며, 외부누설방지가 곤란하다.

• 다이어프램형 축압기 : 소형, 고압용이며, 유실에 가스침입이 없다.
• 피스톤 축압기 : 형상이 간단하며, 대형 축압기 제작이 쉽고, 유실에 가스 침입의 염려가 있다.
• 블래더형 축압기 : 가스가 봉입된 고무주머니가 유압시스템과 연결되어 압력 에너지가 전달되며, 구조가 간단하고 다양한 용량의 형태이고 비교적 가볍다.

77 유압기기의 통로(또는 관로)에서 탱크(또는 매니폴드 등)로 액체 또는 액체가 돌아오는 현상을 나타내는 용어는?

① 누설　　　　　　　② 드레인
③ 컷오프　　　　　　④ 토출량

해설⊕
① 누설(Leakage) : 정상 상태로는 흐름을 폐지시킨 장소 또는 흐르는 것이 좋지 않은 장소를 통하는 비교적 적은 양의 흐름
③ 컷오프(Cut Off) : 펌프 출구 측 압력이 설정 압력에 가깝게 되었을 때 가변토출량 제어가 작용하여 유량이 감소되는 지점
④ 토출량 : 일반적으로 펌프가 단위 시간에 토출하는 액체의 체적

78 유압밸브의 전환 도중에 과도하게 생기는 밸브 포트 간의 흐름을 무엇이라고 하는가?

① 랩　　　　　　　　② 풀 컷오프
③ 서지압　　　　　　④ 인터플로

해설⊕
① 랩 : 미끄럼 밸브의 랜드부와 포트부 사이의 겹친 상태 또는 그 양
② 풀 컷오프(Full Cut-off) : 펌프의 컷오프 상태에서 유량이 0(영)이 되는 지점
③ 서지압력 : 계통 내 흐름의 과도적인 변동으로 인해 발생하는 압력

79 밸브 입구 측 압력이 밸브 내 스프링 힘을 초과하여 포펫의 이동이 시작되는 압력을 의미하는 용어는?

① 배압　　　　　　　② 컷오프
③ 크래킹　　　　　　④ 인터플로

해설⊕
① 배압 : 회로의 귀로 쪽, 배기 쪽, 압력작동면의 배후에 작용하는 압력
② 컷오프(Cut-off) : 펌프 출구 측 압력이 설정 압력에 가깝게 되었을 때 가변토출량 제어가 작용하여 유량이 감소되는 지점
④ 인터플로 : 유압 밸브의 전환 도중에 과도하게 생기는 밸브 포트 간의 흐름

80 액추에이터의 배출 쪽 관로 내의 공기의 흐름을 제어함으로써 속도를 제어하는 회로는?

① 클램프 회로　　　　② 미터인 회로
③ 미터아웃 회로　　　④ 블리드오프 회로

해설⊕
실린더에 공급되는 유량을 조절하여 실린더의 속도를 제어하는 회로
• 미터인 방식 : 실린더의 입구 쪽 관로에서 유량을 교축시켜 작동속도를 조절하는 방식
• 미터아웃 방식 : 실린더의 출구 쪽 관로에서 유량을 교축시켜 작동속도를 조절하는 방식
• 블리드오프 방식 : 실린더로 흐르는 유량의 일부를 탱크로 분기함으로써 작동 속도를 조절하는 방식

정답　77 ②　78 ④　79 ③　80 ③

5과목 | 기계제작법 및 기계동력학

81 수평 직선도로에서 일정한 속도로 주행하던 승용차의 운전자가 앞에 놓인 장애물을 보고 급제동을 하여 정지하였다. 바퀴 자국으로 파악한 제동거리가 25m이고, 승용차 바퀴와 도로의 운동마찰계수는 0.35일 때 제동하기 직전의 속력은 약 몇 m/s인가?

① 11.4   ② 13.1

③ 15.9   ④ 18.6

해설⊕

제동거리 r만큼 움직일 때 마찰에 의한 제동일에너지와 운동에너지는 같으므로

$U_{1 \to 2} = T$, μ_k : 운동마찰계수

$$\mu_k W r = \frac{1}{2} m V^2 \rightarrow \mu_k m g r = \frac{1}{2} m V^2$$

$$\therefore V = \sqrt{2\mu_k g r} = \sqrt{2 \times 0.35 \times 9.8 \times 25} = 13.096 \text{m/s}$$

82 보 AB는 질량을 무시할 수 있는 강체이고 A점은 마찰 없는 힌지(Hinge)로 지지되어 있다. 보의 중점 C와 끝점 B에 각각 질량 m_1과 m_2가 놓여 있을 때 이 진동계의 운동방정식을 $m\ddot{x} + kx = 0$이라고 하면 m의 값으로 옳은 것은?

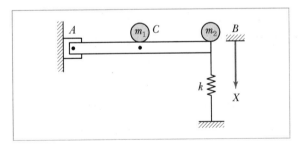

① $m = \dfrac{m_1}{4} + m_2$ ② $m = m_1 + \dfrac{m_2}{2}$

③ $m = m_1 + m_2$ ④ $m = \dfrac{m_1 - m_2}{2}$

해설⊕

힌지 A에 대한 m_1과 m_2의 질량관성모멘트의 합은 전체 질량 m의 스프링에 걸리는 질량관성모멘트와 같으므로

$$m_1 \left(\frac{l}{2}\right)^2 + m_2 (l)^2 = m(l)^2$$

$$\therefore m = \frac{m_1}{4} + m_2$$

83 그림은 2톤의 질량을 가진 자동차가 18km/h의 속력으로 벽에 충돌하는 상황을 위에서 본 것이며 범퍼를 병렬 스프링 2개로 가정하였다. 충돌과정에서 스프링의 최대 압축량이 0.2m라면 스프링 상수 k는 얼마인가?(단, 타이어와 노면의 마찰은 무시한다.)

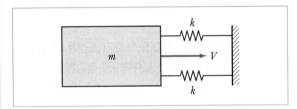

① 625 kN/m   ② 312.5 kN/m

③ 725 kN/m   ④ 1,450 kN/m

해설⊕

탄성위치에너지와 운동에너지는 같으므로

$$\frac{1}{2} k_e x^2 = \frac{1}{2} m V^2$$

등가스프링상수 k_e는 $W = W_1 + W_2$에서

$$k_e \delta = k\delta + k\delta \quad \therefore k_e = 2k$$

$$\therefore \frac{1}{2}(2k)x^2 = \frac{1}{2} m V^2$$

$$k = \frac{mV^2}{2x^2} = \frac{2,000 \times \left(\dfrac{18 \times 10^3}{3,600}\right)^2}{2 \times 0.2^2}$$

$$= 625,000 \text{N/m} = 625 \text{kN/m}$$

84 두 조화운동 $x_1 = 4\sin10t$와 $x_2 = 4\sin10.2t$를 합성하면 맥놀이(Beat) 현상이 발생하는데 이때 맥놀이 진동수(Hz)는?(단, t의 단위는 s이다.)

① 31.4   ② 62.8

③ 0.0159   ④ 0.0318

해설 ⊕

$x_1 = X\sin\omega_1 t = 4\sin10t \rightarrow \omega_1 = 10$

$x_2 = X\sin\omega_2 t = 4\sin10.2t \rightarrow \omega_2 = 10.2$

울림진동수 $f_b = f_2 - f_1 = \dfrac{\omega_2}{2\pi} - \dfrac{\omega_1}{2\pi}$

$\qquad\qquad = \dfrac{\omega_2 - \omega_1}{2\pi} = \dfrac{10.2 - 10}{2\pi}$

$\qquad\qquad = 0.0318\,\text{Hz}$

85 외력이 가해지지 않고 오직 초기 조건에 의하여 운동한다고 할 때 그림의 계가 지속적으로 진동하면서 감쇠하는 부족감쇠운동(Underdamped Motion)을 나타내는 조건으로 가장 옳은 것은?

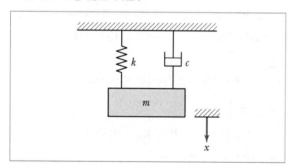

① $0 < \dfrac{c}{\sqrt{km}} < 1$ ② $\dfrac{c}{\sqrt{km}} > 1$

③ $0 < \dfrac{c}{\sqrt{km}} < 2$ ④ $\dfrac{c}{\sqrt{km}} > 2$

해설 ⊕

부족감쇠는 $C < C_c$(임계감쇠), 즉 $c < 2\sqrt{mk}$ 일 때 발생 (천천히 감쇠되어 진동이 가능)

86 OA와 AB의 길이가 각각 1m인 강체 막대 OAB가 $x-y$ 평면 내에서 O점을 중심으로 회전하고 있다. 그림의 위치에서 막대 OAB의 각속도는 반시계 방향으로 5rad/s 이다. 이때 A에서 측정한 B점의 상대속도 $\overrightarrow{V_{B/A}}$의 크기는?

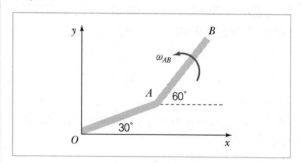

① 4 m/s   ② 5 m/s

③ 6 m/s   ④ 7 m/s

해설 ⊕

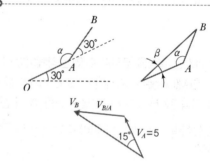

$\alpha = 180° - 30° = 150°$

α가 $150°$이고 이등변삼각형이므로 양쪽 각 $\beta = 15°$

$V_A = r_A \cdot \omega = 1 \times 5 = 5\,\text{m/s}$

$V_B = r_B \cdot \omega = 2\cos15° \times 5 = 9.66\,\text{m/s}$

$(\because r_B = \overline{OB} = 1 \times \cos15° + 1 \times \cos15°)$

코사인 제2법칙 $a^2 = b^2 + c^2 - 2bc\cos A$에서

$V_{B/A} = \sqrt{V_A{}^2 + V_B{}^2 - 2V_A V_B \cos A}$

$\qquad = \sqrt{5^2 + 9.66^2 - 2 \times 5 \times 9.66\cos15°} = 5\,\text{m/s}$

87 질량이 30kg인 모형 자동차가 반경 40m인 원형 경로를 20m/s의 일정한 속력으로 돌고 있을 때 이 자동차가 법선 방향으로 받는 힘은 약 몇 N인가?

① 100 　　　　　② 200
③ 300 　　　　　④ 600

해설◎

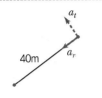

a_r : 구심가속도(법선방향가속도)

$$F_r = ma_r = m \cdot \frac{V^2}{r} = 30 \times \frac{20^2}{40} = 300\text{N}$$

88 그림과 같이 경사진 표면에 50kg의 블록이 놓여 있고 이 블록은 질량이 m인 추와 연결되어 있다. 경사진 표면과 블록 사이의 마찰계수를 0.5라 할 때 이 블록을 경사면으로 끌어올리기 위한 추의 최소 질량(m)은 약 몇 kg인가?

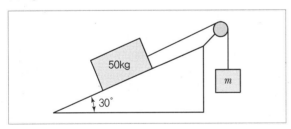

① 36.5 　　　　　② 41.8
③ 46.7 　　　　　④ 54.2

해설◎

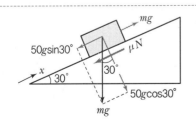

자유물체도에서

$\sum F_x = 0$일 때의 m 값에서 경사면 위로 움직이기 시작한다.

$N = 50g\cos 30°, \quad F_f = \mu N$

$\sum F_x = -50g\sin 30° - \mu N + mg = 0$

$mg = 50g\sin 30° + \mu \times 50g\cos 30°$

$\therefore \ m = 50\sin 30° + 0.5 \times 50\cos 30°$

　　$= 46.65\text{kg}$

89 그림과 같이 길이 1m, 질량 20kg인 봉으로 구성된 기구가 있다. 봉은 A점에서 카트에 핀으로 연결되어 있고, 처음에는 움직이지 않고 있었으나 하중 P가 작용하여 카트가 왼쪽 방향으로 4m/s^{2}의 가속도가 발생하였다. 이때 봉의 초기 각가속도는?

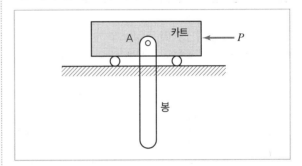

① 6.0rad/s^2, 시계방향
② 6.0rad/s^2, 반시계방향
③ 7.3rad/s^2, 시계방향
④ 7.3rad/s^2, 반시계방향

해설◎

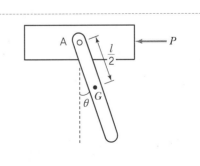

2017

$\sum M_A = J_A \cdot \alpha$ 에서

$P = ma = 4m$

$$P \times \frac{l}{2} \cos\theta = \left(J_G + m\left(\frac{l}{2}\right)^2 \right)\alpha$$
$$= \left(\frac{ml^2}{12} + \frac{ml^2}{4} \right)\alpha$$
$$= \left(\frac{ml^2}{3} \right)\alpha$$

$$\therefore \alpha = \frac{3Pl\cos\theta}{2ml^2} = \frac{3 \times 4ml\cos\theta}{2 \times ml^2}$$
$$= \frac{6\cos\theta}{l}$$

초기각가속도가 α 이므로 $\theta = 0°$

$$\alpha = \frac{6}{l} = \frac{6}{1} = 6\,\text{rad/s}^2 \ (반시계방향)$$

90 그림과 같이 질량이 동일한 두 개의 구슬 A, B가 있다. 초기에 A의 속도는 V 이고 B는 정지되어 있다. 충돌 후 A와 B의 속도에 관한 설명으로 옳은 것은?(단, 두 구슬 사이의 반발계수는 1이다.)

① A와 B 모두 정지한다.
② A와 B 모두 V 의 속도를 가진다.
③ A와 B 모두 $\frac{V}{2}$ 의 속도를 가진다.
④ A는 정지하고 B는 V 의 속도를 가진다.

해설⊕

반발계수 $e = \dfrac{분리상대속도}{접근상대속도} = \dfrac{V_B' - V_A'}{V_A - V_B} = 1$

$V_B = 0$ 이고

$V_B' - V_A' = V_A = V$ 이므로

$V_B' = V, \ V_A' = 0$ 의 속도를 갖는다.

∴ A는 정지하고 B는 V 의 속도로 움직인다.

91 방전가공에서 전극 재료의 구비조건으로 가장 거리가 먼 것은?

① 기계가공이 쉬워야 한다.
② 가공 전극의 소모가 커야 한다.
③ 가공 정밀도가 높아야 한다.
④ 방전이 안전하고 가공속도가 빨라야 한다.

해설⊕

전극 재료의 조건
• 열전도율이 좋고, 열적 변형이 적어야 한다.
• 고온과 방전가공유로 인한 화학적 반응이 없어야 한다.
• 기계가공이 쉽고, 가공정밀도가 높아야 한다.
• 구하기 쉽고 가격이 싸야 한다.
• 공작물보다 경도가 낮아야 한다.

92 전기저항용접의 종류에 해당하지 않는 것은?

① 심 용접
② 스폿 용접
③ 테르밋 용접
④ 프로젝션 용접

해설⊕

전기저항용접의 종류
• 겹치기 용접 : 점용접(Spot Welding), 심용접(Seam Welding), 프로젝션용접(Projection Welding)
• 맞대기 용접 : 업셋 용접(Upset Welding), 플래시 용접(Flash Welding), 퍼커션 용접(Percussion Welding)
• 고주파용접, 단접

93 기계 부품, 식기, 전기 저항선 등을 만드는 데 사용되는 양은의 성분으로 적절한 것은?

① Al의 합금
② Ni와 Ag의 합금
③ Zn과 Sn의 합금
④ Cu, Zn 및 Ni의 합금

해설 ⊕

니켈 황동의 특징

• 양백(양은)이라고도 한다.

• 니켈을 첨가한 합금으로 단단하고 부식에도 잘 견딘다.

• Cu+Ni(10~20%)+Zn(15~30%)인 것이 많이 사용된다.

• Zn이 30% 이상 되면 냉간 가공성은 저하하나 열간 가공성이 좋아지므로 열간 가공재로 이용된다.

• 선재, 판재로서 스프링에 사용, 내식성이 크므로 장식품, 식기류, 가구재료, 계측기, 의료기기 등에 사용된다.

• 전기 저항이 높고 내열성, 내식성이 좋아 일반 전기 저항체로 이용된다.

94 연삭 중 숫돌의 떨림 현상이 발생하는 원인으로 가장 거리가 먼 것은?

① 숫돌의 결합도가 약할 때

② 숫돌축이 편심되어 있을 때

③ 숫돌의 평형상태가 불량할 때

④ 연삭기 자체에서 진동이 있을 때

해설 ⊕

떨림(Chattering) 현상의 원인

떨림은 숫돌의 평형이 불량할 때, 숫돌의 결합도가 너무 커서 연삭 저항의 변동이 심할 때, 센터 및 센터구멍이 불량할 때 연삭기 자체의 진동, 외부 진동 등이 있을 때 발생한다.

95 Taylor의 공구 수명에 관한 실험식에서 세라믹 공구를 사용하여 지수(n) = 0.5, 상수(C) = 200, 공구 수명(T)을 30(min)으로 조건을 주었을 때, 적합한 절삭 속도는 약 몇 m/min인가?

① 30.3 　　　　② 32.6

③ 34.4 　　　　④ 36.5

해설 ⊕

공구 수명식(Taylor' Equation)

$$VT^n = C$$

여기서, V : 절삭속도(m/min), T : 공구수명(min),

n : 지수, C : 상수

$$V = \frac{C}{T^n} = \frac{200}{30^{0.5}} = 36.51 \text{m/min}$$

96 펀치와 다이를 프레스에 설치하여 판금 재료로부터 목적하는 형상의 제품을 뽑아내는 전단가공은?

① 스웨이징 　　　② 엠보싱

③ 브로칭 　　　　④ 블랭킹

해설 ⊕

① 스웨이징(Swaging) : 봉재, 관재의 지름을 축소하거나 테이퍼를 만드는 가공이다.

② 엠보싱(Embossing) : 금속 판에 두께 변화를 일으키지 않고 상하 반대로 여러 가지 모양의 요철을 만드는 가공이다.

③ 브로칭 : 가공하는 모양과 비슷한 많은 날이 차례로 치수가 커지면서 축선방향(軸線方向)으로 배열되어 있는 봉 모양의 공구로, 이것을 브로칭머신의 축에 장착하고, 축방향으로 밀거나 끌어당겨서 원하는 단면 모양을 가공한다.

97 버니어캘리퍼스에서 어미자 49mm를 50등분한 경우 최소 읽기 값은 몇 mm인가?(단, 어미자의 최소 눈금은 1.0mm이다.)

① $\dfrac{1}{50}$ 　　　② $\dfrac{1}{25}$

③ $\dfrac{1}{24.5}$ 　　④ $\dfrac{1}{20}$

해설 ⊕

50등분 하였으므로 $\dfrac{1}{50}$ 까지 읽기가 가능하다.

정답　94 ①　95 ④　96 ④　97 ①

98 전기 도금의 반대 형상으로 가공물을 양극에, 전기저항이 작은 구리, 아연을 음극에 연결한 후 용액에 침지하고 통전하여 금속 표면의 미소 돌기부분을 용해하여 거울면과 같이 광택이 있는 면을 가공할 수 있는 특수가공은?

① 방전가공 ② 전주가공
③ 전해연마 ④ 슈퍼피니싱

해설◆
① 방전가공(electric discharge machine) : 스파크 가공(spark machining)이라고도 하는데, 전기의 양극과 음극이 부딪칠 때 일어나는 스파크로 가공하는 방법이다.
② 전주가공 : 전해연마에서 석출된 금속 이온이 음극의 공작물 표면에 붙은 전착층을 이용하여 원형과 반대 형상의 제품을 만드는 가공법을 말한다.
③ 전해연마(electrolytic polishing) : 연마하려는 공작물을 양극으로 하여 과염소산, 인산, 황산, 질산 등의 전해액 속에 매달아 두고 $1A/cm^2$ 정도의 직류전류를 통전하여 전기 화학적으로 공작물의 미소돌기를 용출시켜 광택면을 얻는 가공법을 말한다.
④ 슈퍼피니싱 : 미세하고 연한 숫돌을 가공표면에 가압하고, 공작물에 회전 이송운동, 숫돌에 진동을 주어 0.5mm 이하의 경면(鏡面) 다듬질에 사용한다.

99 Fe-C 평형상태도에서 탄소 함유량이 약 0.80%인 강을 무엇이라고 하는가?

① 공석강 ② 공정주철
③ 아공정주철 ④ 과공정주철

해설◆
㉠ 강의 분류
• 공석강 : 철의 탄소함유량이 0.77%C일 때, A₁ 변태온도 이하에서 조직은 펄라이트
• 아공석강 : 철의 탄소함유량이 0.025~0.77%C일 때, A₁ 변태온도 이하에서 조직은 페라이트+펄라이트

• 과공석강 : 철의 탄소함유량이 0.77~2.11%C일 때, A₁ 변태온도 이하에서 조직은 펄라이트+시멘타이트
㉡ 주철의 분류
• 공정주철 : 철의 탄소함유량이 4.3%C일 때, 조직은 레데뷰라이트(오스테나이트+시멘타이트)
• 아공정주철 : 철의 탄소함유량이 2.11~4.3%C일 때, 조직은 오스테나이트+레데뷰라이트
• 과공정주철 : 철의 탄소함유량이 4.3~6.67%C일 때, 조직은 레데뷰라이트+시멘타이트

100 주조에 사용되는 주물사의 구비조건으로 옳지 않은 것은?

① 통기성이 좋을 것
② 내화성이 적을 것
③ 주형 제작이 용이할 것
④ 주물 표면에서 이탈이 용이할 것

해설◆
주물사의 구비조건
• 주형 제작이 쉽고, 원형 치수와 모양의 정확한 재현성을 가질 것
• 주형의 취급, 운반 시, 용융금속 주입 시 충격에 견딜 것
• 내열성이 크고, 화학적 변화가 없을 것
• 통기성이 좋아 가스 배출이 쉬울 것
• 용융금속이 응고될 때 수축성이 있고, 응고 후 주형에서 주물을 뽑기 쉬울 것
• 열전도율이 낮고 보온성이 있을 것
• 값이 싸고, 여러 번 되풀이하여 사용 가능할 것

04

2018년 과년도 문제풀이

2018. 3. 4 시행

2018. 4. 28 시행

2018. 9. 15 시행

1과목 | 재료역학

01 최대 사용강도($\sigma_{\max}$) = 240MPa, 내경 1.5m, 두께 3mm의 강재 원통형 용기가 견딜 수 있는 최대 압력은 몇 kPa인가?(단, 안전계수는 2이다.)

① 240
② 480
③ 960
④ 1,920

해설 ⊕

안전계수 $S = 2$이므로

허용응력 $\sigma_a = \dfrac{\sigma_{\max}}{S} = \dfrac{240}{2} = 120\text{MPa}$

후프응력 $\sigma_h = \dfrac{pd}{2t} = \sigma_a$

$\therefore p = \dfrac{2t\sigma_a}{d}$

$= \dfrac{2 \times 0.003 \times 120}{1.5} = 0.48\text{MPa} = 480\text{kPa}$

02 그림과 같은 직사각형 단면의 목재 외팔보에 집중하중 P가 C점에 작용하고 있다. 목재의 허용압축응력을 8MPa, 끝단 B점에서의 허용처짐량을 23.9mm라고 할 때 허용압축응력과 허용처짐량을 모두 고려하여 이 목재에 가할 수 있는 집중하중 P의 최댓값은 약 몇 kN인가?(단, 목재의 탄성계수는 12GPa, 단면2차모멘트는 $1,022 \times 10^{-6}\text{m}^4$, 단면계수는 $4.601 \times 10^{-3}\text{m}^3$이다.)

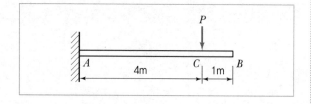

① 7.8
② 8.5
③ 9.2
④ 10.0

해설 ⊕

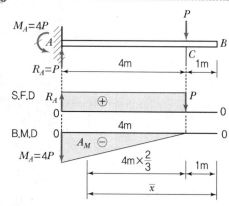

i) 굽힘응력에 의한 P값

$M_{\max} = M_A = \sigma_b Z$

$4 \times P = 8 \times 10^6 \times 4.601 \times 10^{-3} = 9,202\text{N}$

$\therefore P = 9.2\text{kN}$

ii) 처짐량에 의한 P값

B점의 처짐량은 면적모멘트법에 의해

$\delta_B = \dfrac{A_M}{EI}\bar{x} = \dfrac{\frac{1}{2} \times 4 \times 4P}{EI}\bar{x}$

$23.9 \times 10^{-3} = \dfrac{8P}{12 \times 10^9 \times 1,022 \times 10^{-6}} \times \dfrac{11}{3}$

$\therefore P = 9,992.37\text{N} = 9.99\text{kN}$

i), ii) 중 큰 값인 9.99kN으로 P를 설계하면 작은 하중(9.2kN)에 의한 허용굽힘응력을 넘어서 보가 파괴되므로 안전하중은 9.2kN이다.

정답 **01** ② **02** ③

03 길이가 $l + 2a$인 균일 단면 봉의 양단에 인장력 P가 작용하고, 양단에서의 거리가 a인 단면에 Q의 축하중을 가하여 인장될 때 봉에 일어나는 변형량은 약 몇 cm인가?(단, $l = 60$cm, $a = 30$cm, $P = 10$kN, $Q = 5$kN, 단면적 $A = 4$cm^2, 탄성계수는 210GPa이다.)

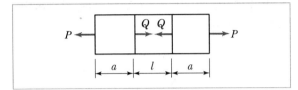

① 0.0107
② 0.0207
③ 0.0307
④ 0.0407

해설 ⊕

하중 P에 의한 신장량은 λ_1,

하중 Q에 의한 신장량은 λ_2 일 때

전체 신장량

$$\lambda = \lambda_1 - \lambda_2$$

$$= \frac{P(2a+l)}{AE} - \frac{Ql}{AE}$$

$$= \frac{1}{AE}\left[P(2a+l) - Ql\right]$$

$$= \frac{10 \times 10^3 \times (2 \times 0.3 + 0.6) - (5 \times 10^3 \times 0.6)}{4 \times 10^{-4} \times 210 \times 10^9}$$

$$= 0.000107\text{m} = 0.0107\text{cm}$$

04 양단이 힌지로 지지되어 있고 길이가 1m인 기둥이 있다. 단면이 30mm×30mm인 정사각형이라면 임계하중은 약 몇 kN인가?(단, 탄성계수는 210GPa이고, Euler의 공식을 적용한다.)

① 133
② 137
③ 140
④ 146

해설 ⊕

좌굴하중 $P_{cr} = n\pi^2 \dfrac{EI}{l^2}$

(양단이 힌지이므로 단말계수 $n = 1$)

$$= 1 \times \pi^2 \times \frac{210 \times 10^9 \times \dfrac{0.03 \times 0.03^3}{12}}{1^2}$$

$$= 139,901.6\text{N}$$

$$= 139.9\text{kN}$$

05 직사각형 단면(폭×높이 = 12cm×5cm)이고, 길이 1m인 외팔보가 있다. 이 보의 허용 굽힘응력이 500MPa이라면 높이와 폭의 치수를 서로 바꾸면 받을 수 있는 하중의 크기는 어떻게 변화하는가?

① 1.2배 증가
② 2.4배 증가
③ 1.2배 감소
④ 변화 없다.

해설 ⊕

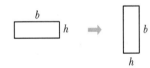

길이가 같은 동일 재료의 보를 1단면에서 2단면으로 바꾸는 것이므로

$M = Pl = \sigma_b Z$에서 굽힘응력과 길이가 정해져 하중은 단면계수 Z의 함수가 된다.

$$\frac{P_2}{P_1} = \frac{Z_2}{Z_1} = \frac{\left(\dfrac{bh^2}{6}\right)}{\left(\dfrac{hb^2}{6}\right)}$$

$$\therefore \frac{Z_2}{Z_1} = \frac{\left(\dfrac{5 \times 12^2}{6}\right)}{\left(\dfrac{12 \times 5^2}{6}\right)} = 2.4$$

06 아래 그림과 같은 보에 대한 굽힘모멘트 선도로 옳은 것은?

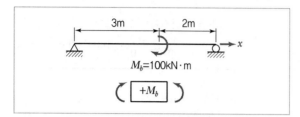

①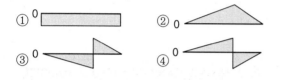

② ③ ④

해설⊕

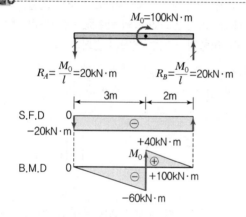

$$R_A = \frac{M_0}{l} = 20 \text{kN} \cdot \text{m} \qquad R_B = \frac{M_0}{l} = 20 \text{kN} \cdot \text{m}$$

07 코일스프링의 권수 n, 코일의 지름 D, 소선의 지름 d인 코일스프링의 전체처짐 δ는?(단, 이 코일에 작용하는 힘은 P, 가로탄성계수는 G이다.)

① $\dfrac{8nPD^3}{Gd^4}$ ② $\dfrac{8nPD^2}{Gd}$

③ $\dfrac{8nPD^2}{Gd^2}$ ④ $\dfrac{8nPD}{Gd^2}$

해설⊕

$$\delta = \frac{8PD^3 n}{Gd^4}$$

08 그림과 같은 정삼각형 트러스의 B점에 수직으로, C점에 수평으로 하중이 작용하고 있을 때, 부재 AB에 작용하는 하중은?

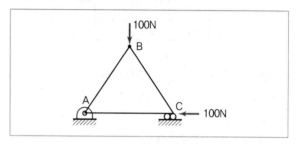

① $\dfrac{100}{\sqrt{3}} \text{N}$ ② $\dfrac{100}{3} \text{N}$

③ $100\sqrt{3} \text{N}$ ④ 50N

해설⊕

100N에 의해 A와 C지점에 50N의 반력이 발생한다. A지점의 자유물체도를 그리면

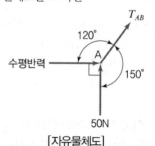

[자유물체도]

라미의 정리를 적용하면

$$\frac{T_{AB}}{\sin 90°} = \frac{50}{\sin 120°}$$

$$\therefore T_{AB} = 50 \times \frac{\sin 90°}{\sin 120°} = 50 \times \frac{\sin 90°}{\sin(180° - 60°)}$$

$$= \frac{50}{\sin 60°} = \frac{50}{\left(\dfrac{\sqrt{3}}{2}\right)} = \frac{100}{\sqrt{3}} (\text{N})$$

09 $\sigma_x = 700\text{MPa}$, $\sigma_y = -300\text{MPa}$이 작용하는 평면응력 상태에서 최대수직응력($\sigma_{max}$)과 최대전단응력($\tau_{max}$)은 각각 몇 MPa인가?

① $\sigma_{max} = 700$, $\tau_{max} = 300$

② $\sigma_{max} = 600$, $\tau_{max} = 400$

③ $\sigma_{max} = 500$, $\tau_{max} = 700$

④ $\sigma_{max} = 700$, $\tau_{max} = 500$

해설⊕

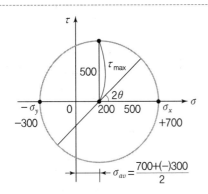

모어의 응력원에서

$R = 700 - 200 = 500\text{MPa} = \tau_{max}$

$\sigma_n)_{max} = \sigma_x = 700\,\text{MPa}$

10 그림과 같이 초기온도 20℃, 초기길이 19.95 cm, 지름 5cm인 봉을 간격이 20cm인 두 벽면 사이에 넣고 봉의 온도를 220℃로 가열했을 때 봉에 발생되는 응력은 몇 MPa인가?(단, 탄성계수 $E = 210\text{GPa}$이고, 균일 단면을 갖는 봉의 선팽창계수 $\alpha = 1.2 \times 10^{-5}/℃$이다.)

① 0　　　　　　② 25.2

③ 257　　　　　④ 504

해설⊕

$\lambda = \varepsilon l$

$\varepsilon = \alpha \Delta t$

$\therefore \lambda = \alpha \Delta t l = 1.2 \times 10^{-5} \times (220 - 20) \times 19.95$

$\qquad = 0.04788\text{cm}$

그림처럼 봉과 벽 사이에 $20 - 19.95 = 0.05$cm만큼 늘어날 수 있도록 봉이 고정되어 있는데, 열변형에 의한 봉의 신장량은 0.048cm이므로 봉이 벽에 닿지 않아 미는 힘이 발생하지 않는다. 즉, 봉이 늘어날 수 있는 만큼 자유팽창 하므로 응력은 발생하지 않는다.

11 그림과 같은 T형 단면을 갖는 돌출보의 끝에 집중하중 $P = 4.5\text{kN}$이 작용한다. 단면 A–A에서의 최대 전단응력은 약 몇 kPa인가?(단, 보의 단면2차 모멘트는 5,313cm⁴이고, 밑면에서 도심까지의 거리는 125mm이다.)

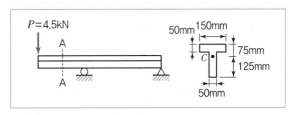

① 421　　　　　② 521

③ 662　　　　　④ 721

해설 ◆

보 속의 최대전단응력

$$\tau_A = \frac{V_A Q}{Ib}$$

여기서, $V_A = 4.5 \times 10^3 \text{N}$: A–A단면의 전단력

Q : 도심 아래 음영단면의 1차 모멘트

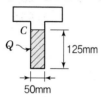

$$Q = A\bar{y} = 0.05 \times 0.125 \times \frac{0.125}{2} = 0.00039\text{m}^3$$

$b = 0.05\text{m}$

$$\therefore \tau_A = \frac{4.5 \times 10^3 \times 0.00039}{5,313 \times 10^{-8} \times 0.05}$$

$$= 660,643\text{N/m}^2(\text{Pa}) = 660.64\text{kPa}$$

12 다음 금속재료의 거동에 대한 일반적인 설명으로 틀린 것은?

① 재료에 가해지는 응력이 일정하더라도 오랜 시간이 경과하면 변형률이 증가할 수 있다.

② 재료의 거동이 탄성한도로 국한된다고 하더라도 반복 하중이 작용하면 재료의 강도가 저하될 수 있다.

③ 응력–변형률 곡선에서 하중을 가할 때와 제거할 때의 경로가 다르게 되는 현상을 히스테리시스라 한다.

④ 일반적으로 크리프는 고온보다 저온상태에서 더 잘 발생한다.

해설 ◆

크리프(Creep)란 재료가 일정한 고온하에서 오랜 시간에 걸쳐 일정한 하중을 받았을 경우, 재료 내부의 응력은 일정함에도 불구하고 재료의 변형률이 시간의 경과에 따라 증가하는 현상을 말한다. 보일러 관의 크리프는 기계의 성능저하뿐 아니라 손상의 원인도 된다.

13 다음 그림과 같이 집중하중 P를 받고 있는 고정지지보가 있다. B점에서의 반력의 크기를 구하면 몇 kN인가?

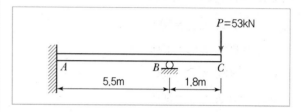

① 54.2   ② 62.4

③ 70.3   ④ 79.0

해설 ◆

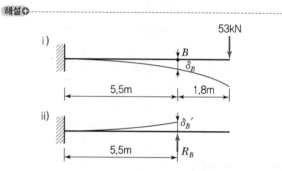

부정정보이므로 그림에서 하중 53kN에 의한 B점의 처짐량과 B지점 반력에 의한 처짐량은 같다.

ⅰ) 처짐상태는 하중 P의 연속함수이므로 다음 그림처럼 하중(53kN)을 B점으로 옮기면

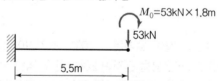

중첩법에 의해 $\delta_B = \dfrac{M_0 l^2}{2EI} + \dfrac{P l^3}{3EI}$

여기서, $P = 53\text{kN}$, $M_0 = 53 \times 1.8\text{N} \cdot \text{m}$, $l = 5.5\text{m}$

ⅱ) $\delta_B{}' = \dfrac{R_B l^3}{3EI}$

$\delta_B = \delta_B{}'$ 이므로 $\dfrac{M_0 l^2}{2EI} + \dfrac{P l^3}{3EI} = \dfrac{R_B l^3}{3EI}$

$$\therefore R_B = \frac{3M_0}{2l} + P$$
$$= \frac{3 \times 53 \times 10^3 \times 1.8}{2 \times 5.5} + 53 \times 10^3$$
$$= 79{,}018.2\text{N} = 79.02\text{kN}$$

14 지름 80mm의 원형단면의 중립축에 대한 관성모멘트는 약 몇 mm^4인가?

① 0.5×10^6 ② 1×10^6
③ 2×10^6 ④ 4×10^6

해설⊕

$$I_X = \frac{\pi d^4}{64} = \frac{\pi \times 80^4}{64} = 2.01 \times 10^6 \text{mm}^4$$

15 길이가 L이며, 관성 모멘트가 I_p이고, 전단탄성계수가 G인 부재에 토크 T가 작용될 때 이 부재에 저장된 변형 에너지는?

① $\dfrac{TL}{GI_p}$ ② $\dfrac{T^2L}{2GI_p}$
③ $\dfrac{T^2L}{GI_p}$ ④ $\dfrac{TL}{2GI_p}$

해설⊕

$$U = \frac{1}{2}T\theta = \frac{1}{2}T \times \frac{TL}{GI_P} = \frac{T^2L}{2GI_P}$$

16 지름 50mm의 알루미늄 봉에 100kN의 인장하중이 작용할 때 300mm의 표점거리에서 0.219mm의 신장이 측정되고, 지름은 0.01215mm만큼 감소되었다. 이 재료의 전단탄성계수 G는 약 몇 GPa인가?(단, 알루미늄 재료는 탄성거동 범위 내에 있다.)

① 21.2 ② 26.2
③ 31.2 ④ 36.2

해설⊕

$$\varepsilon = \frac{\lambda}{l} = \frac{0.219}{300} = 0.00073$$
$$\varepsilon' = \frac{\delta}{d} = \frac{0.01215}{50} = 0.000243$$
$$\mu = \frac{\varepsilon'}{\varepsilon} = \frac{0.000243}{0.00073} = 0.3329$$
$\sigma = E\varepsilon$에서
$$E = \frac{\sigma}{\varepsilon} = \frac{\frac{P}{A}}{\varepsilon} = \frac{\frac{100 \times 10^3}{\frac{\pi}{4} \times 0.05^2}}{0.00073} = 69.77 \times 10^9 \text{Pa}$$
$$= 69.77\text{GPa}$$
$E = 2G(1+\mu)$에서
$$G = \frac{E}{2(1+\mu)} = \frac{69.77\text{GPa}}{2(1+0.3329)} = 26.17\text{GPa}$$

17 비틀림 모멘트 T를 받고 있는 직경이 d인 원형축의 최대전단응력은?

① $\tau = \dfrac{8T}{\pi d^3}$ ② $\tau = \dfrac{16T}{\pi d^3}$
③ $\tau = \dfrac{32T}{\pi d^3}$ ④ $\tau = \dfrac{64T}{\pi d^3}$

해설⊕

$T = \tau Z_P$에서
$$\tau = \frac{T}{Z_P} = \frac{T}{\frac{\pi d^3}{16}} = \frac{16T}{\pi d^3}$$

18 그림과 같은 외팔보가 있다. 보의 굽힘에 대한 허용응력을 80MPa로 하고, 자유단 B로부터 보의 중앙점 C 사이에 등분포하중 w를 작용시킬 때, w의 허용 최댓값은 몇 kN/m인가?(단, 외팔보의 폭×높이는 5cm×9cm이다.)

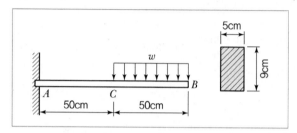

① 12.4
② 13.4
③ 14.4
④ 15.4

해설⊕

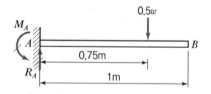

$R_A = 0.5w$

$M_{max} = M_A = 0.5w \times 0.75 = 0.375w(N \cdot m)$

$\sigma_b = \dfrac{M_{max}}{Z} = \dfrac{M_{max}}{\dfrac{bh^2}{6}} = \dfrac{6 \times 0.375w}{bh^2}$

$\therefore \; w = \dfrac{bh^2 \sigma_{max}}{6 \times 0.375} = \dfrac{0.05 \times 0.09^2 \times 80 \times 10^6}{6 \times 0.375}$

$\qquad = 14,400 N/m = 14.4 \, kN/m$

19 다음 정사각형 단면(40mm×40mm)을 가진 외팔보가 있다. $a-a$면에서의 수직응력(σ_n)과 전단응력(τ_s)은 각각 몇 kPa인가?

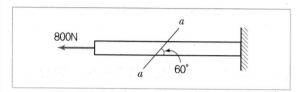

① $\sigma_n = 693$, $\tau_s = 400$
② $\sigma_n = 400$, $\tau_s = 693$
③ $\sigma_n = 375$, $\tau_s = 217$
④ $\sigma_n = 217$, $\tau_s = 375$

해설⊕

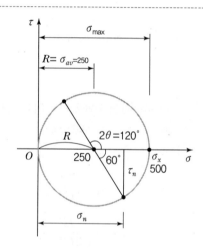

$\sigma_x = \dfrac{800}{0.04^2} = 500 \times 10^3 Pa = 500 kPa$

경사진 단면 $\theta = 60°$에 발생하는 법선응력(σ_n)과 전단응력($\tau_s = \tau_n$)을 구하기 위해 1축응력(σ_x)의 모어원을 그렸다. 모어의 응력원 중심에서 $2\theta = 120°$인 지름을 그린 다음, 응력원과 만나는 점의 σ, τ 값을 구하면 된다.

$\sigma_n = R + R\cos 60°$

$\qquad = 250 + 250 \cos 60° = 375 kPa$

$\tau_s = \tau_n = R\sin 60° = 250 \sin 60° = 216.51 kPa$

20 다음 보의 자유단 A지점에서 발생하는 처짐은 얼마인가?(단, EI는 굽힘강성이다.)

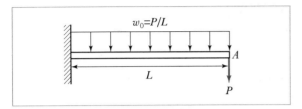

$$w_0 = P/L$$

① $\dfrac{5PL^3}{6EI}$ 　　　② $\dfrac{7PL^3}{12EI}$

③ $\dfrac{11PL^3}{24EI}$ 　　　④ $\dfrac{17PL^3}{48EI}$

해설⊕

중첩법에 의해

㉠ 집중하중 P에 의한 A점의 처짐량 $= \dfrac{PL^3}{3EI}$

㉡ 분포하중 w_0에 의한 A점의 처짐량 $= \dfrac{w_0 L^4}{8EI}$

전체처짐량 $\delta = ㉠ + ㉡ = \dfrac{PL^3}{3EI} + \dfrac{w_0 L^4}{8EL}$

$$= \dfrac{PL^3}{3EI} + \dfrac{\dfrac{P}{L} \times L^4}{8EI}$$

$$= \dfrac{11PL^3}{24EI}$$

2과목　**기계열역학**

21 이상적인 오토 사이클에서 단열압축되기 전 공기가 101.3kPa, 21℃이며, 압축비 7로 운전할 때 이 사이클의 효율은 약 몇 %인가?(단, 공기의 비열비는 1.40이다.)

① 62%　　　② 54%

③ 46%　　　④ 42%

해설⊕

오토사이클의 열효율은 압축비 ε만의 함수이므로

$$\eta_0 = 1 - \left(\dfrac{1}{\varepsilon}\right)^{k-1} = 1 - \left(\dfrac{1}{7}\right)^{1.4-1}$$

$$= 0.5408 = 54.08\%$$

22 다음 중 강성적(강도성, intensive) 상태량이 아닌 것은?

① 압력　　　② 온도

③ 엔탈피　　　④ 비체적

해설⊕

반으로 나누어 값이 변하지 않으면 강도성 상태량이다.

압력(단위 면적당 힘), 온도, 비체적(단위 질량당 체적)은 반으로 나누어도 값이 변하지 않는다.

→ 엔탈피 값은 에너지이므로 반으로 나누면 에너지가 $\dfrac{1}{2}$로 줄어들므로 종량성 상태량이다.

23 이상기체 공기가 안지름 0.1m인 관을 통하여 0.2m/s로 흐르고 있다. 공기의 온도는 20℃, 압력은 100kPa, 기체상수는 0.287kJ/(kg · K)라면 질량유량은 약 몇 kg/s인가?

① 0.0019　　　② 0.0099

③ 0.0119　　　④ 0.0199

해설⊕

질량유량 $\dot{m} = \rho A V$

이상기체이므로 $Pv = RT$ (여기서, $v = \dfrac{1}{\rho}$)

$P\dfrac{1}{\rho} = RT$, $\rho = \dfrac{P}{RT}$

$\therefore \dot{m} = \dfrac{P}{RT} A V$

$$= \dfrac{100 \times 10^3 \times \dfrac{\pi \times 0.1^2}{4} \times 0.2}{0.287 \times 10^3 \times (20 + 273)}$$

$$= 0.001867 \text{kg/s}$$

정답　**20** ③　**21** ②　**22** ③　**23** ①

24 이상기체가 정압과정으로 dT 만큼 온도가 변하였을 때 1kg당 변화된 열량 Q 는?(단, C_v 는 정적비열, C_p 는 정압비열, k 는 비열비를 나타낸다.)

① $Q = C_v dT$ ② $Q = k^2 C_v dT$

③ $Q = C_p dT$ ④ $Q = k C_p dT$

해설 ⊕

$p = c$ 인 정압과정

$\delta q = dh - vdp$ (여기서, $dp = 0$)

$\therefore \delta q = dh = C_P dT$

25 열역학적 변화와 관련하여 다음 설명 중 옳지 않은 것은?

① 단위 질량당 물질의 온도를 1℃ 올리는 데 필요한 열량을 비열이라 한다.

② 정압과정으로 시스템에 전달된 열량은 엔트로피 변화량과 같다.

③ 내부 에너지는 시스템의 질량에 비례하므로 종량적(Extensive) 상태량이다.

④ 어떤 고체가 액체로 변화할 때 융해(Melting)라 하고, 어떤 고체가 기체로 바로 변화할 때 승화(Sublimation)라고 한다.

해설 ⊕

① $C = \dfrac{\delta Q}{m\, dT}$

② $\delta q = dh - vdp$ (여기서, $dp = 0$)

　$\therefore {}_1q_2 = h_2 - h_1$

③ 내부에너지는 질량을 반으로 나누면 $\dfrac{1}{2}$ 로 줄어듦

　→ 종량성 상태량

26 저온실로부터 46.4kW의 열을 흡수할 때 10kW의 동력을 필요로 하는 냉동기가 있다면, 이 냉동기의 성능계수는?

① 4.64   ② 5.65

③ 7.49   ④ 8.82

해설 ⊕

$$\varepsilon_R = \frac{q_L}{q_H - q_L} = \frac{Q_L}{W_c} = \frac{46.4}{10} = 4.64$$

27 엔트로피(s) 변화 등과 같은 직접 측정할 수 없는 양들을 압력(P), 비체적(v), 온도(T)와 같은 측정 가능한 상태량으로 나타내는 Maxwell 관계식과 관련하여 다음 중 틀린 것은?

① $\left(\dfrac{\partial T}{\partial P}\right)_s = \left(\dfrac{\partial v}{\partial s}\right)_P$　② $\left(\dfrac{\partial T}{\partial v}\right)_s = -\left(\dfrac{\partial P}{\partial s}\right)_v$

③ $\left(\dfrac{\partial v}{\partial T}\right)_P = -\left(\dfrac{\partial s}{\partial P}\right)_T$　④ $\left(\dfrac{\partial P}{\partial v}\right)_T = -\left(\dfrac{\partial s}{\partial T}\right)_v$

해설 ⊕

Maxwell 관계식

- $\left(\dfrac{\partial T}{\partial V}\right)_S = -\left(\dfrac{\partial P}{\partial S}\right)_v$

- $\left(\dfrac{\partial T}{\partial P}\right)_S = \left(\dfrac{\partial v}{\partial S}\right)_P$

- $\left(\dfrac{\partial s}{\partial v}\right)_T = \left(\dfrac{\partial P}{\partial T}\right)_v$

- $\left(\dfrac{\partial s}{\partial P}\right)_T = -\left(\dfrac{\partial v}{\partial T}\right)_P$

정답 　24 ③　25 ②　26 ①　27 ④

28 다음 4가지 경우에서 ( ) 안의 물질이 보유한 엔트로피가 증가한 경우는?

> ⓐ 컵에 있는 (물)이 증발하였다.
> ⓑ 목욕탕의 (수증기)가 차가운 타일 벽에서 물로 응결되었다.
> ⓒ 실린더 안의 (공기)가 가역 단열적으로 팽창되었다.
> ⓓ 뜨거운 (커피)가 식어서 주위 온도와 같게 되었다.

① ⓐ   ② ⓑ
③ ⓒ   ④ ⓓ

해설 ❶

엔트로피 $ds = \dfrac{\delta q}{T}$ 에서 엔트로피는 열량부호와 동일함을 알 수 있다.

- δq : 흡열(+) → ds 증가
- δq : 방열(−) → ds 감소

29 공기압축기에서 입구 공기의 온도와 압력은 각각 27℃, 100kPa이고, 체적유량은 0.01m³/s이다. 출구에서 압력이 400kPa이고, 이 압축기의 등엔트로피 효율이 0.8일 때, 압축기의 소요 동력은 약 몇 kW인가?(단, 공기의 정압비열과 기체상수는 각각 1kJ/kg·K, 0.287kJ/kg·K이고, 비열비는 1.40이다.)

① 0.9   ② 1.7
③ 2.1   ④ 3.8

해설 ❶

주어진 압력 : $p_1 = 100\text{kPa}$, $T_1 = 27 + 273 = 300\text{K}$,

$\qquad\qquad p_2 = 400\text{kPa}$

ⅰ) 공기압축기 → 개방계이며 단열이므로

$$\cancel{q_{cv}}^{0} + h_i = h_e + w_{cv}$$

$$w_{cv} = w_c = h_i - h_e < 0 \ (계가 \ 일 \ 받음(-))$$

$$\therefore \ w_c = h_e - h_i > 0$$

여기서, $dh = C_P dT$이므로

$$\therefore \ w_c = h_e - h_i = \int_i^e C_P dT$$

$$= C_p(T_2 - T_1)$$

$$= C_p T_1 \left(\frac{T_2}{T_1} - 1 \right) \ (단열이므로)$$

$$= C_p T_1 \left(\left(\frac{P_2}{P_1} \right)^{\frac{k-1}{k}} - 1 \right)$$

$$= 1 \times 10^3 \times 300 \times \left(\left(\frac{400}{100} \right)^{\frac{0.4}{1.4}} - 1 \right)$$

$$= 145,798.3\text{J/kg}$$

ⅱ) $\dot{W_c} = \dot{m} w_c$ (여기서, $\dot{m} = \rho A V = \rho Q \leftarrow \rho = \dfrac{P}{RT}$)

$$\dot{m} = \frac{P_1}{RT_1} Q$$

$$= \frac{100 \times 10^3}{0.287 \times 10^3 \times 300} \times 0.01$$

$$= 0.01161\text{kg/s}$$

$$\therefore \ \dot{W_c} = 0.01161 \times 145,798.3$$

$$= 1,692.72\text{W}$$

$$= 1.69\text{kW}$$

ⅲ) $\eta_c = \dfrac{이론동력}{소요동력} = \dfrac{\dot{W_c}}{\dot{W_s}}$

$$\dot{W_s} = \frac{\dot{W_c}}{\eta_c} = \frac{1.69\text{kW}}{0.8} = 2.11\text{kW}$$

30 초기 압력 100kPa, 초기 체적 0.1m³인 기체를 버너로 가열하여 기체 체적이 정압과정으로 0.5m³이 되었다면 이 과정 동안 시스템이 외부에 한 일은 약 몇 kJ인가?

① 10   ② 20
③ 30   ④ 40

정답   28 ①   29 ③   30 ④

해설⊕

밀폐계의 일＝절대일

$\delta W = PdV$ (일부호 (+))

$_1W_2 = \int_1^2 PdV \ (\because P = C)$

$\quad = P(V_2 - V_1)$

$\quad = 100 \times 10^3 \times (0.5 - 0.1)$

$\quad = 40,000J$

$\quad = 40kJ$

31 증기터빈 발전소에서 터빈 입구의 증기 엔탈피는 출구의 엔탈피보다 136kJ/kg 높고, 터빈에서의 열손실은 10kJ/kg이다. 증기속도는 터빈 입구에서 10m/s이고, 출구에서 110m/s일 때 이 터빈에서 발생시킬 수 있는 일은 약 몇 kJ/kg인가?

① 10   ② 90

③ 120   ④ 140

해설⊕

$q_{cv} + h_i + \dfrac{V_i^2}{2} + gZ_i = h_e + \dfrac{V_e^2}{2} + gZ_e + w_{cv}$

$w_{cv} = q_{cv} + h_i - h_e + \dfrac{V_i^2}{2} - \dfrac{V_e^2}{2}$

$w_T = -q_{cv} + \Delta h + \dfrac{1}{2}\left(V_i^2 - V_e^2\right)$

$\quad = -10 + 136 + \dfrac{1}{2}(10^2 - 110^2)\left(\dfrac{m^2}{s^2}\dfrac{kg}{kg}\right) \times \left(\dfrac{1\,kJ}{1,000J}\right)$

$\quad = 120kJ/kg$

32 그림과 같이 온도(T)-엔트로피(S)로 표시된 이상적인 랭킨사이클에서 각 상태의 엔탈피(h)가 다음과 같다면, 이 사이클의 효율은 약 몇 %인가?(단, $h_1 = $ 30kJ/kg, $h_2 = 31$kJ/kg, $h_3 = 274$kJ/kg, $h_4 = 668$kJ /kg, $h_5 = 764$kJ/kg, $h_6 = 478$kJ/kg이다.)

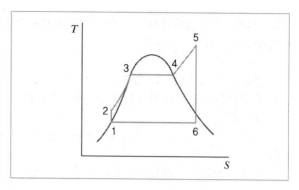

① 39   ② 42

③ 53   ④ 58

해설⊕

랭킨사이클의 $T-S$ 선도를 $h-S$ 선도로 그리면

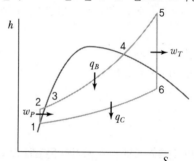

$\eta_R = \dfrac{w_T - w_P}{q_B} = \dfrac{(h_5 - h_6) - (h_2 - h_1)}{(h_5 - h_2)}$

$\quad = \dfrac{(764 - 478) - (31 - 30)}{764 - 31} = 0.3888 = 38.88\%$

33 이상적인 복합 사이클(사바테 사이클)에서 압축비는 16, 최고압력비(압력상승비)는 2.3, 체절비는 1.6이고, 공기의 비열비는 1.4일 때 이 사이클의 효율은 약 몇 %인가?

① 55.52   ② 58.41

③ 61.54   ④ 64.88

해설 ⊕

$$\eta_{Sa} = 1 - \left(\frac{1}{\varepsilon}\right)^{k-1} \cdot \frac{\rho\sigma^k - 1}{(\rho-1) + k\rho(\sigma-1)}$$

$$= 1 - \left(\frac{1}{16}\right)^{1.4-1} \cdot \frac{2.3 \times 1.6^{1.4} - 1}{(2.3-1) + 1.4 \times 2.3 \times (1.6-1)}$$

$$= 0.6488 = 64.88\%$$

34 단위 질량의 이상기체가 정적과정하에서 온도가 T_1에서 T_2로 변하였고, 압력도 P_1에서 P_2로 변하였다면, 엔트로피 변화량 ΔS는?(단, C_v와 C_p는 각각 정적비열과 정압비열이다.)

① $\Delta S = C_v \ln\dfrac{P_1}{P_2}$ 　 　② $\Delta S = C_p \ln\dfrac{P_2}{P_1}$

③ $\Delta S = C_v \ln\dfrac{T_2}{T_1}$ 　 　④ $\Delta S = C_p \ln\dfrac{T_1}{T_2}$

해설 ⊕

$$ds = \frac{\delta q}{T} = \frac{du + P\cancel{dv}^{\,0}}{T}$$

$$ds = C_v \frac{1}{T} dT$$

$$\therefore \; s_2 - s_1 = C_v \ln\frac{T_2}{T_1}$$

35 온도가 각기 다른 액체 A(50℃), B(25℃), C(10℃)가 있다. A와 B를 동일 질량으로 혼합하면 40℃로 되고, A와 C를 동일 질량으로 혼합하면 30℃로 된다. B와 C를 동일 질량으로 혼합할 때는 몇 ℃로 되겠는가?

① 16.0℃ 　 　② 18.4℃

③ 20.0℃ 　 　④ 22.5℃

해설 ⊕

$_1Q_2 = mC(T_2 - T_1)$에서 동일 질량이므로

i) A가 방출한 열량=B가 흡수한 열량

$-C_A(40-50) = C_B(40-25)$

$10C_A = 15C_B$

$\therefore \; C_A = 1.5C_B$ ········ ⓐ

ii) A가 방출한 열량=C가 흡수한 열량

$-C_A(30-50) = C_C(30-10)$

$20C_A = 20C_C$

$\therefore \; C_A = C_C$ ········ ⓑ

iii) B가 방출한 열량=C가 흡수한 열량

$-C_B(T_m - 25) = C_C(T_m - 10)$

ⓐ, ⓑ에서 $C_C = 1.5C_B$이므로

$C_B(25 - T_m) = 1.5C_B(T_m - 10)$

$\therefore \; T_m = 16℃$

36 어떤 기체가 5kJ의 열을 받고 0.18kN·m의 일을 외부로 하였다. 이때의 내부에너지의 변화량은?

① 3.24kJ 　 　② 4.82kJ

③ 5.18kJ 　 　④ 6.14kJ

해설 ⊕

$\delta Q - \delta W = dU$

$_1Q_2 - {_1W_2} = U_2 - U_1$

$U_2 - U_1 = \Delta U = {_1Q_2} - {_1W_2}$

　　　　　(열부호 흡열(+), 일부호 계가 한 일(+))

　　　　　$= 5 - 0.18$

　　　　　$= 4.82$kJ

37 대기압이 100kPa일 때, 계기압력이 5.23MPa인 증기의 절대압력은 약 몇 MPa인가?

① 3.02 　 　② 4.12

③ 5.33 　 　④ 6.43

해설 ⊕

절대압=국소대기압+계기압

　　　　$= 100 \times 10^{-3}$MPa $+ 5.23$MPa $= 5.33$MPa

38 압력 2MPa, 온도 300℃의 수증기가 20m/s의 속도로 증기터빈으로 들어간다. 터빈 출구에서 수증기 압력이 100kPa, 속도는 100m/s이다. 가역단열과정으로 가정 시, 터빈을 통과하는 수증기 1kg당 출력일은 약 몇 kJ/kg인가?(단, 수증기표로부터 2MPa, 300℃에서 비엔탈피는 3,023.5kJ/kg, 비엔트로피는 6.7663 kJ/(kg·K)이고, 출구에서의 비엔탈피 및 비엔트로피는 아래 표와 같다.)

출구	포화액	포화증기
비엔트로비[kJ/(kg·K)]	1.3025	7.3593
비엔탈피[kJ/kg]	417.44	2,675.46

$$P_i = 2\text{MPa}$$
$$T_i = 300℃$$
$$V_i = 20\text{m/s}$$

$$W$$

$$P_e = 100\text{MPa}$$
$$V_e = 100\text{m/s}$$

① 1,534   ② 564.3
③ 153.4   ④ 764.5

해설 ⊕

개방계에 대한 열역학 제1법칙(계가 일을 하므로 +)

$$\cancel{q_{cv}}^{0} + h_i + \frac{V_i^2}{2} + gZ_i = h_e + \frac{V_e^2}{2} + gZ_e + w_{cv}$$

$$w_{cv} = w_T = h_i - h_e + \frac{V_i^2}{2} - \frac{V_e^2}{2}$$

(여기서, 출구의 습증기 엔탈피 h_e를 구하기 위해 터빈에서 습증기일 때의 건도를 주어진 표에서 비엔트로피 양을 가지고 구해야 한다.)

$$s_x = s_f + x s_{fg} = s_f + x(s_g - s_f)$$

$$x = \frac{s_x - s_f}{s_g - s_f} = \frac{6.7663 - 1.3025}{7.3593 - 1.3025} = 0.902$$

$$\therefore h_e = h_x = h_f + x h_{fg}$$

$$= h_f + x(h_g - h_f)$$
$$= 417.44 + 0.902 \times (2,675.46 - 417.44)$$
$$= 2,454.17\text{kJ/kg}$$

$$\therefore w_T$$
$$= (3,023.5 - 2,454.17) + \frac{1}{2}(20^2 - 100^2) \times \frac{1\text{kJ}}{1,000\text{J}}$$
$$= 564.53\text{kJ/kg}$$

39 520K의 고온 열원으로부터 18.4kJ의 열량을 받고 273K의 저온 열원에 13kJ의 열량을 방출하는 열기관에 대하여 옳은 설명은?

① Clausius 적분값은 -0.0122kJ/K이고, 가역과정이다.
② Clausius 적분값은 -0.0122kJ/K이고, 비가역과정이다.
③ Clausius 적분값은 $+0.0122$kJ/K이고, 가역과정이다.
④ Clausius 적분값은 $+0.0122$kJ/K이고, 비가역과정이다.

해설 ⊕

$$\oint \frac{\delta Q}{T} = \frac{Q_H}{T_H} + \frac{Q_L}{T_L}$$

(여기서, Q_H: 흡열(+), Q_L: 방열(-))

$$= \frac{18.4}{520} + \frac{(-13)}{273}$$

$$= -0.0122\text{kJ/K}$$

$$\oint \frac{\delta Q}{T} < 0$$ 이므로 비가역과정이다.

40 랭킨 사이클에서 25℃, 0.01MPa 압력의 물 1kg을 5MPa 압력의 보일러로 공급한다. 이때 펌프가 가역단열과정으로 작용한다고 가정할 경우 펌프가 한 일은 약 몇 kJ인가?(단, 물의 비체적은 0.001m³/kg이다.)

① 2.58 ② 4.99
③ 20.10 ④ 40.20

해설⊕

랭킨사이클은 개방계이므로

$\cancel{q_{cv}}^{0} + h_i = h_e + w_{cv}$

$w_{cv} = w_P = h_i - h_e < 0$ (계가 일 받음(−))

$\therefore w_P = h_e - h_i > 0$

여기서, $\cancel{\delta q}^{0} = dh - vdp \rightarrow dh = vdp$

$\therefore w_P = h_e - h_i = \int_i^e vdp$ (물의 비체적 $v = c$)

$\quad = v(p_e - p_i)$

$\quad = 0.001 \times (5 - 0.01) \times 10^6$

$\quad = 4,990 J/kg$

$\quad = 4.99 kJ/kg$

펌프일 $W_P = m \cdot w_P = 1kg \times 4.99 kJ/kg = 4.99 kJ$

3과목 **기계유체역학**

41 지름 0.1mm, 비중 2.3인 작은 모래알이 호수 바닥으로 가라앉을 때, 잔잔한 물속에서 가라앉는 속도는 약 몇 mm/s인가?(단, 물의 점성계수는 1.12×10^{-3} N·s/m²이다.)

① 6.32 ② 4.96
③ 3.17 ④ 2.24

해설⊕

낙구식 점도계에서

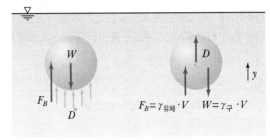

모래알 체적 $V_모 = \frac{4}{3}\pi r^3 = \frac{4}{3}\pi\left(\frac{d}{2}\right)^3 = \frac{\pi d^3}{6}$

$\Sigma F_y = 0 : D + F_B - W = 0$

$3\pi\mu Vd + \gamma_w V_모 - \gamma_모 V_모 = 0$

$3\pi\mu Vd + \gamma_w \times \frac{\pi d^3}{6} - s\gamma_w \times \frac{\pi d^3}{6} = 0$

$\therefore V = \frac{\gamma_w V_모 (s-1)}{3\pi\mu d}$

$\quad = \frac{9,800 \times \frac{\pi}{6} \times 0.0001^3 \times (2.3 - 1)}{3\pi \times 1.12 \times 10^{-3} \times 0.0001}$

$\quad = 0.00632 m/s = 6.32 mm/s$

---

42 반지름 R인 파이프 내에 점도 μ인 유체가 완전발달 층류유동으로 흐르고 있다. 길이 L을 흐르는 데 압력손실이 Δp만큼 발생했을 때, 파이프 벽면에서의 평균전단응력은 얼마인가?

① $\mu \frac{R}{4}\frac{\Delta p}{L}$ ② $\mu \frac{R}{2}\frac{\Delta p}{L}$
③ $\frac{R}{4}\frac{\Delta p}{L}$ ④ $\frac{R}{2}\frac{\Delta p}{L}$

해설⊕

$\tau_{max} = -\frac{R}{2}\frac{dp}{dl} = \frac{R\Delta p}{2L}$

정답 **40** ② **41** ① **42** ④

43 어느 물리법칙이 $F(a, V, \nu, L) = 0$과 같은 식으로 주어졌다. 이 식을 무차원수의 함수로 표시하고자 할 때 이에 관계되는 무차원수는 몇 개인가?(단, a, V, ν, L은 각각 가속도, 속도, 동점성계수, 길이이다.)

① 4   ② 3   ③ 2   ④ 1

해설 ⊕

버킹엄의 π정리에 의해 독립무차원수 $\pi = n - m$

여기서, n : 물리량 총수

m : 사용된 차원수

a : 가속도 m/s² $[LT^{-2}]$

V : 속도 m/s $[LT^{-1}]$

ν : 동점성계수 m²/s $[L^2 T^{-1}]$

L : 길이 m $[L]$

$\pi = n - m = 4 - 2$ (L과 T 차원 2개)

$\qquad = 2$

44 평균 반지름이 R인 얇은 막 형태의 작은 비눗방울의 내부 압력을 P_1, 외부 압력을 P_o라고 할 경우, 표면장력(σ)에 의한 압력차($|P_i - P_o|$)는?

① $\dfrac{\sigma}{4R}$ ② $\dfrac{\sigma}{R}$ ③ $\dfrac{4\sigma}{R}$ ④ $\dfrac{2\sigma}{R}$

해설 ⊕

$\sigma = \dfrac{\Delta P d}{4}$ 에서

$\therefore \Delta P = |P_i - P_o| = \dfrac{4\sigma}{d} = \dfrac{2\sigma}{R}$

45 $\dfrac{1}{20}$로 축소한 모형 수력발전댐과, 역학적으로 상사한 실제 수력발전댐이 생성할 수 있는 동력의 비(모형 : 실제)는 약 얼마인가?

① 1 : 1,800   ② 1 : 8,000

③ 1 : 35,800   ④ 1 : 160,000

해설 ⊕

역학적으로 상사하기 위해 모형과 실형의 사이에 프루드수가 같아야 한다.

ⅰ) $(F_r)_m = (F_r)_P$

$\left(\dfrac{V}{\sqrt{Lg}}\right)_m = \left(\dfrac{V}{\sqrt{Lg}}\right)_P$

$V_P = \sqrt{\dfrac{L_p}{L_m}}\, V_m \;(\because g_m = g_p)$

$\qquad = \sqrt{20}\, V_m$

ⅱ) 동력

$H = \gamma HQ = \gamma HAV = \gamma Hl^2 l$

여기서, $A = m^2 \rightarrow l^2$, $H = m \rightarrow l$, $\gamma = \dfrac{H}{Vl^3}$

모형과 실형의 $\gamma_m = \gamma_P$이어야 하므로

$\left(\dfrac{H}{Vl^3}\right)_m = \left(\dfrac{H}{Vl^3}\right)_P$

$\dfrac{H_m}{V_m \times 1^3} = \dfrac{H_P}{\sqrt{20}\, V_m \times 20^3}$

$\therefore H_m : H_P = 1 : 20^3 \sqrt{20} = 1 : 35{,}777$

46 비압축성 유체의 2차원 유동 속도성분이 $u = x^2 t$, $v = x^2 - 2xyt$이다. 시간(t)이 2일 때, $(x, y) = (2, -1)$에서 x방향 가속도(a_x)는 약 얼마인가?(단, u, v는 각각 x, y 방향 속도성분이고, 단위는 모두 표준단위이다.)

① 32   ② 34

③ 64   ④ 68

해설 ⊕

2차원 유동에서

가속도 $\vec{a} = \dfrac{\overrightarrow{DV}}{Dt} = u \cdot \dfrac{\partial \vec{V}}{\partial x} + v \cdot \dfrac{\partial \vec{V}}{\partial y} + \dfrac{\partial \vec{V}}{\partial t}$

정답   43 ③   44 ④   45 ③   46 ④

x성분의 가속도 $\overrightarrow{a_x} = \dfrac{\overrightarrow{Du}}{Dt} = u \cdot \dfrac{\partial u}{\partial x} + v \cdot \dfrac{\partial u}{\partial y} + \dfrac{\partial u}{\partial t}$

$\therefore\ a_x = x^2 t \times 2xt + (x^2 - 2xyt) \times 0 + x^2$

$t = 2$이고 $x = 2$를 a_x에 대입하면

$a_x = 2^2 \times 2 \times (2 \times 2 \times 2) + 2^2 = 68$

---

47 다음과 같이 유체의 정의를 설명할 때 괄호 속에 가장 알맞은 용어는 무엇인가?

> 유체란 아무리 작은 (　　)에도 저항할 수 없어 연속적으로 변형하는 물질이다.

① 수직응력　　　　　② 중력
③ 압력　　　　　　　④ 전단응력

해설⊕

유체는 전단응력을 받으면 연속적으로 변형되며 고체는 전단응력을 받으면 불연속적으로 변형된다.

---

48 안지름 100mm인 파이프 안에 2.3m³/min의 유량으로 물이 흐르고 있다. 관 길이가 15m라고 할 때 이 사이에서 나타나는 손실수두는 약 몇 m인가?(단, 관마찰계수는 0.01로 한다.)

① 0.92　　　　　　　② 1.82
③ 2.13　　　　　　　④ 1.22

해설⊕

$h_f = f \dfrac{l}{d} \dfrac{V^2}{2g} = 0.01 \times \dfrac{15}{0.1} \times \dfrac{4.88^2}{2 \times 9.8} = 1.82\,\text{m}$

여기서, $Q = AV$에서 $V = \dfrac{Q}{A} = \dfrac{2.3 \times \dfrac{1}{60}}{\dfrac{\pi \times 0.1^2}{4}} = 4.88\,\text{m/s}$

---

49 지름 20cm, 속도 1m/s인 물 제트가 그림과 같이 넓은 평판에 60° 경사하여 충돌한다. 분류가 평판에 작용하는 수직방향 힘 F_N은 약 몇 N인가?(단, 중력에 대한 영향은 고려하지 않는다.)

① 27.2　　　　　　　② 31.4
③ 2.72　　　　　　　④ 3.14

해설⊕

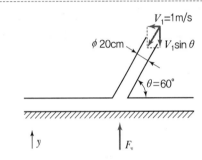

$F_N = f_y = \rho Q(V_{2y} - V_{1y})$

여기서, $V_{2y} = 0$, $V_{1y} = -V_1\sin\theta$ (분류가 y 가정 방향과 반대)

$\therefore\ f_y = \rho Q(0 - (-)V_1\sin\theta)$

$\quad = \rho Q V_1 \sin\theta = \rho A V_1^2 \sin\theta$

$\quad = 1,000 \times \dfrac{\pi \times 0.2^2}{4} \times 1^2 \times \sin 60°$

$\quad = 27.21\,\text{N}$

50 경계층(Boundary layer)에 관한 설명 중 틀린 것은?

① 경계층 바깥의 흐름은 퍼텐셜 흐름에 가깝다.

② 균일 속도가 크고, 유체의 점성이 클수록 경계층의 두께는 얇아진다.

③ 경계층 내에서는 점성의 영향이 크다.

④ 경계층은 평판 선단으로부터 하류로 갈수록 두꺼워진다.

해설⊕

경계층은 평판의 선단으로부터 점성의 영향이 미치는 얇은 층으로, 속도가 크고 점성(유체마찰)이 클수록 점성의 영향이 미치는 경계층 두께는 두꺼워진다.

51 안지름이 20cm, 높이가 60cm인 수직 원통형 용기에 밀도 850kg/m³인 액체가 밑면으로부터 50cm 높이만큼 채워져 있다. 원통형 용기와 액체가 일정한 각속도로 회전할 때, 액체가 넘치기 시작하는 각속도는 약 몇 rpm인가?

① 134

② 189

③ 276

④ 392

해설⊕

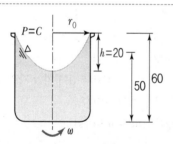

50cm가 자유표면인데, 용기를 회전시키면 가운데 부분은 내려가고 원통부분은 올라가므로 그림처럼 20cm의 높이가 될 때 물이 넘치기 시작한다.

$h = \dfrac{r_0^2 \omega^2}{2g}$ 에서

$\omega = \dfrac{1}{r_0}\sqrt{2gh} = \dfrac{1}{0.1}\sqrt{2 \times 9.8 \times 0.2} = 19.8\text{rad/s}$

$\omega = \dfrac{2\pi N}{60}$ 에서

$\therefore N = \dfrac{60\omega}{2\pi} = \dfrac{60 \times 19.8}{2\pi} = 189.1\text{rpm}$

52 유체 계측과 관련하여 크게 유체의 국소 속도를 측정하는 것과 체적유량을 측정하는 것으로 구분할 때 다음 중 유체의 국소속도를 측정하는 계측기는?

① 벤투리미터

② 얇은 판 오리피스

③ 열선속도계

④ 로터미터

해설⊕

열선속도계

두 지지대 사이에 연결된 금속선에 전류가 흐를 때 금속선의 온도와 전기저항의 관계를 가지고 유속을 측정하는 장치(난류속도 측정)

53 유체(비중량 10N/m³)가 중량유량 6.28N/s로 지름 40cm인 관을 흐르고 있다. 이 관 내부의 평균 유속은 약 몇 m/s인가?

① 50.0

② 5.0

③ 0.2

④ 0.8

해설⊕

중량유량 $\dot{G} = \gamma A V$에서

$V = \dfrac{\dot{G}}{\gamma A} = \dfrac{6.28}{10 \times \dfrac{\pi \times 0.4^2}{4}} = 5.0\text{m/s}$

54 (x, y)좌표계의 비회전 2차원 유동장에서 속도 퍼텐셜(Potential) ϕ는 $\phi = 2x^2 y$로 주어졌다. 이때 점 $(3, 2)$인 곳에서 속도 벡터는?(단, 속도퍼텐셜 ϕ는 $\vec{V} \equiv \nabla \phi = grad\phi$로 정의된다.)

① $24\vec{i} + 18\vec{j}$

② $-24\vec{i} + 18\vec{j}$

③ $12\vec{i} + 9\vec{j}$

④ $-12\vec{i} + 9\vec{j}$

해설ⓞ

$$\vec{V} = \nabla \phi = \frac{\partial \phi}{\partial x}\vec{i} + \frac{\partial \phi}{\partial y}\vec{j} = 4xy\vec{i} + 2x^2\vec{j} \leftarrow (3,\ 2) \text{ 대입}$$
$$= (4 \times 3 \times 2)\vec{i} + (2 \times 3^2)\vec{j} = 24\vec{i} + 18\vec{j}$$

55 수평면과 60° 기울어진 벽에 지름이 4m인 원형 창이 있다. 창의 중심으로부터 5m 높이에 물이 차있을 때 창에 작용하는 합력의 작용점과 원형 창의 중심(도심)과의 거리(C)는 약 몇 m인가?(단, 원의 2차 면적 모멘트는 $\dfrac{\pi R^4}{4}$이고, 여기서 R은 원의 반지름이다.)

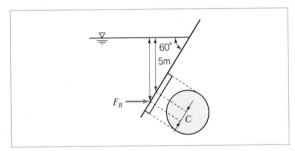

① 0.0866
② 0.173
③ 0.866
④ 1.73

해설ⓞ

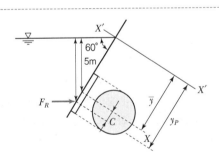

전압력중심 $y_P = \overline{y} + \dfrac{I_X}{A\,\overline{y}}$

$\overline{h} = \overline{y}\sin\theta$ 에서

$\overline{y} = \dfrac{\overline{h}}{\sin\theta} = \dfrac{5}{\sin 60°} = 5.77\text{m}$

$y_P - \overline{y} = C$ 이므로 $C = \dfrac{I_X}{A\,\overline{y}} = \dfrac{\dfrac{\pi \times 4^4}{64}}{\pi \times 2^2 \times 5.77} = 0.173\text{m}$

56 연직하방으로 내려가는 물 제트에서 높이 10m인 곳에서 속도는 20m/s였다. 높이 5m인 곳에서의 물의 속도는 약 몇 m/s인가?

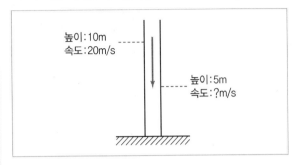

① 29.45
② 26.34
③ 23.88
④ 22.32

해설ⓞ

10m와 5m에 베르누이방정식 적용(압력은 동일)

$$\frac{V_1^2}{2g} + 10 = \frac{V_2^2}{2g} + 5$$

$$\frac{V_2^2}{2g} = \frac{V_1^2}{2g} + 5$$

$$V_2^2 = V_1^2 + 10g$$

$$\therefore V_2 = \sqrt{V_1^2 + 10g} = \sqrt{20^2 + 10 \times 9.8}$$
$$= 22.32\text{m/s}$$

57 그림에서 압력차($P_x - P_y$)는 몇 kPa인가?

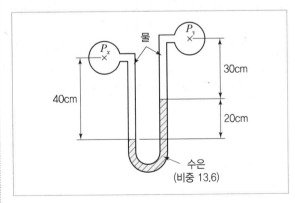

① 25.67   ② 2.57

③ 51.34   ④ 5.13

해설 ⊕

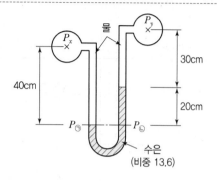

등압면이므로 $P_{\text{㉠}} = P_{\text{㉡}}$

$P_{\text{㉠}} = P_x + \gamma_{\text{물}} \times 0.4$

$P_{\text{㉡}} = P_y + \gamma_{\text{물}} \times 0.3 + \gamma_{\text{수은}} \times 0.2$

$P_x + \gamma_{\text{물}} \times 0.4 = P_y + \gamma_{\text{물}} \times 0.3 + \gamma_{\text{수은}} \times 0.2$

$\therefore\ P_x - P_y = \gamma_{\text{물}} \times 0.3 + \gamma_{\text{수은}} \times 0.2 - \gamma_{\text{물}} \times 0.4$

$\qquad = \gamma_{\text{물}} \times 0.3 + S_{\text{수은}} \gamma_{\text{물}} \times 0.2 - \gamma_{\text{물}} \times 0.4$

$\qquad = 9,800 \times 0.3 + 13.6 \times 9,800 \times 0.2 - 9,800$

$\qquad\quad \times 0.4$

$\qquad = 25,676\,\mathrm{Pa} = 25.68\,\mathrm{kPa}$

58 공기로 채워진 0.189m³의 오일 드럼통을 사용하여 잠수부가 해저 바닥으로부터 오래된 배의 닻을 끌어 올리려 한다. 바닷물 속에서 닻을 들어 올리는 데 필요한 힘은 1,780N이고, 공기 중에서 드럼통을 들어 올리는 데 필요한 힘은 222N이다. 공기로 채워진 드럼통을 닻에 연결한 후 잠수부가 이 닻을 끌어올리는 데 필요한 최소 힘은 약 몇 N인가?(단, 바닷물의 비중은 1.025이다.)

① 72.8   ② 83.4

③ 92.5   ④ 103.5

해설 ⊕

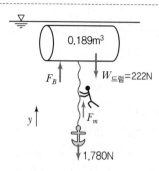

$\Sigma F_y = 0 : F_m + F_B - W_{\text{드럼}} - 1,780 = 0$

$\therefore\ F_m = 1,780 + 222 - F_B$

여기서, $F_B = \gamma_{\text{바닷물}} V_{\text{드럼}}$

$\qquad\quad = s\,\gamma_w V_{\text{드럼}}$

$\qquad\quad = 1.025 \times 9,800 \times 0.189 = 1,898.5\mathrm{N}$

잠수부가 닻을 끌어올리는 데 필요한 최소 힘

$F_m = 1,780 + 222 - 1,898.5 = 103.5\mathrm{N}$

59 수력기울기선(HGL : Hydraulic Grade Line)이 관보다 아래에 있는 곳에서의 압력은?

① 완전 진공이다.   ② 대기압보다 낮다.

③ 대기압과 같다.   ④ 대기압보다 높다.

해설 ⊕

수력구배선(HGL)은 위치와 압력에너지를 가지고 있는데, 그림처럼 관 아래에 있다면 기본적인 관 중심의 대기압 상태에서 위치에너지보다 작은 값을 나타내므로 압력이 대기압보다 낮음을 알 수 있다.

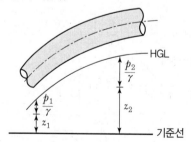

60 원관 내부의 흐름이 층류 정상 유동일 때 유체의 전단응력 분포에 대한 설명으로 알맞은 것은?

① 중심축에서 0이고, 반지름 방향 거리에 따라 선형적으로 증가한다.
② 관벽에서 0이고, 중심축까지 선형적으로 증가한다.
③ 단면에서 중심축을 기준으로 포물선 분포를 가진다.
④ 단면적 전체에서 일정하다.

해설⊕

층류유동에서 전단응력분포와 속도분포 그림을 이해하면 된다.
전단응력은 관 중심에서 0이고 관벽에서 최대이다.

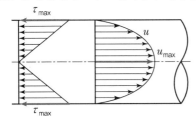

4과목 **기계재료 및 유압기기**

61 플라스틱 재료의 일반적인 특징을 설명한 것 중 틀린 것은?

① 완충성이 크다.
② 성형성이 우수하다.
③ 자기 윤활성이 풍부하다.
④ 내식성은 낮으나, 내구성이 높다.

해설⊕

합성수지(플라스틱)의 특성

㉠ 장점
  • 비강도 : 단단하고, 질기고, 부드럽고, 유연하게 만들 수 있기 때문에 금속 제품으로 만드는 것보다 가공비가 저렴하며, 종류에 따라서는 금속 이상의 강도를 가지기도 한다.

  • 비중 : 금속이나 유리에 비하여 가볍다. 비중 0.9~1.6 정도가 가장 많다.
  • 단열성 : 열을 차단하는 성질이 우수하여 건축물의 단열재 또는 아이스박스에 이용된다.
  • 전기 절연성 : 대부분의 플라스틱은 전기 절연성이 좋아 전기를 잘 전달하지 않으며, 고주파 전기에도 우수한 저항성을 나타낸다. 또 필요에 따라 전기 절연성도 조절할 수 있으므로 전기 재료에 많이 이용된다.
  • 광학적 성질 : 투광성이 우수하여 빛을 잘 통과시키므로 유리와 같은 용도로 이용할 수 있으며, 투명도와 표면 광택 조절이 가능하고 착색이 자유롭다.
  • 화학적 안정성 : 화학 약품에 안정적이어서 각종 화학 물질의 보관 용기 재료로 이용된다.
  • 탄성 : 수십 ~ 수백 %까지의 큰 탄성을 가지고 있는 것이 있어, 공업용 고무 재료로 사용할 수 있다.
  • 충격 흡수성 : 충격을 흡수하는 성질이 있어서 제품 포장의 완충재로 사용되기도 한다.

㉡ 단점
  • 열에 약하고, 연소할 때 유독가스를 방출한다. 또한 태양광선 등에 의하여 열화하는 등의 내후성이 낮은 것이 많다.
  • 표면경도가 낮기 때문에 내마모성이나 내구성이 떨어진다.

62 주조용 알루미늄 합금의 질별 기호 중 T6가 의미하는 것은?

① 어닐링 한 것
② 제조한 그대로의 것
③ 용체화처리 후 인공시효 경화 처리한 것
④ 고온 가공에서 냉각 후 자연시효시킨 것

해설⊕

용체화처리(Solution Treatment, SLT)
• 고온(500℃)에서 안정된 조직을 저온에서 그대로 유지시키는 공정

• 고온(500℃)을 유지하여 균일한 α 고용체가 얻어질 때까지 유지시킨 후 순간적으로 급랭함으로써 고온에서 안정된 상을 저온에서 유지시켜 과포화고용체를 얻는다.(철의 담금질과 유사)

• T6 : 용체화처리(SLT) 후 인공시효 경화 처리한 것

63 주철에 대한 설명으로 옳은 것은?

① 주철은 액상일 때 유동성이 좋다.
② 주철은 C와 Si 등이 많을수록 비중이 커진다.
③ 주철은 C와 Si 등이 많을수록 용융점이 높아진다.
④ 흑연이 많을 경우 그 파단면은 백색을 띠며 백주철이라 한다.

해설⊕

㉠ 주철은 액상일 때 유동성이 좋고, C와 Si 등이 많을수록 비중이 작아지며, 용융점도 낮아진다.
㉡ 주철 중 탄소(C)의 형상
  • 유리탄소(흑연) : 탄소가 유리탄소(흑연)로 존재하고 그 파단면은 회색을 띠며, 회주철이라 한다.
  • 화합탄소(탄화철 : Fe_3C) : 탄소가 화합탄소(Fe_3C)로 존재하고 그 파단면은 백색을 띠며, 백주철이라 한다.

64 특수강을 제조하는 목적이 아닌 것은?

① 절삭성 개선
② 고온강도 저하
③ 담금질성 향상
④ 내마멸성, 내식성 개선

해설⊕

합금원소를 첨가하는 목적
• 기계적 성질 개선
• 내식, 내마멸성 증대
• 고온에서 기계적 성질 저하 방지
• 담금질성의 향상
• 단접과 용접성 향상
• 절삭, 소성가공성 개량
• 결정 입자 성장 방지

65 확산에 의한 경화 방법이 아닌 것은?

① 고체 침탄법
② 가스 질화법
③ 쇼트피닝
④ 침탄 질화법

해설⊕

표면경화법의 종류
㉠ 화학적인 방법(확산에 의한 방법)
  • 침탄법 : 고체침탄법, 가스침탄법. 액체침탄법(=침탄질화법=청화법=시안화법)
  • 질화법
㉡ 물리적인방법 : 화염경화법, 고주파경화법
㉢ 금속침투법 : 크로마이징, 칼로라이징, 실리코나이징, 보로나이징, 세라다이징 등
㉣ 기타 표면경화법 : 쇼트피닝, 방전경화법, 하드페이싱 등

66 조미니 시험(Jominy test)은 무엇을 알기 위한 시험 방법인가?

① 부식성
② 마모성
③ 충격인성
④ 담금질성

해설⊕

조미니시험(Jominy test)
조미니 시험은 강의 경화능(Hardenability, 담금질성)을 측정하는 가장 일반적인 시험이다.
일정 치수의 조미니 시험 시편을 소정의 오스테나이트화 온도로 가열하여, 시험대에 놓고 분수로 시편 하단면에 물을 분사한다. 10분간 방치한 후 조미니 시험편을 물속에서 냉각시킨다. 그 다음, 시험편 측면을 약 0.4mm 연마하여 적당한 간격으로 로크웰 경도를 측정한다. 측정 후 조미니 곡선을 그린다.
조미니 시험법은 물의 양, 분수구에서 시편까지의 거리가 항상 일정하고 시험법에 재현성이 좋아서 신뢰성이 아주 높은 경화능 시험법이다.

정답 63 ① 64 ② 65 ③ 66 ④

67 기계 태엽, 정밀계측기, 다이얼 게이지 등을 만드는 재료로 가장 적합한 것은?

① 인청동   ② 엘린바
③ 미하나이트   ④ 애드미럴티

해설 ✚
① 인청동(청동+인(P))
- 합금 중에 P(0.05~0.5%)를 잔류시키면 구리 용융액의 유동성이 좋아지고, 강도, 경도, 탄성률 등 기계적 성질이 개선되며 내식성이 좋아진다.
- 봉은 기어, 캠, 축, 베어링 등에 사용하고, 선은 코일 스프링, 스파이럴 스프링 등에 사용한다.
- 스프링용인 청동은 Sn(7.0~9.0%)+P(0.03~0.35%)의 합금이며 전연성, 내식성, 내마멸성이 좋고, 자성이 없어 통신기기, 계기류 등의 고급 스프링 재료로 사용한다.
② 엘린바(Elinvar) : Fe-Ni 36% - Cr 12% 합금, 명칭은 탄성(Elasticity)+불변(Invariable)
- 인바에 크롬을 첨가하면 실온에서 탄성계수가 불변하고, 선팽창률도 거의 없다.
- 시계 태엽, 정밀 저울의 소재로 사용된다.
③ 미하나이트 주철(Meehanite cast iron)
- 용선 시 선철에 다량의 강철 스크랩을 사용하여 저탄소 주철을 만들고, 여기에 Ca-Si, Fe-Si 등을 첨가하여 조직을 균일화, 미세화한 고급 주철
- 강도가 높으며 내마모성이 우수하여, 브레이크드럼, 실린더, 캠, 크랭크, 축, 기어 등에 사용된다.
④ 애드미럴티 황동(Admiralty Metal, 7-3 황동+1% Sn) : 전연성이 좋아 증발기, 열교환기 등의 관에 사용된다.

68 금속재료에 외력을 가했을 때 미끄럼이 일어나는 과정에서 생긴 국부적인 격자 배열의 선결함은?

① 전위   ② 공공
③ 적층결함   ④ 결정립 경계

해설 ✚
전위(Dislocation)
금속의 결정격자에 결함이 있을 때 외력에 의해 선결함이 이동되는 것을 말한다.

69 배빗 메탈(Babbit metal)에 관한 설명으로 옳은 것은?

① Sn - Sb - Cu계 합금으로서 베어링 재료로 사용된다.
② Cu - Ni - Si계 합금으로서 도전율이 좋으므로 강력 도전 재료로 이용된다.
③ Zn - Cu - Ti계 합금으로서 강도가 현저히 개선된 경화형 합금이다.
④ Al - Cu - Mg계 합금으로서 상온 시효 처리하여 기계적 성질을 개선시킨 합금이다.

해설 ✚
화이트 메탈(White metal, 배빗 메탈) : Sn-Sb-Pb-Cu계 합금, 백색, 용융점이 낮고 강도가 약하다. 베어링용, 다이케스팅용 재료

70 Fe-C 평형상태도에서 나타날 수 있는 반응이 아닌 것은?

① 포정반응   ② 공정반응
③ 공석반응   ④ 편정반응

해설 ✚
Fe-C 평형상태도에서 금속의 반응은 공정반응, 공석반응, 포정반응이다.

71 부하가 급격히 변화하였을 때 그 자중이나 관성력 때문에 소정의 제어를 못하게 된 경우 배압을 걸어주어 자유낙하를 방지하는 역할을 하는 유압제어 밸브로 체크밸브가 내장된 것은?

① 카운터밸런스 밸브　　② 릴리프 밸브
③ 스로틀 밸브　　　　　④ 감압 밸브

해설⊕

① 카운터밸런스 밸브 : 추의 낙하를 방지하기 위해 배압을 유지시켜 주는 압력제어 밸브
② 릴리프 밸브 : 과도한 압력으로부터 시스템을 보호하는 안전밸브
③ 스로틀 밸브 : 기화기 또는 스로틀 바디를 통과하는 공기량을 조절하기 위해 여닫는 밸브를 말하는데, 액셀러레이터 페달은 이 밸브가 열리는 정도를 조절한다.
④ 감압 밸브 : 유량 또는 입구 쪽 압력에 관계없이 출력 쪽 압력을 입구 쪽 압력보다 낮은 설정압력으로 조정하는 압력제어 밸브

72 다음 중 유압장치의 운동 부분에 사용되는 실(Seal)의 일반적인 명칭은?

① 심리스(Seamless)　　② 개스킷(Gasket)
③ 패킹(Packing)　　　　④ 필터(Filter)

해설⊕

• 개스킷(Gasket) : 고정 부분에 쓰이는 실
• 패킹(Packing) : 움직이는 부분에 쓰이는 실

73 미터 – 아웃(Meter – out) 유량 제어 시스템에 대한 설명으로 옳은 것은?

① 실린더로 유입하는 유량을 제어한다.
② 실린더의 출구 관로에 위치하여 실린더로부터 유출되는 유량을 제어한다.

③ 부하가 급격히 감소되더라도 피스톤이 급진되지 않도록 제어한다.
④ 순간적으로 고압을 필요로 할 때 사용한다.

해설⊕

실린더에 공급되는 유량을 조절하여 실린더의 속도를 제어하는 회로
• 미터인 방식 : 실린더의 입구 쪽 관로에서 유량을 교축시켜 작동속도를 조절하는 방식
• 미터아웃 방식 : 실린더의 출구 쪽 관로에서 유량을 교축시켜 작동속도를 조절하는 방식
• 블리드오프 방식 : 실린더로 흐르는 유량의 일부를 탱크로 분기함으로써 작동 속도를 조절하는 방식

74 다음 기호에 대한 명칭은?

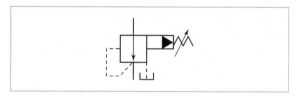

① 비례전자식 릴리프 밸브
② 릴리프 붙이 시퀀스 밸브
③ 파일럿 작동형 감압 밸브
④ 파일럿 작동형 릴리프 밸브

해설⊕

① 비례전자식 릴리프 밸브	② 릴리프 붙이 시퀀스 밸브
③ 파일럿 작동형 감압 밸브	④ 파일럿 작동형 릴리프 밸브

75 다음 중 어큐뮬레이터 용도에 대한 설명으로 틀린 것은?

① 에너지 축적용
② 펌프 맥동 흡수용
③ 충격압력의 완충용
④ 유압유 냉각 및 가열용

해설⊕
축압기(Accumulator)의 용도
• 유압에너지의 축적
• 2차 회로의 보상
• 압력 보상(카운터 밸런스)
• 맥동 제어(노이즈 댐퍼)
• 충격 완충
• 액체 수송
• 고장, 정전 등의 긴급 유압원

76 온도 상승에 의하여 윤활유의 점도가 낮아질 때 나타나는 현상이 아닌 것은?

① 누설이 잘 된다.
② 기포의 제거가 어렵다.
③ 마찰 부분의 마모가 증대된다.
④ 펌프의 용적 효율이 저하된다.

해설⊕
점도가 너무 낮을 경우
• 실(seal) 효과 감소(작동유 누설)
• 펌프효율 저하에 따른 온도 상승(누설에 따른 현상)
• 마찰 부분의 마모 증대(부품 간의 유막 형성의 저하에 따른 현상)
• 정밀한 조절과 제어 곤란 등의 현상 발생

77 그림과 같은 유압회로의 명칭으로 옳은 것은?

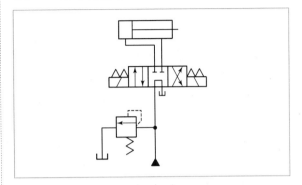

① 브레이크 회로   ② 압력 설정 회로
③ 최대압력 제한 회로   ④ 임의 위치 로크 회로

해설⊕
그림은 탠덤센터 3위치 4방향 밸브를 사용하여 중립 위치에서 유압실린더를 임의 위치에 정지시키고, 무부하 운전할 수 있는 임의 위치 로크 회로이다.

78 크래킹 압력(Cracking pressure)에 관한 설명으로 가장 적합한 것은?

① 파일럿 관로에 작용시키는 압력
② 압력 제어 밸브 등에서 조절되는 압력
③ 체크 밸브, 릴리프 밸브 등에서 압력이 상승하고 밸브가 열리기 시작하여 어느 일정한 흐름의 양이 안정되는 압력
④ 체크 밸브, 릴리프 밸브 등의 입구 쪽 압력이 강하하고, 밸브가 닫히기 시작하여 밸브의 누설량이 어느 규정의 양까지 감소했을 때의 압력

해설⊕
② 설정압력 : 압력 제어 밸브 등에서 조절되는 압력
③ 크래킹 압력 : 체크 밸브 또는 릴리프 밸브 등에서 압력이 상승하여 밸브가 열리기 시작하고 어떤 일정한 흐름의 양이 확인되는 압력
④ 리시트 압력 : 체크 밸브 또는 릴리프 밸브 등의 입구 쪽 압력이 강하하고 밸브가 닫히기 시작하여 밸브의 누설량이 어떤 규정된 양까지 감소되었을 때의 압력

2018

79 다음 중 기어 모터의 특성에 관한 설명으로 가장 거리가 먼 것은?

① 정회전, 역회전이 가능하다.

② 일반적으로 평기어를 사용한다.

③ 비교적 소형이며 구조가 간단하기 때문에 값이 싸다.

④ 누설량이 적고 토크 변동이 작아서 건설기계에 많이 이용된다.

해설⊕

기어모터의 특징

• 구조가 간단하여 운전보수가 용이하다.

• 다루기 쉽고 가격이 저렴하다.

• 작동유 오염에 비교적 강한 편이다.

• 펌프의 효율은 피스톤 펌프에 비하여 떨어진다.

• 가변 용량형으로 만들기가 곤란하고, 누설이 많다.

• 토출량의 맥동이 적으므로 소음과 진동이 적다.

80 펌프의 압력이 50Pa, 토출유량은 40m³/min인 레이디얼 피스톤 펌프의 축동력은 약 몇 W인가?(단, 펌프의 전효율은 0.85이다.)

① 3,921

② 39.21

③ 2,352

④ 23.52

해설⊕

전효율 $\eta = \dfrac{\text{펌프동력}(L_P)}{\text{축동력}(L_S)}$ 에서

$$\therefore L_S = \frac{L_P}{\eta} = \frac{pQ}{\eta} = \frac{50 \times \dfrac{40}{60}}{0.85} = 39.2\,[\mathrm{W}]$$

---

81 반지름이 1m인 원을 각속도 60rpm으로 회전하는 1kg 질량의 선형운동량(linear momentum)은 몇 kg·m/s인가?(단, 펌프의 전효율은 0.85이다.)

① 6.28

② 1.0

③ 62.8

④ 10.0

해설⊕

$$선형운동량(선운동량) = mV = mr\omega$$
$$= mr \times \frac{2\pi N}{60}$$
$$= 1 \times 1 \times \frac{2\pi \times 60}{60}$$
$$= 6.28\mathrm{kg \cdot m/s}$$

82 질량 m인 물체가 h의 높이에서 자유 낙하한다. 공기 저항을 무시할 때, 이 물체가 도달할 수 있는 최대 속력은?(단, g는 중력가속도이다.)

① $\sqrt{mgh}$

② $\sqrt{mh}$

③ $\sqrt{gh}$

④ $\sqrt{2gh}$

해설⊕

중력위치에너지=운동에너지

$V_g = T$ 에서 $mgh = \dfrac{1}{2}mV^2 \rightarrow V^2 = 2gh$

$\therefore V = \sqrt{2gh}$

---

83 그림과 같이 0.6m 길이에 질량 5kg의 균질봉이 축의 직각방향으로 30N의 힘을 받고 있다. 봉이 $\theta = 0°$일 때 시계방향으로 초기 각속도 $\omega_1 = 10$rad/s이면 $\theta = 90°$일 때 봉의 각속도는?(단, 중력의 영향을 고려한다.)

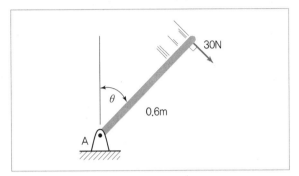

① 12.6rad/s
② 14.2rad/s
③ 15.6rad/s
④ 17.2rad/s

해설⊕

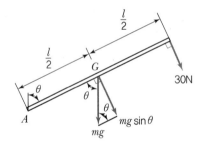

ⅰ) A점의 회전운동에 대해 모멘트 대수합은
$$\sum M_A = J_A \alpha$$

여기서, $J_0 = J_G + m\left(\dfrac{l}{2}\right)^2 = \dfrac{ml^2}{12} + \dfrac{ml^2}{4} = \dfrac{ml^2}{3}$

$$mg\sin\theta \times \frac{l}{2} + 30l = \frac{ml^2}{3} \times \alpha$$

$$\rightarrow \alpha = \frac{3}{ml^2}\left(\frac{lmg}{2}\sin\theta + 30l\right)$$

$$= \frac{3g}{2l}\sin\theta + \frac{90}{ml} = \frac{3 \times 9.8}{2 \times 0.6}\sin\theta + \frac{90}{5 \times 0.6}$$

∴ 각가속도 $\alpha = 24.5\sin\theta + 30$

ⅱ) 각속도 $\omega = \dfrac{d\theta}{dt} \Rightarrow dt = \dfrac{d\theta}{\omega}$

$$\alpha = \frac{d\omega}{dt} = \frac{d\omega}{\left(\dfrac{d\theta}{\omega}\right)} = \frac{\omega d\omega}{d\theta} \Rightarrow \omega d\omega = \alpha d\theta$$

적분하면
$$\int_{\omega_1}^{\omega_2} \omega d\omega = \int_{\theta_1}^{\theta_2} \alpha d\theta$$

$$\int_{\omega_1}^{\omega_2} \omega d\omega = \int_0^{\frac{\pi}{2}} (24.5\sin\theta + 30)d\theta$$

$$= \int_0^{90°} (24.5\sin\theta)d\theta + \int_0^{\frac{\pi}{2}} 30\,d\theta$$

$$\frac{\omega_2{}^2 - \omega_1{}^2}{2} = \left[-24.5\cos\theta\right]_0^{90°} + 30\left[\theta\right]_0^{\frac{\pi}{2}}$$

(∵ 적분구간을 삼각함수−도(degree)와 θ−라디안 (radian)으로)

$$\frac{\omega_2{}^2 - 10^2}{2} = -24.5(\cos 90° - \cos 0°) + 30\left(\frac{\pi}{2} - 0\right)$$

∴ $\omega_2 = 15.596$rad/s

84 국제단위체계(SI)에서 1N에 대한 설명으로 옳은 것은?

① 1g의 질량에 1m/s²의 가속도를 주는 힘이다.
② 1g의 질량에 1m/s의 속도를 주는 힘이다.
③ 1kg의 질량에 1m/s²의 가속도를 주는 힘이다.
④ 1kg의 질량에 1m/s의 속도를 주는 힘이다.

해설⊕

$F = ma$를 MKS 단위계에 적용 : 1N은 1kg의 질량을 1m/s² 으로 가속시키는 데 필요한 힘이다.

85 전기모터의 회전자가 3,450rpm으로 회전하고 있다. 전기를 차단했을 때 회전자는 일정한 각가속도로 속도가 감소하여 정지할 때까지 40초가 걸렸다. 이때 각가속도의 크기는 약 몇 rad/s²인가?

① 361.0
② 180.5
③ 86.25
④ 9.03

정답 83 ③ 84 ③ 85 ④

해설⊕

각가속도 $\alpha = \dfrac{d\omega}{dt} \Rightarrow$ 일정

$\rightarrow \alpha = \dfrac{\omega}{t} = \dfrac{\dfrac{2\pi N}{60}}{t} = \dfrac{\dfrac{2\pi \times 3,450}{60}}{40} = 9.03\,\mathrm{rad/s^2}$

86 20m/s의 속도를 가지고 직선으로 날아오는 무게 9.8N의 공을 0.1초 사이에 멈추게 하려면 약 몇 N의 힘이 필요한가?

① 20 ② 200

③ 9.8 ④ 98

해설⊕

선형충격량과 운동량의 원리에 의해

$\sum F dt = d(mV)$ 에서

$Ft = mV = \dfrac{W}{g}V$

$\therefore F = \dfrac{WV}{tg} = \dfrac{9.8 \times 20}{0.1 \times 9.8} = 200\mathrm{N}$

87 기계진동의 전달률(transmissibility ratio)을 1 이하로 조정하기 위해서는 진동수비(ω/ω_n)를 얼마로 하면 되는가?

① $\sqrt{2}$ 이하로 한다. ② 1 이상으로 한다.

③ 2 이상으로 한다. ④ $\sqrt{2}$ 이상으로 한다.

해설⊕

전달률 TR<1일 때 진동수비 $\gamma\left(=\dfrac{\omega}{\omega_n}\right)$는 $\sqrt{2}$ 보다 크거나 같아야 한다.

88 동일한 질량과 스프링상수를 가진 2개의 시스템에서 하나는 감쇠가 없고, 다른 하나는 감쇠비가 0.12인 점성감쇠가 있다. 이때 감쇠진동 시스템의 감쇠 고유진동수와 비감쇠진동 시스템의 고유진동수의 차이는 비감쇠진동 시스템 고유진동수의 약 몇 %인가?

① 0.72% ② 1.24%

③ 2.15% ④ 4.24%

해설⊕

$\dfrac{\omega_n - \omega_d}{\omega_n} = 1 - \dfrac{\omega_d}{\omega_n}$ (여기서, $\omega_d = \omega_n\sqrt{1-\zeta^2}$)

$= 1 - \sqrt{1-\zeta^2} = 1 - \sqrt{1-0.12^2}$

$= 0.0072 = 0.72\%$

89 스프링상수가 20N/cm와 30N/cm인 두 개의 스프링을 직렬로 연결했을 때 등가스프링 상숫값은 몇 N/cm인가?

① 50 ② 12

③ 10 ④ 25

해설⊕

직렬조합에서 전체 신장량 $\delta = \delta_1 + \delta_2$

$\dfrac{W}{k_e} = \dfrac{W}{k_1} + \dfrac{W}{k_2}$ (W 동일)

$\dfrac{1}{k_e} = \dfrac{1}{k_1} + \dfrac{1}{k_2} = \dfrac{k_1 + k_2}{k_1 k_2}$

$\therefore k_e = \dfrac{k_1 \cdot k_2}{k_1 + k_2} = \dfrac{20 \times 30}{20 + 30} = 12\mathrm{N/cm}$

90 그림과 같이 스프링상수는 400N/m, 질량은 100kg인 1자유도계 시스템이 있다. 초기에 변위는 0이고 스프링 변형량도 없는 상태에서 x 방향으로 3m/s의 속도로 움직이기 시작한다고 가정할 때 이 질량체의 속도 v를 위치 x에 관한 함수로 나타내면?

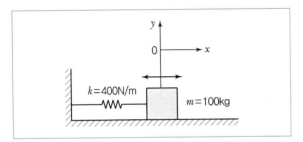

① $\pm(9-4x^2)$

② $\pm\sqrt{(9-4x^2)}$

③ $\pm(16-9x^2)$

④ $\pm\sqrt{(16-9x^2)}$

해설⊕

운동에너지와 스프링이 한 일은 같다.

스프링에 의한 일(x방향 반대) : $U_{1\to2}$

$$-\int_{x_0}^{x_1}kx\,dx = -\frac{1}{2}k(x_1^2-x_0^2)=\frac{1}{2}k(x_0^2-x_1^2)$$

$T=U_{1\to2}$에서

$$\frac{1}{2}m(v^2-v_0^2)=\frac{1}{2}k(x_0^2-x_1^2)$$

$$m(v^2-v_0^2)=k(x_0^2-x_1^2)$$

$$100(v^2-3^2)=400(0-x_1^2)\quad(\text{여기서, } x_1=x)$$

$$v^2-9=-4x^2$$

$$\therefore v=\pm\sqrt{(9-4x^2)}$$

91 다음 가공법 중 연삭 입자를 사용하지 않는 것은?

① 초음파가공

② 방전가공

③ 액체 호닝

④ 래핑

해설⊕

㉠ 연삭 입자에 의한 가공 : 연삭, 호닝, 래핑, 슈퍼피니싱, 초음파가공 등

㉡ 초음파가공 : 초음파 진동을 에너지원으로 하여 진동하는 공구(Horn)와 공작물 사이에 연삭 입자를 공급하여 공작물을 정밀하게 다듬는다.

㉢ 방전가공

- 스파크 가공(Spark machining)이라고도 하는데, 전기의 양극과 음극이 부딪칠 때 일어나는 스파크로 가공하는 방법이다.

- 스파크(온도 : 5,000℃)로 일어난 열에너지는 가공하고자 하는 재료를 녹이거나 기화시켜 제거함으로써 원하는 모양으로 만들어 준다.(정밀 가공 가능)

- 이 방전가공의 절대조건은 스파크를 일으키기 위해 양극 역할을 하는 공작물이 전기적으로 전도성을 띠어야 한다는 것이다.(전극은 음극 역할)

92 다음 중 주물의 첫 단계인 모형(Pattern)을 만들 때 고려사항으로 가장 거리가 먼 것은?

① 목형 구배

② 수축 여유

③ 팽창 여유

④ 기계가공 여유

해설⊕

목형 제작상 유의사항에는 수축 여유, 가공 여유, 목형 구배(기울기), 코어프린트, 라운딩, 덧붙임 등이 있다.

93 선반에서 주분력이 1.8kN, 절삭속도가 150m/min일 때, 절삭동력은 약 몇 kW인가?

① 4.5

② 6

③ 7.5

④ 9

해설⊕

절삭동력 $H=\dfrac{FV}{60\eta}(\text{kW})=\dfrac{1.8\times150}{60}=4.5(\text{kW})$

여기서, F : 주분력(kN), V : 절삭속도(m/min)

η : 효율(효율은 주어지지 않았으므로 무시한다.)

94 정격 2차 전류 300A인 용접기를 이용하여 실제 270A의 전류로 용접을 하였을 때, 허용사용률이 94% 이었다면 정격사용률은 약 몇 %인가?

① 68 　　　　　　② 72
③ 76 　　　　　　④ 80

해설⊕

$$허용사용률 = \frac{(정격\ 2차\ 전류)^2}{(실제의\ 용접전류)^2} \times 정격사용률(\%)$$

$$\therefore\ 정격사용률 = \frac{(실제의\ 용접전류)^2}{(정격\ 2차\ 전류)^2} \times 허용사용률(\%)$$

$$= \frac{270^2}{300^2} \times 94 = 76.14(\%)$$

95 다음 중 심랭처리(Sub-zero treatment)에 대한 설명으로 가장 적절한 것은?

① 강철을 담금질하기 전에 표면에 붙은 불순물을 화학적으로 제거시키는 것
② 처음에 기름으로 냉각한 다음 계속하여 물속에 담그고 냉각하는 것
③ 담금질 직후 바로 템퍼링하기 전에 얼마 동안 0℃에 두었다가 템퍼링하는 것
④ 담금질 후 0℃ 이하의 온도까지 냉각시켜 잔류 오스테나이트를 마텐자이트화하는 것

해설⊕

심랭처리
상온으로 담금질된 강을 다시 0℃ 이하의 온도로 냉각하는 열처리 방식이다.
• 목적 : 잔류 오스테나이트를 마텐자이트로 변태시키기 위해
• 효과 : 담금질 균열 방지, 치수 변화 방지, 경도 향상(예 게이지강)

96 다음 측정기구 중 진직도를 측정하기에 적합하지 않은 것은?

① 실린더 게이지 　　　② 오토콜리메이터
③ 측미 현미경 　　　　④ 정밀 수준기

해설⊕

㉠ 실린더 게이지 : 측정자의 변위를 직각방향으로 전달하고, 길이의 기준과 비교함으로써, 부착되어 있는 게이지 등의 지시기로 측정자의 변위를 읽을 수 있는 내경측정기를 말한다.
㉡ 오토콜리메이터 : 시준기(Collimator)와 망원경(Telescope)을 조합한 것으로서 미소 각도를 측정하는 광학적 측정기이다.
㉢ 측미 현미경 : 접안 측미계를 달아 놓은 현미경으로 미소한 크기를 정밀하게 측정하는 데 사용한다.
　※ 접안 측미계 : 현미경이나 망원경 따위에서, 대물렌즈에 의하여 생긴 극히 작은 실상의 길이와 각도 등을 정밀히 측정하기 위하여 쓰는 접안렌즈이다. 보통의 접안렌즈의 초점면에 마이크로미터가 달려 있다.
㉣ 정밀 수준기 : 건축용 수준기보다 훨씬 더 정도가 높은 수준기를 말하며, 평형과 각형이 있다. 공작 기계의 정도 조사 또는 기계 설치 등에 사용된다.

97 전해연마의 특징에 대한 설명으로 틀린 것은?

① 가공 변질 층이 없다.
② 내부식성이 좋아진다.
③ 가공면에는 방향성이 있다.
④ 복잡한 형상을 가진 공작물의 연마도 가능하다.

해설⊕

전해연마의 특징
• 절삭가공에서 나타나는 힘과 열에 따른 변형이 없다.
• 조직의 변화가 없다.
• 연질금속, 아연, 구리, 알루미늄, 몰리브덴, 니켈 등 형상이 복잡한 공작물과 얇은 재료의 연마도 가능하다.
• 가공한 면은 방향성이 없어 거울과 같이 매끄럽다.

• 내마멸성과 내부식성이 높다.

• 연마량이 작아서 깊은 홈이 제거되지 않는다.

• 주름과 같이 불순물이 많은 것은 광택을 낼 수 없다.

• 가공 모서리가 둥글게 된다.

98 냉간가공에 의하여 경도 및 항복강도가 증가하나 연신율은 감소하는데, 이 현상을 무엇이라 하는가?

① 가공경화   ② 탄성경화

③ 표면경화   ④ 시효경화

해설⊕

• 가공경화(변형경화) : 재료를 상온에서 소성 가공한 후에 재질이 단단해지고 항복점이 높아지는 현상을 말한다. 가공 경화의 정도는 가공 방법과 재질에 따라 다르며, 가공도가 클수록 경화도가 커진다. 재질에 따라 구리와 구리 합금, 스테인리스강은 가공경화가 잘되고, 저탄소강은 거의 가공경화가 되지 않는다. 탄성한도나 경도의 증가, 연신율은 감소한다.

• 표면경화 : 재료의 표면만을 단단하게 만드는 열처리이다.

• 시효경화 : 금속재료를 일정한 시간 적당한 온도에 놓아두면 단단해지는 현상이다.

99 절삭유제를 사용하는 목적이 아닌 것은?

① 능률적인 칩 제거

② 공작물과 공구의 냉각

③ 절삭열에 의한 정밀도 저하 방지

④ 공구 윗면과 칩 사이의 마찰계수 증대

해설⊕

절삭유의 역할

• 냉각작용 : 절삭열 제거(공구수명 연장, 치수 정밀도 향상, 열에 의한 변질 방지)

• 윤활작용 : 마찰 감소(팁 마모 감소 → 조도 향상, 절삭효율 상승 → 소비동력 저하)

• 세정작용 : 칩 배출, 바이트 팁에 칩이 융착되는 것 방지

• 방청작용 : 공작물 녹 방지

100 다음 중 자유단조에 속하지 않는 것은?

① 업세팅(Up-Setting)   ② 블랭킹(Blanking)

③ 늘리기(Drawing)   ④ 굽히기(Bending)

해설⊕

자유단조

업세팅, 단 짓기, 늘리기, 굽히기, 구멍 뚫기, 자르기 등

1과목 재료역학

01 원형 단면축이 비틀림을 받을 때, 그 속에 저장되는 탄성변형에너지 U는 얼마인가?(단, T : 토크, L : 길이, G : 가로탄성계수, I_P : 극관성모멘트, I : 관성모멘트, E : 세로 탄성계수이다.)

① $U = \dfrac{T^2 L}{2GI}$ 　　② $U = \dfrac{T^2 L}{2EI}$

③ $U = \dfrac{T^2 L}{2EI_P}$ 　　④ $U = \dfrac{T^2 L}{2GI_P}$

해설⊕

$U = \dfrac{1}{2} T\theta$ 와 $\theta = \dfrac{TL}{GI_P}$ 에서

$U = \dfrac{1}{2} T\theta = \dfrac{1}{2} \times T \times \dfrac{TL}{GI_P} = \dfrac{T^2 L}{2GI_P}$

02 그림과 같은 전 길이에 걸쳐 균일 분포하중 w를 받는 보에서 최대처짐 $\delta_{\max}$를 나타내는 식은?(단, 보의 굽힘강성계수는 EI이다.)

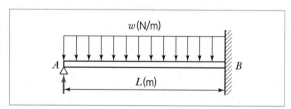

① $\dfrac{wL^4}{64EI}$ 　　② $\dfrac{wL^4}{128.5EI}$

③ $\dfrac{wL^4}{184.6EI}$ 　　④ $\dfrac{wL^4}{192EI}$

해설⊕

$\delta_{\max} = \dfrac{wL^4}{184.6EI}$ (처짐각이 zero인 위치의 처짐량값)

03 그림과 같은 보에서 발생하는 최대 굽힘모멘트는 몇 kN · m인가?

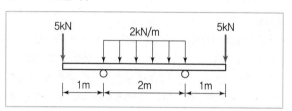

① 2 　　② 5

③ 7 　　④ 10

해설⊕

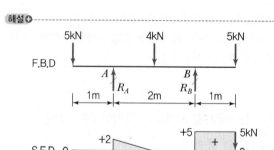

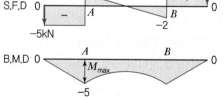

좌우대칭이므로 $R_A = R_B = 7$kN ($\because$ 전체하중 14kN ÷ 2)

B.M.D 그림에서 $M_{\max}$는 A와 B점에 발생하므로 A지점의 $M_{\max}$는 0~1m까지의 S.F.D 면적과 같다.

$\therefore$ 5kN × 1m = 5kN · m

04 그림의 H형 단면의 도심축인 Z축에 관한 회전반경(Radius of gyration)은 얼마인가?

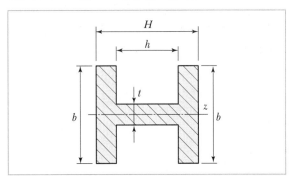

① $K_z = \sqrt{\dfrac{Hb^3 - (b-t)^3 b}{12(bH - bh + th)}}$

② $K_z = \sqrt{\dfrac{12Hb^3 - (b-t)^3 b}{(bH + bh + th)}}$

③ $K_z = \sqrt{\dfrac{ht^3 + Hb^3 - hb^3}{12(bH - bh + th)}}$

④ $K_z = \sqrt{\dfrac{12Hb^3 + (b+t)^3 b}{(bH + bh - th)}}$

해설⊕

도심축에 대한 $I_Z = K^2 A$이므로 회전반경 $K = \sqrt{\dfrac{I_Z}{A}}$

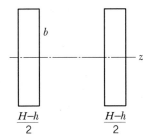

$I_Z = \dfrac{(H-h)b^3}{12}$

($\because$ 두 사각형 밑변의 전체길이는 $H-h$이다.)

$A = (H-h)b$

$I_Z = \dfrac{h t^3}{12}, \ A = ht$

H빔 전체 $I_Z = \dfrac{(H-h)b^3}{12} + \dfrac{ht^3}{12} = \dfrac{Hb^3 - hb^3 + ht^3}{12}$

$\qquad\qquad = \dfrac{ht^3 + Hb^3 - hb^3}{12}$

H빔 전체 $A = (H-h)b + ht = bH - bh + ht$

$\therefore \ K = \sqrt{\dfrac{I_Z}{A}} = \sqrt{\dfrac{ht^3 + Hb^3 - hb^3}{12(bH - bh + ht)}}$

05 그림에 표시한 단순 지지보에서의 최대 처짐량은?(단, 보의 굽힘 강성은 EI이고, 자중은 무시한다.)

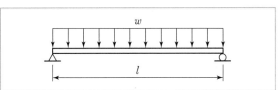

① $\dfrac{wl^3}{48EI}$　　　② $\dfrac{wl^4}{24EI}$

③ $\dfrac{5wl^3}{253EI}$　　　④ $\dfrac{5wl^4}{384EI}$

해설⊕

$\delta_{\max} = \dfrac{5wl^4}{384EI}$

06

그림에서 784.8N과 평형을 유지하기 위한 힘 F_1 과 F_2는?

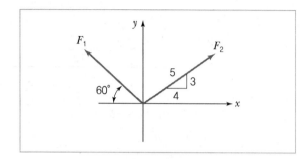

① $F_1 = 392.5$N, $F_2 = 632.4$N

② $F_1 = 790.4$N, $F_2 = 632.4$N

③ $F_1 = 790.4$N, $F_2 = 395.2$N

④ $F_1 = 632.4$N, $F_2 = 395.2$N

해설⊕ ------------------------------

$$\theta = \tan^{-1}\left(\frac{3}{4}\right) = 36.87°$$

라미의 정리에 의해

$$\frac{F_1}{\sin 126.87°} = \frac{F_2}{\sin 150°} = \frac{784.8}{\sin 83.13°}$$

$$\therefore F_1 = 784.8 \times \frac{\sin 126.87°}{\sin 83.13°} = 632.38\text{N}$$

$$\therefore F_2 = 784.8 \times \frac{\sin 150°}{\sin 83.13°} = 395.24\text{N}$$

07

지름이 60mm인 연강축이 있다. 이 축의 허용전단응력은 40MPa이며 단위 길이 1m당 허용 회전각도는 1.5°이다. 연강의 전단탄성계수를 80GPa이라 할 때 이 축의 최대 허용 토크는 약 몇 N·m인가?(단, 이 코일에 작용하는 힘은 P, 가로탄성계수는 G이다.)

① 696   ② 1,696

③ 2,664   ④ 3,664

해설⊕ ------------------------------

$\theta = \dfrac{Tl}{GI_P}$ 에서

$T = \dfrac{GI_P \theta}{l}$ (여기서, $\dfrac{\theta}{l}$: 단위길이당 비틀림각)

$$= 80 \times 10^9 \frac{\text{N}}{\text{m}^2} \times \frac{\pi \times 0.06^4}{32}\text{m}^4 \times \frac{1.5°}{1\text{m}} \times \frac{\pi}{180°}$$

$$= 2,664.79\text{N·m}$$

08

지름 3cm인 강축이 26.5rev/s의 각속도로 26.5kW의 동력을 전달하고 있다. 이 축에 발생하는 최대전단응력은 약 몇 MPa인가?

① 30   ② 40

③ 50   ④ 60

해설⊕ ------------------------------

$H = T\omega$ 에서

$$T = \frac{H}{\omega} = \frac{26.5 \times 10^3 \text{W}}{26.5 \frac{\text{rev}}{\text{s}} \times \frac{2\pi \text{rad}}{1\text{rev}}} = 159.15\text{N·m}$$

$T = \tau Z_P$ 에서

최대전단응력

$$\tau_{\max} = \frac{T}{Z_P} = \frac{159.15}{\frac{\pi \times 0.03^3}{16}} = 30.02 \times 10^6 \text{N/m}^2$$

$$= 30.02\text{MPa}$$

09 폭 3cm, 높이 4cm의 직사각형 단면을 갖는 외팔보가 자유단에 그림에서와 같이 집중하중을 받을 때 보 속에 발생하는 최대전단응력은 몇 N/cm²인가?

① 12.5
② 13.5
③ 14.5
④ 15.5

해설⊕

보 속의 최대전단응력

$$\tau_{\max} = 1.5\tau_{av} = 1.5\frac{V_{\max}}{A}$$

보의 전단력 $V_{\max} = R_A = 100\text{N}$ 이므로

$$\tau_{\max} = 1.5 \times \frac{100\text{N}}{3\text{cm} \times 4\text{cm}} = 12.5\text{N/cm}^2$$

10 평면 응력 상태에서 $\varepsilon_x = -150 \times 10^{-6}$, $\varepsilon_y = -280 \times 10^{-6}$, $\gamma_{xy} = 850 \times 10^{-6}$일 때, 최대주변형률($\varepsilon_1$)과 최소주변형률($\varepsilon_2$)은 각각 약 얼마인가?

① $\varepsilon_1 = 215 \times 10^{-6}$, $\varepsilon_2 = 645 \times 10^{-6}$
② $\varepsilon_1 = 645 \times 10^{-6}$, $\varepsilon_2 = 215 \times 10^{-6}$
③ $\varepsilon_1 = 315 \times 10^{-6}$, $\varepsilon_2 = 645 \times 10^{-6}$
④ $\varepsilon_1 = -545 \times 10^{-6}$, $\varepsilon_2 = 315 \times 10^{-6}$

해설⊕

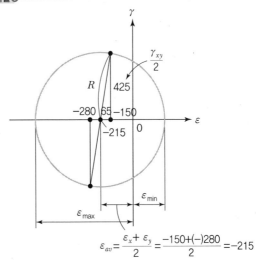

$$\varepsilon_{av} = \frac{\varepsilon_x + \varepsilon_y}{2} = \frac{-150 + (-)280}{2} = -215$$

※ 모어의 응력원에 나타난 수치값들은 10^{-6}을 생략하고 쓴 수치임

모어의 응력원에서 반지름 $R = \sqrt{65^2 + 425^2} = 429.94$

$$\varepsilon_1 = \varepsilon_{\max} = \varepsilon_{av} - R = (-215 - 429.94) \times 10^{-6}$$
$$= -644.94 \times 10^{-6}(\text{절댓값})$$
$$\varepsilon_2 = \varepsilon_{\min} = \varepsilon_{av} + R = (-215 + 429.94) \times 10^{-6}$$
$$= 214.94 \times 10^{-6}$$

11 길이 6m인 단순 지지보에 등분포하중 q가 작용할 때 단면에 발생하는 최대 굽힘응력이 337.5MPa이라면 등분포하중 q는 약 몇 kN/m인가?(단, 보의 단면은 폭×높이 = 40mm×100mm이다.)

① 4
② 5
③ 6
④ 7

해설⊕

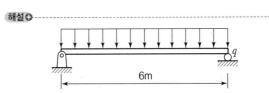

F.B.D (자유물체도)

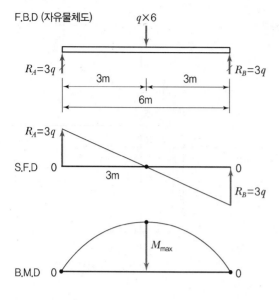

$M_{\max}$는 0~3m까지의 S.F.D 면적과 동일하므로

$$M_{\max} = \frac{1}{2} \times 3 \times 3q = 4.5q$$

$$M_{\max} = \sigma_b Z$$

$$4.5q = 337.5 \times 10^6 \times \frac{0.04 \times 0.1^2}{6}$$

$$\therefore \ q = 5,000 \text{N/m} = 5 \text{kN/m}$$

12 보의 자중을 무시할 때 그림과 같이 자유단 C에 집중하중 $2P$가 작용하는 경우 B점에서 처짐 곡선의 기울기각은?

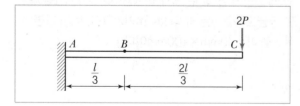

① $\dfrac{5}{9} \dfrac{Pl^2}{EI}$

② $\dfrac{5}{18} \dfrac{Pl^2}{EI}$

③ $\dfrac{5}{27} \dfrac{Pl^2}{EI}$

④ $\dfrac{5}{36} \dfrac{Pl^2}{EI}$

해설 ⊕

외팔보의 처짐상태는 하중 $2P$에 대해 연속함수이므로 하중을 B점으로 옮겨 해석할 수 있다. → 중첩법으로 해석

하중 $2P$에 의한 처짐각

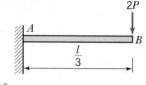

$$\theta_1 = \frac{2P\left(\dfrac{l}{3}\right)^2}{2EI} = \frac{Pl^2}{9EI}$$

우력(M_0)에 의한 처짐각

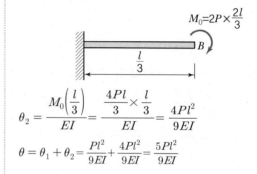

$$\theta_2 = \frac{M_0\left(\dfrac{l}{3}\right)}{EI} = \frac{\dfrac{4Pl}{3} \times \dfrac{l}{3}}{EI} = \frac{4Pl^2}{9EI}$$

$$\theta = \theta_1 + \theta_2 = \frac{Pl^2}{9EI} + \frac{4Pl^2}{9EI} = \frac{5Pl^2}{9EI}$$

13 그림과 같은 외팔보에 대한 전단력 선도로 옳은 것은?(단, 아랫방향을 양(+)으로 본다.)

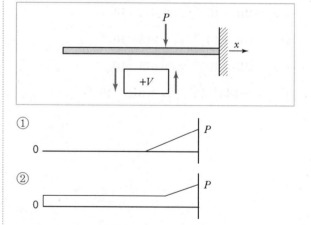

③

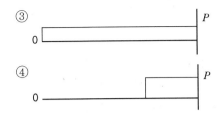

④

15 최대 사용강도 400MPa의 연강봉에 30kN의 축 방향의 인장하중이 가해질 경우 강봉의 최소지름은 몇 cm까지 가능한가?(단, 안전율은 5이다.)

① 2.69   ② 2.99

③ 2.19   ④ 3.02

해설⊕

아랫방향을 양(+)으로 가정했으므로 P작용점에서 올라가서 일정하게 작용하다 고정단에서 반력(P)으로 내려오는 전단력 선도가 그려진다.

S.F.D $\quad$ +P $\quad$ 반력(-P)

$$\sigma_a = \frac{\sigma_u}{s} = \frac{400}{5} = 80\text{MPa}$$

사용응력(σ_w)은 허용응력 이내이므로

$$\sigma_w = \frac{P}{A} = \frac{P}{\dfrac{\pi d^2}{4}} \leq \sigma_a$$

$$\therefore\ d \geq \sqrt{\frac{4P}{\pi \sigma_a}} = \sqrt{\frac{4 \times 30 \times 10^3}{\pi \times 80 \times 10^6}} = 0.02185\text{m}$$

$$= 2.19\text{cm}$$

14 그림과 같이 길이가 동일한 2개의 기둥 상단에 중심 압축 하중 2,500N이 작용할 경우 전체 수축량은 약 몇 mm인가?(단, 단면적 $A_1 = 1,000\text{mm}^2$, $A_2 = 2,000\text{mm}^2$, 길이 $L = 300\text{mm}$, 재료의 탄성계수 $E = 90\text{GPa}$이다.)

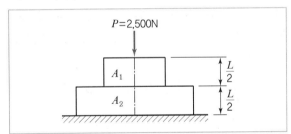

① 0.625   ② 0.0625

③ 0.00625   ④ 0.000625

해설⊕

동일한 부재이므로 탄성계수는 같으며, A_1, A_2 부재에 따라 하중(P)을 주어 수축되는 양과 같으므로

전체수축량 $\lambda = \lambda_1 + \lambda_2$

$$\lambda = \frac{PL_1}{A_1 E} + \frac{PL_2}{A_2 E} = \frac{P}{E}\left(\frac{L_1}{A_1} + \frac{L_2}{A_2}\right)$$

$$= \frac{2,500}{90 \times 10^9}\left(\frac{0.15}{1,000 \times 10^{-6}} + \frac{0.15}{2,000 \times 10^{-6}}\right)$$

$$= 6.25 \times 10^{-6}\text{m} = 0.00625\text{mm}$$

16 그림과 같이 A, B의 원형 단면봉은 길이가 같고, 지름이 다르며, 양단에서 같은 압축하중 P를 받고 있다. 응력은 각 단면에서 균일하게 분포된다고 할 때 저장되는 탄성변형에너지의 $\dfrac{U_B}{U_A}$는 얼마가 되겠는가?

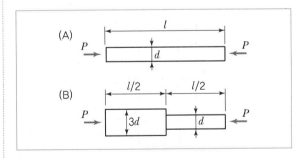

① $\dfrac{1}{3}$ ② $\dfrac{5}{9}$

③ 2   ④ $\dfrac{9}{5}$

해설⊕

수직응력에 의한 탄성에너지 $U = \frac{1}{2}P\lambda = \frac{P^2 l}{2AE}$

A에서 $U_A = \dfrac{P^2 l}{2 \times \dfrac{\pi d^2}{4} \times E} = \dfrac{2P^2 l}{\pi d^2 E}$

B에서 $U_B = \dfrac{P^2 \times \dfrac{l}{2}}{2 \times \dfrac{\pi(3d)^2}{4} \times E} + \dfrac{P^2 \times \dfrac{l}{2}}{2 \times \dfrac{\pi d^2}{4} \times E}$

$\qquad = \dfrac{P^2 l}{9\pi d^2 E} + \dfrac{P^2 l}{\pi d^2 E}$

$\qquad = \dfrac{10P^2 l}{9\pi d^2 E}$

$\therefore \dfrac{U_B}{U_A} = \dfrac{\dfrac{10}{9}}{2} = \dfrac{5}{9}$

17 다음과 같이 3개의 링크를 핀을 이용하여 연결하였다. 2,000N의 하중 P가 작용할 경우 핀에 작용되는 전단응력은 약 몇 MPa인가?(단, 핀의 직경은 1cm이다.)

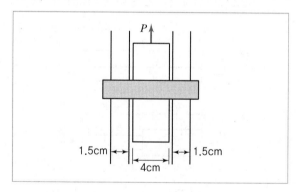

① 12.73 ② 13.24
③ 15.63 ④ 16.56

해설⊕

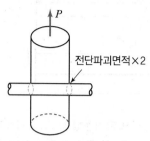

하중 P에 의해 링크 핀은 그림처럼 양쪽에서 전단된다.

$\tau = \dfrac{P_s}{A_\tau} = \dfrac{P}{\dfrac{\pi d^2}{4} \times 2} = \dfrac{2P}{\pi d^2} = \dfrac{2 \times 2,000}{\pi \times 0.01^2}$

$\qquad\qquad = 12.73 \times 10^6 \, \mathrm{Pa}$

$\qquad\qquad = 12.73 \, \mathrm{MPa}$

18 원통형 압력용기에 내압 P가 작용할 때, 원통부에 발생하는 축 방향의 변형률 ε_x 및 원주 방향 변형률 ε_y는?(단, 강판의 두께 t는 원통의 지름 D에 비하여 충분히 작고, 강판 재료의 탄성계수 및 포아송 비는 각 E, ν이다.)

① $\varepsilon_x = \dfrac{PD}{4tE}(1-2\nu), \ \varepsilon_y = \dfrac{PD}{4tE}(1-\nu)$

② $\varepsilon_x = \dfrac{PD}{4tE}(1-2\nu), \ \varepsilon_y = \dfrac{PD}{4tE}(2-\nu)$

③ $\varepsilon_x = \dfrac{PD}{4tE}(2-\nu), \ \varepsilon_y = \dfrac{PD}{4tE}(1-\nu)$

④ $\varepsilon_x = \dfrac{PD}{4tE}(1-\nu), \ \varepsilon_y = \dfrac{PD}{4tE}(2-\nu)$

해설⊕

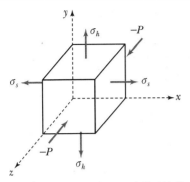

[원통형 압력용기-안쪽 표면 응력상태]

$\nu = \mu$, $\sigma_z = 0$ (압력은 존재하지만 재료 내부 평면에 발생하는 응력(내력)의 개념이 아니다.)

$$\sigma_x = \sigma_s = \frac{p \cdot d}{4t}$$

$$\sigma_y = \sigma_h = \frac{p \cdot d}{2t} = 2\sigma_x$$

$$\varepsilon_x = \frac{\sigma_x}{E} - \frac{\mu}{E}(\sigma_y + \sigma_z)$$

(여기서, x방향이 늘면 y, z 방향은 줄어드는 개념 적용)

$$\varepsilon_y = \frac{\sigma_y}{E} - \frac{\mu}{E}(\sigma_x + \sigma_z)$$

$$\varepsilon_x = \frac{\sigma_x}{E} - \frac{\mu}{E}(\sigma_y + 0) = \frac{\sigma_x}{E} - \frac{\mu}{E}(2\sigma_x)$$

$$= \frac{\sigma_x}{E}(1 - 2\mu) = \frac{Pd}{4tE}(1 - 2\mu)$$

$$\varepsilon_y = \frac{\sigma_y}{E} - \frac{\mu}{E}(\sigma_x + \sigma_z) = \frac{\sigma_y}{E} - \frac{\mu}{E}(\sigma_x + 0)$$

$$= \frac{\sigma_y}{E} - \frac{\mu}{E}(\frac{\sigma_y}{2}) = \frac{\sigma_y}{E}(1 - \frac{\mu}{2})$$

$$= \frac{\sigma_y}{2E}(2 - \mu) = \frac{Pd}{4tE}(2 - \mu)$$

19 지름 20mm, 길이 1,000mm의 연강봉이 50kN의 인장하중을 받을 때 발생하는 신장량은 약 몇 mm인가?(단, 탄성계수 E = 210GPa이다.)

① 7.58

② 0.758

③ 0.0758

④ 0.00758

해설⊕

$$\lambda = \frac{Pl}{AE} = \frac{50 \times 10^3 \times 1}{\frac{\pi}{4} \times 0.02^2 \times 210 \times 10^9} = 0.000758\text{m}$$

$$= 0.758\text{mm}$$

20 지름이 0.1m이고 길이가 15m인 양단힌지 원형 강 장주의 좌굴임계하중은 약 몇 kN인가?(단, 장주의 탄성계수는 200GPa이다.)

① 43

② 55

③ 67

④ 79

해설⊕

$$P_{cr} = n\pi^2\frac{EI}{l^2} \text{ (양단힌지일 때 단말계수 } n = 1)$$

$$= 1 \times \pi^2 \times \frac{200 \times 10^9 \times \frac{\pi \times 0.1^4}{64}}{15^2}$$

$$= 43,064.27\text{N}$$

$$= 43.06\text{kN}$$

2과목 **기계열역학**

21 온도 150℃, 압력 0.5MPa의 공기 0.2kg이 압력이 일정한 과정에서 원래 체적의 2배로 늘어난다. 이 과정에서의 일은 약 몇 kJ인가?(단, 공기는 기체상수가 0.287kJ/(kg · K)인 이상기체로 가정한다.)

① 12.3kJ

② 16.5kJ

③ 20.5kJ

④ 24.3kJ

해설 ➊

밀폐계의 일 → 절대일 $\delta W = PdV$

$_1W_2 = \int_1^2 PdV$ (정압과정이므로)

$= P\int_1^2 dV$

$= P(V_2 - V_1) \leftarrow (V_2 = 2V_1)$

$= P(2V_1 - V_1)$

$= PV_1 \leftarrow (PV = mRT)$

$= mRT_1$

$= 0.2 \times 0.287 \times 10^3 \times (150 + 273) = 24,280.2\text{J}$

$= 24.28\text{kJ}$

22 마찰이 없는 실린더 내에 온도 500K, 비엔트로피 3kJ/(kg · K)인 이상기체가 2kg 들어 있다. 이 기체의 비엔트로피가 10kJ/(kg · K)이 될 때까지 등온과정으로 가열한다면 가열량은 약 몇 kJ인가?

① 1,400kJ ② 2,000kJ
③ 3,500kJ ④ 7,000kJ

해설 ➊

$ds = \dfrac{\delta q}{T} \rightarrow \delta q = Tds$

$_1q_2 = \int_1^2 Tds$ (온도가 일정한 등온과정)

$= T(s_2 - s_1) = 500(10 - 3) = 3,500\text{kJ/kg}$

$_1Q_2 = m \cdot {}_1q_2 = 2\text{kg} \times 3,500\text{kJ/kg} = 7,000\text{kJ}$

23 랭킨사이클의 열효율을 높이는 방법으로 틀린 것은?

① 복수기의 압력을 저하시킨다.
② 보일러 압력을 상승시킨다.

③ 재열(Reheat) 장치를 사용한다.
④ 터빈 출구온도를 높인다.

해설 ➊

랭킨사이클의 열효율을 증가시키는 방법
① 터빈의 배기압력과 온도를 낮추면 효율이 증가하며 복수기 압력 저하
② 보일러의 최고압력을 높게 하면 열효율 증가
③ 재열기(Reheater) 사용 → 열효율과 건도 증가로 터빈 부식 방지
④ 터빈의 출구온도를 높이면 → ① 내용과 반대가 되어 열효율이 감소

24 유체의 교축과정에서 Joule-Thomson 계수(μ_J)가 중요하게 고려되는데, 이에 대한 설명으로 옳은 것은?

① 등엔탈피 과정에 대한 온도변화와 압력변화의 비를 나타내며 $\mu_J < 0$인 경우 온도상승을 의미한다.
② 등엔탈피 과정에 대한 온도변화와 압력변화의 비를 나타내며 $\mu_J < 0$인 경우 온도 강하를 의미한다.
③ 정적 과정에 대한 온도변화와 압력변화의 비를 나타내며 $\mu_J < 0$인 경우 온도 상승을 의미한다.
④ 정적 과정에 대한 온도변화와 압력변화의 비를 나타내며 $\mu_J < 0$인 경우 온도 강하를 의미한다.

해설 ➊

엔탈피가 일정한 과정에서 압력과 온도의 시간에 따른 변화를 가리켜 줄-톰슨(Joule-Thomson) 계수(μ_J)라 한다.

$\left(\dfrac{\partial H}{\partial P}\right)_T \partial P = -C_P \partial T$ (양변 ÷ ∂P)

$\left(\dfrac{\partial H}{\partial P}\right)_T = -C_P\left(\dfrac{\partial T}{\partial P}\right)_H = -C_P \times \mu_J$

• 우측 항 전체 부호 값이 "+"가 되려면 줄-톰슨계수(μ_J)가 0보다 작아 $\dfrac{dT}{dP} < 0$이 되며, 이는 압력이 내려가면 온도가 올라간다는 것을 의미하므로 기체는 팽창하면서 가열된다.

(기울기가 음수이므로 분모 분자의 변화 반대 → 예 히터, 엔진)

• 우측 항 전체 부호 값이 "−"가 되려면 줄−톰슨계수(μ_J)가 0보다 커서 $\dfrac{dT}{dP} > 0$이 되며, 이는 압력이 내려가면 온도도 내려간다는 것을 의미하므로 기체는 팽창하면서 냉각된다. (기울기가 양수이므로 분모, 분자의 변화 동일 → 예 냉장고, 에어컨)

25 이상적인 카르노 사이클의 열기관이 500℃인 열원으로부터 500kJ을 받고, 25℃의 열을 방출한다. 이 사이클의 일(W)과 효율(η_{th})은 얼마인가?

① $W = 307.2\text{kJ}$, $\eta_{th} = 0.6143$

② $W = 207.2\text{kJ}$, $\eta_{th} = 0.5748$

③ $W = 250.3\text{kJ}$, $\eta_{th} = 0.8316$

④ $W = 401.5\text{kJ}$, $\eta_{th} = 0.6517$

해설 ⊕

카르노사이클의 열효율은 온도만의 함수이다.

$T_H = 500 + 273 = 773\text{K}$, $T_L = 25 + 273 = 298\text{K}$

$\eta_{th} = 1 - \dfrac{T_L}{T_H} = 1 - \dfrac{298}{773} = 0.6145$

$\eta_{th} = \dfrac{W}{Q_H}$ 이므로

$W = \eta_{th} \times Q_H = 0.6145 \times 500\text{kJ} = 307.25\text{kJ}$

26 Brayton 사이클에서 압축기 소요일은 175kJ/kg, 공급열은 627kJ/kg, 터빈 발생일은 406kJ/kg으로 작동될 때 열효율은 약 얼마인가?

① 0.28　　② 0.37　　③ 0.42　　④ 0.48

해설 ⊕

$\eta_B = \dfrac{w_{net}}{q_H} = \dfrac{w_T - w_c}{q_H} = \dfrac{406 - 175}{627} = 0.3684$

27 그림과 같이 다수의 추를 올려놓은 피스톤이 장착된 실린더가 있는데, 실린더 내의 압력은 300kPa, 초기 체적은 0.05m³이다. 이 실린더에 열을 가하면서 적절히 추를 제거하여 폴리트로픽 지수가 1.3인 폴리트로픽 변화가 일어나도록 하여 최종적으로 실린더 내의 체적이 0.2m³가 되었다면 가스가 한 일은 약 몇 kJ인가?

① 17　　② 18　　③ 19　　④ 20

해설 ⊕

밀폐계의 일이므로 절대일이다.

$\delta W = P dV$ (폴리트로픽 과정 : $PV^n = C \rightarrow P = CV^{-n}$)

$_1W_2 = \displaystyle\int_1^2 CV^{-n} dV$

$\qquad = \dfrac{C}{-n+1}\left[V^{-n+1} \right]_1^2$

$\qquad = \dfrac{C}{-n+1}\left(V_2^{-n+1} - V_1^{-n+1} \right)$

　（여기서, $C = P_1 V_1^n = P_2 V_2^n$）

$\therefore \ _1W_2 = \dfrac{1}{n-1}\left(P_1 V_1 - P_2 V_2 \right)$

$\qquad = \dfrac{1}{1.3-1}\left(300 \times 10^3 \times 0.05 - 49.48 \times 10^3 \times 0.2 \right)$

$\qquad = 17,013.3\text{J} = 17.01\text{kJ}$

여기서, 폴리트로픽 과정이므로

$\left(\dfrac{P_2}{P_1} \right)^{\frac{n-1}{n}} = \left(\dfrac{V_1}{V_2} \right)^{n-1}$

$P_2 = P_1\left(\dfrac{V_1}{V_2} \right)^n = 300 \times \left(\dfrac{0.05}{0.2} \right)^{1.3} = 49.48\text{kPa}$

정답　**25** ①　**26** ②　**27** ①

28 다음의 열역학 상태량 중 종량적 상태량(Extensive property)에 속하는 것은?

① 압력　　　　　　② 체적
③ 온도　　　　　　④ 밀도

해설⊕

반으로 나누어 값이 변하면 종량성 상태량이다.

29 피스톤–실린더 장치 내 공기가 0.3m³에서 0.1 m³로 압축되었다. 압축되는 동안 압력(P)과 체적(V) 사이에 $P=aV^{-2}$의 관계가 성립하며, 계수 $a=6$ kPa·m⁶이다. 이 과정 동안 공기가 한 일은 약 얼마인가?

① −53.3kJ　　　　② −1.1kJ
③ 253kJ　　　　　④ −40kJ

해설⊕

$P=aV^{-2}$에서

$$=6\times10^3\frac{\text{N}}{\text{m}^2}\text{m}^6\,V^{-2}\frac{1}{\text{m}^6}$$

$$\therefore P=6\times10^3\,V^{-2}\text{(Pa)}$$

밀폐계의 일=절대일

$${}_1W_2=\int_1^2 PdV$$

$$=6\times10^3\int_1^2 V^{-2}dV$$

$$=6\times10^3\times\frac{1}{-2+1}\left[V^{-2+1}\right]_1^2$$

$$=6\times10^3\times(-1)(V_2^{-1}-V_1^{-1})$$

$$=6\times10^3\left(\frac{1}{V_1}-\frac{1}{V_2}\right)$$

$$=6\times10^3\left(\frac{1}{0.3}-\frac{1}{0.1}\right)$$

$$=-40,000\text{J}$$

$$=-40\text{kJ}\ ((-)\text{부호}\rightarrow\text{계가 일 받음을 의미})$$

30 매시간 20kg의 연료를 소비하여 74kW의 동력을 생산하는 가솔린 기관의 열효율은 약 몇 %인가?(단, 가솔린의 저위발열량은 43,470kJ/kg이다.)

① 18　　　　　　② 22
③ 31　　　　　　④ 43

해설⊕

$$\eta=\frac{H_{\text{kW}}}{H_l\times f_b}$$

$$=\frac{74\text{kW}\times\dfrac{3,600\text{kJ}}{1\text{kWh}}}{43,470\dfrac{\text{kJ}}{\text{kg}}\times20\dfrac{\text{kg}}{\text{h}}}=0.3064=30.64\%$$

31 다음 중 이상적인 증기 터빈의 사이클인 랭킨사이클을 옳게 나타낸 것은?

① 가역등온압축 → 정압가열 → 가역등온팽창 → 정압냉각
② 가역단열압축 → 정압가열 → 가역단열팽창 → 정압냉각
③ 가역등온압축 → 정적가열 → 가역등온팽창 → 정적냉각
④ 가역단열압축 → 정적가열 → 가역단열팽창 → 정적냉각

해설⊕

증기원동소의 이상 사이클인 랭킨사이클은 2개의 단열과정과 2개의 정압과정으로 이루어져 있으며, 펌프에서 단열압축한 다음, 보일러에서 정압가열 후 터빈으로 보내 단열팽창시켜 출력을 얻은 다음, 복수기(응축기)에서 정압방열 하여 냉각시킨 후 그 물이 다시 펌프로 보내진다.

정답　28 ②　29 ④　30 ③　31 ②

32

내부 에너지가 30kJ인 물체에 열을 가하여 내부 에너지가 50kJ이 되는 동안에 외부에 대하여 10kJ의 일을 하였다. 이 물체에 가해진 열량은?

① 10kJ
② 20kJ
③ 30kJ
④ 60kJ

해설⊕

일부호는 (+)

$\delta Q - \delta W = dU \rightarrow \delta Q = dU + \delta W$

$\therefore {}_1Q_2 = U_2 - U_1 + {}_1W_2 = (50 - 30) + 10 = 30\text{kJ}$

33

천제연폭포의 높이가 55m이고 주위의 열교환을 무시한다면 폭포수가 낙하한 후 수면에 도달할 때까지 온도 상승은 약 몇 K인가?(단, 폭포수의 비열은 4.2kJ/(kg · K)이다.)

① 0.87
② 0.31
③ 0.13
④ 0.68

해설⊕

에너지 보존의 법칙을 적용하면

→ 위치에너지(Wh)가 열에너지로 바뀐다.

$Wh = mgh = mc(T_2 - T_1)$

$\therefore T_2 - T_1 = \Delta T = \dfrac{gh}{c} = \dfrac{9.8 \times 55}{4.2 \times 10^3} = 0.128\text{K}$

34

어떤 카르노 열기관이 100℃와 30℃ 사이에서 작동되며 100℃의 고온에서 100kJ의 열을 받아 40kJ의 유용한 일을 한다면 이 열기관에 대하여 가장 옳게 설명한 것은?

① 열역학 제1법칙에 위배된다.
② 열역학 제2법칙에 위배된다.
③ 열역학 제1법칙과 제2법칙에 모두 위배되지 않는다.
④ 열역학 제1법칙과 제2법칙에 모두 위배된다.

해설⊕

열기관의 이상 사이클인 카르노사이클의 열효율(η_c)은

$T_H = 100 + 273 = 373\text{K}, \quad T_L = 30 + 273 = 303\text{K}$

$\eta_c = 1 - \dfrac{T_L}{T_H} = 1 - \dfrac{303}{373} = 0.1877 = 18.77\%$

열기관효율 $\eta_{th} = \dfrac{W}{Q_H} = \dfrac{40\text{kJ}}{100\text{kJ}} = 0.4 = 40\%$

두 기관의 효율을 비교하면 $\eta_c < \eta_{th}$ 이므로 모든 과정이 가역과정으로 이루어진 열기관의 이상 사이클인 카르노사이클보다 효율이 좋으므로 불가능한 열기관이며, 실제로는 손실이 존재해 카르노사이클보다 효율이 낮게 나와야 한다. 열기관의 비가역량(손실)이 발생한다는 열역학 제2법칙에 위배된다.

35

증기압축냉동사이클로 운전하는 냉동기에서 압축기 입구, 응축기 입구, 증발기 입구의 엔탈피가 각각 387.2kJ/kg, 435.1kJ/kg, 241.8kJ/kg일 경우 성능계수는 약 얼마인가?

① 3.0
② 4.0
③ 5.0
④ 6.0

해설⊕

증기압축냉동사이클의 $P-h$ 선도상에서 엔탈피 값을 나타내고, 성적계수를 구해보면

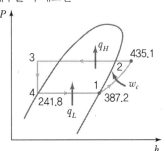

$\varepsilon_R = \dfrac{q_L}{q_H - q_L} = \dfrac{h_1 - h_4}{(h_2 - h_3) - (h_1 - h_4)}$

$\qquad = \dfrac{h_1 - h_4}{h_2 - h_3 - h_1 + h_4}$ (∵ 교축과정 $h_3 = h_4$)

$$\therefore \; \varepsilon_R = \frac{h_1 - h_4}{h_2 - h_1} = \frac{387.2 - 241.8}{435.1 - 387.2} = 3.04$$

참고로, $\varepsilon_R = \dfrac{q_L}{w_c} = \dfrac{h_1 - h_4}{h_2 - h_1}$ 로 압축기의 입력일에 대한 출력(냉장고의 흡열량)으로 계산해도 된다.

36 온도 20℃에서 계기압력 0.183MPa의 타이어가 고속주행으로 온도 80℃로 상승할 때 압력은 주행 전과 비교하여 약 몇 kPa 상승하는가?(단, 타이어의 체적은 변하지 않고, 타이어 내의 공기는 이상기체로 가정한다. 그리고 대기압은 101.3kPa이다.)

① 37kPa   ② 58kPa

③ 286kPa   ④ 445kPa

해설⊕

타이어 안에 있는 공기의 절대압력

$P_{abs} = P_1$

$P_{abs} = P_o + P_g = 101.3\text{kPa} + 183\text{kPa} = 284.3\text{kPa}$

체적이 일정한 정적과정의 $V = C$이므로

$$\frac{P_1}{T_1} = \frac{P_2}{T_2}$$

$$P_2 = P_1 \frac{T_2}{T_1} = 284.3 \times \frac{353}{293}$$

$\therefore \; P_2 = 342.52\text{kPa}$

압력상승값 $\Delta P = P_2 - P_1 = 342.5 - 284.3 = 58.22\text{kPa}$

37 온도가 T_1인 고열원으로부터 온도가 T_2인 저열원으로 열전도, 대류, 복사 등에 의해 Q만큼 열전달이 이루어졌을 때 전체 엔트로피 변화량을 나타내는 식은?

① $\dfrac{T_1 - T_2}{Q(T_1 \times T_2)}$ ② $\dfrac{T_1 + T_2}{Q(T_1 \times T_2)}$

③ $\dfrac{Q(T_1 - T_2)}{T_1 \times T_2}$ ④ $\dfrac{T_1 + T_2}{Q(T_1 \times T_2)}$

해설⊕

T_1 : 고열원, T_2 : 저열원

$dS = \dfrac{\delta Q}{T}$ 에서

$\Delta S_1 = \dfrac{Q}{T_1}$ (엔트로피 감소량 → 방열)

$\Delta S_2 = \dfrac{Q}{T_2}$ (엔트로피 증가량 → 흡열)

$\Delta S = \Delta S_2 - \Delta S_1 = \dfrac{Q}{T_2} - \dfrac{Q}{T_1} = Q\left(\dfrac{T_1 - T_2}{T_1 \times T_2}\right)$

38 1kg의 공기가 100℃를 유지하면서 가역등온팽창하여 외부에 500kJ의 일을 하였다. 이때 엔트로피의 변화량은 약 몇 kJ/K인가?

① 1.895   ② 1.665

③ 1.467   ④ 1.340

해설⊕

일부호는 (+)

$\delta Q - \delta W = dU \; \rightarrow \;$ 등온과정$(dU = C_v d\overset{0}{\cancel{T}})$

$\therefore \; {}_1Q_2 = {}_1W_2$

$dS = \dfrac{\delta Q}{T}$ 에서

$S_2 - S_1 = \dfrac{{}_1Q_2}{T} = \dfrac{{}_1W_2}{T} = \dfrac{500}{373} = 1.34\text{kJ/K}$

39 습증기 상태에서 엔탈피 h를 구하는 식은?(단, h_f는 포화액의 엔탈피, h_g는 포화증기의 엔탈피, x는 건도이다.)

① $h = h_f + (xh_g - h_f)$ ② $h = h_f + x(h_g - h_f)$

③ $h = h_g + (xh_f - h_g)$ ④ $h = h_g + x(h_g - h_f)$

해설⊕

건도가 x인 습증기의 비엔탈피 값은 증기표에서 해당 값을 찾아 다음과 같이 계산한다.

$h_x = h_f + x(h_g - h_f) = h_f + x h_{fg}$

40 이상기체에 대한 관계식 중 옳은 것은?(단, C_p, C_v는 저압 및 정적 비열, k는 비열비이고, R은 기체상수이다.)

① $C_p = C_v - R$

② $C_p = \dfrac{k-1}{k}R$

③ $C_p = \dfrac{k}{k-1}R$

④ $R = \dfrac{C_p + C_v}{2}$

해설

$C_p - C_v = R$ ……ⓐ

비열비 $k = \dfrac{C_p}{C_v} \rightarrow C_p = kC_v$를 ⓐ에 대입하면

$kC_v - C_v = R$

$(k-1)C_v = R$

$\therefore\ C_v = \dfrac{R}{k-1},\ C_p = kC_v = \dfrac{kR}{k-1}$

3과목 기계유체역학

41 길이가 150m의 배가 10m/s의 속도로 항해하는 경우를 길이 4m의 모형 배로 실험하고자 할 때 모형 배의 속도는 약 몇 m/s로 해야 하는가?

① 0.133

② 0.534

③ 1.068

④ 1.633

해설

배는 자유표면 위를 움직이므로 모형과 실형 사이에 프루드 수를 같게 하여 실험한다.

$Fr)_m = Fr)_p$

$\dfrac{V}{\sqrt{Lg}}\bigg)_m = \dfrac{V}{\sqrt{Lg}}\bigg)_p$ (여기서, $g_m = g_p$이므로)

$\dfrac{V_m}{\sqrt{L_m}} = \dfrac{V_p}{\sqrt{L_p}}$

$\therefore\ V_m = \sqrt{\dfrac{L_m}{L_p}} \cdot V_p = \sqrt{\dfrac{4}{150}} \times 10 = 1.633\,\text{m/s}$

---

42 그림과 같은 수문(폭×높이 = 3m×2m)이 있을 경우 수문에 작용하는 힘의 작용점은 수면에서 몇 m 깊이에 있는가?

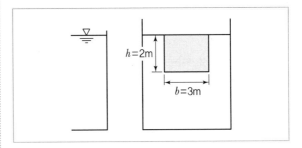

① 약 0.7m

② 약 1.1m

③ 약 1.3m

④ 약 1.5m

해설

수직평판이므로 $\bar{y} = \bar{h} = 1$m

$y_p = \bar{y} + \dfrac{I_X}{A\bar{y}} = 1 + \dfrac{\left(\dfrac{3 \times 2^3}{12}\right)}{(3 \times 2) \times 1} = 1.33\,\text{m}$

---

43 흐르는 물의 속도가 1.4m/s일 때 속도 수두는 약 몇 m인가?

① 0.2

② 10

③ 0.1

④ 1

해설

속도 에너지(수두)

$\dfrac{V^2}{2g} = \dfrac{1.4^2}{2 \times 9.8} = 0.1\,\text{m}$

정답 40 ③ 41 ④ 42 ③ 43 ③

2018

44 다음의 무차원수 중 개수로와 같은 자유표면 유동과 가장 밀접한 관련이 있는 것은?

① Euler수　　　　② Froude수
③ Mach수　　　　④ Prandtl수

해설⊕

자유표면을 갖는 유체유동에서 중요한 무차원수는 프루드(Froude)수이다.

45 x, y 평면의 2차원 비압축성 유동장에서 유동함수(Stream function) ψ는 $\psi = 3xy$로 주어진다. 점 (6, 2)와 점 (4, 2) 사이를 흐르는 유량은?

① 6　　② 12　　③ 16　　④ 24

해설⊕

유동함수 ψ는 유동장에서 유체의 흐름라인인 유선을 나타내며 2차원 유동함수 ψ는 x, y의 함수이므로 x, y 값을 넣어 해석한 다음 유량을 구한다.

점 (6, 2)에서 유선 $\psi = 3xy = 3 \times 6 \times 2 = 36 \rightarrow \psi_1$
점 (4, 2)에서 유선 $\psi = 3xy = 3 \times 4 \times 2 = 24 \rightarrow \psi_2$
유선 ψ_1, ψ_2 사이의 길이당 체적유량 q
$q = \psi_1 - \psi_2 = 36 - 24 = 12 \mathrm{m}^3 / \mathrm{s} / \mathrm{m}$

46 원통 속의 물이 중심축에 대하여 ω의 각속도로 강체와 같이 등속회전 하고 있을 때 가장 압력이 높은 지점은?

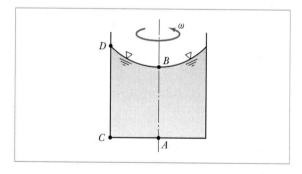

① 바닥면의 중심점 A
② 액체 표면의 중심점 B
③ 바닥면의 가장자리 C
④ 액체 표면의 가장자리 D

해설⊕

압력은 수직깊이만의 함수이므로 C이다. ($P = \gamma h$)

47 개방된 탱크 내에 비중이 0.8인 오일이 가득차 있다. 대기압이 101kPa이라면, 오일탱크 수면으로부터 3m 깊이에서 절대압력은 약 몇 kPa인가?

① 25　　　　② 249
③ 12.5　　　④ 125

해설⊕

절대압 = 국소대기압 + 계기압
$p_{abs} = p_o + p_g = p_o + \gamma_{oil} h = p_o + s_{oil} \gamma_w h$
$\quad\quad = 101 + 0.8 \times 9{,}800 \times 3 \times 10^{-3} = 124.52 \mathrm{kPa}$

48 그림과 같이 물이 고여 있는 큰 댐 아래에 터빈이 설치되어 있고, 터빈의 효율이 85%이다. 터빈 이외에서의 다른 모든 손실을 무시할 때 터빈의 출력은 약 몇 kW인가?(단, 터빈 출구관의 지름은 0.8m, 출구속도 V는 10m/s이고 출구압력은 대기압이다.)

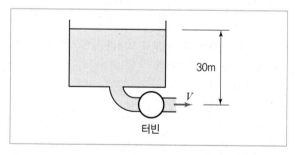

① 1,043　　　　② 1,227
③ 1,470　　　　④ 1,732

해설 ●

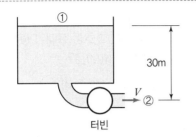

30m

V
②

터빈

i) 댐의 자유표면 ①과 터빈 ②에 베르누이방정식을 적용하면

① ＝ ② ＋H_T

여기서, H_T : 터빈수두

$$\frac{p_1}{\gamma} + \frac{V_1^2}{2g} + Z_1 = \frac{p_2}{\gamma} + \frac{V_2^2}{2g} + Z_2 + H_T$$

여기서, $p_1 = p_2 \approx p_o$, $V_2 \gg V_1$ (V_1 무시)

$$\therefore H_T = (Z_1 - Z_2) - \frac{V_2^2}{2g} = 30 - \frac{10^2}{2 \times 9.8} = 24.9\text{m}$$

ii) 터빈 이론동력은

$$H_{th} = H_{KW} = \frac{\gamma H_T Q}{1,000}$$

$$= \frac{9,800 \times 24.9 \times \frac{\pi}{4} \times 0.8^2 \times 10}{1,000} = 1,226.58\text{kW}$$

iii) 터빈효율 $\eta_T = \dfrac{H_s}{H_{th}} = \dfrac{\text{실제축동력}}{\text{이론동력}}$

출력동력(실제축동력)

$H_s = \eta_T \times H_{th} = 0.85 \times 1,226.58 = 1,042.59\text{kW}$

49 2차원 정상유동의 속도 방정식이 $V = 3(-xi + yj)$ 라고 할 때, 이 유동의 유선의 방정식은?(단, C는 상수를 의미한다.)

① $xy = C$　　　　② $y/x = C$
③ $x^2y = C$　　　　④ $x^3y = C$

해설 ●

유선의 방정식 $\dfrac{u}{dx} = \dfrac{v}{dy}$ 에서

$$\frac{-3x}{dx} = \frac{3y}{dy} \rightarrow -xdy = ydx \ \text{(양변 ÷ } xy)$$

$$\frac{1}{x}dx + \frac{1}{y}dy = 0 \ \text{(양변 적분)}$$

$\ln x + \ln y = C$

$\ln xy = C$

$\therefore xy = e^C = C$

50 지름 2cm의 노즐을 통하여 평균속도 0.5m/s로 자동차의 연료 탱크에 비중 0.9인 휘발유 20kg을 채우는 데 걸리는 시간은 약 몇 s인가?

① 66　　　② 78　　　③ 102　　　④ 141

해설 ●

질량유량 $\dot{m} = \rho A V = \dfrac{m}{t}$ (kg/s) $\rightarrow S\rho_w A V = \dfrac{m}{t}$

$$\therefore t = \frac{m}{s\rho_w A V} = \frac{20}{0.9 \times 1,000 \times \frac{\pi}{4} \times 0.02^2 \times 0.5}$$

$$= 141.47\text{s}$$

51 체적탄성계수가 2.086GPa인 기름의 체적을 1% 감소시키려면 가해야 할 압력은 몇 Pa인가?

① 2.086×10^7　　　　② 2.086×10^4
③ 2.086×10^3　　　　④ 2.086×10^2

해설 ●

$$K = \frac{1}{\beta} = \frac{1}{\dfrac{-\dfrac{dV}{V}}{dp}} = \frac{dp}{-\dfrac{dV}{V}} \ ((-) \text{ 압축 의미})$$

$$\therefore p = K \cdot \frac{dV}{V} = 2.086 \times 10^9 \times 0.01$$

$$= 2.086 \times 10^7 \text{Pa}$$

52 경계층의 박리(Separation) 현상이 일어나기 시작하는 위치는?

① 하류방향으로 유속이 증가할 때
② 하류방향으로 유속이 감소할 때
③ 경계층 두께가 0으로 감소될 때
④ 하류방향의 압력기울기가 역으로 될 때

해설❸

압력이 감소했다가 증가하는 역압력기울기에 의해 유체 입자가 물체 주위로부터 떨어져 나가는 현상을 박리라 한다.

53 원관 내에 완전발달 층류유동에서 유량에 대한 설명으로 옳은 것은?

① 관의 길이에 비례한다.
② 관 지름의 제곱에 반비례한다.
③ 압력강하에 반비례한다.
④ 점성계수에 반비례한다.

해설❸

하이겐포아젤 방정식

$$Q = \frac{\Delta p \pi d^4}{128 \mu l}$$

54 표면장력의 차원으로 맞는 것은?(단, M : 질량, L : 길이, T : 시간)

① MLT^{-2}
② ML^2T^{-1}
③ $ML^{-1}T^{-2}$
④ MT^{-2}

해설❸

표면장력은 선분포(N/m)의 힘이다.

$$\frac{N}{m} \times \frac{1 \text{kg} \cdot m}{1 N \cdot s^2} = \text{kg/s}^2 \rightarrow MT^{-2} \text{ 차원}$$

55 수평으로 놓인 안지름 5cm인 곧은 원관 속에서 점성계수 0.4Pa · s의 유체가 흐르고 있다. 관의 길이 1m당 압력강하가 8kPa이고 흐름 상태가 층류일 때 관 중심부에서의 최대 유속(m/s)은?

① 3.125
② 5.217
③ 7.312
④ 9.714

해설❸

달시비스바하 방정식에서 손실수두 $h_l = f \cdot \frac{L}{d} \cdot \frac{V^2}{2g}$ 와,

관마찰계수 $f = \frac{64}{Re} = \frac{64}{\left(\frac{\rho V d}{\mu}\right)} = \frac{64 \mu}{\rho V d}$ 에서

$$\Delta P = \gamma h_l = \gamma f \frac{l}{d} \frac{V^2}{2g} = \rho f \frac{l}{d} \frac{V^2}{2}$$

문제에서 단위 길이당 압력강하량을 주었으므로

$$\frac{\Delta p}{l} = \frac{80 \times 10^3 \text{Pa}}{1 \text{m}} = \rho f \frac{1}{d} \frac{V^2}{2} = \rho \frac{64 \mu}{\rho V d} \frac{1}{d} \frac{V^2}{2} = \frac{32 \mu V}{d^2}$$

$$\therefore V = \frac{8 \times 10^3 \times d^2}{32 \mu} = \frac{8 \times 10^3 \times 0.05^2}{32 \times 0.4} = 1.5625 \text{m/s}$$

$V = V_{av}$ (단면의 평균속도)이므로 관 중심에서 최대속도

$$V_{\max} = 2V = 2 \times 1.5625 = 3.125 \text{m/s}$$

56 그림과 같이 비중 0.8인 기름이 흐르고 있는 개수로에 단순 피토관을 설치하였다. $\Delta h = 20$mm, $h = 30$mm일 때 속도 V는 약 몇 m/s인가?

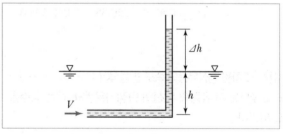

① 0.56
② 0.63
③ 0.77
④ 0.99

해설❸

$$V = \sqrt{2g \Delta h} = \sqrt{2 \times 9.8 \times 0.02} = 0.63 \text{m/s}$$

57 벽면에 평행한 방향의 속도(u) 성분만이 있는 유동장에서 전단응력을 τ, 점성계수를 μ , 벽면으로부터의 거리를 y로 표시할 때 뉴턴의 점성법칙을 옳게 나타낸 식은?

① $\tau = \mu \dfrac{dy}{du}$　　② $\tau = \mu \dfrac{du}{dy}$

③ $\tau = \dfrac{1}{\mu} \dfrac{du}{dy}$　　④ $\tau = \mu \sqrt{\dfrac{du}{dy}}$

해설 ◐

뉴턴의 점성법칙

$$F = \mu \frac{Au}{h} \rightarrow \tau = \mu \frac{du}{dy}$$

58 여객기가 888km/h로 비행하고 있다. 엔진의 노즐에서 연소가스를 375m/s로 분출하고, 엔진의 흡기량과 배출되는 연소가스의 양은 같다고 가정하면 엔진의 추진력은 약 몇 N인가?(단, 엔진의 흡기량은 30kg/s이다.)

① 3,850N　　② 5,325N

③ 7,400N　　④ 11,250N

해설 ◐

압축성 유체에 운동량방정식을 적용하면

$$F_{th} = \dot{m_2} V_2 - \dot{m_1} V_1$$
$$= \dot{m}(V_2 - V_1) = 30(375 - 246.67) = 3,849.9N$$

(여기서, 문제의 조건에 의해 흡기량과 배출되는 연소가스의 양은 같으므로 $\dot{m_2} = \dot{m_1} = \dot{m}$)

59 구형 물체 주위의 비압축성 점성 유체의 흐름에서 유속이 대단히 느릴 때(레이놀즈수가 1보다 작을 경우) 구형 물체에 작용하는 항력 D_r은?(단, 구의 지름은 d, 유체의 점성계수는 μ, 유체의 평균속도는 V라 한다.)

① $D_r = 3\pi \mu d V$　　② $D_r = 6\pi \mu d V$

③ $D_r = \dfrac{3\pi \mu d V}{g}$　　④ $D_r = \dfrac{3\pi d V}{\mu g}$

해설 ◐

스토크스 법칙
$$D = 3\pi \mu V d \ (Re \leq 1)$$

60 지름이 10mm인 매끄러운 관을 통해서 유량 0.02L/s의 물이 흐를 때 길이 10m에 대한 압력손실은 약 몇 Pa인가?(단, 물의 동점성계수는 $1.4 \times 10^{-6} m^2/s$이다.)

① 1,140Pa　　② 1,819Pa

③ 1,140Pa　　④ 1,819Pa

해설 ◐

$$Q = 0.02 L/s = 0.02 \times 10^{-3} m^3/s$$

$Q = AV$에서

$$V = \frac{Q}{A} = \frac{Q}{\frac{\pi d^2}{4}} = \frac{0.02 \times 10^{-3}}{\frac{\pi \times 0.01^2}{4}} = 0.255 m/s$$

흐름의 형태를 알기 위해

$$Re = \frac{\rho V d}{\mu} = \frac{Vd}{\nu} = \frac{0.255 \times 0.01}{1.4 \times 10^{-6}}$$
$$= 1,821.4 < 2,100 \text{ (층류)}$$

$$h_l = f \cdot \frac{L}{d} \cdot \frac{V^2}{2g}, \quad f = \frac{64}{Re} = \frac{64}{1,821.4} = 0.035$$

$$\therefore \Delta p = \gamma h_l$$
$$= \gamma f \frac{L}{d} \frac{V^2}{2g}$$
$$= \rho f \frac{L}{d} \frac{V^2}{2}$$
$$= 1,000 \times 0.035 \times \frac{10}{0.01} \times \frac{0.255^2}{2}$$
$$= 1,137.94 Pa$$

정답　57 ②　58 ①　59 ①　60 ③

4과목 기계재료 및 유압기기

61 다음은 일반적으로 수지에 나타나는 배향특성에 대한 설명이다. 틀린 것은?

① 금형온도가 높을수록 배향은 커진다.
② 수지의 온도가 높을수록 배향이 작아진다.
③ 사출 시간이 증가할수록 배향이 증대된다.
④ 성형품의 살두께가 얇아질수록 배향이 커진다.

해설⊕

㉠ 유동의 영향

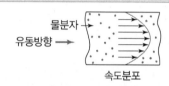

분자길이가 짧을 때

물분자
유동방향
속도분포

분자길이가 길 때

(a) 처음유동 시 분자형태   (b) 유동에 의한 배향성
긴 분자의 속도분포

㉡ 유동 배향성 : 분자길이가 길 때, 아래 그림과 같이 분자들의 속도 차에 의해 유동방향으로 결정되어 있는 현상

배향층(Region of Orientation)
비배향층(Non-Orientation)
배향층(Region of Orientation)

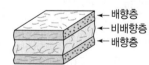

← 배향층
← 비배향층
← 배향층

강도가 낮은 방향

강도가 높은 방향

62 표점거리가 100mm, 시험편의 평행부 지름이 14mm인 시험편을 최대하중 6,400kgf로 인장한 후 표점거리가 120mm로 변화되었을 때 인장강도는 약 몇 kgf/mm²인가?

① 10.4   ② 32.7
③ 41.6   ④ 61.4

해설⊕

$$인장강도(\sigma_{\max}) = \frac{최대하중}{원단면적} = \frac{P_{\max}}{A_0} \, (\mathrm{kgf/mm}^2)$$

$$\sigma_{\max} = \frac{6,400}{\frac{\pi}{4} \times 14^2} = 41.575 \, (\mathrm{kgf/mm}^2)$$

63 금속침투법 중 Zn을 강 표면에 침투 확산시키는 표면처리법은?

① 크로마이징
② 세라다이징
③ 칼로라이징
④ 보로나이징

해설⊕

금속침투법의 침투제에 따른 분류

종류	세라다이징 (Sheradizing)	칼로라이징 (Calorizing)	크로마이징 (Chromizing)	실리코나이징 (Silliconizing)	보로나이징 (Boronizing)
침투제	Zn	Al	Cr	Si	B
장점	대기 중 부식 방지	고온 산화 방지	내식, 내산, 내마모성 증가	내산성 증가	고경도 (HV 1,300 ~1,400)

64 다음 그림과 같은 상태도의 명칭은?

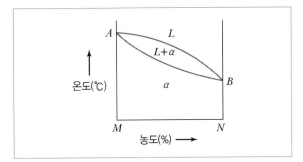

① 편정형 고용체 상태도   ② 전율 고용체 상태도
③ 공정형 한율 상태도   ④ 부분 고용체 상태도

해설⊕

전율 고용체

전 조성 범위에서 용해도를 갖는 고용체로, 흄-로더리(Hume-rothery) 법칙을 만족시킨다.

65 황(S) 성분이 적은 선철을 용해로에서 용해한 후 주형에 주입 전 Mg, Ca 등을 첨가시켜 흑연을 구상화한 주철은?

① 합금주철   ② 칠드주철
③ 가단주철   ④ 구상흑연주철

해설⊕

㉠ 합금주철

기계적 성질, 내마모성, 내열성, 내식성 등을 향상시키기 위해 보통주철에 Al, Cr, Mo, Ni, Si, Ti, V 등의 합금원소를 첨가하여 제조한 주철

㉡ 칠드 주철(Chilled casting : 냉경주물)

• 사형의 단단한 조직이 필요한 부분에 금형을 설치하여 주물을 제작하면, 금형이 설치된 부분이 급랭되어 표면은 단단하고, 내부는 연하며 강인한 성질을 갖는 칠드 주철을 얻을 수 있다.

• 표면은 백주철, 내부는 회주철로 만든 것으로 압연용 롤러, 차륜 등과 같은 것에 사용된다.

㉢ 가단주철

• 주철의 취성을 개량하기 위해서 백주철을 고온도로 장시간 풀림(Anealing)해서 시멘타이트를 분해 또는 감소시켜 인성과 연성을 증가시킨 주철이다.

• 가공성이 좋고, 강도와 인성이 요구되는 부품 재료에 사용되며, 대량 생산품에 많이 사용된다.

㉣ 구상흑연주철(미국 : Ductile cast iron, 일본 : Nodular cast iron, 영국 : Spheroidal graphite cast iron)

• 편상흑연(강도와 연성이 작고, 취성이 있음)을 구상흑연(강도와 연성이 큼)으로 개선한 주철

• 주철을 구상화하기 위하여 P와 S의 양은 적게 하고, Mg, Ca, Ce 등을 첨가한다.

• 인장강도는 주조상태에서 500~700MPa, 풀림상태에서는 450~550MPa이다.

• 보통주철과 비교할 때 내마멸성, 내열성, 내식성 등이 대단히 좋아 크랭크축, 브레이크 드럼에 사용된다.

• 구상흑연주철은 조직에 따라 페라이트형, 펄라이트형, 시멘타이트형으로 분류된다.

• 불스 아이(bull's eye) 조직 : 구상흑연 주위는 페라이트가 둘러싸고, 외부는 펄라이트 조직으로 되어 있다.

66 금속나트륨 또는 플루오린화 알칼리 등의 첨가에 의해 조직이 미세화되어 기계적 성질의 개선 및 가공성이 증대되는 합금은?

① Al – Si   ② Cu – Sn
③ Ti – Zr   ④ Cu – Zn

해설⊕

실루민(Sillumin, 알펙스라고도 함) : AC3A

• Al-Si계 합금의 공정조직으로 주조성은 좋으나 절삭성은 좋지 않고, 약하다.

• 개량 처리 : 실루민은 모래형을 사용하여 주조할 때 냉각속도가 느리면 Si의 결정이 크게 발달하여 기계적 성질이 좋지 않게 된다. 이에 대한 대책으로 주조할 때 0.05~0.1%의 금속나트륨을 첨가하고 잘 교반하여 주입하면 Si가 미세한 공정으로 되어 기계적 성질이 개선되는데 이와 같은 것을

개량 처리라 하고 Na으로 처리하는 것을 개량 합금이라 한다.
- 개량 처리 효과를 얻기 위한 방법 : 금속나트륨(Na), 플루오린화나트륨(NaF), 수산화나트륨(NaOH), 알칼리염류 등을 첨가한다.

67 다음 합금 중 베어링용 합금이 아닌 것은?

① 화이트 메탈　　② 켈밋 합금
③ 배빗 메탈　　　④ 먼츠메탈

해설➕
① 화이트 메탈(White Metal) : Sn-Sb-Pb-Cu계 합금, 백색, 용융점이 낮고 강도가 약하다. 베어링용, 다이캐스팅용 재료로 쓰인다.
② 켈밋(Kelmet) : Cu(20~40%)-Pb의 합금, 마찰계수가 작고 열전도율이 우수하다. 발전기 모터, 철도차량용, 베어링용으로 쓰인다.
③ 배빗메탈 : 배빗의 이름을 따서 붙인 합금명이며 Sn(70~90%), Sb(7~20%), Cu(2~10%)를 주성분으로 하는 베어링 메탈로 고온·고압에 잘 견뎌 고속·고하중용 베어링 재료로 사용된다.
④ 먼츠메탈(Muntz metal) : 황동(판재, 선재, 볼트, 너트, 열 교환기, 파이프, 밸브 등 제작)

68 상온에서 순철의 결정격자는?

① 체심입방격자　　② 면심입방격자
③ 조밀육방격자　　④ 정방격자

해설➕
순철에는 α철, γ철, δ철의 3개의 동소체가 있으며, 910℃ 이하에서는 α철로 체심입방격자(BCC) 구조를, 910~1,400℃에서는 γ철로 면심입방격자(FCC) 구조를, 1,400℃ 이상에서는 δ철로 체심입방격자(BCC) 구조를 갖는다.

69 탄소함유량이 0.8%가 넘는 고탄소강의 담금질 온도로 가장 적당한 것은?

① A_1 온도보다 30~50℃ 정도 높은 온도
② A_2 온도보다 30~50℃ 정도 높은 온도
③ A_3 온도보다 30~50℃ 정도 높은 온도
④ A_4 온도보다 30~50℃ 정도 높은 온도

해설➕

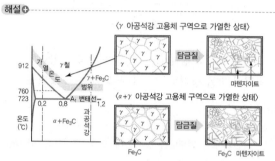

[퀜칭의 온도범위와 조직변화(오스테나이트 → 마텐자이트로 변화)]

탄소강의 담금질
- 목적 : 재료의 경도와 강도를 높이기 위해
- 강이 오스테나이트 조직으로 될 때까지 A_1~A_3 변태점보다 30~50℃ 높은 온도로 가열한 후 물이나 기름으로 급랭하여 마텐자이트 변태가 되도록 하는 공정

70 영구 자석강이 갖추어야 할 조건으로 가장 적당한 것은?

① 잔류자속밀도 및 보자력이 모두 클 것
② 잔류자속밀도 및 보자력이 모두 작을 것
③ 잔류자속밀도가 작고 보자력이 클 것
④ 잔류자속밀도가 크고 보자력이 작을 것

해설➕
자석강이 갖추어야 할 조건
- 자기이력곡선에서의 잔류자기(잔류자속밀도)와 항자력(보자력)이 커야 한다.
- 온도 변화와 기계적인 진동 또는 산란 자장의 영향에 대해서 안정하여야 한다.

정답　67 ④　68 ①　69 ①　70 ①

- 내후성이 커야 한다.
- 강한 영구자석 재료는 결정입자가 극히 미세하고, 결정입계가 많은 것이 좋다.

71 체크 밸브, 릴리프 밸브 등에서 압력이 상승하고 밸브가 열리기 시작하여 어느 일정한 흐름의 양이 인정되는 압력은?

① 토출 압력
② 서지 압력
③ 크래킹 압력
④ 오버라이드 압력

해설○
① 토출 압력 : 펌프에서 토출되는 작동유의 압력
② 서지 압력 : 과도적으로 상승한 압력의 최댓값
③ 크래킹 압력 : 체크 밸브 또는 릴리프 밸브 등으로 압력이 상승하여 밸브가 열리기 시작하여 어느 일정한 흐름의 양이 확인되는 압력
④ 오버라이드(Override) 압력 : 설정 압력과 크래킹 압력의 차이 → 오버라이드 압력이 낮을수록 밸브 특성이 양호하고 유체 동력 손실도 작다.

72 그림은 KS 유압 도면기호에서 어떤 밸브를 나타낸 것인가?

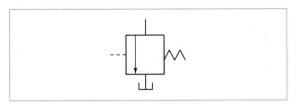

① 릴리프 밸브   ② 무부하 밸브
③ 시퀀스 밸브   ④ 감압 밸브

해설○

① 릴리프 밸브	② 무부하 밸브
③ 시퀀스 밸브	④ 감압 밸브

73 다음 유압회로는 어떤 회로에 속하는가?

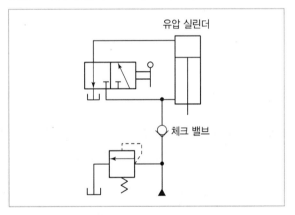

① 로크 회로   ② 무부하 회로
③ 블리드 오프 회로   ④ 어큐뮬레이터 회로

해설○
그림은 체크 밸브를 이용해 큰 외력에 대항해서 정지 위치를 확실히 유지시킬 수 있는 로크 회로(Lock circuit)이다.

2018

74 유압모터의 종류가 아닌 것은?

① 회전 피스톤 모터　　② 베인 모터
③ 기어 모터　　　　　④ 나사 모터

해설⊕

유압모터의 종류
- 기어 모터 : 외접형, 내접형
- 베인 모터
- 회전 피스톤 모터 : 액시얼형, 레이디얼형

75 유압 베인 모터의 1회전당 유량이 50cc일 때 공급 압력을 800N/cm², 유량을 30L/min으로 할 경우 베인 모터의 회전수는 약 몇 rpm인가?(단, 누설량은 무시한다.)

① 600　　　　　　② 1,200
③ 2,666　　　　　④ 5,333

해설⊕

$Q = qN$

$$\therefore N = \frac{Q}{q} = \frac{30 \times 10^3 \mathrm{cm^3/min}}{50\mathrm{cc}(= \mathrm{cm^3})} = 600\,\mathrm{rpm}$$

76 그림과 같은 유압 잭에서 지름이 $D_2 = 2D_1$일 때 누르는 힘 F_1과 F_2의 관계를 나타낸 식으로 옳은 것은?

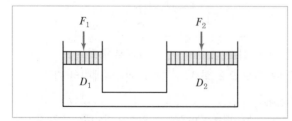

① $F_2 = F_1 D_r$　　　② $F_2 = 2F_1 D_r$
③ $F_2 = 4F_1 D_r$　　　④ $F_2 = 8F_1 D_r$

해설⊕

파스칼의 원리 : $p_1 = p_2$

$$\therefore \frac{F_1}{A_1} = \frac{F_2}{A_2} \Rightarrow \frac{F_1}{\frac{D_1^2 \pi}{4}} = \frac{F_2}{D_1^2 \pi} \qquad \therefore 4F_1 = F_2$$

77 다음 어큐뮬레이터의 종류 중 피스톤형의 특징에 대한 설명으로 가장 적절하지 않은 것은?

① 대형도 제작이 용이하다.
② 축유량을 크게 잡을 수 있다.
③ 형상이 간단하고 구성품이 적다.
④ 유실에 가스 침입의 염려가 없다.

해설⊕

피스톤 축압기(Accumulator)의 특징
- 형상이 간단하고 구성품이 적다.
- 대형도 제작이 용이하다.
- 축유량을 크게 잡을 수 있다.
- 유실에 가스 침입의 염려가 있다.

78 주로 펌프의 흡입구에 설치되어 유압작동유의 이물질을 제거하는 용도로 사용하는 기기는?

① 드레인 플러그　　② 스트레이너
③ 블래더　　　　　④ 배플

해설⊕

스트레이너
- 유압펌프 흡입 쪽에 부착되어 기름탱크에서 펌프 및 회로에 불순물이 유입되지 않도록 여과작용을 하는 장치이다.
- 100~200mesh(눈의 크기 0.15~0.07mm)의 철망을 사용한다.

79 카운터 밸런스 밸브에 관한 설명으로 옳은 것은?

① 두 개 이상의 분기 회로를 가질 때 각 유압 실린더를 일정한 순서로 순차 작동시킨다.

② 부하의 낙하를 방지하기 위해서, 배압을 유지하는 압력제어 밸브이다.

③ 회로 내의 최고 압력을 설정해 준다.

④ 펌프를 무부하 운전시켜 동력을 절감시킨다.

해설⊕

카운터 밸런스 밸브(Counter balance valve)

추의 낙하를 방지하기 위해 배압을 유지시켜 주는 압력제어 밸브 → 중력에 의해 낙하하는 것을 방지하고자 할 때 사용

80 유압 기본회로 중 미터인 회로에 대한 설명으로 옳은 것은?

① 유량제어 밸브는 실린더에서 유압작동유의 출구 측에 설치한다.

② 유량제어 밸브를 탱크로 바이패스되는 관로 쪽에 설치한다.

③ 릴리프 밸브를 통하여 분기되는 유량으로 인한 동력 손실이 크다.

④ 압력설정 회로로 체크밸브에 의하여 양방향만의 속도가 제어된다.

해설⊕

미터인 회로(Meter in circuit)

액추에이터 입구 쪽 관로에 유량제어 밸브를 직렬로 부착하고, 유량제어 밸브가 압력보상형이면 실린더의 전진속도는 펌프송출량과 무관하게 일정하다. 이 경우 펌프송출압은 릴리프 밸브의 설정압으로 정해지고, 펌프에서 송출되는 여분의 유량은 릴리프 밸브를 통하여 탱크에 방출되므로 동력 손실이 크다(전진속도만 제어).

5과목 **기계제작법 및 기계동력학**

81 압축된 스프링으로 100g의 추를 밀어올려 위에 있는 종을 치는 완구를 설계하려고 한다. 스프링 상수가 80N/m라면 종을 치게 하기 위한 최소의 스프링 압축량은 약 몇 cm인가?(단, 그림의 상태는 스프링이 전혀 변형되지 않은 상태이며 추가 종을 칠 때는 이미 추와 스프링은 분리된 상태이다. 또한 중력은 아래로 작용하고 스프링의 질량은 무시한다.)

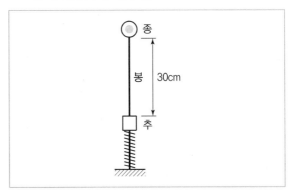

① 8.5cm ② 9.9cm
③ 10.6cm ④ 12.4cm

해설⊕

스프링 압축량을 x라 할 때 x만큼 줄어든 상태$(h+x)$의 중력위치에너지(V_g)와 탄성에너지(V_e)는 같으므로

$$mg(h+x) = \frac{1}{2}kx^2 \rightarrow kx^2 - 2mgx - 2mgh = 0$$

$$80x^2 - 2 \times 0.1 \times 9.8 \times x - 2 \times 0.1 \times 9.8 \times 0.3 = 0$$

$$80x^2 - 2 \times (0.98) \times x - 0.588 = 0$$

x의 2차 방정식이므로 근의 공식(짝수공식)

$$x = \frac{-b' \pm \sqrt{b'^2 - ac}}{a}$$ 를 적용하면

$$x = \frac{-(-0.98) \pm \sqrt{(-0.98)^2 - 80 \times (-0.588)}}{80}$$

$\therefore\ x = 0.09885$m (근호 앞 (+) 값만 x가 양수)

$\quad = 9.89$cm

---

82 그림과 같은 진동계에서 무게 W는 22.68N, 댐핑계수 C는 0.0579N · s/cm, 스프링 정수 K가 0.357 N/cm일 때 감쇠비(Damping ratio)는 약 얼마인가?

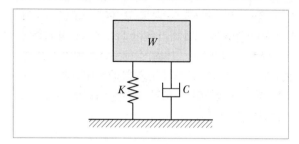

① 0.19   ② 0.22   ③ 0.27   ④ 0.32

해설⊕

감쇠비 $\zeta = \dfrac{C}{C_c}$ 이므로

i) $C = 0.0579 \times 10^2 = 5.79 \text{N} \cdot \text{s/m}$

ii) 임계감쇠계수

$$C_c = 2\sqrt{mk} = 2\sqrt{\frac{W}{g}k}$$
$$= 2 \times \sqrt{\frac{22.68}{9.8} \times 0.357 \times 10^2} = 18.18$$

$$\zeta = \frac{C}{C_c} = \frac{5.79}{18.18} = 0.318$$

83 경사면에 질량 M의 균일한 원기둥이 있다. 이 원기둥에 감겨 있는 실을 경사면과 동일한 방향으로 위쪽으로 잡아당길 때, 미끄럼이 일어나지 않기 위한 실의 장력 T의 조건은?(단, 경사면의 각도를 α, 경사면과 원기둥 사이의 마찰계수를 μ_s, 중력가속도를 g라 한다.)

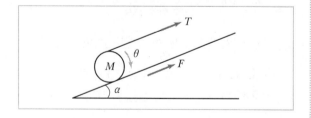

① $T \leq Mg(3\mu_s\sin\alpha + \cos\alpha)$

② $T \leq Mg(3\mu_s\sin\alpha - \cos\alpha)$

③ $T \leq Mg(3\mu_s\cos\alpha + \sin\alpha)$

④ $T \leq Mg(3\mu_s\cos\alpha - \sin\alpha)$

해설⊕

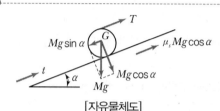

[자유물체도]

i) 자유물체도에서 $\sum F_t = ma_t$, $a_t = r\alpha$ 적용

$$T + \mu_s Mg\cos\alpha - Mg\sin\alpha = Mr\alpha \quad \cdots\cdots \text{ⓐ}$$

ii) 질량 중심(질점 G)에 대한 모멘트는 질량관성모멘트와 각가속도의 곱과 같다. $\sum M_G = J_G\alpha$ 적용

$$Tr - \mu_s Mg\cos\alpha \cdot r = \frac{1}{2}Mr^2\alpha$$

r로 양변을 나누고 2를 곱하면

$$2T - 2\mu_s Mg\cos\alpha = Mr\alpha \quad \cdots\cdots \text{ⓑ}$$

iii) ⓐ=ⓑ이므로

$$T + \mu_s Mg\cos\alpha - Mg\sin\alpha = 2T - 2\mu_s Mg\cos\alpha$$
$$\therefore \ T = \mu_s Mg\cos\alpha - Mg\sin\alpha + 2\mu_s Mg\cos\alpha$$
$$= 3\mu_s Mg\cos\alpha - Mg\sin\alpha$$
$$= Mg(3\mu_s\cos\alpha - \sin\alpha)$$

그러므로 $T \leq Mg(3\mu_s\cos\alpha - \sin\alpha)$일 때 미끄럼이 일어나지 않는다.

84 펌프가 견고한 지면 위의 네 모서리에 하나씩 총 4개의 동일한 스프링으로 지지되어 있다. 이 스프링의 정적 처짐이 3cm일 때, 이 기계의 고유진동수는 약 몇 Hz인가?

① 3.5   ② 7.6   ③ 2.9   ④ 4.8

해설⊕

$$\delta_{st} = 3\text{cm} = 0.03\text{m}$$

$$f = \frac{\omega_n}{2\pi} = \frac{1}{2\pi}\sqrt{\frac{k}{m}} = \frac{1}{2\pi}\sqrt{\frac{g}{\delta_{st}}} = \frac{1}{2\pi}\sqrt{\frac{9.8}{0.03}}$$
$$= 2.88\text{Hz}$$

85 그림과 같이 2개의 질량이 수평으로 놓인 마찰이 없는 막대 위를 미끄러진다. 두 질량의 반발계수가 0.6일 때 충돌 후 A의 속도(V_A)와 B의 속도(V_B)로 옳은 것은?

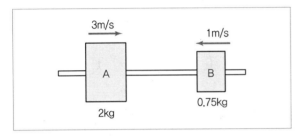

① $V_A = 3.65\text{m/s}$, $V_B = 1.25\text{m/s}$

② $V_A = 1.25\text{m/s}$, $V_B = 3.65\text{m/s}$

③ $V_A = 3.25\text{m/s}$, $V_B = 1.65\text{m/s}$

④ $V_A = 1.65\text{m/s}$, $V_B = 3.25\text{m/s}$

해설⊕

A, B의 충돌 전 속도를 V_A, V_B, 충돌 후 속도를 $V_A{}'$, $V_B{}'$라 하면

ⅰ) $V_A{}' = V_A - \dfrac{m_B}{m_A + m_B}(1+e)(V_A - V_B)$

   (여기서, V_B는 왼쪽방향(−))

   $= 3 - \dfrac{0.75}{2+0.75}(1+0.6)(3-(-1)) = 1.25\text{m/s}$

ⅱ) $V_B{}' = V_B + \dfrac{m_A}{m_A + m_B}(1+e)(V_A - V_B)$

   $= -1 + \dfrac{2}{2+0.75}(1+0.6)(3-(-1)) = 3.65\text{m/s}$

86 다음 설명 중 뉴턴(Newton)의 제1법칙으로 맞는 것은?

① 질점의 가속도는 작용하고 있는 합력에 비례하고 그 합력의 방향과 같은 방향에 있다.

② 질점에 외력이 작용하지 않으면, 정지상태를 유지하거나 일정한 속도로 일직선상에서 운동을 계속한다.

③ 상호 작용하고 있는 물체 간의 작용력과 반작용력은 크기가 같고 방향이 반대이며, 동일 직선상에 있다.

④ 자유낙하하는 모든 물체는 같은 가속도를 가진다.

해설⊕

뉴턴(Newton)의 제1법칙에서 가속도 $a = 0$일 때 물체는 정지 또는 등속운동($V = C$) 한다.

87 그림과 같은 질량 3kg인 원판의 반지름이 0.2m일 때, $X - X'$축에 대한 질량관성모멘트의 크기는 약 몇 $\text{kg} \cdot \text{m}^2$인가?

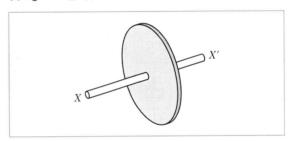

① 0.03

② 0.04

③ 0.05

④ 0.06

해설⊕

원판의 도심에 관한 질량관성모멘트

$$J_G = \frac{mr^2}{2} = \frac{3 \times 0.2^2}{2} = 0.06\text{kg} \cdot \text{m}^2$$

88 공이 지면에서 수직방향으로 9.81m/s의 속도로 던져졌을 때 최대 도달 높이는 지면으로부터 약 몇 m인가?

① 4.9   ② 9.8

③ 14.7   ④ 19.6

해설◆

최대도달높이 $H = \dfrac{V_0^2}{2g} = \dfrac{9.81^2}{2 \times 9.81} = 4.91\,\mathrm{m}$

89 엔진(질량 m)의 진동이 공장바닥에 직접 전달될 때 바닥에는 힘이 $F_o\sin\omega t$로 전달된다. 이때 전달되는 힘을 감소시키기 위해 엔진과 바닥 사이에 스프링(스프링상수 k)과 댐퍼(감쇠계수 c)를 달았다. 이를 위해 진동계의 고유진동수(ω_n)와 외력의 진동수(ω)는 어떤 관계를 가져야 하는가?(단, $\omega_n = \sqrt{\dfrac{K}{m}}$ 이고, t는 시간을 의미한다.)

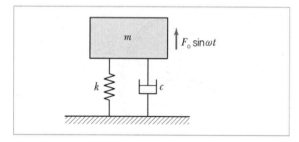

① $\omega_n < \omega$ ② $\omega_n > \omega$

③ $\omega_n < \dfrac{\omega}{\sqrt{2}}$ ④ $\omega_n > \dfrac{\omega}{\sqrt{2}}$

해설◆

진동절연은 $TR < 1$일 때 진동수비 $\gamma = \dfrac{\omega}{\omega_n} > \sqrt{2}$ 이어야 한다.

$\therefore \ \omega_n < \dfrac{\omega}{\sqrt{2}}$

90 그림 (a)를 그림 (b)와 같이 모형화했을 때 성립되는 관계식은?

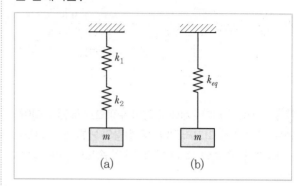

(a)   (b)

① $\dfrac{1}{k_{eq}} = \dfrac{1}{k_1} + \dfrac{1}{k_2}$ ② $k_{eq} = k_1 + k_2$

③ $k_{eq} = k_1 + \dfrac{1}{k_2}$ ④ $k_{eq} = \dfrac{1}{k_1} + \dfrac{1}{k_2}$

해설◆

직렬조합이므로

$\delta = \delta_1 + \delta_2 \ \rightarrow \ \dfrac{W}{k_{eq}} = \dfrac{W}{k_1} + \dfrac{W}{k_2}$ (여기서, W 동일)

$\therefore \ \dfrac{1}{k_{eq}} = \dfrac{1}{k_1} + \dfrac{1}{k_2}$

91 사형(砂型)과 금속형(金屬型)을 사용하며 내마모성이 큰 주물을 제작할 때 표면은 백주철이 되고 내부는 회주철이 되는 주조 방법은?

① 다이캐스팅법   ② 원심주조법

③ 칠드주조법   ④ 셸주조법

해설◆

① 다이캐스팅 : 필요한 주조형상에 완전히 일치하도록 정확하게 기계가공된 금형에 용융금속을 주입하여 금형과 똑같은 주물을 얻는 정밀 주조법이다.

② 원심주조법 : 원심력을 이용하여 주형의 구석구석까지 쇳물을 보낸다.

③ 칠드주조법 : 열전도율이 큰 금형을 주형(=사형+금형)의 일부로 만들어 표면을 급랭시켜 단단한 탄화철인 칠드층

을 만드는 방법으로 표면(백주철)의 경도가 높고 내부(회주철)는 경도가 낮아 인성을 유지하게 한다. 압연롤러, 기차바퀴 등의 제작 시 이용한다.

④ 셀주조법 : 금속 원형을 가열한 다음 규사와 열강화 수지의 혼합 분말을 뿌려서 주형을 만든 후 이것을 조합하여 그 사이에 쇳물을 부어서 주물을 주조시키는 방법이다.

92 불활성가스가 공급되면서 용가재인 소모성 전극 와이어를 연속적으로 보내서 아크를 발생시켜 용접하는 불활성가스 아크 용접법은?

① MIG 용접
② TIG 용접
③ 스터드 용접
④ 레이저 용접

불활성가스 아크용접

불활성가스(Ar, He)를 공급하면서 용접

㉠ MIG 용접(불활성가스 금속아크용접) : GMAW(Gas Metal arc Welding) – 용극식
  - 전극으로 용접 와이어를 사용하여 모재와의 사이에서 Arc를 발생시킨다.
  - 전극이 녹는 소모식이다.
  - 전류 밀도가 티그 용접의 2배, 일반 용접의 4~6배로 매우 크고 용적이행은 스프레이형이다.
  - 후판에 주로 사용한다.
  - 보호가스 : He 가스 → MIG 용접, CO_2 가스 → 탄산가스(CO_2) 아크용접
  - 탄산가스(CO_2) 아크용접은 현장에서 가장 많이 사용하고 있는 용접법이다.

㉡ TIG 용접(불활성가스 텅스텐아크용접) : GTAW(Gas Tungsten arc Welding) – 비용극식
  - 모재와 텅스텐 전극 사이에서 아크를 발생시킨다.
  - 아르곤 가스를 보호가스로 사용한다.
  - 용가재를 첨가하여 용접시킨다.
  - 전극(텅스텐)이 소모되지 않는다.

㉢ 스터드 용접 : 스터드 용접은 볼트, 환봉, 핀 등의 스터드 끝 면과 철판이나 기존 금속면의 모재를 용융시켜 스터드를

모재에 스프링 작용 또는 공기 압력으로 맞대고 눌러 순간 융합시키는 방법으로 용접하는 자동 아크 용접법이다.

㉣ 레이저 용접 : 집적된 레이저의 고밀도 에너지를 이용하여 공작물을 국부적으로 가열, 용융시켜 용접에 이용한다.

93 절삭 공구에 발생하는 구성인선의 방지법이 아닌 것은?

① 절삭 깊이를 얕게 할 것
② 절삭 속도를 느리게 할 것
③ 절삭 공구의 인선을 예리하게 할 것
④ 공구 윗면 경사각(Rake angle)을 크게 할 것

구성인선(Built up edge)의 방지법
- 절삭 깊이를 얕게 하고, 윗면 경사각을 크게 한다.
- 절삭 속도를 빠르게 한다.
- 날 끝에 경질 크롬 도금 등을 하여 윗면 경사각을 매끄럽게 한다.
- 윤활성이 좋은 절삭유를 사용한다.
- 절삭공구의 인선을 예리하게 한다.

94 압연가공에서 압하율을 나타내는 공식은?(단, H_0는 압연 전의 두께, H_1은 압연 후의 두께이다.)

① $\dfrac{H_0 - H_1}{H_0} \times 100(\%)$
② $\dfrac{H_1 - H_0}{H_1} \times 100(\%)$

③ $\dfrac{H_1 + H_0}{H_0} \times 100(\%)$
④ $\dfrac{H_1}{H_0} \times 100(\%)$

- 압하량 $= H_0 - H_1$

- 압하율 $= \dfrac{H_0 - H_1}{H_0} \times 100(\%)$

  여기서, H_0 : 롤러 통과 전 재료의 두께
  H_1 : 롤러 통과 후 재료의 두께

95 0℃ 이하의 온도에서 냉각시키는 조직으로 공구강의 경도 증가 및 성능 향상을 할 수 있으며, 담금질된 오스테나이트를 마텐자이트화하는 열처리법은?

① 질량 효과(Mass effect)
② 완전 풀림(Full annealing)
③ 화염 경화(Frame hardening)
④ 심랭 처리(Sub-zero treatment)

해설⊕
① 질량효과 : 같은 강을 같은 조건으로 담금질하더라도 질량이 작은 재료는 내외부에 온도차가 없어 내부까지 경화되나, 질량이 큰 재료는 열의 전도에 시간이 길게 소요되어 내외부에 온도차가 생겨 외부는 경화되어도 내부는 경화되지 않는 현상
② 완전풀림(Annealing)
  • 온도
   아공석강 : A₃ 이상 가열, 공석강과 과공석강 : A₁+40~60℃ 가열 유지 후 노에서 냉각시킨다.
  • 목적 : 결정립 미세화, 강의 연화, 소성가공성 증가
③ 화염경화법 : 산소-아세틸렌 불꽃으로 표면을 가열하여 담금질한다.
④ 심랭 처리 : 상온으로 담금질된 강을 다시 0℃ 이하의 온도로 냉각하는 열처리법이다.
  • 목적 : 잔류 오스테나이트를 마텐자이트로 변태시키기 위해
  • 효과 : 담금질 균열 방지, 치수변화 방지, 경도 향상(예 게이지강)

96 연삭가공을 한 후 가공표면을 검사한 결과 연삭 크랙(Crack)이 발생되었다. 이때 조치하여야 할 사항으로 옳지 않은 것은?

① 비교적 경(硬)하고 연삭성이 좋은 지석을 사용하고 이송을 느리게 한다.
② 연삭액을 사용하여 충분히 냉각시킨다.
③ 결합도가 연한 숫돌을 사용한다.
④ 연삭 깊이를 얕게 한다.

해설⊕
연삭균열(Crack) 방지법
• 연한 숫돌 사용한다.
• 연삭 깊이를 얕게 한다.
• 이송을 크게 한다.
• 발열량을 적게 주거나 연삭액을 사용하여 냉각시킨다.
• 실리케이트 숫돌을 사용하는 것도 효과적이다.

97 다음 중 아크(Arc) 용접봉의 피복제 역할에 대한 설명으로 가장 적절한 것은?

① 용착효율을 낮춘다.
② 전기 통전 작용을 한다.
③ 응고와 냉각속도를 촉진시킨다.
④ 산화방지와 산화물의 제거작용을 한다.

해설⊕
피복아크용접(SMAW : Shielded Metal Arc Welding)
• 피복아크용접은 피복아크용접봉과 피용접물의 사이에 아크를 발생시켜 그 에너지를 이용하는 용접방법이다.
• 피복제는 고온에서 분해되어 가스를 방출하여 아크 기둥과 용융지를 보호해 용착금속의 산화 및 질화가 일어나지 않도록 보호해 준다.
• 피복제의 용융은 슬래그를 형성하고 탈산작용을 하며 용착금속의 급랭을 방지하는 역할을 한다.

98 다음 중 연삭숫돌의 결합제(Bond)로 주성분이 점토와 장석이고, 열에 강하며 연삭액에 대해서도 안전하므로 광범위하게 사용되는 결합제는?

① 비트리파이드   ② 실리케이트
③ 레지노이드   ④ 셸락

해설⊕
비트리파이드 결합제(Vitrified bond, V)
• 결합제의 원료는 장석 및 점토이고, 현재 사용되고 있는 숫돌의 대부분이 비트리파이드 결합제로 되어 있다.

- 숫돌 입자를 점토성분의 결합제와 혼합하여 수분을 가하고 주형에 넣어 가압 성형한 후 실온에서 수일간 건조시킨 다음 자기를 굽는 방법으로 소결시킨다.
- 크랙의 발생을 방지하기 위하여 서랭시켜 규격치수로 다듬질한다.
- 이 결합제에 의한 숫돌의 장점은 다공성이며, 강도 및 강성이 크고, 물, 연삭유제, 산(酸) 등의 영향을 거의 받지 않는다는 것이다.
- 기계적 및 열적 충격에 약하다는 단점이 있다.

99 두께 4mm인 탄소강판에 지름 1,000mm의 펀칭을 할 때 소요되는 동력은 약 kW인가?(단, 소재의 전단저항은 245.25MPa, 프레스 슬라이드의 평균속도는 5m/min, 프레스의 기계효율(η)은 65%이다.)

① 146
② 280
③ 396
④ 538

해설⊕

전단응력 $\tau = \dfrac{P}{A}$

$P = \tau A = \tau \pi dt$
$= 245.25 \times 10^6 (\text{Pa}) \times \pi \times 1(\text{m}) \times 4 \times 10^{-3}(\text{m})$
$= 3,081.9 \times 10^3 (\text{N}) = 3,081.9 (\text{kN})$

$\therefore$ 동력 $H = \dfrac{PV}{\eta} = \dfrac{3,081.9 \times \dfrac{5}{60}}{0.65} = 395.12(\text{kW})$

100 회전하는 상자 속에 공작물과 숫돌 입자, 공작액, 콤파운드 등을 넣고 서로 충돌시켜 표면의 요철을 제거하며 매끈한 가공면을 얻는 가공법은?

① 호닝(Honing)
② 배럴(Barrel) 가공
③ 숏피닝(Shot peening)
④ 슈퍼피니싱(Super finishing)

해설⊕

① 호닝(Honing)가공
- 혼(Hone)이라는 고운 숫돌 입자를 방사상의 모양으로 만들어 구멍에 넣고 회전운동시켜 구멍의 내면을 정밀하게 다듬질하는 방법
- 원통의 내면을 절삭한 후 보링, 리밍 또는 연삭가공을 하고나서 구멍에 대한 진원도, 직진도 및 표면거칠기를 향상시키기 위해 사용한다.
③ 숏피닝(Shot peening)
- 경화된 철의 작은 볼을 공작물의 표면에 분사하여 그 표면을 매끈하게 하는 동시에 공작물의 피로 강도나 기계적 성질을 향상시키는 방법을 숏피닝이라고 한다.
- 숏피닝에 사용되는 철의 작은 볼을 숏(Shot)이라고 한다.
④ 슈퍼피니싱
- 미세하고 연한 숫돌을 가공 표면에 가압하고, 공작물을 회전 이송 운동하고, 숫돌에 진동을 주어 0.5mm 이하의 경면(鏡面) 다듬질에 사용한다.
- 정밀 롤러, 저널, 베어링의 궤도, 게이지, 공작기계의 고급 축, 자동차, 항공기 엔진부품, 대형 내연기관의 크랭크축 등의 가공에 사용한다.

01 다음 단면에서 도심의 y축 좌표는 얼마인가?

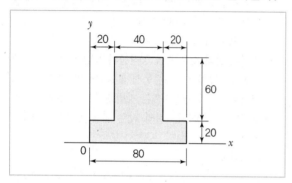

① 30   ② 34   ③ 40   ④ 44

해설⊕

x축으로부터 도심거리

$$\bar{y} = \frac{A_1 y_1 + A_2 y_2}{A_1 + A_2}$$

$$= \frac{(80 \times 20 \times 10) + (40 \times 60 \times 50)}{(80 \times 20) + (40 \times 60)} = 34$$

02 그림과 같이 원형 단면을 갖는 외팔보에 발생하는 최대굽힘응력 σ_b는?

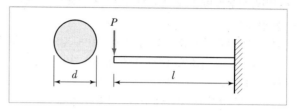

① $\dfrac{32Pl}{\pi d^3}$ ② $\dfrac{32Pl}{\pi d^4}$ ③ $\dfrac{6Pl}{\pi d^2}$ ④ $\dfrac{\pi d}{6Pl}$

해설⊕

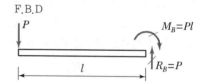

F.B.D

$M_B = M_{\max} = Pl$이고, $M_{\max} = \sigma_b Z$에서

$$\sigma_b = \frac{M_{\max}}{Z} = \frac{Pl}{\dfrac{\pi d^3}{32}} = \frac{32Pl}{\pi d^3}$$

03 양단이 힌지로 된 길이가 4m인 기둥의 임계하중을 오일러 공식을 사용하여 구하면 약 몇 N인가?(단, 기둥의 세로탄성계수 $E = 200\text{GPa}$이다.)

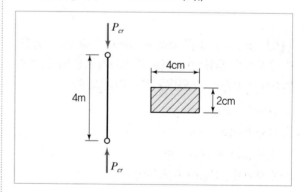

① 1,645 ② 3,290

③ 6,580 ④ 13,160

해설⊕

$P_{cr} = n\pi^2 \dfrac{EI}{l^2}$ (양단힌지이므로 단말계수 $n = 1$)

$= 1 \times \pi^2 \times \dfrac{200 \times 10^9 \times \dfrac{0.04 \times 0.02^3}{12}}{4^2}$

$= 3,289.87\text{N}$

04 길이가 50cm인 외팔보의 자유단에 정적인 힘을 가하여 자유단에서의 처짐량이 1cm가 되도록 외팔보를 탄성변형시키려고 한다. 이때 필요한 최소한의 에너지는 약 몇 J인가?(단, 외팔보의 세로탄성계수는 200GPa, 단면은 한 변의 길이가 2cm인 정사각형이라고 한다.)

① 3.2 ② 6.4

③ 9.6 ④ 12.8

해설⊕

외팔보 자유단에서 처짐량 $\delta = \dfrac{Pl^3}{3EI}$ 에서

$P = \dfrac{3EI\delta}{l^3}$

$= \dfrac{3 \times 200 \times 10^9 \times \dfrac{0.02 \times 0.02^3}{12} \times 0.01}{0.5^3} = 640\,\text{N}$

탄성변형에너지

$U = \dfrac{1}{2}P\delta = \dfrac{1}{2} \times 640 \times 0.01 = 3.2\,\text{N}\cdot\text{m} = 3.2\text{J}$

05 그림에서 클램프(Clamp)의 압축력이 $P = 5$kN일 때 $m-n$ 단면의 최소두께 h를 구하면 약 몇 cm인가?(단, 직사각형 단면의 폭 $b = 10$mm, 편심거리 $e = 50$mm, 재료의 허용응력 $\sigma_a = 200$MPa이다.)

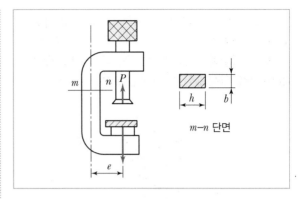

① 1.34 ② 2.34

③ 2.86 ④ 3.34

해설⊕

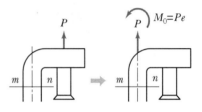

$m-n$단면은 인장응력과 굽힘응력의 조합상태이므로

$\sigma_a = \sigma_{\max} = \sigma_t + \sigma_b = \dfrac{P}{A} + \dfrac{M_0}{Z} = \dfrac{P}{A} + \dfrac{Pe}{Z}$

$\sigma_{\max} = \dfrac{P}{bh} + \dfrac{6Pe}{bh^2}$ (양변 $\times bh^2$)

$\sigma_{\max}bh^2 = Ph + 6Pe$

$\sigma_{\max}bh^2 - Ph - 6Pe = 0$

$200 \times 10^6 \times 0.01 \times h^2 - 5 \times 10^3 \times h - 6 \times 5 \times 10^3 \times 0.05 = 0$

$(2 \times 10^6)h^2 - (5 \times 10^3)h - 1,500 = 0$ (근의 공식 적용)

$h = \dfrac{-(-)5,000 \pm \sqrt{5,000^2 - 4 \times (2 \times 10^6) \times (-1,500)}}{2 \times (2 \times 10^6)}$

$\therefore h = 0.02866\text{m} = 2.87\text{cm}$

(근호 앞 부호 +일 때만 양수 근)

06 강선의 지름이 5mm이고 코일의 반지름이 50mm인 15회 감긴 스프링이 있다. 이 스프링에 힘을 가하여 처짐량이 50mm일 때, P는 약 몇 N인가? (단, 재료의 전단탄성계수 $G = 100$Gpa이다.)

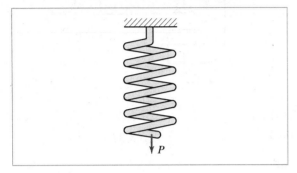

① 18.32 ② 22.08

③ 26.04 ④ 28.43

해설 ⊕

$\delta = \dfrac{8PD^3 n}{Gd^4}$ 에서

$P = \dfrac{Gd^4 \delta}{8D^3 n} = \dfrac{100 \times 10^9 \times 0.005^4 \times 0.05}{8 \times 0.1^3 \times 15} = 26.04\text{N}$

07 지름 d인 강봉의 지름을 2배로 했을 때 비틀림 강도는 몇 배가 되는가?

① 2배 ② 4배

③ 8배 ④ 16배

해설 ⊕

$T_1 = \tau Z_P = \tau \times \dfrac{\pi d^3}{16}$

$T_2 = \tau Z_P = \tau \times \dfrac{\pi (2d)^3}{16} = 8 \times \tau \times \dfrac{\pi d^3}{16} = 8T_1$

$\therefore \dfrac{T_2}{T_1} = \dfrac{8T_1}{T_1} = 8$배

08 그림과 같이 단순 지지보가 B점에서 반시계 방향의 모멘트를 받고 있다. 이때 최대의 처짐이 발생하는 곳은 A점으로부터 얼마나 떨어진 거리인가?

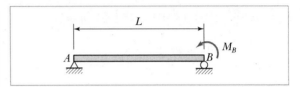

① $\dfrac{L}{2}$ ② $\dfrac{L}{\sqrt{2}}$

③ $L\left(1 - \dfrac{1}{\sqrt{3}}\right)$ ④ $\dfrac{L}{\sqrt{3}}$

해설 ⊕

$M_B = M_0$

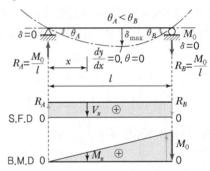

M_x는 $0 \sim x$까지의 S.F.D 면적과 같으므로

$M_x = R_A x = \dfrac{M_0}{l} x$

처짐미분방정식에서

$EIy'' = M_x = \dfrac{M_0}{l} x$ 적분

$EIy' = \dfrac{M_0}{l} \dfrac{x^2}{2} + C_1$ 적분

$EIy = \dfrac{M_0}{l} \dfrac{x^3}{6} + C_1 x + C_2$

B/C $x = 0$과 $x = l$에서 처짐량 $y = 0$이므로

$x = 0$일 때 $C_2 = 0$

$x = l$일 때

$0 = \dfrac{M_0}{l} \dfrac{l^3}{6} + C_1 l$

$$C_1 = \frac{-M_0 l}{6}$$

C_1, C_2를 대입하여 수식을 정리하면

$$EIy' = \frac{M_0}{l}\frac{x^2}{2} - \frac{M_0 l}{6}$$

$$EIy = \frac{M_0}{l}\frac{x^3}{6} - \frac{M_0 l}{6}x$$

최대처짐 δ_{max}는 $y_{max} \rightarrow y'(\theta)$가 0일 때이므로
(보의 처짐 탄성곡선에서 처짐각(탄성곡선의 접선기울기)이
"0"인 지점에서 최대 처짐이 발생한다.)

$$0 = \frac{M_0}{l}\frac{x^2}{2} - \frac{M_0 l}{6}$$

$$\frac{M_0}{l}\frac{x^2}{2} = \frac{M_0 l}{6}$$

$$x^2 = \frac{l^2}{3}$$

$$\therefore \ x = \frac{l}{\sqrt{3}}$$

---

09 포아송(Poisson)비가 0.3인 재료에서 세로탄성
계수(E)와 가로탄성계수(G)의 비(E/G)는?

① 0.15   ② 1.5   ③ 2.6   ④ 3.2

해설⊕

$E = 2G(1+\mu)$에서

$$\frac{E}{G} = 2(1+\mu) = 2(1+0.3) = 2.6$$

---

10 그림과 같은 양단 고정보에서 고정단 A에서 발생
하는 굽힘모멘트는?(단, 보의 굽힘강성계수는 EI이다.)

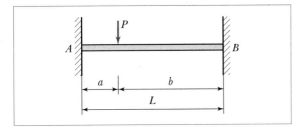

---

① $M_A = \dfrac{Pab}{L}$ ② $M_A = \dfrac{Pab(a-b)}{L}$

③ $M_A = \dfrac{Pab}{L} \times \dfrac{a}{L}$ ④ $M_A = \dfrac{Pab}{L} \times \dfrac{b}{L}$

해설⊕

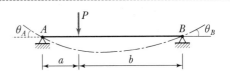

$$\theta_A = \frac{Pab(l+b)}{6lEI}, \quad \theta_B = \frac{Pab(l+a)}{6lEI}$$

A지점에서 처짐각 θ_A'는 다음 그림처럼
M_A에 의한 처짐각 $\dfrac{M_A l}{3EI}$,

M_B에 의한 처짐각 $\dfrac{M_B l}{6EI}$이다.

A지점(고정지점)에서 처짐각은 "0"이므로

$$\theta_A = \theta_A'$$

$$\therefore \ \frac{Pab(l+b)}{6lEI} = \frac{M_A l}{3EI} + \frac{M_B l}{6EI}$$

A지점과 동일하게 B지점에서도 처짐각은 "0"이므로

$$\theta_B = \theta_B'$$

$$\therefore \ \frac{Pab(l+a)}{6lEI} = \frac{M_B l}{3EI} + \frac{M_A l}{6EI}$$

두 식을 정리하면

$$M_A = \frac{Pab^2}{l^2}$$

$$M_B = \frac{Pa^2 b}{l^2}$$

---

11 그림과 같은 선형 탄성 균일단면 외팔보의 굽힘 모멘트 선도로 가장 적당한 것은?

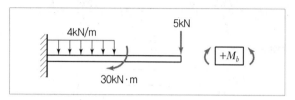

①

②

③

④

해설 ✛

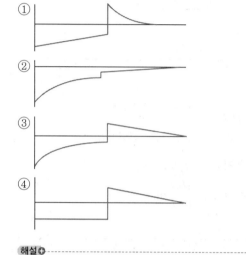

12 다음 단면의 도심 축($X-X$)에 대한 관성모멘트는 약 몇 m^{4}인가?

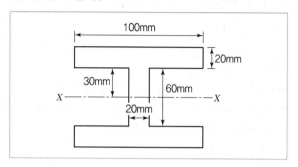

① 3.627×10^{-6} ② 4.627×10^{-7}

③ 4.933×10^{-7} ④ 6.893×10^{-6}

해설 ✛

X가 도심축이므로 사각형 도심축에 대한 단면 2차 모멘트

$I_X = \dfrac{bh^3}{12}$ 적용

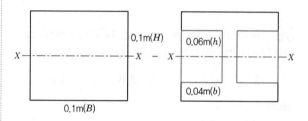

그림에서 전체의 I_X값에서 오른쪽에 사각형 2개의 I_X값을 빼주면 I형 빔의 도심축에 대한 단면 2차 모멘트 값을 구할 수 있다.

$\dfrac{BH^3}{12} - \dfrac{bh^3}{12} \times 2$ (양쪽)

$\dfrac{0.1 \times 0.1^3}{12} - \dfrac{0.04 \times 0.06^3}{12} \times 2 = 6.8933 \times 10^{-6} \text{m}^4$

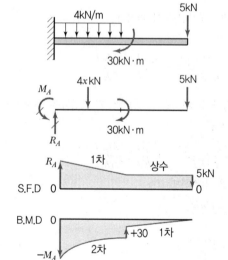

13 한 변의 길이가 10mm인 정사각형 단면의 막대가 있다. 온도를 60℃ 상승시켜서 길이가 늘어나지 않게 하기 위해 8kN의 힘이 필요할 때 막대의 선팽창계수(α)는 약 몇 ℃$^{-1}$인가?(단, 탄성계수는 $E = 200$GPa이다.)

① $\dfrac{5}{3} \times 10^{-6}$ ② $\dfrac{10}{3} \times 10^{-6}$

③ $\dfrac{15}{3} \times 10^{-6}$ ④ $\dfrac{20}{3} \times 10^{-6}$

해설❂

열응력에 의해 생기는 힘과 하중 8kN은 같다.

$\varepsilon = \alpha \Delta t$

$\sigma = E\varepsilon = E\alpha \Delta t$

$P = \sigma A = E\alpha \Delta t A$에서

$\alpha = \dfrac{P}{E \Delta t A} = \dfrac{8 \times 10^3}{200 \times 10^9 \times 60 \times 0.01^2}$

$= 0.000006667 = 6.\dot{6} \times 10^{-6}$

$= \dfrac{66-6}{9} \times 10^{-6}$

$= \dfrac{20}{3} \times 10^{-6}(1/℃)$

14 그림과 같은 단순 지지보에서 길이(L)는 5m, 중앙에서 집중하중 P가 작용할 때 최대처짐이 43mm라면 이때 집중하중 P의 값은 약 몇 kN인가?(단, 보의 단면(폭(b)×높이(h)=5cm×12cm), 탄성계수 E = 210GPa로 한다.)

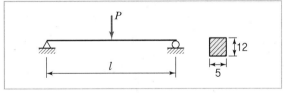

① 50   ② 38
③ 25   ④ 16

해설❂

단순보 중앙에서의 최대처짐량

$\delta = \dfrac{Pl^3}{48EI}$에서

$P = \dfrac{48EI\delta}{l^3}$

$= \dfrac{48 \times 210 \times 10^9 \times \dfrac{0.05 \times 0.12^3}{12} \times 0.043}{5^3}$

$= 24{,}966.14$N $= 24.97$kN

15 길이가 l인 외팔보에서 그림과 같이 삼각형 분포 하중을 받고 있을 때 최대전단력과 최대굽힘모멘트는?

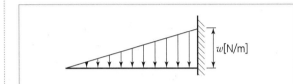

① $\dfrac{wl}{2}, \dfrac{wl^2}{6}$ ② $wl, \dfrac{wl^2}{3}$

③ $\dfrac{wl}{2}, \dfrac{wl^2}{3}$ ④ $\dfrac{wl^2}{2}, \dfrac{wl}{6}$

해설❂

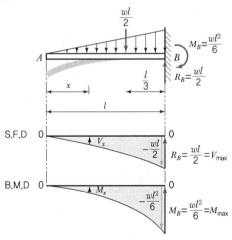

S.F.D와 B.M.D의 그림에서 최대전단력과 최대굽힘모멘트를 바로 구할 수 있다.

16 볼트에 7,200N의 인장하중을 작용시키면 머리부에 생기는 전단응력은 몇 MPa인가?

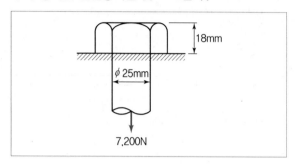

① 2.55
② 3.1
③ 5.1
④ 6.25

해설⊕

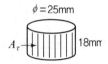

$$\tau = \frac{P}{A_\tau} = \frac{P}{\pi dh} = \frac{7,200}{\pi \times 0.025 \times 0.018}$$
$$= 5.091 \times 10^6 \, \text{Pa} = 5.1 \, \text{MPa}$$

17 400rpm으로 회전하는 바깥지름 60mm, 안지름 40mm인 중공 단면축의 허용비틀림각도가 1°일 때 이 축이 전달할 수 있는 동력의 크기는 약 몇 kW인가?(단, 전단탄성계수 $G = 80\text{GPa}$, 축 길이 $L = 3\text{m}$이다.)

① 15
② 20
③ 25
④ 30

해설⊕

$$\theta = 1° \times \frac{\pi}{180} = 0.01745 \, \text{rad}$$

$$\theta = \frac{Tl}{GI_P} \text{에서}$$

$$T = \frac{GI_P\theta}{l}$$

$$= \frac{80 \times 10^9 \times \frac{\pi(0.06^4 - 0.04^4)}{32} \times 0.01745}{3}$$

$$= 475.11 \, \text{N·m}$$

$$H_{kW} = \frac{T\omega}{1,000} = \frac{475.11 \times \frac{2\pi \times 400}{60}}{1,000} = 19.9 \, \text{kW}$$

18 그림과 같은 구조물에 1,000N의 물체가 매달려 있을 때 두 개의 강선 AB와 AC에 작용하는 힘의 크기는 약 몇 N인가?

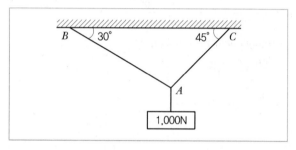

① $AB = 732$, $AC = 897$
② $AB = 707$, $AC = 500$
③ $AB = 500$, $AC = 707$
④ $AB = 897$, $AC = 732$

해설⊕

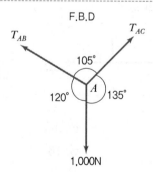

라미의 정리에 의해

$$\frac{1,000}{\sin 105°} = \frac{T_{AB}}{\sin 135°} = \frac{T_{AC}}{\sin 120°}$$

$$T_{AB} = \frac{1,000 \times \sin 135°}{\sin 105°} = 732.05 \text{N}$$

$$T_{BC} = \frac{1,000 \times \sin 120°}{\sin 105°} = 896.58 \text{N}$$

19 그림과 같이 스트레인 로제트(Strain rosette)를 45°로 배열한 경우 각 스트레인 게이지에 나타나는 스트레인 양을 이용하여 구해지는 전단 변형률 γ_{xy} 는?

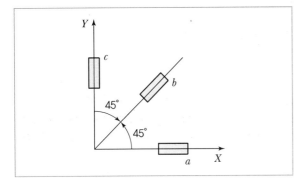

① $\sqrt{2}\,\varepsilon_b - \varepsilon_a - \varepsilon_c$ ② $2\varepsilon_b - \varepsilon_a - \varepsilon_c$

③ $\sqrt{3}\,\varepsilon_b - \varepsilon_a - \varepsilon_c$ ④ $3\varepsilon_b - \varepsilon_a - \varepsilon_c$

해설 ⊕

$\varepsilon_a = \varepsilon_x$, $\varepsilon_c = \varepsilon_y$, $\theta = 45°$일 때

$$\varepsilon_{x1} = \varepsilon_b = \frac{1}{2}(\varepsilon_x + \varepsilon_y) + \frac{1}{2}(\varepsilon_x - \varepsilon_y)\cos 2\theta + \frac{\gamma_{xy}}{2}\sin 2\theta$$

$$= \frac{1}{2}(\varepsilon_x + \varepsilon_y) + \frac{1}{2}(\varepsilon_x - \varepsilon_y)\cos 90° + \frac{\gamma_{xy}}{2}\sin 90°$$

$$= \frac{1}{2}(\varepsilon_x + \varepsilon_y) + \frac{\gamma_{xy}}{2}$$

$$\therefore \gamma_{xy} = 2\varepsilon_b - \varepsilon_x - \varepsilon_y = 2\varepsilon_b - \varepsilon_a - \varepsilon_c$$

20 단면적이 4cm²인 강봉에 그림과 같이 하중이 작용할 때 이 봉은 약 몇 cm 늘어나는가?(단, 세로탄성계수 $E = 210$GPa이다.)

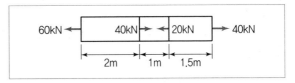

① 0.80   ② 0.24

③ 0.0028   ④ 0.015

해설 ⊕

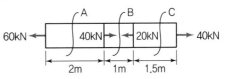

그림처럼 3단면의 자유물체도를 정역학적 평형상태방정식을 만족하도록 그려 해석한다.

단면 A   60kN ← ▭ → 60kN

단면 B   60kN ← ▭ ←|40kN → 20kN

단면 C   40kN ← ▭ → 40kN

단면 A, B, C에서 가장 오른쪽에 걸리는 힘이 각각의 신장량을 만들어 내며 그때 신장량을 λ_1, λ_2, λ_3라 하면,
전체 신장량

$$\lambda = \lambda_1 + \lambda_2 + \lambda_3 = \frac{P_1 l_1}{AE} + \frac{P_2 l_2}{AE} + \frac{P_3 l_3}{AE}$$

$$= \frac{1}{AE}(P_1 l_1 + P_2 l_2 + P_3 l_3)$$

$$= \frac{(60 \times 10^3 \times 2 + 20 \times 10^3 \times 1 + 40 \times 10^3 \times 1.5)}{4 \times 10^{-4} \times 210 \times 10^9}$$

$$= 0.00238 \text{m}$$

$$= 0.238 \text{cm}$$

2018

2과목 **기계열역학**

21 그림의 증기압축 냉동사이클(온도(T)–엔트로피(s) 선도)이 열펌프로 사용될 때의 성능계수는 냉동기로 사용될 때의 성능계수의 몇 배인가?(단, 각 지점에서의 엔탈피는 $h_1 = 180\text{kJ/kg}$, $h_2 = 210\text{kJ/kg}$, $h_3 = h_4 = 50\text{kJ/kg}$이다.)

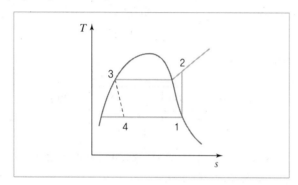

① 0.81   ② 1.23

③ 1.63   ④ 2.12

해설⊕

$P - h$선도를 그려 비엔탈피 값을 적용해 해석해 보면

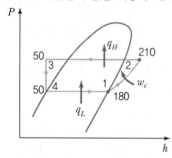

i) 열펌프의 성적계수

$$\varepsilon_h = \frac{q_H}{q_H - q_L} = \frac{q_H}{w_C} = \frac{h_2 - h_3}{h_2 - h_1} = \frac{210 - 50}{210 - 180} = 5.33$$

ii) 냉동기의 성적계수

$$\varepsilon_R = \frac{q_L}{q_H - q_L} = \frac{q_L}{w_C} = \frac{h_1 - h_4}{h_2 - h_1} = \frac{180 - 50}{210 - 180} = 4.33$$

$$\therefore \frac{\varepsilon_h}{\varepsilon_R} = \frac{5.33}{4.33} = 1.23$$

22 물질이 액체에서 기체로 변해 가는 과정과 관련하여 다음 설명 중 옳지 않은 것은?

① 물질의 포화온도는 주어진 압력하에서 그 물질의 증발이 일어나는 온도이다.

② 물의 포화온도가 올라가면 포화압력도 올라간다.

③ 액체의 온도가 현재 압력에 대한 포화온도보다 낮을 때 그 액체를 압축액 또는 과냉각액이라 한다.

④ 어떤 물질이 포화온도하에서 일부는 액체로 존재하고 일부는 증기로 존재할 때, 전체 질량에 대한 액체 질량의 비를 건도로 정의한다.

해설⊕

건도 $x = \dfrac{m_g}{m_t}$ (증기질량/전체질량)

23 공기 1kg을 1MPa, 250℃의 상태로부터 등온과정으로 0.2MPa까지 압력 변화를 할 때 외부에 대하여 한 일은 약 몇 kJ인가?(단, 공기는 기체상수가 0.287kJ/(kg · K)인 이상기체이다.)

① 157   ② 242

③ 313   ④ 465

해설⊕

주어진 조건은 m, P_1, T_1, P_2 이고 등온과정이면 $T = C$이므로 $PV = C$, 밀폐계의 일＝절대일

$$\delta W = PdV$$

$$_1W_2 = \int_1^2 PdV \left(\leftarrow P = \frac{C}{V} \right)$$

$$= \int_1^2 \frac{C}{V}dV$$

$$= C\int_1^2 \frac{1}{V}dV$$

$$= C\ln\frac{V_2}{V_1} \quad (\text{여기서}, \ C = P_1V_1 = P_2V_2)$$

$$= P_1V_1\ln\frac{P_1}{P_2} \leftarrow PV = mRT$$

$$\therefore {}_1W_2 = mRT_1\ln\frac{P_1}{P_2}$$

$$= 1\times0.287\times10^3\times(250+273)\times\ln\frac{1}{0.2}$$

$$= 241,578.2\text{J}$$

$$= 241.58\text{kJ}$$

24 100kPa의 대기압하에서 용기 속 기체의 진공압이 15kPa이었다. 이 용기 속 기체의 절대압력은 약 몇 kPa인가?

① 85   ② 90

③ 95   ④ 115

해설⊕

절대압＝국소대기압－진공압

$$P_{abs} = P_o - P_g = 100 - 15 = 85\text{kPa}$$

25 다음 열역학 성질(상태량)에 대한 설명 중 옳은 것은?

① 엔탈피는 점함수(Point function)이다.

② 엔트로피는 비가역과정에 대해서 경로함수이다.

③ 시스템 내 기체가 열평형(Thermal equilibrium) 상태라 함은 압력이 시간에 따라 변하지 않는 상태를 말한다.

④ 비체적은 종량적(Extensive) 상태량이다.

해설⊕

① 점함수(상태함수)이므로 완전미분 dh

$$\rightarrow \int_1^2 dh = h_2 - h_1$$

② 엔트로피는 점함수이므로 완전미분 ds

$$\rightarrow \int_1^2 ds = s_2 - s_1$$

③ 열평형 상태는 온도가 동일한 상태

④ 비체적 → 단위질량당 체적이므로 반으로 나누어도 바뀌지 않는 강도성 상태량이다.

26 피스톤 – 실린더로 구성된 용기 안에 이상기체 공기 1kg이 400K, 200kPa 상태로 들어 있다. 이 공기가 300K의 충분히 큰 주위로 열을 빼앗겨 온도가 양쪽 다 300K가 되었다. 그동안 압력은 일정하다고 가정하고, 공기의 정압비열은 1.004kJ/(kg · K)일 때 공기와 주위를 합친 총 엔트로피 증가량은 약 몇 kJ/K인가?

① 0.0229   ② 0.0458

③ 0.1674   ④ 0.3347

해설⊕

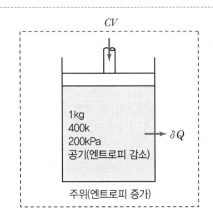

ⅰ) 공기의 엔트로피는 δQ가 정압방열이므로

$$dS = \frac{\delta Q}{T} = \frac{dH - Vd\cancel{P}^0}{T} = \frac{m\,dh}{T}$$

($dh = C_P dT$이므로)

$$dS = mC_p\frac{1}{T}dT$$

$$\therefore S_2 - S_1 = \int_1^2 mC_p\frac{1}{T}dT$$

$$= mC_p\ln\frac{T_2}{T_1} = 1\times1.004\times\ln\frac{300}{400}$$

$$= -0.289\text{kJ/K}$$

ⅱ) 주위의 엔트로피는 공기가 방열한 양 δQ를 흡열하므로

$\delta Q = dH - VdP$ (여기서, $dP = 0$)

$${}_1Q_2 = H_2 - H_1 = m(h_2 - h_1) = mC_P(T_2 - T_1)$$

$$\therefore {}_1Q_2 = 1\times1.004\times(300-400) = -100.4\text{kJ}$$

(공기가 방출한 정압열량이므로 부호가 (−))

$$\Delta S_2 = \frac{_1Q_2}{T} = \frac{(+)100.4}{300} = 0.335 \text{ kJ/K}$$

(흡열량 → 엔트로피 증가(+))

∴ 엔트로피 변화량

$$\Delta S = \Delta S_1 + \Delta S_2$$
$$= -0.289 + 0.335 = 0.046 \text{kJ/K}$$

27 폴리트로프 지수가 1.33인 기체가 폴리트로프 과정으로 압력이 2배 되도록 압축된다면 절대온도는 약 몇 배가 되는가?

① 1.19배   ② 1.42배
③ 1.85배   ④ 2.24배

해설⊕

폴리트로프 과정의 온도, 압력, 체적 간의 관계식에서

$$\frac{T_2}{T_1} = \left(\frac{p_2}{p_1}\right)^{\frac{n-1}{n}} = \left(\frac{2p_1}{p_1}\right)^{\frac{1.33-1}{1.33}} = 1.188$$

28 비열이 0.475kJ/(kg · K)인 철 10kg을 20℃에서 80℃로 올리는 데 필요한 열량은 몇 kJ인가?

① 222   ② 252
③ 285   ④ 315

해설⊕

$$_1Q_2 = mc(T_2 - T_1)$$
$$= 10\text{kg} \times 0.475\text{kJ/kg·K} \times (80-20)\text{K} = 285\text{kJ}$$

29 압축비가 7.50이고, 비열비가 1.4인 이상적인 오토사이클의 열효율은 약 몇 %인가?

① 55.3   ② 57.6
③ 48.7   ④ 51.2

해설⊕

$$\eta_o = 1 - \left(\frac{1}{\varepsilon}\right)^{k-1} = 1 - \left(\frac{1}{7.5}\right)^{1.4-1} = 0.553 = 55.3\%$$

30 정압비열이 0.8418kJ/(kg · K)이고 기체상수가 0.1889kJ/(kg · K)인 이상기체의 정적비열은 약 몇 kJ/(kg · K)인가?

① 4.456   ② 1.220
③ 1.031   ④ 0.653

해설⊕

$C_p - C_v = R$에서

$$C_v = C_p - R = 0.8418 - 0.1889 = 0.6521 \text{kJ/kg·K}$$

31 산소(O_2) 4kg, 질소(N_2) 6kg, 이산화탄소(CO_2) 2kg으로 구성된 기체혼합물의 기체상수[kJ/(kg · K)]는 약 얼마인가?

① 0.328   ② 0.294
③ 0.267   ④ 0.241

해설⊕

i) 각각의 기체상수 $R = \dfrac{\overline{R}}{M} = \dfrac{8.314}{M}$ (kJ/kg · K)이므로

산소(O_2) → $R_1 = \dfrac{8.314}{32} = 0.26$kJ/kg · K

질소(N_2) → $R_2 = \dfrac{8.314}{28} = 0.3$kJ/kg · K

이산화탄소(CO_2) → $R_3 = \dfrac{8.314}{44} = 0.19$kJ/kg · K

ii) m_t : 기체혼합물 총질량 = 4 + 6 + 2 = 12kg

R_t : 기체혼합물의 평균기체상수

$$m_t R_t = \Sigma m_i R_i$$
$$m_t R_t = m_1 R_1 + m_2 R_2 + m_3 R_3$$
$$\therefore R_t = \frac{m_1 R_1 + m_2 R_2 + m_3 R_3}{m_t}$$
$$= \frac{4 \times 0.26 + 6 \times 0.3 + 2 \times 0.19}{12}$$
$$= 0.268 \text{kJ/kg·K}$$

32 열기관이 1,100K인 고온열원으로부터 1,000kJ의 열을 받아서 온도가 320K인 저온열원에서 600KJ의 열을 방출한다고 한다. 이 열기관이 클라우지우스 부등식 $\left(\oint \frac{\delta Q}{T} \leq 0 \right)$을 만족하는지 여부와 동일 온도 범위에서 작동하는 카르노 열기관과 비교하여 효율은 어떠한가?

① 클라우지우스 부등식을 만족하지 않고, 이론적인 카르노열기관과 효율이 같다.
② 클라우지우스 부등식을 만족하지 않고, 이론적인 카르노열기관보다 효율이 크다.
③ 클라우지우스 부등식을 만족하고, 이론적인 카르노열기관과 효율이 같다.
④ 클라우지우스 부등식을 만족하고, 이론적인 카르노열기관보다 효율이 작다.

해설 ⊕
ⅰ) 열기관의 이상 사이클인 카르노사이클의 열효율

$$\eta_c = 1 - \frac{T_L}{T_H} = 1 - \frac{320}{1,100} = 0.709 = 70.9\%$$

열기관효율

$$\eta_{th} = 1 - \frac{Q_L}{Q_H} = 1 - \frac{600}{1,000} = 0.4 = 40\%$$

두 기관의 효율을 비교하면 $\eta_c > \eta_{th}$ 이다.

ⅱ) $$\oint \frac{\delta Q}{T} = \frac{Q_H}{T_H} + \frac{Q_L}{T_L}$$
$\quad$ (여기서, Q_H : 흡열(+), Q_L : 방열(-))

$$= \frac{1,000}{1,100} + \frac{(-600)}{320} = -0.9659 \text{kJ/K}$$

$\therefore \oint \frac{\delta Q}{T} < 0$이므로 비가역과정 → 클라우지우스 부등식 만족

33 실린더 내부의 기체 압력을 150kPa로 유지하면서 체적을 0.05m³에서 0.1m³까지 증가시킬 때 실린더가 한 일은 약 몇 kJ인가?

① 1.5 ② 15
③ 7.5 ④ 75

해설 ⊕
밀폐계의 일 = 절대일
$\delta W = P dV$ (일부호 (+))

$$_1W_2 = \int_1^2 P dV \quad (\because P = C)$$
$$= P(V_2 - V_1) = 150 \times 10^3 \times (0.1 - 0.05)$$
$$= 7,500\text{J} = 7.5\text{kJ}$$

34 4kg의 공기를 압축하는 데 300kJ의 일을 소비함과 동시에 110kJ의 열량이 방출되었다. 공기온도가 초기에는 20℃이었을 때 압축 후의 공기온도는 약 몇 ℃인가?(단, 공기는 정적비열이 0.716kJ/(kg·K)인 이상기체로 간주한다.)

① 78.4 ② 71.7
③ 93.5 ④ 86.3

해설 ⊕
$\delta Q - \delta W = dU$
$_1Q_2 - _1W_2 = U_2 - U_1$
$U_2 - U_1 = \Delta U = _1Q_2 - _1W_2$
$\qquad$ (방열은 열부호 (−),
$\qquad$ 계가 받은 일은 일부호 (−))
$\qquad = (-)110 - (-)300$
내부에너지 변화량 $\Delta U = 190\text{kJ}$
$dU = m\,du = m\,C_v\,dT$에서
$\Delta U = m C_v (T_2 - T_1)$
$\therefore T_2 = T_1 + \frac{\Delta U}{m C_v} = 20 + \frac{190}{4 \times 0.716} = 86.34℃$

35 체적이 200L인 용기 속에 기체가 3kg 들어 있다. 압력이 1MPa, 비내부에너지가 219kJ/kg일 때 비엔탈피는 약 몇 kJ/kg인가?

① 286 ② 258

③ 419 ④ 442

해설⊕

단위질량당 엔탈피인 비엔탈피는 $h = u + Pv$

(여기서, 비체적 $v = \dfrac{V}{m} = \dfrac{200\,\mathrm{L} \times \dfrac{10^{-3}\mathrm{m}^3}{1\,\mathrm{L}}}{3\,\mathrm{kg}}\,(\mathrm{m}^3/\mathrm{kg})$)

$\therefore h = u + Pv = 219 + 1 \times 10^3 \mathrm{kPa} \times \dfrac{200 \times 10^{-3}\mathrm{m}^3}{3\,\mathrm{kg}}$

$\qquad = 285.67\,\mathrm{kJ/kg}$

36 위치에너지의 변화를 무시할 수 있는 단열노즐 내를 흐르는 공기의 출구속도가 600m/s이고 노즐 출구에서의 엔탈피가 입구에 비해 179.2kJ/kg 감소할 때 공기의 입구속도는 약 몇 m/s인가?

① 16 ② 40

③ 225 ④ 425

해설⊕

$q_{cv} + h_i + \dfrac{V_i^2}{2} = h_e + \dfrac{V_e^2}{2} + w_{cv}$

(여기서, 단열노즐 $q_{cv} = 0$, 일 못함 $w_{cv} = 0$ 적용)

$\therefore \dfrac{V_i^2}{2} = h_e - h_i + \dfrac{V_e^2}{2}$

$\qquad = -179.2 \times 10^3 \dfrac{\mathrm{J}}{\mathrm{kg}} + \dfrac{600^2}{2} \dfrac{\mathrm{m}^2\mathrm{kg}}{\mathrm{s}^2\mathrm{kg}}$

$\qquad = 800\,\mathrm{J/kg}$

$\therefore V_i = \sqrt{2 \times 800} = 40\,\mathrm{m/s}$

37 그림과 같은 압력(P)–부피(V) 선도에서 $T_1 = 561\mathrm{K}$, $T_2 = 1{,}010\mathrm{K}$, $T_3 = 690\mathrm{K}$, $T_4 = 383\mathrm{K}$인 공기(정압비열 1kJ/(kg · K))를 작동유체로 하는 이상적인 브레이턴 사이클(Brayton cycle)의 열효율은?

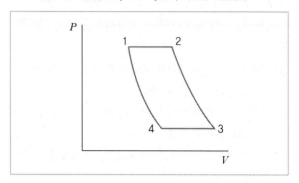

① 0.388 ② 0.444

③ 0.316 ④ 0.412

해설⊕

$T-S$ 선도에 온도를 나타내면

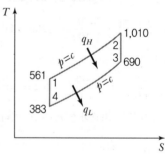

$\delta q = dh - vdp$ (여기서, $dp = 0$)

$_1q_2 = dh = C_p dT$와 $T-S$선도에서

$_1q_2 = C_p(T_2 - T_1) \leftarrow [T_2 : 고온, T_1 : 저온]$ 적용

$\eta_B = 1 - \dfrac{q_L}{q_H} = 1 - \dfrac{C_p(T_3 - T_4)}{C_p(T_2 - T_1)} = 1 - \dfrac{T_3 - T_4}{T_2 - T_1}$

$\qquad = 1 - \dfrac{690 - 383}{1{,}010 - 561}$

$\qquad = 0.316$

38 효율이 30%인 증기동력 사이클에서 1kW의 출력을 얻기 위하여 공급되어야 할 열량은 약 몇 kW인가?

① 1.25　② 2.51　③ 3.33　④ 4.90

해설⊕

$\eta = \dfrac{\dot{W}}{\dot{Q}_H} = \dfrac{1\text{kW}}{\dot{Q}_H}$ 에서

$\dot{Q}_H = \dfrac{1\text{kW}}{\eta} = \dfrac{1}{0.3} = 3.33\text{kW}$

39 질량이 4kg인 단열된 강재 용기 속에 온도 25℃의 물 18L가 들어있다. 이 속에 200℃의 물체 8kg을 넣었더니 열평형에 도달하여 온도가 30℃가 되었다. 물의 비열은 4.187kJ/(kg · K)이고, 강재의 비열은 0.48467kJ/(kg · K)일 때 이 물체의 비열은 약 몇 kJ/(kg · K)인가?(단, 외부와의 열교환은 없다고 가정한다.)

① 0.244　② 0.267　③ 0.284　④ 0.302

해설⊕

$_1Q_2 = mC(T_2 - T_1)$에서

강재질량 m_1, 강재의 비열 C_1, 강재의 온도 T_1

물의 질량 m_2, 물의 비열 C_2, 물의 온도 T_1

(강재와 물의 온도 동일)

물체질량 m_3, 물체의 비열 C_3, 물체의 온도 T_3

열평형온도 $T_2 = 30$℃

강재와 물이 흡수한 열량＝물체가 방출한 열량

$m_1 C_1(T_2 - T_1) + m_2 C_2(T_2 - T_1) = -m_3 C_3(T_2 - T_3)$

$m_3 C_3(T_3 - T_2) = m_1 C_1(T_2 - T_1) + m_2 C_2(T_2 - T_1)$

$C_3 = \dfrac{m_1 C_1(T_2 - T_1) + m_2 C_2(T_2 - T_1)}{m_3(T_3 - T_2)}$

$= \dfrac{\begin{array}{c}4 \times 0.48467 \times (30 - 25) + 1,000 \\ \times 18 \times 10^{-3} \times 4.187 \times (30 - 25)\end{array}}{8(200 - 30)}$

$= 0.284\text{kJ/kg} \cdot \text{K}$

40 엔트로피에 관한 설명 중 옳지 않은 것은?

① 열역학 제2법칙과 관련한 개념이다.
② 우주 전체의 엔트로피는 증가하는 방향으로 변화한다.
③ 엔트로피는 자연현상의 비가역성을 측정하는 척도이다.
④ 비가역현상은 엔트로피가 감소하는 방향으로 일어난다.

해설⊕

비가역현상은 자연의 방향성을 제시하므로 엔트로피가 증가하는 쪽으로만 발생한다.

3과목　기계유체역학

41 지름 200mm 원형관에 비중 0.9, 점성계수 0.52poise인 유체가 평균속도 0.48m/s로 흐를 때 유체 흐름의 상태는?(단, 레이놀즈수(Re)가 2,100≤ Re ≤4,000일 때 천이 구간으로 한다.)

① 층류　　　　② 천이
③ 난류　　　　④ 맥동

해설⊕

$\mu = 0.52\text{poise} = 0.52 \dfrac{\text{g}}{\text{cm} \cdot \text{s}} \times \dfrac{\text{kg}}{10^3 \text{g}} \times \dfrac{10^2 \text{cm}}{1\text{m}}$

$\qquad = 0.052\text{kg/m} \cdot \text{s}$

$Re = \dfrac{\rho Vd}{\mu} = \dfrac{s \rho_w Vd}{\mu} = \dfrac{0.9 \times 1,000 \times 0.48 \times 0.2}{0.052}$

$\quad = 1,661.54 < 2,100$ (층류)

42 시속 800km의 속도로 비행하는 제트기가 400m/s의 상대 속도로 배기가스를 노즐에서 분출할 때의 추진력은?(단, 이때 흡기량은 25kg/s이고, 배기되는 연소가스는 흡기량에 비해 2.5% 증가하는 것으로 본다.)

① 3,922N　　　　② 4,694N
③ 4,875N　　　　④ 6,346N

해설⊕

제트엔진의 입구속도는 비행기가 날아가는 속도이므로

$$V_1 = 800 \text{km/h} = 800 \times \frac{10^3}{3,600 \text{s}} = 222.22 \text{m/s}$$

$$\dot{m}_2 = \dot{m}_1 + 0.025 \times \dot{m}_1 \; (2.5\% \; 증가)$$

압축성 유체에 운동량방정식을 적용하여 추진력을 구하면

$$F_{th} = \rho_2 A_2 V_2 V_2 - \rho_1 A_1 V_1 V_1 = \dot{m}_2 V_2 - \dot{m}_1 V_1$$

$$= \dot{m}_1 (1 + 0.025) V_2 - \dot{m}_1 V_1 = \dot{m}_1 (1.025 V_2 - V_1)$$

$$= 25 \times (1.025 \times 400 - 222.22) = 4,694.5 \text{N}$$

43 온도 25℃인 공기에서의 음속은 약 몇 m/s인가? (단, 공기의 비열비는 1.4, 기체상수는 287 J/(kg · K)이다.)

① 312   ② 346
③ 388   ④ 433

해설⊕

$$C = \sqrt{kRT} = \sqrt{1.4 \times 287 \times (25 + 273)} = 346.03 \text{m/s}$$

44 다음 4가지의 유체 중에서 점성계수가 가장 큰 뉴턴 유체는?

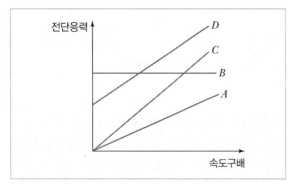

① A   ② B
③ C   ④ D

해설⊕

뉴턴유체는 $\tau = \mu \dfrac{du}{dy}$ 를 만족하는 유체이므로 그래프에서 A, C인데, 점성계수 μ는 그래프에서 기울기이므로 C의 점성계수가 더 크다.

45 함수 $f(a, V, t, \nu, L) = 0$을 무차원 변수로 표시하는 데 필요한 독립 무차원수 π는 몇 개인가?(단, a는 음속, V는 속도, t는 시간, ν는 동점성계수, L은 특성길이다.)

① 1   ② 2
③ 3   ④ 4

해설⊕

$a : \text{m/s} \rightarrow LT^{-1}$, $V : \text{m/s} \rightarrow LT^{-1}$, $t : \text{s} \rightarrow T$,
$\nu : \text{m}^2/\text{s} \rightarrow L^2 T^{-1}$, $L : \text{m} \rightarrow L$

독립 무차원수 $\pi = n$ (물리량 총수) $- m$ (사용된 기본차원수)
$$= 5 - 2 \; (L과 \; T차원 \; 2개) = 3개$$

46 수두 차를 읽어 관 내 유체의 속도를 측정할 때 U자관(U tube) 액주계 대신 역U자관(inverted U tube)액주계가 사용되었다면 그 이유로 가장 적절한 것은?

① 계기 유체(Gauge fluid)의 비중이 관 내 유체보다 작기 때문에
② 계기 유체(Gauge fluid)의 비중이 관 내 유체보다 크기 때문에
③ 계기 유체(Gauge fluid)의 점성계수가 관 내 유체보다 작기 때문에
④ 계기 유체(Gauge fluid)의 점성계수가 관 내 유체보다 크기 때문에

해설⊕

관 내 유체보다 역유자관 안의 유체가 더 가벼워야 내려오지 않고 압력차를 보여 줄 수 있다.

정답   43 ②   44 ③   45 ③   46 ①

47 안지름이 50cm인 원관에 물이 2m/s의 속도로 흐르고 있다. 역학적 상사를 위해 관성력과 점성력만을 고려하여 $\frac{1}{5}$로 축소된 모형에서 같은 물로 실험할 경우 모형에서의 유량은 약 몇 L/s인가?(단, 물의 동점성계수는 $1 \times 10^{-6} \text{m}^2/\text{s}$이다.)

① 34 　　　　　 ② 79
③ 118 　　　　　 ④ 256

해설◐

원관 및 잠수함 유동에서 역학적 상사를 하기 위해서는 모형과 실형의 레이놀즈수가 같아야 한다.

$$\frac{\rho \cdot Vd}{\mu}\bigg)_m = \frac{\rho \cdot Vd}{\mu}\bigg)_p \quad (\mu_m = \mu_P,\ \rho_m = \rho_P \text{이므로})$$

$$V_m d_m = V_P d_P$$

$$V_m = \frac{d_p}{d_m} V_p = 5 \times 2 = 10\text{m/s}$$

모형에서 유량

$$Q_m = A_m V_m = \frac{\pi}{4} \times 0.1^2 \times 10 = 0.07854\text{m}^3/\text{s}$$

$$= 0.07854\frac{\text{m}^3}{\text{s}} \times \frac{1\text{L}}{10^{-3}\text{m}^3} = 78.54\text{L/s}$$

48 다음 그림에서 벽 구멍을 통해 분사되는 물의 속도(V)는?(단, 그림에서 S는 비중을 나타낸다.)

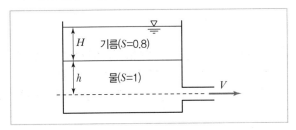

① $\sqrt{2gH}$ 　　　　　 ② $\sqrt{2g(H+h)}$
③ $\sqrt{2g(0.8H+h)}$ 　　 ④ $\sqrt{2g(H+0.8h)}$

해설◐

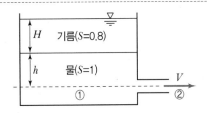

①과 ②에 베르누이 방정식 적용

$$\frac{p_1}{\gamma} + \frac{V_1^{\,2}}{2g} + z_1 = \frac{p_2}{\gamma} + \frac{V_2^{\,2}}{2g} + z_2$$

여기서, $z_1 = z_2$, $P_2 = P_o$ (대기압)

그림에서 ①의 압력 $P_1 = P_o + S \cdot \gamma_w \cdot H + \gamma_w h$

$$\therefore\ P_1 - P_2 = S \cdot \gamma_w \cdot H + \gamma_w h$$

$$\frac{V_2^{\,2}}{2g} = \frac{P_1 - P_2}{\gamma_w}$$

$$\therefore\ V_2 = \sqrt{2g\frac{P_1 - P_2}{\gamma_w}} = \sqrt{2g\frac{\gamma_w}{\gamma_w}(SH + h)}$$

$$= \sqrt{2g(0.8H + h)}$$

49 정지 유체 속에 잠겨 있는 평면이 받는 힘에 관한 내용 중 틀린 것은?

① 깊게 잠길수록 받는 힘이 커진다.
② 크기는 도심에서의 압력에 전체 면적을 곱한 것과 같다.
③ 수평으로 잠긴 경우, 압력 중심은 도심과 일치한다.
④ 수직으로 잠긴 경우, 압력 중심은 도심보다 약간 위쪽에 있다.

해설◐

전압력 중심은 도심보다 $\dfrac{I_X}{Ay}$ 만큼 아래에 있다.

50 다음 물리량을 질량, 길이, 시간의 차원을 이용하여 나타내고자 한다. 이 중 질량의 차원을 포함하는 물리량은?

㉠ 속도	㉡ 가속도
㉢ 동점성계수	㉣ 체적탄성계수

① ㉠
③ ㉢
② ㉡
④ ㉣

해설 ✚

- 속도 m/s
- 가속도 m/s^2
- 동점성계수 $\nu = m^2/s$
- 체적탄성계수 $K = \dfrac{N}{m^2} \times \dfrac{1 kg\, m}{1 N\, s^2} = \dfrac{kg}{m\, s^2} \rightarrow ML^{-1}T^{-2}$

51 극좌표계$(r,\ \theta)$로 표현되는 2차원 퍼텐셜유동 (Potential flow)에서 속도퍼텐셜(Velocity potential, ϕ)이 다음과 같을 때 유동함수(Stream function, ψ)로 가장 적절한 것은?(단, A, B, C는 상수이다.)

$$\phi = A\ln r + Br\cos\theta$$

① $\psi = \dfrac{A}{r}\cos\theta + Br\sin\theta + C$

② $\psi = \dfrac{A}{r}\cos\theta - Br\sin\theta + C$

③ $\psi = A\theta + Br\sin\theta + C$

④ $\psi = A\theta - Br\sin\theta + C$

해설 ✚

극좌표계에 대한 유동함수 $\psi(r,\ \theta,\ t)$

$$V_r = -\frac{1}{r}\frac{\partial \psi}{\partial \theta} \ \cdots\cdots \ ⓐ$$

$$V_\theta = \frac{\partial \psi}{\partial r} \ \cdots\cdots \ ⓑ$$

속도퍼텐셜 ϕ에서

$$V_r = -\frac{\partial \phi}{\partial r} \ (ⓐ와 \ 같다), \quad V_\theta = -\frac{1}{r}\frac{\partial \phi}{\partial \theta} \ (ⓑ와 \ 같다)$$

이므로 r에 대해 편미분하면

$$\frac{\partial \phi}{\partial r} = A\frac{1}{r} + B\cos\theta$$

$$-\frac{\partial \phi}{\partial r} = \frac{-A}{r} - B\cos\theta = -\frac{1}{r}\frac{\partial \psi}{\partial \theta} \ (ⓐ \ 적용, \ 양변\times(-r))$$

$$\frac{\partial \psi}{\partial \theta} = A + Br\cos\theta$$

$\therefore \ \partial \psi = (A + Br\cos\theta)\partial\theta$, 적분하면

$$\psi = (A\theta + Br\sin\theta) + C$$

52 지름 2mm인 구가 밀도 $0.4kg/m^3$, 동점성계수 $1.0 \times 10^{-4}m^2/s$인 기체 속을 0.03m/s로 운동한다고 하면 항력은 약 몇 N인가?

① 2.26×10^{-8}
③ 4.54×10^{-8}
② 3.52×10^{-7}
④ 5.86×10^{-7}

해설 ✚

$$Re = \frac{Vd}{\nu} = \frac{0.03 \times 0.002}{1 \times 10^{-4}} = 0.6 < 1$$이므로

스토크스법칙 적용

$\therefore \ D = 3\pi\mu Vd = 3\pi\rho\nu Vd$

$\quad = 3\pi \times 0.4 \times 1 \times 10^{-4} \times 0.03 \times 0.002$

$\quad = 2.26 \times 10^{-8} N$

53 60N의 무게를 가진 물체를 물속에서 측정하였을 때 무게가 10N이었다. 이 물체의 비중은 약 얼마인가? (단, 물속에서 측정할 시 물체는 완전히 잠겼다고 가정한다.)

① 1.0
③ 1.4
② 1.2
④ 1.6

해설◎

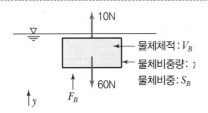

$\Sigma F_y = 0 : F_B + 10 - 60 = 0$

$\therefore F_B = 50N$

부력은 물체가 배제된 유체 무게

$F_B = \gamma_w V_B = 50N$

$9,800 \times V_B = 50$

$\therefore V_B = 0.0051m^3$

물체무게 $= 60N = \gamma_B V_B = s_B \gamma_w V_B$

$\therefore s_B = \dfrac{60}{\gamma_w V_B} = \dfrac{60}{9,800 \times 0.005} = 1.2$

54 2차원 속도장이 다음 식과 같이 주어졌을 때 유선의 방정식은 어느 것인가?(단, 직각 좌표계에서 u, v는 x, y방향의 속도 성분을 나타내며 C는 임의의 상수이다.)

$$u = x, \ v = -y$$

① $xy = C$

② $\dfrac{x}{y} = C$

③ $x^2 y = C$

④ $xy^2 = C$

해설◎

유선의 방정식 $\dfrac{u}{dx} = \dfrac{v}{dy}$ 에서

$\dfrac{x}{dx} = \dfrac{-y}{dy} \rightarrow xdy = -ydx$ (양변 ÷ xy)

$\dfrac{1}{x}dx + \dfrac{1}{y}dy = 0$ (양변 적분)

$\ln x + \ln y = C$

$\ln xy = C$

$\therefore xy = e^C = C$

55 물 펌프의 입구 및 출구의 조건이 아래와 같고 펌프의 송출 유량이 0.2m³/s이면 펌프의 동력은 약 몇 kW인가?(단, 손실은 무시한다.)

- 입구 : 계기 압력 −3kPa, 안지름 0.2m, 기준면으로부터 높이 +2m
- 출구 : 계기 압력 250kPa, 안지름 0.15m, 기준면으로부터 높이 +5m

① 45.7

② 53.5

③ 59.3

④ 65.2

해설◎

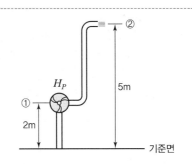

①과 ②에 베르누이 방정식 적용

①+ H_P =②

$\dfrac{p_1}{\gamma} + \dfrac{V_1^2}{2g} + z_1 + H_P = \dfrac{p_2}{\gamma} + \dfrac{V_2^2}{2g} + z_2$

$\therefore H_P = \dfrac{P_2 - P_1}{\gamma} + \dfrac{V_2^2 - V_1^2}{2g} + (Z_2 - Z_1)$

$Q = A_1 V_1$에서 $V_1 = \dfrac{Q}{A_1} = \dfrac{0.2}{\dfrac{\pi \times 0.2^2}{4}} = 6.37m/s$

$Q = A_2 V_2$에서 $V_2 = \dfrac{Q}{A_2} = \dfrac{0.2}{\dfrac{\pi \times 0.15^2}{4}} = 11.32m/s$

$H_P = \dfrac{(250 - (-)3) \times 10^3}{9,800} + \dfrac{(11.32^2 - 6.37^2)}{2 \times 9.8} + (5 - 2)$

$= 33.28m$

펌프의 동력 $H_{kW} = \dfrac{\gamma H_P Q}{1,000} = \dfrac{9,800 \times 33.28 \times 0.2}{1,000}$

$= 65.23kW$

56 경계층의 박리(Separation)가 일어나는 주원인은?

① 압력이 증기압 이하로 떨어지기 때문에
② 유동방향으로 밀도가 감소하기 때문에
③ 경계층의 두께가 0으로 수렴하기 때문에
④ 유동과정에 역압력구배가 발생하기 때문에

해설⊕
압력이 감소했다가 증가하는 역압력기울기에 의해 유체입자가 물체 주위로부터 떨어져 나가는 현상을 박리라 한다.

57 안지름이 각각 2cm, 3cm인 두 파이프를 통하여 속도가 같은 물이 유입되어 하나의 파이프로 합쳐져서 흘러 나간다. 유출되는 속도가 유입속도와 같다면 유출 파이프의 안지름은 약 몇 cm인가?

① 3.61 ② 4.24
③ 5.00 ④ 5.85

해설⊕
연속방정식에서 들어오는 유량의 합과 나가는 유량은 같다.
$Q_1 + Q_2 = Q_3$이므로
$A_1 V_1 + A_2 V_2 = A_3 V_3$ (여기서, $V_1 = V_2 = V_3$)
양변을 V_1으로 나누면
$A_1 + A_2 = A_3$
$$\frac{\pi \times 2^2}{4} + \frac{\pi \times 3^2}{4} = \frac{\pi \times d_3{}^2}{4}$$
$\therefore d_3 = 3.61\text{cm}$

58 원관 내 완전발달 층류 유동에 관한 설명으로 옳지 않은 것은?

① 관 중심에서 속도가 가장 크다.
② 평균속도는 관 중심 속도의 절반이다.
③ 관 중심에서 전단응력이 최댓값을 갖는다.
④ 전단응력은 반지름방향으로 선형적으로 변화한다.

해설⊕

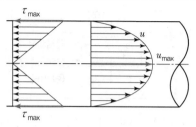

관 벽에서 전단응력이 최대가 되는 것을 그림에서 알 수 있다.

59 안지름 0.1m의 물이 흐르는 관로에서 관 벽의 마찰손실수두가 물의 속도수두와 같다면 그 관로의 길이는 약 몇 m인가?(단, 관마찰계수는 0.03이다.)

① 1.58 ② 2.54
③ 3.33 ④ 4.52

해설⊕
$h_l = \dfrac{V^2}{2g}$에서
$f\dfrac{l}{d}\dfrac{V^2}{2g} = \dfrac{V^2}{2g}$에서
$\therefore l = \dfrac{d}{f} = \dfrac{0.1}{0.03} = 3.33\text{m}$

60 그림과 같이 용기에 물과 휘발유가 주입되어 있을 때, 용기 바닥면에서의 게이지압력은 약 몇 kPa인가?(단, 휘발유의 비중은 0.7이다.)

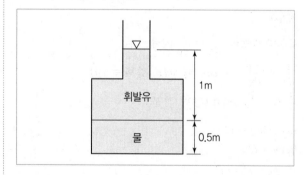

① 1.59   ② 3.64

③ 6.86   ④ 11.77

해설⊕

휘발유 압력 : P_g, 휘발유 비중량 : γ_g

휘발유 비중 : $s_g = 0.3$, 물 압력 : P_w

전체 압력 $P = P_g + P_w$

$$= \gamma_g \times 1\mathrm{m} + \gamma_w \times 0.5\mathrm{m}$$
$$= s_g \times \gamma_w \times 1\mathrm{m} + \gamma_w \times 0.5\mathrm{m}$$
$$= \gamma_w(s_g + 0.5)$$
$$= 9,800(0.7 + 0.5)$$
$$= 11,760\,\mathrm{Pa}$$
$$= 11.76\,\mathrm{kPa}$$

4과목 **기계재료 및 유압기기**

61 0℃ 이하의 온도로 냉각하는 작업으로 강의 잔류 오스테나이트를 마텐자이트로 변태시키는 것을 목적으로 하는 열처리는?

① 마퀜칭   ② 마템퍼링

③ 오스포밍   ④ 심랭 처리

해설⊕

심랭 처리(Sub-zero treat)

상온으로 담금질된 강을 다시 0℃ 이하의 온도로 냉각하는 열처리 방법이다.

• 목적 : 잔류 오스테나이트를 마텐자이트로 변태시키기 위해

• 효과 : 담금질 균열 방지, 치수변화 방지, 경도 향상(예 게이지강)

62 다음 금속 중 자기변태점이 가장 높은 것은?

① Fe   ② Co

③ Ni   ④ Fe_3C

해설⊕

자기변태점 : Fe(768℃), Ni(360℃), Co(1,120℃)

63 산화알루미늄(Al_2O_3) 등을 주성분으로 하며 철과 친화력이 없고, 열을 흡수하지 않으므로 공구를 과열시키지 않아 고속 정밀 가공에 적합한 공구의 재질은?

① 세라믹   ② 인코넬

③ 고속도강   ④ 탄소공구강

해설⊕

세라믹

• 주성분—Al_2O_3, 마그네슘(Mg), 규소(Si)와 미량의 다른 원소를 첨가하여 소결시킨다.

• 고온경도가 높고 고온산화가 되지 않는다.

• 내마모성이 좋다.

• 열팽창률이 작다.

• 고온 경도가 우수하다.

• 진동과 충격에 약하다.

64 구상흑연주철을 제조하기 위한 접종제가 아닌 것은?

① Mg   ② Sn

③ Ce   ④ Ca

해설⊕

구상흑연주철

용융 상태의 주철에 Mg, Ce, Ca를 첨가함으로써 흑연의 모양을 구상으로 한 것이다.

정답   61 ④   62 ②   63 ①   64 ②

65 다음 조직 중 경도가 가장 낮은 것은?

① 페라이트
② 마텐자이트
③ 시멘타이트
④ 트루스타이트

해설⊕

Ⓒementite > Ⓜartensite > Ⓣroostite > Ⓢorbite > Ⓟearlite > Ⓐuatenite > Ⓕerrite

66 금속을 소성가공할 때에 냉간가공과 열간가공을 구분하는 온도는?

① 변태온도
② 단조온도
③ 재결정온도
④ 담금질온도

해설⊕

금속의 재결정온도 기준
• 열간가공(Hot working) : 재결정온도 이상에서 가공
• 냉간가공(Cold working) : 재결정온도 이하에서 가공

67 금속에서 자유도(F)를 구하는 식으로 옳은 것은?(단, 압력은 일정하며, C : 성분, P : 상의 수이다.)

① $F = C - P + 1$
② $F = C + P + 1$
③ $F = C - P + 2$
④ $F = C + P + 2$

해설⊕

깁스의 상률(Gibbs phase rule)
평형상태의 닫힌 계에서 상의 수와 화학 성분의 수로 자유도를 나타내는 규칙을 말한다.
깁스의 상률 $F = C - P + N$
여기서,
F : 자유도, 즉 계의 상태를 완전히 결정하기 위해 지정해야 하는 독립적인 세기 변수의 수, 보통 압력, 온도, 농도가 이에 해당한다.
C : 화학 성분의 수, 즉 계에 포함된 별개의 화합물 또는 원소의 수

P : 상의 수, 즉 다른 상(고체, 액체, 기체)과 섞이지 않는 계의 구성요소의 수
N : 조성과 무관한 변수의 수

• 대부분의 경우 압력과 온도하에 존재($N=2$)하므로 $F = C - P + 2$이다.
• 압력이 일정하다면 온도만이 유일하게 조성과 무관한 변수 ($N=1$)가 되므로 $F = C - P + 1$이다.

문제에서는 압력이 일정하므로 $F = C - P + 1$이다.

68 켈밋 합금(Kelmet alloy)의 주요 성분으로 옳은 것은?

① Pb-Sn
② Cu-Pb
③ Sn-Sb
④ Zn-Al

해설⊕

켈밋 합금(Kelmet Alloy)
켈밋 합금은 Cu와 Pb(30~40%)를 합금한 것이며 고속, 고하중용 베어링용으로 자동차, 항공기 등에 널리 사용된다.

69 저탄소강 기어(Gear)의 표면에 내마모성을 향상시키기 위해 붕소(B)를 기어 표면에 확산 침투시키는 처리는?

① 세라다이징(Sherardizing)
② 아노다이징(Anodizing)
③ 보로나이징(Boronizing)
④ 칼로라이징(Calorizing)

해설⊕

금속침투법의 침투제에 따른 분류

종류	세라다이징 (Sheradizing)	칼로라이징 (Calorizing)	크로마이징 (Chromizing)	실리코나이징 (Silliconizing)	보로나이징 (Boronizing)
침투제	Zn	Al	Cr	Si	B
장점	대기 중 부식 방지	고온 산화 방지	내식, 내산, 내마모성 증가	내산성 증가	고경도 (HV 1,300 ~1,400)

70 60~70% Ni에 Cu를 첨가한 것으로 내열·내식성이 우수하므로 터빈 날개, 펌프 임펠러 등의 재료로 사용되는 합금은?

① Y 합금   ② 모넬메탈
③ 콘스탄탄   ④ 먼츠메탈

해설⊕

모넬메탈

• Cu-Ni(70%) 합금이며, 내열성과 내식성, 내마멸성, 연신율이 크다.
• 대기, 해수, 산, 염기에 대한 내식성이 크며, 고온강도가 크다.
• 주조와 단련이 쉬워 터빈 날개, 펌프 임펠러, 열기관 부품 등의 재료로 사용된다.

71 두 개의 유입 관로의 압력에 관계없이 정해진 출구유량이 유지되도록 합류하는 밸브는?

① 집류 밸브   ② 셔틀 밸브
③ 적층 밸브   ④ 프리필 밸브

해설⊕

① 집류 밸브 : 두 개의 유입관로의 압력에 관계없이 정해진 출구유량이 유지되도록 합류하는 밸브이다.
② 셔틀 밸브 : 고압 측과 자동적으로 접속되고, 동시에 저압 측 포트를 막아 항상 고압 측의 작동유만 통과시키는 전환 밸브이다.
③ 적층 밸브 : 기존의 유압시스템에는 방향, 유량, 압력, 시간 등을 제어하기 위해 기능의 수만큼 밸브들을 설치하였으나, 로직(카트리지) 밸브와 매니폴드를 이용하여 여러 가지 제어기능을 하나의 밸브에 복합적으로 집약화한 밸브
④ 프리필(Prefill) 밸브 : 대형 프레스나 사출 성형기 등의 실린더와 탱크 사이에 설치하여 사용하는데, 소용량 펌프에서 장치를 고속화하는 데 유용하다. 실린더의 고속 전진에서는 작동유가 탱크에서 실린더로 대량으로 유입되고, 가압에서는 실린더에서 탱크로의 역류를 저지한다.

가압이 완료되고 실린더가 복귀할 때는 파일럿 압력을 걸어 강제로 밸브를 열어 실린더의 작동유를 탱크로 되돌려 보내는 기능을 가지고 있다.

72 유압펌프의 종류가 아닌 것은?

① 기어펌프   ② 베인펌프
③ 피스톤펌프   ④ 마찰펌프

해설⊕

유압펌프의 종류

• 기어펌프 : 외접형, 내접형, 로브, 트로코이드, 나사식
• 베인펌프 : 정용량형, 가변용량형
• 피스톤펌프 : 액시얼형, 레이디얼형

73 그림과 같은 유압 회로도에서 릴리프 밸브는?

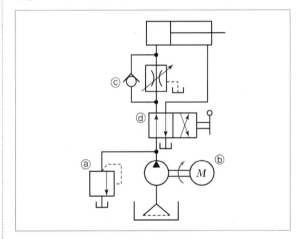

① ⓐ   ② ⓑ
③ ⓒ   ④ ⓓ

해설⊕

ⓐ 릴리프 밸브
ⓑ 구동모터
ⓒ 체크 밸브 붙이 유량조절 밸브
ⓓ 2위치 4방향 수동방향 전환 밸브

정답   70 ②   71 ①   72 ④   73 ①

74 다음의 설명에 맞는 원리는?

> 정지하고 있는 유체 중에 압력은 모든 방향에 대하여 같은 압력으로 작용한다.

① 보일의 원리
② 샤를의 원리
③ 파스칼의 원리
④ 아르키메데스의 원리

해설⊕

파스칼의 원리

밀폐용기 내에 가해진 압력은 모든 방향에 같은 압력으로 전달된다.

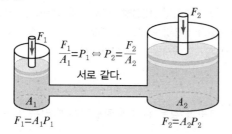

$$\frac{F_1}{A_1}=P_1 \Leftrightarrow P_2=\frac{F_2}{A_2}$$
서로 같다.

$$F_1=A_1 P_1 \qquad F_2=A_2 P_2$$

75 유압펌프에 있어서 체적효율이 90%이고 기계효율이 80%일 때 유압펌프의 전효율은?

① 90%
② 88.8%
③ 72%
④ 23.7%

해설⊕

전효율 $\eta = \eta_v$ (체적효율) $\times \eta_m$ (기계효율)
$$= 0.9 \times 0.8 = 0.72 = 72\%$$

76 다음 유압 기호는 어떤 밸브의 상세기호인가?

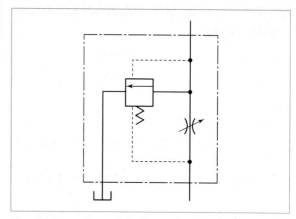

① 직렬형 유량조정 밸브
② 바이패스형 유량조정 밸브
③ 체크 밸브 붙이 유량조정 밸브
④ 기계조작 가변 교축 밸브

해설⊕

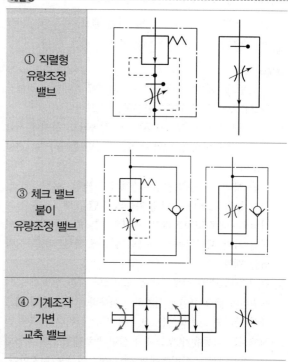

① 직렬형 유량조정 밸브	
③ 체크 밸브 붙이 유량조정 밸브	
④ 기계조작 가변 교축 밸브	

77 그림과 같은 유압기호의 명칭은?

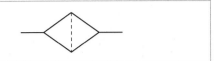

① 모터
② 필터
③ 가열기
④ 분류 밸브 일반 필터기호

해설 ◆

① 모터	② 필터	③ 가열기

78 동일 축상에 2개 이상의 펌프 작용 요소를 가지고, 각각 독립한 펌프 작용을 하는 형식의 펌프는?

① 다단펌프
② 다련펌프
③ 오버센터펌프
④ 가역회전형 펌프

해설 ◆

① 다단펌프(Staged pump) : 2개 이상의 1단 펌프를 연결하여 고압, 고출력을 얻을 수 있다.
② 다련펌프(Multiple pump) : 다단펌프의 소용량 펌프와 대용량 펌프를 동일 축상에 조합시킨 것으로 토출구가 2개 있으므로, 각각 다른 작동유의 압력이 필요하거나 서로 다른 유량을 필요로 하는 경우에 사용된다.
③ 오버센터펌프(Over center pump) : 회전 피스톤펌프에서 구동축의 회전 방향을 바꾸지 않고 흐름의 방향을 반전시키는 펌프이다.
④ 가역회전형 펌프(Reversible pump) : 회전 방향을 바꿀 수 있는 펌프이다.

79 유압펌프에서 실제 토출량과 이론 토출량의 비를 나타내는 용어는?

① 펌프의 토크효율
② 펌프의 전효율
③ 펌프의 입력효율
④ 펌프의 용적효율

해설 ◆

① 펌프의 토크효율 $= \dfrac{\text{이론 토크}}{\text{실제구동 토크}}$

② 펌프의 전효율 $= \dfrac{\text{축동력}}{\text{펌프동력}}$

　　　$=$ 체적효율 $\times$ 수력효율 $\times$ 기계효율(토크효율)

④ 펌프의 용적효율 $= \dfrac{\text{실제토출(송출)량}}{\text{이론토출(송출)량}}$

80 다음 중 어큐뮬레이터 회로(Accumulator circuit)의 특징에 해당되지 않는 것은?

① 사이클 시간 단축과 펌프 용량 저감
② 배관 파손 방지
③ 서지압의 방지
④ 맥동의 발생

해설 ◆

축압기(accumulator)의 용도
• 유압 에너지의 축적
• 2차 회로의 보상
• 압력 보상(카운터 밸런스)
• 맥동 제어(노이즈 댐퍼)
• 충격 완충
• 액체 수송
• 고장, 정전 등의 긴급 유압원

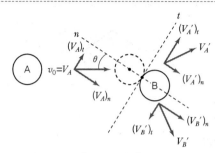

[자유물체도]

$V_0 = V_A$

i) n방향이 충격력이므로 선형운동량은 보존된다.

$$m_A(V_A)_n + m_B(V_B)_n = m_A(V_A')_n + m_B(V_B')_n$$

여기서, $m_A = m_B$, $(V_B)_n = 0$

$$\therefore (V_A)_n = (V_A')_n + (V_B')_n \cdots ⓐ$$

ii) t방향으로의 충격은 없으므로 t방향에 대한 각 질점의 운동량은 보존된다.

$$m_A(V_A)_t = m_A(V_A')_t \rightarrow (V_A)_t = (V_A')_t$$

$$m_B(V_B)_t = m_B(V_B')_t \rightarrow (V_B)_t = (V_B')_t = 0 \cdots ⓑ$$

iii) 반발계수 $e = 1$

충격력의 방향은 n방향이므로 n방향의 속도 성분에 적용

$$e = \frac{(V_B')_n - (V_A')_n}{(V_A)_n - (V_B)_n} = 1$$

여기서, $(V_B)_n = 0$

$$\therefore (V_A)_n = (V_B')_n - (V_A')_n \cdots ⓒ$$

iv) ⓐ = ⓒ이므로

$$(V_A')_n + (V_B')_n = (V_B')_n - (V_A')_n$$

$$2(V_A')_n = 0$$

$$\therefore (V_A')_n = 0$$

ⓐ에서 $(V_A)_n = (V_B')_n$이 되어

$$(V_A)_n = V_A\cos\theta = v_0\cos\theta = (V_B')_n \cdots ⓓ$$

v) ⓑ와 ⓓ에서

$$V_B' = \sqrt{(V_B')_n{}^2 + (V_B')_t{}^2}$$

$$= \sqrt{(v_o\cos\theta)^2 + 0^2} = v_o\cos\theta$$

5과목 기계제작법 및 기계동력학

81 스프링과 질량만으로 이루어진 1자유도 진동시스템에 대한 설명으로 옳은 것은?

① 질량이 커질수록 시스템의 고유진동수는 커지게 된다.

② 스프링 상수가 클수록 움직이기가 힘들어져서 진동 주기가 길어진다.

③ 외력을 가하는 주기와 시스템의 고유주기가 일치하면 이론적으로는 응답변위는 무한대로 커진다.

④ 외력의 최대 진폭의 크기에 따라 시스템의 응답 주기는 변한다.

$\frac{\omega}{\omega_n} = 1$이면 공진이 발생해 응답변위는 무한대로 커진다.

82 공 A가 v_0의 속도로 그림과 같이 정지된 공 B와 C지점에서 부딪힌다. 두 공 사이의 반발계수가 1이고 충돌각도가 θ일 때 충돌 후에 공 B의 속도의 크기는? (단, 두 공의 질량은 같고, 마찰은 없다고 가정한다.)

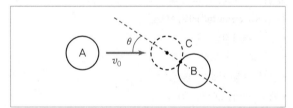

① $\frac{1}{2}v_0\sin\theta$

② $\frac{1}{2}v_0\cos\theta$

③ $v_0\sin\theta$

④ $v_0\cos\theta$

83 그림에서 질량 100kg의 물체 A와 수평면 사이의 마찰계수는 0.3이며 물체 B의 질량은 30kg이다. 힘 P_y의 크기는 시간(t[s])의 함수이며 P_y[N]=$15t^2$이다. t는 0s에서 물체 A가 오른쪽으로 2m/s로 운동을 시작한다면 t가 5s일 때 이 물체(A)의 속도는 약 몇 m/s인가?

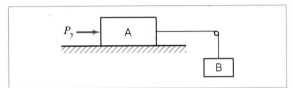

① 6.81   ② 7.22
③ 7.81   ④ 8.64

해설 ➕

[자유물체도]

뉴턴의 제2법칙에서

$$\sum F = ma = m\frac{dV}{dt} \rightarrow \sum Fdt = mdV$$

자유물체도에 적용하면

$$(P_y - \mu m_A g + m_B g)dt = (m_A + m_B)dV$$

$$(15t^2 - \mu m_A g + m_B g)dt = (m_A + m_B)dV$$

$$\int_0^5 (15t^2 - \mu m_A g + m_B g)dt = \int_{V_1}^{V_2} (m_A + m_B)dV$$

$$\left[\frac{15t^3}{3} - \mu m_A gt + m_B gt\right]_0^5 = (m_A + m_B)\left[V\right]_{V_1}^{V_2}$$

$$5 \times 5^3 - 0.3 \times 100 \times 9.8 \times 5 + 30 \times 9.8 \times 5$$
$$= (100 + 30) \times (V_2 - V_1)$$
$$= 130 \times (V_2 - 2)$$
$$\therefore V_2 = 6.808 \text{m/s}$$

84 다음 그림은 시간(t)에 대한 가속도(a) 변화를 나타낸 그래프이다. 가속도를 시간에 대한 함수식으로 옳게 나타낸 것은?

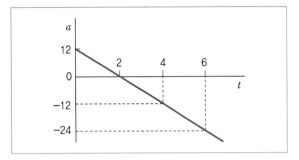

① $a = 12 - 6t$ ② $a = 12 + 6t$
③ $a = 12 - 12t$ ④ $a = 12 + 12t$

해설 ➕

$a = bt + c$에서

$$b(기울기) = \frac{-12 - 0}{4 - 2} = -6, \quad t = 0 일 때 \quad c = 12$$

$$\therefore a = -6t + 12$$

85 다음과 같은 운동방정식을 갖는 진동시스템에서 감쇠비(Damping ratio)를 나타내는 식은?

$$m\ddot{x} + c\dot{x} + kx = 0$$

① $\dfrac{c}{2\sqrt{mk}}$ ② $\dfrac{k}{2\sqrt{mc}}$

③ $\dfrac{m}{2\sqrt{ck}}$ ④ $2\sqrt{mck}$

해설 ➕

감쇠비 $\zeta = \dfrac{C}{C_c} = \dfrac{C}{2\sqrt{mk}}$

86 원판의 각속도가 5초 만에 0~1,800rpm까지 일정하게 증가하였다. 이때 원판의 각가속도는 몇 rad/s² 인가?

① 360   ② 60

③ 37.7   ④ 3.77

해설✪

각가속도 $\alpha = \dfrac{d\omega}{dt} \Rightarrow$ 일정

$$\therefore \alpha = \frac{\omega}{t} = \frac{\dfrac{2\pi N}{60}}{t} = \frac{\dfrac{2\pi \times 1{,}800}{60}}{5} = 37.7 \mathrm{rad/s^2}$$

87 물체의 최대 가속도가 680cm/s², 매분 480사이클의 진동수로 조화운동을 한다면 물체의 진동 진폭은 약 몇 mm인가?

① 1.8mm   ② 1.2mm

③ 2.4mm   ④ 2.7mm

해설✪

$a_{\max} = 6.8 \mathrm{m/s^2}$

i) $f = \dfrac{480\mathrm{cycle}}{1\mathrm{min}} = \dfrac{480\mathrm{cycle}}{60\mathrm{s}} = 8\mathrm{cps}\,(\mathrm{Hz})$

    $f = \dfrac{\omega}{2\pi} \rightarrow \omega = 2\pi f = 2\pi \times 8 = 16\pi$

ii) 변위 $x(t) = X\sin\omega t$

    속도 $V(t) = \dot{x}(t) = \omega X\cos\omega t$

    가속도 $a(t) = \ddot{x}(t) = -\omega^2 X\sin\omega t$

    $\rightarrow$ 최대진폭 $a_{\max} = \omega^2 X$

    $\therefore$ 진폭 $X = \dfrac{a_{\max}}{\omega^2} = \dfrac{6.8}{(16\pi)^2} = 0.00269\mathrm{m}$

                       $= 2.69\mathrm{mm}$

88 스프링상수가 k인 스프링을 4등분하여 자른 후 각각의 스프링을 그림과 같이 연결하였을 때, 이 시스템의 고유 진동수(ω_n)는 약 몇 rad/s인가?

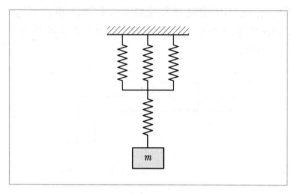

① $\omega_n = \sqrt{\dfrac{2k}{m}}$ ② $\omega_n = \sqrt{\dfrac{3k}{m}}$

③ $\omega_n = 2\sqrt{\dfrac{k}{m}}$ ④ $\omega_n = \sqrt{\dfrac{5k}{m}}$

해설✪

i) 1개의 스프링을 4개로 분리하면 총 늘어나는 양은 4δ이므로 $k = \dfrac{F}{4\delta} \rightarrow \dfrac{F}{\delta} = 4k \rightarrow$ 그림에서 4개로 구성된 스프링 각각의 스프링상수는 $4k$이다.

ii) 3개의 병렬조합에서 등가 스프링상수 k_1

    $k_1 = 4k + 4k + 4k = 12k$

iii) 직렬조합 k_1과 $4k$의 전체 등가 스프링상수 k_e

    $\dfrac{1}{k_e} = \dfrac{1}{12k} + \dfrac{1}{4k} = \dfrac{1}{3k}$ $\therefore k_e = 3k$

$\therefore \omega_n = \sqrt{\dfrac{k_e}{m}} = \sqrt{\dfrac{3k}{m}}$

정답   86 ③   87 ④   88 ②

89 네 개의 가는 막대로 구성된 정사각 프레임이 있다. 막대 각각의 질량과 길이는 m과 b이고, 프레임은 ω의 각속도로 회전하고 질량 중심 G는 v의 속도로 병진운동하고 있다. 프레임의 병진운동에너지와 회전운동에너지가 같아질 때 질량 중심 G의 속도(v)는 얼마인가?

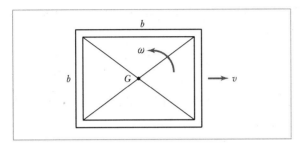

① $\dfrac{b\omega}{\sqrt{2}}$

② $\dfrac{b\omega}{\sqrt{3}}$

③ $\dfrac{b\omega}{2}$

④ $\dfrac{b\omega}{\sqrt{5}}$

해설✚

운동에너지와 회전운동에너지는 같다.

$T_1 = T_2$

$\dfrac{1}{2}(4m)v^2 = \dfrac{1}{2}J_0\omega^2$

여기서, 사각프레임 1개는

$J_{01} = J_G + m\left(\dfrac{b}{2}\right)^2 = \left\{\dfrac{mb^2}{12} + m\left(\dfrac{b}{2}\right)^2\right\}$

$J_{01} \times 4$개 $= \dfrac{4mb^2}{3} = J_0$

수식에 적용하여 정리하면

$2mv^2 = \dfrac{1}{2} \times \dfrac{4mb^2}{3} \times \omega^2$

$\therefore v = \dfrac{b\omega}{\sqrt{3}}$

90 20g의 탄환이 수평으로 1,200m/s의 속도로 발사되어 정지해 있던 300g의 블록에 박힌다. 이후 스프링에 발생한 최대압축길이는 약 몇 m인가?(단, 스프링 상수는 200N/m이고 처음에 변형되지 않은 상태였다. 바닥과 블록 사이의 마찰은 무시한다.)

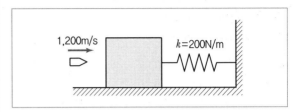

① 2.5

② 3.0

③ 3.5

④ 4.0

2018

해설✚

탄환질량 m_1, 블록질량 m_2라 하고 에너지 보존의 법칙을 적용하면 탄환의 운동에너지 T_1과 블록의 운동에너지 T_2는 같다.

ⅰ) $T_1 = T_2 \rightarrow \dfrac{1}{2}m_1 V_1^2 = \dfrac{1}{2}m_2 V_2^2$

$20 \times 1,200^2 = 300 \times V_2^2$

$\therefore V_2 = 309.84\text{m/s}$

ⅱ) 탄환이 블록에 박힐 때 탄환의 운동에너지와 스프링의 탄성위치에너지는 같다. 왜냐하면 블록에 V_2의 속도로 탄환이 박히면서 스프링을 압축시키기 때문이다.

$\dfrac{1}{2}m_1 V_2^2 = \dfrac{1}{2}kx^2$

$x = \sqrt{\dfrac{1}{k}m_1 V_2^2} = \sqrt{\dfrac{1}{200} \times 0.02 \times 309.84^2} = 3.09\,\text{m}$

91 강의 열처리에서 탄소(C)가 고용된 면심입방격자 구조의 γ철로서 매우 안정된 비자성체인 급랭조직은?

① 오스테나이트(Austenite)
② 마텐자이트(Martensite)
③ 트루스타이트(Troostite)
④ 소르바이트(sorbite)

해설⊕

① 오스테나이트(Austenite)
• γ고용체라고도 하는데, γ철에 최대 2.11%C까지 고용되어 있는 고용체로 FCC(면심입방격자) 결정구조를 가지고 있다.
• A₁점 이상에서 안정된 조직으로 상자성체이며 인성이 크다.

② 마텐자이트
• 탄소 원자를 과포용한 α철, 철의 α상인 페라이트는 탄소를 0.02%밖에 고용할 수 없는데, 오스테나이트화 하면 2% 정도까지 고용 가능하다. 여기서 급랭하면 탄소 원자가 이동할 시간이 없어 체심입방격자 내에 더 많은 탄소 원자를 눌러 넣은 상태의 조직이 된다. 이것을 마텐자이트라 한다.
• 강제로 더 많이 고용된 탄소원자 때문에 격자가 뒤틀리고 고밀도 격자 결함을 내포하므로 변형에 대한 저항이 커져 높은 강도와 경도가 얻어진다.

③ 트루스타이트(Ttroostite)
• 마텐자이트보다 냉각속도를 조금 느리게 하였을 때 나타난다. 기름이나 온탕 중에 냉각하거나 큰 강재를 수중 담금질할 경우에 재료 중앙 부분에 잘 나타난다. 부식이 가장 잘 된다.
• 저온 뜨임에 의한 미세 펄라이트

④ 소르바이트(Sorbite)
• 트루스타이트보다 냉각속도를 느리게 하였을 때 나타나는 조직으로 강도와 탄성을 요구하는 스프링 및 와이어(wire)에 많이 사용된다.
• 고온 뜨임에 의한 입상(粒狀)의 시멘타이트 석출

92 단식분할법을 이용하여 밀링가공으로 원을 중심각 $\left(5\frac{2}{3}\right)^\circ$씩 분할하고자 한다. 분할판 27구멍을 사용하면 가장 적합한 가공법은?

① 분할판 27구멍을 사용하여 17구멍씩 돌리면서 가공한다.
② 분할판 27구멍을 사용하여 20구멍씩 돌리면서 가공한다.
③ 분할판 27구멍을 사용하여 12구멍씩 돌리면서 가공한다.
④ 분할판 27구멍을 사용하여 8구멍씩 돌리면서 가공한다.

해설⊕

분할 크랭크의 회전수 $n = \dfrac{A^\circ}{9^\circ} = \dfrac{\left(5\frac{2}{3}\right)^\circ}{9^\circ} = \dfrac{\left(\frac{17}{3}\right)^\circ}{9^\circ} = \dfrac{17}{27}$

즉, 분할판 27구멍을 사용하여 17구멍씩 돌리면서 가공한다.

93 선반에서 연동척에 대한 설명으로 옳은 것은?

① 4개의 돌려 맞출 수 있는 조(Jaw)가 있고, 조는 각각 개별적으로 조절된다.
② 원형 또는 6각형 단면을 가진 공작물을 신속히 고정시킬 수 있는 척이며, 조(Jaw)는 3개가 있고, 동시에 작동한다.
③ 스핀들 테이퍼 구멍에 슬리브를 꽂고, 여기에 척을 꽂은 것으로 가는 지름 고정에 편리한다.
④ 원판 안에 전자석을 장입하고, 이것에 직류전류를 보내어 척(Chuck)을 자화시켜 공작물을 고정한다.

해설⊕

연동척(Universal chuck)
스크롤(Scroll) 척이라고도 한다. 3개의 조(Jaw)가 동시 이동하여 정밀도가 저하된다. 규칙적인 외경 재료 가공이 용이하고 편심가공을 할 수 없다.

94 1차로 가공된 가공물의 안지름보다 다소 큰 강구를 압입하여 통과시켜서 가공물의 표면을 소성 변형시켜 가공하는 방법으로 표면 거칠기가 우수하고 정밀도를 높이는 것은?

① 래핑
② 호닝
③ 버니싱
④ 슈퍼 버니싱

해설⊕

① 래핑(Lapping)
- 일반적으로 가공물과 랩(정반) 사이에 미세한 분말 상태의 랩제를 넣고, 가공물에 압력을 가하면서 상대운동을 시키면 표면 거칠기가 매우 우수한 가공 면을 얻을 수 있다.
- 래핑은 블록 게이지, 한계 게이지, 플러그 게이지 등의 측정기의 측정면과 정밀 기계부품, 광학 렌즈 등의 다듬질용으로 쓰인다.

② 호닝(Honing)
- 혼(Hone)이라는 고운 숫돌 입자를 방사상의 모양으로 만들어 구멍에 넣고 회전운동시켜 구멍의 내면을 정밀하게 다듬질하는 방법
- 원통의 내면을 절삭한 후 보링, 리밍 또는 연삭가공을 하고나서 구멍에 대한 진원도, 직진도 및 표면거칠기를 향상시키기 위해 사용한다.

③ 버니싱 : 필요한 형상을 한 공구로 공작물의 표면을 누르며 이동시켜, 표면에 소성 변형을 일으키게 하여 매끈하고 정도가 높은 면을 얻는 가공법이다. 주로 구멍 내면의 다듬질에 사용되고, 연성, 전성이 큰 재료에 사용된다. 연질재에 대하여서는 강구, 강재에 대하여서는 초경합금의 구를 사용한다.

④ 슈퍼 피니싱 : 미세하고 연한 숫돌을 가공 표면에 가압하고, 공작물을 회전 이송 운동하고, 숫돌에 진동을 주어 0.5mm 이하의 경면(鏡面) 다듬질에 사용한다.

95 특수 윤활제로 분류되는 극압 윤활유에 첨가하는 극압물이 아닌 것은?

① 염소
② 유황
③ 인
④ 동

해설⊕

극압윤활유

하중이 많이 걸리거나 마찰면의 온도가 높게 되면 마찰면이 접촉하여 파괴되기 쉬운데, 이러한 극압마찰을 적게 하기 위해 극압 첨가제를 넣어 금속표면과 화학적으로 반응하여 극압막을 만드는 윤활제를 말한다. 일반적으로 극압첨가제는 황, 염소, 인 및 카르복실염의 화합물 등이 있다.

96 지름이 50mm인 연삭숫돌로 지름이 10mm인 공작물을 연삭할 때 숫돌바퀴의 회전수는 약 몇 rpm인가?(단, 숫돌의 원주속도는 1,500m/min이다.)

① 4,759
② 5,809
③ 7,449
④ 9,549

해설⊕

연삭숫돌의 연삭속도 $V = \dfrac{\pi dn}{1,000}$ [m/min]에서

$$\therefore n = \frac{1,000\,V}{\pi D} = \frac{1,000 \times 1,500}{\pi \times 50} = 9,549\,\mathrm{rpm}$$

여기서, V : 연삭숫돌의 원주속도[m/min]
d : 연삭숫돌의 지름[mm]
n : 연삭숫돌의 회전수[rpm]

97 스폿용접과 같은 원리로 접합할 모재의 한쪽 판에 돌기를 만들어 고정전극 위에 겹쳐놓고 가동전극으로 통전과 동시에 가압하여 저항열로 가열된 돌기를 접합시키는 용접법은?

① 플래시 버트 용접
② 프로젝션 용접
③ 업셋 용접
④ 단접

2018

해설⊕

① 플래시 버트 용접(Flash Butt Welding)
- 전류를 통한 상태에서 두 부재를 접근시키면 가장 가까운 돌출부에서 단락 전류가 발생되고 과열 용융되어 불꽃이 비산되는데, 이런 작용이 반복되면서 모재면에서 접합온도까지 가열한 후 축방향으로 큰 힘을 가하여 용접시공한다.
- 업셋 용접에 비해 가열의 범위가 좁고 이음의 신뢰성이 높다.
- 레일용접, 평강, 환봉, 샤프트, 체인케이블 등에 적용한다.

② 프로젝션 용접(Projection Welding)
- 점용접과 동일하나 작은 돌기를 만들어 용접한다.
- 동시에 많은 개소를 동시에 용접 가능하기 때문에 능률이 좋다.

③ 업셋 용접(Upset Welding)
- 저항용접 중 가장 먼저 개발된 것으로 널리 사용되고 있는 용접법이다.
- 접촉된 두 면에 전류를 흘려 접촉저항에 의해 가열하고 축방향으로 큰 힘을 가하여 용접시공한다.
- 환봉, 각봉, 관 판 등 제작에 사용한다.

④ 단접고주파용접(단접)
- 고주파의 전류를 용접 대상물에 흘려서 그때 발생되는 저항열에 의하여 용접온도까지 가열된 용접부에 압축을 가하는 용접법이다.
- 고상 용접과 유사한 조직을 얻게 된다.
- 일반 용융용접에서 발견되는 주조조직이 없고, 열간 가공된 모재조직과 유사한 미세조직을 얻게 된다.
- 용접부의 표피만을 가열하기 때문에 소모되는 전력량이 적고 용접속도가 빠르다.
- 단접에 의해 용접을 수행하기 때문에 용접결함이 적다.
- 강관의 제작에 주로 적용한다.

98 용융금속에 압력을 가하여 주조하는 방법으로 주형을 회전시켜 주형 내면을 균일하게 압착시키는 주조법은?

① 셸 몰드법
② 원심주조법
③ 저압주조법
④ 진공주조법

해설⊕

원심주조법(centrifugal casting)
- 속이 빈 주형을 수평 또는 수직상태로 놓고 중심선을 축으로 회전시키면서 용탕을 주입하여 그때에 작용하는 원심력으로 치밀하고 결함이 없는 주물을 대량 생산하는 방법이다.
- 수도용 주철관, 피스톤링, 실린더라이너 등의 재료로 이용된다.

99 압연공정에서 압연하기 전 원재료의 두께를 50mm, 압연 후 재료의 두께를 30mm로 한다면 압하율(Draft percent)은 얼마인가?

① 20%
② 30%
③ 40%
④ 50%

해설⊕

$$압하율 = \frac{H_0 - H_1}{H_0} \times 100(\%) = \frac{50 - 30}{50} \times 100 = 40\%$$

여기서, H_0 : 롤러 통과 전 재료의 두께
H_1 : 롤러 통과 후 재료의 두께

100 내경 측정용 게이지가 아닌 것은?

① 게이지 블록
② 실린더 게이지
③ 버니어 캘리퍼스
④ 내경 마이크로미터

해설⊕

① 블록 게이지(게이지 블록)
- 길이 측정의 기준으로 사용되는 평행 단도기이다.
- 블록게이지를 여러 개 조합하면 원하는 치수를 얻을 수 있으며, 현재는 밀착해서 사용해도 $1\mu m$ 간격으로 조합할 수 있고 래핑 가공된 측정면은 광파로 그 길이를 측정할 수 있으므로 정도가 아주 높고 쉽게 임의의 치수를 얻을 수 있다.

② 실린더 게이지 : 측정자의 변위를 직각방향으로 전달하고, 길이의 기준과 비교함으로써, 부착되어 있는 게이지 등의 지시기로 측정자의 변위를 읽을 수 있는 내경측정기를 말한다.

③ 버니어 캘리퍼스
- 본척(어미자)과 부척(아들자)을 이용하여 1/20mm, 1/50mm까지 길이를 측정하는 측정기이다.
- 측정종류 : 외경, 내경, 깊이, 두께, 높이 등
- 최소 측정값 : $\frac{1}{20}$mm 또는 $\frac{1}{50}$mm까지 측정

④ 내경 마이크로미터(옵티컬플랫)
- 길이의 변화를 나사의 회전각과 지름에 의해 원 주변에 확대하여 눈금을 새김으로써 작은 길이의 변화를 읽을 수 있도록 한 측정기이다.
- 용도 : 외측, 내측, 기엇니, 깊이, 나사, 유니, 포인트 마이크로미터 등
- 최소 측정값 : 0.01mm 또는 0.001mm

정답   100 ①

05

2019년 과년도 문제풀이

2019. 3. 3 시행
2019. 4. 27 시행
2019. 9. 21 시행

1과목 재료역학

01 그림과 같이 길이 $l = 4\,\mathrm{m}$의 단순보에 균일 분포 하중 w가 작용하고 있으며 보의 최대 굽힘응력 $\sigma_{\max}$ $= 85\,\mathrm{rmN/cm^2}$일 때 최대 전단응력은 약 몇 kPa인가? (단, 보의 단면적은 지름이 11cm인 원형 단면이다.)

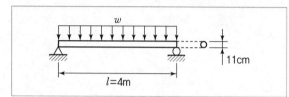

① 1.7 ② 15.6
③ 22.9 ④ 25.5

해설

분포하중 w를 구하기 위해 주어진 조건에서 최대 굽힘응력을 이용하면

$$\sigma_b = \frac{M}{Z} \rightarrow \sigma_{\max} = \frac{M_{\max}}{Z} \cdots ⓐ$$

$$\sigma_{\max} = 85\frac{\mathrm{N}}{\mathrm{cm^2} \times \left(\frac{1\mathrm{m}}{100\mathrm{cm}}\right)^2} = 85 \times 10^4\,\mathrm{Pa}$$

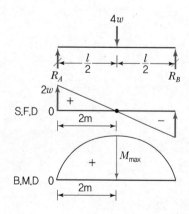

$R_A = R_B = 2w$

$x = 2\mathrm{m}$에서 $M_{\max}$ 이므로 $M_{\max}$는 2m까지의 S.F.D 면적과 같다.

$$M_{\max} = \frac{1}{2} \times 2 \times 2w = 2w$$

ⓐ에 값들을 적용하면

$$\therefore 85 \times 10^4 = \frac{2w}{\frac{\pi}{32}d^3}$$

$$\rightarrow w = 85 \times 10^4 \times \frac{\pi}{32} \times 0.11^3 \times \frac{1}{2} = 55.54\,\mathrm{N/m}$$

양쪽 지점에서 최대인 보의 최대 전단응력

$$\tau_{av} = \frac{V_{\max}}{A} = \frac{4 \times 2 \times 55.54}{\pi \times 0.11^2} = 11.69\,\mathrm{kPa}$$

$(\because V_{\max} = 2w = R_A = R_B)$

$\therefore$ 보 속의 최대 전단응력

$$\tau_{\max} = \frac{4}{3}\tau_{av} = \frac{4}{3} \times 11.69 = 15.59\,\mathrm{kPa}$$

※ 일반적으로 시험에서 주어지는 "보의 최대 전단응력=보 속의 최대 전단응력"임을 알고 해석해야 한다. 보의 위아래 방향으로 전단응력이 아닌 보의 길이 방향인 보 속의 중립축 전단응력을 의미한다.

02 그림과 같은 균일단면을 갖는 부정정보가 단순 지지단에서 모멘트 M_0를 받는다. 단순 지지단에서의 반력 R_A는?(단, 굽힘강성 EI는 일정하고, 자중은 무시한다.)

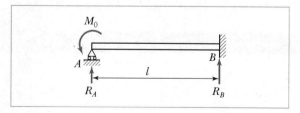

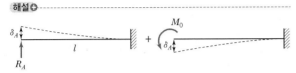

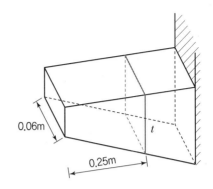

① $\dfrac{3M_0}{2l}$ ② $\dfrac{3M_0}{4l}$

③ $\dfrac{2M_0}{3l}$ ④ $\dfrac{4M_0}{3l}$

해설⊕

처짐을 고려해 미지반력요소를 해결한다.

A점에서 처짐량이 "0"이므로

$$\frac{R_A \cdot l^3}{3EI} = \frac{M_0 l^2}{2EI} \qquad \therefore \ R_A = \frac{3M_0}{2l}$$

03 폭 $b=60$mm, 길이 $L=340$mm의 균일강도 외팔보의 자유단에 집중하중 $P=3$kN이 작용한다. 허용 굽힘응력을 65MPa이라 하면 자유단에서 250mm 되는 지점의 두께 h는 약 몇 mm인가?(단, 보의 단면은 두께는 변하지만 일정한 폭 b를 갖는 직사각형이다.)

① 24   ② 34

③ 44   ④ 54

해설⊕

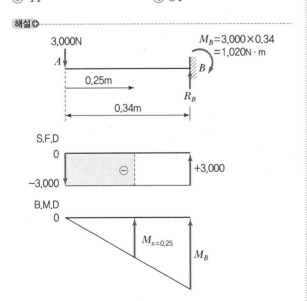

균일강도의 외팔보이므로 보의 전 길이 구간에서 $\sigma_b = c$로 일정하다.

$h = t$

$$\sigma_b = \frac{M_{x=0.25}}{Z} = \frac{M_{x=0.25}}{\dfrac{bh^2}{6}} = \frac{6 \times M_{x=0.25}}{b\,t^2}$$

$$t^2 = \frac{6 \times M_{x=0.25}}{b \cdot \sigma_b}$$

$$\therefore \ t = \sqrt{\frac{6 \times M_{x=0.25}}{b \cdot \sigma_b}} = \sqrt{\frac{6 \times 750}{0.06 \times 65 \times 10^6}}$$

$$= 0.03397\text{m} = 33.97\text{mm}$$

$M_{x=0.25}$는 0(자유단 A)부터 $x=0.25$m까지의 S.F.D 면적과 같으므로

$$M_{x=0.25} = 3,000 \times 0.25 = 750\text{N} \cdot \text{m}$$

또는 F.B.D

$$\sum M_{x\,\text{지점}} = 0 : -3,000 \times 0.25 + M_x = 0$$

$$\therefore \ M_x = 750\text{N} \cdot \text{m}$$

04 평면 응력상태의 한 요소에 $\sigma_x = 100$MPa, $\sigma_y = -50$MPa, $\tau_{xy} = 0$을 받는 평판에서 평면 내에서 발생하는 최대 전단응력은 몇 MPa인가?

① 75   ② 50

③ 25   ④ 0

2019

해설⊕

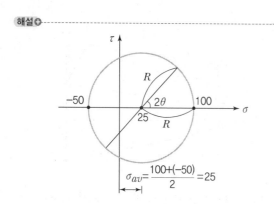

$$\sigma_{av} = \frac{100 + (-50)}{2} = 25$$

모어의 응력원에서 $\tau_{\max} = R = 100 - 25 = 75 \text{MPa}$

05 그림과 같은 트러스가 점 B에서 그림과 같은 방향으로 5kN의 힘을 받을 때 트러스에 저장되는 탄성에너지는 약 몇 kJ인가?(단, 트러스의 단면적은 1.2cm², 탄성계수는 10^6Pa이다.)

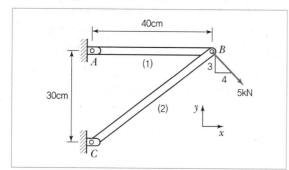

① 52.1   ② 106.7
③ 159.0   ④ 267.7

해설⊕

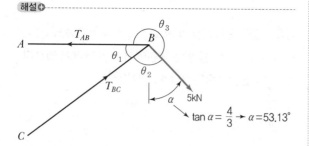

$$\tan\alpha = \frac{4}{3} \rightarrow \alpha = 53.13°$$

$$\tan\theta_1 = \frac{30}{40} \rightarrow \theta_1 = \tan^{-1}\frac{30}{40} = 36.87°$$

$\theta_2 = 90° + \alpha - \theta_1$에서 $\theta_2 = 106.26°$.

$\therefore \theta_3 = 216.87°$

라미의 정리에 의해 $\dfrac{T_{AB}}{\sin\theta_2} = \dfrac{5\text{kN}}{\sin\theta_1} = \dfrac{T_{BC}}{\sin\theta_3}$에서

$$T_{AB} = \frac{5}{\sin36.87°} \times \sin106.26° = 8\text{kN}$$

$$T_{BC} = \frac{5}{\sin36.87°} \times \sin216.87° = -5\text{kN}$$

탄성에너지 $U = \dfrac{1}{2}P \cdot \lambda = \dfrac{P^2 \cdot l}{2AE}$에서 두 부재에 저장되므로

$$U_{AB} + U_{BC} = \frac{T_{AB}^2 \cdot l_{AB}}{2AE} + \frac{T_{BC}^2 \cdot l_{BC}}{2AE}$$

$$= \frac{1}{2AE}\left(T_{AB}^2 \cdot l_{AB} + T_{BC}^2 \cdot l_{BC}\right)$$

$$= \frac{\left(8^2 \times 0.4 + (-5)^2 \times 0.5\right)}{2 \times 1.2 \times 10^{-4} \times 10^6 \times 10^{-3}}$$

$$= 158.75\text{kJ}$$

06 그림과 같은 단면에서 대칭축 $n-n$에 대한 단면 2차 모멘트는 약 몇 cm⁴인가?

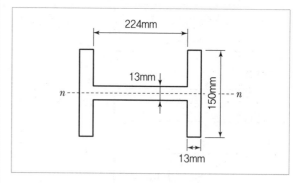

① 535   ② 635
③ 735   ④ 835

해설 ⊕

주어진 $n-n$ 단면은 H빔의 도심축이므로 아래 A_1, A_2의 도심축과 동일하다.

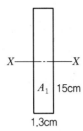

A_1의 단면 2차 모멘트

$$I_X = \frac{bh^3}{12} = \frac{1.3 \times 15^3}{12} = 365.625 \, \text{cm}^4$$

H빔 양쪽에 A_1이 2개이므로 $2I_X = 731.25 \, \text{cm}^4 \, \cdots \, ⓐ$

$$I_X = \frac{22.4 \times 1.3^3}{12} = 4.1 \, \text{cm}^4 \, \cdots \, ⓑ$$

∴ 도심축 $n-n$ 단면에 대한 단면 2차 모멘트는
$$ⓐ + ⓑ = 735.35 \, \text{cm}^4$$

07 바깥지름 50cm, 안지름 30cm의 속이 빈 축은 동일한 단면적을 가지며 같은 재질의 원형축에 비하여 약 몇 배의 비틀림 모멘트에 견딜 수 있는가?(단, 중공축과 중실축의 전단응력은 같다.)

① 1.1배　　　　② 1.2배
③ 1.4배　　　　④ 1.7배

해설 ⊕

중공축과 동일한 단면의 중실축(d)이므로(면적 동일)

$$\frac{\pi}{4}\left(d_2{}^2 - d_1{}^2\right) = \frac{\pi}{4}d^2$$

$$\therefore d = \sqrt{d_2{}^2 - d_1{}^2} = \sqrt{50^2 - 30^2} = 40 \, \text{cm}$$

$$T = \tau \cdot Z_p = \tau \cdot \frac{I_p}{e} \text{에서}$$

$$\frac{T_{\text{중공축}}}{T_{\text{중실축}}} = \frac{\tau \cdot \dfrac{I_{p\text{중공}}}{e_{\text{중공}}}}{\tau \cdot \dfrac{I_{p\text{중실}}}{e_{\text{중실}}}} = \frac{\dfrac{\dfrac{\pi}{32}\left(50^4 - 30^4\right)}{\dfrac{50}{2}}}{\dfrac{\dfrac{\pi \times 40^4}{32}}{\dfrac{40}{2}}} \quad (\because \tau \text{ 동일})$$

$$= 1.7$$

08 진변형률(ε_T)과 진응력(σ_T)을 공칭응력(σ_n)과 공칭변형률(ε_n)로 나타낼 때 옳은 것은?

① $\sigma_T = \ln(1 + \sigma_n)$, $\varepsilon_T = \ln(1 + \varepsilon_n)$

② $\sigma_T = \ln(1 + \sigma_n)$, $\varepsilon_T = \ln\left(\dfrac{\sigma_T}{\sigma_n}\right)$

③ $\sigma_T = \sigma_n(1 + \varepsilon_n)$, $\varepsilon_T = \ln(1 + \varepsilon_n)$

④ $\sigma_T = \ln(1 + \varepsilon_n)$, $\varepsilon_T = \varepsilon_n(1 + \sigma_n)$

해설 ⊕

진응력은 인장시험 중에 변해가는 실제 단면적을 기준으로 응력 해석 → 인장시험편의 기준거리 내의 부피는 동일하다(체적 변화가 없다)고 해석

→ $A_0 L_0 = A \cdot L$

공칭응력 $\sigma_n = \dfrac{F}{A_0}$

진응력 $\sigma_T = \dfrac{F}{A} = \dfrac{F}{A_0} \cdot \dfrac{A_0}{A} = \dfrac{F}{A_0}\dfrac{L}{L_0}$

$$= \sigma_n \cdot \dfrac{L}{L_0} = \sigma_n\left(\dfrac{L - L_0 + L_0}{L_0}\right)$$

$$(\text{여기서, } \varepsilon_n = \dfrac{\lambda}{L_0} = \dfrac{L - L_0}{L_0})$$

$$= \sigma_n(\varepsilon_n + 1)$$

공칭변형률 $\varepsilon_n = \dfrac{\lambda}{l}$ (여기서, $\lambda = L - L_0$)

진변형률 : 순간순간 변화된 시편의 길이를 넣어 계산한다.

$$\varepsilon_T = \int_{L_0}^{L} \dfrac{dL}{L} = [\ln L]_{L_0}^{L} = \ln L - \ln L_0 = \ln\left(\dfrac{L}{L_0}\right)$$

$$= \ln\left(\dfrac{L - L_0 + L_0}{L_0}\right) = \ln(\varepsilon_n + 1)$$

09 길이 1m인 외팔보가 아래 그림처럼 $q = 5\text{kN/m}$의 균일 분포하중과 $P = 1\text{kN}$의 집중하중을 받고 있을 때 B점에서의 회전각은 얼마인가?(단, 보의 굽힘강성은 EI이다.)

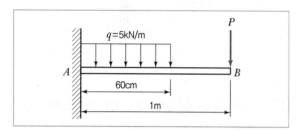

① $\dfrac{120}{EI}$ ② $\dfrac{260}{EI}$ ③ $\dfrac{486}{EI}$ ④ $\dfrac{680}{EI}$

해설⊕

ⅰ) 분포하중에 의한 자유단 B의 처짐각

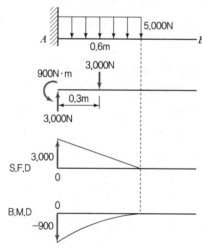

면적모멘트법을 적용하면

$$\theta_w = \frac{A_M}{EI} = \frac{\frac{1}{3}wl}{EI} = \frac{\frac{1}{3}\times 900 \times 0.6}{EI} = \frac{180}{EI} \cdots ⓐ$$

여기서, B.M.D 2차곡선에서 $w = 900$, $l = 0.6$ 적용

ⅱ) 외팔보 집중하중에 의한 자유단 B의 처짐각

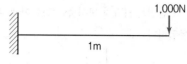

$$\theta_p = \frac{Pl^2}{2EI} = \frac{1,000 \times 1^2}{2EI} = \frac{500}{EI} \cdots ⓑ$$

ⅲ) B에서의 전체 처짐각 $\theta = ⓐ + ⓑ = \dfrac{680}{EI}$

10 탄성계수(영계수) E, 전단탄성계수 G, 체적탄성계수 K 사이에 성립되는 관계식은?

① $E = \dfrac{9KG}{2K+G}$ ② $E = \dfrac{3K-2G}{6K+2G}$

③ $K = \dfrac{EG}{3(3G-E)}$ ④ $K = \dfrac{9EG}{3E+G}$

해설⊕

$E = 2G(1+\mu) = 3K(1-2\mu)$ 에서

$$K = \frac{E}{3(1-2\mu)} \cdots ⓐ$$

$$1+\mu = \frac{E}{2G} \;\rightarrow\; \mu = \frac{E}{2G} - 1$$

$$\therefore \; \mu = \frac{E-2G}{2G} \cdots ⓑ$$

ⓐ에 ⓑ를 대입하면

$$K = \frac{E}{3\left(1 - 2\left(\dfrac{E-2G}{2G}\right)\right)} = \frac{E}{3\left(1 - \dfrac{E-2G}{G}\right)}$$

$$= \frac{E}{3\left(\dfrac{G-E+2G}{G}\right)} = \frac{EG}{3(3G-E)}$$

11 그림과 같은 막대가 있다. 길이는 4m이고 힘은 지면에 평행하게 200N만큼 주었을 때 O점에 작용하는 힘과 모멘트는?

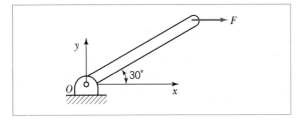

① $F_{ox} = 0$, $F_{oy} = 200\text{N}$, $M_z = 200\text{N} \cdot \text{m}$
② $F_{ox} = 200\text{N}$, $F_{oy} = 0$, $M_z = 400\text{N} \cdot \text{m}$
③ $F_{ox} = 200\text{N}$, $F_{oy} = 200\text{N}$, $M_z = 200\text{N} \cdot \text{m}$
④ $F_{ox} = 0$, $F_{oy} = 0$, $M_z = 400\text{N} \cdot \text{m}$

해설 ⊕

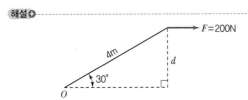

$F_{Ox} = 200\text{N}$

$M_z = F \cdot d = 200 \times 4\sin30° = 400\text{N} \cdot \text{m}$

12 그림과 같은 치차 전동 장치에서 A 치차로부터 D 치차로 동력을 전달한다. B와 C 치차의 피치원의 직경의 비가 $\dfrac{D_B}{D_C} = \dfrac{1}{9}$ 일 때, 두 축의 최대 전단응력들이 같아지게 되는 직경의 비 $\dfrac{d_2}{d_1}$ 은 얼마인가?

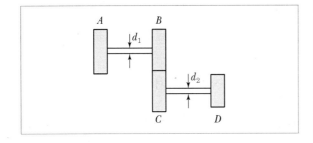

① $\left(\dfrac{1}{9}\right)^{\frac{1}{3}}$ ② $\dfrac{1}{9}$

③ $9^{\frac{1}{3}}$ ④ $9^{\frac{2}{3}}$

해설 ⊕

속비 $i = \dfrac{N_C}{N_B} = \dfrac{D_B}{D_C} = \dfrac{1}{9}$ 에서 $9N_C = N_B$ ⋯ ⓐ

$\tau = \dfrac{T}{Z_p} = \dfrac{\frac{H}{\omega}}{Z_p} = \dfrac{H}{\omega Z_p}$ 에서

두 축의 최대 전단응력이 동일하므로

$\dfrac{H}{\omega_1 \cdot Z_{p1}} = \dfrac{H}{\omega_2 Z_{p2}}$

(여기서, 전달동력 H는 동일 ← B에서 C로 동력 전달)

∴ $\omega_1 Z_{p1} = \omega_2 \cdot Z_{p2}$

$\dfrac{2\pi N_B}{60} \times \dfrac{\pi d_1^{\,3}}{16} = \dfrac{2\pi N_C}{60} \times \dfrac{\pi d_2^{\,3}}{16}$ ⋯ ⓑ

ⓑ에 ⓐ를 대입하면

$\dfrac{2\pi \times 9N_C}{60} \times \dfrac{\pi d_1^{\,3}}{16} = \dfrac{2\pi N_C}{60} \times \dfrac{\pi d_2^{\,3}}{16}$

∴ $\left(\dfrac{d_2}{d_1}\right)^3 = 9 \rightarrow \dfrac{d_2}{d_1} = 9^{\frac{1}{3}}$

13 그림과 같이 길이 l인 단순 지지된 보 위를 하중 W가 이동하고 있다. 최대 굽힘응력은?

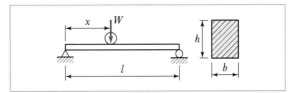

① $\dfrac{Wl}{bh^2}$ ② $\dfrac{9Wl}{4bh^3}$

③ $\dfrac{Wl}{2bh^2}$ ④ $\dfrac{3Wl}{2bh^2}$

2019

해설 ⊕

$$\sigma_b = \frac{M}{Z} \to \sigma_{\max} = \frac{M_{\max}}{Z}$$

굽힘모멘트 최댓값 $M_{\max} \to W$ 가 $\frac{l}{2}$(중앙)에 작용할 때

이므로

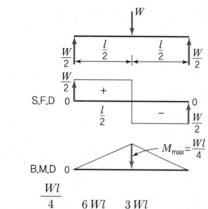

$$\therefore \sigma_{\max} = \frac{\dfrac{Wl}{4}}{\dfrac{bh^2}{6}} = \frac{6Wl}{4bh^2} = \frac{3Wl}{2bh^2}$$

14 그림과 같은 단순지지보에서 2kN/m의 분포하중이 작용할 경우 중앙의 처짐이 0이 되도록 하기 위한 힘 P의 크기는 몇 kN인가?

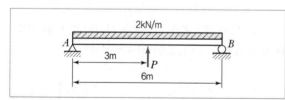

① 6.0   ② 6.5

③ 7.0   ④ 7.5

해설 ⊕

등분포하중 w가 작용할 때 처짐량(단순보)=중앙에 집중하중 P가 작용할 때 처짐량(단순보)이므로

$$\frac{5wl^4}{384EI} = \frac{Pl^3}{48EI}$$

$$\therefore P = \frac{5 \times 48}{384}wl = \frac{5}{8}wl = \frac{5}{8} \times 2 \times 10^3 \times 6$$

$$= 7,500\text{N} = 7.5\text{kN}$$

15 양단이 고정된 직경 30mm, 길이가 10m인 중실 축에서 그림과 같이 비틀림 모멘트 1.5kN · m가 작용할 때 모멘트 작용점에서의 비틀림각은 약 몇 rad인가?(단, 봉재의 전단탄성계수 G = 100GPa이다.)

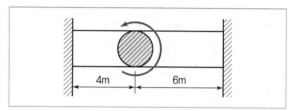

① 0.45   ② 0.56

③ 0.63   ④ 0.77

해설 ⊕

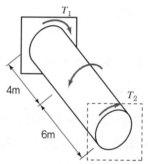

$T_1 + T_2 = T \cdots$ ⓐ

$\theta = \dfrac{T \cdot l}{GI_p}$ 에서

T_1에 의한 $\theta_1 = \dfrac{T_1 \cdot 4}{GI_{p1}}$

T_2에 의한 $\theta_2 = \dfrac{T_2 \cdot 6}{GI_{p2}}$

비틀림모멘트가 작용하는 점에서 비틀림각 $\theta_1 = \theta_2$이므로

$$\frac{4T_1}{GI_{p1}} = \frac{6T_2}{GI_{p2}} \quad (\because G \text{와 } I_p \text{값 동일})$$

$4\,T_1 = 6\,T_2$

$\therefore\ T_1 = \dfrac{3}{2}\,T_2\ \cdots\ ⓑ$

ⓑ를 ⓐ에 대입하면

$\dfrac{3}{2}\,T_2 + T_2 = T \rightarrow \dfrac{5}{2}\,T_2 = T$

$\therefore\ T_2 = \dfrac{2}{5}\,T = \dfrac{2}{5} \times 1.5 \times 10^3 = 600\text{N} \cdot \text{m}$

$\theta_2 = \dfrac{6\,T_2}{GI_{p2}} = \dfrac{6 \times 600}{100 \times 10^9 \times \dfrac{\pi \times 0.03^4}{32}} = 0.453\text{rad}$

16 부재의 양단이 자유롭게 회전할 수 있도록 되어 있고, 길이가 4m인 압축 부재의 좌굴하중을 오일러 공식으로 구하면 약 몇 kN인가?(단, 세로탄성계수는 100GPa이고, 단면 $b \times h$=100mm×50mm이다.)

① 52.4　　　　　　② 64.4

③ 72.4　　　　　　④ 84.4

해설◆

$P_{cr} = n\pi^2 \cdot \dfrac{EI}{l^2}$　(여기서, 양단힌지–단말계수 $n=1$)

$= 1 \times \pi^2 \times \dfrac{100 \times 10^9 \times \dfrac{0.1 \times 0.05^3}{12}}{4^2}$

$= 64{,}255.24\text{N} = 64.26\text{kN}$

17 그림과 같은 외팔보에 균일분포하중 w가 전 길이에 걸쳐 작용할 때 자유단의 처짐 δ는 얼마인가?(단, E : 탄성계수, I : 단면 2차 모멘트이다.)

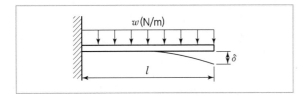

① $\dfrac{wl^4}{3EI}$　　　　　　② $\dfrac{wl^4}{6EI}$

③ $\dfrac{wl^4}{8EI}$　　　　　　④ $\dfrac{wl^4}{24EI}$

해설◆

$\delta = \dfrac{wl^4}{8EI}$

18 단면적이 2cm^{2}이고 길이가 4m인 환봉에 10kN의 축 방향 하중을 가하였다. 이때 환봉에 발생한 응력은 몇 N/m^{2}인가?

① 5,000　　　　　　② 2,500

③ 5×10^5　　　　　　④ 5×10^7

해설◆

$\sigma = \dfrac{P}{A} = \dfrac{10 \times 10^3 \text{N}}{2\text{cm}^2 \times \left(\dfrac{1\text{m}}{100\text{cm}}\right)^2} = 5 \times 10^7 \text{N/m}^2$

19 그림과 같이 단면적이 2cm^{2}인 AB 및 CD 막대의 B점과 C점이 1cm만큼 떨어져 있다. 두 막대에 인장력을 가하여 늘인 후 B점과 C점에 핀을 끼워 두 막대를 연결하려고 한다. 연결 후 두 막대에 작용하는 인장력은 약 몇 kN인가?(단, 재료의 세로탄성계수는 200GPa이다.)

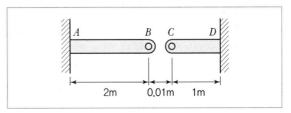

① 33.3　　　　　　② 66.6

③ 99.9　　　　　　④ 133.3

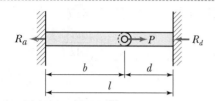

핀을 끼운 후의 자유물체도 그림에서 보면 AB에서 인장된 만큼 CD 쪽에서 압축된다.

$R_a + R_d = P$

$P = \sigma_a \cdot A = E \cdot \varepsilon_a \cdot A$

$\qquad = 200 \times 10^9 \times \dfrac{0.01}{2} \times 2\text{cm}^2 \times \left(\dfrac{1\text{m}}{100\text{cm}} \right)^2$

$\qquad = 200\text{kN}$

하중 P에 의한 변형량 $\delta_p = \dfrac{Pb}{AE}$, R_a에 의한 A점의 변위

는 $\delta_a = \dfrac{R_a \cdot l}{AE}$

P와 R_a가 동시에 작용함으로써 생긴 A점의 최종변위 δ

$\delta = \delta_p - \delta_a \rightarrow A$점의 $\delta = 0$ (고정지점)

$\therefore \ \delta_a = \delta_p$

$\dfrac{R_a \cdot l}{AE} = \dfrac{P \cdot b}{AE}$ 에서

$R_a = P \cdot \dfrac{b}{l} = 200 \times \dfrac{2}{3} = 133.33\text{kN}$

20 두께 8mm의 강판으로 만든 안지름 40cm의 얇은 원통에 1MPa의 내압이 작용할 때 강판에 발생하는 후프 응력(원주 응력)은 몇 MPa인가?

① 25

② 37.5

③ 12.5

④ 50

해설 ⊕

$\sigma_h = \dfrac{p \cdot d}{2t} = \dfrac{1 \times 10^6 \times 0.4}{2 \times 0.008}$

$\qquad = 25 \times 10^6 \text{Pa} = 25\text{MPa}$

---

21 어떤 기체 동력장치가 이상적인 브레이턴 사이클로 다음과 같이 작동할 때 이 사이클의 열효율은 약 몇 %인가?(단, 온도(T)-엔트로피(S) 선도에서 $T_1 = 30\,℃$, $T_2 = 200\,℃$, $T_3 = 1,060\,℃$, $T_4 = 160\,℃$이다.)

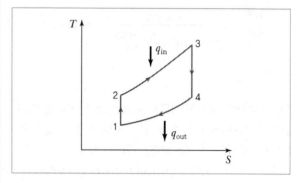

① 81%

② 85%

③ 89%

④ 92%

해설 ⊕

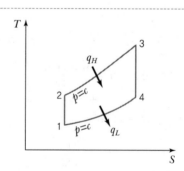

$\eta = 1 - \dfrac{q_L}{q_H} = 1 - \dfrac{q_{out}}{q_{in}}$

$(\delta q = dh - v dp^0 \ (\text{정압과정}) = C_p dT)$

$\quad = 1 - \dfrac{C_p(T_4 - T_1)}{C_p(T_3 - T_2)}$

$\quad = 1 - \dfrac{T_4 - T_1}{T_3 - T_2}$

$\quad = 1 - \dfrac{(160 - 30)}{(1,060 - 200)} = 0.8488 = 84.88\%$

---

22 체적이 일정하고 단열된 용기 내에 80℃, 320kPa의 헬륨 2kg이 들어 있다. 용기 내에 있는 회전날개가 20W의 동력으로 30분 동안 회전한다고 할 때 용기 내의 최종 온도는 약 몇 ℃인가?(단, 헬륨의 정적비열은 3.12kJ/(kg · K)이다.)

① 81.9℃   ② 83.3℃   ③ 84.9℃   ④ 85.8℃

해설⊕

회전날개에 의해 공급된 일량＝내부에너지 변화량

$$_1W_2 = 20\frac{\text{J}}{\text{s}} \times 30\text{min} \times \frac{60s}{1\text{min}} = 36,000\text{J} = 36\text{kJ}$$

$$\delta \cancel{Q}^{\;0} = dU + \delta W$$

$$dU = -\delta W$$

일부호(−)를 취하면 $U_2 - U_1 = {_1W_2} \rightarrow m(u_2 - u_1) = {_1W_2}$

$$mC_v(T_2 - T_1) = {_1W_2}$$

$$\therefore\ T_2 = T_1 + \frac{_1W_2}{mC_v} = 80 + \frac{36}{2 \times 3.12} = 85.77℃$$

23 유리창을 통해 실내에서 실외로 열전달이 일어난다. 이때 열전달량은 약 몇 W인가?(단, 대류열전달계수는 50W/(m² · K), 유리창 표면온도는 25℃, 외기온도는 10℃, 유리창 면적은 2m²이다.)

① 150   ② 500
③ 1,500   ④ 5,000

해설⊕

$$_1Q_2 = K \cdot A(T_2 - T_1) = 50 \times 2 \times (25 - 10) = 1,500\text{W}$$

24 밀폐계가 가역정압 변화를 할 때 계가 받은 열량은?

① 계의 엔탈피 변화량과 같다.
② 계의 내부에너지 변화량과 같다.
③ 계의 엔트로피 변화량과 같다.
④ 계가 주위에 대해 한 일과 같다.

해설⊕

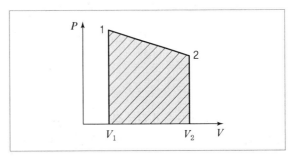

$$\delta q = dh - v\cancel{dp}^{\;0} \quad (\because\ p = c)$$

$$_1q_2 = h_2 - h_1 = \Delta h$$

25 실린더에 밀폐된 8kg의 공기가 그림과 같이 P_1 =800kPa, 체적 V_1=0.27m³에서 P_2=350kPa, 체적 V_2=0.80m³으로 직선 변화하였다. 이 과정에서 공기가 한 일은 약 몇 kJ인가?

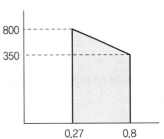

① 305   ② 334
③ 362   ④ 390

해설⊕

밀폐계의 일＝절대일

$$\delta W = PdV$$

$$_1W_2 = \int_1^2 PdV = 빗금 친 사다리꼴 면적(V축 투사면적)$$

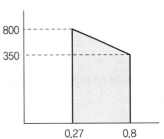

$$\frac{1}{2} \times (800 + 350)(0.8 - 0.27) = 304.75\text{kJ}$$

정답 22 ④   23 ③   24 ①   25 ①

26 이상기체에 대한 다음 관계식 중 잘못된 것은? (단, C_v는 정적비열, C_p는 정압비열, u는 내부에너지, T는 온도, V는 부피, h는 엔탈피, R은 기체상수, k는 비열비이다.)

① $C_v = \left(\dfrac{\partial u}{\partial T}\right)_V$ ② $C_p = \left(\dfrac{\partial h}{\partial T}\right)_V$

③ $C_p - C_v = R$ ④ $C_p = \dfrac{kR}{k-1}$

해설 ⊕

$C_p = \left(\dfrac{\partial h}{\partial T}\right)_p$ ($\because$ $p = c$일 때 → 정압비열의 개념)

엔탈피가 이상기체처럼 온도만의 함수가 되면 $dh = C_p dT$가 된다.

27 터빈, 압축기, 노즐과 같은 정상 유동장치의 해석에 유용한 몰리에(Mollier) 선도를 옳게 설명한 것은?

① 가로축에 엔트로피, 세로축에 엔탈피를 나타내는 선도이다.
② 가로축에 엔탈피, 세로축에 온도를 나타내는 선도이다.
③ 가로축에 엔트로피, 세로축에 밀도를 나타내는 선도이다.
④ 가로축에 비체적, 세로축에 압력을 나타내는 선도이다.

해설 ⊕

몰리에 선도는 증기상태를 나타내는 $h - s$ 선도이다.

28 다음 중 강도성 상태량(Intensive property)이 아닌 것은?

① 온도 ② 압력
③ 체적 ④ 밀도

해설 ⊕

반$\left(\dfrac{1}{2}\right)$으로 나누었을 때 값이 변하지 않으면 강도성 상태량이다. 체적은 반으로 줄어들므로 강도성 상태량이 아니다.

29 600kPa, 300K 상태의 이상기체 1kmol이 엔탈피가 등온과정을 거쳐 압력이 200kPa로 변했다. 이 과정 동안의 엔트로피 변화량은 약 몇 kJ/K인가?(단, 일반 기체상수($\overline{R}$)는 8.31451kJ/(kmol · K)이다.)

① 0.782 ② 6.31
③ 9.13 ④ 18.6

해설 ⊕

$dS = \dfrac{\delta Q}{T}$ ($\leftarrow$ $\delta Q = dH^{\,0} - Vdp$)

$\quad = -\dfrac{V}{T}dp$ ($\leftarrow$ $pV = n\overline{R}T$)

$\quad = -n\overline{R}\dfrac{1}{p}dp$

$\therefore\ S_2 - S_1 = -n\overline{R}\displaystyle\int_1^2 \dfrac{1}{p}dp$

$\quad = -n\overline{R}\ln\dfrac{p_2}{p_1}$

$\quad = n\overline{R}\ln\dfrac{p_1}{p_2}$

$\quad = 1\text{kmol} \times 8.31451\dfrac{\text{kJ}}{\text{kmol}\cdot\text{K}} \times \ln\left(\dfrac{600}{200}\right)$

$\quad = 9.13\text{kJ/K}$

30 공기 1kg이 압력 50kPa, 부피 3m³인 상태에서 압력 900kPa, 부피 0.5m³인 상태로 변화할 때 내부 에너지가 160kJ 증가하였다. 이때 엔탈피는 약 몇 kJ이 증가하였는가?

① 30 ② 185
③ 235 ④ 460

해설 ⊕

$H = U + PV$

$H_2 - H_1 = U_2 - U_1 + P_2 V_2 - P_1 V_1$

$\quad = 160 + (900 \times 0.5 - 50 \times 3)$

$\quad = 460\text{kJ}$

31 그림과 같은 Rankine 사이클로 작동하는 터빈에서 발생하는 일은 약 몇 kJ/kg인가?(단, h는 엔탈피, s는 엔트로피를 나타내며, $h_1 = 191.8$kJ/kg, $h_2 = 193.8$kJ/kg, $h_3 = 2{,}799.5$kJ/kg, $h_4 = 2{,}007.5$kJ/kg 이다.)

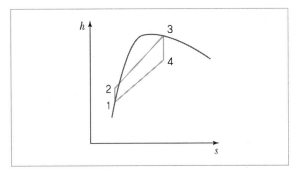

① 2.0kJ/kg
② 792.0kJ/kg
③ 2,605.7kJ/kg
④ 1,815.7kJ/kg

해설⊕

$h-s$ 선도에서 단열팽창(3 → 4) 과정이 터빈일이므로

$w_T = h_3 - h_4 = 2{,}799.5 - 2{,}007.5 = 792$kJ/kg

32 열역학 제2법칙에 관해서는 여러 가지 표현으로 나타낼 수 있는데, 다음 중 열역학 제2법칙과 관계되는 설명으로 볼 수 없는 것은?

① 열을 일로 변환하는 것은 불가능하다.
② 열효율이 100%인 열기관을 만들 수 없다.
③ 열은 저온 물체로부터 고온 물체로 자연적으로 전달되지 않는다.
④ 입력되는 일 없이 작동하는 냉동기를 만들 수 없다.

해설⊕

열을 일로 변환하는 것은 가능하지만 전체 열을 모두 일로 바꿀 수는 없다.

33 시간당 380,000kg의 물을 공급하여 수증기를 생산하는 보일러가 있다. 이 보일러에 공급하는 물의 엔탈피는 830kJ/kg이고, 생산되는 수증기의 엔탈피는 3,230kJ/kg이라고 할 때, 발열량이 32,000kJ/kg인 석탄을 시간당 34,000kg씩 보일러에 공급한다면 이 보일러의 효율은 약 몇 %인가?

① 66.9%
② 71.5%
③ 77.3%
④ 83.8%

해설⊕

$$\eta = \frac{\dot{Q}_B}{H_l\left(\dfrac{kJ}{kg}\right) \times f_b}$$

여기서, 보일러(정압가열)

$q_{c.v} + h_i = h_e + \cancelto{0}{w_{c.v}}$ (열교환기 일 못함)

$q_B = h_e - h_i > 0$

$\quad = 3{,}230 - 830 = 2{,}400$kJ/kg

$\dot{Q}_B = \dot{m}\, q_B = 380{,}000 \dfrac{kg}{h \times \left(\dfrac{3{,}600s}{1h}\right)} \times 2{,}400 \dfrac{kJ}{kg}$

$\quad = 253{,}333.33$kJ/s

$\therefore\ \eta = \dfrac{253{,}333.33}{32{,}000\dfrac{kJ}{kg} \times 34{,}000\dfrac{kg}{h \times \left(\dfrac{3{,}600s}{1h}\right)}}$

$\quad = 0.8382 = 83.82\%$

2019

34 그림과 같은 단열된 용기 안에 25℃의 물이 0.8m³ 들어 있다. 이 용기 안에 100℃, 50kg의 쇳덩어리를 넣은 후 열적 평형이 이루어졌을 때 최종 온도는 약 몇 ℃인가?(단, 물의 비열은 4.18kJ/(kg · K), 철의 비열은 0.45kJ/(kg · K)이다.)

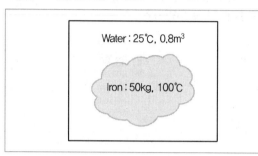

Water : 25℃, 0.8m³
Iron : 50kg, 100℃

① 25.5 ② 27.4 ③ 29.2 ④ 31.4

해설◉

$_1Q_2 = mC(T_2 - T_1)$, 열평형온도 : T_m

(−)쇠가 방출한 열량=(+)물이 흡수한 열량

$-m_i C_i (T_m - T_i) = m_w C_w (T_m - T_w)$

$m_i C_i (T_i - T_m) = m_w C_w (T_m - T_w)$

$\therefore T_m = \dfrac{m_i C_i T_i + m_w C_w T_w}{m_i C_i + m_w C_w}$

(여기서, 물의 질량 $m_w = \rho_w V_w$)

$= \dfrac{m_i C_i T_i + \rho_w V_w C_w T_w}{m_i C_i + \rho_w V_w C_w}$

$= \dfrac{50 \times 0.45 \times 100 + 1,000 \times 0.8 \times 4.18 \times 25}{50 \times 0.45 + 1,000 \times 0.8 \times 4.18}$

$= 25.5℃$

35 어느 내연기관에서 피스톤의 흡기과정으로 실린더 속에 0.2kg의 기체가 들어 왔다. 이것을 압축할 때 15kJ의 일이 필요하였고, 10kJ의 열을 방출하였다고 한다면, 이 기체 1kg당 내부에너지의 증가량은?

① 10kJ/kg ② 25kJ/kg
③ 35kJ/kg ④ 50kJ/kg

해설◉

$\delta q - \delta w = du$

여기서, 압축되므로 일 부호 (−)

열을 방출하므로 열 부호 (−)

$-_1 q_2 - (-)_1 w_2 = u_2 - u_1$

$\therefore \Delta u = _1 w_2 - _1 q_2 = \dfrac{15kJ}{0.2kg} - \dfrac{10kJ}{0.2kg} = 25kJ/kg$

36 압력 2MPa, 300℃의 공기 0.3kg이 폴리트로픽 과정으로 팽창하여, 압력이 0.5MPa로 변화하였다. 이때 공기가 한 일은 약 몇 kJ인가?(단, 공기는 기체상수가 0.287kJ/(kg · K)인 이상기체이고, 폴리트로픽 지수는 1.30이다.)

① 416 ② 157
③ 573 ④ 45

해설◉

$\delta W = PdV \ (PV^n = C \rightarrow P = CV^{-n})$

$_1 W_2 = \displaystyle\int_1^2 CV^{-n} dV$

$= \dfrac{C}{-n+1} \left[V^{-n+1} \right]_1^2$

$= \dfrac{C}{-n+1} \left(V_2^{-n+1} - V_1^{-n+1} \right)$

$C = P_1 V_1^n = P_2 V_2^n$을 적용하면

$_1 W_2 = \dfrac{1}{n-1} (P_1 V_1 - P_2 V_2)$

$= \dfrac{mR}{n-1} (T_1 - T_2)$

$= \dfrac{mRT_1}{n-1} \left(1 - \dfrac{T_2}{T_1} \right)$

$= \dfrac{mRT_1}{n-1} \left(1 - \left(\dfrac{P_2}{P_1} \right)^{\frac{n-1}{n}} \right)$

$= \dfrac{0.3 \times 0.287 \times 573}{1.3 - 1} \times \left(1 - \left(\dfrac{0.5}{2} \right)^{\frac{1.3-1}{1.3}} \right)$

$= 45.02kJ$

37 이상적인 오토 사이클에서 열효율을 55%로 하려면 압축비를 약 얼마로 하면 되겠는가?(단, 기체의 비열비는 1.4이다.)

① 5.9　　　　　　② 6.8
③ 7.4　　　　　　④ 8.5

해설⊕

$$\eta_0 = 1 - \left(\frac{1}{\varepsilon}\right)^{k-1}$$

$$0.55 = 1 - \left(\frac{1}{\varepsilon}\right)^{1.4-1}$$

$$\left(\frac{1}{\varepsilon}\right)^{0.4} = 1 - 0.55$$

$$\frac{1}{\varepsilon^{0.4}} = 0.45$$

$$\varepsilon^{0.4} = \frac{1}{0.45}$$

$$\therefore \ \varepsilon = \left(\frac{1}{0.45}\right)^{\frac{1}{0.4}} = 7.36$$

38 이상기체 1kg이 초기에 압력 2kPa, 부피 $0.1m^3$를 차지하고 있다. 가역등온과정에 따라 부피가 $0.3m^3$로 변화했을 때 기체가 한 일은 약 몇 J인가?

① 9,540　　　　　② 2,200
③ 954　　　　　　④ 220

해설⊕

$T = C$이므로 $PV = C$

$$\delta W = PdV \ \left(P = \frac{C}{V}\right)$$

$$_1W_2 = \int_1^2 \frac{C}{V} dV$$

$$= C \ln\frac{V_2}{V_1} \ (C = P_1 V_1 \ 적용)$$

$$= P_1 V_1 \ln\frac{V_2}{V_1}$$

$$= 2 \times 10^3 \times 0.1 \times \ln\left(\frac{0.3}{0.1}\right) = 219.72J$$

39 다음 중 기체상수(gas constant, R[kJ/(kg · K)]) 값이 가장 큰 기체는?

① 산소(O_2)　　　　② 수소(H_2)
③ 일산화탄소(CO)　④ 이산화탄소(CO_2)

해설⊕

기체상수 $R = \dfrac{\overline{R}(일반기체상수)}{M(분자량)}$

분자량이 가장 작은 수소(H_2)의 R 값이 가장 크다.

40 계의 엔트로피 변화에 대한 열역학적 관계식 중 옳은 것은?(단, T는 온도, S는 엔트로피, U는 내부에너지, V는 체적, P는 압력, H는 엔탈피를 나타낸다.)

① $TdS = dU - PdV$　② $TdS = dH - PdV$
③ $TdS = dU - VdP$　④ $TdS = dH - VdP$

해설⊕

$$dS = \frac{\delta Q}{T}$$

$$\delta Q = dH - VdP$$

3과목 ｜ **기계유체역학**

41 유속 3m/s로 흐르는 물속에 흐름방향의 직각으로 피토관을 세웠을 때, 유속에 의해 올라가는 수주의 높이는 약 몇 m인가?

① 0.46　　　　　　② 0.92
③ 4.6　　　　　　④ 9.2

해설⊕

$V = \sqrt{2g\Delta h}$ 에서

$$\Delta h = \frac{V^2}{2g} = \frac{3^2}{2 \times 9.8} = 0.46m$$

2019

정답 37 ③ 38 ④ 39 ② 40 ④ 41 ①

42 온도 27℃, 절대압력 380kPa인 기체가 6m/s로 지름 5cm인 매끈한 원관 속을 흐르고 있을 때 유동상태는?(단, 기체상수는 187.8N · m/(kg · K), 점성계수는 1.77×10^{-5}kg/(m · s), 상 · 하 임계 레이놀즈수는 각각 4,000, 2,100이라 한다.)

① 층류영역   ② 천이영역

③ 난류영역   ④ 퍼텐셜영역

해설 ⊕

$$Re = \frac{\rho \cdot V \cdot d}{\mu}$$

$$pv = RT \rightarrow \frac{p}{\rho} = RT \quad \therefore \ \rho = \frac{p}{RT}$$

$$Re = \frac{p \cdot V \cdot d}{\mu RT} = \frac{380 \times 10^3 \times 6 \times 0.05}{1.77 \times 10^{-5} \times 187.8 \times (27 + 273)}$$
$$= 11,4318.0 > 4,000$$

∴ 난류흐름

43 일정 간격의 두 평판 사이에 흐르는 완전 발달된 비압축성 정상유동에서 x는 유동방향, y는 평판 중심을 0으로 하여 x방향에 직교하는 방향의 좌표를 나타낼 때 압력강하와 마찰손실의 관계로 옳은 것은?(단, P는 압력, τ는 전단응력, μ는 점성계수(상수)이다.)

① $\dfrac{dP}{dy} = \mu \dfrac{d\tau}{dx}$ ② $\dfrac{dP}{dy} = \dfrac{d\tau}{dx}$

③ $\dfrac{dP}{dx} = \dfrac{d\tau}{dy}$ ④ $\dfrac{dP}{dx} = \dfrac{1}{\mu} \dfrac{d\tau}{dy}$

해설 ⊕

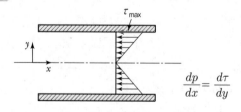

$$\frac{dp}{dx} = \frac{d\tau}{dy}$$

x의 유동방향으로 많이 흘러갈수록 압력강하량이 커지며, 중심에서 평판으로 갈수록 점성에 의한 전단응력이 커진다.

44 2m×2m×2m의 정육면체로 된 탱크 안에 비중이 0.8인 기름이 가득 차 있고, 위 뚜껑이 없을 때 탱크의 한 옆면에 작용하는 전체 압력에 의한 힘은 약 몇 kN인가?

① 7.6   ② 15.7   ③ 31.4   ④ 62.8

해설 ⊕

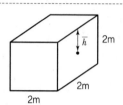

전압력 $F = \gamma \overline{h} \cdot A$ (여기서, $\overline{h} = 1$m)
$$= S \cdot \gamma_w \cdot \overline{h} \cdot A$$
$$= 0.8 \times 9,800 \times 1 \times 2 \times 2$$
$$= 31,360\text{N} = 31.36\text{kN}$$

45 그림과 같은 원형관에 비압축성 유체가 흐를 때 A단면의 평균속도가 V_1일 때 B단면에서의 평균속도 V는?

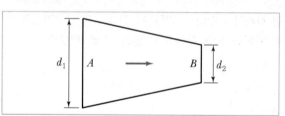

① $V = \left(\dfrac{d_1}{d_2}\right)^2 V_1$ ② $V = \dfrac{d_1}{d_2} V_1$

③ $V = \left(\dfrac{d_2}{d_1}\right)^2 V_1$ ④ $V = \dfrac{d_2}{d_1} V_1$

해설 ⊕

비압축성 유체의 연속방정식 $Q = A_1 V_1 = A_2 V_2$에서

$$V_2 = \frac{A_1}{A_2} V_1 = \frac{\frac{\pi}{4} d_1^{\ 2}}{\frac{\pi}{4} d_2^{\ 2}} V_1 = \left(\frac{d_1}{d_2}\right)^2 V_1$$

정답   42 ③   43 ③   44 ③   45 ①

46 그림과 같이 유속 10m/s인 물 분류에 대하여 평판을 3m/s의 속도로 접근하기 위하여 필요한 힘은 약 몇 N인가?(단, 분류의 단면적은 0.01m²이다.)

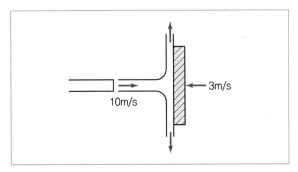

① 130
② 490
③ 1,350
④ 1,690

해설⊕

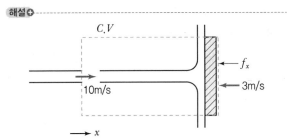

검사면에 작용하는 힘들의 합은 검사체적 안의 운동량($\dot{m}V$) 변화량과 같다.

$$-f_x = \rho Q(V_{2x} - V_{1x})$$

여기서, $V_{2x} = 0$
$\quad V_{1x} = (V_1 - (-3))$m/s (평판이 움직이는 방향(−))
$\quad Q =$ 실제 평판에 부딪히는 유량
$\quad\quad = AV_{1x} = A(V_1 + 3)$

$$-f_x = \rho Q(0 - (V_1 + 3))$$

$$\therefore f_x = \rho Q(V_1 + 3)$$
$$= \rho A(V_1 + 3)^2$$
$$= 1,000 \times 0.01 \times (10 + 3)^2$$
$$= 1,690\text{N}$$

47 정상, 2차원, 비압축성 유동장의 속도성분이 아래와 같이 주어질 때 가장 간단한 유동함수(ψ)의 형태는?(단, u는 x방향, v는 y방향의 속도성분이다.)

$$u = 2y, \ v = 4x$$

① $\psi = -2x^2 + y^2$
② $\psi = -x^2 + y^2$
③ $\psi = -x^2 + 2y^2$
④ $\psi = -4x^2 + 4y^2$

해설⊕

유동함수 ψ에서

$$u = \frac{\partial \psi}{\partial y}, \ v = -\frac{\partial \psi}{\partial x} \text{이므로}$$

① $u = \dfrac{\partial \psi}{\partial y} = \dfrac{\partial(-2x^2 + y^2)}{\partial y} = 2y$

$\quad v = -\dfrac{\partial \psi}{\partial x} = -\dfrac{\partial(-2x^2 + y^2)}{\partial x} = 4x$

참고로

② $u = \dfrac{\partial \psi}{\partial y} = \dfrac{\partial(-x^2 + y^2)}{\partial y} = 2y$

$\quad v = -\dfrac{\partial \psi}{\partial x} = -\dfrac{\partial(-x^2 + y^2)}{\partial x} = 2x$

48 중력은 무시할 수 있으나 관성력과 점성력 및 표면장력이 중요한 역할을 하는 미세구조물 중 마이크로채널 내부의 유동을 해석하는 데 중요한 역할을 하는 무차원수만으로 짝지어진 것은?

① Reynolds 수, Froude 수
② Reynolds 수, Mach 수
③ Reynolds 수, Weber 수
④ Reynolds 수, Cauchy 수

해설⊕

레이놀즈수 $Re = \dfrac{\rho \cdot Vd}{\mu}$ → 관성력
→ 점성력

표면장력이 중요한 무차원수는 웨버 수

$$We = \frac{\rho V^2 \cdot L}{\sigma} \ \begin{matrix} \rightarrow \text{관성력} \\ \rightarrow \text{표면장력} \end{matrix}$$

2019

49 다음과 같은 베르누이 방정식을 적용하기 위해 필요한 가정과 관계가 먼 것은?(단, 식에서 P는 압력, ρ는 밀도, V는 유속, γ는 비중량, Z는 유체의 높이를 나타낸다.)

$$P_1 + \frac{1}{2}\rho V_1^2 + \gamma Z_1 = P_2 + \frac{1}{2}\rho V_2^2 + \gamma Z_2$$

① 정상 유동　　　　② 압축성 유체
③ 비점성 유체　　　④ 동일한 유선

해설 ⊕

주어진 식의 양변을 γ로 나누면

$\dfrac{p_1}{\gamma} + \dfrac{V_1^2}{2g} + z_1 = \dfrac{p_2}{\gamma} + \dfrac{V_2^2}{2g} + z_2$ 이므로

비압축성, 비점성, 정상유동의 베르누이 방정식

오일러 운동방정식 → 적분식

(유선상의 유체 입자에 $F = ma$를 적용한 오일러 운동방정식)

50 물을 사용하는 원심 펌프의 설계점에서의 전양정이 30m이고 유량은 1.2m³/min이다. 이 펌프를 설계점에서 운전할 때 필요한 축동력이 7.35kW라면 이 펌프의 효율은 약 얼마인가?

① 75%　　　　　　② 80%
③ 85%　　　　　　④ 90%

해설 ⊕

$H_{th} = \gamma H Q$

$Q = 1.2\,\dfrac{\text{m}^3}{\text{min}} \times \dfrac{1\,\text{min}}{60\,\text{s}} = 0.02\,\text{m}^3/\text{s}$

$\therefore\ H_{th} = 9,800 \times 30 \times 0.02 = 5,880\,\text{W} = 5.88\,\text{kW}$

$\eta_p = \dfrac{\text{이론동력}}{\text{축동력(운전동력, 실제동력)}}$

$= \dfrac{H_{th}}{H_s} = \dfrac{5.88}{7.35} = 0.8 = 80\%$

51 골프공 표면의 딤플(dimple, 표면 굴곡)이 항력에 미치는 영향에 대한 설명으로 잘못된 것은?

① 딤플은 경계층의 박리를 지연시킨다.
② 딤플이 층류경계층을 난류경계층으로 천이시키는 역할을 한다.
③ 딤플이 골프공의 전체적인 항력을 감소시킨다.
④ 딤플은 압력저항보다 점성저항을 줄이는 데 효과적이다.

해설 ⊕

골프공이 날아갈 때 공 표면의 딤플은 대부분 압력항력을 줄여 골프공이 더 멀리 날아갈 수 있게 해준다.

52 점성계수가 0.3N · s/m²이고, 비중이 0.9인 뉴턴유체가 지름 30mm인 파이프를 통해 3m/s의 속도로 흐를 때 Reynolds 수는?

① 24.3　　② 270　　③ 2,700　　④ 26,460

해설 ⊕

$Re = \dfrac{\rho \cdot Vd}{\mu}$

$= \dfrac{S \cdot \rho_w \cdot V \cdot d}{\mu}$

$= \dfrac{0.9 \times 1,000 \times 3 \times 0.03}{0.3} = 270$

53 비중 0.85인 기름의 자유표면으로부터 10m 아래에서의 계기압력은 약 몇 kPa인가?

① 83　　② 830　　③ 98　　④ 980

해설 ⊕

$P = \gamma \cdot h$

$= S \cdot \gamma_w \cdot h$

$= 0.85 \times 9,800 \times 10$

$= 83,300\,\text{Pa} = 83.3\,\text{kPa}$

54 2차원 유동장이 $\vec{V}(x,y) = cx\vec{i} - cy\vec{j}$ 로 주어질 때, 가속도장 $\vec{a}(x,y)$는 어떻게 표시되는가?(단, 유동장에서 c는 상수를 나타낸다.)

① $\vec{a}(x,\ y) = cx^2\vec{i} - cy^2\vec{j}$

② $\vec{a}(x,\ y) = cx^2\vec{i} + cy^2\vec{j}$

③ $\vec{a}(x,\ y) = c^2x\vec{i} - c^2y\vec{j}$

④ $\vec{a}(x,\ y) = c^2x\vec{i} + c^2y\vec{j}$

해설⊕

가속도 $\vec{a} = \dfrac{D\vec{V}}{Dt} = u \cdot \dfrac{\partial \vec{V}}{\partial x} + v \cdot \dfrac{\partial \vec{V}}{\partial y}$

$\qquad = cx \cdot c + (-cy)(-c)$

$\qquad = c^2 \cdot x + c^2 y$

$\therefore \vec{a}(x,\ y) = c^2x\vec{i} + c^2y\vec{j}$

55 물(비중량 $9,800\text{N/m}^3$) 위를 3m/s의 속도로 항진하는 길이 2m인 모형선에 작용하는 조파저항이 54N이다. 길이 50m인 실선을 이것과 상사한 조파상태인 해상에서 항진시킬 때 조파저항은 약 얼마인가?(단, 해수의 비중량은 $10,075\text{N/m}^3$이다.)

① 43kN ② 433kN

③ 87kN ④ 867kN

해설⊕

조파저항은 수면의 표면파로 중력에 의해 발생한다.

ⅰ) 모형과 실형의 프루드수가 같아야 한다.(레이놀즈수도 같아야 한다.)

$\dfrac{V}{\sqrt{Lg}}\bigg|_m = \dfrac{V}{\sqrt{Lg}}\bigg|_p$

$\dfrac{V_m}{\sqrt{L_m}} = \dfrac{V_p}{\sqrt{L_p}}$ $(\because g_m = g_p)$

$\therefore V_p = \sqrt{\dfrac{L_p}{L_m}} \times V_m = \sqrt{\dfrac{50}{2}} \times 3 = 15\text{m/s}$

ⅱ) 모형과 실형의 항력계수가 같아야 한다.

항력 $D = C_D \cdot \dfrac{\rho A V^2}{2}$ 에서

$C_D = \dfrac{2D}{\rho V^2 \cdot A}$ ($\leftarrow$ $A = L^2$ 적용, 상수 제거)

$\dfrac{D}{\rho V^2 \cdot L^2}\bigg|_m = \dfrac{D}{\rho V^2 L^2}\bigg|_p$

$\therefore D_p = \dfrac{\rho_p \times V_p^2 \times L_p^2}{\rho_m \times V_m^2 \times L_m^2} \times D_m$

$\qquad = \dfrac{1,028 \times 15^2 \times 50^2}{1,000 \times 3^2 \times 2^2} \times 54$

$\qquad = 867,375\text{N} = 867.38\text{kN}$

56 동점성계수가 10cm^2/s이고 비중이 1.2인 유체의 점성계수는 몇 Pa · s인가?

① 0.12 ② 0.24

③ 1.2 ④ 2.4

해설⊕

동점성계수 $\nu = 10 \dfrac{\text{cm}^2}{\text{s}} \times \left(\dfrac{1\text{m}}{100\text{cm}}\right)^2 = 10^{-3}\text{m}^2/\text{s}$

$\nu = \dfrac{\mu}{\rho} \rightarrow \mu = \rho \cdot \nu = S \cdot \rho_w \cdot \nu$

$\qquad = 1.2 \times 1,000 \dfrac{\text{kg}}{\text{m}^3} \times 10^{-3}\text{m}^2/\text{s}$

$\qquad = 1.2\text{kg/m} \cdot \text{s}$

$\qquad = 1.2 \dfrac{\text{kg}}{\text{m} \cdot \text{s}} \times \dfrac{1\text{N} \cdot \text{s}^2}{\text{kg} \cdot \text{m}}$

$\qquad = 1.2 \dfrac{\text{N} \cdot \text{s}}{\text{m}^2} = 1.2\text{Pa} \cdot \text{s}$

57 어떤 액체의 밀도는 890kg/m^3, 체적탄성계수는 2,200MPa이다. 이 액체 속에서 전파되는 소리의 속도는 약 몇 m/s인가?

① 1,572 ② 1,483

③ 981 ④ 345

음속 $C = \sqrt{\dfrac{K}{\rho}} = \sqrt{\dfrac{2,200 \times 10^6}{890}} = 1,572.23 \, \text{m/s}$

58 펌프로 물을 양수할 때 흡입 측에서의 압력이 진공 압력계로 75mmHg(부압)이다. 이 압력은 절대압력으로 약 몇 kPa인가?(단, 수은의 비중은 13.60이고, 대기압은 760mmHg이다.)

① 91.3   ② 10.4

③ 84.5   ④ 23.6

해설⊕

절대압 = 국소대기압 − 진공압

$\qquad = 국소대기압 \left(1 - \dfrac{진공압}{국소대기압}\right)$

$P_{abs} = 760 \left(1 - \dfrac{75}{760}\right)$

$\qquad = 685 \text{mmHg} \times \dfrac{1.01325 \text{bar}}{760 \text{mmHg}} \times \dfrac{10^5 \text{Pa}}{1 \text{bar}}$

$\qquad = 91,325 \text{Pa} = 91.33 \text{kPa}$

59 평판 위를 어떤 유체가 층류로 흐를 때, 선단으로부터 10cm 지점에서 경계층두께가 1mm일 때, 20cm 지점에서의 경계층두께는 얼마인가?

① 1mm ② $\sqrt{2} \, \text{mm}$

③ $\sqrt{3} \, \text{mm}$ ④ 2mm

해설⊕

$\dfrac{\delta}{x} = \dfrac{5.48}{\sqrt{Re_x}}$

경계층 두께 $\delta = \dfrac{5.48}{\sqrt{Re_x}} \cdot x$

$\qquad\qquad = \dfrac{5.48}{\sqrt{\dfrac{\rho \cdot Vx}{\mu}}} x = \dfrac{5.48}{\sqrt{\dfrac{\rho \cdot V}{\mu}}} x^{\frac{1}{2}}$

δ는 $x^{\frac{1}{2}}$에 비례하므로 $\sqrt{10} : 1 = \sqrt{20} : \delta$

$\therefore \ \delta = \sqrt{2} \, \text{mm}$

60 원관에서 난류로 흐르는 어떤 유체의 속도가 2배로 변하였을 때, 마찰계수가 변경 전 마찰계수의 $\dfrac{1}{\sqrt{2}}$로 줄었다. 이때 압력손실은 몇 배로 변하는가?

① $\sqrt{2}$ 배   ② $2\sqrt{2}$ 배

③ 2배   ④ 4배

해설⊕

달시−비스바하 방정식에서 손실수두 $h_l = f \cdot \dfrac{L}{d} \cdot \dfrac{V^2}{2g}$

처음 압력손실 $\Delta P_1 = \gamma \cdot h_l = \gamma \cdot f \cdot \dfrac{L}{d} \cdot \dfrac{V^2}{2g}$

변화 후 압력손실 $\Delta P_2 = \gamma \cdot \dfrac{f}{\sqrt{2}} \cdot \dfrac{L}{d} \cdot \dfrac{(2V)^2}{2g}$

$\qquad\qquad\qquad = \dfrac{4}{\sqrt{2}} \gamma \cdot f \cdot \dfrac{L}{d} \cdot \dfrac{V^2}{2g}$

$\qquad\qquad\qquad = 2^{\frac{3}{2}} \Delta P_1 = 2\sqrt{2} \, \Delta P_1$

4과목 **기계재료 및 유압기기**

61 아름답고 매끈한 플라스틱 제품을 생산하기 위해 금형재료에 요구되는 특성이 아닌 것은?

① 결정입도가 클 것

② 편석 등이 적을 것

③ 핀홀 및 흠이 없을 것

④ 비금속 개재물이 적을 것

---

62 경도시험에서 압입체의 다이아몬드 원추각이 120°이며, 기준하중이 10kgf인 시험법은?

① 쇼어 경도시험
② 브리넬 경도시험
③ 비커스 경도시험
④ 로크웰 경도시험

해설⊕

로크웰 경도시험

㉠ 시험방법
  • 압입자에 미리 10kgf의 초하중(기준하중)을 걸어주어 시편에 접촉시켜 표면상에 존재할지도 모를 결함에 의한 영향을 없앤다.
  • 압입자에 시험하중을 더 걸어주어 압입자국이 더 깊어지게 한다.
    주하중(W)=10kgf+140kgf(시험하중)=150kgf
  • 시험하중을 제거하면 초하중과 주하중에 의한 압입자국 길이의 차가 생긴다.
  • 압입 깊이의 차이가 자동적으로 다이알 게이지에 나타나 금속의 경도값을 표시한다.
㉡ 여러 하중 조건에 따라 각기 다른 종류의 압입자가 사용되므로 넓은 범위의 경도값을 정확하게 측정할 수 있다.
㉢ 이 시험법은 브리넬 경도 시험법보다 압입자국을 적게 내므로 더 얇은 시편을 측정할 수 있다.

63 Al 합금 중 개량처리를 통해 Si의 조대한 육각 판상을 미세화시킨 합금의 명칭은?

① 라우탈
② 실루민
③ 먼츠메탈
④ 두랄루민

해설⊕

실루민(sillumin, 알펙스라고도 함) : AC3A
• Al-Si계 합금의 공정조직으로 주조성은 좋으나 절삭성은 좋지 않고 약하다.
• 개량처리 : 실루민은 모래형을 사용하여 주조할 때 냉각속도가 느리면 Si의 결정이 크게 발달하여 기계적 성질이 좋지 않게 된다. 이에 대한 대책으로 주조할 때 0.05~0.1%의 금속나트륨을 첨가하고 잘 교반하여 주입하면 Si가 미세한 공정으로 되어 기계적 성질이 개선되는데, 이와 같은 것을

개량처리라 하고 Na으로 처리한 것을 개량합금이라 한다.
• 개량처리 효과를 얻기 위한 방법 : 금속나트륨(Na), 플루오르화나트륨(NaF), 수산화나트륨(NaOH), 알칼리염류 등을 첨가한다.

64 S곡선에 영향을 주는 요소들을 설명한 것 중 틀린 것은?

① Ti, Al 등이 강재에 많이 함유될수록 S곡선은 좌측으로 이동된다.
② 강중에 첨가원소로 인하여 편석이 존재하면 S곡선의 위치도 변화한다.
③ 강재가 오스테나이트 상태에서 가열온도가 상당히 높으면 높을수록 오스테나이트 결정립은 미세해지고, S곡선의 코(nose) 부근도 왼쪽으로 이동한다.
④ 강이 오스테나이트 상태에서 외부로부터 응력을 받으면 응력이 커지게 되어 변태 시간이 짧아져 S곡선의 변태 개시선은 좌측으로 이동한다.

해설⊕

강재가 오스테나이트 상태에서 가열온도가 상당히 높으면 오스테나이트 결정립은 조대해지고, S곡선의 코(nose) 부근도 오른쪽으로 이동한다.

65 구상흑연주철에서 나타나는 페딩(Fading) 현상이란?

① Ce, Mg 첨가에 의해 구상흑연화를 촉진하는 것
② 구상화처리 후 용탕상태로 방치하면 흑연구상화 효과가 소멸하는 것
③ 코크스 비를 낮추어 고온 용해하므로 용탕에 산소 및 황의 성분이 낮게 되는 것
④ 두께가 두꺼운 주물이 흑연 구상화 처리 후에도 냉각속도가 늦어 편상 흑연조직으로 되는 것

해설 ⊕

페딩(fading) 현상

흑연 구상화 처리 후 용탕상태로 방치하면 흑연 구상화 효과가 소멸되는 현상을 말한다.

66 Fe – C 평형 상태도에서 γ 고용체가 시멘타이트를 석출 개시하는 온도선은?

① A_{cm}선   ② A_3선   ③ 공석선   ④ A_2선

67 다음 금속 중 재결정 온도가 가장 높은 것은?

① Zn   ② Sn   ③ Fe   ④ Pb

해설 ⊕

재결정 온도

$W(1,200℃) > Mo(900℃) > Ni(600℃) > Fe(450℃)$, $Pt(450℃) > Au(200℃)$, $Cu(200℃)$, $Ag(200℃) > Al(150℃)$, $Mg(150℃) > Cd(50℃) > Zn(10℃) > Sn(-4℃)$, $Pb(-4℃)$

68 순철의 변태에 대한 설명 중 틀린 것은?

① 동소변태점은 A_3점과 A_4점이 있다.
② Fe의 자기변태점은 약 768℃ 정도이며, 큐리(curie)점이라고도 한다.
③ 동소변태는 결정격자가 변화하는 변태를 말한다.
④ 자기변태는 일정온도에서 급격히 비연속적으로 일어난다.

해설 ⊕

순철의 변태

- 순철에는 α철, γ철, δ철의 3개의 동소체가 있으며, 910℃ 이하에서는 α철로 체심입방격자(BCC), 910~1,400℃에서는 γ철로 면심입방격자(FCC), 1,400℃ 이상에서는 δ철로 체심입방격자(BCC) 구조를 갖는다.

- 자기변태 : 순철은 강자성체이나 가열하면 점점 자성이 약해져서 768℃ 부근에서는 급격히 상자성체로 되는데 이러한 변태를 자기변태(A_2 : 768℃)라 한다. 원자배열의 변화가 없으므로 가열, 냉각 시 온도변화가 없다.

- 동소변태 : 순철은 고체범위에서 온도를 가열 또는 냉각함에 따라 격자 변화가 일어나는데 이를 동소변태(A_3 : 910℃, A_4 : 1,400℃)라 한다. 원자배열의 변화가 생기므로 상당한 시간을 요한다. A_3 변태점을 상승시키고 A_4 변태점을 강하시키는 원소는 Cr, Mo, W, V 등이 있다.

- 변태점 : 변태가 일어나는 온도를 말한다.

※ 순철에는 A_1 변태점이 없다. A_1 변태점은 강에만 있다.

69 심랭(sub-zero)처리의 목적을 설명한 것 중 옳은 것은?

① 자경강에 인성을 부여하기 위한 방법이다.
② 급열 · 급랭 시 온도 이력현상을 관찰하기 위한 것이다.
③ 항온 담금질하여 베이나이트 조직을 얻기 위한 방법이다.
④ 담금질 후 변형을 방지하기 위해 잔류 오스테나이트를 마텐자이트 조직으로 얻기 위한 방법이다.

해설 ⊕

심랭(sub-zero)처리

상온으로 담금질된 강을 다시 0℃ 이하의 온도로 냉각하는 열처리

- 목적 : 잔류 오스테나이트를 마텐자이트로 변태시키기 위한 열처리

- 효과 : 담금질 균열 방지, 치수변화 방지, 경도 향상(예 게이지강)

70 Mg-Al계 합금에 소량의 Zn과 Mn을 넣은 합금은?

① 일렉트론(electron) 합금
② 스텔라이트(stellite) 합금

정답   66 ①   67 ③   68 ④   69 ④   70 ①

③ 알클래드(alclad) 합금

④ 자마크(zamak) 합금

해설⊕

일렉트론 합금

• Mg-Al-Zn계 합금

• 일반용 주물합금으로 강도와 인성이 높다.

• T6 열처리를 하면 최고의 강도를 나타낸다.

71 저압력을 어떤 정해진 높은 출력으로 증폭하는 회로의 명칭은?

① 부스터 회로

② 플립플롭 회로

③ 온오프제어 회로

④ 레지스터 회로

해설⊕

유압 부스터

저압대용량의 동력을 고압소용량의 동력으로 전환시키는 유압기기

72 점성계수(coefficient of viscosity)는 기름의 중요 성질이다. 점도가 너무 낮을 경우 유압기기에 나타나는 현상은?

① 유동저항이 지나치게 커진다.

② 마찰에 의한 동력손실이 증대된다.

③ 각 부품 사이에서 누출 손실이 커진다.

④ 밸브나 파이프를 통과할 때 압력손실이 커진다.

해설⊕

점도가 너무 낮을 경우 유압기기에 나타나는 현상

• 실(seal) 효과 감소(작동유 누설)

• 펌프 효율 저하에 따른 온도 상승(누설에 따른 원인)

• 마찰부분의 마모 증대(부품 간의 유막형성의 저하에 따른 원인)

• 정밀한 조절과 제어 곤란

73 베인 펌프의 일반적인 구성 요소가 아닌 것은?

① 캠링   ② 베인   ③ 로터   ④ 모터

해설⊕

베인 펌프 내부구조

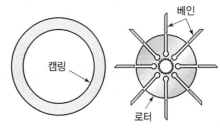

74 지름이 2cm인 관 속을 흐르는 물의 속도가 1m/s 이면 유량은 약 몇 cm³/s인가?

① 3.14   ② 31.4   ③ 314   ④ 3,140

해설⊕

$$Q = AV = \frac{2^2 \times \pi}{4} \times 100 \fallingdotseq 314 \, \mathrm{cm^3/sec}$$

75 감압 밸브, 체크 밸브, 릴리프 밸브 등에서 밸브 시트를 두들려 비교적 높은 음을 내는 일종의 자려진동 현상은?

① 유격 현상

② 채터링 현상

③ 폐입 현상

④ 캐비테이션 현상

해설⊕

① 유격 현상 : 방향전환 밸브 등의 조작으로 순간적으로 막히게 되면 압력상승이 급격하게 발생하여 작동유의 운동에너지가 압력에너지로 변환되기 때문에 발생하는 현상

② 채터링 현상 : 밸브시트를 두들겨서 비교적 높은 음을 발생시키는 일종의 자려진동 현상

③ 폐입 현상 : 기어펌프에서 한 쌍의 기어가 맞물려 회전할 때 이가 물리기 시작하여 끝날 때까지 둘러싸인 공간이 흡입구와 토출구에 통하지 않아 폐입된 유체의 압력이 밀

폐용적의 변화에 의하여 압축과 팽창이 반복되는 현상

④ 캐비테이션 현상 : 유동하고 있는 액체의 압력이 국부적으로 저하되어, 포화증기압 또는 공기분리압에 도달하여 증기를 발생시키거나 용해 공기 등이 분리되어 기포를 일으키는 현상으로 이것들이 흐르면서 터지게 되면 국부적으로 초고압이 생겨 소음 등을 발생시키는 경우가 많다.

76 한쪽 방향으로 흐름은 자유로우나 역방향의 흐름을 허용하지 않는 밸브는?

① 체크 밸브
② 셔틀 밸브
③ 스로틀 밸브
④ 릴리프 밸브

해설 ⊕

① 체크 밸브 : 한 방향의 유동을 허용하나 역방향의 유동은 완전히 막는 역할을 하는 밸브이다.
② 셔틀 밸브 : 고압 측과 자동적으로 접속되고, 동시에 저압 측 포트를 막아 항상 고압 측의 작동유만 통과시키는 전환밸브이다.
③ 스로틀 밸브 : 교축(졸임) 작용에 의하여 유량을 규제하는 밸브로, 보통 압력 보상이 없는 것을 말한다.
④ 릴리프 밸브 : 과도한 압력으로부터 시스템을 보호하는 안전밸브이다.

77 유압 파워유닛의 펌프에서 이상 소음 발생의 원인이 아닌 것은?

① 흡입관의 막힘
② 유압유에 공기 혼입
③ 스트레이너가 너무 큼
④ 펌프의 회전이 너무 빠름

해설 ⊕

펌프의 소음발생 원인
• 공동현상
• 흡입관로 도중의 공기흡입
• 폐입현상

• 기어의 정도 불량
• 토출압력의 맥동
• 오일의 점도가 높은 경우
• 오일필터 및 스트레이너가 막혀 있을 때
• 펌프의 부품 결함 또는 조립 불량

78 다음 중 유량제어밸브에 의한 속도제어회로를 나타낸 것이 아닌 것은?

① 미터인 회로
② 블리드오프 회로
③ 미터아웃 회로
④ 카운터 회로

해설 ⊕

실린더에 공급되는 유량을 조절하여 실린더의 속도를 제어하는 회로
• 미터인 방식 : 실린더의 입구 쪽 관로에서 유량조절밸브를 연결하여 작동속도를 조절하는 방식
• 미터아웃 방식 : 실린더의 출구 쪽 관로에서 유량조절밸브를 연결하여 작동속도를 조절하는 방식
• 블리드오프 방식 : 실린더로 흐르는 유량의 일부를 탱크로 분기함으로써 작동 속도를 조절하는 방식

79 유공압 실린더의 미끄러짐 면의 운동이 간헐적으로 되는 현상은?

① 모노 피딩(Mono-feeding)
② 스틱 슬립(Stick-slip)
③ 컷 인 다운(Cut in-down)
④ 듀얼 액팅(Dual acting)

해설 ⊕

스틱 슬립(Stick-slip)
이송 시 정지(Stick)-미끄럼(Slip)-정지(Stick)-미끄럼(Slip)이 반복적으로 발생하는 것으로 기계가 덜덜 거리며 움직이는 현상

정답 76 ① 77 ③ 78 ④ 79 ②

80 유체를 에너지원 등으로 사용하기 위하여 가압 상태로 저장하는 용기는?

① 디퓨저   ② 액추에이터

③ 스로틀   ④ 어큐뮬레이터

해설⊕

축압기(accumulator)

고압의 유압유를 저장하는 용기로 필요에 따라 유압 시스템에 유압유를 공급하거나, 회로 내의 밸브를 갑자기 폐쇄할 때 발생되는 서지압력을 방지할 목적으로 사용

5과목   **기계제작법 및 기계동력학**

81 반지름이 r인 균일한 원판의 중심에 200N의 힘이 수평방향으로 가해진다. 원판의 미끄러짐을 방지하는 데 필요한 최소 마찰력(F)은?

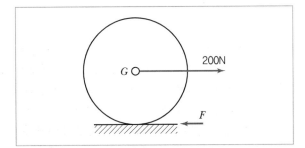

① 200N   ② 100N

③ 66.67N   ④ 33.33N

해설⊕

i) 원판과 바닥접촉점 0의 모멘트 대수합은

$\sum M_0 = J_0 \cdot \alpha$

여기서, $J_0 = \left(J_G + m(r)^2 \right)$

$\quad\quad = \dfrac{mr^2}{2} + mr^2 = \dfrac{3}{2}mr^2$

$200r = \dfrac{3}{2}mr^2\alpha$

$\therefore \ \alpha = \dfrac{2 \times 200}{3mr} = \dfrac{400}{3mr} \ \cdots$ ⓐ

ii) $\rightarrow t$방향, 마찰력 $F = F_f$

$\quad \sum F_t = ma_t$ (여기서, $a_t = r\alpha$)

$\quad 200 - F_f = mr\alpha$

$\quad \therefore \ F_f = 200 - mr\alpha$ (← ⓐ 대입)

$\quad\quad = 200 - mr \cdot \dfrac{400}{3mr}$

$\quad\quad = 200 - \dfrac{400}{3}$

$\quad\quad = 66.67\text{N}$

---

82 그림은 스프링과 감쇠기로 지지된 기관(engine, 총 질량 m)이며, m_1은 크랭크 기구의 불평형 회전질량으로 회전 중심으로부터 r만큼 떨어져 있고, 회전주파수는 ω이다. 이 기관의 운동방정식을 $m\ddot{x} + c\dot{x} + kx = F(t)$라고 할 때 $F(t)$로 옳은 것은?

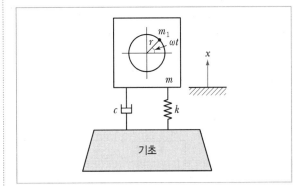

① $F(t) = \dfrac{1}{2}m_1 r\omega^2 \sin\omega t$ ② $F(t) = \dfrac{1}{2}m_1 r\omega^2 \cos\omega t$

③ $F(t) = m_1 r\omega^2 \sin\omega t$ ④ $F(t) = m_1 r\omega^2 \cos\omega t$

해설⊕

운동방정식

$m\ddot{x} + c\dot{x} + kx = F(t)$

$F(t)$: 외력에 의한 가진력(m_1에 의해 발생)

질량 m_1이 운동하는 x방향 성분은

$$x_1 = r\sin\omega t$$
$$\dot{x}_1 = \omega r\cos\omega t$$
$$\ddot{x}_1 = -\omega^2 r\sin\omega t$$
$$\therefore \ F(t) = m_1\ddot{x}_1 = m_1\omega^2 r\sin\omega t$$

83 길이가 1m이고 질량이 3kg인 가느다란 막대에서 막대 중심축과 수직이면서 질량 중심을 지나는 축에 대한 질량 관성모멘트는 몇 $kg \cdot m^2$인가?

① 0.20   ② 0.25
③ 0.30   ④ 0.40

해설⊕

$$J_G = \frac{ml^2}{12} = \frac{3 \times 1^2}{12} = 0.25 \text{kg} \cdot \text{m}^2$$

84 아이스하키 선수가 친 퍽이 얼음 바닥 위에서 30m를 가서 정지하였는데, 그 시간이 9초가 걸렸다. 퍽과 얼음 사이의 마찰계수는 얼마인가?

① 0.046   ② 0.056
③ 0.066   ④ 0.076

해설⊕

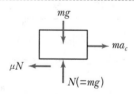

i) 가속도 a는 a_c로 일정

$$x(t) = x_0 + V_0 t + \frac{1}{2}a_c t^2 \ (\text{여기서}, \ x_0 = 0, \ V_0 = 0)$$

$x(9) = 30\text{m}$이므로

$$30 = \frac{1}{2}a_c \cdot 9^2$$

$$\therefore \ a_c = \frac{2 \times 30}{9^2} = 0.74 \text{m/s}^2$$

ii) 퍽에 행해진 일($F \cdot r$) = 퍽과 얼음 사이의 마찰일(μNr)

$$m a_c r = \mu Nr = \mu mgr$$

$$\therefore \ \mu = \frac{a_c}{g} = \frac{0.74}{9.8} = 0.076$$

85 전동기를 이용하여 무게 9,800N의 물체를 속도 0.3m/s로 끌어올리려 한다. 장치의 기계적 효율을 80%로 하면 최소 몇 kW의 동력이 필요한가?

① 3.2   ② 3.7
③ 4.9   ④ 6.2

해설⊕

이론동력 $H_{th} = F \cdot V$와 $\eta = \dfrac{H_{th}(\text{이론동력})}{H_s(\text{축동력})}$에서

$$H_s = \frac{H_{th}}{\eta} = \frac{F \cdot V}{\eta} = \frac{9,800 \times 0.3}{0.8}$$
$$= 3,675\text{W} = 3.68\text{kW}$$

86 무게 20N인 물체가 2개의 용수철에 의하여 그림과 같이 놓여 있다. 한 용수철은 1cm 늘어나는 데 1.7N이 필요하며 다른 용수철은 1cm 늘어나는 데 1.3N이 필요하다. 변위 진폭이 1.25cm가 되려면 정적평형 위치에 있는 물체는 약 얼마의 초기속도(cm/s)를 주어야 하는가?(단, 이 물체는 수직운동만 한다고 가정한다.)

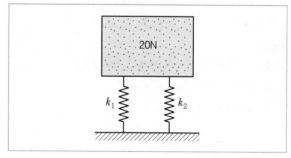

① 11.5   ② 18.1
③ 12.4   ④ 15.2

해설 ⊕

변위진폭 $X = 1.25\text{cm}$

수직변위 $x(t) = X sin \omega_n t$를 미분하면

속도 $V(t) = \dot{x}(t) = X \omega_n \cos \omega_n t$

$t = 0$에서 초기속도 $V_0 = X \omega_n \cos 0° = X \omega_n$

$\therefore V_0 = X \omega_n = X \cdot 2\pi f \cdots$ ⓐ

2개의 스프링의 병렬조합에서 등가 스프링 상수 k_e를 구하면

$W = W_1 + W_2$

$k_e \delta = k_1 \delta_1 + k_2 \delta_2$ (여기서, $\delta = \delta_1 = \delta_2$)

$\therefore k_e = k_1 + k_2 = 170 + 130 = 300\text{N/m}$

　여기서, $k_1 = 1.7\text{N/cm} = 170\text{N/m}$

　　　　 $k_2 = 1.3\text{N/cm} = 130\text{N/m}$

고유진동수 $f = \dfrac{\omega_n}{2\pi} = \dfrac{1}{2\pi}\sqrt{\dfrac{k_e}{m}} = \dfrac{1}{2\pi}\sqrt{\dfrac{k_e g}{W}}$

$\qquad = \dfrac{1}{2\pi}\sqrt{\dfrac{300 \times 9.8}{20}} = 1.93\text{Hz} \cdots$ ⓑ

ⓑ를 ⓐ에 대입하면

초기속도 $V_0 = X \cdot 2\pi f$

$\qquad = 1.25 \times 2 \times \pi \times 1.93 = 15.39\,\text{cm/s}$

87 그림과 같이 Coulomb 감쇠를 일으키는 진동계에서 지면과의 마찰계수는 0.1, 질량 $m = 100\text{kg}$, 스프링 상수 $k = 981\text{N/cm}$이다. 정지 상태에서 초기 변위를 2cm 주었다가 놓을 때 4cycle 후의 진폭은 약 몇 cm가 되겠는가?

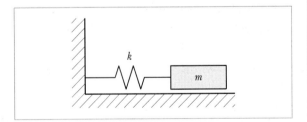

① 0.4　　　　② 0.1
③ 1.2　　　　④ 0.8

해설 ⊕

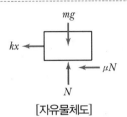

[자유물체도]

i) $\sum F_x = m\ddot{x}$

　$m\ddot{x} = -kx - \mu N$에서

　운동방정식은 $m\ddot{x} + kx + \mu mg = 0$

　$\mu mg = ak$, 마찰력은 k에 비례하므로

　a(쿨롱감쇠계수)$= \dfrac{\mu mg}{k} = \dfrac{0.1 \times 100 \times 9.8}{981 \times 10^2}$

　$\qquad = 0.00099$

ii) 4cycle → 반 사이클 수 $n = 2 \times 4 = 8$사이클

　진폭 $|X_n| = X_0 - 2an$ (여기서, X_0 : 초기진폭)

　$X_0 = \dfrac{\sqrt{{\omega_n}^2 \cdot {x_0}^2 + {v_0}^2}}{\omega_n}$

　(여기서, $x_0 = 2\text{cm} = 0.02\text{m}$, $v_0 = 0$,

　　　　$\omega_n = \sqrt{\dfrac{k}{m}} = \sqrt{\dfrac{981 \times 10^2}{100}} = 31.32$)

　$\qquad = \dfrac{\sqrt{31.32^2 \times 0.02^2 + 0}}{31.32} = 0.02$

$\therefore X_n = 0.02 - 2 \times 0.00099 \times 8$

　$\quad = 0.0042\text{m} = 0.42\text{cm}$

88 단순조화운동(Harmonic motions)일 때 속도와 가속도의 위상차는 얼마인가?

① $\dfrac{\pi}{2}$　　　　　② π

③ 2π　　　　　④ 0

해설 ⊕

단순조화운동, ϕ : 위상각

변위 $x(t) = X sin(\omega t + \phi)$

속도 $\dot{x}(t) = \omega X \cos(\omega t + \phi)$

가속도 $\ddot{x}(t) = -\omega^2 X \sin(\omega t + \phi)$

속도에서 $\cos\left(\omega t + \dfrac{\pi}{2} + \phi\right) = \sin(\omega t + \phi)$와 같으므로

속도와 가속도는 $\dfrac{\pi}{2}$, 즉 90°만큼 위상차가 난다.

89 어떤 물체가 정지 상태로부터 다음 그래프와 같은 가속도(a)로 속도가 변화한다. 이때 20초 경과 후의 속도는 약 몇 m/s인가?

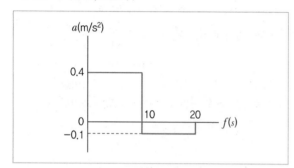

① 1   ② 2

③ 3   ④ 4

해설⊕

$a = \dfrac{dV}{dt} \rightarrow dV = a_c dt$를 적분하면 ($a_c$ 일정)

$V - V_0 = \displaystyle\int_0^t a_c dt$

$V = V_0 + \displaystyle\int_0^t a_c dt$ (여기서, $V_0 = 0$)

$V = \displaystyle\int_0^t a_c dt$ (주어진 그래프의 t축 투사면적과 같다.)

$\quad = 0.4 \times 10 + (20 - 10)(-0.1) = 4 - 1 = 3$

〈다른 풀이〉

$V = \displaystyle\int_0^{10} 0.4 dt + \int_{10}^{20} -0.1 dt = 0.4 \left[t\right]_0^{10} - 0.1 \left[t\right]_{10}^{20}$

$\quad = 0.4 \times 10 - 0.1 \times (20 - 10) = 3$

90 축구공을 지면으로부터 1m의 높이에서 자유낙하시켰더니 0.8m 높이까지 다시 튀어 올랐다. 이 공의 반발계수는 얼마인가?

① 0.89   ② 0.83

③ 0.80   ④ 0.77

해설⊕

i) 지면에 부딪힐 때 공의 속도 $V_{공}$

$\quad mgh = \dfrac{1}{2} m V_{공}^2$

$\quad \therefore \ V_{공} = \sqrt{2gh} = \sqrt{2 \times 9.8 \times 1} = 4.43 \text{m/s}$

ii) 지면에서 떨어져서 0.8m 올라갈 때 속도 $V_{공}'$

$\quad V_{공}' = \sqrt{2gh} = \sqrt{2 \times 9.8 \times 0.8} = 3.96 \text{m/s}$

iii) 반발계수

$\quad e = \dfrac{0 - (-V_{공}')}{V_{공} - 0(지면)} = \dfrac{-(-3.96)}{4.43} = 0.894$

$\quad\quad$ (∵ 공 (−)부호 위로 올라감)

91 구성인선(built up edge)의 방지 대책으로 틀린 것은?

① 공구 경사각을 크게 한다.

② 절삭 깊이를 작게 한다.

③ 절삭 속도를 낮게 한다.

④ 윤활성이 좋은 절삭 유제를 사용한다.

해설⊕

구성인선(built up edge)의 방지법

• 절삭깊이를 작게 하고, 윗면 경사각을 크게 한다.

• 절삭속도를 빠르게 한다.

• 날 끝에 경질 크롬도금 등을 하여 윗면 경사각을 매끄럽게 한다.

• 윤활성이 좋은 절삭유를 사용한다.

• 절삭공구의 인선을 예리하게 한다.

92 다음 중 저온 뜨임의 특성으로 가장 거리가 먼 것은?

① 내마모성 저하
② 연마균열 방지
③ 치수의 경년 변화 방지
④ 담금질에 의한 응력 제거

해설⊕
저온 뜨임
150℃ 부근에서 이루어지며, 잔류 오스테나이트와 내부의 잔류응력을 제거하고, 탄성한계와 항복강도, 경도를 향상시키기기 위한 열처리

93 다음 중 나사의 유효지름 측정과 가장 거리가 먼 것은?

① 나사 마이크로미터
② 센터게이지
③ 공구현미경
④ 삼침법

해설⊕
나사 측정 종류
- 나사 마이크로미터 : 엔빌이 나사의 산과 골 사이에 끼워지도록 되어 있으며 나사에 알맞게 끼워 넣어서 유효지름을 측정한다.
- 삼침법 : 나사의 골에 적당한 굵기의 침을 3개 끼워서 침의 외측거리 M을 외측 마이크로미터로 측정하여 수나사의 유효지름을 계산한다.
- 공구현미경 : 관측 현미경과 정밀 십자이동테이블을 이용하며 길이, 각도, 윤곽 등을 측정하는 데 편리한 측정기기이다.
- 만능측정기 : 측정자와 피측정물을 축정방향으로 일직선상에 두고 측정하는 측정기로서 기하학적 오차를 줄일 수 있는 구조로 되어 있다. 외경측정, 내경측정, 나사플러그, 나사링게이지의 유효경 등을 측정한다.
- 센터게이지 : 나사 바이트의 각도를 측정한다.

94 다이(die)에 탄성이 뛰어난 고무를 적층으로 두고 가공 소재를 형상을 지닌 펀치로 가압하여 가공하는 성형가공법은?

① 전자력 성형법
② 폭발성형법
③ 엠보싱법
④ 마폼법

해설⊕
① 전자력 성형법 : 순간적으로 강한 전자력을 작용시켜 판재를 형(型)에 밀어붙여서 성형한다.
② 폭발성형법(explosive forming) : 고에너지 화약을 점화시켰을 때의 충격파를 이용하는 성형법으로, 상대적으로 대형물의 가공에 적합하며 생산주기가 크다.
③ 엠보싱법(embossing) : 금속판에 두께 변화를 일으키지 않고 상하 반대로 여러 가지 모양의 요철을 만드는 가공이다.
④ 마폼법(marforming) : 용기 모양의 홈 안에 고무를 넣고 고무를 다이 대신 사용하는 것으로 베드에 설치되어 있는 펀치가 소재 판을 위에 고정되어 있는 고무에 밀어 넣어 성형 가공한다. 고무의 탄성이 펀치의 압력을 흡수할 수 있기 때문에 소재 판의 성형이 가능하고, 고무의 압력으로 측면의 성형도 원만하게 이루어지며 구조가 비교적 간단한 용기 제작에 이용된다.

95 다음 인발가공에서 인발 조건의 인자로 가장 거리가 먼 것은?

① 절곡력(folding force)
② 역장력(back tension)
③ 마찰력(friction force)
④ 다이각(die angle)

해설⊕
인발에 영향을 미치는 인자
단면 감소율, 다이 각도, 인발률, 인발력, 역장력, 마찰력, 윤활법, 인발 속도, 인발재료 등이 있다.

96 TIG 용접과 MIG 용접에 해당하는 용접은?

① 불활성가스 아크 용접
② 서브머지드 아크 용접
③ 교류 아크 셀룰로스계 피복 용접
④ 직류 아크 일미나이트계 피복 용접

해설⊕

㉠ 불활성가스 아크 용접
- 불활성 가스 텅스텐 용접법 : TIG 용접(Tungsten Inert Gas Arc Welding)이라고 하며, GTAW(Gas Tungsten Arc Welding)-비용극식이라고도 한다.
- 불활성 가스 금속 용접법 : MIG 용접(Metal Inert Gas Arc Welding)이라고 하며, GMAW(Gas Metal Arc Welding)-용극식이라고도 한다.

㉡ 서브머지드 아크 용접(잠호용접)
- 용접선의 전방에 분말로 된 용제(flux)를 미리 살포한다.
- 용제(flux) 속에서 아크를 발생시켜 용접한다.
- 용제(flux)는 아크 및 용융금속을 덮어 대기의 침입을 차단함과 동시에 용융금속과 반응하고, 용융금속이 응고할 때에는 비드의 형상을 조정한다.

㉢ 피복아크용접(SMAW : Shielded Metal Arc Welding)의 용접봉 종류에 따른 분류
- 고셀룰로스계 피복 아크 용접봉(E4311) : 구조물의 아래보기, 수직 위보기 자세 용접에 적합한 용접봉으로 주성분은 셀룰로스로 되어 있다. 가스 실드식 용접봉으로 아크가 강렬하고 스패터링이 비교적 많다. 슬래그 제거는 쉬우나 비드가 약간 거칠고, 전 자세 용접봉으로 사용이 가능하나 얇은 판의 용접에 가장 적합하다. 결점으로는 습기를 띠기 쉽고 기공이 생길 염려가 있다.
- 일미나이트계 피복 아크 용접봉(E4301) : 우리나라에서 가장 많이 생산되고 있으며 주성분으로 일미나이트(FeOTiO$_2$)를 30% 이상 포함하고 있다. 기계적 성질이 양호하고 중요한 일반 기기 및 구조물의 용접에 사용된다. 전 자세 용접이 가능하다.

97 주조에서 탕구계의 구성요소가 아닌 것은?

① 쇳물받이　　　② 탕도
③ 피더　　　　　④ 주입구

해설⊕

쇳물받이, 탕구, 탕도, 주입구를 통틀어 탕구계라고 한다.

98 다음 중 전주가공의 특징으로 가장 거리가 먼 것은?

① 가공시간이 길다.
② 복잡한 형상, 중공축 등을 가공할 수 있다.
③ 모형과의 오차를 줄일 수 있어 가공 정밀도가 높다.
④ 모형 전체면에 균일한 두께로 전착이 쉽게 이루어진다.

해설⊕

전주가공

전해연마에서 석출된 금속 이온이 음극의 공작물 표면에 붙은 전착층을 이용하여 원형과 반대 형상의 제품을 만드는 가공법을 전주가공이라 한다.

㉠ 장점
- 가공정밀도가 높아 모형과의 오차를 ±25㎛ 정도로 할 수 있다.
- 복잡한 형상, 이음매 없는 관, 중공축 등을 제작할 수 있다.
- 제품의 크기에 제한을 받지 않는다.
- 언더컷형이 아니면 대량생산이 가능하다.

㉡ 단점
- 생산하는 시간이 길다.
- 모형 전면에 일정한 두께로 전착하기가 어렵다.
- 금속의 종류에 제한을 받는다.
- 제작 가격이 다른 가공 방법에 비해 비싸다.

99 연강을 고속도강 바이트로 세이퍼 가공할 때 바이트의 1분간 왕복횟수는?(단, 절삭속도＝15m/min이고 공작물의 길이(행정의 길이)는 150mm, 절삭행정의 시간과 바이트 1왕복의 시간과의 비 $k＝3/5$이다.)

① 10회   ② 15회

③ 30회   ④ 60회

해설⊕

$$V = \frac{N \cdot l}{1,000a}$$

$$N = \frac{1,000aV}{l} = \frac{1,000 \times \frac{3}{5} \times 15}{150} = 60\,\mathrm{stroke/min}$$

여기서, V : 절삭속도(m/min)

        N : 1분간의 램(바이트)의 왕복횟수(stroke/min)

        l : 행정길이(mm)

        $a(k)$: 귀환속도비(보통 $a＝3/5{\sim}2/3$)

100 드릴링 머신으로 할 수 있는 기본 작업 중 접시머리 볼트의 머리 부분이 묻히도록 원뿔자리 파기 작업을 하는 가공은?

① 태핑   ② 카운터 싱킹

③ 심공 드릴링   ④ 리밍

해설⊕

드릴링 머신의 작업 종류

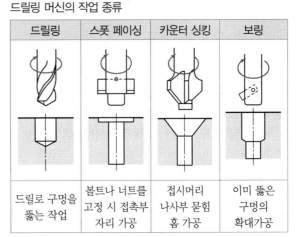

드릴링	스폿 페이싱	카운터 싱킹	보링
드릴로 구멍을 뚫는 작업	볼트나 너트를 고정 시 접촉부 자리 가공	접시머리 나사부 묻힘 홈 가공	이미 뚫은 구멍의 확대가공

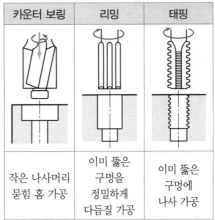

카운터 보링	리밍	태핑
작은 나사머리 묻힘 홈 가공	이미 뚫은 구멍을 정밀하게 다듬질 가공	이미 뚫은 구멍에 나사 가공

1과목   재료역학

01 원형축(바깥지름 d)을 재질이 같은 속이 빈 원형축(바깥지름 d, 안지름 $d/2$)으로 교체하였을 경우 받을 수 있는 비틀림모멘트는 몇 % 감소하는가?

① 6.25   ② 8.25

③ 25.6   ④ 52.6

해설 ⊕

$T = \tau \cdot Z_p$ 에서

$T_1 = \tau \cdot \dfrac{\pi d^3}{16}$ (중실축)

$T_2 = \tau \cdot \dfrac{\pi d_2{}^3}{16}\left(1 - x^4\right)$ $\left(x = \dfrac{d_1}{d_2}\ :\ \text{내외경비(중공축)}\right)$

$\quad = \tau \cdot \dfrac{\pi d^3}{16}\left(1 - \left(\dfrac{\frac{d}{2}}{d}\right)^4\right)$ $\left(\because\ d_2 = d,\ d_1 = \dfrac{d}{2}\right)$

$\quad = \tau \cdot \dfrac{\pi d^3}{16}\left(1 - \left(\dfrac{1}{2}\right)^4\right)$

$\quad = 0.9375\tau \cdot \dfrac{\pi d^3}{16}$

$\quad = 0.9375\, T_1$

$\rightarrow T_1$에 비해 $1 - 0.9375 = 0.0625 = 6.25\%$ 만큼 감소

02 포아송 비 0.3, 길이 3m인 원형 단면의 막대에 축방향의 하중이 가해진다. 이 막대의 표면에 원주방향으로 부착된 스트레인 게이지가 -1.5×10^{-4}의 변형률을 나타낼 때, 이 막대의 길이 변화로 옳은 것은?

① 0.135mm 압축   ② 0.135mm 인장

③ 1.5mm 압축   ④ 1.5mm 인장

해설 ⊕

포아송 비 $\mu = 0.3$

횡변형률 $\varepsilon' = -1.5 \times 10^{-4}$ (직경 감소(−))

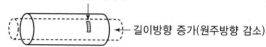
스트레인 게이지 ／ 길이방향 증가(원주방향 감소)

$\mu = \dfrac{\varepsilon'}{\varepsilon}$ 에서 $\varepsilon = \dfrac{\varepsilon'}{\mu} = \dfrac{1.5 \times 10^{-4}}{0.3} = 0.0005$

$\varepsilon = \dfrac{\lambda}{l} \rightarrow \lambda = \varepsilon \cdot l = 0.0005 \times 3{,}000 = 1.5\text{mm}$

03 안지름이 80mm, 바깥지름이 90mm이고 길이가 3m인 좌굴하중을 받는 파이프 압축부재의 세장비는 얼마 정도인가?

① 100   ② 110

③ 120   ④ 130

해설 ⊕

세장비 $\lambda = \dfrac{l}{K} = \dfrac{l}{\sqrt{\dfrac{I}{A}}} = \dfrac{l}{\sqrt{\dfrac{\dfrac{\pi}{64}\left(d_2{}^4 - d_1{}^4\right)}{\dfrac{\pi}{4}\left(d_2{}^2 - d_1{}^2\right)}}}$

$\quad = \dfrac{l}{\sqrt{\dfrac{\left(d_2{}^2 + d_1{}^2\right)}{16}}}$

$\quad = \dfrac{3}{\sqrt{\dfrac{0.09^2 + 0.08^2}{16}}}$

$\quad = 99.65$

정답 **01** ① **02** ④ **03** ①

04 지름 30mm의 환봉 시험편에서 표점거리를 10mm로 하고 스트레인 게이지를 부착하여 신장을 측정한 결과 인장하중 25kN에서 신장 0.0418mm가 측정되었다. 이때의 지름은 29.97mm이었다. 이 재료의 포아송 비(ν)는?

① 0.239
② 0.287
③ 0.0239
④ 0.0287

해설⊕

포아송 비 $\nu = \mu = \dfrac{\varepsilon'}{\varepsilon} = \dfrac{\frac{\delta}{d}}{\frac{\lambda}{l}} = \dfrac{\frac{30-29.97}{30}}{\frac{0.0418}{10}} = 0.239$

05 다음과 같은 단면에 대한 2차 모멘트 I_z는 약 몇 mm⁴인가?

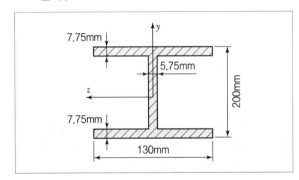

① 18.6×10^6
② 21.6×10^6
③ 24.6×10^6
④ 27.6×10^6

해설⊕

z가 도심축이므로 사각형 도심축에 대한 단면 2차 모멘트 $I_z = \dfrac{bh^3}{12}$를 적용하면

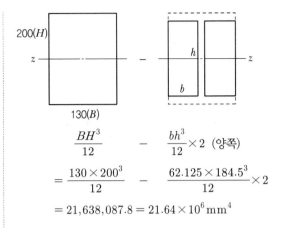

$$\frac{BH^3}{12} - \frac{bh^3}{12} \times 2 \ (양쪽)$$

$$= \frac{130 \times 200^3}{12} - \frac{62.125 \times 184.5^3}{12} \times 2$$

$$= 21,638,087.8 = 21.64 \times 10^6 \, \mathrm{mm^4}$$

06 지름 4cm, 길이 3m인 선형 탄성 원형 축이 800rpm으로 3.6kW를 전달할 때 비틀림각은 약 몇 도(°)인가?(단, 전단탄성계수는 84GPa이다.)

① 0.0085°
② 0.35°
③ 0.48°
④ 5.08°

해설⊕

전달토크 $T = \dfrac{H}{\omega} = \dfrac{H}{\frac{2\pi N}{60}} = \dfrac{3.6 \times 10^3}{\frac{2\pi \times 800}{60}} = 42.97 \mathrm{N \cdot m}$

비틀림각 $\theta = \dfrac{T \cdot l}{GI_p} = \dfrac{42.97 \times 3}{84 \times 10^9 \times \frac{\pi \times 0.04^4}{32}}$

$$= 0.0061 \mathrm{rad}$$

$0.0061 \,(\mathrm{rad}) \times \dfrac{180°}{\pi (\mathrm{rad})} = 0.35°$

07 그림과 같이 한쪽 끝을 지지하고 다른 쪽을 고정한 보가 있다. 보의 단면은 직경 10cm의 원형이고 보의 길이는 l이며, 보의 중앙에 2,094N의 집중하중 P가 작용하고 있다. 이때 보에 작용하는 최대 굽힘응력이 8MPa라고 한다면, 보의 길이 l은 약 몇 m인가?

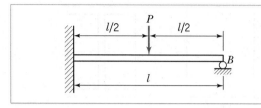

① 2.0   ② 1.5

③ 1.0   ④ 0.7

해설⊕

부정정보이므로 B에서의 처짐량 "0"을 가지고 부정정요소 R_B를 해결한 후 정정보로 해석한다.

i) 외팔보의 중앙에 집중하중이 작용할 때 B지점의 처짐량

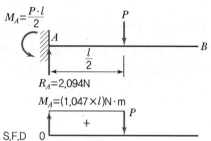

B지점의 처짐량

$$\delta_1 = \frac{A_M}{EI} \cdot \bar{x} = \frac{\frac{1}{2} \times \frac{l}{2} \times (1,047 \times l)}{EI} \times \left(\frac{l}{2} + \frac{l}{3}\right)$$

$$\therefore \ \delta_1 = \frac{\frac{5}{24} \times 1,047 \times l^3}{EI}$$

ii)

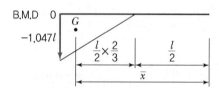

R_B에 의한 처짐량

$$\delta_2 = \frac{R_B \cdot l^3}{3EI}$$

iii) $\delta_1 = \delta_2$일 때 B에서의 처짐량이 "0"이므로

$$\frac{\frac{5}{24} \times (1,047 \times l^3)}{EI} = \frac{R_B \times l^3}{3EI}$$

$$\therefore \ R_B = \frac{5}{8} \times 1,047 = 654.375 \text{N}$$

iv)

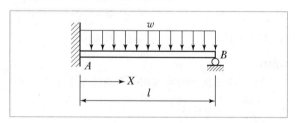

$$\sum M_{A지점} = 0 :$$

$$-M_A + 2,094 \times \frac{l}{2} - 654.375 \times l = 0$$

$$\therefore \ M_A = 392.625l$$

v) M_A가 M_{max}이므로

$$\sigma_b = \frac{M_{max}}{Z} = \frac{M_A}{Z} = \frac{392.625l}{\frac{\pi d^3}{32}}$$

$$\therefore \ l = \frac{\frac{\pi d^3}{32} \times \sigma_b}{392.625} = \frac{\frac{\pi}{32} \times 0.1^3 \times 8 \times 10^6}{392.625} = 2.0 \text{m}$$

08 다음과 같이 길이 l인 일단고정, 타단지지보에 등분포 하중 w가 작용할 때, 고정단 A로부터 전단력이 0이 되는 거리(X)는 얼마인가?

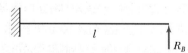

① $\dfrac{2}{3}l$ ② $\dfrac{3}{4}l$

③ $\dfrac{5}{8}l$ ④ $\dfrac{3}{8}l$

해설⊕

처짐을 고려하여 부정정요소를 해결한다.

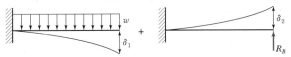

$$\delta_1 = \frac{wl^4}{8EI}, \quad \delta_2 = \frac{R_B \cdot l^3}{3EI}$$

$\delta_1 = \delta_2$이면 B점에서 처짐량이 "0"이므로

$$\frac{wl^4}{8EI} = \frac{R_B \cdot l^3}{3EI} \text{에서 } R_B = \frac{3}{8}wl \rightarrow \therefore R_A = \frac{5}{8}wl$$

고정단으로부터 전단력 $V_x = 0$이 되는 거리는 전단력만의
자유물체도에서

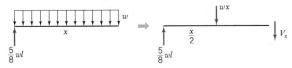

$$\frac{5}{8}wl - wx - V_x = 0 \ (\because \ V_x = 0)$$

$$\frac{5}{8}wl = wx \quad \therefore \ x = \frac{5}{8}l$$

09 두께 10mm의 강판에 지름 23mm의 구멍을 만
드는 데 필요한 하중은 약 몇 kN인가?(단, 강판의 전단응
력 $\tau = 750$MPa이다.)

① 243   ② 352

③ 473   ④ 542

해설⊕

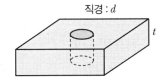

직경 : d

A_τ : 전단파괴면적 $= \pi dt$

$$\tau = \frac{F}{A_\tau} = \frac{F}{\pi dt}$$

$$\therefore \ F = \tau \cdot \pi dt = 750 \times 10^6 \times \pi \times 0.023 \times 0.01$$
$$= 541,924.7\text{N} = 541.92\text{kN}$$

10 그림과 같은 구조물에서 점 A에 하중 $P = 50$kN
이 작용하고 A점에서 오른편으로 $F = 10$kN이 작용할
때 평형위치의 변위 x는 몇 cm인가?(단, 스프링탄성계
수(k) = 5kN/cm이다.)

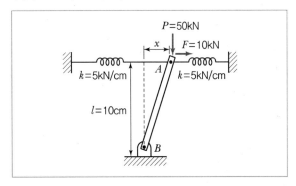

① 1   ② 1.5

③ 2   ④ 3

해설⊕

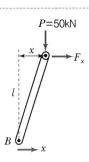

i) P가 작용할 때의 B점의 모멘트 값은 x방향으로의 분력
　 F_x에 의한 모멘트 값과 같다.

　 $$50 \cdot x = F_x \cdot l$$

　 $$50\text{kN} \cdot x\text{cm} = F_x \times 10\text{cm}$$

　 $$\therefore \ F_x = 5x\text{kN}$$

ii) x방향의 모든 힘은 $F_x + F$이므로

　 $(5x + 10)\text{kN} \rightarrow$ 이 힘은 두 개의 스프링으로 x변위만
　 큼 인장, 압축되며 평형이 되므로($W = K\delta$ 적용)

　 $$Kx + Kx = 5x + 10$$

　 $$5x + 5x = 5x + 10$$

　 $$\therefore \ x = 2\text{cm}$$

2019

11 직육면체가 일반적인 3축 응력 σ_x, σ_y, σ_z를 받고 있을 때 체적 변형률 ε_v는 대략 어떻게 표현되는가?

① $\varepsilon_v \simeq \dfrac{1}{3}(\varepsilon_x + \varepsilon_y + \varepsilon_z)$

② $\varepsilon_v \simeq \varepsilon_x + \varepsilon_y + \varepsilon_z$

③ $\varepsilon_v \simeq \varepsilon_x \varepsilon_y + \varepsilon_y \varepsilon_z + \varepsilon_z \varepsilon_x$

④ $\varepsilon_v \simeq \dfrac{1}{3}(\varepsilon_x \varepsilon_y + \varepsilon_y \varepsilon_z + \varepsilon_z \varepsilon_x)$

해설⊕

3축 응력에서 체적 변형률

$$\varepsilon_v = \frac{\Delta V}{V} = (1 + \varepsilon_x)(1 + \varepsilon_y)(1 + \varepsilon_z) - 1$$

변형이 아주 작을 때 $\varepsilon_v = \varepsilon_x + \varepsilon_y + \varepsilon_z$

($\because \varepsilon_x \varepsilon_y = \varepsilon_x \varepsilon_z = \varepsilon_y \varepsilon_z = 0$, $\varepsilon_z \varepsilon_y \varepsilon_z = 0$: 미소고차항 무시)

12 다음 그림과 같이 C점에 집중하중 P가 작용하고 있는 외팔보의 자유단에서 경사각 θ를 구하는 식은? (단, 보의 굽힘 강성 EI는 일정하고, 자중은 무시한다.)

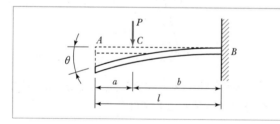

① $\theta = \dfrac{Pl^2}{2EI}$ 　　　② $\theta = \dfrac{3Pl^2}{2EI}$

③ $\theta = \dfrac{Pa^2}{2EI}$ 　　　④ $\theta = \dfrac{Pb^2}{2EI}$

해설⊕

P가 작용하는 점의 보 길이가 b이므로

외팔보 자유단 처짐각 $\theta = \dfrac{Pb^2}{2EI}$

(자유단 A와 C점 처짐각 동일)

13 단면적이 7cm^2이고, 길이가 10m인 환봉의 온도를 10℃ 올렸더니 길이가 1mm 증가했다. 이 환봉의 열팽창계수는?

① $10^{-2}/℃$ 　　　② $10^{-3}/℃$

③ $10^{-4}/℃$ 　　　④ $10^{-5}/℃$

해설⊕

$\varepsilon = \dfrac{\lambda}{l} = \alpha \cdot \Delta t$ 에서

$$\alpha = \frac{\lambda}{\Delta t \cdot l} = \frac{0.001\text{m}}{10℃ \times 10\text{m}} = 0.00001 = 1 \times 10^{-5}/℃$$

14 단면 20cm×30cm, 길이 6m의 목재로 된 단순보의 중앙에 20kN의 집중하중이 작용할 때, 최대 처짐은 약 몇 cm인가? (단, 세로탄성계수 $E = 10\text{GPa}$이다.)

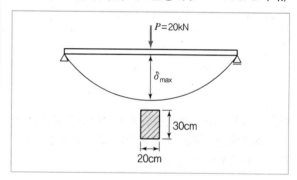

① 1.0 　　　② 1.5

③ 2.0 　　　④ 2.5

해설⊕

$$\delta_{\max} = \frac{Pl^3}{48EI} = \frac{20 \times 10^3 \times 6^3}{48 \times 10 \times 10^9 \times \dfrac{0.2 \times 0.3^3}{12}}$$

$$= 0.02\text{m} = 2\text{cm}$$

(수치를 모두 미터 단위로 넣어 계산하면 처짐량이 미터로 나온다.)

정답　**11** ②　**12** ④　**13** ④　**14** ③

15 끝이 닫혀있는 얇은 벽의 둥근 원통형 압력 용기에 내압 p가 작용한다. 용기의 벽의 안쪽 표면 응력상태에서 일어나는 절대 최대 전단응력을 구하면?(단, 탱크의 반경$=r$, 벽 두께$=t$이다.)

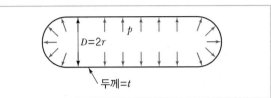

① $\dfrac{pr}{2t} - \dfrac{p}{2}$ ② $\dfrac{pr}{4t} - \dfrac{p}{2}$

③ $\dfrac{pr}{4t} + \dfrac{p}{2}$ ④ $\dfrac{pr}{2t} + \dfrac{p}{2}$

해설⊕

안쪽 표면응력 상태 : 안쪽에서 바깥으로 내압에 의해 밀어붙이는 힘이 존재(3축응력상태)

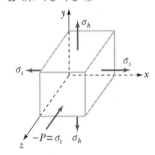

i) $\sigma_h = \dfrac{pd}{2t} = \dfrac{p \cdot r}{t}$

$\sigma_s = \dfrac{p \cdot d}{4t} = \dfrac{pr}{2t} = \dfrac{\sigma_h}{2}$

ii) 세 개의 최대 전단응력은 x, y, z축에 대해 45° 회전될 때 얻어지므로

$(\tau_{\max})_x = \dfrac{\sigma_h + p}{2} = \dfrac{pr}{2t} + \dfrac{p}{2}$

$(\tau_{\max})_y = \dfrac{\sigma_s + p}{2} = \dfrac{pr}{4t} + \dfrac{p}{2}$

$(\tau_{\max})_z = \dfrac{\sigma_h + \sigma_s}{2} = \dfrac{pr}{4t}$

3개 중에 절대 최대 전단응력은 $\dfrac{pr}{2t} + \dfrac{p}{2}$ 이다.

16 길이 3m인 직사각형 단면 $b \times h = 5\text{cm} \times 10\text{cm}$을 가진 외팔보에 w의 균일분포하중이 작용하여 최대 굽힘응력 500N/cm^2이 발생할 때, 최대 전단응력은 약 몇 N/cm^2인가?

① 20.2 ② 16.5
③ 8.3 ④ 5.4

해설⊕

$\sigma_b = 500 \times 10^4 \text{N/m}^2$

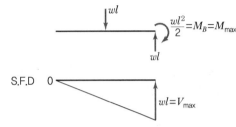

$\dfrac{wl^2}{2} = M_B = M_{\max}$

$\sigma_{\max} = \dfrac{M_{\max}}{Z} = \dfrac{\frac{wl^2}{2}}{\frac{bh^2}{6}} = \dfrac{3wl^2}{bh^2}$

$\therefore w = \dfrac{\sigma_b \cdot bh^2}{3l^2} = \dfrac{500 \times 10^4 \times 0.05 \times 0.1^2}{3 \times 3^2}$

$= 92.59\text{N/m}$

보 속의 최대 전단응력

$\tau_{\max} = 1.5\tau_{av}$
$= 1.5\dfrac{V_{\max}}{A}$
$= 1.5\dfrac{w \cdot l}{A}$
$= 1.5 \times \dfrac{92.59 \times 3}{5 \times 10}$
$= 8.33\text{N/cm}^2$

정답 15 ④ 16 ③

17 그림에서 C점에서 작용하는 굽힘모멘트는 몇 N·m인가?

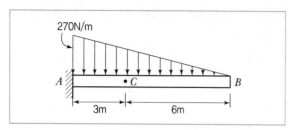

① 270

② 810

③ 540

④ 1,080

해설⊕

A에서 3m인 지점 C의 굽힘모멘트는 B점으로부터 6m인 지점의 굽힘모멘트와 같으므로

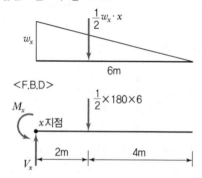

$6 : w_x = 9 : 270$

$\therefore \ w_x = 180 \text{N/m}$

$\sum M_{x \text{지점}} = 0 : -M_x + \dfrac{1}{2} \times 180 \times 6 \times 2 = 0$

$\therefore \ M_x = 1{,}080 \text{N·m}$

18 그림과 같은 형태로 분포하중을 받고 있는 단순지지보가 있다. 지지점 A에서의 반력 R_A는 얼마인가? (단, 분포하중 $w(x) = w_o \sin \dfrac{\pi x}{L}$ 이다.)

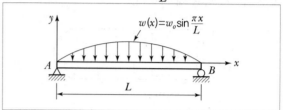

① $\dfrac{2w_o L}{\pi}$

② $\dfrac{w_o L}{\pi}$

③ $\dfrac{w_o L}{2\pi}$

④ $\dfrac{w_o L}{2}$

해설⊕

분포하중이 x에 따라 변하므로

전 하중 $W = \displaystyle\int_0^L w(x)dx$

$\quad = \displaystyle\int_0^L w_0 \sin \dfrac{\pi}{L} x \, dx$

$\quad = -w_0 \cdot \dfrac{L}{\pi} \left[\cos \dfrac{\pi}{L} x \right]_0^L$

$\quad = -w_0 \cdot \dfrac{L}{\pi} (\cos \pi - \cos 0°)$

$\quad = -w_0 \cdot \dfrac{L}{\pi} (-1 - 1)$

$\quad = \dfrac{2w_0 \cdot L}{\pi}$

$\therefore$ 반력 $R_A = \dfrac{W}{2}$ 이므로 $\dfrac{\frac{2w_0 L}{\pi}}{2} = \dfrac{w_0 L}{\pi}$

19 그림과 같은 평면응력상태에서 최대 주응력은 약 몇 MPa인가?(단, $\sigma_x = 500$MPa, $\sigma_y = -300$MPa, $\tau_{xy} = -300$MPa이다.)

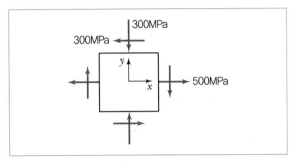

① 500

② 600

③ 700

④ 800

해설⊕

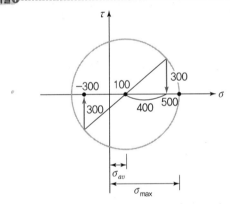

평면응력상태의 모어의 응력원을 그리면

응력원에서 $\sigma_{\max} = \sigma_{av} + R$

$\sigma_{av} = \dfrac{500 + (-300)}{2} = 100$

모어의 응력원에서 $R = \sqrt{400^2 + 300^2} = 500$

$\therefore \ \sigma_{\max} = 100 + 500 = 600$MPa

20 강재 중공축이 25kN·m의 토크를 전달한다. 중공축의 길이가 3m이고, 이때 축에 발생하는 최대전단응력이 90MPa이며, 축에 발생된 비틀림각이 2.5°라고 할 때 축의 외경과 내경을 구하면 각각 약 몇 mm인가?(단, 축 재료의 전단탄성계수는 85GPa이다.)

① 146, 124

② 136, 114

③ 140, 132

④ 133, 112

해설⊕

$T = \tau \cdot Z_p$ 에서

$Z_p = \dfrac{T}{\tau} = \dfrac{25 \times 10^3}{90 \times 10^6} = 277.78 \times 10^{-6}\,\text{m}^3$

$\theta = \dfrac{T \cdot l}{GI_p}$ (여기서, $e = \dfrac{d_2}{2}$ (d_2 : 외경), $Z_p = \dfrac{I_p}{e}$)

$= \dfrac{T \cdot l}{G \cdot e Z_p} = \dfrac{T \cdot l}{G \cdot \dfrac{d_2}{2} \cdot Z_p}$

$d_2 = \dfrac{2T \cdot l}{G \cdot Z_p \cdot \theta}$

$= \dfrac{2 \times 25 \times 10^3 \times 3}{85 \times 10^9 \times 277.78 \times 10^{-6} \times 2.5° \times \left(\dfrac{\pi}{180°}\right)}$

$= 0.14559\,\text{m} = 145.59\,\text{mm}$

$Z_p = \dfrac{I_p}{e} = \dfrac{\dfrac{\pi}{32}d_2^{\,4}(1 - x^4)}{\dfrac{d_2}{2}}$ (여기서, 내외경비 $x = \dfrac{d_1}{d_2}$)

$= \dfrac{\pi d_2^{\,3}}{16}(1 - x^4)$

$1 - x^4 = \dfrac{Z_p \times 16}{\pi d_2^{\,3}}$

$x^4 = 1 - \dfrac{16 \cdot Z_p}{\pi d_2^{\,3}}$

$x = \sqrt[4]{1 - \dfrac{16 \cdot Z_p}{\pi d_2^{\,3}}} = \sqrt[4]{1 - \dfrac{16 \times 277.78 \times 10^{-6}}{\pi \times 0.14559^3}}$

$= 0.8579$

$0.8579 = \dfrac{d_1}{d_2}$

$\therefore \ d_1 = 0.8579 \times 145.59 = 124.9\,\text{mm}$

기계열역학

21 어떤 사이클이 다음 온도(T)–엔트로피(s) 선도와 같을 때 작동 유체에 주어진 열량은 약 몇 kJ/kg인가?

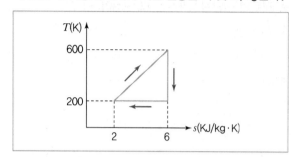

① 4
② 400
③ 800
④ 1,600

해설⊕

$\delta Q = T \cdot dS$에서
사이클로 작동하는 유체의 열량은 삼각형 면적과 같다.

$\frac{1}{2} \times 4 \times (600 - 200) = 800$

22 압력이 100kPa이며 온도가 25℃인 방의 크기가 240m³이다. 이 방에 들어 있는 공기의 질량은 약 몇 kg인가?(단, 공기는 이상기체로 가정하며, 공기의 기체상수는 0.287kJ/(kg · K)이다.)

① 0.00357
② 0.28
③ 3.57
④ 280

해설⊕

$PV = mRT$에서

$m = \frac{PV}{RT} = \frac{100 \times 10^3 \times 240}{0.287 \times 10^3 \times (25 + 273)} = 280.62\text{kg}$

23 용기에 부착된 압력계에 읽힌 계기압력이 150 kPa이고 국소대기압이 100kPa일 때 용기 안의 절대압력은?

① 250kPa
② 150kPa
③ 100kPa
④ 50kPa

해설⊕

절대압력＝국소대기압＋계기압

$P_{abs} = P_o + P_g = 100 + 150 = 250\text{kPa}$

24 수증기가 정상과정으로 40m/s의 속도로 노즐에 유입되어 275m/s로 빠져나간다. 유입되는 수증기의 엔탈피는 3,300kJ/kg, 노즐로부터 발생되는 열손실은 5.9kJ/kg일 때 노즐 출구에서의 수증기 엔탈피는 약 몇 kJ/kg인가?

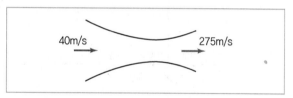

① 3,257
② 3,024
③ 2,795
④ 2,612

해설⊕

개방계에 대한 열역학 제1법칙

$q_{c.v} + h_i + \frac{V_i^2}{2} = h_e + \frac{V_e^2}{2} + \cancel{w_{c.v}}^{0} \quad (\because gz_i = gz_e)$

$h_e = q_{c.v} + h_i + \frac{V_i^2}{2} - \frac{V_e^2}{2}$ (여기서, $q_{c.v}$: 열손실($-$))

$= (-5.9 + 3,300)\frac{\text{kJ}}{\text{kg}}$

$+ \frac{1}{2}(40^2 - 275^2) \cdot \frac{\text{m}^2}{\text{s}^2} \times \frac{\text{kg}}{\text{kg}} \times \frac{1\text{kJ}}{1,000\text{J}}$

$= 3,257.09\text{kJ/kg}$

25 클라우지우스(Clausius) 부등식을 옳게 표현한 것은?(단, T는 절대온도, Q는 시스템으로 공급된 전체 열량을 표시한다.)

① $\oint \dfrac{\delta Q}{T} \geq 0$ ② $\oint \dfrac{\delta Q}{T} \leq 0$

③ $\oint T\delta Q \geq 0$ ④ $\oint T\delta Q \leq 0$

해설⊕

$\oint \dfrac{\delta Q}{T} \leq 0$ (가역 사이클=0, 비가역 사이클<0)

26 500W의 전열기로 4kg의 물을 20℃에서 90℃까지 가열하는 데 몇 분이 소요되는가?(단, 전열기에서 열은 전부 온도 상승에 사용되고 물의 비열은 4,180J/(kg · K)이다.)

① 16   ② 27
③ 39   ④ 45

해설⊕

$\dot{Q}$(열전달률)$= \dfrac{Q}{t}$

$\delta Q = mcdT$ 에서

$500\text{J/s} \times x\min \times \dfrac{60\text{s}}{1\min} = 4 \times 4,180 \times (90-20)$

$\therefore x = 39.01\min$

27 R-12를 작동 유체로 사용하는 이상적인 증기압축 냉동 사이클이 있다. 여기서 증발기 출구 엔탈피는 229kJ/kg, 팽창밸브 출구엔탈피는 81kJ/kg, 응축기 입구 엔탈피는 255kJ/kg일 때 이 냉동기의 성적계수는 약 얼마인가?

① 4.1   ② 4.9
③ 5.7   ④ 6.8

해설⊕

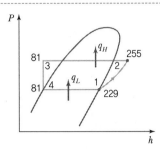

열 출입과정이 정압이면서 등온과정이므로 열량은 엔탈피 차로 나온다.

$\varepsilon_R = \dfrac{q_L}{q_H - q_L} = \dfrac{(229-81)}{(255-81)-(229-81)} = 5.69$

28 보일러에 물(온도 20℃, 엔탈피 84kJ/kg)이 유입되어 600kPa의 포화증기(온도 159℃, 엔탈피 2,757 kJ/kg) 상태로 유출된다. 물의 질량유량이 300kg/h이라면 보일러에 공급된 열량은 약 몇 kW인가?

① 121   ② 140
③ 223   ④ 345

해설⊕

$q_{cv} + h_i = h_e + \cancel{w_{c.v}}^{0}$

$q_B = h_e - h_i > 0$ (열 받음(+))
$\quad = 2,757 - 84 = 2,673\text{kJ/kg}$

$\dot{Q}_B = \dot{m}q_B = 300\dfrac{\text{kg}}{\text{h} \times \left(\dfrac{3,600\text{s}}{1\text{h}}\right)} \times 2,673\dfrac{\text{kJ}}{\text{kg}}$
$\quad = 222.75\text{kW}$

29 가역 과정으로 실린더 안의 공기를 50kPa, 10℃ 상태에서 300kPa까지 압력(P)과 체적(V)의 관계가 다음과 같은 과정으로 압축할 때 단위 질량당 방출되는 열량은 약 몇 kJ/kg인가?(단, 기체 상수는 0.287kJ/(kg · K)이고, 정적비열은 0.7kJ/(kg · K)이다.)

$$PV^{1.3} = \text{일정}$$

2019

① 17.2   ② 37.2

③ 57.2   ④ 77.2

해설⊕

$$_1q_2 = u_2 - u_1 + {}_1w_2$$
$$= C_v(T_2 - T_1) + {}_1w_2$$

$$_1w_2 = \int_1^2 pdv \quad (여기서, \; pv^n = C \rightarrow p = Cv^{-n})$$

$$= \int_1^2 Cv^{-n}dv$$

$$= \frac{C}{-n+1}\left[v^{-n+1}\right]_1^2$$

$$= \frac{C}{1-n}\left(v_2^{-n+1} - v_1^{-n+1}\right)$$

$$(여기서, \; C = p_2v_2^n = p_1v_1^n)$$

$$= \frac{p_2v_2 - p_1v_1}{1-n} = \frac{R(T_2 - T_1)}{1-n}$$

$$= \frac{0.287(427.92 - 283)}{1 - 1.3}$$

$$= -138.64\text{kJ/kg} \;\;((-)는 \; 계가 \; 일 \; 받음을 \; 의미)$$

폴리트로픽 과정이므로

$$\frac{T_2}{T_1} = \left(\frac{p_2}{p_1}\right)^{\frac{n-1}{n}}$$

$$T_2 = T_1\left(\frac{p_2}{p_1}\right)^{\frac{n-1}{n}} = 283 \times \left(\frac{300}{50}\right)^{\frac{0.3}{1.3}} = 427.92\text{K}$$

$$\therefore \; _1q_2 = C_v(T_2 - T_1) + {}_1w_2$$

$$= 0.7(427.92 - 283) + (-)138.64$$

$$= -37.196\text{kJ/kg} \;\;((-)는 \; 방출열을 \; 의미)$$

30 효율이 40%인 열기관에서 유효하게 발생되는 동력이 110kW라면 주위로 방출되는 총 열량은 약 몇 kW인가?

① 375   ② 165

③ 135   ④ 85

해설⊕

$$\eta = \frac{\dot{Q}_a}{\dot{Q}_H} \rightarrow 공급 \; 총열전달률 \; \dot{Q}_H = \frac{\dot{Q}_a}{\eta} = \frac{110}{0.4} = 275\text{kW}$$

방열 총열전달률(유효하지 않은 동력) $= 275 \times (1 - 0.4)$
$$= 165\text{kW}$$

※ $(1 - 0.4) : 60\%$가 비가용 에너지임을 의미

31 화씨 온도가 86°F일 때 섭씨 온도는 몇 ℃인가?

① 30   ② 45

③ 60   ④ 75

해설⊕

$$°\text{F} = \frac{9}{5}℃ + 32에서$$

$$℃ = (°\text{F} - 32) \times \frac{5}{9} = (86 - 32) \times \frac{5}{9} = 30℃$$

32 압력이 0.2MPa이고, 초기 온도가 120℃인 1kg의 공기를 압축비 18로 가역 단열압축하는 경우 최종 온도는 약 몇 ℃인가?(단, 공기는 비열비가 1.4인 이상기체이다.)

① 676℃   ② 776℃

③ 876℃   ④ 976℃

해설⊕

단열과정의 온도, 압력, 체적 간의 관계식에서

$$\frac{T_2}{T_1} = \left(\frac{V_1}{V_2}\right)^{k-1}$$

$$V_1 = V_t, \;\; V_2 = V_c 이므로$$

$$\frac{T_2}{T_1} = \left(\frac{V_t}{V_c}\right)^{k-1} = (\varepsilon)^{k-1} \;\; (\because \frac{V_t}{V_c} = \varepsilon(압축비))$$

$$\therefore \; T_2 = T_1(\varepsilon)^{k-1}$$

$$= (120 + 273) \times (18)^{1.4-1} = 1,248.82\text{K}$$

$$\rightarrow 1,248.82 - 273 = 975.82℃$$

---

33 그림과 같이 실린더 내의 공기가 상태 1에서 상태 2로 변화할 때 공기가 한 일은?(단, P는 압력, V는 부피를 나타낸다.)

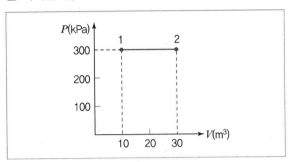

① 30kJ
② 60kJ
③ 3,000kJ
④ 6,000kJ

해설⊕

$\delta W = PdV$이므로 V축에 투사한 면적과 같다.

$(30-10)\text{m}^3 \times 300\text{kPa} = 6,000\text{kJ}$

34 등엔트로피 효율이 80%인 소형 공기터빈의 출력이 270kJ/kg이다. 입구 온도는 600K이며, 출구 압력은 100kPa이다. 공기의 정압비열은 1.004kJ/(kg · K), 비열비는 1.4일 때, 입구 압력(kPa)은 약 몇 kPa인가? (단, 공기는 이상기체로 간주한다.)

① 1,984
② 1,842
③ 1,773
④ 1,621

해설⊕

공기터빈(연소과정 없다.) → 압축되어 나온 공기가 터빈에서 팽창하므로

$\eta = \dfrac{w_T}{w_c} = \dfrac{\text{터빈일}}{\text{압축일}} = 0.8$

압축일 $w_c = \dfrac{270}{0.8} = 337.5\text{kJ/kg}$

$\cancel{q_{cv}}^{0} + h_i = h_e + w_{cv}$

$w_{cv} = w_c = h_i - h_e < 0$ (일 부호(−))

$\therefore\ w_c = h_e - h_i > 0 = h_2 - h_1 = C_p(T_2 - T_1)$

$337.5 = 1.004(600 - T_1)$

$\therefore\ T_1 = 600 - \dfrac{337.5}{1.004} = 263.84\text{K}$

압축일 과정 : 1 → 2 과정(단열과정)

$\dfrac{T_2}{T_1} = \left(\dfrac{p_2}{p_1}\right)^{\frac{k-1}{k}} \ \rightarrow\ \dfrac{600}{283.84} = \left(\dfrac{p_2}{100}\right)^{\frac{0.4}{1.4}}$

$\therefore\ \dfrac{p_2}{100} = 17.73524,\ p_2 = 1,773.53\text{kPa}$

35 100℃와 50℃ 사이에서 작동하는 냉동기로 가능한 최대성능계수(COP)는 약 얼마인가?

① 7.46
② 2.54
③ 4.25
④ 6.46

해설⊕

두 개의 열원 사이에 작동하는 최대성능의 냉동기는 역카르노사이클(열량이 온도만의 함수)이므로

$\text{COP} = \dfrac{q_L}{q_H - q_L} = \dfrac{T_L}{T_H - T_L} = \dfrac{323}{373 - 323} = 6.46$

36 카르노 사이클로 작동되는 열기관이 고온체에서 100kJ의 열을 받고 있다. 이 기관의 열효율이 30%라면 방출되는 열량은 약 몇 kJ인가?

① 30
② 50
③ 60
④ 70

해설⊕

효율이 30%이므로 100kJ 중에서

→ 30kJ : 유효 에너지(가용 에너지)

→ 70kJ : 무효 에너지(비가용 에너지)

〈다른 풀이〉

공급열량이 100kJ일 때, 방출되는 열량은

$Q_{ua} = (1 - \eta) \times 100\text{kJ}$

$\qquad = 0.7 \times 100\text{kJ} = 70\text{kJ}$

정답 33 ④ 34 ③ 35 ④ 36 ④

2019

37 Van der Waals 상태방정식은 다음과 같이 나타낸다. 이 식에서 $\dfrac{a}{v^2}$, b는 각각 무엇을 의미하는 것인가?(단, P는 압력, v는 비체적, R은 기체상수, T는 온도를 나타낸다.)

$$\left(P + \frac{a}{v^2}\right) \times (v - b) = RT$$

① 분자 간의 작용 인력, 분자 내부 에너지
② 분자 간의 작용 인력, 기체 분자들이 차지하는 체적
③ 분자 자체의 질량, 분자 내부 에너지
④ 분자 자체의 질량, 기체 분자들이 차지하는 체적

38 어떤 시스템에서 유체는 외부로부터 19kJ의 일을 받으면서 167kJ의 열을 흡수하였다. 이때 내부에너지의 변화는 어떻게 되는가?

① 148kJ 상승한다.　　② 186kJ 상승한다.
③ 148kJ 감소한다.　　④ 186kJ 감소한다.

해설⊕
계의 열 부호(+), 일 부호(−)
$\delta Q - \delta W = dU$
$_1 Q_2 - {_1 W_2} = U_2 - U_1$
$167 - (-)19\text{kJ} = 186\text{kJ}$

39 체적이 500cm³인 풍선에 압력 0.1MPa, 온도 288K의 공기가 가득 채워져 있다. 압력이 일정한 상태에서 풍선 속 공기 온도가 300K로 상승했을 때 공기에 가해진 열량은 약 얼마인가?(단, 공기는 정압비열이 1.005kJ/(kg · K), 기체상수가 0.287kJ/(kg · K)인 이상기체로 간주한다.)

① 7.3J　　　　　　② 7.3kJ
③ 14.6J　　　　　④ 14.6kJ

해설⊕
$p = c$인 정압과정이므로
$\delta q = dh - v \, dp^{\,0}$
$_1 q_2 = C_p (T_2 - T_1) = 1.005(300 - 288) = 12.06\text{kJ/kg}$
$pV = mRT$에서 $m = \dfrac{p \cdot V}{RT}$
$\therefore \ _1 Q_2 = m \cdot {_1 q_2}$
$\quad = \dfrac{pV}{RT} \cdot {_1 q_2}$
$\quad = \dfrac{0.1 \times 10^3 \text{kPa} \times 500 \times 10^{-6} \text{m}^3}{0.287 \dfrac{\text{kJ}}{\text{kg} \cdot \text{K}} \cdot 288\text{K}} \times 12.6 \dfrac{\text{kJ}}{\text{kg}}$
$\quad = 0.00729\text{kJ} = 7.3\text{J}$

40 어떤 시스템에서 공기가 초기에 290K에서 330K로 변화하였고, 이때 압력은 200kPa에서 600kPa로 변화하였다. 이때 단위 질량당 엔트로피 변화는 약 몇 kJ/(kg · K)인가?(단, 공기는 정압비열이 1.006kJ/(kg · K)이고, 기체상수가 0.287kJ/(kg · K)인 이상기체로 간주한다.)

① 0.445　　　　　② −0.445
③ 0.185　　　　　④ −0.185

해설⊕
$\delta q = dh - v \, dp, \quad ds = \dfrac{\delta q}{T}$
$T \, ds = dh - v \, dp = C_p \, dT - v \, dp$
$ds = C_p \dfrac{1}{T} dT - \dfrac{v}{T} dp$ (여기서, $pv = RT$)
$\quad = C_p \dfrac{1}{T} dT - \dfrac{R}{p} dp$
$\therefore \ s_2 - s_1 = C_p \ln \dfrac{T_2}{T_1} - R \ln \dfrac{p_2}{p_1}$
$\quad = 1.006 \ln\left(\dfrac{330}{290}\right) - 0.287 \ln\left(\dfrac{600}{200}\right)$
$\quad = -0.185\text{kJ/kg} \cdot \text{K}$

정답 　37 ②　38 ②　39 ①　40 ④

3과목 기계유체역학

41 분수에서 분출되는 물줄기 높이를 2배로 올리려면 노즐 입구에서의 게이지 압력을 약 몇 배로 올려야 하는가?(단, 노즐 입구에서의 동압은 무시한다.)

① 1.414   ② 2
③ 2.828   ④ 4

해설⊕

①과 ②에 베르누이 방정식을 적용하면

$$\frac{p_1}{\gamma} + \cancel{\frac{V_1^2}{2g}}^0 + z_1 = \cancel{\frac{p_2}{\gamma}}^0 + \cancel{\frac{V_2^2}{2g}}^0 + z_2$$

$\frac{V_1^2}{2g}$ → 동압 무시(입구), $p_2 = p_0 = 0$, $V_2 = 0$

$$\therefore \frac{p_1}{\gamma} = z_2 - z_1 = h$$

분출 높이를 $2h$로 하려면 $p_1 \rightarrow 2p_1$으로 해야 한다.

42 수면의 높이 차이가 10m인 두 개의 호수 사이에 손실수두가 2m인 관로를 통해 펌프로 물을 양수할 때 3kW의 동력이 필요하다면 이때 유량은 약 몇 L/s인가?

① 18.4   ② 25.5
③ 32.3   ④ 45.8

해설⊕

손실수두를 고려해 3kW로 실제 펌프 전양정 $H = H_p + H_l$을 퍼올려야 하므로

$$H = 10\text{m} + 2\text{m} = 12\text{m}$$

$H_{kW} = \frac{\gamma \cdot HQ}{1,000}$ 에서 (여기서, $H_{kW} = 3\text{kW}$)

$$Q = \frac{H_{kW} \times 1,000}{\gamma H} = \frac{3 \times 1,000}{9,800 \times 12}$$

$$= 0.0255\text{m}^3/\text{s}$$

$$= 0.0255\,\frac{\text{m}^3}{\text{s}} \times \frac{1\text{L}}{10^{-3}\text{m}^3}$$

$$= 25.5\text{L/s}$$

43 체적탄성계수가 $2 \times 10^9\,\text{N/m}^2$인 유체를 2% 압축하는 데 필요한 압력은?

① 1GPa   ② 10MPa
③ 4GPa   ④ 40MPa

해설⊕

$$K = \frac{1}{\beta} = \frac{1}{-\dfrac{\dfrac{dV}{V}}{dp}} = \frac{dp}{-\dfrac{dV}{V}} \quad ((-)는 압축을 의미)$$

$$\therefore p = K \cdot \frac{dV}{V} = 2 \times 10^9 \times 0.02$$

$$= 40 \times 10^6\text{Pa} = 40\text{MPa}$$

44 정지된 액체 속에 잠겨있는 평면이 받는 압력에 의해 발생하는 합력에 대한 설명으로 옳은 것은?

① 크기가 액체의 비중량에 반비례한다.
② 크기는 도심에서의 압력에 전체면적을 곱한 것과 같다.
③ 경사진 평면에서의 작용점은 평면의 도심과 일치한다.
④ 수직평면의 경우 작용점이 도심보다 위쪽에 있다.

해설⊕

전압력 $F = \gamma \bar{h} A$

여기서, $\gamma \bar{h}$: 도심에서의 압력
$\quad\quad \bar{h}$: 평판 도심까지의 깊이

45 경사가 30°인 수로에 물이 흐르고 있다. 유속이 12m/s로 흐름이 균일하다고 가정하며 연직방향으로 측정한 수심이 60cm이다. 수로의 폭을 1m로 한다면 유량은 약 몇 m^3/s인가?

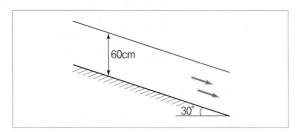

① 5.87

② 6.24

③ 6.82

④ 7.26

해설⊕

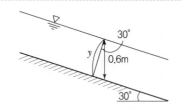

수로 바닥까지의 수직깊이 $y = 0.6\cos 30°$

$$Q = A \cdot V = by \cdot V = 1 \times 0.6\cos 30° \times 12$$
$$= 6.24 \, m^3/s$$

46 일반적으로 뉴턴 유체에서 온도 상승에 따른 액체의 점성계수 변화에 대한 설명으로 옳은 것은?

① 분자의 무질서한 운동이 커지므로 점성 계수가 증가한다.

② 분자의 무질서한 운동이 커지므로 점성 계수가 감소한다.

③ 분자간의 결합력이 약해지므로 점성계수가 증가한다.

④ 분자간의 결합력이 약해지므로 점성계수가 감소한다.

해설⊕

액체의 점성계수는 분자의 응집력에 의해 좌우되므로 온도가 상승하면 분자의 응집력이 약해져 점성계수가 감소한다.

※ 기체의 점성계수는 분자의 운동에너지가 지배한다.

47 경계층 밖에서 퍼텐셜 흐름의 속도가 10m/s일 때, 경계층의 두께는 속도가 얼마일 때의 값으로 잡아야 하는가?(단, 일반적으로 정의하는 경계층 두께를 기준으로 삼는다.)

① 10m/s

② 7.9m/s

③ 8.9m/s

④ 9.9m/s

해설⊕

경계층 안의 최대 속도인 부분까지가 경계층의 두께이므로 자유유동속도의 99%인 속도가 최대이다.

$U = 0.99\,U_\infty$ (여기서, U_∞ : 퍼텐셜 흐름의 자유유동속도)

$= 0.99 \times 10 = 9.9 \, m/s$

48 점성계수(μ)가 0.005Pa · s인 유체가 수평으로 놓인 안지름이 4cm인 곧은 관을 30cm/s의 평균속도로 흘러가고 있다. 흐름 상태가 층류일 때 수평 길이 800cm 사이에서의 압력강하(Pa)는?

① 120

② 240

③ 360

④ 480

해설⊕

$$Q = \frac{\Delta p \cdot \pi d^4}{128\mu l}$$

$$Q = \frac{\pi}{4}d^2 \times V = \frac{\pi}{4} \times 0.04^2 \times 0.3 = 0.000377 \, m^3/s$$

$$\Delta p = \frac{128\mu l Q}{\pi d^4} = \frac{128 \times 0.005 \times 8 \times 0.000377}{\pi \times 0.04^4} = 240 \, Pa$$

49 다음 중 유선(stream line)을 가장 올바르게 설명한 것은?

① 에너지가 같은 점을 이은 선이다.

② 유체 입자가 시간에 따라 움직인 궤적이다.

③ 유체 입자의 속도 벡터와 접선이 되는 가상곡선이다.

④ 비정상유동 때의 유동을 나타내는 곡선이다.

해설 ⊕

유체 입자의 속도 벡터와 접선 벡터가 일치하는 선이 유선이다.

50 평행한 평판 사이의 층류 흐름을 해석하기 위해서 필요한 무차원수와 그 의미를 바르게 나타낸 것은?

① 레이놀즈수＝관성력/점성력
② 레이놀즈수＝관성력/탄성력
③ 프루드수＝중력/관성력
④ 프루드수＝관성력/점성력

해설 ⊕

$$Re = \frac{\rho Vd}{\mu} \begin{matrix} \to 관성력 \\ \to 점성력 \end{matrix}$$

51 물이 지름이 0.4m인 노즐을 통해 20m/s의 속도로 맞은편 수직벽에 수평으로 분사된다. 수직벽에는 지름 0.2m의 구멍이 있으며 뚫린 구멍으로 유량의 25%가 흘러나가고 나머지 75%는 반경 방향으로 균일하게 유출된다. 이때 물에 의해 벽면이 받는 수평 방향의 힘은 약 몇 kN인가?

① 0
② 9.4
③ 18.9
④ 37.7

해설 ⊕

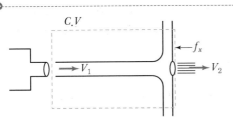

$$Q = A_1 V_1 = \frac{\pi}{4} \times 0.4^2 \times 20 = 2.51 \text{m}^3/\text{s}$$

검사면에 작용하는 힘들의 합은 검사체적 안의 운동량 변화량과 같다.

$$-f_x = \rho Q_r (V_{2x} - V_{1x})$$

여기서, Q_r : 실제평판에 부딪히는 유량

$$= 0.75 Q = 1.8825 \text{m}^3/\text{s}$$

$V_{2x} = 0$ (벽을 통과하는 V_2는 평판의 부딪히는 힘에 영향을 주지 않는다.)

$$V_{1x} = V_1$$
$$-f_x = \rho Q_r (0 - V_1)$$
$$\therefore f_x = \rho Q_r \cdot V_1$$
$$= 1,000 \times 1.8825 \times 20$$
$$= 37,650 \text{N} = 37.65 \text{kN}$$

52 동점성계수가 $1.5 \times 10^{-5} \text{m}^2/\text{s}$인 공기 중에서 30m/s의 속도로 비행하는 비행기의 모형을 만들어, 동점성계수가 $1.0 \times 10^{-6} \text{m}^2/\text{s}$인 물속에서 6m/s의 속도로 모형시험을 하려 한다. 모형(L_m)과 실형(L_p)의 길이비(L_m/L_p)를 얼마로 해야 되는가?

① $\frac{1}{75}$
② $\frac{1}{15}$
③ $\frac{1}{5}$
④ $\frac{1}{3}$

해설 ⊕

원관 및 잠수함 유동에서 역학적으로 상사하기 위해서는 모형과 실형의 레이놀즈수가 같아야 한다.

$$\frac{\rho \cdot Vd}{\mu} \bigg)_m = \frac{\rho \cdot Vd}{\mu} \bigg)_p$$
$$\frac{V \cdot d}{\nu} \bigg)_m = \frac{V \cdot d}{\nu} \bigg)_p$$
$$\therefore \frac{L_m}{L_p} = \frac{d_m}{d_p} = \frac{\nu_m}{\nu_p} \cdot \frac{V_p}{V_m} = \frac{1.0 \times 10^{-6}}{1.5 \times 10^{-5}} \times \frac{30}{6}$$
$$= 0.\dot{3} = \frac{1}{3}$$

2019

53 관 속에 흐르는 물의 유속을 측정하기 위하여 삽입한 피토 정압관에 비중이 3인 액체를 사용하는 마노미터를 연결하여 측정한 결과 액주의 높이 차이가 10cm로 나타났다면 유속은 약 몇 m/s인가?

① 0.99   ② 1.40
③ 1.98   ④ 2.43

해설⊕

$$V = \sqrt{2g\Delta h\left(\frac{s_0}{s}-1\right)}$$
$$= \sqrt{2\times 9.8\times 0.1\times\left(\frac{3}{1}-1\right)} = 1.98\text{m/s}$$

54 바닷물 밀도는 수면에서 1,025kg/m³이고 깊이 100m마다 0.5kg/m³씩 증가한다. 깊이 1,000m에서 압력은 계기압력으로 약 몇 kPa인가?

① 9,560   ② 10,080
③ 10,240   ④ 10,800

해설⊕

깊이 1,000m 지점의 밀도 증가량
$$\frac{0.5\text{kg/m}^3}{100\text{m}}\times 1,000\text{m} = 5\text{kg/m}^3$$

1,000m 지점의 바닷물 밀도 $1,025 + 5 = 1,030\text{kg/m}^3$
$P = \gamma \cdot h$
$\quad = \rho \cdot g \cdot h$
$\quad = 1,030 \times 9.8 \times 1,000$
$\quad = 10,094 \times 10^3\text{Pa} = 10,094\text{kPa}$

55 높이가 0.7m, 폭이 1.8m인 직사각형 덕트에 유체가 가득 차서 흐른다. 이때 수력직경은 약 몇 m인가?

① 1.01   ② 2.02
③ 3.14   ④ 5.04

해설⊕

원형단면에서

수력반경 $R_h = \dfrac{A}{P} = \dfrac{\frac{\pi d^2}{4}}{\pi d} = \dfrac{d}{4}$

$\rightarrow d = 4R_h$

수력직경 $D_h = d = 4R_h = 4\times\dfrac{A}{P}$
$$= 4\times\frac{0.7\times 1.8}{2\times(0.7+1.8)}$$
$$= 1.01\text{m}$$

56 동점성계수가 $1.5\times 10^{-5}\text{m}^2$/s인 유체가 안지름이 10cm인 관 속을 흐르고 있을 때 층류 임계속도 (cm/s)는?(단, 층류 임계 레이놀즈수는 2,100이다.)

① 24.7   ② 31.5
③ 43.6   ④ 52.3

해설⊕

$$Re = \frac{\rho\cdot V\cdot d}{\mu} = \frac{V\cdot d}{\nu}$$
$$V = \frac{Re\cdot \nu}{d} = \frac{2,100\times 1.5\times 10^{-5}}{0.1}$$
$$= 0.315\text{m/s} = 31.5\text{cm/s}$$

57 다음 중 유체의 속도구배와 전단응력이 선형적으로 비례하는 유체를 설명한 가장 알맞은 용어는 무엇인가?

① 점성유체   ② 뉴턴유체
③ 비압축성 유체   ④ 정상유동 유체

해설⊕

뉴턴유체

뉴턴의 점성법칙 $\tau = \mu\cdot\dfrac{du}{dy}$ 를 만족하는 유체

정답   53 ③   54 ②   55 ①   56 ②   57 ②

58 속도 퍼텐셜이 $\phi = x^2 - y^2$인 2차원 유동에 해당하는 유동함수로 가장 옳은 것은?

① $x^2 + y^2$ ② $2xy$

③ $-3xy$ ④ $2x(y-1)$

속도 퍼텐셜 $\phi = x^2 - y^2$, 유동함수 ψ

$u = -\dfrac{\partial \phi}{\partial x}$, $v = -\dfrac{\partial \phi}{\partial y}$

$u = -\dfrac{\partial \phi}{\partial x} = -2x \Leftrightarrow u = \dfrac{\partial \psi}{\partial y}$

$\therefore -2x = \dfrac{\partial \psi}{\partial y}$

y에 대해 적분하면

$\psi = -2xy + f(x)$(여기서 $f(x)$는 x의 임의의 함수) $\cdots$ ⓐ

$v = -\dfrac{\partial \phi}{\partial y} = 2y \Leftrightarrow v = -\dfrac{\partial \psi}{\partial x}$

$\therefore 2y = -\dfrac{\partial \psi}{\partial x}$ (← ⓐ 대입)

$2y = -\dfrac{\partial}{\partial x}(-2xy + f(x))$

$2y = 2y - \dfrac{\partial f(x)}{\partial x}$

$2y = 2y - \dfrac{df(x)}{dx}^{0} \rightarrow f(x) = c$: 상수 $\cdots$ ⓑ

ⓑ를 ⓐ에 대입하면 $\therefore \psi = -2xy + $ 일정

59 물을 담은 그릇을 수평방향으로 4.2m/s²으로 운동시킬 때 물은 수평에 대하여 약 몇 도(°) 기울어지겠는가?

① 18.4° ② 23.2°

③ 35.6° ④ 42.9°

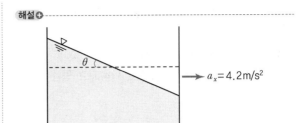

$\tan\theta = \dfrac{a_x}{g} \rightarrow \theta = \tan^{-1}\dfrac{4.2}{9.8} = 23.2°$

60 몸무게가 750N인 조종사가 지름 5.5m의 낙하산을 타고 비행기에서 탈출하였다. 항력계수가 1.00이고, 낙하산의 무게를 무시한다면 조종사의 최대 종속도는 약 몇 m/s가 되는가?(단, 공기의 밀도는 1.2kg/m³이다.)

① 7.25 ② 8.00

③ 5.26 ④ 10.04

$D = W$ (항력과 몸무게가 동일하다.)

$C_D \cdot \dfrac{\rho A V^2}{2} = W$

$\therefore V = \sqrt{\dfrac{2W}{C_D \cdot \rho \cdot A}}$

$= \sqrt{\dfrac{2 \times 750}{1 \times 1.2 \times \dfrac{\pi}{4} \times 5.5^2}}$

$= 7.25\,\text{m/s}$

2019

해설⊕

표면경화법

재료의 표면만을 단단하게 만드는 열처리 방법이다.

- 화학적 방법 : 침탄법, 질화법, 침탄질화법
- 물리적 방법 : 화염경화법, 고주파경화법
- 금속침투법 : 세라다이징(Zn), 칼로라이징(Ca), 크로마이징(Cr), 실리코나이징(Si), 보로나이징(B)
- 기타 : 숏피닝, 하드페이싱

4과목   기계재료 및 유압기기

61 다음 중 비중이 가장 작고, 항공기 부품이나 전자 및 전기용 제품의 케이스 용도로 사용되고 있는 합금재료는?

① Ni 합금   ② Cu 합금
③ Pb 합금   ④ Mg 합금

해설⊕

마그네슘의 성질

- 원자번호 12, 원자량 24.31의 은백색을 띠며, 자원이 풍부한 금속이다.
- 비중 1.74로 실용금속 중 가장 가볍고, 비강도가 높다.
- 용융점은 650℃로 낮고, 조밀육방격자(HCP)이고, 탄성률은 64.5GPa이다.
- 알칼리성이고 불화물 환경에서는 안정하나 다른 환경에서는 내식성이 나쁘다.
- 다이캐스팅 등의 주조성이 우수하고, 박판 주조가 가능하다.
- 수지에 비해 전자파 실드성이 좋으며, 열전도성이 우수하여 열방산이 된다.

64 칼로라이징은 어떤 원소를 금속표면에 확산 침투시키는 방법인가?

① Zn   ② Si
③ Al   ④ Cr

해설⊕

칼로라이징(calorizing)

고온산화 방지를 위해 알루미늄(Al)을 금속 표면에 확산 침투시켜 사용한다.

62 다음의 조직 중 경도가 가장 높은 것은?

① 펄라이트(pearlite)   ② 페라이트(ferrite)
③ 마텐자이트(martensite) ④ 오스테나이트(austenite)

해설⊕

조직의 경도 비교

Ⓒementite > Ⓜartensite > Ⓣroostite > Ⓢorbite > Ⓟearlite > Ⓐuatenite > Ⓕerrite

65 Fe – C 평형상태도에서 온도가 가장 낮은 것은?

① 공석점   ② 포정점
③ 공정점   ④ Fe의 자기변태점

해설⊕

① 공석점 : 723℃   ② 포정점 : 1,500℃
③ 공정점 : 1,130℃   ④ 순철의 자기변태점 : 768℃

63 강의 열처리 방법 중 표면경화법에 해당하는 것은?

① 마퀜칭   ② 오스포밍
③ 침탄질화법   ④ 오스템퍼링

66 열경화성 수지에 해당되는 것은?

① ABS 수지   ② 에폭시 수지
③ 폴리아미드   ④ 염화비닐 수지

해설⊕

- 열경화성 플라스틱 : 가열에 의해 경화하는 플라스틱이고 전체 생산량의 20%를 차지한다. 단, 열경화성 플라스틱에서도 경화 전이나 온도범위에 따라 연화하는 경우가 있다.

강도가 높고 내열성이며, 내약품성이 우수하다.
• 열경화성 수지의 종류 : 페놀 수지(PF), 불포화 폴리에스테르 수지(UP), 멜라민 수지(MF), 요소 수지(UF), 폴리우레탄(PU), 규소 수지(Silicone), 에폭시 수지(EP)

67 다음 중 반발을 이용하여 경도를 측정하는 시험법은?

① 쇼어 경도시험   ② 마이어 경도시험
③ 비커즈 경도시험   ④ 로크웰 경도시험

해설⊕
• 압입경도시험의 종류 : 브리넬 경도시험, 로크웰 경도시험, 비커스 경도시험
• 반발경도시험의 종류 : 쇼어(Shore) 경도시험

68 구리(Cu) 합금에 대한 설명 중 옳은 것은?

① 청동은 Cu+Zn 합금이다.
② 베릴륨 청동은 시효경화성이 강력한 Cu 합금이다.
③ 애드미럴티 황동은 6-4황동에 Sb을 첨가한 합금이다.
④ 네이벌 황동은 7-3황동에 Ti을 첨가한 합금이다.

해설⊕
• 황동 : Cu+Zn 합금
• 고강도 베릴륨 청동 : Be(1.6~2.0%)+Co(0.25~0.35%)
• 고전도성 베릴륨 청동 : Be(0.25~0.6%)+Co(1.4~2.6%)
• 애드미럴티(Admiralty) Metal : 7-3 황동+Sn(1%) 합금
• 네이벌(Naval) Brass : 6-4 황동+Sn(1%) 합금

69 면심입방격자(FCC)의 단위격자 내에 원자수는 몇 개인가?

① 2개   ② 4개
③ 6개   ④ 8개

해설⊕
면심입방격자(FCC ; Face Centered Cubic Lattice)
• 체심입방격자와 마찬가지로 입방 대칭성을 가진다.
• 면심입방격자는 단위격자 안에 4개의 원자를 가지는데, 각 면의 중심에 1/2개×6면=3개와 입방체의 각 8개 꼭짓점에 1/8개×8=1개의 원자를 합하면 4개가 된다.

70 합금주철에서 특수합금 원소의 영향을 설명한 것 중 틀린 것은?

① Ni은 흑연화를 방지한다.
② Ti은 강한 탈산제이다.
③ V은 강한 흑연화 방지 원소이다.
④ Cr은 흑연화를 방지하고, 탄화물을 안정화한다.

해설⊕
합금원소의 영향
• Ni : 흑연화를 촉진하며, 내열성, 내산화성이 증가한다. 내알칼리성을 갖게 하며, 내마모성도 좋아진다.
• Ti : 강탈산제이고, 흑연화를 촉진시키고, 흑연을 미세화시켜 강도를 높인다.
• Cr : Cr은 0.2~1.5% 첨가하면, 흑연화를 방지하고 탄화물을 안정화시킨다. 내식성, 내열성을 증대시키고 내부식성이 좋아진다.
• V : 흑연을 방지하고 펄라이트를 미세화시킨다.

2019

71 그림과 같은 유압 기호가 나타내는 명칭은?

① 전자 변환기　　　② 압력 스위치
③ 리밋 스위치　　　④ 아날로그 변환기

해설⊕

압력 스위치	----
리밋 스위치	----
아날로그 변환기	----

72 부하의 하중에 의한 자유낙하를 방지하기 위해 배압(back pressure)을 부여하는 밸브는?

① 체크 밸브　　　② 감압 밸브
③ 릴리프 밸브　　　④ 카운터 밸런스 밸브

해설⊕

① 체크 밸브 : 한 방향의 유동을 허용하나 역방향의 유동은 완전히 막는 역할을 하는 밸브
② 감압 밸브 : 회로의 기본 압력보다 낮은 2차 압력을 얻기 위하여 사용되는 밸브
③ 릴리프 밸브 : 과도한 압력으로부터 시스템을 보호하는 안전밸브
④ 카운터 밸런스 밸브 : 추의 낙하를 방지하기 위해 배압을 유지시켜 주는 압력제어 밸브

73 어큐뮬레이터(accumulator)의 역할에 해당하지 않는 것은?

① 갑작스런 충격압력을 막아 주는 역할을 한다.
② 축적된 유압에너지의 방출 사이클 시간을 연장한다.
③ 유압 회로 중 오일 누설 등에 의한 압력강하를 보상하여 준다.
④ 유압 펌프에서 발생하는 맥동을 흡수하여 진동이나 소음을 방지한다.

해설⊕

축압기(accumulator)의 역할
• 유압 에너지의 축적
• 2차 회로의 보상
• 압력 보상(카운터 밸런스)
• 맥동 제어(노이즈 댐퍼)
• 충격 완충
• 액체 수송
• 고장, 정전 등의 긴급 유압원

74 유압실린더에서 피스톤 로드가 부하를 미는 힘이 50kN, 피스톤 속도가 5m/min인 경우 실린더 내경이 8cm이라면 소요동력은 약 몇 kW인가?(단, 편로드형 실린더이다.)

① 2.5　　　　② 3.17
③ 4.17　　　　④ 5.3

해설⊕

$$L_H = F \cdot V = 50 \times 1,000 \times \frac{5}{60} \div 1,000 ≒ 4.17\,\text{kW}$$

75 액추에이터의 공급 쪽 관로에 설정된 바이패스 관로의 흐름을 제어함으로써 속도를 제어하는 회로는?

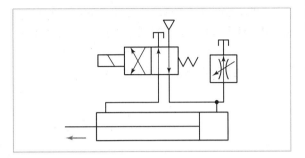

① 배압 회로
② 미터인 회로
③ 플립플롭 회로
④ 블리드오프 회로

해설◆

실린더에 공급되는 유량을 조절하여 실린더의 속도를 제어하는 회로

• 미터인 방식 : 실린더의 입구 쪽 관로에서 유량을 교축시켜 작동속도를 조절하는 방식
• 미터아웃 방식 : 실린더의 출구 쪽 관로에서 유량을 교축시켜 작동속도를 조절하는 방식
• 블리드오프 방식 : 실린더로 흐르는 유량의 일부를 탱크로 분기함으로써 작동 속도를 조절하는 방식

76 유압 작동유에서 요구되는 특성이 아닌 것은?

① 인화점이 낮고, 증기 분리압이 클 것
② 유동성이 좋고, 관로 저항이 적을 것
③ 화학적으로 안정될 것
④ 비압축성일 것

해설◆

작동유가 갖추어야 할 조건

• 체적탄성계수가 커야 한다.
• 점도지수가 커야 한다.
• 유동점이 낮아야 한다.
• 기기의 작동을 원활하게 하기 위하여 윤활성이 좋아야 한다.
• 고무나 도료를 녹이지 않아야 한다.

• 장시간의 사용에 대하여 물리적·화학적 성질이 변하지 않으며, 특히 산성에 대한 안정성이 좋아야 한다.
• 물이나 공기 및 미세한 먼지 등을 빠르고 쉽게 분리할 수 있어야 한다.
• 녹이나 부식 발생이 방지되어야 한다.
• 화기에 쉽게 연소되지 않도록 내화성이 좋아야 한다.(인화점, 연소점이 높아야 한다.)
• 발생된 열이 쉽게 방출될 수 있도록 열전달률이 높아야 한다.
• 열에 의한 작동유의 체적변화가 크지 않도록 열팽창계수가 작아야 한다.
• 거품이 일지 않아야 한다.(소포성)
• 전단 안정성이 좋아야 한다.
• 값이 싸고 이용도가 높아야 한다.

77 유압 시스템의 배관계통과 시스템 구성에 사용되는 유압기기의 이물질을 제거하는 작업으로 오랫동안 사용하지 않던 설비의 운전을 다시 시작하였을 때나 유압 기계를 처음 설치하였을 때 수행하는 작업은?

① 펌핑
② 플러싱
③ 스위핑
④ 클리닝

해설◆

플러싱

유압회로 내의 이물질을 제거하거나 작동유 교환 시 오래된 오일과 슬러지를 용해하여 오염물의 전량을 회로 밖으로 배출시켜서 회로를 깨끗하게 하는 작업이다.

78 유동하고 있는 액체의 압력이 국부적으로 저하되어, 증기나 함유 기체를 포함하는 기포가 발생하는 현상은?

① 캐비테이션 현상
② 채터링 현상
③ 서징 현상
④ 역류 현상

해설⊕

① 캐비테이션 현상 : 유동하고 있는 액체의 압력이 국부적으로 저하되어, 포화증기압 또는 공기분리압에 달하여 증기를 발생시키거나 용해 공기 등이 분리되어 기포를 일으키는 현상으로 이것들이 흐르면서 터지게 되면 국부적으로 초고압이 생겨 소음 등을 발생시키는 경우가 많다.

② 채터링 현상 : 밸브시트를 두들겨서 비교적 높은 음을 발생시키는 일종의 자력진동 현상

③ 서징 현상 : 과도하게 압력이 상승하는 현상

④ 역류 현상 : 유압 회로에서 작동유가 거꾸로 흐르는 현상

79 다음 기어펌프에서 발생하는 폐입현상을 방지하기 위한 방법으로 가장 적절한 것은?

① 오일을 보충한다.

② 베인을 교환한다.

③ 베어링을 교환한다.

④ 릴리프 홈이 적용된 기어를 사용한다.

해설⊕

폐입현상 방지 방법

• 케이싱 측벽이나 측판에 릴리프 토출용 홈을 만든다.

• 높은 압력의 기름을 베어링 윤활에 사용한다.

80 다음 중 오일의 점성을 이용하여 진동을 흡수하거나 충격을 완화시킬 수 있는 유압응용장치는?

① 압력계 　　　② 토크 컨버터

③ 쇼크 업소버 　　④ 진동개폐밸브

해설⊕

쇼크 업소버

유체의 점성을 이용하여 충격이나 진동의 운동에너지를 열에너지로 바꿔서 흡수하는 장치

5과목 **기계제작법 및 기계동력학**

81 20m/s의 같은 속력으로 달리던 자동차 A, B가 교차로에서 직각으로 충돌하였다. 충돌 직후 자동차 A의 속력은 약 몇 m/s인가?(단, 자동차 A, B의 질량은 동일하며 반발계수는 0.7, 마찰은 무시한다.)

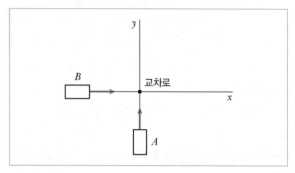

① 17.3 　　　　② 18.7

③ 19.2 　　　　④ 20.4

해설⊕

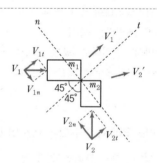

충돌 시 접선방향과 법선방향으로 자유물체도에서처럼 나누어서 해석한다.

$m_1 = m_2 = m$

• n방향

i) 선운동량 보존

$$m_1(V_1)_n + m_2(V_2)_n = m_1(V_1')_n + m_2(V_2')_n$$

(m 일정)

$$- V_1 \sin 45° + V_2 \sin 45° = V_1'_n + V_2'_n = 0$$

$$(\because -20 \sin 45° + 20 \sin 45° = 0)$$

$$\therefore V_1'_n + V_2'_n = 0 \cdots ⓐ$$

정답　**79** ④　**80** ③　**81** ①

ii) 반발계수

$$e = \frac{(V_2')_n - (V_1')_n}{(V_1)_n - (V_2)_n} = \frac{(V_2')_n - (V_1')_n}{-V_1\sin45° - V_2\sin45°}$$

$$0.7 = \frac{(V_2')_n - (V_1')_n}{-20\sin45° - 20\sin45°}$$

$$= \frac{(V_2')_n - (V_1')_n}{-28.28}$$

$$\therefore (V_2')_n - (V_1')_n = -19.8 \cdots ⓑ$$

iii) ⓐ+ⓑ에서 $2(V_2')_n = -19.8$

$$\therefore (V_2')_n = -9.9\text{m/s}$$

ⓐ에서 $\therefore (V_1')_n = 9.9\text{m/s}$

• t방향

$$m_1(V_1)_t + m_2(V_2)_t = m_1(V_1')_t + m_2(V_2')_t$$

$$V_1\cos45° + V_2\cos45° = (V_1')_t + (V_2')_t$$

$$\therefore (V_1')_t + (V_2')_t = 28.28$$

$$(V_1')_t = (V_2')_t \text{이므로}$$

$$(V_1')_t = (V_2')_t = 14.14\text{m/s}$$

• V_1'의 n과 t방향을 조합하면

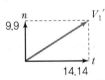

$$\therefore V_1' = \sqrt{14.14^2 + 9.9^2} = 17.26\text{m/s}$$

82 80rad/s로 회전하던 세탁기의 전원을 끈 후 20초가 경과하여 정지하였다면 세탁기가 정지할 때까지 약 몇 바퀴를 회전하였는가?

① 127

② 254

③ 542

④ 7,620

---

i) 각가속도 $\alpha = \dfrac{d\omega}{dt}$

$d\omega = \alpha dt$를 적분하면

$$\omega - \omega_0 = \int_0^{20} \alpha dt = \alpha [t]_0^{20} = 20\alpha$$

(0초 → $\omega_0 = 80\text{rad/s}$, 20초 → $\omega = 0$)

정리하면 $-\omega_0 = \alpha t$

$$\therefore \alpha = \frac{-\omega_0}{20} = \frac{-80}{20} = -4\text{rad/s}^2$$

ii) 각, 각속도, 각가속도의 상관관계식 $\omega d\omega = \alpha d\theta$에서

$$\omega^2 = \omega_0^2 + 2\alpha(\theta - \theta_0) \ (\leftarrow \omega^2 = 0, \ \theta_0 = 0)$$

$$2\alpha\theta = -\omega_0^2$$

$$\therefore \theta = \frac{-\omega_0^2}{2\alpha} = \frac{-(80)^2}{2\times(-4)} = \frac{6,400}{8} = 800\text{rad}$$

iii) 회전수 $= \dfrac{\theta}{2\pi} = \dfrac{800\text{rad}}{2\pi\text{rad}} = 127.32$회전

〈다른 풀이〉

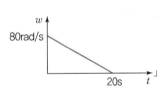

$$s = \frac{1}{2}\omega t = \frac{1}{2}\times80\times20 = 800\text{rad}$$

회전수 : $\dfrac{800}{2\pi} = 127.32$

83 시간 t에 따른 변위 $x(t)$가 다음과 같은 관계식을 가질 때 가속도 $a(t)$에 대한 식으로 옳은 것은?

$$x(t) = X_0\sin\omega t$$

① $a(t) = w^2 X_0 \sin\omega t$ ② $a(t) = w^2 X_0 \cos\omega t$

③ $a(t) = -w^2 X_0 \sin\omega t$ ④ $a(t) = -w^2 X_0 \cos\omega t$

해설 ⊕

$$V(t) = \frac{dx(t)}{dt} = \dot{x}(t) = \omega X_0 \cos \omega t$$

$$a(t) = \frac{dV(t)}{dt} = \ddot{x}(t) = -\omega^2 X_0 \sin \omega t$$

84 체중이 600N인 사람이 타고 있는 무게 5,000N 의 엘리베이터가 200m의 케이블에 매달려 있다. 이 케이블을 모두 감아올리는 데 필요한 일은 몇 kJ인가?

① 1,120　　　　　② 1,220

③ 1,320　　　　　④ 1,420

해설 ⊕

$$U_{1 \to 2} = \sum F \cdot r = (600 + 5,000) \times 200$$
$$= 1,120,000 \text{N} \cdot \text{m} = 1,120 \text{kJ}$$

85 $2\ddot{x} + 3\dot{x} + 8x = 0$으로 주어지는 진동계에서 대수감소율(logarithmic decrement)은?

① 1.28　　　　　② 1.58

③ 2.18　　　　　④ 2.54

해설 ⊕

운동방정식

$$m\ddot{x} + c\dot{x} + kx = 0 \quad (\text{감쇠자유진동})$$

i) $m = 2$, $c = 3$, $k = 8$이므로

$$\zeta(\text{감쇠비}) = \frac{c}{2\sqrt{mk}} = \frac{3}{2\sqrt{2 \times 8}} = 0.375$$

ii) 대수감소율 δ

$$\delta = \frac{2\pi\zeta}{\sqrt{1-\zeta^2}} = \frac{2\pi \times 0.375}{\sqrt{1-0.375^2}} = 2.54$$

86 다음 그림은 물체 운동의 $v-t$선도(속도–시간선도)이다. 그래프에서 시간 t_1에서의 접선의 기울기는 무엇을 나타내는가?

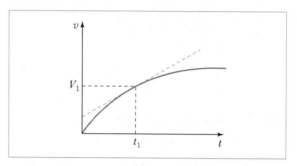

① 변위　　　　　② 속도

③ 가속도　　　　④ 총 움직인 거리

해설 ⊕

$$\lim_{\Delta t \to 0} \frac{\Delta V}{\Delta t} = \frac{dV}{dt} = a$$

$$\therefore \ a_{t1} = \frac{dV_1}{dt_1}$$

(V의 시간에 대한 접선의 기울기(미분) 값은 가속도를 나타낸다.)

87 달 표면에서 중력가속도는 지구 표면에서의 $\frac{1}{6}$ 이다. 지구 표면에서 주기가 T인 단진자를 달로 가져가면, 그 주기는 어떻게 변하는가?

① $\frac{1}{6}T$　　　　　② $\frac{1}{\sqrt{6}}T$

③ $\sqrt{6}\,T$　　　　　④ $6T$

해설 ⊕

주기 $T = 2\pi\sqrt{\dfrac{l}{g}}$

달의 중력가속도는 지구의 $\frac{1}{6}$이므로

$$T_\text{달} = 2\pi\sqrt{\frac{l}{\frac{1}{6}g}} = 2\pi\sqrt{\frac{6l}{g}} = \sqrt{6} \times 2\pi\sqrt{\frac{l}{g}} = \sqrt{6}\,T$$

88 감쇠비 ζ가 일정할 때 전달률을 1보다 작게 하려면 진동수비는 얼마의 크기를 가지고 있어야 하는가?

① 1보다 작아야 한다.　② 1보다 커야 한다.

③ $\sqrt{2}$ 보다 작아야 한다.　④ $\sqrt{2}$ 보다 커야 한다.

해설➕

전달률을 1보다 작게 하려면 진동수비 $\gamma > \sqrt{2}$ 이어야 한다.

89 y축 방향으로 움직이는 질량 m인 질점이 그림과 같은 위치에서 v의 속도를 갖고 있다. O점에 대한 각운동량은 얼마인가?(단, a, b, c는 원점에서 질점까지의 x, y, z방향의 거리이다.)

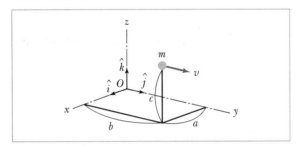

① $mv(c\hat{i} - a\hat{k})$

② $mv(-c\hat{i} + a\hat{k})$

③ $mv(c\hat{i} + a\hat{k})$

④ $mv(-c\hat{i} - a\hat{k})$

해설➕

그림에서 0에서 m까지의 위치벡터 $r = ai + bj + ck$

속도벡터 $V = V_x i + V_y j + V_z k$

각운동량 $H_0 = r \times m V$ (× : 외적(cross product))

$$= (ai + bj + ck) \times m(V_x i + V_y j + V_z k)$$

여기서, $V_x = 0$, $V_y = v$, $V_z = 0$

$\therefore H_0 = (ai + bj + ck) \times (0i + mvj + 0k)$

$$\begin{vmatrix} i & j & k \\ a & b & c \\ 0 & mv & 0 \end{vmatrix} \begin{matrix} a \\ 0 \end{matrix}$$

외적을 구하면

$$H_0 = (0 - cmv)i + (0 - 0)j + (amv - 0)k$$
$$= mv(-ci + ak)$$

90 질량 50kg의 상자가 넘어가지 않도록 하면서 질량 10kg의 수레에 가할 수 있는 힘 P의 최댓값은 얼마인가?(단, 상자는 수레 위에서 미끄러지지 않는다고 가정한다.)

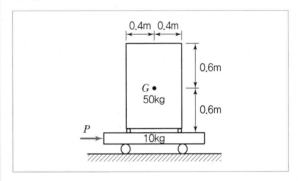

① 292N

② 392N

③ 492N

④ 592N

91 레이저(laser) 가공에 대한 특징으로 틀린 것은?

① 밀도가 높은 단색성과 평행도가 높은 지향성을 이용한다.

② 가공물에 빛을 쏘이면 순간적으로 일부분이 가열되어, 용해되거나 증발되는 원리이다.

③ 초경합금, 스테인리스강의 가공은 불가능한 단점이 있다.

④ 유리, 플라스틱 판의 절단이 가능하다.

해설➕

레이저 가공

집적된 레이저의 고밀도 에너지를 이용하여 공작물을 국부적으로 가열, 용융, 기화시키는 원리를 이용하여, 공작물을 대기 중에서 비접촉으로 가공한다.

정답　**88** ④　**89** ②　**90** ②　**91** ③

2019

2019년 기출문제　**419**

㉠ 장점
- 공작물의 중량과 크기에 상관없이 고속의 절단 가능
- 클램핑(clamping)에 의한 소재의 손실 감소
- 생산공정의 단축(자동화, 시스템화)
- 비접촉식 헤드 도입으로 제품 표면에 스크래치 방지
- 높은 정밀도와 매끄러운 표면
- 난가공재의 미세가공에 적합

㉡ 단점

유해 가스 방출을 위한 환기 장치 필요

92 다음 표준 고속도강의 함유량 표기에서 "18"의 의미는?

18-4-1

① 탄소의 함유량   ② 텅스텐의 함유량
③ 크롬의 함유량   ④ 바나듐의 함유량

해설⊕

표준 고속도강 : W(18%)-Cr(4%)-V(1%)

93 피복 아크 용접에서 피복제의 역할로 틀린 것은?

① 아크를 안정시킨다.
② 용착금속을 보호한다.
③ 용착금속의 급랭을 방지한다.
④ 용착금속의 흐름을 억제한다.

해설⊕

피복 아크 용접(SMAW ; Shielded Metal Arc Welding)
㉠ 원리 및 특징
- 피복 아크 용접은 피복 아크 용접봉과 피용접물의 사이에 아크를 발생시켜 그 에너지를 이용하는 용접방법이다.
- 피복제는 고온에서 분해되어 가스를 방출하여 아크 기둥과 용융지를 보호해 용착금속의 산화 및 질화가 일어나지 않도록 보호해 준다.
- 피복제의 용융은 슬래그가 형성되고 탈산작용을 하며

용착금속의 급랭을 방지하는 역할을 한다.
㉡ 장점
- 용접장비가 간단하여 이동이 용이하다.
- 전자세 및 좁은 장소에서 용접이 가능하다.
- 비교적 열영향부가 적다.
- 보호가스를 사용하지 않기 때문에 옥외 용접도 가능하다.
- 거의 모든 금속재료에 적용이 가능하다.
㉢ 단점
- 기계화가 어렵다.
- 숙련된 용접사가 필요하다.
- 용접봉 교체, 슬래그 제거 등 소비시간이 많아 아크율이 낮다.
- 단위 시간당 용착량(용착속도)이 낮아 생선성이 낮다.

94 절삭가공을 할 때 절삭온도를 측정하는 방법으로 사용하지 않는 것은?

① 부식을 이용하는 방법
② 복사고온계를 이용하는 방법
③ 열전대(thermo couple)에 의한 방법
④ 칼로리미터(calorimeter)에 의한 방법

해설⊕

절삭온도를 측정하는 방법
- 칩의 색깔로 판정하는 방법
- 시온도료(thermo colour paint)에 의한 방법
- 열량계(calorimeter)에 의한 방법
- 열전대(thermo couple)에 의한 방법

95 선반가공에서 직경 60mm, 길이 100mm의 탄소강 재료 환봉을 초경바이트를 사용하여 1회 절삭 시 가공시간은 약 몇 초인가?(단, 절삭깊이 1.5mm, 절삭속도 150m/min, 이송속도는 0.2mm/rev이다.)

① 38초   ② 42초
③ 48초   ④ 52초

해설⊕

절삭속도 $V = \dfrac{\pi dn}{1,000} (\text{mm/min})$

∴ 주축의 회전수 $n = \dfrac{1,000\,V}{\pi d} (\text{rpm})$

가공시간 $t = \dfrac{L}{fn} = \dfrac{L}{f} \dfrac{\pi d}{1,000\,V} (\text{min})$

$$= \dfrac{100 \times \pi \times 60}{0.2 \times 1,000 \times 150}$$

$$= 0.628\text{min} = 37.68\text{sec}$$

96 300mm×500mm인 주철 주물을 만들 때, 필요한 주입 추의 무게는 약 몇 kg인가?(단, 쇳물 아궁이 높이가 120mm, 주물 밀도는 7,200kg/m³이다.)

① 129.6 　　　　② 149.6
③ 169.6 　　　　④ 189.6

해설⊕

쇳물의 압상력(P) : 쇳물에 부력으로 인해 상부 주형이 들리는 힘

$P = AHS - G = 0.3 \times 0.5 \times 0.12 \times 7,200 - 0$

$\qquad = 129.6\text{kg}$

여기서, A : 주물을 위에서 본 면적(m^2)

$\qquad\quad H$: 주물의 윗면에서 주입구 표면까지의 높이(m)

$\qquad\quad S$: 주입 금속의 비중(kg/m^3)

$\qquad\quad G$: 윗덮개 상자자중(kg)

97 프레스 작업에서 전단가공이 아닌 것은?

① 트리밍(trimming) 　　② 컬링(curling)
③ 세이빙(shaving) 　　　④ 블랭킹(blanking)

해설⊕

• 전단 가공의 종류 : 블랭킹(blanking), 펀칭(punching), 전단(shearing), 분단(parting), 노칭(notching), 트리밍(trimming), 세이빙(shaving), 슬로팅(slotting), 슬리팅(slitting), 퍼포레이팅(perforating), 브로칭(broaching) 등이 있다.

• 컬링(curling)은 특수 성형가공의 일종으로 판재 또는 용기 등의 가장자리를 둥글게 하는 가공법이다.

98 다음 중 직접 측정기가 아닌 것은?

① 측장기 　　　　② 마이크로미터
③ 버니어 캘리퍼스 　④ 공기 마이크로미터

해설⊕

측정의 종류

• 직접측정(direct measurement) : 강철자, 마이크로미터 등과 같이 길이나 각도의 눈금이 있는 측정기를 사용하여 피측정물에 직접 접촉시켜 눈금을 읽어 측정한다. 버니어 캘리퍼스, 마이크로미터, 하이트게이지, 측장기, 각도기 등을 사용한다.

• 비교측정(relative measurement) : 공작물의 치수와 표준 치수의 차를 비교해서 치수를 계산한다. 다이얼게이지, 미니미터, 옵티미터, 옵티컬 컴페레이터, 전기 마이크로미터, 공기 마이크로미터, 전기저항 스크레인게이지, 길이변위계 등을 사용한다.

• 간접측정(indirect measurement) : 사인바에 의한 각도 측정, 삼침법에 의한 나사의 유효지름측정, 롤러와 블록게이지를 이용한 테이퍼 측정, 나사측정, 기어측정, 정반의 직진도와 평면도 측정 등이 있다.

• 한계게이지(limit gauge) : 피측정물의 치수나 각도 등의 한계허용치를 적용하여 최대 허용한계치수와 최소 허용한계치수로 제작된 것을 말한다.

99 스프링 백(spring back)에 대한 설명으로 틀린 것은?

① 경도가 클수록 스프링 백의 변화도 커진다.
② 스프링 백의 양은 가공조건에 의해 영향을 받는다.
③ 같은 두께의 판재에서 굽힘 반지름이 작을수록 스프링 백의 양은 커진다.
④ 같은 두께의 판재에서 굽힘 각도가 작을수록 스프링 백의 양은 커진다.

2019

해설 ➕
스프링 백이 커지는 요인
- 경도와 항복점이 높을수록 커진다.
- 같은 판재에서 구부림 반지름이 같을 때는 두께가 얇을수록 커진다.
- 같은 두께의 판재에서는 구부림 반지름이 클수록 크다.
- 같은 두께의 판재에서는 구부림 각도가 작을수록 크다.
- 굽힘반경과 판두께의 비가 클수록 크다.
- 탄성계수가 작을수록 커진다.

100 내접기어 및 자동차의 3단 기어와 같은 단이 있는 기어를 깎을 수 있는 원통형 기어 절삭기계로 옳은 것은?

① 호빙머신   ② 그라인딩 머신
③ 마그 기어 셰이퍼   ④ 펠로즈 기어 셰이퍼

해설 ➕
- 호빙머신 : 커터인 호브를 회전시키고, 동시에 공작물을 회전시키면서 축방향으로 이송을 주어 절삭하는 공작기계
- 그라인딩 머신(grinding machine, 연삭기) : 연삭 가공은 공작물보다 단단한 입자를 결합하여 만든 숫돌바퀴를 고속 회전시켜, 공작물의 표면을 조금씩 깎아 내는 고속 절삭 가공을 말한다. 이때, 연삭숫돌의 입자 하나하나가 밀링커터의 날과 같은 작용을 하여 정밀한 표면을 완성할 수 있다.
- 마그 기어 셰이퍼(maag gear shaper) : 래크에 상당하는 절삭기와 피니언에 상당하는 기어 소재에 맞물림 운동을 주어 기어의 이를 만드는 기어 셰이퍼의 일종이다.
- 펠로즈 기어 셰이퍼 : 피니언 커터를 사용하여 상하 왕복운동과 회전운동을 하며 기어를 깎아나가며, 이때 다이에 고정된 기어 모재 또한 같이 회전한다.

2019년 9월 21일 시행

01 단면의 폭(b)과 높이(h)가 6cm×10cm인 직사각형이고, 길이가 100cm인 외팔보 자유단에 10kN의 집중 하중이 작용할 경우 최대 처짐은 약 몇 cm인가? (단, 세로탄성계수는 210GPa이다.)

① 0.104   ② 0.254

③ 0.317   ④ 0.542

해설⊕

$$\delta = \frac{Pl^3}{3EI}$$

여기서, $P = 10 \times 10^3 \text{N}$, $l = 1\text{m}$, $I = \frac{bh^3}{12}$

$b = 0.06\text{m}$, $h = 0.1\text{m}$

$$\therefore \ \delta = \frac{10 \times 10^3 \times 1^3}{3 \times 210 \times 10^9 \times \frac{0.06 \times 0.1^3}{12}}$$

$$= 0.00317\text{m} = 0.317\text{cm}$$

02 길이가 L이고 직경이 d인 축과 동일 재료로 만든 길이 $2L$인 축이 같은 크기의 비틀림모멘트를 받았을 때, 같은 각도만큼 비틀어지게 하려면 직경은 얼마가 되어야 하는가?

① $\sqrt{3}\,d$ ② $\sqrt[4]{3}\,d$

③ $\sqrt{2}\,d$ ④ $\sqrt[4]{2}\,d$

해설⊕

길이 L, 직경 d인 축의 비틀림각 θ_1, 길이가 $2L$인 축의 비틀림각 θ_2에 대해

$\theta_1 = \theta_2$이므로 $\dfrac{T \cdot L}{GI_{p1}} = \dfrac{T \cdot 2L}{GI_{p2}}$ ($\because$ G, T 동일)

$$2I_{p1} = I_{p2}$$

$$2 \times \frac{\pi \cdot d_1^{\ 4}}{32} = \frac{\pi \cdot d_2^{\ 4}}{32} \ (\text{여기서, } d_1 = d)$$

$$\therefore \ d_2 = \sqrt[4]{2d^4} = \sqrt[4]{2} \cdot d$$

03 그림과 같은 외팔보에 있어서 고정단에서 20cm 되는 지점의 굽힘모멘트 M은 약 몇 kN · m인가?

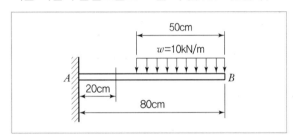

① 1.6   ② 1.75

③ 2.2   ④ 2.75

해설⊕

ⅰ) 외팔보의 자유물체도

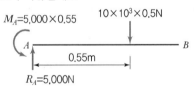

$\uparrow y$, $\sum F_y = 0 : R_A - 5,000 = 0$

$\therefore \ R_A = 5,000\text{N}$

$\sum M_{A지점} = 0 : -M_A + 5,000 \times 0.55 = 0$

$\therefore \ M_A = 2,750\text{N} \cdot \text{m}$

ii) $x = 20\text{cm}$에서 자유물체도

$$\sum M_{x=0.2지점} = 0 : -2,750 + 5,000 \times 0.2 + M_x = 0$$

$$\therefore M_x = 1,750\text{N} \cdot \text{m} = 1.75\text{kN} \cdot \text{m}$$

04 그림과 같은 양단이 지지된 단순보의 전 길이에 4kN/m의 등분포하중이 작용할 때, 중앙에서의 처짐이 0이 되기 위한 P의 값은 몇 kN인가?(단, 보의 굽힘강성 EI는 일정하다.)

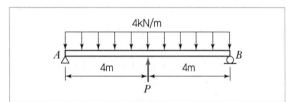

① 15   ② 18
③ 20   ④ 25

해설 ◆

δ_1 : 단순보에 등분포하중이 작용할 때 처짐량

δ_2 : 단순보 중앙에 집중하중이 작용할 때 처짐량

$\delta_1 = \delta_2$이어야 중앙에서 처짐이 0이 되므로

$$\frac{5wl^4}{384EI} = \frac{Pl^3}{48EI}$$

$\therefore$ 집중하중 $P = \dfrac{5}{8}wl = \dfrac{5}{8} \times 4(\text{kN/m}) \times 8\text{m} = 20\text{kN}$

05 철도레일을 20℃에서 침목에 고정하였는데, 레일의 온도가 60℃가 되면 레일에 작용하는 힘은 약 몇 kN인가?(단, 선팽창계수 $a = 1.2 \times 10^{-6}/$℃, 레일의 단면적은 5,000mm², 세로탄성계수는 210GPa이다.)

① 40.4   ② 50.4
③ 60.4   ④ 70.4

해설 ◆

열응력

$$\sigma = E \cdot \varepsilon = E \cdot \alpha \Delta t$$

$$A = 5,000\text{mm}^2 \times \left(\frac{1\text{m}}{1,000\text{mm}}\right)^2 = 0.005\text{m}^2$$

$$\therefore P = \sigma \cdot A$$
$$= E \cdot \alpha \Delta t \cdot A$$
$$= 210 \times 10^9 \times 1.2 \times 10^{-6} \times (60-20) \times 0.005$$
$$= 50,400\text{N} = 50.4\text{kN}$$

06 안지름 80cm의 얇은 원통에 내압 1MPa이 작용할 때 원통의 최소 두께는 몇 mm인가?(단, 재료의 허용응력은 80MPa이다.)

① 1.5   ② 5
③ 8   ④ 10

해설 ◆

후프응력 $\sigma_h = \dfrac{P \cdot d}{2t} = \sigma_a$

$$\therefore t = \frac{P \cdot d}{2\sigma_a} = \frac{1 \times 10^6 \times 0.8}{2 \times 80 \times 10^6} = 0.005\text{m} = 5\text{mm}$$

07 지름이 d인 원형 단면 봉이 비틀림모멘트 T를 받을 때, 발생되는 최대 전단응력 τ를 나타내는 식은? (단, I_p는 단면의 극단면 2차 모멘트이다.)

① $\dfrac{Td}{2I_p}$ ② $\dfrac{I_pd}{2T}$

③ $\dfrac{TI_p}{2d}$ ④ $\dfrac{2T}{I_pd}$

해설 ◆

$$T = \tau \cdot Z_p = \tau \cdot \frac{I_p}{e} = \tau \cdot \frac{I_p}{\frac{d}{2}}$$

$$\therefore \tau = \frac{T \cdot d}{2I_p}$$

08 그림과 같이 양단이 고정된 단면적 1cm², 길이 2m의 케이블을 B점에서 아래로 10mm만큼 잡아당기는 데 필요한 힘 P는 약 몇 N인가?(단, 케이블 재료의 세로탄성계수는 200GPa이며, 자중은 무시한다.)

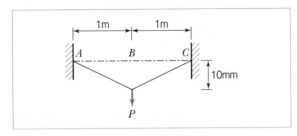

① 10
② 20
③ 30
④ 40

해설⊕

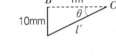
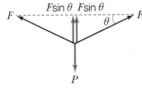

i) $l' = \sqrt{1^2 + (0.01)^2} = 1.0000499m$

$\sin\theta = \dfrac{10mm}{l'} = 0.0099995$

ii) $\sum F_y = 0 : F\sin\theta + F\sin\theta - P = 0$

$\therefore P = 2F\sin\theta$

여기서,

$F = \sigma \cdot A = E \cdot \varepsilon \cdot A$

$\quad = E \cdot \dfrac{\lambda}{l} \cdot A$

(여기서, $\lambda = l' - 1 = 0.0000499m$)

$\quad = 200 \times 10^9 \times \dfrac{0.0000499}{1} \times 1 \times 10^{-4}$

$\quad = 998N$

$\therefore P = 2 \times 998 \times 0.0099995 = 19.96N$

09 지름이 2cm, 길이가 20cm인 연강봉이 인장하중을 받을 때 길이는 0.016cm만큼 늘어나고 지름은 0.0004cm만큼 줄었다. 이 연강봉의 포아송 비는?

① 0.25
② 0.5
③ 0.75
④ 4

해설⊕

포아송 비 $\mu = \dfrac{\varepsilon'}{\varepsilon} = \dfrac{\dfrac{\delta}{d}}{\dfrac{\lambda}{l}} = \dfrac{\dfrac{0.0004}{2}}{\dfrac{0.016}{20}} = 0.25$

10 그림과 같은 외팔보에서 고정부에서의 굽힘모멘트를 구하면 약 몇 kN·m인가?

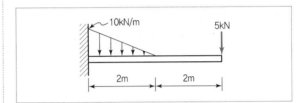

① 26.7(반시계방향)
② 26.7(시계방향)
③ 46.7(반시계방향)
④ 46.7(시계방향)

해설⊕

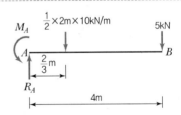

$\sum M_{A지점} = 0 : -M_A + \dfrac{1}{2} \times 2 \times 10 \times \dfrac{2}{3} + 5 \times 4 = 0$

$\therefore M_A = \dfrac{20}{3} + 20 = 26.7kN \cdot m$

11 다음 그림에서 최대 굽힘응력은?

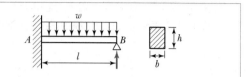

① $\dfrac{27}{64}\dfrac{wl^2}{bh^2}$ ② $\dfrac{64}{27}\dfrac{wl^2}{bh^2}$

③ $\dfrac{7}{128}\dfrac{wl^2}{bh^2}$ ④ $\dfrac{64}{128}\dfrac{wl^2}{bh^2}$

해설⊕

$$\frac{wl^3}{24EI}=\frac{M_A\cdot l}{3EI} \quad \therefore \ M_A=\frac{wl^2}{8}=M_{\max}$$

$$\sigma_b=\frac{M_{\max}}{Z}=\frac{\dfrac{wl^2}{8}}{\dfrac{bh^2}{6}}=\frac{6wl^2}{8bh^2}=\frac{3wl^2}{4bh^2}$$

※ 정답 없음 → 이 문제에서 전단력이 0인 위치, $x=\dfrac{5}{8}l$인 위치에서의 모멘트값, $M_{x=\frac{5}{8}l}=\dfrac{9wl^2}{128}$을 $M_{\max}$로 계산해서 굽힘응력 값이 ①번으로 정답 처리되었는데, 부정정보의 전체에서 $M_{\max}=M_A=\dfrac{wl^2}{8}$으로 계산해야 한다.(B.M.D 참조)

12 단면이 가로 100mm, 세로 150mm인 사각단면보가 그림과 같이 하중(P)을 받고 있다. 전단응력에 의한 설계에서 P는 각각 100kN씩 작용할 때, 이 재료의 허용전단응력은 몇 MPa인가?(단, 안전계수는 2이다.)

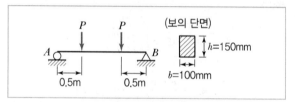

① 10   ② 15
③ 18   ④ 20

해설⊕

i) 보의 전단력 $V_{\max}=P=100\text{kN}$

ii) 사각단면보에서 보 속의 전단응력(길이방향)

$$\tau_b=1.5\tau_{av}=1.5\times\frac{V_{\max}}{A}=1.5\times\frac{100\times10^3}{0.1\times0.15}$$
$$=10\times10^6\text{Pa}=10\text{MPa}$$

iii) 보 속의 허용전단응력 τ_{ba}, 안전계수 $s=2$

$$\frac{\tau_{ba}}{s}=\tau_b \ \rightarrow \ \tau_{ba}=\tau_b\cdot s=10\times2=20\text{MPa}$$

13 세로탄성계수가 200GPa, 포아송의 비가 0.3인 판재에 평면하중이 가해지고 있다. 이 판재의 표면에 스트레인 게이지를 부착하고 측정한 결과 $\varepsilon_x = 5 \times 10^{-4}$, $\varepsilon_y = 3 \times 10^{-4}$일 때, σ_x는 약 몇 MPa인가?(단, x축과 y축이 이루는 각은 90°이다.)

① 99 ② 100
③ 118 ④ 130

해설⊕

$E = 200 \times 10^9 \text{Pa}$, $\mu = 0.3$, $x - y$ 평면에 훅의 법칙을 적용하면

$$\varepsilon_x = \frac{\sigma_x}{E} - \mu \frac{\sigma_y}{E} \cdots ⓐ$$

$$\varepsilon_y = \frac{\sigma_y}{E} - \mu \frac{\sigma_x}{E} \rightarrow \frac{\sigma_y}{E} = \varepsilon_y + \mu \frac{\sigma_x}{E} \cdots ⓑ$$

ⓑ를 ⓐ에 대입하면

$$\varepsilon_x = \frac{\sigma_x}{E} - \mu \left(\varepsilon_y + \mu \cdot \frac{\sigma_x}{E} \right) = \frac{\sigma_x}{E} - \mu \varepsilon_y - \mu^2 \frac{\sigma_x}{E}$$

$$\varepsilon_x + \mu \varepsilon_y = \left(\frac{1}{E} - \frac{\mu^2}{E} \right) \sigma_x$$

$$\therefore \ \sigma_x = \frac{\varepsilon_x + \mu \varepsilon_y}{\dfrac{1 - \mu^2}{E}} = \frac{E(\varepsilon_x + \mu \varepsilon_y)}{1 - \mu^2}$$

$$= \frac{200 \times 10^9 \times (5 \times 10^{-4} + 0.3 \times 3 \times 10^{-4})}{1 - 0.3^2}$$

$$= 129.67 \times 10^6 \text{Pa} = 129.67 \text{MPa}$$

14 그림과 같이 원형 단면을 갖는 연강봉이 100kN의 인장하중을 받을 때 이 봉의 신장량은 약 몇 cm인가? (단, 세로탄성계수는 200GPa이다.)

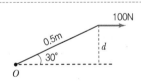

① 0.0478 ② 0.0956
③ 0.143 ④ 0.191

해설⊕

$$\lambda_1 = \frac{Pl_1}{A_1 E} = \frac{100 \times 10^3 \times 0.2}{\dfrac{\pi}{4} \times (0.04)^2 \times 200 \times 10^9} = 0.00008 \text{m}$$

$$\lambda_2 = \frac{Pl_2}{A_2 E} = \frac{100 \times 10^3 \times 0.25}{\dfrac{\pi}{4} \times (0.02)^2 \times 200 \times 10^9} = 0.000398 \text{m}$$

전체 신장량 $\lambda = \lambda_1 + \lambda_2 = 0.008 \text{cm} + 0.0398 \text{cm}$
$$= 0.0478 \text{cm}$$

15 그림과 같이 봉이 평형상태를 유지하기 위해 O점에 작용시켜야 하는 모멘트는 약 몇 N · m인가?(단, 봉의 자중은 무시한다.)

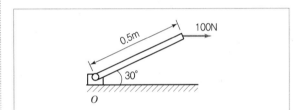

① 0 ② 25
③ 35 ④ 50

해설⊕

수직거리 $d = 0.5 \sin 30°$이므로
힘 F에 의한 모멘트
$M = F \cdot d = 100 \times 0.5 \sin 30° = 25 \text{N · m}$ (우회전)
평형을 유지하기 위해서는 O점에 좌회전으로
$M_O = 25 \text{N · m}$를 작용시켜야 한다.

16 다음 그림에서 단순보의 최대 처짐량(δ_1)과 양단 고정보의 최대 처짐량(δ_2)의 비(δ_1/δ_2)는 얼마인가?(단, 보의 굽힘강성 EI는 일정하고, 자중은 무시한다.)

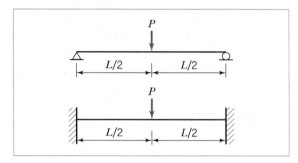

① 1   ② 2

③ 3   ④ 4

해설⊕

$\delta_1 = \dfrac{Pl^3}{48EI}$, $\delta_2 = \dfrac{Pl^3}{192EI}$ 이므로

$\dfrac{\delta_1}{\delta_2} = \dfrac{\dfrac{Pl^3}{48EI}}{\dfrac{Pl^3}{192EI}} = \dfrac{192}{48} = 4$

17 단면의 도심 O를 지나는 단면 2차 모멘트 I_x는 약 얼마인가?

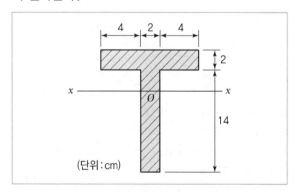

① 1,210mm^4 ② 120.9mm^4

③ 1,210cm^4 ④ 120.9cm^4

해설⊕

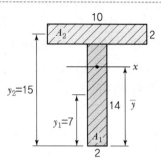

i) 도심축 거리 $\bar{y}$를 구하기 위해 바리뇽 정리를 적용하면

$$\bar{y} = \frac{\sum A_i y_i}{\sum A_i} = \frac{A_1 y_1 + A_2 y_2}{A_1 + A_2}$$

$$= \frac{2 \times 14 \times 7 + 10 \times 2 \times 15}{2 \times 14 + 10 \times 2} = 10.33 \text{cm}$$

ii) A_1과 A_2의 도심축에 대한 단면 2차 모멘트 I_{x1}, I_{x2}를 가지고 평행축 정리를 이용하여 도심축 x에 대한 단면 2차 모멘트 I_x를 구하면

$$I_x = \left(I_{x1} + A_1(\bar{y} - y_1)^2\right) + \left(I_{x2} + A_2(y_2 - \bar{y})^2\right)$$

$$= \left(\frac{2 \times 14^3}{12} + 2 \times 14 \times (10.33 - 7)^2\right)$$

$$+ \left(\frac{10 \times 2^3}{12} + 10 \times 2 \times (15 - 10.33)^2\right)$$

$$= 767.82 + 442.84 = 1,210.66 \text{cm}^4$$

18 그림과 같은 비틀림모멘트가 1kN·m에서 축적되는 비틀림 변형에너지는 약 몇 N·m인가?(단, 세로탄성계수는 100GPa이고, 포아송의 비는 0.25이다.)

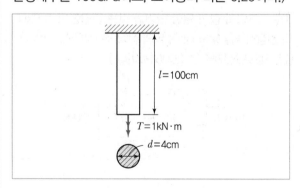

① 0.5   ② 5

③ 50   ④ 500

해설⊕

비틀림 변형에너지

$$U = \frac{1}{2} T \cdot \theta = \frac{1}{2} T \cdot \frac{T \cdot l}{G \cdot I_p}$$

(여기서, $E = 2G(1+\mu) \rightarrow G = \frac{E}{2(1+\mu)}$ 적용)

$$= \frac{1}{2} \cdot \frac{T^2 \cdot l}{\frac{E}{2(1+\mu)} \times \frac{\pi d^4}{32}}$$

$$= \frac{1}{2} \times \frac{(1 \times 10^3)^2 \times 1}{\frac{100 \times 10^9}{2(1+0.25)} \times \frac{\pi \times (0.04)^4}{32}} = 49.74 \text{N} \cdot \text{m}$$

19 평면 응력상태에 있는 재료 내부에 서로 직각인 두 방향에서 수직 응력 σ_x, σ_y가 작용할 때 생기는 최대 주응력과 최소 주응력을 각각 σ_1, σ_2라 하면 다음 중 어느 관계식이 성립하는가?

① $\sigma_1 + \sigma_2 = \frac{\sigma_x + \sigma_y}{2}$ ② $\sigma_1 + \sigma_2 = \frac{\sigma_x + \sigma_y}{4}$

③ $\sigma_1 + \sigma_2 = \sigma_x + \sigma_y$ ④ $\sigma_1 + \sigma_2 = 2(\sigma_x + \sigma_y)$

해설⊕

$\sigma_x > \sigma_y$라 가정하고 모어의 응력원을 그리면

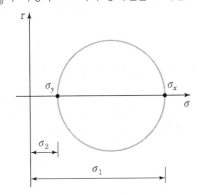

응력원에서 최대 주응력 $\sigma_1 = \sigma_x$, 최소 주응력 $\sigma_2 = \sigma_y$임을 알 수 있다.

그러므로 $\sigma_1 + \sigma_2 = \sigma_x + \sigma_y$이다.

20 8cm×12cm인 직사각형 단면의 기둥 길이를 L_1, 지름 20cm인 원형 단면의 기둥 길이를 L_2라 하고 세장비가 같다면, 두 기둥의 길이의 비(L_2/L_1)는 얼마인가?

① 1.44   ② 2.16

③ 2.5   ④ 3.2

해설⊕

i) 세장비 $\lambda = \frac{L}{K}$에서

직사각형 기둥의 세장비 $\lambda_1 = \frac{L_1}{K_1}$

원형 기둥의 세장비 $\lambda_2 = \frac{L_2}{K_2}$

ii) $\lambda_1 = \lambda_2$이므로 $\frac{L_1}{K_1} = \frac{L_2}{K_2}$

직사각형 회전반경 K_1

$$= \sqrt{\frac{I_1}{A_1}} = \sqrt{\frac{\frac{bh^3}{12}}{bh}} = \sqrt{\frac{h^2}{12}} = \sqrt{\frac{12^2}{12}} = \sqrt{12} \text{ cm}^2$$

원형의 회전반경 K_2

$$= \sqrt{\frac{I_2}{A_2}} = \sqrt{\frac{\frac{\pi}{64}d^4}{\frac{\pi}{4}d^2}} = \sqrt{\frac{d^2}{16}} = \frac{d}{4} = \frac{20}{4} = 5 \text{cm}^2$$

$$\therefore \frac{L_2}{L_1} = \frac{K_2}{K_1} = \frac{5}{\sqrt{12}} = 1.44$$

2과목 기계열역학

21 압력이 200kPa인 공기가 압력이 일정한 상태에서 400kcal의 열을 받으면서 팽창하였다. 이러한 과정에서 공기의 내부에너지가 250kcal만큼 증가하였을 때, 공기의 부피변화(m³)는 얼마인가?(단, 1kcal는 4.186kJ이다.)

① 0.98   ② 1.21
③ 2.86   ④ 3.14

해설⊕

i) 정압과정 $P = 200\text{kPa} = C$

ii) $\delta Q = dU + PdV$에서

$$_1Q_2 = U_2 - U_1 + \int_1^2 PdV \text{ (여기서, } P = C)$$
$$= U_2 - U_1 + P(V_2 - V_1)$$
$$\therefore V_2 - V_1 = \Delta V = \frac{_1Q_2 - (U_2 - U_1)}{P}$$
$$= \frac{(400 - 250)\text{kcal}}{200\text{kPa}} \times \frac{4.186\text{kJ}}{1\text{kcal}}$$
$$= 3.14\text{m}^3$$

※ $_1Q_2 = U_2 - U_1 + AP(V_2 - V_1)$

(여기서, $A = \dfrac{1\text{kcal}}{4.186\text{kJ}}$: 일의 열당량)으로 해석해도 된다.

22 기체가 열량 80kJ을 흡수하여 외부에 대하여 20kJ의 일을 하였다면 내부에너지 변화(kJ)는?

① 20   ② 60
③ 80   ④ 100

해설⊕

$\delta Q - \delta W = dU$에서
내부에너지 변화량 $U_2 - U_1 = {_1Q_2} - {_1W_2}$
$\qquad\qquad\qquad\qquad = 80 - 20 = 60\text{kJ}$
(여기서, 흡열이므로 열부호 (+), 계가 일하므로 일부호 (+))

23 열역학 제2법칙에 대한 설명으로 옳은 것은?

① 과정(process)의 방향성을 제시한다.
② 에너지의 양을 결정한다.
③ 에너지의 종류를 판단할 수 있다.
④ 공학적 장치의 크기를 알 수 있다.

해설⊕

열역학 제2법칙은 비가역과정을 설명하며 자연의 방향성을 제시한다.

24 카르노 냉동기에서 흡열부와 방열부의 온도가 각각 −20℃와 30℃인 경우, 이 냉동기에 40kW의 동력을 투입하면 냉동기가 흡수하는 열량(RT)은 얼마인가? (단, 1RT=3.86kW이다.)

① 23.62   ② 52.48
③ 78.36   ④ 126.48

해설⊕

i) $T_H = 30 + 273 = 303\text{K}, \quad T_L = 20 + 273 = 253\text{K}$

$$\varepsilon_R = \frac{Q_L}{Q_H - Q_L} = \frac{T_L}{T_H - T_L} = \frac{253}{303 - 253} = 5.06$$

ii) $\varepsilon_R = \dfrac{\text{output}}{\text{input}} = \dfrac{Q_L}{40\text{kW}}$

$$\therefore Q_L = \varepsilon_R \times 40\text{kW} = 5.06 \times 40 = 202.4\text{kW}$$

단위환산하면 $202.4\text{kW} \times \dfrac{1\text{RT}}{3.86\text{kW}} = 52.44\text{RT}$

25 포화액의 비체적은 0.001242m³/kg이고, 포화증기의 비체적은 0.3469m³/kg인 어떤 물질이 있다. 이 물질이 건도 0.65 상태로 2m³인 공간에 있다고 할 때 이 공간 안을 차지한 물질의 질량(kg)은?

① 8.85   ② 9.42
③ 10.08   ④ 10.84

정답 21 ④ 22 ② 23 ① 24 ② 25 ①

해설⊕

i) $v_f = 0.001242$, $v_g = 0.3469$, 건도 $x = 0.65$

ii) 건도가 x인 비체적 $v_x = v_f + x(v_g - v_f)$에서

$$v_x = 0.001242 + 0.65 \times (0.3469 - 0.001242)$$

$$= 0.226 \mathrm{m}^3/\mathrm{kg}$$

iii) $v_x = \dfrac{V_x}{m_x}$

$$\rightarrow m_x = \frac{V_x}{v_x} = \frac{2\mathrm{m}^3}{0.226 \dfrac{\mathrm{m}^3}{\mathrm{kg}}} = 8.85 \mathrm{kg}$$

26 질량이 m이고 비체적이 v인 구(sphere)의 반지름이 R이다. 이때 질량이 $4m$, 비체적이 $2v$로 변화한다면 구의 반지름은 얼마인가?

① $2R$ ② $\sqrt{2}\,R$

③ $\sqrt[3]{2}\,R$ ④ $\sqrt[3]{4}\,R$

해설⊕

i) $mv = V$이므로 $mv = \dfrac{4}{3}\pi R^3 \cdots$ ⓐ

ii) 구의 반지름을 x라 하면 $4m \times 2v = \dfrac{4}{3}\pi x^3$

$$8mv = \frac{4}{3}\pi x^3 \rightarrow mv = \frac{\pi}{6}x^3 \ (\leftarrow ⓐ\ 대입)$$

$$\frac{4}{3}\pi R^3 = \frac{\pi}{6}x^3 \rightarrow x^3 = 8R^3 \quad \therefore \ x = 2R$$

27 입구 엔탈피 3,155kJ/kg, 입구 속도 24m/s, 출구 엔탈피 2,385kJ/kg, 출구 속도 98m/s인 증기 터빈이 있다. 증기 유량이 1.5kg/s이고, 터빈의 축 출력이 900kW일 때 터빈과 주위 사이의 열전달량은 어떻게 되는가?

① 약 124kW의 열을 주위로 방열한다.

② 주위로부터 약 124kW의 열을 받는다.

③ 약 248kW의 열을 주위로 방열한다.

④ 주위로부터 약 248kW의 열을 받는다.

해설⊕

개방계의 열역학 제1법칙

$$\dot{Q}_{c.v} + \dot{m}_i\left(h_i + \frac{V_i^2}{2} + gZ_i\right) = \dot{m}_e\left(h_e + \frac{V_e^2}{2} + gZ_e\right) + \dot{W}_{c.v}$$

(여기서, $\dot{m}_i = \dot{m}_e = \dot{m}$, $gZ_i = gZ_e$ 적용)

$$\dot{Q}_{c.v} = \dot{m}\left\{(h_e - h_i) + \frac{1}{2}(V_e^2 - V_i^2)\right\} + \dot{W}_{c.v}$$

$$= 1.5\frac{\mathrm{kg}}{\mathrm{s}}\left\{(2,385 - 3,155)\frac{\mathrm{kJ}}{\mathrm{kg}} + \frac{1}{2}(98^2 - 24^2)\frac{\mathrm{J}}{\mathrm{kg}}\right.$$

$$\left. \times \frac{1\mathrm{kJ}}{1,000\mathrm{J}}\right\} + 900\mathrm{kW}$$

$$= -248.23\mathrm{kW} \ (열부호(-)이므로 주위로 열을 방출)$$

28 공기 1kg을 정압과정으로 20℃에서 100℃까지 가열하고, 다음에 정적과정으로 100℃에서 200℃까지 가열한다면, 전체 가열에 필요한 총에너지(kJ)는? (단, 정압비열은 1.009kJ/kg · K, 정적비열은 0.72kJ/kg · K이다.)

① 152.7   ② 162.8

③ 139.8   ④ 146.7

해설⊕

$\delta q = du + pdv = dh - vdp$

i) 정압가열과정 $p = c$에서

   $\delta q = dh - vdp \ (\because \ dp = 0)$

$$_1q_2 = \int_1^2 C_p dT = C_p(T_2 - T_1)$$

$$= 1.009 \times (100 - 20) = 80.72 \mathrm{kJ/kg}$$

$$\therefore \ Q_p = {_1Q_2} = m \cdot {_1q_2} = 1 \times 80.72 = 80.72 \mathrm{kJ}$$

ii) 정적가열과정 $v = c$에서

   $\delta q = du + pdv (\because \ dv = 0)$

$$_1q_2 = \int_1^2 C_v dT = C_v(T_2 - T_1)$$

$$= 0.72 \times (200 - 100) = 72 \mathrm{kJ/kg}$$

$$\therefore \ Q_v = {_1Q_2} = m \cdot {_1q_2} = 1 \times 72 = 72 \mathrm{kJ}$$

iii) 총가열량 $Q = Q_p + Q_v = 80.72 + 72 = 152.72 \mathrm{kJ}$

정답   **26** ①   **27** ③   **28** ①

29 질량 유량이 10kg/s인 터빈에서 수증기의 엔탈피가 800kJ/kg 감소한다면 출력(kW)은 얼마인가?(단, 역학적 손실, 열손실은 모두 무시한다.)

① 80

② 160

③ 1,600

④ 8,000

해설⊕

i) 개방계에 대한 열역학 제1법칙

$$q_{c.v} + h_i = h_e + w_{c.v} \text{ (단열이므로 } q_{c.v} = 0)$$

$$\therefore \ w_{c.v} = w_T = h_i - h_e > 0$$

$$w_T = \Delta h = 800 \text{kJ/kg}$$

ii) 출력 $\dot{W}_T = \dot{m} \cdot w_T = 10 \dfrac{\text{kg}}{\text{s}} \times 800 \dfrac{\text{kJ}}{\text{kg}}$

$$= 8,000 \text{kJ/s} = 8,000 \text{kW}$$

30 다음 그림과 같은 오토 사이클의 효율(%)은?(단, $T_1 = 300$K, $T_2 = 689$K, $T_3 = 2,364$K, $T_4 = 1,029$K이고, 정적비열은 일정하다.)

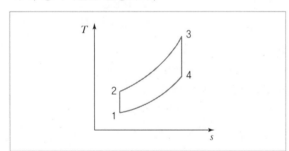

① 42.5

② 48.5

③ 56.5

④ 62.5

해설⊕

열전달과정이 정적과정이므로

$$\delta q = du + pdv = C_v dT \ (\because \ dv = 0) \rightarrow \ _1q_2 = \int_1^2 C_v dT$$

$$\eta_0 = \frac{q_H - q_L}{q_H} = 1 - \frac{q_L}{q_H} = 1 - \frac{C_v(T_4 - T_1)}{C_v(T_3 - T_2)}$$

$$= 1 - \frac{(1,029 - 300)}{(2,364 - 689)} = 0.5648 = 56.48\%$$

31 1,000K의 고열원으로부터 750kJ의 에너지를 받아서 300K의 저열원으로 550kJ의 에너지를 방출하는 열기관이 있다. 이 기관의 효율(η)과 Clausius 부등식의 만족 여부는?

① $\eta = 26.7\%$이고, Clausius 부등식을 만족한다.

② $\eta = 26.7\%$이고, Clausius 부등식을 만족하지 않는다.

③ $\eta = 73.3\%$이고, Clausius 부등식을 만족한다.

④ $\eta = 73.3\%$이고, Clausius 부등식을 만족하지 않는다.

해설⊕

i) 열기관의 효율

$$\eta = \frac{Q_H - Q_L}{Q_H} = 1 - \frac{Q_L}{Q_H} = 1 - \frac{550}{750}$$

$$= 0.2667 = 26.67\%$$

ii) 클라우시우스 부등식

$$\oint \frac{\delta Q}{T} = \frac{Q_H}{T_H} + \frac{Q_L}{T_L} \ (Q_H : \text{흡열}(+), \ Q_L : \text{방열}(-))$$

$$= \frac{750}{1,000} + \frac{(-)550}{300} = -1.08 \text{kJ/K}$$

$$\therefore \ \oint \frac{\delta Q}{T} < 0 \text{이므로 비가역과정(실제과정)}$$

$$\rightarrow \text{클라우시우스 부등식 만족}$$

32 메탄올의 정압비열(C_p)이 다음과 같은 온도 T(K)에 의한 함수로 나타날 때 메탄올 1kg을 200K에서 400K까지 정압과정으로 가열하는데 필요한 열량(kJ)은?(단, C_p의 단위는 kJ/kg · K이다.)

$$C_p = a + bT + cT^2$$
$$(a = 3.51, \ b = -0.00135, \ c = 3.47 \times 10^{-5})$$

① 722.9

② 1,311.2

③ 1,268.7

④ 866.2

해설⊕

$$\delta q = dh - vdp \ (\text{여기서, } p = c \rightarrow dp = 0)$$

정답   29 ④   30 ③   31 ①   32 ③

$\delta q = C_p dT$에서 C_p 값이 온도함수로 주어져 있으므로

$$_1q_2 = \int_{200}^{400} (a + bT + cT^2)dT$$

$$= a\,[\,T\,]_{200}^{400} + \frac{b}{2}\,[\,T^2\,]_{200}^{400} + \frac{c}{3}\,[\,T^3\,]_{200}^{400}$$

$$= 3.51 \times (400 - 200) + \frac{-0.00135}{2}(400^2 - 200^2)$$

$$+ \frac{3.47 \times 10^{-5}}{3}(400^3 - 200^3) = 1,268.73\text{kJ/kg}$$

$$\therefore \ _1Q_2 = m \cdot {}_1q_2 = 1\text{kg} \times 1,268.73\text{kJ/kg}$$

$$= 1,268.73\text{kJ}$$

33 증기압축 냉동기에 사용되는 냉매의 특징에 대한 설명으로 틀린 것은?

① 냉매는 냉동기의 성능에 영향을 미친다.

② 냉매는 무독성, 안정성, 저가격 등의 조건을 갖추어야 한다.

③ 무기화합물 냉매인 암모니아는 열역학적 특성이 우수하고, 가격이 비교적 저렴하여 널리 사용되고 있다.

④ 최근에 오존파괴의 문제로 CFC 냉매 대신에 R-12 (CCl_2F_2)가 냉매로 사용되고 있다.

해설◉

R-12

CFC계 냉매로 자동차용 에어컨, 냉장고 및 소형·대형 냉동기의 냉매인데 환경문제로 인하여 대체 냉매로 R-134a 또는 R-152a를 사용한다.

34 열역학적 관점에서 일과 열에 관한 설명으로 틀린 것은?

① 일과 열은 온도와 같은 열역학적 상태량이 아니다.

② 일의 단위는 J(joule)이다.

③ 일의 크기는 힘과 그 힘이 작용하여 이동한 거리를 곱한 값이다.

④ 일과 열은 점 함수(point function)이다.

해설◉

일과 열은 경로 함수(path function)이다.

35 다음 중 브레이턴 사이클의 과정으로 옳은 것은?

① 단열 압축 → 정적 가열 → 단열 팽창 → 정적 방열

② 단열 압축 → 정압 가열 → 단열 팽창 → 정적 방열

③ 단열 압축 → 정적 가열 → 단열 팽창 → 정압 방열

④ 단열 압축 → 정압 가열 → 단열 팽창 → 정압 방열

해설◉

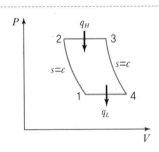

브레이턴 사이클은 가스터빈의 이상사이클로 두 개의 정압과정과 두 개의 단열과정으로 이루어져 있다.

36 오토 사이클의 효율이 55%일 때 101.3kPa, 20℃의 공기가 압축되는 압축비는 얼마인가?(단, 공기의 비열비는 1.40이다.)

① 5.28 ② 6.32

③ 7.36 ④ 8.18

해설◉

오토 사이클 효율 $\eta_0 = 1 - \left(\dfrac{1}{\varepsilon}\right)^{k-1}$ 에서

$$0.55 = 1 - \left(\frac{1}{\varepsilon}\right)^{1.4-1} = 1 - \left(\frac{1}{\varepsilon}\right)^{0.4}$$

$$\therefore \ \varepsilon^{-0.4} = 1 - 0.55 = 0.45$$

압축비 $\varepsilon = (0.45)^{-\frac{1}{0.4}} = 7.36$

정답 33 ④ 34 ④ 35 ④ 36 ③

37 공기가 등온과정을 통해 압력이 200kPa, 비체적이 0.02m³/kg인 상태에서 압력이 100kPa인 상태로 팽창하였다. 공기를 이상기체로 가정할 때 시스템이 이 과정에서 한 단위 질량당 일(kJ/kg)은 약 얼마인가?

① 1.4   ② 2.0

③ 2.8   ④ 5.6

해설 ⊕

i) 등온과정 $T = c \rightarrow pv = c \rightarrow p_1 v_1 = p_2 v_2$

ii) 절대일 $\delta w = pdv$ $\left($여기서, $p = \dfrac{c}{v}\right)$

$$_1 w_2 = \int_1^2 \frac{c}{v} dv$$

$$= c \ln \frac{v_2}{v_1}$$

(여기서 $c = p_1 v_1$, 일부호(+), $\dfrac{v_2}{v_1} = \dfrac{p_1}{p_2}$ 적용)

$$= p_1 v_1 \ln \frac{p_1}{p_2}$$

$$= 200 \frac{\text{kN}}{\text{m}^2} \times 0.02 \frac{\text{m}^3}{\text{kg}} \times \ln\left(\frac{200}{100}\right) = 2.77 \text{kJ/kg}$$

38 100℃의 수증기 10kg이 100℃의 물로 응축되었다. 수증기의 엔트로피 변화량(kJ/K)은?(단, 물의 잠열은 100℃에서 2,257kJ/kg이다.)

① 14.5   ② 5,390

③ −22,570   ④ −60.5

해설 ⊕

$$dS = \frac{\delta Q}{T}$$

$$S_2 - S_1 = \frac{m \cdot {}_1 q_2}{T} = \frac{(-)10 \times 2,257}{373} \ ((-)\text{ 방열})$$

$$= -60.51 \text{kJ/K}$$

39 분자량이 32인 기체의 정적비열이 0.714kJ/kg · K일 때 이 기체의 비열비는?(단, 일반기체상수는 8.314kJ/kmol · K이다.)

① 1.364   ② 1.382

③ 1.414   ④ 1.446

해설 ⊕

비열 간의 관계식 $C_p - C_v = R$에서

$$\frac{C_p}{C_v} = k$$

$C_p = k C_v$를 대입하면

$$k C_v - C_v = R \rightarrow k C_v = C_v + R$$

$$\therefore \ k = 1 + \frac{R}{C_v} = 1 + \frac{\dfrac{R}{M}}{C_v}$$

$$= 1 + \frac{\dfrac{8.314 \dfrac{\text{kJ}}{\text{kmol} \cdot \text{K}}}{32 \dfrac{\text{kg}}{\text{kmol}}}}{0.714}$$

$$= 1.364$$

(여기서, 분자량 M : 1mol → 32g, 1kmol → 32kg)

40 내부에너지가 40kJ, 절대압력이 200kPa, 체적이 0.1m³, 절대온도가 300K인 계의 엔탈피(kJ)는?

① 42   ② 60

③ 80   ④ 240

해설 ⊕

엔탈피 $H = U + PV$

$$= 40\text{kJ} + 200\text{kPa} \times 0.1\text{m}^3$$

$$= 40\text{kJ} + 20\text{kJ}$$

$$= 60\text{kJ}$$

3과목 기계유체역학

41 다음 중 유선(Stream line)에 대한 설명으로 옳은 것은?

① 유체의 흐름에 있어서 속도 벡터에 대하여 수직한 방향을 갖는 선이다.
② 유체의 흐름에 있어서 유동단면의 중심을 연결한 선이다.
③ 비정상류 흐름에서만 유동의 특성을 보여주는 선이다.
④ 속도 벡터에 접하는 방향을 가지는 연속적인 선이다.

해설◐
유선은 유동장의 한 점에서 속도 벡터와 접선 벡터가 일치하는 선이다.

42 점성계수(μ)가 0.098N · s/m²인 유체가 평판 위를 $u(y) = 750y - 2.5 \times 10^{-6}y^3$(m/s)의 속도 분포로 흐를 때 평판면($y = 0$)에서의 전단응력은 약 몇 N/m²인가?(단, y는 평판면으로부터 m 단위로 잰 수직거리이다.)

① 7.35 　　　　　② 73.5
③ 14.7 　　　　　④ 147

해설◐
$$\tau = \mu \cdot \frac{du}{dy} = \mu \times (750 - 3 \times 2.5 \times 10^{-6}y^2)$$
　　　← 주어진 $u(y)$를 y에 대해 미분
평판면에서 전단응력
$$\tau)_{y=0} = 0.098 \times (750 - 0) = 73.5\text{N/m}^2$$

43 안지름이 0.01m인 관 내로 점성계수가 0.005 N · s/m², 밀도가 800kg/m³인 유체가 1m/s의 속도로 흐를 때, 이 유동의 특성은?(단, 천이구간은 레이놀즈수가 2,100~4,000에 포함될 때를 기준으로 한다.)

① 층류유동 　　　　② 난류유동
③ 천이유동 　　　　④ 위 조건으로는 알 수 없다.

해설◐
$$Re = \frac{\rho \cdot V \cdot d}{\mu} = \frac{800 \times 1 \times 0.01}{0.005} = 1,600 < 2,100$$
이므로 층류유동

44 그림과 같이 비중 0.85인 기름이 흐르고 있는 개수로에 피토관을 설치하였다. $\Delta h = 30$mm, $h = 100$m 일 때 기름의 유속은 약 몇 m/s인가?(단, Δh 부분에도 기름이 차 있는 상태이다.)

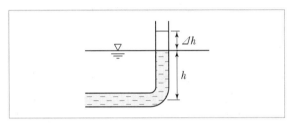

① 0.767 　　　　　② 0.976
③ 1.59 　　　　　④ 6.25

해설◐
$$V = \sqrt{2g\Delta h} = \sqrt{2 \times 9.8 \times 0.03} = 0.767\text{m/s}$$

45 밀도가 500kg/m³인 원기둥이 $\frac{1}{3}$만큼 액체면 위로 나온 상태로 떠 있다. 이 액체의 비중은?

① 0.33 　　　　　② 0.5
③ 0.75 　　　　　④ 1.5

해설◐

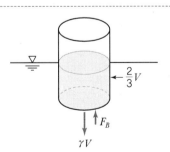

↑y, 무게와 부력이 같다.

원기둥 전 체적을 V, 원기둥 비중량을 γ, 원기둥 밀도 $\rho = 500\text{kg/m}^3$, 액체의 비중 S_x, 비중량을 γ_x 라 하면

$\sum F_y = 0 : F_B - \gamma \cdot V = 0$

$\gamma_x V_{\text{잠긴}} - \gamma V = 0$

(여기서, $\gamma_x = S_x \gamma_w$, $V_{\text{잠긴}} = \dfrac{2}{3} V$, $\gamma = \rho \cdot g$ 적용)

$S_x \cdot \gamma_w \times \dfrac{2}{3} V = \gamma \cdot V$

$\therefore S_x = \dfrac{3}{2} \dfrac{\gamma}{\gamma_w} = \dfrac{3}{2} \dfrac{\rho \cdot g}{\gamma_w}$

$\qquad = \dfrac{3}{2} \times \dfrac{500 \times 9.8}{9,800} = 0.75$

46 마찰계수가 0.02인 파이프(안지름 0.1m, 길이 50m) 중간에 부차적 손실계수가 5인 밸브가 부착되어 있다. 밸브에서 발생하는 손실수두는 총손실수두의 약 몇 %인가?

① 20   ② 25

③ 33   ④ 50

총 손실수두＝곧고 긴 관에서 손실수두＋부차적 손실수두

$h_l = f \cdot \dfrac{L}{d} \cdot \dfrac{V^2}{2g} + K \cdot \dfrac{V^2}{2g}$

$\qquad = 0.02 \times \dfrac{50}{0.1} \times \dfrac{V^2}{2g} + 5 \times \dfrac{V^2}{2g} = 15 \times \dfrac{V^2}{2g}$

$\therefore \dfrac{\text{밸브(부차적) 손실수두}}{\text{총손실수두}} = \dfrac{K \cdot \dfrac{V^2}{2g}}{h_l}$

$\qquad = \dfrac{5 \times \dfrac{V^2}{2g}}{15 \times \dfrac{V^2}{2g}}$

$\qquad = \dfrac{1}{3} = 33.33\%$

47 2차원 극좌표계(r, θ)에서 속도 퍼텐셜이 다음과 같을 때 원주방향 속도(v_θ)는?(단, 속도 퍼텐셜 ϕ는 $\overrightarrow{V} = \nabla\phi$로 정의한다.)

$$\phi = 2\theta$$

① $4\pi r$ ② $2r$

③ $\dfrac{4\pi}{r}$ ④ $\dfrac{2}{r}$

$\overrightarrow{V} = \nabla\phi$에서 $V_r = \dfrac{\partial\phi}{\partial r}$, $V_\theta = \dfrac{1}{r}\dfrac{\partial\phi}{\partial\theta}$이므로

$V_\theta = \dfrac{1}{r}\dfrac{\partial\phi}{\partial\theta}$ (ϕ를 θ에 대해 편미분하면)

$\qquad = \dfrac{1}{r} \times 2 = \dfrac{2}{r}$

48 그림과 같이 고정된 노즐로부터 밀도가 ρ인 액체의 제트가 속도 V로 분출하여 평판에 충돌하고 있다. 이때 제트의 단면적이 A이고 평판이 u인 속도로 제트와 반대방향으로 운동할 때 평판에 작용하는 힘 F는?

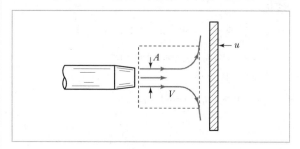

① $F = A(V - u)$ ② $F = A(V - u)^2$

③ $F = A(V + u)$ ④ $F = A(V + u)^2$

검사면에 작용하는 힘들의 합은 검사체적 안의 운동량 변화량과 같다.

$\sum F_x = -F = \rho Q(V_{2x} - V_{1x})$ (여기서, $V_{2x} = 0$)

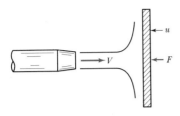

$$-F = -\rho QV_{1x}$$

$(V_{1x} = V_{물/평} = V_{물} - V_{평} = V - (-u) = V + u,$

$Q = A(V+u)$: 실제 평판에 부딪히는 유량)

$$\therefore \ F = \rho QV_{1x} = \rho A(V+u)(V+u) = \rho A(V+u)^2$$

49 지름이 0.01m인 구 주위를 공기가 0.001m/s로 흐르고 있다. 항력계수 $C_D = \dfrac{24}{Re}$로 정의할 때 구에 작용하는 항력은 약 몇 N인가? (단, 공기의 밀도는 1.1774 kg/m³, 점성계수는 1.983×10^{-5}kg/m·s이며, Re는 레이놀즈수를 나타낸다.)

① 1.9×10^{-9} 　　② 3.9×10^{-9}

③ 5.9×10^{-9} 　　④ 7.9×10^{-9}

해설 ⊕

i) $Re = \dfrac{\rho Vd}{\mu} = \dfrac{1.1774 \times 0.001 \times 0.01}{1.983 \times 10^{-5}} = 0.5937$

ii) 항력 $D = C_D \cdot \rho \cdot A \cdot \dfrac{V^2}{2}$

$= \dfrac{24}{0.5937} \times 1.1774 \times \dfrac{\pi}{4} \times 0.01^2 \times \dfrac{0.001^2}{2}$

$= 1.87 \times 10^{-9}$

50 유체 속에 잠겨 있는 경사진 판의 윗면에 작용하는 압력힘의 작용점에 대한 설명 중 옳은 것은?

① 판의 도심보다 위에 있다.

② 판의 도심에 있다.

③ 판의 도심보다 아래에 있다.

④ 판의 도심과 관계가 없다.

해설 ⊕

압력힘의 작용점은 전압력 중심 y_p로 판의 도심보다 $\dfrac{I_x}{A\overline{y}}$ 만큼 아래에 있다.

51 다음 중에서 차원이 다른 물리량은?

① 압력 　　　　② 전단응력

③ 동력 　　　　④ 체적탄성계수

해설 ⊕

① $P = \dfrac{F}{A} = \dfrac{N}{m^2} \rightarrow FL^{-2}$

② $\tau = \dfrac{F}{A} = \dfrac{N}{m^2} \rightarrow FL^{-2}$

③ $H = F \cdot V = N \cdot \dfrac{m}{s} \rightarrow FLT^{-1}$

④ $\sigma = K \cdot \varepsilon_v$ (∵ ε_v 무차원, 체적탄성계수 K는 응력과 같은 차원 : FL^{-2})

　또한, $K = \dfrac{1}{\beta} = \dfrac{dp}{\dfrac{dV}{V}} \rightarrow$ 압력 으로 해석해도 된다. $\dfrac{dV}{V} \rightarrow$ 무차원

52 안지름이 4mm이고, 길이가 10m인 수평 원형관 속을 20℃의 물이 층류로 흐르고 있다. 배관 10m의 길이에서 압력강하가 10kPa이 발생하며, 이때 점성계수는 1.02×10^{-3}N·s/m²일 때 유량은 약 몇 cm³/s인가?

① 6.16 　　　　② 8.52

③ 9.52 　　　　④ 12.16

해설 ⊕

하이겐포아젤 방정식

$Q = \dfrac{\Delta p \pi d^4}{128\mu l} = \dfrac{10 \times 10^3 \times \pi \times 0.004^4}{128 \times 1.02 \times 10^{-3} \times 10}$

$= 6.16 \times 10^{-6} \text{m}^3/\text{s}$

$6.16 \times 10^{-6} \dfrac{\text{m}^3 \times \left(\dfrac{100\text{cm}}{1\text{m}}\right)^3}{\text{s}} = 6.16\text{cm}^3/\text{s}$

53 역학적 상사성이 성립하기 위해 무차원수인 프루드수를 같게 해야 되는 흐름은?

① 점성계수가 큰 유체의 흐름

② 표면장력이 문제가 되는 흐름

③ 자유표면을 가지는 유체의 흐름

④ 압축성을 고려해야 되는 유체의 흐름

해설⊕

자유표면을 갖는 유동에서 중요한 무차원수는 프루드수(Fr)이다.

54 표준대기압 상태인 어떤 지방의 호수에서 지름이 d인 공기의 기포가 수면으로 올라오면서 지름이 2배로 팽창하였다. 이때 기포의 최초 위치는 수면으로부터 약 몇 m 아래인가?(단, 기포 내의 공기는 Boyle 법칙에 따르며, 수중의 온도도 일정하다고 가정한다. 또한 수면의 기압(표준대기압)은 101.325kPa이다.)

① 70.8   ② 72.3

③ 74.6   ④ 77.5

해설⊕

i) 보일법칙 $PV = C$에서 $P_1 V_1 = P_2 V_2 \leftarrow V_2 = 8V_1$
(지름이 2배가 되면 체적은 2^3배가 된다.)
$P_1 V_1 = P_2 \times 8 \times V_1$(여기서, $P_2 = P_0$)
$\therefore P_1 = 8P_2 = 8P_0 = 8 \times 101.325 = 810.6\text{kPa}$

ii) $P_1 = P_0 + \gamma h$이므로
$\gamma h = P_1 - P_0 = 810.6 - 101.325 = 709.28\text{kPa}$
$\therefore h = \dfrac{709.28\text{kPa}}{\gamma} = \dfrac{709.28 \times 10^3}{980} = 72.38\text{m}$

55 평판 위를 공기가 유속 15m/s로 흐르고 있다. 선단으로부터 10cm인 지점의 경계층 두께는 약 몇 mm인가?(단, 공기의 동점성계수는 $1.6 \times 10^{-5}\text{m}^2/\text{s}$이다.)

① 0.75   ② 0.98

③ 1.36   ④ 1.63

해설⊕

$\dfrac{\delta}{x} = \dfrac{5}{\sqrt{Re_x}}$ 에서

층류 경계층 두께

$\delta = \dfrac{5}{\sqrt{\dfrac{\rho Vx}{\mu}}} \cdot x = \dfrac{5}{\sqrt{\dfrac{V}{\nu}}} \cdot \sqrt{x}$

$= \dfrac{5}{\sqrt{\dfrac{15}{1.6 \times 10^{-5}}}} \times \sqrt{0.1}$

$= 0.00163\text{m} = 1.63\text{mm}$

※ 최신 전공서적에서는 분자에 5 대신 5.48을 넣어서 계산한다.

56 비중이 0.8인 액체를 10m/s 속도로 수직방향으로 분사하였을 때, 도달할 수 있는 최고 높이는 약 몇 m인가?(단, 액체는 비압축성, 비점성 유체이다.)

① 3.1   ② 5.1

③ 7.4   ④ 10.2

해설⊕

분사위치(1)와 최고점의 위치(2)에 베르누이 방정식을 적용하면

$\dfrac{P_1}{\gamma} + \dfrac{V_1^2}{2g} + Z_1 = \dfrac{P_2}{\gamma} + \dfrac{V_2^2}{2g} + Z_2$

(여기서, $V_2 = 0$, $P_1 \approx P_2 \approx P_0$ 무시)

$\therefore Z_2 - Z_1 = \dfrac{V_1^2}{2g} = \dfrac{10^2}{2 \times 9.8} = 5.1\text{m}$

57 그림과 같이 설치된 펌프에서 물의 유입지점 1의 압력은 98kPa, 방출지점 2의 압력은 105kPa이고, 유입지점으로부터 방출지점까지의 높이는 20m이다. 배관 요소에 따른 전체 수두손실은 4m이고 관 지름이 일정할 때 물을 양수하기 위해서 펌프가 공급해야 할 압력은 약 몇 kPa인가?

정답   53 ③   54 ②   55 ④   56 ②   57 ①

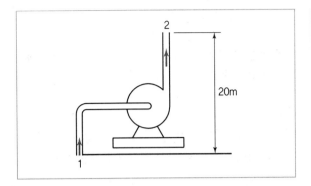

① 242

② 324

③ 431

④ 514

해설

i) 손실과 펌프양정을 고려한 베르누이 방정식을 적용하면

$$① + H_p = ② + H_l$$

$$\frac{P_1}{\gamma} + \frac{V_1^2}{2g} + Z_1 + H_p = \frac{P_2}{\gamma} + \frac{V_2^2}{2g} + Z_2 + H_l$$

(여기서, $V_1 = V_2 \leftarrow$ 관 지름 일정)

$$\therefore \ H_p = \frac{P_2 - P_1}{\gamma} + Z_2 - Z_1 + H_l$$

$$= \frac{(105 - 98) \times 10^3}{9,800} + 20 + 4$$

$$= 24.71\text{m} \ (\text{펌프양정} = \text{펌프에너지})$$

ii) 펌프에 공급해야 할 압력 $P = \gamma H_p$이므로

$$P = 9,800 \times 24.71$$

$$= 242,158\text{Pa} = 242.16\text{kPa}$$

---

58 지상에서의 압력은 P_1, 지상 1,000m 높이에서의 압력을 P_2라고 할 때 압력비$\left(\dfrac{P_2}{P_1}\right)$는?(단, 온도가 15℃로 높이에 상관없이 일정하다고 가정하고, 공기의 밀도는 기체상수가 287J/kg · K인 이상기체 법칙을 따른다.)

① 0.80

② 0.89

③ 0.95

④ 1.1

해설

i) 지상의 대기압을 표준대기압으로 보면

$$P_1 = 1,013.25\text{mbar} = 1.01325\text{bar} = 101,325\text{Pa}$$

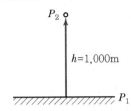

$$P_1 = P_2 + \gamma h$$

(여기서, $\gamma = \rho \cdot g$, $pv = RT \rightarrow \dfrac{P}{\rho} = RT$,

$$\rho = \frac{P}{RT} = \frac{101,325}{287 \times (15 + 273)} = 1.23\text{kg/m}^3)$$

$$\therefore \ P_2 = P_1 - \gamma h = P_1 - \rho g h$$

$$= 101,325 - 1.23 \times 9.8 \times 1,000$$

$$= 89,271\text{Pa}$$

ii) $\dfrac{P_2}{P_1} = \dfrac{89,271}{101,325} = 0.881$

---

59 비행기 날개에 작용하는 양력 F에 영향을 주는 요소는 날개의 코드길이 L, 받음각 α, 자유유동 속도 V, 유체의 밀도 ρ, 점성계수 μ, 유체 내에서의 음속 C이다. 이 변수들로 만들 수 있는 독립 무차원 매개변수는 몇 개인가?

① 2

② 3

③ 4

④ 5

해설

i) 물리량 총수 $n = 7$개

ii) 각 물리량 차원

양력 $F = \text{kg} \cdot \text{m/s}^2 \rightarrow MLT^{-2}$ 차원

코드길이 $L = \text{m} \rightarrow L$ 차원

받음각 $\alpha \rightarrow$ 무차원(radian)

자유유동속도 $V = \text{m/s} \rightarrow LT^{-1}$ 차원

유체의 밀도 $\rho = \dfrac{\text{kg}}{\text{m}^3} \rightarrow ML^{-3}$ 차원

점성계수 $\mu = \dfrac{\text{g}}{\text{cm} \cdot \text{s}} \rightarrow ML^{-1}T^{-1}$ 차원

음속 $C = \text{m/s} \rightarrow LT^{-1}$ 차원

사용된 기본 차원수 $M,\ L,\ T \rightarrow 3$개 $\therefore\ m = 3$

iii) 독립 무차원 매개변수 $\pi = n - m = 7 - 3 = 4$

---

60 원유를 매분 240L의 비율로 안지름 80mm인 파이프를 통하여 100m 떨어진 곳으로 수송할 때 관 내의 평균 유속은 약 몇 m/s인가?

① 0.4   ② 0.8

③ 2.5   ④ 3.1

해설⊕

$Q = A \cdot V_{av}$에서

$V_{av} = \dfrac{Q}{A} = \dfrac{Q}{\dfrac{\pi}{4}d^2} = \dfrac{4Q}{\pi d^2} = \dfrac{4 \times 0.004}{\pi \times 0.08^2} = 0.796\,\text{m/s}$

여기서, $Q = \dfrac{240\text{L}}{1\text{min}} = \dfrac{240 \times 10^{-3}\text{m}^3}{60\text{s}} = 0.004\,\text{m}^3/\text{s}$

※ 손실수두 $h_l = f \cdot \dfrac{L}{d} \cdot \dfrac{V^2}{2g}$, $\Delta p = \gamma \cdot h_l \cdots$ ⓐ

$Q = \dfrac{\Delta p \pi d^4}{128\mu l} \rightarrow \Delta p = \dfrac{128\mu l Q}{\pi d^4} \cdots$ ⓑ

ⓐ=ⓑ라고 해석해도 된다.

4과목 **기계재료 및 유압기기**

61 베이나이트(Bainite) 조직을 얻기 위한 항온열처리 조작으로 옳은 것은?

① 마퀜칭   ② 소성가공

③ 노멀라이징   ④ 오스템퍼링

해설⊕

오스템퍼링

㉠ 목적 : 뜨임 작업이 필요 없으며, 인성이 풍부하고 담금질 균열이나 변형이 적고 연신성과 단면 수축, 충격치 등이

향상된 재료를 얻게 된다.

㉡ 열처리방법 : 오스테나이트에서 베이나이트로 완전한 항온변태가 일어날 때까지 특정 온도로 유지 후 공기 중에서 냉각하여 베이나이트 조직을 얻는다.

---

62 보자력이 작고, 미세한 외부 자기장의 변화에도 크게 자화되는 특징을 가진 연질 자성 재료는?

① 센더스트   ② 알니코자석

③ 페라이트자석   ④ 희토류계 자석

해설⊕

① 센더스트 : 알루미늄 4~8%, 규소 6~11%, 나머지가 철로 조성된 고투자율(高透磁率)의 합금으로, 압분자심ㆍ자기 헤드재에 쓰인다.

② 알니코자석 : 종류별 각각의 다른 특성을 가지고 있는 영구자석 중 가장 온도에 대한 안정성이 뛰어나며 강력한 내구성을 가지고 있다.

③ 페라이트자석 : 산화철을 주성분으로 한 소결자석으로서, 네오디뮴자석에 비해서는 자력이 약한 편이지만, 온도에 대한 안정성이 뛰어나다.

④ 희토류계 자석 : 네오디뮴자석이 가장 널리 사용되는 희토류계 자석이고, 일반적인 강자성보다도 훨씬 센 자성을 가진다.

---

63 다음의 조직 중 경도가 가장 높은 것은?

① 펄라이트   ② 마텐자이트

③ 소르바이트   ④ 트루스타이트

해설⊕

조직에 따른 경도 크기

ⓒementite > ⓜartensite > ⓣroostite > ⓢorbite > ⓟearlite > ⓐustenite > ⓕerrite

---

64 레데뷰라이트에 대한 설명으로 옳은 것은?

① α와 Fe의 혼합물이다.
② γ와 Fe_3C의 혼합물이다.
③ δ와 Fe의 혼합물이다.
④ α와 Fe_3C의 혼합물이다.

해설⊕

오스테나이트(γ)+시멘타이트(Fe_3C)

65 다음 중 공구강 강재의 종류에 해당되지 않는 것은?

① STS 3
② SM 25C
③ STC 105
④ SKH 51

해설⊕

㉠ 탄소공구강(STC) : 사용온도 300℃까지, 저속 절삭공구, 수기공구 등에 사용된다.
㉡ 합금공구강(STS) : 사용온도 450℃까지, 탄소공구강(C 0.8~1.5% 함유) + (Cr, Mo, W, V)원소 소량 첨가 ⇒ 탄소공구강보다 절삭성이 우수하고, 내마멸성과 고온경도가 높다.
㉢ 고속도강(SKH)
　ⓐ 표준고속도강 : W(18%)−Cr(4%)−V(1%)−C(0.8%)
　　• 열처리 : 800~900℃ 예열 → 1,250~1,300℃ 담금질 → 300℃ 공랭 → 500~580℃ 뜨임
　　• 250~300℃에서 팽창률이 크고, 2차 경화로 강인한 소르바이트 조직을 형성한다.
　ⓑ 사용온도 600℃까지 경도를 유지한다.
　ⓒ 고온경도가 높고 내마모성이 우수하다.
　ⓓ 절삭속도는 탄소강의 2배 이상으로 고속도강이라 명명되었다.
※ SM 25C : 탄소함량이 0.25%인 기계구조용 탄소강이다.

66 재료의 전연성을 알기 위해 구리판, 알루미늄판 및 그 밖의 연성 판재를 가압하여 변형능력을 시험하는 것은?

① 굽힘시험
② 압축시험
③ 커핑시험
④ 비틀림 시험

해설⊕

에릭센 시험(Erichsen Cupping Test)
금속박판 재료의 연성을 평가 또는 비교하기 위해 널리 사용되는 시험

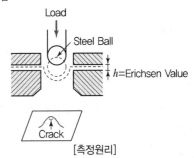

[측정원리]

67 주철의 특징을 설명한 것 중 틀린 것은?

① 백주철은 Si 함량이 적고, Mn 함량이 많아 화합 탄소로 존재한다.
② 회주철은 C, Si 함량이 많고, Mn 함량이 적은 파면이 회색을 나타내는 것이다.
③ 구상흑연주철은 흑연의 형상에 따라 판상, 구상, 공정상흑연주철로 나눌 수 있다.
④ 냉경주철은 주물 표면을 회주철로 인성을 높게 하고, 내부는 Fe_3C로 단단한 조직으로 만든다.

해설⊕

칠드 주철(Chilled casting : 냉경주물)
• 사형에 단단한 조직이 필요한 부분에 금형을 설치하여 주물을 제작하면, 금형이 설치된 부분에서 급랭이 되어 표면은 단단하고 내부는 연하고 강인한 성질을 갖게 되어 칠드 주철을 얻을 수 있다.

• 표면은 백주철, 내부는 회주철로 만든 것으로 압연용 롤러, 차륜 등과 같은 것에 사용된다.

68 다음 중 알루미늄 합금계가 아닌 것은?

① 라우탈
② 실루민
③ 하스텔로이
④ 하이드로날륨

해설⊕
• 가공용 알루미늄 합금 : 알민(Almin), 알클래드(Alclad), 두랄루민(Duralumin)
• 주물용 알루미늄 합금 : 라우탈(Lautal), Y합금, 실루민 (Silumin, 알펙스), 하이드로날륨(Hydronalium)

69 황동의 화학적 성질과 관계없는 것은?

① 탈아연부식
② 고온탈아연
③ 자연균열
④ 가공경화

해설⊕
화학적 성질
㉠ 경년변화 ㉡ 탈아연부식 ㉢ 자연균열

70 회복과정에서의 축적에너지에 대한 설명으로 옳은 것은?

① 가공도가 적을수록 축적에너지의 양은 증가한다.
② 결정입도가 작을수록 축적에너지의 양은 증가한다.
③ 불순물 원자의 첨가가 많을수록 축적에너지의 양은 감소한다.
④ 낮은 가공온도에서의 변형은 축적에너지의 양을 감소시킨다.

해설⊕
회복과정에서의 축적에너지의 크기를 증가시키는 인자
• 합금원소 : 주어진 변형에서 불순물 원자를 첨가할수록 축적에너지는 증가
• 가공도 : 가공도가 크고 변형이 복잡할수록 증가
• 가공온도 : 가공온도가 낮을수록 증가
• 결정입도 : 결정입도가 미세할수록 증가

71 유압펌프에서 유동하고 있는 작동유의 압력이 국부적으로 저하되어, 증기나 함유기체를 포함하는 기포가 발생하는 현상은?

① 폐입 현상
② 공진 현상
③ 캐비테이션 현상
④ 유압유의 열화 촉진 현상

해설⊕
• 폐입 현상 : 두 개의 기어가 물리기 시작하여 끝날 때까지 둘러싸인 공간에 흡입 측이나 토출 측에 통하지 않는 상태의 용적이 생길 때의 현상으로 공동현상이 함께 발생한다.
• 공진 현상 : 재료의 고유진동수와 외력에 의한 진동수가 같아질 때 진폭이 커져 재료가 파괴되는 현상이다.
• 캐비테이션 현상 : 유동하고 있는 액체의 압력이 국부적으로 저하되어, 포화증기압 공기분리압에 달하여 증기를 발생시키거나 용해공기 등이 분리되어 기포를 일으키는 현상이다. 이것들이 흐르면서 터지게 되면 국부적으로 초고압이 생겨 소음 등을 발생시키는 경우가 많다.
• 유압유의 열화 촉진 현상 : 유압회로에 공기가 기포로 있으면 공기가 압축될 때 열이 발생하여 온도가 상승한다. 이때 상승압력과 오일의 공기 흡수량이 증가하고 오일 온도가 상승하여 작동유가 산화되는 현상이다.

72 필요에 따라 작동 유체의 일부 또는 전량을 분기시키는 관로는?

① 바이패스 관로
② 드레인 관로
③ 통기관로
④ 주관로

해설⊕
① 바이패스 관로 : 필요에 따라 유체의 일부 또는 전량을 분기시키는 관로
② 드레인 관로 : 드레인을 귀환관로 또는 탱크 등으로 연결하는 관로
③ 통기관로 : 언제나 대기로 개방되어 있는 관로
④ 주관로 : 흡입관로, 압력관로 및 귀환관로를 포함하는 주요 관로

73 유압작동유의 구비조건에 대한 설명으로 틀린 것은?

① 인화점 및 발화점이 낮을 것
② 산화 안정성이 좋을 것
③ 점도지수가 높을 것
④ 방청성이 좋을 것

해설⊕
작동유가 갖추어야 할 조건
• 동력을 정확하게 전달하고 유압시스템의 성능이 최적인 상태로 운전될 수 있도록 비압축성이고 유동성이 좋아야 한다.(체적탄성계수가 커야 한다.)
• 온도의 변화에 따른 점성의 변화가 작아야 한다.(점도지수가 커야 한다.)
• 유동점(Pour Point)이 낮아야 한다.
• 기기의 작동을 원활하게 하기 위하여 윤활성(Lubricity)이 좋아야 한다.
• 고무나 도료를 녹이지 않아야 한다.
• 장시간 사용하여도 물리적·화학적 성질이 변하지 않으며, 특히 산성에 대한 안정성이 좋아야 한다.
• 물이나 공기 및 미세한 먼지 등을 빠르고 쉽게 분리할 수 있어야 한다.
• 녹이나 부식발생이 방지되어야 한다.
• 화기에 쉽게 연소되지 않도록 내화성이 좋아야 한다.(인화점, 연소점이 높아야 한다.)

• 발생된 열이 쉽게 방출될 수 있도록 열전달률이 높아야 한다.
• 열에 의한 작동유의 체적변화가 크지 않도록 열팽창계수가 작아야 한다.
• 거품이 일지 않아야 한다.(소포성)
• 전단 안정성이 좋아야 한다.
• 값이 싸고 이용도가 높아야 한다.

74 압력 6.86MPa, 토출량 50L/min이고, 운전 시 소요동력이 7kW인 유압펌프의 효율은 약 몇 %인가?

① 78 ② 82
③ 87 ④ 92

해설⊕
$$H_P = pQ = \frac{6.86 \times 10^6}{1,000} \times \frac{50 \times 10^{-3}}{60} = 5.717\text{kW}$$

$$\eta = \frac{H_P}{H_S} = \frac{5.717}{7} \times 100 = 82\%$$

75 다음 중 압력제어밸브에 속하지 않는 것은?

① 카운터밸런스밸브 ② 릴리프밸브
③ 시퀀스밸브 ④ 체크밸브

해설⊕

구분	방향제어밸브	압력제어밸브	유량제어밸브
기능	유체의 흐름방향 전환 및 흐름 단속	회로 내의 압력크기 조절	유체의 유량 제어
종류	• 체크밸브 • 셔틀밸브 • 2방향, 3방향, 4방향 밸브 • 매뉴얼밸브 • 솔레노이드오퍼레이트밸브 • 파일럿 오퍼레이트밸브 • 디셀러레이션밸브	• 안전(릴리프)밸브 • 감압(리듀싱)밸브 • 순차동작(시퀀스)밸브 • 무부하(언로딩) 밸브 • 카운터밸런스 밸브 • 압력(프레셔) 스위치 • 유체퓨즈	• 오리피스 • 압력보상형 유량제어밸브 • 온도보상형 유량제어밸브 • 미터링밸브 • 교축밸브

정답 73 ① 74 ② 75 ④

76 액추에이터의 배출 쪽 관로 내의 흐름을 제어함으로써 속도를 제어하는 회로는?

① 방향제어회로 ② 미터인회로
③ 미터아웃회로 ④ 압력제어회로

해설+

실린더에 공급되는 유량을 조절하여 실린더의 속도를 제어하는 회로
- 미터인 방식 : 실린더의 입구 쪽 관로에서 유량을 교축시켜 작동속도를 조절하는 방식
- 미터아웃 방식 : 실린더의 출구 쪽 관로에서 유량을 교축시켜 작동속도를 조절하는 방식

77 그림과 같은 유압기호의 설명이 아닌 것은?

① 유압펌프를 의미한다.
② 1방향 유동을 나타낸다.
③ 가변용량형 구조이다.
④ 외부 드레인을 가졌다.

해설+

유압모터
- 1방향 유동
- 가변용량형
- 외부 드레인
- 양축형
- 1방향 회전형
- 조작기구를 특별히 지정하지 않는 경우

78 유압속도 제어회로 중 미터아웃회로의 설치 목적과 관계없는 것은?

① 피스톤이 자주할 염려를 제거한다.
② 실린더에 배압을 형성한다.
③ 유압작동유의 온도를 낮춘다.
④ 실린더에서 유출되는 유량을 제어하여 피스톤 속도를 제어한다.

해설+

미터인 회로
- 액추에이터의 출구 쪽 관로에 유량제어밸브를 직렬로 부착하여 액추에이터에서 배출되는 유량을 제어하여 속도를 제어하는 것이다.
- 미세한 속도제어가 가능하고, 피스톤에 배압을 형성한다.

79 실린더 행정 중 임의의 위치에서 실린더를 고정시킬 필요가 있을 때라 할지라도, 부하가 클 때 또는 장치 내의 압력저하로 실린더 피스톤이 이동하는 것을 방지하기 위한 회로로 가장 적합한 것은?

① 축압기회로 ② 로킹회로
③ 무부하회로 ④ 압력설정회로

해설+

① 축압기회로 : 축압기를 이용한 회로
③ 무부하회로 : 펌프를 무부하 운전시켜 동력을 절감시켜 주는 회로
④ 압력설정회로 : 2개의 릴리프밸브를 사용한 고·저압 압력을 설정하는 회로

80 긴 스트로크를 줄 수 있는 다단 튜브형의 로드를 가진 실린더는?

① 벨로스형 실린더 ② 탠덤형 실린더
③ 가변 스트로크 실린더 ④ 텔레스코프형 실린더

해설⊕

실린더의 종류

종류	특성	실린더의 모양	유압기호
차동 실린더	피스톤 수압면과 로드 측 수압면과의 면적비가 2 : 1		
양 로드형 실린더	양측의 수압면적이 동일		
쿠션 붙이 실린더	강한 충격을 완충하기 위해 끝단에서 감속		
텔레스코프 실린더	긴 스트로크		
압력증대기	압력 증대		
탠덤 실린더	작은 사양으로 큰 힘 발생		

5과목 기계제작법 및 기계동력학

81 지면으로부터 경사각이 30°인 경사면에 정지된 블록이 미끄러지기 시작하여 10m/s의 속력이 될 때까지 걸린 시간은 약 몇 초인가?(단, 경사면과 블록과의 동마찰계수는 0.3이라고 한다.)

① 1.42 ② 2.13
③ 2.84 ④ 4.24

해설⊕

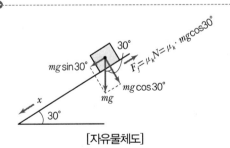

[자유물체도]

$$\sum F_x = mg\sin30° - \mu_k mg\cos30° = ma_x = m \cdot \frac{V}{t}$$

$$(a_x = c$로 일정, $V = V_0 + a_c t$ ($V_0 = 0$), 양변 $\div m)$$

$$\therefore t = \frac{V}{g(\sin30° - \mu_k\cos30°)}$$

$$= \frac{10}{9.8(\sin30° - 0.3\cos30°)} = 4.25s$$

82 그림과 같은 단진자 운동에서 길이 L이 4배로 늘어나면 진동주기는 약 몇 배로 변하는가?(단, 운동은 단일 평면상에서만 한다고 가정하고, 진동 각변위(θ)는 충분히 작다고 가정한다.)

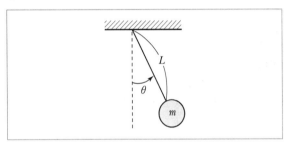

① $\sqrt{2}$ ② 2
③ 4 ④ 16

해설⊕

ⅰ) L일 때 진동주기

$$T_L = \frac{1}{f_n} = \frac{2\pi}{\omega_n} = 2\pi\sqrt{\frac{L}{g}}$$

ⅱ) L이 4배로 될 때 주기

$$T_{4L} = 2\pi\sqrt{\frac{4L}{g}} = 2\pi\sqrt{\frac{L}{g}} \times 2 = 2 \times T_L$$

83 길이가 L인 가늘고 긴 일정한 단면의 봉이 좌측단에서 핀으로 지지되어 있다. 봉을 그림과 같이 수평으로 정지시킨 후, 이를 놓아서 중력에 의해 회전시킨다면 봉의 위치가 수직이 되는 순간에 봉의 각속도는? (단, g는 중력가속도를 나타내고, 핀 부분의 마찰은 무시한다.)

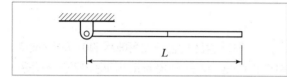

① $\sqrt{\dfrac{g}{L}}$ ② $\sqrt{\dfrac{2g}{L}}$

③ $\sqrt{\dfrac{3g}{L}}$ ④ $\sqrt{\dfrac{5g}{L}}$

해설⊕

핀 지점을 O라 하면
i) 수직위치에서 질량중심인 봉 가운데의 중력위치에너지

$$V_g = mg \cdot \frac{L}{2}$$

ii) 수평위치에 정지해 있으므로 운동에너지 $T_1 = 0$, 봉의 회전운동에너지 $T_2 = \frac{1}{2}J_0\omega^2$

$$T_2 = \frac{1}{2}\left(J_G + m\left(\frac{L}{2}\right)^2\right)\omega^2$$

$$= \frac{1}{2}\left(\frac{mL^2}{12} + m\left(\frac{L}{2}\right)^2\right)\omega^2$$

$$= \frac{1}{2} \times \frac{mL^2}{3} \times \omega^2 = \frac{mL^2}{6}\omega^2$$

iii) $V_g = T_2$이므로

$$mg \cdot \frac{L}{2} = \frac{mL^2}{6} \cdot \omega^2$$

$$\therefore \omega = \sqrt{\frac{3g}{L}}$$

84 회전 속도가 2,000rpm인 원심 팬이 있다. 방진고무로 탄성 지지시켜 진동 전달률을 0.3으로 하고자 할 때, 방진고무의 정적 수축량은 약 몇 mm인가?(단, 방진고무의 감쇠계수는 0으로 가정한다.)

① 0.71 ② 0.97 ③ 1.41 ④ 2.20

해설⊕

i) 감쇠계수 $c = 0$이므로 비감쇠 강제진동에서

전달률 $TR = \dfrac{1}{\gamma^2 - 1} \rightarrow \gamma^2 = 1 + \dfrac{1}{TR} = 4.33$

ii) 진동수비 $\gamma = \dfrac{\omega}{\omega_n} = \dfrac{\omega}{\sqrt{\dfrac{k}{m}}} = \dfrac{\omega}{\sqrt{\dfrac{g}{\delta_{st}}}}$ (양변 제곱)

$$\therefore \gamma^2 = \frac{\delta_{st} \cdot \omega^2}{g} \rightarrow \delta_{st} = \frac{g\gamma^2}{\omega^2} = \frac{9.8 \times 4.33}{\left(\dfrac{2\pi \times 2,000}{60}\right)^2}$$

$$= 0.00097\text{m}$$

$$= 0.97\text{mm}$$

85 x방향에 대한 운동 방정식이 다음과 같이 나타날 때 이 진동계에서의 감쇠고유진동수(Damped natural frequency)는 약 몇 rad/s인가?

$$2\ddot{x} + 3\dot{x} + 8x = 0$$

① 1.35 ② 1.85 ③ 2.25 ④ 2.75

해설⊕

$m\ddot{x} + c\dot{x} + kx = 0$이므로
$m = 2$, $c = 3$, $k = 8$
감쇠고유진동수 $\omega_d = \omega_n\sqrt{1 - \zeta^2}$
여기서, $\omega_n = \sqrt{\dfrac{k}{m}} = \sqrt{\dfrac{8}{2}} = 2$

감쇠비 $\zeta = \dfrac{c}{c_c} = \dfrac{c}{2\sqrt{mk}} = \dfrac{3}{2\sqrt{2 \times 8}} = \dfrac{3}{8}$

$$\therefore \omega_d = 2\sqrt{1 - \left(\frac{3}{8}\right)^2} = 1.85\,\text{rad/s}$$

86 장력이 100N 걸려 있는 줄을 모터가 지속적으로 5m/s의 속력으로 끌어당기고 있다면 사용된 모터의 일률(Power)은 몇 W인가?

① 51   ② 250
③ 350   ④ 500

해설⊕

Power $= H = F \cdot V = 100 \times 5 = 500$W

87 물리량에 대한 차원 표시가 틀린 것은?(단, M : 질량, L : 길이, T : 시간)

① 힘 : MLT^{-2} ② 각가속도 : T^{-2}
③ 에너지 : ML^2T^{-1} ④ 선형운동량 : MLT^{-1}

해설⊕

① 힘 $F = ma \rightarrow$ kg $\cdot$ m/s$^2 \rightarrow MLT^{-2}$
② 각가속도 $\alpha = \dot{\omega} \rightarrow$ rad/s$^2 \rightarrow T^{-2}$ (radian : 무차원)
③ 일에너지 $F \cdot r \rightarrow$ kg $\cdot$ m/s$^2 \cdot$ m $\rightarrow ML^2T^{-2}$
④ 선형운동량 $mV \rightarrow$ kg $\cdot$ m/s $\rightarrow MLT^{-1}$

88 A에서 던진 공이 L_1만큼 날아간 후 B에서 튀어 올라 다시 날아간다. B에서 반발계수를 e라 하면 다시 날아간 거리 L_2는?(단, 공과 바닥 사이에서 마찰은 없다고 가정한다.)

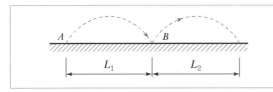

① $\dfrac{L_1}{e}$ ② $\dfrac{L_1}{e^2}$

③ eL_1 ④ e^2L_1

89 그림과 같이 반지름이 45mm인 바퀴가 미끄럼 없이 왼쪽으로 구르고 있다. 바퀴 중심의 속력은 0.9m/s로 일정하다고 할 때, 바퀴 끝단의 한 점(A)의 속도(v_A, m/s)와 가속도 (a_A, m/s^2)의 크기는?

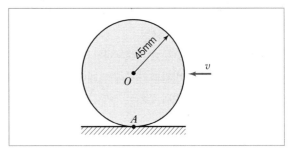

① $v_A = 0, a_A = 0$ ② $v_A = 0, a_A = 18$
③ $v_A = 0.9, a_A = 0$ ④ $v_A = 0.9, a_A = 18$

해설⊕

i) 바퀴 중심 속도 $V = r\omega$에서
$$\omega = \frac{V}{r} = \frac{0.9}{0.045} = 20\,\text{rad/s}$$
A점의 속도 $V_A = r_A \cdot \omega = 0 \cdot \omega = 0$

ii) 가속도 a_A

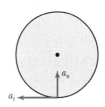

㉠ 접선가속도 $a_t = 0$ $\left(a_t = \dfrac{dV_A}{dt}\text{이므로}\right)$

㉡ 법선가속도(구심가속도) $a_n = \dfrac{V^2}{r} = \dfrac{0.9^2}{0.045} = 18$
$$a_A = \sqrt{a_t^2 + a_n^2} = \sqrt{0^2 + 18^2} = 18\,\text{m/s}^2$$

90 다음 식과 같은 단순 조화운동(Simple harmonic motion)에 대한 설명으로 틀린 것은? (단, 변위 x는 시간 t에 대한 함수이고, A, ω, ϕ는 상수이다.)

$$x(t) = A\sin(\omega t + \phi)$$

① 변위와 속도 사이에 위상차가 없다.
② 주기적으로 같은 운동이 반복된다.
③ 가속도의 진폭은 변위의 진폭에 비례한다.
④ 가속도의 주기와 변위 주기는 동일하다.

해설⊕

변위는 $x(t)$이고

속도 $\dot{x}(t) = \omega A \cos(\omega t + \phi)$

속도에서 위상각 ϕ에 $\dfrac{\pi}{2}$를 더할 때 수식

$\cos\left(\omega t + \dfrac{\pi}{2} + \phi\right) = \sin(\omega t + \phi)$ (변위)가 되므로

변위와 속도는 90°만큼 위상차가 난다.

91 절삭유가 갖추어야 할 조건으로 틀린 것은?

① 마찰계수가 작고 인화점이 높을 것
② 냉각성이 우수하고 윤활성이 좋을 것
③ 장시간 사용해도 변질되지 않고 인체에 무해할 것
④ 절삭유의 표면장력이 크고 칩의 생성부에는 침투되지 않을 것

해설⊕

절삭유의 역할
• 공구수명 연장
• 치수 정밀도 향상
• 열에 의한 변질 방지
• 팁 마모 감소 → 조도 향상
• 소비동력 저하
• 칩 배출 원활
• 바이트 팁에 칩이 융착되는 것 방지
• 방청작용

92 렌치, 스패너 등 작은 공구를 단조할 때 다음 중 가장 적합한 것은?

① 로터리 스웨이징
② 프레스 가공
③ 형 단조
④ 자유단조

해설⊕

① 로터리 스웨이징 : 봉재, 관재의 지름을 축소하거나 테이퍼를 만드는 가공
② 프레스 가공 : 판재에 행하는 가공법으로 절단, 압축, 굽힘을 행하여 얻고자 하는 제품의 형상으로 가공하는 방법이다.
③ 형 단조
  • 상하 두 개의 단조 금형 사이에 가열한 재료를 끼우고 가압하여 성형하는 방법이다.
  • 반밀폐형 방식과 밀폐형 방식이 있으며 일반적으로 반밀폐형 방식이 쓰인다.
④ 자유단조
  • 다이의 사용 없이 앤빌 위에서 해머로 두드려 성형하는 방법이다.
  • 제품의 모양이 단순하고 생산수량이 많지 않은 제품에 적용한다.

93 지름 400mm인 롤러를 이용하여 폭 300mm, 두께 25mm인 판재를 열간 압연하여 두께 20mm가 되었을 때, 압하량과 압하율은?

① 압하량 5mm, 압하율 20%
② 압하량 5mm, 압하율 25%
③ 압하량 20mm, 압하율 25%
④ 압하량 100mm, 압하율 20%

해설⊕

• 압하량 $= H_0 - H_1 = 25 - 20 = 5[\text{mm}]$

• 압하율 $= \dfrac{H_0 - H_1}{H_0} \times 100 = \dfrac{25 - 20}{25} \times 100 = 20\%$

정답 **90** ① **91** ④ **92** ③ **93** ①

94 일반적으로 보통 선반의 크기를 표시하는 방법이 아닌 것은?

① 스핀들의 회전속도

② 왕복대 위의 스윙

③ 베드 위의 스윙

④ 주축대와 심압대 양 센터 간 최대거리

해설⊕

선반의 크기

㉠ 베드 위의 스윙 : 절삭할 수 있는 일감의 최대지름

㉡ 왕복대 위의 스윙 : 왕복대에 접촉하지 않고 가공할 수 있는 공작물의 최대지름

㉢ 양 센터 사이의 최대거리 : 절삭할 수 있는 일감의 최대길이

㉣ 베드의 길이 : 현장에서의 설치 등에 사용

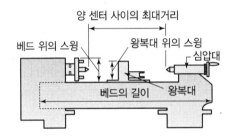

95 방전가공(Electro Discharge Machining)에서 전극재료의 구비조건으로 적절하지 않은 것은?

① 기계가공이 쉬울 것

② 가공 속도가 빠를 것

③ 전극소모량이 많을 것

④ 가공 정밀도가 높을 것

해설⊕

전극의 조건

• 열전도율이 좋고, 열적 변형이 적어야 한다.

• 고온과 방전가공유로부터 화학적 반응이 없어야 한다.

• 기계가공이 쉽고, 가공정밀도가 높아야 한다.

• 구하기 쉽고 가격이 싸야 한다.

• 공작물보다 경도가 낮아야 한다.

96 강재의 표면에 Si를 침투시키는 방법으로 내식성, 내열성 등을 향상시키는 방법은?

① 보로나이징

② 칼로라이징

③ 크로마이징

④ 실리코나이징

해설⊕

금속침투법

종류	세라다이징 (Sheradizing)	칼로라이징 (Calorizing)	크로마이징 (Chromizing)	실리코나이징 (Siliconizing)	보로나이징 (Boronizing)
침투제	Zn	Al	Cr	Si	B

97 주물용으로 가장 많이 사용하는 주물사의 주성분은?

① Al_2O_3

② SiO_2

③ MgO

④ FeO_3

해설⊕

주물사

규사+점결제(내화점토, 벤토나이트, 곡류, 당분, 규산나트륨 등)

98 버니어캘리퍼스의 눈금 24.5mm를 25등분한 경우 최소 측정값은 몇 mm인가?(단, 본척의 눈금 간격은 0.5mm이다.)

① 0.01

② 0.02

③ 0.05

④ 0.1

해설⊕

$$V = \frac{S}{n} = \frac{0.5}{25} = 0.02$$

여기서, V : 부척의 1눈금 간격

S : 본척의 1눈금 간격

n : 부척의 등분 눈금 수

99 용접 시 발생하는 불량(결함)에 해당하지 않는 것은?

① 오버랩   ② 언더컷
③ 콤퍼지션   ④ 용입 불량

해설⊕

용접결함의 종류

균열, 용접 변형 및 잔류응력, 언더컷(under cut), 오버랩 (overlap), 용입 불량, 융합 불량, 기공(blow hole), 스패터 (spatter), 은점 등

100 유성형(Planetary type) 내면 연삭기를 사용한 가공으로 가장 적합한 것은?

① 암나사의 연삭
② 호브(Hob)의 치형 연삭
③ 블록게이지의 끝마무리 연삭
④ 내연기관 실린더의 내면 연삭

해설⊕

유성형(planetary motion type)

㉠ 공작물은 정지시키고 숫돌축이 회전 연삭운동과 동시에 공전운동을 하는 방식

㉡ 공작물의 형상이 복잡하거나 대형으로 공작물에 회전운동 을 가하기 어려운 경우에 사용한다.

ⓐ 보통형   ⓑ 유성형

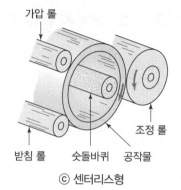

ⓒ 센터리스형

06

2020년 과년도 문제풀이

2020. 6. 21 시행

2020. 8. 23 시행

2020. 9. 27 시행

1과목 재료역학

01 직사각형 단면의 단주에 150kN 하중이 중심에서 1m만큼 편심되어 작용할 때 이 부재 BD에서 생기는 최대 압축응력은 약 몇 kPa인가?

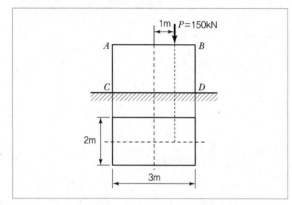

① 25　　　　　　　② 50

③ 75　　　　　　　④ 100

해설 ⊕

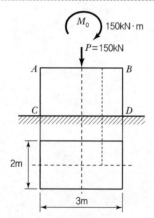

부재 $B-D$에는 직접압축응력과 굽힘에 의한 압축응력이 조합된 상태이므로

$$\sigma_{\max} = \sigma_c + \sigma_{bc} = \frac{P}{A} + \frac{M_0}{Z} = \frac{P}{A} + \frac{Pe}{Z}$$

여기서, $\sigma_c = \dfrac{P}{A} = \dfrac{150 \times 10^3 \mathrm{N}}{6\,\mathrm{m}^2} = 25{,}000\,\mathrm{Pa} = 25\,\mathrm{kPa}$

$\sigma_{bc} = \dfrac{Pe}{\dfrac{bh^2}{6}} = \dfrac{150 \times 10^3 \mathrm{N} \times 1\mathrm{m}}{\dfrac{2 \times 3^2\,\mathrm{m}^3}{6}}$

$= 50{,}000\,\mathrm{Pa} = 50\,\mathrm{kPa}$

$\therefore \sigma_{\max} = 25 + 50 = 75\,\mathrm{kPa}$

02 오일러 공식이 세장비 $\dfrac{l}{k} > 100$에 대해 성립한다고 할 때, 양단이 힌지인 원형단면 기둥에서 오일러 공식이 성립하기 위한 길이 "l"과 지름 "d"와의 관계가 옳은 것은?(단, 단면의 회전반경을 k라 한다.)

① $l > 4d$　　　　　② $l > 25d$

③ $l > 50d$　　　　　④ $l > 100d$

해설 ⊕

$$\lambda = \frac{l}{K} = \frac{l}{\sqrt{\dfrac{I}{A}}} = \frac{l}{\sqrt{\dfrac{\dfrac{\pi}{64}d^4}{\dfrac{\pi}{4}d^2}}} = \frac{l}{\sqrt{\dfrac{d^2}{16}}} = \frac{4l}{d} > 100$$

$\therefore l > 25d$

03 원형 봉에 축방향 인장하중 $P = 88$kN이 작용할 때, 직경의 감소량은 약 몇 mm인가?(단, 봉은 길이 $L = 2$m, 직경 $d = 40$mm, 세로탄성계수는 70GPa, 포아송비 $\mu = 0.3$이다.)

① 0.006　　　　　② 0.012

③ 0.018　　　　　④ 0.036

해설⊕

$$\mu = \frac{\varepsilon'}{\varepsilon} = \frac{\dfrac{\delta}{d}}{\dfrac{\lambda}{l}} = \frac{l\delta}{d\lambda} \text{에서}$$

$$\delta = \frac{\mu d\lambda}{l} = \frac{\mu \cdot d}{l} \cdot \frac{P \cdot l}{AE} (\because \lambda = \frac{P \cdot l}{AE})$$

$$= \frac{\mu dP}{AE} = \frac{\mu dP}{\frac{\pi}{4}d^2 E} = \frac{4\mu P}{\pi dE} = \frac{4 \times 0.3 \times 88 \times 10^3}{\pi \times 0.04 \times 70 \times 10^9}$$

$$= 0.000012\,\text{m} = 0.012\,\text{mm}$$

04 원형단면 축에 147kW의 동력을 회전수 2,000 rpm으로 전달시키고자 한다. 축 지름은 약 몇 cm로 해야 하는가?(단, 허용전단응력은 $\tau_w = 50\text{MPa}$이다.)

① 4.2   ② 4.6
③ 8.5   ④ 9.9

해설⊕

전달 토크 $T = \dfrac{H}{\omega} = \dfrac{H}{\dfrac{2\pi N}{60}} = \dfrac{147 \times 10^3}{\dfrac{2\pi \times 2,000}{60}}$

$$= 701.87\text{N} \cdot \text{m}$$

$T = \tau \cdot Z_p = \tau \cdot \dfrac{\pi d^3}{16}$ 에서

$$\therefore d = \sqrt[3]{\frac{16T}{\pi\tau}} = \sqrt[3]{\frac{16 \times 701.87}{\pi \times 50 \times 10^6}}$$

$$= 0.0415\,\text{m} = 4.15\,\text{cm}$$

05 양단이 고정된 축을 그림과 같이 $m - n$단면에서 T만큼 비틀면 고정단 AB에서 생기는 저항 비틀림 모멘트의 비 T_A / T_B는?

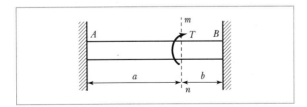

① $\dfrac{b^2}{a^2}$ ② $\dfrac{b}{a}$

③ $\dfrac{a}{b}$ ④ $\dfrac{a^2}{b^2}$

해설⊕

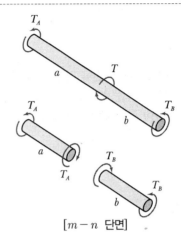

[$m - n$ 단면]

$T_A = T_1, \quad T_B = T_2, \quad T_1 + T_2 = T$

T_1에 의한 $\theta_1 = \dfrac{T_1 a}{GI_{p1}}$

T_2에 의한 $\theta_2 = \dfrac{T_2 b}{GI_{p2}}$

$m - n$ 단면에서 $\theta_1 = \theta_2 \rightarrow \dfrac{T_1 a}{GI_{p1}} = \dfrac{T_2 b}{GI_{p2}}(\because G\ \text{동일})$

하나의 동일축이므로 $I_{p1} = I_{p2}$이다.

$$\therefore \frac{T_A}{T_B} = \frac{T_1}{T_2} = \frac{b}{a}$$

06 외팔보의 자유단에 연직 방향으로 10kN의 집중 하중이 작용하면 고정단에 생기는 굽힘응력은 약 몇 MPa인가?(단, 단면(폭×높이) $b \times h = 10\text{cm} \times 15\text{cm}$, 길이 1.5m이다.)

① 0.9   ② 5.3
③ 40   ④ 100

정답   04 ①   05 ②   06 ③

2020

해설⊕

$$\sigma_b = \frac{M}{Z} = \frac{P \times L}{\frac{bh^2}{6}} = \frac{10 \times 10^3 \times 1.5}{\frac{0.1 \times 0.15^2}{6}}$$

$$= 40 \times 10^6 \, \text{N/m}^2$$

$$= 40 \, \text{MPa}$$

07 지름 300mm의 단면을 가진 속이 찬 원형보가 굽힘을 받아 최대 굽힘응력이 100MPa이 되었다. 이 단면에 작용한 굽힘 모멘트는 약 몇 kN·m인가?

① 265   ② 315

③ 360   ④ 425

해설⊕

$$M = \sigma_b \cdot Z$$

$$= \sigma_b \cdot \frac{\pi d^3}{32}$$

$$= 100 \times 10^6 \times \frac{\pi \times 0.3^3}{32}$$

$$= 265,071.88 \, \text{N} \cdot \text{m}$$

$$= 265.07 \, \text{kN} \cdot \text{m}$$

08 철도 레일의 온도가 50℃에서 15℃로 떨어졌을 때 레일에 생기는 열응력은 약 몇 MPa인가?(단, 선팽창계수는 0.000012/℃, 세로탄성계수는 210GPa이다.)

① 4.41   ② 8.82

③ 44.1   ④ 88.2

해설⊕

$$\varepsilon = \alpha \Delta t$$

$$\sigma = E\varepsilon = E\alpha \Delta t$$

$$= 210 \times 10^9 \times 0.000012 \times (50 - 15)$$

$$= 88.2 \times 10^6 \, \text{Pa}$$

$$= 88.2 \, \text{MPa}$$

09 그림과 같은 트러스 구조물에서 B점에서 10kN의 수직 하중을 받으면 BC에 작용하는 힘은 몇 kN인가?

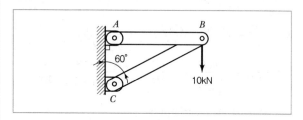

① 20   ② 17.32

③ 10   ④ 8.66

해설⊕

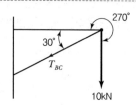

3력 부재이므로 라미의 정리에 의해

$$\frac{10}{\sin 30°} = \frac{T_{BC}}{\sin 270°}$$

$$\therefore T_{BC} = 10 \times \frac{\sin 270°}{\sin 30°} = (-)20 \, \text{kN}$$

（"−" 부호는 압축을 의미）

10 지름 D인 두께가 얇은 링(Ring)을 수평면 내에서 회전시킬 때, 링에 생기는 인장응력을 나타내는 식은? (단, 링의 단위 길이에 대한 무게를 W, 링의 원주속도를 V, 링의 단면적을 A, 중력 가속도를 g로 한다.)

① $\dfrac{WV^2}{DAg}$ ② $\dfrac{WDV^2}{Ag}$

③ $\dfrac{WV^2}{Ag}$ ④ $\dfrac{WV^2}{Dg}$

$$F_r = ma_r = \frac{W_t}{g} \cdot \frac{V^2}{r}$$

여기서, $\frac{W_t}{r} = W$: 링의 단위길이당 무게

a_r : 구심가속도(법선방향가속도)

V : 원주속도

W_t : 링의 전체 무게

$$= \frac{W}{g} \cdot V^2$$

$$\therefore \sigma = \frac{F}{A} = \frac{WV^2}{Ag}$$

11 그림의 평면응력상태에서 최대 주응력은 약 몇 MPa인가?(단, $\sigma_x = 175$MPa, $\sigma_y = 35$MPa, $\tau_{xy} = 60$MPa 이다.)

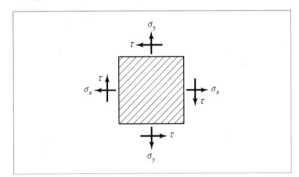

① 92

② 105

③ 163

④ 197

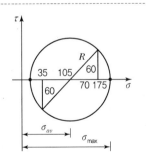

평면응력상태의 모어의 응력원을 그리면

응력원에서 $\sigma_{\max} = \sigma_{av} + R$이므로

$$\sigma_{av} = \frac{175 + 35}{2} = 105$$

모어의 응력원에서 $R = \sqrt{70^2 + 60^2} = 92.2$MPa

$$\therefore \sigma_{\max} = 105 + 92.2 = 197.2\,\text{MPa}$$

12 그림과 같이 외팔보의 중앙에 집중하중 P가 작용하는 경우 집중하중 P가 작용하는 지점에서의 처짐은?(단, 보의 굽힘강성 EI는 일정하고, L은 보의 전체의 길이이다.)

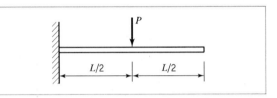

① $\dfrac{PL^3}{3EI}$

② $\dfrac{PL^3}{24EI}$

③ $\dfrac{PL^3}{8EI}$

④ $\dfrac{5PL^3}{48EI}$

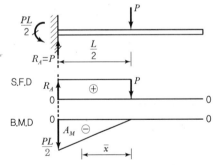

중앙에서의 처짐량은 면적모멘트법에 의해

$$\delta = \frac{A_M}{EI} \cdot \bar{x} = \frac{\frac{1}{2} \times \frac{L}{2} \times \frac{PL}{2}}{EI} \times \left(\frac{L}{2} \times \frac{2}{3} \right)$$

$$= \frac{PL^3}{24EI}$$

2020

13 전체 길이가 L이고, 일단 지지 및 타단 고정 보에서 삼각형 분포 하중이 작용할 때, 지지점 A에서의 반력은?(단, 보의 굽힘강성 EI는 일정하다.)

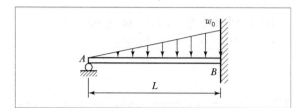

① $\dfrac{1}{2}w_0L$ ② $\dfrac{1}{3}w_0L$

③ $\dfrac{1}{5}w_0L$ ④ $\dfrac{1}{10}w_0L$

해설

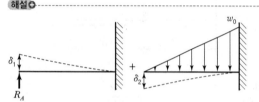

면적모멘트법에 의한 처짐량(δ_2)

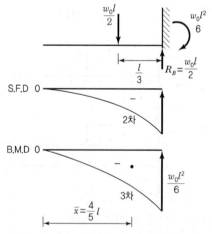

(차수에 따른 B.M.D 면적을 구할 수 있어야 한다.)

B.M.D의 면적 $A_M = \dfrac{\dfrac{w_0 l^2}{6} \cdot l}{4} = \dfrac{w_0 l^3}{24}$

$\delta_2 = \dfrac{A_M}{EI} \cdot \bar{x} = \dfrac{\dfrac{w_0 l^3}{24}}{EI} \times \dfrac{4}{5}l = \dfrac{w_0 l^4}{30EI}$

$\delta_1 = \delta_2$이므로 $\dfrac{R_A l^3}{3EI} = \dfrac{w_0 l^4}{30EI}$

$\therefore R_A = \dfrac{w_0 \cdot l}{10}$

14 동일한 길이와 재질로 만들어진 두 개의 원형단면 축이 있다. 각각의 지름이 d_1, d_2일 때 각 축에 저장되는 변형에너지 u_1, u_2의 비는?(단, 두 축은 모두 비틀림 모멘트 T를 받고 있다.)

① $\dfrac{u_1}{u_2} = \left(\dfrac{d_2}{d_1}\right)^4$ ② $\dfrac{u_2}{u_1} = \left(\dfrac{d_2}{d_1}\right)^3$

③ $\dfrac{u_1}{u_2} = \left(\dfrac{d_2}{d_1}\right)^3$ ④ $\dfrac{u_2}{u_1} = \left(\dfrac{d_2}{d_1}\right)^4$

해설

$U = \dfrac{1}{2}T \cdot \theta = \dfrac{T^2 \cdot l}{2GI_p}$ 에서

$\dfrac{u_1}{u_2} = \dfrac{\dfrac{T^2 \cdot l}{2GI_{p1}}}{\dfrac{T^2 \cdot l}{2GI_{p2}}} = \dfrac{I_{p2}}{I_{p1}} = \dfrac{\dfrac{\pi d_2^4}{32}}{\dfrac{\pi d_1^4}{32}} = \left(\dfrac{d_2}{d_1}\right)^4$

15 그림과 같은 균일 단면의 돌출보에서 반력 R_A는?(단, 보의 자중은 무시한다.)

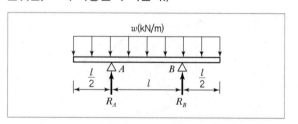

① wl ② $\dfrac{wl}{4}$

③ $\dfrac{wl}{3}$ ④ $\dfrac{wl}{2}$

해설 ⊕

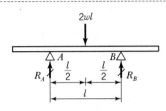

$$\sum M_{B지점} = 0 : R_A\,l - 2wl \cdot \dfrac{l}{2} = 0$$

$$\therefore\ R_A = wl$$

16 그림과 같이 양단에서 모멘트가 작용할 경우, A 지점의 처짐각 θ_A는?(단, 보의 굽힘 강성 EI는 일정하고, 자중은 무시한다.)

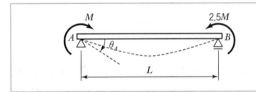

① $\dfrac{ML}{2EI}$ ② $\dfrac{2ML}{5EI}$

③ $\dfrac{ML}{6EI}$ ④ $\dfrac{3ML}{4EI}$

해설 ⊕

M에 의한 A지점 처짐각 $= \dfrac{M \cdot l}{3EI}$

$2.5M$에 의한 A지점 처짐각 $= \dfrac{2.5M \cdot l}{6EI}$

$\theta_A = \dfrac{M \cdot l}{3EI} + \dfrac{2.5M \cdot l}{6EI} = \dfrac{4.5M \cdot l}{6EI} = \dfrac{3M \cdot l}{4EI}$

17 그림과 같은 빗금 친 단면을 갖는 중공축이 있다. 이 단면의 O점에 관한 극단면 2차 모멘트는?

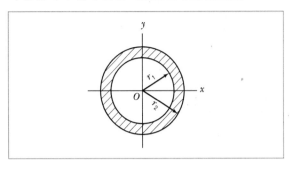

① $\pi\left(r_2^{\,4} - r_1^{\,4}\right)$ ② $\dfrac{\pi}{2}\left(r_2^{\,4} - r_1^{\,4}\right)$

③ $\dfrac{\pi}{4}\left(r_2^{\,4} - r_1^{\,4}\right)$ ④ $\dfrac{\pi}{16}\left(r_2^{\,4} - r_1^{\,4}\right)$

해설 ⊕

$$I_P = \dfrac{\pi}{32}\left(d_2^{\,4} - d_1^{\,4}\right)$$

$$= \dfrac{\pi}{32}\left((2r_2)^4 - (2r_1)^4\right)$$

$$= \dfrac{\pi}{2}\left(r_2^{\,4} - r_1^{\,4}\right)$$

18 그림과 같이 길고 얇은 평판이 평면 변형률 상태로 σ_x를 받고 있을 때, ε_x는?

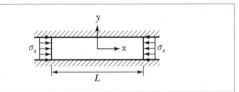

① $\varepsilon_x = \dfrac{1-\nu}{E}\sigma_x$ ② $\varepsilon_x = \dfrac{1+\nu}{E}\sigma_x$

③ $\varepsilon_x = \left(\dfrac{1-\nu^2}{E}\right)\sigma_x$ ④ $\varepsilon_x = \left(\dfrac{1+\nu^2}{E}\right)\sigma_x$

정답   16 ④   17 ②   18 ③

해설 ⊕

$\mu = \nu$(포와송비)

$\varepsilon_x = \dfrac{\sigma_x}{E} - \dfrac{\nu}{E}(\sigma_y) \ \cdots$ ⓐ

  여기서, x방향이 늘면 y방향은 줄어드는 개념 적용

$\varepsilon_y = \dfrac{\sigma_y}{E} - \dfrac{\nu}{E}(\sigma_x)$ 에서 $\dfrac{\sigma_y}{E} = \varepsilon_y + \dfrac{\nu}{E}(\sigma_x) \ \cdots$ ⓑ

ⓑ를 ⓐ에 대입하면

$\varepsilon_x = \dfrac{\sigma_x}{E} - \nu\left(\varepsilon_y + \nu\dfrac{\sigma_x}{E}\right)$

  여기서, 길고 얇은 평판이므로 y방향 변화율 $\varepsilon_y = 0$

$\therefore \ \varepsilon_x = \dfrac{\sigma_x}{E}(1 - \nu^2)$

19 그림과 같은 단면을 가진 외팔보가 있다. 그 단면의 자유단에 전단력 $V = 40\text{kN}$이 발생한다면 단면 $a-b$ 위에 발생하는 전단응력은 약 몇 MPa인가?

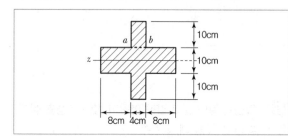

① 4.57 ② 4.22
③ 3.87 ④ 3.14

해설 ⊕

$\tau = \dfrac{VQ}{Ib}$ 에서

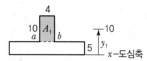

위의 그림에서 음영단면(A_1)의 중립축에 대한 단면 1차 모멘트

$Q = A_1 y_1 = 4 \times 10 \times 10 = 400\text{cm}^3$

$b = 4(a-b$단면$)$

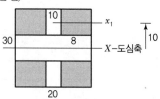

그림에서 중립축에 대한 단면 2차 모멘트 I는 전체사각형(B(20)$\times H$(30))에서 음영단면 $A_2(b(8) \times h(10))$ 4개를 빼주어 구한다.

$I = \dfrac{BH^3}{12} - 4 \times \left(\dfrac{bh^3}{12} + A_2 d^2\right)$

$\quad = \dfrac{20 \times 30^3}{12} - 4 \times \left(\dfrac{8 \times 10^3}{12} + 8 \times 10 \times 10^2\right)$

$\quad = 10{,}333.33\text{cm}^4$

$\therefore \ \tau = \dfrac{40 \times 10^3\,\text{N} \times 400\,\text{cm}^3}{10{,}333.33 \times 4\,\text{cm}^5} = 387.1\,\text{N/cm}^2$

$387.1\dfrac{\text{N}}{\text{cm}^2 \times \left(\dfrac{1\text{m}}{100\text{cm}}\right)^2} = 387.1 \times 10^4\,\text{Pa}$

$3.87 \times 10^6\,\text{Pa} = 3.87\,\text{MPa}$

20 단면적이 4cm²인 강봉에 그림과 같은 하중이 작용하고 있다. $W = 60\text{kN}$, $P = 25\text{kN}$, $l = 20\text{cm}$일 때 BC 부분의 변형률 ε은 약 얼마인가?(단, 세로탄성계수는 200GPa이다.)

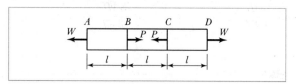

① 0.00043 ② 0.0043
③ 0.043 ④ 0.43

해설 ⊕

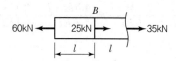

$$\varepsilon = \frac{\lambda}{l} = \frac{Pl}{AEl} = \frac{P}{AE}$$

$$= \frac{35 \times 10^3 N}{4\,cm^2 \times \left(\dfrac{1m}{100cm}\right)^2 \times 200 \times 10^9\,\dfrac{N}{m^2}}$$

$$= 0.0004375$$

2과목 **기계열역학**

21 압력 1,000kPa, 온도 300℃ 상태의 수증기(엔탈피 3,051.15kJ/kg, 엔트로피 7.1228kJ/kg · K)가 증기터빈으로 들어가서 100kPa 상태로 나온다. 터빈의 출력 일이 370kJ/kg일 때 터빈의 효율(%)은?

[수증기의 포화 상태표](압력 100kPa/온도 99.62℃)

엔탈피(kJ/kg)		엔트로피(kJ/kg · K)	
포화 액체	포화 증기	포화 액체	포화 증기
417.44	2,675.46	1.3025	7.3593

① 15.6 ② 33.2
③ 66.8 ④ 79.8

해설⊕ 개방계의 열역학 제1법칙에서

$$q_{c.v}^{\nearrow 0} + h_i = h_e + w_{c.v} \text{(터빈 : 단열팽창)}$$

$$w_{c.v} = w_T = h_i - h_e = 3,051.15 - h_{출구}$$

여기서, $h_{출구} = h_{습증기} = h_x$
(건도가 x인 습증기의 엔탈피)

h_x 해석을 위해 터빈은 단열과정, 즉 등엔트로피 과정이므로

$$S_i = S_e = S_x = 7.1228$$

$$S_x = S_f + x S_{fg}$$

$$\therefore \text{건도 } x = \frac{S_x - S_f}{S_{fg}} = \frac{7.1228 - 1.3025}{(7.3593 - 1.3025)} = 0.96$$

$$h_x = h_{출구} = h_f + x h_{fg}$$

$$= 417.44 + 0.96 \times (2,675.46 - 417.44)$$

$$= 2,585.14$$

$$\therefore w_T = 3,051.15 - 2,585.14 = 466.01\,kJ/kg \text{ (이론일)}$$

터빈효율 $\eta_T = \dfrac{\text{실제일}}{\text{이론일}} = \dfrac{370}{466.01} \times 100\% = 79.4\%$

22 피스톤 – 실린더 장치에 들어 있는 100kPa, 27℃의 공기가 600kPa까지 가역단열과정으로 압축된다. 비열비가 1.4로 일정하다면 이 과정 동안에 공기가 받은 일(kJ/kg)은?(단, 공기의 기체상수는 0.287kJ/kg · K 이다.)

① 263.6 ② 171.8
③ 143.5 ④ 116.9

해설⊕

단열과정이므로 $\dfrac{T_2}{T_1} = \left(\dfrac{P_2}{P_1}\right)^{\frac{k-1}{k}}$ 에서

$$T_2 = (27 + 273) \times \left(\frac{600}{100}\right)^{\frac{0.4}{1.4}} = 500.55\,K$$

밀폐계의 일(절대일)

$$\delta q^{\nearrow 0} = du + pdv$$

$$pdv = -du = \delta w$$

$$_1 w_2 = \int_1^2 -C_v dT = (-)\int_1^2 -C_v dT \ (\because \text{ 일부호}(-))$$

$$= C_v(T_2 - T_1) = \frac{R}{k-1}(T_2 - T_1)$$

$$= \frac{0.287}{1.4 - 1}(500.55 - (27 + 273))$$

$$= 143.89\,kJ/kg$$

23 다음은 시스템(계)과 경계에 대한 설명이다. 옳은 내용을 모두 고른 것은?

> 가. 검사하기 위하여 선택한 물질의 양이나 공간 내의 영역을 시스템(계)이라 한다.
> 나. 밀폐계는 일정한 양의 체적으로 구성된다.
> 다. 고립계의 경계를 통한 에너지 출입은 불가능하다.
> 라. 경계는 두께가 없으므로 체적을 차지하지 않는다.

① 가, 다
② 나, 라
③ 가, 다, 라
④ 가, 나, 다, 라

해설 ➕
- 밀폐계에서 시스템(계)의 경계는 이동할 수 있으므로 체적은 변할 수 있다.
- 고립계(절연계)에서는 계의 경계를 통해 열과 일이 전달될 수 없다.

24 보일러에 온도 40℃, 엔탈피 167kJ/kg인 물이 공급되어 온도 350℃, 엔탈피 3,115kJ/kg인 수증기가 발생한다. 입구와 출구에서의 유속은 각각 5m/s, 50m/s이고, 공급되는 물의 양이 2,000kg/h일 때, 보일러에 공급해야 할 열량(kW)은?(단, 위치에너지 변화는 무시한다.)

① 631
② 832
③ 1,237
④ 1,638

해설 ➕
개방계에 대한 열역학 제1법칙

$$q_{c.v} + h_i + \frac{V_i^2}{2} = h_e + \frac{V_e^2}{2} + \cancel{w_{c.v}}^{0} \quad (\because \ gz_i = gz_e)$$

$$q_B = h_e - h_i + \frac{V_e^2}{2} - \frac{V_i^2}{2}$$

$$= (3,115 - 167)\frac{kJ}{kg}$$

$$+ \frac{1}{2}(50^2 - 5^2) \times \frac{m^2}{s^2} \times \frac{kg}{kg} \times \frac{1kJ}{1,000J}$$

$$= 2,949.24 \, kJ/kg$$

공급열량 $\dot{Q} = \dot{m} \cdot q_B$

$$= 2,000\frac{kg}{h} \times \frac{1h}{3,600s} \times 2,949.24\frac{kJ}{kg}$$

$$= 1,638.47kW$$

25 실린더 내의 공기가 100kPa, 20℃ 상태에서 300kPa이 될 때까지 가역단열과정으로 압축된다. 이 과정에서 실린더 내의 계에서 엔트로피의 변화 (kJ/kg · K)는?(단, 공기의 비열비(k)는 1.40이다.)

① -1.35
② 0
③ 1.35
④ 13.5

해설 ➕
단열과정 $\delta q = 0$에서

엔트로피 변화량 $ds = \frac{\delta q}{T} \rightarrow ds = 0 \ (s = c)$

26 초기 압력 100kPa, 초기 체적 0.1m³인 기체를 버너로 가열하여 기체 체적이 정압과정으로 0.5m³가 되었다면 이 과정 동안 시스템이 외부에 한 일(kJ)은?

① 10
② 20
③ 30
④ 40

해설 ➕
밀폐계의 일=절대일
$\delta W = PdV$ (일부호 (+))

$$_1W_2 = \int_1^2 PdV \ (\because \ P = C)$$

$$= P(V_2 - V_1)$$

$$= 100 \times 10^3 \times (0.5 - 0.1)$$

$$= 40,000J$$

$$= 40kJ$$

정답 **23** ③ **24** ④ **25** ② **26** ④

27 단열된 가스터빈의 입구 측에서 압력 2MPa, 온도 1,200K인 가스가 유입되어 출구 측에서 압력 100kPa, 온도 600K로 유출된다. 5MW의 출력을 얻기 위해 가스의 질량유량(kg/s)은 얼마이어야 하는가?(단, 터빈의 효율은 100%이고, 가스의 정압비열은 1.12kJ/kg · K이다.)

① 6.44 　　　　　　　② 7.44
③ 8.44 　　　　　　　④ 9.44

해설◕
단열팽창하는 공업일이 터빈일이므로

$$\cancel{\delta q}^{\,0} = dh - vdp$$

$$0 = dh - vdp$$

여기서, $w_T = -vdp = -dh$

$$\therefore {}_1w_{T2} = \int -C_p dT$$
$$= -C_p(T_2 - T_1)$$
$$= C_p(T_1 - T_2)\,(\text{kJ/kg})$$

출력은 동력이므로 $\dot{W}_T = \dot{m}w_T \left(\dfrac{\text{kg}}{\text{s}} \cdot \dfrac{\text{kJ}}{\text{kg}} = \dfrac{\text{kJ}}{\text{s}} = \text{kW}\right)$

$$\therefore \dot{m} = \frac{\dot{W}_T}{w_T} = \frac{5 \times 10^3 \text{kW}}{C_p(T_1 - T_2)}$$
$$= \frac{5 \times 10^3}{1.12 \times (1,200 - 600)}$$
$$= 7.44\,\text{kg/s}$$

28 이상적인 냉동사이클에서 응축기 온도가 30℃, 증발기 온도가 −10℃일 때 성적 계수는?

① 4.6 　　　　　　　② 5.2
③ 6.6 　　　　　　　④ 7.5

해설◕

$$\varepsilon_R = \frac{T_L}{T_H - T_L}$$
$$= \frac{(-10 + 273)}{(30 + 273) - (-10 + 273)}$$
$$= 6.58$$

29 1kW의 전기히터를 이용하여 101kPa, 15℃의 공기로 차 있는 100m³의 공간을 난방하려고 한다. 이 공간은 견고하고 밀폐되어 있으며 단열되어 있다. 히터를 10분 동안 작동시킨 경우, 이 공간의 최종온도(℃)는?(단, 공기의 정적 비열은 0.718kJ/kg · K이고, 기체상수는 0.287kJ/kg · K이다.)

① 18.1 　　　　　　　② 21.8
③ 25.3 　　　　　　　④ 29.4

해설◕
전기히터에 의해 공급된 열량＝내부에너지 변화량

$${}_1Q_2 = 1\frac{\text{kJ}}{\text{s}} \times 10\text{min} \times \frac{60s}{1\text{min}} = 600\text{kJ}$$

$$\delta Q = dU + \cancel{\delta W}^{\,0}$$
$$dU = \delta Q \ (\text{계가 열을 받으므로}(+))$$
$$U_2 - U_1 = {}_1Q_2 \ \rightarrow \ m(u_2 - u_1) = {}_1Q_2$$
$$mC_v(T_2 - T_1) = {}_1Q_2$$

$$\therefore T_2 = T_1 + \frac{{}_1Q_2}{mC_v}$$
$$= 15 + \frac{600 \times 10^3}{122.19 \times 0.718 \times 10^3}$$
$$= 21.84\ ℃$$

여기서, $m = \dfrac{PV}{RT} = \dfrac{101 \times 10^3 \times 100}{0.287 \times 10^3 \times (15 + 273)} = 122.19\text{kg}$

30 용기 안에 있는 유체의 초기 내부에너지는 700kJ 이다. 냉각과정 동안 250kJ의 열을 잃고, 용기 내에 설치된 회전날개로 유체에 100kJ의 일을 한다. 최종상태의 유체의 내부에너지(kJ)는 얼마인가?

① 350 　　　　　　　② 450
③ 550 　　　　　　　④ 650

해설◕
열부호(−), 일부호(−)

$$\delta Q - \delta W = dU \ \rightarrow \ {}_1Q_2 - {}_1W_2 = U_2 - U_1$$

2020

$$\therefore\ U_2 = U_1 + {}_1Q_2 - {}_1W_2$$
$$= 700 + ((-)250) - ((-)100)$$
$$= 550\,\text{kJ}$$

31 랭킨사이클에서 보일러 입구 엔탈피 192.5kJ/kg, 터빈 입구 엔탈피 3,002.5kJ/kg, 응축기 입구 엔탈피 2,361.8kJ/kg일 때 열효율(%)은?(단, 펌프의 동력은 무시한다.)

① 20.3   ② 22.8

③ 25.7   ④ 29.5

해설+

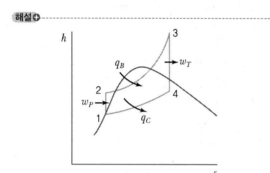

$h - s$ 선도에서 $h_2 = 192.5$, $h_3 = 3,002.5$, $h_4 = 2,361.8$

$$\eta = \frac{w_T - w_P}{q_B} = \frac{(h_3 - h_4)}{h_3 - h_2}\ (\because w_P{}^{0}\ \text{이므로})$$

$$= \frac{3,002.5 - 2,361.8}{3,002.5 - 192.5}$$

$$= 0.228 = 22.8\,\%$$

32 공기 10kg이 압력 200kPa, 체적 5m³인 상태에서 압력 400kPa, 온도 300℃인 상태로 변한 경우 최종 체적(m³)은 얼마인가?(단, 공기의 기체상수는 0.287kJ/kg · K 이다.)

① 10.7   ② 8.3

③ 6.8   ④ 4.1

해설+

$PV = mRT$에서

$$T_1 = \frac{P_1 V_1}{mR} = \frac{200 \times 10^3 \times 5}{10 \times 0.287 \times 10^3} = 348.43\,\text{K}$$

보일-샤를법칙에 의해

$$\frac{P_1 V_1}{T_1} = \frac{P_2 V_2}{T_2}\text{이므로}$$

$$\frac{200 \times 10^3 \times 5}{348.43} = \frac{400 \times 10^3 \times V_2}{(300 + 273)}$$

$$V_2 = 4.11\text{m}^3$$

33 300L 체적의 진공인 탱크가 25℃, 6MPa의 공기를 공급하는 관에 연결된다. 밸브를 열어 탱크 안의 공기 압력이 5MPa이 될 때까지 공기를 채우고 밸브를 닫았다. 이 과정이 단열이고 운동에너지와 위치에너지의 변화를 무시한다면 탱크 안의 공기의 온도(℃)는 얼마가 되는가?(단, 공기의 비열비는 1.40이다.)

① 1.5   ② 25.0

③ 84.4   ④ 144.2

해설+

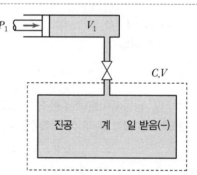

진공인 탱크가 공급관에 연결된 것과 그림에서 피스톤이 진공 탱크에 유입되는 수증기를 밀어 넣는 것과 같은 개념으로 생각해서 문제를 해석하는 게 쉽다. → 들어가고 나가는 질량 유량이 없어 검사질량(일정질량)의 경계가 움직이며 검사질량인 수증기에 일을 가한다.

처음에 계가 일을 받으므로 $(-)_1W_2 = P_1V_1 = mP_1v_1$

$_1Q_2 = U_2 - U_1 + _1W_2$에서 단열이므로

$0 = U_2 - U_1 - P_1V_1$

비내부에너지와 비체적을 적용하면

$0 = m(u_2 - u_1) - mP_1v_1$

$\quad = mu_2 - m(u_1 + P_1v_1) \ (\because \ h = u + Pv)$

$\quad = mu_2 - mh_1$

$\therefore \ u_2 = h_1$

$u_2 = u_1 + P_1v_1$

$u_2 - u_1 = P_1v_1 = RT_1$

$Pv = RT$와 $du = C_v dT$를 적용하면

$C_v(T_2 - T_1) = RT_1$

$\dfrac{R}{k-1}(T_2 - T_1) = RT_1$

$T_2 - T_1 = (k-1)T_1$

$\therefore \ T_2 = kT_1 = 1.4 \times (25 + 273) = 417.2K$

$\quad \rightarrow 417.2 - 273 = 144.2℃$

34 열역학적 관점에서 다음 장치들에 대한 설명으로 옳은 것은?

① 노즐은 유체를 서서히 낮은 압력으로 팽창하여 속도를 감속시키는 기구이다.

② 디퓨저는 저속의 유체를 가속하는 기구이며 그 결과 유체의 압력이 증가한다.

③ 터빈은 작동유체의 압력을 이용하여 열을 생성하는 회전식 기계이다.

④ 압축기의 목적은 외부에서 유입된 동력을 이용하여 유체의 압력을 높이는 것이다.

해설 ⊕
- 노즐 : 속도를 증가시키는 기구(운동에너지를 증가시킴)
- 디퓨저 : 유체의 속도를 감속하여 유체의 압력을 증가시키는 기구
- 터빈 : 일을 만들어 내는 회전식 기계(축일을 만드는 장치)

35 그림과 같은 공기표준 브레이튼(Brayton) 사이클에서 작동유체 1kg당 터빈 일(kJ/kg)은?(단, $T_1 = 300K$, $T_2 = 475.1K$, $T_3 = 1,100K$, $T_4 = 694.5K$이고, 공기의 정압비열과 정적비열은 각각 1.0035kJ/kg · K, 0.7165kJ/kg · K이다.)

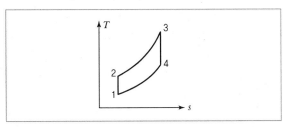

① 290   ② 407

③ 448   ④ 627

해설 ⊕

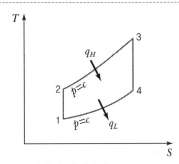

단열팽창하는 공업일이 터빈일이므로

$\cancel{\delta q}^{\ 0} = dh - vdp$

$0 = dh - vdp$

여기서, $\delta w_T = -vdp = -dh (3 \rightarrow 4과정)$

$\therefore \ _3w_{T4} = \int -C_p dT$

$\quad = -C_p(T_4 - T_3)$

$\quad = C_p(T_3 - T_4)$

$\quad = 1.0035 \times (1,100 - 694.5)$

$\quad = 406.92 kJ/kg$

36 다음 중 가장 큰 에너지는?

① 100kW 출력의 엔진이 10시간 동안 한 일

② 발열량 10,000kJ/kg의 연료를 100kg 연소시켜 나오는 열량

③ 대기압하에서 10℃의 물 10m³를 90℃로 가열하는 데 필요한 열량(단, 물의 비열은 4.2kJ/kg · K이다.)

④ 시속 100km로 주행하는 총 질량 2,000kg인 자동차의 운동에너지

해설 ✚ ------------------------------------

① $100\dfrac{\text{kJ}}{\text{s}} \times 10\text{h} \times \dfrac{3{,}600\text{s}}{1\text{h}} = 3.6 \times 10^6\,\text{kJ}$

② $Q = mq = 100\text{kg} \times 10{,}000\text{kJ/kg} = 1 \times 10^6\,\text{kJ}$

③ $Q = mc\Delta T = \rho V c \Delta T$
$= 1{,}000\text{kg/m}^3 \times 10\text{m}^3 \times 4.2 \times (90 - 10)$
$= 3.36 \times 10^6\,\text{kJ}$

④ $E_K = \dfrac{1}{2}mV^2$
$= \dfrac{1}{2} \times 2{,}000\text{kg} \times 100^2\left(\dfrac{\text{km}}{\text{h}}\right)^2 \times \left(\dfrac{1{,}000\text{m}}{\text{km}}\right)^2$
$\quad \times \left(\dfrac{1\text{h}}{3{,}600\text{s}}\right)^2$
$= 7.71 \times 10^6\,\text{J} = 7.71 \times 10^3\,\text{kJ}$

37 열역학 제2법칙에 대한 설명으로 틀린 것은?

① 효율이 100%인 열기관은 얻을 수 없다.

② 제2종의 영구기관은 작동 물질의 종류에 따라 가능하다.

③ 열은 스스로 저온의 물질에서 고온의 물질로 이동하지 않는다.

④ 열기관에서 작동 물질이 일을 하게 하려면 그 보다 더 저온인 물질이 필요하다.

해설 ✚ ------------------------------------

열역학 제2법칙을 위배하는 기관은 제2종 영구기관으로 열효율 100%인 제2종 영구기관은 만들 수 없다.

38 준평형 정적 과정을 거치는 시스템에 대한 열전달량은?(단, 운동에너지와 위치에너지의 변화는 무시한다.)

① 0이다.

② 이루어진 일량과 같다.

③ 엔탈피 변화량과 같다.

④ 내부에너지 변화량과 같다.

해설 ✚ ------------------------------------

$\delta q = du + pdv$

$v = c,\ dv = 0$이므로

$\therefore\ _1q_2 = u_2 - u_1$

39 이상기체 1kg을 300K, 100kPa에서 500K까지 "PV^n=일정"의 과정($n = 1.2$)을 따라 변화시켰다. 이 기체의 엔트로피 변화량(kJ/K)은?(단, 기체의 비열비는 1.3, 기체상수는 0.287kJ/kg · K이다.)

① -0.244 ② -0.287

③ -0.344 ④ -0.373

해설 ✚ ------------------------------------

$n = 1.2$인 폴리트로픽 과정에서의 엔트로피 변화량이므로

$dS = \dfrac{\delta Q}{T}$에서 $\delta Q = m C_n dT = m\left(\dfrac{n-k}{n-1}\right)C_v dT$

여기서, C_n : 폴리트로픽 비열

$S_2 - S_1 = m \times \dfrac{n-k}{n-1} C_v \displaystyle\int_1^2 \dfrac{1}{T}dT$ (여기서, $k = 1.3$)

$= m \times \dfrac{n-k}{n-1} C_v \ln\dfrac{T_2}{T_1} = m \times \dfrac{n-k}{n-1} \dfrac{R}{k-1} \ln\dfrac{T_2}{T_1}$

$= 1 \times \left(\dfrac{1.2 - 1.3}{1.2 - 1}\right) \times \left(\dfrac{0.287}{1.3 - 1}\right) \times \ln\left(\dfrac{500}{300}\right)$

$= -0.2443\,\text{kJ/K}$

정답   **36** ①   **37** ②   **38** ④   **39** ①

40 펌프를 사용하여 150kPa, 26℃의 물을 가역단열과정으로 650kPa까지 변화시킨 경우, 펌프의 일(kJ/kg)은?(단, 26℃의 포화액의 비체적은 0.001m^3/kg이다.)

① 0.4   ② 0.5

③ 0.6   ④ 0.7

해설◆

펌프일 → 개방계의 일 → 공업일

$\delta w_t = - vdp$

(계가 일을 받으므로(−))

$\delta w_p = (-) - vdp = vdp$

$w_p = \int_1^2 vdp = v(p_2 - p_1) = 0.001(650 - 150)$

$$= 0.5 \text{kJ/kg}$$

3과목. 기계유체역학

41 담배연기가 비정상 유동으로 흐를 때 순간적으로 눈에 보이는 담배연기는 다음 중 어떤 것에 해당하는가?

① 유맥선

② 유적선

③ 유선

④ 유선, 유적선, 유맥선 모두에 해당됨

해설◆

유맥선(Streak Line)

유동장에서 한 점을 지나는 모든 유체 입자들의 순간궤적

42 중력가속도 g, 체적유량 Q, 길이 L로 얻을 수 있는 무차원수는?

① $\dfrac{Q}{\sqrt{gL}}$ ② $\dfrac{Q}{\sqrt{gL^3}}$

③ $\dfrac{Q}{\sqrt{gL^5}}$ ④ $Q\sqrt{gL^3}$

해설◆

모든 차원의 지수합은 "0"이다.

- Q : m^3/s → $L^3 T^{-1}$
- $(g)^x$: m/s^2 → $(LT^{-2})^x$
- $(L)^y$: m → $(L)^y$
- L차원 : $3 + x + y = 0$
- T차원 : $-1 - 2x = 0 \rightarrow x = -\dfrac{1}{2}$

$3 + \left(-\dfrac{1}{2}\right) + y = 0$에서 $y = -\dfrac{5}{2}$

∴ 무차원수 $\pi = Q^1 \cdot (g)^{-\frac{1}{2}} \cdot (L)^{-\frac{5}{2}} = \dfrac{Q}{\sqrt{gL^5}}$

43 속도 포텐셜 $\phi = K\theta$인 와류 유동이 있다. 중심에서 반지름 r인 원주에 따른 순환(Circulation)식으로 옳은 것은?(단, K는 상수이다.)

① 0   ② K

③ πK ④ $2\pi K$

해설◆

퍼텐셜 함수

$\phi = K\theta, \quad \vec{V} = V_r \hat{i}_r + V_\theta \cdot \hat{i}_\theta, \quad V_r = \dfrac{\partial \phi}{\partial r} = 0$

$V_\theta = \dfrac{1}{r}\dfrac{\partial \phi}{\partial \theta} = \dfrac{1}{r}\dfrac{\partial(K\theta)}{\partial \theta} = \dfrac{K}{r}$

폐곡면(S상)에서 그 면의 법선방향의 와도의 총합은 폐곡선 C를 따르는 반시계 방향으로 일주한 선적분의 합이다.

순환$(\Gamma) = \oint_c \vec{V} \cdot \vec{ds} = \int_0^{2\pi} V_\theta ds$

$\Gamma = \int_0^{2\pi} \dfrac{K}{r} r d\theta = \int_0^{2\pi} K d\theta$

$= K[\theta]_0^{2\pi} = K(2\pi - 0) = 2\pi K$

2020

44 그림과 같이 평행한 두 원판 사이에 점성계수 μ $=0.2\mathrm{N}\cdot\mathrm{s/m^2}$인 유체가 채워져 있다. 아래 판은 정지되어 있고 위 판은 1,800rpm으로 회전할 때 작용하는 돌림힘은 약 몇 $\mathrm{N}\cdot\mathrm{m}$인가?

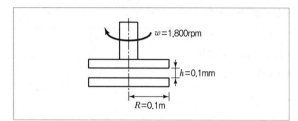

① 9.4   ② 38.3

③ 46.3   ④ 59.2

해설⊕

$D = 0.2\mathrm{m} = 200\mathrm{mm}$

원주속도 $V = u = \dfrac{\pi d N}{60,000} = \dfrac{\pi \times 200 \times 1,800}{60,000}$

$\qquad\qquad\qquad = 18.85\mathrm{m/s}$

$F = \tau \cdot A = \mu \cdot \dfrac{u}{h} \cdot A$

$\quad = 0.2 \times \dfrac{18.85}{0.0001} \times \dfrac{\pi}{4} \times 0.2^2$

$\quad = 1,184.38\,\mathrm{N}$

$T = F \times r_m \,(\text{평균반경})$

$\quad = 1,184.38\,(\mathrm{N}) \times 0.05\,(\mathrm{m}) = 59.22\mathrm{N}\cdot\mathrm{m}$

45 평판 위에 점성, 비압축성 유체가 흐르고 있다. 경계층 두께 δ에 대하여 유체의 속도 u의 분포는 아래와 같다. 이때, 경계층 운동량 두께에 대한 식으로 옳은 것은?(단, U는 상류속도, y는 평판과의 수직거리이다.)

$$0 \le y \le \delta : \frac{u}{U} = \frac{2y}{\delta} - \left(\frac{y}{\delta}\right)^2$$
$$y > \delta \qquad : u = U$$

① 0.1δ ② 0.125δ

③ 0.133δ ④ 0.166δ

해설⊕

$\dfrac{u}{U} = \dfrac{2y}{\delta} - \left(\dfrac{y}{\delta}\right)^2 \cdots$ ⓐ

운동량 두께 δ_m

$\delta_m = \displaystyle\int_0^\delta \frac{u}{U}\left(1 - \frac{u}{U}\right)dy$

$\quad = \displaystyle\int_0^\delta \frac{u}{U} - \left(\frac{u}{U}\right)^2 dy \leftarrow$ (ⓐ 대입)

$\quad = \displaystyle\int_0^\delta \frac{2y}{\delta} - \left(\frac{y}{\delta}\right)^2 - \left(\frac{2y}{\delta} - \left(\frac{y}{\delta}\right)^2\right)^2 dy$

$\quad = \displaystyle\int_0^\delta \frac{2y}{\delta} - \left(\frac{y^2}{\delta^2}\right) - \left(\left(\frac{2y}{\delta}\right)^2 - 2\frac{2y}{\delta}\left(\frac{y}{\delta}\right)^2 + \left(\frac{y}{\delta}\right)^4\right) dy$

$\quad = \displaystyle\int_0^\delta \left(\frac{2y}{\delta} - \frac{5y^2}{\delta^2} + \frac{4y^3}{\delta^3} - \frac{y^4}{\delta^4}\right) dy$

$\quad = \dfrac{2}{\delta}\left[\dfrac{y^2}{2}\right]_0^\delta - \dfrac{5}{\delta^2}\left[\dfrac{y^3}{3}\right]_0^\delta + \dfrac{4}{\delta^3}\left[\dfrac{y^4}{4}\right]_0^\delta - \dfrac{1}{\delta^4}\left[\dfrac{y^5}{5}\right]_0^\delta$

$\quad = \delta - \dfrac{5\delta}{3} + \delta - \dfrac{\delta}{5}$

$\quad = \dfrac{2\delta}{15} = 0.133\delta$

46 지름이 10cm인 원통에 물이 담겨져 있다. 수직인 중심축에 대하여 300rpm의 속도로 원통을 회전시킬 때 수면의 최고점과 최저점의 수직 높이차는 약 몇 cm인가?

① 0.126   ② 4.2

③ 8.4   ④ 12.6

해설⊕

$h = \dfrac{V^2}{2g}$ (여기서, $V = r\omega$: 원주속도)

$\quad = \dfrac{1}{2 \times 9.8}\left(\dfrac{\pi \times 100 \times 300}{60,000}\right)^2$ (∵ d는 mm 단위 적용)

$\quad = 0.1259\mathrm{m}$

$\quad = 12.59\mathrm{cm}$

47 밀도가 0.84kg/m³이고 압력이 87.6kPa인 이상 기체가 있다. 이 이상기체의 절대온도를 2배 증가시킬 때, 이 기체에서의 음속은 약 몇 m/s인가?(단, 비열비는 1.4이다.)

① 280   ② 340

③ 540   ④ 720

해설 ❶

$C=\sqrt{kRT}$ 에서 $T \rightarrow 2T$이므로

$C=\sqrt{kR \times 2T}$

여기서, $Pv = RT \rightarrow \dfrac{P}{\rho} = RT$

$C=\sqrt{2k\dfrac{P}{\rho}} = \sqrt{2 \times 1.4 \times \dfrac{87.6 \times 10^3}{0.84}} = 540.37\text{m/s}$

48 지름 100mm 관에 글리세린이 9.42L/min의 유량으로 흐른다. 이 유동은?(단, 글리세린의 비중은 1.26, 점성계수는 $\mu = 2.9 \times 10^{-4}$kg/m · s이다.)

① 난류유동   ② 층류유동

③ 천이 유동   ④ 경계층유동

해설 ❶

비중 $S = \dfrac{\rho}{\rho_w}$ 에서

$\rho = S\rho_w = 1.26 \times 1,000 = 1,260\text{kg/m}^3$

$Q = \dfrac{9.42L \times \dfrac{10^{-3}\text{m}^3}{1L}}{\text{min} \times \dfrac{60\text{s}}{1\text{min}}} = 0.000157\text{m}^3/\text{s}$

$Q = A \cdot V$ 에서

$V = \dfrac{Q}{A} = \dfrac{Q}{\dfrac{\pi}{4}d^2} = \dfrac{4Q}{\pi d^2} = \dfrac{4 \times 0.000157}{\pi \times (0.1)^2} = 0.01999\text{m/s}$

$\therefore Re = \dfrac{\rho \cdot Vd}{\mu} = \dfrac{1,260 \times 0.01999 \times 0.1}{2.9 \times 10^{-4}} = 8,685.31$

$R_e > 4,000$ 이상이므로 난류유동

49 그림과 같이 날카로운 사각 모서리 입출구를 갖는 관로에서 전수두 H는?(단, 관의 길이를 l, 지름은 d, 관 마찰계수는 f, 속도수두는 $\dfrac{V^2}{2g}$이고, 입구 손실계수는 0.5, 출구 손실계수는 1.0이다.)

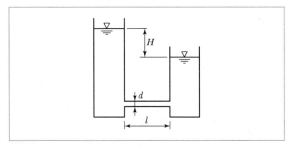

① $H = \left(1.5 + f\dfrac{l}{d}\right)\dfrac{V^2}{2g}$ ② $H = \left(1 + f\dfrac{l}{d}\right)\dfrac{V^2}{2g}$

③ $H = \left(0.5 + f\dfrac{l}{d}\right)\dfrac{V^2}{2g}$ ④ $H = f\dfrac{l}{d}\dfrac{V^2}{2g}$

해설 ❶

큰 탱크의 전체에너지를 ①, 작은 탱크의 전체에너지를 ②라고 한 다음, 손실을 고려한 베르누이 방정식을 적용하면 ①=②+H_l이고, 그림에서 H_l은 두 저수지의 위치에너지 차이이므로 $H_l = H$이다. 전체 손실수두 H_l은 돌연축소관에서의 손실(h_1)과 곧고 긴 연결관에서의 손실수두(h_2), 그리고 돌연확대관에서의 손실수두(h_3)의 합과 같다.

$H_l = h_1 + h_2 + h_3$

여기서, $h_1 = K_1 \cdot \dfrac{V^2}{2g} = 0.5\dfrac{V^2}{2g}$

$h_2 = f \cdot \dfrac{L}{d} \cdot \dfrac{V^2}{2g}$

$h_3 = K_2 \cdot \dfrac{V^2}{2g} = 1.0\dfrac{V^2}{2g}$

$H = \left(K_1 + f \cdot \dfrac{L}{d} + K_2\right)\dfrac{V^2}{2g}$

$= \left(0.5 + f \cdot \dfrac{L}{d} + 1\right)\dfrac{V^2}{2g}$

$= \left(1.5 + f \cdot \dfrac{L}{d}\right)\dfrac{V^2}{2g}$

2020

50 현의 길이가 7m인 날개의 속력이 500km/h로 비행할 때 이 날개가 받는 양력이 4,200kN이라고 하면 날개의 폭은 약 몇 m인가?(단, 양력계수 $C_L = 1$, 항력계수 $C_D = 0.02$, 밀도 $\rho = 1.2$kg/m³이다.)

① 51.84
② 63.17
③ 70.99
④ 82.36

해설⊕

양력 $L = C_L \cdot \dfrac{\rho A V^2}{2}$

$\therefore A = \dfrac{2L}{C_L \cdot \rho \cdot V^2} = \dfrac{2 \times 4,200 \times 10^3}{1 \times 1.2 \times 138.89^2} = 362.87\text{m}^2$

여기서, $V = 500\dfrac{\text{km}}{\text{h}} \times \dfrac{1,000\text{m}}{1\text{km}} \times \dfrac{1\text{h}}{3,600\text{s}} = 138.89\text{m/s}$

$A = bl$에서 $b = \dfrac{A}{l} = \dfrac{362.87}{7} = 51.84\text{m}$

51 길이 150m인 배를 길이 10m인 모형으로 조파 저항에 관한 실험을 하고자 한다. 실형의 배가 70km/h로 움직인다면, 실형과 모형 사이의 역학적 상사를 만족하기 위한 모형의 속도는 약 몇 km/h인가?

① 271
② 56
③ 18
④ 10

해설⊕

배는 자유표면 위를 움직이므로 모형과 실형 사이의 프루드 수를 같게 하여 실험한다.

$Fr)_m = Fr)_p$

$\dfrac{V}{\sqrt{Lg}}\bigg)_m = \dfrac{V}{\sqrt{Lg}}\bigg)_p$

여기서, $g_m = g_p$이므로

$\dfrac{V_m}{\sqrt{L_m}} = \dfrac{V_p}{\sqrt{L_p}}$

$\therefore V_m = \sqrt{\dfrac{L_m}{L_p}} \cdot V_p = \sqrt{\dfrac{10}{150}} \times 70 = 18.07\text{km/h}$

52 그림과 같이 물이 유량 Q로 저수조로 들어가고, 속도 $V = \sqrt{2gh}$로 저수조 바닥에 있는 면적 A_2의 구멍을 통하여 나간다. 저수조의 수면 높이가 변화하는 속도 $\dfrac{dh}{dt}$는?

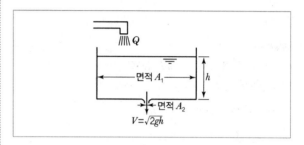

① $\dfrac{Q}{A_2}$

② $\dfrac{A_2\sqrt{2gh}}{A_1}$

③ $\dfrac{Q - A_2\sqrt{2gh}}{A_2}$

④ $\dfrac{Q - A_2\sqrt{2gh}}{A_1}$

해설⊕

들어오는 체적유량은 수조에서 빠져나가는 유량과 저수조의 변화유량의 합과 같다.

체적유량 $Q = A_2\sqrt{2gh} + A_1\dfrac{dh}{dt}$

여기서, $\dfrac{dh}{dt}$: 수조 높이의 변화속도

$\therefore \dfrac{dh}{dt} = \dfrac{Q - A_2\sqrt{2gh}}{A_1}$

53 그림과 같이 오일이 흐르는 수평관로 두 지점의 압력차 $p_1 - p_2$를 측정하기 위하여 오리피스와 수은을 넣은 U자관을 설치하였다. $p_1 - p_2$로 옳은 것은?(단, 오일의 비중량은 γ_{oil}이며, 수은의 비중량은 γ_{Hg}이다.)

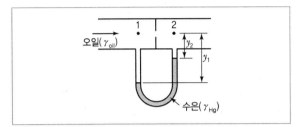

① $(y_1 - y_2)(\gamma_{Hg} - \gamma_{oil})$

② $y_2(\gamma_{Hg} - \gamma_{oil})$

③ $y_1(\gamma_{Hg} - \gamma_{oil})$

④ $(y_1 - y_2)(\gamma_{oil} - \gamma_{Hg})$

해설❸

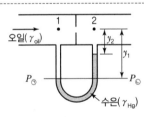

등압면이므로 $P_\ominus = P_\odot$

$P_\ominus = P_1 + \gamma_{oil} \times y_1$

$P_\odot = P_2 + \gamma_{oil} \times y_2 + \gamma_{Hg}(y_1 - y_2)$

$P_1 + \gamma_{oil} \times y_1 = P_2 + \gamma_{oil} \times y_2 + \gamma_{Hg}(y_1 - y_2)$

$\therefore P_1 - P_2 = \gamma_{oil} \times y_2 + \gamma_{Hg}(y_1 - y_2) - \gamma_{oil} \times y_1$

$\qquad = (\gamma_{Hg} - \gamma_{oil})(y_1 - y_2)$

54 그림과 같이 비중이 1.3인 유체 위에 깊이 1.1m로 물이 채워져 있을 때, 직경 5cm의 탱크 출구로 나오는 유체의 평균 속도는 약 몇 m/s인가?(단, 탱크의 크기는 충분히 크고 마찰손실은 무시한다.)

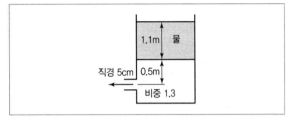

① 3.9   ② 5.1

③ 7.2   ④ 7.7

해설❸

①과 ②에 베르누이 방정식 적용

$$\frac{p_1}{\gamma} + \frac{V_1^2}{2g} + z_1 = \frac{p_2}{\gamma} + \frac{V_2^2}{2g} + z_2$$

여기서, $z_1 = z_2$

$P_1 = P_o$(대기압)

$\gamma = S\gamma_w$

그림에서 ②의 압력 $P_2 = P_o + \gamma_w \times 1.1 + S\gamma_w \times 0.5$

$$\frac{V_1^2}{2g} = \frac{P_2 - P_1}{S\gamma_w}$$

$$= \frac{P_o + \gamma_w \times 1.1 + 1.3 \times \gamma_w \times 0.5 - P_o}{1.3 \times \gamma_w}$$

$$= 1.35$$

$\therefore V_1 = \sqrt{2 \times 9.8 \times 1.35} = 5.14 \text{m/s}$

2020

55 그림과 같이 폭이 2m인 수문 ABC가 A점에서 힌지로 연결되어 있다. 그림과 같이 수문이 고정될 때 수평인 케이블 CD에 걸리는 장력은 약 몇 kN인가?(단, 수문의 무게는 무시한다.)

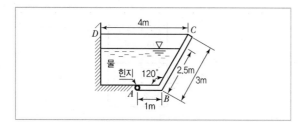

① 38.3
② 35.4
③ 25.2
④ 22.9

해설⊕

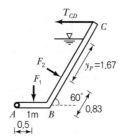

- 수문 AB부분에 작용하는 전압력 F_1

$F_1 = \gamma \overline{h_1} A_1$(여기서, $\overline{h_1} = 2.5 \times \sin60°$, $A_1 = 2m \times 1m$)

$= 9,800 \times 2.5 \times \sin60 \times 2 \times 1$

$= 42,435N = 42.44kN$

- 수문 BC부분에 작용하는 전압력 F_2

$F_2 = \gamma \overline{h_2} A_2$(여기서, $\overline{h_2} = 1.25 \times \sin60°$, $A_2 = 2m \times 2.5m$)

$= 9,800 \times 1.25 \times \sin60 \times 2 \times 2.5$

$= 53,044N = 53.04kN$

F_2가 작용하는 전압력 중심까지의 거리

$y_p = \overline{y} + \dfrac{I_X}{A\overline{y}}$

$= 1.25 + \dfrac{\dfrac{2 \times 2.5^3}{12}}{2 \times 2.5 \times 1.25}$

$= 1.67m$

- $\sum M_{A지점} = 0 : F_1 \times 0.5 + F_2 \times 0.83 + F_2 \times \cos60$
$\times 1 - T_{CD} \times 3\sin60 = 0$

$T_{CD} = \dfrac{F_1 \times 0.5 + F_2 \times 0.83 + F_2 \times \cos60 \times 1}{3\sin60}$

$= \dfrac{42.44 \times 0.5 + 53.04 \times 0.83 + 53.04 \times \cos60 \times 1}{3\sin60}$

$= 35.32kN$

56 관로의 전 손실수두가 10m인 펌프로부터 21m 지하에 있는 물을 지상 25m의 송출액면에 10m³/min의 유량으로 수송할 때 축동력이 124.5kW이다. 이 펌프의 효율은 약 얼마인가?

① 0.70
② 0.73
③ 0.76
④ 0.80

해설⊕

$H_{th} = \gamma H Q$

$Q = 10\dfrac{\text{m}^3}{\text{min}} \times \dfrac{1\text{min}}{60\text{s}} = 0.167\text{m}^3/\text{s}$

전양정 $H = 21 + 25 + 10 = 56$

$\therefore H_{th} = 9,800 \times 56 \times 0.167 = 91,649.6W = 91.6kW$

$\eta_p = \dfrac{이론동력}{축동력(운전동력, 실제동력)}$

$= \dfrac{H_{th}}{H_s} = \dfrac{91.6}{124.5} = 0.736$

57 모세관을 이용한 점도계에서 원형관 내의 유동은 비압축성 뉴턴 유체의 층류유동으로 가정할 수 있다. 원형관의 입구 측과 출구 측의 압력차를 2배로 늘렸을 때, 동일한 유체의 유량은 몇 배가 되는가?

① 2배
② 4배
③ 8배
④ 16배

해설⊕

비압축성 뉴턴유체의 층류유동은 하이겐 포아젤 방정식으로

나타나므로 $Q = \dfrac{\triangle P \pi d^4}{128\mu l}$

$Q \propto \triangle p$이므로 $\triangle p$를 두 배로 올리면 유량도 2배가 된다.

58 다음 유체역학적 양 중 질량 차원을 포함하지 않는 양은 어느 것인가?(단, MLT 기본 차원을 기준으로 한다.)

① 압력   ② 동점성계수

③ 모멘트   ④ 점성계수

해설⊕

동점성계수 $\nu = \dfrac{\mu}{\rho} = \dfrac{\dfrac{g}{cm \cdot s}}{\dfrac{g}{cm^3}} = cm^2/s \rightarrow L^2 T^{-1}$

59 그림과 같이 속도가 V인 유체가 속도 U로 움직이는 곡면에 부딪혀 90°의 각도로 유동방향이 바뀐다. 다음 중 유체가 곡면에 가하는 힘의 수평방향 성분 크기가 가장 큰 것은?(단, 유체의 유동단면적은 일정하다.)

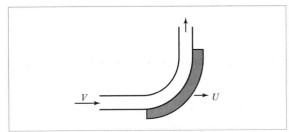

① $V = 10m/s, \ U = 5m/s$

② $V = 20m/s, \ U = 15m/s$

③ $V = 10m/s, \ U = 4m/s$

④ $V = 25m/s, \ U = 20m/s$

해설⊕

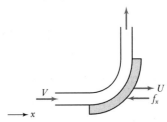

검사면에 작용하는 힘은 검사체적 안의 운동량 변화량과 같다.

$-f_x = \rho Q(V_{2x} - V_{1x})$

여기서, $V_{2x} = 0$

$V_{1x} = (V-u)$: 이동날개에서 바라본 물의 속도

$Q = A(V-u)$: 날개에 부딪히는 실제유량

$\therefore \ -f_x = \rho Q(-(V-u))$

$f_x = \rho A(V-u)^2$

$(V-u)^2$이 가장 커야 하므로 $(10-4)^2$인 ③이 정답이다.

60 피에조미터관에 대한 설명으로 틀린 것은?

① 계기유체가 필요 없다.

② U자관에 비해 구조가 단순하다.

③ 기체의 압력 측정에 사용할 수 있다.

④ 대기압 이상의 압력 측정에 사용할 수 있다.

해설⊕

피에조미터관은 비압축성 유체(액체)의 압력측정에 사용된다.

정답   58 ②   59 ③   60 ③

4과목 기계재료 및 유압기기

61 배빗메탈(Babbitt Metal)에 관한 설명으로 옳은 것은?

① Sn−Sb−Cu계 합금으로서 베어링 재료로 사용된다.

② Cu−Ni−Si계 합금으로서 도전율이 좋으므로 강력 도전 재료로 이용된다.

③ Zn−Cu−Ti계 합금으로서 강도가 현저히 개선된 경화형 합금이다.

④ Al−Cu−Mg계 합금으로서 상온시효처리하여 기계적 성질을 개선시킨 합금이다.

해설⊕

화이트 메탈(White Metal, 배빗메탈)

Sn−Sb−Pb−Cu계 합금, 백색, 용융점이 낮고 강도가 약하다. 저속기관의 베어링용으로 사용한다.

62 담금질한 공석강의 냉각 곡선에서 시편을 20℃의 물속에 넣었을 때 ㉮와 같은 곡선을 나타낼 때의 조직은?

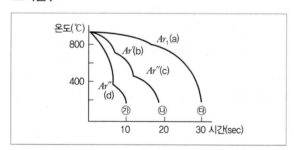

① 펄라이트   ② 오스테나이트

③ 마텐자이트   ④ 베이나이트＋펄라이트

해설⊕

냉각속도에 따른 담금질 조직

• ㉮−마텐자이트

• ㉯−트루스타이트

• ㉰−솔바이트

63 고강도 합금으로서 항공기용 재료에 사용되는 것은?

① 베릴륨 동

② Naval Brass

③ 알루미늄 청동

④ Extra Super Duralumin

해설⊕

초초두랄루민(Extra Super Duralumin)

Al−Cu(1.2%)−Zn(8%)−Mg(1.5%)−Mn(0.6%)−Cr (0.25%)계 합금 : 시효경화가 일어나고, 인장강도 56~60kgf/mm^2 정도이다.

64 플라스틱 재료의 일반적인 특징으로 옳은 것은?

① 내구성이 매우 높다.

② 완충성이 매우 낮다.

③ 자기 윤활성이 거의 없다.

④ 복합화에 의한 재질의 개량이 가능하다.

해설⊕

① 내구성이 낮은 편이다.

② 완충성이 좋다.

③ 자기 윤활성이 좋다.

65 고 Mn강(Hadfield Steel)에 대한 설명으로 옳은 것은?

① 고온에서 서랭하면 Mn$_3$C가 석출하여 취약해진다.

② 소성 변형 중 가공경화성이 없으며, 인장강도가 낮다.

③ 1,200℃ 부근에서 급랭하여 마텐자이트 단상으로 하는 수인법을 이용한다.

④ 열전도성이 좋고 팽창계수가 작아 열변형을 일으키지 않는다.

정답 61 ① 62 ③ 63 ④ 64 ④ 65 ①

해설⊕

② 가공경화성이 매우 크며, 인장강도가 높고, 내충격성 및 내마모성이 대단히 우수하다.

③ 1,200℃ 부근에서 급랭하여 오스테나이트 단상으로 하는 수인법을 이용한다.

④ 열전도성이 낮고 팽창계수가 작아 열변형을 일으키지 않는다.

66 현미경 조직 검사를 실시하기 위한 철강용 부식제로 옳은 것은?

① 왕수 　　　　② 질산 용액

③ 나이탈 용액 　　④ 염화제2철 용액

해설⊕

현미경 조직검사를 위한 부식제

피크린산알코올 용액, 피크릴산나트륨, 질산알코올(나이탈) 용액

67 고용체합금의 시효경화를 위한 조건으로서 옳은 것은?

① 급랭에 의해 제2상의 석출이 잘 이루어져야 한다.

② 고용체의 용해도 한계가 온도가 낮아짐에 따라 증가해야만 한다.

③ 기지상은 단단하여야 하며, 석출물은 연한 상이어야 한다.

④ 최대 강도 및 경도를 얻기 위해서는 기지 조직과 정합 상태를 이루어야만 한다.

해설⊕

① 급랭에 의해 제2상의 석출이 어려워야 한다(제2상의 석출이 잘 되면 시간이 지남에 따라 시효경화가 진행되지 않음).

② 고용체의 용해도 한계가 온도가 낮아짐에 따라 감소해야 한다.

③ 기지상은 연하여야 하고, 석출물은 단단해야 한다.

68 상온의 금속(Fe)을 가열하였을 때 체심입방격자에서 면심입방격자로 변하는 점은?

① A_0변태점 　　　② A_2변태점

③ A_3변태점 　　　④ A_4변태점

해설⊕

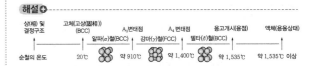

- BCC : 체심입방격자
- FCC : 면심입방격자

69 스테인리스강을 조직에 따라 분류할 때의 기준 조직이 아닌 것은?

① 페라이트계

② 마텐자이트계

③ 시멘타이트계

④ 오스테나이트계

해설⊕

스테인리스강의 조직

오스테나이트계, 페라이트계, 마텐자이트계

※ 오페라(오페마)로 외우세요.

70 항온 열처리 방법에 해당하는 것은?

① 뜨임(Tempering)

② 어닐링(Annealing)

③ 마퀜칭(Marquenching)

④ 노멀라이징(Normalizing)

해설⊕

항온 열처리 방법

오스포밍, 오스템퍼링, 마템퍼링, 마퀜칭, M_s 퀜칭, 항온풀림 등

71 유체 토크 컨버터의 주요 구성 요소가 아닌 것은?

① 펌프　　　　　　② 터빈
③ 스테이터　　　　④ 릴리프 밸브

해설⊕

유체 토크 컨버터

밀폐된 공간에 터빈과 펌프라는 날개가 마주 보고 있고, 그 공간을 오일이 가득 채우고 있어서 날개 한쪽이 회전하면 그 오일에 의해 반대쪽 날개가 회전하게 되는 원리를 이용하여 동력을 전달하는 장치이다. 유체 토크 컨버터의 주요 구성은 펌프(임펠러), 스테이터, 터빈으로 구성된다.

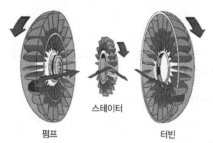

펌프　　스테이터　　터빈

72 유압 장치의 특징으로 적절하지 않은 것은?

① 원격 제어가 가능하다.
② 소형 장치로 큰 출력을 얻을 수 있다.
③ 먼지나 이물질에 의한 고장의 우려가 없다.
④ 오일에 기포가 섞여 작동이 불량할 수 있다.

해설⊕

유압유에 공기나 먼지가 섞여 들어가면 고장을 일으키기 쉽다.

73 채터링 현상에 대한 설명으로 적절하지 않은 것은?

① 소음을 수반한다.
② 일종의 자려 진동현상이다.
③ 감압 밸브, 릴리프 밸브 등에서 발생한다.
④ 압력, 속도 변화에 의한 것이 아닌 스프링의 강성에 의한 것이다.

해설⊕

채터링(Chattering)

밸브시트를 두들겨서 비교적 높은 음을 발생시키는 일종의 자려 진동현상

④ 유체의 압력과 속도 변화에 의해 발생한다.

74 그림의 유압 회로도에서 ①의 밸브 명칭으로 옳은 것은?

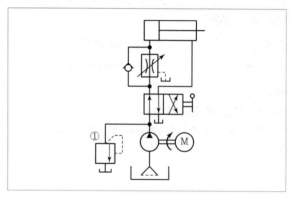

① 스톱 밸브　　　　② 릴리프 밸브
③ 무부하 밸브　　　④ 카운터 밸런스 밸브

해설⊕

릴리프 밸브

회로 내의 압력을 설정압력으로 유지하여 과도한 압력으로부터 시스템을 보호하는 안전 밸브이다.

75 압력 제어 밸브의 종류가 아닌 것은?

① 체크 밸브
② 감압 밸브
③ 릴리프 밸브
④ 카운터 밸런스 밸브

해설⊕

체크 밸브는 방향 제어 밸브이다.

76 유압유의 구비조건으로 적절하지 않은 것은?

① 압축성이어야 한다.

② 점도 지수가 커야 한다.

③ 열을 방출시킬 수 있어야 한다.

④ 기름 중의 공기를 분리시킬 수 있어야 한다.

해설⊕

유압유는 체적탄성계수가 커야 하고, 비압축성이어야 한다.

77 그림과 같은 유압 기호의 명칭은?

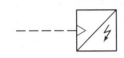

① 경음기   ② 소음기

③ 리밋 스위치   ④ 아날로그 변환기

78 펌프에 대한 설명으로 틀린 것은?

① 피스톤 펌프는 피스톤을 경사판, 캠, 크랭크 등에 의해서 왕복 운동시켜, 액체를 흡입 쪽에서 토출 쪽으로 밀어내는 형식의 펌프이다.

② 레이디얼 피스톤 펌프는 피스톤의 왕복 운동 방향이 구동축에 거의 직각인 피스톤 펌프이다.

③ 기어 펌프는 케이싱 내에 물리는 2개 이상의 기어에 의해 액체를 흡입 쪽에서 토출 쪽으로 밀어내는 형식의 펌프이다.

④ 터보 펌프는 덮개차를 케이싱 외에 회전시켜, 액체로부터 운동 에너지를 뺏어 액체를 토출하는 형식의 펌프이다.

해설⊕

④ 터보 펌프는 날개차의 회전에 의하여 운동 에너지가 압력 에너지로 변환하여 작동하는 펌프이다. 토출량이 크고 낮은 점도의 액체에 사용되는 터보펌프는 로켓의 엔진에 사용되는 연료공급 장치이다.

79 미터 아웃 회로에 대한 설명으로 틀린 것은?

① 피스톤 속도를 제어하는 회로이다.

② 유량 제어 밸브를 실린더의 입구 측에 설치한 회로이다.

③ 기본형은 부하변동이 심한 공작기계의 이송에 사용된다.

④ 실린더에 배압이 걸리므로 끌어당기는 하중이 작용해도 자주 할 염려가 없다.

해설⊕

② 유량 제어 밸브를 실린더의 출구 측에 설치한 회로이다.

80 유압 실린더 취급 및 설계 시 주의사항으로 적절하지 않은 것은?

① 적당한 위치에 공기구멍을 장치한다.

② 쿠션 장치인 쿠션 밸브는 감속범위의 조정용으로 사용된다.

③ 쿠션 장치인 쿠션링은 헤드 엔드축에 흐르는 오일을 촉진한다.

④ 원칙적으로 더스트 와이퍼를 연결해야 한다.

해설⊕

③ 쿠션장치인 쿠션링은 유압 실린더의 충격을 완화하여, 실린더의 수명을 연장시킨다.

5과목 **기계제작법 및 기계동력학**

81 다음 중 계의 고유진동수에 영향을 미치지 않는 것은?

① 계의 초기조건

② 진동물체의 질량

③ 계의 스프링 계수

④ 계를 형성하는 재료의 탄성계수

2020

해설⊕

고유진동수에 영향을 미치는 요소는 질량(m), 스프링강성
(k), 재료의 탄성계수(재질)이다.

82 엔진(질량 m)의 진동이 공장 바닥에 직접 전달될
때 바닥에 힘이 $F_0\sin\omega t$로 전달된다. 이때 전달되는 힘
을 감소시키기 위해 엔진과 바닥 사이에 스프링(스프링
상수 k)과 댐퍼(감쇠계수 c)를 달았다. 이를 위해 진동계
의 고유진동수(ω_n)와 외력의 진동수(ω)는 어떤 관계를
가져야 하는가?(단, $\omega_n = \sqrt{\dfrac{k}{m}}$ 이고, t는 시간을 의미
한다.)

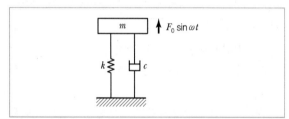

① $\omega_n > \omega$
② $\omega_n < 2\omega$
③ $\omega_n < \dfrac{\omega}{\sqrt{2}}$
④ $\omega_n > \dfrac{\omega}{\sqrt{2}}$

해설⊕

진동절연은 $TR < 1$일 때 진동수비 $\gamma = \dfrac{\omega}{\omega_n} > \sqrt{2}$ 이어야
한다.

$$\therefore \omega_n < \frac{\omega}{\sqrt{2}}$$

83 스프링상수가 20N/cm와 30N/cm인 두 개의 스
프링을 직렬로 연결했을 때 등가스프링 상수 값은 몇
N/cm인가?

① 10
② 12
③ 25
④ 50

해설⊕

직렬조합이므로

$$\delta = \delta_1 + \delta_2 \rightarrow \frac{W}{k_{eq}} = \frac{W}{k_1} + \frac{W}{k_2} \text{(여기서, } W \text{ 동일)}$$

$$\therefore \frac{1}{k_{eq}} = \frac{1}{k_1} + \frac{1}{k_2} \rightarrow \frac{1}{k_{eq}} = \frac{1}{20} + \frac{1}{30}$$

$$\rightarrow k_{eq} = \left(\frac{1}{20} + \frac{1}{30}\right)^{-1}$$

등가스프링 상수 $k_{eq} = 12\text{N/cm}$

84 그림과 같이 질량이 10kg인 봉의 끝단이 홈을
따라 움직이는 블록 A, B에 구속되어 있다. 초기에 $\theta =$
0°에서 정지하여 있다가 블록 B에 수평력 $P = 50$N이
작용하여 $\theta = 45°$가 되는 순간의 봉의 각속도는 약 몇
rad/s인가?(단, 블록 A와 B의 질량과 마찰은 무시하
고, 중력가속도 $g = 9.81\text{m/s}^2$이다.)

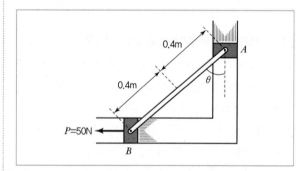

① 3.11
② 4.11
③ 5.11
④ 6.11

해설⊕

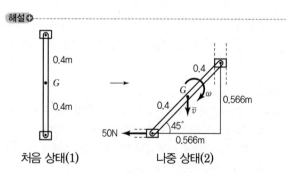

처음 상태(1)   나중 상태(2)

에너지 방정식(1, 2상태)

$$T_1 + V_1 + U_{1 \to 2} = T_2 + V_2$$

초기운동에너지 $T_1 = 0$, $U_{1 \to 2} = T_2 + V_2 - V_1$ ··· ⓐ

$$U_{1 \to 2} = 50 \times 0.566 \mathrm{N \cdot m}$$

$$T_2 = \frac{1}{2} m (\overline{v})^2 + \frac{1}{2} J_G \omega^2$$

여기서, $\overline{v} = r\omega = 0.4\omega$

$m = 10 \mathrm{kg}$

$$J_G = \frac{ml^2}{12} = \frac{10 \times 0.8^2}{12} = 0.5333$$

$$= \frac{1}{2} \times 10 \times (0.4\omega)^2 + \frac{1}{2} \times 0.5333 \times \omega^2$$

$$= 1.07\omega^2 \ \cdots \ ⓑ$$

$V_2 - V_1$: 중력위치에너지 = 무게 × 질량중심높이변화

$$\therefore \ V_2 - V_1 = 10 \times 9.8 \times (0.4 \cos 45° - 0.4)$$

$$= -11.48 \mathrm{N \cdot m} \ \cdots \ ⓒ$$

ⓐ에 ⓑ와 ⓒ를 대입하면

$$50 \times 0.566 \mathrm{N \cdot m} = 1.07\omega^2 - 11.48 \mathrm{N \cdot m}$$

$$\therefore \ \omega = \sqrt{\frac{50 \times 0.5666 + 11.48}{1.07}} = 6.1 \mathrm{rad/s}$$

85 그림과 같이 최초정지상태에 있는 바퀴에 줄이 감겨 있다. 힘을 가하여 줄의 가속도(a)가 $a = 4t [\mathrm{m/s}^2]$일 때 바퀴의 각속도(ω)를 시간의 함수로 나타내면 몇 rad/s인가?

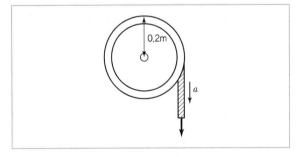

① $8t^2$ ② $9t^2$

③ $10t^2$ ④ $11t^2$

· 문제 그림에서 a는 접선가속도 a_t이므로

접선가속도 $a_t = r\alpha$ 에서

각가속도 $\alpha = \dfrac{a_t}{r} = \dfrac{4t}{0.2} = 20t$

· $\alpha = \dfrac{d\omega}{dt} \ \to \ d\omega = \alpha dt$ 에서

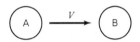

$$\omega = \int_0^t \alpha \, dt = \int_0^t 20t \, dt = 20 \times \frac{1}{2} [t^2]_0^t = 10t^2$$

86 그림과 같이 질량이 동일한 두 개의 구슬 A, B가 있다. 초기에 A의 속도는 v이고 B는 정지되어 있다. 충돌 후 A와 B의 속도에 관한 설명으로 맞는 것은?(단, 두 구슬 사이의 반발계수는 1이다.)

| A | $\xrightarrow{\ \ V\ \ }$ | B |

① A와 B 모두 정지한다.

② A와 B 모두 v의 속도를 가진다.

③ A와 B 모두 $\dfrac{v}{2}$의 속도를 가진다.

④ A는 정지하고 B는 v의 속도를 가진다.

반발계수 $e = 1$일 때 완전 탄성충돌로 에너지 소실이 발생하지 않으며 충돌 전후의 선형운동량(mv)은 같아 A는 정지하고 B는 v의 속도를 가진다.

87 90km/h의 속력으로 달리던 자동차가 100m 전방의 장애물을 발견한 후 제동을 하여 장애물 바로 앞에 정지하기 위해 필요한 제동력의 크기는 몇 N인가?(단, 자동차의 질량은 1,000kg이다.)

① 3,125   ② 6,250

③ 40,500   ④ 81,000

2020

해설⊕

일−에너지 방정식에 상태 1에서 2로 움직이는 동안 질점에 작용하는 제동력에 의한 전체 일의 양은 질점의 운동에너지 변화와 같다는 에너지 보존의 법칙을 적용하면

• 운동에너지 : $T = \dfrac{1}{2}mV^2$

• 제동일 : $U_{1→2} = Fx$(제동력×100m)

• $T = U_{1→2}$에서 $\dfrac{1}{2}mV^2 = Fx$

$$∴ F = \dfrac{\dfrac{1}{2}mV^2}{x} = \dfrac{\dfrac{1}{2}×1,000×25^2}{100} = 3,125\text{N}$$

여기서, $V = 90\text{km/h} → 25\text{m/s}$

88 국제단위체계(SI)에서 1N에 대한 설명으로 맞는 것은?

① 1g의 질량에 1m/s²의 가속도를 주는 힘이다.

② 1g의 질량에 1m/s의 속도를 주는 힘이다.

③ 1kg의 질량에 1m/s²의 가속도를 주는 힘이다.

④ 1g의 질량에 1m/s의 속도를 주는 힘이다.

89 그림과 같이 질량이 m인 물체가 탄성스프링으로 지지되어 있다. 초기 위치에서 자유낙하를 시작하고, 초기 스프링의 변형량이 0일 때, 스프링의 최대 변형량(x)은?(단, 스프링의 질량은 무시하고, 스프링상수는 k, 중력가속도는 g이다.)

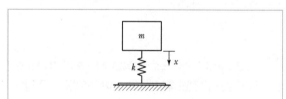

① $\dfrac{mg}{k}$ ② $\dfrac{2mg}{k}$

③ $\sqrt{\dfrac{mg}{k}}$ ④ $\sqrt{\dfrac{2mg}{k}}$

해설⊕

• 스프링 힘이 하는 일은 최대 변형량이 $x_{max} = x$일 때

$$U_{1→2} = \dfrac{1}{2}kx^2$$

• 스프링 처짐이 x만큼 일어나므로 위치에너지 $V_g = Wx$

• $U_{1→2} = V_g$에서

$$\dfrac{1}{2}kx^2 = Wx = mgx$$

$$\dfrac{1}{2}kx^2 - mgx = 0$$

양변에 2를 곱하면

$$kx^2 - 2mgx = 0$$

$x(kx - 2mg) = 0$에서

$x = 0$ 또는 $x = \dfrac{2mg}{k}$이므로

$$∴ x = \dfrac{2mg}{k}$$

90 30°로 기울어진 표면에 질량 50kg인 블록이 질량 m인 추와 그림과 같이 연결되어 있다. 경사 표면과 블록 사이의 마찰계수가 0.5일 때 이 블록을 경사면으로 끌어올리기 위한 추의 최소 질량은 약 몇 kg인가?

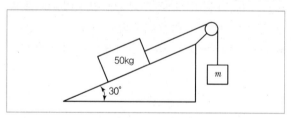

① 36.5 ② 41.8

③ 46.7 ④ 54.2

해설⊕

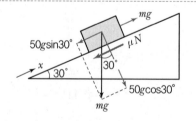

자유물체도에서

$\sum F_x = 0$일 때의 m 값에서 경사면 위로 움직이기 시작한다.

$N = 50g \cos 30°, \quad F_f = \mu N$

$\sum F_x = -50g \sin 30° - \mu N + mg = 0$

$mg = 50g \sin 30° + \mu \times 50g \cos 30°$

$\therefore \quad m = 50 \sin 30° + 0.5 \times 50 \cos 30° = 46.65\text{kg}$

91 전기 도금의 반대 현상으로 가공물을 양극, 전기 저항이 적은 구리, 아연을 음극에 연결한 후 용액에 침지하고 통전하여 금속표면의 미소 돌기부분을 용해하여 거울면과 같이 광택이 있는 면을 가공할 수 있는 특수가공은?

① 방전가공   ② 전주가공
③ 전해연마   ④ 슈퍼피니싱

해설
전해연마

아래 그림과 같이 연마하려는 공작물을 양극으로 하여 과염소산, 인산, 황산, 질산 등의 전해액 속에 매달아 두고 1A/cm^2 정도의 직류전류를 통전하여 전기 화학적으로 공작물의 미소 돌기를 용출시켜 광택면을 얻는다.

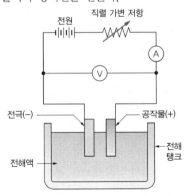

92 주물사에서 가스 및 공기에 해당하는 기체가 통과하여 빠져나가는 성질은?

① 보온성   ② 반복성

③ 내구성   ④ 통기성

해설
주물사는 통기성이 좋아 가스나 공기 배출이 쉬워야 한다.

93 프레스가공에서 전단가공의 종류가 아닌 것은?

① 블랭킹   ② 트리밍
③ 스웨이징   ④ 세이빙

해설
• 프레스가공의 전단가공 : 블랭킹(Blanking), 펀칭(Punching), 전단(Shearing), 분단(Parting), 노칭(Notching), 트리밍(Trimming), 세이빙(Shaving) 등이 있다.
• 냉간 단조가공 : 콜드헤딩, 스웨이징, 코닝 등이 있다.

94 침탄법에 비하여 경화층은 얇으나, 경도가 크고, 담금질이 필요 없으며, 내식성 및 내마모성이 커서 고온에도 변화되지 않지만 처리시간이 길고 생산비가 많이 드는 표면 경화법은?

① 마퀜칭   ② 질화법
③ 화염 경화법   ④ 고주파 경화법

해설
침탄법과 질화법의 특징 비교

특징	침탄법	질화법
표면경화층 두께	침탄층이 두껍다.	질화층이 얇다.
경도	낮다.	높다.
열처리	반드시 필요	필요 없다.
변형	크다.	작다.
사용재료	제한이 적다.	질화강이어야 한다.
고온경도	낮아진다.	낮아지지 않는다.
소요시간	짧다.	길다(12~48hr).
수정 가능 여부	가능	불가능

2020

95 두께 50mm의 연강판을 압연 롤러를 통과시켜 40mm가 되었을 때 압하율은 몇 %인가?

① 10   ② 15
③ 20   ④ 25

해설⊕

$$압하율 = \frac{H_0 - H_1}{H_0} \times 100\%$$

$$= \frac{50 - 40}{50} \times 100 = 20\,\%$$

여기서, H_0 : 롤러 통과 전 재료의 두께
H_1 : 롤러 통과 후 재료의 두께

96 숏피닝(Shot Peening)에 대한 설명으로 틀린 것은?

① 숏피닝은 얇은 공작물일수록 효과가 크다.
② 가공물 표면에 작은 해머와 같은 작용을 하는 형태로 일종의 열간 가공법이다.
③ 가공물 표면에 가공경화된 잔류 압축응력층이 형성된다.
④ 반복하중에 대한 피로파괴에 큰 저항을 갖고 있기 때문에 각종 스프링에 널리 이용된다.

해설⊕

숏피닝
• 상온에서 경화된 철의 작은 볼을 공작물의 표면에 분사하여 제품의 표면을 매끈하게 하는 동시에 공작물의 피로 강도나 기계적 성질을 향상시킨다.
• 숏피닝에 사용되는 철의 작은 볼을 숏(Shot)이라고 한다.
• 크랭크축, 체인, 스프링 등 기존 제품의 치수나 재질 변경 없이 높은 피로강도가 필요할 경우 적용되기도 한다.

② 가공물 표면에 작은 해머와 같은 작용을 하는 형태로 일종의 냉간 가공법이다.

97 오스테나이트 조직을 굳은 조직인 베이나이트로 변환시키는 항온 변태 열처리법은?

① 서브제로   ② 마템퍼링
③ 오스포밍   ④ 오스템퍼링

해설⊕

오스템퍼링
• 목적 : 뜨임 작업이 필요 없으며, 인성이 풍부하고 담금질 균열이나 변형이 적으며 연신성과 단면 수축, 충격치 등이 향상된 재료를 얻게 된다.
• 열처리방법 : 오스테나이트에서 베이나이트로 완전한 항온 변태가 일어날 때까지 특정 온도로 유지 후 공기 중에서 냉각시켜, 베이나이트 조직을 얻는다.

98 주철과 같은 강하고 깨지기 쉬운 재료(메진 재료)를 저속으로 절삭할 때 생기는 칩의 형태는?

① 균열형 칩   ② 유동형 칩
③ 열단형 칩   ④ 전단형 칩

해설⊕

균열형 칩(Crack Type Chip)
백주철과 같이 취성이 큰 재질을 절삭할 때 나타나는 칩 형태이고, 절삭력을 가해도 거의 변형을 하지 않다가 임계압력 이상이 될 때 순간적으로 균열이 발생되면서 칩이 생성된다. 가공면은 요철이 남고 절삭저항의 변동도 커진다.
• 주철과 같은 취성이 큰 재료를 저속 절삭 시
• 절삭 깊이가 크거나 경사각이 매우 작을 시

99 선반가공에서 직경 60mm, 길이 100mm의 탄소강 재료 환봉을 초경 바이트를 사용하여 1회 절삭 시 가공시간은 약 몇 초인가?(단, 절삭 깊이 1.5mm, 절삭속도 150m/min, 이송은 0.2mm/rev이다.)

① 38   ② 42
③ 48   ④ 52

- 절삭속도 $V = \dfrac{\pi dn}{1{,}000} \, [\text{m/min}]$

- ∴ 주축의 회전수 $n = \dfrac{1{,}000\text{V}}{\pi d} = \dfrac{1{,}000 \times 150}{\pi \times 60}$

    $= 795.775 \, [\text{rpm}]$

- 가공시간 $T = \dfrac{L}{fn} = \dfrac{100}{0.2 \times 796}$

    $= 0.628 \, [\text{min}]$

    $≒ 38 \, [\text{sec}]$

100 용접의 일반적인 장점으로 틀린 것은?

① 품질검사가 쉽고 잔류응력이 발생하지 않는다.

② 재료가 절약되고 중량이 가벼워진다.

③ 작업 공정 수가 감소한다.

④ 기밀성이 우수하며 이음 효율이 향상된다.

용접의 장단점

㉠ 용접의 장점

- 자재를 절약할 수 있다.
- 작업 공정수를 줄일 수 있다.
- 수밀, 기밀을 유지할 수 있다.
- 접합시간을 단축할 수 있다.
- 비교적 두께의 제한이 적다.

㉡ 용접의 단점

- 용접이음에 대한 특별한 지식이 필요하다.
- 모재의 재질이 용접열의 영향을 많이 받는다.
- 품질검사의 어려움이 있다.
- 용접 후 잔류응력과 변형이 발생한다.
- 분해, 조립이 곤란하다.

① 품질검사가 어렵고 잔류응력과 변형이 발생한다.

2020

재료역학

01 다음 구조물에 하중 $P = 1$kN이 작용할 때 연결핀에 걸리는 전단응력은 약 얼마인가?(단, 연결핀의 지름은 5mm이다.)

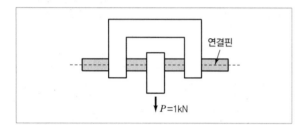

① 25.46kPa ② 50.92kPa
③ 25.46MPa ④ 50.92MPa

해설 ⊕

하중 P에 의해 연결핀은 양쪽에서 전단(파괴)된다.

$$\tau = \frac{P_s}{A_\tau} = \frac{P}{\frac{\pi d^2}{4} \times 2} = \frac{2P}{\pi d^2} = \frac{2 \times 1 \times 10^3}{\pi \times 0.005^2}$$

$$= 25.46 \times 10^6 \mathrm{Pa}$$
$$= 25.46 \mathrm{MPa}$$

02 100rpm으로 30kW를 전달시키는 길이 1m, 지름 7cm인 둥근 축단의 비틀림각은 약 몇 rad인가?(단, 전단탄성계수는 83GPa이다.)

① 0.26 ② 0.30
③ 0.015 ④ 0.009

해설 ⊕

$$T = \frac{H}{\omega} = \frac{H}{\frac{2\pi N}{60}} = \frac{60 \times 30 \times 10^3}{2\pi \times 100} = 2,864.79 \mathrm{N} \cdot \mathrm{m}$$

$$\theta = \frac{T \cdot l}{GI_p} = \frac{2,864.79 \times 1}{83 \times 10^9 \times \frac{\pi \times 0.07^4}{32}} = 0.0146 \mathrm{rad}$$

03 길이가 5m이고 직경이 0.1m인 양단고정보 중앙에 200N의 집중하중이 작용할 경우 보의 중앙에서의 처짐은 약 몇 m인가?(단, 보의 세로탄성계수는 200GPa이다.)

① 2.36×10^{-5} ② 1.33×10^{-4}
③ 4.58×10^{-4} ④ 1.06×10^{-3}

해설 ⊕

$$\delta = \frac{Pl^3}{192EI} = \frac{200 \times 5^3}{192 \times 200 \times 10^9 \times \frac{\pi}{64} \times 0.1^4}$$

$$= 1.326 \times 10^{-4}$$

04 그림과 같이 800N의 힘이 브래킷의 A에 작용하고 있다. 이 힘의 점 B에 대한 모멘트는 약 몇 N·m인가?

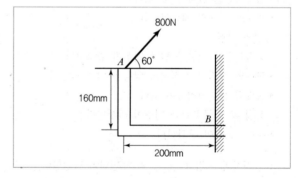

① 160.6 ② 202.6
③ 238.6 ④ 253.6

해설➊

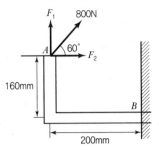

그림처럼 직각분력으로 나누어 B점에 대한 모멘트를 구하면

$M_B = F_1 \times 0.2 + F_2 \times 0.16$

$= 800 \times \sin 60° \times 0.2 + 800 \times \cos 60° \times 0.16$

$= 202.56 \text{N} \cdot \text{m}$

05 길이 10m, 단면적 2cm²인 철봉을 100℃에서 그림과 같이 양단을 고정했다. 이 봉의 온도가 20℃로 되었을 때 인장력은 약 몇 kN인가?(단, 세로탄성계수는 200GPa, 선팽창계수 $\alpha = 0.000012/℃$이다.)

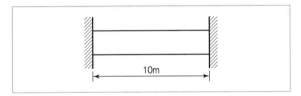

① 19.2　　　　　　② 25.5

③ 38.4　　　　　　④ 48.5

해설➊

$A = 2\text{cm}^2 \times \left(\dfrac{1\text{m}}{100\text{cm}}\right)^2 = 2 \times 10^{-4}\text{m}^2$

$\varepsilon = \alpha \Delta t$

$\sigma = E\varepsilon = E\alpha \Delta t$

$P = \sigma A = E\alpha \Delta t\, A$

$= 200 \times 10^9 \times 0.000012 \times (100-20) \times 2 \times 10^{-4}$

$= 38,400\text{N}$

$= 38.4\text{kN}$

06 그림과 같이 외팔보의 끝에 집중하중 P가 작용할 때 자유단에서의 처짐각 θ는?(단, 보의 굽힘강성 EI는 일정하다.)

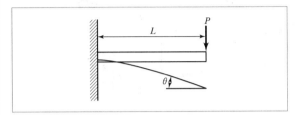

① $\dfrac{PL^2}{2EI}$　　　　　　② $\dfrac{PL^3}{6EI}$

③ $\dfrac{PL^2}{8EI}$　　　　　　④ $\dfrac{PL^2}{12EI}$

해설➊

외팔보 자유단 처짐각 $\theta = \dfrac{PL^2}{2EI}$

07 비틀림모멘트 2kN · m가 지름 50mm인 축에 작용하고 있다. 축의 길이가 2m일 때 축의 비틀림각은 약 몇 rad인가?(단, 축의 전단탄성계수는 85GPa이다.)

① 0.019　　　　　　② 0.028

③ 0.054　　　　　　④ 0.077

해설➊

$\theta = \dfrac{T \cdot l}{GI_p} = \dfrac{2 \times 10^3 \times 2}{85 \times 10^9 \times \dfrac{\pi \times 0.05^4}{32}} = 0.0767\text{rad}$

08 다음 외팔보가 균일분포 하중을 받을 때, 굽힘에 의한 탄성변형 에너지는?(단, 굽힘강성 EI는 일정하다.)

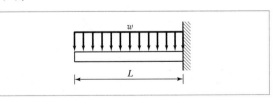

2020

① $U = \dfrac{w^2 L^5}{20EI}$ ② $U = \dfrac{w^2 L^5}{30EI}$

③ $U = \dfrac{w^2 L^5}{40EI}$ ④ $U = \dfrac{w^2 L^5}{50EI}$

해설 ⊕

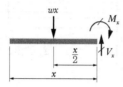

$\sum M_{x \text{지점}} = 0 : -wx\dfrac{x}{2} + M_x = 0 \rightarrow M_x = \dfrac{wx^2}{2}$

탄성변형에너지 U 는

$$U = \int_0^L \dfrac{M^2}{2EI}dx = \int_0^L \dfrac{\left(\dfrac{wx^2}{2}\right)^2}{2EI}dx$$

$$= \dfrac{w^2}{8EI}\int_0^L x^4 dx$$

$$= \dfrac{w^2}{8EI}\left[\dfrac{x^5}{5}\right]_0^L = \dfrac{w^2 L^5}{40EI}$$

09 판 두께 3mm를 사용하여 내압 20kN/cm²를 받을 수 있는 구형(Spherical) 내압용기를 만들려고 할 때, 이 용기의 최대 안전내경 d를 구하면 몇 cm인가?(단, 이 재료의 허용 인장응력을 $\sigma_w = 800$kN/cm²로 한다.)

① 24   ② 48

③ 72   ④ 96

해설 ⊕

$t = 0.3\text{cm}$

$\sum F_y = 0 : \sigma_t \times \pi dt - P_i \times \dfrac{\pi d^2}{4} = 0$

$\therefore d = \dfrac{4\sigma_t \cdot t}{P_i} = \dfrac{4 \times 800 \times 10^3 \times 0.3}{20 \times 10^3} = 48\text{cm}$

10 다음과 같은 평면응력 상태에서 최대 주응력 σ_1은?

$\sigma_x = \tau, \quad \sigma_y = 0, \quad \tau_{xy} = -\tau$

① 1.414τ ② 1.80τ

③ 1.618τ ④ 2.828τ

해설 ⊕

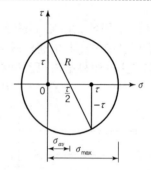

모어의 응력원에서 $\sigma_{av} = \dfrac{\tau}{2}$

$R = \sqrt{\left(\dfrac{\tau}{2}\right)^2 + \tau^2} = \sqrt{\dfrac{5}{4}}\tau = \dfrac{\sqrt{5}}{2}\tau$

$\sigma_1 = \sigma_{\max} = \sigma_{av} + R$

$= \dfrac{\tau}{2} + \dfrac{\sqrt{5}}{2}\tau = \left(\dfrac{1+\sqrt{5}}{2}\right)\tau = 1.618\,\tau$

11 그림과 같은 돌출보에서 $w = 120$kN/m의 등분포 하중이 작용할 때, 중앙 부분에서의 최대 굽힘응력은 약 몇 MPa인가?(단, 단면은 표준 I형 보로 높이 $h = 60$cm이고, 단면 2차 모멘트 $I = 98,200$cm⁴이다.)

정답   09 ②   10 ③   11 ②

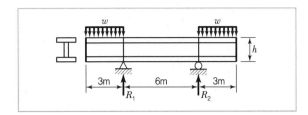

① 125   ② 165

③ 185   ④ 195

해설⊙

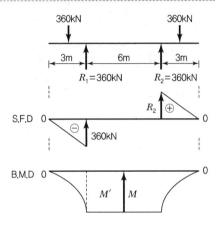

$M = M'$이므로

$$M = \frac{1}{2} \times 3 \times 360 \times 10^3 = 540,000 \text{N} \cdot \text{m}$$

$M = \sigma_b Z$에서

$$\sigma_b = \frac{M}{Z} = \frac{M}{\dfrac{I}{e}} = \frac{Me}{I}$$

여기서, $e = \dfrac{h}{2} = 30 \text{cm} = 0.3 \text{m}$

$$I = 98,200 \times 10^{-8} \text{m}^4$$

$$= \frac{540,000 \times 0.3 (\text{N} \cdot \text{m} \cdot \text{m})}{98,200 \times 10^{-8} (\text{m}^4)}$$

$$= 164.97 \times 10^6 \text{Pa}$$

$$= 164.97 \text{MPa}$$

12 다음 그림과 같은 부채꼴의 도심(Centroid)의 위치 $\bar{x}$는?

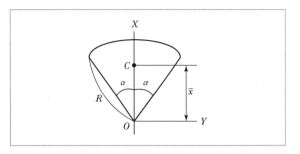

① $\bar{x} = \dfrac{2}{3} R$ ② $\bar{x} = \dfrac{3}{4} R$

③ $\bar{x} = \dfrac{3}{4} R \sin\alpha$ ④ $\bar{x} = \dfrac{2R}{3\alpha} \sin\alpha$

해설⊙

먼저 원호의 도심을 구하면

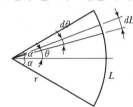

$$L = r \cdot 2\alpha$$
$$dL = r \cdot d\theta$$
$$L\bar{x} = \int x \, dL$$

$$\bar{x} = \frac{\int x \, dL}{L} = \frac{\int x \cdot r d\theta}{r \cdot 2\alpha} \ (\text{여기서}, \ x = r\cos\theta)$$

$$= \frac{\int r\cos\theta \cdot r d\theta}{r \cdot 2\alpha} = \frac{\int r^2 \cos\theta \, d\theta}{r \cdot 2\alpha}$$

$$= \frac{r^2}{r \cdot 2\alpha} [\sin\theta]_{-\alpha}^{\alpha} = \frac{r^2 \cdot 2\sin\alpha}{r \cdot 2\alpha} = \frac{r\sin\alpha}{\alpha}$$

부채꼴의 도심 $\bar{x}$

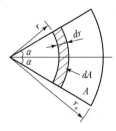

$$\overline{x} = \frac{\int x \, dA}{A}$$

여기서, $A = \frac{2\alpha}{2\pi} \times \pi r_o{}^2 = \alpha r_o{}^2$

$$dA = r \cdot 2\alpha \cdot dr$$

$$x = \frac{r\sin\alpha}{\alpha}$$

$$= \frac{\int_0^{r_o} \frac{r\sin\alpha}{\alpha} \cdot r2\alpha dr}{A} = \frac{\int_0^{r_o} 2\sin\alpha \, r^2 dr}{\alpha r_o{}^2}$$

$$= \frac{2\sin\alpha \left[\frac{1}{3}r^3\right]_0^{r_o}}{\alpha r_o{}^2} = \frac{2\sin\alpha}{3\alpha} r_o \,(\text{여기서, } r_o = R)$$

13 그림과 같은 단주에서 편심거리 e에 압축하중 P =80kN이 작용할 때 단면에 인장응력이 생기지 않기 위한 e의 한계는 몇 cm인가?(단, G는 편심 하중이 작용하는 단주 끝단의 평면상 위치를 의미한다.)

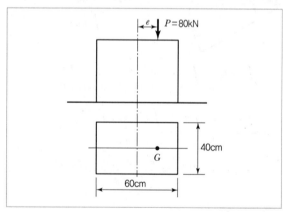

① 8   ② 10

③ 12   ④ 14

해설 ➕

e가 핵심반경 a일 때 압축응력과 굽힘응력이 동일하므로 핵심반경 이내일 때는 압축응력이 굽힘응력보다 크므로 단면에는 인장응력이 발생하지 않는다.

$$a = \frac{K^2}{y} = \frac{\dfrac{I}{A}}{\dfrac{60}{2}} = \frac{\dfrac{\frac{40 \times 60^3}{12}}{40 \times 60}}{\dfrac{60}{2}} = 10 \, \text{cm}$$

14 그림과 같이 균일단면을 가진 단순보에 균일하중 wkN/m이 작용할 때, 이 보의 탄성 곡선식은?(단, 보의 굽힘강성 EI는 일정하고, 자중은 무시한다.)

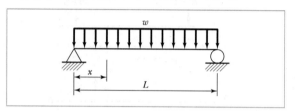

① $y = \dfrac{wx}{24EI}(L^3 - 2Lx^2 + x^3)$

② $y = \dfrac{w}{24EI}(L^3 - Lx^2 + x^3)$

③ $y = \dfrac{w}{24EI}(L^3x - Lx^2 + x^3)$

④ $y = \dfrac{wx}{24EI}(L^3 - 2x^2 + x^3)$

해설 ➕

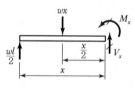

$$\sum M_{x\text{지점}} = 0:$$

$$\frac{wl}{2}x - wx\frac{x}{2} - M_x = 0 \rightarrow M_x = \frac{wl}{2}x - \frac{w}{2}x^2$$

$EIy'' = -M_x$ 이므로

$$EIy'' = -\frac{wl}{2}x + \frac{w}{2}x^2$$

$$EIy' = -\frac{wl}{4}x^2 + \frac{w}{6}x^3 + C_1 \rightarrow \theta$$

$$EIy = -\frac{wl}{12}x^3 + \frac{w}{24}x^4 + C_1x + C_2 \rightarrow \delta$$

B/C) $x=0$, $x=l$에서 $y=0$이므로

$x=0$일 때 $C_2=0$

$x=l$일 때 $0=-\dfrac{wl}{12}l^3+\dfrac{w}{24}l^4+C_1l$

$\therefore\ C_1=\dfrac{w}{24}l^3$

수식을 정리하면

$EIy=-\dfrac{wl}{12}x^3+\dfrac{w}{24}x^4+\dfrac{wl^3}{24}x$

$\therefore\ y=\dfrac{wx}{24EI}(-2lx^2+x^3+l^3)$

---

15 길이 3m, 단면의 지름이 3cm인 균일 단면의 알루미늄 봉이 있다. 이 봉에 인장하중 20kN이 걸리면 봉은 약 몇 cm 늘어나는가?(단, 세로탄성계수는 72GPa이다.)

① 0.118   ② 0.239

③ 1.18   ④ 2.39

해설⊕

$\lambda=\dfrac{Pl}{AE}=\dfrac{20\times10^3\times3}{\dfrac{\pi}{4}\times0.03^2\times72\times10^9}=0.001179\text{m}$

$=0.118\,\text{cm}$

---

16 지름 70mm인 환봉에 20MPa의 최대 전단응력이 생겼을 때 비틀림모멘트는 약 몇 KN · m인가?

① 4.50   ② 3.60

③ 2.70   ④ 1.35

해설⊕

$T=\tau Z_P=\tau\dfrac{\pi d^3}{16}=20\times10^6\times\dfrac{\pi\times0.07^3}{16}$

$=1,346.96\,\text{N}\cdot\text{m}$

$=1.35\text{KN}\cdot\text{m}$

---

17 다음과 같이 스팬(Span) 중앙에 힌지(Hinge)를 가진 보의 최대 굽힘모멘트는 얼마인가?

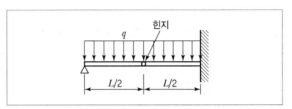

① $\dfrac{qL^2}{4}$ ② $\dfrac{qL^2}{6}$

③ $\dfrac{qL^2}{8}$ ④ $\dfrac{qL^2}{12}$

해설⊕

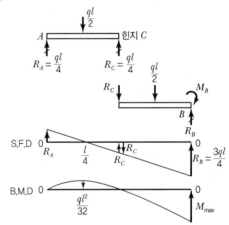

$R_B=\dfrac{3ql}{4}$

$\sum M_{B지점}=0:-\dfrac{ql}{4}\times\dfrac{l}{2}-\dfrac{ql}{2}\times\dfrac{l}{4}+M_B=0$

$\therefore\ M_B=\dfrac{ql^2}{4}$

B.M.D 선도에서 $M_{\max}=M_B$이다.

(참고로 $\dfrac{l}{4}$인 지점의 굽힘모멘트 값은 $\dfrac{1}{2}\times\dfrac{l}{4}\times\dfrac{ql}{4}=\dfrac{ql^2}{32}$이다.)

---

18 그림과 같이 원형단면을 가진 보가 인장하중 P $=90$kN을 받는다. 이 보는 강(Steel)으로 이루어져 있고, 세로탄성계수는 210GPa이며 포와송비 $\mu = 1/3$이다. 이 보의 체적변화 ΔV는 약 몇 mm^{3}인가?(단, 보의 직경 $d = 30$mm, 길이 $L = 5$m이다.)

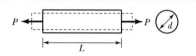

① 114.28 ② 314.28
③ 514.28 ④ 714.28

해설 ⊕

$$\varepsilon_v = \varepsilon(1-2\mu) = \frac{\lambda}{l}(1-2\mu) = \frac{Pl}{AEl}(1-2\mu)$$
$$= \frac{P}{AE}(1-2\mu)$$
$$= \frac{90 \times 10^3}{\frac{\pi \times 0.03^2}{4} \times 210 \times 10^9} \times \left(1 - 2 \times \frac{1}{3}\right)$$
$$= 2.02 \times 10^{-4}$$
$\varepsilon_v = \dfrac{\Delta V}{V}$ 에서
$$\Delta V = \varepsilon_v \cdot V = 2.02 \times 10^{-4} \times \frac{\pi}{4} \times 0.03^2 \times 5$$
$$= 713.93 \times 10^{-9} \text{m}^3 = 713.93 \text{mm}^3$$

19 그림과 같은 단순 지지보에 모멘트(M)와 균일분포하중(w)이 작용할 때, A점의 반력은?

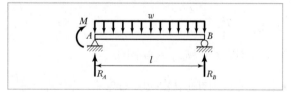

① $\dfrac{wl}{2} - \dfrac{M}{l}$ ② $\dfrac{wl}{2} - M$

③ $\dfrac{wl}{2} + M$ ④ $\dfrac{wl}{2} + \dfrac{M}{l}$

해설 ⊕

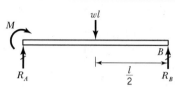

$$\sum M_{B지점} = 0 : M + R_A l - w l \frac{l}{2} = 0$$
$$\therefore R_A = \frac{wl}{2} - \frac{M}{l}$$

20 0.4m×0.4m인 정사각형 $ABCD$를 아래 그림에 나타내었다. 하중을 가한 후의 변형 상태는 점선으로 나타내었다. 이때 A 지점에서 전단 변형률 성분의 평균값(γ_{xy})은?

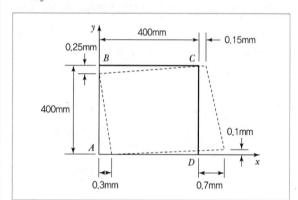

① 0.001 ② 0.000625
③ −0.0005 ④ −0.000625

해설 ⊕

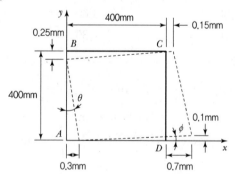

$$\theta = \frac{0.3}{400 - 0.25} = (-)0.00075 \mathrm{rad}$$

여기서, $(-)A$점 기준

$$\phi = \frac{0.1}{400 + 0.4} = 0.000249 \mathrm{rad}$$

$$(\gamma_{xy})_A = \theta + \phi = -0.0005$$

2과목 **기계열역학**

21 다음은 오토(Otto) 사이클의 온도－엔트로피($T - S$) 선도이다. 이 사이클의 열효율을 온도를 이용하여 나타낼 때 옳은 것은?(단, 공기의 비열은 일정한 것으로 본다.)

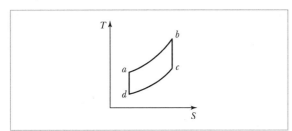

① $1 - \dfrac{T_c - T_d}{T_b - T_a}$

② $1 - \dfrac{T_b - T_a}{T_c - T_d}$

③ $1 - \dfrac{T_a - T_d}{T_b - T_c}$

④ $1 - \dfrac{T_b - T_c}{T_a - T_d}$

해설⊕

열전달과정이 정적과정이므로

$$\delta q = du + pdv = C_v dT \ (\because \ dv = 0) \rightarrow {}_1 q_2 = \int_1^2 C_v dT$$

$$\eta_0 = \frac{q_H - q_L}{q_H} = 1 - \frac{q_L}{q_H} = 1 - \frac{C_v(T_c - T_d)}{C_v(T_b - T_a)}$$

$$= 1 - \frac{(T_c - T_d)}{(T_b - T_a)}$$

22 다음 중 강도성 상태량(Intensive Property)이 아닌 것은?

① 온도 ② 내부에너지

③ 밀도 ④ 압력

해설⊕

반$\left(\dfrac{1}{2}\right)$으로 나누었을 때 값이 변하지 않으면 강도성 상태량이다. 내부에너지는 반으로 줄어들므로 강도성 상태량이 아니다.

23 고온 열원(T_1)과 저온열원(T_2) 사이에서 작동하는 역카르노 사이클에 의한 열펌프(Heat Pump)의 성능계수는?

① $\dfrac{T_1 - T_2}{T_1}$ ② $\dfrac{T_2}{T_1 - T_2}$

③ $\dfrac{T_1}{T_1 - T_2}$ ④ $\dfrac{T_1 - T_2}{T_2}$

해설⊕

$$\varepsilon_h = \frac{T_H}{T_H - T_L} = \frac{T_1}{T_1 - T_2}$$

24 냉매가 갖추어야 할 요건으로 틀린 것은?

① 증발온도에서 높은 잠열을 가져야 한다.

② 열전도율이 커야 한다.

③ 표면장력이 커야 한다.

④ 불활성이고 안전하며 비가연성이어야 한다.

해설⊕

냉매의 구비조건
• 온도가 낮아도 대기압 이상의 압력에서 증발할 것
• 응축압력이 낮을 것
• 증발잠열이 크고(증발기에서 많은 열량 흡수), 액체 비열이 적을 것

- 부식성이 없으며, 안정성이 유지될 것
- 점성이 적고 전열작용이 양호하며, 표면장력이 작을 것
- 응고온도가 낮을 것
- 열전도율이 클 것

25 100℃의 구리 10kg을 20℃의 물 2kg이 들어 있는 단열 용기에 넣었다. 물과 구리 사이의 열전달을 통한 평형 온도는 약 몇 ℃인가?(단, 구리 비열은 0.45kJ/kg · K, 물 비열은 4.2kJ/kg · K이다.)

① 48   ② 54
③ 60   ④ 68

해설⊕

열량 $_1Q_2 = mc(T_2 - T_1)$에서

구리가 방출(−)한 열량=물이 흡수(+)한 열량

$-m_구 c_구(T_m - 100) = m_물 c_물(T_m - 20)$

$$T_m = \frac{m_물 c_물 \times 20 + m_구 c_구 \times 100}{m_물 c_물 + m_구 c_구}$$

$$= \frac{2 \times 4.2 \times 20 + 10 \times 0.45 \times 100}{2 \times 4.2 + 10 \times 0.45}$$

$$= 47.91℃$$

26 이상기체 2kg이 압력 98kPa, 온도 25℃ 상태에서 체적이 0.5m³였다면 이 이상기체의 기체상수는 약 몇 J/kg · K인가?

① 79   ② 82
③ 97   ④ 102

해설⊕

$PV = mRT$에서

$$R = \frac{P \cdot V}{mT}$$

$$= \frac{98 \times 10^3 \times 0.5}{2 \times (25 + 273)}$$

$$= 82.21 \text{J/kg} \cdot \text{K}$$

27 다음 중 스테판 − 볼츠만의 법칙과 관련이 있는 열전달은?

① 대류   ② 복사
③ 전도   ④ 응축

해설⊕

스테판 − 볼츠만의 법칙
흑체 표면의 단위면적으로부터 단위시간에 방출되는 전파장의 복사에너지 양(E)은 흑체의 절대온도 T의 4승에 비례하며, $E = \sigma T^4$으로 주어진다는 법칙이다.

28 어떤 습증기의 엔트로피가 6.78kJ/kg · K라고 할 때 이 습증기의 엔탈피는 약 몇 kJ/kg인가?(단, 이 기체의 포화액 및 포화증기의 엔탈피와 엔트로피는 다음과 같다.)

구분	포화액	포화 증기
엔탈피(kJ/kg)	384	2,666
엔트로피(kJ/kg · K)	1.25	7.62

① 2,365   ② 2,402
③ 2,473   ④ 2,511

해설⊕

건도가 x인 습증기의 엔트로피 s_x

$s_x = s_f + x s_{fg} = s_f + x(s_g - s_f)$

$$x = \frac{s_x - s_f}{s_g - s_f} = \frac{6.78 - 1.25}{7.62 - 1.25} = 0.868$$

$$\therefore \ h_x = h_f + x h_{fg} = h_f + x(h_g - h_f)$$

$$= 384 + 0.868 \times (2,666 - 384)$$

$$= 2,364.78 \text{kJ/kg}$$

29 단열된 노즐에 유체가 10m/s의 속도로 들어와서 200m/s의 속도로 가속되어 나간다. 출구에서의 엔탈피가 2,770kJ/kg일 때 입구에서의 엔탈피는 약 몇 kJ/kg인가?

① 4,370　　　　② 4,210

③ 2,850　　　　④ 2,790

해설 ⊕

개방계에 대한 열역학 제1법칙

$$\cancel{q_{cv}}^{\,0} + h_i + \frac{V_i^{\,2}}{2} = h_e + \frac{V_e^{\,2}}{2} + \cancel{w_{c.v}}^{\,0} \quad (\because gz_i = gz_e)$$

$$h_i = h_e + \frac{V_e^{\,2}}{2} - \frac{V_i^{\,2}}{2}$$

$$= 2,770 + \frac{1}{2}(200^2 - 10^2) \cdot \frac{\mathrm{m}^2}{\mathrm{s}^2} \times \frac{\mathrm{kg}}{\mathrm{kg}} \times \frac{1\mathrm{kJ}}{1,000\mathrm{J}}$$

$$= 2,789.95\,\mathrm{kJ/kg}$$

30 압력(P) – 부피(V) 선도에서 이상기체가 그림과 같은 사이클로 작동한다고 할 때 한 사이클 동안 행한 일은 어떻게 나타내는가?

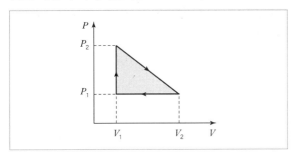

① $\dfrac{(P_2 + P_1)(V_2 + V_1)}{2}$

② $\dfrac{(P_2 - P_1)(V_2 + V_1)}{2}$

③ $\dfrac{(P_2 + P_1)(V_2 - V_1)}{2}$

④ $\dfrac{(P_2 - P_1)(V_2 - V_1)}{2}$

해설 ⊕

한 사이클 동안 행한 일의 양은 삼각형 면적과 같으므로

$$\frac{1}{2} \times (V_2 - V_1) \times (P_2 - P_1)$$

31 클라우지우스(Clausius)의 부등식을 옳게 나타낸 것은?(단, T는 절대온도, Q는 시스템으로 공급된 전체 열량을 나타낸다.)

① $\displaystyle\oint \mathrm{T}\delta\mathrm{Q} \leq 0$　　　② $\displaystyle\oint \mathrm{T}\delta\mathrm{Q} \geq 0$

③ $\displaystyle\oint \frac{\delta\mathrm{Q}}{\mathrm{T}} \leq 0$　　　④ $\displaystyle\oint \frac{\delta\mathrm{Q}}{\mathrm{T}} \geq 0$

해설 ⊕

• 가역일 때 $\displaystyle\oint \frac{\delta Q}{T} = 0$

• 비가역일 때 $\displaystyle\oint \frac{\delta Q}{T} < 0$

32 어떤 유체의 밀도가 741kg/m³이다. 이 유체의 비체적은 약 몇 m³/kg인가?

① 0.78×10^{-3}　　　② 1.35×10^{-3}

③ 2.35×10^{-3}　　　④ 2.98×10^{-3}

해설 ⊕

비체적 $\nu = \dfrac{1}{\rho} = \dfrac{1}{741} = 1.35 \times 10^{-3}\,\mathrm{m}^3/\mathrm{kg}$

33 어떤 물질에서 기체상수(R)가 0.189kJ/kg · K, 임계온도가 305K, 임계압력이 7,380kPa이다. 이 기체의 압축성 인자(Compressibility Factor, Z)가 다음과 같은 관계식을 나타낸다고 할 때 이 물질의 20℃, 1,000kPa 상태에서의 비체적(v)은 약 몇 m³/kg인가? (단, P는 압력, T는 절대온도, P_r은 환산압력, T_r은 환산온도를 나타낸다.)

$$Z = \frac{Pv}{RT} = 1 - 0.8\frac{P_r}{T_r}$$

① 0.0111　　　　② 0.0303

③ 0.0491　　　　④ 0.0554

해설◎

$$Z = \frac{Pv}{RT} = 1 - 0.8\frac{P_r}{T_r} \text{에서}$$

환산압력 $P_r = \dfrac{P}{P_{cr}}$, 환산온도 $T_r = \dfrac{T}{T_{cr}}$

여기서, P_{cr} : 임계압력, T_{cr} : 임계온도

$$P_r = \frac{1,000}{7,380} = 0.136, \quad T_r = \frac{293}{305} = 0.961$$

$$\therefore \ v = \frac{RT}{P}\left(1 - 0.8\frac{P_r}{T_r}\right)$$

$$= \frac{0.189 \times 293}{1,000}\left(1 - 0.8 \times \frac{0.136}{0.961}\right)$$

$$= 0.0491 \text{m}^3/\text{kg}$$

34 전류 25A, 전압 13V를 가하여 축전지를 충전하고 있다. 충전하는 동안 축전지로부터 15W의 열손실이 있다. 축전지의 내부에너지 변화율은 약 몇 W인가?

① 310 　　　 ② 340

③ 370 　　　 ④ 420

해설◎

전기에너지(J) = 전압(V) × 전류(A) × 시간(s)

$J = 13(\text{V}) \times 25(\text{A}) \times t(\text{s})$

$W = 13 \times 25 = 325(\text{J/s})$

축전지의 내부에너지 변화율 = 325 − 15(열손실) = 310W

35 카르노사이클로 작동하는 열기관이 1,000℃의 열원과 300K의 대기 사이에서 작동한다. 이 열기관이 사이클당 100kJ의 일을 할 경우 사이클당 1,000℃의 열원으로부터 받은 열량은 약 몇 kJ인가?

① 70.0 　　　 ② 76.4

③ 130.8 　　　 ④ 142.9

해설◎

카르노 사이클의 효율은 온도만의 함수이므로

$$\eta = \frac{T_H - T_L}{T_H} = 1 - \frac{T_L}{T_H} = 1 - \frac{300}{1,273}$$

$$= 0.764$$

1사이클당 100kJ 일($W_{\neq t}$)을 할 경우, 사이클당 1,000℃의 열원으로부터 공급받는 열량 : Q_H

$$\eta = \frac{W_{\neq t}}{Q_H} \text{에서} \quad Q_H = \frac{W_{\neq t}}{\eta} = \frac{100}{0.764} = 130.89 \text{kJ}$$

36 이상적인 랭킨사이클에서 터빈 입구 온도가 350℃이고, 75kPa과 3MPa의 압력범위에서 작동한다. 펌프 입구와 출구, 터빈 입구와 출구에서 엔탈피는 각각 384.4kJ/kg, 387.5kJ/kg, 3,116kJ/kg, 2,403kJ/kg이다. 펌프일을 고려한 사이클의 열효율과 펌프일을 무시한 사이클의 열효율 차이는 약 몇 %인가?

① 0.0011 　　　 ② 0.092

③ 0.11 　　　 ④ 0.18

해설◎

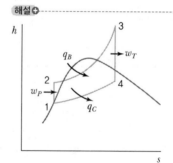

$h - s$ 선도에서

$h_1 = 384.4, \ h_2 = 387.5, \ h_3 = 3,116, \ h_4 = 2,403$

• 펌프일을 무시할 때

$$\eta_1 = \frac{w_T}{q_B} = \frac{h_3 - h_4}{h_3 - h_2}$$

$$= \frac{3,116 - 2,403}{3,116 - 387.5}$$

$$= 0.2613 = 26.13\%$$

- 펌프일을 고려할 때

$$\eta_2 = \frac{w_{net}}{q_B} = \frac{w_T - w_P}{q_B}$$

$$= \frac{(h_3 - h_4) - (h_2 - h_1)}{h_3 - h_2}$$

$$= \frac{(3,116 - 2,403) - (387.5 - 384.4)}{3,116 - 387.5}$$

$$= 0.2602 = 26.02\%$$

- 열효율의 차이

$$\eta_1 - \eta_2 = 0.11\%$$

37 기체가 0.3MPa로 일정한 압력하에 8m³에서 4m³까지 마찰 없이 압축되면서 동시에 500kJ의 열을 외부로 방출하였다면, 내부에너지의 변화는 약 몇 kJ 인가?

① 700
② 1,700
③ 1,200
④ 1,400

해설⊕

계의 열부호(−), 일부호(−)

$$\delta Q - \delta W = dU$$

$$\therefore \ U_2 - U_1 = -{}_1 Q_2 + {}_1 W_2 = -500 + 0.3 \times 10^3 (8-4)$$

$$= 700 \text{kJ}$$

38 이상적인 교축과정(Throttling Process)을 해석하는 데 있어서 다음 설명 중 옳지 않은 것은?

① 엔트로피는 증가한다.
② 엔탈피의 변화가 없다고 본다.
③ 정압과정으로 간주한다.
④ 냉동기의 팽창밸브의 이론적인 해석에 적용될 수 있다.

해설⊕

교축과정은 등엔탈피과정으로 속도변화 없이 압력을 저하시키는 과정이다.

39 이상기체로 작동하는 어떤 기관의 압축비가 17 이다. 압축 전의 압력 및 온도는 112kPa, 25℃이고 압축 후의 압력은 4,350kPa이었다. 압축 후의 온도는 약 몇 ℃인가?

① 53.7
② 180.2
③ 236.4
④ 407.8

해설⊕

$$T_1 = 25℃ + 273 = 298 \text{K}$$

$$P_1 = 112 \text{kPa}, \ P_2 = 4,350 \text{kPa}$$

$$\varepsilon = \frac{v_1}{v_2} = 17 \rightarrow v_1 = 17 v_2 \ \cdots \ ⓐ$$

여기서, 이상기체 상태방정식 $Pv = RT$를 압축 전 1상태와 압축 후 2상태에 적용

$$P_1 v_1 = RT_1 \rightarrow v_1 = \frac{RT_1}{P_1}$$

$$P_2 v_2 = RT_2 \rightarrow v_2 = \frac{RT_2}{P_2} \ \text{두 식을 ⓐ에 대입하면}$$

$$\frac{RT_1}{P_1} = 17 \times \frac{RT_2}{P_2}$$

$$T_2 = \left(\frac{T_1}{17}\right) \times \left(\frac{P_2}{P_1}\right) = \left(\frac{298}{17}\right) \times \left(\frac{4,350}{112}\right) = 680.83 \text{K}$$

$$T_2 = 680.83 - 273 = 407.83℃$$

40 압력이 0.2MPa, 온도가 20℃의 공기를 압력이 2MPa로 될 때까지 가역단열 압축했을 때 온도는 약 몇 ℃인가?(단, 공기는 비열비가 1.4인 이상기체로 간주한다.)

① 225.7
② 273.7
③ 292.7
④ 358.7

해설⊕

단열과정의 온도, 압력, 체적 간의 관계식에서

$$\frac{T_2}{T_1} = \left(\frac{P_1}{P_2}\right)^{\frac{k-1}{k}}$$

정답 37 ① 38 ③ 39 ④ 40 ③

여기서, $P_1 = 0.2 \text{MPa}$, $P_2 = 2 \text{MPa}$

$$\therefore \; T_2 = T_1\left(\frac{P_1}{P_2}\right)^{\frac{k-1}{k}} = (20 + 273) \times \left(\frac{2}{0.2}\right)^{\frac{1.4-1}{1.4}}$$

$$= 565.69 \text{K}$$

$T_2 = 565.69 - 273 = 292.69℃$

3과목 **기계유체역학**

41 낙차가 100m인 수력발전소에서 유량이 $5 \text{m}^3/\text{s}$이면 수력터빈에서 발생하는 동력(MW)은 얼마인가? (단, 유도관의 마찰손실은 10m이고, 터빈의 효율은 80%이다.)

① 3.53   ② 3.92

③ 4.41   ④ 5.52

해설⊕

터빈의 이론동력

$H_{th} = \gamma \times H_T \times Q$ (여기서, 전양정 $H_T = 100 - 10 = 90 \text{m}$)

$\qquad = 9,800 \times 90 \times 5 = 4.41 \times 10^6 \text{W}$

$\qquad = 4.41 \text{MW}$

터빈효율 $\eta_T = \dfrac{\text{실제동력}\,(H_s)}{\text{이론동력}\,(H_{th})}$

$\therefore$ 실제출력동력 $= \eta_T \times H_{th}$

$\qquad\qquad\qquad\quad = 0.8 \times 4.41$

$\qquad\qquad\qquad\quad = 3.53 \text{MW}$

42 어떤 물리량 사이의 함수관계가 다음과 같이 주어졌을 때, 독립 무차원수 Pi항은 몇 개인가?(단, a는 가속도, V는 속도, t는 시간, ν는 동점성계수, L은 길이이다.)

$$F(a, \; V, \; t, \; \nu, \; L) = 0$$

① 1   ② 2

③ 3   ④ 4

해설⊕

버킹엄의 π정리에 의해 독립무차원수

$\pi = n - m$

여기서, n : 물리량 총수

$\qquad\quad m$: 사용된 차원수

$\qquad\quad a$: 가속도 $\text{m/s}^2 [LT^{-2}]$

$\qquad\quad V$: 속도 $\text{m/s} [LT^{-1}]$

$\qquad\quad t$: 시간 $\text{s} [T]$

$\qquad\quad \nu$: 동점성계수 $\text{m}^2/\text{s} [L^2 T^{-1}]$

$\qquad\quad L$: 길이 $\text{m} [L]$

$\pi = n - m = 5 - 2$ (L과 T 차원 2개)

$\quad = 3$

43 그림과 같은 노즐을 통하여 유량 Q만큼의 유체가 대기로 분출될 때, 노즐에 미치는 유체의 힘 F는?(단, A_1, A_2는 노즐의 단면 1, 2에서의 단면적이고 ρ는 유체의 밀도이다.)

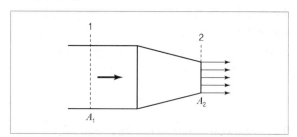

① $F = \dfrac{\rho A_2 Q^2}{2}\left(\dfrac{A_2 - A_1}{A_1 A_2}\right)^2$

② $F = \dfrac{\rho A_2 Q^2}{2}\left(\dfrac{A_1 + A_2}{A_1 A_2}\right)^2$

③ $F = \dfrac{\rho A_1 Q^2}{2}\left(\dfrac{A_1 + A_2}{A_1 A_2}\right)^2$

④ $F = \dfrac{\rho A_1 Q^2}{2}\left(\dfrac{A_1 - A_2}{A_1 A_2}\right)^2$

정답   **41** ①   **42** ③   **43** ④

해설 ◯ ----------------------------------

노즐에 미치는 유체의 힘 $F=f_x$

검사면에 작용하는 힘들의 합=검사체적 안의 운동량 변화량

$$Q=A_1V_1=A_2V_2 \rightarrow V_1=\frac{Q}{A_1}, \quad V_2=\frac{Q}{A_2} \cdots ⓐ$$

$$p_1A_1-p_2A_2-f_x=\rho Q(V_{2x}-V_{1x})=\rho Q(V_2-V_1)$$

- 유량이 나가는 검사면 2에는 작용하는 힘이 없으므로

$$p_2A_2=0$$

$$\therefore f_x=p_1A_1-\rho Q(V_2-V_1) \leftarrow ⓐ \text{ 대입}$$

$$=p_1A_1-\rho Q\left(\frac{Q}{A_2}-\frac{Q}{A_1}\right)$$

$$=p_1A_1-\rho Q^2\left(\frac{1}{A_2}-\frac{1}{A_1}\right) \cdots ⓑ$$

- 1단면과 2단면에 베르누이 방정식 적용(위치에너지 동일)

$$\frac{p_1}{\gamma}+\frac{V_1{}^2}{2g}=\frac{p_2}{\gamma}+\frac{V_2{}^2}{2g}(\because z_1=z_2, \; p_2=p_0=0)$$

$$\frac{p_1}{\gamma}=\frac{V_2{}^2}{2g}-\frac{V_1{}^2}{2g}$$

양변에 γ를 곱하면

$$p_1=\frac{\rho}{2}\left(V_2{}^2-V_1{}^2\right)=\frac{\rho}{2}\left\{\left(\frac{Q}{A_2}\right)^2-\left(\frac{Q}{A_1}\right)^2\right\}$$

$$=\frac{\rho Q^2}{2}\left\{\left(\frac{1}{A_2}\right)^2-\left(\frac{1}{A_1}\right)^2\right\} \cdots ⓒ$$

- ⓒ를 ⓑ에 대입하면

$$f_x=\frac{\rho A_1Q^2}{2}\left\{\left(\frac{1}{A_2}\right)^2-\left(\frac{1}{A_1}\right)^2\right\}-\rho Q^2\left(\frac{1}{A_2}-\frac{1}{A_1}\right)$$

$$=\frac{\rho A_1Q^2}{2}\left\{\left(\frac{1}{A_2}\right)^2-\left(\frac{1}{A_1}\right)^2\right\}-\frac{\rho A_1Q^2}{2}\left\{\frac{2}{A_1}\left(\frac{1}{A_2}-\frac{1}{A_1}\right)\right\}$$

$$=\frac{\rho A_1Q^2}{2}\left\{\left(\frac{1}{A_2}\right)^2-\left(\frac{1}{A_1}\right)^2-\frac{2}{A_1A_2}+\frac{2}{A_1{}^2}\right\}$$

$$=\frac{\rho A_1Q^2}{2}\left\{\left(\frac{1}{A_2}\right)^2-\frac{2}{A_1A_2}+\left(\frac{1}{A_1}\right)^2\right\}$$

$$=\frac{\rho A_1Q^2}{2}\left(\frac{1}{A_2}-\frac{1}{A_1}\right)^2$$

$$\therefore f_x=\frac{\rho A_1Q^2}{2}\left(\frac{A_1-A_2}{A_1A_2}\right)^2$$

44 그림과 같이 원판 수문이 물속에 설치되어 있다. 그림 중 C는 압력의 중심이고, G는 원판의 도심이다. 원판의 지름을 d라 하면 작용점의 위치 η는?

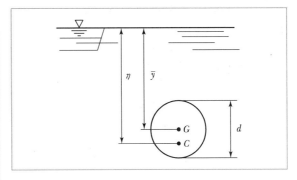

① $\eta=\bar{y}+\dfrac{d^2}{8\bar{y}}$ 　　② $\eta=\bar{y}+\dfrac{d^2}{16\bar{y}}$

③ $\eta=\bar{y}+\dfrac{d^2}{32\bar{y}}$ 　　④ $\eta=\bar{y}+\dfrac{d^2}{64\bar{y}}$

해설 ◯ ----------------------------------

전압력 중심

$$\eta=\bar{y}+\frac{I_G}{A\bar{y}}=\bar{y}+\frac{\dfrac{\pi d^4}{64}}{\dfrac{\pi d^2}{4}\times\bar{y}}=\bar{y}+\frac{d^2}{16\bar{y}}$$

45 체적이 $30m^3$인 어느 기름의 무게가 247kN이었다면 비중은 얼마인가?(단, 물의 밀도는 $1,000kg/m^3$이다.)

① 0.80 　　② 0.82

③ 0.84 　　④ 0.86

해설 ◯ ----------------------------------

무게 $W=\gamma V$(여기서, $S=\dfrac{\gamma}{\gamma_w} \rightarrow \gamma=S\gamma_w$)

$$=S\gamma_wV$$

$$\therefore S=\frac{W}{\gamma_wV}=\frac{247\times10^3}{9,800\times30}=0.84$$

46 비압축성 유체가 그림과 같이 단면적 $A(x) = 1 - 0.04x[\text{m}^2]$로 변화하는 통로 내를 정상상태로 흐를 때 P점($x = 0$)에서의 가속도(m/s²)는 얼마인가?(단, P점에서의 속도는 2m/s, 단면적은 1m²이며, 각 단면에서 유속은 균일하다고 가정한다.)

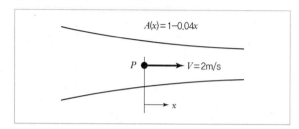

① -0.08 ② 0

③ 0.08 ④ 0.16

해설⊕

$a = \dfrac{0.08}{(1 - 0.04x)^2} \times \dfrac{2}{(1 - 0.04x)}$ 이므로

$x = 0$에서의 가속도 $a = 0.16\,\text{m/s}^2$

47 수면의 차이가 H인 두 저수지 사이에 지름 d, 길이 l인 관로가 연결되어 있을 때 관로에서의 평균 유속(V)을 나타내는 식은?(단, f는 관마찰계수이고, g는 중력가속도이며, K_1, K_2는 관입구와 출구에서의 부차적 손실계수이다.)

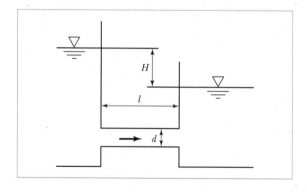

① $V = \sqrt{\dfrac{2gdH}{K_1 + fl + K_2}}$

② $V = \sqrt{\dfrac{2gH}{K_1 + fdl + K_2}}$

③ $V = \sqrt{\dfrac{2gdH}{K_1 + \dfrac{f}{l} + K_2}}$

④ $V = \sqrt{\dfrac{2gH}{K_1 + f\dfrac{l}{d} + K_2}}$

해설⊕

큰 저수지에서의 전체에너지를 ①, 작은 저수지에서의 전체에너지를 ②라고 한 다음, 손실을 고려한 베르누이 방정식을 적용하면 ①=②+H_l이고, 그림에서 H_l은 두 저수지의 위치에너지 차이이므로 $H_l = H$이다. 전체 손실수두도 H_l은 돌연축소관에서의 손실(h_1)과 곧고 긴 연결관에서의 손실수두(h_2), 그리고 돌연확대관에서의 손실수두(h_3)의 합과 같다.

$H_l = h_1 + h_2 + h_3$

여기서, $h_1 = K_1 \cdot \dfrac{V^2}{2g}$

$h_2 = f \cdot \dfrac{L}{d} \cdot \dfrac{V^2}{2g}$

$h_3 = K_2 \cdot \dfrac{V^2}{2g}$

$H = \left(K_1 + f \cdot \dfrac{L}{d} + K_2 \right) \dfrac{V^2}{2g}$

$\therefore V = \sqrt{\dfrac{2gH}{K_1 + f \cdot \dfrac{L}{d} + K_2}}$

48 공기의 속도 24m/s인 풍동 내에서 익현길이 1m, 익의 폭 5m인 날개에 작용하는 양력(N)은 얼마인가? (단, 공기의 밀도는 1.2kg/m³, 양력계수는 0.455이다.)

① 1,572   ② 786

③ 393   ④ 91

정답   46 ④   47 ④   48 ②

양력 $L = C_L \cdot \dfrac{\rho A V^2}{2} = 0.455 \times \dfrac{1.2 \times 1 \times 5 \times 24^2}{2}$

$\qquad = 786.24\text{N}$

49 (x, y) 평면에서의 유동함수(정상, 비압축성 유동)가 다음과 같이 정의된다면 $x = 4\text{m}$, $y = 6\text{m}$의 위치에서의 속도(m/s)는 얼마인가?

$$\psi = 3x^2 y - y^3$$

① 156   ② 92

③ 52   ④ 38

해설◑

유동함수 ψ에서 $u = \dfrac{\partial \psi}{\partial y}$, $v = -\dfrac{\partial \psi}{\partial x}$이므로

$u = 3x^2 - 3y^2 = 3 \times 4^2 - 3 \times 6^2 = -60 \rightarrow x$방향 속도성분

$v = -(6xy) = -6 \times 4 \times 6 = -144 \rightarrow y$방향 속도성분

$V = ui + vj$이므로 속도의 크기는

$\sqrt{u^2 + v^2} = \sqrt{(-60)^2 + (-144)^2} = 156\text{m/s}$

50 유체의 정의를 가장 올바르게 나타낸 것은?

① 아무리 작은 전단응력에도 저항할 수 없어 연속적으로 변형하는 물질

② 탄성계수가 0을 초과하는 물질

③ 수직응력을 가해도 물체가 변하지 않는 물질

④ 전단응력이 가해질 때 일정한 양의 변형이 유지되는 물질

51 밀도 1.6kg/m³인 기체가 흐르는 관에 설치한 피토 정압관(Pitot – static Tube)의 두 단자 간 압력차가 4cmH₂O이었다면 기체의 속도(m/s)는 얼마인가?

① 7   ② 14

③ 22   ④ 28

해설◑

$V = \sqrt{2g\Delta h \left(\dfrac{\rho_0}{\rho} - 1 \right)}$

$\quad = \sqrt{2 \times 9.8 \times 0.04 \times \left(\dfrac{1{,}000}{1.6} - 1 \right)}$

$\quad = 22.12\text{m/s}$

52 3.6m³/min을 양수하는 펌프의 송출구의 안지름이 23cm일 때 평균 유속(m/s)은 얼마인가?

① 0.96   ② 1.20

③ 1.32   ④ 1.44

해설◑

$Q = A \cdot V$에서

$V = \dfrac{Q}{A} = \dfrac{3.6 \dfrac{\text{m}^3}{\text{min}} \times \dfrac{1\text{min}}{60s}}{\dfrac{\pi}{4} \times 0.23^2\, \text{m}^2} = 1.44\text{m/s}$

53 국소 대기압이 1atm이라고 할 때, 다음 중 가장 높은 압력은?

① 0.13atm(Gage Pressure)

② 115kPa(Absolute Pressure)

③ 1.1atm(Absolute Pressure)

④ 11mH₂O(Absolute Pressure)

해설◑

절대압 P_{abs} = 국소대기압 + 계기압(Gage)

① $P_{abs} = 1 + 0.13 = 1.13\text{atm}$

② $P_{abs} = 115 \times 10^3 \text{Pa} \times \dfrac{1\text{atm}}{101{,}325\text{Pa}} = 1.135\text{atm}$

③ $P_{abs} = 1.1\text{atm}$

④ $P_{abs} = 11\text{mAq} \times \dfrac{1\text{atm}}{10.33\text{mAq}} = 1.065\text{atm}$

54 수평원관 속에 정상류의 층류 흐름이 있을 때 전단응력에 대한 설명으로 옳은 것은?

① 단면 전체에서 일정하다.

② 벽면에서 0이고 관 중심까지 선형적으로 증가한다.

③ 관 중심에서 0이고 반지름 방향으로 선형적으로 증가한다.

④ 관 중심에서 0이고 반지름 방향으로 중심으로부터 거리의 제곱에 비례하여 증가한다.

해설⊕

- 층류유동에서 전단응력분포와 속도분포 그림을 이해하면 된다.

- 전단응력은 관 중심에서 0이고 관벽에서 최대이다.

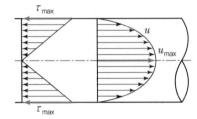

55 그림과 같은 두 개의 고정된 평판 사이에 얇은 판이 있다. 얇은 판 상부에는 점성계수가 0.05N · s/m²인 유체가 있고 하부에는 점성계수가 0.1N · s/m²인 유체가 있다. 이 판을 일정속도 0.5m/s로 끌 때, 끄는 힘이 최소가 되는 거리 y는?(단, 고정 평판 사이의 폭은 h(m), 평판들 사이의 속도분포는 선형이라고 가정한다.)

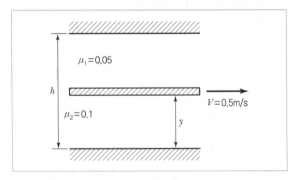

① 0.293h ② 0.482h

③ 0.586h ④ 0.879h

해설⊕

뉴턴의 점성법칙을 적용하여 $\tau = \mu \dfrac{du}{dy}$, $F = \tau A$

- 평판 위쪽 힘 $F_1 = \mu_1 \dfrac{u}{h-y} A$

- 평판 아래쪽 힘 $F_2 = \mu_2 \dfrac{u}{y} A$

- 평판을 끄는 힘이 최소가 되려면 깊이 y에 따른 위아래 힘의 변화율이 같아야 한다.

$$\frac{dF_1}{dy} = \frac{dF_2}{dy}$$

여기서, $\dfrac{dF_1}{dy} = \mu_1 \dfrac{u}{(h-y)^2} A$, $\dfrac{dF_2}{dy} = -\mu_2 \dfrac{u}{y^2} A$

변화율 값들의 부호가 반대이지만 절댓값이 같아야 한다 (평판 위아래 기울기가 반대).

$$\mu_1 \frac{u}{(h-y)^2} A = \mu_2 \frac{u}{y^2} A$$

$$\mu_1 y^2 = \mu_2 (h-y)^2 = \mu_2 (h^2 - 2hy + y^2)$$

$$(\mu_2 - \mu_1) y^2 - 2\mu_2 hy + \mu_2 h^2 = 0$$

$$(0.1 - 0.05) y^2 - 2 \times 0.1 hy + 0.1 h^2 = 0$$

$$0.05 y^2 - 0.2 hy + 0.1 h^2 = 0$$

여기서, 근의 공식 중 짝수계수 $b' = -0.1h$

$$y = \frac{0.1h \pm \sqrt{(0.1h)^2 - 0.05 \times 0.1 \times h^2}}{0.05}$$

$y = 3.41421h$ or $y = 0.58579h$인데 $y < h$이므로

$\therefore \ y = 0.58579h$

56 직경 1cm인 원형관 내의 물의 유동에 대한 천이 레이놀즈수는 2,300이다. 천이가 일어날 때 물의 평균 유속(m/s)은 얼마인가?(단, 물의 동점성계수는 10^{-6}m²/s 이다.)

① 0.23   ② 0.46

③ 2.3   ④ 4.6

정답   **54** ③   **55** ③   **56** ①

해설 ⊕

$$Re = \frac{\rho \cdot V \cdot d}{\mu} = \frac{V \cdot d}{\nu} = 2,300 \text{(천이 레이놀즈수)}$$

$$V = \frac{Re \times \nu}{d} = \frac{2,300 \times 10^{-6}}{0.01} = 0.23 \text{m/s}$$

57 프란틀의 혼합거리(Mixing Length)에 대한 설명으로 옳은 것은?

① 전단응력과 무관하다.

② 벽에서 0이다.

③ 항상 일정하다.

④ 층류 유동문제를 계산하는 데 유용하다.

해설 ⊕

프란틀의 혼합거리 $l = ky$(여기서, y는 관벽으로부터 떨어진 거리)

관벽에서는 y가 "0"이므로 $l = 0$이다.

58 그림과 같이 유리관 A, B 부분의 안지름은 각각 30cm, 10cm이다. 이 관에 물을 흐르게 하였더니 A에 세운 관에는 물이 60cm, B에 세운 관에는 물이 30cm 올라갔다. A와 B 각 부분에서 물의 속도(m/s)는?

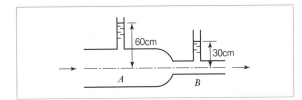

① $V_A = 2.73$, $V_B = 24.5$

② $V_A = 2.44$, $V_B = 22.0$

③ $V_A = 0.542$, $V_B = 4.88$

④ $V_A = 0.271$, $V_B = 2.44$

해설 ⊕

• $Q = AV$에서 $A_1 V_1 = A_2 V_2$

$$\therefore V_1 = \frac{A_2 V_2}{A_1} = \frac{\frac{\pi}{4} \times 0.1^2}{\frac{\pi}{4} \times 0.3^2} \times V_2 = 0.11 V_2$$

• 큰 관과 작은 관에 베르누이 방정식을 적용하면

$$\frac{P_1}{\gamma} + \frac{V_1^2}{2g} = \frac{P_2}{\gamma} + \frac{V_2^2}{2g} \text{(위치에너지 동일)}$$

$$\frac{\gamma \times 0.6}{\gamma} + \frac{V_1^2}{2g} = \frac{\gamma \times 0.3}{\gamma} + \frac{V_2^2}{2g}$$

$$0.6 + \frac{(0.11 V_2)^2}{2g} = 0.3 + \frac{V_2^2}{2g}$$

$$(1 - 0.11^2)\frac{V_2^2}{2g} = 0.3$$

$$\therefore V_2 = \sqrt{\frac{2 \times 9.8 \times 0.3}{(1 - 0.11^2)}} = 2.44 \text{m/s}$$

$$\therefore V_1 = 0.11 \times 2.44 = 0.268 \text{m/s}$$

59 어떤 물리적인 계(System)에서 물리량 F가 물리량 A, B, C, D의 함수 관계가 있다고 할 때, 차원해석을 한 결과 두 개의 무차원수, $\frac{F}{AB^2}$와 $\frac{B}{CD^2}$를 구할 수 있었다. 그리고 모형실험을 하여 $A = 1$, $B = 1$, $C = 1$, $D = 1$일 때, $F = F_1$을 구할 수 있었다. 여기서 $A = 2$, $B = 4$, $C = 1$, $D = 2$인 원형의 F는 어떤 값을 가지는가?(단, 모든 값들은 SI단위를 가진다.)

① F_1

② $16F_1$

③ $32F_1$

④ 위의 자료만으로는 예측할 수 없다.

해설 ⊕

모두 1일 때 $F = F_1 = B$이므로

$A = 2$, $B = 4$, $C = 1$, $D = 2$일 때

$$\frac{F}{AB^2} = \frac{F}{2 \times 4^2} \Rightarrow F = 32 \text{가 되어야 무차원이므로}$$

$$F = 32F_1$$

60 해수의 비중은 1.025이다. 바닷물 속 10m 깊이에서 작업하는 해녀가 받는 계기 압력(kPa)은 약 얼마인가?

① 94.4   ② 100.5
③ 105.6   ④ 112.7

해설⊕

$$P_A = \gamma \cdot h = S \cdot \gamma_w \cdot h$$
$$= 1.025 \times 9,800 \times 10$$
$$= 100,450 \text{N/m}^2 = 100.45 \text{kPa}$$

4과목 **기계재료 및 유압기기**

61 다음의 강종 중 탄소의 함유량이 가장 많은 것은?

① SM25C   ② SKH51
③ STC105   ④ STD11

해설⊕

① SM25C : 기계 구조용 탄소, 탄소함량 0.22~0.28%
② SKH51 : 고속도 공구강, 탄소함량 0.73~0.83%
③ STC105 : 탄소공구강, 탄소함량 1.0~1.1%
④ STD11 : 합금공구강, 탄소함량 1.4~1.6%

62 피로 한도에 대한 설명으로 옳은 것은?

① 지름이 크면 피로한도는 커진다.
② 노치가 있는 시험편의 피로한도는 크다.
③ 표면이 거친 것이 고은 것보다 피로한도가 커진다.
④ 노치가 있을 때와 없을 때의 피로한도 비를 노치 계수라 한다.

해설⊕

① 지름이 크면 피로한도는 작아진다.
② 노치가 있는 시험편의 피로한도는 작다.
③ 표면이 거친 것이 고운 것보다 피로한도가 작다.

피로파괴에 미치는 영향인자(피로한도 높은 쪽)
표면 조도(매끈하게), 결합부의 응력집중(응력집중 작게-노치 없게), 부재의 크기(지름 작게), 잔류응력(작게), 응력진폭(작게)

63 염욕의 관리에서 강박 시험에 대한 다음 ( ) 안에 알맞은 내용은?

> 강박 시험 후 강박을 손으로 구부려서 휘어지면 이 염욕은 ( ) 작용을 한 것으로 판단하다.

① 산화   ② 환원
③ 탈탄   ④ 촉매

해설⊕

강박시험
㉠ 목적 : 염욕의 탈탄적용 판정, 잔류탄소량 추정, 침탄 정도 판정
㉡ 방법
 • 강박은 철판(1.0%C, 두께 0.05mm, 폭 30mm, 길이 100mm 정도)을 매달아 주어진 온도에서의 염욕 중에 일정 시간 유지한 후 빨리 꺼내어 수랭한다.
 • 부착된 염을 잘 씻어 내고 건조한다.
 • 강박을 손으로 구부려 미세하게 깨지면 이 염욕은 탈탄작용을 하지 않았으며, 구부려 휘어지면 탈탄 작용을 한 것으로 판단한다.

64 다음 중 결합력이 가장 약한 것은?

① 이온결합(Ionic Bond)
② 공유결합(Covalent Bond)
③ 금속결합(Metallic Bond)
④ 반데발스결합(Van Der Waals Bond)

해설⊕

화학결합의 세기
이온결합＞공유결합＞금속결합＞반데발스결합

---

65 Fe − Fe₃C 평형상태도에서 A_{cm} 선이란?

① 마텐자이트가 석출되는 온도선을 말한다.

② 트루스타이트가 석출되는 온도선을 말한다.

③ 시멘타이트가 석출되는 온도선을 말한다.

④ 소르바이트가 석출되는 온도선을 말한다.

66 5~20%Zn의 황동을 말하며, 강도는 낮으나 전연성이 좋고, 색깔이 금에 가까우므로 모조금이나 판 및 선 등에 사용되는 것은?

① 톰백   ② 두랄루민

③ 문쯔메탈   ④ Y − 합금

67 유화물 계통의 편석 및 수지상 조직을 제거하여 연신율을 향상시킬 수 있는 열처리 방법으로 가장 적합한 것은?

① 퀜칭   ② 템퍼링

③ 확산 풀림   ④ 재결정 풀림

해설 ⊕
확산 풀림
황화물의 편석을 없애고 Ni강에서 망상으로 석출된 황화물의 적열 취성을 막기 위해 오스테나이트가 생성되는 구역인 $A_3 \sim A_{cm}$ 보다 훨씬 높은 온도인 1,000℃ 가까이 올려서 가열한 후 노랭하면 완전 풀림이 된다.

68 주철의 조직을 지배하는 요소로 옳은 것은?

① S, Si의 양과 냉각 속도

② C, Si의 양과 냉각 속도

③ P, Cr의 양과 냉각 속도

④ Cr, Mg의 양과 냉각 속도

해설 ⊕
C와 Si의 함유량 및 냉각속도에 따른 주철의 조직관계를 나타내는 것을 마우러 조직도라 한다.

69 Ni − Fe계 합금에 대한 설명으로 틀린 것은?

① 엘린바는 온도에 따른 탄성률의 변화가 거의 없다.

② 슈퍼인바는 20℃에서 팽창계수가 거의 0(Zero)에 가깝다.

③ 인바는 열팽창계수가 상온 부근에서 매우 작아 길이의 변화가 거의 없다.

④ 플래티나이트는 60%Ni과 15%Sn 및 Fe의 조성을 갖는 소결합금이다.

해설 ⊕
플래티나이트(Platinite)
Fe − Ni(46%) 합금으로 팽창계수가 유리와 비슷하여, 백금선 대용으로 전구 도입선에 사용된다.

70 강을 생산하는 제강로를 염기성과 산성으로 구분하는데 이것은 무엇으로 구분하는가?

① 로 내의 내화물   ② 사용되는 철광석

③ 발생하는 가스의 성질   ④ 주입하는 용제의 성질

해설 ⊕
선철의 불순물을 제거하는 공정을 제강이라 하고, 제강 시로의 내화물의 종류에 따라 산성과 염기성으로 구분된다.

71 일반적인 베인 펌프의 특징으로 적절하지 않은 것은?

① 부품 수가 많다.

② 비교적 고장이 적고 보수가 용이하다.

③ 펌프의 구동 동력에 비해 형상이 소형이다.

④ 기어 펌프나 피스톤 펌프에 비해 토출 압력의 맥동이 크다.

정답   65 ③   66 ①   67 ③   68 ②   69 ④   70 ①   71 ④

2020

해설⊕
기어 펌프나 피스톤 펌프에 비해 토출 압력의 맥동이 작다.

72 그림과 같은 유압기호가 나타내는 것은?(단, 그림의 기호는 간략 기호이며, 간략 기호에서 유로의 화살표는 압력의 보상을 나타낸다.)

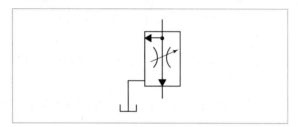

① 가변 교축 밸브
② 무부하 릴리프 밸브
③ 직렬형 유량조정 밸브
④ 바이패스형 유량조정 밸브

73 유압회로에서 속도제어회로의 종류가 아닌 것은?

① 미터 인 회로
② 미터 아웃 회로
③ 블리드 오프 회로
④ 최대 압력 제한 회로

해설⊕
실린더에 공급되는 유량을 조절하여 실린더의 속도를 제어하는 회로
• 미터 인 회로 : 실린더의 입구 쪽 관로에서 유량을 교축시켜 작동속도를 조절하는 회로
• 미터 아웃 회로 : 실린더의 출구 쪽 관로에서 유량을 교축시켜 작동속도를 조절하는 회로
• 블리드 오프 회로 : 실린더로 흐르는 유량의 일부를 탱크로 분기함으로써 작동속도를 조절하는 회로

74 그림과 같은 단동실린더에서 피스톤에 $F =$ 500N의 힘이 발생하면, 압력 P는 약 몇 kPa이 필요한가?(단, 실린더의 직경은 40mm이다.)

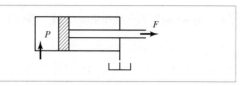

① 39.8
② 398
③ 79.6
④ 796

해설⊕

$$P(압력) = \frac{F(\text{힘})}{A(\text{면적})} = \frac{F}{\frac{\pi d^2}{4}}$$

$$= \frac{500}{\frac{\pi \times 0.04^2}{4}} = 397,887\text{Pa} = 398\text{kPa}$$

75 감압 밸브, 체크 밸브, 릴리프 밸브 등에서 밸브시트를 두드려 비교적 높은 음을 내는 일종의 자려진동 현상은?

① 컷인
② 점핑
③ 채터링
④ 디컴프레션

76 어큐뮬레이터의 용도와 취급에 대한 설명으로 틀린 것은?

① 누설유량을 보충해 주는 펌프 대용 역할을 한다.
② 어큐뮬레이터에 부속쇠 등을 용접하거나 가공, 구멍 뚫기 등을 해서는 안 된다.
③ 어큐뮬레이터를 운반, 결합, 분리 등을 할 때는 봉입가스를 유지하여야 한다.
④ 유압 펌프에 발생하는 맥동을 흡수하여 이상 압력을 억제하여 진동이나 소음을 방지한다.

해설⊕
③ 어큐뮬레이터를 운반, 결합, 분리 등을 할 때는 봉입가스를 제거하여야 한다.

정답 72 ④ 73 ④ 74 ② 75 ③ 76 ③

77 유압유의 점도가 낮을 때 유압 장치에 미치는 영향으로 적절하지 않은 것은?

① 배관 저항 증대
② 유압유의 누설 증가
③ 펌프의 용적 효율 저하
④ 정확한 작동과 정밀한 제어의 곤란

해설 ⊕

① 배관 저항 감소

78 상시 개방형 밸브로 옳은 것은?

① 감압 밸브   ② 무부하 밸브
③ 릴리프 밸브   ④ 카운터 밸런스 밸브

해설 ⊕

밸브의 종류

㉠ 상시 개방형 밸브
　• 감압 밸브 : 정상운전 시에는 열려 있다가 출구 측 압력이 설정압보다 높을 시 밸브가 닫혀 압력을 낮춰준다.
㉡ 상시 밀폐형 밸브
　• 무부하 밸브 : 실린더 작동 시에는 닫혀 있다가 무부하 운전 시 밸브를 열어 작동유를 탱크로 보낸다.
　• 릴리프 밸브 : 관로압이 설정압보다 높을 시 릴리프 밸브가 열려 작동유를 탱크로 보내 줌으로써 압력을 낮춰준다.
　• 카운터 밸런스 밸브 : 중력에 의해 추가 자유낙하하는 것을 방지하기 위해 배압을 유지시켜 주는 압력 제어 밸브

79 기어펌프의 폐입 현상에 관한 설명으로 적절하지 않은 것은?

① 진동, 소음의 원인이 된다.
② 한 쌍의 이가 맞물려 회전할 경우 발생한다.
③ 폐입 부분에서 팽창 시 고압이, 압축 시 진공이 형성된다.
④ 방지책으로 릴리프 홈에 의한 방법이 있다.

해설 ⊕

③ 폐입 부분에서 압축 시 고압이, 팽창 시 진공이 형성된다.

80 실린더 입구의 분기 회로에 유량 제어 밸브를 설치하여 실린더 입구 측의 불필요한 압유를 배출시켜 작동 효율을 증진시키는 회로는?

① 로킹 회로
② 증강 회로
③ 동조 회로
④ 블리드 오프 회로

5과목 **기계제작법 및 기계동력학**

81 200kg의 파일을 땅속으로 박고자 한다. 파일 위의 1.2m 지점에서 무게가 1t인 해머가 떨어질 때 완전 소성 충돌이라고 한다면 이때 파일이 땅속으로 들어가는 거리는 약 몇 m인가?(단, 파일에 가해지는 땅의 저항력은 150kN이고, 중력가속도는 9.81m/s² 이다.)

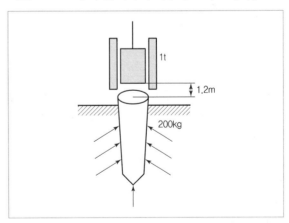

① 0.07   ② 0.09
③ 0.14   ④ 0.19

정답   77 ①   78 ①   79 ③   80 ④   81 ①

2020

해머의 위치에너지와 파일에 가해진 일에너지는 같다.

$V_g = mgh$

$\quad = 9,800 \times 1.2$

$\quad = 11,760 \text{N} \cdot \text{m}$

$11,760 = (200 \times 9.8 + 150 \times 10^3) \times x$

$x = \dfrac{11,760}{200 \times 9.8 + 150 \times 10^3}$

$\quad = 0.077 \text{m}$

82
평탄한 지면 위를 미끄럼이 없이 구르는 원통 중심의 가속도가 1m/s^2일 때 이 원통의 각가속도는 몇 rad/s^2인가?(단, 반지름 r은 2m이다.)

① 0.2   ② 0.5

③ 5   ④ 10

해설

$\sum M_G = J_G \cdot \alpha$ 에서

$F \cdot r = mr^2 \cdot \alpha$

$\alpha = \dfrac{F \cdot r}{mr^2} = \dfrac{ma \cdot r}{mr^2}$

$\quad = \dfrac{1}{r} = \dfrac{1}{2} = 0.5 \,\text{rad/s}^2$

83
자동차가 반경 50m의 원형도로를 25m/s의 속도로 달리고 있을 때, 반경방향으로 작용하는 가속도는 몇 m/s^2인가?

① 9.8   ② 10.0

③ 12.5   ④ 25.0

해설

구심가속도(법선가속도)

$a_n = \dfrac{V^2}{r} = \dfrac{25^2}{50} = 12.5 \,\text{m/s}^2$

84
수평면과 a의 각을 이루는 마찰이 있는(마찰계수 μ) 경사면에서 무게가 W인 물체를 힘 P를 가하여 등속력으로 끌어올릴 때, 힘 P가 한 일에 대한 무게 W인 물체를 끌어올리는 일의 비, 즉 효율은?

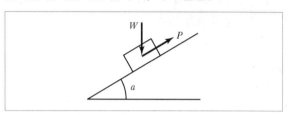

① $\dfrac{1}{1 + \mu \cot(a)}$ ② $\dfrac{1}{1 - \mu \cot(a)}$

③ $\dfrac{1}{1 + \mu \cos(a)}$ ④ $\dfrac{1}{1 - \mu \sin(a)}$

해설

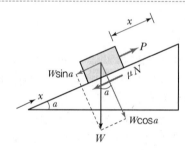

자유물체도에서

$\sum F_x = 0$ 일 때의 P 값에서 경사면 위로 움직이기 시작한다.

$N = W\cos a, \quad F_f = \mu N$

$\sum F_x = -W\sin a - \mu W\cos a + P = 0$

$\quad \therefore P = W(\sin a + \mu \cos a)$

x방향으로 P를 가지고 x만큼 이동할 때, W는 $x\sin a$만큼 들어올리므로

효율 $= \dfrac{W \times x\sin a}{W(\sin a + \mu \cos a) \times x}$

$\qquad$ (여기서, 분모 · 분자를 $\sin a$로 나누면)

$\quad = \dfrac{1}{1 + \mu \cot a}$

85 어떤 물체가 $x(t) = A\sin(4t + \phi)$로 진동할 때 진동주기 T[s]는 약 얼마인가?

① 1.57

② 2.54

③ 4.71

④ 6.28

해설⊕

$x(t) = A\sin(\omega t + \phi)$에서 $\omega = 4$

$T = \dfrac{2\pi}{\omega} = \dfrac{2\pi}{4} = 1.571\,\text{s}$

86 1자유도의 질량 – 스프링계에서 스프링 상수 k가 2kN/m, 질량 m이 20kg일 때, 이 계의 고유주기는 약 몇 초인가?(단, 마찰은 무시한다.)

① 0.63

② 1.54

③ 1.93

④ 2.34

해설⊕

$T = \dfrac{2\pi}{\omega_n} = \dfrac{2\pi}{\sqrt{\dfrac{k}{m}}} = \dfrac{2\pi}{\sqrt{\dfrac{2\times 10^3}{20}}} = 0.628\text{s}$

87 두 조화운동 $x_1 = 4\sin10t$와 $x_2 = 4\sin10.2t$를 합성하면 맥놀이(Beat)현상이 발생하는데 이때 맥놀이 진동수(Hz)는 약 얼마인가?(단, t의 단위는 s이다.)

① 31.4

② 62.8

③ 0.0159

④ 0.0318

해설⊕

$x_1 = X\sin\omega_1 t = 4\sin10t \rightarrow \omega_1 = 10$

$x_2 = X\sin\omega_2 t = 4\sin10.2t \rightarrow \omega_2 = 10.2$

울림진동수 $f_b = f_2 - f_1 = \dfrac{\omega_2}{2\pi} - \dfrac{\omega_1}{2\pi}$

$\qquad = \dfrac{\omega_2 - \omega_1}{2\pi} = \dfrac{10.2 - 10}{2\pi}$

$\qquad = 0.0318\text{Hz}$

88 1자유도 시스템에서 감쇠비가 0.1인 경우 대수 감소율은?

① 0.2315

② 0.4315

③ 0.6315

④ 0.8315

해설⊕

감쇠비 $\zeta = 0.1$과 대수감소율 δ에서

$\delta = \dfrac{2\pi\zeta}{\sqrt{1-\zeta^2}} = \dfrac{2\pi \times 0.1}{\sqrt{1 - 0.1^2}} = 0.6315$

89 반경이 r인 실린더가 위치 1의 정지상태에서 경사를 따라 높이 h만큼 굴러 내려갔을 때, 실린더 중심의 속도는?(단, g는 중력가속도이며, 미끄러짐은 없다고 가정한다.)

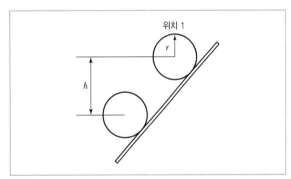

① $\sqrt{2gh}$

② $0.707\sqrt{2gh}$

③ $0.816\sqrt{2gh}$

④ $0.845\sqrt{2gh}$

해설⊕

실린더의 도심에 대한 .질량관성모멘트 $J_G = \dfrac{1}{2}mr^2$

• 경사면의 운동에너지(T)
  운동에너지(T_1) + 회전운동에너지(T_2)

$T = T_1 + T_2 = \dfrac{1}{2}mV^2 + \dfrac{1}{2}J_G \cdot \omega^2$

$\quad = \dfrac{1}{2}mV^2 + \dfrac{1}{2}\left(\dfrac{1}{2}mr^2\right)\omega^2 = \dfrac{1}{2}mV^2 + \dfrac{1}{4}m(r\omega)^2$

$\quad = \dfrac{1}{2}mV^2 + \dfrac{1}{4}mV^2 \qquad \therefore\ T = \dfrac{3}{4}mV^2$

• 중력포텐셜 에너지

$$V_g = mgh$$

• 에너지 보존의 법칙에 의해

$$T = V_g \text{이므로 } \frac{3}{4}mV^2 = mgh \rightarrow V^2 = \frac{4}{3}gh$$

$$\therefore V = \sqrt{\frac{2}{3} \times 2gh} = 0.816\sqrt{2gh}$$

90 다음 그림과 같은 조건에서 어떤 투사체가 초기속도 360m/s로 수평 방향과 30°의 각도로 발사되었다. 이때 2초 후 수직방향에 대한 속도는 약 몇 m/s인가? (단, 공기저항 무시, 중력가속도는 9.81m/s²이다.)

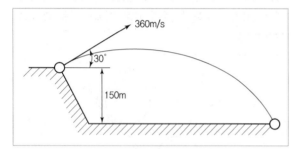

① 40.1   ② 80.2

③ 160   ④ 321

해설⊕

• x축 방향 : $V_x = V_{0x} = V_0\cos 30°$

• y축 방향 : 초기속도 $V_{0y} = V_0\sin 30°$, $a_y = -g$

$$a_y = \frac{dV_y}{dt}$$

$$\Rightarrow dV_y = a_y\,dt$$

$$\Rightarrow \int_{V_{0y}}^{V_y} dV_y = \int_0^t a_y\,dt = \int_0^t -g\,dt$$

$$\Rightarrow V_y - V_{0y} = -gt$$

$$\therefore V_y = V_{0y} - gt = V_0\sin 30° - 9.8 \times t$$

$t = 2$초에서 수직방향 속도

$$V_y = 360 \times \sin 30° - 9.8 \times 2 = 160.4\,\text{m/s}$$

91 피복아크용접봉의 피복제 역할로 틀린 것은?

① 아크를 안정시킨다.

② 모재 표면의 산화물을 제거한다.

③ 용착금속의 급랭을 방지한다.

④ 용착금속의 흐름을 억제한다.

해설⊕

피복제의 역할

• 피복제는 고온에서 분해되어 가스를 방출하여 아크 기둥과 용융지를 보호해 용착금속의 산화 및 질화가 일어나지 않도록 보호해 준다.

• 피복제의 용융은 슬래그가 형성되고 탈산작용을 하며 용착금속의 급랭을 방지하는 역할을 한다.

92 3차원 측정기에서 측정물의 측정위치를 감지하여 X, Y, Z축의 위치 데이터를 컴퓨터에 전송하는 기능을 가진 것은?

① 프로브   ② 측정암

③ 컬럼   ④ 정반

해설⊕

프로브의 종류

• 접촉식 : 고정식 프로브, 전기신호식 프로브, 스캐닝 프로브 등

• 비접촉식 : 현미경식 프로브, 레이저 프로브 등

93 와이어 컷 방전가공에서 와이어 이송속도 0.2 mm/min, 가공물 두께가 10mm일 때 가공속도는 몇 mm²/min인가?

① 0.02   ② 0.2

③ 2   ④ 20

해설⊕

가공 속도(면적 속도)

$$W = F \times H$$

여기서, W : 면적속도(mm²/min)

F : 이송속도(mm/min)

H : 가공물 두께(mm)

$$\therefore\ W = F \times H = 0.2 \times 10 = 2(\text{mm}^2/\text{min})$$

94 단조용 공구 중 소재를 올려놓고 타격을 가할 때 받침대로 사용하며 크기는 중량으로 표시하는 것은?

① 대뫼

② 앤빌

③ 정반

④ 단조용 탭

95 목재의 건조방법에서 자연건조법에 해당하는 것은?

① 야적법

② 침재법

③ 자재법

④ 증재법

해설⊕

목재의 건조법

• 자연건조법 : 야적법, 가옥적법

• 인공건조법 : 열풍 건조법, 침재법, 자재법, 증재법, 진공 건조법, 훈제법, 전기건조법, 약재건조법

96 다음 공작기계에 사용되는 속도열 중 일반적으로 가장 많이 사용되고 있는 속도열은?

① 대수급수 속도열

② 등비급수 속도열

③ 등차급수 속도열

④ 조화급수 속도열

해설⊕

등비급수속도열

가공물의 지름에 관계없이 절삭속도를 일정한 강하율로 적용하기 때문에 가장 많이 사용한다.

97 두께 5mm의 연강판에 직경 10mm의 펀칭 작업을 하는데 크랭크 프레스 램의 속도가 10m/min이라면 이때 프레스에 공급되어야 할 동력은 약 몇 kW인가?(단, 연강판의 전단강도는 294.3MPa이고, 프레스의 기계적 효율은 80%이다.)

① 21.32

② 15.54

③ 13.52

④ 9.63

해설⊕

공급되어야 할 동력(H_t) = 전단하중(P)×전단속도(V)

$$전단하중(P) = \frac{전단강도(\tau) \times 단면적(A)}{효율(\eta)}$$

$$H_t = PV = \frac{\tau \times A}{\eta} \times V$$

$$= \frac{294.3 \times \pi \times 10 \times 5}{0.8} \times \frac{10}{60}$$

$$= 9{,}630.95\text{N} \cdot \text{m/s}$$

$$= 9{,}630.95\text{W}$$

$$= 9.63\text{kW}$$

98 절연성의 가공액 내에 도전성 재료의 전극과 공작물을 넣고 약 60~300V의 펄스 전압을 걸어 약 5~50 μm까지 접근시켜 발생하는 스파크에 의한 가공방법은?

① 방전가공

② 전해가공

③ 전해연마

④ 초음파가공

해설⊕

① 방전가공(Electric Discharge Machine) : 스파크 가공(Spark Machining)이라고도 하는데, 전기의 양극과 음극이 부딪칠 때 일어나는 스파크로 가공하는 방법이다.

② 전해가공(Electro-chemical Machining) : 전기분해의 원리를 이용한 것으로 공구를 음극, 공작물을 양극에 연결하고, 전해액을 분출시키면서 전기를 통하면 양극에서 용해 용출 현상이 일어나 가공이 된다.

③ 전해연마(Electrolytic Polishing) : 연마하려는 공작물을 양극으로 하여 과염소산, 인산, 황산, 질산 등의 전해액 속에 매달아 두고 $1A/cm^2$ 정도의 직류전류를 통전하여 전기 화학적으로 공작물의 미소돌기를 용출시켜 광택면을 얻는 가공법을 말한다.

④ 초음파가공 : 초음파 진동을 에너지원으로 하여 진동하는 공구(Horn)와 공작물 사이에 연삭 입자를 공급하여 공작물을 정밀하게 다듬는다.

• 연마량이 적어서 깊은 홈이 제거되지 않는다.
• 주름과 같이 불순물이 많은 것은 광택을 낼 수 없다.
• 가공 모서리가 둥글게 된다.

99 저온 뜨임에 대한 설명으로 틀린 것은?

① 담금질에 의한 응력 제거
② 치수의 경년 변화 방지
③ 연마균열 생성
④ 내마모성 향상

해설⊕

저온 뜨임

150℃ 부근에서 이루어지며, 잔류 오스테나이트와 내부의 잔류응력을 제거하고, 탄성한계와 항복강도, 경도를 향상시키기 위한 열처리를 말한다.

100 전해연마 가공법의 특징이 아닌 것은?

① 가공면에 방향성이 없다.
② 복잡한 형상의 제품도 연마가 가능하다.
③ 가공 변질층이 있고 평활한 가공면을 얻을 수 있다.
④ 연질의 알루미늄, 구리 등도 쉽게 광택면을 얻을 수 있다.

해설⊕

전해연마의 특징

• 절삭가공에서 나타나는 힘과 열에 따른 변형이 없다.
• 조직의 변화가 없다.
• 연질금속, 아연, 구리, 알루미늄, 몰리브덴, 니켈 등 형상이 복잡한 공작물과 얇은 재료의 연마도 가능하다.
• 가공한 면은 방향성이 없어 거울과 같이 매끄럽다.
• 내마멸성과 내부식성이 높다.

2020년 9월 27일 시행

1과목 재료역학

01 그림과 같은 보에 하중 P가 작용하고 있을 때 이 보에 발생하는 최대 굽힘응력이 $\sigma_{\max}$라면 하중 P는?

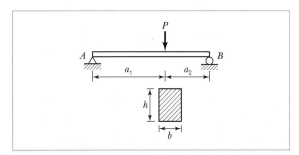

① $P = \dfrac{bh^2(a_1+a_2)\sigma_{\max}}{6a_1a_2}$

② $P = \dfrac{bh^3(a_1+a_2)\sigma_{\max}}{6a_1a_2}$

③ $P = \dfrac{b^2h(a_1+a_2)\sigma_{\max}}{6a_1a_2}$

④ $P = \dfrac{b^3h(a_1+a_2)\sigma_{\max}}{6a_1a_2}$

해설⊕

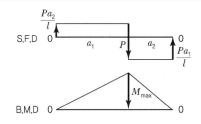

$$M_{\max} = \frac{Pa_2}{l} \times a_1 = \sigma_{\max} \cdot Z = \sigma_{\max} \times \frac{bh^2}{6}$$

여기서, $l = a_1 + a_2$

$$\therefore P = \frac{bh^2(a_1+a_2)\sigma_{\max}}{6a_1a_2}$$

02 양단이 고정된 균일 단면봉의 중간단면 C에 축 하중 P를 작용시킬 때 A, B에서 반력은?

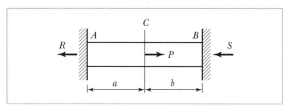

① $R = \dfrac{P(a+b^2)}{a+b}$, $S = \dfrac{P(a^2+b)}{a+b}$

② $R = \dfrac{Pb^2}{a+b}$, $S = \dfrac{Pa^2}{a+b}$

③ $R = \dfrac{Pb}{a+b}$, $S = \dfrac{Pa}{a+b}$

④ $R = \dfrac{Pa}{a+b}$, $S = \dfrac{Pb}{a+b}$

해설⊕

- $A-C$ 단면에서 R에 의해 늘어난 길이는 $C-B$ 단면에서 줄어든 길이와 같다.
  변형량 동일 $\lambda_a = \lambda_b$
  $$\frac{R \cdot a}{AE} = \frac{S \cdot b}{AE} \rightarrow R = \frac{b}{a}S$$
- $\sum F_x = 0 : -R+P-S=0 \rightarrow P=R+S$ (R값을 대입하면)
  $$P = \frac{b}{a}S+S = \frac{(b+a)S}{a} \quad \therefore S = \frac{Pa}{a+b}, R = \frac{Pb}{a+b}$$

2020

정답 01 ① 02 ③

2020년 기출문제 **511**

03 그림과 같은 직사각형 단면에서 $y_1 = \left(\dfrac{2}{3}\right)h$의 위쪽 면적(빗금 부분)의 중립축에 대한 단면 1차 모멘트 Q는?

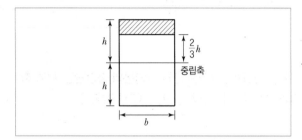

① $\dfrac{3}{8}bh^2$

② $\dfrac{3}{8}bh^3$

③ $\dfrac{5}{18}bh^2$

④ $\dfrac{5}{18}bh^3$

해설 ➕

$Q = A_1 y_1$ (y_1은 중립축으로부터 빗금친 면적의 도심까지의 거리)

$$= b \times \frac{h}{3} \times \left(\frac{2h}{3} + \frac{h}{3} \times \frac{1}{2}\right)$$

$$= \frac{5}{18}bh^2$$

04 그림과 같이 등분포하중이 작용하는 보에서 최대 전단력의 크기는 몇 kN인가?

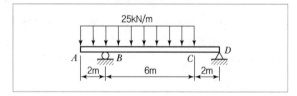

① 50

② 100

③ 150

④ 200

해설 ➕

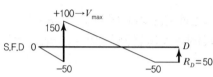

S.F.D에서 최대전단력의 크기는 $V_{\max} = 100\text{kN}$

05 양단이 고정단인 주철 재질의 원주가 있다. 이 기둥의 임계응력을 오일러 식에 의해 계산한 결과 $0.0247E$로 얻어졌다면 이 기둥의 길이는 원주 직경의 몇 배인가?(단, E는 재료의 세로탄성계수이다.)

① 12

② 10

③ 0.05

④ 0.001

해설 ➕

좌굴응력

$$\sigma_{cr} = \frac{P_{cr}}{A} = \frac{n\pi^2 \cdot EI}{l^2 \cdot A}$$

$$= \frac{n\pi^2 \cdot E\dfrac{\pi d^4}{64}}{l^2 \cdot \dfrac{\pi d^2}{4}}$$

$$0.0247E = \frac{n\pi^2 \cdot E\pi d^2}{16\,l^2} \rightarrow \left(\frac{l}{d}\right)^2 = \frac{n\pi^2}{16 \times 0.0247}$$

여기서, $n = 4$

$$\therefore \frac{l}{d} = \sqrt{\frac{4\pi^2}{16 \times 0.0247}} = 9.99$$

06 아래와 같은 보에서 C점(A에서 4m 떨어진 점)에서의 굽힘모멘트 값은 약 몇 kN · m인가?

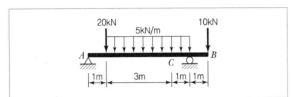

① 5.5   ② 11

③ 13   ④ 22

해설 ⊕

• 지점의 반력을 구해보면

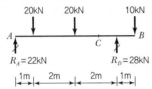

$$\sum M_{A\,지점} = 0 : R_A \times 5 - 20 \times 4 - 20 \times 2 + 10 \times 1 = 0$$

$$\therefore R_A = 22\text{kN}$$

$$\sum F_y = 0 : R_A - 20 - 20 - 10 + R_D = 0 \text{에서}$$

$$\therefore R_D = 28\text{kN}$$

• C점의 모멘트 값을 구하기 위해 자유물체도를 그리면

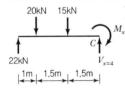

$$\sum M_{x=4\,지점} = 0 : 22 \times 4 - 20 \times 3 - 15 \times 1.5 + M_x = 0$$

$$\therefore M_x = 5.5\text{kN} \cdot \text{m}$$

07 그림과 같이 수평 강체봉 AB의 한쪽을 벽에 힌지로 연결하고 죄임봉 CD로 매단 구조물이 있다. 죄임봉의 단면적은 1cm², 허용 인장응력은 100MPa일 때 B단의 최대 안전하중 P는 몇 kN인가?

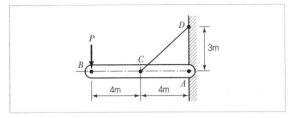

① 3   ② 3.75

③ 6   ④ 8.33

해설 ⊕

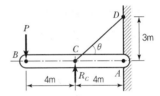

• $\tan\theta = \dfrac{3}{4} \rightarrow \theta = \tan^{-1}\dfrac{3}{4} = 36.87°$

C지점 3력 부재이므로 라미의 정리를 적용

$$\frac{R_C}{\sin(36.87°)} = \frac{T_{CD}}{\sin(90°)} \rightarrow R_C$$

$$= \frac{T_{CD}}{\sin(90°)} \times \sin(36.87°)$$

여기서, $T_{CD} = \sigma_A \cdot A = 100 \times 10^6 \times 10^{-4} = 10,000\text{N}$

$$\therefore R_C = \frac{10,000}{\sin(90°)} \times \sin(36.87°) = 6,000\text{N}$$

• $\sum M_{A\,지점} = 0 : -P \times 8 + 6,000 \times 4 = 0$

$$\therefore P = 3,000\text{N} = 3\text{kN}$$

08 자유단에 집중하중 P를 받는 외팔보의 최대 처짐 δ_1과 $W = wL$이 되게 균일분포하중(w)이 작용하는 외팔보의 자유단 처짐 δ_2가 동일하다면 두 하중들의 비 W/P는 얼마인가?(단, 보의 굽힘 강성은 EI로 일정하다.)

① $\dfrac{8}{3}$ ② $\dfrac{3}{8}$

③ $\dfrac{5}{8}$ ④ $\dfrac{8}{5}$

해설⊕

$$\delta_1 = \frac{P \cdot l^3}{3EI}, \quad \delta_2 = \frac{w \cdot l^4}{8EI}$$

$\delta_1 = \delta_2$에서

$$\frac{P \cdot l^3}{3EI} = \frac{w \cdot l^4}{8EI} = \frac{W \cdot l^3}{8EI} \text{ (여기서, } wl = W\text{이므로)}$$

$$\therefore \ \frac{W}{P} = \frac{8}{3}$$

09 그림과 같은 외팔보에 저장된 굽힘 변형에너지는?(단, 세로탄성계수는 E이고, 단면의 관성모멘트는 I이다.)

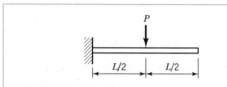

① $\dfrac{P^2 L^3}{8EI}$ 　　　② $\dfrac{P^2 L^3}{12EI}$

③ $\dfrac{P^2 L^3}{24EI}$ 　　　④ $\dfrac{P^2 L^3}{48EI}$

해설⊕

굽힘변형에너지 $U = \dfrac{1}{2}P\delta$

여기서, 외팔보의 처짐량 $\delta = \dfrac{P\left(\dfrac{l}{2}\right)^3}{3EI} = \dfrac{Pl^3}{24EI}$

$$\therefore \ U = \frac{1}{2}P \times \frac{Pl^3}{24EI} = \frac{P^2 l^3}{48EI}$$

10 지름 35cm의 차축이 0.2°만큼 비틀렸다. 이때 최대 전단응력이 49MPa이라고 하면 이 차축의 길이는 약 몇 m인가?(단, 재료의 전단탄성계수는 80GPa이다.)

① 2.5 　　　② 2.0

③ 1.5 　　　④ 1

해설⊕

$r = 17.5\text{cm} = 0.175\text{m}, \quad \tau = G\gamma, \quad \gamma = \dfrac{r\theta}{l}$

$\tau = G\dfrac{r\theta}{l}$에서

$$l = \frac{Gr\theta}{\tau} = \frac{80 \times 10^9 \times 0.175 \times 0.2° \times \dfrac{\pi}{180°}}{49 \times 10^6}$$

$$= 0.9973\text{m}$$

11 지름 7mm, 길이 250mm인 연강 시험편으로 비틀림 시험을 하여 얻은 결과, 토크 4.08N · m에서 비틀림 각이 8°로 기록되었다. 이 재료의 전단탄성계수는 약 몇 GPa인가?

① 64 　　　② 53

③ 41 　　　④ 31

해설⊕

$\theta = \dfrac{T \cdot l}{GI_p}$에서

$$G = \frac{T \cdot l}{\theta I_p} = \frac{4.08 \times 0.25}{8° \times \dfrac{\pi \, rad}{180°} \times \dfrac{\pi \times 0.007^4}{32}}$$

$$= 3.099 \times 10^{10}\text{Pa} = 30.99 \times 10^9\text{Pa}$$

$$= 30.99\text{GPa}$$

12 그림과 같은 단면의 축이 전달할 토크가 동일하다면 각 축의 재료 선정에 있어서 허용 전단응력의 비 τ_A / τ_B의 값은 얼마인가?

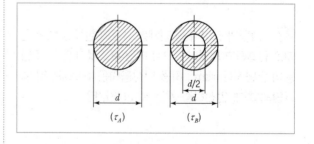

① $\dfrac{15}{16}$ ② $\dfrac{9}{16}$

③ $\dfrac{16}{15}$ ④ $\dfrac{16}{9}$

해설⊕

$T = \tau_A \cdot Z_{pA} = \tau_B \cdot Z_{pB}$ 에서

$\dfrac{\tau_A}{\tau_B} = \dfrac{Z_{pB}}{Z_{pA}} = \dfrac{\dfrac{I_p}{e}}{\dfrac{\pi d^3}{16}}$

$= \dfrac{\dfrac{\dfrac{\pi}{32}(d_2^4 - d_1^4)}{\dfrac{d_2}{2}}}{\dfrac{\pi d^3}{16}} = \dfrac{\dfrac{\dfrac{\pi}{32}\left(d^4 - \left(\dfrac{d}{2}\right)^4\right)}{\dfrac{d}{2}}}{\dfrac{\pi d^3}{16}}$

여기서, $d_2 = d$, $d_1 = \dfrac{d}{2}$ 적용

$= \dfrac{15}{16}$

13 높이가 L이고 저면의 지름이 D, 단위 체적당 중량 γ의 그림과 같은 원추형의 재료가 자중에 의해 변형될 때 저장된 변형에너지 값은?(단, 세로탄성계수는 E이다.)

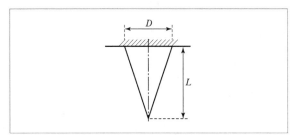

① $\dfrac{\pi \gamma D^2 L^3}{24E}$ ② $\dfrac{(\pi \gamma^2 \pi^2 D^3)^2}{72E}$

③ $\dfrac{\pi \gamma D L^2}{96E}$ ④ $\dfrac{\gamma^2 \pi D^2 L^3}{360E}$

해설⊕

$U = \int_0^L \dfrac{1}{2} \dfrac{\sigma_x{}^2}{E} \, dV$

여기서, $\sigma_x = \dfrac{1}{3}\gamma x$, $dV = A_x dx$, $r_x = \dfrac{\dfrac{d}{2}x}{L}$, $A_x = \pi r_x{}^2$를 넣고 적분하면

$U = \dfrac{\gamma^2 \pi D^2 L^3}{360E}$

14 공칭응력(Nominal Stress : σ_n)과 진응력(True Stress : σ_t) 사이의 관계식으로 옳은 것은?(단, ε_n은 공칭변형률(Nominal Strain), ε_t는 진변형률(True Strain)이다.)

① $\sigma_t = \sigma_n(1 + \varepsilon_t)$ ② $\sigma_t = \sigma_n(1 + \varepsilon_n)$

③ $\sigma_t = \ln(1 + \sigma_n)$ ④ $\sigma_t = \ln(\sigma_n + \varepsilon_n)$

해설⊕

• $\sigma = \dfrac{P}{A}$ 에서 A(처음 단면적으로 일정) : 공칭응력

• A(하중에 의해 변해가는 단면적으로 계산) : 진응력

• 시편의 처음길이 : l_1

• 하중을 받은 후 늘어난 길이 : l_2

공칭변형률 $\varepsilon_n = \dfrac{\lambda}{l_1}$ (여기서, $\lambda = l_2 - l_1$)

$\varepsilon_t = \int_{l_1}^{l_2} \dfrac{dl}{l} = [\ln l]_{l_1}^{l_2} = \ln l_2 - \ln l_1 = \ln\left(\dfrac{l_2}{l_1}\right)$

$= \ln\left(\dfrac{l_1 + \lambda}{l_1}\right) = \ln(1 + \varepsilon_n)$

$A_1 l_1 = A_2 l_2$(처음 체적=늘어난 후의 체적)

$\sigma_t = \dfrac{P}{A_2} = \dfrac{P l_2}{A_1 l_1}$

$= \sigma_n \cdot \dfrac{l_2}{l_1} = \sigma_n\left(\dfrac{l_1 + \lambda}{l_1}\right)$

$= \sigma_n(1 + \varepsilon_n)$

15 안지름이 2m이고 1,000kPa의 내압이 작용하는 원통형 압력 용기의 최대 사용응력이 200MPa이다. 용기의 두께는 약 몇 mm인가?(단, 안전계수는 2이다.)

① 5   ② 7.5

③ 10   ④ 12.5

해설⊕

후프 응력 $\sigma_h = \dfrac{Pd}{2t}$ 에서

$t = \dfrac{Pd}{2\sigma_h}$ (여기서, $\sigma_h = \dfrac{\sigma_w}{S} = \dfrac{200}{2} = 100$MPa)

$= \dfrac{1,000 \times 10^3 \times 2}{2 \times 100 \times 10^6} = 0.01\text{m} = 10\text{mm}$

16 원형단면의 단순보가 그림과 같이 등분포하중 $w = 10$N/m를 받고 허용응력이 800Pa일 때 단면의 지름은 최소 몇 mm가 되어야 하는가?

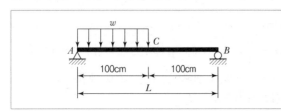

① 330   ② 430

③ 550   ④ 650

해설⊕

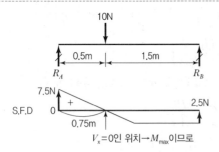

$R_A = \dfrac{10 \times 1.5}{2} = 7.5\text{N}$

$\therefore R_B = 10 - 7.5 = 2.5\text{N}$

x위치의 자유물체도를 그리면

$\sum F_y = 0 : 7.5 - wx + V_x = 0$ (여기서, $V_x = 0$)

$\therefore x = \dfrac{7.5}{w} = \dfrac{7.5}{10} = 0.75\text{m}$

$x = 0.75$m에서의 모멘트 값이 $M_{\max}$이므로

   (S.F.D의 0.75m까지의 면적)

$\therefore M_{\max} = \dfrac{1}{2} \times 7.5 \times 0.75 = 2.8125\text{N} \cdot \text{m}$

끝으로 $M = \sigma_b \cdot z = \sigma_b \cdot \dfrac{\pi d^3}{32}$ 에서

$d = \sqrt[3]{\dfrac{32M_{\max}}{\pi\sigma_b}} = \sqrt[3]{\dfrac{32 \times 2.8125}{\pi \times 800}}$

$= 0.3296\text{m} = 329.6\text{mm}$

17 $\sigma_x = 700$MPa, $\sigma_y = -300$MPa이 작용하는 평면응력 상태에서 최대 수직응력($\sigma_{\max}$)과 최대 전단응력($\tau_{\max}$)은 각각 몇 MPa인가?

① $\sigma_{\max} = 700$, $\tau_{\max} = 300$

② $\sigma_{\max} = 700$, $\tau_{\max} = 500$

③ $\sigma_{\max} = 600$, $\tau_{\max} = 400$

④ $\sigma_{\max} = 500$, $\tau_{\max} = 700$

해설⊕

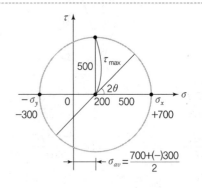

모어의 응력원에서

$R = 700 - 200 = 500 \text{MPa} = \tau_{\max}$

$\sigma_n)_{\max} = \sigma_x = 700\,\text{MPa}$

18 단면 지름이 3cm인 환봉이 25kN의 전단하중을 받아서 0.00075rad의 전단변형률을 발생시켰다. 이때 재료의 세로탄성계수는 약 몇 GPa인가?(단, 이 재료의 포아송비는 0.3이다.)

① 75.5
② 94.4
③ 122.6
④ 157.2

해설 ⊕

- 전단응력 $\tau = \dfrac{F}{A} = \dfrac{F}{\dfrac{\pi}{4}d^2} = \dfrac{4F}{\pi d^2} = \dfrac{4 \times 25 \times 10^3}{\pi \times 0.03^2}$

$\qquad = 35.37 \times 10^6 \text{Pa}$

- 전단변형률 $\gamma = 0.00075$

$\tau = G \cdot \gamma$ 에서

$G = \dfrac{\tau}{\gamma} = \dfrac{35.37 \times 10^6}{0.00075} = 4.716 \times 10^{10}\,\text{Pa}$

$\qquad = 47.16 \times 10^9 \text{Pa} = 47.16\,\text{GPa}$

- 세로탄성계수 $E = 2G(1+\mu)$

$\qquad = 2 \times 47.16 \times (1 + 0.3)$

$\qquad = 122.62\,\text{GPa}$

19 다음 부정정보에서 고정단의 모멘트 M_0는?

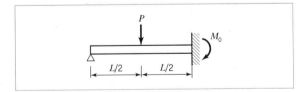

① $\dfrac{PL}{3}$
② $\dfrac{PL}{4}$
③ $\dfrac{PL}{6}$
④ $\dfrac{3PL}{16}$

해설 ⊕

처짐(각, 양)을 고려해 부정정 미지요소 해결 → 정정화

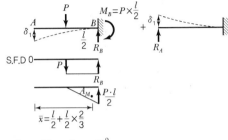

$A_M = \dfrac{1}{2} \times \dfrac{Pl}{2} \times \dfrac{l}{2} = \dfrac{Pl^2}{8}$

$\delta_1 = \dfrac{A_M}{EI} \cdot \bar{x} = \dfrac{Pl^2}{8EI} \times \dfrac{5}{6}l$

$\therefore \delta_1 = \dfrac{5Pl^3}{48EI}$

$\delta_2 = \dfrac{R_A \cdot l^3}{3EI}$, $\delta_1 = \delta_2$ 이므로

$\dfrac{5Pl^3}{48EI} = \dfrac{R_A \cdot l^3}{3EI}$

$\therefore R_A = \dfrac{5}{16}P, \quad R_B = \dfrac{11}{16}P$

부정정보 S.F.D

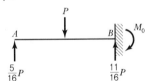

$\sum M_{B \text{지점}} = 0 : \dfrac{5}{16}Pl - P \times \dfrac{l}{2} + M_0 = 0$

$M_0 = P \times \dfrac{l}{2} - \dfrac{5}{16}Pl = \dfrac{3}{16}Pl$

20 그림과 같이 지름 d인 강철봉이 안지름 d, 바깥 지름 D인 동관에 끼워져서 두 강체 평판 사이에서 압축되고 있다. 강철봉 및 동관에 생기는 응력을 각각 σ_s, σ_c라고 하면 응력의 비(σ_s/σ_c)의 값은?(단, 강철(E_s) 및 동(E_c)의 탄성계수는 각각 $E_s = 200\text{GPa}$, $E_c = 120\text{GPa}$이다.)

2020

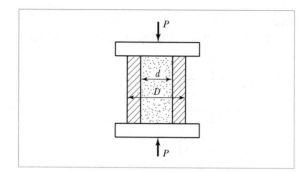

① $\dfrac{3}{5}$ ② $\dfrac{4}{5}$

③ $\dfrac{5}{4}$ ④ $\dfrac{5}{3}$

해설⊕

병렬조합의 응력해석에서

$$P = \sigma_1 A_1 + \sigma_2 A_2, \quad \lambda_1 = \lambda_2 = \frac{\sigma_1}{E_1} = \frac{\sigma_2}{E_2} \text{이므로}$$

조합하면 $\sigma_s = \dfrac{P E_s}{A_s E_s + A_c E_c}$

$$\sigma_c = \frac{P E_c}{A_s E_s + A_c E_c}$$

$$\therefore \frac{\sigma_s}{\sigma_c} = \frac{E_s}{E_c} = \frac{200}{120} = \frac{5}{3}$$

2과목 **기계열역학**

21 최고온도 1,300K와 최저온도 300K 사이에서 작동하는 공기표준 Brayton 사이클의 열효율(%)은?(단, 압력비는 9, 공기의 비열비는 1.4이다.)

① 30.4   ② 36.5

③ 42.1   ④ 46.6

해설⊕

$$\eta = 1 - \left(\frac{1}{\gamma}\right)^{\frac{k-1}{k}} = 1 - \left(\frac{1}{9}\right)^{\frac{0.4}{1.4}}$$

$$= 0.466 = 46.6\%$$

22 다음 중 경로함수(Path Function)는?

① 엔탈피   ② 엔트로피

③ 내부에너지   ④ 일

해설⊕

일과 열은 경로에 따라 그 값이 변하는 경로함수이다.

23 랭킨사이클에서 25℃, 0.01MPa 압력의 물 1kg을 5MPa 압력의 보일러로 공급한다. 이때 펌프가 가역 단열과정으로 작용한다고 가정할 경우 펌프가 한 일(kJ)은?(단, 물의 비체적은 0.001m³/kg이다.)

① 2.58   ② 4.99

③ 20.12   ④ 40.24

해설⊕

랭킨사이클은 개방계이므로

$$\cancel{q_{cv}}^{0} + h_i = h_e + w_{cv}$$

$$w_{cv} = w_P = h_i - h_e < 0 \text{(계가 일 받음}(-))$$

$$\therefore w_P = h_e - h_i > 0$$

여기서, $\cancel{\delta q}^{0} = dh - vdp \rightarrow dh = vdp$

$$\therefore w_P = h_e - h_i = \int_i^e vdp \text{(물의 비체적 } v = c)$$

$$= v(p_e - p_i) = 0.001 \times (5 - 0.01) \times 10^6$$

$$= 4,990 \text{J/kg} = 4.99 \text{kJ/kg}$$

펌프일 $W_P = m \cdot w_P = 1\text{kg} \times 4.99\text{kJ/kg} = 4.99\text{kJ}$

24 냉매로서 갖추어야 될 요구 조건으로 적합하지 않은 것은?

① 불활성이고 안정하며 비가연성이어야 한다.

② 비체적이 커야 한다.

③ 증발 온도에서 높은 잠열을 가져야 한다.

④ 열전도율이 커야 한다.

해설

냉매의 요구조건
- 냉매의 비체적이 작을 것
- 불활성이고 안정성이 있을 것
- 비가연성일 것
- 냉매의 증발잠열이 클 것
- 열전도율이 클 것

25 처음 압력이 500kPa이고, 체적이 2m³인 기체가 "PV = 일정"인 과정으로 압력이 100kPa까지 팽창할 때 밀폐계가 하는 일(kJ)을 나타내는 계산식으로 옳은 것은?

① $1,000\ln\dfrac{2}{5}$

② $1,000\ln\dfrac{5}{2}$

③ $1,000\ln 5$

④ $1,000\ln\dfrac{1}{5}$

해설

$PV = C$이면 등온과정이므로 $\delta W = PdV$(밀폐계의 일)

$$_1W_2 = \int_1^2 PdV\left(\leftarrow P = \frac{C}{V}\right) = \int_1^2 \frac{C}{V}dV$$

$$= C\int_1^2 \frac{1}{V}dV = C\ln\frac{V_2}{V_1}$$

$$\therefore \ _1W_2 = P_1V_1\ln\frac{V_2}{V_1} \ (여기서, \ C = P_1V_1 = P_2V_2)$$

$$= P_1V_1\ln\frac{P_1}{P_2}$$

$$= 500 \times 2 \times \ln\left(\frac{500}{100}\right)$$

$$= 1,000\ln 5$$

26 밀폐계에서 기체의 압력이 100kPa로 일정하게 유지되면서 체적이 1m³에서 2m³로 증가되었을 때 옳은 설명은?

① 밀폐계의 에너지 변화는 없다.

② 외부로 행한 일은 100kJ이다.

③ 기체가 이상기체라면 온도가 일정하다.

④ 기체가 받은 열은 100kJ이다.

해설

밀폐계의 일 → 절대일 $\delta W = PdV$

$$_1W_2 = \int_1^2 PdV(정압과정이므로)$$

$$= P\int_1^2 dV = P(V_2 - V_1)$$

$$= 100 \times (2 - 1) = 100\text{kJ}$$

27 랭킨사이클의 각 점에서의 엔탈피가 아래와 같을 때 사이클의 이론 열효율(%)은?

- 보일러 입구 : 58.6kJ/kg
- 보일러 출구 : 810.3kJ/kg
- 응축기 입구 : 614.2kJ/kg
- 응축기 출구 : 57.4kJ/kg

① 32

② 30

③ 28

④ 26

해설

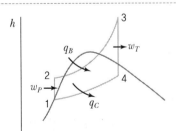

$h - s$ 선도에서

$h_1 = 57.4, \quad h_2 = 58.6, \quad h_3 = 810.3, \quad h_4 = 614.2$

$$\eta_R = \frac{w_{net}}{q_B} = \frac{w_T - w_P}{q_B}$$

$$= \frac{(h_3 - h_4) - (h_2 - h_1)}{h_3 - h_2}$$

$$= \frac{(810.3 - 614.2) - (58.6 - 57.4)}{810.3 - 58.6}$$

$$= 0.2593$$

$$= 25.93\%$$

28 고온 열원의 온도가 700℃이고, 저온 열원의 온도가 50℃인 카르노 열기관의 열효율(%)은?

① 33.4

② 50.1

③ 66.8

④ 78.9

해설⊕

카르노 사이클의 효율은 온도만의 함수이므로

$$\eta = \frac{T_H - T_L}{T_H} = 1 - \frac{T_L}{T_H}$$

$$= 1 - \frac{(50 + 273)}{(700 + 273)} = 0.668 = 66.8\%$$

29 이상적인 가역과정에서 열량 $\triangle Q$가 전달될 때, 온도 T가 일정하면 엔트로피 변화 $\triangle S$를 구하는 계산식으로 옳은 것은?

① $\triangle S = 1 - \dfrac{\triangle Q}{T}$

② $\triangle S = 1 - \dfrac{T}{\triangle Q}$

③ $\triangle S = \dfrac{\triangle Q}{T}$

④ $\triangle S = \dfrac{T}{\triangle Q}$

해설⊕

$dS = \dfrac{\delta Q}{T}$ 에서 T가 일정하면(등온과정이므로)

$$S_2 - S_1 = \triangle S = \frac{1}{T} \int_1^2 \delta Q = \frac{Q_2}{T} = \frac{\triangle Q}{T}$$

30 엔트로피(s) 변화 등과 같은 직접 측정할 수 없는 양들을 압력(P), 비체적(v), 온도(T)와 같은 측정 가능한 상태량으로 나타내는 Maxwell 관계식과 관련하여 다음 중 틀린 것은?

① $(\dfrac{\partial T}{\partial P})_s = (\dfrac{\partial v}{\partial s})_P$

② $(\dfrac{\partial T}{\partial v})_s = -(\dfrac{\partial P}{\partial s})_v$

③ $(\dfrac{\partial v}{\partial T})_P = -(\dfrac{\partial s}{\partial P})_T$

④ $(\dfrac{\partial P}{\partial v})_T = (\dfrac{\partial s}{\partial T})_v$

해설⊕

Maxwell 관계식

- $\left(\dfrac{\partial T}{\partial P}\right)_s = \left(\dfrac{\partial v}{\partial s}\right)_P$

- $\left(\dfrac{\partial T}{\partial v}\right)_s = -\left(\dfrac{\partial P}{\partial s}\right)_v$

- $\left(\dfrac{\partial s}{\partial P}\right)_T = -\left(\dfrac{\partial v}{\partial T}\right)_P$

- $\left(\dfrac{\partial s}{\partial v}\right)_T = \left(\dfrac{\partial P}{\partial T}\right)_v$

31 풍선에 공기 2kg이 들어 있다. 일정 압력 500kPa 하에서 가열 팽창하여 체적이 1.2배가 되었다. 공기의 초기온도가 20℃일 때 최종온도(℃)는 얼마인가?

① 32.4

② 53.7

③ 78.6

④ 92.3

해설⊕

정압과정 $p = c$이므로 $\dfrac{V}{T} = c$에서 $\dfrac{V_1}{T_1} = \dfrac{V_2}{T_2}$

$$\therefore \quad T_2 = T_1 \left(\frac{V_2}{V_1}\right)$$

$$= (20 + 273) \times 1.2 = 351.6\text{K}$$

$$T_2 = 351.6 - 273 = 78.6℃$$

32 비가역 단열변화에 있어서 엔트로피 변화량은 어떻게 되는가?

① 증가한다.

② 감소한다.

③ 변화량은 없다.

④ 증가할 수도 감소할 수도 있다.

해설 ○ ----

비가역과정에서 엔트로피는 항상 증가한다($ds > 0$).

33 자동차 엔진을 수리한 후 실린더 블록과 헤드 사이에 수리 전과 비교하여 더 두꺼운 개스킷을 넣었다면 압축비와 열효율은 어떻게 되겠는가?

① 압축비는 감소하고, 열효율도 감소한다.

② 압축비는 감소하고, 열효율은 증가한다.

③ 압축비는 증가하고, 열효율은 감소한다.

④ 압축비는 증가하고, 열효율도 증가한다.

해설 ○ ----

실린더 헤드 개스킷(Cylinder Head Gasket)이 두꺼워지면 연소실 체적(V_c)이 커져 압축비가 작아진다. 따라서 엔진의 열효율도 감소한다.

34 어떤 가스의 비내부에너지 u(kJ/kg), 온도 t(℃), 압력 P(kPa), 비체적 v(m³/kg) 사이에는 아래의 관계식이 성립한다면, 이 가스의 정압비열(kJ/kg · ℃)은 얼마인가?

- $u = 0.28t + 532$
- $Pv = 0.560(t + 380)$

① 0.84　　　　　② 0.68

③ 0.50　　　　　④ 0.28

해설 ○ ----

단위질량당 엔탈피인 비엔탈피는

$h = u + Pv$

　$= 0.28t + 532 + 0.56t + 0.56 \times 380$

　$= 0.84t + 744.8$(온도만의 함수)

$\dfrac{dh}{dt} = C_P$이므로 위의 식을 t로 미분하면 $C_P = 0.84$

35 그림과 같이 A, B 두 종류의 기체가 한 용기 안에서 박막으로 분리되어 있다. A의 체적은 0.1m³, 질량은 2kg이고, B의 체적은 0.4m³, 밀도는 1kg/m³이다. 박막이 파열되고 난 후에 평형에 도달하였을 때 기체 혼합물의 밀도(kg/m³)는 얼마인가?

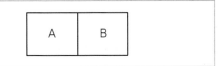

① 4.8　　　　　② 6.0

③ 7.2　　　　　④ 8.4

해설 ○ ----

$m_t = m_1 + m_2 (\rho = \dfrac{m}{V}$에서)

　여기서, m_t : 기체혼합물 총질량

$\rho_m V_t = \rho_1 V_1 + \rho_2 V_2$

혼합물의 밀도 $\rho_m = \dfrac{\rho_1 V_1 + \rho_2 V_2}{V_t}$

　　　　$= \dfrac{\dfrac{2}{0.1} \times 0.1 + 1 \times 0.4}{0.5}$

　　　　$= 4.8$

36 어떤 이상기체 1kg이 압력 100kPa, 온도 30℃의 상태에서 체적 0.8m³를 점유한다면 기체상수(kJ/kg · K)는 얼마인가?

① 0.251　　　　　② 0.264

③ 0.275　　　　　④ 0.293

해설 ○ ----

$PV = mRT$에서

$R = \dfrac{P \cdot V}{mT}$

　$= \dfrac{100 \times 0.8}{1 \times (30 + 273)}$

　$= 0.264$

정답　　**33** ①　**34** ①　**35** ①　**36** ②

2020

37 내부 에너지가 30kJ인 물체에 열을 가하여 내부 에너지가 50kJ이 되는 동안에 외부에 대하여 10kJ의 일을 하였다. 이 물체에 가해진 열량(kJ)은?

① 10
② 20
③ 30
④ 60

해설⊕
일부호는 (+)
$\delta Q - \delta W = dU \rightarrow \delta Q = dU + \delta W$
$\therefore\ _1Q_2 = U_2 - U_1 + {}_1W_2$
$= (50 - 30) + 10$
$= 30\text{kJ}$

38 원형 실린더를 마찰 없는 피스톤이 덮고 있다. 피스톤에 비선형 스프링이 연결되고 실린더 내의 기체가 팽창하면서 스프링이 압축된다. 스프링의 압축 길이가 Xm일 때 피스톤에는 $kX^{1.5}$N의 힘이 걸린다. 스프링의 압축 길이가 0m에서 0.1m로 변하는 동안에 피스톤이 하는 일이 Wa이고, 0.1m에서 0.2m로 변하는 동안에 하는 일이 Wb라면 $Wa\ /\ Wb$는 얼마인가?

① 0.083
② 0.158
③ 0.214
④ 0.333

해설⊕
압축길이 X에서 피스톤에 걸리는 힘 $kX^{1.5}$(N)
Wa, Wb를 적분해서 구하면
$$\frac{Wa}{Wb} = \frac{0.1^{2.5}}{0.2^{2.5} - 0.1^{2.5}} = 0.2147$$

39 성능계수가 3.2인 냉동기가 시간당 20MJ의 열을 흡수한다면 이 냉동기의 소비동력(kW)은?

① 2.25
② 1.74
③ 2.85
④ 1.45

해설⊕
시간당 증발기가 흡수한 열량 $\dot{Q}_L = 20 \times 10^6\text{J/h}$

$\varepsilon_R = \dfrac{\dot{Q}_L}{\dot{W}_C}$ 에서

$$\dot{W}_C = \frac{\dot{Q}_L}{\varepsilon_R} = \frac{20 \times 10^3 \dfrac{\text{kJ}}{\text{h}} \times \dfrac{1\text{h}}{3{,}600\text{s}}}{3.2} = 1.74\text{kW}$$

40 이상적인 디젤 기관의 압축비가 16일 때 압축 전의 공기 온도가 90℃라면 압축 후의 공기 온도(℃)는 얼마인가?(단, 공기의 비열비는 1.4이다.)

① 1,101.9
② 718.7
③ 808.2
④ 827.4

해설⊕
단열과정의 온도, 압력, 체적 간의 관계식에서
$$\frac{T_2}{T_1} = \left(\frac{V_1}{V_2}\right)^{k-1}$$
$V_1 = V_t,\ V_2 = V_c$ 이므로
$$\frac{T_2}{T_1} = \left(\frac{V_t}{V_c}\right)^{k-1} = (\varepsilon)^{k-1}\left(\because\ \frac{V_t}{V_c} = \varepsilon(\text{압축비})\right)$$
$\therefore\ T_2 = T_1(\varepsilon)^{k-1}$
$= (90 + 273) \times (16)^{1.4-1} = 1{,}100.41\text{K}$
$T_2 = 1{,}100.41 - 273 = 827.41℃$

3과목 기계유체역학

41 액체 제트가 깃(Vane)에 수평방향으로 분사되어 θ만큼 방향을 바꾸어 진행할 때 깃을 고정시키는 데 필요한 힘의 합력의 크기를 $F(\theta)$라고 한다. $\dfrac{F(\pi)}{F\left(\dfrac{\pi}{2}\right)}$는 얼마인가?(단, 중력과 마찰은 무시한다.)

① $\dfrac{1}{\sqrt{2}}$ ② 1

③ $\sqrt{2}$ ④ 2

해설 ⊕

• 고정날개에 분류가 충돌하여 $90°\left(\dfrac{\pi}{2}\right)$로 방향을 바꿀 때

$$F\left(\dfrac{\pi}{2}\right) = \sqrt{f_x{}^2 + f_y{}^2} = \sqrt{(\rho A V^2)^2 + (\rho A V^2)^2}$$
$$= \sqrt{2}\,\rho A V^2$$

여기서, $f_x = \rho A V^2(1 - \cos\theta) = \rho A V^2(1 - \cos 90°) = \rho A V^2$
$f_y = \rho A V^2(\sin\theta) = \rho A V^2(\sin 90°) = \rho A V^2$

• $180°(\pi)$ 곡관으로 방향을 바꿀 때(2015년 9월 19일 54번 참조)
$$F(\pi) = f_x = 2\rho A V^2$$

• $\dfrac{F(\pi)}{F\left(\dfrac{\pi}{2}\right)} = \dfrac{2\rho A V^2}{\sqrt{2}\,\rho A V^2} = \sqrt{2}$

42 피토정압관을 이용하여 흐르는 물의 속도를 측정하려고 한다. 액주계에는 비중 13.6인 수은이 들어 있고 액주계에서 수은의 높이 차이가 20cm일 때 흐르는 물의 속도는 몇 m/s인가?(단, 피토정압관의 보정계수 $C = 0.96$이다.)

① 6.75 ② 6.87
③ 7.54 ④ 7.84

해설 ⊕

$$V = \sqrt{2g\Delta h\left(\dfrac{s_0}{s} - 1\right)} = \sqrt{2 \times 9.8 \times 0.2 \times \left(\dfrac{13.6}{1} - 1\right)}$$
$$= 7.03\,\text{m/s}$$
흐르는 물의 속도 $= CV = 0.96 \times 7.03 = 6.75\,\text{m/s}$

43 표준공기 중에서 속도 V로 낙하하는 구형의 작은 빗방울이 받는 항력은 $F_D = 3\pi\mu VD$로 표시할 수 있다. 여기에서 μ는 공기의 점성계수이며, D는 빗방울의 지름이다. 정지상태에서 빗방울 입자가 떨어지기 시작했다고 가정할 때, 이 빗방울의 최대속도(종속도, Terminal Velocity)는 지름 D의 몇 제곱에 비례하는가?

① 3 ② 2
③ 1 ④ 0.5

해설 ⊕

종속도(Terminal Velocity)는 가속도가 없어 중력과 항력이 평형을 이룰 때의 속도
$D = W$에서 $3\pi\mu Vd = mg$

$$\therefore \ V = \dfrac{mg}{3\pi\mu d} = \dfrac{\rho \dfrac{4}{3}\pi\left(\dfrac{d}{2}\right)^3 g}{3\pi\mu d} \ \to \ \text{지름 } d^2\text{에 비례한다.}$$

44 지름이 10cm인 원 관에서 유체가 층류로 흐를 수 있는 임계 레이놀즈수를 2,100으로 할 때 층류로 흐를 수 있는 최대 평균속도는 몇 m/s인가?(단, 흐르는 유체의 동점성계수는 $1.8 \times 10^{-6}\text{m}^2/\text{s}$이다.)

① 1.89×10^{-3} ② 3.78×10^{-2}
③ 1.89 ④ 3.78

해설 ⊕

$$Re = \dfrac{\rho \cdot V \cdot d}{\mu} = \dfrac{V \cdot d}{\nu}$$
$$V = \dfrac{Re \cdot \nu}{d} = \dfrac{2{,}100 \times 1.8 \times 10^{-6}}{0.1} = 0.0378\,\text{m/s}$$

2020

정답 41 ③ 42 ① 43 ② 44 ②

45 그림에서 입구 A에서 공기의 압력은 3×10^5Pa, 온도 20℃, 속도 5m/s이다. 그리고 출구 B에서 공기의 압력은 2×10^5Pa, 온도 20℃이면 출구 B에서의 속도는 몇 m/s인가?(단, 압력 값은 모두 절대압력이며, 공기는 이상기체로 가정한다.)

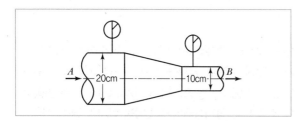

① 10
② 25
③ 30
④ 36

해설 ✚

$\rho_1 A_1 V_1 = \rho_2 A_2 V_2$

($\dot{m}_i = \dot{m}_e$: 압축성 유체에서 질량유량 일정)

여기서, $Pv=RT$, $\dfrac{P}{\rho}=RT$, $\rho=\dfrac{P}{RT}$를 적용

$\dfrac{P_1}{R_1 T_1}A_1 V_1 = \dfrac{P_2}{R_2 T_2}A_2 V_2$ (여기서, $R_1=R_2$, $T_1=T_2$)

$$V_2 = \frac{P_1 A_1 V_1}{A_2 P_2} = \frac{3\times10^5\times\frac{\pi}{4}\times0.2^2\times5}{\frac{\pi}{4}\times0.1^2\times2\times10^5}$$

$$=30\mathrm{m/s}$$

46 관내의 부차적 손실에 관한 설명 중 틀린 것은?

① 부차적 손실에 의한 수두는 손실계수에 속도수두를 곱해서 계산한다.

② 부차적 손실은 배관 요소에서 발생한다.

③ 배관의 크기 변화가 심하면 배관 요소의 부차적 손실이 커진다.

④ 일반적으로 짧은 배관계에서 부차적 손실은 마찰손실에 비해 상대적으로 작다.

해설 ✚

부차적 손실

$$h_l = K \cdot \frac{V^2}{2g}$$

여기서, K : 부차적 손실계수

부차적 손실은 돌연확대·축소관, 엘보, 밸브 및 관에 부착된 부품들에 의한 손실로 짧은 배관에서도 고려해야 되는 손실이다.

47 공기 중을 20m/s로 움직이는 소형 비행선의 항력을 구하려고 $\dfrac{1}{4}$ 축척의 모형을 물속에서 실험하려고 할 때 모형의 속도는 몇 m/s로 해야 하는가?

구분	물	공기
밀도(kg/m³)	1,000	1
점성계수(N·s/m²)	1.8×10^{-3}	1×10^{-5}

① 4.9
② 9.8
③ 14.4
④ 20

해설 ✚

원관 및 잠수함 유동(물속 유동)에서 역학적 상사를 하기 위해서는 모형과 실형의 레이놀즈수가 같아야 한다.

$$\left.\frac{\rho\cdot Vd}{\mu}\right)_m = \left.\frac{\rho\cdot Vd}{\mu}\right)_p \quad (\mu_m=\mu_P,\ \rho_m=\rho_P\text{이므로})$$

$$V_m = \frac{\rho_p}{\rho_m}\frac{d_p}{d_m}\frac{\mu_p}{\mu_m}V_p$$

$$= \frac{1}{1,000}\times4\times\frac{1.8\times10^{-3}}{1\times10^{-5}}\times20$$

$$= 14.4\mathrm{m/s}$$

48 점성·비압축성 유체가 수평방향으로 균일 속도로 흘러와서 두께가 얇은 수평 평판 위를 흘러갈 때 Blasius의 해석에 따라 평판에서의 층류 경계층의 두께에 대한 설명으로 옳은 것을 모두 고르면?

ㄱ. 상류의 유속이 클수록 경계층의 두께가 커진다.

ㄴ. 유체의 동점성계수가 클수록 경계층의 두께가 커진다.

ㄷ. 평판의 상단으로부터 멀어질수록 경계층의 두께가 커진다.

① ㄱ, ㄴ
② ㄱ, ㄷ
③ ㄴ, ㄷ
④ ㄱ, ㄴ, ㄷ

해설◐

$$\frac{\delta}{x} = \frac{5.48}{\sqrt{Re_x}} = \frac{5.48}{\sqrt{\dfrac{\rho V x}{\mu}}} = \frac{5.48}{\sqrt{\dfrac{V x}{\nu}}}$$

$$\therefore \ \delta = \frac{5.48}{\sqrt{\dfrac{V}{\nu}}}\sqrt{x}$$

상류의 유속이 클수록 경계층 두께는 작아진다.
동점성계수가 클수록, 평판 상단으로부터의 거리 x가 클수록 경계층은 두꺼워진다.

49 정상 2차원 포텐셜 유동의 속도장이 $u = -6y$, $v = -4x$일 때, 이 유동의 유동함수가 될 수 있는 것은? (단, C는 상수이다.)

① $-2x^2 - 3y^2 + C$
② $2x^2 - 3y^2 + C$
③ $-2x^2 + 3y^2 + C$
④ $2x^2 + 3y^2 + C$

해설◐

유동함수 ψ에서 $u = \dfrac{\partial \psi}{\partial y}$, $v = -\dfrac{\partial \psi}{\partial x}$ 이므로

$$u = \frac{\partial \psi}{\partial y} = \frac{\partial(2x^2 - 3y^2 + C)}{\partial y} = -6y$$

$$v = -\frac{\partial \psi}{\partial x} = -\frac{\partial(2x^2 - 3y^2 + C)}{\partial x} = -4x$$

50 다음 U자관 압력계에서 A와 B의 압력차는 몇 kPa인가?(단, $H_1 = 250\text{mm}$, $H_2 = 200\text{mm}$, $H_3 = 600\text{mm}$이고 수은의 비중은 13.6이다.)

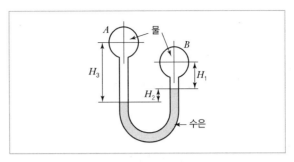

① 3.50
② 23.2
③ 35.0
④ 232

해설◐

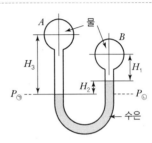

등압면이므로 $P_{\bigcirc} = P_{\bigcirc}$

$P_{\bigcirc} = P_A + \gamma_{물} \times H_3$

$P_{\bigcirc} = P_B + \gamma_{물} \times H_1 + \gamma_{수은} \times H_2$

$P_A + \gamma_{물} \times H_3 = P_B + \gamma_{물} \times H_1 + \gamma_{수은} \times H_2$

$\therefore \ P_A - P_B = \gamma_{물} \times H_1 + \gamma_{수은} \times H_2 - \gamma_{물} \times H_3$

$\quad = \gamma_{물} \times H_1 + S_{수은}\gamma_{물} \times H_2 - \gamma_{물} \times H_3$

$\quad = 9,800 \times 0.25 + 13.6 \times 9,800 \times 0.2$

$\qquad - 9,800 \times 0.6$

$\quad = 23,226\text{Pa} = 23.2\text{kPa}$

51 지름이 8mm인 물방울의 내부 압력(게이지 압력)은 몇 Pa인가?(단, 물의 표면 장력은 0.075N/m이다.)

① 0.037
② 0.075
③ 37.5
④ 75

2020

해설⊕

$\sigma \pi d - P_i \times \dfrac{\pi d^2}{4} = 0$에서

$$\therefore \ P_i = \frac{4\sigma}{d} = \frac{4 \times 0.075}{0.008} = 37.5 \, \text{Pa}$$

52 효율 80%인 펌프를 이용하여 저수지에서 유량 $0.05 \text{m}^3/\text{s}$로 물을 5m 위에 있는 논으로 올리기 위하여 효율 95%의 전기모터를 사용한다. 전기모터의 최소동력은 몇 kW인가?

① 2.45   ② 2.91

③ 3.06   ④ 3.22

해설⊕

$H_{th} = \gamma H Q$

$\qquad = 9,800 \times 5 \times 0.05 = 2,450 \, \text{W}$

$\eta_p = \dfrac{\text{이론동력}}{\text{축동력(실제동력)}}$에서

$H_s = \dfrac{H_{th}}{\eta_p} = \dfrac{2,450}{0.8} = 3,062.5 \, \text{W}$

$\eta_e = \dfrac{3,062.5 \, \text{W}}{\text{전기모터실제동력}}$

→ 전기모터 최소동력 $= \dfrac{3,062.5 \, \text{W}}{\eta_e} = \dfrac{3,062.5}{0.95}$

$\qquad\qquad\qquad = 3,223.68 \, \text{W} = 3.22 \, \text{kW}$

53 물($\mu = 1.519 \times 10^{-3} \text{kg/m} \cdot \text{s}$)이 직경 0.3cm, 길이 9m인 수평 파이프 내부를 평균속도 0.9m/s로 흐를 때, 어떤 유동이 되는가?

① 난류유동   ② 층류유동

③ 등류유동   ④ 천이유동

해설⊕

$$Re = \frac{\rho \cdot V \cdot d}{\mu} = \frac{1,000 \times 0.9 \times 0.003}{1.519 \times 10^{-3}} = 1,777.49$$

$Re < 2,100$이므로 층류유동

54 점성계수 $\mu = 0.98 \text{N} \cdot \text{s/m}^2$인 뉴턴 유체가 수평 벽면 위를 평행하게 흐른다. 벽면($y = 0$) 근방에서의 속도 분포가 $u = 0.5 - 150(0.1 - y)^2$이라고 할 때 벽면에서의 전단응력은 몇 Pa인가?(단, y[m]는 벽면에 수직한 방향의 좌표를 나타내며, u는 벽면 근방에서의 접선속도[m/s]이다.)

① 0   ② 0.306

③ 3.12   ④ 29.4

해설⊕

뉴턴의 점성법칙

$\tau = \mu \cdot \dfrac{du}{dy}$

$\quad = \mu \times 2 \times (-150)(0.1 - y)(-1)$

$\quad = \mu \times (300) \times (0.1 - y)$

여기서, 벽면에서 $y = 0$이므로

$\therefore \ \tau = \mu \times 30 = 0.98 \times 30 = 29.4 \, \text{Pa}$

55 계기압 10kPa의 공기로 채워진 탱크에서 지름 0.02m인 수평관을 통해 출구 지름 0.01m인 노즐로 대기(101kPa) 중으로 분사된다. 공기 밀도가 1.2kg/m^3로 일정할 때, 0.02m인 관 내부 계기압력은 약 몇 kPa인가?(단, 위치에너지는 무시한다.)

① 9.4   ② 9.0

③ 8.6   ④ 8.2

해설⊕

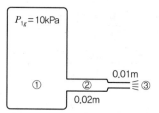

• ①과 ③에 베르누이 방정식을 적용하면

$$\frac{p_1}{\gamma} + \frac{V_1^{\,2}}{2g} + z_1 = \frac{p_3}{\gamma} + \frac{V_3^{\,2}}{2g} + z_3$$

여기서, $\dfrac{V_1{}^2}{2g}=0,\ z_1=z_3,\ p_3=p_0(\text{대기압}),\ p_1=p_3+p_{1g}$

$\therefore\ p_1-p_3=p_{1g}(\text{①에서 계기압})$

$$V_3=\sqrt{2\times g\times\left(\dfrac{p_{1g}}{\gamma}\right)}=\sqrt{2\times\left(\dfrac{p_{1g}}{\rho}\right)}$$

$$=\sqrt{2\times\left(\dfrac{10\times10^3}{1.2}\right)}=129.1\,\text{m/s}$$

- ②와 ③에 베르누이 방정식을 적용하면

$$\dfrac{p_2}{\gamma}+\dfrac{V_2{}^2}{2g}=\dfrac{p_3}{\gamma}+\dfrac{V_3{}^2}{2g}\ (\text{위치에너지 동일})$$

$$\dfrac{p_2}{\gamma}-\dfrac{p_3}{\gamma}=\dfrac{V_3{}^2}{2g}-\dfrac{V_2{}^2}{2g}$$

여기서, $p_2-p_3=p_{2g}(\text{②에서 계기압})$

$$\dfrac{p_{2g}}{\gamma}=\dfrac{V_3{}^2}{2g}-\dfrac{V_2{}^2}{2g}$$

여기서, 유량 $Q=A_2V_2=A_3V_3,$

$$\dfrac{\pi\times0.02^2}{4}\times V_2=\dfrac{\pi\times0.01^2}{4}\times V_3$$

$$V_2=0.25\,V_3$$

$$\therefore\ p_{2g}=\dfrac{\rho}{2}\left(V_3{}^2-V_2{}^2\right)=\dfrac{\rho}{2}\left(V_3{}^2-(0.25\,V_3)^2\right)$$

$$=\dfrac{\rho\,V_3{}^2}{2}(1-0.25^2)$$

$$=\dfrac{1.2\times129.1^2}{2}(1-0.25^2)$$

$$=9,375.08\,\text{Pa}=9.4\,\text{kPa}$$

56 그림과 같은 수문(ABC)에서 A점은 힌지로 연결되어 있다. 수문을 그림과 같은 닫은 상태로 유지하기 위해 필요한 힘 F는 몇 kN인가?

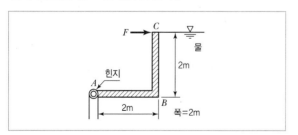

① 78.4 　　　　② 58.8
③ 52.3 　　　　④ 39.2

해설 ⊕

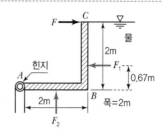

㉠ 전압력 $F_1=\gamma_w\overline{h}A=9,800\,\dfrac{\text{N}}{\text{m}^3}\times1\text{m}\times4\text{m}^2$

$$=39,200\text{N}$$

- 전압력(F_1)이 작용하는 위치
  자유표면으로부터 전압력 중심까지의 거리

$$y_c=\overline{h}+\dfrac{I_X}{A\overline{h}}=1\text{m}+\dfrac{\frac{2\times2^3}{12}}{4\times1}=1.33\text{m}$$

㉡ 전압력 $F_2=\gamma_w\overline{h}A=9,800\,\dfrac{\text{N}}{\text{m}^3}\times2\text{m}\times4\text{m}^2$

$$=78,400\text{N}$$

㉢ $\sum M_{\text{힌지}}=0:F\times2-F_1\times(2-y_c)-F_2\times1=0$에서

$$F=\dfrac{F_1\times(2-y_c)+F_2\times1}{2}$$

$$=\dfrac{39,200\times(2-1.33)+78,400\times1}{2}$$

$$=52,332\text{N}=52.33\text{kN}$$

2020

57 2차원 직각좌표계($x,\ y$)에서 속도장이 다음과 같은 유동이 있다. 유동장 내의 점 ($L,\ L$)에서 유속의 크기는?(단, $\vec{i},\ \vec{j}$는 각각 $x,\ y$방향의 단위벡터를 나타낸다.)

$$\vec{V}(x,\ y)=\dfrac{U}{L}(-x\vec{i}+y\vec{j})$$

① 0 　　　　② U
③ $2U$ 　　　　④ $\sqrt{2}\,U$

해설⊕

$$\vec{V}(L, L) = \frac{U}{L}(-L_i + L_j) \rightarrow \frac{U}{L}\sqrt{2} \cdot L = \sqrt{2}\,U$$

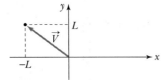

(그림에서 $|\vec{V}| = \sqrt{(-L)^2 + L^2} = \sqrt{2} \cdot L$이므로)

58 온도증가에 따른 일반적인 점성계수 변화에 대한 설명으로 옳은 것은?

① 액체와 기체 모두 증가한다.
② 액체와 기체 모두 감소한다.
③ 액체는 증가하고 기체는 감소한다.
④ 액체는 감소하고 기체는 증가한다.

해설⊕

액체는 온도가 증가하면 분자들 사이의 응집력이 감소되어 점성이 감소하고, 기체는 온도가 증가하면 분자의 운동에너지가 증가하여 점성이 커진다.

59 그림과 같이 지름 D와 깊이 H의 원통 용기 내에 액체가 가득 차 있다. 수평방향으로의 등가속도(가속도 $= a$) 운동을 하여 내부의 물의 35%가 흘러 넘쳤다면 가속도 a와 중력가속도 g의 관계로 옳은 것은?(단, $D = 1.2H$이다.)

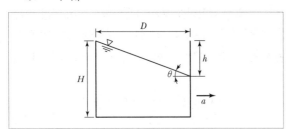

① $a = 0.58$g   ② $a = 0.85$g
③ $a = 1.35$g   ④ $a = 1.42$g

해설⊕

• 그림의 원통용기 면적 : $1.2H^2 \rightarrow$ 35%가 흘러 넘친 위의 삼각형 면적($\frac{1}{2} \times 1.2H \times h$)과 같아야 되므로

$$0.35 \times 1.2H^2 = \frac{1}{2} \times 1.2H \times h$$

$$\therefore h = 0.7H$$

• 등가속도 a_x로 가속할 때 용기 안의 액체(자유표면) 기울기

$$\tan\theta = \frac{a_x}{g} = \frac{0.7H}{1.2H} = 0.58$$

$$\therefore a_x = 0.58g$$

60 세 변의 길이가 $a, 2a, 3a$인 작은 직육면체가 점도 μ인 유체 속에서 매우 느린 속도 V로 움직일 때, 항력 F는 $F = F(a, \mu, V)$로 가정할 수 있다. 차원해석을 통하여 얻을 수 있는 F에 대한 표현식으로 옳은 것은?

① $\dfrac{F}{\mu Va} = $ 상수   ② $\dfrac{F}{\mu V^2 a} = $ 상수

③ $\dfrac{F}{\mu^2 V} = f\left(\dfrac{V}{a}\right)$ ④ $\dfrac{F}{\mu Va} = f\left(\dfrac{a}{\mu V}\right)$

해설⊕

모든 차원의 지수합은 "0"이다.

• F : $kg \cdot m/s^2 \rightarrow MLT^{-2}$
• $(a)^x$: $m \rightarrow (L)^x$
• $(\mu)^y$: $kg \cdot m/s^2 \rightarrow (ML^{-1}T^{-1})^y$
• $(V)^z$: $m/s \rightarrow (LT^{-1})^z$
• M차원 : $1 + y = 0 \rightarrow y = -1$
• L차원 : $1 + x - y + z = 0 \rightarrow y = -1$대입 $\therefore x + z = -2$
• T차원 : $-2 - y - z = 0 \rightarrow y = -1$대입 $\therefore z = -1$
$\therefore x = -1$
무차원수 $\pi = F \cdot a^{-1} \cdot \mu^{-1} \cdot V^{-1}$
$$= \frac{F}{a \cdot \mu \cdot V}$$

정답 58 ④ 59 ① 60 ①

4과목 **기계재료 및 유압기기**

61 베어링에 사용되는 구리합금인 켈밋의 주성분은?

① Cu−Sn
② Cu−Pb
③ Cu−Al
④ Cu−Ni

해설⊕
켈밋 합금(Kelmet Alloy)
Cu+Pb(30~40%) 합금으로써 고속·고하중의 베어링용으로 자동차, 항공기 등에 널리 사용된다.

62 다음 중 용융점이 가장 낮은 것은?

① Al
② Sn
③ Ni
④ Mo

해설⊕
금속의 용융점
Sn(232℃)<Al(659℃)<Ni(1,452℃)<Mo(2,450℃)

63 열경화성 수지에 해당하는 것은?

① ABS 수지
② 폴리스티렌
③ 폴리에틸렌
④ 에폭시 수지

64 체심입방격자(BCC)의 인접 원자수(배위수)는 몇 개인가?

① 6개
② 8개
③ 10개
④ 12개

해설⊕
체심입방격자(BCC)의 격자구조

65 표면은 단단하고 내부는 인성을 가지는 주철로 압연용 롤, 분쇄기 롤, 철도차량 등 내마멸성이 필요한 기계부품에 사용되는 것은?

① 회주철
② 칠드주철
③ 구상흑연주철
④ 펄라이트주철

해설⊕
칠드주철(Chilled Casting : 냉경주물)
• 사형의 단단한 조직이 필요한 부분에 금형을 설치하여 주물을 제작하면, 금형이 설치된 부분이 급랭되어 표면은 단단하고, 내부는 연하며 강인한 성질을 갖는 칠드주철을 얻을 수 있다.
• 표면은 백주철, 내부는 회주철로 만든 것으로 압연용 롤러, 차륜 등과 같은 것에 사용된다.

66 금속 재료의 파괴 형태를 설명한 것 중 다른 하나는?

① 외부 힘에 의해 국부수축 없이 갑자기 발생되는 단계로 취성 파단이 나타난다.
② 균열의 전파 전 또는 전파 중에 상당한 소성변형을 유발한다.
③ 인장시험 시 컵−콘(원뿔) 형태로 파괴된다.
④ 미세한 공공 형태의 딤플 형상이 나타난다.

해설⊕
① : 취성파괴
②, ③, ④ : 연성파괴

67 Fe−Fe₃C 평형상태도에 대한 설명으로 옳은 것은?

① A_0는 철의 자기변태점이다.
② A_1 변태선을 공석선이라 한다.
③ A_2는 시멘타이트의 자기변태점이다.
④ A_3는 약 1,400℃이며, 탄소의 함유량이 약 4.3%C 이다.

해설 ●
① A_0 변태점(213℃) : 시멘타이트의 자기변태점
③ A_2 변태점(순철 : 768℃, 강 : 770℃) : 순철의 자기변태점 또는 퀴리점
④ A_3 변태점(912℃) : 순철의 동소변태점(α철 ↔ γ철)

68 탄소강이 950℃ 전후의 고온에서 적열메짐 (Red Brittleness)을 일으키는 원인이 되는 것은?

① Si   ② P
③ Cu   ④ S

해설 ●
적열취성
900℃ 이상에서 황(S)이나 산소가 철과 화합하여 산화철이나 황화철(FeS)을 만든다. 황화철이 포함된 강은 고온에서 여린 성질을 나타내는데, 이것을 적열취성이라 한다. Mn을 첨가하면 MnS을 형성하여 적열취성을 방지하는 효과를 얻을 수 있다.

69 오스테나이트형 스테인리스강에 대한 설명으로 틀린 것은?

① 내식성이 우수하다.
② 공식을 방지하기 위해 할로겐 이온의 고농도를 피한다.
③ 자성을 띠고 있으며, 18%Co와 8%Cr을 함유한 합금이다.
④ 입계부식 방지를 위하여 고용화처리를 하거나, Nb 또는 Ti을 첨가한다.

해설 ●
③ 비자성체이며, 18%Cr과 8%Ni을 함유한 합금이다.

70 알루미늄 및 그 합금의 질별 기호 중 H가 의미하는 것은?

① 어닐링한 것   ② 용체화처리한 것
③ 가공 경화한 것   ④ 제조한 그대로의 것

해설 ●
• H 기호 : 가공 경화한 것
• T 기호 : 열처리 표시기호

71 그림과 같은 전환 밸브의 포트 수와 위치에 대한 명칭으로 옳은 것은?

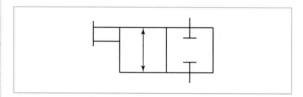

① 2/2−way 밸브   ② 2/4−way 밸브
③ 4/2−way 밸브   ④ 4/4−way 밸브

해설 ●
• 포트 수(사각형 밖의 직선 개수) : 2개
• 위치 수(사각형 개수) : 2개

72 유압장치의 각 구성요소에 대한 기능의 설명으로 적절하지 않은 것은?

① 오일 탱크는 유압 작동유의 저장기능, 유압 부품의 설치 공간을 제공한다.
② 유압제어밸브에는 압력제어밸브, 유량제어밸브, 방향제어밸브 등이 있다.
③ 유압 작동체(유압 구동기)는 유압 장치 내에서 요구된 일을 하며 유체동력을 기계적 동력으로 바꾸는 역할을 한다.
④ 유압 작동체(유압 구동기)에는 고무호스, 이음쇠, 필터, 열교환기 등이 있다.

해설 ●
④ 유압 작동체에는 유압실린더와 유압모터가 있다.

정답   68 ④   69 ③   70 ③   71 ①   72 ④

73 유압펌프에서 실제 토출량과 이론 토출량의 비를 나타내는 용어는?

① 펌프의 토크 효율   ② 펌프의 전 효율
③ 펌프의 입력 효율   ④ 펌프의 용적 효율

해설⊕
펌프의 용적 효율(체적효율)

$$\eta_v = \frac{Q_a}{Q_{th}}$$

여기서, Q_a : 실제 토출량, Q_{th} : 이론 토출량

74 속도제어회로의 종류가 아닌 것은?

① 미터 인 회로   ② 미터 아웃 회로
③ 로킹 회로   ④ 블리드 오프 회로

해설⊕
속도제어회로는 미터 인 회로, 미터 아웃 회로, 블리드 오프 회로가 있다.

75 작동유 속의 불순물을 제거하기 위하여 사용하는 부품은?

① 패킹   ② 스트레이너
③ 어큐뮬레이터   ④ 유체 커플링

해설⊕
불순물 제거 장치(여과기)
스트레이너, 오일필터

76 KS 규격에 따른 유면계의 기호로 옳은 것은?

①   ②

③   ④

해설⊕
① 유량 검측기   ② 유면계
③ 압력계   ④ 회전속도계

77 유압회로 중 미터 인 회로에 대한 설명으로 옳은 것은?

① 유량제어 밸브는 실린더에서 유압작동유의 출구 측에 설치한다.
② 유량제어 밸브는 탱크로 바이패스 되는 관로 쪽에 설치한다.
③ 릴리프밸브를 통하여 분기되는 유량으로 인한 동력손실이 있다.
④ 압력설정회로로 체크밸브에 의하여 양방향만의 속도가 제어된다.

해설⊕
미터 인 회로
액추에이터 입구 쪽 관로에 유량제어밸브를 직렬로 부착하고, 유량제어밸브가 압력보상형이면 실린더의 전진속도는 펌프송출량과 무관하게 일정하다. 이 경우 펌프송출압은 릴리프 밸브의 설정압으로 정해지고, 펌프에서 송출되는 여분의 유량은 릴리프 밸브를 통하여 탱크에 방출되므로 동력손실이 크다.

78 난연성 작동유의 종류가 아닌 것은?

① R&O형 작동유
② 수중 유형 유화유
③ 물－글리콜형 작동유
④ 인산 에스테르형 작동유

해설⊕
석유계 작동유(R&O)
가장 널리 사용되는 작동유로서, 주로 파라핀계 원유를 정제한 것에 산화 방지제와 녹방지제를 첨가한 것으로써 화재의 위험성이 있다.

2020

79 유압장치의 운동부분에 사용되는 실(Seal)의 일반적인 명칭은?

① 심레스(Seamless) ② 개스킷(Gasket)

③ 패킹(Packing) ④ 필터(Filter)

해설 ⊕

고정부분에 쓰이는 실은 개스킷(Gasket), 운동부분에 쓰이는 실은 패킹(Packing)이라 한다.

80 어큐뮬레이터 종류인 피스톤형의 특징에 대한 설명으로 적절하지 않은 것은?

① 대형도 제작이 용이하다.

② 축 유량을 크게 잡을 수 있다.

③ 형상이 간단하고 구성품이 적다.

④ 유실에 가스 침입의 염려가 없다.

해설 ⊕

④ 유실에 가스 침입의 염려가 있다.

5과목 기계제작법 및 기계동력학

81 질량 30kg의 물체를 담은 두레박 B가 레일을 따라 이동하는 크레인 A에 6m 길이의 줄에 의해 수직으로 매달려 이동하고 있다. 일정한 속도로 이동하던 크레인이 갑자기 정지하자, 두레박 B가 수평으로 3m까지 흔들렸다. 크레인 A의 이동 속력은 약 몇 m/s인가?

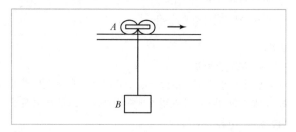

① 1 ② 2

③ 3 ④ 4

해설 ⊕

운동에너지＝중력위치에너지

$T = V_g$ 에서 $\dfrac{1}{2}mV^2 = mgh$

$\dfrac{1}{2} \times 30 \times V^2 = 30 \times g \times h$

여기서, $h = 6 - 6\cos 30°$ ← 수평으로 3m 흔들렸으므로

$\therefore \ V = \sqrt{2gh} = \sqrt{2 \times 9.8 \times (6 - 6\cos 30°)}$
$= 3.97\,\text{m/s}$

82 등가속도 운동에 관한 설명으로 옳은 것은?

① 속도는 시간에 대하여 선형적으로 증가하거나 감소한다.

② 변위는 시간에 대하여 선형적으로 증가하거나 감소한다.

③ 속도는 시간의 제곱에 비례하여 증가하거나 감소한다.

④ 변위는 속도의 세제곱에 비례하여 증가하거나 감소한다.

해설 ⊕

가속도가 일정한 운동이므로($a = a_c$로 일정)

$V = V_0 + a_c t$(1차 함수 – 직선(선형))

$S = S_0 + V_0 t + \dfrac{1}{2}a_c t^2$

$V^2 = {V_0}^2 + 2a_c(S - S_0)$

83 두 질점이 정면 중심으로 완전탄성충돌할 경우에 관한 설명으로 틀린 것은?

① 반발계수 값은 1이다.

② 전체 에너지는 보존되지 않는다.

③ 두 질점의 전체 운동량이 보존된다.

④ 충돌 후 두 질점의 상대속도는 충돌 전 두 질점의 상대속도와 같은 크기이다.

정답 79 ③ 80 ④ 81 ④ 82 ① 83 ②

완전탄성충돌은 반발계수 $e = 1$이며, 전체 에너지는 보존되어 에너지 소실이 발생하지 않는다. 또한 충돌 전후의 선형운동량은 같다.

84 다음 단순조화운동식에서 진폭을 나타내는 것은?

$$x = A\sin(\omega t + \phi)$$

① A

② ωt

③ $\omega t + \phi$

④ $A\sin(\omega t + \phi)$

변위 $x(t) = X\sin(\omega t + \phi)$이므로 진폭 $X = A$

85 다음 그림과 같이 진동계에 가진력 $F(t)$가 작용할 때, 바닥으로 전달되는 힘의 최대 크기가 F_1보다 작기 위한 조건은?(단, $\omega_n = \sqrt{\dfrac{k}{m}}$ 이다.)

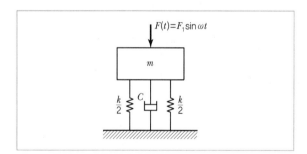

① $\dfrac{\omega}{\omega_n} < 1$

② $\dfrac{\omega}{\omega_n} > 1$

③ $\dfrac{\omega}{\omega_n} > \sqrt{2}$

④ $\dfrac{\omega}{\omega_n} < \sqrt{2}$

전달률 $TR < 1$의 경우이므로, 진동수비 $\dfrac{\omega}{\omega_n} > \sqrt{2}$ 보다 커야 진동절연이 된다.

86 그림과 같이 원판에서 원주에 있는 점 A의 속도가 12m/s일 때 원판의 각속도는 약 몇 rad/s인가?(단, 원판의 반지름 r은 0.3m이다.)

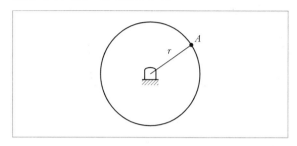

① 10

② 20

③ 30

④ 40

$V = r\omega$에서
$$\omega = \frac{V}{r} = \frac{12}{0.3} = 40 \text{rad/s}$$

87 균질한 원통(Cylinder)이 그림과 같이 물에 떠 있다. 평형상태에 있을 때 손으로 눌렀다가 놓아주면 상하 진동을 하게 되는데 이때 진동주기(T)에 대한 식으로 옳은 것은?(단, 원통질량은 m, 원통단면적은 A, 물의 밀도는 ρ이고, g는 중력가속도이다.)

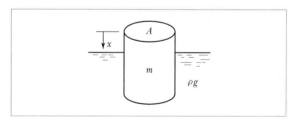

① $T = 2\pi\sqrt{\dfrac{\rho g}{mA}}$

② $T = 2\pi\sqrt{\dfrac{mA}{\rho g}}$

③ $T = 2\pi\sqrt{\dfrac{m}{\rho g A}}$

④ $T = 2\pi\sqrt{\dfrac{\rho g A}{m}}$

2020

정답 84 ① 85 ③ 86 ④ 87 ③

해설 ⊕

힘을 주어 물에 x만큼 밀어 넣으면, x만큼 더 잠기게 되며, 잠긴 체적만큼 부력이 위로 발생하게 되어 원통에 진동이 발생한다.

부력 $F_B = \gamma A x$

$\sum F_x = m\ddot{x} \rightarrow -F_B = m\ddot{x} \rightarrow m\ddot{x} + \gamma A x = 0$

운동방정식 $m\ddot{x} + \gamma A x = 0 \Leftrightarrow m\ddot{x} + c\dot{x} + kx = 0$의 수식이므로

$k = \gamma A$, $c = 0$

주기 $T = \dfrac{2\pi}{\omega_n} = \dfrac{2\pi}{\sqrt{\dfrac{k}{m}}} = 2\pi\sqrt{\dfrac{m}{k}} = 2\pi\sqrt{\dfrac{m}{\gamma A}}$

$\qquad = 2\pi\sqrt{\dfrac{m}{\rho g A}}$

88 질량이 18kg, 스프링 상수가 50N/cm, 감쇠계수 0.6N · s/cm인 1자유도 점성감쇠계에서 진동계의 감쇠비는?

① 0.10　　　　　　② 0.20
③ 0.33　　　　　　④ 0.50

해설 ⊕

$m = 18\text{kg}$, $c = 60\text{N} \cdot \text{s/m}$, $k = 5,000\text{N/m}$에서

감쇠비 $\zeta = \dfrac{c}{c_c} = \dfrac{c}{2\sqrt{mk}} = \dfrac{60}{2\sqrt{18 \times 5,000}} = 0.1$

89 같은 길이의 두 줄에 질량 20kg의 물체가 매달려 있다. 이 중 하나의 줄을 자르는 순간의 남는 줄의 장력은 약 몇 N인가?(단, 줄의 질량 및 강성은 무시한다.)

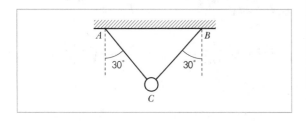

① 98　　　　　　② 170
③ 196　　　　　　④ 250

해설 ⊕

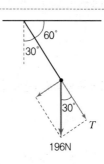

장력 $T = mg\cos 30° = 196\cos 30° = 169.74\text{N}$

90 길이 1.0m, 질량 10kg의 막대가 A점에 핀으로 연결되어 정지하고 있다. 1kg의 공이 수평속도 10m/s로 막대의 중심을 때릴 때, 충돌 직후 막대의 각속도는 약 몇 rad/s인가?(단, 공과 막대 사이의 반발계수는 0.4이다.)

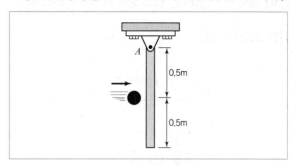

① 1.95　　　　　　② 0.86
③ 0.68　　　　　　④ 1.23

해설 ⊕

충돌 전 속도를 V_1, V_2, 충돌 후 속도를 V_1', V_2'라 하면

• 충돌 후 막대 속도

$V_2' = \dfrac{m_1}{m_1 + m_2}(1 + e)(V_1 - V_2)$

여기서, e : 반발계수

$\qquad = \dfrac{1}{1 + 10}(1 + 0.4)(10 - 0) = 1.27\text{m/s}$

• 충돌 직후 막대가 점 A를 기준으로 회전운동을 시작할 때 점 0에 대한 각운동량 $H_A = J_A\omega$이므로

$$m V_2'r = (J_0 + ml^2)\omega$$

$$m V_2'r = (\frac{mL^2}{12} + ml^2)\omega$$

여기서, $L = 1\text{m}$, $l = 0.5\text{m}$

$$\therefore \omega = \frac{m V_2'r}{\left((\frac{mL^2}{12} + ml^2)\right)} = \frac{10 \times 1.27 \times 0.5}{\left(\frac{10 \times 1^2}{12} + 10 \times 0.5^2\right)}$$

$$= 1.905\,\text{rad/s}$$

91 경화된 작은 강철 볼(Ball)을 공작물 표면에 분사하여 표면을 매끈하게 하는 동시에 피로강도와 그 밖의 기계적 성질을 향상시키는데 사용하는 가공방법은?

① 숏 피닝
② 액체 호닝
③ 슈퍼피니싱
④ 래핑

92 와이어 컷(Wire Cut) 방전가공의 특징으로 틀린 것은?

① 표면거칠기가 양호하다.
② 담금질강과 초경합금의 가공이 가능하다.
③ 복잡한 형상의 가공물을 높은 정밀도로 가공할 수 있다.
④ 가공물의 형상이 복잡함에 따라 가공속도가 변한다.

해설◆
와이어 컷(WEDM)의 특징
• 강한 장력을 준 와이어와 가공물 사이에 방전을 일으켜 가공한다.
• 컴퓨터 수치제어(CNC)가 필수적이며 가공 정밀도가 요구된다.
• 일반 공작기계로 가공이 불가능한 미세가공, 복잡한 형상 가공, 열처리되었거나 일반 절삭가공이 어려운 고경도 재료를 가공한다.
• 고정밀을 필요로 하는 금형을 가공한다.

93 어미나사의 피치가 6mm인 선반에서 1인치당 4산의 나사를 가공할 때, A와 D의 기어의 잇수는 각각 얼마인가?(단, A는 주축 기어의 잇수이고, D는 어미나사 기어의 잇수이다.)

① $A = 60$, $D = 40$
② $A = 40$, $D = 60$
③ $A = 127$, $D = 120$
④ $A = 120$, $D = 127$

해설◆
리드 스크루나 공작물 둘 중에 하나가 인치식인 경우에는 단위환산을 위해서 잇수가 127인 기어는 꼭 들어가야 한다.

$$\left(\frac{1 \times 5}{25.4 \times 5} = \frac{5}{127}\right)$$

$$\frac{\text{절삭할 나사의 피치}}{\text{리드 스크루 피치}} = \frac{\text{주축 측 기어잇수}(A)}{\text{리드 스크루 기어잇수}(D)}$$

$$\frac{\frac{1}{4}}{6 \times \frac{5}{127}} = \frac{127}{120}$$

$$\therefore A = 127,\ D = 120$$

94 Al을 강의 표면에 침투시켜 내스케일성을 증가시키는 금속 침투 방법은?

① 파커라이징(Parkerizing)
② 칼로라이징(Calorizing)
③ 크로마이징(Chromizing)
④ 금속용사법(Metal Spraying)

해설◆
금속 침투법의 침투제에 따른 분류

종류	침투제	장점
세라다이징(Sheradizing)	Zn	대기 중 부식 방지
칼로라이징(Calorizing)	Al	고온 산화 방지
크로마이징(Chromizing)	Cr	내식성, 내산성, 내마모성 증가
실리코나이징(Silliconizing)	Si	내산성 증가
보로나이징(Boronizing)	B	고경도 (HV 1,300~1,400)

정답 91 ① 92 ④ 93 ③ 94 ②

2020

95 다음 중 소성가공에 속하지 않는 것은?

① 코이닝(Coining)

② 스웨이징(Swaging)

③ 호닝(Honing)

④ 딥 드로잉(Deep Drawing)

해설◆

호닝(Honing)

• 혼(Hone)이라는 고운 숫돌 입자를 방사상의 모양으로 만들어 구멍에 넣고 회전운동시켜 구멍의 내면을 정밀하게 다듬질하는 방법이다.

• 원통의 내면을 절삭한 후 보링, 리밍 또는 연삭가공을 하고 나서 구멍에 대한 진원도, 직진도 및 표면거칠기를 향상시키기 위해 사용한다.

96 용접 피복제의 역할로 틀린 것은?

① 아크를 안정시킨다.

② 용접에 필요한 원소를 보충한다.

③ 전기 절연작용을 한다.

④ 모재 표면의 산화물을 생성해 준다.

해설◆

피복제의 역할

• 피복제는 고온에서 분해되어 가스를 방출하여 아크 기둥과 용융지를 보호해 용착금속의 산화 및 질화가 일어나지 않도록 보호해 준다.

• 피복제의 용융은 슬래그가 형성되고 탈산작용을 하며 용착금속의 급랭을 방지하는 역할을 한다.

97 노즈 반지름이 있는 바이트로 선삭할 때 가공 면의 이론적 표면 거칠기를 나타내는 식은?(단, f는 이송, R은 공구의 날 끝 반지름이다.)

① $\dfrac{f^2}{8R}$

② $\dfrac{f}{8R^2}$

③ $\dfrac{f}{8R}$

④ $\dfrac{f}{4R}$

해설◆

가공면의 표면거칠기(조도)(h)

$$h = \frac{f^2}{8R}\,(\text{mm})$$

여기서, f : 이송거리[mm], R : 공구의 날 끝 반지름[mm]

98 주물의 결함 중 기공(Blow Hole)의 방지대책으로 가장 거리가 먼 것은?

① 주형 내의 수분을 적게 할 것

② 주형의 통기성을 향상시킬 것

③ 용탕에 가스함유량을 높게 할 것

④ 쇳물의 주입온도를 필요 이상으로 높게 하지 말 것

해설◆

기공은 주조 시에 용탕 속에 용해된 가스 또는 주형으로부터 침입한 가스가 응고 시에 주물 내부에 그대로 잔존하여 형성되므로 용탕에 가스함유량을 높게 해서는 안 된다.

99 방전가공에서 전극 재료의 구비조건으로 가장 거리가 먼 것은?

① 기계가공이 쉬워야 한다.

② 가공 전극의 소모가 커야 한다.

③ 가공 정밀도가 높아야 한다.

④ 방전이 안전하고 가공속도가 빨라야 한다.

해설◆

전극의 조건

• 열전도율이 좋고, 열적 변형이 적어야 한다.

• 고온과 방전가공유로부터 화학적 반응이 없어야 한다.

• 기계가공이 쉽고, 가공정밀도가 높아야 한다.

• 구하기 쉽고 가격이 싸야 한다.

• 공작물보다 경도가 낮아야 한다.

정답 95 ③ 96 ④ 97 ① 98 ③ 99 ②

100 다음 중 자유단조에 속하지 않는 것은?

① 업세팅(Up – setting)

② 블랭킹(Blanking)

③ 늘리기(Drawing)

④ 굽히기(Bending)

해설⊕ ---

단조방법에 따른 분류

• 자유단조 : 업세팅, 단 짓기, 늘리기, 굽히기, 구멍 뚫기, 자르기 등

• 형단조

07

2021년 과년도 문제풀이

2021. 3. 7 시행

01 상단이 고정된 원추 형체의 단위체적에 대한 중량을 γ라 하고 원추 밑면의 지름이 d, 높이가 l일 때 이 재료의 최대 인장응력을 나타낸 식은?(단, 자중만을 고려한다.)

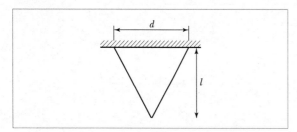

① $\sigma_{max} = \gamma l$

② $\sigma_{max} = \dfrac{1}{2}\gamma l$

③ $\sigma_{max} = \dfrac{1}{3}\gamma l$

④ $\sigma_{max} = \dfrac{1}{4}\gamma l$

해설

$$\sigma_{max} = \frac{W_{max}}{A} = \frac{\gamma V_{max}}{A}$$
$$= \frac{\gamma \dfrac{1}{3}Al}{A}$$
$$= \frac{1}{3}\gamma l$$

02 길이 500mm, 지름 16mm의 균일한 강봉의 양 끝에 12kN의 축 방향 하중이 작용하여 길이는 $300\mu m$가 증가하고 지름은 $2.4\mu m$가 감소하였다. 이 선형 탄성 거동하는 봉 재료의 푸아송비는?

① 0.22

② 0.25

③ 0.29

④ 0.32

해설

$$\mu = \frac{\varepsilon'}{\varepsilon} = \frac{\dfrac{\delta}{d}}{\dfrac{\lambda}{l}} = \frac{l \cdot \delta}{d\lambda} = \frac{0.5 \times 2.4 \times 10^{-6}}{0.016 \times 300 \times 10^{-6}} = 0.25$$

03 그림과 같이 균일단면 봉이 100kN의 압축하중을 받고 있다. 재료의 경사 단면 $Z - Z$에 생기는 수직응력 σ_n, 전단응력 τ_n의 값은 각각 약 몇 MPa인가?(단, 균일 단면 봉의 단면적은 1,000mm²이다.)

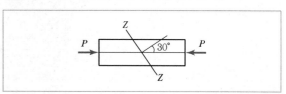

① $\sigma_n = -38.2,\ \tau_n = 26.7$

② $\sigma_n = -68.4,\ \tau_n = 58.8$

③ $\sigma_n = -75.0,\ \tau_n = 43.3$

④ $\sigma_n = -86.2,\ \tau_n = 56.8$

해설

$$\sigma_x = \frac{P}{A} = \frac{100 \times 10^3}{1,000} = 100\frac{N}{mm^2}$$
$$= 100MPa(\text{압축응력이므로}(-))$$

1축 응력상태의 모어의 응력원을 그리면

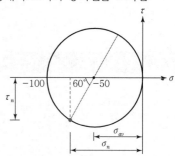

$Z-Z$ 단면 $\theta=120° \rightarrow 2\theta=240°$를 응력원에 표시하고

$\sigma_n = \sigma_{av} - R\cos 60°$

$\qquad = -50 - 50\cos 60°$

$\qquad = -75\,\text{MPa}$

$\tau_n = R\sin 60°$

$\qquad = 50\sin 60°$

$\qquad = 43.3\,\text{MPa}$

04 그림과 같이 균일분포하중을 받는 보의 지점 B 에서의 굽힘모멘트는 몇 kN · m인가?

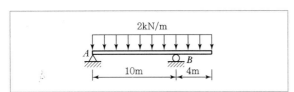

① 16   ② 10

③ 8   ④ 1.6

해설⊕

자유물체도

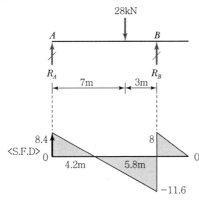

$\sum M_{B지점} = 0 : R_A \times 10 - 28 \times 3 = 0$

$\therefore R_A = \dfrac{28\text{kN} \times 3\text{m}}{10\text{m}} = 8.4\text{kN}$

$\sum F_y = 0 : 8.4 - 28 + R_B = 0$

$\therefore R_B = 19.6\text{kN}$

B점의 굽힘모멘트는 A점에서 B점까지의 S.F.D면적이므로

S.F.D에서 $M_B = \dfrac{1}{2} \times 4.2 \times 8.4 - \dfrac{1}{2} \times 5.8 \times 11.6$

$\qquad = -16\text{kN} \cdot \text{m}$

→ B지점에서 ↻+ 16kN · m로 우회전을 의미

05 원통형 코일스프링에서 코일 반지름 R, 소선의 지름 d, 전단탄성계수를 G라고 하면 코일 스프링 한 권에 대해서 하중 P가 작용할 때 소선의 비틀림 각 ϕ를 나타내는 식은?

① $\dfrac{32PR}{Gd^2}$ ② $\dfrac{32PR^2}{Gd^2}$

③ $\dfrac{64PR}{Gd^4}$ ④ $\dfrac{64PR^2}{Gd^4}$

해설⊕

스프링 처짐량 $\delta = \dfrac{8WD^3n}{Gd^4}$

여기서, $W=P$, $D=2R$, $n=1$이므로

$\phi = \dfrac{\delta}{R} = \dfrac{\dfrac{8P(2R)^3 \times 1}{Gd^4}}{R} = \dfrac{64PR^3}{Gd^4 R}$

$\therefore \phi = \dfrac{64PR^2}{Gd^4}$

06 지름 20mm인 구리합금 봉에 30kN의 축방향 인장하중이 작용할 때 체적 변형률은 약 얼마인가?(단, 세로탄성계수는 100GPa, 푸아송비는 0.3이다.)

① 0.38   ② 0.038

③ 0.0038   ④ 0.00038

해설⊕

$\varepsilon_v = \varepsilon(1-2\mu) = \dfrac{\sigma}{E}(1-2\mu) = \dfrac{P}{EA}(1-2\mu)$

$\qquad = \dfrac{30 \times 10^3}{100 \times 10^9 \times \dfrac{\pi \times 0.02^2}{4}} \times (1 - 2 \times 0.3) = 0.00038$

2021

07 두 변의 길이가 각각 b, h인 직사각형의 A점에 관한 극관성 모멘트는?

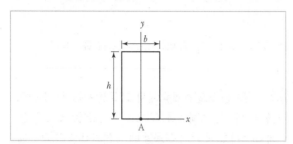

① $\dfrac{bh}{12}(b^2 + h^2)$

② $\dfrac{bh}{12}(b^2 + 4h^2)$

③ $\dfrac{bh}{12}(4b^2 + h^2)$

④ $\dfrac{bh}{3}(b^2 + h^2)$

해설⊕

ⅰ) 도심에 관한 극관성 모멘트

$$I_P = I_x + I_y = \frac{bh^3}{12} + \frac{hb^3}{12}$$

ⅱ) A점에 관한 극관성 모멘트

$$I_{PA} = I_P + A(d)^2 \text{(평행축정리)}$$

$$= I_P + A\left(\frac{h}{2}\right)^2$$

$$= \frac{bh^3}{12} + \frac{hb^3}{12} + bh\left(\frac{h}{2}\right)^2$$

$$= \frac{bh}{12}(h^2 + b^2 + 3h^2)$$

$$= \frac{bh}{12}(b^2 + 4h^2)$$

08 그림에서 고정단에 대한 자유단의 전 비틀림각은?(단, 전단탄성계수는 100GPa이다.)

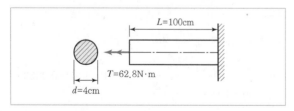

① 0.00025rad

② 0.0025rad

③ 0.025rad

④ 0.25rad

해설⊕

$$\theta = \frac{T \cdot l}{GI_p} = \frac{62.8 \times 10^3 (\text{N} \cdot \text{mm}) \times 100 \times 10 (\text{mm})}{100 \times 10^3\left(\dfrac{\text{N}}{\text{mm}^2}\right) \times \dfrac{\pi \times (40)^4}{32}(\text{mm}^4)}$$

$$= 0.00249 \text{rad}$$

09 지름이 2cm이고 길이가 1m인 원통형 중실기둥의 좌굴에 관한 임계하중을 오일러공식으로 구하면 약 몇 kN인가?(단, 기둥의 양단은 회전단이고, 세로탄성계수는 200GPa이다.)

① 11.5

② 13.5

③ 15.5

④ 17.5

해설⊕

$$P_{cr} = n\pi^2 \frac{EI}{l^2} \text{(양단힌지일 때 단말계수 } n = 1)$$

$$= 1 \times \pi^2 \times \frac{200 \times 10^9 \times \dfrac{\pi \times 0.02^4}{64}}{1^2}$$

$$= 15,503.1\text{N}$$

$$= 15.5\text{kN}$$

10 지름 6mm인 곧은 강선을 지름 1.2m의 원통에 감았을 때 강선에 생기는 최대 굽힘응력은 약 몇 MPa인가?(단, 세로탄성계수는 200GPa이다.)

① 500

② 800

③ 900

④ 1,000

해설⊕

$$\sigma_b = E\varepsilon = E\frac{y}{\rho} = E\frac{d}{\rho}$$

$$= 200 \times 10^9 \times \frac{6}{1,200}$$

$$= 1,000 \times 10^6 \text{Pa}$$

$$= 1,000 \text{MPa}$$

11 지름 10mm, 길이 2m인 둥근 막대의 한 끝을 고정하고 타단을 자유로이 10°만큼 비틀었다면 막대에 생기는 최대 전단응력은 약 몇 MPa인가?(단, 재료의 전단탄성계수는 84GPa이다.)

① 18.3   ② 36.6

③ 54.7   ④ 73.2

해설◆

$$\tau = G\gamma = G\frac{r \cdot \theta}{l}$$

$$= 84 \times 10^9 \times \frac{5 \times 10° \times \frac{\pi}{180°}}{2,000}$$

$$= 36.65 \times 10^6 \text{Pa}$$

$$= 36.65 \text{MPa}$$

12 보의 길이 l에 등분포하중 w를 받는 직사각형 단면보의 최대 처짐량에 대한 설명으로 옳은 것은?(단, 보의 자중은 무시한다.)

① 보의 폭에 정비례한다.

② l의 3승에 정비례한다.

③ 보의 높이의 2승에 반비례한다.

④ 세로탄성계수에 반비례한다.

해설◆

$$\delta = \frac{5wl^4}{384EI} = \frac{5wl^4}{384E \times \frac{bh^3}{12}} = \frac{5 \times 12wl^4}{384Ebh^3}$$

13 직사각형($b \times h$)의 단면적 A를 갖는 보에 전단력 V가 작용할 때 최대 전단응력은?

① $\tau_{\max} = 0.5\dfrac{V}{A}$ ② $\tau_{\max} = \dfrac{V}{A}$

③ $\tau_{\max} = 1.5\dfrac{V}{A}$ ④ $\tau_{\max} = 2\dfrac{V}{A}$

해설◆

$\tau = \dfrac{VQ}{Ib}$, 보의 중립축에서 최대 전단응력이 발생하므로

$$\tau_{\max} = \frac{V\left(\dfrac{bh}{2} \times \dfrac{h}{4}\right)}{\dfrac{bh^3}{12} \times b}$$

(여기서, Q : 음영단면(반단면)의 단면1차모멘트)

$$= \frac{V\left(\dfrac{bh^2}{8}\right)}{\dfrac{b^2h^3}{12}} = \frac{3}{2} \times \frac{V}{bh}$$

$$\therefore \ \tau_{\max} = 1.5\frac{V}{A}$$

(보 속의 전단응력은 보의 평균 전단응력의 1.5배)

14 단면적이 각각 A_1, A_2, A_3이고, 탄성계수가 각각 E_1, E_2, E_3인 길이 l인 재료가 강성판 사이에서 인장하중 P를 받아 탄성변형 했을 때 재료 1, 3 내부에 생기는 수직응력은?(단, 2개의 강성판은 항상 수평을 유지한다.)

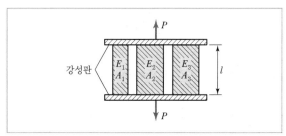

① $\sigma_1 = \dfrac{PE_1}{A_1E_1 + A_2E_2 + A_3E_3}$

    $\sigma_3 = \dfrac{PE_3}{A_1E_1 + A_2E_2 + A_3E_3}$

② $\sigma_1 = \dfrac{PE_2E_3}{E_1(A_1E_1 + A_2E_2 + A_3E_3)}$

    $\sigma_3 = \dfrac{PE_1E_2}{E_3(A_1E_1 + A_2E_2 + A_3E_3)}$

정답   **11** ②   **12** ④   **13** ③   **14** ①

2021

③ $\sigma_1 = \dfrac{PE_1}{A_3A_2E_1 + A_3A_1E_2 + A_1A_2E_3}$

$\sigma_3 = \dfrac{PE_3}{A_3A_2E_1 + A_3A_1E_2 + A_1A_2E_3}$

④ $\sigma_1 = \dfrac{PE_2E_3}{A_3A_2E_1 + A_3A_1E_2 + A_1A_2E_3}$

$\sigma_3 = \dfrac{PE_1E_2}{A_3A_2E_1 + A_3A_1E_2 + A_1A_2E_3}$

해설⊕

부재의 병렬조합이므로

$P = \sigma_1 A_1 + \sigma_2 A_2 + \sigma_3 A_3$ ········ ⓐ

$\lambda_1 = \lambda_2 = \lambda_3$(인장량 동일)

$\dfrac{\sigma_1}{E_1}l_1 = \dfrac{\sigma_2}{E_2}l_2 = \dfrac{\sigma_3}{E_3}l_3$($\because l_1 = l_2 = l_3$)

$\therefore \dfrac{\sigma_1}{E_1} = \dfrac{\sigma_2}{E_2} = \dfrac{\sigma_3}{E_3}$

여기서, $\sigma_2 = \dfrac{E_2}{E_1}\sigma_1,\ \sigma_3 = \dfrac{E_3}{E_1}\sigma_1$ ········ ⓑ

ⓑ를 ⓐ에 대입하면

$P = \sigma_1 A_1 + \dfrac{E_2}{E_1}\sigma_1 A_2 + \dfrac{E_3}{E_1}\sigma_1 A_3$

양변에 E_1를 곱하면

$PE_1 = \sigma_1 A_1 E_1 + \sigma_1 E_2 A_2 + \sigma_1 E_3 A_3$

$\quad\quad = \sigma_1(A_1 E_1 + A_2 E_2 + A_3 E_3)$

$\therefore \sigma_1 = \dfrac{PE_1}{A_1E_1 + A_2E_2 + A_3E_3}$

$\therefore \sigma_3 = \dfrac{PE_3}{A_1E_1 + A_2E_2 + A_3E_3}$

15 지름 20mm, 길이 50mm의 구리 막대의 양단을 고정하고 막대를 가열하여 40℃ 상승했을 때 고정단을 누르는 힘은 약 몇 kN인가?(단, 구리의 선팽창계수 $a = 0.16 \times 10^{-4}$/℃, 세로탄성계수는 110GPa이다.)

① 52　　　　　　② 30

③ 25　　　　　　④ 22

해설⊕

열응력

$\sigma = E \cdot \varepsilon = E \cdot \alpha \Delta t$

$\therefore P = \sigma \cdot A$

$\quad = E \cdot \alpha \Delta t \cdot A$

$\quad = 110 \times 10^9 \times 0.16 \times 10^{-4} \times 40 \times \dfrac{\pi \times 0.02^2}{4}$

$\quad = 22{,}116.8\text{N}$

$\quad = 22.12\text{kN}$

16 반원 부재에 그림과 같이 $0.5R$ 지점에 하중 P가 작용할 때 지지점 B에서의 반력은?

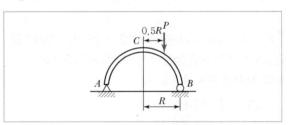

① $\dfrac{P}{4}$　　　　　　② $\dfrac{P}{2}$

③ $\dfrac{3P}{4}$　　　　　　④ P

해설⊕

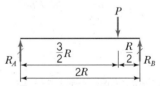

$\sum M_{A지점} = 0 : P \times \dfrac{3}{2}R - R_B \cdot 2R = 0$

$\therefore R_B = \dfrac{P \times \dfrac{3}{2}R}{2R} = \dfrac{3P}{4}$

17 단면계수가 $0.01m^3$인 사각형 단면의 양단 고정 보가 2m의 길이를 가지고 있다. 중앙에 최대 몇 kN의 집중하중을 가할 수 있는가?(단, 재료의 허용굽힘응력은 80MPa이다.)

① 800
② 1,600
③ 2,400
④ 3,200

해설⊕

중앙에 집중하중이 작용하는 양단고정보에서

$$M_{\max} = \frac{Pl}{8} = \sigma_b Z$$

$$\therefore P = \frac{8\sigma_b Z}{l}$$

$$= \frac{8 \times 80 \times 10^6 \times 0.01}{2}$$

$$= 3.2 \times 10^6 N$$

$$= 3,200 kN$$

18 그림과 같이 등분포하중 w가 가해지고 B점에서 지지되어 있는 고정 지지보가 있다. A점에 존재하는 반력 중 모멘트는?

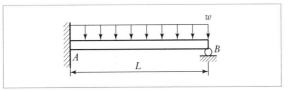

① $\frac{1}{8}wL^2$ (시계방향)

② $\frac{1}{8}wL^2$ (반시계방향)

③ $\frac{7}{8}wL^2$ (시계방향)

④ $\frac{7}{8}wL^2$ (반시계방향)

해설⊕

처짐을 고려하여 부정정요소를 해결한다.

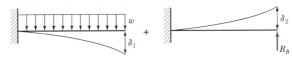

$$\delta_1 = \frac{wl^4}{8EI}, \quad \delta_2 = \frac{R_B \cdot l^3}{3EI}$$

$\delta_1 = \delta_2$이면 B점에서 처짐량이 "0"이므로

$$\frac{wl^4}{8EI} = \frac{R_B \cdot l^3}{3EI}$$에서 $R_B = \frac{3}{8}wl \rightarrow \therefore R_A = \frac{5}{8}wl$

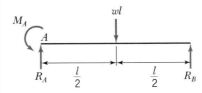

M_A를 구하기 위해 자유물체도에서 B점에 대한 모멘트를 해석하면

$$\sum M_{B지점} = 0 : -M_A + R_A l - wl\frac{l}{2} = 0$$

$$\therefore M_A = \frac{5}{8}wl^2 - \frac{1}{2}wl^2 = \frac{1}{8}wl^2$$

19 그림과 같은 일단고정 타단지지보의 중앙에 P = 4,800N의 하중이 작용하면 지지점의 반력(R_B)은 약 몇 kN인가?

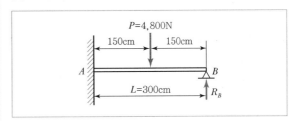

① 3.2
② 2.6
③ 1.5
④ 1.2

해설⊕

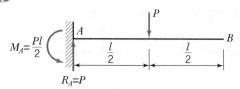

$$M_A = \frac{Pl}{2}$$

$$R_A = P$$

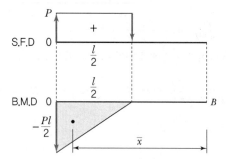

i) 외팔보 중앙에 P가 작용할 때 자유단에서 처짐량 δ_1

$$\delta_1 = \frac{A_M}{EI} \cdot \bar{x}$$

$$= \frac{\frac{1}{2} \times \frac{l}{2} \times \frac{Pl}{2}}{EI} \times \left(\frac{l}{2} + \frac{l}{2} \times \frac{2}{3} \right)$$

$$= \frac{Pl^2}{8EI} \left(\frac{l}{2} + \frac{l}{3} \right)$$

$$= \frac{5Pl^3}{48EI}$$

ii) R_B에 의한 처짐량 δ_2

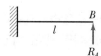

$$\delta_2 = \frac{R_B l^3}{3EI}$$

iii) B지점의 처짐량은 "0"이므로

$$\delta_1 = \delta_2$$

$$\frac{5Pl^3}{48} = \frac{R_B l^3}{3EI}$$

$$\therefore R_B = \frac{5}{16}P = \frac{5}{16} \times 4,800$$

$$= 1,500N = 1.5kN$$

20 두께 10mm인 강판으로 직경 2.5m의 원통형 압력용기를 제작하였다. 최대 내부 압력이 1,200kPa일 때 축방향 응력은 몇 MPa인가?

① 75   ② 100

③ 125   ④ 150

해설⊕

$$\sigma_s = \frac{P \cdot d}{4t} = \frac{1,200 \times 10^3 \times 2.5}{4 \times 0.01}$$

$$= 75 \times 10^6 Pa$$

$$= 75MPa$$

2과목 | 기계열역학

21 온도 20℃에서 계기압력 0.183MPa의 타이어가 고속주행으로 온도 80℃로 상승할 때 압력은 주행 전과 비교하여 약 몇 kPa 상승하는가?(단, 타이어의 체적은 변하지 않고, 타이어 내의 공기는 이상기체로 가정하며, 대기압은 101.3kPa이다.)

① 37kPa   ② 58kPa

③ 286kPa   ④ 445kPa

해설⊕

타이어 안에 있는 공기의 절대압력

$$P_{abs} = P_1$$

$$P_{abs} = P_o + P_g = 101.3kPa + 183kPa = 284.3kPa$$

체적이 일정한 정적과정의 $V = C$이므로

$$\frac{P_1}{T_1} = \frac{P_2}{T_2}$$

$$P_2 = P_1 \frac{T_2}{T_1} = 284.3 \times \frac{353}{293}$$

$$\therefore P_2 = 342.52kPa$$

압력상승값 $\Delta P = P_2 - P_1 = 342.5 - 284.3 = 58.22kPa$

22 밀폐용기에 비내부에너지가 200kJ/kg인 기체가 0.5kg 들어 있다. 이 기체를 용량이 500W인 전기가열기로 2분 동안 가열한다면 최종상태에서 기체의 내부에너지는 약 몇 kJ인가?(단, 열량은 기체로만 전달된다고 한다.)

① 20kJ   ② 100kJ

③ 120kJ   ④ 160kJ

해설⊕

정적과정인 밀폐용기이므로

$$\delta q = du + Pd\cancel{v}^{\nearrow 0} \rightarrow {}_1q_2 = u_2 - u_1$$

$${}_1Q_2 = U_2 - U_1 \text{ (여기서, } U_1 = mu_1)$$

$$\therefore U_2 = U_1 + 0.5(\text{kJ/s}) \times 120s = m_1u_1 + 60\text{kJ}$$
$$= 0.5\text{kg} \times 200\text{kJ/kg} + 60\text{kJ} = 160\text{kJ}$$

23 한 밀폐계가 190kJ의 열을 받으면서 외부에 20kJ의 일을 한다면 이 계의 내부에너지의 변화는 약 얼마인가?

① 210kJ만큼 증가한다.

② 210kJ만큼 감소한다.

③ 170kJ만큼 증가한다.

④ 170kJ만큼 감소한다.

해설⊕

계의 열 부호(+), 일 부호(+)

$$\delta Q - \delta W = dU$$

$$U_2 - U_1 = {}_1Q_2 - {}_1W_2$$
$$= 190 - 20 = 170\text{kJ (증가)}$$

24 10℃에서 160℃까지 공기의 평균 정적비열은 0.7315kJ/(kg·K)이다. 이 온도 변화에서 공기 1kg의 내부에너지 변화는 약 몇 kJ인가?

① 101.1kJ   ② 109.7kJ

③ 120.6kJ   ④ 131.7kJ

해설⊕

$du = C_v dT$에서 적분하면

$$u_2 - u_1 = C_v(T_2 - T_1)$$
$$= 0.7315(160 - 10)$$
$$= 109.73\text{kJ/kg}$$

25 증기터빈에서 질량유량이 1.5kg/s이고, 열손실률이 8.5kW이다. 터빈으로 출입하는 수증기에 대한 값이 아래 그림과 같다면 터빈의 출력은 약 몇 kW인가?

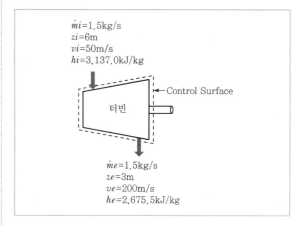

$\dot{m}i = 1.5\text{kg/s}$
$zi = 6\text{m}$
$vi = 50\text{m/s}$
$hi = 3,137.0\text{kJ/kg}$

Control Surface

터빈

$\dot{m}e = 1.5\text{kg/s}$
$ze = 3\text{m}$
$ve = 200\text{m/s}$
$he = 2,675.5\text{kJ/kg}$

① 273kW   ② 656kW

③ 1,357kW   ④ 2,616kW

해설⊕

개방계에 대한 열역학 제1법칙을 적용해 구하면

$$\dot{W}_{c.v} = 655.7\text{kW}$$

26 오토사이클의 압축비(ε)가 8일 때 이론열효율은 약 몇 %인가?(단, 비열비(k)는 1.40이다.)

① 36.8%   ② 46.7%

③ 56.5%   ④ 66.6%

해설⊕

$$\eta = 1 - \left(\frac{1}{\varepsilon}\right)^{k-1} = 1 - \left(\frac{1}{8}\right)^{1.4-1} = 0.565 = 56.5\%$$

27 온도 15℃, 압력 100kPa 상태의 체적이 일정한 용기 안에 어떤 이상기체 5kg이 들어 있다. 이 기체가 50℃가 될 때까지 가열되는 동안의 엔트로피 증가량은 약 몇 kJ/K인가?(단, 이 기체의 정압비열과 정적비열은 각각 1.001kJ/(kg·K), 0.7171kJ/(kg·K)이다.)

① 0.411   ② 0.486

③ 0.575   ④ 0.732

해설➕

일정한 용기 = 정적과정

비엔트로피 $ds = \dfrac{\delta q}{T} = \dfrac{du + pd\cancel{v}^{\,0}}{T}$

$$s_2 - s_1 = \int_1^2 \frac{C_v}{T} dT = C_v \ln \frac{T_2}{T_1}$$

$$= 0.7171 \times \ln\left(\frac{50 + 273}{15 + 273}\right)$$

$$= 0.0822 \text{kJ/kg·K}$$

$$\therefore\ S_2 - S_1 = m(s_2 - s_1) = 5 \times 0.0822 = 0.411 \text{kJ/K}$$

28 열펌프를 난방에 이용하려 한다. 실내 온도는 18℃이고, 실외 온도는 −15℃이며 벽을 통한 열손실은 12kW이다. 열펌프를 구동하기 위해 필요한 최소 동력은 약 몇 kW인가?

① 0.65kW   ② 0.74kW

③ 1.36kW   ④ 1.53kW

해설➕

열펌프의 효율

$$\varepsilon_H = \frac{T_H}{T_H - T_L} = \frac{18 + 273}{(18 + 273) - (-15 + 273)}$$

$$= 8.8$$

$\varepsilon_H = 8.8 = \dfrac{\dot{Q}}{\dot{W}}$ 에서

$$\dot{W} = \frac{12}{8.8} = 1.36 \text{kW}$$

29 완전가스의 내부에너지(u)는 어떤 함수인가?

① 압력과 온도의 함수이다.

② 압력만의 함수이다.

③ 체적과 압력의 함수이다.

④ 온도만의 함수이다.

해설➕

이상기체(완전가스)에서 내부에너지는 온도만의 함수이다. ($du = C_v dT$이므로)

30 다음 중 가장 낮은 온도는?

① 104℃   ② 284℉

③ 410K   ④ 684℉R

해설➕

K = ℃ + 273

℉R = ℉ + 460

$℉ = \dfrac{9}{5}℃ + 32$ 에서

② 284℉ $\Rightarrow (284 - 32) \times \dfrac{5}{9} = 140℃$

③ 410K $\Rightarrow 410 - 273 = 137℃$

④ 684℉R $\Rightarrow 684 - 460 = 224℉ \Rightarrow 106.7℃$

31 증기를 가역 단열과정을 거쳐 팽창시키면 증기의 엔트로피는?

① 증가한다.

② 감소한다.

③ 변하지 않는다.

④ 경우에 따라 증가도 하고, 감소도 한다.

해설➕

단열과정 $\delta q = 0$ 에서

엔트로피 변화량 $ds = \dfrac{\delta q}{T} \rightarrow ds = 0 (s = c)$

정답   **27** ①   **28** ③   **29** ④   **30** ①   **31** ③

32 온도가 127℃, 압력이 0.5MPa, 비체적이 0.4m³/kg인 이상기체가 같은 압력하에서 비체적이 0.3m³/kg으로 되었다면 온도는 약 몇 ℃가 되는가?

① 16
② 27
③ 96
④ 300

해설⊕

정압과정 $p = c$이므로 $\dfrac{v}{T} = c$에서 $\dfrac{v_1}{T_1} = \dfrac{v_2}{T_2}$

$\therefore\ T_2 = T_1\left(\dfrac{v_2}{v_1}\right)$

$\qquad = (127 + 273) \times \dfrac{0.3}{0.4} = 300\text{K}$

$T_2 = 300 - 273 = 27℃$

33 계가 정적 과정으로 상태 1에서 상태 2로 변화할 때 단순압축성 계에 대한 열역학 제1법칙을 바르게 설명한 것은?(단, U, Q, W는 각각 내부에너지, 열량, 일량이다.)

① $U_1 - U_2 = Q_{12}$
② $U_2 - U_1 = W_{12}$
③ $U_1 - U_2 = W_{12}$
④ $U_2 - U_1 = Q_{12}$

해설⊕

$\delta Q - \delta W = dU$에서

정적과정 $V = C$이므로

$\delta W = Pd\cancel{V}^{0} \Rightarrow {}_1W_2 = 0$

$\therefore\ U_2 - U_1 = {}_1Q_2$

34 과열증기를 냉각시켰더니 포화영역 안으로 들어와서 비체적이 0.2327m³/kg이 되었다. 이때 포화액과 포화증기의 비체적이 각각 1.079×10⁻³m³/kg, 0.5243 m³/kg이라면 건도는 얼마인가?

① 0.964
② 0.772
③ 0.653
④ 0.443

해설⊕

건도가 x인 습증기의 비체적

$v_x = v_f + xv_{fg} = v_f + x(v_g - v_f)$

$\therefore\ x = \dfrac{v_x - v_f}{v_g - v_f} = \dfrac{0.2327 - 1.079 \times 10^{-3}}{0.5243 - 1.079 \times 10^{-3}} = 0.4427$

35 수소(H₂)가 이상기체라면 절대압력 1MPa, 온도 100℃에서의 비체적은 약 몇 m³/kg인가?(단, 일반기체상수는 8.3145kJ/(kmol·K)이다.)

① 0.781
② 1.26
③ 1.55
④ 3.46

해설⊕

$pv = RT$와 $MR = \overline{R}$에서

$v = \dfrac{RT}{p} = \dfrac{8.3145\,T}{Mp}$ (여기서, 수소의 $M = 2$)

$\qquad = \dfrac{8.3145 \times (100 + 273)}{2 \times 1 \times 10^3} = 1.55\text{m}^3/\text{kg}$

36 이상적인 카르노 사이클의 열기관이 500℃인 열원으로부터 500kJ을 받고, 25℃에 열을 방출한다. 이 사이클의 일(W)과 효율(η_{th})은 얼마인가?

① $W = 307.2\text{kJ}$, $\eta_{th} = 0.6143$
② $W = 307.2\text{kJ}$, $\eta_{th} = 0.5748$
③ $W = 250.3\text{kJ}$, $\eta_{th} = 0.6143$
④ $W = 250.3\text{kJ}$, $\eta_{th} = 0.5748$

해설⊕

카르노 사이클의 열효율은 온도만의 함수이다.

$T_H = 500 + 273 = 773\text{K}$, $T_L = 25 + 273 = 298\text{K}$

$\eta_{th} = 1 - \dfrac{T_L}{T_H} = 1 - \dfrac{298}{773} = 0.6145$

$\eta_{th} = \dfrac{W}{Q_H}$이므로

$W = \eta_{th} \times Q_H = 0.6145 \times 500\text{kJ} = 307.25\text{kJ}$

정답　32 ②　33 ④　34 ④　35 ③　36 ①

37 증기동력 사이클의 종류 중 재열사이클의 목적으로 가장 거리가 먼 것은?

① 터빈 출구의 습도가 증가하여 터빈 날개를 보호한다.
② 이론 열효율이 증가한다.
③ 수명이 연장된다.
④ 터빈 출구의 질(Quality)을 향상시킨다.

해설☻
재열사이클은 열효율을 향상시키고 터빈 출구의 건도(질)를 증가시켜 터빈 날개의 부식을 방지할 수 있다.

38 계가 비가역 사이클을 이룰 때 클라우지우스(Clausius)의 적분을 옳게 나타낸 것은?(단, T는 온도, Q는 열량이다.)

① $\oint \frac{\delta Q}{T} < 0$ ② $\oint \frac{\delta Q}{T} > 0$

③ $\oint \frac{\delta Q}{T} \geq 0$ ④ $\oint \frac{\delta Q}{T} \leq 0$

해설☻
$\oint \frac{\delta Q}{T} < 0$: 비가역, $\oint \frac{\delta Q}{T} = 0$: 가역

39 비열비가 1.29, 분자량이 44인 이상기체의 정압비열은 약 몇 kJ/(kg · K)인가?(단, 일반기체상수는 8.314kJ/(kmol · K)이다.)

① 0.51 ② 0.69
③ 0.84 ④ 0.91

해설☻
$M R = \overline{R}$에서

기체상수 $R = \dfrac{\overline{R}}{M} = \dfrac{8.314}{44} = 0.189\text{kJ/kg} \cdot \text{K}$

$k = \dfrac{C_p}{C_v}$와 $C_p - C_v = R$에서

$C_p = \dfrac{kR}{k-1} = \dfrac{1.29 \times 0.189}{1.29 - 1} = 0.84\text{kJ/kg} \cdot \text{K}$

40 어떤 냉동기에서 0℃의 물로 0℃의 얼음 2ton을 만드는 데 180MJ의 일이 소요된다면 이 냉동기의 성적계수는?(단, 물의 융해열은 334kJ/kg이다.)

① 2.05 ② 2.32
③ 2.65 ④ 3.71

해설☻

$\varepsilon_R = \dfrac{Q_L}{W_C} = \dfrac{334 \times 10^3 \dfrac{\text{J}}{\text{kg}} \times 2{,}000\text{kg}}{180 \times 10^6 \text{J}} = 3.71$

3과목 **기계유체역학**

41 일률(Power)을 기본 차원인 M(질량), L(길이), T(시간)로 나타내면?

① $L^2 T^{-2}$ ② $MT^{1-2}L^{-1}$
③ $ML^2 T^{-2}$ ④ $ML^2 T^{-3}$

해설☻
일률의 단위는 동력이므로 $H = F \cdot V \to \text{N} \cdot \text{m/s}$

$\dfrac{\text{N} \cdot \text{m}}{\text{s}} \times \dfrac{\text{kg} \cdot \text{m}}{\text{N} \cdot \text{s}^2} = \text{kg} \cdot \text{m}^2/\text{s}^3 \to ML^2 T^{-3}$ 차원

42 길이 600m이고 속도 15km/h인 선박에 대해 물속에서의 조파 저항을 연구하기 위해 길이 6m인 모형선의 속도는 몇 km/h로 해야 하는가?

① 2.7 ② 2.0
③ 1.5 ④ 1.0

해설☻
배는 자유표면 위를 움직이므로 모형과 실형 사이의 프루드 수를 같게 하여 실험한다.
$Fr)_m = Fr)_p$

정답 37 ① 38 ① 39 ③ 40 ④ 41 ④ 42 ③

$$\left.\frac{V}{\sqrt{Lg}}\right)_m = \left.\frac{V}{\sqrt{Lg}}\right)_p$$

여기서, $g_m = g_p$ 이므로

$$\frac{V_m}{\sqrt{L_m}} = \frac{V_p}{\sqrt{L_p}}$$

$$\therefore V_m = \sqrt{\frac{L_m}{L_p}} \cdot V_p = \sqrt{\frac{6}{600}} \times 15 = 1.5\,\text{km/h}$$

43 Stokes의 법칙에 의해 비압축성 점성유체에 구 (Sphere)가 낙하될 때 항력(D)을 나타낸 식으로 옳은 것은?(단, μ : 유체의 점성계수, a : 구의 반지름, V : 구의 평균속도, C_D : 항력계수, 레이놀즈수가 1보다 작 아 박리가 존재하지 않는다고 가정한다.)

① $D = 6\pi a\mu V$ ② $D = 4\pi a\mu V$

③ $D = 2\pi a\mu V$ ④ $D = C_D \pi a\mu V$

해설⊕

$D = 3\pi\mu Vd$ 에서

$D = 3\pi\mu V2a = 6\pi a\mu V$

44 기준면에 있는 어떤 지점에서의 물의 유속이 6m/s, 압력이 40kPa일 때 이 지점에서의 물의 수력기울 기선의 높이는 약 몇 m인가?

① 3.24 ② 4.08

③ 5.92 ④ 6.81

해설⊕

수력기울기(수력구배)선

$$\text{H.G.L} = \frac{p}{\gamma} + Z\,(기준면\ Z = 0)$$

$$= \frac{40 \times 10^3}{9,800}$$

$$= 4.08\,\text{m}$$

45 평면 벽과 나란한 방향으로 점성계수가 2×10^{-5} Pa · s인 유체가 흐를 때, 평면과의 수직거리 y[m]인 위치에서 속도가 $u = 5(1 - e^{-0.2y})$[m/s]이다. 유체에 걸리는 최대 전단응력은 약 몇 Pa인가?

① 2×10^{-5} ② 2×10^{-6}

③ 5×10^{-6} ④ 10^{-4}

해설⊕

$$\tau = \mu \cdot \frac{du}{dy} = \mu \times \left(e^{-0.2y}\right) \leftarrow \text{주어진 } u(y)\text{를 } y\text{에 대해}$$

미분

최대전단응력은 $y = 0$인 평판면에서 발생하므로

$$\tau)_{y=0} = \mu \times 1 = 2 \times 10^{-5}\,\text{Pa}$$

46 경계층의 박리(Separation)가 일어나는 주원인은?

① 압력이 증기압 이하로 떨어지기 때문에

② 유동방향으로 밀도가 감소하기 때문에

③ 경계층의 두께가 0으로 수렴하기 때문에

④ 유동과정에 역압력 구배가 발생하기 때문에

해설⊕

압력이 감소했다가 증가하는 역압력기울기에 의해 유체 입자 가 물체 주위로부터 떨어져 나가는 현상을 박리라 한다.

47 표면장력이 0.07N/m인 물방울의 내부압력이 외부압력보다 10Pa 크게 되려면 물방울의 지름은 몇 cm인가?

① 0.14 ② 1.4

③ 0.28 ④ 2.8

정답 43 ① 44 ② 45 ① 46 ④ 47 ④

해설⊕ ----------------------------------

$\sigma = \dfrac{\Delta P d}{4}$ 에서

$\therefore\ d = \dfrac{4\sigma}{\Delta P} = \dfrac{4 \times 0.07}{10}$

$\qquad = 0.028\,\mathrm{m}$

$\qquad = 2.8\,\mathrm{cm}$

48 유체역학에서 연속방정식에 대한 설명으로 옳은 것은?

① 뉴턴의 운동 제2법칙이 유체 중의 모든 점에서 만족하여야 함을 요구한다.

② 에너지와 일 사이의 관계를 나타낸 것이다.

③ 한 유선 위에 두 점에 대한 단위체적당의 운동량의 관계를 나타낸 것이다.

④ 검사체적에 대한 질량 보존을 나타내는 일반적인 표현식이다.

해설⊕ ----------------------------------

질량 보존의 법칙을 유체의 검사체적에 적용하여 얻어낸 방정식이다.

49 가스 속에 피토관을 삽입하여 압력을 측정하였더니 정체압이 128Pa, 정압이 120Pa이었다. 이 위치에서의 유속은 몇 m/s인가?(단, 가스의 밀도는 1.0kg/m³이다.)

① 1 　　　　② 2

③ 4 　　　　④ 8

해설⊕ ----------------------------------

정체압력＝정압＋동압 식에서

$V = \sqrt{2g \times \left(\dfrac{128}{9.8} - \dfrac{120}{9.8}\right)}$

$\ \ = \sqrt{2 \times 9.8 \times \left(\dfrac{128}{9.8} - \dfrac{120}{9.8}\right)}$

$\ \ = 4\,\mathrm{m/s}$

50 다음 중 정체압의 설명으로 틀린 것은?

① 정체압은 정압과 같거나 크다.

② 정체압은 액주계로 측정할 수 없다.

③ 정체압은 유체의 밀도에 영향을 받는다.

④ 같은 정압의 유체에서는 속도가 빠를수록 정체압이 커진다.

해설⊕ ----------------------------------

정체압은 정압＋동압으로 액주계로 측정할 수 있다.

51 어떤 물체가 대기 중에서 무게는 6N이고 수중에서 무게는 1.1N이었다. 이 물체의 비중은 약 얼마인가?

① 1.1 　　　　② 1.2

③ 2.4 　　　　④ 5.5

해설⊕ ----------------------------------

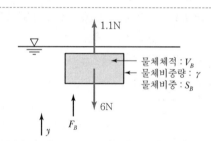

$\Sigma F_y = 0 : F_B + 1.1 - 6 = 0$

$\therefore\ F_B = 4.9\,N$

부력은 물체에 의해 배제된 유체 무게

$F_B = \gamma_w V_B = 4.9\,\mathrm{N}$

$9,800 \times V_B = 4.9$

$\therefore\ V_B = 0.0005\,\mathrm{m}^3$

물체무게 ＝ 6N ＝ $\gamma_B V_B = s_B \gamma_w V_B$

$\therefore\ s_B = \dfrac{6}{\gamma_w V_B} = \dfrac{6}{9,800 \times 0.0005}$

$\qquad\quad = 1.22$

52 (x, y) 좌표계의 비회전 2차원 유동장에서 속도 포텐셜(Potential) ϕ는 $\phi = 2x^2 y$로 주어졌다. 이때 점(3, 2)인 곳에서 속도 벡터는?(단, 속도포텐셜 ϕ는 $\vec{V} \equiv \nabla\phi = grad\phi$로 정의된다.)

① $24\vec{i} + 18\vec{j}$　　　② $-24\vec{i} + 18\vec{j}$

③ $12\vec{i} + 9\vec{j}$　　　④ $-12\vec{i} + 9\vec{j}$

해설⊕

$\vec{V} = \nabla\phi = \dfrac{\partial\phi}{\partial x}\vec{i} + \dfrac{\partial\phi}{\partial y}\vec{j} = 4xy\vec{i} + 2x^2\vec{j}$ ← (3, 2) 대입

$= (4\times3\times2)\vec{i} + (2\times3^2)\vec{j} = 24\vec{i} + 18\vec{j}$

53 유동장에 미치는 힘 가운데 유체의 압축성에 의한 힘만이 중요할 때에 적용할 수 있는 무차원수로 옳은 것은?

① 오일러수　　　② 레이놀즈수

③ 프루드수　　　④ 마하수

해설⊕

마하수는 압축성 효과의 특징을 기술하는 데 중요한 무차원수이다.

54 수평으로 놓인 지름 10cm, 길이 200m인 파이프에 완전히 열린 글로브 밸브가 설치되어 있고, 흐르는 물의 평균속도는 2m/s이다. 파이프의 관 마찰계수가 0.02이고, 전체 수두손실이 10m이면, 글로브 밸브의 손실계수는 약 얼마인가?

① 0.4　　　② 1.8

③ 5.8　　　④ 9.0

해설⊕

전체 수두손실은 긴 관에서 손실수두와 글로브 밸브에 의한 부차적 손실수두의 합이다.

$\Delta H_l = h_l + K \cdot \dfrac{V^2}{2g}$

$= f \cdot \dfrac{L}{d} \cdot \dfrac{V^2}{2g} + K \cdot \dfrac{V^2}{2g}$

부차적 손실계수

$K = \dfrac{2g}{V^2}\left(\Delta H_l - f \cdot \dfrac{L}{d} \cdot \dfrac{V^2}{2g}\right)$

$= \dfrac{2g}{V^2} \times \Delta H_l - f \cdot \dfrac{L}{d}$

$= \dfrac{2\times9.8}{2^2} \times 10 - 0.02 \times \dfrac{200}{0.1}$

$= 9$

55 지름 $D_1 = 30$cm의 원형 물제트가 대기압상태에서 V의 속도로 중앙부분에 구멍이 뚫린 고정 원판에 충돌하여, 원판 뒤로 지름 $D_2 = 10$cm의 원형 물제트가 같은 속도로 흘러나가고 있다. 이 원판이 받는 힘이 100N이라면 물제트의 속도 V는 약 몇 m/s인가?

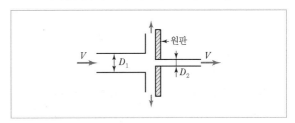

① 0.95　　　② 1.26

③ 1.59　　　④ 2.35

해설⊕

검사면에 작용하는 힘들의 합은 검사체적 안의 운동량변화량과 같다.

$\therefore f_x = \rho Q_r \cdot V$ (여기서, Q_r : 실제평판에 부딪히는 유량)

$= 1,000 \times 0.063 V \times V$

$\Rightarrow V = \sqrt{\dfrac{f_x}{1,000 \times 0.063}} = \sqrt{\dfrac{100}{63}} = 1.26\text{m/s}$

정답　**52** ①　**53** ④　**54** ④　**55** ②

56 동점성계수가 $1 \times 10^{-4} m^2/s$인 기름이 안지름 50mm의 관을 3m/s의 속도로 흐를 때 관의 마찰계수는?

① 0.015　　　　　　② 0.027
③ 0.043　　　　　　④ 0.061

해설⊕

$Re = \dfrac{\rho \cdot V \cdot d}{\mu} = \dfrac{V \cdot d}{\nu} = \dfrac{3 \times 0.05}{1 \times 10^{-4}} = 1,500$

$R_e < 2,100$ 이하이므로 기름의 흐름은 층류이다.
층류에서 관마찰계수

$f = \dfrac{64}{Re} = \dfrac{64}{1,500} = 0.0427$

57 지름 4m의 원형수문이 수면과 수직방향이고 그 최상단이 수면에서 3.5m만큼 잠겨 있을 때 수문에 작용하는 힘 F와, 수면으로부터 힘의 작용점까지의 거리 x는 각각 얼마인가?

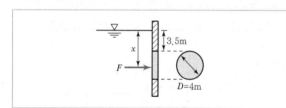

① 638kN, 5.68m　　　② 677kN, 5.68m
③ 638kN, 5.57m　　　④ 677kN, 5.57m

해설⊕

원형수문의 도심까지 깊이 $\bar{h} = (3.5+2)m$

전압력 $F = \gamma \bar{h} \cdot A = 9,800 \times (5.5) \times \dfrac{\pi \times 4^2}{4}$

$\qquad\qquad = 677,327.4 N = 677.3 kN$

전압력 중심 $y_p = x = \bar{h} + \dfrac{I_G}{A\bar{h}}$

$\qquad = 5.5 + \dfrac{\dfrac{\pi \times 4^4}{64}}{\dfrac{\pi \times 4^2}{4} \times 5.5}$

$\qquad = 5.5 + \dfrac{}{}$

$\qquad = 5.68 m$

58 2차원 직각좌표계(x, y) 상에서 x방향의 속도 $u = 1$, y방향의 속도 $v = 2x$인 어떤 정상상태의 이상유체에 대한 유동장이 있다. 다음 중 같은 유선상에 있는 점을 모두 고르면?

ㄱ. (1, 1)　　ㄴ. (1, -1)　　ㄷ. (-1, 1)

① ㄱ, ㄴ　　　　　　② ㄴ, ㄷ
③ ㄱ, ㄷ　　　　　　④ ㄱ, ㄴ, ㄷ

해설⊕

유선의 방정식 $\dfrac{u}{dx} = \dfrac{v}{dy}$에서

$y = x^2$을 만족하는 점이므로 (1,1), (-1,1)이다.

59 안지름 1cm의 원관 내를 유동하는 0℃ 물의 층류 임계 레이놀즈수가 2,100일 때 임계속도는 약 몇 cm/s인가?(단, 0℃ 물의 동점성계수는 0.01787cm²/s이다.)

① 37.5　　　　　　② 375
③ 75.1　　　　　　④ 751

해설⊕

$Re = \dfrac{\rho \cdot V \cdot d}{\mu} = \dfrac{V \cdot d}{\nu} = 2,100 (\text{임계 레이놀즈수})$

$V = \dfrac{2,100\nu}{d} = \dfrac{2,100 \times 0.01787(cm^2/s)}{1cm} = 37.53 cm/s$

60 그림과 같은 탱크에서 A점에 표준대기압이 작용하고 있을 때, B점의 절대압력은 약 몇 kPa인가?(단, A점과 B점의 수직거리는 2.5m이고 기름의 비중은 0.92이다.)

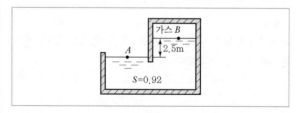

① 78.8   ② 788

③ 179.8   ④ 1,798

해설⊕

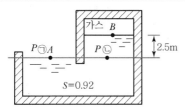

$P_{\bigcirc} = 1\,atm\,(표준대기압 = 1.01325\,bar = 101,325\,Pa)$

$P_{\bigcirc} = P_B + \gamma_x \times h = P_B + S_x \gamma_w \times h$

등압면이므로 $P_{\bigcirc} = P_{\bigcirc}$

$101,325 = P_B + S_{oil}\gamma_w \times h$

$\therefore P_B = 101,325 - S_{oil}\gamma_w \times h$

$\quad = 101,325 - 0.92 \times 9,800 \times 2.5$

$\quad = 78,785\,Pa$

$\quad = 78.8\,kPa$

4과목 기계재료 및 유압기기

61 구리 및 구리합금에 대한 설명으로 옳은 것은?

① Cu + Sn 합금을 황동이라 한다.

② Cu + Zn 합금을 청동이라 한다.

③ 문쯔메탈(Muntz Metal)은 60%Cu + 40%Zn 합금이다.

④ Cu의 전기 전도율은 금속 중에서 Ag보다 높고, 자성체이다.

해설⊕

① 황동 : Cu + Zn 합금

② 청동 : Cu + Sn 합금

④ Cu의 전기 전도율은 금속 중에서 Ag보다 높고, 반자성체이다.

62 과랭 오스테나이트 상태에서 소성가공을 한 다음 냉각하여 마텐자이트화하는 열처리방법은?

① 오스포밍   ② 크로마이징

③ 심랭처리   ④ 인덕션하드닝

해설⊕

오스포밍(Ausforming)

• 목적 : 소재를 소성가공하여 마텐자이트를 얻음으로써 기존의 담금질 – 템퍼링 한 경우보다 강도가 높다.

• 열처리 : 오스테나이트를 급랭하여 마텐자이트 시작온도 바로 위에서 성형가공 후 서랭한다. 이후 인성을 부여하기 위해 뜨임을 실시한다.

63 Al – Cu – Ni – Mg 합금으로 시효경화하며, 내열합금 및 피스톤용으로 사용되는 것은?

① Y합금   ② 실루민

③ 라우탈   ④ 하이드로날륨

해설⊕

Y합금 : AC5계 합금

• Al – Cu – Ni – Mg계 합금으로 내열성이 우수하고 고온강도가 높아 공랭실린더 헤드 및 피스톤 등에 이용된다.

• 주조성이 나쁘고 열팽창률이 크기 때문에 Al – Si계로 대체되고 있는 추세이다.

• 시효경화성이 있다.

64 Fe – Fe₃C계 평형 상태도에서 나타날 수 있는 반응이 아닌 것은?

① 포정반응   ② 공정반응

③ 공석반응   ④ 편정반응

해설⊕

Fe – C 평형상태도에서 금속의 반응은 공정반응, 공석반응, 포정반응이다.

---

65 마텐자이트(Martensite) 변태의 특징에 대한 설명으로 틀린 것은?

① 마텐자이트는 고용체의 단일상이다.
② 마텐자이트 변태는 확산 변태이다.
③ 마텐자이트 변태는 협동적 원자운동에 의한 변태이다.
④ 마텐자이트의 결정 내에는 격자결함이 존재한다.

해설⊕
② 마텐자이트 변태는 무확산 변태이다.

66 냉간압연 스테인리스강판 및 강대(KSD 3698)에서 석출경화계 종류의 기호로 옳은 것은?

① STS305
② STS410
③ STS430
④ STS630

해설⊕
석출 경화형 스테인리스강에 대표적인 것은 STS630(17−4PH)과 STS631(17−7PH)이 있다.

※ 석출 경화형 스테인리스강은 Austenite와 Martensite계의 결점을 없애고 이들의 장점을 겸비하게 한 강이다. 즉, Austenite계는 우수한 내열성 및 내식성을 가지고 있지만 강도가 부족하고, Martensite계는 경화능은 있으나 내식성 및 가공성이 좋지 못하므로 양계의 부족한 점을 보완하고, 좋은 특성을 살리기 위해 석출 경화현상을 이용해 제조한 강이다.

67 주철의 성질에 대한 설명으로 옳은 것은?

① C, Si 등이 많을수록 용융점은 높아진다.
② C, Si 등이 많을수록 비중은 작아진다.
③ 흑연편이 클수록 자기 감응도는 좋아진다.
④ 주철의 성장 원인으로 마텐자이트의 흑연화에 의한 수축이 있다.

해설⊕
① C, Si 등이 많을수록 용융점은 낮아진다.
③ 흑연편이 클수록 자기 감응도는 나쁘다.
④ 주철의 성장 원인으로 시멘타이트의 흑연화에 의한 팽창이 있다.

68 다음 중 열경화성 수지가 아닌 것은?

① 페놀 수지
② ABS 수지
③ 멜라민 수지
④ 에폭시 수지

해설⊕
• 열경화성 수지 : 가열에 의해 경화하는 플라스틱이고, 강도가 높고 내열성이며, 내약품성이 우수하다.
• 열경화성 수지의 종류 : 페놀 수지(PF), 불포화 폴리에스테르 수지(UP), 멜라민 수지(MF), 요소 수지(UF), 폴리우레탄(PU), 규소 수지(Silicone), 에폭시 수지(EP)
• ABS수지는 열가소성 수지이다.

69 표점거리가 100mm, 시험편의 평행부 지름이 14mm인 인장 시험편을 최대하중 6,400kgf로 인장한 후 표점거리가 120mm로 변화되었을 때 인장강도는 약 몇 kgf/mm²인가?

① 10.4kgf/mm^2
② 32.7kgf/mm^2
③ 41.6kgf/mm^2
④ 166.3kgf/mm^2

해설⊕

$$\sigma = \frac{P}{A} = E\frac{\lambda}{l}$$

$$\therefore E = \frac{Pl}{A\lambda} = \frac{6,400 \times 100}{\frac{\pi \times 14^2}{4} \times 20}$$

$$= 207.88 \text{kgf/mm}^2$$

$$\sigma = E\varepsilon = E\frac{\lambda}{l} = 207.88 \times \frac{20}{100}$$

$$= 41.58 \text{kgf/mm}^2$$

정답   65 ②   66 ④   67 ②   68 ②   69 ③

70 가열 과정에서 순철의 A_3변태에 대한 설명으로 틀린 것은?

① BCC가 FCC로 변한다.

② 약 910℃ 부근에서 일어난다.

③ $\alpha-Fe$가 $\gamma-Fe$로 변화한다.

④ 격자구조에 변화가 없고 자성만 변한다.

해설⊕

④ A_3 변태는 격자구조가 BCC(체심입방격자)에서 FCC(면심입방격자)로 변한다.

71 자중에 의한 낙하, 운동물체의 관성에 의한 액추에이터의 자중 등을 방지하기 위해 배압을 생기게 하고 다른 방향의 흐름이 자유로 흐르도록 한 밸브는?

① 풋 밸브

② 스풀 밸브

③ 카운터 밸런스 밸브

④ 변환 밸브

해설⊕

카운터 밸런스 밸브

• 피스톤 부하가 급격히 제거되었을 때 피스톤이 급진하는 것을 방지

• 작업이 완료되어 부하가 0이 될 때, 실린더가 자중으로 낙하하는 것을 방지

72 유압에서 체적탄성계수에 대한 설명으로 틀린 것은?

① 압력의 단위와 같다.

② 압력의 변화량과 체적의 변화량과 관계있다.

③ 체적탄성계수의 역수는 압축률로 표현한다.

④ 유압에 사용되는 유체가 압축되기 쉬운 정도를 나타낸 것으로 체적탄성계수가 클수록 압축이 잘 된다.

해설⊕

④ 체적탄성계수가 클수록 비압축성의 유체이다.

73 오일의 팽창, 수축을 이용한 유압 응용장치로 적절하지 않은 것은?

① 진동 개폐 밸브

② 압력계

③ 온도계

④ 쇼크 업소버

해설⊕

쇼크 업소버

유체의 점성을 이용하여 충격이나 진동의 운동에너지를 열에너지로 바꿔서 흡수하는 장치

74 압력 제어 밸브에서 어느 최소 유량에서 어느 최대 유량까지의 사이에 증대하는 압력은?

① 오버라이드 압력

② 전량 압력

③ 정격 압력

④ 서지 압력

해설⊕

② 전량 압력(Full Flow Pressure) : 밸브가 완전 오픈되었을 때 허용최대유량이 흐를 때의 압력

③ 정격 압력 : 정해진 조건하에서 성능을 보증할 수 있고, 또 설계 및 사용상의 기준이 되는 압력

④ 서지 압력 : 과도적(순간적)으로 상승한 압력의 최댓값

75 그림과 같은 유압회로의 명칭으로 적합한 것은?

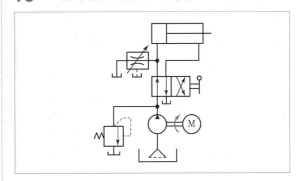

① 어큐뮬레이터 회로　　② 시퀀스 회로
③ 블리드 오프 회로　　④ 로킹(로크) 회로

해설✚
블리드 오프 회로
실린더로 흐르는 유량의 일부를 탱크로 분기함으로써 작동 속도를 조절하는 회로

76 개스킷(Gasket)에 대한 설명으로 옳은 것은?

① 고정부분에 사용되는 실(Seal)
② 운동부분에 사용되는 실(Seal)
③ 대기로 개방되어 있는 구멍
④ 흐름의 단면적을 감소시켜 관로 내 저항을 갖게 하는 기구

해설✚
• 개스킷(Gasket) : 고정 부분에 쓰이는 실
• 패킹(Packing) : 움직이는 부분에 쓰이는 실

77 그림과 같은 기호의 밸브 명칭은?

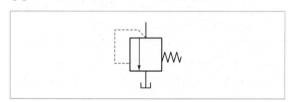

① 스톱 밸브　　② 릴리프 밸브
③ 체크 밸브　　④ 가변 교축 밸브

해설✚

스톱 밸브	릴리프 밸브
▷◁	(기호)
체크 밸브	가변 교축 밸브
▷○	(기호)

78 펌프의 효율을 구하는 식으로 틀린 것은?(단, 펌프에 손실이 없을 때 토출 압력은 P_0, 실제 펌프 토출 압력은 P, 이론 펌프토출량은 Q_0, 실제 펌프 토출량은 Q, 유체동력은 L_h, 축동력은 L_s이다.)

① 용적효율 $= \dfrac{Q}{Q_0}$

② 압력효율 $= \dfrac{P_0}{P}$

③ 기계효율 $= \dfrac{L_h}{L_s}$

④ 전 효율 = 용적효율 × 압력효율 × 기계효율

해설✚
② 압력효율 $= \dfrac{P}{P_0}$

79 토출량이 일정한 용적형 펌프의 종류가 아닌 것은?

① 기어 펌프　　② 베인 펌프
③ 터빈 펌프　　④ 피스톤 펌프

해설✚
용적형 펌프 종류
• 회전식 : 기어 펌프, 나사 펌프, 베인 펌프
• 왕복동식 : 피스톤 펌프, 플런저 펌프

③ 터빈 펌프 → 터보형 펌프

80 유압모터의 효율에 대한 설명으로 틀린 것은?

① 전 효율은 체적효율에 비례한다.
② 전 효율은 기계효율에 반비례한다.
③ 전 효율은 축 출력과 유체 입력의 비로 표현한다.
④ 체적효율은 실제 송출유량과 이론 송출유량의 비로 표현한다.

해설⊕

- 유압모터 전 효율

$$\eta = \frac{L_s(축출력동력)}{L_{th}(유체입력동력)}$$
$$= \eta_v(체적효율) \times \eta_t(토크효율 : 기계효율)$$

- 체적효율

$$\eta_v = \frac{Q_s(실제송출유량)}{Q_{th}(이론송출유량 : 유압모터의 유입유량)}$$

5과목 **기계제작법 및 기계동력학**

81 질량 $m = 100$kg인 기계가 강성계수 $k = 1,000$kN/m, 감쇠비 $\zeta = 0.2$인 스프링에 의해 바닥에 지지되어 있다. 이 기계에 $F = 485\sin(200t)$N의 가진력이 작용하고 있다면 바닥에 전달되는 힘은 약 몇 N인가?

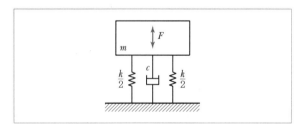

① 100 ② 200
③ 300 ④ 400

해설⊕

ⅰ) 시스템의 고유각진동수와 감쇠계수를 구한다.

$$\omega_n = \sqrt{\frac{k}{m}} = \sqrt{\frac{1,000 \times 10^3}{100}} = 100\text{rad/s}$$

$$\zeta = \frac{c}{2m\omega_n}에서$$

감쇠계수 $c = 2m\omega_n \zeta = 2 \times 100 \times 100 \times 0.2$
$$= 4,000\text{N} \cdot \text{s/m}$$

주어진 가진력 $F = 485\sin(200t)$에서
$F_0 = 485,\ \omega = 200$

ⅱ) 정상상태의 진폭의 크기(X)

$$X = \frac{\dfrac{F_0}{k}}{\sqrt{\left(1 - \dfrac{\omega^2}{\omega_n^2}\right)^2 + \left(2\zeta\dfrac{\omega}{\omega_n}\right)^2}}$$

$$= \frac{\dfrac{485}{10^6}}{\sqrt{\left(1 - \dfrac{200^2}{100^2}\right)^2 + \left(2 \times 0.2 \times \dfrac{200}{100}\right)^2}}$$

$$= 0.000156\text{m}$$

ⅲ) 바닥면에 작용하는 힘

$$F_r)_{\max} = \sqrt{(kX)^2 + (c\omega X)^2} = X\sqrt{k^2 + c^2\omega^2}$$
$$= 0.000156\sqrt{(10^6)^2 + (4,000^2 \times 200^2)}$$
$$= 199.78\text{N}$$

※ 다른 해석방법

힘전달률(TR=0.412)을 구해 가진력 F_0값을 곱하면
$$F_r)_{\max} = 0.412 \times 485 = 199.82\text{N}$$

82 강체의 평면운동에 대한 설명으로 틀린 것은?

① 평면운동은 병진과 회전으로 구분할 수 있다.
② 평면운동은 순간중심점에 대한 회전으로 생각할 수 있다.
③ 순간중심점은 위치가 고정된 점이다.
④ 곡선경로를 움직이더라도 병진운동이 가능하다.

해설⊕

강체의 평면운동은 병진운동과 회전운동을 동시에 하므로 순간중심점의 위치가 이동하게 된다.

83 직선 진동계에서 질량 98kg의 물체가 16초간에 10회 진동하였다. 이 진동계의 스프링 상수는 몇 N/cm인가?

① 37.8 ② 15.1
③ 22.7 ④ 30.2

2021

고유진동수 $f = \dfrac{10\text{cycle}}{16\,s} = 0.625\text{Hz}$

고유진동수 $f = \dfrac{\omega_n}{2\pi} = \dfrac{1}{2\pi}\sqrt{\dfrac{k}{m}} = 0.625$에서

$$\sqrt{\dfrac{k}{m}} = 2\pi \times 0.625$$

$$\therefore\ k = (2\pi \times 0.625)^2 \times 98 = 1{,}511.28\text{N/m}$$
$$= 15.11\text{N/cm}$$

84 북극과 남극이 일직선으로 관통된 구멍을 통하여, 북극에서 지구 내부를 향하여 초기속도 $v_o = 10\text{m/s}$로 한 질점을 던졌다. 그 질점이 A점$(S = R/2)$을 통과할 때의 속력은 약 몇 km/s인가?(단, 지구 내부는 균일한 물질로 채워져 있으며, 중력가속도는 O점에서 0이고, O점으로부터의 위치 S에 비례한다고 가정한다. 그리고 지표면에서 중력가속도는 9.8m/s², 지구 반지름 R =6,371km이다.)

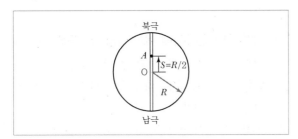

① 6.84   ② 7.90

③ 8.44   ④ 9.81

중심(O)으로부터 거리가 R인 북극에서의 중력가속도는 9.8m/s²

A지점$\left(\dfrac{R}{2}\right)$에서의 지구중력가속도는 g'일 때

중력가속도는 위치 S에 비례하므로

$R : 9.8 = \dfrac{R}{2} : g'$

$\therefore\ g' = 4.9\text{m/s}^2$

북극과 A점 사이의 평균중력가속도

$g_m = \dfrac{g + g'}{2} = \dfrac{9.8 + 4.9}{2} = 7.35\text{m/s}^2$

$V_A{}^2 - V_0{}^2 = 2a(s - s_0)$ (여기서, $s_0 = 0$이므로)

$V_A{}^2 = V_0{}^2 + 2as = V_0{}^2 + 2g_m s$

$\therefore\ V_A = \sqrt{V_0{}^2 + 2g_m s}$

$\qquad = \sqrt{10^2 + 2 \times 7.35 \times \dfrac{6{,}371 \times 10^3}{2}}$

$\qquad = 6{,}843\text{m/s} = 6.84\text{km/s}$

85 자동차 B, C가 브레이크가 풀린 채 정지하고 있다. 이때 자동차 A가 1.5m/s의 속력으로 B와 충돌하면, 이후 B와 C가 다시 충돌하게 되어 결국 3대의 자동차가 연쇄 충돌하게 된다. 이때 B와 C가 충돌한 직후 자동차 C의 속도는 약 몇 m/s인가?(단, 모든 자동차 간 반발계수는 $e = 0.75$이고, 모든 자동차는 같은 종류로 질량이 같다.)

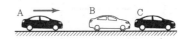

① 0.16   ② 0.39

③ 1.15   ④ 1.31

ⅰ) A, B 간의 반발계수

$e = \dfrac{\text{분리상대속도}}{\text{접근상대속도}} = \dfrac{V_B' - V_A'}{V_A - V_B} = \dfrac{V_B' - V_A'}{1.5 - 0}$

$\quad = 0.75$

$V_A' = V_B' - 0.75 \times 1.5 = V_B' - 1.125 \cdots$ ⓐ

ⅱ) A와 B의 선형운동량 보존법칙

$m_A V_A + m_B V_B = m_A V_A' + m_B V_B'$

여기서, $m_A = m_B = m$, $V_B = 0$

ⓐ를 대입하고 양변을 m으로 나누면

$V_A = V_B' - 1.125 + V_B' \to 2V_B' - 1.125 = V_A$

$\to V_B' = \dfrac{1}{2}(V_A + 1.125)$

$$\therefore V_B{}' = \frac{1}{2}(1.5 + 1.125) = 1.31\,\text{m/s} \cdots \text{ⓑ}$$

iii) B, C 간의 반발계수 $e = \dfrac{V_C{}' - V_B{}''}{V_B{}' - V_C} = 0.75$ 에서

$V_C = 0$ 이므로

$V_B{}'' = V_C{}' - 0.75\,V_B{}' \cdots$ ⓒ

iv) B와 C의 선형운동량 보존법칙

$m_B V_B{}' + m_C V_C = m_B V_B{}'' + m_C V_C{}'$

여기서, $m_B = m_C = m$, $V_C = 0$

ⓒ를 대입하고 양변을 m으로 나누면

$V_B{}' = V_B{}'' + V_C{}' = V_C{}' - 0.75\,V_B{}' + V_C{}'$

$\rightarrow 2\,V_C{}' = 1.75\,V_B{}'$ (← ⓑ 대입)

$$\therefore V_C{}' = \frac{1.75}{2} \times 1.31 = 1.15\,\text{m/s}$$

86 20g의 탄환이 수평으로 1,200m/s의 속도로 발사되어 정지해 있던 300g의 블록에 박힌다. 이후 스프링에 발생한 최대 압축 길이는 약 몇 m인가?(단, 스프링상수는 200N/m이고 처음에 변형되지 않은 상태였다. 바닥과 블록 사이의 마찰은 무시한다.)

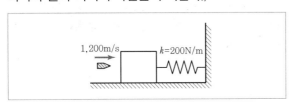

① 2.5 　　　　② 3.0
③ 3.5 　　　　④ 4.0

해설⊕

탄환질량 m_1, 블록질량 m_2라 하고 에너지 보존의 법칙을 적용하면 탄환의 운동에너지 T_1과 블록의 운동에너지 T_2는 같다.

i) $T_1 = T_2 \rightarrow \dfrac{1}{2} m_1 V_1{}^2 = \dfrac{1}{2} m_2 V_2{}^2$

$20 \times 1{,}200^2 = 300 \times V_2{}^2$

$\therefore V_2 = 309.84\,\text{m/s}$

ii) 탄환이 블록에 박힐 때 탄환의 운동에너지와 스프링의 탄성위치에너지는 같다. 왜냐하면 블록에 V_2의 속도로 탄환이 박히면서 스프링을 압축시키기 때문이다.

$\dfrac{1}{2} m_1 V_2{}^2 = \dfrac{1}{2} k x^2$

$x = \sqrt{\dfrac{1}{k} m_1 V_2{}^2} = \sqrt{\dfrac{1}{200} \times 0.02 \times 309.84^2} = 3.09\,\text{m}$

87 경사면에 질량 M의 균일한 원기둥이 있다. 이 원기둥에 감겨 있는 실을 경사면과 동일한 방향인 위쪽으로 잡아당길 때, 미끄럼이 일어나지 않기 위한 실의 장력 T의 조건은?(단, 경사면의 각도를 α, 경사면과 원기둥 사이의 마찰계수를 μ_s, 중력가속도를 g라 한다.)

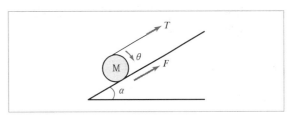

① $T \leq Mg(3\mu_s \sin\alpha + \cos\alpha)$

② $T \leq Mg(3\mu_s \sin\alpha - \cos\alpha)$

③ $T \leq Mg(3\mu_s \cos\alpha + \sin\alpha)$

④ $T \leq Mg(3\mu_s \cos\alpha - \sin\alpha)$

해설⊕

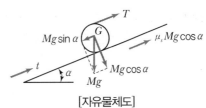

[자유물체도]

i) 자유물체도에서 $\sum F_t = ma_t$, $a_t = r\alpha$ 적용

$T + \mu_s Mg\cos\alpha - Mg\sin\alpha = Mr\alpha$ ········ ⓐ

ii) 질량 중심(질점 G)에 대한 모멘트는 질량관성모멘트와 각가속도의 곱과 같다. $\sum M_G = J_G\alpha$ 적용

$$Tr - \mu_s Mg \cos\alpha \cdot r = \frac{1}{2} Mr^2\alpha$$

r로 양변을 나누고 2를 곱하면

$$2T - 2\mu_s Mg \cos\alpha = Mr\alpha \quad\cdots\cdots\cdots ⓑ$$

iii) ⓐ=ⓑ이므로

$$T + \mu_s Mg \cos\alpha - Mg \sin\alpha = 2T - 2\mu_s Mg \cos\alpha$$
$$\therefore T = \mu_s Mg \cos\alpha - Mg \sin\alpha + 2\mu_s Mg \cos\alpha$$
$$= 3\mu_s Mg \cos\alpha - Mg \sin\alpha$$
$$= Mg(3\mu_s \cos\alpha - \sin\alpha)$$

그러므로 $T \leq Mg(3\mu_s \cos\alpha - \sin\alpha)$일 때 미끄럼이 일어나지 않는다.

---

88 진동수(f), 주기(T), 각진동수(ω)의 관계를 표시한 식으로 옳은 것은?

① $f = \dfrac{1}{T} = \dfrac{\omega}{2\pi}$ ② $f = T = \dfrac{\omega}{2\pi}$

③ $f = \dfrac{1}{T} = \dfrac{2\pi}{\omega}$ ④ $f = \dfrac{2\pi}{T} = \omega$

해설 ⊕

진동수 $f = \dfrac{1}{T} = \dfrac{\omega}{2\pi} \left(\dfrac{\frac{\text{rad}}{\text{s}}}{\text{rad}} = \text{Hz} \right)$

---

89 물체의 위치 x가 $x = 6t^2 - t^3$[m]로 주어졌을 때 최대 속도의 크기는 몇 m/s인가?(단, 시간의 단위는 초이다.)

① 10   ② 12

③ 14   ④ 16

해설 ⊕

$V = 12t - 3t^2$이며

$t = 2$초일 때 최대속도 $V_{\max} = 12 \times 2 - 3 \times 2^2 = 12\,\text{m/s}$

---

90 그림과 같은 진동시스템의 운동방정식은?

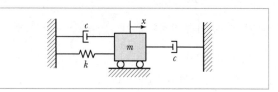

① $m\ddot{x} + \dfrac{c}{2}\dot{x} + kx = 0$

② $m\ddot{x} + c\dot{x} + \dfrac{kc}{k+c}x = 0$

③ $m\ddot{x} + \dfrac{kc}{k+c}\dot{x} + kx = 0$

④ $m\ddot{x} + 2c\dot{x} + kx = 0$

해설 ⊕

감쇠자유진동이므로 운동방정식은

$$m\ddot{x} + 2c\dot{x} + kx = 0$$

(x만큼 움직였을 때 감쇠요소 c가 같은 속도로 양쪽에서 감쇠가 발생하여, 병렬로 해석 $2c$로 됨)

---

91 스프링 등과 같은 기계요소의 피로강도를 향상시키기 위해 작은 강구를 공작물의 표면에 충돌시켜서 가공하는 방법은?

① 숏피닝   ② 전해가공

③ 전해연삭   ④ 화학연마

해설 ⊕

숏피닝

• 상온에서 경화된 철의 작은 볼을 공작물의 표면에 분사하여 제품의 표면을 매끈하게 하는 동시에 공작물의 피로 강도나 기계적 성질을 향상시킨다.

• 숏피닝에 사용되는 철의 작은 볼을 숏(Shot)이라고 한다.

• 크랭크축, 체인, 스프링 등 기존 제품의 치수나 재질 변경 없이 높은 피로강도가 필요할 경우 적용되기도 한다.

정답 88 ① 89 ② 90 ④ 91 ①

92 전기 아크용접에서 언더컷의 발생 원인으로 틀린 것은?

① 용접속도가 너무 빠를 때
② 용접전류가 너무 높을 때
③ 아크길이가 너무 짧을 때
④ 부적당한 용접봉을 사용했을 때

해설⊕
③ 아크길이가 너무 길 때

93 용접부의 시험검사방법 중 파괴시험에 해당하는 것은?

① 외관시험
② 초음파 탐상시험
③ 피로시험
④ 음향시험

해설⊕
비파괴 검사
자분탐상검사(MT), 침투탐상검사(PT), 초음파탐상검사(UT), 방사선투과검사(RT), 와전류탐상검사(ECT)

94 압연가공에서 가공 전의 두께가 20mm이던 것이 가공 후의 두께가 15mm로 되었다면 압하율은 몇 % 인가?

① 20
② 25
③ 30
④ 40

해설⊕
$$압하율 = \frac{H_0 - H_1}{H_0} \times 100 = \frac{20-15}{20} \times 100 = 25\%$$

여기서, H_0 : 롤러 통과 전 재료의 두께
H_1 : 롤러 통과 후 재료의 두께

95 단체모형, 분할모형, 조립모형의 종류를 포괄하는 실제 제품과 같은 모양의 모형은?

① 고르게 모형
② 회전 모형
③ 코어 모형
④ 현형

해설⊕
제품과 동일한 형상으로 된 것에 가공여유, 수축여유를 가산한 목형을 현형이라 한다.

96 절삭가공 시 발생하는 절삭온도 측정방법이 아닌 것은?

① 부식을 이용하는 방법
② 복사고온계를 이용하는 방법
③ 열전대에 의한 방법
④ 칼로리미터에 의한 방법

해설⊕
절삭온도를 측정하는 방법
• 칩의 색깔로 판정하는 방법
• 시온도료(Thermo Colour Paint)에 의한 방법
• 열량계(Calorimeter)에 의한 방법
• 열전대(Thermo Couple)에 의한 방법

97 담금질된 강의 마텐자이트 조직은 경도는 높지만 취성이 매우 크고 내부적으로 잔류응력이 많이 남아 있어서 A_1 이하의 변태점에서 가열하는 열처리 과정을 통하여 인성을 부여하고 잔류응력을 제거하는 열처리는?

① 풀림
② 불림
③ 침탄법
④ 뜨임

해설⊕
뜨임(Tempering)
• 강을 담금질 후 취성을 없애기 위해서는 A_1 변태점 이하의 온도에서 뜨임처리를 해야 한다.
• 금속의 내부응력을 제거하고 인성을 개선하기 위한 열처리 방법

98 브라운샤프형 분할대로 $5\frac{1}{2}°$의 각도를 분할할 때, 분할 크랭크의 회전을 어떻게 하면 되는가?

① 27구멍 분할판으로 14구멍씩
② 18구멍 분할판으로 11구멍씩
③ 21구멍 분할판으로 7구멍씩
④ 24구멍 분할판으로 15구멍씩

해설⊕

분할 크랭크의 회전수 $n = \dfrac{A°}{9°} = \dfrac{\left(\frac{11}{2}\right)°}{9°} = \dfrac{11}{18}$

∴ 18구멍열의 분할판에서 11구멍씩 회전시킨다.

99 방전가공의 특징으로 틀린 것은?

① 무인가공이 불가능하다.
② 가공 부분에 변질층이 남는다.
③ 전극의 형상대로 정밀하게 가공할 수 있다.
④ 가공물의 경도와 관계없이 가공이 가능하다.

해설⊕

① 컴퓨터 수치제어기(CNC)와 연결하여 공정의 프로그램화, 자동화가 가능하다.

100 압연에서 롤러의 구동은 하지 않고 감는 기계의 인장 구동으로 압연을 하는 것으로 연질재의 박판 압연에 사용되는 압연기는?

① 3단 압연기
② 4단 압연기
③ 유성압연기
④ 스테켈 압연기

해설⊕

스테켈(Steckel Mill) 압연기는 압연될 강판을 코일형태로 감는 권취기(Coiler)를 사용하여 원하는 두께의 강판이 될 때까지 롤러를 통과시켜 잡아당기며 가공한다.

정답 98 ② 99 ① 100 ④

일반기계기사 필기
과년도 문제풀이

발행일 | 2021. 4. 1 초판발행

저　자 | 박 성 일
발행인 | 정 용 수
발행처 | 예문사

주　소 | 경기도 파주시 직지길 460(출판도시) 도서출판 예문사
T E L | 031) 955 – 0550
F A X | 031) 955 – 0660
등록번호 | 11 – 76호

정가 : 22,000원

ISBN 978–89–274–3988–2　13550